Giovanni Pietro Basile

Kants *Opus postumum* und seine Rezeption

Kantstudien-Ergänzungshefte

im Auftrag der Kant-Gesellschaft
herausgegeben von
Manfred Baum, Bernd Dörflinger
und Heiner F. Klemme

Band 175

Giovanni Pietro Basile

Kants *Opus postumum* und seine Rezeption

DE GRUYTER

ISBN 978-3-11-026968-0
e-ISBN 978-3-11-026978-9
ISSN 0340-6059

Library of Congress Cataloging-in-Publication Data
A CIP catalog record for this book has been applied for at the Library of Congress.

Bibliografische Information der Deutschen Nationalbibliothek
Die Deutsche Nationalbibliothek verzeichnet diese Publikation in der Deutschen Nationalbibliografie; detaillierte bibliografische Daten sind im Internet über http://dnb.dnb.de abrufbar.

Druck: Hubert & Co. GmbH & Co. KG, Göttingen
♾ Gedruckt auf säurefreiem Papier
Printed in Germany

www.degruyter.com

Vorwort

Bei der vorliegenden Studie handelt es sich um die überarbeitete Fassung einer Untersuchung, die im Sommersemester 2010 von der Fakultät für Philosophie, Wissenschaftstheorie und Religionswissenschaft der Ludwig-Maximilians-Universität München als Dissertation angenommen wurde.

Mein Dank gilt an erster Stelle Herrn Professor Dr. Günter Zöller, der die Anfertigung der Arbeit betreute und der mich mit großer Hilfsbereitschaft, Kompetenz und durch zahlreiche Anregungen unterstützt hat. Ferner danke ich Herrn Professor Dr. Giuseppe Micheli, Herrn Professor Dr. Gabriele Tomasi und Herrn Professor Dr. Ives Radrizzani. Für ihre Hilfe bei den sprachlichen Korrekturen und der Erstellung des Typoskripts möchte ich besonders Frau Dr. Stephanie Reichenbach-Klinke meinen Dank aussprechen. Frau Dipl. theol. Karoline Scharpenseel M. A., Frau Juliane Munse, Frau RAin Gabriele Leucht, Frau Madiah Mujaidi, Frau RAin Cemile Türkmen, Frau Margarethe Drewsen M. A. sowie Herrn Lic. phil. Lic. theol. Heinz Schulte *SJ*, Herrn Professor Dr. em. Bernhard Grom *SJ*, Herrn Lic. phil. Norbert Mulde *SJ* und Herrn Dipl. theol. Kurt Zimmer *SJ* haben ebenfalls zur sprachlichen Verbesserung des Textes der Dissertation bzw. der überarbeiteten Version beigetragen. Ihnen allen sei an dieser Stelle meine Dankbarkeit ausgedrückt. Des Weiteren danke ich Frau Dr. Jacqueline Karl für ihre Hinweise zur Edition des *Opus postumum*. Mein Dank gilt auch dem Verlag de Gruyter, insbesondere Frau Dr. Gertrud Grünkorn und Herrn Christoph Schirmer, für das freundliche Entgegenkommen. Danken möchte ich zudem der Hochschule für Philosophie München für die finanzielle Unterstützung dieser Veröffentlichung.

Diese Arbeit sei denjenigen Häftlingen von *San Quentin State Prison* gewidmet, die nach dem Licht der inneren Freiheit streben.

Inhalt

Einleitung

Obwohl eine absolut zuverlässige und übersichtliche Ausgabe von Immanuel Kants *Opus postumum* nach wie vor nicht verfügbar ist, ist die Menge der gesamten Literatur dazu mittlerweile derart angewachsen, dass sie nur schwer zu überblicken ist. Sie erweist sich jedoch immer noch als erfassbar und stellt außerdem ein wichtiges Kapitel in der Wirkungsgeschichte des kantischen Denkens dar. In der vorliegenden Arbeit soll der Versuch unternommen werden, die Rezeptionsgeschichte des kantischen Nachlasswerks von ihren Anfängen bis zu den neuesten Beiträgen darzulegen und zu erörtern.

Mit der *KrV*[1] wollte Kant den Gegensatz von Dogmatismus und Skeptizismus bzw. von Idealismus und Empirismus, der bislang die Geschichte der Metaphysik geprägt hatte, ein für alle Mal überwinden. Wie er im letzten Absatz der ersten *Kritik* abermals betont, bleibt allein der „*kritische Weg* [...] noch offen“[2]. Von der Schaffung des Übergangs von den metaphysischen Anfangsgründen der Naturwissenschaft zur Physik, welche die Aufgabe seines letzten Projektes war, erwartete Kant die endgültige Vervollständigung des Systems seiner kritischen Philosophie. Seine anfängliche Auseinandersetzung mit der Übergangsproblematik entwickelte sich jedoch so, dass der Philosoph es für erforderlich hielt, zunehmend auf die entscheidenden Fragen der kritischen Philosophie zurückzugreifen.

So scheint dem *Opus postumum* letzten Endes die (mindestens implizite) Absicht innezuwohnen, das Ergebnis der kritischen Philosophie rückblickend zu beurteilen. Daher schließt die Interpretation dieses Werkes es bei vielen Autoren mit ein, eine Bilanz der kritischen Philosophie von der Warte des späten Kant aus zu ziehen. Nun erweist sich die Beschäftigung mit diesem Textkorpus im Vergleich zu den Druckschriften als erheblich anspruchsvoller. Denn Kants Untersuchungen im *Opus postumum* liefern keine definitiven Ergebnisse, und sein spätes Denken lässt sich umso mehr nur rekonstruierend begreifen, als es in den hinterlassenen Entwürfen lediglich unvollständig, ja fragmentarisch angedeutet wird.

Nicht wenige Rezipienten gehen davon aus, dass der Kant des Nachlasswerks mit dem Scheitern des Projekts eines Übergangs von der Metaphysik zur Physik das Scheitern des kritischen Wegs *de facto* feststellt. Er habe sich dementsprechend gezwungen gesehen, sich entweder in die eine oder die andere der beiden philosophischen Richtungen einzureihen, über welche er hatte hinausgehen

1 Zur Liste der in vorliegender Arbeit verwendeten Abkürzungen siehe Abschnitt L1 im Literaturverzeichnis.
2 *KrV* A 856/B 884.

wollen. So bedeutet die Annahme der extramentalen Existenz einer Welt von Dingen an sich bzw. eines göttlichen Wesens als unleugbare Evidenz, die Kant von Adickes zugeschrieben wird, den Rückfall der kritischen Philosophie in einen vorkritischen Dogmatismus. Denn Kants Erkenntnistheorie wird in einer solchen Sicht die absolute Wirklichkeit der metaphysischen Ideen von Gott und Welt zur Grundlage gemacht. Mit seiner fiktionalistischen Deutung der späteren Entwürfe des Nachlasswerks behauptet Vaihinger die Entwicklung des kantischen Denkens zu einer Art von Skeptizismus.

Im Anschluss an eine weitere Interpretationslinie lässt sich im *Opus postumum* vor allem durch die Ablehnung des Realismus des Dinges an sich und die Selbstsetzungslehre eine eher implizite Tendenz zum absoluten Idealismus fichteanischer bzw. schellingscher Art ausmachen. Als Konsequenz des Scheiterns des kritischen Programms hat sich der späte Kant den Vertretern dieser Linie zufolge schrittweise an einer spekulativen Metaphysik orientiert, die der Erkenntnistheorie und der Moralphilosophie, also den metaphysischen Ideen von Welt und Freiheit, die dritte metaphysische Idee, nämlich die des Ich an sich bzw. des transzendentalen Subjekts, zur Basis macht. Interpreten, die sich der Lesart der Marburger Schule anschließen, sehen die Philosophie des Übergangsprojekts überwiegend als eine Logik der empirischen Erkenntnis. Der Erfahrung liege der Gegensatz eines formalen oder subjektiven Poles und eines materialen oder objektiven Poles zugrunde, sofern die beiden Pole die Korrelate einer ursprünglichen Einheit bilden. Erfahrungsgegenstand und (logisches) Subjekt der Erfahrung stellen die Asymptoten eines unendlichen Bestimmungsvorgangs dar. Lehmann erklärt diese Logik des Subjektiven und des Objektiven anhand der reflektierenden Urteilskraft der dritten *Kritik*. Der späte Kant habe sich also am Scheideweg befunden. Denn entweder gründet man die empirische Affektion auf die absolute Spontaneität des transzendentalen Subjekts und gibt somit die Begrenztheit des menschlichen Geistes auf, oder man erklärt sie zu einem Moment innerhalb eines bloßen Formalismus und gibt somit ihre empirische Wirklichkeit auf.

Dementgegen vertreten Kant-Forscher wie z. B. Krause und vor allem Mathieu die systematische Kohärenz des *Opus postumum* und seine Kontinuität mit der kritischen Philosophie. Nach dieser Auslegung ist der Ätherbeweis ein organisches und entscheidendes Element des Übergangsprojekts. Vom so gefassten Ätherbegriff wird nicht nur die transzendentale Idealität behauptet, sondern auch die empirische Realität bestimmt. Als Korrelat des transzendentalen Ätherbegriffs lässt sich ferner ein leibliches, also sinnliches Subjekt identifizieren. Der Leib wird als die Bestimmung der Grenze der Selbsterkenntnis des Subjekts interpretiert. Das Übergangsprojekt lässt sich, dieser Sichtweise gemäß, also weder zu einer bloß formalen Theorie der Erfahrung machen noch setzt in irgendeiner Weise eine Selbsterkenntnis *a priori* des Subjekts etwas durch eine intellektuelle Anschauung. Angenommen der Gottesbeweis würde in Analogie zum Ätherbeweis erfolgen, könnte er mit der Existenz eines moralischen Subjekts verbunden werden. Die Behauptung der Existenz Gottes würde sich im *Opus postumum* sowie in den Schriften der kritischen Periode nur im Rahmen der moralisch-praktischen Vernunft als gerechtfertigt erweisen.

Die Frage, ob und inwiefern das Denken des späten Kant einen systematischen Zusammenhang aufweist und in welchem Verhältnis es zu den kritischen Werken steht, bildet also den Hintergrund der gesamten Wirkungsgeschichte dieser Schrift. Die vorliegende Arbeit macht es sich zur Aufgabe, die Rezeption des Nachlasswerks und damit die Auseinandersetzung um jene Problematik in der Kant-Forschung möglichst ausführlich abzubilden und zu erörtern. Zwar fußt sie auf der Überzeugung, dass sich im *Opus postumum* eine systematische Kohärenz ausmachen lässt. Eine eigene Lesart tritt hier jedoch lediglich im Umriss hervor. Eine vollständige Abhandlung, die durch die vorliegende Untersuchung vorbereitet wird, bleibt damit weiteren Forschungsbemühungen überlassen.

Die Rezeption des *Opus postumum* wurde in einzigartiger Weise durch die Wechselfälle der entsprechenden nachgelassenen Handschriften Kants beeinflusst. Der Anfang der Rezeptionsgeschichte von Kants *Opus postumum* kann auf das Jahr 1884 datiert werden. In diesem Jahr wird die 1882 von Reicke und Arnoldt unternommene Edition der Schrift *Ein ungedrucktes Werk von Kant aus seinen letzten Lebensjahren*, durch welche eine beträchtliche Menge von Texten aus dem hinterlassenen Manuskript des Philosophen erstmalig veröffentlicht wurde, abgebrochen. Ebenfalls 1884 erscheinen die ersten beiden Beiträge – „Zu Kants Widerlegung des Idealismus" von Vaihinger und *Immanuel Kant wider Kuno Fischer* von Krause –, die sich mit der Interpretation des *Opus postumum* beschäftigt. Zuvor hatte sich die Auseinandersetzung mit dem Inhalt des Manuskripts auf die Frage beschränkt, ob es überhaupt rezeptionswürdig und von Belang für die Interpretation des kantischen Denkens sei. Der Streit darum setzt sich auch nach 1884 fort, obwohl nunmehr die Meinung, das Nachlasswerk sei einfach zu ignorieren, in Fachkreisen allmählich aufgegeben wird. Erst dank Adickes' bahnbrechender Abhandlung *Kants Opus postumum* von 1920 erlangt die Schrift endgültige Anerkennung in der Kant-Forschung. Das nächste Epoche machende Ereignis in der Geschichte des *Opus postumum* trägt sich 1936 und 1938 zu, und zwar mit der Veröffentlichung in zwei Bänden Akademie-Ausgabe, welche die Reicke-Arnoldt-Edition ersetzt und eine neue Phase in der Forschung über Kants Nachlasswerk einläutet.

Der Ausgangspunkt der Wirkungsgeschichte des *Opus postumum* fällt also mit dem Beginn der Blütezeit des deutschen Neukantianismus zusammen, und so gut wie alle bedeutenden Beiträge über Kants Nachlasswerk bis zur Veröffentlichung der Akademie-Ausgabe stammen aus den Kreisen der Neukantianer oder setzen sich mit diesen auseinander. Innerhalb der Rezeption des *Opus postumum* in der neukantischen Zeit markiert die genannte Studie von Adickes einen Wendepunkt, indem ab 1920 Adickes' Beiträge die Forschung über Kants Nachlasswerk stark prägen. Zwei Elemente sind somit für die erste Phase der Rezeption des *Opus postumum* kennzeichnend: a) Sie erfolgt vor dem Hintergrund des Neukantianismus. b) Ihr liegt die Reicke-Arnoldt-Ausgabe als textliche Basis zugrunde.

Die Veröffentlichung der Akademie-Ausgabe bringt auch in anderer Hinsicht eine Veränderung mit sich. Dank der kritischen Edition werden fast die gesamten Materialien zu Kants Nachlasswerk dem gelehrten Publikum zugänglich, wenn auch nicht in einer optimalen Version. Daher erfolgt eine neue Wahrnehmung des Textes. Während in der neukantianischen Phase überwiegend die systematische Bedeutung der zwei bzw. drei späteren Entwürfe betont wird, wächst nun das Interesse am Entwurf *Uebergang 1–14* und an den vorhergehenden Entwürfen. Die Fragen nach dem angemessenen hermeneutischen Verfahren und dem Verhältnis zwischen der systematischen Darstellung des gesamten *Opus postumum* und der historischen Betrachtung seiner Entstehungsphasen gewinnen daher an Gewicht. Während die Thematik des Nachlasswerks in der Zeit der neukantianischen Rezeption so gut wie ausschließlich auf die erste *Kritik* bezogen wurde, wird später der Einfluss der *MAN* und der *KU* auf die Problementwicklung des *Opus postumum* zum Gegenstand. Thesen wie die doppelte Affektion und der transzendentale Realismus, die im Zentrum der neukantianischen Debatten standen, treten nun endgültig in den Hintergrund, während die Darlegung des Ätherbegriffs, insbesondere der Aspekt der Möglichkeit und der Grenze einer Ätherdeduktion sowie seine Relevanz hinsichtlich der idealistischen Entwicklung der späteren Entwürfe, an Bedeutung gewinnt. Gegenüber der Rezeption des *Opus postumum* in der neukantianischen Zeit lässt sich also eine neue Phase unterscheiden, die a) auf der Akademie-Ausgabe basiert und b) neue Problematiken hervorhebt, und zwar das geeignete hermeneutische Verfahren, das genetische Verhältnis des Nachlasswerks zu den *MAN* und der *KU* sowie die Implikationen des Ätherbegriffs für die Erkenntnistheorie und die Transzendentalphilosophie des Nachlasswerks.

Die zwei Phasen der Rezeption des *Opus postumum* spiegelt der Aufbau der vorliegenden Arbeit in folgender Weise wider: Der neukantischen Zeit widmen sich die ersten drei Kapitel, die nächsten sechs Kapitel der anschließenden Periode. Im ersten Kapitel werden die Beiträge aus den Jahren 1884 bis 1920 präsentiert, während das Kapitel 2 von Adickes' Interpretation und den daran anschließenden Forschungen handelt. Die Ergebnisse der neukantianischen Debatte über das *Opus postumum* werden dann in Kapitel 3 systematisch zusammengefasst und diskutiert. In den Kapiteln 4 bis 6 werden die Hauptprotagonisten der neuen Phase dargestellt, soweit möglich in chronologischer Anordnung und in sachlicher Gruppierung: Lehmann, Daval, Pellegrino, Mathieu und Rousset (Kapitel 4); Hoppe, Tuschling, Gloy, Carrier und Edwards (Kapitel 5); Friedman, S. Schulze, Förster und Emundts (Kapitel 6). Studien, die vollständig auf Spezialaspekte des *Opus postumum* fokussiert sind, werden thematisch eingeteilt und in den Kapiteln 7 und 8 erörtert: Zum Kapitel 7 gehören Beiträge zu naturphilosophischen und erkenntnistheoretischen Themen, zum Kapitel 8 Beiträge zu metaphysischen und transzendentalphilosophischen Aspekten. Die wichtigsten Resultate der in den Kapiteln 4 bis 8 in chronologischer Anordnung präsentierten Beiträge zur neuen Rezeption des *Opus postumum* werden schließlich systematisch in Kapitel 9 erörtert, und zwar unter Bezugnahme auf die drei oben genannten Schwerpunkte: a) das Problem der Interpretationsmethode, b) das Entstehungsproblem im Hinblick auf die jeweilige Fragestellung der *MAN* bzw. der *KU* sowie c) die Frage nach dem systematischen Zusammenhang der Entwürfe *Uebergang 1–14, Conv. X/XI, Conv. VII* und *Conv. I.*

Der Geschichte und der Darstellung dieser Texte widmen sich die drei Anhänge der vorliegenden Arbeit. Im Anhang 1 werden die zu Lebzeiten Kants, d. h. bis 1804, entstandenen Dokumente, die die Entwicklung des Nachlasswerks dokumentieren, wiedergegeben und kommentiert. Anschließend erfolgt im Anhang 2 die Rekonstruktion der Geschichte des *Opus postumum* und seiner Edition von der Zeit ab dem Tode Kants bis zur Vorbereitung der derzeit im Erscheinen begriffenen Neuedition im Rahmen der Akademie-Ausgabe. Der Anhang 3 fasst schließlich die Ergebnisse der Forschungen über die Rekonstruktion der ins *Opus postumum* gehörenden Texte und ihre chronologische Anordnung zusammen. Der historische und tabellarische Überblick der Anhänge bietet also die allgemeinen Informationen über den materiellen Zustand des Textes, die bei der Behandlung der Interpretationsgeschichte des *Opus postumum* vorausgesetzt werden.

Bei Verweisen und Zitatbelegen zu den Textstellen aus dem *Opus postumum* werden die Akademie-Ausgabe (AA Band/Seite), das Manuskript nach der neuen Zählung (Konvolut/Seite) und, wo angebracht, die Reicke-Arnoldt-Ausgabe A–C (RA Jahrgang/Seite) angeführt. Übersetzungen aus der fremdsprachigen Forschungsliteratur ins Deutsche stammen von mir. Bei der Wiedergabe von Texten aus der Forschungsliteratur wurden kleinere, eindeutige orthografische Fehler stillschweigend verbessert.

1 Beiträge aus den Jahren 1884–1920

Die Anfänge der Rezeption des *Opus postumum* fallen, wie bereits in der *Einleitung* dargestellt, mit dem Beginn der Blütezeit des deutschen Neukantianismus[1] zusammen. Krause und Vaihinger waren nicht nur mit ihren bahnbrechenden Beiträgen von 1884 die Pioniere der Interpretation des *Opus postumum*, sondern auch die Autoren der bedeutendsten Veröffentlichungen zu Kants Nachlasswerk vor Adickes' Buch von 1920. Beide waren davon überzeugt, dass Kants hinterlassenes Manuskript Entwürfe zu zwei verschiedenen Projekten enthalte. Ihre jeweiligen Deutungen stellen jedoch das Verhältnis zwischen den beiden angenommenen Manuskriptwerken ganz unterschiedlich dar. Krause vertritt die Position ihrer systematischen Einheit und ihrer grundsätzlichen Kontinuität mit der ersten *Kritik*. Vaihinger verteidigt hingegen eine aporetische Interpretation der kantischen Schriften und behauptet eine allmähliche Abweichung Kants von den kritischen Positionen. Weitere bedeutende Beiträge aus der Zeit vor 1920 stammen von Drews, Tocco, Heman, Pinski und Görland. Drews schließt sich, polemisch gegen Krause, der interpretatorischen Linie von Vaihinger an. Görland arbeitet hingegen eine Deutung des *Opus postumum* nach den Sätzen der Marburger Schule aus. Die Untersuchungen von Tocco, Heman und Pinski beschränken sich jeweils auf bestimmte Themen des *Opus postumum:* auf naturwissenschaftliche Aspekte (Tocco) bzw. auf die Gotteslehre (Heman und Pinski).

---

1 Der Neukantianismus beginnt in den 60er-Jahren des 19. Jahrhunderts. Hermann von Helmholtz (1821–1894), Friedrich Albert Lange (1828–1873) und Otto Liebmann (1840–1912) zählen zu den Vätern dieser philosophischen Bewegung, deren Blütezeit in den letzten Jahrzehnten des 19. Jahrhunderts und den ersten Jahrzehnten des 20. Jahrhunderts anzusiedeln ist. Einen gewissen Einfluss hatte auch Kuno Fischer mit seinem Versuch, den kantischen Kritizismus mit Fichtes Idealismus zu verbinden. Zum Neukantianismus gehören zwei Hauptrichtungen: die Marburger Schule, zu deren wichtigsten Protagonisten Hermann Cohen (1842–1918), Paul Natorp (1854–1924), Karl Vorländer (1860–1928) und Ernst Cassirer (1874–1945) zählen, und die Südwestdeutsche oder Badische Schule (Heidelberg, Freiburg im Breisgau und Straßburg), zu der u. a. Wilhelm Windelband (1848–1915), Heinrich Rickert (1863–1936) und Max Weber (1864–1921) gehören. Neben diesen beiden Schulen entwickelten sich zahlreiche Strömungen, wie z. B. die von Helmholtz gestiftete physiologische neukantianische Richtung, an die Krause anknüpft, und die von Vaihinger gegründete Philosophie des Als-Ob oder des Fiktionalismus. Es ist jedoch nicht immer leicht, einen einzelnen Vertreter des Neukantianismus als einer bestimmten Richtung zugehörig zu klassifizieren. Gemein ist allen neukantianischen Strömungen jedoch die programmatische Rückkehr zur kantischen kritischen Philosophie – nach dem Motto: „Mit Kant über Kant hinausgehen" – als Reaktion auf den deutschen Idealismus und auf die Philosophie Schopenhauers. Die Auseinandersetzung über den Realismus des Dinges an sich und die starke Betonung der kantischen Erkenntnistheorie charakterisieren die neukantianische Philosophie ebenfalls.

Im vorliegenden Kapitel wird zunächst die Polemik um die Rezeptionswürdigkeit von Kants Nachlasswerk entfaltet (1.1). Darauf folgen die Darstellungen der Interpretationen von Krause (1.2), Vaihinger (1.3), Drews (1.4), Tocco (1.5), Heman und Pinski (1.6) sowie Görland (1.7).

1.1 Im Vorfeld: der Streit um die Rezeption des kantischen Nachlasswerks

Über den Wert der letzten Schrift Kants fanden sich schon unter den Schülern und Freunden des Philosophen, welche die Gelegenheit zur Einsicht gehabt hatten, unterschiedliche Meinungen.[2] In der *Physischen Geographie* von 1802 wünscht Friedrich Theodor Rink die Veröffentlichung des Übergangswerks, wo man „manche scharfsinnige Bemerkungen" vorfinden würde. Johann Gottfried Hasse warnt den potentiellen Herausgeber des Nachlasswerks vor dem problematischen Zustand desselben, was zugleich zeigt, dass er eine Herausgabe der Schrift nicht für völlig ausgeschlossen hielt. Als eindeutig von Interesse für die Kant-Forschung betrachtet Reinhold Bernhard Jachmann die Publikation der „unveränderten" Ausgabe der letzten Gedanken des Philosophen, die, obwohl sie keine systematische Anordnung besäßen, immerhin „tief durchdacht und lichtvoll dargestellt" seien.

Nach Hasse und Ehregott Andreas Christoph Wasianski hält hingegen Johann Schulz nach Beurteilung des Manuskripts die Bearbeitung desselben zur Veröffentlichung für unmöglich. In seinen Augen entspricht es lediglich dem Anfang eines Werkes, dessen Einleitung selbst noch nicht vollendet sei. Ferner suggeriert Wasianski in seiner Kant-Biografie, die nachgelassene Handschrift sei nichts anderes als das wertlose Produkt eines senilen Geistes.

Gegen die Entscheidung Wasianskis, das Manuskript spurlos verschwinden zu lassen, erhebt sich schon im Jahr 1805 der Protest des Historikers und Publizisten Friedrich Buchholz. Wasianskis Argumenten widersprechend, hebt er die Relevanz der letzten Gedanken des Philosophen für sein Denken und seine Biografie hervor:

> Wie kann man wissen, ob die einzelnen Gedankenblitze, die das unterdrückte Werk gewiß enthält, nicht in irgend einem homogenen Kopf, der sie in sich aufnimmt, ein ganz neues Licht entfalten. [...] Betrachtet man Kants sämmtliche[s] Werk als lauter einzelne Fulgurationen seines unendlich reichen Genies, so ist jenes Werk die letzte. Stark oder schwach – sie ist die letzte, d. h. diejenige, welche in dem Leben eines Mannes, der nur *denkend* existierte,

---

2 Zu den Zeugnissen von Kants Schülern und Biografen über sein Nachlasswerk vgl. Anh. 1.

den Beschluß macht, und dem, der einstens Kants *Leben* beschreibt, unentbehrlich ist. Mit einem Wort, sie gehört zur Geschichte seines Geistes.[3]

Für bedeutungsvoll sowohl aus systematischen als auch biografischen Gründen halten Kants Nachlasswerk auch Friedrich Wilhelm Schubert[4], Rudolf Haym [5] und Rudolf Reicke [6].

Im Jahr 1860 findet Kuno Fischer, „der prominente Philosophiehistoriker seiner Epoque“[7], im dritten Band seiner *Geschichte der neuern Philosophie* vernichtende Worte für Kants letztes Werk, obwohl er das Manuskript nicht durchforscht hat. Er begründet sein hartes Urteil mit der Senilität Kants bzw. der Vollständigkeit des kritischen Systems, von dem keine weitere Entwicklung, nicht einmal durch Kant selbst, denkbar sei.[8] Dementsprechend widmet Fischers Schrift

---

3 Buchholz 1805, 287.

4 Schubert, der 1857 die Handschrift einige Stunden lang prüfen konnte, schreibt: „Sie bleibt das lebendige Zeugnis für die Beschäftigungen des großen Mannes in dem letzten Stadium seines Lebens. Und wer möchte nicht gerne der Hoffnung sich hingeben, daß bei dem genauen Studium dieser Handschriften nicht auch noch manches Goldkorn originaler Gedankenfülle und selbstständiger geistiger Production gefunden werden dürfen?“ (Schubert 1858, 61).

5 Haym, der wie Schubert Gelegenheit hatte, das Autograf Kants kurz zu examinieren, kommt zu dem Schluss, es enthalte im Grunde genommen nichts Neues über naturphilosophische Themen im Vergleich zu den kritischen Schriften. Trotzdem seien selbst bloße Variationen über diese Themen für das Studium der kantischen Lehre, noch mehr für die Rekonstruktion der intellektuellen Biografie des Philosophen, eindeutig instruktiv. Als eine wichtige Quelle biografischer Informationen seien ferner die bekannten „Allotria“ zu betrachten. Bei den Aphorismen über alles Dasein, Gott, die Freiheit und die Unsterblichkeit sei Kant sogar eine glücklichere und genauere Formulierung seiner Ansicht gelungen als in den vorherigen Werken (Haym 1858, 82).

6 Nach Reicke ist auch „etwas Unfertiges von Kant immerhin noch der Beachtung werth [...] insofern es uns einen Einblick in die geistige Werkstätte des einst gewaltigen ‚alles zermalmenden‘, jetzt aber von Altersschwäche gebeugten Denkers gewährt.“ (Reicke 1864, 745).

7 Lehmann 1969, 48.

8 So urteilt Fischer wie folgt: „Man darf den Werth dieser Schrift, was die Neuheit des Gedankens und die Schärfe und Bündigkeit der Darstellung betrifft, unbesehen bezweifeln, wenn man den hinfälligen Zustand erwägt, in dem Kant damals war; wenn man zugleich bedenkt, bis zu welchem Abschluß er selbst die von ihm gegründete Philosophie geführt hat. Es ist nicht abzusehen, was innerhalb dieser so begründeten Philosophie Neues zu leisten ihm noch übrig geblieben war.“ (Fischer 1860, 83). Fischers Ansicht basiert eindeutig auf Wasianskis Zeugnis, obwohl der Philosophiehistoriker die Kant-Biografie Wasianskis gerade in diesem Buch als „ganz wertlos“ bezeichnet hatte (ebd., 40; die vierte Auflage lässt diesen Satz aus). Benno Erdmann schreibt: „Weder die Memorienzettel Kants, noch sein letztes Werk, das den Titel ‚Uebergang der Metaphysik zur Physik‘ führen sollte, verdienen einen Abdruck.“ (Erdmann 1876, 210). Auch in der Kant-Biografie vom Pastor und Theologen John Henry Wilbrand Stuckenberg (1835 – 1903) wird das unvollendete Werk nur als eine Frucht der Senilität betrachtet (Stucken-

Eine Kritik der Kantischen Philosophie von 1883 dem Nachlasswerk kein Wort, obwohl 22 Bogen des Manuskripts von Rudolf Reicke und Emil Arnoldt bereits ediert worden waren. Fischers Kritik an Kant verursacht heftige Reaktionen, so zum Beispiel von Vaihinger, Krause und dessen Gesinnungsfreund August Classen, deren Widerlegung der kantischen Interpretation durch Fischer auf dem unvollendeten Werk Kants basiert. Fischer begegnet ihnen mit einem Artikel in der Münchener *Beilage zur Allgemeinen Zeitung*, worin er seine vorherige Darstellung des „*opus postumum*" verteidigt. Darüber hinaus fügt er jetzt hinzu, diese Schrift habe keine geschichtliche Wirkung und daher auch keinen historischen Wert.[9]

Trotz des ab 1884 in der Kant-Forschung allmählich wachsenden Interesses am *Opus postumum* überlebt ein tiefes Vorurteil in Bezug auf seinen Wert.[10] Ernst

berg 1882, 304–309), wenngleich der Autor einräumt, dass das Manuskript nichtsdestoweniger von biografischem Interesse sei: „The manuscript gives an insight into the state of Kant's mind and the character of his intellectual occupations towards the close of his life." (ebd., 308).

9 Fischer 1884, 2169. Fischer begründet nun seine Position zu einigen Auszügen aus der Reicke-Arnoldt-Ausgabe. Er gesteht jedoch indirekt zu, dass das unvollendete Werk Kants von einem gewissen systematischen wie auch biografischen Interesse sei: „Es fehlt nicht an lichteren Stellen, wie es in einem allmählich absterbenden Geiste nicht an lichteren Intervallen fehlt [...]. In der Beschaffenheit dieses Werkes sehen wir den Philosophen vor uns, wie er fortschreibt, ohne fortzuschreiten." (ebd., 2171). Zudem erklärt er sich bereit, in der Beurteilung des Werkes erst dann sein letztes Wort zu sprechen, sobald es vollständig und ungekürzt erschienen sei. Er widerspricht dadurch seiner früheren Behauptung, man dürfe den Wert dieser Schrift „unbesehen" bezweifeln. Kurz darauf folgt die energische Reaktion Arnoldts, eines Freundes von Fischer. Arnoldt beweist in einem privaten Brief, dass die Materialien des Manuskripts nicht für nahezu wertlos gehalten werden dürfen. Sie sind Arnoldt zufolge für die Biografie Kants beachtenswert und enthalten wichtige Beiträge zu verschiedenen Themen (Arnoldt 1911, 366 f.). In seiner Antwort an Arnoldt gibt der Philosophiehistoriker zu, dass die Debatte über den Wert der letzten Schrift Kants nicht weiter apriorisch, sondern nur anhand der vollständigen und diplomatischen Ausgabe derselben durchgeführt werden könnten (ebd., 374 ff.). Er fügt hinzu, dass, „wie die Dinge liegen, die Herausgabe des Werks nicht mehr unterbleiben kann, und man dieselbe dem Publikum schuldig geworden" (ebd., 376) sei. In den später verbreiteten Auflagen des jetzigen vierten Bandes seiner *Geschichte der Philosophie* über Kant vertritt Fischer die Ansicht, dass die in der Reicke-Arnoldt-Ausgabe veröffentlichten Texte die grundsätzliche Wertlosigkeit des *Opus postumum* beweisen (Fischer 1928, 139–143, insbesondere 141).

10 Vgl. Franz Staudingers (1849–1921) Apologie des Urteils Fischers über das *Opus postumum* (Staudinger 1886) sowie die summarischen Berichte von Friedrich Paulsen in seinem Kant-Buch (Paulsen 1924, 289 f. Anm.), Wilhelm Windelband (Windelband 1900, 437) und Karl Vorländer (Vorländer 1911, 201 f.) zur Frage der Wertlosigkeit der Nachlassschrift Kants. Sogar die Kant-Kommission – zumindest unter dem Vorsitz von Benno Erdmann – lehnt Adickes' Vorschlag eines vollständigen Abdrucks des Manuskripts in der Akademie-Ausgabe wiederholt ab (vgl. Stark 1993, 101 f.). Den Abdruck eines Werkes, „das nach den Bedingungen seines Ursprungs und seinem inhaltlichen Bestande mit allen Zeichen gedanklicher Senilität behaftet ist", hält

Cassirer spricht sich in einer nuancierteren Form gegen die Rezeption des kantischen „Alterswerkes" aus. Sätze und Definitionen aus dieser Schrift entfalten nach seiner Auffassung *für sich allein keine Beweiskraft*. Sie dürfen in seinen Augen nur in dem Maße, in dem sie „durch kantische Äußerungen aus den kritischen Hauptwerken gestützt und erläutert werden können, [...] mit Recht als ergänzende Bestimmungen hinzugezogen werden"[11]. Nach dem Erscheinen der eingehenden Studie von Adickes über das *Opus postumum* im Jahr 1920 erheben sich nur noch wenige Stimmen in der Kant-Forschung gegen die Rezeption dieses Werkes.[12]

Im Endeffekt wurde anhand zweier Argumente versucht, die Rezeption des *Opus postumum* in der Forschung abzulehnen: Kants Senilität und die Normativität der kritischen Philosophie. Die Meinung, beim *Opus postumum* handle es sich nur um eine Sammlung seniler, wertloser Gedanken, geht auf Wasianski und Schulz zurück; sie fand in Fischer einen maßgebenden Vertreter. Dieses Argument erwies sich aber als Vorurteil und konnte leicht entkräftet werden, sobald eine direkte Kenntnis des Nachlasswerks dank seiner Veröffentlichung möglich war.

Erdmann „nur [für] den Ausdruck einer irre geführten Pietät" (Akte der Kant-Kommission, II – VIII, 157, fol. 149 – 157, zitiert in Stark 1993, 101).

11 Cassirer 1911, 479. In seiner Kant-Biografie wird Cassirer das Nachlasswerk als ein „Chaos" klassifizieren, woraus nichtsdestoweniger bisweilen „einzelne Gedanken von erstaunlicher Kraft und Tiefe [leuchteten] – Gedanken, die in der Tat geeignet [seien], das Ganze des Systems noch einmal zu erhellen und bis in seine letzten Gründe hin sichtbar zu machen." Cassirer befindet weiter: „Insbesondere über die methodische Bedeutung des Gegensatzes von ‚Ding an sich' und ‚Erscheinung' finden sich hier Aufschlüsse, die man in gleicher Bestimmtheit und Schärfe in den früheren Werken vergebens suchen würde." (Cassirer 1918, 436 f.).

12 Max Wundt behauptet noch 1924, dass das *Opus postumum* keinen Beitrag zur Erklärung der Metaphysik Kants leiste (Wundt 1924, 295 f.). Hugo Falkenheim, ein persönlicher Freund Kuno Fischers, versucht sich an einer aussichtslosen Apologie der Thesen des Philosophiehistorikers über das *Opus postumum* (Falkenheim 1928, 660 – 665). Spuren dieses Vorurteils über das *Opus postumum* finden sich auch in der Rezension von Theodor M. Greene zum ersten Band der Buchenau-Lehmann-Ausgabe: „[The fragments which constitute the *Opus postumum*] give some suggestions of how he was attempting, as a very old man, to approach these problems; and occasionally they hint at possible solutions which might, even today, be fruitfully explored. Duly interpreted, many of these fragments do, moreover, serve to strengthen certain interpretations of Kant's main arguments in his earlier writings. Were Kant a lesser philosophical figure, the labor and piety devoted to these volumes could hardly be justified [...]." (Greene 1937, 554). Gerade in Greenes Rezension zum zweiten Band der Akademie-Ausgabe des *Opus postumum* kann eine *retractatio* ausgemacht werden: „[...] the *Opus postumum*, despite its obvious limitations, is a work which Kantian scholars will have to take more seriously than they have in the past." (Greene 1939, 552). Noch in seiner Kant-Bibliografie schließt Manfred Kühn seinen Bericht über die Entwürfe zum *Opus postumum* (Kühn 2003, 472 – 478) minimierend ab, indem er sie als „für Kants bestes Denken [...] nicht repräsentativ" und „für Kants philosophisches Vermächtnis [...] von untergeordneter Bedeutung" bewertet (ebd., 478).

Denn Zeichen der Senilität treten allein in *Conv. I*, dem spätesten Entwurf, in nennenswertem Maße auf. Die Entwürfe zum *Opus postumum* sind zwar unvollständig und weisen es eindeutig als *work in progress* aus. Aber es wäre verfehlt zu behaupten, sie spiegelten lediglich die Erzeugnisse eines verwirrten Geistes wider: Selbst an den Stellen, an denen Kants Gedanken keinen systematischen Zusammenhang ergeben und eher wie mehr oder weniger inspirierte Aphorismen aussehen, kann man über ihren Wert erst nach einer kritischen Auseinandersetzung mit den Texten den Stab brechen. Mit anderen Worten: Die Rezeption des *Opus postumum* konnte nicht *a priori* abgelehnt werden, wie bereits Buchholz mit eindeutiger Berechtigung urteilt.

Das zweite Argument, angeführt von Fischer sowie von Cassirer, setzt voraus, dass die kritischen Hauptwerke den abgeschlossenen Kanon der kantischen Schriften ausmachen. Die Äußerungen im *Opus postumum* könnten also die „kanonische" Lehre von Kant in keinerlei Hinsicht bereichern, so die strengere Fassung von Fischer. Sie dürften ihr höchstens als „ergänzende Bestimmungen" hinzugefügt werden, wie Cassirer bereit ist zu konzedieren. Dementsprechend seien eventuelle Abweichungen von der normativen kritischen Denklinie kurzerhand abzulehnen. Das *Opus postumum* erweise sich daher auf jeden Fall als prinzipiell irrelevant für die Betrachtungsweise der kantischen Philosophie.

Auch dieses zweites Argument gegen die Rezeption des *Opus postumum* blieb jedoch erfolglos. Denn bereits mit den frühesten interpretatorischen Beiträgen wurde klar, dass Kants Reflexionen in einem Maße reich und originell waren, dass man ihren Wert nicht nur aufgrund der Norm der kritischen Hauptschriften beurteilen konnte. Vielmehr stellte das *Opus postumum* die Annahme der Abgeschlossenheit des „kritischen Geschäfts", so wie es in den Druckwerken ausgeführt wurde, infrage. Sei es als Revision oder als Weiterentwicklung der kritischen Philosophie – das *Opus postumum* musste als ein neues Stadium des kantischen Denkens anerkannt werden.

1.2 Krause

Kants nachgelassenem Manuskript widmet Albrecht Krause[13] drei Veröffentlichungen: *Immanuel Kant wider* Kuno *Fischer zum ersten Male mit Hülfe des ver-*

13 Caesar Ernst Albrecht Krause (1838–1902) studierte in Breslau, Jena und Berlin Evangelische Theologie und Philosophie. 1861 promovierte er in Jena im Fach Philosophie. 1862 legte er das theologische Examen in Hamburg ab und trat das Amt als Diakon an der Hamburger Hauptkirche St. Katharinen an. 1895 wurde er, ebenfalls an der Katharinen-Kirche, Hauptpastor – ein Amt, das er bis zu seinem Tod ausübte. Neben einer ausgesprochen intensiven Aktivität als

loren gewesenen Kantischen Hauptwerkes: Vom Übergang von der Metaphysik zur Physik *vertheidigt* (1884), *Das nachgelassene Werk Immanuel Kant's:* Vom Uebergange von den metaphysischen Anfangsgründen der Naturwissenschaft zur Physik *mit Belegen populär-wissenschaftlich dargestellt* (1888), *Die letzten Gedanken Immanuel Kant's. Der Transzendental-Philosophie höchster Standpunkt:* Von Gott, der Welt und dem Menschen, welcher beide verbindet. *Aus Kant's hinterlassenem Manuskript* (1902). In diesen Schriften – vor allem in den beiden letzten – liefert Krause seine Rekonstruktion des Gedankengangs im Nachlasswerk. Im folgenden Abschnitt sind zunächst Krauses Schriften und seine Theorie der „zwei Werke" im Allgemeinen darzustellen (1.2.1), anschließend gilt es die Hauptlinien seiner systematischen Darlegung der „Nachlasswerke" zu behandeln (1.2.2 – 1.2.9) und schließlich seine Auffassung von Kants empirischem Realismus zu diskutieren (1.2.10).

1.2.1 Schriften über das Nachlasswerk: die „Zwei-Werke-These"

Der Titel der Schrift Krauses von 1884 verrät bereits die deutlich polemische Einstellung zu Fischer.[14] Krause wirft dem Philosophiehistoriker in erster Linie vor,

Prediger und Seelsorger betrieb er mit großer Leidenschaft die Kant-Forschung. Mit seinem Namen verbindet man in der Wissenschaft vor allem seine Kontroverse mit Kuno Fischer und seine Veröffentlichungen über das *Opus postumum.* Zu Krauses Rolle in der Geschichte der Edition des Manuskripts vgl. Anh. 2, vor allem A2.3 – A2.5.

14 Diese Schrift stellt nur eine Episode des Streites zwischen Krause und Fischer dar. 1881 erscheint Krauses *Populäre Darstellung von Immanuel Kant's* Kritik der reinen Vernunft. *Zu einem 100jährigen Jubiläum,* worin eine Auffassung von der kantischen Lehre des Dinges an sich verteidigt wird, die der im dritten Band von Fischers *Geschichte der neueren Philosophie,* deren dritte Auflage 1880 erschienen war, dargestellten Sichtweise widerspricht. Zusammen mit dem Ophthalmologen und Kantianer August Classen (1835 – 1889) greift der Hamburger Hauptpastor den Philosophiehistoriker außerdem mit einem 1882 in der Zeitschrift *Die Grenzboten* anonym veröffentlichten Artikel an (vgl. Classen und Krause 1882). Krause und Classen kritisieren Fischers Ansicht, es gebe einen Widerspruch zwischen beiden Ausgaben der *Kritik der reinen Vernunft,* insbesondere was die Lehre des Dinges an sich und die Widerlegung des Idealismus betreffe. Fischer bekräftigt seine Stellungnahme wiederum 1883 mit dem Buch *Eine Kritik der Kantischen Philosophie,* worauf beide, Krause und Classen, ihrerseits reagieren: der eine mit der Schrift *Immanuel Kant wider Kuno Fischer,* in der er den Philosophiehistoriker erstmalig anhand der neu erschienenen Teile der Reicke-Arnoldt-Ausgabe des kantischen Nachlasswerks attackiert, der andere kurz danach mit einem Artikel in *Die Grenzboten,* in dem er die neue Stellungnahme Krauses gegen Fischer unterstützt (vgl. Classen 1884). Fischer versucht durch den bereits erwähnten Artikel von 1884, sich gegen diesen weiteren Angriff zu verteidigen, indem er die Beweiskraft des letzten Werkes Kants zurückweist. Pasquale D'Ercole (1831 – 1917), der in

Kants Nachlasswerk unterschätzt[15] und den Begriff des Dinges an sich missverstanden zu haben. Denn Fischer hält die Konzeption des Dinges an sich in der *KrV* für widersprüchlich, da Kant es teils idealistisch, teils realistisch darstelle.[16] Krause behauptet hingegen, dass sich diese vermeintlichen Widersprüche gerade durch das „neue Werk“ aufklären ließen.

Bereits 1888 stellt Krause in seiner Deutung des *Opus postumum* die Hypothese auf, dass das kantische Manuskript Stoff nicht für eine einzige, sondern für zwei verschiedene Schriften enthalte.[17] Er erwähnt diese These erneut in seinem Buch von 1902.[18] Der Hamburger Pastor betrachtet das erste Werk als so gut wie vollendet. Es trage den Titel *Vom Übergang von den* MAN *zur Physik* und sei in seinem Buch von 1888 herausgegeben worden. Kant habe ferner geplant, das Elementarsystem (oder Lehrsystem) der bewegenden Kräfte der Materie des Übergangswerks durch ein Weltsystem der Physik zu ergänzen. Er habe diesen Plan später erweitert und darin einen Teil über die Verbindung der physikalischen mit der moralischen Welt eingefügt, was ein System der reinen Philosophie in ihrem ganzen Inbegriff habe bilden sollen. Der Entwurf dieses Systems entspreche dem 1. Konvolut des Manuskripts. Das zweite Manuskriptwerk sei also nur ein Entwurf und führe den Titel *System der reinen Philosophie in ihrem ganzen Inbegriff* oder *Der Transzendentalphilosophie höchster Standpunkt: Von Gott, der Welt und dem Menschen, welcher beide verbindet.*[19] Dem zweiten Werk widmet Krause sein Buch von 1902, das im Jahr seines Todes erscheint.

Die zwei Werke im hinterlassenen Manuskript entsprechen nach Krause zwar unterschiedlichen thematischen Einheiten. Sie stehen seiner Einschätzung nach

Italien über die Reicke-Arnoldt-Ausgabe berichtet (D’Ercole 1884), stellt sich in dem Streit zwischen Krause und Fischer auf die Seite Fischers (D’Ercole, 1885). Daran schließt sich die heftige Rezension zu *Immanuel Kant wider Kuno Fischer* von Franz Staudinger in den *Philosophischen Monatsheften* (Staudinger 1886) an, in der Fischers Auffassung von Kants Lehre des Dinges an sich sowie das negative Urteil des Philosophiehistorikers über das *Opus postumum* entgegen Krauses Behauptungen verteidigt wird. Die eben erwähnten Reaktionen auf Krauses *Immanuel Kant wider Kuno Fischer* (Classen 1884, Fischer 1884, Staudinger 1886) bringen bezüglich der Interpretation von Kants Manuskript keinen weiteren bedeutenden Beitrag.

15 Fischer lässt die Passage über das *Opus postumum* in der zweiten und dritten Auflage des dritten Bandes seiner *Geschichte der neueren Philosophie* so gut wie unverändert. In seiner Schrift *Eine Kritik der Kantischen Philosophie* von 1883 widmet Fischer Kants Nachlasswerk, selbst nachdem bereits 22 Bogen des Manuskripts in der Reicke-Arnoldt-Ausgabe erschienen sind, kein einziges Wort.

16 Vgl. Fischer 1883, 73 (in der Auflage von 1892: 238 f.) und 60 (in der Auflage von 1892: 225 f.).

17 Vgl. Krause 1888, 93 und 126.

18 Vgl. Krause 1902, 3 und 115.

19 In seinem Buch von 1888 erwähnt Krause das zweite Werk mit dem ersten Titel, im Buch von 1902 wird es mit dem zweiten Titel benannt.

jedoch in einem engen systematischen Verhältnis zueinander und werden von Kant in ein größeres philosophisches System eingegliedert, das aus einer einheitlichen, homogenen Entwicklung des Denkens über fünf Stufen entspringt: Die unterste Stufe entspricht den drei *Kritiken*. Darauf folgen die *metaphysischen Anfangsgründe* (der Naturwissenschaft, der Rechtslehre, der Tugendlehre und der Religionslehre). Als Drittes nennt Krause den *Übergang* von den metaphysischen Anfangsgründen: a) zur Physik und b) zum Recht. Die noch von Kant selbst geleisteten *Elementarlehren* der Physik, Tugendlehre und Rechtslehre bilden die vierte Stufe. Die fünfte und höchste Stufe setzt die vier erwähnten Vorstufen voraus. Ihre Aufgabe ist die Vereinigung der drei geistigen Vermögen des Verstandes, des Willens und der Urteilskraft. Das entsprechende System oder die entsprechende Wissenschaft heißt „der Transzendentalphilosophie höchster Standpunkt“[20]. Das Manuskript hat nach Krause zwar nicht die Einheit einer einzelnen Arbeit, geschweige denn die Einheit eines vollendeten Werkes. Es besitzt seiner Einschätzung nach allerdings die Homogenität und die globale Kohärenz, die aus ein und demselben Denken entstehen. Diese Überzeugung bildet den Hintergrund aller Untersuchungen Krauses über die beiden hinterlassenen Schriften Kants.[21]

Krauses Buch von 1888 bietet also eine systematische Rekonstruktion des Übergangswerks. Nach der „Vorrede“ und der „Einleitung“ gliedert sich Krauses

---

20 Vgl. Krause 1902, 11 f.

21 Auf die Existenz zweier verschiedener hinterlassener Werke in der kantischen Handschrift weisen auch Pflugk-Harttung (Pflugk-Harttung 1888, 31 und 39) und Vaihinger (Vaihinger 1891, 734; Vaihinger 1911, 721 f.) hin. Dazu würden die von Reicke und Arnoldt herausgegebenen Teile aus den Konvoluten 1 und 7, wie auch wohl der Bogen 19 des 10. Konvoluts (also die gesamten Entwürfe 12 und 13) gehören. Auf Vaihingers Hypothese der Verteilung der Materialien basiert auch die Abhandlung von Keferstein (Keferstein 1892, 4). Obwohl Vaihinger gerade Krauses Darstellung des Übergangswerks bespricht, schweigt er über dessen Zwei-Werke-These. Karl Friedrich Heman erklärt 1904, er habe unabhängig von Krause und Vaihinger erkannt, dass es zwei verschiedene Werke im hinterlassenen Manuskript Kants gebe, welche von Naturwissenschaft bzw. von Transzendentalphilosophie handelten (Heman 1904, 169 Anm., 172 und 175 Anm.). Er suggeriert, dass zum zweiten Werk das 1. Konvolut und die Bogen 5 – 8 des 7. Konvoluts gehörten (ebd., 179). Nachträglich habe Vaihinger ihn darauf aufmerksam gemacht, dass er eine ähnliche Hypothese bereits 1891 formuliert habe. Auch bei dieser Gelegenheit weist Vaihinger auf die frühere Formulierung der Vermutung durch Krause offensichtlich nicht hin. Später wurde einfach ignoriert, dass die Zwei-Werke-These von Krause stammt, und sie wurde Vaihinger zugeschrieben. Friedrich Pinski behauptet bereits 1911, die Zwei-Werke-These sei 1891 von Vaihinger zum ersten Mal aufgestellt worden und die Studien von Heman und Krause (1902) gäben ausführliche Auskunft dazu (Pinski 1911, 12 f.). Noch Reinhard Brandt und Stefan Schulze halten Vaihinger und nicht Krause für den Urheber der Zwei-Werke-These (Brandt 1991, 4 f., bzw. Schulze 1994, 73).

Darstellung in drei Hauptteile. Der erste handelt von den Begriffen „Physik“ und „Übergang“, der zweite von der Materie, der dritte von den bewegenden Kräften. Der Hamburger Pastor ist davon überzeugt, dass trotz des hochgradig fragmentarischen und unvollständigen Zustands des 1. Konvoluts auch der Gedankengang des zweiten Werkes rekonstruierbar sei.[22] Dementsprechend erarbeitet er eine mögliche Gliederung der Schrift. Nach Titelblatt, Vorrede und Einleitung kommen drei Abteilungen – eben über Gott, die Welt und den Menschen, der beide verbindet – und der „Beschluss“.[23]

1.2.2 Die „Kluft“ zwischen Metaphysik und Naturwissenschaft

Die „Vorrede“ des *Übergangs* stellt die Problematik des Werkes dar, welche sich aus der Trennung zwischen metaphysischen und physikalischen Untersuchungen ergibt.[24] Krauses Deutung lässt sich wie folgt zusammenfassen:

Die Physik kann ohne Unterstützung der Philosophie niemals zu einem Erkenntnissystem werden. Die Untersuchung der Natur beruht zwar zunächst auf Observation und Experiment, zwei Methoden, für welche die Spekulation keinerlei Nutzen bringt. Der Physiker nimmt danach jedoch Kräfte und Gesetze an, welche eine möglichst große Anzahl von Naturphänomenen auf einmal erklären sollen. Schließlich muss er noch das Aggregat dieser Kräfte und Gesetze als ein einheitliches Ganzes gestalten, um die Natur als Kosmos und nicht als Chaos erscheinen zu lassen. Die höchste Aufgabe des Naturwissenschaftlers besteht also darin, ein einheitliches System des Ganzen der bewegenden Kräfte der Natur zu schaffen.

Die Annahme von Kräften und Gesetzen kann jedoch auf empirischem Wege nicht gelingen. Denn es geht bei Kräften und Gesetzen nicht um wahrnehmbare Gegenstände. Um thermodynamische Vorgänge zu erklären, nimmt man z. B. die Existenz der Wärme an, die in Gestalt von Schwingungen der Moleküle gebildet wird. In der Optik hat man die Hypothese des Äthers aufgestellt, dessen billionenfache Vibrationen Licht und Farben hervorbringen. Ebenso musste Newton die Gravitation als eine Wirkung in die Ferne denken. Nun sind neben der Molekularerschütterung auch die Ätherwellen sowie die Gravitation keine wahrnehmbaren Gegenstände. Sie sind Hypothesen, theoretische Begriffe und als solche

---

22 Krause 1902, 4.

23 Krause 1902, 7. Der Anhang am Schluss von *Die letzten Gedanken Immanuel Kant's* bietet eine Übersicht über die Hauptpunkte der Lesart der zwei kantischen Manuskriptwerke von Krause (Krause 1902, 115–132).

24 Vgl. Krause 1888, 1–8.

bloße Gedanken. Ferner kann die Mathematik die Anzahl der Molekularvibrationen zwar errechnen oder das Gesetz der Gravitation in Formeln angeben. Sie kann aber Wärme, Äther oder Gravitation nicht erfinden. Diese müssen zunächst angenommen werden, erst danach können ihre Wirkungen und Eigenschaften mathematisch konstruiert werden. Der Physiker benötigt also Hypothesen zur Untersuchung der Natur, die weder aus Beobachtungen und Experimenten noch aus der Mathematik erzeugt werden, sondern gedanklicher Natur sind und darum jenseits der Grenzen der naturwissenschaftlichen Methode liegen.

Im Unterschied zur Physik befasst sich die Metaphysik mit bloßen Begriffen. Eine echte Metaphysik der Natur soll dementsprechend vom allgemeinsten Begriff der Physik überhaupt handeln, nämlich von der Materie. Denn sie entspricht gerade jenem Begriff, der in der Physik keinesfalls vermieden werden kann. Eine Metaphysik der Materie hat Kant in den *MAN* vorgelegt, welche alle Merkmale des Begriffes der Materie bestimmt. Die Materie wird dort definiert 1) als „das Bewegliche im Raume“[25], 2) als „das Bewegliche, sofern es einen Raum erfüllt“[26], 3) als „das Bewegliche, so fern es als ein solches bewegende Kraft hat“[27] und 4) als „das Bewegliche, so fern es als ein solches ein Gegenstand der Erfahrung sein kann“[28]. Diese Bestimmungen sind allerdings rein analytisch und keineswegs empirisch. Die *MAN* beschäftigen sich also mit einem Gegenstand der Physik, ohne jedoch die Grenze zur empirischen Physik zu überschreiten.

Physik und Metaphysik der Natur handeln von demselben Gegenstand – der Materie –, aber sie gehen von zwei völlig verschiedenen Standpunkten aus. Die eine Disziplin liefert eine *synthetische* Erkenntnis *a posteriori*, die auf *Wahrnehmung* beruht. Die Erkenntnis der anderen ist allein *analytisch*, *a priori* und auf *Denken* basiert. Sie besetzen zwei verschiedene Gebiete der Erkenntnis, welche durch eine tiefe Kluft getrennt sind. Die Frage laute, so fährt Krause in seiner Deutung Kants fort, ob es möglich sei, eine Brücke zwischen beiden Gebieten zu schlagen.[29] Dazu bedürfte es einer dritten Wissenschaft, die weder ein Teil der Physik noch ein Teil der Metaphysik sei. Eine solche Wissenschaft müsste „Übergang von den *MAN* zur Physik“ heißen. Ihre Aufgabe wäre es, das System aller denkbaren bewegenden Kräfte der Natur, nämlich die bewegenden Kräfte nach den vier Klassen der Kategorien (Quantität, Qualität, Relation und Modalität) *a priori* anzuordnen. Ein solches System wäre zwar lediglich ein Produkt des Denkens, ein metaphysisches Gebäude, das nur „leere Fächer“ enthalten würde.

---

25 *MAN*, AA 4: 480.6.
26 *MAN*, AA 4: 496.6.
27 *MAN*, AA 4: 536.6 f.
28 *MAN*, AA 4: 554.6 f.
29 Diese Frage wird in der „Einleitung“ dargestellt (Krause 1888, 9 – 17).

Trotzdem könnte die Physik in diese leeren Fächer die bewegenden Kräfte der Materie, die sie aufgespürt hat, systematisch einordnen. Dadurch wäre es gelungen, die Physik zu systematisieren.

Um ein System der Natur zu werden und nicht ein bloßes Aggregat von empirischen, willkürlichen Hypothesen zu bleiben, setzt die Physik Krauses Interpretation zufolge drei Erkenntnisse voraus: a) die analytischen Bestimmungen der Materie überhaupt, die in den *MAN* festgestellt werden, b) die synthetische Bestimmung der Existenz der Materie überhaupt und der materiellen bewegenden Kräfte als Gegenstand der Erfahrung, die der Übergang von den *MAN* zur Physik liefern soll, und c) das System der empirischen Tatsachen der Physik.

1.2.3 Erweiterung des kritischen Standpunkts

Der erste Hauptteil des *Übergangs von den* MAN *zur* Physik handelt nach Krauses Darstellung von den folgenden Fragen: a) Was ist die Physik und wie ist sie möglich?[30] und b) Was ist der Übergang und wie ist er möglich?[31] Was Definition und Bedingungen der Möglichkeit der Metaphysik betrifft, hält sich Kant hingegen an die Resultate der *KrV* und der *MAN*. Im Manuskript finden sich Krause zufolge etwa 100 Versuche Kants, die Physik zu definieren.[32] Als besonders prägnant stelle sich ihre Definition in dieser Formulierung dar: „Physik ist die Lehre von den bewegenden Kräften, welche der Materie eigen sind."[33] Wie ist aber die Physik als System der bewegenden Kräfte der Materie möglich? Um diese Frage zu beantworten, greift das Übergangswerk nach Krauses Rekonstruktion des kantischen Denkens zunächst auf die Resultate der *KrV* zurück.

Nach der kritischen Philosophie beschäftige sich die Physik, so Krause, nicht mit „Dingen an sich", die bloße Gedanken seien, sondern mit Phänomenen, also mit *wahrnehmbaren* Gegenständen. Ein Gegenstand sei eine Erscheinung, nicht weil und wenn er von einem empirischen Subjekt tatsächlich *wahrgenommen werde*, sondern weil er *wahrgenommen werden könne*. Krause verwendet dafür den Ausdruck „Gegenstand an sich". Er sei kein „Ding an sich", aber auch kein „Gegenstand für mich", der nur existiere, wenn man ihn als empirisches Subjekt wahrnehme. So vermeidet Kant nach Krause sowohl den Idealismus wie auch den Sensualismus. Ein „Gegenstand an sich" sei unabhängig von der Wahrnehmung

30 Vgl. Krause 1888, 20–50.

31 Vgl. Krause 1888, 51–93.

32 Dennoch widmet Krause der Definition der Physik im *Übergang* nur zwei Seiten (Krause 1888, 20 f.).

33 Zitiert nach Krause (Krause 1888, 21; vgl. *OP*, RA B 64 = AA 21: 166.27 f. = II 7).

der empirischen Subjekte, aber nicht von der Organisation des Menschen überhaupt. Das Licht existiere, unabhängig davon, ob man es sehe oder nicht. Es sei ein Phänomen, weil jeder Mensch es *unter den richtigen Umständen* immer sehen werde. Daher lasse sich die Natur definieren als der Inbegriff der Gegenstände möglicher Wahrnehmung. Daraus ergebe sich die erste Bedingung für die Physik: ohne Wahrnehmbarkeit keine Natur. Die Möglichkeit der Wahrnehmung setze nun unser Bewusstsein. Die Gegenstände könnten sich uns ankündigen, weil wir einen Körper und einen Geist hätten, die in der Zweiheit synthetische Einheit besäßen.[34]

Krause führt seine Darstellung wie folgt weiter: Materielle Bewegungen reizen unsere Nerven nur durch bestimmte Organe. Denn 200 Billionen Ätherwellen, die auf das Ohr prallen, erzeugen keinen Klang. Die Fähigkeit, eine Ankündigung zu empfangen, heißt Rezeptivität. Das einzelne Empfangene heißt Empfindung und eine Empfindung mit Bewusstsein heißt Wahrnehmung. Die Wörter „Anschauung" und „Wahrnehmung" bezeichnen sowohl das Objekt als auch die Tätigkeit, also sowohl „das Angeschaute" bzw. „das Wahrgenommene" als auch „das Anschauen" bzw. „das Wahrnehmen". Die Wahrnehmung zeigt nicht das Wahrnehmen des Subjekts, sondern das wahrgenommene Objekt. Denn ich sehe nicht mein Sehen, sondern Licht. Beim Eintritt einer Wahrnehmung sondert sich die Tätigkeit des Subjekts von ihrem Inhalt ab. Ohne Inhalt keine Tätigkeit, d. h. ohne Wahrnehmung, ohne Empfindung, ohne Reizung der Nerven, ohne materielle Vorgänge gibt es kein Bewusstsein. Ohne Scheidung zwischen tätigem Subjekt und erworbenem Objekt, also ohne Bewusstsein, ist keine Physik möglich.

Was die Objekte der verschiedenen Sinne – die gesehenen, die gehörten, die ertasteten Objekte – gemeinsam haben, ist Krauses Ausführungen zufolge, dass sie einen Raum und eine Zeit einnehmen. Die entsprechenden Tätigkeiten – das Sehen, das Hören, das Tasten –, setzen die prinzipielle Fähigkeit zu empfangen voraus. Die Objekte der Fähigkeit des Empfangens überhaupt sind Raum und Zeit. Die Empfänglichkeit heißt der äußere Sinn. Raum und Zeit werden im Übergangswerk nach Krause als „allgemeine Gegenstände" betrachtet, in welche sich die äußeren Gegenstände der Sinne einordnen lassen. Das Empfangen an sich soll das reine Anschauen sein, Raum und Zeit die reine Anschauung. Raum und Zeit bilden die Formen der Anschauung im Gegensatz zu ihrem Inhalt, d. h. dem, was als weich, hart, laut, grün usw. empfunden wird. Dass alles Empfangen durch die allgemeine Fähigkeit zu empfangen, d. h. durch das reine Anschauen, dessen Gegenstände Raum und Zeit sind, geschieht, ergibt nach Krauses Interpretation,

34 Krause legt das enge Verhältnis des transzendentalen Apparats zur Physiologie der Sinnesorgane und des Gehirns bereits in seiner Abhandlung von 1884 dar, das er für ein entscheidendes Resultat des „neuen Werkes Kants" hält (vgl. Krause 1884, 32–47).

dass wir das Empfangene als Gegenstand vor uns, also als Vorstellung in Raum und Zeit, betrachten. Eine „Erscheinung" ist ein aufgrund der Empfindung und Wahrnehmung in Raum und Zeit angeschauter Gegenstand.

Wir sehen das Licht, nicht das Sehen. Ebenso schauen wir Krause zufolge Raum und Zeit, nicht das reine Anschauen. Wir können uns selbst durch unsere eigene Tätigkeit affizieren. Das ergibt aber nicht, dass wir unsere Tätigkeit anschauen, sondern dass wir uns selbst als Gegenstand setzen. Ein bewusstes Wesen konstituiert sich selbst als ein räumliches, körperliches, sinnliches Wesen, welches von den Bewegungen der Materie affiziert werden kann. Darum besteht die oberste Natur des Bewusstseins darin, „das eine und identische Subjekt, welches Spontaneität und Receptivität besitzt, zu einem gedachten und angeschauten (nicht zu einem Nicht-Ich) zu machen."[35]

Mit diesem Resultat hat Kant nach Krauses Ansicht die Scheidung zwischen wahrer und scheinbarer Welt abgeschafft. Der physikalische Gegenstand, welcher kein „Ding an sich" ist, ist auch kein bloßer „Schein". Krause behauptet, er sei nichts Trügerisches, „sondern das Sicherste, was wir in unserer Kenntniss besitzen. Der Schein ist eine Art der Erscheinung; denn auch der Schein muss wahrgenommen werden. Die Erscheinung ist aber nicht eine Art des Scheines, denn sie trügt nicht, sie ist das unmittelbar Gewisse."[36] Die Physik beruht nun auf einem sicheren Grund. Krause fährt fort:

> *Die Welt der Erscheinung ist das Sicherste, was es giebt, ebenso wie das Bewusstsein, dass ich denke und bin.* Denn in demselben Processe entsteht auf Grund der Empfindung die Scheidung von Subject und Object. Da nun der Ausgangspunkt aller Sicherheit in der Welt ist, dass ich bin, weil selbst zu einer Täuschung über mich selbst oder dem Zweifel an mir selbst mein Dasein erforderlich ist, und da die Welt der Erscheinungen demselben Acte ihr Dasein verdankt als Object, welchem ich mein Dasein verdanke als Subject, so ist mit der Sicherheit meiner Selbst die Sicherheit der Wirklichkeit der wahrgenommenen Welt oder Welt der Erscheinungen verbürgt.[37]

Die Bezeichnung der Gegenstände der Physik als Erscheinungen ergibt nach Krause, dass es keinen Gegenstand der Physik geben kann, der den Gesetzen des Raumes und der Zeit nicht unterworfen wäre. Das ermöglicht die Anwendung der Mathematik auf die Physik und gibt der Physik die apodiktische Sicherheit der Mathematik. Nun haben die Wahrnehmungen noch nicht die Einheit *einer* Erfahrung, denn die bloße sinnliche Zusammenstellung ist noch keine Verbindung zu Erkenntnissen. Diese Verbindung erfolgt erst in Begriffen, die in vier Klassen

---

35 Krause 1888, 33.
36 Krause 1888, 35.
37 Krause 1888, 36.

aufgeteilt sind: Quantität, Qualität, Relation und Modalität. Noch kürzer zusammengefasst lautet nach Krauses Deutung die kantische Antwort auf die Frage, wie die Physik möglich sei: „Sie ist dadurch möglich, dass die Natur Erscheinung, Erscheinung in Raum und Zeit ist, Raum und Zeit unter den Functionen der Synthesis, d. i. unter dem System des reinen Verstandes stehen, welches die Functionen alles Bewusstseins bilden.“[38]

1.2.4 Philosophische Untermauerung der Physik durch die Übergangslehre

KrV und *MAN* zeigten, so setzt Krause seine Erörterung des kantischen Gedankengangs fort, unter welchen Bedingungen die physikalische Welt mathematisch vorstellbar und rein analytisch denkbar sei. Der Begriff einer solchen Welt entspreche aber nur einem leeren Gefäß, welchem noch der Inhalt fehle. Die nächste Frage laute also, ob und wie sich die Objekte der verschiedenen physikalischen Disziplinen – Schall, Licht, Wärme, Elektrizität usw. – in jenes Schema einordnen ließen, d. h., ob und wie dasjenige, was *a posteriori* und nur *a posteriori* sei, *a priori* bestimmt werden solle.[39] Mit diesem nur scheinbar befremdlichen, ja widersinnigen Problem beschäftige sich, so Krause, Kants Übergangslehre. Sie solle die Brücke sein, welche die Metaphysik mit der Naturwissenschaft verbinde. Die kantische Antwort auf die Frage „Was ist der Übergang?“ lautet also mit den Worten Krauses: „Die Unterordnung der Fülle der physikalischen Gegenstände unter die Systematik der Bedingungen der Erfahrung überhaupt, das ist die neue Wissenschaft: der Übergang von der Metaphysik zur Physik.“[40] Wie ist er nun möglich? Wie kann aus dem empirischen Aggregat ein System des Empirischen werden?

Die Lösung dieses Problems macht Krause zufolge den bedeutendsten Forstschritt des Übergangswerks im Vergleich zur *KrV* und zu den *MAN* aus.[41] Wäre das System der Wahrnehmungen nach den fünf Sinnen geordnet, so würde die einheitliche materielle Welt in fünf Wahrnehmungswelten zerrissen und dem-

---

38 Krause 1888, 59. Eine Darstellung der transzendentalen Vermögen und ihres Korrelats, der Welt, gemäß der ersten *Kritik* anhand ergänzender Belege aus dem „neuen Kantwerk“ verfasst Krause bereits in seiner Abhandlung von 1884 (vgl. Krause 1884, 47–74).

39 „So genügt es nicht“, behauptet Krause, „dass der Metaphysiker die Form der Erfahrung, die Systematik möglicher Wahrnehmungsgegenstände darbiete; er muss die vom Physiker beobachteten und auf einander bezogenen Thatsachen und Gesetze auch in diese Systematik einordnen [...].“ (Krause 1888, 55).

40 Krause 1888, 58.

41 Krauses Betrachtungen basieren auf den Entwürfen *Conv. X/XI* und *Conv. VII* (Krause 1888, 59–93).

entsprechend die Physik in fünf unverbundene Disziplinen gegliedert werden. Wenn aber der Inbegriff der Wahrnehmungen ein einheitliches System ist, so muss ihr Prinzip nicht sinnlich, sondern begrifflich sein. Das bedeutet in Krauses Lesart: „Lassen sich die Inhalte der Empfindung (im Gegensatz zu den Raum- und Zeitbestimmungen) ebenfalls unter die Kategorien unterordnen, so giebt es eine Physik; lassen sie sich nicht unterordnen, so giebt es keine Systematik der empirischen physikalischen Thatsachen und Gesetze.“[42] Der Schematismus der physikalischen Eigenschaften des Objekts ist gerade das, was das Übergangswerk schafft.

1.2.5 Der Schematismus des Empirischen

Diesen Schematismus des Empirischen erörtert Krause folgendermaßen:[43] Die Selbstsetzung des Subjekts als Objekt bildet die erste Möglichkeit, Bewusstsein zu erhalten. Die zweite entspricht der Affektion durch Empfindung. Sobald der Apparat reiner Selbstaffektion aufgrund der Nervenreizungen auf diese reagiert, tritt die Empfindung ein. Empfinden heißt nun, einen reellen Gegenstand zu empfinden, eine materielle Erscheinungswelt anzuschauen. Genauer gesagt erkennt sich das Subjekt bei der Empfindung als einen physischen Körper besitzend und als durch diesen Körper andere reelle Objekte wahrnehmend. Indem jemand seinen Arm bewegt, wird er seinen eigenen Körper als einen Gegenstand in Raum und Zeit, also als eine Erscheinung wahrnehmen. Wenn er nun durch die Bewegung seines Armes eine Kugel aufhebt, erfährt er die Schwere der Kugel.

Das Schwer-Sein der Kugel ist, wie Krause es schildert, auch etwas Wahrnehmbares, metaphysisch betrachtet eine Erscheinung. Da es aber durch eine andere Erscheinung, nämlich die Bewegung des Armes, wahrgenommen wird, ist es eine „Erscheinung der Erscheinung“. Die Kräfte, die dieser Mensch anwendet, um den Arm zu bewegen, können von ihm selbst als Ausübenden nicht in Raum und Zeit angeschaut werden. Er kann sie nur indirekt an ihren Wirkungen erkennen. Sie sind für ihn nur ein indirekter Gegenstand der Erfahrung. Trotzdem sind sie auch das von seiner Betrachtung Unabhängige. In diesem Sinn sind sie „Dinge an sich“. Das subjektive Gefühl der Anstrengung und der Mühe beim Aufheben der Kugel ist wiederum nur die Wirkung der Kräfte auf das Befinden des Ausübenden und darf mit den Kräften selbst nicht verwechselt werden. Zwei Menschen mit verschiedenem Befinden werden sich unterschiedlich stark an-

42 Krause 1888, 62.
43 Vgl. Krause 1888, 63–89.

strengen, um dieselbe Kugel aufzuheben, obwohl beide dieselbe Kraft benötigen, um den Widerstand der Erdanziehung zu überwinden.

Im Übergangswerk bilden nach Krause die physikalischen Bewegungen des eigenen Körpers die sogenannte „Erscheinung vom ersten Rang", die physikalischen Erscheinungen der fremden Körper hingegen die „Erscheinung einer Erscheinung" oder „indirekte Erscheinung" oder auch „Erscheinung vom zweiten Rang". Beide sind Gegenstände der Erfahrung. Im Gegensatz dazu sind die eigenen bewegenden Kräfte des Subjekts – von Krause als „Selbstaffektionen des Subjekts" bezeichnet – zwar aus der Erfahrung erschließbar, denkbar und so sicher vorhanden wie die physikalischen Erscheinungen. Doch sie bilden keinen Gegenstand der Anschauung. Statt Objekt der Erfahrung sind sie Bedingungen der Möglichkeit der Erfahrung. Daher können sie nicht empirisch gefunden und gesammelt, sondern nur *a priori* bestimmt und klassifiziert werden.

Darüber hinaus müssen die Selbstaffektionen den Funktionen des Bewusstseins untergeordnet werden. Krause fährt in seiner Interpretation Kants wie folgt fort: Die Wahrnehmung eines Gegenstands setzt eine dreifache Synthesis voraus. Die erste ist die Synthese der Reproduktion. Wenn man eine Linie zieht, muss man zunächst jeden Teil apprehendieren, dann die ersten Teile reproduzieren und die reproduzierten Teile durch einen Prozess der Synthesis oder der Zusammensetzung als identisch mit den anfangs produzierten erkennen. Dieser Prozess liegt im Subjekt und nicht im Objekt; er gilt sowohl für Raum und Zeit als auch für die Bewegung. Die zweite Synthesis ist diejenige der „Rekognition", der Wiedererkennung. Jemand kann ein Objekt, das er jetzt wahrnimmt, d. h. auf welches er aktuell mit Empfinden reagiert, als dasselbe wie gestern wiedererkennen. Das wäre unmöglich, wenn er eine Kraft, die er am Tag zuvor zur Bestimmung des Gegenstands angewendet hatte, nun nicht wiedererkennen würde. Darum muss er die zwei Kräfte nach Kategorien wiedererkennen und im Bewusstsein vergleichen. In diesem Sinn affiziere das Subjekt sich selbst nach den Kategorien, so Krause.

Jede einzelne bewegende Kraft des Subjekts entspricht einer einzelnen Eigenschaft eines physikalischen Körpers. Nun besitzt ein physikalischer Körper nicht nur eine Eigenschaft; es sind sogar unendlich viele. Ein Bergkristall ist hart, durchsichtig, spröde, klingend usw. Die Sinne liefern uns die Empfindungen, welche den verschiedenen Eigenschaften eines Körpers entsprechen, aber sie setzen sie nicht zusammen. Für Krause entstehen folgende Fragen: Wie beziehen sich dann diese Empfindungen, d. h. die entsprechenden bewegenden Kräfte des Subjekts, auf denselben Gegenstand? Wie setzen sie sich zusammen, und zwar zu festen und fixierten Einheiten? Wie in der *KrV* mache die Zusammensetzung der kategorialen Funktionen die Einheit des Bewusstseins zur Grundlage. So werde auch der Inhalt des Empfangens, nämlich die empirischen Daseinsweisen, einen vollständigen Schematismus des Empirischen, der Materie, bilden, nach welchem sogar die allein empirischen Eigenschaften der Materie systematisierbar seien.

Die Physik beschäftige sich nicht mit dem Mannigfaltigen der subjektiven Wahrnehmungen, sondern mit objektiven Erscheinungen. Ihr reiche es daher nicht, einzelne Kräfte eines Stoffes zu erkennen. Sie müssten alle in ihrer Einheit bestimmt werden. Wenn jeder empirische Gegenstand nach der Einheit aller seiner Kräfte bestimmbar wäre, so wäre er durch reine Bestimmungen erkennbar, es wäre also das *a posteriori* Gegebene *a priori* gemacht.[44]

Bis zu diesem Punkt hat das Übergangswerk nach Krause zu belegen vermocht, dass alles Empfinden auf reaktiven Kräften des Subjekts basiert. Die Fortsetzung der Untersuchung besteht laut Krause im Folgenden: „Wird es uns möglich werden, das Empirische überhaupt zu bestimmen und seine Existenz zu beweisen, seine Systematik, weil es das Bewusstsein erweckt, in den Functionen des Bewusstseins festzulegen, so werden wir unabhängig von dem Irrtum der Sinne auf immer sein."[45]

1.2.6 Der Begriff der Materie und der Ätherbeweis

Der zweite Hauptteil von Krauses Darstellung des ersten nachgelassenen Werkes Kants handelt von der Materie als Gegenstand des Übergangs von der Metaphysik der Natur zur Physik.[46] Die Übergangslehre soll in seiner Lesart einer ganz neuen Wissenschaft entsprechen, die sich in ihrem Objekt sowohl von der Metaphysik als auch von der Physik unterscheidet. Die Physik beschäftige sich, so Krause, mit Gegenständen, die auf Wahrnehmungen beruhten. Die Gegenstände der Metaphysik entsprächen hingegen bloßen Begriffen. Darum dürfe das Objekt des Übergangs von der Metaphysik zur Physik weder aus der Wahrnehmung noch aus

---

44 „Die Bedingungen der Erfahrung", behauptet Krause, „enthalten die Weltgesetze, d. h. diejenigen Gesetze, welchen sich alle erfahrbaren Gegenstände fügen müssen." (Krause 1888, 91). Aus diesem Ergebnis resultiert eine bedeutende Folge für die Methode der physikalischen Untersuchungen: „Man kann statt von den einzelnen Experimenten zu den Weltgesetzen zu gehen, von den Bedingungen der Wahrnehmung ausgehen, d. h. von den allgemeinen denkbaren Kräften, welche in der Möglichkeit der Erfahrung liegen." (ebd.). Es wird jedoch nach Krause immer noch nötig sein zu bestimmen, ob eine empirisch entdeckte Kraft unter diese oder jene erkennbar reaktive Kraft des Subjekts fällt. Dieser Prozess der Unterordnung unter das System der denkbaren Kräfte sei virtuell unendlich. Darum sei der Übergang von der Metaphysik zur Physik prinzipiell erschöpfbar, in der Anwendung ihrer Prinzipien aber so unerschöpflich wie die Möglichkeit möglicher Tatsachen.

45 Krause 1888, 89.

46 Vgl. Krause 1888, 94–125.

dem Denken allein stammen. Dieser Gegenstand müsse dann als prinzipiell wahrnehmbar, d. h. als etwas Reales, gedacht werden, ohne tatsächlich wahrgenommen zu werden. Er dürfe lediglich gedacht werden und dabei doch nicht nur Gedanke sein. Nun gebe es einen einzigen solchen Gegenstand, nämlich die gestaltlose Materie, die Materie als Weltstoff, ehe sie Körper und Stoffe bilde. Kant benennt sie Krause zufolge mit verschiedenen Namen: Äther, Wärmestoff usw. Mit dieser „*materia bruta*" befasse sich die Übergangswissenschaft.

Der Physiker müsse die Existenz der einen bloßen Materie zwar voraussetzen, oder, so Krauses Worte, „Die Erfahrung zwingt ihn, diesen Begriff zu bilden."[47] Trotzdem habe er von ihr keine direkte Wahrnehmung. Um z. B. die drei Aggregatszustände der Materie zu untersuchen, müsse er die reale Existenz der Materie selbst annehmen, obwohl er sie nie unmittelbar beobachten, sondern nur in ihren bestimmten Zuständen erfahren könne. Der Metaphysiker müsse seinerseits die Materie annehmen, welche vor allem Denken real existiere und die Ursache für den Eintritt des Bewusstseins darstelle, da sie die Sinnesreizungen sowie die materiellen Veränderungen im Gehirn erzeuge. Der Begriff der Materie mache also die Grenze zwischen Physik und Metaphysik aus. Dieser Begriff entspreche einem einzigartigen Gegenstand, der keine direkte Erscheinung, aber auch kein ein Ding an sich, d. h. ein bloßer Gedanke sei: einem Gegenstand, welcher erkannt werden könne, ohne unmittelbar wahrgenommen zu werden.

Wie bereits erwähnt unterscheidet Krause zwischen „Ding an sich" und „Gegenstand an sich". Ersteres ist ihm zufolge ein nicht-existierendes Objekt des reinen Denkens. Das Zweitgenannte sei die synthetische Einheit aller seiner Eigenschaften. Werde ein Gegenstand in allen seinen möglichen Eigenschaften bestimmt, so werde seine Existenz festgelegt nach dem Prinzip „*omnimoda determinatio est existentia*".[48] Die Materie sei die synthetische Einheit aller ihrer

---

47 Krause 1888, 96.

48 Krause nennt ein interessantes Beispiel (Krause 1884, 75): Es betrifft das Phänomen des Sonnenglanzes. Physiologen und Optiker erklären Krause zufolge, dass wir Sonnenglanz sehen, weil 600 Billionen Ätherwellen in der Sekunde unsere Augen reizen. Das bedeute, dass uns der Sonnenglanz erst erscheine, nachdem die Ätherwellen die Retina, den Augennerv, das Gehirn und das Erkenntnisvermögen in Gang gesetzt hätten. Unsere Erfahrung des Sonnenglanzes als ein „objektives Ding" in der Welt setze also das vom wahrnehmenden Subjekt unabhängige „objektive Geschehen" der Ätherwellen voraus. Dieses objektive Geschehen werde selbst zwar nicht wahrgenommen oder geschaut; wir sähen einfach Sonnenglanz. Da es aber die Ursache einer Empfindung sei, müsse ihm ein objektiver Zustand der Materie entsprechen, der nur als sinnlich gedacht werden könne. Das bedeute, dass der Zustand der Materie (d. h. die bewegte Materie) mit Formen der Gegenständlichkeit (600 Billionen, Bewegung usw.) so in Gedanken erfasst werden müsse, „dass wir den Begriff von einem anschaubaren, aber nicht angeschauten, einem existenten, aber nicht wahrgenommenen Dinge oder objectiven Geschehen ‚600 Billionen

Eigenschaften. Die Eigenschaften der Materie bestünden in bewegenden Kräften. Diese seien nur durch ihre Wirkung auf das Subjekt erfahrbar. Also könnten die Kräfte der Materie dank der eigenen Kräfte des Subjekts erfahren werden. Bereits die *MAN* handelten von der Materie als dem Beweglichen im Raum, das durch die bewegenden Kräfte der Anziehung und Abstoßung den Raum besetze und erfülle. Die Wirkung der Kräfte auf die Materie sei eine entgegengesetzte Bewegung in derselben Materie, nämlich die Schwingung. Die Materie als synthetische Einheit aller Kräfte, also die Materie in ihren Schwingungszuständen, sei der Gegenstand des Übergangs der Metaphysik zur Physik.

Als genauso einzigartig wie der entsprechende Begriff zeige sich der Beweis der Existenz der Materie, der auf dem Prinzip der Identität beruhe. Dass ich denkend bin, so die Rekonstruktion der kantischen Beweise von Krause, ist eine absolut sichere Tatsache, die ich weder bezweifeln noch leugnen kann, ohne sie dadurch zu bestätigen. Nun gebe es kein Denken, kein Bewusstsein, ohne den entsprechenden Inhalt, d. h. ohne das Objekt des Denkens und des Bewusstseins. Die Gegenstände könnten aber nur empfangen werden. Die Form der Gegenständlichkeit setze die beiden Formen des Empfangens, Raum und Zeit, voraus. Eine Wahrnehmung von Raum und Zeit sowie ihres Verhältnisses, nämlich der Bewegung, sei ohne ein Bewegtes nicht möglich. Die Ursache der Bewegung seien die Kräfte. Die synthetische Einheit aller Kräfte heiße schließlich Materie. Die Existenz der Materie sei also genauso eine absolut sichere Tatsache wie das Selbstbewusstsein, so Krause.

1.2.7 Das System der bewegenden Kräfte der Materie und das Weltsystem

Die Materie wurde als die synthetische Einheit aller Kräfte bestimmt. Die Erkenntnis der Materie bedürfe daher, so setzt Krause seine Paraphrase der kantischen Betrachtungen fort, der sicheren und vollständigen Darstellung des Systems aller möglichen Kräfte, welche nie empirisch, sondern nur durch Prinzipien *a priori* erfolgen könne. Sobald eine systematische Kräftelehre aufgebaut sei, werde

---

Schwingungen bewegter Materie'" (ebd., 76) hätten. Der Sonnenglanz stelle hier eine übliche Erscheinung dar, die Ätherwellen hingegen die Ursache jener Erscheinung. Die Naturwissenschaftler aber betrachteten sie als eine Sache an sich selbst, die da wäre, wenn es auch kein wahrnehmendes Subjekt gäbe. Es sei für den Naturforscher so, als ob Ätherwellen unabhängig von uns existieren würden, obwohl er sie sich in der Tat nur dank der Anwendung der transzendentalen Strukturen der Gegenständlichkeit so vorstellen könne. Er bedürfe ihrer als Arbeitshypothese, um bestimmte Phänomene zu erklären. Was metaphysisch betrachtet zu den Erscheinungen zähle (Sonnenglanz), sei physisch betrachtet Sache an sich selbst (Ätherwellen).

es möglich sein, die Vorgänge der Physik *a priori* zu erkennen.[49] Mit der Frage, ob es physikalische Vorgänge gebe, welche diesen erdachten Kräften wirklich entsprächen, befasse sich das Elementarsystem.

Die physikalischen Vorgänge entsprechen nach Krause den Tatsachen, welche in der modernen Physik durch Molekularschwingungen erklärt werden. Solche Molekularschwingungen, so Krause, seien nämlich nicht mit unseren Sinnen wahrnehmbar. In der Wärmetheorie beispielsweise werde die Wärme als eine Bewegungserscheinung der Moleküle betrachtet. Man berechne sogar die Anzahl und die Größe dieser Schwingungen. Die Moleküle selbst seien jedoch keineswegs spürbar; man fühle einfach Wärme. Die gesamte Wahrnehmbarkeit auf Nichtwahrnehmbares zu stützen sei eine Problematik der modernen Physik, welche die Physik selbst nicht in der Lage sei zu lösen. Sie könne sich aber auf die neue Wissenschaft des Übergangs von der Metaphysik zur Physik beziehen. Das „Elementarsystem der bewegenden Kräfte der Materie" bildet das System der *objektiven* Eigenschaften der Materie, die durch Ausübung der *subjektiven* Kräfte erkannt werden, nach den vier Klassen der Kategorien (Quantität, Qualität, Relation, Modalität). Die Darstellung von Krause beschränkt sich auf eine Übersicht.

Krause zufolge hatte Kant zwei Wege ausgearbeitet, um ein allgemeines System der bewegenden Kräfte zu gestalten, wobei der eine Gedankengang von den Elementen zum Ganzen fortschreitet, der andere aus dem Kosmos die einzelnen Kräfte ableitet. Der erste Weg führt zum Elementarsystem der bewegenden Kräfte der Materie im Übergangswerk. Der zweite Weg führt zum Weltsystem, dessen Fragmente sich im „zweiten Manuskriptwerk" finden.[50] So hätte Kant eine Untersuchung beendet, die bereits mit dem Aufbau eines Systems der Welt in der *Theorie des Himmels* von 1755 begonnen worden war. Das „zweite Manuskriptwerk" entwickelt eine neue Perspektive, indem es von der Bedingung der Möglichkeit einer Systematik der Welt handelt. Die Welt ist der Inbegriff aller Gegenstände möglicher Wahrnehmung. Die Gegenstände werden hier also nicht in ihrer Einzelheit betrachtet, sondern im Hinblick auf ihr gegenseitiges Verhältnis sowie ihr Verhältnis zum Raum. Denn die Möglichkeit der einzelnen Erscheinung setzt die ganze Welt voraus. Auf ähnliche Weise legt die Möglichkeit einer einzelnen Kraft das ganze System der Kräfte zugrunde.

---

49 Zu Krauses Darstellung des Elementarsystems der bewegenden Kräfte der Materie vgl. Krause 1888, 126 – 212. Krause versucht, die systematische Anordnung *a priori* der Kräfte durch die Funktionen der Spontaneität – Quantität, Qualität, Relation und Modalität – zu erklären, so wie sie sich in der Erscheinungsweise der Kräfte – Raum, Zeit und Bewegung – zeigen (ebd., 135 – 152).

50 Krause 1888, 126. Über die Idee der Welt und das Weltsystem schreibt Krause daher in seiner Abhandlung von 1902 (Krause 1902, 65 – 88).

1.2.8 Der Transzendentalphilosophie höchster Standpunkt

Noch eine letzte Aufgabe stellt sich Kant nach Ansicht Krauses, und zwar die Vereinigung der drei geistigen Vermögen: des Verstandes, des Willens und der Urteilskraft. Das entsprechende System oder die entsprechende Wissenschaft heißt „der Transzendentalphilosophie höchster Standpunkt". Krause fasst die Aufgabe dieser Wissenschaft in zwei Punkten zusammen: „[...] erstlich die Vermögen, welche zum Zustandekommen von Wissenschaft und Moral nöthig sind, zu vereinigen; zweitens die Gegenstände oder Producte, welche auf Grund dieser Vermögen erzeugt werden, Gott, Welt und moralisches Wesen in einem Ganzen zu begreifen."[51]

Beim ersten Punkt geht es um die Frage der Vereinigung der theoretischen und der praktischen Vernunft, mit welcher sich auch der nachkantische deutsche Idealismus beschäftigt hat. Nach Krause hat Kant allerdings in seinem letzten Werk die Lösung dieses Problems im bewussten Gegensatz zu Fichte und Schelling versucht. Denn bei der Erklärung Kants habe es sich um keine Entwicklung aus einem Prinzip gehandelt, vielmehr um eine Zusammenstellung zu einem Ganzen. Das kantische Subjekt lasse sich nur erschließend erkennen. Es offenbare seine Natur nur, indem es reaktiv auf eine Veranlassung hin tätig werde. Das sei es, was Krause „Selbstkonstitution des Subjekts" nennt.[52] Um die Art der Selbstkonstituierung des Subjekts bei den verschiedenen Erfahrungen – die Einstellung der „Geistesmaschine", wie Krause sagt – herleitend zu erkennen, bedürfe man des Überblicks über alle Gebiete des geistigen Lebens, über die gesamte Erfahrungswelt. Deswegen müsse Kant den größtmöglichen Überblick über alle möglichen Gegenstände und ihre Zusammenstellung zu Systemen erreichen. Nun könne ein solcher Standpunkt nicht ohne die Hilfe der Ideen erlangt werden. Die Ideen entsprächen nämlich den drei allgemeinsten Wesen – Welt, Gott und dem moralischen Wesen –, in welche alle anderen Gegenstände eingeschlossen seien. Sie würden also nicht mehr wie in der *KrV* aus dem Verstandesschluss hergeleitet, sondern empirisch aufgenommen. Die Vollständigkeit ihrer Anzahl, so behauptet Krause, beruhe „nur auf dem Experiment, ob Jemand etwas bringen könne, was nicht in ‚Gott, Welt und moralischer Mensch' befasst sei."[53]

Da sie auf empirischen Wegen gefunden worden seien, bildeten diese drei Wesen nur ein Aggregat. Sie könnten in ein einziges Wesen zusammengeschlossen

---

51 Krause 1902, 19. „Vorrede und Einleitung" hätten von dieser Ausgabe des Werkes handeln sollen. Zu Krauses Darstellung der hinterlassenen Resultate siehe den entsprechenden Teil in *Die letzten Gedanken Immanuel Kant's* (ebd., 11–46).

52 Vgl. Krause 1902, 42.

53 Krause 1902, 31.

werden, welches als „das Allwesen“ oder das „All der Wesen“ bezeichnet werden solle. Aber dieser Ausdruck sage nichts anderes über die drei Ideen aus, als dass kein Wesen bekannt sei, das sich nicht einem jener drei Wesen zuordnen lassen würde.[54] Es bilde noch kein vollständiges System. Wir könnten nämlich nicht sicher sein, dass wir alle Ideen gefunden hätten, die zum All der Wesen gehörten. Ferner lässt sich nach Krause konstatieren: Wenn wir uns auch der „Allheit“ des Aggregats sicher wären, könnten wir noch nichts von seiner „Einheit“ sagen. Da diese drei Maxima vom Menschen produziert würden, sei aber anzunehmen, dass das Prinzip ihrer Einheit im Produzenten zu suchen sei. Nun zeigten einerseits die Paralogismen der *KrV*, dass „die Einheit des Produzenten“ keiner Anschauung, daher keiner Erkenntnis entspreche, sondern den Begriff eines möglichen Gegenstands ergebe, der auf seine Erfüllung warte. Andererseits bilde die „Allheit des Produktes“ ein Ziel, dem man zustrebe, ohne es je erreicht zu haben.

1.2.9 Von Gott und dem Menschen

Zuerst stellt Krause die Idee von „Gott“ dar.[55] Er legt zugrunde, dass Kant in vier Punkten vorangehe; und zwar erörtere er a) den Begriff „Gott“ (abgesehen davon, dass Gott existiere), b) die Möglichkeit eines Beweises, dass ein Erfahrungsgegenstand diesem Begriff entspreche, c) die Möglichkeit der Erfahrung dieses Gegenstandes und d) das Verhältnis zwischen Gott und der Welt.

Beim ersten Punkt handle es sich um die Frage: Was ist Gott? Dieser Begriff stehe im kantischen Manuskript im Gegensatz zum Begriff „Welt“. Wie die Welt der Sinnesgegenstand überhaupt sei, so sei Gott der übersinnliche Gegenstand überhaupt. Daraus ergebe sich, dass alles, was räumlich, zeitlich oder durch Auge, Ohr, Mund, Nase und Glieder wahrgenommen werden könne, nicht Gott sei. Der Begriff „Sache“ sei die allgemeine Bezeichnung für alle sinnlichen Gegenstände. Eine Sache habe weder Rechte noch Pflichten. Alles, was keine Sache sei, d. h. alle übersinnlichen Gegenstände nenne man „Person“. Jede Person habe Freiheit und Rechte. Der sachlichen Welt stehe also der persönliche Gott logisch gegenüber. Die Welt sei nämlich den Gesetzen unterworfen, Gott sei der „Gesetzgeber“ schlechthin. Gott unterscheide sich ferner darin vom Menschen, dass er Rechte

54 Krause macht darauf aufmerksam, dass Ausdrücke aus der ersten *Kritik* wie „das Wesen aller Wesen“, *„ens realissimum“* oder auch *„ens summum“* sich vom Begriff „All der Wesen“ wesentlich unterscheiden würden. Das Wesen aller Wesen sei nämlich Gott, das All der Wesen bedeute die Einheit von Welt, Menschen und Gott. Im ersten Fall sei Gott der Grund, im zweiten nur ein Teil des Ganzen (vgl. Krause 1902, 31 f.).

55 Krause 1902, 49 – 62.

habe, aber keine Pflichten. Der Mensch hingegen habe sowohl Rechte als auch Pflichten.

Der zweite Punkt betreffe folgende Frage: Existiert Gott als ein vom Menschen erfahrenes oder erfahrbares Wesen?[56] Krause erinnert daran, dass in den kritischen Schriften ein Beweis der Existenz Gottes nicht aus seinem Begriff, nicht aus der Welt und ebenso wenig aus seinen Wirkungen in der Welt möglich sei. Das Dasein eines Gottes könne nur postuliert werden. So wird Gott in der Sicht Krauses zu einem „Lückenbüsser [...], damit die Moral nicht in die Brüche geht."[57] Die Lehre des Manuskripts überbiete dieses Resultat. Wie im Übergangswerk die Erkennbarkeit der Materie bewiesen worden sei, so werde in *Der Transcendental-Philosophie höchster Standpunkt* die Erkennbarkeit Gottes bewiesen. Die Beweisart sei für beide Gegenstände dieselbe. Krause vergleicht die durch die Naturgesetze gebundenen materiellen Gegenstände mit den durch moralische Gesetze – die Gebote – gebundenen Gemeinschaften: Staat, Kirche, Familie usw. Diese Gemeinschaften bestehen gemäß Krause aus Personen, die ihren Willen den Geboten der Institution unterwerfen. Ohne Freiheit würde es weder einzelne Personen noch Gemeinschaften geben. Die Bedingungen der Möglichkeit von einzelnen und zusammengesetzten materiellen Objekten seien nun die Naturgesetze, welche eine formlose Urmaterie voraussetzten. Ebenso bestehe die Bedingung der Möglichkeit von Personen und Gemeinschaften in Geboten, welche das Prinzip der Freiheit voraussetzten, nämlich jene gesetzgebende Macht, deren Ausdruck der Imperativ in allen Menschen sei – „Dein Wille sei mögliche Gesetzgebung für alle" – und die Gott genannt werde.

Der dritte Punkt sei: Kann man Gott erkennen? Dazu muss man nach Krause eine entscheidende Feststellung machen. Der allgemeine Sinnesgegenstand sei, wie alle sinnlichen Gegenstände, in Raum und Zeit. Noch genauer lasse er sich als *überall* im Raum und *immer* in der Zeit seiend erkennen. Das sei aber nicht der Fall für die Person, und zwar sowohl für die einzelne als auch für den allgemeinen übersinnlichen Gegenstand, denn man könne ihr keine räumlichen und zeitlichen Prädikate zuordnen. Die allgemeine gesetzgebende Macht sei daher keine Substanz. Sie könne höchstens so betrachtet werden, *als ob* sie als Substanz erkennbar wäre.[58]

---

56 Krause 1902, 52.

57 Krause 1902, 52.

58 Krause bemerkt, dass Kant keineswegs Gott etwa als Weltseele räumlich bewiesen habe. Kant habe im Gegenteil Spinozas Begriff von Gott, dem zufolge der Philosoph alle Dinge in Gott anschaue, als schwärmerisch bezeichnet (Krause 1902, 59).

Beim vierten Punkt geht es nach Krause um folgende Fragen: Wo ist Gott? Und welches Verhältnis hat er zur Zeit? Da Gott kein sinnliches Wesen sei, könne jede Antwort auf diese Fragen nur zu einem Irrtum führen.[59]

Gott und die Welt seien die zwei Maxima der praktischen bzw. der theoretischen Vernunft. Sie bildeten zwei heterogene Ideen: die Idee des übersinnlichen Gegenstands überhaupt bzw. die Idee des sinnlichen Gegenstands überhaupt. Es sei aber festgestellt worden, dass beide Ideen durch den transzendentalen Apparat des Menschen hervorgebracht würden. Der transzendentale Apparat selbst, d. h. der Mensch als Funktion der Synthesis betrachtet, falle allerdings weder unter den einen noch unter den anderen Begriff. Wenn eine Verbindung zwischen Gott und der Welt überhaupt möglich sei, so müsse sie sich im Menschen vollziehen. Mit der Idee des Menschen als Verbindung zwischen Gott und Welt werde der höchste Standpunkt der Transzendentalphilosophie erreicht.[60]

1.2.10 Kants empirischer Realismus nach Krause

Nach Krause ist Kant kein empirischer Idealist und auch kein transzendentaler Realist.[61] Der empirische Idealist sage: Alles, was wir uns vorstellen, ist bloße Vorstellung. Der transzendentale Realist sage: Es gibt Dinge außerhalb der Vorstellung, die unabhängig von den materialen Bedingungen unserer Erfahrung, d. h. der Empfindung, bestehen. Kant hingegen sei ein empirischer Realist und postuliere: Gegenstände können außerhalb von uns existieren, aber keineswegs außerhalb unserer Vorstellungsfähigkeit, unabhängig davon, ob wir sie uns vorstellen oder nicht. In Bezug auf das empirische Subjekt existierten also Gegenstände an sich, in Bezug auf unseren transzendentalen Apparat seien sie ein Produkt unserer Tätigkeit. Die Welt bestehe aus Gegenständen, die empfunden werden könnten. Sie seien nicht als Vorstellungen vorhanden, aber man könne sie sich unter bestimmten Umständen vorstellen. Eine Empfindung werde nicht nur

---

59 So schlussfolgert Krause zum Verhältnis Gottes zum Raum: a) Besitzt Gott nur einen bestimmten Raum, so gibt es einen gottlosen Raum. b) Ist jeder Teil des Raumes ein Gott, so gelangt man zum Polytheismus. c) Ist der ganze Raum Gott, so befindet man sich im Pantheismus. d) Ist Gott außerhalb der Welt im physikalischen Sinn, so muss ein zweiter Raum neben der Welt angenommen werden. e) Ist Gott außerhalb der Welt im logischen Sinn, so versteht man unter dem Wort „außerhalb" nicht das lateinische „*extra*", sondern „*praeter*", so sagt man nur, dass Gott weder in der Welt, noch neben der Welt ist. Das klärt aber nicht das Verhältnis zwischen Gott und der Welt. Zu ähnlichen Paradoxen führen alle Versuche, Gott als in, außerhalb, neben oder vor der Zeit zu imaginieren (Krause 1902, 60 f.).

60 Vgl. Krause 1902, 91 – 112; insbesondere 91 ff. und 108 – 112.

61 Vgl. z. B. Krause 1902, 124 f. und 130 ff.

gegeben, sondern auch durch unsere Spontaneität empfangen. Jedem Empfangen entspreche eine Funktion des Bewusstseins. Die Totalität aller Gegenstände, die empfangen werden können, nenne man „Welt". Die Gesetze unseres Bewusstseins seien also die Gesetze der Welt. Die Welt sei weder ein Ding an sich noch eine bloße Vorstellung. Sie sei ein Gegenstand möglicher Erfahrung. Von ihr sei jedoch keine direkte Anschauung möglich, denn die Erfahrung sei asymptotisch und die Feststellung der Tatsachen in der Welt komme ausschließlich der Physik zu. Indem aber jede Tatsache auf den einheitlichen transzendentalen Apparat bezogen werde, bekomme die Gesamtheit der Tatsachen die Einheit eines Ganzen und ihre Existenz die apodiktische Gewissheit, welche auf unserem Bewusstsein beruhe.

Fischers dualistischer Interpretation des Begriffes des Dinges an sich bei Kant setzt Krause also entgegen, dass Kant Objekt und Subjekt als Korrelate denke. Den Kritikern Kants, so Krause, scheine nun diese Erklärung ein *circulus vitiosus* zu sein, da sie die kantische Unterscheidung zwischen Gegenstand und Ding an sich nicht teilten: „Die Nachkantianer wollen alle nicht begreifen, dass der Gegenstand das von unserm Vorstellen unabhängige Vorgestellte ist und dass das im Denken negativ bestimmte ‚Ding an sich' ein berechtigter Gedanke ist aber dadurch nicht ein Existirendes."[62] Gegenstand und Ding entsprechen seiner Interpretation nach nicht zwei verschiedenen Objekten, von denen das eine in uns, das andere außer uns wäre, sondern zwei Arten, ein und dasselbe Objekt zu betrachten, nämlich *metaphysisch* bzw. *physisch.*

Unter den Rezensenten[63] der Krause-Ausgabe des Überganswerks ist König derjenige, der am eingehendsten auf die irritierende Aufhebung der kritischen

---

62 Krause 1884, 45.

63 Classen widmet dem Buch von Krause einen ausführlichen, vollumfänglich zustimmenden Bericht (Classen 1888). Kürzer, aber mit großer Sorgfalt erstellt ist die ebenfalls 1888 in der *Allgemeinen konservativen Monatsschrift* erschienene Mitteilung (Ss [=Schaarschmidt] 1888). Diese Rezension wird mit „C. M. Ss." unterschrieben. Als Verfasser darf Carl Maximilian Wilhelm Schaarschmidt (1822–1909) angenommen werden. Verschiedene Kritiken enthalten hingegen die Rezensionen von Karl Theodor Viktor Lasswitz (1848–1910) und Döring (Lasswitz 1888 bzw. D. [= Döring] 1889). Letzterer unterschreibt die Rezension mit „D.", die nach Adickes' Vermutung für „Döring" steht (Adickes 1920, 30). Ist Adickes' Annahme richtig, so könnte es sich um August Döring (1834–1913), einen evangelischen Prediger und, seit 1885, Professor für Philosophie an der Universität Berlin, handeln. Ebenfalls kritisch sind die Berichte von Edmund König (König 1889), Günther Thiele (Thiele 1890) und Hans Vaihinger (Vaihinger 1891). Diese Rezensionen betonen hauptsächlich drei Unzulänglichkeiten: a) die systematische Anordnung der ausgewählten Belege, die anstelle einer vollständigen, wortgetreuen, chronologisch angeordneten, wissenschaftlich zuverlässigen Ausgabe des kantischen Textes kommen (Lasswitz 1888, 1323 und 1325; Döring 1889, 811 f.; Vaihinger 1891, 732); b) die zu freie, einseitige und modernisierte Deutung der Gedanken Kants (vgl. Lasswitz 1888, 1324; D. [= Döring] 1889, 813; und Vaihinger 1891, 735); c) den zu lockeren und zugleich zu pedantischen Charakter von Krauses Kommentar

Abgrenzung des Verstandes durch die Sinnlichkeit im Nachlasswerk hinweist.[64] Die bewegenden Kräfte würden dort, so König, teilweise psychologisch, teilweise objektiv, metaphysisch reell gedeutet. Es sei daher nicht klar, ob ihr System zur Sinnlichkeit oder zu den logischen Funktionen gehöre. Im einen Fall bleibe das Mannigfaltige des materiellen Inhalts der Sinnlichkeit lediglich als ein Gegebenes für das denkende Subjekt, wenn auch dieses Gegebene als ein Produkt des psychologischen Subjekts erscheine und die Kluft zwischen Metaphysik und Physik dadurch nicht überquert würde. Gehöre hingegen das System der Kräfte zu den logischen Funktionen des Verstandes, so werde der Unterschied zwischen Form und Materie der Erkenntnis in der Tat abgeschafft. Aber in diesem zweiten Fall wäre die Materie der Erscheinung nicht mehr dem Denken gegeben, sondern vom ihm produziert, und Kant wäre auf dem Standpunkt eines absoluten Idealismus angelangt. Außerdem, so König weiter, müsse die Übergangslehre nach Kant ein vollständiges System des Empirischen stellen. Stattdessen enthalte das betreffende System bewegende Kräfte, d. h. die gedachte Wirklichkeit des theoretischen Physikers. Dementsprechend werde auch die Materie teils realistisch als das Korrelat für die in der Wahrnehmung aktiven Kräfte, teils als der nur gedachte Einheitsgrund der Erscheinungen betrachtet.

Bezüglich der Frage, ob die reaktiven Kräfte des Subjekts physikalische oder geistige Kräfte sind, hatte Krause bereits betont, dass Kant sie als *causalitas phaenomenon* bezeichne. Denn einerseits lasse sich jede Kraft nur in ihrer Erscheinungsform, nämlich der Bewegung, erkennen, andererseits benenne das

---

(vgl. König 1889, 459). Die Beurteilung der systematischen Bedeutung des Werkes sowohl für die Naturwissenschaft wie auch für die Philosophie erweist sich als umstritten (Lasswitz 1888, 1324; König 1889, 463 und 472; Thiele 1890, 302; Vaihinger 1891, 736). Adickes' Bericht in der *German Kantian Bibliography* erkennt Krauses Ausgabe von Kants Nachlasswerk das Verdienst zu, im Gegensatz zu den üblichen Vorurteilen den Wert der Schrift, wenn auch mit übertriebener Begeisterung, hervorgehoben zu haben (Adickes 1896, 33 – 35). In Zusammenhang mit Krauses Darstellung der kantischen Übergangslehre steht ferner Hans Kefersteins Abhandlung von 1892 über die philosophischen Grundlagen der Physik bei Kant sowohl in den *MAN* wie auch im *Übergang*. Denn Kefersteins Deutung des Nachlasswerks wird offenbar von Krauses Auffassung geprägt. Von historischer Bedeutung ist allerdings, dass Keferstein das Verhältnis zwischen *MAN* und Übergangswerk hervorhebt, indem er es zum Hauptthema seiner Untersuchung macht. Der Schrift *Die letzten Gedanken Immanuel Kant's* wurde in der damaligen Kant-Forschung nur geringe Beachtung geschenkt. Eine kurze anonyme Mitteilung in den *Grenzboten* von 1902 äußert sich spöttisch über Krauses Interpretation Kants. Knapp sind auch die Rezensionen von Wernekke (Wernekke 1902) und von Hermann Schwarz (Schwarz H. 1903). Beide Rezensenten bedauern die Unklarheit des Textes von Krause und hegen Zweifel an der Zuverlässigkeit seiner Darstellung des kantischen Gedankengangs.

64 König 1889, 462 – 466.

Wort „*causalitas*" ein Noumenon.[65] Ebenso erklärt Krause, dass die Physik sich in der Tat mit sinnlich wahrnehmbaren Dingen beschäftige, die wir durch unsere Sinnesorgane empfangen, also Farben, Töne, Aggregatszustände, Gerüche usw., die aber allein keine physikalische Wissenschaft ausmachten. Denn die entsprechenden Empfindungen – süß, sauer, bitter, salzig, duftend usw. – würden sehr häufig von verschiedenen Individuen unterschiedlich empfunden. Die moderne Physik verwandle das Subjektive der Empfindung in das Objektive der Erscheinung, indem sie z. B. Töne und Farben, welche Luft- bzw. Ätherschwingungen seien, durch bestimmte Frequenzen, Richtungen und Amplituden beschreibe. Die Übergangslehre begründe also die Korrelation zwischen subjektiven Wahrnehmungen und objektiven Erscheinungen. Das System der bewegenden Kräfte bilde in diesem Sinn also sehr wohl die Systematik der Wahrnehmungen.[66] Der dritten Kritik Königs am Überganswerk kann Krauses Bemerkung, dass Kant die Materie als Grenzbegriff denke, entgegengesetzt werden: „Alle Früheren hatten als Gegensatz hingestellt: die Materie ist entweder als Vorstellung erkennbar oder als Ding an sich unerkennbar. Diese Disjunction hebt Kant auf. Die Kraft ist das Bindeglied zwischen beiden. Das Subjekt hat Kräfte, und die Materie hat Kräfte."[67] Dank dieser Amphibolie der Materie kann Kant nach Krauses Auffassung das Problem des Übergangs lösen.

1.3 Vaihinger

Die wichtigsten Beiträge von Hans Vaihinger[68] zur Untersuchung des *Opus postumum* sind in „Zu Kants Widerlegung des Idealismus"[69] von 1884 und in seiner *Philosophie des Als-Ob* von 1911[70] zu finden. Vaihinger, der seine eigene Version der

---

65 Krause 1888, 76 f. Anm.

66 Vgl. Krause 1888, 85–89.

67 Krause 1888, 100.

68 Nach dem Studium der Theologie und der Philosophie habilitierte sich Hans Vaihinger (1852–1933) 1877 in Straßburg. Dort erlangte er 1883 eine außerordentliche Professur. 1884 erhielt er eine Stelle an der Universität Halle und wurde 1894 Ordinarius. Aus Gesundheitsgründen ließ er sich bereits 1906 emeritieren. Für die Kant-Forschung sind seine Veröffentlichungen über die Philosophie Kants von Interesse, Bedeutung kommt aber auch nicht zuletzt der Stiftung der *Kant-Studien* und, im Jahre 1904, der Kant-Gesellschaft zu. Außerdem ist er als Begründer der Philosophie des Als-Ob oder des Fiktionalismus bekannt.

69 Vaihinger 1884, insbesondere 154–159.

70 Vaihinger 1911, 721–733. Gelegentliche Hinweise auf das *Opus postumum* enthält auch sein *Kommentar zu Kants Kritik der reinen Vernunft* (Vaihinger 1881–92, *passim*). Mit dem kantischen Nachlasswerk beschäftigt er sich zudem 1891 in seiner Rezension zu Krauses Darstellung des

Zwei-Werke-These vorlegt, ist der Ansicht, dass im Übergangswerk die Behauptung einer doppelten Affektion des Subjekts noch deutlicher ans Licht trete als in den kritischen Schriften, während das zweite Manuskriptwerk eine weitere Fortbildung des kantischen Denkens in Richtung einer fiktionalen Auffassung der Transzendentalphilosophie enthalte. Von der Lehre der doppelten Affektion im Übergangswerk handelt Vaihingers Aufsatz von 1884, während der Fiktionalismus des zweiten Manuskriptwerks in der Abhandlung von 1911 dargestellt wird.

1.3.1 Die Theorie der doppelten Affektion im *Opus postumum*

Nach Vaihinger enthält die *KrV* eine widersprüchliche These, die er wie folgt formuliert: „Die äußeren Gegenstände sind nicht bloss Anschauungen, sie sind *auch* noch wirklich."[71] Kant habe mithin eine Affektion der *Sinne* durch räumliche Gegenstände angenommen und zudem eine Welt von allen unseren Erscheinungen zugrunde liegenden Dingen an sich behauptet. Dementsprechend muss man eine doppelte Affektion des Subjekts durch die Welt unterscheiden, die

Übergangswerks und 1921 in dem Aufsatz *Kants antithetische Geistesart*, worin er gegen Adickes' Kritik an seiner fiktionalistischen Deutung der kantischen Philosophie und insbesondere des *Opus postumum* polemisiert, ohne jedoch seine Argumentation weiterzuentwickeln (Vaihinger 1921, 167 – 182). Zu Vaihingers Interpretation des kantischen Nachlasswerkes siehe ferner die Abhandlung von Paola Vasconi über Kants empirischen Realismus (Vasconi 1988, insbesondere 29 f. und 37).

71 Vaihinger 1884, 138. Wie Krause, wenngleich von einem anderen Standpunkt aus, distanziert sich auch Vaihinger mit seiner Abhandlung von 1884 von Fischers These, die beiden Auflagen der *KrV* stünden zueinander in Kontradiktion. Vaihinger zufolge gerät Kant jedoch in einen Widerspruch mit sich selbst, insofern er die Existenz der unabhängigen Außenwelt bei der Widerlegung des Idealismus in der ersten Auflage der *KrV* leugnet, sie in der zweiten Auflage hingegen behauptet. Soweit bestätigt die Untersuchung Vaihingers im Wesentlichen die These von Kuno Fischer (und von Schopenhauer). Neu bei Vaihinger ist jedoch die Beobachtung, dass, genauer betrachtet, nicht die zweite Auflage der *KrV* der ersten widerspricht, sondern Kant sich bereits 1781 kontradiktorisch äußert, indem er die Gegenstände bald als bloße Vorstellungen, bald als von unseren Wahrnehmungen unabhängige Dinge an sich darstellt. Die zweite Auflage enthält in diesem Sinn kein absolut neues Element. Vaihinger merkt an: „Kant *schob* in der zweiten Auflage eine schon vorhandene, aber bisher mehr im Dunkeln liegende Seite seines Systems plötzlich und unvermittelt in die hellste Beleuchtung *vor.*" (Vaihinger 1884, 136). Weiterhin werde der betreffende Widerspruch in der zweiten Auflage nicht aufgehoben: Kant bleibe dort *konsequent inkonsequent*. Es sei daher falsch zu behaupten, dass Kant, erschrocken durch die Vorwürfe seiner Kritiker, in der zweiten Auflage der *KrV* den konsequenten transzendentalen Idealismus der ersten Auflage zugunsten eines naiven Realismus verabschiedet habe. Der empirische Realismus Kants bedeute keinen schwächlichen Rückfall in den gewöhnlichen Realismus. Er sei eine notwendige Folge aus den Prämissen des transzendentalen Idealismus.

Vaihinger als „transzendent“ bzw. „empirisch“ bezeichnet. Das transzendentale Subjekt werde von den Dingen an sich affiziert (transzendente Affektion), und diese Affektion produziere die räumliche Außenwelt. Nun sei das transzendentale Subjekt selbst ein Ding an sich, und zwar das „Ich an sich“[72], welches sich selbst affiziere, woraus die Erscheinungen des inneren Sinnes entstehen würden (Selbstaffektion des Subjekts). Der Träger aller Erscheinungen, d. h. sowohl unserer inneren wie auch unserer äußeren Vorstellungen, könne nicht das empirisch bewusste Individuum sein, da es selbst Erscheinung sei. Der Träger aller unserer Vorstellungen müsse daher das transzendentale Subjekt sein. Für dieses transzendentale Subjekt sei alles, also die Innen- genauso wie die Außenwelt, lediglich Erscheinung. Dagegen sei die Außenwelt vom Standpunkt des empirischen Subjekts aus keine bloße Vorstellung, sondern eine seinen Vorstellungen entsprechende und von ihnen unabhängige Außenwelt im Raum. Innere und äußere Erscheinungen bildeten die ganze Erfahrungswelt und stünden untereinander im Kausalverhältnis. Die Erfahrung zeige nämlich, dass zwischen physikalischen und psychischen Prozessen eine kausale Verknüpfung bestehe. Das empirische Subjekt werde darum auch durch die Außenwelt affiziert, woraus seine eigenen Empfindungen, Anschauungen und Vorstellungen hervorgerufen würden (empirische Affektion). Die Dinge an sich affizierten also die *Sinnlichkeit* des transzendentalen Ich, wodurch man die *Erscheinungen* erhalte. Die Dinge im Raum affizierten die *Sinne* des empirischen Ich, wodurch man *Erscheinungen von Erscheinungen* gewinne.[73]

In den kritischen Schriften bleibe das Verhältnis zwischen beiden Affektionen der Sinne durch Dinge im Raum und durch Dinge an sich unklar. Demzufolge müsse Kant als Ursache unserer Empfindungen bald die Körper im Raum, bald die Dinge an sich, also eine doppelte Ursache für ein und dieselbe Wirkung nennen. Der Widerspruch zwischen diesen beiden Affektionen ist hingegen nach Vaihinger den „consequentesten Anhänger[n] und Weiterbildner[n]“ der kantischen Philosophie, insbesondere Beck und Fichte, nicht entgangen. Sie würden bekanntlich

---

72 Vaihinger 1884, 140. Viel häufiger verwendet Vaihinger die Ausdrücke „transzendentales Ich“ und vor allem bezüglich des *Opus postumum* „transzendentales Subjekt“.

73 Vaihinger 1884, 145 Anm. So verstanden und bearbeitet, ist der kantische transzendentale Idealismus Vaihinger zufolge in der Lage, Berkeley gegenüberzutreten. Denn die räumliche Außenwelt sei vom empirischen Bewusstsein unabhängig und erlange in diesem Sinn empirische Realität. „Man kann daher den tiefsten Unterschied zwischen Berkeley und Kant vom Kantischen Standpunkte aus so formulieren: für *Berkeley* ist die Aussenwelt im Raume vom *empirischen Ich* abhängig, für Kant aber vom *transcendentalen.*“ (Vaihinger 1884, 147).

die Affektion durch Dinge an sich leugnen und nur die empirische Affektion anerkennen.[74]

Eindeutige Beweise zugunsten seiner Theorie der kantischen doppelten Affektion findet Vaihinger im Übergangswerk. Es enthalte unzählige Hinweise auf die Affektion der Sinne durch die bewegenden Kräfte der Materie, Erklärungen gegen den Idealismus, Andeutungen auf die gegenseitige Kausalverbindung zwischen physiologischen und physikalischen Vorgängen. Das durch die bewegenden Kräfte der Materie affizierte empirische Subjekt werde als Erscheinung bezeichnet. Die bewegenden Kräfte der Materie, denen die wahre Welt der affizierenden Dinge an sich entspreche, würden ebenfalls Erscheinungen genannt. Kant unterscheide hier also zwischen zwei Arten von Affektion, die er „metaphysisch" bzw. „physiologisch" nenne. Die Gegenstände der Sinne seien, metaphysisch betrachtet, Erscheinungen, aber vom Standpunkt der Physik aus seien sie Dinge an sich. Die materielle Außenwelt sei also, metaphysisch gesehen, Erscheinung. Für das empirische Subjekt bestehe sie jedoch aus Dingen an sich, die es affizierten. Eine weitere Bestätigung seiner Theorie sieht Vaihinger in der Anwendung des für ihn paradoxen, ja absurden Ausdrucks „Erscheinung von Erscheinung" in Bezug auf unsere Empfindungen. Kant unterscheide sogar zwischen „Erscheinungen erster Ordnung" (den objektiven oder direkten Erscheinungen) und „Erscheinungen zweiter Ordnung" (den subjektiven oder indirekten Erscheinungen), welche sich auf die jeweiligen Auswirkungen der beiden Affektionen beziehen würden.

Vaihinger bemerkt, dass Kant im Übergangswerk aus den Prämissen seines Systems eine bedeutende Konsequenz ziehe. Die Körper der Außenwelt, d. h. die das empirische Subjekt affizierenden Erscheinungen, seien Vorstellungen des transzendentalen Subjekts. Das heiße mit anderen Worten, dass das empirische Subjekt immer nur von dem transzendentalen Subjekt affiziert werde: einmal unmittelbar (Selbstaffektion) und einmal mittelbar durch die Erscheinungen (empirische Affektion). Dadurch nähere sich Kant sogar in der Terminologie dem transzendentalen Idealismus Fichtes an. Im Übergangswerk werde das Verhältnis zwischen transzendentaler und empirischer Affektion analog dargestellt. Das ergebe jedoch folgendes Problem:

> Findet zwischen dem empirischen Object und dem empirischen Subject ein *analoges Affectionsverhältniss* statt, wie zwischen dem transcendenten Ding an sich und dem transcendenten Subject – so bringt auch das empirische Subject bei jener empirischen Affection

74 Vaihinger 1884, 153.

> *formalapriorische Elemente hinzu*; und die *systematische Darstellung dieser Formen ist dasjenige, was Kant in seinem Opus posthumum leisten will.*[75]

Kant versuche, dieses Programm mit seinen Positionen in der *KrV* zu harmonisieren, ohne die Abweichungen der beiden Perspektiven zu bemerken.

So lautet die pointierte Zusammenfassung der wichtigsten Resultate des *Opus postumum* nach Vaihinger:

> In dem Opus posthumum zieht Kant, wohl nicht ohne Beeinflussung durch Fichte, die Consequenz ausdrücklich und zusammenhängend, welche schon früher gelegentlich und unwillkürlich sich hervordrängte: es gibt eine empirische Affection durch das, was die Kr. d. r. V. Erscheinungen genannt hatte. Aber weit entfernt, diese Consequenz als einen Widerspruch mit den Grundlagen des Kriticismus zu empfinden, sucht Kant gerade durch sie der Transcendentalphilosophie ein neues Gebiet zu erobern: Das System der synthetischen Sätze a priori, welche sich aus dem formalen Apriori des empirischen Subjects gegenüber den empirischen Affectionen ergeben.[76]

Die Annahme einer transzendenten Affektion unterscheide den Kant des Übergangswerks von Fichte. Fichte hat jedoch nach Vaihinger die kantische Erkenntnistheorie konsequenter weitergebildet. Er beseitige das Ding an sich, unterscheide zwischen empirischem und transzendentalem Bewusstsein, fasse ersteres als individuelles, letzteres als „überindividuelles" auf, erkläre die Schaffung der Innen- und Außenwelt des empirischen Ich als vorbewusste Tat des überindividuellen Ich, das er mit dem Absoluten Spinozas identifiziere.[77]

1.3.2 Der Fiktionalismus des zweiten Manuskriptwerks

Ein wesentlicher Fortschritt im Vergleich zu den Resultaten des Übergangswerks vollzieht sich nach Vaihinger im zweiten Manuskriptwerk, „das viel wichtiger ist als das erste"[78]. Darin würden fiktionalistische Elemente zutage treten, was Kant in die Nähe der Philosophie des Als-Ob rücke.[79] Das Weltsystem, die organischen

---

75 Vaihinger 1884, 158.

76 Vaihinger 1884, 159.

77 Vgl. Vaihinger 1884, 163.

78 Vaihinger 1911, 722 Anm.

79 Vaihingers Philosophie des Als-Ob stützt sich auf zwei Voraussetzungen. Die erste ist die Behauptung, dass nichts existiere als unsere Empfindungen. Die zweite ergibt sich aus der Anwendung des Evolutionismus Darwins auf die Erkenntnistheorie: Das Denken und seine Strukturen seien nämlich nur das Resultat der Notwendigkeit der Menschheit, sich dieser Welt anzupassen. Wir würden unsere empirischen Erkenntnisse selbst schaffen. „Fiktionen" nennt

Körper, das *continuum formarum*, die Teilbarkeit ins Unendliche, der leere Raum, das Atom, welches als erlaubter, aber widerspruchsvoller Begriff betrachtet werde, böten ebenso viele Beispiele von Fiktionen an. Die zwei wichtigsten Beispiele seien jedoch die Begriffe des Dinges an sich und Gottes.[80]

Aus mehreren Äußerungen gehe hervor, dass Kant die fiktive Natur des Dinges an sich und der Trennung desselben von der Erscheinung erkannt habe.[81] So fasst Vaihinger die neue Lehre Kants über das Ding an sich zusammen:

> Die Einteilung in Erscheinungen und Dinge an sich ist als ein blosser „Standpunkt", „Gesichtspunkt", nur „subjektiv", „ideal", „szientifisch" – *also nur eine heuristische Fiktion* „zum Behuf" der „Betrachtung". Das Ding an sich ist von Kant klar und unzweideutig als Fiktion erkannt und anerkannt, als eine für die Vernunft zweckmässige und notwendige *Betrach-*

Vaihinger jene Erfindungen, die dem Menschen helfen, sich in der Realität auszurichten. Sie entsprechen aber nicht der Realität. Solche Erfindungen seien, so Vaihinger, also die Kategorien sowie unsere Ideen (Gott, Freiheit und Unsterblichkeit). Fiktionen seien zudem die Atome, der absolute Raum, das mathematische Unendliche, die Einheit des Ich und das Ding an sich. Unser Vermögen, Fiktionen zu entwerfen, erweise sich als unerschöpflich. Da unsere Fiktionen bloße imaginäre Gegenstände darstellten, könnten sie sogar widersprüchlich sein. Im Gegensatz zu den Fiktionen entsprechen die Hypothesen der Realität. Eine fiktionalistische Tendenz lasse sich, so Vaihinger, allerdings bereits in der *KrV* ausmachen. An mehreren Stellen begreife Kant das Ding an sich als ein fiktives Objekt. Vaihinger hält es für bedauerlich, dass er es an unzähligen anderen Stellen auch als eine Hypothese betrachtet. Die doppelte Affektion sei gerade das Ergebnis dieser beiden, miteinander unvereinbaren Tendenzen. Erst im zweiten Manuskriptwerk scheine die fiktive Tendenz im kantischen Denken zu überwiegen. Einen Beweis dafür bringt nach Vaihinger die Tatsache, dass Kant seine Lehre in den Mund der Idealfigur des Zoroaster legt. Das suggeriere einen Vergleich zwischen der Philosophie des letzten Gedanken Kants mit den Aphorismen des Zarathustra von Nietzsche (Vaihinger 1911, 721 f. Anm.).

Nietzsches Denken sowie der Darwinismus bieten also für Vaihinger sowie für Houston Stewart Chamberlain (1855 – 1927) gemeinsame, hochgradig inspirierende Anhaltspunkte. Chamberlain, Schriftsteller und Populärwissenschaftler, der zu den einflussreichsten intellektuellen Wegbereitern des nationalsozialistischen Rassismus zählt, bezieht sich bereits in der ersten Auflage seines Kant-Buches wiederholt auf Kants Nachlasswerk, um den transzendenten Realismus zu widerlegen und seine Sichtweise des kantischen methodologischen Idealismus zu belegen (vgl. Chamberlain 1916, insbesondere 147, 161, 166 f., 187, 634, 731, 764 f., 768, 789, 818 ff., 850 f.).

80 Dass Kant im zweiten Manuskriptwerk die fiktive Natur des Gottesbegriffes und des Dinges an sich auffallend stark betone und sich direkt und indirekt mit Dietrich Tiedemann, Gottlob Ernst Schulze, Beck und Fichte auseinandersetze, behauptet Vaihinger schon in seiner Rezension zu Krauses Darstellung des Übergangswerks (Vaihinger 1891, 734).

81 Am deutlichsten zeigt sich nach Vaihinger diese fiktive Auffassung des Dinges an sich in Passagen, die den Bogen 2 – 4 und 6 – 8 des 7. Konvoluts entsprechen (*OP*, RA C 549 – 568 = AA 22: 22 – 48 = VII 11 – 20 und C 582 – 599 = 22: 71 – 95 = VII 29 – 36).

> *tungsweise*, als Produkt bewusst-fiktiver Abstraktion, wobei die ἀφαίρεσις nicht zum χωρισμός werden darf [...], also eben als Fiktion und sonst nichts.[82]

Unzählig seien außerdem die Stellen im zweiten Manuskriptwerk, in denen die *fiktive Natur des Gottesbegriffes* behauptet werde.[83] Die Existenz Gottes werde darin lediglich im moralisch-praktischen Sinn verstanden. Man betrachte die Menschenpflichten, *als ob* sie göttliche Gebote wären, d. h. als ob es einen gesetzgebenden Gott gäbe. Diese Behauptung des Gottesdaseins bedeute jedoch keineswegs eine *synthetische* Erweiterung unserer Erkenntnis, vielmehr gehe es allein um eine *analytische* Erläuterung des Pflichtgesetzes als Vernunftgebot. Mit dem Wort „Gott" werde hier also keine Substanz bezeichnet, kein Wesen außerhalb von uns, sondern lediglich das Verhältnis unseres handelnden Teils zum gebietenden Teil unserer Vernunft. Gott sei die reine praktische Vernunft selbst. Er existiere, aber nur in der Idee.[84] Die Betrachtung der Menschenpflichten als göttliche Gebote sei selbst eine Pflicht, ja sogar die allgemeinste Pflicht, die allerdings eine Pflicht gegen uns sein müsse. Denn wäre sie eine Pflicht gegen Gott, so würde sie Gott voraussetzen. Gott existiere zwar nicht außerhalb des Menschen, trotzdem sei er auch nicht nur ein Gedanke in ihm. Der Gottesbegriff bilde die Personifizierung der Vernunft, wie auch der kategorische Imperativ als die Stimme Gottes angesehen werden könne. Darin bestehe die religiöse Urfiktion. In der Gottesidee mache sich das Subjekt zum Objekt. In diesem Sinn hätten wir sie oder uns selbst geschaffen. Für alle Ideen gelte die Gleichsetzung von Ideen und Dichtungen. Dichtungen würden schließlich notwendigerweise von unserer Vernunft aufgestellt, sie entstünden aus deren schöpferischem Trieb.

Ergänzend zur fiktionalen Lehre des Gottesbegriffs komme im Manuskript eine Reihe von Behauptungen der allerdings moralisch-praktischen Realität dieser Idee hinzu, welche von der Realität in theoretischem Sinn zu unterscheiden sei. In diesem Sinn, d. h. nur indem es um eine praktisch-wirksame Idee in uns gehe, spreche Kant zudem von einem Gottesbeweis.[85] Dieser neue Gottesbeweis

---

82 Vaihinger 1911, 724.

83 Vaihinger weist auch auf die Existenz einer geringen Anzahl dogmatisch klingender Stellen hin, die in seiner Abhandlung nicht berücksichtigt werden. In einer wichtigen Anmerkung hebt er die sprachlichen Kennzeichen der fiktionalistischen Äußerungen zum Gottesbegriff bei Kant hervor: „als ob", „tanquam", „gleich als", „gleich als ob", „als", „instar", „nach der Analogie" (vgl. Vaihinger 1911, 725 Anm.).

84 „In diesem Sinn", so bemerkt Vaihinger, „kann Kant und jeder Kantianer sagen: es ist ein Gott, ich glaube an Gott." (Vaihinger 1911, 727).

85 Vaihinger zitiert zwei kurze Formulierungen des Gottesbeweises im *Opus postumum:* „Ein Gott [Lesefehler von Vaihinger; bei Reicke-Arnoldt und im Original: „Ein Gebot"], dem Jedermann schlechterdings Gehorsam leisten muss, ist *als* von einem Wesen... das über Alles waltend stehe parallel zum ontologischen Beweis, insofern auch bei dem Ersteren die Existenz (im praktischen Sinn) unmittelbar im Begriff Gottes liege. Deswegen könne Kant behaupten, „die blosse Idee von Gott [sei] zugleich ein Postulat seines Daseins“[86], ohne in die Verworrenheit einer gewöhnlichen Kausalität zu geraten.[87] Gott, schließt Vaihinger, sei „eine zweckmässige, eine notwendige Idee, und Ideen [seien] ‚heuristische Fiktionen‘, Als-Ob-Betrachtungen. Kant und diejenigen, die so, wie er, geartet sind, *handeln, als ob* ein solcher Gott sie richtete, das ist ihr Glauben an Gott, das ist der ‚praktische Glauben‘ an einen Gott.“[88]

Vaihingers Untersuchung zufolge mag die Auseinandersetzung mit den Schriften Becks, Fichtes und noch anderer Vertreter des nachkantischen Idealismus Kant im Übergangswerk zu einer noch entschiedeneren Annahme des empirischen Realismus, d. h. der Affektion der Sinne durch räumliche Gegenstände, gebracht haben als in den beiden Auflagen der *KrV.* Nichtsdestoweniger sei die faktische Behauptung der empirischen Affektion im hinterlassenen Manuskript keineswegs als eine nachträgliche „Bekehrung“ Kants zu den neuen philosophischen Tendenzen zu sehen. Vielmehr tue der Philosoph nichts anderes, als die notwendigen Konsequenzen aus den Prämissen seines eigenen transzendentalen Idealismus zu ziehen. Denn die Neigung zum empirischen Realismus wohne dem kantischen System inne und, da sie zur Lehre vom Ding an sich im Widerspruch stehe, zerstöre von innen heraus das System selbst. Die Philosophie Fichtes bildet nach Ansicht Vaihingers allerdings selbst eine Vorstufe der Philosophie des Als-Ob, genauso wie die Philosophien von Schopenhauer und Nietzsche. Der im zweiten Manuskript-

und herrschend [*Zusatz von Vaihinger:* betrachtet werden muss, stammend] anzusehen. Ein solches aber als moralisches Wesen heisst Gott. Also ist ein Gott.“ Vaihinger fährt fort: „Es ist nur ein praktisch-hinreichendes Argument des Glaubens an Einen Gott, der in theoretischer [*Zusatz von Vaihinger:* Rücksicht] unzureichend ist – das Erkenntnis aller Menschenpflichten *als* (tanquam) göttlicher Gebote.“ (Zitiert nach Vaihinger 1911, 731; vgl. *OP,* RA C 618 = AA 22: 127.12 f. = VII 46). Vaihinger macht auf das zweimal wiederholte Fiktionsindex „als“ aufmerksam, das „deutlichst die fiktive Grundlage, den fiktiven Sinn und die fiktive Spitze des Kantischen moralischen Gottesbeweises“ abbilde (ebd.).

86 Zitiert nach Vaihinger 1911, 732 (vgl. *OP,* RA C 609 = AA 22: 109.12 f. = VII 41).

87 Ein letzter von Vaihinger angeführter Beweis zugunsten der fiktiven Natur des Gottesbeweises im zweiten Manuskriptwerk ist der Fall des Eides. Nach Kant könne man (als Zeuge, als Sachverständiger, als Beamter, als Abgeordneter usw., wie Vaihinger erläutert) bei Gott schwören, auch ohne sein Dasein zu behaupten. In diesem Fall handle man so, als ob Gott existierte. Bei Gott zu schwören, die Wahrheit zu sagen, bedeute somit, dass man es auf sein Gewissen nähme, ein Lügner zu sein (vgl. Vaihinger 1911, 732 f.; *OP,* RA C 414 = AA 21: 148 = I 43; RA C 416 = AA 21: 152 = I 44; RA C 417 = AA 21: 153 = I 44).

88 Vaihinger 1911, 733.

werk beherrschende fiktionale Idealismus offenbare, in welche Richtung Kant selbst sein Denken schließlich orientiere.

1.4 Drews

In seiner Abhandlung *Kants Naturphilosophie als Grundlage seines Systems* (1894) attackiert Arthur Drews[89] Krauses Lesart des *Übergangs.*[90] Nach Drews schreibt Krause Kant einen „idealistischen naiven Realismus" zu, welcher die subjektive Vorstellung des Gegenstandes mit dem Gegenstand an sich identifiziere.[91] Ein viel geeigneterer Schlüssel zum Verständnis der Übergangslehre scheint ihm Vaihingers Theorie der doppelten Affektion zu sein.

Im Nachlasswerk erkläre Kant die äußeren Wahrnehmungen als Wirkungen der bewegenden Kräfte der Materie. Nun sei die Bewegung nichts anderes als ein Verhältnis zwischen den subjektiven Formen von Raum und Zeit, was die Bewegung selbst zu etwas Subjektivem mache. Dementsprechend seien die bewegenden Kräfte lediglich Erscheinungen, d. h. innerliche Modifikationen des Subjekts. Erst unter diesen Umständen erweise sich ein System des Empirischen, nämlich das System der bewegenden Kräfte der Materie, welches die Übergangslehre gestalten solle, als möglich. Denn seine Prinzipien könnten im Subjekt erfunden werden. Bisher habe Kant also angenommen, dass nur das formale Element in der Erfahrung subjektiv sei, wohingegen das materiale Element *a posteriori* durch die Dinge an sich geliefert werde. Die Übergangslehre erkläre jetzt, dass auch der Stoff der Erfahrung nur aus dem Subjekt entstehe.[92] Zuvor habe Kant nur eine tran-

89 Christian Heinrich Arthur Drews (1865–1935) habilitierte sich 1896 an der Technischen Hochschule Karlsruhe für Philosophie und war dort ab 1898 außerordentlicher Professor. Als Philosoph war er ein Anhänger des Denkens Eduard von Hartmann. Er entwickelte einen „konkreten Monismus" im Sinne einer pantheistischen Metaphysik. Sehr kontrovers war ferner seine Verneinung der historischen Existenz Jesu.

90 Vgl. Drews 1894, 442–495. Die Abteilung enthält eine umfassende Darstellung der Geschichte des Manuskripts und des damaligen Zustands der Debatte über das Nachlasswerk. Im Konflikt zwischen Krause und Fischer stellt sich Drews auf die Seite Fischers (vgl. ebd., 442–459).

91 Drews stigmatisiert Krauses Interpretation mit einem lapidaren Urteil: „Es braucht dabei kein Wort weiter über die ungeheuerliche Voraussetzung verloren zu werden, die diesem idealistischen naiven Realismus zu Grunde liegt, die Voraussetzung nämlich, dass es die Erscheinung, mithin Vorstellung ist, die das Subjekt affiziert, und dass, da unsere Vorstellungen doch erst durch die Einwirkung dieser Vorstellungen in uns entstehen, unsere Vorstellungen auf uns wirken, noch ehe sie wirklich sind." (Drews 1894, 477).

92 „Gegenüber der gewaltsamen Auseinandersetzung von Sinnlichkeit und Verstand, worauf Kant in der Vernunftkritik seine Lehren gebaut hatte, ist es gewiss als ein Fortschritt anzuer-

szendente Affektion seitens des unräumlichen Dinges an sich vermutet. Nun behaupte er, dass es *auch* eine empirische Affektion seitens der Gegenstände im Raum – „Gegenstände an sich" – gebe. Kant erstrebe also, den Gegenstand an sich so darzustellen, als ob er lediglich aus der Spontaneität des Subjekts hervorgehen würde.

Demzufolge unterscheide Kant zwei Subjekte voneinander: das transzendentale Ich und das empirische Ich, die sich zueinander wie Ding an sich zu Erscheinung verhalten würden. Das eine enthalte nur die formalen Elemente des Denkens. Das empirische Ich trage hingegen die Wahrnehmungen, die es zur Einheit der Erfahrung verknüpfen könne. Das transzendentale Ich sei also bloße Spontaneität. Das empirische Ich sei hingegen Spontaneität und Rezeptivität zusammen. Als bloße Spontaneität kann das transzendentale Ich nach Drews eigentlich nicht von den Dingen an sich affiziert werden, sonst wäre es auch Rezeptivität, was es zu einer unnötigen Verdoppelung des empirischen Subjekts machen würde.[93] Aus der absoluten Spontaneität des transzendentalen Subjekts gehe die ganze Welt im Raum und in der Zeit als möglicher Gegenstand unseres empirischen Bewusstseins hervor. Die bloße Spontaneität sei also die einzige Substanz, das einzige Subjekt, aber sie sei kein „Ich", kein Bewusstsein. Das empirische Ich sei hingegen kein Subjekt, sondern das Bewusstsein des absoluten Subjekts.[94] Beseitige man bei Kant nur noch die Affektion durch die Dinge an sich,

---

kennen, wenn er in seinem letzten Manuskript behauptet, nicht bloss das formale Element der Erfahrung, sondern auch das materiale, die Empfindung, werde von uns selbst gemacht, sei also nicht *blosse* Rezeptivität." (Drews 1894, 476).

93 Wie bereits betont wurde, schreibt Drews Kant ganz eindeutig die These zu, dass das Subjekt durch äußere, wirkliche und unerkennbare Dinge an sich affiziert werde: „Das erste [Moment in dem Prozess, wodurch das Objekt der Physik in uns entsteht,] ist die Affektion des Subjekts durch die Dinge an sich oder die *transcendente Affektion.* [...] Das erste Moment des Prozesses liegt ausserhalb des Subjekts und bleibt daher auch gänzlich unbekannt. [...] Dazu kam, dass die schwersten Einwände gegen das kantische Lehrgebäude gerade das Ding an sich betrafen, dieses Schmerzenskind des transcendentalen Idealismus, und dass ein *Jacobi*, ein *Aenesidem*, ein *Beck* und *Fichte* es ihm nahe genug gelegt hatten, sich gänzlich von ihm loszusagen. Kein Wunder also, wenn sich in dem nachgelassenen Manuskript neben solchen, welche die Annahme einer transcendenten Realität des Dinges an sich voraussetzen, eine grosse Zahl von Stellen findet, die den rein fiktiven Charakter desselben betonen!" (Drews 1894, 473 ff.). Drews zieht daraus die Konsequenzen und behauptet, dass sich die Annahme des Dinges an sich im kantischen Erkenntnisprozess vollkommen erübrigt habe.

94 Drews formuliert wie folgt: „Das transzendentale Ich ist jedoch in Wahrheit gar kein Ich, kein Bewusstsein, sondern es ist absolut *unbewusstes Subjekt*. Das empirische Ich ist das Bewusstsein dieses Subjekts, aber es ist auch eben deshalb von diesem so verschieden, wie es der Gegenstand in der Vorstellung von dem Gegenstande selber ist." (Drews 1894, 481).

erlange man, so schlussfolgert Drews, den Standpunkt der absoluten Ichheit Fichtes.

Von dem Begriff der Materie überhaupt, jener Urmaterie, die Kant meistens als „Äther", „Wärmestoff", „Lichtstoff" bezeichne, könne es sich nicht um eine nur empirische Erkenntnis handeln. Sonst würde sich die apriorische Ableitung des Systems der bewegenden Kräfte als unmöglich erweisen. Die Möglichkeit des Übergangs von der Metaphysik zur Physik setze also die Apodiktizität des Äthers voraus. Gerade was die Natur des Wärmestoffs und seines Existenzbeweises angehe, scheine Kant allerdings kein festes Resultat erzielt zu haben.[95]

Kant habe die Absicht gehabt, so Drews, die physikalischen Eigenschaften der Körpermaterie im Elementarsystem der bewegenden Kräfte aus den Kategorien abzuleiten. Die Resultate *a priori* wurden weiterhin anhand zahlreicher Belege aus Physik und Chemie erläutert. Drews bemerkt jedoch, dass vielmehr das Umgekehrte geschehe. Gehe man auf die Darlegungen von Kant näher ein, so müsse man zugestehen, dass die physikalischen Eigenschaften *nur* aus den empirischen Resultaten gewonnen würden. Kant versuche lediglich, sie nach der Kategorientafel anzuordnen.[96]

Drews' Lesart des kantischen Nachlasswerks lässt sich in vier Punkten rekapitulieren: 1) Insofern Kant in seiner Übergangslehre versucht, auch die Eigenschaften der Natur *a priori* abzuleiten, unterscheidet sich seine Naturphilosophie von den Naturphilosophien Fichtes oder Schellings, welchen allerdings die spätere Naturwissenschaft keine Anerkennung schenkt, nicht wesentlich. 2) Nur die Annahme einer transzendenten Affektion durch Dinge an sich unterscheidet den transzendentalen Idealismus Kants vom Standpunkt eines subjektiven

---

95 Drews hebt hervor, dass Kant die Materie bald als nicht hypothetisch, sondern beweisbar, bald hingegen als nur hypothetisch oder als eine bloße Idee bezeichne. Er scheint nach Drews' Ansicht versucht zu haben, die Existenz der Materie aus der Allgemeinheit ihres Begriffs abzuleiten, was aber faktisch nichts als der alte ontologische Beweis sei, nach welchem das Dasein eines absoluten Wesens aus dessen Begriff notwendig folge. Drews ficht ferner den Materienbeweis durch die Entstehung des Bewusstseins aufgrund äußerer materieller Einwirkungen an. Denn als Inhalt des Bewusstseins sei das Dasein der Materie zwar absolut gewiss, aber nur eine Vorstellung jener Materie *vor* dem Bewusstsein und *außerhalb* desselben, deren Existenz bewiesen werden solle. Von dieser Materie aber könne kein Beweis nach dem Identitätsprinzip erbracht werden, wie Krause meine, da sie nicht *im* Bewusstsein sei. Drews kritisiert also den naiven Realismus Krauses, der wiederum Vorstellung und Ding an sich identifiziert (Drews 1894, 485 f.).

96 „Dabei ist charakteristisch, dass Kant von dem transzendentalphilosophischen Prinzip seines Überganges, den eigenen Kräften des Subjekts, überhaupt gar keinen Gebrauch macht, sondern die Eigenschaften der Körpermaterie einfach aus der Urmaterie erklärt. In der nämlichen Weise könnte auch jeder Andere das Problem behandeln, der niemals etwas von der Selbstaffektion des Subjekts gehört hätte." (Drews 1894, 491).

Idealismus fichteanischer Art. 3) Die strenge Unterscheidung zwischen Ding an sich und Erscheinung sowie die Anerkennung der Körpermaterie als einer nur subjektiven Vorstellungsart, insofern sie eine dynamische Auffassung der Materie begründen, sind der einzige Gewinn für die Naturphilosophie seitens des transzendentalen Idealismus. Dadurch soll ferner der „naive Realismus" Krauses widerlegt werden. 4) Abgesehen von diesem Punkt beweisen die Resultate des Nachlasswerks eher die Irrelevanz der transzendentalidealistischen Perspektive für die kantische Naturphilosophie.[97]

1.5 Tocco

Felice Tocco[98] widmet den physikalischen und naturphilosophischen Themen des *Übergangs* einen in den *Kant-Studien* 1898 erschienenen Aufsatz „Dell'opera postuma di E. Kant sul passaggio dalla metafisica della natura alla fisica".[99] Er

---

97 *„Die ganze kritische Naturphilosophie Kants ist nur die vorkritische Naturphilosophie, gekleidet in die Formeln der Vernunftkritik und geschaut durch die Brille des transzendentalen Idealismus."* (Drews 1894, 494).

98 Felice Tocco (1845 – 1911) ist eine der bedeutendsten Persönlichkeiten des italienischen Neukantianismus.

99 Vgl. Tocco 1898. Der Aufsatz wurde 1899 in *Rivista filosofica* publiziert und 1909 von Tocco selbst in seinen *Studi kantiani* wiederabgedruckt. Massimo Ferrari widmet Tocco eine ausführliche Studie (Ferrari M. 1990), in der er auch von Toccos Artikel über das Übergangswerk berichtet (ebd., insbesondere 353 – 367). Vaihinger selbst habe Tocco aufgefordert, seinen Aufsatz in den *Kant-Studien* zu veröffentlichen (vgl. ebd., 354). Dieser Artikel stellt die erste Studie über das *Opus postumum* auf Italienisch und wohl die erste Studie über das *Opus postumum* in einer anderen Sprache als Deutsch dar. Nach Tocco kann das Nachlasswerk weder als die wichtigste Schrift des Philosophen, wie Krause meint, noch als die bloße Wiederholung seiner früheren Schriften, wie Fischer behauptet, sondern ausschließlich als die notwendige Vollendung der Naturphilosophie der *MAN* betrachtet werden. Das *Opus postumum* ist also Tocco zufolge „ohne Vorurteile" („senza preconcetti") zu untersuchen (Tocco 1898, 69 ff.). Nikolai von Bubnoff (1880 – 1962) wird den moderaten Standpunkt Toccos bereits als eine Überschätzung der Bedeutung des Nachlasswerkes sehen (Bubnoff 1911, 453). Toccos Darstellung folgt seiner hypothetischen Rekonstruktion des Nachlasswerks. Die „Vorrede" handle vom Problem des Übergangs von der Philosophie zur Physik und der Anordnung des Empirischen nach den Kategorien (Tocco 1898, 71 ff.). Der Begriff der Kraft stelle das Prinzip dieses Übergangs dar und solle, wie es in der „Einleitung" angekündigt werde, den Aufbau des Systems aller Kräfte der Natur, sowohl der organischen wie auch der unorganischen Welt, ermöglichen (ebd., 73 – 79). In der „Einleitung" sei das Problem der Ableitung der Existenz der Materie behandelt worden. Das Werk setze die Behandlung der verschiedenen physikalischen Vorgänge nach den vier Klassen der Kategorien fort: Gravitation und Gewichtskraft unter der Quantität (ebd., 79 ff.), Aggregatszustände der Materie, Unsperrbarkeit, Wärmelehre, Kapillarität und Erstarrung unter der Qualität (ebd.,

behauptet, dass trotz mehrerer Unzulänglichkeiten die dynamische Theorie der Übergangslehre in vielen Hinsichten mit der Physik des 19. Jahrhunderts übereinstimme. Dies weist er im Wesentlichen durch die Darlegung von Kants Auffassung von der Atomistik und vom Ätherbeweis nach.

Die Kritik der Atomistik im *Übergang* muss nach Tocco nuanciert werden. Kant werfe nämlich einerseits ein, dass die Masse der Atome nicht direkt bestimmt werden könne. Dazu brauche man ein dynamisches Element, denn das Wiegen biete die einzige Möglichkeit, die Quantität der Materie jeder Art zu bestimmen. Es sei in dieser Hinsicht gleichgültig, ob man einen Körper als eine Zusammensetzung von Atomen, die aufeinander wirkten, oder als ein Ganzes von attraktiven und repulsiven Kräften, die sich gegenseitig in einem bestimmten Raum einschränkten, verstehe.[100] Andererseits nehme Kants Abneigung gegen Laplaces Bezeichnung der Atome als „materielle Punkte" ab, zumindest in dem Maß, in dem er diese Form der Atomistik als kompatibel mit einer dynamischen Darstellung der Materie erkläre, was beweise, dass selbst der überzeugteste Vertreter des Dynamismus auf eine schematische Konstruktion, die der Atomistik gleiche, nicht ganz verzichten könne.[101]

Der Begriff des Äthers bildet für Tocco ferner die zentrale und entscheidende Lehre des *Opus postumum*, um deren Bearbeitung und Erklärung Kant sich fortwährend bemüht habe. Von der Existenz einer *unwägbaren* Materie, d. h. des Äthers, welche die *wägbare* durchdringt, handelt nach Tocco bereits die „Einleitung" des Nachlasswerks.[102] Die Frage, mit der sich Kant hierbei beschäftige, laute, ob es möglich sei, die Existenz dieses Stoffes *a priori* abzuleiten, genauso wie es für die Kategorien in der *KrV* und in den *MAN* für die Anziehungs- und Abstoßungskräfte unternommen wurde. Der Beweis basiere auf der Möglichkeit der Bewegung. Wenn man als Ursache der Bewegung kein Prinzip außerhalb der Materie annehmen wolle, was das Geheimnis der Bewegung noch undurchdringlicher machen würde, so müsse eine *vis locomotiva* angenommen werden, welche die Materie örtlich bewegen lasse, d. h. dass jeder Teil der Materie den anderen bewege. Weiterhin wären ein absoluter Anfang der Bewegung, die absolute Ruhe, die diesem vorangehe, oder auch das Aufhören der Bewegung undenkbar. Daraus folge die Ewigkeit der Bewegung, was voraussetze, dass die Bewegung als notwendig und stetig zu denken sei. Das widerspreche jedoch

---

79–89 und 277–281), Kohäsion unter der Relation (ebd., 281–286) und die Unerschöpflichkeit der Bewegung unter der Modalität (ebd., 286 f.).

100 Tocco 1898, 80.

101 Tocco 1898, 83.

102 Bei dieser Darstellung des Ätherbeweises bezieht sich Tocco insbesondere auf zwei Bogen von *Uebergang 1–14* (vgl. *OP*, RA B 100–110 = AA 21: 215–229 = II 29–34).

derjenigen Erfahrung, die erklärt werden müsse. Zwei einander scheinbar widersprechende Eigenschaften der Bewegung seien also notwendigerweise anzunehmen: ihre Ewigkeit und ihr Anfang. Dies wäre unmöglich, wenn es neben der sichtbaren Materie keine andere Materie gäbe, die nicht durch Erfahrung erkannt werden könne, sondern von der Vernunft postuliert werden müsse.

Die Annahme dieser Materie diene weiterhin dazu, das Problem des leeren Raums zu lösen. Die Bewegung der Materie im leeren Raum oder die Übertragung der Bewegung durch die Leere könnten nicht wahrgenommen werden. Die Möglichkeit der Wahrnehmung der Bewegung setze also einen mit Materie ausgefüllten Raum voraus. Andererseits müsse der ausgefüllte Raum so gedacht werden, dass die Bewegung in ihm noch möglich sei. Also habe man wiederum zwei sich scheinbar ausschließende Bedingungen. Der Raum müsse voll sein, um die Wahrnehmung der Bewegung zu ermöglichen. Er müsse zugleich leer sein, damit die Bewegung stattfinden könne. Nur die Annahme einer Materie wie der des Äthers könne die beiden Bedingungen vereinen.

Tocco unterscheidet zwei verschiedene Begriffe des Wärmestoffs im Nachlasswerk. In einem Fall schreibe Kant dem Äther die drei folgenden Attribute zu: a) Er ist die Ursache aller Bewegung und aller Qualitäten in der wägbaren Materie. b) Er stellt ein *a priori* beweisbares Postulat, keine Erfindung zur Erklärung der Erscheinungen dar. c) Er muss als unwägbar, unsperrbar, unzusammenhängend und andauernd dargestellt werden.

Diesen drei Merkmalen entsprechen Tocco zufolge drei unterschiedliche Probleme. Als Ursache der Bewegung sei der Äther nicht mehr als ein Stoff zu sehen; er sei eher als eine Kraft zu betrachten. Weiterhin passe ein Ätherbeweis nicht zu den Prinzipien des kantischen Denkens, denn für den kritischen Kant sei die Einheit der Erfahrung etwas rein Formales, wohingegen der späte Kant sie jetzt auf ein materielles Substrat zu gründen scheine. Einer Materie, welche als unwägbar, unsperrbar usw. definiert werde, würden die Merkmale der Materie fehlen. Sie bilde keine bestimmte Materie, sondern vielmehr eine „immaterielle Materie" („materia immateriale"), was einen widersprüchlichen Begriff darstelle.[103]

In einer vermeintlich späteren Phase, so Tocco, habe Kant daher versucht, den Äther mit der *hypothetischen* Idee einer ursprünglichen elastischen *Flüssigkeit* gleichzusetzen, welche man sich als alldauernd schwingend vorzustellen habe. Eine solche Materie schaffe also nicht die Bewegung, sondern übertrage sie. Diese Darstellung der Materie scheint Tocco konsistent, insofern es sich um etwas Materielles handle, das zumindest indirekt wahrnehmbar sei, obwohl er eingesteht, dass die erstere Sichtweise am besten zu Kants dynamischer Theorie der

---

103 Vgl. Tocco 1898, 85 ff.

Materie passe. Tocco hebt also eine Spannung im *Übergang* zwischen einem kartesianischen Element, nämlich dem „materialistischen", hypothetischen Ätherbegriff [104] und dem Verständnis des Äthers als Kraft, als Postulat oder auch als *„immaterielle Materie"* hervor.

Zu ähnlichen Schlüssen war auch der deutsche Physikhistoriker Rosenberger bereits in einem Aufsatz von 1886[105] gekommen. Er hält den Äther als „ewig Bewegtes" im Nachlasswerk für eine für das ganze System der kantischen Philosophie „absolut nothwendige unerlässliche Construction"[106]. Denn nur unter diesen Umständen könne die Materie unsere Sinne affizieren und uns zum Erfahrungsgegenstand werden. Dieser Begriff des Äthers zeigt nach Rosenberger eine nahe Verwandtschaft zu anderen damaligen Sichtweisen der Materie und antizipiert sogar manche Ideen der Wärme- und Gastheorie des 19. Jahrhunderts. Kant habe es jedoch nicht gelingen können, alle bewegenden Kräfte der Materie aus dem Äther abzuleiten. Die Ursache dafür sei nicht allein in der Altersschwäche des Philosophen zu suchen; sie liege eher in der Natur des Problems des Übergangs von der Metaphysik zur Physik, dessen Lösung man sich nur asymptotisch annähern könne, die aber nie erreicht werde.[107]

---

104 Gerade in dieser Rückkehr zum kartesianischen Prinzip des Äthers als eines Übertragungsmittels und unerschöpflichen Ursprungs aller Energien bestehe für ihn die „überwältigende" („grandiosa") Hypothese des Übergangswerks (vgl. Tocco 1898, 87 ff. und 287 f.). In diesem Punkt stimmt für Tocco der Kartesianismus des *Opus postumum* mit der modernen Anschauung der Mechanik des bekannten Physikers Heinrich Hertz (1857–1894) überein, für den, was wir als „Kraft" und „Energie" bezeichnen, nichts anderes als Wirkung der „Masse" und der „Bewegung" sei (vgl. ebd., 288 f.). Diesbezüglich zitiert Tocco eine lange Passage aus den *Prinzipien der Mechanik* von Hertz (vgl. Hertz 1984, 30; in der Kuczera-Ausgabe 95 f.).

105 Rosenberger 1886. Rosenberger veröffentlicht seinen Bericht über das *Opus postumum* zum ersten Mal bereits 1886, später im dritten Band seiner *Geschichte der Physik* (Rosenberger 1890, 36–44).

106 Rosenberger 1890, 42.

107 Es erscheint lohnend, eine zusammenfassende Passage aus dem Text Rosenbergers zu zitieren: „Der Physiker wird immer nach dem jeweiligen Stande seiner Kenntnisse sich Hypothesen über die Constitution der Materie bilden, unbekümmert darum, ob dieselben das innerste Wesen derselben ausdrücken. Der Philosoph aber wird sich immer die Materie so construiren, dass dieselbe den Anforderungen der Erkenntnistheorie genügt, ohne darauf zu sehen, ob sich aus seiner Construction auch alle physikalischen Eigenschaften derselben ableiten lassen. Die Kluft zwischen den beiden Constructionen wird wohl immer mehr verringert, aber doch nicht ganz ausgefüllt werden." (Rosenberger 1890, 44).

Allein der Vollständigkeit des historischen Überblicks halber sei hier auf die mäßigen Arbeiten von Martin Kosack (Kosack 1894) und Hans Henning (Henning 1912) hingewiesen. Beide Autoren zeigen ein eher oberflächliches Verständnis des Übergangsprojekts. Kosack, der Kants Nachlasswerk vom Standpunkt der Physik des 19. Jahrhunderts aus beurteilt, kommt zu dem Schluss, dass die Übergangslehre ungeeignet sei, die moderne Naturwissenschaft zu un-

1.6 Heman und Pinski

Zwei Beiträge von Karl Friedrich Heman[108] und einer von Friedrich Pinski beschäftigen sich mit der Gotteslehre im Nachlasswerk.[109] Der vierte und abschließende Abschnitt von Hemans Gedenkblatt zum 100. Todestag Kants (1904) skizziert in groben Zügen die Hauptthesen des „zweiten Manuskriptwerks".[110] Eine deutlich ausführlichere, systematische Darstellung des Inhalts desselben bieten die 151 Seiten der 1911 erschienenen Dissertation von Pinski, die auf den Beiträgen von Krause und Heman basiert. Pinskis Darstellung der kantischen Transzendentalphilosophie im zweiten Manuskriptwerk schließt sich Hemans Deutung an, welche, abgesehen von einigen Abweichungen, mit den Hauptlinien von Krauses Interpretation übereinstimmt.[111] Die Hauptthesen von Heman und Pinski lassen sich folgendermaßen rekapitulieren:

1. Nicht die Transzendentalphilosophie im Sinne des spekulativen Idealismus (in erster Linie Fichte, Schelling und Hegel), sondern diejenige des kantischen

termauern, vor allem aufgrund der seines Erachtens darin enthaltenen Kritik an der Atomistik. Kants angeblicher Versuch, die empirische Physik rein *a priori* aus dem Prinzip des Äthers abzuleiten, sei nicht gelungen. Hennings Büchlein enthält eine summarische Kritik an Kants Versuch im Nachlasswerk, die physikalischen Streitfragen ohne Experimente apriorisch durch eine eigene Theorie der Materie zu lösen, sowie die Ablehnung der Atomistik und den mit der Annahme des Wärmestoffs erfolgenden Rückfall in einen vorkritischen Materialismus.

108 Karl Friedrich Heman (1839 – 1919) war ein evangelischer Theologe, der an der Universität Basel Philosophie und Pädagogik lehrte.

109 Heman 1904, insbesondere 169 – 195, bzw. Pinski 1911. Mit der Gotteslehre des kantischen Nachlasswerks beschäftigt sich Heman bereits in einem 1901 in den *Kant-Studien* erschienenen Aufsatz über Kant und Spinoza (vgl. Heman 1901). Auf Hemans Lesart des kantischen Spinozismus im *Opus postumum* bezieht sich der italienische Kant-Forscher Mariano Campo (1892 – 1977) in einer Studie von 1933 über Spinoza und Kant, die aber erst in einem Sammelband von 1946 erschien (Campo 1946, 17 f., 32, 35, 53; siehe ferner ebd., 56).

110 Heman 1904, 180 – 195. Der dritte Abschnitt der Abhandlung enthält außerdem eine vernachlässigbare Darstellung des äußeren Zustandes des hinterlassenen Manuskripts Kants (ebd., 170 – 180).

111 Heman beteuert, erst dann von Krauses Schrift *Die letzten Gedanken Immanuel Kant's* erfahren zu haben, als der dritte Abschnitt seiner Abhandlung bereits seit sechs Monaten fertig gewesen sei. Es ist demnach anzunehmen, dass Heman den vierten Abschnitt seiner Abhandlung wohl nach der Lektüre des Buches Krauses vervollständigt hat. Er meint ferner, dass seine Lesart der kantischen Schrift mit derjenigen Krauses „teilweise" übereinstimme; er empfiehlt das Buch Krauses als „gute Ergänzung" zu seiner Abhandlung und als brauchbaren Kommentar zu den Überlegungen Kants (ebd., 169 f. Anm.).

Manuskripts ist es, die das kritische transzendentale Denken authentisch entwickelt.[112]

2. Die drei Ideen der Transzendentalphilosophie in ihrem höchsten Standpunkt, d. h. Gott, die Welt und der Mensch, sind nicht durch die Erfahrung gegeben. Sie werden vielmehr zur Erfahrung erdichtet. Sie sind notwendige Bedingungen der gesamten menschlichen Erfahrung: der sinnlichen (Welt) wie auch der praktisch-moralischen (Gott). Obwohl diesen Dichtungen der Vernunft keine empirische Anschauung entspricht, erlangt die Existenz Gottes und der Welt dieselbe apodiktische Gewissheit wie unser Bewusstsein.[113]

3. Kant vertritt einen empirischen Realismus. Die uns durch die Erfahrung gegebenen Gegenstände stellen wir uns vor, sie sind aber nicht bloße Vorstellungen. Die Ursache unserer Vorstellungen von den empirischen Gegenständen sind wirkliche Dinge der Welt. Sie sind außerhalb von uns, jedoch nicht außerhalb unseres Vorstellungsvermögens. Es muss daher eine wirkliche Welt der Dinge geben. Der Gottesbeweis verläuft parallel dazu. Alle Gebote, die dem Menschen durch den kategorischen Imperativ zur absoluten Pflicht gemacht werden, sind die Gebote eines unbedingten, göttlichen Gesetzgebers. Die Existenz Gottes ist genauso sicher wie die Existenz der Welt.[114]

4. Zwischen beiden Existenzbeweisen gibt es jedoch einen wesentlichen Unterschied. Die Welt als die Summe aller sinnlichen Gegenstände ist ein sinnlicher, d. h. räumlicher und zeitlicher Gegenstand. Sie hat also empirische Realität. Die Welt ist Phänomenon, Gott Noumenon, übersinnlich. Gott ist keine Substanz, nicht einmal die Weltseele. Er als Maximum muss als ganz von der Welt abgesondert gedacht werden. Er ist kein Ding der Welt, sondern Person. Als notwendige Bedingung aller einzelnen Freiheiten ist er die absolute Freiheit. Der Gottesidee kommt moralische Idealität zu. In diesem Sinn steht der Gottesbeweis des Manuskripts keineswegs in einem Widerspruch zur Gotteslehre der *KrV*.[115]

---

112 Heman 1904, 180 f. und 185; vgl. zudem Pinski 1911, 1–8 und 18. Die Ablehnung der intellektuellen Anschauung als Quelle der Erkenntnis macht Heman und Pinski zufolge den wesentlichen Unterschied zwischen den Idealisten und Kant aus. Nach Kant kann unsere Spontaneität die Erfahrung nämlich weder ignorieren noch ersetzen.

113 Vgl. insbesondere Heman 1904, 185 f., und Pinski 1911, 29–57. In diesem Punkt weicht die Position Hemans und Pinskis von derjenigen Krauses (vgl. oben, 1.2.8) ab.

114 Heman 1904, 189 f.; vgl. Pinski 1911, 91 f.

115 Heman 1904, 190. Von der Gottes- und Weltidee handeln zwei Kapitel der Untersuchung Pinskis (vgl. Pinski 1911, 65–102 bzw. 103–125). Pinski meint nichts anderes, wenn er schreibt: „Unsere Gotteserkenntnis ist keine objektive sichere Erkenntnis; sie ist kein Wissen, sondern nur Glauben" (ebd., 80). „Gott an sich ist transzendent, und alle Versuche, über sein Wesen an sich etwas Sicheres auszumachen, müssen zu einem absolut negativen Ergebnis führen." (ebd., 82). Der Gottesbeweis im Manuskript beruht auf moralisch-praktischen Argumenten. Er hat daher

5. Gott und die Welt sind zwei gänzlich heterogene Gegenstände, die aber in einem gegenseitigen Verhältnis zueinander stehen. Wenn es eine Verbindung zwischen beiden gibt, so muss sie in demjenigen hergestellt werden, der beide denkt, nämlich dem Menschen. Der Mensch ist Bürger zweier Welten. Er hat Körper und Seele.[116]

Heman und Pinski heben das praktisch-moralische Element der kantischen Lösung hervor.[117] Als vernünftiges, freies Wesen trage der Mensch etwas Göttliches in sich. Er könne entscheiden, seinen Körper zu bewege, was impliziere, dass der Mensch durch seinen Körper in der Welt agiere und auf die Welt einwirke. Handle der Mensch nach dem kategorischen Imperativ, so sei Gott selbst durch ihn in der Welt tätig.[118] Der Mensch sei die einzige Immanenz Gottes in der Welt. Gott sei im Menschengeist der Welt immanent, also nicht im physikalischen Sinn des Pantheismus Spinozas, sondern im praktisch-moralischen Sinn.

---

ausschließlich subjektiven Erkenntniswert, keineswegs die objektive Gültigkeit eines theoretischen Beweises (ebd., 94 f.). „[D]er Gegenstand dieser Vernunftidee [= der Gottesidee] ist in Bezug auf seine Existenz nur ein Begriff. Aber in der praktischen Vernunft erlangt diese Idee Wirklichkeit; denn für die Bestimmung des Willens zu pflichtmäßigem Handeln reicht sie vollständig aus auch ohne den theoretischen Beweis des Daseins Gottes. In dieser Hinsicht ist die subjektive Erkenntnis der objektiven ganz gleichwertig." (ebd., 94 ff.).

116 „Als Sinnenwesen müssen wir uns die Welt vorstellen, als Vernunftwesen müssen wir Gott denken. [...] Gott macht sich geistig in meinem vernünftigen Ich präsent, wie die Dinge sich sinnlich meinem körperlichen Ich präsentieren." (Heman 1904, 190 f.). Zur Idee des Menschen im zweiten Manuskriptwerk nach Heman und Pinski siehe Heman 1904, 191 – 194, und Pinski 1911, 96 – 102 und 126 – 145.

117 Heman und Pinski leugnen nicht das Interesse Kants für das religiöse Element, aber sie schreiben ihm eine marginale Rolle zu. Heman gesteht zu: „Weil also Gott dem menschlichen Bewusstsein immanent ist, setzt der Mensch Gott als seiend auch in die Welt seines Bewusstseins und stellt sich seinen Gott vor als in oder ausser oder über seiner Welt, je nach den Gedanken seines Herzens." (Heman 1904, 194). Pinski seinerseits räumt ein: „Ohne die Bedeutung des gefühlsmäßigen Moments in der Religion zu unterschätzen, legt Kant doch das Hauptgewicht auf den Ursprung des Gottesbegriffs in der menschlichen Vernunft." (Pinski 1911, 48).

118 Vgl. dazu insbesondere Heman 1904, 193. Pinski bemerkt, dass nach Kant der Mensch als sinnliches Wesen nicht ausschließlich durch die Vernunft bestimmt sei. Sonst würde sein Wille mit dem Pflichtgebot im Einklang stehen. Die Erfüllung des moralischen Gesetzes geschehe hingegen nicht ohne den Widerstand der sinnlichen Natur des Menschen und setze den beständigen Kampf mit den natürlichen Trieben und Neigungen voraus (vgl. Pinski 1911, 133).

1.7 Görland

Während Krause, Heman und Pinski die zwei Manuskriptwerke *systematisch* verstehen, interpretieren Vaihinger und Drews sie hingegen als eine *aporetische* Fortbildung des kantischen Denkens. In Unterschied zu all diesen Interpreten nimmt Albert Görland[119] eine Deutung des *Opus postumum* nach dem Neukantianismus der Marburger Schule vor. Den interpretatorischen Prinzipien der Marburger Schule getreu bezieht sich Görland in seinem Buch *Aristoteles und Kant bezüglich der Idee der theoretischen Erkenntnis* von 1909[120] auf die Lehre des Nachlasswerks nur insofern sie in grundsätzlicher Übereinstimmung mit den kantischen Hauptwerken steht.[121] Trotz der Anerkennung des starken Interesses Kants an der physiologischen Weiterbildung der Wahrnehmungslehre im Nachlasswerk wird die Thematik von Görland absichtlich nicht berücksichtigt und als eine Abweichung von der erkenntniskritischen Bestimmung der Wahrnehmung gesehen.[122] Kaum erwähnt wird ferner die ganze Problematik des Ätherbegriffs und der bewegenden Kräfte der Materie.

Der Erfahrungsbegriff bildet für Görland, wie übrigens auch für Cohen, den Grundstein der gesamten theoretischen Philosophie Kants. Der wichtigste Fortschritt, den die Philosophie mit Kant macht, besteht nach Görland in der Feststellung, dass Erkenntnis der Logik vorausgeht. Die Erkenntnis der Gegenstände der Erfahrung entstehe also nicht durch die Verbindung der sinnlichen Anschauung mit dem Denken. Sie besitze hingegen eine ursprüngliche und voraussetzungslose Einheit, in der drei verschiedene Motive voneinander zu unterscheiden seien, nämlich der reine Verstand, die reine Anschauung, d. h. Raum und Zeit, und die Empfindung, also das Materiale der Erkenntnis. In der ursprünglichen Einheit der Erkenntnis isoliere die Spekulation nachträglich im Interesse der

119 Nach der Promotion 1898 wurde Albert Görland (1869–1952) 1919 an der Universität Marburg im Fach Philosophie habilitiert. Er war von 1923 bis 1935 außerordentlicher Professor. Er veröffentlichte zahlreiche Werke und ist u. a. Herausgeber der *KrV* von Kant, die 1913 als Band 3 der Kant-Ausgabe Cassirers erschien.

120 Görland 1909, insbesondere 284–318 und 336–369. Das Buch erschien in der von Cohen und Natorp herausgegebenen Reihe *Philosophische Arbeiten* und bekam eine wohlwollende Rezension von Cassirer (Cassirer 1911).

121 Den hermeneutischen Prinzipien der Marburger Schule gemäß dürfen sowohl Briefe als auch nicht zum Druck bestimmte Materialien nicht zur Erklärung gedruckter Werke Kants verwendet werden. Hermann Cohen brandmarkt die Forschungen über ungedruckte Schriften des Philosophen als „archivalische Philosophie" (Cohen 1890, in Cohen 1928, Bd. 2, insbesondere 432–439). Cassirer gesteht zu, dass Belege aus dem Nachlasswerk jedoch als bloß „ergänzende Bestimmungen" für die Hauptwerke Kants zugelassen werden dürften (Cassirer 1911, 479).

122 Görland 1909, 352.

Betrachtung das Motiv des Subjektiven und unterscheide es vom Motiv des Objektiven, indem sie erkläre, dass dem Materialen, also dem *Objektiven*, das Formale, d. h. das *Subjektive*, zugrunde liege.[123]

Der Prozess der Erkenntnis beginne mit der Empfindung. Die Wahrnehmung, die Empfindung im empirischen Bewusstsein, sei jedoch noch keine auf ein Objekt bezogene Vorstellung.[124] Der Gegenstand entstehe erst im Akt des Urteils, und zwar durch die reine Synthesis des Verstandes. Die oberste Einheit, auf welche alle Urteile zu beziehen seien, finde ihren prägnanten Ausdruck in der Formel *Ich denke*. Das Subjektive als das Formale stelle die Bedingung des Gegenstands dar, die Gegenständlichkeit, d. h. der Gegenstand = X, das Ideale der Zusammensetzung des Formalen. Das Subjekt bilde also das formale Korrelat des Objekts in der Erfahrung. Als bloße Funktion des Zusammensetzens könne es kein Dasein sein, sondern nur die Bedingung des Seins des Gegenstands.[125] Es bezeichne lediglich die innerliche Einheit, das „Bewusstsein meiner selbst" als einen logischen, inhaltslosen Akt der Identität,[126] insofern der „Extraposition" der Einheit des Gegenstands die „Intusposition" der Einheit des Subjekts als Bedingung des Gegenstands entspreche.

Die Konstitution des Objektiven müsse dementsprechend lediglich als die Position eines Gegenstands seitens des Formalen verstanden werden. Bis zu Kant sei in der Philosophie das Ding, und zwar sowohl in seiner Ausformung als Körper als auch als lebendes Ding, das Primäre und die objektive Dimension der Erkenntnis gewesen. Dagegen sei Erscheinung das Sekundäre und die subjektive Dimension der Erkenntnis gewesen. Mit Kant vollziehe sich eine methodische

---

123 Görland zitiert eine pointierte Formulierung aus dem 11. Entwurf bezüglich einer Definition der Physik: „Gegenstand der Erfahrung ist das *Objektive* der Naturwissenschaft. Erfahrung von den Gegenständen ist das *Subjektive* der Naturwissenschaft. Diese (Erfahrung) muß als das Formale von jener (jenem?) vorhergehen. Das Formale vor dem Materialen." (Zitiert nach Görland 1909, 288; vgl. *OP*, RA A 473 = AA 22: 481 f. = XI 21).

124 Görland bezieht sich auf den Satz „Empirische Vorstellungen mit Bewustseyn sind blos subjectiv, d. i. sie sind noch nicht auf einen Gegenstand bezogene Vorstellungen." (*OP*, RA A 466 = AA 22: 464.1 f. = XI 16; vgl. Görland 1909, 292).

125 Das Ich bestimmt seine eigene Existenz höchstens als Erscheinung. Görland bezieht sich auf einen prägnanten Satz des *Opus postumum:* „Ich existiere im Raum und der Zeit und bestimme mein Dasein im Raum und der Zeit durchgängig (omnimoda determinatio est existentia) als Erscheinung nach den formalen Bedingungen der Verknüpfung des Mannigfaltigen der Anschauung und bin mir selbst ein äußerer und innerer Gegenstand." (Zitiert nach Görland 1909, 296; vgl. *OP*, RA C 592 = AA 22: 85.12 – 17 = VII 33).

126 „Das Bewußtsein meiner selbst ist ein logischer Akt der Identität, nämlich der Apperception, durch den das Subjekt sich selbst zum Objekt macht und bloß *ein Begriff*, sich irgend einen Gegenstand korrespondierend zu setzen." (Zitiert nach Görland 1909, 295; vgl. *OP*, RA C 580 f. = AA 22: 69.7 – 10 = VII 28; die Stelle ist bei Görland nicht korrekt angegeben).

Umkehrung, dank derer nun die Erscheinung zum ursprünglichen Begriff, das Ding an sich hingegen zum abgeleiteten Begriff werde. Erscheinung sei nämlich bereits mit Leibniz nicht mehr als das *Mitglied* eines Verhältnisses, und zwar „eines Verhältnisses zwischen dem, *was* erscheint, und dem, *wem* es erscheint"[127], zu sehen, sondern als das Endglied dieses Verhältnisses, dessen anderes das Selbstbewusstsein sei.

Das Ding an sich habe daher bei Kant zunächst die Bedeutung einer „methodischen Schranke" der Erkenntnis. Mit den Worten Görlands: *„Das ‚Ding an sich' ist nicht der Begriff einer Schranke für Erkenntnis, sondern einer Schranke von seiten und kraft der Erkenntnis.*"[128] Bei der Formel „Ding an sich = X" gehe es keineswegs um eine Wesenhaftigkeit mit dinghaften Merkmalen. Es handelt sich um ein bloßes Gedankending, welches aus dem ursprünglichen Begriff der Erscheinung abgeleitet werde. Durch die einfach logische Verneinung des Verhältnisses zwischen Erscheinung und Subjekt werde nämlich der Gegenstand aus der „Erscheinung" in ihren Gegensatz – eben das Ding an sich – verwandelt. Erscheinung und Ding an sich entsprechen also nicht zwei verschiedenen Gegenständen; es sind zwei Vorstellungsarten ein und desselben Gegenstands.[129] Von Dingen an sich gebe es jedoch keine mögliche Erkenntnis. Erkenntnis beschränke sich ausschließlich auf Gegenstände der Erfahrung, auf Erscheinungen.

Aus der Vorwegnahme der Ästhetik vor der Logik, also der Anschauung vor dem Denken, sind nach Görland die Schwierigkeiten entstanden, die mit dem Begriff des „Gegebenen" verbunden seien. Dass das Mannigfaltige der Sinnlichkeit dem Verstand „gegeben" sein solle, führe dazu, dass man sich die Empfindung tatsächlich als ein Mittelglied und nicht als ein Endglied im Begriff der Erkenntnis vorstellen müsse. Dagegen muss nach Görland deutlich betont werden, dass Gegenstand und Formales nicht zwei verschiedene Quellen der Erkenntnis sind und damit die Erkenntnis nicht aus diesen beiden Quellen zustande kommt. Die Bedeutung des „Gegebenen" sei mit der Tatsache verbunden, dass der Terminus „Ding an sich" den Begriff einer Schranke der Erkenntnis, aber keinen Begriff der Schranke auch für die Verstandesbegriffe als solche bedeute. Das heißt, dass das Feld des Verstandes ein weiteres sei als dasjenige der Erkenntnis, welches

---

127 Görland 1909, 302; vgl. ebd., 336 f.

128 Görland 1909, 304.

129 Görland bezieht sich hauptsächlich auf folgenden Satz: „Dieses (das Subjekt) ist a priori als unbedingte Einheit das Formale der *Erscheinung* im Gegensatz mit dem *Ding an sich* = x, welches nicht selbst ein absonderlicher Gegenstand, sondern nur eine besondere *Beziehung* (Respectus) ist, um sich selbst als Gegenstand zu konstituieren, *wodurch das Problem der Transzendentalphilosophie hervorgeht:* ‚Wie sind synthetische Sätze in Raum- und Zeitverhältnissen möglich?'" (Zitiert nach Görland 1909, 308; vgl. *OP*, RA C 566 = AA 22: 44.19–24 = VII 19).

durch die Anschauung von Raum und Zeit bestimmt sei.[130] Gerade im *Opus postumum* bezeichne Kant nicht das Einzelne als „das Gegebene", d. h. nicht das bloße Mannigfaltige allein. Es gehe um die Formen der Anschauung selbst: Raum und Zeit. Das belegt für Görland, dass „das Gegebene in voller Spontaneität, wie der Verstand, als original erzeugendes Erkenntnismittel"[131] erscheine. Es sei zudem bedeutend, dass im Nachlasswerk dem „Gegebenen" nicht die Bedeutung eines *datum*, sondern eines *dabile* verliehen werde.[132] Das spreche für den lediglich formalen Charakter des „Gegebenen", insofern es nichts als ein Produkt der Spontaneität sei.[133] Das Materiale der Vorstellung selbst, also das *Einzelne* der Anschauung und des Denkens, das empirische Objekt der Erfahrung, entspreche einem *dabile* und keinem *datum*.[134] Darum erübrige sich die Frage „Erscheinung wovon?", welche Anlass zur vulgären Auffassung des Kritizismus gebe, dass wir „nur Erscheinungen", nicht aber „das Innere der Natur" erkennen könnten. „Erscheinung" verweise auf die Erfahrung als das Ursprüngliche schlechthin und nicht auf die wahre Welt der Dinge an sich.[135]

„Erfahrung" soll nach Görland nicht mit den vielfältigen Erfahrungen und Wahrnehmungen, nämlich den Observationen und Experimenten, verwechselt werden. Dieser Punkt werde besonders deutlich im *Opus postumum* ausgedrückt.[136] Es sei wiederum nicht so, dass Erfahrung und Wahrnehmungen zwei verschiedene Quellen der Erkenntnis darstellten. Man dürfe nicht davon ausgehen, dass die eine die Form, die anderen die Materie und die Existenz der Objekte bestimmten. Hingegen sei *die* Wahrnehmung keine Quelle der Erkenntnis, keine

130 „Ist die Sinnlichkeit ‚gegeben', so soll damit nicht der Tatsache ‚unserer' Sinnlichkeit ein Woher? vorgespannt sein. Vielmehr handelt es sich um einen Ausdruck für die *Inkongruenz in dem Umfang* beider Bezirke: der Anschauung und der Verstandesbegriffe." (Görland 1909, 313).

131 Görland 1909, 314.

132 Görland zitiert zwei Stellen dazu (Görland 1909, 314; vgl. *OP*, RA A 628 = AA 22: 4521–7 = XI 12 und RA C 594 = AA 22: 87.8 = VII 34).

133 „Der Gegenstand ist *ursprüngliche* Erscheinung und darum ein *Akt*, eine *Handlung, Funktion*." (Görland 1909, 315).

134 „Indem der Stoff für den Verstand original der Erkenntnis angehört, kann nicht mehr gefragt werden: *Woher* er ‚gegeben', sondern nur: *worin* er ‚gegeben' sei. Der Stoff ist ein dabile vermöge der reinen Form der Sinnlichkeit selbst und nicht mehr ein datum an die Sinnlichkeit. ‚Gegeben' sein heißt unmittelbar nichts anderes als in der Anschauung dargestellt sein." (Görland 1909, 317).

135 Görland 1909, 337.

136 „Es ist in sich selbst widersprechend, von Erfahrungen zu reden. *Erfahrung ist subjektive absolute Einheit; Observation und Experiment sind Aggregate von Wahrnehmungen*" (Zitiert nach Görland 1909, 339 f.; vgl. *OP*, RA C 598 = AA 22: 92.15 ff. = VII 36).

Rezeptivität.[137] Sie sei lediglich als *Position* zu sehen, nämlich als Selbstsetzung des Subjekts als Objekt,[138] worin der erste Akt der Erkenntnis bestehe, deren letzter die Erfahrung sei. Erfahrung sei der Begriff einer *Totalität*, welche der Wahrnehmung als eine aus ihr entnommene *Einzelheit* vorangehe: „Nur als zu einer Erfahrung gehörig sind die Wahrnehmungen vom Begriff der Erkenntnis umfaßt."[139] Die Totalität der Erfahrung bilde ein nur formales Prinzip: die regulative Idee einer Asymptote für die mögliche Wahrnehmung.

Aus der Totalität der Bedingungen der Möglichkeit des Gegenstandes entstehe die Eigenexistenz des Gegenstandes nach dem Prinzip: *omnimoda determinatio est existentia.*[140] Das bedeute, dass die Existenz nichts als die bloße Idee der Existenz sei. So sei der Gegenstand aus der Erkenntnis und ausschließlich innerhalb der Erkenntnis aufgebaut worden, nicht nur dem Inhalt nach, d. h. als möglicher, sondern auch als existenter Gegenstand: „In der Methode der Erkenntnis entsteht das Formale = a priori = Erscheinung; in der Systematik der Erkenntnis entsteht das Materiale = a posteriori = Objekt; jenes die Bedingung der Möglichkeit, dieses die Idee systematischer Einheit."[141] So werde die Synthesis von Form und Materie, *a priori* und *a posteriori*, also die Lösung des Problems der Transzendentalphi-

137 „Um den Sinn der Wahrnehmung als einer Erkenntnisquelle abzulehnen, muß ihr [...] der Sinn einer heteronomen Quelle genommen werden; sie darf nicht eine ‚Rezeptivität' bleiben." (Görland 1909, 344).

138 Die Bedeutung des Satzes für Görland erschließt sich aus dem Folgenden: „Wahrnehmung ist die Position des empirischen Bewußtseins der Sinnenvorstellung – der die Apprehension zum Grunde liegt (subjektiv)." (Zitiert nach Görland 1909, 344; vgl. *OP*, RA A 470 = AA 22: 476.19 f. = XI 19). Selbstverständlich muss Görland auch die Apprehension als einen bloß subjektiven Akt deuten, nämlich als „ein ‚ganz zufälliges' Aneinanderhängen der Vorstellungen im Unterschied zur Apperzeption, als einer Einheit der Vorstellungen, die durch *Urteil* (das kleine Wörtchen ‚ist') sich objektiviert hat." (Görland 1909, 346).

139 Görland 1909, 348. Mit den Worten des *Opus postumum:* „Erfahrung ist die *Idee des Ganzen aller möglichen Wahrnehmung in einem System verbunden.*" (Zitiert nach Görland, ebd., 350; vgl. *OP*, RA C 597 f. = AA 22: 92.14 f. = VII 36).

140 „Existentia est omnimoda determinatio, sagt Christian Wolff; *und so auch umgekehrt: omnimoda determinatio est existentia* als ein Verhältnis gleichgeltender Begriffe" (zitiert nach Görland 1909, 353; vgl. *OP*, RA C 145 = AA 21: 603.9 ff. = V 55). Görland betont, dass die Umkehrung von entscheidender Bedeutung sei. Darin liege der revolutionäre Fortschritt des Kritizismus. Denn der erste Terminus des Satzes sei das *definiendum.* Die Logik erkläre das *definiens*, das *definiendum* hingegen des Gegenstandes sei gegeben. Der Sinn der kantischen Umkehrung besteht nach Görland eben darin, dass das *definiendum*, das Gegebene, keine durch eine logische Aussage definierte Dinglichkeit sei: „[...] kein zu definierendes Dasein steht der Definition voraus; der Kritizismus setzt die Idee einer Totalität der Erkenntnis, die aus der Methodologie reiner Grundlegung hervorgeht, und diese Idee ‚definiert' er durch den Grundbegriff aller Dinglichkeit: die Existenz." (Görland 1909, 354).

141 Görland 1909, 357. Görland bezeichnet Materie und Form als ein „Zwillingspaar" (ebd., 356).

losophie, nicht als Zusammensetzung zweier heterogener Erkenntnisquellen angesehen. Sie werde hingegen auf die ursprüngliche Einfachheit des Begriffs der Erkenntnis zurückgeführt, welche sich einmal methodisch, einmal systematisch betrachten lasse.

Nach Görlands Auffassung stellt die Philosophie des *Opus postumum*, genauso wie diejenige der *KrV*, einen „wissenschaftlichen Idealismus“[142] dar. Das Motto „*Forma dat esse rei*“ bilde den Gipfel des kantischen Idealismus, insofern die Form als die Idee eines asymptotischen Systems der Vielfältigkeit der Gesetze der Wissenschaften das Sein, also das Dasein der Sache gebe. Das heißt, dass nicht die Existenz *eines einzelnen* Gegenstandes gegeben und bestimmt werden könne. Ein Gegenstand werde vielmehr immer im Kontext einer möglichen Erfahrung gegeben, welche das Gegebene schlechthin, die Materie, die absolute Realität sei.[143]

142 Görland 1909, 284. Görland gesteht zu, dass Kants „wissenschaftlicher Idealismus“ gewissermaßen Anklänge an den Idealismus Fichtes enthalte, insofern Kant im *Opus postumum* behaupte, dass das Subjekt sich selbst zum Objekt konstituiere, was an Fichtes Selbstsetzung des Ich erinnere. Trotzdem unterscheiden sich nach Görland beide Idealismen in einem wesentlichen Aspekt: „In der Fichteschen Formel ist das Prägnante die *Autokratie des Ich*. Kant dagegen bezieht den Akt des Subjekts auf das *Objekt*, auf die *Konstitution des Objekts*.“ (ebd., 359).

143 „Die Totalität steht dem Einzelnen vorauf; denn nur im *Kontext* der Totalität hat das Einzelne den möglichen Ort seiner Realität. Innerhalb dieses Kontextes unendlicher Erkenntnisgrundlegungen bedeutet das Einzelne eine *Einschränkung*. Aber nicht eine Einschränkung an Inhalt, sondern eine Einschränkung des Blickes, die Totalität durchgängiger Bedingung aus dem *Blickpunkt*, dem Konstruktionspunkt *des Einzelnen*.“ (Görland 1909, 368).

2 Beiträge aus den 1920er- und 1930er-Jahren

Die Debatte über das *Opus postumum* wird in den 1920er-Jahren von der Figur Adickes' dominiert. Gegen die idealistischen Tendenzen in den neukantianischen Deutungen der Philosophie Kants einschließlich des *Opus postumum* behauptet Adickes, dass Kants Erkenntnistheorie einen metaphysischen Realismus voraussetze. Adickes stellt eine eigene Version der Theorie der doppelten Affektion auf, die auf dem transzendentalen Realismus des Dinges an sich basiert. Seiner Auffassung nach hat Kant ferner an der Existenz Gottes als eines transzendenten Wesens, d. h. nicht bloß als einer Darstellung in uns, nie gezweifelt. Das vorliegende Kapitel ist in erster Linie Adickes' Interpretation des *Opus postumum* gewidmet (2.1).

Mit Adickes' Interpretation setzt sich eine Reihe von Philosophen und Kant-Forschern auseinander: Kemp Smith, Weinhandl und Lüpsen mit Beiträgen aus den 1920er-Jahren (2.2), Lachièze-Rey, welcher am Anfang der 1930er-Jahre der Rezeption des *Opus postumum* in Frankreich den Weg bahnt (2.3), sowie de Vleeschauwer, Mahnke und Maréchal, deren Interpretationen des Nachlasswerks sich der neukantianischen Debatte anschließen (2.4).

2.1 Adickes

Erich Adickes'[1] Studie *Kants Opus postumum dargestellt und beurteilt* (1920) zählt bis heute zu den bedeutendsten Beiträgen zur Rezeption des unvollendeten kantischen Werkes. Dabei handelt es sich um eine eingehende Untersuchung auf 855 Seiten.[2] Auf deren Resultate bezieht sich Adickes auch in seinen späteren

---

1 Erich Adickes (1866–1928) studierte in Tübingen Theologie, Philosophie und Geschichte. Nach seiner Promotion in Berlin 1887 trat er im selben Jahr in den Schuldienst in Kiel ein und wurde 1895 an der dortigen Universität habilitiert. Er wurde ebendort 1898 außerordentlicher Professor und 1902 Ordinarius für Philosophie in Münster. 1904 wechselte er an die Universität Tübingen, wo er bis zu seinem Tod tätig war. In der Kant-Forschung ist er vor allem als Herausgeber des handschriftlichen Nachlasses in der Akademie-Ausgabe, für seine Abhandlung über das *Opus postumum* sowie für mehrere andere Einzelstudien zur kantischen Philosophie bekannt. Besonders verdienstvoll in der Geschichte der Kant-Forschung sind seine philologischen Leistungen. Zu seiner Rolle in der Geschichte der Akademie-Ausgabe des *Opus postumum* vgl. unten A2.6.

2 Im Frühjahr 1914 beginnt Adickes mit der Ausarbeitung seiner Abhandlung über Kant als Naturwissenschaftler, im Rahmen derer er sich erstmals mit dem kantischen Nachlasswerk auseinandersetzt. Vorher hatte er darauf nur gelegentlich hingewiesen (vgl. Adickes 1896, 33–35, Adickes 1897a, 177 Anm. und 387 Anm., und Adickes 1897b, 243, 250 und 259 f.). Adickes

Werken: *Kant und das Ding an sich* (1924), *Kant als Naturforscher* (1924–1925)[3], *Kant und die Als-ob-Philosophie* (1927)[4] und *Kants Lehre von der doppelten Affektion unseres Ich als Schlüssel zu seiner Erkenntnistheorie* (1929).[5] Dieses letzte Werk ist unvollendet geblieben und erschien erst nach dem Tod des Verfassers.

Adickes widerlegt die „Zwei-Werke-These", indem er die grundsätzliche Einheit des gesamten Nachlasswerks beweist.[6] Er behauptet nämlich, dass die beiden späteren Entwürfe, welche annähernd den Konvoluten 7 bzw. 1 des Manuskripts entsprächen, vorwiegend den erkenntnistheoretisch-metaphysischen Teil, die übrigen Entwürfe hingegen vor allem den naturwissenschaftlichen und naturphilosophischen Teil ein und desselben kantischen Nachlasswerks bildeten. Zu diesem Teil gehört das, was Adickes als die „neue transzendentale Deduktion" bezeichnet (2.1.1), zudem auch die Lehre des Äthers und das Elementarsystem der bewegenden Kräfte (2.1.2). Von der Selbstsetzungslehre (2.1.3), dem Begriff des Dinges an sich (2.1.4), dem System der Transzendentalphilosophie und der Gotteslehre (2.1.5) handeln hingegen die Konvolute 7 und 1. Die gesamte Erkenntnistheorie des *Opus postumum* lässt sich nach Adickes' Ansicht in der Lehre von der doppelten Affektion des Ich rekapitulieren (2.1.6).

---

berichtet, dass seine Untersuchungen ihn allmählich von dem Bedürfnis überzeugt hätten, in das Autograf Einsicht zu nehmen, welches sich im Besitz der Erben von Krause in Hamburg befand. Im Sommer 1916 gelingt es ihm, die Handschrift während eines vierwöchigen Aufenthalts in Hamburg zu untersuchen. Drei Jahre später liegt das Werk Adickes' druckfertig vor (vgl. Adickes 1920, III–IV). Von der breiten Anerkennung, die dieser Arbeit spontan zuteil wurde, zeugen die Rezensionen von Hermann Schneider (Schneider 1921) und Wilhelm Moog (Moog 1923).

3 Der erste Band weist nur gelegentlich auf das *Opus postumum* hin. Der zweite Band hingegen enthält eine Abteilung über die Naturwissenschaft des Nachlasswerkes (Adickes 1925, 159–205).

4 Adickes 1927, insbesondere 1–14, 62–75 und 273–289.

5 Eine gründliche Darstellung von Adickes' Interpretation des kantischen Denkens enthält die bereits erwähnte Abhandlung Vasconis über die Lehre der doppelten Affektion (Vasconi 198 l, 43–101).

6 Anders als Vaihinger beweist Adickes, dass das 7. Konvolut der Krause-Papiere auf Themen zurückgreift, die auch in den naturwissenschaftlichen Teilen behandelt wurden. Demzufolge vermag er auch zu belegen, dass es sich beim 12. Entwurf eindeutig um eine Fortsetzung der Übergangslehre handelt (Adickes 1920, 600–604). Das 1. Konvolut enthält die Fortführung und wesentliche Erweiterung der Untersuchungen des 7. Konvolutes. Es geht nicht um einen Entwurf zu einem zweiten, selbstständigen Werk neben dem *Übergangswerk*, wie Vaihinger und vor allem Krause meinen, denn dieses wird als wesentlicher Bestandteil in den neuen Plan aufgenommen (Adickes 1920, 732–737).

2.1.1 „Neue transzendentale Deduktion" und doppelte Affektion des Ich

Was die früheren Entwürfe zum geplanten Übergangswerk, also die überwiegend naturwissenschaftlichen und naturphilosophischen Konvolute angeht, bemerkt Adickes, dass der ursprüngliche Titel des Werkes sich auf das Problem der bisher fehlenden Brücke von den *MAN* zur Physik beziehe, welche durch eine Erweiterung des Kreises der Bestimmungen *a priori* der Materie zu schlagen sei. Die Übergangslehre solle ein System liefern, das alle überhaupt *a priori* denkbaren bewegenden Kräfte der Materie ihrer Form nach vorwegnehme. Die Erkenntnis der Existenz, der Stärke, der tatsächlichen Eigenschaften und Gesetze der bewegenden Kräfte könne gewiss nur empirisch gegeben werden und lasse sich *a priori* nicht systematisieren. *A priori* gelinge allein die vollständige Klassifikation der entsprechenden Formen.

Daraus entstehe eine *Topik* der bewegenden Kräfte, welche den *Ort* im System für jede dieser Kräfte nachweise. Werde ein solches System erstellt, so könne man zudem daraus ein System *a priori* der allgemeinsten Eigenschaften der Materie gestalten. Zu beiden Systemen bestehen Adickes zufolge unterschiedliche Entwürfe, die meistens eine Einteilung in vier Klassen enthalten,[7] obwohl Kant seiner Einschätzung nach nicht versucht, die Anwendung des Kategorienschemas zu begründen. Adickes bemerkt, dass im Elementarsystem noch eine dritte Vierergruppenart bestehe, für welche die Anwendung des Kategorienschemas zwar immer ausdrücklich gerechtfertigt werde. Betrachte man die Sache jedoch näher, so müsse man zugestehen, dass die Verwendung der Kategorien im Elementarsystem zur Erklärung der materiellen Eigenschaften und der physikalischen Vorgänge sich keineswegs vollständig und erschöpfend vollziehe. Vielmehr nehme Kant lediglich in willkürlicher und gekünstelter Weise Bezug auf die Kategorientafel, nämlich nur im Fall jener physikalischen Prozesse, die in Zusammenhang mit seiner Äthertheorie stünden.

Neben diesen unvollständigen Versuchen hat Kant nach Adickes auch nach einer definitiven Grundlage für ein abgeschlossenes, lückenloses System der bewegenden Kräfte gestrebt, und zwar im 11. Entwurf (*Conv. X/XI*), durch eine völlig

---

7 Zu Adickes' Sichtweise der Topik der bewegenden Kräfte und der allgemeinsten Eigenschaften der Materie im *Opus postumum* vgl. Adickes 1920, 163–235. Adickes bemerkt, Kant habe in den Anfängen seiner Arbeit am *Opus postumum* noch nicht die Möglichkeit einer vollen Deduktion *a priori* der Topik der bewegenden Kräfte behauptet und auch nicht die Topik nach den Kategorien gegliedert (ebd., 166–172). Er fährt mit einer umfassenden Darstellung der „Vierergruppen" von bewegenden Kräften und der allgemeinen materiellen Eigenschaften fort (ebd., 172–199 bzw. 199–211). Als nur nebensächlich stellt er den Gegensatz zwischen anorganischen und organischen Körpern dar (ebd., 216–235).

„neue transzendentale Deduktion".[8] Diese *neue* transzendentale Deduktion erfolge in zwei Momenten.[9] Einerseits sei eine vollständige Bestimmung *a priori* der allgemeinen Eigenschaften und Arten der unsere Sinne affizierenden bewegenden Kräfte der Materie möglich, weil man diese bewegenden Kräfte durch gewisse körperliche Gegenwirkungen, d. h. durch gewisse Bewegungen, wahrnehme, die in einem selbst hervorgerufen würden. Denn sowohl die Wahrnehmungen als auch die körperlichen Gegenwirkungen lägen dem Kategorialapparat des Bewusstseins zugrunde. Auf diese Weise liefere ein System der Wahrnehmungen und Gegenbewegungen zugleich auch ein System der bewegenden Kräfte der Materie überhaupt. Andererseits rufe jede durch eine bestimmte synthetische Funktion des Ich an sich hervorgebrachte Kombination bewegender Kräfte im empirischen Ich eine gewisse Zusammensetzung von Empfindungen hervor. Diese Empfindungen müssten wieder durch dieselbe Art der synthetischen Funktionen bearbeitet und dadurch objektiviert werden, sodass sich die entsprechenden materiellen Eigenschaften des betreffenden Erfahrungsgegenstands erleben ließen. Diese Eigenschaften, da sie ihr Dasein den genannten synthetischen Funktionen verdankten, lägen ebenso wie jene der Bewusstseinssystematik des Ich zugrunde und ließen sich daher mit absoluter Sicherheit bestimmen und vollzählig nach dem Kategorienschema klassifizieren.

Die neue transzendentale Deduktion im *Opus postumum* setzt nach Adickes voraus, dass die Sinne *nicht durch Dinge an sich*, sondern vielmehr *durch empirische materielle Objekte und ihre bewegenden Kräfte* affiziert werden. Die Wahrnehmungen bildeten die sekundären Sinnesqualitäten dieser empirischen Objekte. Ihrer sekundären Qualitäten entledigt, seien diese Gegenstände nur als im Raum verteilte Kraftzentren zu sehen, die durch die synthetischen Funktionen *a priori* der transzendentalen Apperzeption des Ich an sich zu körperlichen Einheiten zusammengesetzt würden, welche somit nichts als Kräftekomplexe seien: „Sie stellen die Art dar, wie auf Grund einer Affektion des Ich an sich durch die Dinge an sich diese und ihre raum- und zeitlosen, rein innerlichen Verhältnisse

---

8 Von „neuer transzendentaler Deduktion" und doppelter Affektion des Ich in *Conv. X/XI* handelt der dritte Abschnitt des dritten Teils von *Kants Opus postumum* (Adickes 1920, 235–362; vgl. Adickes 1925, 173–179, 183 ff.). Adickes hatte schon an der Universität zu Münster die Dissertation von Hans Drexler (Drexler 1904) betreut, der die von der Lehre der doppelten Affektion im kantischen System behandelt und im Allgemeinen Adickes' Ansichten zu diesem Thema teilt (vgl. Adickes 1929, 1). Die zwei dem Übergangswerk gewidmeten Seiten (Drexler 1904, 56 f.) bringen jedoch keinen wesentlichen Beitrag. Die genannten Themen greift Adickes insbesondere in *Kants Lehre von der doppelten Affektion* wieder auf.

9 Vgl. Adickes 1920, 237 f.

jenem erscheinen."[10] Empirisches Ich und empirische Objekte bildeten die Erscheinungswelt des Ich an sich und stünden miteinander in Wechselwirkung.

Adickes nimmt also eine doppelte Affektion des Ich bei Kant an: eine bewusstseinstranszendente durch Dinge an sich und eine empirische durch räumliche Gegenstände. Dinge an sich affizierten das Ich an sich, das sie zu Kräftekomplexen in Raum und Zeit ordne und sie zu seinen Erscheinungen mache; Adickes nennt sie auch „Erscheinungen an sich"[11]. Diese affizierten das empirische Ich, woraus Empfindungen und Wahrnehmungen entstünden. Die Erscheinungen des Ich an sich würden dadurch mit sekundären Sinnesqualitäten ausgestattet und in Erscheinungen des empirischen Ich („Erscheinungen von Erscheinungen") verwandelt.[12] Mit der neuen Deduktion sei die Macht der Synthesis bedeutend breiter geworden. Denn anders als in den Jahren 1781 und 1787 werde jetzt nicht nur die Gegenständlichkeit, das „*Objekt-Sein überhaupt*" der Kräftekomplexe, sondern ihr Inhalt selbst, ihr „*So-Sein*", *a priori*, bestimmt.

Diese Betrachtungsweise der Lehre der doppelten Affektion entgeht nach Adickes dem Problem, das bei Vaihingers Deutung der doppelten Affektion auftritt: der Verdoppelung des Ich durch die Trennung zwischen transzendentem und empirischem Subjekt, als ob sie zwei verschiedene Wesen, jedes mit seiner eigenen transzendental-apriorischen Anlage, wären. Wie Adickes mit Recht hervorhebt, käme eine solche Verdoppelung des Ich für Kant niemals in Frage: Das Ich sei für Kant einheitlich; ihm entspreche nur eine einheitliche formal-apriorische Bewusstseinssystematik, welche nicht nur, wie schon in der ersten *Kritik*, die Vergegenständlichung der Empfindungen bzw. Wahrnehmungen zu Objekten über-

10 Adickes 1920, 239.

11 Adickes empfindet den Terminus „Erscheinung an sich" als eine besonders prägnante Bezeichnung für die das empirische Ich affizierenden Objekte, welche für das Ich an sich Erscheinungen, für das Ich als Erscheinung, d. h. das empirische Ich, an sich sind (vgl. Adickes 1929, 32).

12 Was die Bedeutung des Ausdrucks „Erscheinung von der Erscheinung" angeht, kommt Adickes nach einer minutiösen Analyse der betreffenden Textpassagen zu dem Schluss, dass er sich dem Terminus „Erscheinung" im doppelten Sinn entgegenstelle (Adickes 1920, 293–305). Die das empirische Ich affizierenden Kräftekomplexe seien vom Standpunkt des Physikers aus Sachen an sich selbst, vom Standpunkt des Ich an sich, also metaphysisch betrachtet, Erscheinungen. Die Empfindungen, d. h. die sekundären Qualitäten, könnten daher im metaphysischen Sinn als „Erscheinungen von Erscheinungen" betrachtet werden. Aber der betreffende Ausdruck komme bei Kant nur selten mit diesem Sinn vor. Meistens bezeichne er damit nicht die Empfindungen oder Wahrnehmungen, sondern das Produkt der Synthesis des empirischen Ich, nämlich „die subjektive Art und Weise, wie unser empirisches Ich das ihm gegebene Erscheinungsmaterial verarbeitet und vereinheitlicht, d. h. wie es vermöge seiner apriorischen formalen Gesetzmäßigkeit die Empfindungen zu Wahrnehmungsgegenständen und diese zur Einheit des Erfahrungssystems verknüpft." (ebd., 301).

haupt gestatte, sondern auch die Systematisierung aller möglichen Arten der Gegenbewegungen und der bewegenden Kräfte sowie der allgemeinsten materiellen Eigenschaften im *Opus postumum*.

Demgemäß unterscheidet Adickes zwischen zwei Formen der Selbstaffektion im kantischen Nachlasswerk. Das Ich affiziere sich zum einen, indem es die einzelnen empirischen Anschauungen setze, zum anderen, indem es dieselben zu Sinnengegenständen und zur Einheit der Erfahrung gemäß den Kategorialfunktionen zusammensetze.[13] Für unwahrscheinlich, wenn auch nicht für völlig unmöglich, hält er eine dritte Art der Selbstaffektion, und zwar die einzige, die Vaihinger kennt: die Affektion des empirischen Subjekts (bei Adickes: „empirisches Ich") durch Objekte, welche Erscheinungen des transzendentalen Subjekts (bei Adickes: „Ich an sich") sind.[14] Die Schwierigkeit dieser dritten Art der Selbstaffektion bestehe darin, dass sie die Absonderung des empirischen Ich vom Ich an sich voraussetze. Würde nämlich das Ich an sich das empirische Ich durch Objekte affizieren und dadurch die Bewegung des letzteren verursachen, so würden beide Ichs im gleichen Verhältnis zueinander wie eine Ursache zur Wirkung stehen. Diesbezüglich bemerkt Adickes: „[I]n Wirklichkeit aber liegt die Sache nach Kants Lehre doch so, daß mein Ich an sich unter keinen Umständen irgendwelche Bewegungen in der Außenwelt außerhalb meines Körpers von sich aus *hervorbringen* kann, sondern nur die zwischen den Dingen an sich obwaltenden inneren Verhältnisse in Form eines zeitlich-räumlichen Bewegungssystems *vorstellt*."[15]

Kant habe nicht erwartet, dass vermöge der neuen transzendentalen Deduktion Wahrnehmungen oder bewegende Kräfte oder auch materielle Eigenschaften im Einzelnen *a priori* bestimmt werden könnten. Es sei ihm vielmehr darum gegangen, durch die Kategorientafel eine vollständige Topik der überhaupt möglichen Sorten von Wahrnehmungen, bewegenden Kräften und materiellen Eigenschaften *a priori* zu entwerfen. Nun habe die neue transzendentale Deduktion nach Adickes' Ansicht nicht im Geringsten ihr Ziel erreicht. Seine Kritik an der neuen transzendentalen Deduktion[16] lasse sich in zwei Punkten rekapitulieren:

1) Die Abhängigkeit der Arten möglicher Wahrnehmungen, Gegenbewegungen im Gehirn, bewegender Kräfte, synthetischer Funktionen und allgemeiner materieller Eigenschaften von der Bewusstseinssystematik und daher von der

---

13 Adickes betont, diese zweite Art der Selbstaffektion sei in vielerlei Hinsicht dieselbe wie in der *KrV*. Er diskutiert eine Vielzahl von Belegen für beide Formen der Selbstaffektion (Adickes 1920, 251–269 bzw. 269–272).

14 Adickes 1920, 272–277.

15 Adickes 1920, 276.

16 Vgl. Adickes 1920, 343–362.

Kategorientafel werde bloß behauptet, keineswegs überzeugend nachgewiesen. Ferner sei keines der fünf entsprechenden Systeme wirklich abgeleitet worden. Denn Kant begnüge sich damit, den einzelnen Kategorien je eine Art von Wahrnehmungen, bewegenden Kräften usw. anzuschließen, ohne die Allgemeingültigkeit und Notwendigkeit des systematischen Zusammenhangs zu begründen.

2) Räumte man ein, dass Kant die betreffenden Systeme erstellt habe, so müsse man dann immerhin auf die Erfahrung zurückgreifen, in der die Bestandteile jener Systeme aufzufinden seien, um diese auf die einzelnen Kategorientitel zu verteilen. Gerade diese unvermeidbare Bezugnahme auf die Erfahrung zeige, dass es tatsächlich überhaupt keine apriorische Erkenntnis apriorischer Funktionen und Beziehungen gebe. Die kantischen apriorischen Systematisierungsversuche nach der Kategorientafel machen Adickes zufolge keineswegs unsere Erkenntnis allgemeingültig und notwendig. Vielmehr herrscht seiner Ansicht nach in ihnen ein „Geist tyrannischer Konstruktionswut", der die Bedeutung „des tatsächlich Gegebenen" vermindert.[17]

Adickes ist ein strenger Kritiker des kantischen Rationalismus. Er vertritt die Position, dass eine Systematik der Natur in den Dingen selbst zu suchen und aus ihnen heraus zu gewinnen sei, anstatt dass der Versuch unternommen werde, sie *a priori* durch äußerliche und meistens willkürliche Verhältnisse zwischen empirischen Tatsachen und Kategorientafel zu begründen. Die empirischen Angaben, die wir durch die Sinne empfangen, müssen nach Adickes gewiss auch im Denken durch „Begriffe *a priori*" bearbeitet werden. Diese Erzeugnisse des Denkens erweisen sich seines Erachtens jedoch als von der Kategorientafel unabhängig. Das abstrakte Denken bringe nur verschiedene mögliche Deutungen einer Systematik, die der Natur immanent sei und ihm fremd bleibe. Adickes schlussfolgert: Eine streng notwendige Rekonstruktion *a priori* des Systems der Natur habe deswegen auch Kant nicht gelingen können, und auch ohne sie bleibe die Physik allerdings eine echte Wissenschaft.

2.1.2 Die Äthertheorie und das System der bewegenden Kräfte

Den eigentlichen Kern des naturwissenschaftlichen Teils des *Opus postumum* bilden nach Adickes die Äthertheorie und das nach der Kategorientafel gestaltete Elementarsystem der bewegenden Kräfte der Materie.[18] Damit greife Kant auf die groß angelegte Konzeption zurück, die seit seiner Jugend das Fundament seines

17 Adickes 1920, 362.
18 Adickes 1920, 363–591; vgl. Adickes 1925, 159–205.

naturwissenschaftlichen Denkens ausgemacht habe, um sie der Vollendung entgegenzuführen und sie in das kritische System der Transzendentalphilosophie einzugliedern.

Im 9. Entwurf (*Uebergang 1–14*) bemühe sich Kant, die Notwendigkeit des Äthers zu beweisen. Ebenso wie für die neue transzendentale Deduktion solle das Prinzip der Möglichkeit der Erfahrung auch im Fall des Ätherbeweises eine feste Grundlegung hervorbringen. In den früheren Bogen des Entwurfs werde versucht, die Notwendigkeit des Äthers aus der Ablehnung von leerem Raum und leerer Zeit abzuleiten. Demgemäß werde der Äther als ein den Raum ins Unbegrenzte kontinuierlich ausfüllender Stoff dargestellt.[19] Manchmal werde er ferner mit dem ewigen Prinzip seiner eigenen Bewegung sowie der Bewegung der wägbaren Materie identifiziert. Bei weitem häufiger werde jedoch der erste Anfang der Bewegung angenommen und es werde dadurch erklärt, dass der Äther ursprünglich durch seine bewegenden Kräfte in Bewegung gesetzt worden sei. Dadurch halte er nun die ortsverändernde Bewegung der wägbaren Materie ständig in Gang.[20] Nicht selten arbeite Kant mit dem Grundsatz der Identität, so Adickes, um die Existenz des Äthers analytisch, also mit absoluter Gewissheit, zu beweisen.

Adickes behauptet, dass in späteren Bogen des 9. Entwurfs[21] das Argument leerer Räume und Zeiten in den Hintergrund rücke, während der Begriff der *Einheit*

---

19 Wie Adickes bemerkt (Adickes 1920, 363–369), bildet die Unmöglichkeit des leeren Raums ein entscheidendes Argument Kants gegen die Atomistik, welche die Dichteunterschiede der Körper dem unterschiedlichen Volumen der leeren Zwischenräume zwischen den Bestandteilen der Materie zuschreibt. Die Annahme von leeren Zwischenräumen verhindere ferner die Erklärung der Kohäsion der Materie. Kant halte zudem den leeren Raum für unerfahrbar, denn man würde damit eben nichts erfahren. Ebenfalls unerfahrbar wäre der Übergang aus dem Vollen durch das Leere zum Vollen. Demgemäß werde der Äther sehr häufig mit dem wahrnehmbaren Raum identifiziert und die kontinuierliche Raumerfüllung durch den Äther für eine unumgängliche Voraussetzung für die ortsverändernde Bewegung der Körper gehalten.

20 Adickes führt weiterhin aus, dass sich leere Zeit nach kantischer Auffassung als ebenso wenig erfahrbar erweise wie ein leerer Raum. (Adickes 1920, 369 f.). Dementsprechend sei der Anfang der Bewegung der Materie etwas Unbegreifliches. Denn er setze leere Zeit vor dem Anfang voraus, außerdem entweder die Spontaneität der Materie, die sich selbst in Gang bringe, oder ein transzendentes, immaterielles Prinzip als einen ersten Beweger. Infolgedessen bleibe nur die Option, die Kette der Bewegung als einen unendlichen, ewigen *regressus* zu denken. Darauf lasse sich jedoch kein Beweis aufbauen. Daher unterscheide Kant zwischen dynamisch und mechanisch bewegenden Kräften. Er lege dem Äther die ersteren sowie eine anfangs- und endlose Bewegung bei und mache ihn zur Ursache der mechanischen Bewegung der wägbaren Materie. Dennoch begebe sich Kant an den meisten Stellen in einen Widerspruch zu seiner Antinomienlehre, wenn er behauptet, dass die Bewegung des Äthers einen ersten Anfang habe.

21 Die von Adickes angegebenen Teile (Adickes 1920, 379) entsprechen den Bogen 10–13 des 5. Konvoluts und dem Bogen 10 des 12. Konvoluts (*OP*, RA C 126–147 = AA 21: 571–606 = V 41–56 bzw. RA A 123–127 = AA 22: 609–615 = XII 41 f.).

der Erfahrung die beherrschende Rolle spiele. Die Spitze dieses Arguments liege im Unterschied zwischen „den Erfahrungen", unter denen man nur „Wahrnehmungen" zu verstehen habe, und der *einen* Erfahrung, die systematische Einheit bringe. Nun seien Wahrnehmungen nichts als Wirkungen bewegender Kräfte der Materie auf das Subjekt. Diese bewegenden Kräfte bildeten das kollektive Objekt der *einen* Erfahrung. Darum müssten sie auch *a priori* zu einem Elementarsystem gedacht werden. Diese Möglichkeit setze die Existenz eines den ganzen Raum erfüllenden Stoffes als Objekt der möglichen Erfahrung voraus, welches als Basis aller Kräfte und ihrer apriorischen Verknüpfungen sie alle zu einem einheitlichen System zusammenschließe. So sei bewiesen, dass der Äther ein realer und *a priori* durch die Vernunft gegebener Stoff sei. Adickes hält diese Ätherbeweise hingegen für vollkommen wertlos. Denn Kant gebe jetzt dem Prinzip der Möglichkeit der Erfahrung eine Ausdehnung, die er in den 1780er-Jahren scharf verurteilt hätte. Damals habe sich die transzendentale Methode bloß auf die formalen Bedingungen der Erfahrung beschränkt, während die Materie dieser Methode unzugänglich geblieben sei als das *Gegebene* schlechthin. Jetzt hingegen wolle Kant die Erfahrung ihrer *Materie* nach *a priori* bestimmen.[22] Der Begriff des Äthers bleibe im *Opus postumum* hypothetisch, und zur Rechtfertigung seiner Annahme würden keineswegs die philosophischen Argumente gelten, sondern ausschließlich die Tatsachen und Erfordernisse der Naturwissenschaft. Insbesondere hätten Kants Argumente gegen die leeren Räume keineswegs die Möglichkeit der Atomistik widerlegt.

Nach den Versuchen, die notwendige Existenz des Äthers aus der Einheit des Raums, der Zeit, der möglichen Erfahrung und des Systems der bewegenden Kräfte abzuleiten, verbinde Kant im 11. Entwurf den Ätherbegriff mit der Behauptung *einer* homogenen Materie.[23]

---

22 Adickes bemerkt „eine gewisse Ähnlichkeit" zwischen den Ätherbeweisen im *Opus postumum* und den kosmologischen, teleologischen und ontologischen Gottesbeweisen, die in der *KrV* so „energisch und siegreich" bekämpft worden seien (Adickes 1920, 390). Alles in allem seien die Ätherbeweise zum Teil der Senilität des Philosophen zuzuschreiben, teilweise seien sie trotz der öffentlichen Stellungnahme gegen Fichte im August 1799 als ein gewaltiges Zugeständnis an dessen Positionen anzusehen (ebd., 394 f.).

23 Kant habe, so Adickes, am Anfang des Entwurfs den Äther einfach mit der einen Materie gleichgestellt. Auf den späteren Bogen habe Kant hingegen die Ansicht geäußert, dass die Materie neben den wägbaren Stoffen auch den unwägbaren Ätherstoff umfasse (Adickes 1920, 405–415). Auf einigen der späteren Bogen, nämlich den Bogen 1, 7 und 8 des 11. Konvoluts (*OP*, RA A 589–618 = AA 22: 425–438.511–536 = XI 5–8.29–36), bediene sich Kant, um die Notwendigkeit *einer* allverbreiteten, einheitlichen Materie zu beweisen, ferner des Begriffes der Gravitationsanziehung. Er führe dabei das Argument ins Feld, dass die Attraktionskraft als Fernwirkung durch den leeren Raum unmöglich sei und des kontinuierlich erfüllten Raumes

Adickes schließt seine Darstellung des frühesten Konzepts des Übergangswerks mit dem Elementarsystem der bewegenden Kräfte. Durch letzteres wolle Kant seiner Äthertheorie Apriorität und Notwendigkeit verleihen und eine Annäherung zwischen Apriori und Erfahrung schaffen, um so die Brücke zwischen *MAN* und Physik zu schlagen. Keines der beiden Ziele wird jedoch nach Ansicht Adickes' erreicht. Denn die Verbindung zwischen Einzelproblemen und Kategorienschema werde äußerlich hergestellt; sie erlange aber weder Gewissheit noch Allgemeingültigkeit und führe zu fadenscheinigen, unwahrscheinlichen Konstruktionen und Spekulationen, die in mehreren Fällen nicht nur den zeitgenössischen vorherrschenden Theorien, sondern auch den Tatsachen widersprächen.[24] In diesen Versuchen einer Systematik beschäftige sich Kant mit Problemen naturwissenschaftlicher, keineswegs philosophischer Art, die demzufolge mit naturwissenschaftlichen Mitteln und Methoden, nämlich anhand von Experimenten und mathematischen Berechnungen, zu behandeln gewesen wären. Den Ergebnissen des Übergangswerks sowie den Resultaten aller anderen naturwissenschaftlichen Schriften Kants ist daher nach Adickes kein wissenschaftlicher Wert beizumessen. Als Naturwissenschaftler sei Kant nichts als ein talentloser Dilettant, und sein *Opus postumum* enthalte keine Naturwissenschaft, sondern lediglich eine Naturphilosophie nach Art Schellings.

Physik und Philosophie laufen nach Ansicht des Tübinger Kant-Forschers in zwei verschiedenen Bahnen. Gerade dieser Standpunkt wird von Keferstein am Ende seines sorgfältigen Berichtes über Adickes' Darstellung des naturwissenschaftlichen Teils des *Opus postumum* in Frage gestellt. Der Rezensent gesteht zu, dass Kant sich an die eigene naturwissenschaftliche Methode nicht gehalten haben möge. Gegen Adickes' Stellungsnahme wirft er jedoch mit Recht ein: „Aber sollte Kant nicht doch mit seiner Grundidee Recht haben, daß unsere geistige Veranlagung uns bestimmte Formen der Auffassung und Darstellung des physikalischen Geschehens ebenso aufzwingt, wie unser Auge uns nötigt, Farbe und Form zu schauen?"[25]

Ernst Moses Marcus hebt ein Missverständnis Adickes' hervor, welches die Äthertheorie anbelangt:

---

bedürfe (Adickes 1920, 415 – 422). Nach Adickes sei Kant im *Opus postumum* immer der Stofftheorie der Wärme treu geblieben und niemals zur Vibrationstheorie übergegangen. Er habe den Äther fast ausnahmslos mit dem Wärmestoff identifiziert und ihn nicht für hypothetisch, sondern für streng *a priori* deduzierbar gehalten (ebd., 460 – 464).

24 Auch von Adickes' Darstellung des Elementarsystems der bewegenden Kräfte (Adickes 1920, 474 – 591) existiert neben einer ausführlicheren zudem eine kürzere Fassung (vgl. Adickes 1925, 186 – 205).

25 Keferstein 1924, 277.

> [...] das Originelle, das Ueberraschende, das unerhört Neue der These Kants besteht darin, daß er den Aether nicht als einen der wahrnehmbaren Materie kinetisch koordinierten, homogenen Stoff von geringerer Dichtigkeit, sondern als dynamisch übergeordneten, allbewegenden Urstoff darstellt, daß daher der Begriff der relativen Bewegung der Körper gar nicht auf ihn anwendbar ist.[26]

Als alles durchdringender, alle Räume erfüllender, wellenartig sich fortpflanzender Stoff könne der Äther niemals unmittelbar wahrgenommen werden. Seine Existenz und sein dynamisches Verhalten könnten daher nur *a priori* festgestellt werden und ihre Darstellung nach den Kategorienklassen müsse mit den physikalischen Tatsachen übereinstimmen. Man müsse also zwischen der allgemeinen Äther*these* und den besonderen Äther*hypothesen* Kants unterscheiden. Die These der *Existenz* des Äthers werde apodiktisch bewiesen und sei von der Art der Beteiligung an besonderen Naturzuständen, die bloß hypothetisch geschehe, unabhängig. Kants besondere Ätherhypothesen könnten somit verworfen und durch andere ersetzt werden.[27]

2.1.3 Die Tätigkeit des Ich an sich als Selbstsetzung

Erst in den beiden späteren Entwürfen des *Opus postumum* taucht eine Gedankengruppe – vor allem um das Motiv der „Selbstsetzung" – auf, die nach Ansicht Adickes' eine gewisse Affinität zur Weiterbildung der transzendentalen Philosophie durch Kants Schüler, in erster Linie Fichte, zeigt. Eine radikale Wandlung des Philosophen wie auch einen grundsätzlichen Einfluss jener neuen Tendenzen auf sein Denken gerade in seinen allerletzten Lebensjahren schließt Adickes aus psychologischen Gründen aus. Die Lehre der Selbstsetzung lasse sich vielmehr als eine innere Entwicklung von Kants eigener Theorie der doppelten Affektion erklären.[28]

---

26 Marcus 1921, Nr. 19, 1. Zu Ernst Moses Marcus' (1856–1928) Sichtweise des Ätherbegriffs im *Opus postumum* und seiner Bedeutung für die zeitgeschichtliche Physik vgl. Marcus 1921, Marcus 1926, 27 f., und Marcus 1927, 198 f.

27 „In Ansehung der Hypothesen hat also die Naturwissenschaft nach wie vor freie Hand." (Marcus 1921, Nr. 18, 2). In diesem Sinn bemerkt Marcus, dass die Existenz des von der relativen Bewegung der Körper unabhängigen kantischen Äthers durch Michelson-Morleys Experiment nicht widerlegt werden könne. Denn es basiere auf der Annahme, dass der Äther bezüglich der Erde ruht (ebd., Nr. 19, 1). Er betont zudem, dass im Elementarsystem der Äther die Merkmale einer Energieform besitze (vgl. ebd., Nr. 18, 2).

28 Zu Adickes' Darstellung der Selbstsetzungslehre im 7. Konvolut vgl. Adickes 1920, 604–669. Adickes nimmt an, dass der greise Kant seine alte Lehre mit Ausdrücken wie dem der Selbst-

Es gibt für Adickes grundsätzlich zwei Arten von Selbstsetzung im 7. Konvolut: Die erste entspricht der Selbstsetzung als einer rein logisch-begrifflichen *Tätigkeit* ohne Angabe eines Inhalts, nämlich der formalen Scheidung des Ich an sich in Subjekt und Objekt, dem „Sich-selbst-zum-Objekt-Machen" als der Voraussetzung eines jeden Selbstbewusstseins. Alles, was hier mit der reinen Apperzeption unmittelbar gegeben werde, so Adickes, sei die Spontaneität des Denkens. Nun setze jede Apperzeption Anschauung, also in diesem Fall Zeit und zeitliches Handeln voraus. Die reine Apperzeption des „Ich denke" als ursprüngliches Selbstbewusstsein könne daher nur als zeitlicher Akt, als Tätigkeit geschehen. Hierin liege ein Berührungspunkt der transzendentalen Philosophie Kants mit derjenigen Fichtes.[29]

In der zweiten Art der Selbstsetzung setze sich das Ich als Objekt *auch dem Inhalt nach*, nämlich bezüglich (a) seiner formalen Erkenntnisbedingungen, also Raum und Zeit bzw. Kategorien, (b) seines Bewusstseinsinhalts an Empfindungen und Wahrnehmungen, d. h. in Raum und Zeit bzw. als Vergegenständlichung durch die Kategorien, und (c) der gesamten Erfahrungswelt in ihrer ganzen Objektivität und Gesetzmäßigkeit. Im Fall (a) handle es sich um die Setzung der Formen der reinen Anschauung und der reinen Synthesis, welche zwar keinem *wirklichen* Inhalt entsprächen. Doch immerhin lieferten sie ein Mannigfaltiges, das die Prinzipien der Mathematik ausmache. Zugleich setze sich das Ich als empirisches Ich, insofern dieses „Inhaber und Urheber"[30] dieser Formen sei. Im Fall (b) setze das Ich an sich den gesamten Inhalt der inneren und äußeren Sinne, nämlich das empirische Ich als Erscheinung. Dazu werde das empirische Ich zum Subjekt der Vergegenständlichung jenes Inhalts. Dies entspreche den beiden Sorten der Selbstaffektion durch die Synthesisfunktionen. Der Fall (c) stelle die Extraposition des Ich an sich in das Ganze der Erfahrungswelt, d. h. der Natur ihres Formalen nach. Zugleich, indem die Systematik der Kategorialfunktionen dadurch in der Natur verkörpert werde, setze sich das Ich als Objekt.

---

setzung, die Fichte und den extremen Idealismus andeuten, verbrämen wollte, wohl in der Hoffnung lebend, seine dissidenten Schüler so zurückzugewinnen oder die abweichenden Tendenzen durch eine Adoption ihrer Schlagworte zu bekämpfen und sie im Sinne einer echt kritischen transzendentalen Philosophie zu interpretieren. Vgl. diesbezüglich Adickes 1920, insbesondere 668 f.

29 So betont Adickes: „[...] insofern kann und muß Kant mit Fichte sagen: daß am Beginn der Tr.ph. eine Tathandlung meines Ich stehe; und mit gutem Grund kann er diese Tathandlung als ein ‚sich selbst als Objekt setzen' bezeichnen, weil nur dadurch, daß ich über mich selbst reflektiere, also mich selbst zum Objekt meiner Reflexion mache oder mich selbst als Objekt setze, jene Vorstellung ‚Ich denke' möglich wird." (Adickes 1920, 631).

30 *OP*, RA C 591 = AA 22: 83.1 = VII 33. Vgl. Adickes 1920, 633.

Adickes bemerkt, dass die Lehre der Selbstsetzung eine wesentliche Fortbildung des kantischen Systems darstelle, die ihm durch die Prämissen der Lehre der empirischen Affektion fast aufgezwungen werde. Nach der Lehre der empirischen Affektion besäßen die empirischen Objekte, d. h. die Kräftekomplexe, und das empirische Ich denselben Realitätsgrad und dasselbe Wirkungsvermögen. Sie seien demzufolge imstande, einander gegenseitig zu beeinflussen. Beide besäßen also eine gewisse Spontaneität, die nicht aus ihrer Erscheinungsnatur resultieren könne, sondern in den Dingen an sich bzw. im Ich an sich ihre Quelle haben müsse. Dinge an sich und Ich an sich gehörten nicht zu einer anderen wirklichen Welt, die von der wirklichen Welt der Erscheinungen gesondert wäre. Sie seien nicht das Urbild, dessen Abbild die Erscheinungen darstellen würden. Sie würden sich voneinander nicht ontologisch, sondern bloß in der Vorstellungsart unterscheiden. Abstrahiere man von den räumlichen und zeitlichen Formen, in denen sie aufgefasst würden, so sei der Erscheinungsgegenstand zugleich das Ding an sich, das empirische Ich sei zugleich das Ich an sich.

Die apriorischen synthetischen Funktionen, welche die Spontaneität des Ich ausmachten, so Adickes, gehörten ursprünglich dem Ich an sich und würden von diesem dem empirischen Ich sozusagen geliehen. Indem das Ich an sich seine synthetischen Funktionen setze, mache es sich zum empirischen Ich, welches dadurch die Vollmacht, jene Funktionen anzuwenden, erhalte. Ebenso geschehe es bei Raum und Zeit. Wie die Kategorien existierten sie nicht schon in einem fertigen Zustand, als ob sie allein durch ihr Dasein wirkten. Sie würden aus dem raum- und zeitlosen Ich an sich hervorgebracht, von ihm gesetzt. Selbst die Formen der Rezeptivität des empirischen Ich seien also ein Produkt der ursprünglichen Spontaneität des Ich an sich. Ferner sei das ganze Bewusstseinsleben des empirischen Ich, insofern es aus einzelnen Akten in der Zeit bestehe, nur eine Tätigkeit, die in der ersten Art der Selbstsetzung, nämlich der logisch-begrifflichen Scheidung des Ich in Subjekt und Objekt als der allgemeinsten Form allen Selbstbewusstseins, Vorstellens und Denkens wurzle. Die ganze Spontaneität des empirischen Ich entstehe jetzt aus der Spontaneität des Ich an sich. Das Ich an sich enthalte keine fertigen Formen, die etwas Angeborenes, Ruhendes, an sich Seiendes wären. Es bringe sie durch seine Tätigkeit hervor.

Die Bereicherung des kantischen Systems durch die Lehre der Selbstsetzung besteht nach Adickes gerade in der Betonung des *Setzens* als Tätigkeit: „Die Aufgabe ist nicht mehr, eine fertige apriorische Geistesorganisation aufzufinden und nachzuzeichnen, sondern ‚sein eigenes denkendes Subjekt zu konstituieren‘;

denn man ‚ist selbst Urheber seiner Denkkraft‘ [...].“[31] Das *Opus postumum* solle also verbessern, was in der *KrV* in den Gedanken des Angeborenseins der Geistesvermögen deutlich anklinge: die problematische Annahme der Zeitlosigkeit des an sich Seienden. Nun erweist sich nach Adickes auch die Lösung des *Opus postumum* als unbefriedigend. Zwar setze hierin das Ich an sich Erkenntnisformen und Spontaneität des empirischen Ich. Doch seien diese Setzung und Selbstsetzung Tätigkeiten, die als solche die Zeit voraussetzten. Das zeitlose Ich an sich bringe also die Zeit erst durch seine Tätigkeit hervor, welche schon die Zeit voraussetze. Diesem Paradox kann Kant nach Ansicht Adickes' unter keinen Umständen entgehen.

2.1.4 Die Lehre des Dinges an sich im *Opus postumum* nach Adickes

Auch im 12. Entwurf kommt das im engen Zusammenhang mit der Selbstsetzungslehre stehende Problem des Dinges an sich vor.[32] Nach Adickes hat Kant die transsubjektive Existenz einer Vielheit von unser Ich affizierenden Dingen an sich für eine unbezweifelte Selbstverständlichkeit gehalten und sie zu einer unbewiesenen Prämisse seines kritischen Systems gemacht. Dass der Erfahrungsgegenstand als Erscheinung bezeichnet werde, setze gerade das wirkliche, extramentale Dasein eines entsprechenden Dinges an sich als sein Korrelat. Dinge an sich und Erscheinungen – daher auch Ich an sich und empirisches Ich – würden sich nicht metaphysisch unterscheiden, sondern bloß der Vorstellungsart nach. Kant wende die Kategorien nicht nur auf die Erscheinungen, sondern auch auf Objekte überhaupt, also auch auf Dinge an sich, an. Die Kategorien würden nicht nur für die begriffliche Erkenntnis gelten, sondern auch für das Sein. Dinge an sich, d. h. *transzendente* Objekte, würden sich zudem vom *transzendentalen* Objekt unterscheiden. Bei diesem handle es sich um den erkenntnistheoretischen Begriff

31 Adickes 1920, 664. Zur aus dem *Opus postumum* erwähnten Stelle vgl. *OP*, RA C 588 = AA 22: 79.7 f. = VII 31.

32 Das Problem des Dinges an sich im 7. Konvolut wird von Adickes in seiner Studie über das *Opus postumum* ausführlich erörtert (Adickes 1920, 669–718). Eine allgemeine Darstellung der kantischen Betrachtungsweise des Dinges an sich, die nach dem ursprünglichen Projekt in Adickes' Abhandlung über die kantische Lehre der doppelten Affektion hätte erscheinen sollen (vgl. Adickes 1929, 2), wird schließlich separat veröffentlicht (Adickes 1924). Was den Begriff des Dinges an sich im *Opus postumum* angeht, bezieht sich diese Veröffentlichung auf die Resultate der vorherigen Studie. Am Ende der Abhandlung fasst Adickes die Ergebnisse seiner Untersuchung über den kantischen Begriff des Dinges an sich zusammen. Dasselbe Resümee wird mit einigen Änderungen in Adickes' Werk über die doppelte Affektion noch einmal abgedruckt (Adickes 1924, 156–159; vgl. Adickes 1929, 2–4).

des Gegenstandes überhaupt. Der Begriff der transzendenten Objekte besitze hingegen eine vorwiegend metaphysische Bedeutung. Dabei muss Adickes selbst zugeben, dass Kant beide Begriffe häufig miteinander identifiziere.[33]

Vom Standpunkt der transzendentalen Philosophie Kants aus sei zum Erkennen die Verbindung von Begriff und Anschauung notwendig. Ohne Anschauung, d. h. allein durch die Kategorien, könne ein an sich Seiendes nicht erkannt, sondern bloß gedacht werden. Daraus ergeben sich nach Adickes alle skeptisch erscheinenden Äußerungen Kants über die Dinge an sich. Bezweifelt oder geleugnet werde dadurch niemals die transsubjektive Existenz der Dinge an sich, sondern immer nur ihre theoretische Erkennbarkeit und Beweisbarkeit, gerade weil es ihnen an einer Anschauung fehle. Zu diesem Punkt ergänze die praktische Philosophie, was der theoretischen fehle, indem den Dingen an sich eine gewisse Erkennbarkeit innerhalb der Moral zugeschrieben werde.

Dieser Linie sei Kant von 1770 bis ans Ende seines Lebens unerschütterlich treu geblieben; somit auch in *Conv. VII.* Dort sei an 18 Stellen unter dem Ding an sich einfach der Begriff des transzendentalen Gegenstandes = X zu verstehen.[34] Auch an den übrigen Stellen, an denen er sich mit dem Begriff des Dinges an sich beschäftige, äußere sich Kant als Erkenntnistheoretiker.[35] Seine skeptisch klingenden Bemerkungen seien daher auf keinen Fall in metaphysischem Sinn zu verstehen. Derlei Äußerungen werden von Adickes einerseits als lediglich auf der theoretischen Ebene zu erklärende *Zugeständnisse* angesehen, insofern sie nur die unvermeidliche Konsequenz aus gewissen Prämissen der kantischen Erkenntnistheorie bilden, nämlich dass der Begriff des Dinges an sich, theoretisch betrachtet, ohne Inhalt bleibt, da er ohne Anschauung ist. Sie stellen also Adickes zufolge „nicht die ganze Wahrheit, sondern nur eine ihrer Seiten“[36] dar. Andererseits handle es sich bei den genannten Äußerungen – ebenso wie bei der Selbstsetzungslehre – um *Verwahrungen*, durch die Kant glaube die Missverständnisse um seine Lehre sowohl unter den Anhängern seines Denkens als auch bei seinen Gegnern, vor allem Aenesidemus, Maimon und Fichte, ausräumen zu können, um seine Schule zu konsolidieren.

Das Missverständnis schlechthin, so Adickes, bestehe in der Auffassung des Dinges an sich, als ob es ein von der Erscheinung abgesonderter Gegenstand wäre. In diesem Sinn sehe sich Kant dazu gezwungen, wiederholt zu betonen, dass das Ding an sich bezüglich der Erscheinung kein Gegenstück darstelle, dass es ihr nicht wirklich, sondern nur logisch entgegengesetzt sei, dass der Unterschied

33 Adickes 1920, 677.
34 Vgl. Adickes 1920, 650–655 und 670–675.
35 Vgl. Adickes 1920, 689–699.
36 Adickes 1920, 702.

zwischen beiden nicht objektiv sei usw. Alle diese Ausdrücke, die angeblich für die bloße Idealität des Dinges an sich plädieren, würden in der Tat auf nichts hinweisen als a) die grundsätzliche Identität zwischen Ding an sich und Erscheinung und b) die theoretische Unzugänglichkeit des Dinges an sich. Dass Kant so häufig skeptisch erscheinende Äußerungen verwendet, manchmal ohne die notwendigen Vorbehalte und Einschränkungen, dass er bisweilen drastische Ausdrücke wählt, lässt sich nach Adickes leicht erklären. Alle Blätter des 7. Konvoluts seien von Kant für seinen Privatgebrauch geschrieben worden. Es sei darum verständlich, dass er sich darin gelegentlich unvorsichtig äußere, da es ihm unnötig erschienen sei, nur für sich selbst stets zu wiederholen, was er als absolute Selbstverständlichkeit betrachtet habe: die extramentale Existenz der Dinge an sich. Kant als Erkenntnistheoretiker habe Zweifel an ihrer Erkennbarkeit zugestehen können, gerade weil ihre objektive Realität für ihn als Moralphilosophen und als Menschen ohne weiteres gültig gewesen sei.[37]

Aus diesen Betrachtungen folgen die Hauptlinien, die nach Adickes eine richtige Auslegung der betreffenden Texte des *Opus postumum* leiten sollen. Bei skeptisch klingenden Passagen seien in den Stellen selbst oder in ihrer näheren Umgebung die Vorbehalte und Einschränkungen zu suchen, welche die metaphysische Bedeutung jener Äußerungen ausschließen würden. Adickes meint:

> Wo es aber in einer Stelle und ihrer näheren Umgebung an solchen einschränkenden Wendungen, Vorbehalten oder positiven Bekenntnissen zu den Dingen an sich als wirklich existierenden, transsubjektiven Wesenheiten fehlt, da hat das vorhin entwickelte methodologische Prinzip einzutreten: sie sind aus der Gesamtheit ihrer Parallelstellen heraus zu ergänzen und zu interpretieren.[38]

Adickes geht davon aus, mittels der diesen Prinzipien entsprechenden Exegese zum einen „den Willkürlichkeiten der Fichteschen und Cohenschen Auslegung, die den Begriff der Dinge an sich als transsubjektiver Wesenheiten ganz eliminieren wollen“[39], und zum anderen den Lesarten Drews’ und Vaihingers entgegenstehen zu können.

Drews hat Adickes zufolge zwar zugestanden, dass Kant niemals die Existenz der Dinge an sich ganz abgelehnt habe und dass sogar eine transzendente Affektion seitens derselben im *Opus postumum* angenommen werde. Er behaupte jedoch, dass das Ding an sich da noch weiter in den Hintergrund trete als im kritischen System und Kant ihm jetzt an vielen Stellen eine bloß fiktive Natur

---

37 Vgl. Adickes 1920, z. B. 679 ff., 686, 703 und 709.

38 Adickes 1920, 702; vgl. ebd., 685 f.

39 Adickes 1920, 679. Zusammen mit Cohen werden auch Görland und Krause, die ebenfalls den transzendenten Realismus des Dinges bei Kant leugnen, getroffen.

zuschreibe. Mit der Theorie der doppelten Affektion erübrige sich für Drews die Annahme des Dinges an sich, denn ihre Funktion könne vom Subjekt selbst übernommen werden, insofern es jetzt dazu imstande sei, sich selbst zu affizieren, die Gegenstände aus seiner Spontaneität hervorzubringen und die Erfahrung gänzlich allein zu machen. Drews' Behauptung einer Abnahme des Interesses am Ding an sich im *Opus postumum* bis zur Infragestellung seiner transzendenten Realität basiert für Adickes auf einer unzureichend belegten und einseitigen Auslegung, welche die oben genannten Vorbehalte und Einschränkungen nicht berücksichtigt habe. Dass Kant hinsichtlich einer so entscheidenden Frage habe schwanken können, dass er bald die transzendente Realität der Dinge an sich, bald ihren rein fiktiven Charakter angenommen habe, widerspreche jeder psychologischen Wahrscheinlichkeit. Keineswegs belegt sei ferner Drews' Meinung, dass das Subjekt die Funktion der Dinge an sich bei der Affektion, insbesondere bei der Entstehung der Empfindungen, ersetze.[40]

Adickes' Einwand zu letzterem Punkt ist zu widersprechen. Bei Drews' Theorie, die Selbstaffektion des Ich erübrige *de facto* die Affektion durch die Dinge an sich, handelt es sich um eine systematische Weiterbildung des kantischen Denkens über Kant hinaus, nicht um eine exegetische Erklärung. Sie bedarf keines Beleges und lässt sich nur systematisch widerlegen, wie sich zeigen wird. Doch Adickes bemerkt völlig zutreffend, dass Drews' Behauptung, die Empfindungen seien *bloß* unser eigenes Produkt, sich keineswegs durch Textstellen aus dem *Opus postumum* belegen lasse.

Als ebenso ungenügend belegt und einseitig orientiert erweist sich nach Adickes Vaihingers noch radikaler fiktionalistische Lesart der Lehre des Dinges an sich im 7. Konvolut. Vaihinger habe ebenso wenig wie Drews die bekannten kantischen Vorbehalte und Einschränkungen berücksichtigt.[41] Adickes wirft Vaihinger vor, Zitate aus dem Kontext zu reißen und in vielen Fällen unvollständig wiederzugeben. Isoliert und einseitig dargestellt, sollten diese Äußerungen nun die angeblichen Widersprüche und den unwahrscheinlichen Fiktionalismus Kants belegen. Seinerseits kann Vaihinger erwidern, die Methode Adickes' bestehe

---

40 Adickes 1920, 706–709.

41 Die vielfache Kritik an Vaihingers fiktionalistischer Interpretation der Konvolute 7 und 1 in Adickes' Buch von 1920 (Adickes 1920, 709–711) gibt Anlass zu einer polemischen Erwiderung seitens Vaihingers (Vaihinger 1921, 169 ff. und 174–182). Johannes Sperl ist bestrebt, einen Kompromiss zwischen beiden Positionen herzustellen (Sperl 1922, 78–86). Was die Natur des Dinges an sich im *Opus postumum* angeht, neigt er eher zur Position Vaihingers (ebd., 80 ff.). 1927 veröffentlicht Adickes ein Buch mit einer eingehenden Kritik an Vaihingers fiktionalistischer Lesart der Philosophie Kants. Dies bietet ihm die Gelegenheit, auf die Polemik gegen den Fiktionalismus des *Opus postumum* zu rekurrieren (Adickes 1927, 1–14, 62–75 und 273–292).

darin, „die Widersprüche bei Kant einfach hinwegzudisputieren und hinweg-zu‚interpretieren'"[42]. Der eine hält es für psychologisch unwahrscheinlich, dass ein großer Geist wie Kant sich hinsichtlich eines so entscheidenden Begriffes seines Denkens, wie der transzendente Realismus des Dinges an sich ihn darstellt, habe widersprechen können. Dem anderen erscheint der Widerspruch gerade als das Kennzeichen des Genies schlechthin.

Die Auseinandersetzung zwischen Vaihinger und Adickes über das Ding an sich lässt sich nicht durch exegetische Details entscheiden. Denn einerseits muss selbst Adickes zugeben, dass man im 7. Konvolut auf unvorsichtige Ausdrücke über das Ding an sich stößt. Gerade solche Äußerungen können von Vaihingers Standpunkt aus als Belege für seine These gesehen werden.[43] Andererseits bildet Adickes' dogmatischer Anspruch, Vorbehalte und Einschränkungen zugunsten des transzendenten Realismus anzunehmen, wenngleich sie weder in einer Passage noch in ihrer nächsten Umgebung stehen,[44] eine Widerlegung *a priori* jeder anderen Auslegung, was jede Möglichkeit einer Auseinandersetzung auf der exegetischen Ebene zunichte macht. Beide Kant-Forscher, so allerdings auch Drews, verwenden eine „deduktive" exegetische Methode, welche die Einzelheiten

---

42 Vaihinger 1921, 167. Vgl. ferner ebd., 169.

43 In der *Philosophie des Als-ob* wird zwar auf „fast unzählige Stellen [im Band 21 der Reicke-Arnoldt-Ausgabe], in denen die *fiktive Natur des Gottesbegriffes* in immer neuen, teilweise immer treffenderen Variationen behauptet wird" (Vaihinger 1911, 724), hingewiesen. In Bezug auf die idealistische Auffassung von der Ding-an-sich-Lehre werden hingegen einfach „sehr bemerkenswerte Stellen" aus den drei Bänden der Reicke-Arnoldt-Ausgabe erwähnt (ebd., 722). Ferner wird behauptet, dass diese Auffassung im Band 21 „häufig und womöglich noch stärker und deutlicher" (ebd., 723) wieder auftauche. Ausnahmen bezüglich der fiktionalistischen Lesart des *Opus postumum* werden in diesen Äußerungen gewiss nicht explizit erwähnt, aber auch nicht ausgeschlossen. Denn die Präsenz von Widersprüchen bildet für die Philosophie des Als-ob sogar einen Vorteil. Adickes' Sichtweise der These, im *Opus postumum* werde „(abgesehen von sehr wenigen Ausnahmen) ein konsequent durchgeführter Fiktionalismus" vertreten (Adickes 1927, 4), ist daher deutlich übertrieben. Darauf stützt sich nun Adickes' Kritik, dass Vaihinger den Fiktionalismus des *Opus postumum* nicht nur für eine Auswahl von Texten, sondern für alle Passagen über das Ding an sich hätte beweisen sollen. Vaihinger nutzt die Gelegenheit seiner Erwiderung, um zu erklären, dass im *Opus postumum* „der Fiktionalismus als solcher eine schärfere Formulierung als früher gefunden habe", obwohl „die konservative Strömung als solche stets daneben hergegangen sei" (Vaihinger 1921, 174).

44 Sind die betreffenden Vorbehalte und Einschränkungen nicht ausgesprochen, so „ist man berechtigt, sie zur Geltung zu bringen als im Hintergrund von Kants Gedanken befindlich und fortwährend wirksam." (Adickes 1920, 686).

des kantischen Textes in den Rahmen einer vorgegebenen allgemeinen Aufstellung zwingt.[45]

Kein Beleg, ja nicht einmal ein theoretisches Argument kann nach Adickes' methodischen Prinzipien zur Geltung gebracht werden, um den kantischen transzendenten Realismus der Dinge an sich zu leugnen. Gäbe es auch eine Stelle, wo Kant ihre wirkliche extramentale Existenz tatsächlich negierte, so müsste diese Äußerung als pathologisches Verhalten Kants erklärt werden.[46] Für Adickes' Kant ist die Frage nach der Existenz der Dinge an sich *transzendent*, nicht *transzendental*. Sie *übersteigt* schlicht die Grenzen unseres Erkenntnisvermögens. Die Transzendentalphilosophie muss sie dem Glauben überlassen.[47]

---

45 Dass Sperl die Methode „*philosophischer Systematik*", die Adickes in seinen Augen „vorwiegend" verwendet, „den Mitteln einer *philologischen Exegese*", mit denen Vaihinger „ausschließlich" arbeite, entgegensetzt, klingt zumindest paradox. Adickes verfährt nach Sperl also „wesentlich deduktiv". Vaihinger gehe hingegen „induktiv zu Werk" (Sperl 1922, 78). Zuerst ist es schwierig zu verstehen, aus welchem Grund die im Vergleich zu den entsprechenden Leistungen von Vaihinger sehr eingehenden Auslegungen Adickes' für *philologisch* unzureichend ausgerüstet zu halten sein sollten. Vaihingers Vorgehen erweist sich weiterhin als genauso wenig „vorurteilslos", und genauso „deduktiv" wie dasjenige Adickes'. Vaihingers These, in der Philosophie Kants seien eine radikale und eine konservative Strömung vom Anfang an zugleich anwesend, entsteht nicht aus einer Analyse der einzelnen Elemente des *Opus postumum*, wie eine echte induktive Methode dies fordern würde. Sie geht vielmehr seiner Untersuchung des Textes voraus und leitet von vornherein die stark an diesem Ausgangspunkt orientierte Aufnahme von nachträglichen Belegen. Vaihinger gesteht den kantischen Texten ebenso geringe Chancen wie Adickes zu, sein eigenes apriorisches Vorverständnis in Frage zu stellen.

46 Vgl. Adickes 1927, 70. Dass Adickes' Exegese der kantischen Textstellen über das Ding an sich ein dogmatisches Fundament hat, ist Sperl offenbar entgangen. Er verteidigt daher die Berechtigung der fiktionalistischen Auslegung Vaihingers zumindest für einige Passagen (Sperl 1922, 80–84) vergeblich. Denn Adickes kann anhand der genannten interpretatorischen Kriterien mühelos kontern, dass es sich bei den von Sperl betrachteten Zitaten um keine Behauptung der extramentalen Realität der Dinge an sich handle (vgl. Adickes 1927, 71–75).

47 Zu diesem Punkt äußert sich Adickes sehr häufig unvorsichtig, wie ein Beispiel zu veranschaulichen vermag. Wenn Adickes behauptet, Kants „Transzendentalphilosophie" müsse die Lösung des Problems des Dinges an sich der „reinen praktischen Philosophie" überlassen, zieht er diese Schlussfolgerung: „[...] der Transzendentalphilosoph muß seine erkenntnistheoretischen Prämissen und Konsequenzen einen Augenblick vergessen und nur den gesunden Menschenverstand sprechen lassen: und wenn er so als Mensch, als voller, ganzer Mensch entscheiden soll, dann ist Kant 1801 ohne Zweifel noch derselben festen Ueberzeugung wie 1787 [...]." (Adickes 1920, 703). Mit der Gegenüberstellung von praktischer Philosophie und Transzendentalphilosophie – als ob für Kant die eine dem gesunden, die andere daher dem krankhaften Menschenverstand entspräche – geht Adickes entschieden zu weit. Viel problematischer ist jedoch, dass er sich so ausdrückt, als ob sich die wirkliche extramentale Existenz der Dinge an sich auf nichts gründen würde als auf die „feste Überzeugung" oder auch die „Privatansicht" (vgl. z. B. ebd., 713 und 715) des Menschen Kant. Als solche sei trotzdem die Annahme der Dinge

Zuletzt sei das Augenmerk noch auf folgenden Aspekt gerichtet: Adickes merkt an, dass vom Standpunkt eines strengen Transzendentalphilosophen aus sogar die *Rede* über die Dinge an sich aus Mangel an objektivem Material abgelehnt werden müsse. Aus dieser Perspektive müsse man auch über eine Affektion unseres Ich durch die Dinge an sich schweigen. Kein Gebrauch des Begriffes des Dinges an sich sei dann noch möglich. Es bestehe an seiner Stelle in der theoretischen Philosophie nun eine „Lücke".[48] Die Erkenntnistheorie des *Opus postumum* bleibe davon unbeschadet. Denn die Aufgabe der transzendenten Affektion sei dort vermittels der empirischen Affektion durch Erscheinungsgegenstände erfüllt: durch die Annahme einer Wechselwirkung zwischen unserem Körper und den Körpern der Umgebung und die Erklärung der Entstehung unserer Empfindungen aus den Einwirkungen der Kräftekomplexe auf unsere Sinnesorgane und auf unser Gehirn.

2.1.5 Metaphysischer Glaube und Gotteslehre des späten Kant

Das Verdienst der gründlichen Untersuchungen Adickes' ist es, aufgewiesen zu haben, dass es sich beim 1. Konvolut der Krause-Papiere um den 13. und letzten Entwurf des Werkes handelt, welcher den vorherigen Plan wesentlich erweitert.

an sich für Kant kein „unwissenschaftlicher Glaube", sondern besitze „philosophische Bedeutung" und „systematischen Charakter" (Adickes 1924, 18 f.). Nun muss diesbezüglich gegen Adickes eingewandt werden, dass Kant im *Kanon der reinen Vernunft* zwischen *Überzeugung* und *Überredung* unterscheidet und dass allein diese Privatgültigkeit hat, weil das Fürwahrhalten nicht mitgeteilt werden kann (*KrV* A 820/B 848). Der Glaube ist hingegen eine Art Überredung, und zwar ein subjektiv zureichendes Fürwahrhalten. Kant unterscheidet ferner zwischen „doktrinalem" und „moralischem" Glauben (*KrV* A 823–831/B 851–859). Da das Ding an sich kein moralischer, sondern ein bloß erkenntnistheoretischer Begriff ist, würde es lediglich zum *doktrinalen* Glauben gehören wie die transzendentale Lehre vom Dasein Gottes (vgl. *KrV* A 826/B 854). Anders gesagt: Man könnte an das Ding an sich höchstens als regulative Idee *glauben*. Aber ein solcher bloß doktrinaler Glaube hätte im Unterschied zum moralischen immer noch „etwas Wankendes in sich" (vgl. *KrV* A 827/B 855). Allein der *moralische* Glauben ist „schlechterdings nothwendig", aber seine Notwendigkeit ist mit den Maximen des persönlichen Handelns verbunden, nämlich mit der individuellen und rationalen Entscheidung, ein moralischer Mensch *zu sein:* „[...] so werde ich unausbleiblich ein Dasein Gottes und ein künftiges Leben glauben und bin sicher, daß diesen Glauben nichts wankend machen könne, weil dadurch meine sittliche Grundsätze selbst umgestürzt werden würden, denen ich nicht entsagen kann, ohne in meinen eigenen Augen verabscheuungswürdig zu sein." (*KrV* A 828/B 856). Adickes' Deutung impliziert, dass der späte Kant den erkenntnistheoretischen Unterschied zwischen doktrinalem und moralischem Glauben aufhebt. Diesbezüglich vgl. unten Anm. 71.

48 Adickes 1920, 718.

Kant arbeitet Adickes zufolge auf dieser Stufe an einem System der drei Ideen der Transzendentalphilosophie: Gott, Welt und Mensch.[49] Er bemüht sich um die Fortentwicklung der Selbstsetzungslehre und vor allem des Gottesproblems.[50]

Neben den schon bekannten Formen der Selbstsetzung erscheinen nach Adickes nun weitere Ansichten, welche die idealistische Dimension noch stärker betonen. Insbesondere werde eine Selbstsetzung der Vernunft angenommen, insofern sie nicht mehr als ein Vermögen betrachtet werde, das seine fertigen Ideen besitze, sondern als ein schöpferisches Prinzip, das seine Gegenstände, d. h. die Ideen, selbsttätig produziere und sich durch sie und in ihnen objektiviere. Hierin werde die Spontaneität noch bedeutender als in *Conv. VII*, denn es werde die Form auch zum Inhalt der Affektion gemacht. Ferner werde die Selbstsetzung vom theoretischen auf das praktische Gebiet ausgedehnt. Denn der Mensch sei als moralisches Wesen ein Erzeugnis durch Selbsttätigkeit.

Adickes' Auslegung des 1. Konvoluts fokussiert jedoch überwiegend den Gottesbegriff. Das Ziel des Tübinger Kant-Forschers ist in erster Linie wiederum eine polemische Auseinandersetzung mit der fiktionalistischen Lesart Vaihingers, die Gott als eine bloße Idee ohne transsubjektive Wirklichkeit erklärt. Adickes erwidert, dass für Kant als Transzendentalphilosophen die Idee Gottes jenseits der Grenzen des Erkenntnisvermögens stehe. Kant bezweifle jeden Gottesbeweis, sei er theoretischer oder praktischer Art. Unerschüttert bleibe hingegen sein persönlicher Glaube an das wirkliche Dasein Gottes, das er für eine Selbstverständlichkeit halte. Wie in Bezug auf die vorherige Darstellung der Lehre vom Ding an sich, sondert Adickes erneut die epistemologische Ebene, auf welcher Kant Gott als Vernunftidee betrachten kann und aufstellen muss, von der metaphysischen ab, wo die gläubig-theistische Privatüberzeugung des Philosophen von spekulativen Argumenten berührt wird. Zudem setzt Adickes auch hier Vaihingers Verfahren, einzelne Passagen herauszureißen und isoliert zu betrachten, seine eigene Methode entgegen, auf einzelne extreme Äußerungen jene Einschränkungen und Vorbehalte anzuwenden, die sich aus benachbarten oder verwandten Stellen entnehmen lassen.

Wie im Fall des Dinges an sich, so Adickes, könne die Transzendentalphilosophie auch die Existenz Gottes weder beweisen noch widerlegen.[51] Sie be-

---

49 Vgl. Adickes 1920, 722–754.

50 Vgl. Adickes 1920, 754–768 bzw. 769–846.

51 „Wenn aber die Tr.ph. auch keine Beweise für Gott anerkennen noch ihn als eine theoretische Hypothese betrachten kann, so ist sie anderseits doch auch in keiner Weise berechtigt, sein Dasein zu verneinen. Sie muß ihn vielmehr als *problematisch*, seine transsubjektive Existenz als *möglich* bezeichnen und also jede Entscheidung in dieser Frage ablehnen." (Adickes 1920, 791 f.).

schäftige sich nur mit dem Menschengeist und seinen formalen Funktionen. Ihre Aufgabe bezüglich des Gottesbegriffes bestehe darin, einerseits seine notwendige Entstehung aus der apriorischen, allgemein menschlichen Geistesorganisation, andererseits seine Konstitution und seinen Inhalt zu erklären. In diesem Sinn lasse er sich als eine Vernunftidee oder ein Gedankending (*ens rationis*) betrachten, ohne Gottes Existenz in Abrede zu stellen. Wie es schon in den Schriften der kritischen Periode der Fall sei, erwachse ein Beweisargument für Gott auch im *Opus postumum* nicht aus der theoretischen, sondern aus der praktischen Vernunft. Es werde allerdings nicht mehr, wie in der Moraltheologie der 1780er- und 1790er-Jahre, auf dem Begriff des höchsten Gutes, sondern auf dem kategorischen Imperativ aufgebaut. Die Darstellung aller Pflichten als göttliche Gebote, die früher erst nachträglich mit dem kategorischen Imperativ verknüpft wurde, werde jetzt für jeden moralischen Menschen unmittelbar und notwendigerweise mit ihm gegeben.

Auch hier unterscheidet Adickes die Stellen, an denen Kant sich als Metaphysiker und überzeugter Theist äußert, von den Stellen, an denen er als Transzendentalphilosoph agiert. Als Metaphysiker und Theist könne er durch den kategorischen Imperativ Gottes Dasein verbürgen oder sogar beweisen. Als Transzendentalphilosoph behandle er hingegen keineswegs die Gottes*existenz*, sondern ausschließlich die Gottes*idee*, die manchmal als durch den kategorischen Imperativ direkt gegeben, häufiger aber als immanent im Menschengeist, also nicht als die Idee einer Substanz außerhalb von uns, betrachtet werde. Innerhalb der strengen Wissenschaft müsse man die Tatsache erklären, dass an den kategorischen Imperativ sich die *Idee* Gottes als des Gesetzgebers und des Richters anschließe. Vom wissenschaftlichen Standpunkt aus könnten als Erklärungen dafür keine übernatürlichen Ursachen wie eine Offenbarung oder ein Wunder gelten. Die Gottesidee müsse als ein notwendiges Produkt des menschlichen Geistes betrachtet werden. Dieser Idee entspreche jedoch keine Substanz, keine transsubjektive Realität des Daseins Gottes. Darüber zu sprechen komme der Wissenschaft nicht zu; es sei dem einzelnen Menschen überlassen. Ihm allein sei es eine Selbstverständlichkeit, den kategorischen Imperativ als die Stimme Gottes im Menschen zu begreifen.

Die häufigen Behauptungen der Immanenz Gottes müssen nach Adickes als Betrachtungen auf der transzendentalphilosophischen Ebene, die den Theismus Kants keineswegs in Frage stellen, gesehen werden. Und habe Kant auch hier oder dort gemeint, die Existenz Gottes als eines transsubjektiven Wesens ablehnen zu müssen, so seien diese Stellen, wie im Fall der Dinge an sich, als Auswirkungen der Senilität zu verstehen und zu vernachlässigen.[52]

Adickes ist der Meinung, dass die Gotteslehre des *Opus postumum* sich wesentlich als die Durchführung innerer Motive der kantischen Philosophie deuten lasse. Obwohl der Einfluss anderer Philosophen zwar deutlich erkennbar sei,[53] spiele er jedoch auch in diesem Fall für die Weiterbildung oder Umbildung der Gedanken Kants keine entscheidende Rolle. In den kritischen Schriften habe Kant die theoretischen Gottesbeweise abgelehnt und sie durch einen praktischen Aufweis (in der „Postulatenlehre") ersetzt. Da nun diesem praktischen Gottesbeweis ebenso Objektivität, Allgemeingültigkeit und Notwendigkeit beigelegt würden, wandle er sich wieder zu einem theoretischen. Oder, um es präziser auszudrücken, die transzendentale Philosophie dehne sich auf den praktischen Bereich aus. Auch gegen den moralischen Gottesbeweis könne man jetzt denselben prinzipiellen Einwand geltend machen, den Kant gegen die theoretischen Gottesbeweise erhoben habe: nämlich dass wir durch ihn etwas als wirklich setzen, was nur als Idee in unserem Geist existiere, dass man etwas als konstitutives Prinzip behandle, was bloß als regulatives eine Berechtigung habe. Das *Opus postumum* bringe tatsächlich eine wesentliche Weiterentwicklung des Systems, „indem der verkappte Utilitarismus, der die Lehre vom höchsten Gut stark infiziert hatte, entfernt und das Individuell-Persönliche des Glaubens energischer betont"[54] werde.

---

52 Adickes 1920, 825. Kant, so Adickes, sei immer ein Theist gewesen, was eine nachträgliche Bekehrung zu einer fiktionalistischen Gottesaufstellung psychologisch unwahrscheinlich mache. Diese Überzeugung bleibt Adickes' Grundargument gegen Vaihinger (vgl. ebd., 827–833). Vaihinger erwidert, dass Adickes' Unterscheidung zwischen Stellen, wo Kant sich als Transzendentalphilosoph äußere, und Stellen, wo er sich als Moralphilosoph ausdrücke, vielmehr zugunsten der antithetischen Natur des Philosophen spreche (Vaihinger 1921, 178 f.). Mit der antifiktionalistischen Position Adickes' stimmen hingegen Fritz Lienhard (vgl. Lienhard 1923, insbesondere. 44–49), Paul Feldkeller (vgl. Feldkeller 1924, insbesondere 139 f. und 144–148), Karl Groos (vgl. Groos 1924, 97) und Karl Fröhlich (vgl. Fröhlich 1925, 216 f.) überein. Wie schon bezüglich der Dinge an sich ist Sperl auch in Bezug auf die Gotteslehre im *Opus postumum* bestrebt, die fiktionalistische Lesart Vaihingers trotz der Ergebnisse von Adickes' Exegese in einigen Fällen doch als berechtigt zu beweisen (Sperl 1922, 82 ff.). Adickes begegnet dem mit einer weiteren Verteidigung seines Standpunkts (Adickes 1927, 279–289).

53 Neben dem mutmaßlichen Einfluss auf Kant durch Schellings System des transzendentalen Idealismus erwähnt Adickes auch Einwirkungen durch Lichtenberg und den Fichte-Forbergschen Atheismusstreit (Adickes 1920, 833–846).

54 Adickes 1927, 275. Vgl. Adickes 1920, 846 f. George Alfred Schrader (1917–1998), amerikanischer Kant-Forscher und Professor an der Universität Yale, stellt im Gegensatz zu Adickes' Lesart der Gotteslehre im *Opus postumum* die grundsätzliche Kontinuität zwischen den kritischen Schriften und dem späten Kant fest (vgl. Schrader 1951). Schrader bemerkt mit Recht, dass das,

Dieser starke Machtzuwachs der Transzendentalphilosophie bringe eine strenge Scheidung zwischen Wissen, d. h. dem Streben nach Allgemeingültigkeit und Notwendigkeit, und Glauben mit sich. Die Existenz Gottes könne gar nicht bewiesen werden. Sie sei kein Wissen. Sie gehöre zum Glauben und besitze die unerschütterliche Gewissheit der Evidenz. Die *transzendentale* Philosophie beschäftige sich mit der *Idee* Gottes. Gott selbst sei hingegen *transzendent.* Darauf begründen sich Adickes' Einwände gegen Heman und Pinski, für die Kant Gott zwar bezüglich der Welt als transzendent darstellt, ihn aber mit unserer Vernunft gleichsetzt oder auch als ein Produkt der Vernunft bezeichnet, ihn also auf jeden Fall für lediglich dem menschlichen Geist immanent hält. Heman und Pinski betrachten Kant nach Adickes als Dogmatiker und übersehen, dass er sich vor allem als strenger Erkenntnistheoretiker äußert. Demzufolge seien sie nicht imstande, die radikal klingenden Äußerungen, die Vaihinger seinerseits ausschließlich geltend mache, angemessen zu beurteilen. Wo Kant seiner eigenen Überzeugung Ausdruck verleihe, im kategorischen Imperativ die Stimme eines transsubjektiven Gottes vorzufinden, meine er nicht die *relative* Immanenz Gottes in der Welt durch seine *relative* Immanenz nur im Menschengeist zu ersetzen. Kant stelle nicht in Abrede, dass Gott *auch* der Natur durch seine unmittelbare Wirkung immanent sei, sondern nur die theoretische Erkenntnis seines Wirkens, sodass man daraus zu einem Gottesbeweis gelange.[55]

Glauben und Wissen werden nach Adickes erst im *Opus postumum* als voneinander geschieden gestaltet. Der Glaube sei unser metaphysisches Vermögen, das *Dasein* eines wirklichen, transsubjektiven Wesens – sei es Gott, sei es ein Ding an sich – zu bestimmen. Das Wissen sei das transzendentalphilosophische Vermögen, die *Ideen* jener Wesen unter den Bedingungen der Notwendigkeit und Allgemeinheit zu denken.[56] Dank dieser Scheidung gewinne das moralische Handeln seine vollumfängliche Autonomie. Denn „zu einem beweisbaren, er-

---

was das Nachlasswerk lehrt, nämlich dass kein theoretischer Gottesbeweis möglich ist und dass die Autonomie der praktischen Vernunft keinen Gebrauch des Prinzips des Hedonismus duldet, genau den kritischen Ergebnissen entspreche. Er wendet darüber hinaus ein, dass Adickes nicht überzeugend bewiesen habe, dass Kant im *Opus postumum* das moralische Argument beseitige.

55 Adickes 1920, 770 Anm., 810 Anm. und 848 f. Anm.

56 Vaihinger wendet gegen Adickes ein, dass seine Lesart einfach einen bekannten Dualismus ausdrücke: „Was A. [= Adickes] aussagt, ist nichts anderes, als die alte, schon im Mittelalter hervorgetretene und trotz aller Bekämpfung immer wieder siegreiche Idee der ‚doppelten Wahrheit': das Wissen führt zur Leugnung Gottes, das Glauben verlangt seine Existenz und ist davon überzeugt." (Vaihinger 1921, 179). Adickes kann mit vollem Recht erwidern, dass die Transzendentalphilosophie des *Opus postumum* seiner Interpretation gemäß nicht die Existenz Gottes leugne, sondern nur die Fähigkeit unserer Vernunft, etwas Definitives darüber zu sagen, was den Übergang zum Glauben gerade rechtfertigt (Adickes 1927, 277 f.).

kennbaren Gott würden die Sittengebote in einem Verhältnis so starker Abhängigkeit stehen, daß die Auffassung nahe läge, sie seien nur durch ihn, durch seinen Willen da und brauchten auch nur um seinetwillen erfüllt werden."[57] Die vollkommene Autonomie des moralischen Handelns vollzieht sich Adickes zufolge hingegen nach folgendem Prinzip: „[...] der moralische Mensch soll *das* tun, was gut ist, und nur deshalb, weil es gut ist; [...] wenn es auch keinen Gott gäbe, würde unsere Vernunft doch mit derselben Absolutheit dasselbe gebieten."[58] Der religiöse Mensch aber sehe diese Gesetze der Vernunft als göttliche Gebote, und daraus ergebe sich eine bedeutende Verstärkung der Motive zum Guten. Für ihn seien Gott und seine Gebote keine Fiktion, sondern Wirklichkeit, obwohl er nicht *wisse*, ob sie dies seien. In diesem Sinn vollziehe Kant gerade im *Opus postumum* das kritische Programm, das Wissen aufzuheben, um für den Glauben Platz zu bekommen.[59]

2.1.6 Adickes' Bilanz der Philosophie des *Opus postumum*

Nach Adickes liegt die Relevanz des *Opus postumum* nicht im naturwissenschaftlichen Teil der Schrift. Seiner Meinung nach überschreitet Kant dort die Grenzen, die er in den kritischen Schriften der Anwendung der transzendentalen Methode gesetzt hatte. Im Gegensatz zu Krause glaubt er, dass die Weiterbildung der Naturphilosophie nach den Hauptlinien des Nachlasswerks für die Naturwissenschaft nur von Nachteil wäre.[60] Selbst der Ätherbegriff spielt in seiner Darstellung vom systematischen Standpunkt aus eine bloß marginale Rolle. Die Bedeutung des *Opus postumum* liegt seiner Ansicht nach vorwiegend in der Lehre der doppelten Affektion. In Gegensatz zu Vaihinger, für den die Annahme einer transzendenten neben einer empirischen Affektion widersprüchlich ist, hält Adickes die doppelte Affektion für die Grundlage der gesamten kantischen Erkenntnistheorie, denn eben sie ermöglicht es, viele Schwierigkeiten und Widersprüche aufzulösen.

---

57 Adickes 1920, 847.

58 Adickes 1920, 847 f.

59 *KrV* B XXX. Vgl. Adickes 1920, 846 f. Adickes' Lesart der Gotteslehre im *Opus postumum* schließen sich Lienhard (vgl. Lienhard 1923), August Messer (vgl. Messer 1924, 313–316), Clemens C. J. Webb (vgl. Webb 1926; vgl. dazu ferner Baillie 1939, 130 f.) und Walter Reinhard (Reinhard 1927, 7 f. und 26–29) an.

60 Adickes 1920, 27 f.

Sowohl die transzendente als auch die empirische Affektion erwachsen nach Adickes aus den Prämissen des kantischen Denkens.[61] Die Annahme einer transzendenten Affektion durch die Dinge an sich besage grundsätzlich, dass unsere Empfindungen uns *gegeben* würden, und zwar von einer Seite, die nicht mit unserem Ich identisch sei. Würde Kant die Affektion durch die Dinge an sich leugnen, so würde er wie Berkeley unsere Empfindungen zu einem nicht weiter Ableitbaren machen. Dass uns aber für Kant die Empfindungen von anderer Seite her gegeben werden, könne nicht in Abrede gestellt werden.

Die Annahme einer empirischen Affektion bedeute zudem die *empirische* Realität der Erscheinungswelt, so Adickes. Seit Keplers, Galileis und Descartes' Zeiten hätten Philosophen und Naturforscher die sekundären Sinnesqualitäten der Körper um uns herum – Farbe, Härte, Glätte usw. – als subjektiv begründete Eigenschaften aufgefasst, die den Dingen selbst nicht zukämen. Sie hätten ferner die Empfindungen als eine Auswirkung der Körperbewegung auf unsere Organe erklärt. Kant transportiere diese Anschauung in eine dynamische Perspektive, indem er die Bewegung und daher die Affektion unserer Sinne kontinuierlich raumerfüllenden Kraftzentren und Kraftkomplexen zuschreibe. Diese Kraftzentren und Kraftkomplexe seien räumlicher und zeitlicher Art. Sie könnten daher nicht als Dinge an sich betrachtet werden, weil diese zeit-, raum- und bewegungslos seien. Wer die Affektion der Sinne durch Bewegung bei Kant nicht als empirische Affektion verstehe, sondern sie auf die transzendente Affektion zurückführe, müsse konsequenterweise behaupten, dass die Dinge an sich unmittelbar Bewegungen im Raum hervorbrächten. Das aber stehe im schärfsten Gegensatz sowohl zum Wortlaut der betreffenden kantischen Texte als auch generell zum Geist des transzendentalen Idealismus. Kraftzentren und Kraftkomplexe müssten als Erscheinungen dargestellt werden. Sie können jedoch auch nicht mit den Erscheinungen im empirischen Ich gleichgesetzt werden, weil diese Empfindungskomplexe bilden, während Kraftzentren und Kraftkomplexe die Ursachen der Empfindungen sind. Sie können nicht Vorstellungen des empirischen Ich und zugleich die Ursachen derselben Vorstellungen sein. Bezüglich des empirischen Ich müssen sie empirische Realität erlangen und ihm als Gegenstände an sich erscheinen. Sie bilden daher, in Adickes' Worten, „Erscheinungen an sich“[62].

Auch der transzendentale Begriff des Ich fordere die Lehre der empirischen Affektion. Kant postuliere im Ich ein zeitloses, zugrundeliegendes An-sich, welches sich vom empirischen Ich unterscheide. Dieses mit seinem inneren Sinn, dessen Inhalt in der Zeit stets wechsle, habe lediglich Erscheinungscharakter. Es

---

61 Vgl. Adickes 1929, 33–46.
62 Adickes 1929, 45.

gehöre, wie die Erscheinungen an sich, zur empirischen Welt und sei mit ihnen in den Kausalzusammenhang eingeordnet. Denn Kant fordere, dass die ganze Erscheinungswelt, daher auch das Innenleben des empirischen Ich, *einem* allgemeingültigen Kausalgesetz unterworfen sei. Daraus folge, dass Erscheinungen an sich und empirisches Ich wechselseitig auf einander einwirken und einander affizieren würden.

Der kantische transzendentale Idealismus setze also sowohl ein *absolut* Reales, d. h. die Dinge an sich, wie auch ein *relativ* Reales, d. h. die Erscheinungen an sich, voraus. Aus den doppelten Annahmen eines transzendenten und eines empirischen Realismus ergebe sich die Lehre der doppelten Affektion.[63]

Wie die beiden Affektionen zusammenwirken, beschreibt Adickes wie folgt: Die Dinge an sich seien als *monadenähnlich* zu denken. Sie affizieren also bloß nach logisch-teleologischer Art – „etwa wie in einem mathematischen Beweis, oder philosophischen Gedankengang oder Kunstwerk"[64] – das ebenso raum- und zeitlose Ich an sich. Das Ich an sich bilde die Ordnung der Dinge an sich in räumlichen, zeitlichen und kausalen Verhältnissen ab. Bei dieser Tätigkeit des Ich an sich handle es sich um keine freie Konstruktion, sondern um eine *Übersetzung*, sodass die Verhältnisse zwischen Erscheinungsgegenständen ein Abbild der Verhältnisse zwischen Dingen an sich seien. Die so entstandenen „Erscheinungen an sich" würden Kraftzentren und Kraftkomplexe bilden.[65] In Wechselwirkung zu diesem System der bewegenden und bewegten Faktoren stehe auch das empirische Ich als Erscheinung. Die räumlich-zeitlichen Ordnungen würden vom Ich an sich geschaffen, sodass das empirische Ich Raum und Zeit als etwas Gegebenes antreffe. Sie würden für das empirische Ich eine ihm gesetzte Ordnung bilden. Trotzdem besitze das empirische Ich apriorische Raum- und Zeitanschauung, genauso wie das Ich an sich. Oder noch genauer: Ich an sich und empirisches Ich besitzen dieselbe apriorische Raum- und Zeitanschauung, denn sie sind nicht zwei verschiedene Wesen, sondern ein und dasselbe, das einerseits an sich und zeitlos sei, andererseits sich selbst in der Form der Zeit erscheine. Beiden seien zudem die synthetischen Funktionen gemein. Das Ich an sich verwende sie, um die Einheit der Erscheinungen an sich herzustellen, das empirische Ich bedürfe ihrer, um aus seinen Empfindungen die Einheit der Wahrnehmungsgegenstände zu erzeugen.

---

63 Vgl. Adickes 1929, 46–59.

64 Adickes 1929, 47.

65 „[...] etwa so, wie Faraday sich die Atome vorstellt." (Adickes 1929, 48). Vasconi bemerkt mit Recht, dass trotz Adickes' Distanzierung von Cohen seine Auffassung der Erscheinungen an sich eine eindeutige Verwandtschaft mit Cohens Auffassung des kantischen möglichen Objekts als Gegenstand der Physik aufweise (Vasconi 1988, 77).

Erst durch die Synthesis des empirischen Ich würden die Gegenstände mit sekundären Eigenschaften der Materie versehen.

Adickes' Position beinhaltet einige Implikationen, die er selbst nicht entfaltet hat. Mittels seiner Sichtweise der Lehre der doppelten Affektion gelingt es nämlich dem transzendentalen Idealismus Kants, die drei Hauptrichtungen des modernen vorkantischen Idealismus nach Vaihinger zu vereinen.[66] Die erste Form des vorkantischen Idealismus ist diejenige von Descartes, Malebranche und Locke, welche zwischen den subjektiven sekundären (Farben, Geschmack, Schallempfindung usw.) und den objektiven primären Eigenschaften der Materie (Undurchdringlichkeit und Ausdehnung) unterscheiden. Diese Variante entspricht in der Lehre der doppelten Affektion der Perspektive des empirischen Ich, für das die mit sekundären Qualitäten ausgestatteten Wahrnehmungsgegenstände seine subjektiven Vorstellungen, d. h. bloße Erscheinungen in ihm, sind. Dagegen sind die das empirische Ich affizierenden äußeren Körper lediglich mit primären Qualitäten ausgestattete Gegenstände.[67]

Die zweite Form entspricht dem Idealismus von Berkeley, der die Außenwelt, und zwar selbst den Inbegriff ihrer primären Eigenschaften, lediglich für eine Vorstellung hält. Diese Betrachtungsweise stimmt mit dem Standpunkt des Ich an sich überein, insoweit für dieses die empirischen Gegenstände Erscheinungen „an sich" und die Vorstellungen des empirischen Ich Erscheinungen „von Erscheinungen" sind. Im Gegensatz zu Berkeley sind allerdings die Erscheinungen des Ich an sich zugleich wirkliche, unerkennbare Dinge an sich.

Damit nähert sich Kant eher dem Idealismus Leibniz' an, der die dritte Form des modernen Idealismus darstellt. Leibniz erkennt als wahrhaft existierend nur die Monaden an. Sie sind zwar immaterielle Substanzen, zugleich aber auch tätige Kräfte, welche der Materie zugrunde liegen. Die Materie existiert wahrhaft nicht außerhalb unserer Vorstellung. Wie für Berkeley ist die materielle Welt auch für Leibniz lediglich ein Phänomenon, jedoch ist es nun *bene fundatum*. Denn die Monaden bilden auch außerhalb der sie sich vorstellenden Geister eine wirkliche Welt von immateriellen Substanzen. Es braucht nicht eigens betont zu werden, dass eine Verwandtschaft zwischen Leibniz' Monaden und Adickes' monaden-

---

66 Vgl. Vaihinger 1884, 88 – 111.

67 Adickes vertritt die Ansicht, dass die mechanische Atomistik von Descartes und Newton nicht dazu in der Lage sei, die primären Qualitäten unabhängig von den sekundären Qualitäten vorstellbar zu machen. Denn man könne sich die Materialität von Descartes' Korpuskeln und Newtons Atomen anders als durch Tastqualitäten vorstellen oder sie anders als durch Farben sehen. Diese Scheidung sei erst Kant gelungen, indem er die Erscheinungen an sich als Kraftzentren und Kraftkomplexe betrachtet habe, die auf unsere Sinnesorgane einwirkten (Adickes 1929, 71).

ähnlichen Dingen an sich, die zugleich als Erscheinungen an sich vom Standpunkt des Ich an sich aus Kraftzentren und Kraftkomplexe bilden, besteht. Der Begriff von Raum und Zeit macht einen wichtigen Unterschied zwischen Leibniz und Kant aus. Denn Raum und Zeit sind bei Kant nicht bloße Verhältnisse zwischen Monaden wie bei Leibniz, sondern die Formen *a priori* der Sinnlichkeit, durch welche das Ich an sich die Verhältnisse der Erscheinungen an sich organisiert und sie sich vorstellt.

Ein zweites Resultat, das durch die Lehre der doppelten Affektion nach Adickes' Auslegung erzielt wird, ist die Lösung des Dilemmas, das die Vertreter der zwei Hauptinterpretationsansätze der kantischen Philosophie bislang entzweit hatte. Auf der einen Seite stehen die Vertreter des Realismus des Dinges an sich, wie u. a. J. Schultz, Kuno Fischer und Paulsen, die jedoch die Möglichkeit der empirischen Affektion bei Kant leugnen. Die Vertreter der anderen Seite, von Maimon und Fichte bis hin zu Krause und der Marburger Schule, halten die kantische Annahme von selbständig existierenden und uns wirklich affizierenden Dingen an sich für widersprüchlich und sinnlos. Sie sind der Auffassung, diese Annahme sei im Namen eines dem Geist des kantischen Denkens angemesseneren Verständnisses zu beseitigen, und sehen den Philosophen nur eine Affektion durch empirische Gegenstände lehren. Vaihinger erkennt die beiden Affektionen zwar als wahrhafte Elemente der kantischen Philosophie an. Doch hält er sie trotzdem für widersprüchlich, insofern er Ich an sich und empirisches Ich als zwei verschiedene Wesenheiten betrachtet, die mit zwei verschiedenen apriorischen Funktionen ausgestattet sind. Adickes hebt diese Schwierigkeit auf, indem er nur *ein* Ich, welches als Zeitloses an sich ist, sich selbst aber lediglich in der Zeit als Erscheinung erkennt, und nur *einen* Apparat von synthetischen Funktionen, welcher einmal zur Synthesis der Erscheinungen des Ich an sich und einmal zur Synthesis der Erscheinungen des empirischen Ich beiträgt, behauptet.[68]

Neben der Lehre der doppelten Affektion ist es die kritische Auseinandersetzung mit Vaihingers Fiktionalismus, der Adickes in seiner Darstellung des *Opus postumum*, besonders in Bezug auf die Entwürfe 12 und 13, am Herzen liegt. Gegen Vaihinger wird von verschiedenen Seiten der Einwand erhoben, dass der Ausdruck „als ob" und seine üblichen Synonyme nicht ohne Weiteres als fiktionalistische Kennzeichen betrachtet werden könnten und dass sie von Kant nicht (immer) in fiktionalistischem Sinn verwendet würden.[69] Adickes schließt sich dieser allgemeinen Kritik an und weist nach, dass die Stellen im *Opus postumum*, wo Vai-

68 Die Lehre der doppelten Affektion ermöglicht es nach Adickes, eine ganze Reihe von angeblichen Widersprüchen des kantischen transzendentalen Idealismus aufzuheben. Adickes diskutiert vier Fragen, hauptsächlich in Bezug auf die *KrV* (vgl. Adickes 1929, 60–94).

69 Vgl. z. B. Feldkeller 1924.

hinger fiktionalistische Äußerungen sieht, als transzendentalphilosophische Vorbehalte zu begreifen sind. Als Erkenntnistheoretiker handle Kant so, als ob die Dinge an sich und Gott existieren würden. Er betrachtet sie bloß als transzendentale Ideen, deren Existenz weder bewiesen noch widerlegt werden kann. Sie sind trotzdem keine Fiktionen, denn Fiktionen entsprechen nach Vaihinger mit Gewissheit nichts Wirklichem. Der Fiktionalismus liefert daher einen umgekehrten Existenzbeweis. Um diese Position zu bekämpfen, spricht Adickes der Transzendentalphilosophie die Möglichkeit eines Existenzbeweises grundsätzlich ab. Kant ist für Adickes auf der epistemologischen Ebene ein Skeptiker. Eben durch diesen epistemologischen Skeptizismus gewinnt Kant Raum für den Glauben. Die Bestimmung der Existenz eines transsubjektiven Wesens gehört zum Glauben, zum unmittelbaren Gefühl seiner Anwesenheit vor uns. Der Glaube besagt die subjektive, absolute Gewissheit eines extramental Existenten.[70] Man kann also sagen, dass für Adickes die transsubjektive Existenz die absolute Gewissheit einer unbedingten Evidenz besitze. Dabei handelt es sich trotzdem um keine willkürlichen Privatabsichten.[71] Beim Glauben entscheidet man sich für eine

---

70 Lienhard, ein Vertreter von Adickes' interpretatorischer Linie, betont diesbezüglich treffend: „Es ist bekannt, welche Rolle das ‚*Als ob*' bei Kant spielt, namentlich in der Urteilskraft [...]. Der Sache nach deckt sie sich so ziemlich mit der Reservation: ‚bloß eine transzendentale Idee' [...]. Bekannt ist auch, daß Vaihinger das Als ob zum Exponenten der Fiktion gemacht hat [...]." (Lienhard 1923, 44 f.). „*Das ‚als ob' ist also nicht der Exponent der Fiktion,* wie Vaihinger meint, *sondern der Index der theoretischen Problematik, die aber durch praktischen Entscheid ins Apodiktische verwandelt wird.* [...] Vaihinger macht aus problematisch, also aus möglich ein unwirklich; die Wirklichkeit bleibt aber bei Kants Theorie möglich und wird praktisch sogar notwendig." (ebd., 46).

71 Vasconi unterschätzt die Bedeutung des Glaubens in Adickes' Auffassung des kantischen Denkens, besonders in seiner Darstellung des *Opus postumum.* Für Vasconi gibt es keinen großen Unterschied zwischen seiner Berufung auf Kants realistischen Glauben und seiner Berufung auf die Privatansicht des Philosophen (Vasconi 1988, 64 Anm.). Sie stimmt in diesem Punkt grundsätzlich Moog zu (Moog 1923, 84), Adickes' Erwiderung übergehend, es handle sich bei jener Überzeugung Kants zwar um „vorwissenschaftlichen" Glauben, aber mit „systematischen Charakter" (Adickes 1924, 18 f.). Wie bereits angemerkt wurde (vgl. oben Anm. 47), äußert Adickes sich in dieser Frage häufig unvorsichtig. Seine Position ist jedoch klar. In seinen Augen kann der Transzendentalphilosoph nicht entscheiden, ob die Dinge an sich oder Gott existieren. Diese Entscheidung kommt dem einzelnen Menschen als Glaubendem (im philosophischen Sinn) zu. Dieser (metaphysische) Glaube ergibt absolute subjektive Gewissheit. Es geht daher zwar um eine Privatansicht, aber nicht um eine willkürliche Fiktion, wie Moog hingegen meint. Adickes behauptet, Kant habe sich als Mensch und Metaphysiker für die Existenz der Dinge an sich und Gottes *entschieden.* Die Gewissheit seines Glaubens konnte daher durch rationale Argumente nicht in Frage gestellt werden. Vielmehr habe sein Glaube seine Sichtweise der Transzendentalphilosophie beeinflusst und ausgerichtet. Es bestehe also bei Kant kein Widerspruch zwischen dem Agnostizismus des Transzendentalphilosophen und der Gewissheit des

Weltanschauung, deren Plausibilität und Kohärenz durch die Transzendentalphilosophie überprüft werden müssen. Für Adickes war die Weltanschauung Kants der metaphysische Realismus.

Zieht man nun die Folgerungen aus diesem erkenntnistheoretischen Skeptizismus, so muss man schließen, dass vom Ding an sich nur ein *negativer* Begriff innerhalb der transzendentalen Methode möglich ist. Versucht man es *positiv* darzustellen, gerät man in den Widerspruch, Kategorien auf etwas anzuwenden, von dem keine Anschauung gegeben ist. Adickes schlägt vor, die Dinge an sich und die Verhältnisse zwischen ihnen *monadenartig* zu denken, d. h. nach Art logischer, mathematischer oder ästhetischer Begriffe. *Negativ* formuliert heißt das: Dinge an sich sind nicht als räumliche, zeitliche, miteinander im Kausalverhältnis stehende physikalische Gegenstände darzustellen. Denn Zeit, Raum und Kausalverhältnis kommen aus dem Ich. Adickes' Versuch, von dieser negativen Erkenntnis zu einem positiven Wissen über die Dinge an sich überzugehen, erweist sich als unglücklich. Beispielsweise liefern mathematische Objekte und Beweise im Allgemeinen kein geeignetes Muster für raumlose Gegenstände – man denke an die geometrischen Objekte. Mathematische Beweise können höchstens als ein Beispiel für Beziehungen zwischen Objekten betrachtet werden, die keine Kausalverhältnisse sind.[72] Selbst die Ähnlichkeit der Dinge an sich mit den Monaden setzt die Anwendung von Kategorien wie *Substanz* oder *Identität* voraus. Wie könnte man sonst ein reelles Ding, eine *res*, anders denken als eine Substanz? Ferner ist die transzendente Affektion ein Verhältnis zwischen zwei An-sich, nämlich zwischen einem Ding an sich und dem Ich an sich. Nun kann eine Affektion nur als Kausalverhältnis gedacht werden. Wenn ein Ding an sich das Ich an sich affiziert, verursacht ersteres eine Änderung des inneren Zustands des zweiten. Dem Ich an sich wird dadurch etwas gegeben, was die Funktionen des Ich in Gang setzt. Adickes ist gezwungen zuzugestehen, dass es, vom Standpunkt einer strengen Transzendentalphilosophie aus betrachtet, nicht erlaubt ist, von Dingen an sich

---

Metaphysikers, sondern vielmehr vollkommene Übereinstimmung. Es ist ebenso übertrieben, Kant von Adickes ein „ontologisches Argument" (vgl. Vasconi 1988, 70) oder sogar einen „ontologischen Gottesbeweis" (vgl. ebd., 101) zuschreiben zu lassen. Denn Adickes begrüßt die Ablehnung jedes rationalen Existenzbeweises für Dinge an sich und Gott, sogar innerhalb der praktischen Vernunft, als einen eindeutigen Fortschritt der kantischen Philosophie im *Opus postumum*. An Adickes' Interpretation ist vielmehr zu bemängeln, dass sie den kritischen Unterschied zwischen *doktrinalem* und *moralischem* Glauben übersieht.

72 Hierzu schreibt Adickes: „Von Ursache und Wirkung, von wirklichen Kausalverhältnissen kann bei den Dingen an sich wegen ihrer Zeitlosigkeit keine Rede sein, wohl aber vermutlich von Grund und Folge wie etwa in einem philosophischen Gedankengang oder einem mathematischen Beweis." (Adickes 1929, 85 f.).

und von transzendenter Affektion zu reden. An der Stelle der Dinge an sich bleibt also in der theoretischen Philosophie eine „Lücke".

Eine weitere Schwierigkeit in Adickes' Auffassung von der Lehre der doppelten Affektion betrifft den Begriff des Ich an sich. Adickes optiert wie Vaihinger für diesen Ausdruck, obwohl er nicht aus der Feder Kants stammt und sich zudem nicht ohne Weiteres mit dem Begriff des transzendentalen Subjekts identifizieren lässt[73], um das Pendant zum Ding an sich im Ich deutlicher zu bezeichnen. Einerseits muss also das Ich an sich wegen seiner Verwandtschaft mit den Dingen an sich als zeitlos gedacht werden. Andererseits muss es als Schöpfer der empirischen Gegenstände tätig sein, d. h. in der Zeit handeln. Wie das Ich an sich trotz seiner Zeitlosigkeit seine synthetischen Funktionen ausüben kann, bleibt allerdings, wie Adickes zugeben muss, „ein bei keiner Auffassung Kants vermeidbarer Widerspruch"[74]. Als Ansatz zu einer Problemlösung schlägt Adickes vor, die Selbstsetzung des Ich an sich nicht als wirklich zeitlichen Vorgang, sondern nach Art Cohens als logisch-begriffliche Voraussetzung des Erkennens zu deuten. Aus der Zeitlosigkeit des Ich resultiere jedoch die Schwierigkeit, dem empirischen Ich aufgrund der empirischen Affektion eine relative Spontaneität beizulegen, die im Ich an sich fundiert sei. Hinzukomme, dass gegen eine solche Lesart zahlreiche Stellen sprächen, denen zufolge das Ich sich selbst als Gegenstand in der Erscheinung affiziere, sich selbst zum Objekt mache und sich selbst als Erscheinung setze.[75]

In Bezug auf die Möglichkeit selbst, von zwei verschiedenen Affektionen zu reden, sei eine letzte Bemerkung angeführt. Adickes wiederholt vielfach, dass Ding an sich und Erscheinung an sich nicht zwei verschiedenen Gegenständen entsprächen, sondern zwei verschiedene Arten bezeichneten, dasselbe Objekt zu betrachten. Auch das Ich, das von diesem Objekt affiziert wird, stelle nur ein Ich dar, welches einmal an sich, einmal als empirisches Ich betrachtet wird. Wenn nur eines das affizierende Objekt ist und nur eines das affizierte Ich, so kann auch die Affektion nur eine sein, die einmal als transzendent, einmal als empirisch betrachtet wird. Nun setzt die empirische Affektion die transzendente voraus, aus welcher die empirischen Gegenstände erst dank der Synthesis des Ich an sich

---

73 Dies muss Adickes selbst eingestehen (vgl. Adickes 1924, 25 Anm.). Bedauerlicherweise spezifiziert er nicht, worin der Unterschied liegt. Drews hingegen bevorzugt den kantischen Ausdruck „transzendentales Subjekt".

74 Adickes 1929, 58.

75 Vgl. Adickes 1920, 667 f. Dort wird exemplarisch auf mehrere Stellen hingewiesen: *OP*, RA A 629 = AA 22: 452 = XI 12; RA A 576 = AA 22: 418 = X 62; RA C 580 = AA 22: 68 = VII 28; RA C 585 = AA 22: 74 = VII 30; RA C 590 f. = AA 22: 82 = VII 33; RA C 595 = AA 22: 89 =VII 35. Weitere Beispiele finden sich in Adickes 1920, 658 f.

entstehen. Sie sind also doch zwei verschiedene Affektionen und nicht zwei Betrachtungsweisen desselben Prozesses. Das heißt aber, dass entweder die ontologische Einheit des Dinges an sich mit der Erscheinung an sich oder diejenige des Ich an sich mit dem empirischen Ich oder aber diejenige sowohl des affizierenden Objekts wie auch des affizierten Ich unhaltbar ist. Auf jeden Fall gerät Adickes schließlich doch in jene Schwierigkeiten, die Vaihinger und Drews hervorgehoben hatten und die er überwinden wollte.

2.2 Weitere Beiträge aus den 1920er-Jahren

Unter den Reaktionen auf Adickes' Darstellung des *Opus postumum* aus den 1920er-Jahren verdienen die Beiträge von Kemp Smith, Weinhandl und Lüpsen besondere Aufmerksamkeit. Gemein ist diesen Interpreten der Versuch, die mit Adickes' metaphysischem Realismus verbundenen Schwierigkeiten zu überwinden. In seiner eigenen Version der Theorie der doppelten Affektion versucht Kemp Smith, die schöpferische Aktivität des transzendentalen Ich und eine einheitliche Auffassung desselben mit dem empirischen Ich zu vereinbaren (2.2.1). Weinhandl zieht die Ablehnung der transzendentalen Affektion und somit die Aufhebung der Theorie der doppelten Affektion als Folgerungen aus Adickes' erkenntnistheoretischem Skeptizismus (2.2.2). Lüpsen erstellt eine Darlegung des *Opus postumum* nach dem methodischen Idealismus der Marburger Schule (2.2.3).

2.2.1 Kemp Smith

Der Schotte Norman Kemp Smith[76] widmet dem *Opus postumum* einen wichtigen Anhang, der erst 1923 in der zweiten Auflage seines Kommentars zur *KrV* erscheint.[77] Er bezieht sich dort vorwiegend auf Adickes' Darstellung von 1920. Wie

76 Norman Kemp Smith (1872–1958) war ein schottischer Philosoph und Kant-Forscher. Zu seinen bekanntesten Beiträgen zur Kant-Forschung zählen sein Kommentar zur *KrV* (1918), dessen zweite verbesserte Auflage 1923 erschien, und seine Übersetzung der ersten *Kritik* ins Englische (1929). Seine Kant-Interpretation wurde vom Kantianer Robert Adamson (1852–1902) und vor allem von Vaihinger geprägt, obwohl er kein Vertreter des Fiktionalismus war. Eine gründliche Darstellung seiner Auffassung von der doppelten Affektion in der *KrV* enthält Vasconis Abhandlung über den kantischen empirischen Realismus (Vasconi 1988, 103–128).

77 Kemp Smith 1923, 607–641. Obwohl er bereits in der ersten Auflage seines Kommentars faktisch eine doppelte Affektion in der *KrV* annimmt, erscheint der Ausdruck „doctrine of double affection" explizit erst in der zweiten Auflage, und zwar im Anhang *Kant's „Opus postumum"*. Vgl. dazu Vasconi 1988, 124–127.

der Tübinger Forscher hält auch Kemp Smith Kants Versuch, die Resultate der sinnlichen Wahrnehmungen und der empirischen Untersuchungen aus apriorischen Gründen zu antizipieren, für völlig wertlos. Das Interesse des *Opus postumum* liegt hingegen auch für den schottischen Philosophen hauptsächlich in der Lehre der doppelten Affektion.

Nach Kemp Smiths Sichtweise der doppelten Affektion entsteht aus der Affektion des „transzendentalen Ich“[78] durch Dinge an sich ein „noumenales Mannigfaltiges“ („noumenal manifold“)[79], welchem „das Ich seinen eigenen Stempel aufprägt“[80]. Kemp Smith gesteht zwar zu, Kant behaupte „manchmal“ („sometimes“)[81], dass das Ich einfach die innerlichen, zeitlosen Verhältnisse zwischen Dingen an sich in Raum und Zeit übersetze, sodass die Verhältnisse zwischen empirischen Gegenständen jene Verhältnisse phänomenal widerspiegelten, wie auch das empirische Ich keine vom transzendentalen Ich abgesonderte Existenz, sondern dieselbe Spontaneität seines noumenalen Pendants habe. Das entspricht der oben dargestellten Interpretation Adickes’. „häufiger“ („more usually“)[82] aber, fährt Kemp Smith fort, werde die physikalische Natur als von der inhärenten Bildung des empirischen Ich geprägt gesehen. Das noumenale Mannigfaltige biete in diesem Fall ein sehr plastisches Material, welches das Ich nach keinem vorausgehenden Modell gestalte. Infolgedessen müsste die daraus entstandene phänomenale Welt, d. h. die physikalische Natur selbst in ihrem materiellen Aspekt, als eine Emanation und eine Herstellung des Ich gesehen werden. Dementsprechend bezeichnet Kemp Smith das transzendentale Ich als „allmächtigen Schöpfer“ („allpowerfull creator“)[83].

Das empirische Ich, das sowohl mit Bewusstsein wie auch mit dem Apparat von geistigen Formen und synthetischen Vorgängen versehen ist, bleibe in diesem zweiten Fall das Pendant des Ich. Durch Anwendung dieses Apparats sei das empirische Ich in der Lage, aus dem gegebenen sinnlichen Mannigfaltigen eine Welt zu rekonstruieren, die in ihren physikalischen Merkmalen, d. h. abgesehen von den sekundären Qualitäten, der vom noumenalen Ich geschaffenen Welt gleiche. Die Eigenschaften der physikalischen Entitäten gingen somit auf das transzendentale Ich und nicht auf die Dinge an sich zurück.

---

78 Kemp Smith verwendet die Ausdrücke *transcendental self, noumenal self, self in itself* als Synonyme.

79 Kemp Smith 1923, 615.

80 „[...] upon which the self stamps its own very specific imprint.“ (Kemp Smith 1923, 615).

81 Kemp Smith 1923, 615.

82 Kemp Smith 1923, 615. Kemp Smith macht sich jedoch nicht die Mühe, diese quantitative Einschätzung zu rechtfertigen.

83 Kemp Smith 1923, 616.

Das bedeute, dass das Erkennen des Ich die schöpferische Tätigkeit desselben voraussetze.[84] Indem das empirische Ich seine Empfindungen durch Raum, Zeit und Kategorien interpretiere, erkenne es die physikalische Welt als etwas von ihm unabhängig Existierendes. Da Kant die Annahme einer vorbestimmten Harmonie zwischen geistigen Formen und dem, was durch sie gekannt werde, für unphilosophisch halte, bleibe nur eine noumenale Affektion und die entsprechende noumenale Schöpfungstätigkeit zu postulieren. Das *Opus postumum* bestätigt nach Kemp Smith also ein allgemeines Prinzip der kritischen Philosophie: Der empirische Realismus setze den transzendentalen Idealismus voraus.[85] Dieses Prinzip werde im Nachlasswerk radikalisiert, insofern Kant behaupte, dass das Ich erkenne, indem es sich zum Objekt mache. Das Ding an sich werde mithin auf ein *Gedankending* reduziert, die empirische Welt auf eine Herstellung des Ich, die Affektion auf eine Selbstaffektion.

Noumenale und empirische Affektion bilden von Kemp Smiths Standpunkt aus zwei klar voneinander geschiedene Prozesse, denn die affizierenden Objekte sind hierbei – und somit im Unterschied zu Adickes' Auffassung – *ontologisch* unterschiedlich: Dinge an sich affizieren das transzendentale Ich, welches auf das empfangene noumenale Mannigfaltige die apriorischen Funktionen anwende und die physikalischen Entitäten in ihren primären Qualitäten *schaffe*; die physikalischen Entitäten affizierten das empirische Ich, welches auf das empfangene empirische Mannigfaltige die apriorischen Funktionen anwende und die physikalischen Entitäten in ihren primären Qualitäten *erkenne*. Denn Erkennen heiße, von den sekundären Qualitäten zu abstrahieren. Das empirische Ich erkenne, was das noumenale Ich schaffe.

Kemp Smiths Deutung unterscheidet sich von derjenigen Adickes' vor allem darin, dass das Ich für den Ersteren überwiegend nach seinem eigenen Bild schafft, für den Zweitgenannten die Verhältnisse der Dinge an sich übersetzt. Wie Adickes behauptet auch Kemp Smith die Identität des Apparats der synthetischen Funktionen sowohl für das transzendentale als auch für das empirische Ich[86] sowie ein bestimmtes Kausalverhältnis zwischen beiden Affektionen, insofern die empirische die noumenale voraussetzt.[87] Die Akzentuierung der Spontaneität des noumenalen Ich und die Parallelität der Selbstsetzung desselben mit dem Er-

---

84 „The self can be a knower only if it be a creator." (Kemp Smith 1923, 618).

85 „In the *Opus postumum*, as in the *Critique of the Pure Reason*, transcendental idealism is the ultimate foundation upon which his [= Kant's] realist account of the natural world is based." (Kemp Smith 1923, 618).

86 Vgl. Kemp Smith 1923, 615 f.

87 Diesbezüglich scheint mir Vasconis Behauptung, nach Kemp Smith gebe es kein kausales Verhältnis zwischen beiden Affektionen (Vasconi 1988, 128), unzutreffend zu sein.

kennen des empirischen Ich stellen Kemp Smith jedoch entschieden auf die Seite Vaihingers.

2.2.2 Weinhandl

Ferdinand Weinhandl[88] stellt in einem Aufsatz von 1924[89] eine noch radikalere Fassung der Theorie der doppelten Affektion im *Opus postumum* her, indem er extreme Folgerungen aus dem erkenntnistheoretischen Skeptizismus von Adickes zieht. Er behauptet, dass nur eine Affektionsart im kantischen Nachlasswerk auftrete, nämlich die empirische Affektion im Sinne Adickes'.[90] Auch stimmt er mit Adickes in der Anerkennung der wirklichen Existenz wenigstens einer Art von Dingen an sich, nämlich des Ich an sich, überein. Was die Erkenntnis der Existenz der Dinge an sich vom Ich an sich angeht, optiert Weinhandl für einen skeptischen Standpunkt. Er hält daher die Frage, ob die Bedingungen zum Erscheinen der Kräftekomplexe, welche die Dinge an sich des empirischen Verstandes bilden, nur im Ich an sich liegen oder auch auf extramentale affizierende Dinge an sich zurückgehen, für unentscheidbar.[91] Vom Standpunkt der transzendentalen Methode aus könne man daher über die Spontaneität des Subjekts an sich nicht hinausgehen. Eine transzendente Affektion könne zwar nicht negiert werden. Ihr komme jedoch für den strengen Transzendentalphilosophen keine Funktion mehr zu. Das Subjekt an sich setze, indem es sich selbst, d. h. den inneren Sinn, affiziere, sowohl „die Dinge an sich selbst im empirischen Verstande", d. h. die empirischen Gegenstände, wie auch das räumliche (und zeitliche) Ich, d. h. das empirische Subjekt. Erst jetzt, so Weinhandl, affizierten „die Dinge an sich selbst im empirischen Verstande" das empirische Subjekt zu qualitativ vollbestimmten Sinneserscheinungen, was die (empirische) Affektion bilde.[92] Resümierend ist festzustellen, dass Weinhandl Adickes' Auffassung des transzendentalen Skeptizismus im *Opus postumum* annimmt und seinen metaphysischen Realismus konsequent ablehnt.

---

88 Ab 1922 lehrt Ferdinand Weinhandl (1896–1973) Philosophie an den Universitäten Kiel, Frankfurt am Main und Graz. 1933 tritt er der NSDAP bei. Er ist vor allem wegen seiner Untersuchungen über das Verfahren einer philosophischen „Gestaltanalyse" bekannt.

89 Weinhandl 1924.

90 Weinhandl 1924, 88–93.

91 Weinhandl 1924, 93–105.

92 Weinhandl 1924, 105–116.

2.2.3 Lüpsen

Seitens der Marburger Schule setzen sich Karl Vorländer[93] und vor allem Focko Lüpsen, letzterer mit seinem Aufsatz „Das systematische Grundproblem in Kants Opus postumum“ von 1925,[94] mit Adickes' Interpretation des kantischen Nachlasswerks auseinander. Die Prägung durch den Neukantianismus Cohens, Cassirers und Natorps sowie die Anklänge an Görland sind in dieser Arbeit auffällig. Lüpsen misst ausschließlich den Konvoluten 7 und 1 des kantischen Manuskripts, die für ihn in thematischer Diskontinuität mit den anderen stehen, systematischen Wert bei. Das überrascht nicht, denn der dort thematisierte Begriff der Selbstaffektion bildet für Lüpsen das systematische Zentrum des *Opus postumum* sowie eine wesentliche Fortentwicklung der transzendentalen Philosophie Kants.

Aufgabe der Transzendentalphilosophie sei die Begründung des Urverhältnisses zwischen Erkenntnis und Gegenstand, so Lüpsen. Diese Aufgabe vollziehe sich aber nicht durch Ableitung eines Gliedes des Verhältnisses vom anderen, etwa durch Bestimmung des Objekts durch das Subjekt oder umgekehrt. Dieses Verhältnis stelle vielmehr *die* ursprüngliche Einheit kraft der *Korrelation* seiner Glieder dar. Subjektivität und Objektivität gestalteten lediglich die äußersten Pole, zwischen denen der Erkenntnisprozess ablaufe. Im *Opus postumum* werde diese ursprüngliche, einheitliche Korrelation mit der synthetischen Funktion des Verstandes dezidiert gleichgesetzt, und der Erkenntnisprozess werde dementsprechend als Selbstsetzung, Selbstmachung oder auch Selbstkonstitution bezeich-

---

93 In seinem Kant-Buch von 1924 revidiert Karl Vorländer sein summarisches Urteil von 1911 über das *Opus postumum* (vgl. oben Kap. 1, Anm. 10) und distanziert sich von der Position Fischers (Vorländer 1924, Bd. 2, 287–295). Obwohl er Adickes' Buch von 1920 als eine Studie bezeichnet, „auf die in Zukunft alle diejenigen werden zurückgehen müssen, die sich mit Kants Nachlaßwerk beschäftigen wollen“ (ebd., 287 Anm.), greift er selbst kaum auf die Untersuchungen des Tübinger Kant-Forschers zurück. Er ist ein Vertreter der Zwei-Werke-These (ebd., 288 und 292) und geht von einer grundsätzlichen Übereinstimmung des *Opus postumum* mit der *KrV* aus. Kant vertritt nach Vorländer auch in seinem Nachlasswerk den *methodischen Idealismus*, der seine „Philosophie von allen anderen unterscheidet“ (ebd., 290), und lehnt den subjektiven Idealismus ab. Vorländer schließt sich der Marburger Schule an, indem er die kritische Philosophie als die logische Begründung der Erfahrung wie auch der objektiven Realität der äußeren Sinnenobjekte versteht. Auch bezüglich der drei Ideen der Transzendentalphilosophie enthält das zweite Manuskriptwerk seiner Ansicht nach keine substanzielle Entwicklung im Vergleich zur „transzendentalen Dialektik“, insofern sie immer noch als bloß regulative Ideen betrachtet werden.

94 Lüpsen 1925. Dieser Aufsatz beinhaltet die Resultate der Dissertation an der philosophischen Fakultät Marburg (Lüpsen 1924). Nach Erlangung der Doktorwürde war Focko Lüpsen (1898–1977) als Publizist tätig.

net. Aus der ursprünglichen Einheit des Prinzips der Selbstsetzung ergebe sich die Unterscheidung zwischen Subjekt und Objekt, Ich als Bewusstsein und Gegenstand, die nur asymptotisch in einem unendlichen Prozess bestimmt würden.

Dementsprechend müsse das Verhältnis von Anschauung und Denken anders geklärt werden als in der *KrV*, wo die beiden als zwei verschiedene Quellen der Erkenntnis bezeichnet würden. Reine und empirische Anschauung verhielten sich zueinander wie Form und Materie, *a priori* und *a posteriori*. Sie entstünden zudem aus einer ursprünglichen, einheitlichen Korrelation, wie Subjekt und Objekt. Das Mannigfaltige der Anschauung werde nicht unabhängig von ihren Formen „gegeben" und erst danach von diesen verbunden. Es werde im Gegenteil nur durch die Formen „gegeben" und nur die Formen würden das Mannigfaltige „geben". Das Korrelat der Gegebenheit sei das aktive Geben. Daher würden Raum und Zeit im *Opus postumum* zu synthetischen Funktionen und Formen der Synthesis. Daraus folge, dass die Trennung zwischen Anschauungsformen und Formen des Verstandes, den Kategorien, aufgegeben werden müsse: „Die Scheidung von Sinnlichkeit und Verstand durch die Merkmale der Rezeptivität und Spontaneität verliert damit ihren absoluten Charakter."[95] Damit werde auch der Gegensatz von Anschauung und Denken aufgehoben. Der Unterschied zwischen beiden könne nur als Unterschied der Richtung im Rahmen des Erkenntnisprozesses betrachtet werden, insofern das Denken auf das Allgemeine gerichtet werde, die Anschauung aber auf das Einzelne.

Das Ding an sich, dessen positive Funktion darin bestehe, der Erkenntnis die Grenze zu setzen, werde als „correlatum des Dinges in der Erscheinung"[96] gesehen. Es bezeichne also den Standpunkt, von welchem aus die Sinnesobjekte erst als Erscheinungen erkannt würden.[97] Der Ding-Charakter des Dinges an sich werde unzweideutig abgelehnt, dafür werde sein Funktionscharakter als Prinzip der Grenzsetzung hervorgehoben. Insbesondere werde das Ding an sich als Selbstbegrenzung der Vernunft und als solche als Korrelat des sich selbst setzenden Subjekts verstanden.

Adickes' transzendentaler Realismus des Dinges an sich beruhe auf der Trennung der Transzendentalphilosophie und der Moralphilosophie, die Kant hingegen Lüpsen zufolge im *Opus postumum* am wenigsten durchführen will. Vielmehr, so Lüpsen, ziele der Philosoph auf eine allgemeine Logik als System der

---

95 Lüpsen 1925, 96.

96 *OP*, RA A 571 = AA 22: 412 = X 59, zitiert nach Lüpsen 1925, 99.

97 „[...] das Ding an sich ist das Korrelatum der Erscheinung, um diese als solche kenntlich zu machen." Lüpsen 1925, 100.

theoretischen und praktischen Vernunft, wiederum nach dem Prinzip der Korrelation aus der ursprünglichen Einheit der Vernunft.[98]

Mit dem *Opus postumum* vollzieht sich nach Lüpsen eine homogene Fortbildung des kritischen Systems zur Philosophie der Selbstsetzung der Vernunft, nämlich zur „Philosophie des Ursprungs" im cohenschen Sinn dieses Ausdrucks. Absolute Vernachlässigung der empirischen Affektion, Aufhebung der Heterogenität der Sinnlichkeit bezüglich des Verstandes und „Logisierung" der Anschauung, Ablehnung des transzendenten Realismus des Dinges an sich und Abschaffung des grundsätzlichen Unterschieds zwischen Transzendental- und Moralphilosophie setzen Lüpsens Lesart des *Opus postumum* derjenigen Adickes' dezidiert entgegen.[99] Es ist erwähnenswert, dass Lüpsen die Selbstsetzung der Vernunft als Ursprungseinheit, die sich selbst begreift, mit der „reflektierenden Urteilskraft" verknüpft. Lehmann wird in seiner Arbeit von 1939 von dieser Intention ausgehen.[100]

Lüpsens Entscheidung, sich ausschließlich auf die zwei späteren Entwürfe des kantischen Nachlasswerks zu beschränken, bleibt fragwürdig. Denn ihr liegt die Annahme zugrunde, Kant habe den empirischen Realismus, der aus der Behauptung der empirischen Affektion der Sinne herrührt, in *Conv. VII* und *Conv. I* aufgegeben und gegen die Selbstsetzungslehre ausgetauscht. Diese Annahme wird von Lüpsen nicht begründet, obwohl Adickes die Anwesenheit des Motivs der empirischen Affektion auch in den beiden letzten Entwürfen hervorgehoben und die Lehre der Selbstsetzung als Fortbildung jenes Motivs erklärt hatte. Nun vermeidet Lüpsen es gerade bezüglich dieses entscheidenden Punktes, sich mit Adickes zu konfrontieren, sodass die unbegründete Ablehnung des empirischen

---

98 Lüpsen ist der Auffassung, Kant habe das Prinzip der Selbstsetzung nicht in genügender Weise dafür verwendet, um das Gottesproblem zu gestalten, welches noch im *Opus postumum* grundsätzlich mit seiner bisherigen Theologie verbunden bleibt. Daher steht die Theologie des kantischen Nachlasswerkes nicht im Fokus seiner Untersuchung.

99 Lüpsens Betrachtungsweise der Selbstsetzung im *Opus postumum* schließt sich auch Gretchen Krönig in ihrer Dissertation (Krönig 1927, 19–22) an.

100 Lüpsen schreibt: „*Die sich selbst setzende Vernunft ist die Ursprungseinheit, ist das Ursprungsdenken, das sich selbst begreift, sich in sich selbst zurückwendet.* Das ist der tiefste Sinn der ‚reflektierenden' Urteilskraft, die der Sache nach in dem Problem der Selbstsetzung verborgen ist, wenngleich sie dem Ausdruck nach an keiner Stelle des Op. p. erwähnt ist." (Lüpsen 1925, 107). Lüpsen erscheint es demzufolge merkwürdig, „daß fast kaum eines der zentralen, mit der ‚reflektierenden Urteilskraft' zusammenhängenden Probleme der K.U. im Op. p. behandelt wird, obwohl es zeitlich diesem doch am nächsten steht." (ebd., 93 Anm.). Lehmann sieht seine eigene Arbeit von 1939 als den Versuch, diese Bemerkung von Lüpsen zu widerlegen (Lehmann 1939, 370).

Realismus im *Opus postumum* einen der gewichtigsten Einwände gegen seinen Logizismus darstellt.

Sowohl die Lehre der doppelten Affektion wie auch der wissenschaftliche Idealismus der Marburger Schule führen zu einer unlösbaren Schwierigkeit. Kemp Smith betont die grundsätzliche Abhängigkeit des kantischen Subjekts von den Dingen an sich. Letztere würden jenem *gegeben*, obwohl man von den Dingen an sich und von der transzendenten Affektion überhaupt nichts wisse. Weinhandl zieht, wie schon Drews und Adickes vor ihm, die Konsequenzen aus diesem erkenntnistheoretischen Skeptizismus und schlussfolgert, dass auf der Ebene der transzendentalen Methode die Annahme von Dingen an sich und transzendenter Affektion sich erübrige. Dementsprechend steigt auch die Macht des kantischen Ich an sich, welches schon für Kemp Smith ein „allmächtiger Schöpfer" ist und von Weinhandl eine unabhängige Spontaneität erhält. Was den transzendentalen Idealismus des *Opus postumum* nach Weinhandls Deutung vom subjektiven Idealismus Fichtes nunmehr unterscheidet, ist allein die Tatsache, dass die transzendente Existenz der Dinge an sich bei Kant nicht positiv ausgeschlossen werden kann. Kemp Smith und Weinhandl können daher dem Widerspruch nicht entgehen, den Adickes bezüglich des Ich an sich schon hervorgehoben hatte, nämlich dass das Ich an sich einerseits als zeitlos, andererseits als in der Zeit tätig gedacht werden muss.

In diese Schwierigkeit gerät Lüpsen hingegen nicht, weil er Subjekt und Objekt als Korrelate ein und desselben unendlichen Prozesses darstellt, in welchem sie nicht nach einem *prius* und einem *posterius*, sondern zugleich gesetzt werden. Eine Ablehnung aller Affektion der Sinne und eine Logisierung der Gegebenheit der Wahrnehmungen sowie der Formen der Sinnlichkeit sind jedoch der Preis, den Lüpsen Kant dafür zahlen lässt.

2.3 Lachièze-Rey

Die französische Rezeption des *Opus postumum* beginnt innerhalb des Kreises der sogenannten spiritualistischen Schule, deren Anfänge auf das Ende des 19. Jahrhunderts zurückgehen.[101] Diese Richtung der Kant-Forschung setzt es sich zum Ziel, die kantische Philosophie als eine Metaphysik des Geistes zu interpretieren. Pierre Lachièze-Rey kommt das Verdienst zu, die Relevanz des *Opus postumum* für

101 Vgl. dazu den interessanten Bericht von Günther Pflug (1923–2008) in den *Kant-Studien* (Pflug 1956/57).

den französischen Spiritualismus in seinem Buch *L'idéalisme kantien* von 1931 erstmals festgestellt zu haben.[102] Er sieht in der kantischen Philosophie die Grundlegung eines subjektiven Idealismus, welche ihre deutlichste Formulierung im Nachlasswerk erlangt. Nach seiner Lesart des Werkes entsprechen die Thesen des späten Kant – die Aktivität der Wahrnehmung, die Aufhebung des transzendenten Realismus des Dinges an sich, die Ausdehnung der Erkenntnis auf die Ideen, die Annäherung des Bewusstseins an die göttliche Vernunft – genau den Hauptlinien des französischen Spiritualismus. Durch die Ablehnung des transzendenten Realismus des Dinges an sich distanziert sich Lachièze-Rey explizit von Adickes[103] Zudem nimmt er Abstand von jenen Interpretationen, die im *Ich denke* bloß ein konstruktives Prinzip, d. h. lediglich eine logische Funktion zur Konstitution der Objektivität innerhalb der Erfahrung sehen. Dabei werden die Interpretationen des *Opus postumum* aus dem Kreis der Marburger Schule implizit getroffen. Mit Lachièze-Reys Kant-Buch von 1931 überwindet die Forschung über das kantische Nachlasswerk also den interpretatorischen Rahmen der deutschen neukantianischen Debatte.

Lachièze-Rey geht in seiner Darstellung des kantischen Idealismus von einem Vergleich mit Descartes' Theorie des Subjekts aus. Er hebt hervor, dass Descartes das *cogito*, d. h. das Verhältnis zwischen *Ich denke* und *Ich bin*, in welchem er einen absolut sicheren Grund für seine ganze Metaphysik entdeckt zu haben glaubt, als eine ursprüngliche, unbedingte Einheit von geistigem Akt und Bewusstsein auffasse. Das kartesianische „*Ich denke, ich bin*" setze keinen ursprünglichen Dualismus des Denkens und des Seins voraus. Es bilde kein synthetisches Urteil *a priori*, das zwei ursprünglich heterogene Ideen nachträglich vereinigen würde. Zudem weise es keineswegs auf einen Syllogismus hin, dessen Hauptprämisse lauten würde: „Alles, was denkt, ist". Denn Descartes behaupte genauso wenig wie Kant, dass man aus dem bloßen Denken auf die Existenz eines notwendigen Wesens schließen könne.[104] Die Möglichkeit der Einheit von Denken und Sein setze bei ihm vielmehr die Apprehension dieser Verbindung als reell voraus.[105]

---

102 Lachièze-Rey 1931. Pierre Lachièze-Rey (1885–1957) ist ein französischer Philosoph, der besonders von Kant und Maurice Blondel geprägt wurde. Er beschäftigt sich mit dem *Opus postumum* im Rahmen seiner Studie von 1931, dann auch in einem Aufsatz von 1952 (Lachièze-Rey 1952).

103 Vgl. insbesondere Lachièze-Rey 1931, 435–463.

104 Lachièze-Rey bemerkt mit Recht, dass Descartes von der Kritik des problematischen Idealismus in den *Paralogismen* in der Tat nicht getroffen wird.

105 Der Text von *L'idéalisme kantien* lautet: „L'idée ne précède pas le contact direct avec l'être, mais elle est saisie dans ce contact même parce qu'elle est immanente à l'être ; telle est la signification qu'il faut donner aux nombreux textes où DESCARTES affirme que le *cogito* n'est pas la conclusion d'un syllogisme dont la majeure serait : tout ce qui pense est" (Lachièze-Rey

Die Gewissheit der Identität zwischen *Ich denke* und *Ich bin* könne auch nicht empirisch begründet werden, etwa durch das Ereignis einer aktuellen Operation des Denkens in einem empirischen Bewusstsein bei der Aufnahme einer Empfindung. Denn das kartesianische *cogito* sei vielmehr die Bedingung, unter welcher die einzelnen Ereignisse des Denkens und die Zustände des empirischen Bewusstseins möglich seien. Es transzendiere das Bedingte, in dem es sich offenbare. Die Gewissheit des „*Ich denke, ich bin*" sei unmittelbares Selbstbewusstsein des Geistes als ursprüngliche Einheit.[106] Nun habe Descartes das *cogito* als „nicht-zeitlich" oder „ewig" auffassen müssen. Da aber im Kartesianismus die Aktivität des Geistes der Zeit untergeordnet bleibe,[107] gelte die Identität „*Ich denke, ich bin*" nur im Augenblick. Der Autor der *Meditationen* werde gezwungen, die Kontinuität dieser Identität durch die Ewigkeit Gottes zu begründen. Aber dadurch werde die Autonomie des Denkens letztlich aufgehoben.

Um dem Denken seine Autonomie zurückzugeben, so Lachièze-Rey, müsse Kant das Bewusstsein des Aktes vom Bewusstsein des Zustands bzw. das *Ich denke* vom *Ich bin* deutlich trennen. Das *Ich denke* bezeichne jetzt das Bewusstsein des konstruktiven Verstands, der das Objekt der Erfahrung zusammensetze. Er enthalte in sich zudem die Prinzipien des Zusammensetzens und gebe der Erfahrung ihre Gesetze. Da das Zusammensetzen die Essenz des Denkens sei, lasse es sich nur in seinem dynamischen Verhältnis zum Zusammengesetzten erfassen. Der ursprüngliche Akt des Ich sei es, das Programm seiner Tätigkeit zu setzen, welches sich schrittweise über verschiedene Stufen des Zusammensetzens vollziehe. Das *Ich denke* und die Einheit der Welt oder der totalen Erfahrung bildeten die extremen Termini dieses Verhältnisses. Der Kantianismus bestehe also im Wesentlichen in einer Lehre der inneren Zweckmäßigkeit, in der die Idee des Ganzen die

---

1931, 7 f.), und er fährt fort: „[...] il faut donc toujours en arriver à poser l'unité absolue de l'acte spirituel et de la conscience ou plutôt leur absence complète de dualité [...]." (ebd. 9).

106 So schreibt Lachièze-Rey: „La certitude du *cogito* ne peut consister que dans la conscience originaire qu'a l'esprit de son unité dans ce processus de genèse, dans le fait que le *je pense* est ici la source dont tout émane, la source immédiatement conscient d'elle-même [...] ; on apprend pas expérimentalement et on ne conclut pas que l'on raisonne ni qu'on a la faculté de raisonner, mais le raisonnement est une opération qui ne saurait être séparée de la conscience et cette conscience ne peut à son tour être autre chose que le sentiment même de l'unité qui, tout en dominant et sous-tendant l'opération actuelle, la dépasse infiniment." (Lachièze-Rey 1931, 16 f.).

107 „[...] quelle que soit la théorie de Descartes sur le temps, [...] il paraît en avoir admis l'extension universelle à tout ce qui existe ; il y insère donc à la fois les objets, l'activité pensante, les phénomènes psychologiques et le substrat dans lequel ces derniers sont échelonnés." (Lachièze-Rey 1931, 18 f.).

Organisation der Teile notwendigerweise bestimme.[108] Als Bedingung der Erfahrung könne das *Ich denke* nicht als eine empirische Tatsache betrachtet werden. Es bilde ein *transzendentales Bewusstsein*, und die Form der Zeit, weit entfernt das *Ich denke* in sich einzuschließen, werde vielmehr durch dessen Aktivität entfaltet.

Der Impuls, der die Aktivität des Denkens in Gang bringe, sei die Empfindung. Isoliert betrachtet sei die einzelne Empfindung genauso wenig in der Zeit wie das *Ich denke*. Denn es komme dem *Ich denke* zu, die Empfindung in die Zeit zu setzen. Durch seine unzeitige Tätigkeit affiziere das *Ich denke* sich selbst, nämlich seine Passivität, seine Sinnlichkeit, und diese Affektion geschehe zu einem bestimmten Zeitpunkt. Es handle sich folglich um eine empirische Tatsache, d. h. um ein Ereignis in der Erfahrungswelt, und zwar um ein Datum des inneren Sinnes. Die Rezeptivität des Ich sei sein empirisches Bewusstsein, das *Ich bin*.

Ich denke und *Ich bin*, Spontaneität und Passivität bilden Lachièze-Rey zufolge bei Kant also die heterogenen Termini einer Dualität.[109] Das *cogito*, wenn es richtig verstanden werde, sei bloß der analytische Ausdruck ihres Nebeneinanderseins, dessen genaue Formulierung laute: „*Ich bin denkend, daher bin ich*". Es handle sich dabei um nichts anderes als die tautologische Selbstsetzung des Bewusstseins nach der Regel der Identität (*sum cogitans*), die im *Opus postumum* ihre deutlichste Manifestation finde.[110] Die analytische Unterscheidung des empirischen Elements des *cogito* von seiner intellektuellen Darstellung sei jedoch nur der erste Schritt für Kant in seinem Vorhaben, den Kartesianismus zu übertreffen. Um die Autonomie des Denkens zu setzen, sei es jedoch viel entscheidender aufzuweisen, dass das *Ich denke* keines weiteren Prinzips bedürfe.

---

108 So schreibt Lachièze-Rey: „[...] le kantisme se présente ainsi, essentiellement et immédiatement, comme une doctrine de la finalité interne où l'idée du tout détermine nécessairement l'organisation des parties [...]." (Lachièze-Rey 1931, 27). Darin unterscheide sich der Kantianismus grundsätzlich vom Kartesianismus, insofern dieser eine *konstruktive* Lehre bilde, in der das Ganze durch seine Teile begründet werde (vgl. ebd., 28).

109 „Cette distinction radicale entre la pensée constructive et la donnée sensible qui est la cause occasionnelle de sa manifestation ou le contre-coup de son action permet à KANT de mettre en lumière le dualisme que recèle le *cogito* cartésien : en tant qu'il exprime une existence et qu'il est un *je suis*, il trouve sa justification dans l'*Empfindung* et apparaît comme une proposition empirique, en tant qu'il est un *je pense* et qu'en lui nous affirmons la spontanéité de la pensée, il est une représentation intellectuelle ; ainsi dégagé de toute compromission avec les données passives, le *je pense* pourra remplir son rôle de fonction générale de synthèse et de copule suprême d'Univers, tandis que le *je suis* posera un événement intérieur au monde dont la situation devra être précisément déterminée selon les lois de la conscience organisatrice." (Lachièze-Rey 1931, 39 f.).

110 Vgl. Lachièze-Rey 1931, 41 f.

Gerade dies scheine ein sehr problematischer Punkt des Kantianismus zu sein. Gemäß der *KrV* könne das *Ich denke* kein Mannigfaltiges liefern. Denn es unterscheide sich diesbezüglich von einem intuitiven Verstand, der seinen eigenen Inhalt setzen würde. Das *Ich denke* solle daher in der Tat auf ein weiteres, höheres Prinzip verweisen, welches das ganze System der Erfahrung setze. Das *Ich denke* wäre dann selber kein absolutes Prinzip, sondern bloß eine Vorstellung innerhalb dieses Systems. Kant, so Lachièze-Rey, habe diese Lösung anscheinend abgelehnt, denn die *KrV* habe vielmehr das *Ich denke* und ihre ganze Erkenntnistheorie auf ein unbekanntes, unerreichbares X bezogen, welches bald auf die Dinge an sich, bald auf das transzendentale Objekt verweise. Jedenfalls würde die Unterordnung des *Ich denke* unter ein fremdes Prinzip die Autonomie des Denkens aufheben. Die Behauptung dieser Autonomie fordere darum den gemeinsamen Ursprung von Zusammensetzen und Zusammengesetztem, Essenz und Existenz im Denken selbst. Diese ursprüngliche Einheit könne nur das Objekt einer unmittelbaren Apprehension des Ich durch sich selbst sein, auf welche mehrere Passagen über die *Selbstsetzung* des Subjekts im *Opus postumum* nach Lachièze-Reys Vermutung anspielen.[111]

Den Prinzipien des Kantianismus gemäß erkenne man lediglich das Zusammengesetzte. Das Prinzip unserer Erkenntnis aber, d. h. das Zusammensetzen

---

111 Lachièze-Rey gesteht zu, dass der Begriff der Selbstsetzung im *Opus postumum* meistens bedeute, dass das Ich sich selbst als Objekt setze. Doch gebe es manche Stellen, bei denen es um die Selbstsetzung des Ich als einen ursprünglichen Erkenntnisakt gehe. Der Autor von *L'idéalisme kantien* weist auf folgende, fast alle aus dem 13. Entwurf stammenden Passagen hin, die er nach Adickes' Buch wiedergibt (vgl. Lachièze-Rey 1931, 54 f.): man „ist selber Urheber seiner Denkkraft" (vgl. *OP*, RA C 588 = AA 22: 79.7 f. = VII 31); das Denken ist „die Idee die das Subjekt in sich hervorbringt" (vgl. *OP* C 377 = AA 21: 90 = I 27); wir können „keine Gegenstände weder in uns noch als außer uns befindlich erkennen als nur so daß wir die actus des Erkennens nach gewissen Gesetzen in uns selbst hineinlegen" (vgl. *OP* RA C 384 = AA 21: 99.18 ff. = I 30); der „Kosmotheoros der die Elemente der Welterkenntnis a priori selbst schafft" (vgl. *OP*, RA C 333 = AA 21: 31.23 f. = I 12); „Tr.ph. ist das Bewußtsein des Vermögens vom System seiner Ideen in theoretischer sowohl als praktischer Hinsicht Urheber zu sein." (vgl. *OP*, RA C 379 = AA 21: 93.1 f. = I 28); „Tr.ph. ist die sich selbst zu einem absoluten Ganzen von Ideen konstituierende Vernunft" (vgl. *OP*, RA C 390 = AA 21: 106.16 f. = I 31); die Vernunft, indem „sie sich selbst schafft" (vgl. *OP*, RA C 380 = AA 21: 93.25 = I 28); „Ideen sind a priori durch reine Vernunft geschaffene Bilder (Anschauungen)" (vgl. *OP*, RA C 349 = AA 21: 51.12 f. = I 18); Ideen werden ferner „als Erkenntnisformen dadurch das Objekt <lies: Subjekt> [*Verbesserung von Adickes*] sich als denkendes Wesen selbst konstituiert" bezeichnet (vgl. *OP*, RA C 380 = AA 21: 94.22 f. = I 28); Ideen sind „Gesetze des Denkens, die das Subjekt ihm selbst vorschreibt" (vgl. *OP*, RA C 379 = AA 21: 93.3 f. = I 28); „Ideen sind selbstgeschaffene subjektive Prinzipien der Denkkraft" (vgl. *OP*, RA C 332 = AA 21: 29.16 = I 11); der Ausdruck „selbstgeschaffen" wird auf die Idee des Universums, welches Gott und die Welt umfasst, angewendet (vgl. *OP*, RA C 343 = AA 21: 43 = I 16).

selber, bleibe jenseits unseres Erkenntnisvermögens, so Lachièze-Rey. Das führe zu dem Paradox, dass die Quelle der Erkenntnis, das Ich des *Ich denke*, sich selbst nicht erkennen könnte – zu einem Agnostizismus, aus dem sich die Negation jeder Metaphysik ergeben würde.[112] Die Möglichkeit, diesen Agnostizismus zu überwinden und die Metaphysik des Geistes neu zu begründen, besteht für Lachièze-Rey in der Behauptung einer Selbsterkenntnis des Zusammensetzens nicht als eines Zusammengesetzten, d. h. nicht nach Art der empirischen Erkenntnis, sondern als eines unmittelbaren Selbstbewusstseins. Er behauptet nämlich, dass es außer des *passiven* und des *konstruktiven* Begriffs des Verstandes noch eine dritte Art gebe, das Verhältnis des Verstandes zu sich selbst zu verstehen. Des Weiteren geht es davon aus, dass Essenz und Existenz des Geistes gemeinsam im ursprünglichen Bewusstsein gegeben seien und dass genau dies eine neue Fundierung der Metaphysik ermöglichen könnte.

Der Ausgangspunkt von Kants Gedankengang ist nach Lachièze-Rey die Kritik des problematischen Idealismus in der *KrV.*[113] Kant verwerfe für den inneren Sinn jedes Privileg in Bezug auf die Gegenstände des äußeren Sinnes. Im Gegensatz zum kartesianischen *cogito* liefere der innere Sinn keinen Anfangsgrund zum Weltbeweis. Das empirische Ich, die äußeren Erscheinungen und das Bewusstsein als das Beharrende in der Zeit würden allerdings auch nicht das Objekt einer Apprehension psychologischer Art bilden. Diese Begriffe entsprächen nicht einem Gegebenen, sondern auszuführenden Konstruktionen. Als solche seien sie dem konstruierenden Subjekt immanent. Das Bewusstsein der Existenz in der Zeit sei keineswegs etwas an sich und für sich – analytische Selbsterkenntnis –, sondern es sei immer mit dem Bewusstsein des Verhältnisses zu etwas außerhalb des Subjektes selbst verbunden.

Aus der Kritik des problematischen Idealismus ergeben sich in den Druckschriften zwei Probleme: ein unüberwindbarer Gegensatz zwischen dem Ich als Konstruierendem und dem Ich als Konstruiertem[114] und die existentielle Modalität des Gegenstands des äußeren Sinns.[115] Als einzige mögliche Lösung für das erste Problem erscheint Lachièze-Rey die Annahme der Einheit des Ich in einem ursprünglichen Bewusstsein als des absoluten Ausgangspunkts einer Entfaltung, die zur doppelten Setzung des Ich sowohl als konstituierende Tätigkeit als auch als

---

112 „[...] comment admettre sans réserve cette thèse paradoxale selon laquelle, l'objet n'étant que par le sujet et ne pouvant être connu que par la conscience qu'a le sujet de sa loi de construction, ce dernier ne saurait cependant se connaître lui-même ?" (Lachièze-Rey 1931, 58 f.).

113 Vgl. Lachièze-Rey 1931, 60 – 148.

114 Vgl. Lachièze-Rey 1931, 149 – 207.

115 Vgl. Lachièze-Rey 1931, 207 – 249.

bestimmbares Objekts führt. Obwohl diese Theorie nicht explizit in der kantischen Philosophie formuliert wird, stellt sie nach Lachièze-Rey eine unvermeidliche Voraussetzung dar. Die Rezeptivität werde daher im Nachlasswerk zur Wirkung des Aktes der Selbstsetzung.[116] Hinsichtlich des zweiten Problems geht Lachièze-Rey davon aus, dass, der kantischen Philosophie gemäß, das Objekt allein als intentionelle Realität aus der Perspektive eines bestimmenden Bewusstseins existieren könne. Man finde im Objekt nämlich nur, was man vorher hineingelegt habe. Aus dieser Perspektive könne die Empfindung nicht als der Anlass verstanden werden, der unseren Geist erwecke und ihn dazu führe, das System zu bauen, zu dem sie oder das ihr entsprechende Objekt gehöre. Die Empfindung müsse vielmehr als ein Produkt der Tätigkeit des Geistes gedacht werden. Dies sei eben die Konzeption des *Opus postumum.*[117] Auch Raum und Zeit, die Formen der Rezeptivität, würden im Nachlasswerk nicht mehr als absolute Passivität begriffen. Ihre Genese werde vielmehr auf den Akt der Selbstsetzung zurückgeführt.[118] Die Selbstsetzung vollziehe also die Integration des Setzungsurteils ins Bewusstsein. Genau darin bestehe der Fortschritt des Nachlasswerks im Vergleich zu den gedruckten Schriften. Denn zur Spontaneität gehöre nun nicht nur der bestimmende Begriff, sondern auch die Anschauung, nicht nur die Macht des Zusammensetzens oder des Verbindens, sondern auch die der Position.

Lachièze-Rey lehnt also jeden Realismus des Dinges an sich und insbesondere die Theorien der doppelten Affektion ab.[119] Die Welt der Erscheinungen und ihrer Verhältnisse existiere bloß im bestimmenden Bewusstsein als das Korrelat der strukturierenden Kraft dieses Bewusstseins. Das empirische Ich sei nichts anderes als ein Element dieser Welt, eine fiktive, ideale Konstruktion unseres Geistes. Als ebenso fiktiv und ideal erweise sich das der Empfindung präexistierende Objekt. Beide seien bloße Darstellungen innerhalb einer Theorie der Erfahrung.[120] Es gebe keine Affektion des Ich an sich durch das Ding an sich, aus welcher das Objekt als

---

116 „[...] la réceptivité est donc le produit d'un acte d'autoposition indispensable à la constitution de l'expérience : la position de soi précède nécessairement la position en soi ou relativement à soi." (Lachièze-Rey 1931, 174).

117 Lachièze-Rey 1931, 286.

118 Lachièze-Rey 1931, 357 f. und 361 f.

119 Vgl. insbesondere Lachièze-Rey 1931, 450 – 463.

120 „[...] le moi empirique [...] n'est lui-même qu'un construit ; – sa situation dans le corps est purement fictive et idéale ; l'introduction du corps comme intermédiaire entre les objets extérieurs et lui, l'idée que ces objets produiraient en lui par cet intermédiaire les *Empfindungen*, tout cela n'est qu'un mode de représentation que nous impose l'édification du système de l'expérience, et il en est de même en particulier pour la préexistence de l'objet relativement à la sensation car l'objet n'a ni existence psychologique ni existence en soi." (Lachièze-Rey 1931, 451).

Ursache der Empfindung und anschließend das Objekt als Synthesis des empirischen Ich folgen würde. Es gehe vielmehr um zwei sukzessive Momente einer Konstruktion des bestimmenden Bewusstseins. Sie seien im konstruierenden Dynamismus des Geistes enthalten, wie der Kreis im den Kreis erzeugenden Gesetz. Diese Lehre findet nach Lachièze-Rey ihren deutlichsten Ausdruck im *Opus postumum*. Diesbezüglich sei vor allem der Begriff der *indirekten Erscheinung* aufschlussreich. Er bezeichne weder die Empfindung, wie Vaihinger meine, noch das mit den sekundären Qualitäten versehene Objekt, wie Adickes' Deutung nahelege. Der Ausdruck „Erscheinung von der Erscheinung" bezeichne vielmehr jedes der verschiedenen Momente der Setzung der Empfindung in uns mit dem Bewusstsein, dass diese Setzung unsere eigene Konstruktion sei: die Einheit der Erfahrung, das System der bewegenden Kräfte sowie die den Raum erfüllende Materie, welche unsere Sinne affiziere.

Kant betrachtet nach Lachièze-Rey das bestimmende Bewusstsein als konstruierende Kraft, die den Akt vom Ereignis, das Setzen von der Setzung unterscheidet. Konstruierend setze es sich zunächst als passives Ich, dann als Welt, schließlich als transzendentales Ich. Die Passivität des Ich sei also nicht mehr ursprünglich, denn das Ich stelle sich zugunsten der Konstruktion des Systems der Erfahrung als passiv dar. Zudem gebe es keine *subjektive* Synthese der Apprehension, denn das affizierte Ich sei kein Subjekt, sondern es müsse durchaus als Objekt und Konstruktion betrachtet werden. Dadurch werde das Ich dem Gesetz der Zeit entzogen und die Zeit als Vorstellungskraft ins Ich hineingelegt. Mit Kant werde also der Dualismus von *„continens"* und *„contentum"* des kartesianischen *cogito* übertroffen, der sich aus der Annahme des absoluten Charakters der Zeit und aus dem Hineinlegen des Ich in die Welt, die es hätte konstruieren müssen, ergebe. Allein die Einführung des bestimmenden Bewusstseins entspricht der Setzung einer Subjektivität, welche an sich und für sich sei: vor der Wahrnehmung und jenseits des inneren Sinns. Dieser Grundsatz der Philosophie des Objekts sei selber kein Objekt, sondern reine Aktivität. Das Selbstbewusstsein könne also nur in der Selbsttätigkeit oder in der Selbstsetzung als Teil des Systems bestimmt werden. Diese Bestimmung vollziehe sich vor jeder Analyse und vor jeder Synthese. Sie sei unmittelbare Identität von Akt und Sein.

Der Fortschritt des Kantianismus darf nach Lachièze-Rey allerdings allein in dieser Selbstbestimmung unseres Geistes gesehen werden, nicht in der Rechtfertigung der Wissenschaft und ihrer Objektivität: „[...] il sera impossible dans tous les cas de faire correspondre à l'*Empfindung* ce que nous appelons l'objet ; la conception kantienne ne confère donc pas à la science une garantie de certitude mais uniquement une garantie de conformité aux exigences de la conscience constructive dont elle est le produit.“[121] Kants Denken bleibt in diesem Sinn eine Philosophie der Grenze: „En lui montrant son rôle de constructeur, en mettant en lumière dans le *cogito* son pouvoir de genèse et détermination, le Kantisme a permis à l'homme de prendre conscience de son indigence au sein même de sa puissance, il lui a rendu manifeste la vanité de la Sagesse [...].“[122]

2.4 De Vleeschauwer, Mahnke und Maréchal

Weitere Interpreten, die sich der neukantianischen Debatte über das *Opus postumum* anschließen, sind de Vleeschauwer, Mahnke und Maréchal.

Herman Jan Melania de Vleeschauwer widmet dem kantischen Nachlasswerk im 1937 erschienenen letzten Teil seines dreibändigen Werkes *La déduction transcendantale dans l'œuvre de Kant* ein umfangreiches Kapitel.[123] Im Einklang mit Adickes' Exegese hält de Vleeschauwer allein die vier späteren Konvolute (10, 11, 7 und 1) für philosophisch relevant. In Übereinstimmung mit Lachièze-Rey lehnt er jedoch Adickes' transzendenten Realismus des Dinges an sich im *Opus postumum* ab. Der späte Kant habe, so de Vleeschauwer, vielmehr eindeutig einen subjektiven Idealismus fichteanischer Art entfaltet, nach welchem im Ich die absolute Spontaneität überhaupt herrsche. Aus dieser Spontaneität soll auch die Sinnlichkeit entstehen, nicht aber die Materie selbst.[124] Kants Übereinstimmung mit den „Apostaten“ des Kritizismus bestehe also nicht einfach in der Annahme einer neuen Terminologie, wie Adickes meint, sondern sie betreffe das Wesen seines Idealismus selbst. Mit dieser Auffassung vom Ich als reinem Akt sei jede Anknüpfung an die Ontologie von Kant endgültig verabschiedet worden.[125] Darin

121 Lachièze-Rey 1931, 476.

122 Vgl. Lachièze-Rey 1931, 478.

123 Vgl. de Vleeschauwer 1937, 552–667. Vgl. ferner das entsprechende Kapitel in der zwei Jahre später erschienenen Zusammenfassung des dreibändigen Kant-Buches von de Vleeschauwer (de Vleeschauwer 1939, 195–217). Herman Jan Melania de Vleeschauwer (1899–1986) war ein flämischer Philosoph und Historiker.

124 „[...] ou cette matière sera une donnée inassimilable à l'ordre rationnel, et figurera comme une donnée dernière sans que l'on puisse s'en rendre compte de quelque manière que ce soit, ou bien elle sera référée à un monde transcendant, et portera de ce fait l'écho du transcendant dans le jeu immanent de la pensée constructive.“ (de Vleeschauwer 1937, 630). Die Setzungslehre schließt nach de Vleeschauwer die zweite Möglichkeit aus.

125 Die Selbstsetzungslehre stellt nach de Vleeschauwer eine eindeutige Wende zum romantischen Idealismus, namentlich zu Fichte, dar (vgl. de Vleeschauwer 1939, 206–211). In der *KrV* setze sich das Ich als Subjekt in der Apperzeption. Diese Selbstsetzung sei aber bloß formal. Das Subjekt setze sich als Akt, nicht als *res*. Um das Ich als Objekt zu setzen, werde eine *synthetische*

unterscheidet sich de Vleeschauwers Ansatz auch von Lachièze-Reys Deutung des kantischen Idealismus als Metaphysik des Subjekts.[126] Dementsprechend sieht de Vleeschauwer im *Opus postumum* sogar den Versuch Kants, eine dritte, radikal verbesserte Auflage der *KrV* zu verfassen.[127]

Setzung erfordert. Eine solche synthetische Selbstsetzung werde im *Opus postumum* möglich, denn Raum und Zeit würden nicht mehr gegeben, sondern konstruiert, „gemacht". Raum und Zeit seien hinsichtlich ihrer Verwendung passiv, trotzdem nähmen sie ihren Ursprung aus der Bestimmung des Ich, sich bezüglich der Materie rezeptiv zu machen. Durch die Setzung von Raum und Zeit setze das Ich die ganze intuitive Welt und damit sich selbst als Erscheinung. Was den Gegenstand der Intuition konstituiere, sei also der Akt des Verstandes: „L'esprit crée le monde sensible en créant ses formes spatio-temporelles." (de Vleeschauwer 1939, 208). Wiederum als Konzession an den romantischen Idealismus müsse ferner die Auffassung des Dinges an sich als *ens rationis* gesehen werden.

126 Folgende Passage fasst die Position de Vleeschauwers prägnant zusammen: „Déjà en 1787, la position du moi n'était pas des plus simples. Le moi nous est apparu sous la forme de l'aperception et sous la forme d'un objet en vue duquel le moi devait poser lui-même sa propre diversité matérielle. Or Kant reprend cette double position du moi mais en déployant un appareil du plus pur idéalisme fichtéen. Il n'y est plus question du fameux problème de l'affection : elle est remplacée par les termes de *Setzung* ou de *Position*. Dans le moi règne la spontanéité la plus absolue. Le moi se dépouille de toute attache ontologique. Poser le moi est un acte de penser. Le moi n'est pas considéré comme un être, pas même comme une source d'activité ; le moi est acte pur. Et la doctrine a suivi le lexique ; elle a évolué à son tour dans le sens de l'idéalisme romantique. Il est inutile de sauver la face en disant avec Adickes que seule la terminologie ou l'appareil externe a rejoint les apostats. Il y a plus que cela et la *Setzung* nous le démontre clairement." (de Vleeschauwer 1939, 205 f.). Der Begriff der *Selbstsetzung* entspricht für de Vleeschauwer alles in allem der *Tathandlung* Fichtes (vgl. de Vleeschauwer 1937, 620). Weiter fügt er hinzu: „Inconsciemment peut-être, lentement peut-être, mais sûrement Kant a cédé à l'ambiance. [...] Et, hypothèse pour hypothèse, si Adickes voit dans l'idéalisation croissante de la doctrine critique le simple désir de Kant de se rapprocher, par des concessions de forme, de ce criticisme transfuge, on pourrait prétendre exactement le contraire, et dire que les contorsions infinies de l'*Opus postumum* servent à dissimuler une conversion et, au fond, à masquer une défaite." (ebd., 628 f.). Auch Theodor Ballauff behauptet die enge Verwandtschaft der Ich-Lehre des späten Kant mit derjenigen Fichtes (vgl. Ballauff 1938, insbesondere 37, 53 und 118). Mit de Vleeschauwers Deutung des Idealismus des *Opus postumum* stimmt die 1943 erschienene Darstellung desselben Werkes von dem damaligen Studenten an der *Catholic University of America* und späteren Professor an der *St. Louis University* James Daniel Collins (vgl. Collins 1943) durchaus überein.

127 „L'*Opus postumum* est, pour nous, une troisième édition de la *Critique de la raison pure*, introduite et déterminée par une doctrine physico-métaphysique de la matière." (de Vleeschauwer 1937, 565). Er fährt fort: „[...] il est bien douteux que *Critique* et *Opus postumum* puissent, en fin de compte, s'amalgamer dans une doctrine homogène." (ebd., 598). Vgl. dazu de Vleeschauwer 1963, 102.

Dietrich Mahnke[128] spricht in Bezug auf das System der Transzendentalphilosophie im *Opus postumum* von einer „polaren ‚Exzentrizität' des Menschen"[129], insofern dieses System sich in zwei Sphären mit zwei entsprechenden Zentren gliedert: „die phänomenale Welt der theoretisch-technischen und die noumenale Wirklichkeit der praktisch-moralischen Vernunft; nur die erstere kann anthropozentrisch, die letztere dagegen muss *theozentrisch* begründet werden"[130]. Darin zeige das Denken des späten Kant eine deutliche Verwandtschaft mit der spekulativen Mystik von Meister Eckhart oder Nikolaus von Kues. Kant sei also nicht allein Rationalist, sondern immer auch Mystiker.[131]

Für Joseph Maréchal[132] vollendet das Nachlasswerk die Annäherung der Anschauung an den Begriff, die sich seit Langem in den Werken Kants ausmachen lässt. Demzufolge habe sich die ursprünglich synthetische Einheit, d. h. die Quelle der Verstandesbegriffe, der Anschauung *a priori* angenähert. Daraus entstehe eine Sorte von „Verstandesanschauung" („intuition de l'entendement")[133], welche nicht mehr die sinnliche, aber auch noch nicht die volle intellektuelle Anschauung darstelle. Die intellektuelle Anschauung und den analytischen Beweis der Existenz habe Kant selbst im *Opus postumum* nicht angenommen. Die transzendentale Philosophie des späten Kant schwinge also zwischen zwei Polen: „System" und „Methode". Das „System" führe über Fichte zu Hegel, die „Methode" leite zu Cohen, Cassirer und Vaihinger: auf der einen Seite der absolute Idealismus, auf der anderen ein pragmatischer Transzendentalismus. Die transzendentale Philosophie des *Opus postumum* bezwecke die Einheit von theoretischer und praktischer

128 Dietrich Mahnke (1884–1939) war ein deutscher Philosoph, Mathematikhistoriker und Leibniz-Forscher.

129 Mahnke 1939, 64.

130 Mahnke 1939, 63.

131 Das Verhältnis der transzendentalen Philosophie des *Opus postumum* zur deutschen Mystik hatte schon den Leitfaden einer 1933 erschienenen Monografie von Rudolf Köhler dargestellt (vgl. Köhler 1933).

132 Vgl. Maréchal 1947, 227–326. Joseph Maréchal (1878–1944) war ein belgischer Jesuit und Philosoph sowie der Begründer des transzendentalen Thomismus, in dem er versucht, den Neuthomismus mit dem Denken Kants und dem deutschen Idealismus zu verbinden. Maréchals Untersuchung über das *Opus postumum* erscheint posthum im 4. Heft (*cahier*) von *Le point de départ de la métaphysique* (ebd., 227–326). Zur Entstehungsgeschichte dieses Bandes vgl. den editorischen Bericht, ebd. 7–11. Nachdem ein erster Entwurf wegen eines Brandes Mai 1940 zerstört wurde, musste die gesamte Arbeit von vorne herein wiederverfasst werden (vgl. ebd., 7 f.). Als Maréchal 1944 starb, war allein eine provisorische Fassung des ersten Teils des Heftes, einschließlich der Kapitel über das *Opus postumum*, fertig (vgl. ebd., 8 f.). Da Maréchals Interpretation sich der neukantianischen Debatte anschließt, wird sie im vorliegenden Kapitel dargestellt.

133 Vgl. Maréchal 1947, 312.

Vernunft, welche bereits die Aufgabe der *KU* gewesen sei, in einer Philosophie des *nosce te ipsum*. Sie sei ein *System* des Wissens, insofern sie der Weisheit die „Leitung", den *Weg* – also die „Methode" – zeige.[134]

134 Vgl. *OP*, AA 21: 121.4–7 = I 35.

3 Systematische Betrachtungen zur früheren Rezeption des *Opus postumum*

Im Anschluss an die ersten zwei Kapitel sind nun die Resultate der historischen Darstellung der Rezeption von Kants Nachlasswerk in der neukantianischen Zeit, d. h. etwa vor seinem Erscheinen in der Akademie-Ausgabe, von einem systematischen Standpunkt aus nochmals zu betrachten.[1] Nach dem Motto „mit Kant über Kant hinausgehen" streben die Interpreten des *Opus postumum* aus dem genannten Zeitraum nach jener Bilanz des kantischen Denkens, die der Philosoph selbst in seinem unvollendeten Werk hatte ziehen wollen. Das Nachlasswerk wird meistens unmittelbar auf die *KrV* bezogen und als eine Fortentwicklung aus den Prämissen der kritischen theoretischen Philosophie gesehen, in der Überzeugung, dass die Merkmale des transzendentalen Idealismus Kants, seine Schwer- bzw. Schwachpunkte, dort wie unter einer Lupe noch deutlicher sichtbar werden. Die verschiedenen bereits betrachteten Sichtweisen des *Opus postumum* spiegeln also einfach die Divergenzen innerhalb der entsprechenden Interpretationen der *KrV* wider. So wird der Aporetiker Kant dem Systematiker Kant entgegengesetzt, der Realist dem Idealisten, der Erkenntnistheoretiker dem Metaphysiker.

Ziel der folgenden systematischen Betrachtungen ist die Darstellung der verschiedenen Momente dieser Dialektik. Den Leitfaden dieser Erörterung bestimmen folgende vier thematische Einheiten des *Opus postumum:* die Naturphilosophie (3.1); die Theorien der doppelten Affektion (3.2); der transzendentale Idealismus (3.3); die Gotteslehre (3.4). Zum Schluss wird kurz eine Bilanz dieser Auseinandersetzung versucht (3.5).

3.1 Zur Interpretation der Naturphilosophie

Unter den Interpreten der neukantianischen Zeit, die die physikalischen Reflexionen des Übergangsprojekts betrachten, fällen Drews, Kosack und Adickes jeweils ein dezidiert negatives Urteil. Andere, wie Rosenberger und insbesondere Tocco, nehmen eine moderate Position ein. Krause, Kieferstein und Marcus hingegen bringen ihre Begeisterung zum Ausdruck.[2]

Kants Versuch, ein Elementarsystem der bewegenden Kräfte der Materie *a priori* abzuleiten, wird etwa von Drews, Rosenberger, Kosack und Adickes als zum Scheitern verurteilt betrachtet. Denn der Aufbau eines solchen Systems setzt ihrer

---

1 Vgl. Basile 2008.

2 Vgl. insbesondere 1.2.6, 1.4, 1.5, 2.1.2.

Ansicht nach Kenntnisse voraus, die allein *a posteriori* durch Erfahrung zu erwerben sind. Krause hingegen bemerkt scharfsinnig, dass die Originalität der Sichtweise der Kräfte im Übergangsprojekt darin bestehe, physikalische Vorgänge anhand von Gegenständen zu erklären, die, obwohl sie nicht direkt erfahrbar sind, als Ursache unserer Wahrnehmung angenommen werden. In der modernen Physik werde z. B. die Wahrnehmung von Wärme oder Licht als die Wirkung von Molekularschwingungen auf unsere Sinne erklärt, obwohl solche Schwingungen selbst durch die Haut oder das Auge nicht direkt wahrnehmbar seien.

In ähnlicher Weise erweist sich Kosacks Kritik an der Ablehnung der Atomistik im Übergangsprojekt als zu einseitig. Denn wiederum kann man berechtigterweise mit Tocco dagegen einwenden, dass die Atomistik mit der dynamischen Darstellung der Materie nicht inkompatibel ist, zumindest in dem Maße, in dem der Dynamismus einer schematischen Konstruktion der Materie bedarf.

Bezüglich des Ätherbegriffs im *Opus postumum* betonen Drews und Adickes, dass eine Deduktion der Existenz einer Urmaterie einem ontologischen Beweis entspreche. Sie impliziere die Rückkehr zur vorkritischen Philosophie und die Widerlegung einer grundlegenden Säule der kritischen Transzendentalphilosophie. In der Tat bleibe die Existenz eines derartigen Wärmestoffs rein hypothetisch. Ebenso weist Tocco auf eine unüberwindbare Spannung zwischen einem „kartesianischen", „materialistischen" oder hypothetischen Ätherbegriff und der Betrachtung des Äthers als Kraft, Postulat oder „immaterielle Materie" hin.

In Gegensatz dazu sehen andere Interpreten wie Krause, Rosenberger und Marcus im Äther einen zentralen und originären Begriff des *Opus postumum*. Die Betrachtung des Äthers aus zweierlei Blickwinkeln bekommt eine weitaus positivere Bedeutung. Nach Marcus unterscheidet Kant zwischen der allgemeinen Äther-*These*, die niemals unmittelbar wahrgenommen werden kann und deren Existenz und Eigenschaften lediglich *a priori* festgestellt werden können, und den besonderen Äther-*Hypothesen*, nämlich den besonderen Modalitäten, nach denen der Äther an bestimmten physikalischen Vorgängen beteiligt ist. Allein diese Äther-Hypothesen seien physikalischer Natur und könnten durch Experimente (wie etwa das Michelson-Morley-Experiment) verifiziert bzw. falsifiziert werden. Schon Krause hatte den scheinbaren Widerspruch einer Darstellung des Äthers in zweierlei Weise aufgeklärt. Die Existenz einer Sondermaterie mit den Merkmalen des Äthers wird seiner Ansicht nach aufgrund der Möglichkeit der physikalischen Erfahrung vorausgesetzt. Sie werde also *a priori* deduziert und habe die Funktion eines transzendentalen Begriffs. Sie sei jedoch auch reell, weil sie auf unsere Sinne wirke, obwohl sie sich nicht direkt wahrnehmen lasse. Der Äther bekomme also im *Opus postumum* den Status eines Grenzbegriffs zwischen Physik und Metaphysik. Völlig zutreffend definiert Rosenberger bereits 1886 den Äther mit dem Ausdruck „ewig Bewegtes" als eine für die Möglichkeit unserer Erfahrung „absolut nothwendige unerlässliche Construction", was in gewisser Weise Mathieus Interpretation des Äthers als „Konstrukt" vorwegnimmt.

Was die systematische Bedeutung der naturwissenschaftlichen und naturphilosophischen Untersuchungen im Rahmen des gesamten *Opus postumum* angeht, lassen sich unter den Interpreten der neukantianischen Periode zwei einander entgegengesetzte Tendenzen nachweisen. Die einen trennen den Naturwissenschaftler Kant vom Philosophen Kant und ignorieren oder schätzen den ersten gering, um sich allein mit dem zweiten auseinanderzusetzen. Der markanteste Vertreter dieser Tendenz ist wohl Adickes, insofern er Kant im Bereich der Physik für einen naiven Amateur hält, dessen seltsame Betrachtungen kaum die erkenntnistheoretischen und metaphysischen Fortschritte beeinflussen. Krause kann hingegen als der Hauptvertreter der zweiten Tendenz gesehen werden, insofern er die Bedeutung der physikalischen Untersuchungen des *Opus postumum* nicht nur hervorhebt, sondern auch versucht, ihre systematische Relevanz und ihren Zusammenhang mit den weiteren Themenkreisen zu begreifen.

3.2 Die Theorien der doppelten Affektion

Neben der Unterscheidung der physikalischen Untersuchungen in den früheren Entwürfen von den philosophischen Themenkreisen in den späteren Konvoluten wird von den Forschern der neukantianischen Zeit eine weitere Trennung zwischen erkenntnistheoretisch und metaphysisch oder transzendentalphilosophisch orientierten Teilen des *Opus postumum* hervorgehoben. Im ersten Kapitel wurde gezeigt, dass sowohl Krause als auch Vaihinger die Existenz zweier verschiedener Werke annehmen (1.2.1). Krause schreibt dem zweiten Manuskript nur den spätesten Entwurf (*Conv. I*) zu, Vaihinger hingegen die beiden spätesten Entwürfe (*Conv. VII* und *Conv. I*). Adickes lehnt die Zwei-Werke-These ab und spricht nur von zwei thematisch unterschiedlich orientierten Teilen ein und desselben Werkes. Der erste Teil handle überwiegend von naturwissenschaftlichen und naturphilosophischen Themen, der zweite hingegen hauptsächlich von erkenntnistheoretischen und metaphysischen Fragen. Im ersten Teil sondert sich der 11. Entwurf (*Conv. X/XI*), worin Adickes zufolge die Theorie der doppelten Affektion erstmals auftaucht, von den früheren Entwürfen ab. Im zweiten Teil unterscheidet Adickes weiterhin zwischen *Conv. VII*, worin das Motiv der Selbstsetzung erstmals thematisiert wird, und *Conv. I*, das von einem System der Transzendentalphilosophie und insbesondere vom Gottesbegriff handelt. Während Vaihinger und Lüpsen eine signifikante Diskontinuität zwischen den beiden Werkteilen behaupten, sieht Adickes die verschiedenen redaktionellen Phasen des *Opus postumum* als die schrittweise Fortentwicklung eines homogenen

Denkens. In diesem Punkt nähert sich der Tübinger Kant-Forscher eher der Meinung Krauses an, für den das Übergangswerk und das zweite Manuskriptwerk in einem systematischen Zusammenhang zueinander stehen. Im Allgemeinen berufen sich die Vertreter einer idealistischen Deutung des *Opus postumum* vorwiegend, wenn auch nicht ausschließlich, auf die beiden jüngsten Entwürfe. Die Vertreter der Theorie der doppelten Affektion hingegen berücksichtigen auch den Entwurf *Conv. X/XI.*

Es gibt nicht weniger als fünf verschiedene Varianten der Lehre der doppelten Affektion im *Opus postumum*, jeweils formuliert von Vaihinger (1.3.1), Drews (1.4), Adickes (2.1.1 und 2.1.6), Kemp Smith (2.2.1) und Weinhandl (2.2.2). Alle Vertreter dieser Theorie behaupten, es sei im *Opus postumum* zwischen einer Affektion unserer Sinne durch empirische Gegenstände und einer Affektion des Ich an sich durch Dinge an sich zu unterscheiden. Über die Auffassung von der empirischen Affektion, die ihre Grundlage im Entwurf *Conv. X/XI* hat, gibt es eine allgemeine Übereinstimmung: Erfahrungsgegenstände seien von Kant als Kraftzentren und Kraftkomplexe dargestellt worden. Sie und die empirischen Ich bildeten zusammen die ganze empirische Welt, die Welt der physikalischen und physiologischen Vorgänge, und stünden miteinander in Wechselwirkung nach den Gesetzen und Prinzipien dieser Welt. Die Auswirkung der Erscheinungen auf das empirische Ich, d. h. die Affektion, stelle Empfindungen und Wahrnehmungen her, auf die das empirische Ich seine Funktionen *a priori* zur objektiven Einheit anwende.[3]

Unterschiedlich sind hingegen die Sichtweisen auf das Verhältnis zwischen Dingen an sich und Ich an sich in der sogenannten „transzendenten" Affektion. Die Auswirkung der Dinge an sich steht in umgekehrtem Verhältnis zur Tätigkeit des Ich an sich. Adickes reduziert die Tätigkeit des Ich an sich auf eine bloße „Übersetzung" der Verhältnisse zwischen Dingen an sich in Raum und Zeit. Zwischen einem Ding an sich und der entsprechenden Erscheinung gibt es also seiner Ansicht nach keinen ontologischen Unterschied. Sie seien ein und dasselbe Objekt, welches einmal vom physikalischen, einmal vom metaphysischen Standpunkt aus betrachtet werde. Das gelte auch für das Ich an sich und für das empirische Ich, welche daher mit demselben Apparat von transzendentalen Funktionen versehen würden.

---

3 „Erscheinungen von Erscheinungen" sind nach Vaihinger die Empfindungen und Wahrnehmungen, nach Adickes die Wahrnehmungskomplexe, d. h. das Resultat der Synthesis des empirischen Subjekts. Nach Adickes werden die physikalischen Gegenstände erst durch diese Synthesis mit sekundären Qualitäten der Materie – Farbe, Ton usw. – ausgestattet, während Kemp Smith die Auffassung vertritt, dass die Anwendung der apriorischen Funktionen auf die Wahrnehmung sekundärer Eigenschaften entledigte Gegenstände herstelle, die also den Erfahrungsgegenständen gleichen.

Vaihinger und Kemp Smith betonen hingegen das Handeln des Ich an sich. Die Existenz der Dinge an sich und ihre Auswirkung auf das Ich an sich, also die grundsätzliche Rezeptivität desselben, müssen immerhin für diese Interpreten als ein Element der kantischen Theorie der Affektion angenommen werden. Die Dinge an sich sind jedoch jetzt deutlich in den Hintergrund getreten, und ihr Verhältnis zu den Erscheinungen ist schwächer geworden. Vaihinger vertritt die Auffassung, dass Erfahrungsgegenstände und empirisches Ich *Erscheinungen des Ich an sich* sind, und Kemp Smith bezeichnet das Ich an sich als einen „allmächtigen Schöpfer". In beiden Fällen tragen die Erscheinungen vielmehr die Prägung des Ich an sich als diejenige der Dinge an sich.

Bei Drews und Weinhandl erreicht die Spontaneität des Ich an sich den höchsten Grad. Die Entstehung von Erfahrungsgegenständen und empirischem Ich wird nun ausschließlich auf die Selbstaffektion des Ich an sich zurückgeführt. Infolgedessen erübrigt sich die Bezugnahme auf extramentale Dinge an sich und auf ihre Auswirkung vollkommen. Die transzendentale Affektion steht diesen Lesarten gemäß in keinem Zusammenhang mehr mit der empirischen Affektion. Kant habe zwar die Realität der Dinge an sich nie ganz aufgegeben, trotzdem habe sie sich in ein überflüssiges metaphysisches Residuum gewandelt, welches nun allein noch den transzendentalen Idealismus des *Opus postumum* vom subjektiven Idealismus Fichtes unterscheide.

Aus der Theorie der doppelten Affektion ergeben sich drei grundsätzliche Schwierigkeiten. Die erste betrifft die Einheit des Subjekts. Bereits Vaihinger hatte behauptet, dass Kant im Übergangswerk die Affektion des empirischen Subjekts durch das empirische Objekt analog zur Affektion des transzendenten Subjekts durch das Ding an sich denke, um die extramentale Existenz des Dinges an sich weiter annehmen zu können. Das heißt, dass nicht nur dem transzendentalen, sondern auch dem empirischen Subjekt ein Apparat von Formen *a priori* zugeschrieben wird, anhand dessen das empirische Subjekt seine eigene Synthese des Mannigfaltigen leistet. Ein und derselbe Prozess – die Affektion des Subjekts durch das Objekt – wird dadurch in zwei Affektionen verdoppelt und auf zwei Subjekte bezogen. Kant habe also transzendentales und empirisches Subjekt als zwei verschiedene Wesenheiten betrachtet, die mit eigenen apriorischen Funktionen ausgerüstet seien, was die Einheit des Subjekts beeinträchtige. Diese unnötige Verdoppelung der Subjekte lässt sich nach Drews aufheben, wenn man die transzendente Affektion aufgibt. Denn das empirische Subjekt kann nur als Spontaneität und Rezeptivität gedacht werden, insofern es Wahrnehmungen empfängt und auf sie die Begriffe des Verstandes anwendet. Um das empirische vom transzendentalen Subjekt zu unterscheiden, muss man also dieses als bloße Spontaneität darstellen und seine Affektion durch die Dinge an sich ablehnen. Nach Drews ist das transzendentale Subjekt das einzige Subjekt, aber es hat kein

Bewusstsein und ist kein *Ich*. Das empirische Ich entspricht demzufolge keiner Substanz und stellt lediglich das Bewusstsein des Subjekts dar.

Nach Adickes hingegen schreibt Kant dem Ich nur eine formal-apriorische Bewusstseinssystematik zu, sodass er das Ich doch als einheitlich darstellt. Die Aktivität des Ich an sich und die Aktivität des empirischen Ich seien zwei Momente der objektiven Synthesis. Die Dinge an sich affizierten das Ich an sich, welches sie mit ihren primären Qualitäten ausstatte und sie zu räumlichen und zeitlichen Kräftekomplexen ordne. Diese „Erscheinungen an sich“ affizierten nun das empirische Subjekt, woraus Empfindungen und Wahrnehmungen entstünden. Das empirische Subjekt versehe somit die Erfahrungsgegenstände mit ihren Sekundärqualitäten. Es gebe also nur *einen* Apparat von synthetischen Funktionen, welcher einmal die Synthesis der Erscheinungen des Ich an sich, einmal die Synthesis der Erscheinungen des empirischen Ich leiste. Das Ich werde als einheitlich dargestellt, obwohl es sich in zweierlei Hinsicht betrachten lasse: einmal an sich als zeitlos, einmal in der Zeit als Erscheinung. Dass die beiden Momente der subjektiven Synthesis aufeinanderfolgen und in kausalem Verhältnis zueinander stehen, soll nach Adickes die von Vaihinger betonte Schwierigkeit aufheben, die beiden Affektionen als eine Verdoppelung zweier nebeneinander ablaufender Vorgänge darzustellen.

Aus Adickes' Auffassung entsteht nun die zweite grundsätzliche Schwierigkeit bezüglich der Theorie der doppelten Affektion. Wenn es für Kant nur ein Objekt bzw. nur ein Ich gibt, die sich jeweils einmal an sich, einmal als zeitlich betrachten lassen, wie Adickes selbst behauptet, dann können unweigerlich auch die transzendente und die empirische Affektion nur zwei Betrachtungsweisen ein und desselben Vorgangs sein. Denn es gibt nur eine Affektion, die einmal als zeitloses, einmal als zeitliches Verhältnis zwischen den Dingen und dem Ich betrachtet wird. Das widerspricht nun der Bedingung, dass die Welt der Dinge an sich und die Welt der Erscheinungen in einem kausalen Verhältnis zueinander stehen müssen. Das heißt also, dass man vor dem Hintergrund der Theorie der doppelten Affektion folgenden drei Tatsachen nicht zugleich zustimmen kann, ohne sich in Widersprüche zu verwickeln: a) die ontologische Einheit des Dinges an sich mit der Erscheinung an sich; b) die ontologische Einheit des Ich an sich mit dem empirischen Ich; c) das kausale Verhältnis der transzendenten zur empirischen Welt.

Nach Kemp Smith hat Kant tatsächlich eine Version der doppelten Affektion entwickelt, die die ontologische Einheit des Subjekts und das kausale Verhältnis des Ich an sich zur empirischen Welt zusammenfasst. Diese Sichtweise setzt aber voraus, die ontologische Einheit der Dinge an sich und der empirischen Gegenstände der Außenwelt aufzugeben. Nach dieser Auffassung ist die Aktivität des Ich an sich nicht diejenige eines „Übersetzers“, sondern diejenige eines „allmächtigen Schöpfers“, welcher dem „noumenalen“ Mannigfaltigen seinen eigenen Stempel aufdrückt. Die Welt der Erscheinungen sei daher vielmehr eine Schöpfung des Ich als das Abbild der Welt der Dinge an sich. Die eigene Aktivität des empirischen Ich bestehe darin, die physikalische Welt, nämlich das Ergebnis der schöpferischen Tätigkeit des Ich an sich, zu erkennen, indem es seine Empfindungen durch seinen apriorischen Erkenntnisapparat interpretiere. Das Ich an sich *schaffe* die Welt, indem es die physikalischen Gegenstände mit ihren Primärqualitäten versehe, das empirische Ich *erkenne* die Welt, indem es von den Sekundärqualitäten abstrahiere und die mit ihren Primärqualitäten ausgestatteten physikalischen Gegenstände erkenne, wie sie vom Ich an sich erschaffen worden seien. Das Ich erkenne also, was es selbst erschaffen habe, was gewährleiste, dass die Erkenntnis ganz *a priori* im Subjekt gegründet sei. Darüber hinaus setze die erkennende Aktivität des empirischen Ich die schöpferische Tätigkeit des Ich an sich voraus, sodass das Ich an sich sowohl zu den empirischen Gegenständen wie auch zum empirischen Ich in einem Kausalverhältnis stehe. Da nun eine Affektion des Ich durch das Ding an sich von Kant nicht aufgegeben werde, erweise sich die empirische Affektion als zur transzendenten Affektion analog dargestellt, insofern die Affektion in beiden Fällen eine Aktivität des Ich bewirke. Nach dieser Auffassung wird das Ich zwar einheitlich gedacht, doch die ontologische Einheit des Objekts wird aufgegeben. Das Ding an sich wird zu einem *Postulat* im Hinblick auf die transzendente Affektion des Ich an sich. Welcher Art sein Verhältnis zur „Erscheinung an sich" sein mag, bleibt prinzipiell unerkennbar für uns.

Daran schließt sich noch ein weiteres Problem an. Die Anwendung der Kategorien auf das Ding an sich, d. h. es etwa als *identisch*, *Substanz* oder auch *Ursache* der transzendenten Affektion zu denken, verstößt gegen die Prinzipien der kritischen Erkenntnistheorie. Adickes selbst muss zugeben, dass die Annahme einer transzendenten Affektion von einer streng transzendentalphilosophischen Warte aus gesehen nicht erlaubt ist und dass sich in der kantischen Erkenntnistheorie eine Lücke an der Stelle des Dinges an sich befindet. Interpreten wie Drews und Weinhandl ziehen die Konsequenzen aus dieser transzendentalen Begrenzung: Die Existenz von Dingen an sich und die transzendente Affektion können ihrer Ansicht nach zwar nicht abgelehnt, aber auch nicht behauptet werden. Man kann nun über die Spontaneität des transzendentalen Ich nicht einfach hinausgehen. Die empirische Affektion kann somit allein auf der Selbstaffektion des Ich an sich beruhen, welches als absolute Spontaneität aufgefasst werden muss. Stellt man aber die transzendentale Subjektivität als Spontaneität schlechthin dar, gerät man unausweichlich in eine Aporie. Denn einerseits, als Ich *an sich*, muss sie, genauso wie das Ding an sich, als zeitlos gedacht werden. Andererseits, da das transzendentale Subjekt die empirische Welt (mithin sich selbst als empirisches Subjekt) setzt, ist es tätig und steht in kausaler Verbindung mit der Welt der Erscheinungen. Das aber setzt voraus, dass es als zeitlich dargestellt werden muss.

Ferner gehört auch das Ich an sich zur Welt der Dinge an sich. Deswegen kann man auf es ebenfalls keine Kategorien anwenden. Auch an der Stelle des Ich an sich müsste sich nach einer Erkenntnistheorie im kantischen Sinn eine Lücke finden.

Resümierend lässt sich aussagen: Der problematischste Aspekt in der Lehre der doppelten Affektion im *Opus postumum* ist die transzendente Affektion. Die gesamte neukantianische Debatte darüber hat sich zu einer Dialektik des Dinges an sich und des Ich an sich entwickelt. Denn betont man, wie etwa Adickes, den Realismus eines monadenartigen Dinges an sich als Ursache der empirischen Affektion, fällt der Kantianismus in eine dogmatische Metaphysik leibnizscher Art zurück. Es nützt nichts, unser Wissen über das Ding an sich auf seine Wirkungen auf das Ich an sich zu reduzieren und die Aktivität des Letzteren zu verstärken, wie es sich in den Sichtweisen von Vaihinger und Kemp Smith spiegelt. Denn es liegt in der Natur der kantischen erkenntnistheoretischen Prinzipien selbst, dass man den *transzendentalen* Gebrauch des Dinges an sich aufgeben muss, wie Drews und Weinhandl mit Recht betonen. Die bekannte Parabel der Geschichte der Metaphysik in Nietzsches *Götzen-Dämmerung – Wie die „wahre Welt“ endlich zur Fabel wurde* – auf die „wahre“ Welt der Dinge an sich anwendend, könnte man also sagen: „Die wahre Welt – unerreichbar? jedenfalls unerreicht. Und als unerreicht auch unbekannt. [...] Die ‚wahre Welt‘ – eine Idee, die zu Nichts mehr nütz ist, nicht einmal mehr verpflichtend, – eine unnütz, eine überflüssig gewordene Idee, folglich eine widerlegte Idee: schaffen wir sie ab!“[4]

Schafft man also die wahre Welt der Dinge an sich ab oder klammert man die transzendente Affektion aus, was impliziert, den Begriff der doppelten Affektion aufzugeben, dann stellt sich die Frage, was noch als Grund der empirischen Welt verbleibt. Die Antwort lautet: die Spontaneität des Ich an sich bzw. des transzendentalen Subjekts. Daraus ergeben sich zwei mögliche Sichtweisen des transzendentalen Idealismus: die Betrachtung als *Methode* und die Betrachtung als *Ontologie* des Subjekts.

3.3 Idealistische Lesarten

Wenn man die transzendente Affektion aufgibt, verbleiben nur zwei Entwicklungslinien der Theorie der doppelten Affektion: Entweder man gründet die empirische Affektion auf die absolute Spontaneität des transzendentalen Subjekts oder man erklärt sie zu einem Moment innerhalb eines bloßen Formalismus. Die erste Möglichkeit führt zu einer Metaphysik des Subjekts, die zweite zu einer

4 Nietzsche 1889, *KGW* VI_3, 75 (vgl. *KSA* 6, 80 – 81).

reinen Erkenntnistheorie. Daraus haben sich zwei Betrachtungsweisen der Transzendentalphilosophie im *Opus postumum* ergeben: die Sicht als *System* und die als *Methode*, wie Maréchal sie bezeichnet (2.4). Betont man wie Lachièze-Rey die erste, dann führt die Interpretation der späteren Transzendentalphilosophie Kants zu einer Art von subjektivem Idealismus, dessen Verwandtschaft mit dem Idealismus von Fichte, Schelling oder Hegel nunmehr deutlich erscheint (2.3). Hebt man hingegen die zweite hervor, ergeben sich daraus Vaihingers Fiktionalismus (1.3.2) und der szientifische Idealismus der Marburger Schule (1.7 und 2.2.3). Zuerst sei die Sicht der Transzendentalphilosophie des *Opus postumum* als *Methode* dargestellt.

Nach Vaihinger taucht eine eindeutige Form von Fiktionalismus im zweiten Manuskriptwerk auf, insbesondere bezüglich der Begriffe des Dinges an sich und Gottes. Das Ding an sich sei letztendlich für Kant lediglich zu einem Produkt bewusst-fiktiver Abstraktion geworden. Einer bloßen Fiktion entspreche zudem auch Kants Gottesidee, insofern sie nichts anderes darstelle als eine Personifizierung der Vernunft.

Görland und Lüpsen vertreten eine wissenschaftlich-idealistische Interpretation des *Opus postumum* nach den Hauptlinien von Cohens Auffassung von der kritischen Philosophie, die man als eine *Metaphysik der Erfahrung* bezeichnen könnte. Denn nach Görland entsteht die Erkenntnis der Gegenstände der Erfahrung nicht durch die Verbindung der sinnlichen Anschauung mit dem Denken. Sie besitze vielmehr eine ursprüngliche Einheit, in der die Spekulation nachträglich den formalen oder subjektiven Pol vom materialen oder objektiven Pol unterscheide und beide in Korrelation zueinander setze. Das Objekt sei also nicht die Ursache der Erkenntnis durch eine Affektion. Es entstehe vielmehr am Ende des Erkenntnisprozesses zusammen mit seinem Korrelat, dem (logischen) Subjekt. Objekt und Subjekt seien Asymptoten eines unendlichen Bestimmungsvorgangs. Die Erscheinung sei also der Pol eines Verhältnisses, dessen Gegenüber das Selbstbewusstsein sei. Der Begriff „Ding an sich = X" bezeichne eine Schranke der Erkenntnis, insofern sie durch die Anschauung von Raum und Zeit bestimmt werde. Er bezeichne keineswegs einen Seinssinn mit dinghaften Merkmalen jenseits der Erscheinung, sondern ein bloßes Gedankending, welches aus dem Begriff der Erscheinung abgeleitet werde. Ding an sich und Erscheinung entsprächen zwei Vorstellungsarten desselben Gegenstandes und nicht zwei verschiedenen Gegenständen. Darum erübrige sich die Frage „Erscheinung wovon?".

Die Wahrnehmung besage keine Rezeptivität; sie sei allein als *Position* zu begreifen, und zwar als *Selbstsetzung* des Subjekts als Objekt. Erfahrung sei der Begriff einer *Totalität*, welche der Wahrnehmung als eine aus ihr herausgenommene *Einzelheit* vorhergehe. Die Existenz im Sinne der bloßen Idee der Existenz ergebe sich aus der Totalität der Bedingungen der Möglichkeit des Gegenstandes nach dem Prinzip „*forma dat esse rei*“, welches den Gipfel des kantischen wissenschaftlichen Idealismus ausmache. Lüpsens Fassung des *Opus postumum* zeigt eindeutige Anklänge an diejenige Görlands. Lüpsen betont allerdings noch deutlicher, dass der gesamte Erkenntnisprozess als eine logische Selbstsetzung zu begreifen sei. Daher hält er ausschließlich die Konvolute 7 und 1 für wertvoll, welche nach Vaihinger dem zweiten Manuskriptwerk entsprechen. Denn gerade in diesen Konvoluten taucht die Thematik der transzendentalen Selbstsetzung auf, wie Adickes nachgewiesen hat. Die Aufhebung der Heterogenität von Sinnlichkeit und Verstand, die „Logisierung“ der Anschauung und vor allem die Beseitigung des Realismus der empirischen Affektion sind weitere Merkmale der idealistischen Lesart des *Opus postumum* von Görland und Lüpsen und stehen in dezidierter Opposition zur realistischen Interpretation Adickes'.

Dem Fiktionalismus Vaihingers und dem spekulativen Idealismus der Marburger Schule ist gemein, dass sie jeweils a) in den zwei späteren Entwürfen eine Wende des kantischen Denkens bezüglich des empirischen Realismus der früheren Übergangslehre feststellen und b) die Stellen in den betreffenden Entwürfen, die noch eine gewisse Kontinuität mit dem Übergangswerk aufweisen, für ein nunmehr irrelevantes Residuum halten.

Adickes' Versuch, diesen *methodischen* Idealismus zu widerlegen, und seine hartnäckige Apologie des transzendentalen Realismus Kants (2.1.3, 2.1.4 und 2.1.6) zwingen den Tübinger Forscher zu einer paradoxen Position. Er sagt, Kant habe die transsubjektive Existenz einer Vielheit unser Ich affizierender Dinge an sich für eine unbezweifelbare Selbstverständlichkeit gehalten und sie zur unbewiesenen Prämisse seines kritischen Systems wie auch der Transzendentalphilosophie im *Opus postumum* gemacht. Die skeptisch erscheinenden Äußerungen Kants bezüglich der Dinge an sich besagen nach Adickes ausschließlich ihre Unerkennbarkeit, weil sie in der Anschauung nicht gegeben werden können. Für Kant sei die Frage nach der Existenz der Dinge an sich *transzendent*, nicht *transzendental*. Sie *übersteige* die Grenzen unseres Erkenntnisvermögens. Die transzendentale Philosophie müsse sie dem metaphysischen Glauben überlassen. Nun ist Adickes gezwungen, die Folgerungen aus diesen Prämissen zu ziehen und zu behaupten, dass kein Gebrauch des Begriffes des Dinges an sich vom Standpunkt einer strengen Transzendentalphilosophie aus mehr möglich sei. Somit führt der Tübinger Forscher letztlich ein Argument ins Feld, das zugunsten jeder Interpretation der kantischen Epistemologie verwendet werden kann, die auf eine dogmatische Fundierung auf dem Ding an sich verzichtet. Man kann sogar noch weiter gehen: Durch diese Annahme vertieft sich die Kluft zwischen Kant als Vertreter einer dogmatischen Metaphysik und Kant als Erkenntnistheoretiker. Denn Kant, so Adickes, habe auf der metaphysischen Ebene behauptet, was er auf der erkenntnistheoretischen Ebene verleugnet habe: die Erkennbarkeit der Existenz des

Dinges an sich. Dies wiederum stellt ein Argument gegen die systematische Interpretation dar und lässt sich zugunsten der von Adickes' Gegnern vertretenen aporetischen Natur des kantischen Denkens verwenden.

De Vleeschauwer schließt sich dieser Debatte an (2.4), indem er gegen Adickes einwendet, dass es nichts nütze zu behaupten, Kant habe lediglich die Sprache, nicht aber die Substanz seines Denkens verändert, um die „Apostaten" der kritischen Philosophie wieder auf seine Seite zu ziehen. Es sei vielmehr zuzugestehen, dass Kant in Wahrheit das Problem der Affektion ganz aufgegeben und an einen Setzungsbegriff im Sinne des romantischen Idealismus angeknüpft habe. Somit habe er auch die Ontologie des Subjekts vollständig aufgegeben und sie durch die Auffassung des Ich als eine reine Aktivität ersetzt.

Gesteht man nun mit de Vleeschauwer zu, dass die Selbstsetzungslehre des *Opus postumum* klar und deutlich Kants Bekehrung zum romantischen Idealismus belege, kann man die Implikationen der Selbstsetzung für eine Metaphysik des Subjekts nicht ohne Weiteres übergehen. Lachièze-Rey vertritt paradigmatisch, was man eine *systematische* Betrachtungsweise der Transzendentalphilosophie des *Opus postumum* nennen kann. Er distanziert sich sowohl von Adickes, indem er den Realismus des Dinges an sich ablehnt, als auch von jedem methodischen Idealismus, der das *Ich denke* auf eine bloß logische Funktion zur Konstitution der Objektivität innerhalb der Erfahrung oder einer Erkenntnistheorie reduziert. Dementsprechend nimmt er auch vom Fiktionalismus Vaihingers und von der Marburger Schule Abstand. Wann immer nun das *Ich denke* im Sinne des kantischen Idealismus mehr als die reine Aktivität des Geistes ausdrückt – und zwar geschieht das immer dann, wenn es als echte Subjektivität dargestellt werden muss –, muss es nach Lachièze-Rey als ein *Bewusstsein* gedacht werden. Kant mache daher das *Ich denke* zum Bewusstsein des Aktes und unterscheide es vom Bewusstsein des Zustandes, nämlich vom *Ich bin*. Das *cogito* enthalte die Gesetze des Zusammensetzens und füge durch ihre Anwendung die Ganzheit der Erfahrung zusammen. Da das *cogito* die Bedingung der Erfahrung schlechthin sei, könne es nicht in der Zeit sein, sondern vielmehr müsse die Zeit von ihm entfaltet werden. Die Empfindung als Ausgangspunkt der Erfahrung könne nicht aus einer Quelle außerhalb des *Ich denke* entstehen. Sie werde durch das *cogito* gesetzt. Durch seine Aktivität setze sich das *Ich denke* als Rezeptivität, also als Dasein, d. h. als *Ich bin*. Der Satz *cogito ergo sum* müsse im Sinne von *Ich bin denkend, daher bin ich* oder auch *sum cogitans* verstanden werden. Die Setzung des empirischen Ich erweise sich dementsprechend als die Selbstsetzung des Bewusstseins nach dem Prinzip der Identität.

Nun kann man einwenden, dass dieses Verhältnis des *Ich denke* zum *Ich bin* auf eine tiefere Einheit zurückweise. Das *Ich denke* wäre in diesem Fall nicht das absolute Prinzip, sondern eine Vorstellung innerhalb eines Systems der Erfahrung, welches als das höchste Prinzip der Erkenntnis zu denken wäre, wie es im methodischen Idealismus der Marburger Schule der Fall ist. Lachièze-Rey erwidert darauf, dass Kant die Autonomie des Denkens nie aufgegeben habe. Wenn aber das *Ich denke* weder auf ein unbekanntes X noch auf ein höheres System der Erfahrung zu beziehen sei, müsse sich die gemeinsame Quelle von Essenz und Existenz in ihm finden. Die ursprüngliche Einheit von Denken und Dasein sei daher als unmittelbare Apprehension des Ich durch sich selbst, d. h. als unmittelbares Selbstbewusstsein, zu begreifen. Das *Ich denke* als ursprüngliches Selbstbewusstsein ist nach Lachièze-Rey eine konstruierende Kraft, die zunächst sich selbst als passives Ich, dann als Welt und schließlich als transzendentales Ich setzt. Wenn nun die Rezeptivität nicht mehr ursprünglich ist, müssen die Formen der Sinnlichkeit, insbesondere die Zeit als Vorstellungskraft, ins Ich hineingelegt werden.

Resümierend lässt sich feststellen: Für Lachièze-Rey ist das kantische Subjekt keineswegs ursprüngliche Passivität gegenüber einem Ding an sich (wie in den Theorien der doppelten Affektion behauptet). Es ist zwar eine konstruierende Kraft, aber keineswegs als solche eine bloß logische Funktion zur Rechtfertigung der wissenschaftlichen Objektivität (wie in Vaihingers Fiktionalismus und für die Marburger Schule). Die kantische Auffassung vom *Ich denke* im *Opus postumum* verweist vielmehr auf eine Metaphysik des Geistes, auf eine reine, ursprüngliche Einheit im Ich von Denken und Existenz, Spontaneität und Rezeptivität, Akt und Sein, vor der Setzung des *Ich bin* durch das *Ich denke*. Eine solche ursprüngliche Einheit kann nur durch ein Sondervermögen erkannt werden, nämlich als unmittelbare Selbstapprehension. Maréchal spricht dabei von „Verstandesanschauung". Nun müsste das Ich des *Ich denke* als „außer" oder „vor" der Zeit gedacht werden, weil sich die Zeit durch seine Aktivität entfaltet. Da gerät auch Lachièze-Rey ins adickessche Paradox des Ich an sich. Wenn das *Ich denke* als die Ursache des *Ich bin* als empirisches Bewusstsein angenommen wird, dann muss das Denken doch in der Zeit stattfinden, und das Ich kann nicht als „ewig" und „zeitlos" dargestellt werden. Das Problem könnte gelöst werden, wenn man die Selbstaffektion des Ich nicht als tatsächliche Wirkung auf ein empirisches Bewusstsein, sondern als lediglich fiktionales oder ideales Element einer Theorie der Erfahrung verstehen würde. Aber dadurch würde sich jede Metaphysik des Subjekts erübrigen, denn mit der Wahrnehmung würde auch das Ich wiederum zu einem bloß idealen Element einer formalen Erkenntnistheorie werden.

In jedem Falle scheint das *Opus postumum*, zumindest den Interpretationen aus der neukantianischen Periode zufolge, die Auflösung der kritischen Transzendentalphilosophie bestimmt zu haben. So habe Kant alles in allem die Tendenz gezeigt, a) entweder zu einem dogmatischen Realismus im Sinne der vorkantischen Philosophie zurückzukehren oder b) allen Anspruch auf einen ontologischen Realismus quasi aufzugeben und seine Philosophie auf eine Logik der Erfahrung bzw. eine formelle Erkenntnistheorie zu reduzieren oder auch c) die in der kritischen Philosophie entscheidende Annahme der Begrenztheit unseres Erkenntnisvermögens *de facto* aufzugeben und sich einer Metaphysik des Subjekts im Sinne des absoluten Idealismus anzuschließen. Wiederum mit Worten aus der metaphysischen Fabel von Nietzsches *Götzen-Dämmerung* könnte man sagen: „Die wahre Welt haben wir abgeschafft: welche Welt blieb übrig? die scheinbare vielleicht? ... Aber nein! mit der wahren Welt haben wir auch die scheinbare abgeschafft!"[5] Wenn man dem kantischen Denken getreu die Affektion durch wirkliche, transsubjektive Dinge an sich abschaffen muss, was bleibt dann noch übrig? Das Ich an sich? Es muss vielmehr als Mitglied der wahren Welt der Dinge an sich ebenso abgeschafft werden. Was also verbleibt dann? Die scheinbare Welt als bloße Konstruktion unseres Geistes? Auch dies ist nicht der Fall. Mit der wahren Welt der metaphysischen Ontologie muss auch die scheinbare Welt des konstruktivistischen Idealismus abgeschafft werden.

Es ist auffällig, dass unter den neukantianischen Interpreten allein Krause die Implikation des Ätherbegriffs in *Uebergang 1–14* für die spezielle Problematik des *Opus postumum* hervorgehoben hat. Krause gibt den Realismus des Dinges an sich bei Kant, vor allem im *Opus postumum*, ganz auf. Kant habe jedoch den empirischen Realismus angenommen, also die Wahrnehmung als Affektion des empirischen Subjekts durch wirkliche Gegenstände der Welt, ohne sie allein auf die absolute Spontaneität des *Ich denke* zurückzuführen.[6] Dank der Amphibolie des

5 Nietzsche 1889, *KGW* VI$_3$, 75 (vgl. *KSA* 6, 80 f.).

6 Nach Krause erkennt Kant auch im *Opus postumum* nur die empirische Affektion der Sinne durch Gegenstände an, die metaphysisch als Erscheinungen, physikalisch als die Sache selbst zu betrachten sind. Ohne äußere Affektion könne, so Krause, das transzendentale Subjekt, welches kein Ich an sich sei, sich selbst als leeres, bloß potenzielles Empfindungsvermögen setzen, als ein sinnliches Subjekt, das allein weder die Macht habe, die äußere Welt zu schaffen, noch die Fähigkeit, die inneren Erscheinungen hervorzubringen. Erst durch die Interaktion mit den äußeren Gegenständen wende es seine apriorischen Funktionen auf die Empfindungen an und setze sich zugleich als empirisches Subjekt. Die Welt und das Subjekt seien Korrelate, was impliziere, dass die Sinnlichkeit als Quelle der Erkenntnis sich zum Verstand heterogen verhalte. Es besteht eine enge Verwandtschaft zwischen Krauses Lesart des empirischen Realismus der Übergangslehre und der Interpretation der kantischen Erkenntnistheorie des schottisches Kant-Forschers Herbert James Paton (1887–1969). In seinem Kommentar zum ersten Teil der *KrV*, *Kant's Metaphysic of Experience* (1936), setzt sich Paton mit Vaihinger, Adickes und Kemp Smith auseinander. Vasconi widmet dieser Abhandlung das letzte Kapitel ihres Buches von 1988 (Vasconi 1988, 129–152). Sie bezeichnet die Position Patons als die „,empiristische' Fassung" („versione ,empirista'") der Argumente von Adickes (vgl. ebd., 129 und 150). Das *Opus postumum*

Ätherbegriffs sieht Krause die Möglichkeit, den Standpunkt der Physik mit demjenigen der Metaphysik zu vereinen, also die Kontinuität der Perspektive von *Conv. VII* mit derjenigen von *Conv. X/XI* zu behaupten. Denn der Äther sei ein einzigartiger Gegenstand. Er sei keine direkte Erscheinung und auch kein Ding an sich. Er sei zwar ein Konstrukt, also ein Gedanke, aber zugleich werde er notwendig als Ursache der Wahrnehmungen angenommen, obwohl er selbst sich nicht direkt wahrnehmen lasse. Der Äther im *Opus postumum* entspricht nach dieser Deutung weder Adickes' Begriff des Dinges an sich, noch lässt er sich auf eine bloße Konstruktion unseres Geistes reduzieren. Er ist vielmehr als das Korrelat des *Ich denke* zu begreifen. Unter diesen Bedingungen kann Kant also Krause zufolge doch von einem Ätherbeweis nach dem Prinzip der Identität sprechen. Dadurch habe er sein kritisches Programm nicht aufgehoben, sondern vervollständigt. Die Intuition von Krause wurde jedoch unterschätzt bzw. ganz übersehen.[7] Erst in der weiteren Rezeption des *Opus postumum* hat der Ätherbegriff die Aufmerksamkeit erfahren, die er verdient.

3.4 Die Deutungen der Gotteslehre im *Opus postumum*

Vertreter des Realismus bzw. des Idealismus im *Opus postumum* sehen in der Gotteslehre in *Conv. VII* und vor allem in *Conv. I* eine Fortsetzung der entsprechenden epistemologischen Thesen.[8] In Bezug auf die Frage nach der Existenz

---

wird jedoch von Paton in dem genannten Kommentar kaum berücksichtigt (vgl. Paton 1936, 308 und 520 Anm.).

7 Die Betrachtungen von Hans Heyse (1891–1976) zur Übergangslehre in seiner Schrift *Der Begriff der Ganzheit und die Kantische Philosophie* von 1927 (vgl. Heyse 1927, 58 f. und 68–74) stimmen mit Krauses Lesart überein. Die Qualitäten der Dinge (Farbe, Töne usw.) gehören nach Heyse zur Wirklichkeit, „und ihr Wirklichkeitscharakter wird wahrlich nicht beseitigt, wenn eine unvermögende Erkenntnis sie als ‚Schein' erklärt. *Wie sind sie, als Inbegriff der Wahrnehmungswelt, kategorial zu erfassen?* Das ist die Frage des Opus postumum." (ebd., 69). Die allgemeine Lehre der „Wahrnehmungsregion" sei für Kant die Physik, während die Übergangslehre der ganzheitlich fundierten Kategorienlehre der „Wahrnehmungsregion" entspreche. Das Subjekt setze die Wahrnehmungen zusammen. Es mache sie zum Wahrnehmungsgegenstand, in Adickes' Sinn zur „Erscheinung der Erscheinung". Dieser Prozess vollziehe sich in der Form des *inneren Sinnes*, also in der Zeit. Heyse bezieht sich auf die *Antizipationen der Wahrnehmungen*, nach denen man sich im inneren Sinn die Steigerung des empirischen Bewusstseins von null bis zu jedem größeren Grad vorstellen kann, um daraus zu schließen, dass das Bewusstsein die Wirklichkeit „ergänzt" und „vollendet".

8 Die Vertreter der Marburger Schule Görland und Lüpsen lassen die Gotteslehre des *Opus postumum* absichtlich außer Acht, insofern sie die Transzendentalphilosophie ausschließlich als eine Logik der empirischen Erkenntnis betrachten.

Gottes ergeben sich drei grundsätzliche Positionen.[9] Die erste entspricht der Stellung von Adickes, die zweite derjenigen von Vaihinger, und die dritte derjenigen von Krause, Heman und Pinski. Adickes' Thesen sind einerseits gegen die Interpretationslinie von Vaihinger, andererseits gegen die von Krause, Heman und Pinski gerichtet. Der Tübinger Forscher schreibt Kant eine Entwicklung der Gotteslehre parallel zur Lehre des Dinges an sich zu, die sich in zwei Thesen zusammenfassen lässt: 1) Im *Opus postumum* werde die Möglichkeit eines Gottesbeweises nicht nur in Hinsicht auf die theoretische Philosophie abgelehnt, wie es bereits in der *KrV* der Fall war. Vielmehr werde diese Option auch im Zusammenhang mit der Moral, in Form eines Postulats der praktischen Vernunft, aufgegeben. Der methodische Skeptizismus der kritischen Schriften werde somit in der Transzendentalphilosophie des *Opus postumum* auch auf die Gottesidee ausgedehnt. 2) Kant hat nach Adickes nie an der Existenz eines persönlichen Gottes gezweifelt. Wie im Falle des Dinges an sich handle es sich aber auch bei der Gottesidee bloß um eine private Ansicht des Philosophen. Die zweite These ist gegen Vaihingers Fiktionalismus gerichtet, nach welchem die Gottesidee im zweiten Manuskriptwerk nichts anderes als eine Konstruktion oder eine Erfindung ist: eben eine Fiktion ohne objektive Wirklichkeit. Die erste These von Adickes wendet sich gegen jede Annahme der Existenz Gottes für die Grundlegung der Moralphilosophie. Wie Adickes lehnen Krause, Heman und Pinski die Möglichkeit eines theoretischen Gottesbeweises auch im *Opus postumum* ab, da Gott die Welt transzendiere. Gott sei, so ihre Deutung, der Welt allein durch die Menschen immanent, und zwar durch ihr Handeln nach den Geboten der Moral. Der Mensch verbinde also Gott mit der Welt, weil er Bürger zweier Welten sei. Denn er sei zugleich sinnlich und geistig. Wie ein Ätherbeweis durch das Identitätsprinzip erbracht werden kann, ebenso ist ihrer Ansicht nach ein Gottesbeweis durch das Identitätsprinzip möglich. Da aber die Welt und Gott heterogenen Ideen entsprechen, da es sich bei der einen bloß um ein Phänomenon, bei der anderen um ein Noumenon handelt, ergibt sich ihnen zufolge auch ein Unterschied zwischen den beiden Beweisen. Der erste habe theoretischen, der zweite praktischen Wert. In dieser Hinsicht gebe es keine Abweichung von der Transzendentalphilosophie des *Opus postumum* von den Kritischen Schriften, sondern eine Weiterentwicklung derselben Denklinie.

---

9 Vgl. 1.2.9, 1.3.2, 1.6 und 2.1.5.

3.5 Schluss

Man kann an diesem Punkt eine erste Bilanz der Dialektik der Interpretation des *Opus postumum* ziehen. Aufgabe der Dialektik im kantischen Sinn ist es nun nicht, eine Diskussion abzuschließen, sondern die Reflexion – und in diesem Fall die Interpretation – in Gang zu halten, sie weiter zu vertiefen und zu bereichern. Bereits die Forschungen in der früheren Rezeptionszeit haben mehrere Gegensätze bzw. Polaritäten innerhalb des sogenannten *Opus postumum* hervorgehoben: a) zwischen den früheren, überwiegend von physikalischen und naturphilosophischen Themen handelnden Entwürfen und den späteren (*Conv. X/XI*, *Conv. VII* und *Conv. I*), eher erkenntnistheoretisch und metaphysisch orientierten Teilen; b) zwischen dem empirischen Realismus der Wahrnehmungstheorie in *Conv. X/XI* und der Setzungslehre in *Conv. VII*; c) zwischen transzendentalem Realismus und transzendentalem Idealismus; d) zwischen der ausschließlichen Bewertung der Transzendentalphilosophie als eine bloß formale Logik der empirischen Erkenntnis und als Metaphysik des Bewusstseins; e) zwischen phänomenaler Welt und noumenaler Wirklichkeit der praktisch-moralischen Vernunft;[10] f) zwischen Gottes absoluter Transzendenz und Unerkennbarkeit einerseits und der dem menschlichen Geist eigenen Immanenz seiner Stimme andererseits.

Die meisten Kant-Forscher, die sich in der neukantianischen Zeit mit dem *Opus postumum* beschäftigt hatten, konstatierten in der einen oder anderen der genannten Polaritäten eine grundsätzliche Wende in Kants Denken. Mit dieser Feststellung verbindet sich die Frage nach der systematischen Einheit des *Opus postumum* und darüber hinaus nach der Abweichung des späteren Kant von seiner eigenen kritischen Philosophie. Vaihinger vertritt in diesem Punkt eine radikale Form der These, Kant sei ein aporetischer Denker gewesen, der durch sukzessive Wenden im Denken fortgeschritten und über sein eigenes kritisches System hinausgegangen sei. Unter diesem Blickwinkel bilde das *Opus postumum* die Bahn jener notwendigen Entwicklung, die die kritische Philosophie aus ihren eigenen Prämissen zum romantischen Idealismus führe. Demzufolge sei im *Opus postumum* keine systematische Einheit zu suchen, sondern man könne allein den Etappen einer unermüdlich fortschreitenden Bewegung des sich selbst setzenden Geistes nachspüren. Teilweise haben Adickes und Krause – letzterer in einer noch umfassenderen Form – für die systematische Einheit des *Opus postumum* plädiert. Adickes postuliert zwar eine Zäsur zwischen den späteren drei Entwürfen und den früheren, außerdem die wesentliche Kontinuität zwischen Wahrnehmungstheorie und Setzungslehre, zwischen dem erkenntnistheoretisch orientierten Inhalt von

---

10 Man denke an Mahnkes Betrachtungen dazu (2.4).

Conv. X/XI und den metaphysischen Entwicklungen von *Conv. VII* und *Conv. I.* Doch allein Krause hat den systematischen Zusammenhang zwischen naturwissenschaftlichen und naturphilosophischen Themen mit den früheren und vor allem die entscheidende Funktion des Ätherbegriffs in *Uebergang 1–14* für die Architektonik von Kants Nachlasswerk hervorgehoben. Diese dialektische Auseinandersetzung zwischen Vertretern der Aporetik und der Systematik wird auch in der nachträglichen Rezeption die bewegende Kraft der Interpretation des *Opus postumum* darstellen.

4 Hauptinterpreten in der Zeit von 1938 bis 1968

Als in den Jahren 1936 und 1938 die Veröffentlichung der Akademie-Ausgabe des *Opus postumum* erfolgt, hat der deutsche Neukantianismus seine Blütezeit schon hinter sich. Beide Ereignisse hatten einige deutliche Veränderungen in der Forschung über Kants Nachlasswerk bewirkt. Das betrifft zunächst die Wahrnehmung des Textes. Dank der Akademie-Ausgabe wird fast die gesamte Menge der Materialien zu Kants Nachlasswerk den Forschern zugänglich. Während die meisten früheren Interpreten des *Opus postumum* allein die zwei bzw. drei späteren Entwürfe für philosophisch relevant hielten, gewinnen die älteren Entwürfe – und vor allem *Uebergang 1–14* – in der nachfolgenden Rezeption immer mehr an Gewicht.

Betrachtet man die Autoren, die zur Forschung über das *Opus postumum* während der etwa drei Jahrzehnte nach der Veröffentlichung der Akademie-Ausgabe am meisten beigetragen haben – Lehmann in Deutschland, Daval und Rousset in Frankreich, Pellegrino und Mathieu in Italien –, so ist ein wachsendes Interesse am Nachlasswerk in Italien und in Frankreich vor allem ab den 1950er-Jahren festzustellen. Diese Autoren überschreiten allmählich den Horizont der Interpretation des *Opus postumum* in der neukantianischen Zeit, indem sie neue Problematiken akzentuieren. Die Frage nach den hermeneutischen Voraussetzungen, die neben einer historischen Betrachtung der Entstehungsphasen auch eine systematische Darstellung des gesamten *Opus postumum* ermöglichen würden, wird von Interpreten wie Lehmann und Mathieu ausdrücklich thematisiert. Die Debatten um die doppelte Affektion und den transzendenten Realismus, die so stark die vorherige Rezeption des Nachlasswerks gekennzeichnet hatten, treten endgültig in Hintergrund. Neben der – im Anschluss an Adickes so benannten – „neuen Deduktion" in *Conv. X/XI* gewinnt das Thema des Schematismus der Ätherdeduktion in *Uebergang 1–14* in den Beiträgen von Daval und Mathieu an Relevanz. Eine weitere wichtige Änderung betrifft das Verhältnis des *Opus postumum* zu den kritischen Schriften Kants. Während das Nachlasswerk früher überwiegend auf die erste *Kritik* bezogen wurde, betonen Lehmann und Mathieu nun die Bedeutung der dritten *Kritik* für die Problementwicklung des *Opus postumum*.

Das vorliegende Kapitel handelt also von den oben genannten Autoren:[1] Lehmann (4.1), Daval (4.2), Pellegrino (4.3), Mathieu (4.4) und Rousset (4.5). Vorab

---

1 Es sei bemerkt, dass dieses Kapitel nicht genau von der Rezeption des *Opus postumum* in einem bestimmten Zeitabschnitt, nämlich etwa von 1938 bis 1968, sondern von den *Hauptakteuren* der Rezeption des Nachlasswerks in dieser Phase handelt. Zum einen werden kleinere Beiträge aus dieser Periode in den Kapiteln 6 und 7 betrachtet. Zum anderen werden auch die Arbeiten berücksichtigt, die die betreffenden Autoren vor 1938 bzw. nach 1968 veröffentlicht

sei das Vorhandensein eines dialektischen Gegensatzes zwischen ihren jeweiligen Interpretationen konstatiert. Er besteht darin, dass Lehmann, Daval und Pellegrino idealistische Lesarten des *Opus postumum* vertreten, während Mathieu und Rousset darauf reagieren, indem sie den empirischen Realismus auch beim späten Kant festzustellen behaupten.

4.1 Lehmann

Zur Rezeption des *Opus postumum* trägt Gerhard Lehmann[2] nicht nur als Mitherausgeber des Manuskripts in der Akademie-Ausgabe (zusammen mit Buchenau) und als Herausgeber des Bandes 23 derselben Ausgabe, in dem zusätzliche lose Blätter zum kantischen Nachlasswerk erscheinen,[3] bei, sondern auch mit zahlreichen Veröffentlichungen zur Editionsgeschichte[4] sowie zur philosophischen[5] Analyse der kantischen Schrift. Sein wichtigster interpretatorischer

haben – einem Zeitraum, in dem weitere Interpreten tätig sind, die sich von ihnen distanzieren und die in den folgenden Kapiteln dargestellt werden.

2 Gerhard Lehmann (1900–1987) studierte in Berlin Naturwissenschaften. Er hatte sich vermutlich schon als Gymnasiast dem sogenannten „Stirnerbund", einem Kreis von Anhängern von Max Stirners (1806–1856) Philosophie der Individualität angeschlossen. Er promovierte noch vor Vollendung des 22. Lebensjahrs bei Ernst Troeltsch (1865–1923) im Fach Philosophie. 1931 publizierte er seine *Geschichte der nachkantischen Philosophie* und 1943 die zugehörige Fortsetzung *Die deutsche Philosophie der Gegenwart*. 1939 habilitierte er sich an der Universität Greifswald und erlangte 1940 die *Venia legendi* an der Universität Berlin. Dennoch erhielt er nie einen Ruf als Hochschullehrer. Als Kant-Forscher ist er aufgrund der Herausgabe des sogenannten *Opus postumum* und des schriftlichen Kant-Nachlasses sowie seiner Interpretation der kantischen Philosophie bekannt. Zu weiteren biografischen Angaben über Lehmann vgl. Ritzel 1980, Ritzel 1988 und Laska 2000.

3 Vgl. unten A2.6, A2.7, A2.8, A2.11.

4 Beiträge zur Edition und Editionsgeschichte des *Opus postumum* finden sich in folgenden Publikationen: Lehmann 1935, Lehmann 1937b, Lehmann 1938b, Lehmann 1955a, Lehmann 1956c, Lehmann 1966 und Lehmann 1967. Drei dieser Beiträge (Lehmann 1935, Lehmann 1956c und Lehmann 1967) sind in dem Sammelband *Beiträge zur Geschichte und Interpretation der Philosophie Kants* (1969) wiederabgedruckt worden.

5 Vgl. Lehmann 1936, Lehmann 1937a, Lehmann 1938a, Lehmann 1939, Lehmann 1954, Lehmann 1956a, Lehmann 1961a, Lehmann 1963. Neben den Aufsätzen Lehmanns, die sich unmittelbar auf das *Opus postumum* beziehen, sind diverse weitere Veröffentlichungen zu nennen, in denen sich der Kant-Forscher indirekt mit dem Nachlasswerk beschäftigt: Lehmann 1956a, Lehmann 1956b, Lehmann 1958a, Lehmann 1958b, Lehmann 1958c, Lehmann 1959 und Lehmann 1971. Mit Ausnahme von Lehmann 1971 sind alle hier genannte Beiträge in Lehmann 1969 wiederabgedruckt worden. Im Folgenden soll auf diese Ausgabe Bezug genommen werden.

Beitrag bleibt seine Habilitationsschrift *Kants Nachlaßwerk und die Kritik der Urteilskraft* von 1939.[6]

Bereits in „Das philosophische Grundproblem in Kants Nachlaßwerk“ von 1937 nimmt Lehmann von der gesamten neukantianischen Interpretation des *Opus postumum* Abstand, denn sie ist seines Erachtens an diesem Werk gescheitert. Dabei mache selbst Adickes keine Ausnahme, obwohl man es ihm verdanke, Aufbau, Entstehung und Verhältnis zu den früheren Werken erstmalig geklärt zu haben. Das Grundproblem des kantischen Nachlasswerks liege zwar in der „neuen transzendentalen Deduktion“, jedoch sei diese nicht als eine Lehre der doppelten Affektion aufzufassen, wie Adickes meint, weil das Ding an sich im *Opus postumum* kein Objekt sei.[7] Die „neue transzendentale Deduktion“ sei hingegen als der Versuch zu begreifen, den Äther als Ganzheitsprinzip zu deduzieren. Lehmann hatte bereits 1936 in „Ganzheitsbegriff und Weltidee in Kants Opus postumum“ nachgewiesen, dass sich in der Ätherdeduktion die Wendung von der physikalischen zur transzendentalen Problemstellung des *Übergangs zur Physik* vollzieht. In dem kurzen Aufsatz „Die Technik der Natur“ von 1938 wird die Hauptthese von Lehmanns Lesart des *Opus postumum* deutlich formuliert:

> Kants Bemühungen um ein Elementarsystem der Materie, um den Ätherbegriff, um eine Ableitung der bewegenden Kräfte aus den Akten des sich selbst konstituierenden Subjekts werden dann verständlich als Versuch, den Ganzheitsbegriff der Kritik der Urteilskraft weiter auszubauen und auch die Physik unter dem Gesichtspunkt reflektierender Urteilskraft zu betrachten. Es zeigt sich dann im Hintergrunde beider Werke, der Kritik der Urteilskraft und des Nachlaßwerkes, die Idee einer *Kritik der technischen Vernunft*, die Kant nicht in gleicher Weise ausgeführt hat wie die Kritik der theoretischen und der praktischen Vernunft, die aber den Zusammenhang der Grundgedanken des Kritizismus erst voll sichtbar macht.[8]

In der Habilitationsschrift vertritt Lehmann die These, das *Opus postumum* sei die Fortsetzung der dritten *Kritik*. Die späteren Beiträge zu Kants Nachlasswerk – vor allem „Erscheinungsstufung und Realitätsproblem in Kants Opus Postumum“ (1954), „Zur Problemanalyse von Kants Nachlasswerk“ (1961) und „Zur Frage der Spätentwicklung Kants“ (1963) – berichten übereinstimmend, obwohl aus un-

---

6 Zu Lehmann 1939 vgl. ferner die Berichte von de Vleeschauwer (de Vleeschauwer 1941), Paul Bommersheim (Bommersheim 1940), Walter Brugger (Brugger 1941) und Eduard Hartmann (Hartmann E. 1941).

7 Vgl. Lehmann 1969, 284. Hinsichtlich Adickes’ Theorie der doppelten Affektion bemerkt Lehmann mit Recht: „Kant spricht weder vom Ich ‚an sich‘ noch von ‚den‘ Dingen an sich.“ (Lehmann 1969, 287).

8 Lehmann 1969, 289.

terschiedlichen Blickwinkeln, über die Gedankenbewegung, die in den Entwürfen des Spätwerks Kants ihren Niederschlag gefunden habe.[9]

4.1.1 Hermeneutisches Verfahren

Was die Methode für die Interpretation der kantischen Philosophie im Allgemeinen angeht, hält Lehmann eine bloß historische Untersuchung der kantischen Schriften für unzureichend. Um die tiefe Bedeutung des kantischen Denkens zu ermessen, sei eine Rekonstruktion der ihm innewohnenden systematischen Motive notwendig:

> Selbst eine buchstäbliche Interpretation wird die *Stilisierung* der Gedanken von ihrem Sachgehalt trennen und die äußere, gleichsam superfizielle Systematik von der inneren unterscheiden. Und eine systematische Kantinterpretation *bedeutet* eben nichts anderes als die Rekonstruktion dieses echten Systemgehalts: ihr Leitfaden ist die Idee des „eigentlichen" Systems – derjenigen Systematik, die in Kants Werken enthalten, aber in ihnen nicht rein zum Ausdruck gekommen ist.[10]

Kants Idee vom System ist Lehmann zufolge nicht in dem Sinn homogen, dass sie aporetische, antisystematische Momente ausschließen würde. Die Frage sei vielmehr, nach welchem Maßstab die eigene Systematik des kantischen Denkens einheitlich rekonstruiert werden könne und müsse. Jede systematische Interpretation benötige drei Dinge: „erstens ein[en] Bestand ‚eigener' Systemthesen, zweitens die Hypothesis einer leitenden Systemidee Kants [...], und drittens jene Verstehensrelation, in welcher Kant gleichsam zur Sprache gebracht, zu bestimmten ‚Antworten' genötigt wird."[11] Misst der Interpret die kantischen Einsichten allein an seinen eigenen schlüssigen Resultaten und destilliert er aus der kantischen Philosophie allein jene Lehren und Probleme heraus, die seiner eigenen Sachproblematik entsprechen, so hat sein Verfahren Lehmann zufolge den Boden der Interpretation bereits verlassen.

Vom Standpunkt der echt systematischen Interpretation aus erscheine der historische Kant nicht mehr als das Original der Interpretation. Die Auseinandersetzung mit ihm bedeute für den Interpreten nunmehr bloße Veranlassung der eigenen Systemerstellung:

---

9 Lehmanns Buch von 1969 sammelt die Mehrzahl, wenn auch nicht alle, seiner Arbeiten über das *Opus postumum*. Zu diesem Sammelband vgl. den Bericht von Wolfgang Ritzel (1981).

10 Lehmann 1969, 98.

11 Lehmann 1969, 115.

> Im engeren Sinne systematisch ist nur die prinzipiell-systematische Interpretation, d. h. der Anspruch, Kants „eigentliches“ System aus aller historischen und sachlichen Verklammerung zu befreien und es in möglichst einheitlichem Gedankenzuge „geschlossen“ darzustellen. Die prinzipiell-systematische Interpretation ist Rekonstruktion und als solche notwendigerweise auch Destruktion. [...] Daß die Destruktion von prinzipiell-systematischer Interpretation untrennbar ist, hängt natürlich damit zusammen, daß eine systematische Interpretation nicht bloß Interpretation, sondern eben so sehr Auseinandersetzung ist [...].[12]

Die Anwendung der „prinzipiell-systematischen“ Methode auf die Schriften Kants lässt sich nach Lehmann ferner dadurch begründen, dass das System der „Kritik“ von Kant selbst als ein Verfahren dargestellt wird, falscher Vernunftsystematik zu begegnen, und insofern kann es selbst als Beispiel einer solchen „destruierenden Konstruktion“[13] hinsichtlich des Systems der rationalistischen Metaphysik gelten. Lehmanns Betrachtungen hinsichtlich der Interpretation des *Opus postumum* sind nichts als eine Anwendung seiner allgemeinen Theorie der Kant-Interpretation.

Bereits in einem kurzen Artikel von 1937 behauptet Lehmann, dass es zwei Wege gebe, die Systematik des *Opus postumum* darzustellen:

> Entweder man geht von den früheren Schriften aus, oder man sucht in der Welt des opus postumum Fuß zu fassen, *ohne die explizite Systematik der früheren Schriften zur Norm zu machen*, – man fingiert einen radikalen Neueinsatz und behandelt das Nachlaßwerk *wie ein völlig selbständiges Werk eines unbekannten Autors.*[14]

Während die Kant-Forschung bis dahin nur den ersten Weg beschritten hatte, optiert Lehmann für den zweiten Weg. Er lehnt die These ab, das *Opus postumum* sei nur ein Selbstkommentar und der Versuch einer Weiterbildung der kritischen Philosophie an einzelnen Punkten. Zudem nimmt er die Selbstständigkeit und Originalität der Systematik des Nachlasswerks an, nämlich „daß das Nachlaßwerk wirklich eine innere Einheit besitzt, daß es nach seiner inneren Systematik ein *Ganzes*, und nur nach seiner äußeren Form ein Aggregat ist.“[15]

Die vollständige genetische Rekonstruktion der äußeren Form des *Opus postumum* stellt nach Lehmann eine unentbehrliche Bedingung für jegliche Untersuchung über bestimmte Themen dar. So schließt er die Möglichkeit nicht aus, „Einzelthemen herauszugreifen und durch alle Schichten des Nachlasswerkes hindurch zu verfolgen [...]. Es setzt aber doch einen Gesamtüberblick und eine

12 Lehmann 1969, 115 f.
13 Lehmann 1969, 116.
14 Lehmann 1937b, 11.
15 Lehmann 1937b, 11. Zur Kritik an den systematischen Darstellungen von Krause und Adickes vgl. Lehmann 1961a, 13 f.

Orientierung über den genetischen Zusammenhang der Grundprobleme voraus."[16] Als überzeugter Vertreter des systematischen Verfahrens hält er ferner eine allein historische Auslegung des Nachlasswerks für völlig unzureichend.[17]

Was die Prinzipien der Interpretation des *Opus postumum* angeht, lässt sich die Position Lehmanns in zwei Punkten zusammenfassen: a) Dem äußeren Zustand nach ist das Nachlasswerk ein Aggregat von Materialien, dessen durchgängige Anordnung keineswegs systematisch kohärent, sondern allein genetisch rekonstruiert werden kann und muss. b) Das *Opus postumum* hat trotzdem eine innere, implizite Systematik, die sich aber nur *prinzipiell-systematisch* rekonstruieren lässt. Dazu ist der Rückgriff auf die „kritische" Systematik zwar unentbehrlich, aber nicht normativ.

4.1.2 Das Übergangsprojekt als Fortsetzung der *KU*

Es ist Lehmanns Verdienst, die Bedeutung der *KU* für das Nachlasswerk hervorgehoben zu haben.[18] Er geht davon aus, dass, obwohl es im *Opus postumum* keine direkten Hinweise auf die dritte Kritik gibt, da die *MAN* die einzigen Druckschriften sind, auf die Kant sich in seinem Nachlasswerk direkt bezieht,[19] und dass, obwohl

---

16 Vgl. Lehmann 1961a, 7.

17 „Alle Philologie läuft Gefahr, mikrologisch zu werden und sich lächerlich zu machen." (Lehmann 1969, 57). Auf die Hauptlinien seines interpretatorischen Verfahrens bezüglich des *Opus postumum* kommt Lehmann noch einmal in einem Aufsatz von 1963 zurück, worin er sich mit Mathieus systematischem Standpunkt auseinandersetzt. Es seien an dieser Stelle drei pointierte Auszüge aus diesem Text wiedergegeben: „Man wird indessen gut tun [...], in diesem Bündel von Entwürfen ungleicher Thematik [...] ein um bestimmte Punkte kreisendes, doch auch wieder fortgehendes Denken von zunächst gar nicht systematischer, sondern eben nur genetisch-chronologischer Einheit zu erblicken. Das Genetische ist dabei die Einheit des Denkprozesses [...]." (Lehmann 1969, 393). An anderer Stelle fügt Lehmann hinzu: „Wichtig ist es, nochmals hervorzuheben, daß man den Inhalt des Nachlaßwerkes nicht auf *eine* systematische Ebene projizieren kann, weil man sonst zu Widersprüchen gelangt. Es geht nur auf entwicklungsgeschichtlichem Weg, durch Aufzeigung der ‚richtigen' Problemverknüpfung." (Lehmann 1969, 396). Weiter befindet der Kant-Forscher: „Das ist in gewissem Sinne ein systematischer Zusammenhang, der aber nicht auf der Hand liegt, sondern interpretiert werden muß – nicht ohne Rückgriff auf die *Kritik der Urteilskraft* –, und der auch immer zuerst als genetischer aufzufassen ist, wobei man nicht die Fixierungen irgendeines Konvoluts als verbindlich ansehen kann, sondern nur den Weg von einer Fixierung zur nächsten rekonstruieren darf." (Lehmann 1969, 407).

18 Vgl. Lehmann 1961a, 15 f., und Lehmann 1969, 188–194 sowie 295–299.

19 Er bezieht sich darauf zunächst einmal durch die Aufnahme des Titels dieser Schrift in den Titel des geplanten Werkes, aber auch durch mehrere Hinweise in Vorrede- und Einleitungsdie naturwissenschaftlichen Thematiken der früheren Entwürfe der Fragenstellung der dritten *Kritik* sogar in offensichtlicher Weise fernliegen, die ursprüngliche Thematik des unvollendeten Werkes in den späteren Entwürfen (ab dem Entwurf *A Elem. Syst. 1–6*, entstanden im Zeitraum von Februar bis Mai 1799) bei der Behandlung der Begriffe des *organischen Körpers*, der *Weltorganisation*, der *technisch-praktischen Vernunft* und der *Ethikotheologie* doch eine auf der Linie der *KU* liegende Problementwicklung erfährt. In Anbetracht dieser allmählichen Erweiterung ist also Lehmann zufolge zu vermuten, dass auch der *Ursprung* der ganzen Problematik eine Beziehung zur *KU* hat. Das Wort *Übergang* weise nämlich auf jenen Begriff des Übergangs hin, den Kant in der *KU* bestimmt hatte, allerdings nicht in materieller, wohl aber in *formaler* Hinsicht:

> Das begreifliche Schema des Übergangs, das formale Gerüst, übernimmt Kant aus der Schrift von 1790. Der Übergang von den metaphysischen Anfangsgründen zur Physik wird im Nachlaßwerk analog beschrieben wie der Übergang von den Naturbegriffen zum Freiheitsbegriff in der Kritik der Urteilskraft.[20]

Der Terminus „Übergang“ kommt tatsächlich bereits in der *KU* vor, und zwar in den beiden Fassungen der „Einleitung“. Er bezeichnet dort das Überschreiten vom Sinnlichen zum Übersinnlichen, den Übergang von der Natur zur Freiheit, von der reinen theoretischen zur reinen praktischen Vernunft.[21] Lehmanns These besagt, dass die Problematik einer Überbrückung der „Lücke“ oder der „Kluft“ zwischen Naturmetaphysik und konkreter Physik, worin die Übergangslehre besteht, nicht ohne die *KU* bzw. den Begriff der *reflektierenden Urteilskraft* begriffen werden könnte.[22] Da die Unterscheidung von reflektierender und bestimmender Urteilskraft erst in der dritten *Kritik* erarbeitet werde, sei also verständlich, warum die *MAN* nicht auf den Übergang hinweisen. Was erst in der *KU* gezeigt werde, sei, dass

entwürfen (vgl. z. B. *OP*, AA 21: 408 = IV 39, 21: 504 = V 9, 21: 638 = VI 14, 22: 511 = XI 29) und durch implizite Zitate (vgl. z. B. *OP*, AA 21: 257 = II 49, 21: 263 = II 52, 21: 271 = III 7).

20 Lehmann 1969, 297.

21 *EEKU*, AA 20: 246; *KU*, AA 5: 175 f., 179, 185, 196.

22 An dieser Stelle sei eine pointierte Formulierung dieser These von Lehmann selbst wiedergegeben: „Zwar ist der physikalische Teil des Nachlaßwerkes den Metaphysischen Anfangsgründen der Naturwissenschaft angeschlossen, was sich aus der stereotypen Titelverwendung der früheren Schrift, aus zahlreichen Vorredeentwürfen, einer Reihe von Selbstzitaten etc. ergibt. Aber die Systemprobleme des Nachlaßwerkes lassen sich aus denen der Metaphysischen Anfangsgründe allein nicht ableiten; es gehören eben die Erörterungen der Kritik der reinen Vernunft über den hypothetischen Vernunftgebrauch und die der Kritik der Urteilskraft über die Reflektierende Urteilskraft hinzu. So mag also die ‚Übergangslehre‘ thematisch an die Metaphysischen Anfangsgründe anschließen – der Weg führt immer über die Kritik der Urteilskraft.“ (Lehmann 1971, 18).

die besonderen Naturgesetze hinsichtlich der bestimmenden Urteilskraft *kontingent* seien, dass aber ihre Notwendigkeit vorausgesetzt werden müsse.[23] Deshalb könne das *Opus postumum* nicht als bloße Fortsetzung der *MAN* betrachtet werden. Vielmehr sei es als die Weiterführung der *KU* zu verstehen: „[...] was hier für die Lehre vom Geschmack und von den Naturzwecken geltend gemacht wurde, mußte auch auf die Physik selber Anwendung finden [...].“[24] Wolle man das Nachlasswerk nicht als einen Rückfall in ein dogmatisches Theoretisieren betrachten, müsse man in ihm, so schlussfolgert Lehmann, die Anwendung der reflektierenden Urteilskraft auf den physikalischen Bereich sehen:

> Die Äthertheorie, die neue Deduktion, die Selbstsetzungslehre des VII. Konvoluts erscheinen dann als Voraussetzungen jener *Technik der Natur*, die sich von der theoretischen Gesetzgebung dadurch unterscheidet, daß ihr Begriff nicht konstitutive, sondern nur regulative Bedeutung beansprucht.[25]

4.1.3 Das Scheitern der Ätherdeduktion

Was die Bedeutung der Ätherdeduktion für den systematischen Aufbau der Übergangslehre im *Opus postumum* angeht, geht Lehmann über Adickes' Standpunkt nicht hinaus. Das Nachlasswerk enthält nämlich seines Erachtens zwei unterschiedliche transzendentale Deduktionen: die „Ätherdeduktion“ und die

23 Vgl. *KU*, AA 5: 184.

24 Lehmann 1969, 299. Heimsoeth hat Meriten und Grenzen der These Lehmanns mit Scharfsinn herausgearbeitet. Einerseits erkennt er Lehmann das Verdienst zu, „erstmalig und sehr mit Recht auf die Zusammenhänge des *Opus postumum* mit der Kritik der Urteilskraft hingewiesen“ (Heimsoeth 1940, 81) zu haben. Lehmanns Behauptung, dass alle wichtigen Themen, die in der *KU* im Zusammenhang mit der „reflektierenden Urteilskraft“ stehen, im *Opus postumum* weiterbehandelt würden, erweist sich nach Ansicht Heimsoeths dagegen als deutlich übertrieben (ebd.).

25 Lehmann 1969, 299. Es fehlt im *Opus postumum* nicht an Stellen, auf welche Lehmann sein regulatives Verständnis des Übergangswerks stützen kann. Die Disziplin eines solchen Übergangs betrifft nach Kant bloß „das Subjective der Naturlehre in Verknüpfung der Naturphänomene nach Principien [...] nicht die Natur als Object“ (*OP*, AA 21: 506.14 ff. = V 10). Die Inhalte der Physik – die durch Erfahrung erkennbaren Kräfte und Eigenschaften der Materie – sind *objektiv* betrachtet *bloß empirisch*. *Subjektiv* betrachtet müssen sie jedoch „als a priori gegeben gebraucht werden können [...] weil ohne sich auf sie zu beziehen keine Erfahrung für die Physik gemacht werden könnte“ (*OP*, AA 21: 525.5 – 9 = V 18). Zudem: „Der Übergang muß ja nicht in die Physik (Chemie u.s.w.) eingreifen Er anticipirt nur die bewegenden Kräfte welche *a priori* der Form nach gedacht werden und classificirt das empirisch allgemeine nur darnach um die Bedingungen der Aufsuchung der Erfahrung zum Behuf eines Systems der Naturforschung darnach zu reguliren (regulative Principien)“ (*OP*, AA 22: 263.1 – 6 = IX 27).

sogenannte „neue Deduktion" in *Conv. X/XI*. Lehmanns Rekonstruktion des Ätherbeweises lässt sich wie folgt resümieren: Der leere Raum ist kein Gegenstand der möglichen Erfahrung. Es muss daher eine Materie geben, die alle leeren Räume einnimmt. Dieser alles durchdringende Stoff ist der Äther. Er ist selbst imperzeptibel. Seine Existenz stellt jedoch eine notwendige Bedingung zur Möglichkeit der äußeren Erfahrung dar. Das Dasein des Äthers wird also nicht *durch*, sondern *für* die Erfahrung bewiesen.[26] Diese Beweisart bezeichnet nun Kant wiederholt als „befremdlich", „widersprüchlich", „sonderbar" usw., denn dadurch wird die Existenz von etwas Reellem analytisch, d. h. nach dem Prinzip der Identität, abgeleitet. Solche Vorbehalte belegen Lehmann zufolge, dass diese Deduktion nicht gelungen ist. Vielmehr werde dadurch etwas ganz anderes als die Existenz des Äthers bewiesen, nämlich lediglich, dass der Äther die Idee des Ganzen bewegender Kräfte sei.[27] Der Versuch, die Existenz des Äthers als eines wirklichen Stoffes *a priori* zu deduzieren, der in *Uebergang 1–14* auftauche, werde folglich aufgegeben, und Kant komme in den späteren Entwürfen zur Auffassung des Äthers als Hypothese zurück. Die Ätherdeduktion stelle also für das Nachlasswerk, so schlussfolgert Lehmann, nichts anderes als einen „Durchgangspunkt"[28] dar.

4.1.4 Die „neue Deduktion" in *Conv. X/XI* nach Lehmann

Wie bereits erwähnt wurde, enthält das Nachlasswerk nach Lehmann zwei unterschiedliche transzendentale Deduktionen: die „Ätherdeduktion" und die „neue Deduktion". Mit dem Problem der Ätherdeduktion verwirkliche sich die dezisive Wende in der Konzeption des Übergangsprojekts, nämlich die von der naturphilosophischen Problematik zur erkenntnistheoretischen Fragestellung.[29] Eine

---

26 Vgl. Lehmann 1969, 212, 332 f. und 396 f.

27 Vgl. Lehmann 1961a, 24 f.; außerdem Lehmann 1969, 193 und 255 f.

28 Lehmann 1969, 399.

29 So schreibt Lehmann: „Die entscheidende Zäsur liegt also beim Übergange von der *Ätherhypothese zur Ätherdeduktion:* hier wendet sich die Betrachtung von der Physik zur Erkenntnistheorie, von der physikalischen Gegenständlichkeit zur Erkennbarkeit physikalischer Gegenstände, von der Topik der bewegenden Kräfte zur Wahrnehmungsregion, – vom *Objekt* zum *Subjekt*." (Lehmann 1969, 254). In einem weiteren Aufsatz behauptet er: „Wir fragten nach dem philosophischen Grundproblem des *opus postumum.* Wir finden es nicht in der Ätherhypothese; denn das ist kein philosophisches, sondern ein naturwissenschaftliches Problem. Wohl aber finden wir seinen Einsatz in dem Versuch, den Äther als Ganzheitsprinzip zu deduzieren. Dieser Einsatz kommt zur Entwicklung in der ‚neuen transzendentalen Deduktion'. [...] Die neue

weitere Entwicklung finde dann mit dem Übergang von der Ätherdeduktion zur sogenannten „neuen Deduktion“ in *Conv. X/XI* statt. Die Erfahrung als „ein synthetisches Ganzes der Wahrnehmungen“ erhalte in der „neuen Deduktion“ die Position, die der Materie als „ein dynamisches Ganzes bewegender Kräfte“ in der Ätherdeduktion zugekommen sei.[30] Materie und Erfahrung fundierten sich nunmehr gegenseitig, denn ohne die eine sei auch die andere nicht möglich und umgekehrt. Das heiße, einerseits gebe es keine Wahrnehmungen ohne äußere bewegende Kräfte auf unseren Körper, andererseits seien Wahrnehmungen Gegenwirkungen, die mit den äußeren bewegenden Kräften nach dem Prinzip der Gleichheit von Aktion und Reaktion korrespondierten. Materie und Erfahrung selbst würden schließlich mit der Selbstsetzungslehre in *Conv. VII* als ein Ganzes bildend gedacht. Sie, so Lehmann, impliziere die Einheit von Ding an sich und Subjekt:

> Ding an sich und Subjekt sind dasselbe, nur unter anderem Gesichtspunkt betrachtet [...]. Materie, das Ganze der bewegenden Kräfte außer uns, und Erfahrung, das Ganze der Wahrnehmungen in uns, haben einen gemeinsamen Beziehungspunkt: dasjenige, was beide zu Ganzen *macht*, und zum Gegebenen hinzugedacht werden muß. Für die Affektion durch Objekte ist es ein X, Ding an sich; für die, auf Grund äußerer Einwirkung entstehenden Gegenwirkungen (Wahrnehmungen) ist es das in seinen Akten sich selbst konstituierende Subjekt; Subjekt und Ding an sich aber sind gar nicht verschiedene Gegenstände, sondern das eine ist nur das Negativ des anderen.[31]

Lehmann ist der Auffassung, dass die „neue Deduktion“ drei eigentliche Merkmale zeige:[32] 1) Sie realisiere eine „Inversion“ der Ätherdeduktion von dem konstitutiven Verfahren in *Uebergang 1–14* zur Anwendung der reflektierenden Urteilskraft. 2) Sie betreffe die Gesetzlichkeit des Besonderen, während die transzendentale Deduktion der ersten *Kritik* allein in den Bereich der „formalen“ Natur falle. 3) Sie verknüpfe bewegende Kräfte und Wahrnehmungen: „Was der Äther für die bewegenden Kräfte, ist der Organismus für die Wahrnehmungen, ja,

---

transzendentale Deduktion enthält also das philosophische Grundproblem des *opus postumum* [...].“ (Lehmann 1969, 278).

30 Lehmann 1969, 259. Lehmann hebt hervor, dass der Äther selbst immer mehr eher als „Systembegriff“ der Physik gedacht werde. So werde „die ‚Stofflichkeit‘ - wofür wir heute ohne weiteres sagen können: die energische Natur – des Äthers“ (Lehmann 1969, 256), d. h. der physikalische „Äther (heute: Energie oder unverbindliche Feldspannung)“ (Lehmann 1969, 282) als kollektive Einheit gerechtfertigt.

31 Lehmann 1969, 262.

32 Vgl. Lehmann 1969, 399.

aus der Korrespondenz der Wahrnehmungsakte und der affizierenden bewegenden Kräfte glaubt Kant das Elementarsystem der Materie ableiten zu können.“[33]

4.1.5 Die Selbstaffektion als Wahrnehmung überhaupt

Wie eben dargestellt wurde, hält Lehmann den Gebrauch, den Kant im Entwurf *Conv. X./XI* vom Prinzip der Aktion/Reaktion für die Wahrnehmungen macht, für entscheidend, insofern er diese Verwendung als Kernstück der „neuen Deduktion“ betrachtet. Kant meine, dass wir durch die äußeren bewegenden Kräfte affiziert würden, indem die Wirkung jener Kräfte auf unsere Sinne durch unsere eigenen bewegenden Kräfte geschehe. Diese Reaktion unseres Körpers stehe zur Aktion der äußeren bewegenden Kräfte im Verhältnis der Selbstaffektion zur äußeren Affektion. Dieselbe Affektion könne also *indirekt* als äußere Affektion oder *direkt* als Selbstaffektion betrachtet werden. So identifiziere Kant die Selbstaffektion mit der Wahrnehmung überhaupt.[34] Bei dieser Affektionsstufung handle es sich nicht, wie Adickes meine, um eine „doppelte“ Affektion durch Erscheinung und durch Ding an sich.

Mit seiner Deutung der Selbstaffektion zielt Lehmann vor allem darauf ab, eine Alternative zu den Theorien der doppelten Affektion zu schaffen. Er betont deswegen, dass es *nur eine* Affektion gebe, die *in zweifacher Weise* zu betrachten sei. Auf der empirischen Ebene entspreche der distributive Inbegriff der einzelnen empirischen Kräfte dem distributiven Inbegriff der einzelnen äußeren Affektionen. Vom transzendentalen Standpunkt aus entspreche hingegen die kollektive Einheit der bewegenden Kräfte, also der Äther als Urmaterie, der kollektiven Einheit der Affektionen, also der Wahrnehmung überhaupt. Metaphysische und empirische Ebene stünden also zueinander in keinem kausalen Verhältnis.

4.1.6 Die Selbstsetzung des Subjekts als *intellectus archetypus*

Lehmann hält die Selbstsetzungslehre für einen Teil der „neuen transzendentalen Deduktion“.[35] Diese Lehre besagt: „[D]as Subjekt setzt sich nicht bloß als Cogito, sondern als Objekt in der Erscheinung, als psychophysisches Subjekt, als Organismus.“[36] Lehmann erklärt ferner: „Diese ‚Selbstsetzung‘ ist ja von vornherein

---

33 Lehmann 1969, 193.
34 Vgl. Lehmann 1969, 364.
35 Vgl. Lehmann 1961a, 144–146; Lehmann 1969, 357–363, 374–391 und 402.
36 Lehmann 1969, 402.

nicht einfache Position, sondern eine *Stufenfolge von Akten*, und in dieses Aktgefügte gehört die Selbstaffektion mit hinein."[37]

Die erste Stufe sei die Bestimmung von Raum und Zeit als Selbstbestimmung des Bewusstseins,[38] d. h. als „*actus* der Vorstellungskraft sich selbst zu setzen, wodurch sich das Subject selbst zum Object macht"[39]. Lehmann hebt hervor, dass es bei dieser Bestimmung von Raum und Zeit keineswegs um eine Logisierung derselben im Sinne des Marburger Neukantianismus gehe. Denn Kant bezeichne deutlich die Vorstellung von Raum und Zeit „als ein[en] Act des Subjects selbst und ein Product der Einbildungskraft"[40]. Der Kant-Forscher fährt fort: „Durch die ‚Setzung' von Raum und Zeit ‚setzt' sich das Subjekt als Objekt in der Erscheinung [...]."[41] Mit dieser Selbstsetzung als Erscheinung müsse eine Selbstsetzung als Ding an sich korrespondieren. Das sei die Tätigkeit des Subjekts: „Nicht Objectum *noumenon* sondern der A c t des Verstandes der das Object der Sinnenanschauung zum bloßen Phänomen macht ist das intelligibele Object."[42]

Nun müsse dem Ding an sich auch im *Opus postumum* das Merkmal zuerkannt werden, als Ding an sich = X eine absolute Position zu sein.[43] Hätte die Selbstsetzung des Subjekts als Ding an sich die Funktion einer Selbstbegrenzung zur Selbstsetzung als Erscheinung, so wäre das Ding an sich keine absolute Position. Das Ding an sich müsse sich also mit dem Subjekt an sich identifizieren. Bei dieser letzten Stufe der Selbstsetzung sei die Idee des *intellectus archetypus* der *KU* erreicht. Dieser *intellectus archetypus* müsse allerdings nicht mit Gott gleichgesetzt werden: „Die Selbstsetzungslehre wird nicht durch die transzendentale Theologie begründet, sondern umgekehrt: die transzendentale Theologie gründet sich auf die Selbstsetzungslehre."[44]

Das Prinzip der reflektierenden Urteilskraft führe also von vornherein alle Stufen der Deduktion im Übergangsprojekt. Allem, was für das Objekt gelte, entspreche als Korrelat eine Reflexion im Subjekt: Erfahrung sei also das subjektive Korrelat der Materie, die Selbstaffektion das der Affektion, die „Erscheinung von der Erscheinung" das der Erscheinung, die Selbstsetzung des Subjekts als Phänomenon das der Setzung des Erfahrungsgegenstands in der Synthese, das Ding an sich als Selbstsetzung das der Selbstsetzung des Subjekts als Erscheinung.

---

37 Lehmann 1969, 385.
38 Vgl. *OP*, AA 22: 74 = VII 30.
39 Vgl. *OP*, AA 22: 88.22 f. = VII 34.
40 *OP*, AA 22: 76.19 f. = VII 31.
41 Lehmann 1969, 360.
42 *OP*, AA 22: 415.3 ff. = X 60.
43 Vgl. *OP*, AA 22: 28 f. = VII 13.
44 Lehmann 1969, 362.

Am Ende dieser Stufenfolge werde schließlich der Zenit – oder, in den Worten Kants, der „höchste Standpunkt" – der Transzendentalphilosophie erreicht: das Subjekt an sich als *intellectus archetypus* im Sinne der *KU.*

4.1.7 Selbstsetzung der Vernunft und Gottesidee

Es wurde bereits deutlich: Die Selbstsetzung des Subjekts bekommt Lehmann zufolge durch die Bestimmung des systematischen Inbegriffs ihrer eigenen Ideen in *Conv. I* die Bedeutung einer absoluten, autonomen Selbstkonstitution der Vernunft, was die neue Konzeption der Transzendentalphilosophie ausmacht. Das Subjekt ist nunmehr nicht nur „Inhaber", sondern auch „Urheber" des Inhalts seines Denkens. Auf der Ebene der Ontologie impliziert diese Konzeption den transzendentalen Solipsismus der Selbstsetzung: „Indem die Vernunft ihre eigenen Prinzipien examiniert, findet sie außer dem urteilenden Subjekt keine ‚existierenden Wesen'"[45], wie Lehmann erklärt. Folglich kann auch die Gottesidee keinem Ding an sich entsprechen. Diese Idee wird als der Selbstsetzung der Vernunft *immanent* aufgefasst, wie folgende Stelle unmissverständlich belegt:

> Der Begriff von einem solchen Wesen ist nicht der von einer Substanz d. i. von einem Dinge das unabhängig von meinem Denken existire sondern die Idee (Selbstgeschöpf) Gedankending *ens rationis* einer sich selbst zu einem Gedankendinge constituirenden Vernunft [...].[46]

Es bestehe also ein unvermeidlicher Zirkel zwischen Selbstsetzung des Subjekts und Gottesidee. Denn die Gottesidee werde durch die (praktische) Vernunft gesetzt; sie werde aber auch für die Selbstsetzung der Vernunft zur Vorannahme gemacht. Dadurch lassen sich Lehmanns Ansicht nach die scheinbaren Widersprüche erklären, die Adickes in *Conv. I* hervorhebt. Zudem könne man der Alternative ausweichen, Gott als Fiktion (Vaihinger) oder als transsubjektive Persönlichkeit (Adickes) zu deuten.[47]

Während die angeblichen Widersprüche der Gottesidee sich unter Berücksichtigung der moralisch-praktischen Vernunft aufheben lassen, führen die Reflexionen über das Verhältnis Gottes zur Natur, also die Immanenz Gottes, nach Lehmann zur unlösbaren Aporie von Personalismus und Pantheismus. Denn Gott werde im Nachlasswerk bald als Person, bald als durch seine bewegenden Kräfte

45 Lehmann 1969, 362.
46 *OP*, AA 21: 27.16–19 = I 11.
47 Vgl. Lehmann 1961a, 152 ff., und Lehmann 1969, 362 f.

auf die Weltwesen einwirkend aufgefasst.[48] In der Lehre der Selbstaffektion würden die transzendentale Subjektivität und deren eigener Körper als organisches Prinzip in der Tat die Funktion des urbildlichen, produktiven Verstandes übernehmen. So stelle der intuitive Verstand die Verwirklichung des produktiven, „göttlichen“ Verstandes im psychophysischen Organismus dar. Trotzdem bleibe dieser intuitive Verstand bloß eine menschliche Subjektivität. Nun, so bemerkt Lehmann, bringe die Selbstaffektionslehre eine Schwierigkeit mit sich, sofern Kant organische Körper als Erzeugnisse eines organisierenden Prinzips verstehe, was einen gewissen Vitalismus voraussetze. Anders gesagt müsse Kant im Nachlasswerk das Prinzip der „Weltseele“ annehmen, das er in der *KU* abgelehnt hatte.[49] Trotz aller Vorbehalte – „Nicht daß die Welt Gott oder Gott ein Wesen in der Welt (Weltseele) sey“[50] –, so schlussfolgert Lehmann, behaupte der Text des *Opus postumum* die völlige Immanenz eines göttlichen Prinzips, die sich mit der Darstellung Gottes als moralische Persönlichkeit nicht vereinbaren lasse.[51]

4.1.8 Die Logik der Ganzheit

Mit Lehmann erfolgt in der Wirkungsgeschichte des *Opus postumum* eine deutliche Wendung bezüglich der Interpretationen der neukantianischen Periode, insofern er das Nachlasswerk nicht mehr als Weiterentwicklung des Transzendentalismus der ersten *Kritik* versteht, sondern als Fortsetzung jener Kritik der reflektierenden Urteilskraft, die bereits in der dritten *Kritik* übernommen wurde. Zum Teil knüpft er jedoch immer noch an einige Thesen der früheren Interpreten an. Wie Adickes misst Lehmann allein den Entwürfen *Conv. X/XI*, *Conv. VII* und *Conv. I* philosophische Bedeutung bei, nämlich denjenigen, an denen Kant nach dem Scheitern des Versuchs einer Ätherdeduktion in *Uebergang 1–14* arbeitete. Wie Vaihinger geht Lehmann davon aus, dass sich innerhalb des Nachlasswerks – sowie bereits in den kritischen Schriften – zwei unvereinbare Tendenzen ausmachen lassen. In besonderer Weise symptomatisch für diesen dem *Opus postumum* immanenten Konflikt sei die „neue transzendentale Deduktion“ – Lehmann übernimmt den Ausdruck von Adickes –, mit der Kant die Ätherdeduktion ersetze. Am Ende sei Kant gezwungen worden, den konstitutiven Gebrauch der

48 „Der Begriff von Gott ist die Idee von einem moralischen Wesen [...] nicht ein hypothetisches Ding sondern die reine practische Vernunft selbst in ihrer Persönlichkeit und mit ihren bewegenden Kräften in Ansehung der Weltwesen und ihren Kräften.“ (*OP*, AA 22: 118.14–18 = VII 43).
49 Vgl. *KU*, AA 5: 394.
50 *OP*, AA 21: 18.14 f. = I 7.
51 Vgl. Lehmann 1961a, 154–158.

Vernunft aufzugeben und das Problem des Übergangs von der Metaphysik zur Physik anhand der reflektierenden Urteilskraft zu behandeln. Kant sei demzufolge von einer in der Ganzheit reflektierenden Aktivität der Vernunft ausgegangen, die eine dialektische Logik bilde, wie Lehmann an folgender Stelle zusammenfasst:

> Überall zeigt sich dabei das Denken Kants als „ganzheitslogisches“: ganzheitlich wird die physikalische Region, ganzheitlich wird die Wahrnehmungsregion bestimmt. Materie und Erfahrung sind ein Ganzes; ihre abstrakte Identität wird zur konkreten mit dem Aufbrechen des eigentlichen Sinnes von „Existenz“ in der menschlichen Person. Dabei erschließt sich jener letzte Zusammenhang von Idee und Existenz, der verdeckt auch schon die Ätherdeduktion bestimmt.[52]

Diese Logik ist wiederum als Hintergrund der vier Momente zu erkennen, in denen Lehmann in seiner Habilitationsschrift den Zusammenhang von Nachlasswerk und *KU* zusammenfasst.[53] Der nur subjektiv gültige Begriff der *Technik der Natur*, der in der *KU* soviel wie „Natur als Kunst“ bedeutet[54] und als solcher der Mechanik der Natur entgegengesetzt wird,[55] umfasse im *Opus postumum* auch die Mechanik der Natur.[56] Der Idee der Natur setze die reflektierende Urteilskraft die Idee der Subjektivität als der *technisch-praktischen Vernunft* entgegen. Aus der Einheit von Natur und Vernunft nach dem Ganzheitsprinzip ergebe sich die Idee des *intellectus archetypus* als der Gipfel des Aktes der Selbstsetzung. Diese abstrakte Identität werde schließlich konkret im Aufbrechen des eigentlichen Sinnes von „Existenz“ im Subjekt der *Selbstaffektion*.

Das Ergebnis des *Opus postumum* ist also nach Lehmanns Interpretation weder ein transzendentaler Realismus nach Adickes' These noch ein subjektiver Idealismus fichtescher Art, sondern ein absoluter Idealismus wie bei Hegel.

---

52 Lehmann 1969, 270.
53 Vgl. Lehmann 1969, 342–370.
54 *EEKU*, AA 20: 204.
55 *EEKU*, AA 20: 219.
56 „Die Technik der Natur erstreckt sich also weiter als die Mechanik der Natur, obzwar sie nicht von objektiver Geltung ist; und sie ermöglicht einen Übergang: den Übergang von den allgemeinen Naturgesetzen zu den besonderen.“ (Lehmann 1969, 343).

4.2 Daval

Roger Daval[57] sieht im *Opus postumum* Kants Rückkehr zum Problem der Grundlegung einer reellen Metaphysik. Denn er geht wie viele Neukantianer davon aus, dass Kant in der ersten *Kritik* bloß eine Theorie der formalen Bedingungen der wissenschaftlichen Erkenntnis biete. Der Schematismus der *Analytik* in der *KrV* schlägt zwar seiner Ansicht nach eine Brücke zwischen Anschauung und Begriff. Die Aktivität des menschlichen Geistes vermöge jedoch unter diesen Umständen lediglich einen intelligiblen, keineswegs aber einen sinnlichen Gegenstand zu liefern. Aus solchen Prämissen habe also nur eine fiktive Metaphysik entstehen können.

Das *Opus postumum* stellt nun für Daval den Versuch dar, jenen Standpunkt zu überwinden und eine Metaphysik des Realen zu bilden, ohne die Ergebnisse der ersten *Kritik* aufzugeben. Deswegen erweist es sich ihm zufolge für den späten Kant als notwendig, auf die Problematik des Schematismus zurückzugreifen.[58] Dementsprechend ist die Schematismuslehre der Leitfaden in Davals Lesart des *Opus postumum*. Diese erfolgt allerdings nicht nach der chronologisch-thematischen Anordnung des Nachlasses, sondern nach einer systematischen Rekonstruktion, die sich überwiegend am Aufbau der *KrV* orientiert. Behandelt wird in Davals Darstellung zunächst der neue Begriff der Transzendentalphilosophie,[59] dann die neue Auffassung von Raum und Zeit,[60] die Schematismuslehre und der physikalische Gegenstand[61] und schließlich die neue Metaphysik[62].

4.2.1 Kants neue Transzendentalphilosophie

Daval erörtert zunächst die neue Auffassung von der Transzendentalphilosophie in *Conv. I*, welche an den Themenkreis der transzendentalen Methodenlehre der

---

57 Mit seinem Buch *Kant et la métaphysique* von 1951 (Daval 1951) schließt sich Roger Daval (1911–1994) der spiritualistischen Richtung der französischen Kant-Forschung an (vgl. Pflug 1956/57). Sein Kant-Buch gehört, zusammen mit *L'idéalisme kantien* von Lachièze-Rey und *La déduction transcendantale dans l'œuvre de Kant* von de Vleeschauwer, zu den bedeutendsten Beiträgen der französischsprachigen Kant-Forschung der 1930er-, 1940er- und 1950er-Jahre. Das *Opus postumum* behandelt Daval im vierten und letzten Kapitel seines Werkes (Daval 1951, 267–394).

58 Vgl. Daval 1951, 267 f.

59 Daval 1951, 268–284.

60 Daval 1951, 285–292.

61 Daval 1951, 293–368.

62 Daval 1951, 368–394.

KrV anknüpft. In Kants kritischen Schriften sei zwischen transzendentaler Philosophie qua Philosophie der Erfahrung und Metaphysik unterschieden worden. Die eine sei synthetisch, aber bloß formal, die andere hingegen habe zwar ihren eigenen Inhalt – die drei metaphysischen Ideen –, sei aber nur analytisch. Im *Opus postumum* bleibe die Transzendentalphilosophie ein System der Erfahrung und eine synthetische Erkenntnisart. Sie untersuche jedoch zudem das Fundament der Erfahrung und versuche, ein System der Ideen – Welt, Mensch und Gott – zu bilden; insofern wandle sie sich zur Metaphysik.[63]

Mit dieser Entwicklung des Philosophiebegriffs habe auch eine Änderung auf der Ebene der Methode erfolgen müssen. Da die neue Transzendentalphilosophie ihren Inhalt durch die Objektivierung ihrer eigenen Formen gewinne, finde sie in der Methode der Mathematik, die eine Erkenntnisart durch Konstruktion der Begriffe in der reinen Anschauung *a priori* sei, ein Modell für ihr Verfahren. Die Transzendentalphilosophie könne sich ferner der Mathematik als eines Werkzeugs, eines Organon bedienen, um die physikalische Welt zu konstruieren und so die Aufgabe des Übergangsprojekts zu erfüllen.[64]

4.2.2 Die Erweiterung der Spontaneität auf die Rezeptivität

Wenn die neue Transzendentalphilosophie sich selbst die Gegenstände gibt, die sie erkennt, indem sie sie konstruiert, dann muss nach Davals weiterer Argumentation die Rezeptivität als ein Produkt der Spontaneität begriffen werden.[65] Er besteht darauf, dass in Kants Lehre von Raum und Zeit im Nachlasswerk keine grundsätzliche Änderung eintrete und dass die eigentliche Absicht der transzendentalen Ästhetik der ersten *Kritik* nur vertieft und entfaltet werde. So könne man keineswegs behaupten, dass Raum und Zeit im *Opus postumum* auf Kategorien des Verstandes reduziert würden. Der Unterschied zwischen Sinnlichkeit und Verstand, Anschauung und Begriff gelte immer noch und behalte denselben Sinn. In diesem Punkt gebe es keine Abweichung von der ersten *Kritik*. Raum und

---

63 Daval 1951, 268–273. Daval gesteht zu, dass eine bloß analytische Metaphysik neben der neuen Transzendentalphilosophie nach wie vor auch im *Opus postumum* vorzufinden sei.

64 Daval 1951, 273–284. In Bezug auf die Rolle der Mathematik für die neue Transzendentalphilosophie formuliert Daval seine These wie folgt: „Son rôle caché, c'est [...] d'offrir à la philosophie transcendantale un modèle de science qui réussit parce qu'elle est la seule qui puisse transmuter ses concepts en intuitions. Le rôle affirmé, c'est d'être un organon par lequel la philosophie transcendantale va pouvoir, en partant d'Idées fondamentales, construire le monde physique, c'est-à-dire, elle aussi, muter ses concepts en intuitions.“ (ebd., 283).

65 Vgl. Daval 1951, 285–292.

Zeit würden jedoch als Akte der Spontaneität des Subjekts bezeichnet. Das heiße, dass die Identität zwischen Denken und Spontaneität aufgegeben worden sei. Die Spontaneität sei nicht mehr intellektueller Natur. Denn zur Spontaneität gehörten dem späten Kant zufolge sowohl Verstand als auch Sinnlichkeit. Die Spontaneität sei also im Subjekt tiefer verankert als Sinnlichkeit und Verstand, denn beide entstünden aus jener.[66] Darin bestehe die Neuerung im *Opus postumum* im Vergleich zur *KrV*.[67]

4.2.3 Die Selbstsetzung des Subjekts als doppelte „Objektivation"

Die ursprüngliche Spontaneität stellt nach Davals Darlegung eine erste Modalität der Subjektivität dar, nämlich das Ich-Subjekt, welches sich mit dem reinen Akt des Ich, mit dem *cogito* oder auch mit der transzendentalen Apperzeption identifiziere. Seine Aktivität bestehe in der Setzung, genauer gesagt darin, sich selbst als Ich-Objekt zu setzen. Das Ich-Objekt entspreche der zweiten Modalität der Subjektivität, zu welcher die Kategorien und die Formen der Rezeptivität hinzukommen. Das Ich-Subjekt könne dementsprechend urteilen, aber nicht erkennen. Denn auch im *Opus postumum* ergebe sich die Erkenntnis aus der Synthesis von *intuitus* und *conceptus*.[68] Um sich selbst zu erkennen, müsse das Ich-Subjekt sich selbst durch eine doppelte „Objektivation" auf zweierlei Weise setzen. Zunächst setze es sich als Objekt-Noumenon oder Ding an sich, welches das Objekt X des Denkens sei. Dann affiziere das Objekt-Noumenon das empirische Ich, wobei es sich um nichts anderes als um eine indirekte Selbstaffektion handle, und daraus entstehe das Objekt als Phänomenon, was die zweite „Objektivation" ausmache.[69] Noumenon und Phänomenon stellten also nur zwei Betrachtungsweisen ein und desselben Objekts dar, nämlich das Gesetz der Konstruktion des Objekts bzw. die Veranschaulichung desselben. Zwischen Noumenon und Phänomenon gebe es denselben Unterschied, den es zwischen dem genetischen Gesetz und der geometrischen Veranschaulichung eines Kreises gebe.[70]

---

66 Vgl. Daval 1951, 287 f.

67 Daval schreibt diesbezüglich: „La pensée restant distincte de la sensibilité, la sensibilité devenant, elle aussi, un produit de la spontanéité, l'identité d'autrefois est dissoute." (Daval 1951, 288).

68 Daval 1951, 299 f.

69 Daval fasst wie folgt zusammen: „[...] le moi pur ne peut se connaître qu'en se repliant en quelque sorte sur lui-même, en s'objectivant d'abord, en s'affectant ensuite." (Daval 1951, 307). Die drei Momente der Tätigkeit des Subjekts sind also das Selbstbewusstsein, die direkte und die indirekte Bestimmung des Ich (vgl. ebd.).

70 Vgl. Daval 1951, 306.

4.2.4 Kritik der doppelten Affektion

Wie Lachièze-Rey und de Vleeschauwer lehnt Daval jede transzendente Affektion ab. Er hält nämlich das Objekt, als Vorstellung des empirischen Ich betrachtet, für eine „Erscheinung“, das Objekt-Noumenon für eine „Erscheinung von Erscheinung“.[71] Die Erscheinung sei nicht mehr, wie in der *KrV*, die Zusammensetzung eines Aposteriori durch Formen *a priori*. Denn was das empirische Ich affiziere, werde vom reinen Subjekt ganz *a priori* produziert. Von dieser Herstellung habe jedoch das reine Subjekt kein Bewusstsein. Vor der Erkenntnis der transzendentalen Philosophie fasse das empirische Ich jenes Objekt als Ding an sich, nämlich als Ursache seiner Wahrnehmungen auf. Infolge der transzendentalen Philosophie werde das empirische Ich gelehrt, dass jenes Ding an sich in der Tat seine eigene Produktion als reines Ich, also phänomenaler Natur sei. Das Ich an sich werde daher mit der Erscheinung von der Erscheinung gleichgesetzt. Dieses Wissen kennzeichne die Perspektive des Physikers, denn ihm erscheine das Ding an sich als Konstrukt des Ich an sich.

4.2.5 Kants neue Schematismuslehre

Nach Daval ergibt sich aus der Ablehnung des empirischen Realismus in *Conv. X/XI* die Reduktion des Sinnlichen auf das Apriori, welche einen wesentlichen Fortschritt für die transzendentale Fundierung der Physik als Wissenschaft des Sinnlichen ermöglicht.[72] Aus der Perspektive der *KrV* sei nämlich eine Wissenschaft des Sinnlichen unmöglich. Denn entweder werde die Physik durch eine transzendentale Deduktion der Formen *a priori*, die alle ihre Urteile konstituieren, als Wissenschaft gerechtfertigt, aber dann gehöre zu einer solchen Wissenschaft nicht der Teil des Sinnlichen, der nicht deduziert, sondern allein *a posteriori* erworben werden könne. Oder es gehöre alles Sinnliche zur Physik, aber dann könne sie keinen Anspruch auf Wissenschaftlichkeit im transzendentalen Deutungshorizont erheben. Im *Opus postumum* gelte hingegen nicht mehr die Identität zwischen Sinnlichem und Formlosem.[73] Damit werde auch der letzte „Rückstand“ („résidu“) des Aposteriori, das „reine Sinnliche“ („le sensible pur“), wie Daval es bezeichnet,[74] in das Apriori absorbiert. Dank dieser Entwicklung könne Kant nun

---

71 Vgl. Daval 1951, 309–320.
72 Vgl. Daval 1951, 321–335.
73 Vgl. Daval 1951, 324 und 335.
74 Vgl. Daval 1951, 321.

die physikalische Erkenntnisart als eine Erkenntnis durch Konstruktion von Begriffen nach dem Modell der Mathematik betrachten.[75]

4.2.6 Der Schematismus des Äthers

Was einem indirekt erscheint, also die Wahrnehmung, kommt Daval zufolge in der Tat vor dem, was einem direkt erscheint, d. h. die bewegende Kraft.[76] Wie lässt sich diese Metamorphose des physikalischen ins sinnliche Objekt erklären? Wenn man durch ein physikalisches Objekt affiziert wird, handelt es sich nach Daval um eine Selbstaffektion, da dieses Objekt eine Konstruktion des Ich an sich ist. Nun werde diese Affektion durch bewegende Kräfte bewirkt, und man trete als physikalischer Gegenstand in Wechselwirkung mit diesen Kräften, indem man durch seine eigenen Kräfte zurückwirke. Durch die eigene Reaktion entstehe in einem selbst die Empfindung, die man auf das äußere Objekt projiziere, von dem die affizierenden Kräfte entstanden seien. Dadurch werde dieser physikalische Gegenstand mit einer sinnlichen Qualität ausgestattet, sodass es, obwohl es um ein physikalisches Objekt gehe, einem als ein sinnlicher Gegenstand erscheine.[77]

Die physikalische Erkenntnis sei also nichts anderes als der Prozess, durch den das Ich sich dessen bewusst werde, was es unbewusst gesetzt habe. Die Erkenntnis sei gerade deshalb möglich, weil vorher das Ich jenes Objekt konstruierend gesetzt habe. Der sinnliche Gegenstand erweise sich nachträglich bei der

75 Daval formuliert wie folgt: „Nous montrerons [...] que l'*Opus postumum* [...] croit établir le correspondant physique de la construction de concepts mathématiques, et que, bien que Kant ne le dise pas très explicitement, il s'agit bien d'un *analogue* de cette construction de concepts.“ (Daval 1951, 337).

76 „[...] ce que je conçois comme force motrice m'apparaît immédiatement comme sensation.“ (Daval 1951, 367).

77 Daval erklärt diese Metamorphose in prägnanter Weise: „Comment se fait-il en effet que des forces, dynamiques ou mécaniques, se transforment en objets sensibles ? Il faut nécessairement passer par un objet physique, et c'est un objet sensible que je vois. Je reçois l'action de forces motrices, et au lieu de ‚voir' ces forces, je vois du vert ou du rouge, je touche du rugueux ou du poli, je goûte du salé ou du sucré, et je pose ces qualités sensibles comme inhérentes à l'objet. Pour expliquer cette métamorphose ou, tout au moins, pour tenter de l'expliquer, je puis reconstituer le processus suivant : les forces motrices agissent sur ma réceptivité, et déterminent une sensation. Je suis, de ce point de vue, un objet physique parmi tous les objets physiques, je subis l'action de certaines forces, et j'exerce mon action sur certains objets. Pourtant, lorsque je subis la force motrice, la sensation naît en moi. Je ne la saisis pas comme telle, je n'y vois pas un simple état subjectif, mais je la projette dans l'objet physique d'où émane la force affectante, et je la revêts ainsi d'une qualité sensible. Il *est* objet physique, mais, au terme de ce processus, il *m'apparaît comme* un objet sensible, c'est-à-dire comme un phénomène.“ (Daval 1951, 329 f.).

Reflexion als das Spiegelbild des Verstandes. Die Verwandlung des Gegenstands vom logischen Konstrukt zum sinnlichen Phänomen verwirkliche daher die Schematisierung des Begriffs.[78] Der Inhalt unserer Erkenntnis sei sowohl in der direkten wie auch in der indirekten Erscheinung derselbe. Der Unterschied liege darin, dass dieser Inhalt im Fall der direkten Erscheinung die formlose Empfindung, im Fall der indirekten Erscheinung die mit bewegender Kraft gefüllte Form sei. Die Analogie zum konstruktivistischen Verfahren der Mathematik bestehe also darin, dass die Verwandlung des Begriffs ins Mannigfaltige der Anschauung heiße, die Anschauung zu konstruieren.[79]

Seit Krause ist Daval der erste Interpret des *Opus postumum*, der die systematische Bedeutung des Ätherbeweises deutlich hervorhebt und seine Gültigkeit als transzendentale Deduktion sowie als Schematismus anerkennt.[80] Er betont, dass bei beiden von ihm genannten Ätherbeweisen – der Beweis der notwendigen Existenz des Äthers aus der Unmöglichkeit der absoluten Leere bzw. aus der Notwendigkeit zum Aufbau eines Systems der möglichen Erfahrung – das Dasein des Äthers im Endeffekt aus der Möglichkeit der Erfahrung abgeleitet werde.[81] Bewiesen würden allerdings neben der Existenz der ätherischen Materie auch ihre Eigenschaften – Imponderabilität, Inkoerzibilität, Inkohäsibilität und Inexhaustibilität. Die Deduktion dieser Eigenschaften geschehe anhand der Kategorien. Denn jede Eigenschaft entstehe aus der Bestimmung des Äthers durch die entsprechende Kategorie. Der Äther selbst bilde das Korrelat des transzendentalen Ich. Die gesamte Äthertheorie liefere schließlich den physikalischen Schematismus.[82]

---

78 In den Worten Davals: „Ce qui rend possible une connaissance *a priori* du sensible [...], c'est, d'une part, le fait que nous ne connaissons l'objet que par ce que notre entendement a introduit en lui et, d'autre part, le fait que le sensible, envisagé sous cet angle, c'est l'objet physique et non le sensible donné immédiatement aux sens. Lorsque l'entendement introduit ses formes pour constituer l'objet, il n'est pas conscient de l'acte en train de faire. C'est seulement après que la mutation, c'est-à-dire l'objectivation, s'est faite que l'on peut dans l'objet lire l'œuvre de l'entendement, comme on voit dans un miroir l'image d'une personne placée derrière soi. Or cette mutation, c'est très exactement la schématisation du concept." (Daval 1951, 365).

79 Vgl. Daval 1951, 356 f.

80 Vgl. Daval 1951, 353–362.

81 „La clef de voûte de la démonstration de l'éther est donc bien la possibilité de l'expérience : l'éther fonde cette possibilité en permettant la sensibilisation de l'espace, donc l'excitation des organes sensoriels par les forces motrices." (ebd., 360).

82 Dazu eine einprägsame Passage aus Davals Text: „On voit clairement dès lors pourquoi Kant considérait la théorie de l'éther comme essentielle à l'*Übergang* ; c'est elle qui constitue le schématisme physique. La catégorie de quantité s'objectivant dans l'éther fait naître la pondérabilité, de même que, par la même mutation, la catégorie de qualité fera naître la

4.2.7 Die Welt der Ideen

Wie bereits gezeigt wurde, kommen der Spontaneität des Subjekts in den späteren Entwürfen des *Opus postumum* bei Daval breiter gefächerte Funktionen zu als in den kritischen Schriften. Es gibt daher für den französischen Kant-Forscher keinen Zweifel daran, dass die Transzendentalphilosophie des Nachlasswerks einen subjektiven Idealismus spiegelt. Im Unterschied zur *KrV* entstehen seiner Ansicht nach aus der Spontaneität sowohl die Rezeptivität wie auch die drei metaphysischen Ideen und ihre systematische Einheit. Die Transzendentalphilosophie werde zu einer synthetischen Erkenntnis *a priori*, indem sie die Ideen hervorbringe, die sie erkenne. Gott und die Welt entsprächen den Ideen zweier völlig heterogener Wesen: Ersterer werde als Noumenon und reine Aktivität, zweitere als Phänomenon und reine Passivität gedacht. Die Korrelation dieser beiden Ideen könne also nicht analytisch sein. Sie könne daher nur durch eine Synthesis verwirklicht werden, welche durch die Idee des Menschen realisiert werde, denn der Mensch sei Person und Natur, Noumenon und Phänomen, Aktivität und Rezeptivität. Die Idee des Menschen als synthetischer, reflektierender Akt sei also die formale Realität aller Ideen.[83]

Jedenfalls müsse man zwischen einer Idee, welche eine epistemologische Bedeutung habe, und der Existenz des in dieser Idee dargestellten Wesens deutlich unterscheiden. So denke man Gott als eine transzendente Substanz, deren Natur aber unerkennbar sei, da er uns nur als Idee gegeben werden könne. Das erkläre die anscheinend widersprüchlichen Aussagen über Gott als Substanz in *Conv. I*.[84] Ein theoretischer Gottesbeweis sei also unmöglich. Denn wir könnten weder Gott durch eine Anschauung erkennen, in der er uns als Objekt gegeben sei, noch seine Existenz aus seiner Idee ableiten, wie sich die Eigenschaften der mathematischen Gegenstände aus den jeweiligen Definitionen ableiten lassen. Ein Gottesbeweis sei auch im *Opus postumum* nur im Bereich der praktischen Vernunft durch den kategorischen Imperativ denkbar.[85]

---

coercibilité, celle de relation, la cohésion, et celle de modalité, l'exhaustibilité. Et l'éther elle-même sera l'objectivation du Je transcendantal." (Daval 1951, 362).

83 Vgl. Daval 1951, 369–386. Daval formuliert zusammenfassend: „Ainsi l'homme est à la fois l'auteur de la philosophie transcendantale, et un des éléments de la construction qu'est cette philosophie : il la crée en se créant lui-même dans ce monde dont il est citoyen, monde intelligible et monde sensible. Et les idées de Dieu et du monde sont les piliers de sa création." (Daval 1951, 386).

84 Vgl. Daval 1951, 390.

85 Zu Davals Deutung der Gotteslehre im *Opus postumum* vgl. ebd., 387–394. Folgende drei Auszüge fassen Davals Position zusammen: „C'est donc une véritable preuve de l'existence de Dieu que nous trouvons dans l'impératif catégorique. Sans doute le concept de Dieu n'est-il ni

4.2.8 Die Fortschritte des kantischen Denkens im *Opus postumum*

Zwei Themen beherrschen also nach Daval das Nachlasswerk. Das erste Thema ist die Einheit des menschlichen Bewusstseins dank eines neuen Begriffs der Spontaneität, insofern diese im Unterschied zur ersten *Kritik* auch die Rezeptivität und daher den gesamten physikalischen Gegenstand herstellt. Dementsprechend bleibt die Idee nicht weiterhin lediglich *regulativ*; sie gewinnt auch eine *konstitutive* Funktion. Das zweite Thema ist die Idee Gottes, welche nunmehr als ein *ens summum* dargestellt wird.[86] Der Mensch wird also zum Vermittler zwischen Gott und der Welt, ähnlich wie der Schematismus zwischen Vernunft und Sinnlichem.

Wie Lachièze-Rey versucht also auch Daval, über die Alternative in der neukantianischen Debatte über das *Opus postumum* zwischen transzendentem Realismus und fiktionalem bzw. methodologischem Idealismus hinauszugehen und in der Transzendentalphilosophie des späten Kant eine Metaphysik des Subjekts auszumachen. Außer Acht bleibt jedenfalls bei ihm das Problem des Verhältnisses des *Opus postumum* zur dritten *Kritik*, das in Lehmanns Beiträgen thematisiert wurde, sodass Daval das Nachlasswerk allein im Zusammenhang mit dem Transzendentalismus der *KrV* betrachtet. Der wichtigste Fortschritt, den seine Interpretation des *Opus postumum* mit sich bringt, ist wohl die Verwertung der systematischen Funktion des Ätherbegriffs. Die sogenannte Ätherdeduktion verwirklicht nach Daval die Schematisierung von Verstandesbegriffen und Wahrnehmungen, die ein Modell der Schematisierung zwischen Gott und Welt darbietet. Dem Äther als Konstrukt *a priori* in der Physik entspricht die Idee des Menschen in der neuen Metaphysik. Diese Intuition von Daval wird von Mathieu übernommen und als ein zentrales Element seiner Interpretation des *Opus postumum* weiterentwickelt.

---

un concept d'expérience, puisque nous ne percevons pas Dieu, ni un concept métaphysique, puisque de ce qu'on pense dans ce concept on ne peut pas déduire l'existence de Dieu. Mais c'est un concept pratique [...]." (Daval 1951, 392). „Dieu m'est donné comme un être existant, *non pas dans le contenu de l'Idée que j'ai de lui*, mais *dans la structure formelle de ma raison*, structure que lui seul peut m'avoir imposée." (ebd., 393). „Ainsi l'idée de Dieu, donné dans l'impératif catégorique, est la charnière entre le transcendant et l'immanent, comme l'homme est la charnière entre le monde intelligible et le monde sensible." (ebd., 394).

86 Daval schreibt: „[...] la divinité, [...] au lieu d'être sous la forme de l'*intuitus originarius* un simple terme de comparaison avec la connaissance humaine, devient l'*ens summum*, Dieu." (Daval 1951, 395).

4.3 Pellegrino

Ubaldo Pellegrino[87] bezeichnet die Position des späten Kant als „phänomenistisch" („fenomenista") oder auch als „transzendentalen Phänomenismus" („fenomenismo trascendentale"),[88] denn, da Kant seines Erachtens auch im *Opus postumum* keine intellektuelle Anschauung annimmt,[89] kann die Existenz lediglich entweder als *empirisch* (d. h. als wahrnehmbare Erscheinungen) oder als *asymptotisch* (d. h. als *regulatives*, unerreichbares Ideal für die Erfahrung) bestimmt werden. Ein ontologischer Begriff des Daseins finde dementsprechend in der kantischen Anschauung keinen Platz. Zudem entspreche das transzendentale Subjekt keinem ontologischen Wesen. Es sei das Prinzip der höchsten synthetischen Einheit *a priori*, von dem wir ein unmittelbares Bewusstsein haben. Es gehe dabei um ein erkenntnistheoretisches, nicht um ein metaphysisches Absolutes, denn die ganze Aktivität des Subjekts ziele auf den Aufbau des Formalen der Erfahrung ab.[90] Die Selbstsetzung des Subjekts müsse demzufolge als nur formal verstanden werden. Pellegrino lehnt die Auffassung ab, dass sich die materiale Angabe für Kant auf ein extramentales Ding an sich oder auf ein absolutes Subjekt beziehe. Die Ursache der sinnlichen Affektion bleibe unerkennbar *a priori*. Kant vertrete daher auch im *Opus postumum* einen empirischen Realismus, wie er dies bereits in der *KrV* getan habe.[91] Ideen entsprächen keiner theoretischen Er-

87 Ubaldo Pellegrino (1920 – 2004) studierte an der Università Cattolica (Brescia) und an der Universität Padua (facoltà di Magistero). Er vertrat eine Form des Neuthomismus. Im Jahre 1957 erschien sein Buch über das *Opus postumum*, an welches drei Aufsätze in den folgenden Jahren anknüpften (Pellegrino 1958, Pellegrino 1961 und Pellegrino 1995). Der erste Teil des Buches enthält eine eingehende Darstellung der Lesarten des *Opus postumum* von Vaihinger, Adickes, de Vleeschauwer, Lachièze-Rey und Lehmann (Pellegrino 1957, 27 – 70). Im zweiten Teil entfaltet Pellegrino seine eigene Deutung von Kants Nachlasswerk unter besonderer Berücksichtigung des Problems des Wirklichkeitsbegriffs (ebd., 73 – 242). Im dritten Teil äußert der Verfasser einige grundsätzliche Einwände gegen Kants Denken (ebd., 245 – 263). Pellegrinos Studie erweist sich als noch tief durch die neukantianische Debatte über das *Opus postumum* geprägt. Es ist aus historischen Gründen erwähnenswert, dass es sich dabei um die erste ausführliche Untersuchung über das *Opus postumum* auf Italienisch handelt. Ihre Wirkung sollte jedoch selbst innerhalb der italienischen Kant-Forschung sehr eingeschränkt bleiben, weil nur ein Jahr später das meisterhafte Werk von Mathieu erschien, das die Studie Pellegrinos an Originalität und Scharfsinn übertraf.

88 Vgl. Pellegrino 1957, 113 und 237.

89 Vgl. Pellegrino 1957, 90, 112 und 193 f.

90 Vgl. Pellegrino 1957, 115 – 139.

91 Vgl. Pellegrino 1957, 139 – 171. Pellegrino formuliert seine Position zu diesem Punkt wie folgt: „Il dato materiale non deriva né dalla cosa in sé, né dal soggetto trascendentale: ed è per questo da scartarsi sia la soluzione realista che quella del soggettivismo assoluto."

kenntnis. Sie hätten nur einen technisch-moralischen Wert und dienten der Vorstellung des Realen in seiner Gesamtheit.[92] Über die Existenz Gottes und des Dinges an sich außerhalb ihrer Vorstellungen im menschlichen Geist könne nichts festgestellt werden.[93] Alles in allem, so schließt Pellegrino ab, bleibe der Kant des *Opus postumum* auf der Bahn der kritischen Philosophie, und von einer Wende zum romantischen Idealismus könne keineswegs die Rede sein. Gerade deswegen übertreffe Kant auch nicht im *Opus postumum* die Inkohärenzen seines kritischen Denkens hinsichtlich des Realitätsbegriffs: 1) Da das Prinzip der transzendentalen Synthesis nicht in einer sinnlichen Anschauung gegeben werden könne, erweise es sich als prinzipiell unerkennbar, was zu dem Paradox führe, dass das Prinzip der Erkenntnis sich selbst nicht erkennen könne. 2) Da Kant die fundamentale Rezeptivität des Subjekts bezüglich der sinnlichen Angaben auch im *Opus postumum* annehme, würden sich die Empfindungen entweder auf eine schöpferische Aktivität des transzendentalen Subjekts oder auf extramentale Dinge an sich zurückführen lassen; beide Lösungen würden nun im *Opus postumum* abgelehnt. Was die Konstruktion der Erfahrung angehe, bleibe Kant daher auch in den späteren Entwicklungen seines Denkens ein Dualist.[94]

Wenn Kants Projekt einer Ableitung der menschlichen Erfahrung aus einem Prinzip des Ganzen im *Opus postumum* scheitert, geschieht es nach Pellegrino gerade deswegen, weil Kant seinen transzendentalen Idealismus nicht bis ins Letzte konsequent verfolgt. Er hätte, so argumentiert Pellegrino weiter, eine *intellektuelle Anschauung* annehmen müssen, welche allein das Problem der Selbsterkenntnis des Prinzips aller Erkenntnis hätte lösen können.[95] Ein solches direktes Anschauungsvermögen des Daseins durch den Verstand hätte ferner den Übergang von einem bloßen Phänomenalismus zu einer echten Ontologie rechtfertigen können.[96]

92 Vgl. Pellegrino 1957, 195–215.

93 Vgl. Pellegrino 1957, 215–224.

94 Vgl. Pellegrino 1957, 245–252, und Pellegrino 1961, 373.

95 Vgl. Pellegrino 1957, 248.

96 Nach Pellegrino ist der grundsätzliche Fehler der gesamten kantischen Philosophie in der Ablehnung der Möglichkeit einer intellektuellen Anschauung des Daseins zu suchen: „L'errore fondamentale di Kant sta nel presupposto metafisico-gnoseologico per cui lui pone l'essere al di là della conoscenza sia intellettiva che sensitiva e pone che il pensiero per sé attinge solo se stesso e la sensazione dei dati coscienti soggettivi." (Pellegrino 1957, 252).

4.4 Mathieu

Die 1958 veröffentlichte Studie von Vittorio Mathieu,[97] *La Filosofia trascendentale e l'„Opus postumum" di Kant,*[98] bleibt eine der wichtigsten Untersuchungen über Kants Nachlasswerk. Eine verkürzte und überarbeitete Fassung[99] dieser Arbeit ist 1989 unter dem Titel *Kants Opus postumum*[100] auf Deutsch erschienen. Die bedeutendsten Resultate der Forschungen Mathieus über das *Opus postumum* wurden auch in zahlreichen weiteren Aufsätzen dargestellt.[101] Mathieu hat zudem das *Opus postumum* ins Italienische übersetzt.[102]

Als besonders markant fällt an Mathieus Interpretation des *Opus postumum* ins Auge, dass er von einem grundsätzlichen systematischen Zusammenhang der gesamten kantischen Schrift ausgeht. Er unternimmt sogar den Versuch, ihren mutmaßlichen Aufbau zu rekonstruieren. Eine nur historische Untersuchung der Entstehungsphasen erscheint ihm ebenso unzulänglich wie eine systematische Betrachtungsweise, die allein die zwei bzw. drei späteren Entwürfe als normativ für die Deutung des Denkens des späten Kant erkennen würde. Darüber hinaus betont Mathieu, ähnlich wie Lehmann, die Bedeutung des Verhältnisses des Nachlasswerks zur *KU* für die Erklärung der Entstehung des Übergangsprojekts, obwohl er – und in diesem Punkt weicht er von Lehmann ab – vielmehr eine Diskontinuität zwischen den genannten Schriften behauptet. Schließlich hebt Mathieu die entscheidende Rolle des transzendentalen Ätherbegriffs und seine Bedeutung für die Entwicklung des Begriffs der indirekten Erscheinung hervor. Durch den transzendentalen Ätherbegriff und den Begriff der „Erscheinung von der Erscheinung" habe Kant nämlich einige wichtige Aspekte der zeitgenössischen Philosophie der Physik antizipiert. Wie Daval fasst Mathieu also die Übergangslehre als eine Form von Schematismus auf. Er behauptet ausdrücklich, der Schlüssel zur Interpretation des gesamten Spätwerks Kants sei die Ätherdeduktion im 9. Entwurf, in welcher Kant den transzendentalen Begriff des Äthers erhalte. Der Wendepunkt im *Opus postumum* finde sich folglich nicht erst in der soge-

97 Vittorio Mathieu (geb. 1923) ist ein italienischer Philosoph und eine bedeutende Persönlichkeit der Kant-Forschung in Italien.

98 Mathieu 1958b. Siehe dazu die Rezensionen von Pellegrino (1958b), Ugo Redanò (1958), Valerio Verra (1958), Giorgio Tonelli (1959) und de Vleeschauwer (1963, 101–104).

99 Mathieu selbst bezeichnet diese Version als eine „kürzere und deutlichere Fassung" der vorherigen (Mathieu 1989, 10).

100 Mathieu 1989. Vgl. dazu die Berichte von Jorge E. Dotti (1990), Claudio Cesa (1992) und Jürgen Zehbe (1993).

101 Mathieu 1957, Mathieu 1958a, Mathieu 1967, Mathieu 1969, Mathieu 1988, Mathieu 1990, Mathieu 1991, Mathieu 1994 und Mathieu 2001.

102 Vgl. unten S. 486.

nannten „neuen Deduktion“ des 11. Entwurfs, wie es bislang in der Kant-Forschung vorwiegend behauptet wurde, sondern erfolge bereits einige Monate vorher (Mai bis August 1799).[103]

Dementsprechend werden in der folgenden Darstellung von Mathieus Interpretation des *Opus postumum* zunächst ihre hermeneutischen Voraussetzungen (4.4.1), dann das Verhältnis der Problematik des Übergangsprojekts zur dritten *Kritik* (4.4.2) sowie die Begriffe des Äthers und der Erscheinung von der Erscheinung (4.4.3) und schließlich die Implikationen dieser Begriffe für die Transzendentalphilosophie des späten Kant (4.4.4) erörtert.

4.4.1 Grundlegung der systematischen Interpretation des *Opus postumum*

Mathieu[104] hält die historisch-evolutive Rekonstruktion für ein zwar unentbehrliches, aber unzureichendes Moment der Interpretation, denn Interpretieren bedeute vor allem, die organische Struktur der Gedanken Kants begreiflich zu machen. Die Möglichkeit der Interpretation setze also die Kohärenz des kantischen Systems als heuristische Methode voraus, um die einzelnen Aspekte und Momente des kantischen Denkens zu begründen und zu koordinieren. Dem italienischen Kant-Forscher zufolge „muß man als bloß *regulatives Prinzip* annehmen, daß alles, jede Aussage, jeder Zusatz, jede Paradoxie und jeder Auffassungswechsel, einen zureichenden Grund hat“[105]. In diesem Sinn schreite die Interpretation vom Ganzen zu den Teilen fort,[106] in einer unendlichen, asymptotischen Annäherung an die vollständige Bestimmung des Sinnes.

Verschiedene Argumente sprechen Mathieu zufolge eindeutig für die Notwendigkeit einer diachronischen Rekonstruktion des *Opus postumum*. Zunächst einmal bestehe zu keinem Zeitpunkt ein Modell der endgültigen Systematik des *Opus postumum*. Der Text selbst sei nie über den Zustand eines Entwurfes hinausgegangen: „Dieses Modell und somit auch Kants letztes Werk, hat *nie* wirklich existiert.“[107] Gegliederte „Eintheilungen“ seien nur in den früheren Entwürfen

---

103 Wolfgang Albrecht (1920 – 1985) hatte bereits in einem Aufsatz von 1954 die These von Adickes und Lehmann, die „neue“ Deduktion des *Opus postumum* vollziehe sich erst im 10. und 11. Konvolut, kritisiert und behauptet, sie sei vielmehr schon mit der Ätherdeduktion in *Uebergang 1 – 14* festzustellen (vgl. Albrecht 1954).

104 Vgl. Mathieu 1958, XIV–XVI, und Mathieu 1989, 11 ff., 60 – 63 und 70 f.

105 Mathieu 1989, 11.

106 „L’interpretazione, ha detto benissimo Bergson, va dal tutto alle parti, dal senso al segno, non viceversa.“ (Mathieu 1958, XV).

107 Mathieu 1989, 71.

anzutreffen und würden sich lediglich auf die erste Lehre der bewegenden Kräfte beziehen. Die Darstellung der endgültigen Resultate der transzendentalen Untersuchungen in den späteren Entwürfen vollziehe sich nun nach „fast unendlichen monadischen Perspektiven, die sich mit kleinen Variationen ständig wiederholen“[108], anstatt nach einer gegliederten Struktur. Ferner verschiebe Kant fortwährend den Fluchtpunkt des Werkes. Aus allen diesen Gründen ist Mathieu mit Lehmanns Standpunkt einverstanden, die Bewegung des Denkens Kants sei zwingend genetisch-diachronisch zu rekonstruieren.

Wäre es jedoch ausgeschlossen, die verschiedenen zeitlichen Standpunkte des Textes miteinander zu vergleichen und zusammenzufassen, so wäre es auch nicht denkbar, den Text überhaupt zu verstehen. Er würde dann einfach ein zusammenhangloses und daher sinnloses Mannigfaltiges darstellen. Deshalb setzt nach Mathieu die Möglichkeit einer genetischen Analyse, d. h. einer chronologischen Anordnung der Texte, vielmehr die Möglichkeit einer systematischen Interpretation voraus: „So muß man eine Lehre zuerst einmal *systematisch* erfassen, um überhaupt sehen zu können, wie sie sich im Laufe der Zeit *verändert*.“[109] Es seien zudem Indizien vorhanden, die darauf hinweisen, dass Kant relativ altes Material nicht unbeachtet beiseitegelassen, sondern es verbessert und bearbeitet habe.[110] Anscheinend habe Kant selbst frühere mit späteren Entwürfen verglichen und alte Texte auf veränderte Kontexte bezogen.

Mathieu bemerkt zudem eine starke Korrelation zwischen der Einheit der Gedanken und der vorgegebenen Einheit des Papiers – eine Seite, ein Bogen –, denn Kant ist bestrebt, den zusammenhängenden Text fast ohne Ausnahme auf eine einzelne Seite oder höchstens innerhalb der Grenzen eines einzelnen Bogens zu schreiben. Dies suggeriere, dass die Blätter zum *Opus postumum* eine „synoptische Funktion“ erhalten, insofern sie den Gedankengang geschlossen aufnehmen. Sie werden in diesem Sinn zu „*Bildern eines Gedankenganges*“[111]. Daraus schließt der italienische Kant-Forscher: „[...] wie eine Zelle im Organismus immer den ganzen Körper darstellt, stellt jeder Bogen des OP gleichsam *den ganzen Gedanken* dar, wenn auch jeweils unter einem speziellen Aspekt.“[112] Er fügt hinzu: „Der Sinn des Ganzen ist also auf jeder Seite anzutreffen, wenn auch nie in einer

108 Mathieu 1989, 71. Mathieu betont ferner: „Je mehr Kants Denken an Tiefe, Gründlichkeit, Folgerichtigkeit und innerem Zusammenhang gewinnt, desto mehr verliert das OP den Charakter eines geplanten Werkes.“ (ebd.).

109 Mathieu 1989, 13.

110 Mathieu diskutiert einige bedeutsame Beispiele (vgl. Mathieu 1989, 59 f.).

111 Mathieu 1989, 62.

112 Mathieu 1989, 62.

voll entwickelten und klar artikulierten Form."[113] Es sei also möglich, das komplette Spätwerk Kants zu rekonstruieren, genauso wie man *aus einem einzigen* Knochen auf den gesamten Organismus schließen könne, zu dem jener Knochen gehört habe. Auf dieser Basis erarbeitet Mathieu eine detaillierte Rekonstruktion des Planes des Werkes, wie es seines Erachtens erschienen wäre, wenn Kant es vollendet hätte,[114] obwohl er selbst davor gewarnt hatte, nicht „in den Fehler zu verfallen, das Werk nun anstelle seines Autors zu schreiben"[115].

4.4.2 Das Übergangsprojekt als Revision der *KU*

Wie Lehmann ist auch Mathieu überzeugt davon, dass die Ausgangsfrage des Übergangswerks nicht unmittelbar an die *MAN*, sondern an die *KU* anknüpfe.[116] Anders als Lehmann ist der italienische Kant-Forscher jedoch der Auffassung, das Scheitern des Versuchs einer formalen Reduktion des Organischen in der dritten *Kritik* habe Kant dazu motiviert, zur transzendentalen Linie der ersten *Kritik* zurückzukehren. Im Folgenden wird zunächst Mathieus Analyse des Scheiterns der *KU* (4.4.2.1) und danach seine Deutung des Übergangsprojekts als Fortsetzung der dynamischen Theorie Kants (4.4.2.2) dargestellt.

4.4.2.1 *KU* und Übergangsprojekt

Mathieu behauptet, dass gerade die dritte *Kritik*, in der das gesamte kritische Projekt für abgeschlossen erklärt wird, Kant auf eine „Lücke" in seinem System aufmerksam gemacht habe. Es handle sich dabei um das Problem des Organismus. Der transzendentale Schematismus habe zwar durchaus überzeugend die Anwendung der Kategorien auf die anorganische Materie erklären können, doch treffe dies nicht auf das Organische zu. Denn Kategorien im kantischen Sinn seien Formen, denen es gelinge, einem Körper die Einheit eines Gegenstands zu verleihen, nicht aber ihn in ein lebendes Individuum zu verwandeln. Anders gesagt sehe es so aus, als ob die Erscheinung des Lebenden nicht auf unserem Verstand beruhe, sondern auf dem Ding an sich, d. h. auf der Realität des Lebens an sich, jedenfalls auf einem Prinzip außerhalb des Subjekts. Die *KU* liefere bezüglich

---

113 Mathieu 1989, 70.
114 Vgl. Mathieu 1958, XIX f., und Mathieu 1989, 79–83.
115 Mathieu 1989, 61.
116 Mathieu 1958, 133–168, und Mathieu 1989, 39–49.

dieses Problems keine befriedigende Lösung.[117] Zu behaupten, das Leben könne nur finalistisch, unter der Form eines „als ob" verstanden werden, kläre seine Wirklichkeit nicht auf. Das Leben bilde also eine Art der Realität, die sich anscheinend einer transzendentalen Begründung entziehe.[118]

Offensichtlich gehöre das Problem des Organismus nicht zum anfänglichen Themenkomplex des Übergangswerks. Die Untersuchungen des Nachlasswerks würden immerhin mit einer verwandten Fragestellung hinsichtlich der anorganischen Materie bzw. des Aufbaus der Körper beginnen. Denn sofern die materiellen Körper sich nach bestimmten Gesetzen der empirischen Physik und der Chemie zusammensetzten, die sich anscheinend nicht ganz *a priori* antizipieren ließen, bezeichneten auch diese empirischen Gesetze ein Gebiet, das sich der transzendentalen Fundierung der Erfahrung in der *KrV* entziehe. Auf diese Herausforderung sowie auf die Notwendigkeit der Erweiterung der Grundlegung der Transzendentalphilosophie sei Kant jedoch deshalb gestoßen, weil ihm der Finalismus als regulatives Prinzip der Vernunft als eine unbefriedigende Antwort auf das Problem des Organismus erschienen sei. Im Gegensatz zu Lehmann meint also Mathieu, im *Opus postumum* vollziehe sich eine Erweiterung der Begriffsanlage der ersten, nicht der dritten *Kritik*.[119]

Gemeinsam ist der *KU* und dem *Opus postumum* Mathieu zufolge das Problem des Systems der besonderen Naturgesetze. Die jeweilige Art und Weise, es zu betrachten, sei jedoch unterschiedlich. Für die *KU* könne die Urteilskraft nur über die Erfahrung *reflektieren*, um das, was in der Sicht des Verstandes kontingent sei,

---

117 Vgl. Mathieu 1989, 238–246. Mathieu merkt an, dass die wichtigste Änderung zwischen erster und zweiter Betrachtungsweise der *Einleitung* zur *KU* den Begriff der *Technik der Natur* betreffe, denn sie mache den Organismus, welcher nicht *a priori* antizipiert werden könne, zu einer Bedingung der Erfahrung. Das widerspreche aber dem kritischen Transzendentalismus und führe zu einer Art Dogmatismus, denn die Erfahrung beruhe auf einem Prinzip, das nicht im Subjekt liege. In der zweiten Verfassung falle also der Begriff der *Technik der Natur* praktisch weg. Daraus folge aber, dass die reflektierende Urteilskraft nur als eine *Als-ob*-Lösung aufgefasst werden könne. Damit könne Kant sich jedoch nicht zufrieden geben.

118 Mathieu formuliert dies so: „Nell'organicità vi è, dunque, un problema che sfugge ai principi critici classici: questi potrebbero sempre respingerne il fondamento nell'inconoscibile e ridurre l'esperienza della vita alla nostra *Impossibilità*, universalmente soggettiva, di pensare la vita altrimenti ‚che come se' un'organicità ci fosse: ma il problema di render conto positivamente di questo aspetto dell'esperienza rimarrebbe ugualmente aperto." (Mathieu 1958, 138).

119 Mathieu führt wie folgt aus: „L'*Opus postumum* rappresenta, dunque, una novità rispetto a tutto il criticismo centrale. Tuttavia pensiamo che la terza *Critica* abbia avuto un'importanza determinante per la nascita della scienza dell'*Übergang*, nel senso che i *problemi* da essa sollevati servivano a mettere in luce i limiti (qualitativi) del tipo di fondazione trascendentale che Kant aveva fino ad allora adottato [...]: per cui si pone il problema di una fondazione trascendentale più comprensiva." (Mathieu 1958, 145).

zur Einheit zu bringen. Vom Standpunkt des *Opus postumum* aus könne die Urteilskraft zudem die Erfahrung schematisch antizipieren, obwohl es sich dabei um die Erfahrung *quoad materiale* handle. Im ersten Fall bleiben nach Mathieu die Kategorien, sofern sie die *formale* Erfahrung bestimmen, gegenüber der *materialen* Erfahrung wirkungslos.[120] Im zweiten Fall antizipierten sie auch die *materiale* Erfahrung, wenn auch nur *problematisch* und nicht *bestimmend* im engeren Sinn. Das Verfahren bleibe hier *technisch* oder *künstlich* wie in der *KU*, aber es sei zugleich *schematisch* wie in der *KrV*, obwohl nun nicht bloß die Form wie in der *Kritik*, sondern das *Gegebene* – oder wenigstens das *dabile* – schematisiert werde.[121] Denn schematisierbar sei für das *Opus postumum* das durch Erfahrung Gegebene in Gestalt des durch die bewegenden Kräfte der Materie Zusammengesetzten, nicht das unmittelbar Gegebene der Sinne. Der Übergang selbst *sei* dieser Schematismus:

> Der Ubergang ist der Schematism der Zusammensetzung der bewegenden Kräfte so fern diese ein der Form der Eintheilung *a priori* gemäßes System für eine Physik überhaupt ausmacht[122]. Also die Architektonik der Naturforschung.[123]

Die Urteilskraft schematisiere also einmal qua *bestimmende* Urteilskraft die Erfahrungsgesetze, einmal qua *omnimoda determinierende* Urteilskraft die Kräfte, die die Erfahrung ausmachen. Das sei es, was Kant als „Schematismus der Urteilskraft" bezeichne und vermöge dessen er den Übergang von den Prinzipien der

---

120 So lautet die *Erste Einleitung* zur *KU*: „Die reflectirende Urtheilskraft verfährt also mit gegebenen Erscheinungen, um sie unter empirische Begriffe von bestimmten Naturdingen zu bringen, nicht schematisch, sondern t e c h n i s c h, nicht gleichsam blos mechanisch, wie ein Instrument, unter der Leitung des Verstandes und der Sinne, sondern k ü n s t l i c h nach dem allgemeinen, aber zugleich unbestimmten Princip einer zweckmäßigen Anordnung der Natur in einem System, gleichsam zu gunsten unserer Urtheilskraft, in der Angemessenheit ihrer besondern Gesetze (über die der Verstand nichts sagt) zu der Möglichkeit der Erfahrung als eines Systems, ohne welche Voraussetzung wir nicht hoffen können, uns in einem Labyrinth der Mannigfaltigkeit möglicher besonderer Gesetze zurechte zu finden." (*EEKU*, AA 20: 213 f.).

121 „Il suo [= des *Opus postumum*] procedimento continua ad essere tecnico o, se si vuole, ‚artistico', ma mette a capo questa volta schemi, nonostante che si tratti di schematizzare il dato (o, per lo meno, il *dabile*) mentre le Critiche limitavano la schematizzazione alla forma." (Mathieu 1958, 161). Mathieu schreibt weiter: „Nell'*Opus postumum* [...] si prospetta la possibilità di ‚mettere' a priori nell'esperienza, oltre al sistema delle leggi che condizionano la possibilità di una natura in genere (prima Critica), oltre alla *regola per cercare* conformemente all'esigenza di unità della ragione (terza Critica), anche lo *schema* del sistema stesso delle leggi e forme particolari della natura specifica, per le quali il Giudizio non può essere determinante, e lo schema deve rimanere problematico [...]." (Mathieu 1958, 164).

122 Die Reicke-Arnoldt-Ausgabe ersetzt „ausmacht" durch „ausmachen".

123 *OP*, AA 22: 263.10 – 13 = IX 27.

Metaphysik zur Physik vollziehe.[124] Die kritisch-transzendentalen Prinzipien der Erfahrung würden dadurch nicht beseitigt, sondern vielmehr ergänzt.

4.4.2.2 Kants Dynamismus im Übergangsprojekt

Die Möglichkeit des Übergangs liege für Kant, so Mathieu, in der Fähigkeit des Begriffs der bewegenden Kräfte, Form und Materie in ein und demselben Gegenstand zusammenzusetzen, nämlich dem Gegenstand, den die Physik untersuche. Einerseits seien bewegende Kräfte ein konkretes Objekt der sinnlichen Intuition. Andererseits seien sie durch mathematische Verhältnisse, d. h. Formen, vollständig ausdrückbar. Sie könnten nämlich als geometrische Größe, und zwar als Vektoren, vollständig dargestellt werden. Anders gesagt könnten sie auf eine Form reduziert werden. Der reine Dynamismus fasse die physikalische Welt als eine Welt von Formen auf. Es sei also begreiflich, dass sich die Materie, wenn es stimme, dass sie aus bewegenden Kräften bestehe, *a priori* antizipieren lasse.[125]

Diese zweigestaltige Sichtweise der bewegenden Kräfte – nämlich einerseits als physikalische und andererseits als dargestellte Materie – nehme auf die beiden Konzeptionen der Kraft in der Physik des 18. Jahrhunderts Bezug, nämlich auf die der dynamischen bzw. der mechanischen.[126] Der Mechanismus führe alle physikalischen Phänomene auf die Bewegung materieller Elemente und auf die Übertragung der Bewegung durch Stöße zurück. Der Dynamismus hingegen erkläre die mechanischen Phänomene, d. h. die Stöße zwischen Körpern, als Verhältnisse von Kräften, welche aus ausdehnungslosen Ursubstanzen entstünden. Gemäß der ersten Lehre setze die Möglichkeit der Bewegung die Existenz der Körper voraus. Gemäß der zweiten Lehre hingegen würden die Körper als eine Wirkung der Kräfte erklärt. Für den Mechanismus stelle die Materie ein irreduzibles Gegebenes dar. Der Dynamismus löse dagegen die Materie in Verhältnisse von Kräften auf. Im ersten Fall nehme also die Materie die Form vorweg, im zweiten die Form die Materie. Das unterschiedliche Verständnis des erkenntnistheore-

---

124 „Der Ubergang von den Met. Anf. gr. d. N Wissensch. zur Physik muß nicht gantz in Begriffen *a priori* von der Materie überhaupt bestehen denn da würde es blos Metaphysik seyn (z. B. wo blos von Anziehung u. Abstoßung überhaupt geredet wird) auch nicht gantz aus empirischen Vorstellungen bestehen denn so gehoreten sie zur Physik (z. B. Beobachtung der Chemie) sondern zu den Principien *a priori* der Möglichkeit der Erfahrung mithin zur Naturforschung d. i. dem Subjectiven Princip des Schematismus der Urtheilskraft die bewegende empirisch gegebene Kräfte nach Principien *a priori* überhaupt zu classificiren und so von einem Aggregat der letzteren zu einem System als Compilation zur Physik als einem System derselben überzuschreiten.“ (*OP*, AA 21: 362 f. = IV 9).

125 Vgl. Mathieu 1958, 170 f.

126 Vgl. Mathieu 1958, 172–176.

tisch-metaphysischen Verhältnisses der Form zur Materie mache den fundamentalen Gegensatz zwischen Mechanismus und Dynamismus aus.

Nun erweise sich aber innerhalb des Mechanismus eine weitere Unterscheidung zwischen Kartesianismus und Atomistik als nötig. Vom Standpunkt des kartesianischen Mechanismus aus stelle die Materie zwar die ursprüngliche Substanz dar, während die Bewegung, also die Kraft, nur ein Akzidens derselben bilde. Die Materie der Kartesianer sei jedoch nichts anderes als Ausdehnung, und Ausdehnung heiße Räumlichkeit. Die Materie stelle daher nach der kartesianischen Auffassung zwar eine *res* dar, die sich aber als prinzipiell auf geometrische Verhältnisse reduzibel zeige.

Die Auffassung von Materie im neuzeitlichen atomistischen Mechanismus unterscheide sich wesentlich von der kartesianischen. Die Atome bildeten die einfachsten Teile der Materie. Sie seien im leeren Raum, obwohl sie von diesem in metaphysischer Hinsicht differierten, wie das Sein vom Nicht-Sein. Alle räumlichen Verhältnisse, alle Formen, die man im Raum konstruieren könne, seien außerhalb der Atome. Kräfte und Bewegung gehörten lediglich als Akzidentien zur Materie. Eine innere Bewegung der Atome sei *per definitionem* unmöglich, denn das würde voraussetzen, dass die Atome aus noch einfacheren Teilen bestünden. Demzufolge seien die Atome begrifflich nicht konstruierbar. Sie seien prinzipiell nicht auf geometrische Verhältnisse reduzibel. Ihr wesentliches Merkmal sei ihre Trägheitsmasse. Das Atom sei eine reine, unbestimmte Einheit, ein bloß Gegebenes, eine absolute Voraussetzung und als solche eine Abstraktion, eine Hypothese *a priori*, von der keine Erfahrung möglich sei. Der Fehler des Atomismus bestehe darin, diese Abstraktion zur ursprünglichen Realität gemacht zu haben.

Die Annahme von ursprünglichen „Kraftzentren" in den dynamischen Theorien der Materie gehe offensichtlich auf Leibniz' Monadenlehre zurück. Während aber für Leibniz die Monaden eine *metaphysische* Hypothese gebildet hatten, fasst der kroatische Jesuit Rugjer Josip Bošković die ursprünglichen, als völlig ausdehnungslose Punkte konzipierten Kraftzentren als eine physikalische Hypothese auf. Der Fehler des Atomismus sei die metaphysische Hypostasierung der Materie gewesen, der des Dynamismus die metaphysische Hypostasierung der aus den Kraftzentren entstandenen Kräfte.

Kant, der noch 1755 in *De igne* eine Form von Atomistik vertrete, gehe mit der *Monadologia physica* von 1756 zu einem physikalischen Dynamismus über. Dem Kant der kritischen Philosophie seien jedoch weder eine reine Atomistik noch ein reiner Dynamismus als befriedigend erschienen. Denn erstere setze die Materie „an sich" voraus, aus welcher die bewegenden Kräfte entstehen. Zweiterer setze die bewegenden Kräfte als „Dinge an sich" voraus, aus welchen die Materie entstehe. In den Schriften der kritischen Periode versuche Kant daher, über die Alternative zwischen Mechanismus und Dynamismus hinauszugehen.

In den *MAN* bevorzuge er offensichtlich den Dynamismus.[127] Hinsichtlich der Hypothese, die „Solidität", d. h. die Fähigkeit, einen gewissen Raum zu erfüllen, sei eine ursprüngliche Eigenschaft der Materie, stelle er in der Anmerkung zum ersten Lehrsatz der *Dynamik* fest:[128]

> Hier hat der Mathematiker etwas als ein erstes Datum der Construction des Begriffs einer Materie, welches sich selbst nicht weiter construiren lasse, angenommen. Nun kann er zwar von jedem beliebigen Dato seine Construction eines Begriffs anfangen, ohne sich darauf einzulassen, dieses Datum auch wiederum zu erklären; darum aber ist er doch nicht befugt, jenes für etwas aller mathematischen Construction ganz Unfähiges zu erklären, um dadurch das Zurückgehen zu den ersten Principien in der Naturwissenschaft zu hemmen.[129]

Der Vorteil des Mechanismus sei es, dem mathematischen Aufbau des Materiebegriffs ein erstes Element zu bieten. Sein Nachteil bestehe darin, dieses erste Datum der Möglichkeit zu entziehen, *a priori* begründet zu werden. Kant könne darum der Voraussetzung des Mechanismus nicht zustimmen.

Der Hypothese der „Solidität" als ursprünglicher Eigenschaft der Materie setze Kant den ersten Lehrsatz der *Dynamik* entgegen: „Die Materie erfüllt einen Raum, nicht durch ihre bloße Existenz, sondern durch eine besondere bewegende Kraft."[130] Ferner würden alle Eigenschaften der Materie durch die beiden bewegenden Kräfte der Attraktion und der Repulsion erklärt. Trotzdem lehnten die *MAN* den physikalischen Dynamismus der *Monadologia physica* ab.[131] Während vom Standpunkt des Monadisten aus lediglich der Raum, nicht aber die Materie unendlich teilbar sei, behaupte der vierte Lehrsatz der *Dynamik* folgendes: „Die Materie ist ins Unendliche theilbar und zwar in Theile, deren jeder wiederum Materie ist."[132] Gegen die Monadologie als physikalische Lehre wende Kant ein, dass sie eine unteilbare, punktförmige Materie als Prinzip für den dynamischen Aufbau der Materie voraussetze, wie er in der zweiten Anmerkung zum Lehrsatz 8 der *Dynamik* sage:

> In dem angeführten Falle einer vermeinten physischen Monadologie sollten es wirkliche Räume sein, welche von einem Punkte dynamisch, nämlich durch Zurückstoßung, erfüllt wären, denn sie existirten als Punkte vor aller daraus möglichen Erzeugung der Materie und

127 Vgl. Mathieu 1958, 181–185.
128 *MAN*, AA 4: 497 f.
129 *MAN*, AA 4: 498.9–15.
130 *MAN*, AA 4: 497.15 f.
131 Vgl. *MAN*, AA 4: 504.13–20.
132 *MAN*, AA 4: 503.21 f.

> bestimmten durch die ihnen eigene Sphäre ihrer Wirksamkeit den Theil des zu erfüllenden Raumes, der ihnen angehören könnte.[133]

Die physikalische Monadologie gerate also in dieselbe Schwierigkeit wie die Atomistik. Leibniz' Monadologie hingegen schließe die unendliche Teilbarkeit der Materie nicht aus, weil sie die Monaden als metaphysische Größen annehme. Kant vertrete in den *MAN* weder den atomistischen Mechanismus noch den physikalischen Dynamismus, denn beide Lehren setzen die Unteilbarkeit der Materie voraus, eine Hypothese, die die Begründung der Physik auf Prinzipien *a priori* hemme. Der Dynamismus der *MAN* sei „nicht metaphysisch", sondern „methodologisch", da die dynamische Erklärung „der Experimentalphilosophie weit angemessener und beförderlicher" sei, sofern sie den Gebrauch der Annahme von leeren Räumen und elementaren Teilchen einschränke, welche durch kein Experiment bestimmt werden könnten.[134] In der *Allgemeinen Anmerkung zur Dynamik* werde zudem gesagt:

> Bei allem diesem ist der Vortheil einer hier methodisch-gebrauchten Metaphysik in Abstellung gleichfalls metaphysischer, aber nicht auf die Probe der Kritik gebrachter Principien augenscheinlich nur n e g a t i v. Indirect wird gleichwohl dadurch dem Naturforscher sein Feld erweitert, weil die Bedingungen, durch die er es vorher selbst einschränkte, und wodurch alle ursprüngliche Bewegungskräfte wegphilosophirt wurden, jetzt ihre Gültigkeit verlieren.[135]

Metaphysisch betrachtet erweisen sich Mathieu zufolge also sowohl der Mechanismus wie auch der Dynamismus als unhaltbar. Vom *transzendentalen* Standpunkt aus könnten, ja *müssten* jedoch beide Lehren richtig sein, wenn auch nur *methodisch* und auf unterschiedlichen Ebenen, da es sich um *die* „zwei Wege" zur „Erklärung einer ins Unendliche möglichen s p e z i f i s c h e n V e r s c h i e d e n h e i t d e r M a t e r i e n" handle,[136] wie Mathieu pointiert bemerkt:

> Als empirische Beobachter können wir nicht umhin, *mechanisch* zu denken, denn wir können uns keine Kraft ohne materiellen Träger vorstellen. Als Transzendentalphilosoph stellt sich aber der Verfasser der MAN auf den Standpunkt des Dynamismus, denn die Materie selbst ist nichts als *Verhältnis:* Dennoch darf aber der dynamische Standpunkt nicht verabsolutiert werden. So kann man nicht sagen: „Am Anfang war die Kraft", denn die Kraft ist kein *Ding an sich*, dessen Erscheinung die Materie wäre.[137]

---

133 *MAN*, AA 4: 521.24–28.
134 *MAN*, AA 4: 533.
135 *MAN*, AA 4: 524.18–23.
136 *MAN*, AA 4: 532.21 f.
137 Mathieu 1989, 52.

Kant warne davor, über die Prinzipien des allgemeinen Begriffs einer Materie überhaupt hinauszugehen, um „die besondere oder sogar specifische Bestimmung und Verschiedenheit derselben *a priori*“ zu erklären.[138] Nun entspreche das gerade dem Programm des *Opus postumum*. Eine solche Aufgabe habe 1786 und noch in den frühesten Entwürfen des Nachlasswerks „befremdlich“, ja „widersinnig“ erscheinen müssen. So schreibt Mathieu:

> Wie in der KV sind die Kräfte in den MAN „bloße Verhältnisse“, reine Gesetze, nach denen die Ortsveränderung bestimmt wird (B 66). Sie wohnen keiner „transzendentalen Materie“ inne, wie es dann im OP der Fall sein wird. Der Begriff steht noch aus, „von dem es erweislich ist, daß er ein Grundbegriff sei“, der den Raum nicht nur „erfüllt“ sondern auch „realisiert“. Dieser neue Grundbegriff einer *transzendentalen Materie* [...] ist der *Äther*.[139]

Bei der Dynamik des *Opus postumum* handelt es sich dann nach Mathieu nicht um eine Korrektur oder Ablehnung der *MAN*, sondern um eine *Erweiterung* desjenigen Feldes, in dem die *MAN* „schon einige Schritte [...] aber blos als Beyspiele einer möglichen Anwendung derselben auf Falle der Erfahrung“[140] angeführt hatten.[141]

4.4.3 Transzendentaler Ätherbegriff und neue Schematismuslehre

Mathieu ist ohne Zweifel der Kant-Forscher, der mehr als jeder andere die Originalität des Ätherbegriffs in *Uebergang 1–14* hervorgehoben und den Ätherbeweis als den Schluss für die systematische Interpretation des ganzen *Opus postumum* anerkannt hat. Er sieht in dem Begriff der indirekten Erscheinung eine Verallgemeinerung des transzendentalen Ätherbegriffs, die eine neue Klasse von physi-

---

138 *MAN*, AA 4: 524.23–26.

139 Mathieu 1989, 54.

140 *OP*, AA 21: 408.6 ff. = IV 38.

141 Vgl. Mathieu 1989, 56. Rousset kommt zu ähnlichen Resultaten: „Kant rejette le géométrisme des cartésiens, qui expliquaient tout par les grandeurs extensives et les mouvements : à cet égard, il est disciple de Leibniz. Mais il s'oppose à lui pour l'essentiel, car il ne veut faire intervenir aucun dynamisme spirituel ni aucun finalisme : la preuve en est que l'*Uebergang* finit par expliquer les forces fondamentales par le mouvement vibratoire de l'éther ; le mécanisme triomphe, mais libéré du géométrisme cartésien. Cette physique des forces motrices et de l'éther s'inscrit plutôt dans la tradition galiléenne et newtonienne ; mais exclut tout appel à un absolu physique : elle développe jusqu'à ses dernières conséquences le principe de la relativité mécaniste.“ (Rousset 1967, 261). Die Lehre des *Opus postumum* gehöre zu einer „construction progressive des ‚moments de la pensée‘: chaque étape permet une plus grande détermination du divers, qui se révèle nécessaire en raison des insuffisances des moments antérieurs et qui est rendue possible par les indications données dans une étape précédente [...].“ (ebd., 262).

kalischen Gegenständen definiert. An diese Betrachtungen knüpft Mathieu Kants Vorstellung der Selbstaffektion und die Darstellung der Leiblichkeit als verkörperlichten Verstand an.

4.4.3.1 Der Begriff des Äthers als „*a priori* gegebene Materie"

Mathieu gesteht zwar zu, dass der Beweis *a priori* der Ätherexistenz in *Uebergang 1–14* im Widerspruch zur Unmöglichkeit, einen apriorischen Existenzbeweis durchzuführen, zu stehen scheine, wie Kant es in der *KrV* bezüglich der Existenz Gottes behaupte. Ein solcher Gottesbeweis werde ebenso im *Opus postumum* abgelehnt, denn Kant sei nach wie vor der Meinung, dass in diesem Fall der Satz „*a posse ad esse non valet consequentia*"[142] gelte. Der Philosoph mache jedoch eine Ausnahme in Bezug auf den Äther. Denn er postuliere allein in Bezug auf diese Materie: „*a poße ad esse valet consequentia*"[143]. Dass es um ein „befremdliches", *einzigartiges* Argument gehe, sage Kant ausdrücklich.[144] Der Ätherbegriff werde trotzdem zum unentbehrlichen Baustein der transzendentalen Erkenntnistheorie, da dieser Stoff als Basis der Einheit der Erfahrung notwendig sei.[145] Er werde also den notwendigen Bedingungen der Erfahrung hinzugefügt, die in der ersten *Kritik* festgestellt worden seien: Raum, Zeit und Kategorien. Während diese die *Formen* der Erfahrung seien, werde nun der Äther als notwendig existierende *Materie* aufgefasst, sodass man nach Kant neben dem Formalen auch dem Materialen nach *die Erfahrung mache.*[146]

Kant bezeichne den Ätherbeweis als „indirekt"[147] und präzisiere, dass es, *direkt* betrachtet, beim Wärmestoff um einen hypothetischen Stoff, *indirekt* um ein formales Prinzip der Möglichkeit der Erfahrung gehe.[148] Dadurch werde auf eine *indirekte Form der Existenz* hingewiesen, der eine ganze Reihe von Randbemerkungen auf Seite 1 des 9. Bogens des 7. Konvoluts gewidmet werde. Die „indirekte" Existenz bedeute nicht länger das „Da-sein", sondern „die Identität der ‚gemachten' Erfahrung mit der (asymptotischen) *Einheit der Erfahrung*, die selber

142 *OP*, AA 22: 121.16 f. = VII 44.
143 *OP*, AA 21: 592.11 = V 50.
144 Vgl. *OP*, AA 21: 563.17 f. = V 37.
145 Vgl. *OP*, AA 21: 592 = V 51.
146 „‚*Erfahrung machen*' heißt also nicht nur, die Daten der Erfahrung zu verbinden, sondern solche Gegenstände zusammenzusetzen, die aus den Beziehungen zwischen den bewegenden Kräften des Äthers untereinander bestehen." (Mathieu 1989, 114; vgl. *OP*, AA 22: 390.23–27 = X 52).
147 Vgl. z. B. *OP*, AA 21: 586.7 = V 46.
148 Vgl. *OP*, AA 21: 543.2–11 = V 28.

nicht empirisch gegeben werden kann."[149] Das erkläre also die Ambivalenz des Ätherbegriffs. Denn einerseits existiere der Äther als die Einheit der Erfahrung, welche kein Sinnenobjekt sei; sie könne hingegen nur asymptotisch, d. h. nicht in vollendeter Form, erreicht werden. Dementsprechend müsste er vom Standpunkt der *KrV* aus lediglich für ein „regulatives Prinzip" gehalten werden. Der Erfahrungseinheit müsse jedoch andererseits auch eine gewisse Wirklichkeit zugeschrieben werden, denn sie wirke, und zwar durch die Tätigkeit des Verstands, der die Erfahrung *einheitlich* mache. Der Äther müsse also auch ein „constitutives" Prinzip darstellen. Er gehöre zu den „[r]egulative[n] Principien die zugleich constitutiv sind"[150]. Seine Kräfte seien weder nur intellektuell noch bloß empirisch. Sie würden vielmehr zwischen Verstand und physischer Natur liegen und die „Kluft" zwischen beiden überbrücken.

In der Einheit der Erfahrung seien nun zwei Aspekte zu unterscheiden. Der eine beziehe sich auf den Raum, der andere auf das *Ich denke*. Denn die Möglichkeit der Erfahrung setze die Einheit des Raums und des Subjekts voraus. Der Äther verbinde den Raum mit dem *Ich denke*. Er stelle nämlich die Einheit der Erfahrung einmal anschaulich, genauer *räumlich*, und einmal intellektuell als *synthetische Einheit der Apperzeption* dar.[151] Die ursprünglichen Kräfte der Anziehung und Abstoßung verwirklichten den Raum, sodass der Raum nicht länger lediglich transzendentaler *Begriff*, sondern auch „reine Anschauung" sei. Diese Realisierung des Raumes erfolge dank bloß transzendentaler Argumente, und der Äther, da er nun mit dem *hypostasierten* Raum zusammenfalle, werde in *Uebergang 1–14* als transzendentales Prinzip legitimiert.[152]

Über den zweiten Aspekt der Einheit der Erfahrung, d. h. über das *Ich denke* als Einheit der Apperzeption, befindet Mathieu wie folgt:[153] Dass dem Äther als der überall verbreiteten, primitiven Materie der Raum im Endeffekt zugrunde liegen müsse, sei dadurch zu erklären, dass jede einzelne Erfahrung – d. h. jede einzelne Wahrnehmung – auf das *Ich denke* bezogen werden müsse. Nun drücke das *Ich denke* lediglich die analytische Setzung einer individuellen Existenz, also seine Identität mit dem Satz *Ich bin*, aus.[154] Bei der Identität *Ich denke*, *Ich bin* handle es

149 Mathieu 1989, 117.

150 *OP*, AA 22: 241.19 = VII 19.

151 Vgl. Mathieu 1989, 120. Diesbezüglich bemerkt Mathieu: „Gegen den Einwand, daß auch die Zeit die Einheit der Erfahrung ausdrückt, gilt es festzuhalten, daß die konkrete Zeit in der Tat erst zufolge [*sic*] der Beziehung der *beiden* Aspekte entsteht." (ebd.).

152 Vgl. Mathieu 1989, 121 ff.

153 Vgl. diesbezüglich Mathieu 1989, 124 ff.

154 „[Ich bin] meiner selbst [...] in der synthetischen ursprünglichen Einheit der Apperception bewußt, nicht wie ich mir erscheine, noch wie ich an mir selbst bin, sondern nur d a ß ich bin." (*KrV* B 157).

sich also um kein erweiterndes, vielmehr um ein bloß erläuterndes Urteil. Diesbezüglich stimme das *Opus postumum* ganz mit der *KrV* überein. Der Satz „*Ich denke*" sei also rein *intellektuell*. Er werde aber von Kant auch als *empirisch* bezeichnet, denn „ohne irgend eine empirische Vorstellung, die den Stoff zum Denken abgiebt, würde der Actus: Ich denke, doch nicht stattfinden, und das Empirische ist nur die Bedingung der Anwendung oder des Gebrauchs des reinen intellectuellen Vermögens."[155]. Das *Ich denke* enthalte also die Existenz *analytisch*, und zwar als die Selbstsetzung des denkenden Ich als Subjekt jeder möglichen Erfahrung. Aus dieser Selbstsetzung könne aber keine empirische Bestimmung entstehen. Dafür bedürfe man der Affektion durch die äußeren Kräfte, welche aber die Möglichkeit der Affektion durch die empirische Welt der Erscheinungen überhaupt voraussetze. Diese transzendentale Möglichkeit der äußeren Affektion sei der Raum, welcher „gewissermaßen das ‚rein leidende Ich' [sei,] wie die reine Apperzeption das ‚rein denkende Ich'"[156] sei.

Dieses Verhältnis zwischen Raum und reiner Apperzeption werde bereits in der *KrV* behauptet. Kant unterscheide dort nämlich zwischen dem Raum als *Form der Anschauung* und dem Raum als *Gegenstand*, d. h. als *formale Anschauung*. Die Form der Anschauung liefere lediglich *das empirische Mannigfaltige*, die formale Anschauung *die Einheit einer sinnlichen Vorstellung*. Nun könne diese Einheit nur durch eine Synthesis erlangt werden, und jede Synthesis setze einen intellektuellen Akt voraus. In diesem Sinn sei die Darstellung des Raums als Gegenstand, die *formale Anschauung*, zwar nicht empirisch, jedoch aktiv und, wenn auch nur indirekt, wirklich. In diesem Sinn könne der Äther im *Opus postumum* als eine „*a priori* gegebene Materie" bezeichnet und seine Existenz *analytisch* aus der Identität von *Ich denke* und *Ich bin* abgeleitet werden.

4.4.3.2 Die „indirekte Erscheinung" als physikalisches Konstrukt

Mathieu betont, dass der Entwurf *Conv. X/XI* keineswegs eine „neue transzendentale Deduktion" enthalte, wie Adickes dies postuliert. Es gehe vielmehr um

---

155 *KrV* B 423 Anm.

156 Mathieu 1989, 125. So ist nach Mathieu der Satz „Der Äther muss unbedingt existieren, damit die Erfahrung möglich ist." („L'etere deve esistere incondizionatamente, affinché sia possibile l'esperienza.") mit dem Satz „Das Ich muss sinnlich sein, damit die Erfahrung möglich ist." („l'io dev'essere senziente affinché sia possibile l'esperienza.") gleichbedeutend (vgl. Mathieu 1958, 266): „Se l'etere non è una qualche sostanza particolare, ma, precisamente, la passività dell'io come tale, il fatto che la sua esistenza sia contenuta analiticamente nel concetto dell'esperienza diventa una proposizione abbastanza facilmente accettabile, e l'*Aetherbeweis* cessa di apparire un'elucubrazione ‚iperfisica' priva di fondamento." (ebd., 267).

einen *neuen Schematismus*, genaugenommen um „den Schematism der Urtheilskraft“[157].[158] Die Einführung dieses neuen Schematismus erweise sich als nötig, weil Kant im *Opus postumum* eine neue Klasse von physikalischen Gegenständen betrachte, die in den Druckschriften noch nicht berücksichtigt worden seien, nämlich jene Gegenstände, die *prinzipiell* nicht wahrnehmbar und nur *indirekt* erfahrbar seien. Der Äther, wie er in *Uebergang 1–14* konzipiert werde, sei ein Gegenstand dieser Art. Nach Mathieu bezeichnen der Terminus „indirekte Erscheinung“ und seine gleichwertigen Wendungen gerade die Gegenstände dieser Art. Sie würden in den späteren Bögen des 10. Konvoluts durch den Schematismus der Urteilskraft ersetzt.[159] Die wahre Bedeutung der indirekten Erscheinung besteht dem italienischen Kant-Forscher zufolge nämlich in der Erfüllung der Funktion jenes Schematismus, welcher das System der Physik ermöglicht. Worin unterscheiden sich also in Mathieus Augen direkte und indirekte Erscheinung voneinander? Die direkte Erscheinung falle mit der Wahrnehmung zusammen. Die indirekten Erscheinungen bildeten hingegen die *Welt 2* im Sinne Poppers.[160] Sie seien metaphysisch betrachtet Erscheinungen und insofern keine Dinge an sich. Für den Naturforscher *seien* sie aber die „Sachen selbst“, mit denen er sich beschäftige. Es gehe um zwei Vorstellungen von ein und demselben Sachverhalt: die Welt als psychologisch *wahrgenommen* und als physikalisch *gedacht*, die *sinnliche* und die *cogitabile* Welt, die *scheinbare* und *wahre* Welt. Kant löse diesen Dualismus endgültig auf, indem er beide „Welten“ auf das Subjekt beziehe. So schreibt Mathieu:

> Die Zusammensetzungen der (primitiv) bewegenden Kräfte einerseits und die sinnlichen Eindrücke andererseits sind zwar beide „subjektiv“, aber in entgegengesetzter Bedeutung.

---

157 *OP*, AA 22: 491.6 = XI 23.

158 Vgl. Mathieu 1989, 137 f. Ein „Schematism des Systems der bewegenden Kräfte so fern es *a priori* gedacht werden kann“ (*OP*, AA 22: 265.25 f. = IX 28) wird bereits im Entwurf *No 1–No 3η* erwähnt. Mathieu bemerkt, dass Kant in *Conv. X/XI* diesen Schematismus, der den Übergang von der Metaphysik zur Physik ermögliche, zunächst als einen Schematismus „der Verstandesbegriffe“ (*OP*, AA 22: 487.18 = XI 22) bezeichne, dann als einen Schematismus „der Reflexionsbegriff[e]“ (*OP*, AA 22: 339.2 = X 34), den er schließlich durch den Ausdruck Schematismus „der Urtheilskraft“ (*OP*, AA 22: 491.6 = XI 23) verbessere. Zu Mathieus Deutung des neuen Schematismus und des Begriffs der „Erscheinung von der Erscheinung“ vgl. Mathieu 1958, 271–321, und Mathieu 1989, 138–161.

159 Vgl. Mathieu 1989, 149.

160 Mathieu vergleicht die *indirekten Erscheinungen* mit dem Begriff des „Konstrukts“ von Percy Williams Bridgman (1882–1961), Nobelpreisträger für Physik und Philosoph der modernen Wissenschaft, für welchen die zeitgenössische Physik sich mit „Gegenständen“ – z. B. den Elementarteilchen, den Feldern, der Energie – beschäftigt, die in der Tat theoretische „Konstrukte“ darstellen (vgl. z. B. Mathieu 2001).

> Die erste wird von uns gedacht, die zweiten stellen den Inhalt einer Affektion dar. Sie dürfen also nicht als Ursache und Wirkung angesehen werden, so als ob sie zwei empirische Erscheinungen wären, wie z. B. der Stoß und das vom Stoß verursachte Geräusch. [...] Es handelt sich nicht darum, eine Kausalverbindung zwischen physischem Stimulus und psychischer Empfindung festzustellen, sondern die Einheit verschiedener transzendentaler Ebenen *vertikal* zu stiften, so daß die indirekte Zusammenstellung der direkten Wahrnehmung zwar „vorausgeht", sie aber nicht etwa „verursacht".[161]

Der neue Schematismus des *Opus postumum* ersetze keineswegs den der *KrV*, sondern setze ihn vielmehr voraus. Die indirekten Erscheinungen seien also Produkte des Verstandes, aber keine bloßen Verstandesbegriffe. Sie seien aber auch keine außerhalb von uns wirklich existierenden Gegenstände, denn unser Verstand sei auch im *Opus postumum* einer *creatio ex nihilo* nicht fähig. Er *mache* sinnliche Gegenstände in dem Sinne, dass er sie „exhibiere": *„intellectus exhibet phaenomena sensuum*"[162].

Mit den Begriffen der direkten und indirekten Erscheinung kommt eine Amphibolie der kantischen Erkenntnistheorie ans Licht, die Mathieu zum roten Faden seiner Interpretation des *Opus postumum* macht. Anhand dieser Annahme versucht er also, die scheinbaren Widersprüche des kantischen Textes aufzulösen. Von besonderer Bedeutung ist nun die Erörterung der Amphibolie des Begriffs der Existenz.[163]

Denn auch dieser Begriff habe bei Kant zweierlei Bedeutungen. In dem einen Fall beziehe er sich auf die *Gegebenheit* des Mannigfaltigen in der *direkten* Erscheinung, in dem anderen werde er mit einem *asymptotischen* Prozess, nämlich dem der nie zu Ende kommenden *omnimoda determinatio* der Erfahrung identifiziert. Die erste Bedeutung entspreche der Auffassung der *KrV*, die zweite der des *Opus postumum*. Die spätere Auffassung von „Existenz" sei also nur eine Idee, in welcher trotzdem das konkrete, durch die Wahrnehmung nachgewiesene Dasein wurzle, da Wahrnehmung ein Moment im ganzen System der Erfahrung darstelle. Das wirkliche, durch die Wahrnehmung attestierte Dasein setze also das asymptotisch bestimmte Ganze der Erfahrung voraus, welches zwar eine Idee sei, der aber, da sie *wirke*, eine *indirekte* Wirklichkeit zugeschrieben werden müsse. Da es um eine, wenn auch nur indirekt, *wirkliche Idee* gehe, könne Kants Erfahrungskonzeption mit einem platonischen Idealismus verglichen werden, was aber letztlich nicht korrekt sei, da für Kant die Ideen das Produkt eines endlichen Subjekts bleiben würden.

---

161 Mathieu 1989, 155 f.
162 *OP*, AA 22: 343.12 = X 36.
163 Vgl. Mathieu 1989, 196 – 211.

4.4.3.3 Selbstsetzungslehre und empirischer Realismus

Charakterisierend für Mathieus Interpretation des *Opus postumum* ist die Behauptung des Zusammenhangs des Ätherbegriffs in *Uebergang 1–14* mit der Selbstsetzungslehre.[164] Dem italienischen Kant-Forscher zufolge setzen die Kräfte, die von einem Gegenstand ausgeübt und durch die unsere Sinne affiziert werden, indirekte Kräfte voraus. Was also von der Position des Alltagsverstands aus als empirische Affektion betrachtet werde, erweise sich vom transzendentalen Blickwinkel aus als Selbstaffektion. Der Raum vereinige die beiden Standpunkte der Affektion. Denn der Raum, als reine Form der äußeren Anschauung, bestimme einerseits die Art und Weise, in der man affiziert werde. Aber er werde andererseits, aus der Perspektive des *Opus postumum*, auch als etwas Gegebenes, nämlich als die Zusammenstellung der dynamischen Kräfte der Materie, betrachtet:

> Der Raum ist zwar blos die Form der äußeren Anschauung und das Subjective der Art äußerlich afficirt zu werden aber er wird doch als etwas äußerlich gegebenes betrachtet als reales Verhältnis in so fern es als ein Princip der Möglichkeit der Warnehmungen gedacht werden muß aber doch der Erfahrung vorhergeht.[165]

Die direkten Kräfte stellten, so Mathieus Interpretation, ein *dabile* dar, die indirekten ein *cogitabile*. Die Verbindung zwischen beiden werde durch den Verstand vollzogen. Die Lehre der Selbstaffektion drücke gerade diese beiden Aspekte des Erfahrungsgegenstands aus, nämlich, dass man alles mache, obwohl der direkte Zugang zum Objekt durch die Anschauung erfolge; denn auch im *Opus postumum* sei die Anschauung sinnlich, rezeptiv und keineswegs intellektuell. Man mache also zwar alles selbst, aber *nur indirekt*. Obwohl die Theorie der Selbstaffektion und die durch sie implizierte Lehre, dass der Verstand seine Objekte schaffe, eine subjektivistische Wende nahelegen würden, sei dem nicht so. Mathieu hebt hervor, dass Kant die empirische Affektion nie abgelehnt habe: „Der rezeptive Aspekt unseres Erkenntnisvermögens wird nirgends im OP in Frage gestellt und deswegen bleibt der transzendentale Idealismus mit einem *empirischen Realismus* nicht nur vereinbar sondern sogar verbunden [...].“[166]

---

164 Zu Mathieus Deutung der Selbstsetzungslehre im Nachlasswerk vgl. Mathieu 1958, 373–401, und Mathieu 1989, 162–188.

165 *OP*, AA 22: 524.3–7 = XI 33.

166 Mathieu 1989, 171.

4.4.3.4 Der Leib als „verkörperlichter Verstand"

Mathieu vertritt die These, dass die Leiblichkeit des Subjekts, die in der Selbstsetzungslehre angenommen werde, ein *transzendentaler* Begriff sei: „Das transzendentale Subjekt, insofern es körperlich ist, fungiert zugleich als empirisches Subjekt, ohne Verletzung der Transzendentalität, denn die Möglichkeit der Erfahrung überhaupt hängt davon ab, daß irgendein körperliches Subjekt da-ist, das sie macht."[167] Mit diesem neuen transzendentalen Begriff erfolge eine Erweiterung der kantischen Konzeption des Subjekts. Die Möglichkeit der Erfahrung erfordere nicht nur die „reine Apperzeption" und die „reine Anschauung" bzw. ihre Realisierung als „hypostasierten Raum", sondern auch einen „verkörperlichten Verstand". Mathieu erläutert dazu:

> In der Tat ist der Verstand nie ein „reiner" Verstand, er wirkt nur als verkörperlichter Verstand. Einen körperlosen Verstand kennen wir nicht, und das ist wahrscheinlich kein Zufall. Nur weil das erkennende Subjekt zugleich ein Organismus ist, reicht die Einheit der Erfahrung vom ursprünglichen Niveau der reinen Apperzeption (wo sie Form ohne Inhalt ist) bis zum Niveau der empirischen Wahrnehmung. Zwischen beiden liegt das Niveau der reinen Anschauung und ihrer Realisierung als „hypostasierter Raum", als Äther. Dank diesem Abstieg von der Apperzeption zur Wahrnehmung fällt das Produkt der Spontaneität des Verstandes mit dem Ergebnis der Rezeptivität zusammen.[168]

Der Äther als „hypostasierter Raum" und der „verkörperlichte Verstand" als Organismus entsprechen nun heterogenen Gegenstandsarten, wie Mathieu in seinen Bemerkungen über den Begriff des Organismus[169] erklärt, den er der Klasse der Ideen im *Opus postumum* zuschreibt, die zugleich eine „konstitutive" Funktion übernehmen. Wie der Äther werde nämlich auch der Organismus als eine „Fiktion" und ein „erdichtetes Wesen" konzipiert und als Bedingung für die Einheit der Erfahrung aufgefasst. Äther und Organismus unterscheiden sich jedoch in Folgendem: „Der Leib kann nur als *einzelner Körper* leben, der Äther kann nur als einheitliche aber *nicht körperbildende* Materie gedacht werden."[170] Mathieu erklärt diesen Unterschied so: Ein Organismus lässt sich nicht *a priori* konstruieren, denn das „Prinzip des Lebens kann von uns nicht ‚gemacht' bzw. zusammengesetzt werden."[171] Er stelle in diesem Sinn ein „immaterielles" Prinzip dar, da er sich nicht auf bloß mechanische Materie, also auf „das Bewegliche im Raume" zurückführen lasse. Ebenso wenig sei er ein Begriff, denn keine Kategorie stelle die

167 Mathieu 1989, 227.
168 Mathieu 1989, 222.
169 Vgl. Mathieu 1989, 212–238.
170 Mathieu 1989, 213 f.
171 Mathieu 1989, 230.

Form des Organischen *a priori* dar. Seine Möglichkeit werde nur der Tatsache seines Daseins entnommen.[172] Äther und Organismus würden sich also dadurch unterscheiden, dass der eine, sofern er mit dem Begriff der Welt zusammenfalle, die „absolute Vollständigkeit der **Zusammensetzung** des gegebenen Ganzen der Erscheinungen“[173] sei, also *nur* als Idee gegeben werden könne, wohingegen der andere *nur* durch Erfahrung denkbar sei.

Das Subjekt sei also mit dem durch die bewegenden Kräfte erfüllten Raum und zugleich mit seinem Körper identisch nach dem Grundsatz der Identität, da eine solche Identität weder in der Anschauung noch im Begriff konstruiert werden könne. Sie müsse daher eine notwendige Bedingung der Erfahrung sein. Der Raum sei der Ort der Wechselwirkung zwischen Äther und Körper des Subjekts, der eben auch im Raum sei. Die *omnimoda determinatio* dieser Wechselwirkung, also des ganzen Systems aller bewegenden Kräfte, realisiere asymptotisch die Einheit der Erfahrung. Diese Identität von Raum und Körper des empirischen Subjekts schließe nun völlig jede *Gemeinschaft zwischen Leib und Seele* aus, was besage, dass der Begriff der Körperlichkeit des Subjekts im *Opus postumum* die Grenze der ersten *Kritik* nicht überwinde.

Aus der Perspektive einer empirisch-realistischen Interpretation von *Conv. X/XI* sei es nicht nötig, so schlussfolgert Mathieu, einen systematischen Bruch mit *Uebergang 1–14* anzunehmen. Ätherbeweis und Leibesdeduktion seien zwei Momente ein und derselben „Deduktion“ nach dem Prinzip der Identität und doch synthetisch *a priori* „zum Behuf der Erfahrung“, wie Kant sage. Einerseits setze der Ätherbeweis in *Uebergang 1–14* die Selbstaffektion und dadurch zumindest implizit die Leiblichkeit des Subjekts voraus. Andererseits werde der Realismus in *Conv. X/XI* nicht ganz aufgegeben. Denn nicht die ganze Affektion werde zur Selbstaffektion, die Bezugnahme auf die „Erscheinung von der Erscheinung“ als „Sache an sich selbst“ sei nur das Pendant der Erscheinung durch die Wahrnehmung, die Deduktion der Leiblichkeit des Subjekts als Organismus und transzendentaler Begriff besage nicht die Selbstsetzung des Subjekts als eines empirischen Wesens oder seine Selbstanschauung. Doch impliziere dieser rea-

---

172 Diesbezüglich weist Mathieu auf folgende Stellen des *Opus postumum* hin (vgl. Mathieu 1989, 230): „Also ist ein organischer Körper ein solcher der nicht anders als a l l e i n d u r c h d i e E r f a h r u n g denkbar ist“ (*OP*, AA 22: 499.22 ff. = XI 26). „Eine solche Naturbeschaffenheit kan nicht *a priori* zum Princip der Eintheilung gehören: denn selbst die Möglichkeit eines organisirten Körpers kann nicht eingesehen werden.“ (*OP*, AA 22: 373.17 ff. = X 46). „Von einem solchen kann man sich nicht einmal die Moglichkeit denken und nur die Erfahrung kann sie beweisen“ (*OP*, AA 22: 501.20 f. = XI 26).

173 *KrV* A 415/B 443.

listische „Rückstand“ nicht unbedingt den Rückfall in einen Dogmatismus des Dinges an sich. Dieser empirische Realismus bleibe allerdings das Korrelat des transzendentalen Idealismus, der unmissverständlich eine bedeutende Verstärkung in *Conv. X/XI* erhalte.

4.4.4 Zur Transzendentalphilosophie des *Opus postumum*

Mathieu betont die grundsätzliche Kontinuität zwischen *KrV* und *Opus postumum* auch hinsichtlich der späten Transzendentalphilosophie trotz der bereits erwähnten Verstärkung des Idealismus, wie es sich an den entscheidenden Begriffen der Selbstsetzungslehre, des Dinges an sich und Gottes sehen lässt.

4.4.4.1 Selbstaffektion und Ding an sich

Ausgangspunkt der Selbstsetzungslehre ist für Mathieu die Selbstaffektion. Der Raum *ist* in seinen Augen das empfindende Subjekt, seine Rezeptivität. Dass man durch den Raum affiziert werde, heiße, dass man sich selbst sowohl innerlich als auch äußerlich affiziere. Der Raum sei also die Setzung des Subjekts als rezeptiv. Er sei darum ein Akt, eine Tätigkeit des Subjekts, durch die das Subjekt sich selbst als Subjekt der Erfahrung setze. Nun müsse jede Tätigkeit des Subjekts auf die Spontaneität des *Ich denke* zurückgeführt werden. Das *Ich denke* setze sich selbst also im *Opus postumum* nicht nur als bloße Spontaneität wie in der *KrV*, sondern zudem als *sinnliches* Subjekt. Das erkläre, dass die Existenz des Äthers als „realisierter“ Raum durch das Prinzip der Identität bewiesen werde, denn der Raum werde durch den Akt realisiert, durch den das Subjekt sich selbst als existierend setze. Der Ätherbeweis falle mit der Gleichung „*Ich denke = Ich bin*“ zusammen. Nun vollziehe Kant im *Opus postumum* einen wesentlichen Fortschritt im Vergleich zur *KrV*. Denn in der ersten *Kritik* würden die beiden Dimensionen der Subjektivität – das *Ich denke* und das *Ich empfinde* – unabhängig nebeneinander bleiben. So sei die Selbstsetzung, durch welche Spontaneität und Rezeptivität des Subjekts zusammenfallen, einerseits ein *analytischer Satz*, andererseits ein *synthetischer Vorgang*, weil in der Selbstsetzung die Apperzeption zur Apprehension, das logische Bewusstsein zum Realen schreite. Diese Synthesis des Verstandesakts mit dem Anschauungsakt unterscheide sich nun zwar von der Synthesis des Mannigfaltigen in der ersten *Kritik*. Dabei handle es sich aber nicht um jene Synthesis von Verstand und Anschauung, welche die Transzendentalphilosophie in einen Idealismus verwandeln würde. Mathieu schlägt vielmehr folgende Lesart vor:

> [Kant] „aktualisiert" den synthetisierenden Verstand. Und trotzdem bedeutet das nicht, eine vertikale Synthesis von „Ich denke" und Anschauung *durchzuführen*, sondern nur, daß das „Ich denke" sich selbst *gleichzeitig* als anschauendes und mithin als empfindendes Ich setzt, *indem es eben das Mannigfaltige synthetisiert*. Das Objekt der Zusammen-setzung (Synthesis als *compositio*) ist immer das Mannigfaltige, entweder rein (d. h. Raum, Zeit, Äther) oder empirisch. Neu ist nur, daß Kant den *Grund* entdeckt hat, der es erlaubt, die dynamische (nicht logische) Identität des reinen Denkens mit der konkreten Tätigkeit des Synthetisierens zu verbinden. Dieser Grund beruht auf der Notwendigkeit, daß die Erfahrung einheitlich sein muß. Folglich fällt die Urquelle dieser Einheit (das „Ich denke") mit der Tätigkeit, die diese Erfahrung macht, zusammen. [...] „Wir machen uns" nämlich, indem wir den Gegenstand machen, und zwar den indirekten Gegenstand, der „zum Behuf des direkten" zusammengesetzt wird. [...] Das Produkt unseres Machens ist eine (indirekte) Erscheinung, die ausschließlich der direkten dient, d. h. die „E. einer E." [=„Erscheinung einer Erscheinung"], die durchgängig sinnlich und somit keine „intellektuelle Anschauung" ist.[174]

Die indirekte Erscheinung sei also ein Produkt unserer Spontaneität und doch keine intellektuelle Anschauung. Dadurch würden die Grenzen des Kritizismus eingehalten. Raum und Zeit würden die Bedingungen der Möglichkeit von synthetischen Sätzen *a priori* bleiben, denn: „In ihnen erfolgt jenes Zusammenfallen von Spontaneität und Rezeptivität, das die Brücke zwischen transzendentaler Ästhetik und Analytik schlägt."[175] Kant halte also an der Behauptung der Endlichkeit des Subjekts fest, dessen Tätigkeit von Anfang an seine Affizierbarkeit voraussetze. Diese Auffassung unterscheide sich daher wesentlich von der Konzeption Fichtes, nach welcher ein unendliches Ich sich selbst erst gegen ein *Nicht-Ich* als endlich setze.

In Einklang mit dieser Deutung der Selbstsetzungslehre steht nach Mathieu Kants neueste Betrachtungsweise des Dinges an sich, für welches, wie allerdings auch für die Begriffe der „Existenz" und des „Organismus", die Amphibolie der direkten und indirekten Betrachtungsweise gilt.[176] Wie bereits in der *KrV* habe der Begriff des Dinges an sich eine zweifache Bedeutung. Einerseits entspreche er dem nur logischen, nicht realen Gegenstück des Begriffs eines Gegenstands als Erscheinung. Es bezeichne in diesem Sinn „nicht ein besonderes ausser meiner Vorstellung existirendes Object sondern lediglich die Idee der Abstraction vom Sinnlichen welche als nothwendig anerkannt wird"[177], wie Kant es formuliert. Der Begriff des Dinges an sich bezeichne also, so Mathieu, einfach das *Residuum* der Abstraktion vom Sinnlichen im Erfahrungsgegenstand. Darum könne Kants Auffassung des Dinges an sich ebenso wenig im Nachlasswerk wie in der ersten *Kritik*

---

174 Mathieu 1989, 181 f.

175 Mathieu 1989, 183.

176 Vgl. Mathieu 1989, 189–196.

177 *OP*, AA 22: 23.23 ff. = VII 11.

als der reale, nicht empirische Grund des Erfahrungsgegenstands interpretiert werden. Andererseits falle das Ding an sich in der *KrV* manchmal mit dem „transzendentalen Objekt", dem „*Bezugspunkt*, um welchen der Erfahrungsgegenstand konstruiert wird"[178], zusammen. Die zweite Bedeutung behalte das Ding an sich auch im *Opus postumum*, sofern es als ein Produkt der Selbstsetzung, d. h. als die Vorstellung der eigenen Tätigkeit des Subjekts, verstanden werde.[179] Die beiden Bedeutungen des Dinges an sich würden sich als nur scheinbar widersprüchlich erweisen, denn sie würden vielmehr zwei Betrachtungsweisen desselben Sachverhalts entsprechen, wie Mathieu hervorhebt: „Was sich dem Transzendentalphilosophen als bloßer Bezugspunkt (= x) darstellt, erscheint dem naiven Realisten als ‚die Sache selbst', als die Wirklichkeit des existierenden Objekts."[180] Der Fortschritt des *Opus postumum* bestehe diesbezüglich darin, dass das transzendentale Objekt mit dem Subjekt eindeutig identifiziert werde, sofern dieses sich selbst als organisierendes Prinzip der Erfahrung setze.

4.4.4.2 Die Gottesidee und ihre Analogie zum Ätherbegriff

Mathieu geht davon aus, dass in gewisser Hinsicht eine Analogie zwischen Ätherbeweis und Gottesbeweis im *Opus postumum* bestehe.[181] So befindet der italienische Kant-Forscher:

> Wie der Äther durch einen identischen Satz „zum Behuf der Erfahrung" bewiesen wurde, so wird Gott nun „zum Behuf der Pflicht" ebenfalls durch einen identischen Satz bewiesen [...]. Wenn aber Gott „zum Behuf der Pflicht" gedacht ist, so muß man fragen, worin sich diese Annahme von dem bekannten „Postulat der praktischen Vernunft" unterscheidet.[182]

In *Conv. I* wird die systematische Beziehung zwischen Gott und der Welt deutlich ausgedrückt: „Gott und die Welt sind zwei nur in ihrer *gegenseitigen Beziehung* bestehende Ideen, d. h. eine Beziehung, die eben nicht zwei unabhängige Substanzen miteinander verbindet [...]."[183] Daher seien wir die „Schöpfer Gottes" und Gott sei allein ein Gedanke in uns. Gott könne ferner nicht als Weltseele oder als ein hypothetisches Wesen gedacht werden: „Gott als Weltseele mithin als hypothetisches Wesen (wie etwa den Wärmestoff der Physiker) zu betrachten und die

---

178 Mathieu 1989, 192.
179 Vgl. *OP*, AA 22: 37 = VII 16.
180 Mathieu 1989, 195.
181 Mathieu 1958, 403–455; Mathieu 1989, 247–273.
182 Mathieu 1989, 261.
183 Mathieu 1989, 262.

Einheit desselben auf empirische Principien zu gründen heißt den Begriff von Gott der ganz reiner Vernunftbegrif ist ganzlich verfehlen.“[184]

Der Mensch stelle die dritte Idee des Systems der Transzendentalphilosophie dar, eine Idee mit einer zweifachen Natur: Der Mensch sei Teil der Erfahrungswelt und zugleich Person, denn er stehe unter dem kategorischen Imperativ. Dank dieser zwiefältigen Natur könne er die beiden anderen Ideen in einem System vereinen: „Gott, die Welt u. Ich das denkende Wesen in der Welt welches sie verknüpft“[185]. Das besage, so Mathieus Interpretation, dass der Mensch sowohl Urheber als auch Inhaber seiner Vorstellungen sei.[186]

4.5 Rousset

Bernard Rousset hat es sich zum Ziel gesetzt, die Kontinuität und die Kohärenz zwischen Kants Schriften der kritischen Periode und dem Nachlasswerk festzusetzen, insbesondere hinsichtlich des kantischen objektiven Realismus, und dadurch die Interpretationen zu korrigieren, die einseitig den Idealismus des späten Kant behaupten.[187] Rousset geht davon aus, dass der Realismus des von der transzendentalen Aktivität unabhängigen, folglich sinnlich Gegebenen ein wesentliches Element dieser Theorie bilde. Die Beseitigung des Realismus führt also dem französischen Kant-Forscher zufolge unweigerlich zum absoluten Konstruktivismus, welcher die intellektuelle Anschauung sowie einen schöpferischen Verstand voraussetzt und daher eine „Entartung“ („dénaturation“)[188] der kanti-

184 *OP*, AA 22: 62.10 – 14 = VII 25.

185 *OP*, AA 21: 36.27 f. = I 14.

186 Mathieu verweist auf *OP*, AA 22: 477.24 = XI 20 (Mathieu 1989, 267), wo das Subjekt lediglich als „Urheber“ seiner Vorstellung bezeichnet wird. Die Bezeichnung des Subjekts als „seiner eigenen Vorstellungen Inhaber und Urheber“ kommt jedoch in *OP*, AA 22: 82 f. = VII 33 vor.

187 „Je me propose donc d'établir que *l'explication des thèses caractéristiques du criticisme et l'interprétation correcte des thèmes qui apparaissent dans l'*Opus postumum, *permettent de saisir la cohérence et la continuité du rationalisme critique.*“ (Rousset 1967, 13). Bernard Rousset (1929 – 1997) war ein französischer Philosoph und Philosophiehistoriker, der sich insbesondere mit Spinoza, Kant und Hegel befasste. Sein Werk *La doctrine kantienne de l'objectivité* von 1967 (Rousset 1967) stellt einen wichtigen Meilenstein in der Geschichte der französischsprachigen Kant-Forschung dar. Wie der Titel des Buches andeutet, beabsichtigt Rousset, anhand der Aufwertung des objektiven Realismus die spiritualistischen und idealistischen Tendenzen des Kantianismus zu überwinden (vgl. Rousset 1967, 15 f.), insbesondere die Interpretationen von Lachièze-Rey und Daval. In der Schrift findet sich dementsprechend eine eingehende Erörterung der Philosophie des späten Kant (vgl. Rousset 1967, insbesondere die Seiten 9 – 17, 114 – 129, 135 – 138, 167 – 202, 246 – 263, 284 – 291, 306 – 314, 363 – 373, 593 – 609, 629 – 639).

188 Vgl. Rousset 1967, 114.

schen transzendentalen Philosophie darstellt. Dass Kant selbst im *Opus postumum* einen absoluten Konstruktivismus vertrete, wovon verschiedene Kant-Forscher ausgehen, leugnet Rousset jedoch mit Nachdruck, denn seines Erachtens wird das Problem der empirischen Materie sogar zum zentralen Thema des Nachlasswerks.[189] In diesem Punkt bleibe Kant vielmehr seinen kritischen Positionen treu. Das gelte jedenfalls für die früheren Untersuchungen über die Eigenschaften der Materie. Die Konzeption selbst des Übergangsprojekts setze die Auffassung der Physik als empirische Wissenschaft. Der kritische Gegensatz des Empirischen zum Apriori, des Gegebenen zum Zusammengesetzten, komme zudem auch in den späteren Entwürfen vor.[190] Ohne diese Entgegensetzung wäre die Fragestellung des Übergangs von der Metaphysik zur empirischen Physik unverständlich.

4.5.1 Roussets Verteidigung des empirischen Realismus

Rousset gesteht zu, dass Kant eine Deduktion *a priori* der Eigenschaften der Materie behaupte und von der Materie als einer Konstruktion spreche, woraus Lachièze-Rey schließen könne, dass die Materie als etwas bloß Ideales konzipiert sei. Diese ideale Konzeption der Materie stehe aber keineswegs in einem Widerspruch zu den realistischen Aussagen dieses Begriffes. Denn Kant unterscheide zwischen dem, was *a priori* konstruiert werde, und dem, was die Formen der Sinnlichkeit und des Verstandes erfülle, also zwischen dem durch die Sinne empfangenen unendlichen Mannigfaltigen und dem wissenschaftlichen Begriff der Materie, d. h. der allgemeinen und notwendigen Darstellung, welcher der Physiker bedürfe, um jene Materie zu untersuchen. Kurz: Kant unterscheide die *gegebene* von der *zusammengesetzten* Materie.[191] Der *a priori* konstruierte Begriff sei als Basis der durch Erfahrung gegebenen bewegenden Kräfte zu verstehen,

---

189 Vgl. Rousset 1967, 114–129.

190 Rousset weist auf verschiedene Stellen hin, die seine Behauptung stützen (vgl. Rousset 1967, 115 f.), z. B.: „Alles unser Erkentnis ist entweder empirisch oder Erkentnis *a priori* (Sinnen, oder Vernunfterkentnis)." (*OP*, AA 21: 123.11 f. = I 36); „Der transcendentalen ist die empirische entgegen gesetzt welche sich nur mit dem Einzelnen der Anschauung beschäftigt." (*OP*, AA 21: 3.6 f. = I 1); „Alle Gegenstände moglicher Erfahrung sind entweder gegeben oder gemacht. Die letztere erkennen wir *a priori*. Die Sinnenobjecte (nicht blos die der Sinnlichkeit) sind als Objecte des empirischen Erkentnisses gegeben" (*OP*, AA 22: 382.14–17 = X 49).

191 Dieser zweiseitige Begriff der Materie gehört nach Rousset bereits zur kritischen Konzeption (vgl. Rousset 1967, 118 f.).

darum könne man die Eigenschaften der Materie aus den Qualitäten und Relationen bestimmen, die man notwendigerweise setze, um diese Kräfte zu denken.[192]

Diese in zwei Facetten erscheinende Sichtweise der Materie fordere also, dass die bewegenden Kräfte in der Erfahrung gegeben würden, ihr Begriff aber nicht empirisch erworben werde, sondern sich *a priori* in der Tätigkeit des Geistes als Bedingung der Möglichkeit der Erfahrung, also im Selbstbewusstsein finden müsse. Allerdings sei nicht erkennbar, wie eine bewegende Kraft, die materiell und räumlich sei, aus dem bloß intellektuellen Selbstbewusstsein entstehen könne. Kant löse das Problem, indem er die Bewegung des Subjekts und die Vermittlung durch seinen Körper als Bedingungen für die Möglichkeit des Übergangs annehme. In dieser Bezugnahme auf eine Äußerlichkeit der Subjektivität unterscheide sich Kants Lösung von einem absoluten Idealismus.[193]

Rousset geht davon aus, dass Kant zwar die empirische Anschauung aus der Aktivität des Subjekts ableite. Denn, da unsere Wahrnehmungen eine Wirkung der bewegenden Kräfte seien, wenn diese Kräfte vom Subjekt hergestellt werden, müsse man doch zugeben, dass das Subjekt herstelle, was seine empirischen Anschauungen bewirke. Gegen diese Interpretation wirft Rousset jedoch selbst ein, dass sie zu einem Paradox führe, weil die objektiven bewegenden Kräfte mit der Wirkung der Tätigkeit des Subjekts und umgekehrt diese Tätigkeit mit der Wirkung jener Kräfte zusammenfallen würden. Dieser *circulus vitiosus* werde aber aufgehoben, wenn man betrachte, dass das, was das Subjekt herstelle, nicht die wirklichen bewegenden Kräfte seien, mit denen das Subjekt verkehre. Vielmehr handle es sich dabei um ihre objektive wissenschaftliche Darstellung. Die Erfüllung dieser allgemeinen, nur formellen, also leeren Darstellung setze jedoch den Verkehr des Subjekts mit den wirklichen bewegenden Kräften voraus. Die empi-

---

192 So schreibt Rousset: „[...] nous devons donc admettre qu'il s'agit ici d'une construction a priori, dont les éléments premiers, les matériaux, sont des données empiriques [...].“ (Rousset 1967, 119).

193 Die Darstellung der Position Roussets lässt sich mit der folgenden Textpassage prägnant auf den Punkt bringen: „Nous ne restons donc pas à l'intérieur de la pure conscience de soi, comme prétend le faire l'idéalisme absolu ; [...] [Kant] reconnaît, certes, que la construction transcendantale, jusque dans la déduction du concept de matière, repose sur la conscience de soi, mais, pour répondre à Fichte, pour éliminer l'invraisemblance de sa solution et détruire l'illusion qui en est la source, il tient à préciser qu'il s'agit d'une conscience de soi, qui, pour être a priori, n'est pas pure, mais comporte un donné empirique : la conscience de soi comme donnée d'expérience inconstructible pour soi-même, comme corps, organes, forces motrices matérielles et spatiales. [...] le formalisme, qui caractérise l'*Uebergang*, implique toujours la nature empirique des données sensibles et l'impossibilité de les construire a priori à partir des seules facultés du sujet : n'y eût-il aucun élément empirique requis pour l'élaboration de l'a priori, qu'il resterait encore un empirique au-delà de l'a priori.“ (Rousset 1967, 120 f.).

rische Anschauung werde tatsächlich durch die Aktivität des Subjekts erklärt. Aber diese Aktivität bestehe keineswegs in einer selbstständigen, schöpferischen intellektuellen Tätigkeit. Kant nehme immer noch eine *passive* Rezeptivität an und behaupte, dass die Wahrnehmung nicht gemacht, sondern lediglich als gegeben empfangen werden könne.

Rousset nimmt darüber hinaus die grundsätzliche Übereinstimmung des Ätherbeweises mit den erkenntnistheoretischen Prinzipien der *Analytik* in der *KrV* an.[194] Obwohl ein Beweis *a priori* der Existenz eines Stoffes durch das Prinzip der Identität in einen Widerspruch zur kritischen Epistemologie zu geraten scheint, macht der französische Kant-Forscher auf zwei Punkte aufmerksam. Erstens: Kant bezeichne diesen Beweis als „indirekt", und das sei in einen Zusammenhang mit der Stelle der *Disziplin der reinen Vernunft* zu setzen, in der gesagt werde, dass die reine Vernunft sichere Grundsätze errichte, „aber gar nicht direct aus Begriffen, immer nur indirect durch Beziehung dieser Begriffe auf etwas ganz Zufälliges, nämlich m ö g l i c h e E r f a h r u n g"[195]. Zweitens: Die Existenz des Äthers sei zwar *analytisch* abgeleitet, aber aus der *gegebenen* Existenz bewegender Kräfte.[196] Die Prinzipien dieser Deduktion seien also das zweite und das dritte Postulat des empirischen Denkens überhaupt: „2. Was mit den materialen Bedingungen der Erfahrung (der Empfindung) zusammenhängt, ist w i r k l i c h. 3. Dessen Zusammenhang mit dem Wirklichen nach allgemeinen Bedingungen der Erfahrung bestimmt ist, ist (existirt) n o t h w e n d i g."[197] Wie in der *KrV*, so schließt Rousset, beruhe auch im *Opus postumum* der ontologische Beitrag letztlich immer auf dem empirisch Gegebenen.[198]

Die „Selbstaffektion" besteht nach Roussets Auffassung schlichtweg im aktiven Bewusstsein, welches jede Darstellung sowohl des Objekts wie auch des Subjekts und seiner Aktivität, sei es psychologisch, sei es organisch, begleitet. Diese Lehre betreffe jedoch nicht die Materie unserer Vorstellungen. Denn das Subjekt erschaffe keine Materie. Die Selbstaffektion sei immer das Bewusstsein einer Af-

194 Vgl. Rousset 1967, 135–138.
195 *KrV* A 737/B 765.
196 Rousset weist diesbezüglich beispielsweise auf folgende Stelle in *Uebergang 1–14* hin (vgl. Rousset 1967, 138): „Wir müssen also da doch das Spiel der agitirenden Kräfte der Materie ein gegebenes Phänomen ist eine Materie annehmen deren Gegenstand das Ganze aller möglichen Erfahrung" (*OP*, AA 21: 542 f. = V 28).
197 *KrV* A 218/B 266.
198 Vgl. Rousset 1967, 138.

fektion des äußeren Sinnes. Sie stelle daher keineswegs die Passivität des Subjekts bezüglich der Anschauung eines reellen Inhalts infrage.[199]

Diese Deutung der Selbstaffektion ermöglicht es nach Rousset, die Dualität von affizierendem und affiziertem Ich der Theorien der doppelten Affektion, aber auch der Interpretation von Daval zu übertreffen.[200] Daval versuche wie Lachièze-Rey, die den Theorien der doppelten Affektion innewohnende Dualität zu lösen, indem er zwischen dem nicht affizierten Ich-Subjekt und dem als affiziert gedachten Ich-Objekt, also zwischen Selbstbewusstsein und Vorstellung, unterscheide. Diese Deutung führe jedoch, so wendet Rousset dagegen ein, wiederum zu einer Dualität, denn das Ich-Objekt müsse, um eine angemessene Vorstellung des Ich-Subjekts zu sein, das Bewusstsein seiner selbst als affiziert enthalten.[201]

4.5.2 Das *Opus postumum* als Weiterentwicklung des kritischen Idealismus

Die Auffassung von Raum und Zeit, Ding an sich und Selbstsetzung scheint in den Augen vieler Forscher die idealistische Wende des späten Kant zu beweisen. Rousset versucht zu zeigen, dass sie mit einem kritischen Idealismus kompatibel sind.

4.5.2.1 Die Konstruktion von Raum und Zeit als reine Anschauung

Rousset bemerkt zunächst, dass an zahlreichen Stellen Raum und Zeit auf die Spontaneität des Subjekts bezogen und als Akt oder Produkt unseres Vorstellungsvermögens, ja als eine Setzung des Subjekts bezeichnet würden.[202] Man könne daher davon ausgehen, dass Kant auf die rezeptive Natur unserer An-

---

199 Zu Roussets Deutung der „Selbstaffektion" vgl. Rousset 1967, 183–190. So lautet eine knappe Formulierung Roussets: „Pour distinguer la conscience de soi de la conscience des objets extérieurs, il faut sans doute la définir comme une autoaffection qui n'est pas seulement formelle, mais aussi matérielle, puisque c'est alors l'être même du sujet qui est l'objet dont il est affecté, la réalité qu'il perçoit et s'efforce de concevoir ; mais sans la matière fournie par l'affection extrinsèque, ce n'est que la conscience vide d'un être vide privé d'existence effective : la seule autoaffection matérielle, dont il puisse être question, reste sans véritable matière." (Rousset 1967, 190).

200 Vgl. Rousset 1967, 191–196.

201 Vgl. Rousset 1967, 196. Während Lachièze-Rey direkte und indirekte Erscheinung für zwei Betrachtungsarten desselben Objekts hält, bezieht Rousset mit Mathieu diese Begriffe auf unterschiedliche Inhalte: Der eine ist der Erfahrungsgegenstand, der andere ein subjektives Konstrukt zur Möglichkeit der Erfahrung (vgl. ebd., 306–314).

202 Zu Roussets Erörterung von Raum und Zeit im *Opus postumum* vgl. Rousset 1967, 123–126.

schauung sowie auf jedes Element der Realität letztendlich verzichte. Rousset hebt diesbezüglich jedoch hervor, dass sich diese Äußerungen auf die reine Anschauung und nicht auf die empirische beziehen würden. Denn Kant stellt fest: „Empirische Anschauung durch den Sinn, reine durch die Einbildungskraft Erfahrung durch Verstand."[203] Raum und Zeit würden im *Opus postumum* also die Natur *a priori* behalten, die ihnen in der *KrV* zugeschrieben worden sei. Bezüglich der reinen Anschauung werde nun präzisiert, dass sie aus zwei Gründen eine Konstruktion fordere. Erstens: Die Vorstellung von Raum und Zeit als unendlich könne nicht durch die Apprehension des in der empirischen Anschauung gegebenen Reellen entstehen. Sie bilde sich durch das Bewusstsein der ins Unendliche fortschreitenden Aktivität der Zusammensetzung des Mannigfaltigen.[204] Denn Kant sagt selbst:

> [...] Das *in indefinitum* gedachte wird hier als *in infinitum* gegeben Vorgestellt. [...] Das ins Unendliche Fortschreitende wird als ein Unendliches Gegebene (Raum u. Zeit) nach mathematischen Prädicaten der Anschauung (3 Abmessungen des Raumes und Eine der Zeit) gleich als ob sie wirkliche Stellen wären darin die Dinge oder ihre Veranderungen vorgehen vorgestellt.[205]

Zweitens: Die Vorstellung von Raum und Zeit nicht nur als leere Formen, sondern als wirkliche Gegenstände fordere ferner die Konstruktion des Begriffes einer ursprünglichen, den ganzen Raum erfüllenden Materie, was die synthetische Aktivität des Verstandes wiederum voraussetze. Die Einheit, die Unendlichkeit und die Wirklichkeit von Raum und Zeit seien keine empirischen Vorstellungen; es handle sich dagegen um Konstruktionen *a priori* – ein *cogitabile*, kein *dabile*.[206] Bei einer solchen intellektuellen Konstruktion der reinen Anschauung gehe es nun um das Formale der Rezeptivität, welches sich nach den Prinzipien der *KrV* zur empirischen Anschauung verhalte.[207]

Durch eine bloß formale Synthese könne jedoch die Spontaneität des Verstandes allein, d. h. ohne empirische Anschauung, das Dasein nicht bestimmen. Die Sinnlichkeit lasse sich auf ein Produkt der Spontaneität nicht reduzieren. Die

---

203 *OP*, AA 22: 476.23 f. = XI 19.
204 Vgl. *OP*, AA 22: 411 f. = X 59.
205 *OP*, AA 22: 11.13–19 = VII 8.
206 „[...] de nos jours, nous dirions que l'espace du mathématicien ou du physicien est une construction scientifique." (Rousset 1967, 125).
207 „[...] il s'agit seulement d'affirmer que, passifs dans notre sensibilité, nous sommes actifs dans la manière dont nous recevons les données sensibles, dans la production de notre mode de réceptivité, puisque ces impressions sont reçues dans des formes, dont certaines des déterminations essentielles – unité, infinité, réalité – sont posées par notre entendement." (Rousset 1967, 125 f.).

Konstruktion der reinen Anschauung sei ein Moment der transzendentalen Konstruktion, in der der Verstand sich selbst konstruiere, indem er die Bestimmungen *a priori* der reinen Anschauung setze.[208] Im Wesentlichen folge also das *Opus postumum* dem empirischen Realismus der ersten *Kritik*.[209]

4.5.2.2 Das Ding an sich und die Theorie der Objektivität des späten Kant

Der empirische Realismus steht ferner, so fährt Rousset fort, in keinem Widerspruch zur Konzeption des Dinges an sich in den späteren Entwürfen des Nachlasswerks.[210] In diesen Texten werde zwar dem Ding an sich eindeutig eine ideale Natur zugeschrieben, sein Begriff stelle dennoch einen wesentlichen Bestandteil auch der späteren transzendentalen Theorie der Objektivität dar. Was Kant durch die Auffassung des Dinges an sich als Gedankending ohne Realität ablehne, sei bloß der ontologische Dualismus zwischen ihm und der Erscheinung. Ding an sich und Erscheinung seien zwei Betrachtungsweisen ein und desselben Objekts. In der Erfahrung eines Gegenstands werde man sich nämlich eines Daseins bewusst, das man nicht hergestellt habe, das man aber nur als das erkennen könne, was es für das erkennende Subjekt sei.[211] Der Begriff des Dinges an sich bedeute also die Einschränkung in der Erkenntnis auf die Erscheinung.

Diese Einschränkung werde durch das Selbstbewusstsein bestimmt. Die subjektive Reihe der empirischen Wahrnehmungen liefere nämlich lediglich ein Unbestimmtes. Sie fordere folglich die Bestimmung des in der Erscheinung Gegebenen. Da aber diese Bestimmung nicht gegeben werde, müsse sie durch die

---

208 „Nous assistons ainsi à la production réciproque de la sensibilité et de la spontanéité, génératrice de leur accord nécessaire [...]." (Rousset 1967, 126). Rousset belegt seine Behauptung mit folgendem Text aus dem 7. Konvolut: „Die reine Anschauung *a priori* enthält die *actus* der Spontaneität und Receptivitat und durch Verbindung derselben zur Einheit der Act der Reciprocität" (*OP*, AA 22: 28.21 ff. = VII 13).

209 Auch bei Tafeln der Kräfte und der Eigenschaften der Materie in den frühesten Entwürfen zum Übergangsprojekt geht es nach Rousset allein um die Prinzipien der Einteilung *a priori* der Resultate der wirklichen Erfahrung: „[...] cette détermination a priori des conditions matérielles de l'expérience reste purement formelle et repose sur des emprunts faits au donné sensible ; [...] il n'est pas question de construire a priori les forces et les matières que nous présentera l'expérience ; mais nous disposons au moins de concepts objectifs, avec lesquels nous pouvons aborder l'empirique et nous diriger dans la construction de la physique spéciale, qui a les forces et les matières particulières pour objets." (Rousset 1967, 254).

210 Zu Roussets Deutung des Dinges an sich im *Opus postumum* vgl. Rousset 1967, 167–177.

211 Kantische Äußerungen wie z. B. die folgende liegen Roussets Behauptung zugrunde: „[...] das Ding an sich = X [bedeutet] nicht einen anderen Gegenstand sondern nur einen anderen nämlich den negativen Standpunct [...] aus welchem eben derselbe Gegenstand betrachtet wird." (*OP*, AA 22: 42.5–8 = VII 18).

synthetische Tätigkeit des Subjekts, und zwar anhand der Begriffe und Prinzipien *a priori*, konstruiert werden. Das Unerkennbare „an-sich“ und die synthetische Aktivität seien ursprünglich miteinander in einer Korrelation gestanden, wie Rousset betont:

> [...] la conscience de l'existence de l'en soi dans le donné apparaît ainsi comme le principe ultime, qui suscite l'activité synthétique, et l'en soi inconnaissable comme le terme visé dans la construction de la connaissance, comme l'objet transcendantal qui est le fondement de toute représentation d'objet et l'essence de tout objet représenté. [...] L'affirmation de l'existence d'un en soi dans le phénomène [...] exprime la nature même de notre esprit dans sa finitude et elle est la conscience du donné comme conscience de l'être et la conscience de l'être comme principe de la construction de la connaissance du donné.[212]

Das Selbstbewusstsein des Subjekts sei also Bewusstsein seiner eigenen synthetischen und formalen Aktivität und ihres Verhältnisses zu einem unerreichbaren „An-sich“. Anders gesagt, sei das Selbstbewusstsein im Grunde genommen das Bewusstsein seiner eigenen radikalen Einschränkung als Subjekt. Indem das Subjekt das Ding an sich setze, setze es sich als Subjekt der Synthese und umgekehrt: Die Idee der spontanen Subjektivität sei die Idee des Dinges an sich. Die Lehre der Selbstsetzung des Subjekts in der Setzung des Dinges an sich enthalte nun unleugbare Anklänge an Fichtes subjektiven Idealismus. Dieser aber lehne die Möglichkeit des Daseins dogmatisch ab und reduziere dies auf eine Tatsache des Bewusstseins. Für Kant hingegen besage der Begriff des Dinges an sich die radikale Passivität des Subjekts bezüglich des Erfahrungsgegenstands.[213]

4.5.2.3 Selbstsetzungslehre und empirischer Realismus nach Rousset

Das Selbstbewusstsein des Subjekts ist nun nicht nur Selbstaffektion, sondern auch „Selbstsetzung“.[214] Rousset argumentiert diesbezüglich, dass das Subjekt sich zunächst seiner selbst bewusst sei, weil es sich selbst als transzendentales Subjekt der Erkenntnis setze. Es setze sich ferner als Urheber der transzendentalen Vorstellungen – der Formen der Anschauung, der Kategorien, der Schemata, der

---

212 Rousset 1967, 177.

213 So schreibt Rousset: „[...] la véritable conscience de soi est la découverte de la limitation phénoménale du donné et de l'expérience et, en définitive, la reconnaissance de sa propre finitude, sans qu'il soit jamais question d'en faire des créations posées par le sujet lui-même, thèse caractéristique de l'idéalisme, aussi mystérieuse qu'arbitraire et qui nie en réalité le fait qu'elle prétend expliquer [...].“ (Rousset 1967, 175).

214 Zu Roussets Darstellung der Selbstsetzungslehre im Nachlasswerk vgl. Rousset 1967, 363–373.

Ideen, des transzendentalen Objekts und der indirekten Erscheinung – und schließlich der empirischen Vorstellungen, denn sogar die empirischen Wahrnehmungen würden die Konstruktion der reinen Rezeptivität und der organischen Aktivität präsupponieren. So rekonstruiert Rousset die Dynamik der Selbstsetzung im Nachlasswerk in folgenden drei Momenten: a) die Selbstsetzung als leere, bloß analytische Identität des Denkens mit der Existenz („*cogito, sum*"); b) die Wahrnehmung seiner selbst als Dasein, was die Setzung der Anschauung und ihrer Formen ins Bewusstsein fordert und den ersten synthetischen Akt des Subjekts ausmacht; c) die Selbsterkenntnis – das Subjekt setzt sich selbst als bestimmendes Subjekt und als empirisches Objekt.

Diesbezüglich räumt Rousset ein, dass mit der Selbstsetzungslehre des *Opus postumum* die Autonomie des Subjekts in Kants Denken so stark betont werde, dass man dadurch die Behauptung einer Metaphysik des absoluten Subjekts bei Kant rechtfertigen könne. Nun aber stehe die Behauptung einer Ontologie des Subjekts, welches sich selbst ganz autonom schaffen und jenseits des Raums und der Zeit, der Erfahrungswelt und des in diese Welt gesetzten Ich existieren würde, zur Konzeption der Subjektivität in Kants Theorie der Objektivität in eindeutigem Widerspruch.[215] Vor allem schließe eine solche Ontologie des Subjekts die Beziehung auf ein nicht-subjektives Element der Realität aus, nämlich, wie Rousset sagt, „l'irréductible intuition empirique extrinsèque, qui donne à l'activité déterminante un contenu, un matériau et un motif et qui assure la relation immédiate de la conscience avec l'être extérieur de l'en soi lui-même."[216] Man kann diese Inkongruenz zu einem Widerspruch des kantischen Denkens erklären und behaupten, Kant habe nicht alle Konsequenzen aus seiner Konzeption der Sub-

215 „[...] si le sujet est un être pur et transcendant, une activité qui se suffit dans son intériorité, une autonomie créatrice d'elle-même jouissant d'une existence séparée qui l'élève au-dessus de l'espace et du temps, du monde de l'expérience et du moi inséré dans ce monde, il ne peut plus être le sujet de l'objectivité telle que l'a voulue Kant : il rend incompréhensibles le caractère strictement formel des principes, l'aspect corporel et expérimental du rapport avec l'objet et la nature historique de la construction de la connaissance, du passage progressif de la perception à la science [...]." (Rousset 1967, 373).
216 Rousset 1967, 373.

jektivität gezogen. Immerhin bleibt es nach Rousset mindestens legitim anzunehmen, dass ein subjektiver Idealismus der eigentlichen Natur des Subjekts in Kants Theorie der Objektivität nicht entspricht.[217]

---

217 Rousset konstatiert, dass die Transzendentalphilosophie von *Conv. I* keine ontologische Bestimmung des Ich oder Gottes liefere. Sie bedeute daher keineswegs einen Rückfall in eine vorkritische Metaphysik: „[...] l'être de Dieu ne nous est pas donné, l'existence du Moi est un objet de conscience qui ne peut devenir objet de connaissance, et la présence du sensible dans sa totalité, le monde, n'est ni saisissable, ni concevable. D'une manière générale, l'*Opus postumum* ne fait que reproduire à propos de la philosophie transcendantale les conclusions de la *Dialectique transcendantale* de la première *Critique*, qui refusait l'objectivité à la pensée de l'unité absolue et de la totalité achevée [...]." (Rousset 1967, 604). Rousset hebt hervor, dass es im *Opus postumum* zwei Betrachtungsweisen der Materie und der Gegenstände – die eine nur ideal und subjektiv, die andere reell und empirisch – gibt: „Et il faut surtout comprendre, aussi paradoxal que cela soit, qu'il y a une matière et des objets qui ne sont que des formes et qui se réduisent au sujet, par opposition à la matière effective et aux objets réels, qui sont toujours des données sensibles empiriques [...]." (ebd., 608). Die Transzendentalphilosophie des späten Kant sei also, so schlussfolgert Rousset, ohne weiteres ein subjektiver Idealismus, die Konstruktion der Vernunft nach ihrem eigenen Gesetz der Autonomie. Diese subjektive Idealität bleibe die Folge und der Ausdruck der Begrenzung der formellen Systematisierung durch eine unauflösbare Objektivität: „La philosophie transcendantale est donc bien un idéalisme subjectif construit par la raison en vertu de sa propre loi pratique d'autonomie [...] ; mais l'idéalité subjective [...] reste, chez Kant, la conséquence et l'expression des limites formelles de la systématisation architectonique des objectivités en face de la valeur irréductible de chacune de ces objectivités." (ebd.).

5 Hoppe, Tuschling und die Reaktion auf ihre Interpretationen

Während Lehmann und Mathieu noch den genetischen Zusammenhang des *Opus postumum* mit der Problematik der dritten *Kritik* hervorgehoben hatten, behaupten Hoppe Ende der 1960er-Jahre und Tuschling Anfang der 1970er-Jahre, dass *allein* das Bedürfnis nach einer gründlichen Revision der dynamische Fundierung der Naturwissenschaft in den *MAN* Kant zu seinem Übergangsprojekt gebracht habe. Dementsprechend betonen sowohl Hoppe als auch Tuschling die Relevanz der Entwürfe, die *Uebergang 1–14* zeitlich vorangehen. Beide Autoren sehen im Versuch einer Ätherdeduktion in *Uebergang 1–14* zudem einen Wendepunkt in der Philosophie des späten Kant, die sich danach in Richtung eines methodologischen Idealismus (Hoppe) bzw. zu einer Form des Spinozismus (Tuschling) entwickelt. Die Deutungen von Hoppe und Tuschling, vor allem ihre These, das Übergangsprojekt habe die metaphysische Grundlegung der Physik in den *MAN* ersetzen sollen, wurden seitens mehrerer Forscher – Mudroch, McCall und Mathieu – kritisiert. Gloy und Carrier vertreten ebenfalls eine zu Hoppe und Tuschling konträre Auffassung, wenn sie die grundsätzliche Kontinuität zwischen *Opus postumum* und *MAN* postulieren, insofern sie das Übergangsprojekt (zumindest seinem ursprünglichen Konzept nach) die Resultate des Werkes von 1786 voraussetzen, ergänzen und weiterführen sehen. Tuschlings Schüler Edwards schließt sich der Position seines Lehrers an, der die späte Transzendentalphilosophie Kants als Spinozismus interpretiert.

Im vorliegenden Kapitel werden also zunächst die Deutungsweise des *Opus postumum* von Hoppe (5.1) und Tuschling (5.2), anschließend die kritischen Reaktionen darauf (5.3), danach die Beiträge von Gloy (5.4) und Carrier (5.5) sowie schließlich die Interpretation von Edwards (5.6) dargestellt.

5.1 Hoppe

Hansgeorg Hoppes Hauptbeitrag zu Kants Nachlasswerk ist seine Monographie *Kants Theorie der Physik. Eine Untersuchung über das Opus postumum von Kant* von 1969.[1] Hoppe behauptet eine grundsätzliche Kontinuität des Spätwerks mit der

---

1 Hoppe 1969, insbesondere die Seiten 1–5 und 68–141. Vgl. dazu die Berichte von Ansgar Häußling (Häußling 1970), Wolfgang Schwarz (Schwarz W. 1970) und Joris (Chrysoloog) Lannoy (Lannoy 1971). Hansgeorg Hoppe (geb. 1935) ist ein deutscher Philosoph und Kant-Forscher. Mit dem *Opus postumum* beschäftigt er sich später erneut, und zwar in seiner Rezension zu Gloy

Problematik der *KrV* und der *MAN*.[2] Für ihn folgt daraus jedoch, dass es sich beim Übergangsproblem keineswegs um eine materiale Erfahrungsantizipation handelt, was es nur erschweren würde, den *Übergang zur Physik* in Einklang mit den Ergebnissen der ersten Kritik zu bringen. Es gehe vielmehr um das Problem, die empirische Physik als echte Wissenschaft zu begründen; dies sei bloß eine Frage der Form und des Systematischen und keine des Inhalts. Nicht die Ätherdeduktion, wie Mathieu meint, sondern die neue Lehre der Wahrnehmung und des leiblichen Subjekts sowie die damit verbundene „neue Deduktion" des 11. Entwurfs stellen nach Hoppe den entscheidenden Fortschritt des *Opus postumum* dar.[3] Es ist also eindeutig, dass sich Hoppe der Interpretationslinie der Marburger Schule anschließt. Im Folgenden wird seine Lesart des Übergangsprojekts in drei Schritten dargestellt: das Übergangsprojekt als Revision der Dynamik der *MAN* (5.1.1), das Scheitern der Ätherdeduktion (5.1.2) und das Hineinlegen des Formalen in die Erfahrung (5.1.3).

5.1.1 Das Übergangsprojekt als Revision der Dynamik der *MAN*

Hoppe beginnt seine Monographie mit einer dezidierten Stellungnahme gegen die früheren Hauptinterpreten des *Opus postumum:*

> In der Tat ist das Übergangsproblem schon als solches nur schwer mit den Resultaten der ersten Kritik in Einklang zu bringen, wenn man, wie Adickes (und nach ihm Lehmann, Mathieu) es tut, darunter das Problem einer Art Erfahrungsantizipation auch quoad materiale versteht.[4]

1976 (Hoppe 1980) und in seinem Beitrag zur Tagung des Forums für Philosophie Bad Homburg (Hoppe 1991).

2 „Dennoch", präzisiert Hoppe, „sind es gerade die MAGr von 1786 und nicht etwa, wie Lehmann annimmt, die KU als die Letzte der kritischen Schriften vor dem op. post., die das Eingangsproblem, also das Übergangsproblem, sowie große Teile des sogenannten naturwissenschaftlichen und naturphilosophischen Teils des op. post. überhaupt erst verständlich machen." (Hoppe 1969, 4). Zu Unrecht behauptet er allerdings: „[...] es fehlt sogar der Versuch, die MAGr in einer eingehenden Analyse für das Verständnis wenigstens auch nur der Problemlage des op. post. heranzuziehen." (ebd.) Unsere Untersuchungen über die Rezeption des *Opus postumum* bei den Neukantianern haben gezeigt, dass Krause, Keferstein und Tocco den *Übergang zur Physik* deutlich auf die *MAN* bezogen hatten.

3 Mit Mathieus Lesart der Ätherdeduktion setzt sich Hoppe in einem Aufsatz von 1991 auseinander (vgl. Hoppe 1991).

4 Hoppe 1969, 1.

Die *KrV* sei keineswegs über ein Fundierungsverhältnis zwischen reiner Philosophie und empirischer Erkenntnis hinausgegangen. Denn Kant halte die beiden Bereiche für heterogen und die „Kluft“ zwischen ihnen für definitiv unüberbrückbar.[5] Es sei daher vielmehr anzunehmen, dass es sich auch beim Übergangsbegriff im *Opus postumum* nicht um eine materiale Erfahrungsantizipation handle. Ziel der Übergangslehre sei also eine bloß formelle Systematisierung der empirischen Physik, d. h. die Begründung der Wissenschaftlichkeit der empirischen Naturlehre.

Mit der *KrV* soll Hoppe zufolge Kant die Frage nach der Möglichkeit der Physik *ihrer Form nach* – „Wie ist *reine* Naturwissenschaft möglich?“ – beantwortet haben. Mit den Grundsätzen des reinen Verstandes wird aber allein der reine Teil der *physica generalis*, also die *physica pura*, die lediglich von ausgedehnten Gegenständen überhaupt, ohne Anwendung der Mathematik handelt, begründet.[6]

Die *MAN*, so schreitet Hoppe in seinen Überlegungen fort, sollten die Naturmetaphysik, d. h. die reine Naturwissenschaft oder die *physica generalis* schlechthin, in ihrem ganzen Umfang erschöpfen und dadurch alle „eigentliche“, also empirische Naturwissenschaft begründen, soweit diese eines reinen Teils bedürfe, auf welchem ihre apodiktische Gewissheit beruhe.[7] Zur Aufgabe der *MAN* gehöre also die Rechtfertigung der Anwendbarkeit der Mathematik in der Naturmetaphysik. Da aber die Metaphysik nicht dazu imstande sei, die bewegenden Kräfte *a priori* zu bestimmen, würden diese sowie der Dynamismus eine schlichte Hypothese bleiben, um die Anwendung der Mathematik auf Naturerscheinungen zu erklären. Dynamik und Mechanik würden faktisch ihre jeweiligen Aufgaben verfehlen. Denn sie seien nicht dazu in der Lage, den Beweis zu erbringen, dass die Materie durch bewegende Kräfte den Raum erfülle bzw. als solche auch bewegende Kräfte habe. Allein die Phoronomie gelte in den *MAN* als gesichert: „Die MAGr liefern bloß eine ‚reine Bewegungslehre‘ (MAGr 477), lassen aber die Frage, wie nun der reine Teil die Wissenschaftlichkeit einer empirischen Naturlehre sichert, ganz unerledigt.“[8] Daher bleibe auch das Problem der empirischen Gesetze in den *MAN* ungelöst.

Mit der Frage nach der Möglichkeit einer bestimmten Natur und einer entsprechenden empirischen Erkenntnis als Wissenschaft beschäftigt sich Kant

5 „Kant bezweifelt nicht, daß wir allein durch Erfahrung eine bestimmte empirische Erkenntnis der Welt haben können, aber er fragt nicht danach, wie dies möglich sei.“ (Hoppe 1969, 12).
6 Hoppe erörtert diese These im ersten Kapitel seiner Monografie (vgl. insbesondere Hoppe 1969, 7–16).
7 Vgl. *MAN*, AA 4: 469. Diese These entspricht dem zweiten Schritt in Hoppes Argumentation und wird im zweiten Kapitel seiner Monografie dargestellt (vgl. Hoppe 1969, 30–68).
8 Hoppe 1969, 67.

wiederum in den Abschnitten IV und V der ersten Fassung der *Einleitung* der *KU*, welche sich Hoppe zufolge und im Gegensatz zu Mathieus Auffassung „um das Vorkommen von Organismen zunächst gar nicht kümmert“[9]. Die Als-ob-Lösung der *KU*, nämlich die Anwendung der lediglich subjektiven Prinzipien der reflektierenden Urteilskraft, die im Grunde genommen mit der Lehre des bloß regulativen Gebrauchs der Ideen in der *KrV* identisch sei, könne jedoch weder die besondere empirische Erkenntnis der Physik noch das System der empirischen Gesetze *objektiv* erklären. Gerade das Scheitern der Lösung der *KU* habe Kant dazu bewogen, in seinem Nachlasswerk die Möglichkeit des Übergangs zur *empirischen* Naturwissenschaft noch einmal zu untersuchen. Dass eine direkte Verbindung zwischen *KU* und Nachlasswerk *allein entstehungsgeschichtlich* vorliegt, ist also nach Hoppe – dieses Mal in Übereinstimmung mit Mathieu – nicht zu leugnen. Daher knüpfe das Übergangsproblem ausschließlich an die *MAN unmittelbar* an und keinesfalls, wie Lehmann behauptet, an die *KU*.[10]

Hoppe hebt hervor, dass das in den *MAN* noch nicht thematisierte Problem, wie die empirische Physik Wissenschaft sein könne, bereits im frühesten zusammenhängenden Entwurf des Nachlasswerks, dem sogenannten *Oktaventwurf*, hervortrete, wenn auch noch nicht in klar formulierter Weise. Hier versuche Kant, bestimmte nur empirisch gegebene Eigenschaften der Materie wie z. B. Zusammenhang, Aggregatszustände und Elastizität, welche bereits in den *MAN*, und zwar in der *Allgemeinen Anmerkung zur Dynamik*, behandelt wurden, durch Reduktion auf bewegende Kräfte zu erklären. Obwohl der *Oktaventwurf* vor allem von der Möglichkeit der Physik als *System* handle, beinhalte diese Fragestellung, so Hoppe, bereits das Problem der Physik als Wissenschaft.[11]

In aller Deutlichkeit trete diese Problematik jedoch erst in den sogenannten Entwürfen *α–ε* (Juli 1797 bis Juli 1798) und *a–c* (August bis September 1798) hervor. Hoppe bemerkt dazu: „Kant wird nicht müde, immer erneut darauf hinzuweisen, daß ohne System die Physik als Wissenschaft nicht möglich ist.“[12] Der Kant-For-

---

9 Hoppe 1969, 22.

10 Vgl. Hoppe 1967, 16–29. In seinem Aufsatz von 1991 präzisiert Hoppe: „Was Kant in der *Kritik der reinen Vernunft* untersucht, ist nun nur die begrifflich-kategoriale Struktur der Wirklichkeitszuwendung normaler erwachsener Subjekte.“ (Hoppe 1991, 54).

11 Vgl. Hoppe 1969, 69–72.

12 Hoppe 1969, 73. Hoppe weist auf zwei Beispiele aus dem Entwurf *α–ε* bzw. *a–c* hin (vgl. ebd., 72 f.), worin Kant ausführt: „Die Physik nämlich enthält die natürliche durch Erfahrung erkennbare bewegende Kräfte und Wirkungen der Materie die zwar sammt ihren Gesetzen objectiv betrachtet blos empirisch sind subjectiv aber doch als *a priori* gegeben gebraucht werden können und müssen weil ohne sich auf sie zu beziehen keine Erfahrung für die Physik gemacht werden könnte. Der Physiker muß jene Gesetze gleich als *a priori* gegeben den übrigen Erfahrungen zum Grunde legen denn anders kann er die Metaphysische Anfangsgründe mit den

scher bemerkt ferner: „Der Systemcharakter einer Naturwissenschaft hat also mit ihrer Objektivität zu tun."[13] Das heiße, dass das Objekt der Erkenntnis durch das Formale des Systems bestimmt werde: „Die Physik als empirische Naturwissenschaft ist nur als System möglich, weil sie nur als System ein Objekt hat, in dem ihre empirischen Beobachtungen und Aussagen miteinander zusammenhängen und verglichen werden können."[14] So sei die im *Opus postumum* unzählige Male wiederholte Formel „*Forma dat esse rei*" zu verstehen. Das Objekt werde also nicht *gegeben*; es setze vielmehr unsere subjektive Tätigkeit voraus.[15] Hoppe betont daher mit Recht die Verwandtschaft dieser Lesart mit Cassirers Interpretation der *KrV*.[16] Was der Übergang *a priori* antizipiere, sei also bloß das Formale der empirischen Erkenntnis.[17]

Die Physik müsse demzufolge zwar ein System *a priori* bilden, ihr Inhalt werde ihr jedoch *a posteriori* gegeben. Zum Inhalt der Physik gehörten die empirischen Gesetze der Natur, deren Prinzipien *a priori* aber nicht einfach die Kategorien und Grundsätze des Verstandes seien, weil diese nur zur Grundlegung der Erfahrung

---

physischen nicht in Zusammenhang bringen." (*OP*, AA 21: 525.5 – 12 = V 18). Kant schreibt weiter: „Die Zusammenstimmung empirischer *Data* zu einem System (*physica generalis*) kann allein ihre Zusammenstimmung unter einander sicheren." (*OP*, AA 21: 293.11 ff. = III 16).

13 Hoppe 1969, 74. Hierzu verweist Hoppe wiederum auf zwei Stellen aus dem 6. bzw. dem 11. Entwurf. Die eine besagt, dass „jeder einzelne Körper schon für sich ein System bewegender Kräfte der Materie ist und ohne Form und Principien eines Systems derselben die Einheit des Mannigfaltigen im Object für die Wissenschaft (Physik) nicht erreichbar ist" (*OP*, AA 21: 630.23 – 26 = VI 10). Die andere lautet: „Denn wäre nicht das Object der Physik als System bewegender Kräfte gedacht so würde in der Naturforschung [...] nie bestimmt werden können was und wie viel empirisch zusammengelesen werden müßte um [zu] der Physik [...] angemessen zu gelangen" (*OP*, AA 22: 314.6 – 12 = X 25).

14 Hoppe 1969, 78.

15 Hoppe 1969, 75 f. Hoppe belegt seine Position durch folgende Passage aus dem Entwurf *a–c:* „Wir können das Zusammengesetzte gleich als etwas das gegeben werden kann (*dabile*) nicht anschauen sondern uns nur der Zusamensetzung (*compositio*) bewust werden (*vt apprehensibile*) also geht die *compositio* vor dem Begrif des *compositi* vorher und danach muß sich der Begrif des *compositi* richten in allem durch Erfahrung erkennbaren. Die Form des Zusammengesetzten geht also vor diesem als der Materie welche ein empirisches Datum ist vorher." (*OP*, AA 21: 274 f. = III 8).

16 Hoppe erwähnt explizit die Ähnlichkeit seiner Position mit derjenigen von Cassirer (vgl. Hoppe 1969, 76), weist jedoch nicht auf die Arbeiten von Görland und Lüpsen hin.

17 Vgl. Hoppe 1969, 80. Hoppe zitiert u. a. folgende Stelle aus dem Entwurf *Uebergang 1–14* dazu: „Aber es ist in der That ein metaphysisches [Verhältnis] nämlich das der Zusammenstimmung des Manigfaltigen empirischer Anschauungen zu Einer Erfahrung, welches den Ubergang von den Metaph. Anfangsgr. der N. W. zur Physik betrifft" (*OP*, AA 22: 615.12 – 15 = XII 42).

überhaupt zureichen könnten. Prinzipien der empirischen Gesetze der Natur müssten vielmehr „Mittel-“ oder „Zwischenbegriffe“ sein:

> Die Mittelbegriffe verbinden also auf eigentümliche Weise Empirisches und Apriorisches, sie realisieren den apriorischen Objektbegriff, aber sie objektivieren zugleich auch das empirisch Gegebene und machen erst dadurch überhaupt eine empirische *und* wissenschaftliche Naturlehre möglich.[18]

Diese Mittelbegriffe seien die bewegenden Kräfte der Materie. Es handle sich dabei weder um den bloß mathematischen Begriff der bewegenden Kräfte der newtonschen Mechanik – deren Inhalte werden im *Opus postumum* als die „mathematischen Anfangsgründe der Naturwissenschaft“ bezeichnet[19] – noch um deren Betrachtungsweise in den *MAN*, der zufolge Bewegung und bewegende Kräfte durchaus empirisch seien. Denn im Werk von 1786 werde aus dem empirischen Begriff der Materie hergeleitet, dass „eine ausgedehnte Natur überhaupt durch bestimmte bew. Kr. bestimmt sein muß, wobei diese bestimmte bew. Kr. im empirischen Begriff der Materie doch bereits enthalten sind.“[20] Im Übergangsprojekt tauche hingegen erstmals die Frage nach der Möglichkeit der Objektivität der Erkenntnis empirisch gegebener bewegender Kräfte auf.[21] Dementsprechend sollen nach Hoppe Sätze wie der folgende verstanden werden:

> Die bewegende Kräfte überhaupt werden hier empirisch gegeben (nicht wie in den metaph: A. Gr. d. N. W. *a priori*) ihr Verhaltnis aber zu einander bedarf gewisser Formalien um von denselben zur Physik durch gewisse Zwischenbegriffe schreitend zu gelangen weil Physik eine empirische Naturwissenschaft d. i. ein System der Erfahrungs//Naturlehre werden soll[.][22]

5.1.2 Die Unzulänglichkeit des Ätherbeweises

Von der Einzigartigkeit des sogenannten Ätherbeweises ist Hoppe genau wie Lehmann überzeugt.[23] Der Grund sei, dass von einer Antizipation der Erfahrung

18 Hoppe 1969, 84 f.
19 Vgl. Hoppe 1969, 86.
20 Hoppe 1969, 90.
21 Vgl. Hoppe 1969, 88–92.
22 *OP*, AA 21: 486.6–11 = IV 103.
23 Zu Hoppes Erörterung des Ätherbegriffs im *Opus postumum* vgl. Hoppe 1969, 97–114.

quoad materiale im *Opus postumum* allein in *Uebergang 1–14* die Rede sei.[24] Die Existenz des Äthers werde häufig aus der Unmöglichkeit der Erfahrung der absoluten Leere abgeleitet. Dieses Argument beruhe jedoch tatsächlich auf dem Faktum, dass in der Wahrnehmung „etwas" sich erkennbar mache, was die wirkliche Existenz dieses „Etwas", d. h. der die Wahrnehmung bewirkenden Materie, impliziere. Dieses Argument beweise nun lediglich, dass alle Wahrnehmung die Wirkung von etwas Materiellem sei. Dadurch würden keineswegs die originären Eigenschaften des Äthers – Alldurchdringlichkeit, Unwägbarkeit usw. – festgestellt. In dieser Form reduziere sich der Ätherbeweis jedoch auf eine Tautologie. Kant versuche diese Schwierigkeit zu lösen, indem er behaupte, dass von der Existenz des Äthers nur ein indirekter Beweis gegeben werden könne. Hoppe fasst den indirekten Beweis wie folgt zusammen:

> [...] die Bedingung möglicher Erfahrung ist das Vorhandensein von bew. Kr. im Raum, durch die allein Wahrnehmungen hervorgerufen werden können. Der Äther stimmt mit dieser Bedingung überein, da er selber ja nichts anderes ist, als die Gesamtheit von zur Wahrnehmung erregenden bew. Kr., und folglich müssen meine Vorstellungen, die jetzt gedacht sind als bewirkt durch bew. Kr., mit der Ätherexistenz verträglich sein, ja mit ihr zusammenstimmen, und so habe ich auf indirektem Wege den Äther als existierendes Objekt meiner Vorstellungen bewiesen, nicht bloß als hypothetischen Stoff postuliert.[25]

Was aber dadurch bewiesen wird, ist Hoppe zufolge wiederum nur das Faktum, dass der Äther die materiale Bedingung der Erfahrung sei. Weiterhin bezeichne Kant den Äther als die Basis, das Einheitsprinzip aller bewegenden Kräfte. Ein Beweis *a priori* des Äthers als Einheitsprinzip der Erfahrung verstoße jedoch gegen das Resultat des kritischen Transzendentalismus, dass jegliches Einheitsprinzip *a priori* und subjektiv, also transzendent und nicht materiell sei. Die Schwierigkeiten

---

24 Vgl. Hoppe 1969, 97. Hoppe merkt an, dass Kant in den früheren Entwürfen des Übergangsprojekts versuche, die Anwendung der Metaphysik auf die konkrete Erfahrung anhand von „Mittelbegriffen" zu bewerkstelligen. Der Schematismus-Charakter der Mittelbegriffe werde dementsprechend im *Opus postumum* immer wieder betont. Diese Mittelbegriffe würden aber allein die Begriffe *a priori* der bewegenden Kräfte und nicht die konkreten bewegenden Kräfte bezeichnen, denn diese könnten allein durch Erfahrung gegeben werden (Hoppe 1969, 92 ff.). Allein aus Observation und Experimenten aber ergebe sich keine *objektive* Erkenntnis. Die Objektivität der Erkenntnis verdanke man den Begriffen der Zusammensetzung: „Experimente liefern eine objektive Erkenntnis also nur im Zusammenhang mit den Mittelbegriffen oder Begriffen a priori von bew. Kr., und diese Begriffe selber haben ihre Bedeutung umgekehrt nur dadurch, daß sie Versuchsideen sind." (ebd., 95 f.). Im System der bewegenden Kräfte der Materie im *Opus postumum* gehe es also nicht um materiale Erfahrungsantizipation, sondern vielmehr um eine Untersuchung der Form, d. h. des Systematischen der Physik.

25 Hoppe 1969, 104.

mit dem Ätherbeweis würden also daher rühren, dass der Äther zum einen als formales Prinzip, zum anderen aber zugleich auch noch als Stoff konzipiert werde. Daraus folge eine entschiedene idealistische Wende in der Betrachtung des Äthers, der nicht mehr als Ursache einer Erfahrung des Daseins überhaupt gelte:

> Kant weist vielmehr unter dem Titel einer Ätherdeduktion jetzt auf die formalen Bedingungen des Gesamtsystems unserer empirischen Erkenntnisse hin. [...] An die Stelle des Beweises der Ätherexistenz tritt so aber der Beweis der Existenz des Objekts unserer ein System bildenden Erfahrung [...]. Der Äther ist nicht materiales Prinzip der Einheit der Erfahrung, sondern sozusagen nur die hypostasierte subjektive und formale Einheit aller Erfahrungen zusammen, und wenn von seiner Existenz die Rede ist, die bewiesen werden soll, so handelt es sich nur darum zu zeigen, daß die einige Erfahrung Erfahrung von etwas Wirklichem ist, dessen Begriff und die in ihm ausgesprochene Einheit dennoch nur subjektiv und formal ist.[26]

5.1.3 Das Hineinlegen des Formalen in die Erfahrung

Eine eindeutige Bestätigung seiner Interpretation der Erkenntnistheorie im Übergangsprojekt als bloß formale Antizipation *a priori* des Empirischen glaubt Hoppe in der Feststellung auszumachen, dass der Begriff des *Hineinlegens* als Leitfaden von *Conv. X/XI* zu sehen sei.[27] Dieser Terminus besage nämlich, dass wir durch Erfahrung nur erkennen könnten, was wir in die Erfahrung *hineingelegt* haben. Das heiße aber nichts anderes, als dass das Formale, nämlich das Prinzip des Zusammensetzens, der Erkenntnis des Zusammengesetzten vorausgehen müsse. Hoppe fasst seine Meinung zu diesem Punkt folgendermaßen zusammen:

> Es geht um die Form, die notwendig der Erfahrung von Objekten vorangehen muß, nach der sich die Objekte auch richten müssen, damit sie für uns Objekte sind, und deshalb drückt der Gedanke einer materialen Erfahrungsantizipation, hier allerdings bezogen auf die bestimmte empirische Naturerkenntnis, nichts anderes aus, als was auch schon die Kritik gesagt hatte.[28]

Dass das Übergangsprojekt im Grunde genommen nicht über die Konzeption der ersten *Kritik* hinausgeht, ist Hoppe zufolge allerdings der Grund des Scheiterns der Übergangslehre als Erkenntnistheorie im *transzendentalphilosophischen* Sinne.

---

26 Hoppe 1969, 108 f. Zu Hoppes Darstellung der Ätherdeduktion in *Uebergang 1–14* und seiner Kritik an den Deutungen von Albrecht, Hübner und Mathieu vgl. Hoppe 1969, 100–114.

27 Vgl. Hoppe 1969, 114–118.

28 Hoppe 1969, 127. Hoppe bezieht sich auf folgenden Satz der *KrV*: „Die Bedingungen der Möglichkeit der Erfahrung sind zugleich Bedingungen der Möglichkeit der Gegenstände der Erfahrung [...].“ (*KrV* A 158/B 197).

Hoppe wendet ein, dass den Resultaten der Übergangslehre keine absolute Gültigkeit zukomme. Sie seien vielmehr „auf Theorien oder Interpretationsschemata als miteinander konkurrierende, von Erfahrungen abhängige Deutungen eines jeweils relativ theoriefrei Gegebenen einzuschränken"[29]. Obwohl Kant bestimmte Aspekte der zeitgenössischen Konzeption der Wissenschaftstheorie antizipiere, sei es ihm nicht gelungen, die Anwendbarkeit der Transzendentalphilosophie im transzendentalphilosophischen Sinn aufzuweisen. Verworren bleibe bei Kant die Klärung der Frage, wie wir durch das Empirische der bewegenden Kräfte affiziert werden, nämlich wie das Wirkliche durch das Empirische erkannt werden könne. Kategorien und theoretische Schemata ermöglichten es zwar, dass man sich überhaupt auf Gegenstände beziehen könne und dass das, was an sich sei, erscheine. Aber, so schlussfolgert Hoppe, „wir bestimmen die Wirklichkeit nicht inhaltlich, wir schreiben ihr nicht das Gesetz vor, wir geben ihr nur die Möglichkeit, sich uns zu zeigen"[30].

Schließlich setzt Hoppe den Begriff des Hineinlegens des Formalen in die Erfahrung mit zwei anderen für die Darlegung des *Opus postumum* entscheidenden Begriffen in Zusammenhang: der Selbstaffektion und der Leiblichkeit.[31] Die Verbindung, die Hoppe zwischen Selbstaffektion und Hineinlegen zieht, liegt auf der Hand: Das Subjekt wird durch die Wahrnehmung affiziert. Da aber der Erfahrungsgegenstand, der die Wahrnehmung bewirkt und ermöglicht, ein Produkt des Subjekts ist, besteht die Wahrnehmung eigentlich in einer *Selbstaffektion* des Subjekts. Die sogenannte „Selbstaffektion" ist also „nichts anderes als das tatsächliche Hineinlegen der Form der Erfahrung in die Erfahrung, und zwar vermittels des Experiments"[32].

Nun besteht die Tätigkeit des Subjekts Hoppe zufolge nicht allein darin, Objekte zu denken, sondern auch in einem Eingriff in die Natur, damit sich diese erkennen lässt. Diese Einwirkung des Subjekts auf die Natur erfolge aufgrund der Tatsache, dass es selbst einen Körper hat, und zwar durch das Experiment, welches „in Körpern und Instrumenten realisierte Form ist und als realisierte Form vom Subjekt hergestellt sein muß."[33] Denn das Subjekt könne Experimente durchführen, weil es einen Körper habe, den es planmäßig bewegen kann, weil es also ein Organismus sei.[34] Gerade im Experiment würden die durch bestimmte Mittelbegriffe in die zu erkennende besondere Natur hineingelegten Kategorien

29 Hoppe 1991, 62.
30 Hoppe 1991, 63.
31 Vgl. Hoppe 1969, 122–131.
32 Hoppe 1969, 125.
33 Hoppe 1969, 129.
34 Vgl. Hoppe 1969, 129 f.

ihre Beziehung zu den empirischen bewegenden Kräften verwirklichen. Erst dieser Schematismus der Kategorien ermögliche den Übergang zu einer objektiven empirischen Erkenntnis der Natur. In der leiblichen Selbstobjektivierung zur Erfahrung verwirklichen sich also die Formen des Subjekts, und die Aufgabe der Übergangslehre, die Möglichkeit einer empirischen und zugleich auch wissenschaftlichen, zu Objekten führenden Naturerkenntnis nachzuweisen, werde erfüllt.[35]

5.2 Tuschling

Burkhard Tuschling[36] gehört zu den wenigen Forschern, die eine Interpretation des gesamten *Opus postumum* geliefert haben. In seiner 1971 veröffentlichten Dissertation *Metaphysische und transzendentale Dynamik in Kants Opus postumum* nimmt er die frühesten Entwürfe bis auf *Uebergang 1–14* unter die Lupe, welche dem bis dahin am wenigsten berücksichtigten Teil des Nachlasswerks entsprechen. Die Hauptthese des Buches, wie der Verfasser in der Vorbemerkung zum Titel erklärt, ist, „daß Kant seine Materietheorie im o.p. so radikal umgestaltet, daß die ursprüngliche metaphysische Dynamik von 1786 schließlich zu einer – neben transzendentaler Ästhetik und Logik – dritten transzendentalen Disziplin wird"[37]. Tatsächlich jedoch gelingt es Tuschling mit seinen historisch orientierten Untersuchungen nur, Kants Entdeckung zu dokumentieren, dass der Äther „mit empirischen Methoden nicht erfaßt, sondern als transzendentaler ‚Gegenstand' allenfalls im Rahmen eines Systems bewältigt werden"[38] könne.[39] Diese Entdeckung kündigt nach Tuschling bereits den Zusammenbruch des transzendentalen Idealismus an, der sich in den späteren Entwürfen vollzieht. Mit der Ätherdeduktion in *Uebergang 1–14* erfolge also eine philosophische Wende, die Kant allmählich dazu bringt, eine Form des Spinozismus zu vertreten.[40]

35 Vgl. Hoppe 1969, 132.

36 Burkhard Tuschling (geb. 1937) ist ein deutscher Philosoph und Kant-Forscher. Neben seinen Studien zu Kant ist er für seine Arbeiten über Hegel sowie über Rechts- und Staatsphilosophie bekannt.

37 Tuschling 1971, V.

38 Vgl. Tuschling 1971, 188.

39 Vgl. dazu die Rezensionen von Klaus Hartmann (1972), Erhard Oeser (1973) und Wolfgang von Leyden (1973). Eine zusammenfassende Darstellung der Hauptresultate seiner Dissertation liefert Tuschling zudem in einem Aufsatz von 1973.

40 Mit der jüngsten Entwicklung des transzendentalen Idealismus beschäftigt sich Tuschling in weiteren Aufsätzen; vgl. Tuschling 1989, Tuschling 1991, Tuschling 1993, Tuschling 1995, Tuschling 2001, Tuschling 2002 und Tuschling 2004. Von Interesse ist in diesem Zusammenhang

5.2.1 Interpretation als ein bloß genetisches Verfahren

Tuschling schließt sich den Prinzipien der genetischen Methode Lehmanns an. Aber im Unterschied zu diesem lehnt er die Möglichkeit einer systematisch orientierten Interpretation des *Opus postumum* komplett ab und reduziert die Aufgabe der Interpretation auf eine bloß deskriptive Rekonstruktion des „wissenschaftlichen Tagebuches“[41] des greisen Philosophen.[42]

Gegen die systematischen Lesarten des Nachlasswerks wendet Tuschling ein, es sei unzulässig, „ganze Themenkreise oder Entwürfe aus dem vorgegebenen Zusammenhang herauszulösen und nach heterogenen, d. h. nicht dem o.p. entstammenden Prinzipien, neu zu ordnen“, wie auch „lediglich gewisse Partien des o.p. zu interpretieren, ohne ihre Voraussetzungen, die in früheren Phasen vorliegen, zu berücksichtigen und kritisch auszuwerten“.[43] Er lehnt sogar die Möglichkeit ab, Materialien aus verschiedenen Entwürfen unter inhaltlichen Gesichtspunkten zusammenzufassen und auszuwerten, da selbst bei identischen Formulierungen aus verschiedenen Phasen nicht entschieden werden könne, ob sie tatsächlich dasselbe bedeuteten und nicht bloße Homophonien darstellten.[44] Es ist jedoch auffällig, dass Tuschling selbst in seiner Monographie von 1971 von diesem rein diachronischen Verfahren abweichen muss, und zwar in einem entscheidenden Kapitel, nämlich dem über die Phoronomiekritik.

In diesen drei Punkten stimmt Tuschling grundsätzlich Lehmann zu, indem er es für unzulässig erklärt, a) die Materialien des *Opus postumum* nach heterogenen Prinzipien systematisch zu kombinieren, b) einzelne Teile zu interpretieren, ohne einen Gesamtüberblick über den genetischen Zusammenhang mit den Grundproblemen vorauszusetzen, c) den Inhalt verschiedener Entwürfe auf eine systematische Ebene zu projizieren. Sein Fazit lautet: Die Interpretation des Nachlasswerks nach seiner äußeren Form kann nur genetisch-diachronisch und keinesfalls systematisch-synchronisch erfolgen. Im Unterschied zu Lehmann

---

zudem ein Aufsatz von 1984 über den transzendentalen Idealismus der ersten *Kritik* (Tuschling 1984).

41 Tuschling 1971, 13; vgl. Tuschling 1995, 897.

42 Vgl. Tuschling 1971, 3–14.

43 Vgl. Tuschling 1971, 12.

44 Vgl. Tuschling 1971, 11 f. und 90. Als Beispiel dafür nennt Tuschling die Bedeutungsverschiebung des Ausdrucks „Materie, sofern sie bewegende Kraft hat“ zwischen *MAN* und *Opus postumum*. Im Nachlasswerk behauptet Kant, in den *MAN* sei es um die Materie als das Bewegliche im Raum, nicht aber um die Materie, sofern sie bewegende Kraft hat, gegangen. Dieser offensichtliche Selbstwiderspruch Kants lässt sich nach Tuschling auflösen, wenn man zugesteht, dass derselbe Ausdruck im *Opus postumum* nicht mehr unmittelbar den Drucktext der Schrift von 1786 bezeichnet (vgl. Tuschling 1971, 8 f. und 12).

lehnt Tuschling jedoch die Möglichkeit einer wenigstens prinzipiell-systematischen Interpretation durch sein Schweigen darüber und, abgesehen von der oben erwähnten Ausnahme, durch seine allgemeine interpretatorische Praxis ab.

5.2.2 Das Übergangsprojekt als Revision der *MAN*

Wie Hoppe ist auch Tuschling der Meinung, dass die ursprüngliche Konzeption des Übergangswerks in direkter Verbindung mit den *MAN* stehe.[45] Er ist nämlich davon überzeugt, dass das Werk von 1786 keineswegs die letztgültige Fassung der kantischen Naturphilosophie darstelle. Sie sei lediglich als ein Moment innerhalb eines fortlaufenden Reflexionsprozesses zu betrachten. Tuschling behauptet außerdem, dass dieser Prozess den Philosophen nach dem Erscheinen der *MAN* allmählich zu einer radikalen Revision seiner Positionen geführt habe. Der späte Kant habe die Lehre der *MAN* durch eine neue transzendentale Dynamik ersetzen wollen, die sich nicht mehr mit der newtonschen Physik decken, sondern neue Forschungsgebiete umfassen sollte.

Bereits die ältesten losen Blätter der Krause-Papiere, die Adickes zufolge nicht zum *Opus postumum* gehören, sollen den Anfang dieser Wende belegen, soweit „sie stillschweigend Korrekturen an der Materietheorie der MA vornehmen."[46] Physikalische Vorgänge wie z. B. Aggregatszustände, Kohäsion und Körperbildung, die in den *MAN* als unter keinen Umständen *a priori* erklärbar galten, würden zum Hauptthema der neuen apriorischen Materielehre. Während in den *MAN* die Konstruktion der jeweiligen Materien – sowohl des Einzelkörpers wie auch seiner kleinsten Bestandteile – aus dem Konflikt der ursprünglichen bewegenden Kräfte, Attraktion und Repulsion, abgeleitet werde, gebe Kant diese Sichtweise im *Opus postumum* auf. Dies geschieht deshalb, weil sich Tuschling zufolge erwiesen hat, dass die mechanistische Voraussetzung der Existenz physikalischer, mit dynamischen Eigenschaften versehener Punkte zur behaupteten dynamischen Kontinuität der Materie unvermeidbar in Widerspruch gerät. Der Standpunkt des *Opus postumum* lege hingegen dem neuen Materiebegriff das Materiekontinuum als Ganzes zugrunde. Die Erschütterungen des Äthers oder Wärmestoffs würden also zum Konstitutivum der Materie überhaupt, während Anziehungs- und Abstoßungskraft der Einzelkörper nunmehr aus diesen Oszillationen des Kontinuums deduziert würden. Zudem gebe Kant die fundamentale Position der *MAN* über die absolute Undurchdringlichkeit der Materien zugunsten

45 Vgl. Tuschling 1971, 15–65, und Tuschling 1973.
46 Tuschling 1973, 180.

der Vorstellung auf, dass alle Materien für den Äther durchlässig seien. Mit dieser Modifikation habe Kant also die Betrachtungsweise der Materie, wie sie sich in den *MAN* findet, aufgegeben. Tuschlings Beobachtung, dass die Reflexionen zum *Opus postumum* wiederum von Quantität, Qualität, Relation und Modalität der Materie handeln würden, d. h. von Fragen, die die *MAN* in seinen Augen eigentlich vollständig und definitiv beantwortet haben wollten, rundet für den Forscher schließlich die Beweisführung dahingehend ab, dass Kant bei seinem letzten Werk vorgehabt habe, die *MAN* nicht einfach zu *ergänzen*, sondern sie zu *ersetzen*.[47]

Zu dieser grundsätzlichen Revision seiner Naturphilosophie hat Kant Tuschling zufolge eine äußerst kritische Rezension der *Göttingischen Anzeigen von gelehrten Sachen* vom 2. Dezember 1786 zu den *MAN* veranlasst. Eine Abschrift Kants eines Auszuges dieser Rezension findet sich auf Blatt Nr. 25 der Krause-Papiere, welche nach Adickes' Einschätzung wohl auf das Jahr 1786 zurückgeht. Der anonyme Göttinger Rezensent – entweder Johann Tobias Mayer oder Abraham Gotthelf Kästner [48] – stellt in Abrede, dass es Kant gelungen sei nachzuweisen, dass die Materie den Raum durch bewegende Kräfte erfülle und eine ursprüngliche repulsive Kraft besitze. Damit werden die Lehrsätze 1 und 2 der *Dynamik* außer Kraft gesetzt und der „nervus probandi"[49] der *MAN* getroffen. So befindet Tuschling:

> Ersichtlich steht und fällt das gesamte Lehrgebäude der M.A. mit diesen beiden Grundannahmen der Dynamik; und ebenso ersichtlich ist, daß Kant bereits im frühen O.p. sich die Kritik der Rezensenten zu eigen gemacht und mit jenen Grundannahmen zugleich die Materietheorie der M.A. aufgegeben hat.[50]

Tuschling sieht in Kants Notizen auf der Rückseite des Blattes eine implizite Verbesserung der Materietheorie der *MAN*. Ebenso heftig werde Kants Repulsionstheorie 1793 von Mayer in Frage gestellt.[51]

Trotz einiger Ausnahmen stießen die *MAN* jedoch auf das generelle Desinteresse des Publikums, namentlich der Naturwissenschaftler. Neben den imma-

47 Vgl. Tuschling 1971 und Tuschling 1973, 180 f.

48 Vgl. Tuschling 1971, 47 ff. Johann Tobias Mayer (1752–1830) war der älteste Sohn des bekannten Astronomen Tobias Mayer, Schüler des Mathematikers Abraham Gotthelf Kästner (1719–1800) sowie des Mathematikers und Physikers Georg Christoph Lichtenberg in Göttingen, wo er Lichtenberg als Professor nachfolgte.

49 Tuschling 1973, 181.

50 Tuschling 1973, 181.

51 Vgl. Tuschling 1973, 181. Zum Verhältnis Kants zum zeitgenössischen naturwissenschaftlichen Publikum und zu den Reaktionen auf die Kritik an seinen Positionen von 1786 vgl. Tuschling 1971, 39–56.

nenten Schwierigkeiten des Werkes ist dieser Misserfolg nach Tuschling der Tatsache zuzuschreiben, dass Kant sich darin auf die apriorische Begründung der newtonschen Mechanik konzentriert hatte. Nun sei Newtons Theorie in den letzten Jahrzehnten des 18. Jahrhunderts bereits „ein vorläufig abgeschlossenes Kapitel, ein nach wie vor wichtiger, aber keineswegs der einzige Teil des Ganzen der Naturwissenschaft“[52] gewesen. Im Brennpunkt der damaligen naturwissenschaftlichen Forschung seien vielmehr andere Probleme gestanden: die der Verbrennung, Säurebildung, Aggregatszustandsänderung, der Elektrizität und des Magnetismus und vor allem der Wärmetheorie. Für die Lösung dieser Probleme habe sich der Begriff des Wärmestoffs als entscheidend erwiesen. Zum Zeitpunkt des Erscheinens der *MAN* war noch die Auseinandersetzung zwischen Phlogistikern und Antiphlogistikern im Gange, die erst um 1793 mit der Durchsetzung von Lavoisiers Theorie der Chemie endete. Dieser ganze Problemkreis wurde aber in den *MAN* nur in Anmerkungen behandelt. Tuschling schließt daher mit den Worten: „[...] die M.A. waren in Konzeption und Detail bereits bei ihrer Veröffentlichung wissenschaftlich überholt.“[53]

Kant sei also aus zwei Gründen zu einer grundsätzlichen Revision des Standpunkts von 1786 herausgefordert gewesen. Er sei sich nämlich der Tatsache bewusst geworden, dass einerseits die *MAN* an unauflösbaren inneren Widersprüchen krankten und dass andererseits die zeitgenössische Naturwissenschaft die Resultate seines Werkes aufgehoben hatte. Das Werk habe freilich seine Aufgabe, nämlich den Nachweis der Unentbehrlichkeit der kritischen Theorie der Erkenntnis *a priori* für die Begründung der Naturwissenschaften, nicht erfüllt.

Statt den Standpunkt von 1786 ausdrücklich aufzugeben, versuche Kant ihn hingegen zu legitimieren, indem er die Fortbildung seiner Materietheorie als eine die offengebliebene „Lücke“ schließende Ergänzung, einen Übergang von den *MAN* zur Physik, darstelle. Um diesen Legitimierungsversuch plausibel zu machen, reduziere Kant die *MAN* zunächst auf die Phoronomie, also auf ihr erstes Hauptstück. Denn er glaube in der Arbeit von 1786 lediglich eine reine Bewegungslehre geschaffen zu haben, in der die Materie nie als mit ursprünglich bewegenden Kräften versehen betrachtet worden sei, was der Publikation augenscheinlich widerspreche.[54]

Die Anwendung der mathematischen Konstruktion des Materiebegriffs in der Dynamik und in der Mechanik habe Kant zu einem doppelten Fehler verleitet:

52 Tuschling 1973, 182.
53 Tuschling 1973, 182.
54 Vgl. vor allem Tuschling 1971, 92–100.

> Erstens nämlich führt die phoronomische Konstruktion des Materiebegriffs der M.A., insbesondere in den Lehrsätzen 1–3, 5 und 6 der Dynamik und in Ls. 1 der Mechanik, dazu daß Kant mit der Existenz realer, undurchdringlicher Zentren von Attraktion und Repulsion die Existenz physischer Punkte behauptet, die mit seiner dynamischen Grundkonzeption unvereinbar sind. Das heißt: die angeblich dynamische Materietheorie der M.A. ist in Wirklichkeit eine mit dynamischen Zutaten verbrämte Korpuskulartheorie der Materie; sie ist also keine Alternative, sondern nur eine verschleierte Variante des Atomismus, den sie ersetzen sollte.
>
> [...] Noch peinlicher aber ist der mit dem ersten verbundene zweite, methodische Widerspruch: Kant benutzt in Lehrsatz 1, 3 und 5 der Dynamik die mathematische Konstruktion des Phoronomischen Lehrsatzes dazu, um die Existenz von etwas Realem, nämlich von bewegenden Kräften, a priori zu beweisen. Damit aber macht er sich eines Verstoßes gegen einen Grundsatz seiner kritischen Philosophie schuldig, den er auch in der Vorrede der M.A. seiner Arbeit ausdrücklich zugrunde legt: daß Philosophie Erkenntnis durch bloße Begriffe, Mathematik dagegen Erkenntnis durch Konstruktion von Begriffen in der reinen Anschauung a priori sei, daß beide voneinander spezifisch verschieden seien und daß sie nicht miteinander vermengt werden dürften. Der Konsequenz dieses Grundsatzes zuwider, daß aus einer reinen Anschauung a priori nicht auf eine empirische Realität geschlossen werden kann, hat Kant in den genannten Lehrsätzen aus der geometrischen Konstruktion von Bewegungsverhältnissen auf die empirische Realität einer diesen Bewegungsverhältnissen entsprechenden Struktur der Materie geschlossen.[55]

Kants Polemik im *Opus postumum* gegen die in Laplaces Atomismus vorausgesetzte Existenz physischer Punkte bzw. gegen die Vermischung mathematischer und philosophischer Erkenntnisprinzipien in Newtons *Philosophiae naturalis mathematica principia* sei, so Tuschling, in Wirklichkeit eine verborgene Korrektur der beiden erwähnten Fehler der *MAN*. Die Lehre des Übergangs als „Brücke" zwischen *MAN* und Physik sei nichts als „eine *ad hoc* Lösung"[56], um „die Widersprüche zwischen alter und neuer Theorie [...] zu verschleiern [...]"[57].

Die Forderung nach einer strengen methodologischen Trennung zwischen Geometrie und Metaphysik, um die Prinzipien der Naturwissenschaft konsequent und unvermischt *philosophisch* zu begründen, führe Kant allerdings dazu, die newtonsche Physik, die noch 1786 das Vorbild der Naturwissenschaft schlechthin dargestellt hatte, völlig aufzugeben. Daraus ergebe sich im *Opus postumum* allmählich die Ablehnung auch der Phoronomie, die Kant schließlich mit den newtonschen Anfangsgründen der Naturwissenschaft gleichsetze. Mit seiner Phoronomiekritik gebe Kant die ganzen *MAN* und letztendlich die darauf basierende Übergangskonzeption auf.[58] Die implizierte methodische Kritik an den *MAN*

55 Tuschling 1973, 183 f.
56 Tuschling 1971, 62.
57 Tuschling 1971, 65.
58 Vgl. Tuschling 1971, 106–122.

im *Opus postumum* sei also alles in allem eine „Selbstkritik“ gewesen, derer „sich Kant vollkommen bewußt“[59] gewesen sei.

5.2.3 Die Ätherdeduktion als Wendepunkt im *Opus postumum*

Der vorherige Abschnitt zeigte, dass nach Tuschlings Auffassung das Übergangsprojekt die Konzeption der Materie in den *MAN* stillschweigend ersetzt. Nun ergeben auch die späteren Untersuchungen über einen Übergang von der Metaphysik zur Physik ein negatives Resultat. Denn Kant müsse feststellen, dass ein solcher Übergang unmöglich sei und sich die Kluft zwischen beiden Gebieten als unüberwindbar erweise.[60] Wegen des Scheiterns des Übergangsprojekts müsse Kant seine Metaphysik der Dynamik schließlich auf ein neues Prinzip gründen, nämlich auf das materielle Totum, den Äther. Diese Materie werde nicht mehr als Erfahrungsbegriff, d. h. als Gegenstand einer möglichen empirischen Anschauung, aufgefasst. Als erkenntnistheoretischer Begriff fordere der Äther also eine Rechtfertigung, welche durch den „Beweis“ oder die „Deduktion“ desselben in *Uebergang 1–14* versucht wird.[61] Der Kern dieses Beweises bestehe in der Behauptung, dass die den ganzen Raum erfüllende Äthermaterie den Raum erfahrbar mache und ihre Existenz aus der Idee der absoluten Einheit der Erfahrung analytisch durch das Identitätsprinzip abgeleitet werden könne.[62]

Die Konzeption der Materie in *Uebergang 1–14* und der Versuch, die materiellen Bestimmungen des materiellen Inhalts der Erfahrung *a priori* abzuleiten, stellen nun nach Tuschling einen „Wendepunkt“[63] in Kants Erkenntnistheorie und eine deutliche Abweichung vom klassischen Kritizismus dar. Der Äther werde nämlich als der erste, ja *der einzige* Gegenstand und *das einzige* Prinzip der möglichen Erfahrung bezeichnet.[64] Das schließe jedoch aus, dass Raum und Zeit als Formen *a priori* der Sinnlichkeit und die Kategorien als Formen des Verstandes auch für Bedingungen der möglichen Erfahrung gehalten werden. Raum und Zeit

59 Tuschling 1971, 118.

60 Vgl. Tuschling 1971, 178. Zu Tuschlings Deutung des Ätherbeweises in *Uebergang 1–14* vgl. Tuschling 1973, 185–189, Tuschling 1989, insbesondere die Seiten 203–209 und 212–216, und Tuschling 2001, insbesondere die Seiten 132–170.

61 Tuschling betont, dass der Ätherbeweis das Hauptthema der Untersuchungen in *Uebergang 1–14* ausmache, während das Problem des Übergangs von der Metaphysik zur Physik, die Materietheorie sowie die Naturphilosophie sich nunmehr als von sekundärem Interesse erweise.

62 Vgl. Tuschling 1989, 203.

63 Vgl. Tuschling 1989, 204.

64 Vgl. Tuschling 1989, 205. Tuschling verweist auf *OP*, AA 21: 225.25 = II 33 bzw. 21: 241.2–11 = II 40.

verlören ihre transzendentale Funktion und würden zu bloßen Relationen zwischen Objekten, wie sie sich in Leibniz' und Wolffs Konzeption finden, herabgewürdigt.[65] Ebenso kämen den Kategorien ihre Schemata, also ihre Anwendbarkeit auf einzelne Erfahrungsgegenstände, abhanden.[66] Der neue Ätherbegriff hebe alle wesentlichen in der *KrV* festgestellten Unterschiede auf: den Unterschied zwischen Raum und Zeit als Formen des äußeren bzw. des inneren Sinns, zwischen Anschauung und Verstand, zwischen Verstandes- und Vernunftbegriffen. Denn die Natur des Äthers als „hypostasierter Raum" bleibe unbestimmt. Es gehe weder um eine empirische Anschauung, noch um einen reinen oder empirischen Begriff. All diese unterschiedlichen Elemente würden im Ätherbegriff vielmehr vermengt.[67] Selbst die Funktion der transzendentalen Apperzeption werde zweifelhaft und doppeldeutig, denn der Ätherbegriff in *Uebergang 1–14* scheine den Versuch darzustellen, die Erfahrung nicht mehr im Subjekt, sondern in einem objektiven Prinzip zu begründen, was wie eine Rückkehr zu den vorkritischen Positionen wirke.[68] Mit den Untersuchungen von *Uebergang 1–14* ist Kant nach Tuschlings Interpretation an die Grenze eines transzendentalen Idealismus gelangt und hat diese Grenze sogar überschritten.[69]

Tuschling sieht zwar die Gültigkeit des negativen Aspekts von Kants Entdeckung des Ätherprinzips – die Tatsache, dass der Äther bzw. das materiale Kontinuum nicht empirisch zu erfassen sind, da es keineswegs um ein Objekt der empirischen Physik geht – als sicheres Resultat an. Jeder Versuch, diesen Stoff *a priori* zu deduzieren, gerät aber seines Erachtens in einen Widerspruch zum

---

65 Vgl. Tuschling 1989, 207 und 212. In diesem Punkt scheint Tuschlings Analyse inkonsistent zu sein. Denn er behauptet einerseits, dass Raum und Zeit auf bloße Relationen zwischen Objekten reduziert würden, andererseits, dass sie sich nicht auf Gegenstände bezögen. Es bleibt unklar, wie Raum und Zeit Relationen zwischen Gegenständen sein können, ohne sich auf die Gegenstände zu beziehen.

66 Vgl. Tuschling 1973, 186 f. Tuschling diskutiert hier eigentlich nur den Fall der „Substanz". Er merkt an, dass, während in der *KrV* die „Beharrlichkeit" das Schema der Substanz sei (vgl. *KrV* A 525/B 553), im *Opus postumum* die „Beharrlichkeit" allein der Totalität der dynamischen Zustandsänderungen und Wechselprozesse zukomme.

67 Vgl. Tuschling 1989, 205 ff.

68 Vgl. Tuschling 1989, 208 f. Das Prinzip der Einheit der Erfahrung findet sich Tuschling zufolge gemäß *Uebergang 1–14* nicht im Subjekt, sondern im Objekt.

69 „Mit diesem Gedanken gelangt Kant hart an die Grenze eines transzendentalen Idealismus; denn wenn die materielle Einheit des Objekts möglicher Erfahrung a priori garantiert sein muß, damit Erfahrungserkenntnis zustande kommen kann, dann heißt das, daß sie auch unabhängig von der ursprünglich-synthetischen Einheit des Selbstbewußtseins des erkennenden Subjekts garantiert sein muß – ja, mir scheint, daß Kant diese Grenze sogar gelegentlich schon überschritten hat." (Tuschling 1973, 188).

klassischen Kritizismus und muss bezweifelt werden.[70] In den späteren Entwürfen, so Tuschling, werde Kant daher versuchen, das Problem der Einheit der empirischen Existenz anhand eines radikal subjektiven Idealismus zu lösen.

In einem Aufsatz von 2001 präzisiert Tuschling seine Interpretation der Äthertheorie in *Uebergang 1–14* weiter. Diese Konzeption der Materie stellt seiner Einschätzung nach die zweite Phase von Kants Metaphysik der Natur und seinem System der Transzendentalphilosophie dar. Die erste Phase sei im Zeitraum von 1786 bis 1799 anzusiedeln, während die dritte Phase den letzten drei Entwürfen des *Opus postumum* entspreche. Während sich Kant in der ersten Phase schrittweise von den Positionen der *MAN* distanziere, breche der Philosoph in *Uebergang 1–14* nicht nur mit seinem Werk von 1786, sondern sogar mit den Prinzipien der *KrV* selbst. Allerdings kündige sich darin bereits die spätere Wende zum Spinozismus an.[71]

Tuschling weist auf fünf Merkmale oder „Momente", wie er sie nennt, in *Uebergang 1–14* hin, durch die die Konzeption der *KrV* überholt werde. Die Materie werde nämlich als *individuelle Substanz*, als *a priori gegeben* betrachtet, und zwar *durch die Vernunft*, als *Weltstoff*, als *das Prinzip der Möglichkeit der Erfahrung* schlechthin.[72] Diese Konzeption enthalte bereits, so Tuschling, einen impliziten Spinozismus, denn sie hebe den Unterschied zwischen Subjekt und Objekt auf. Die Materie als absolutes Ganzes werde zum Grund der absoluten, ursprünglichen Einheit, zur „Idealität einer Subjekt-Objekt-Dialektik, d. h. Identität der Identität und Nichtidentität der Subjektivität und der Objektivität und der Dialektik ihres Ineinander-Übergehens"[73]. Folglich hebe sich der transzendentale Idealismus in einer spekulativen Identität von Substanz und Subjekt auf. Sein früheres Urteil stillschweigend revidierend, behauptet Tuschling sodann, diese Entwicklung des kantischen Idealismus sei keineswegs eine „leichtsinnige Rückkehr zum Dogmatismus der Metaphysik"[74]. Sie sei ganz im Gegenteil durch eine dem kritischen transzendentalen Idealismus innewohnende Instanz systematischer Einheit diktiert worden. Der Dualismus von transzendentaler Apperzeption und Objekt, von

70 Vgl. Tuschling 1971, 188 f., und Tuschling 1973, 189.

71 Vgl. Tuschling 2001, 130 f.

72 Vgl. Tuschling 2001, 141–145.

73 Tuschling 2001, 147.

74 Tuschling 2001, 150. Noch 1991 betont Tuschling verstärkt die Diskontinuität zwischen Ätherdeduktion und Konzeption der Selbstaffektion und Selbstsetzung in den späteren Entwürfen, und er vertritt die These, die Annahme einer an sich existierenden Weltmaterie als Bedingung der Möglichkeit der Erfahrung sei mit dem transzendentalen Idealismus der ersten *Kritik* inkompatibel, weil dieser dadurch in einen dogmatischen Realismus verwandelt werde. Das Scheitern der Ätherdeduktion habe Kant also dazu gebracht, nach anderen, geeigneteren Ansätzen zu suchen (vgl. Tuschling 1991, 116).

Idealität und Materialität bleibe ein Defizit der *KrV*. Es gehe um die bekannte, für Kant schmerzliche „Lücke“ im kritischen System, die der Philosoph mithilfe der in *Uebergang 1–14* entwickelten Äthertheorie überwinden wolle. Es sei also paradox, dass diese innere Entwicklung der kritischen Philosophie aus ihren eigenen Prinzipien zur Aufhebung derselben führe und dass das Übergangsprojekt letztendlich einen Übergang vom *transzendentalen* zum *spekulativen* Idealismus vollziehe.[75] Kant sei daher, so Tuschling, „nicht nur All-Einer und Spinozist geworden“, sondern er habe „eo ipso den cartesianischen Dualismus, die absolute Trennung von Subjekt und Objekt, von reinem Denken und allein durch die Sinnlichkeit gegebener Materialität – kurz: die Lehre von der absoluten Entgegensetzung der beiden ‚Stämme‘ oder ‚Grundquellen‘ unserer Erkenntnis – und damit die der ausschließenden Entgegensetzung von Analytizität und Synthetizität, Apriorität und Empirizität systematisch aufgegeben [...]“.[76]

Das Bedürfnis, die Subjektivität nicht bloß als absolut, sondern auch als empirisch zu verstehen, welches aus der Annahme erwachse, dass die äußeren Wahrnehmungen durch die Wirkung bewegender Kräfte der Materie des Subjekts erfahren würden, führe Kant dazu, sich erneut mit der Konzeption der Physik und der Erfahrung zu befassen, und schließlich zur Erarbeitung der Selbstsetzungslehre, wodurch sich der Übergang vom kantischen Idealismus zum Spinozismus vollziehe.[77]

5.2.4 Die Transzendentalphilosophie des *Opus postumum* als Spinozismus

Wie gezeigt wurde, behauptet Tuschling, der transzendentale Idealismus im *Opus postumum* sei eine Form von Spinozismus. Bereits die Ätherdeduktion sei letzten Endes die Deduktion eines Daseins aus der Apperzeption. Mit den beiden letzten Entwürfen vollziehe sich eine noch stärkere Betonung der ursprünglichen Aktivität des Subjekts, welche sich selbst und alle Objektivität konstituiere. Kants transzendentaler Idealismus werde dadurch zum Spinozismus; allerdings nicht im Sinne des historischen Systems von Baruch de Spinoza. Kants Denken habe sich vielmehr „in einem spekulativen Spinozismus aufgehoben, der Ansätzen des jungen Hegel nicht nur nahekommt, sondern in einem systematisch zentralen und fundamentalen Punkte mit ihm übereinstimmt: in der Vereinigung von Substanz

75 Vgl. Tuschling 2001, 148 ff.

76 Tuschling 2001, 159. Die beiden hier von Tuschling erwähnten Ausdrücke tauchen bekanntlich in der *KrV* auf (vgl. *KrV* A 15/B 29 bzw. A 50/B 74).

77 Vgl. Tuschling 2001, 160–165.

und Subjekt, Substanzialität und Subjektivität"[78]. Es sei kein Zufall, dass Schelling im *Opus postumum* als die Verkörperung des transzendentalen Idealismus anerkannt werde:[79] „[...] in der spinozistisch interpretierten Idee einer ursprünglichen Selbstsetzung berühren sich die spätesten Spekulationen Kants mit Schellings und Hegels Idee eines absoluten Subjekts, das zugleich Subjekt und Objekt oder absoluter Begriff, Idee, ist."[80]

Hier weise Kant auf die ursprüngliche und unbedingte Subjektivität hin, welche Einheit und Unendlichkeit der Objektivität erzeugt, sich selbst als seine eigene Substanz setzt, sich also als *causa sui* und Urheberin ihres Selbst offenbart.[81] Kants transzendentaler Idealismus wird dadurch über seine äußere Grenze hinaus zur Selbstauflösung geführt.

5.3 Kritische Bemerkungen zu Hoppe und Tuschling

Die Deutungen des Übergangsprojekts von Hoppe und Tuschling, vor allem die ihnen zugrundeliegende Voraussetzung der Diskontinuität mit den *MAN*, sind auf grundlegende Einwände gestoßen. Im Folgenden werden die Argumentationen von Mudroch (5.3.1), McCall (5.3.2) und Mathieu (5.3.3) betrachtet.

5.3.1 Mudroch

In seiner Monografie *Kants Theorie der physikalischen Gesetze* von 1987 setzt sich Vilem Mudroch in erster Linie mit Hoppes Deutung des Übergangsprojekts kritisch

78 Tuschling 2002, 140 f.

79 Vgl. Tuschling 1991, 112–115 und 117–133; zudem Tuschling 1993, insbesondere 157–167.

80 Tuschling 1991, 132. Als spinozistisch erscheint Tuschling vor allem folgende Stelle: „Das Subject bestimmt sich selbst 1) durch technisch//practische 2 durch moralisch//practische Vernunft und ist sich selbst ein Gegenstand von beyden Die Welt und Gott. Das erste im Raum u. der Zeit als Erscheinung. Das zweyte nach Vernunftbegriffen d. i. einem princip des categorischen Imperativs *Ens summum, summa intelligentia, summum bonum:* S a c h e und P e r s o n. Ap p e r c e p t i o, A p p r e h e n s i o et *Comprehensio phaenomenologica* C o g n i t i o, et R e c o g n i t i o. Das Erkentnis seiner Selbst als einer Person die sich selbst zum Princip constituirt und ihres Selbst Urheberin ist. Gott und die Welt sind beydes ein Maximum. Die transc. Idealität des sich selbst denkenden Subjects macht sich selbst zu einer Person. Die Göttlichkeit derselben. Ich bin im höchsten Wesen. Ich sehe mich selbst (nach Spinoza) in Gott, der in mir gesetzgebend ist." (*OP*, AA 22: 53 f. = VII 23).

81 Vgl. Tuschling 2002, 140–148 und 153–167.

auseinander und erhebt zudem einige scharfsinnige Einwände gegen Tuschling.[82] Im Folgenden werden zunächst die Einwände gegen Tuschling (5.3.1.1) und dann Mudrochs Auseinandersetzung mit Hoppe (5.3.1.2) dargestellt.

5.3.1.1 Einwände gegen Tuschlings Lesart

Gegen Tuschlings Deutung erhebt Mudroch Einwände bezüglich der Mathematik als Instrument der Naturwissenschaft sowie hinsichtlich der Kreisbewegung und der Kontinuität zwischen Kants dynamischer Theorie in den *MAN* und im *Opus postumum*.

Mudroch betont, dass die Mathematik im *Opus postumum* als *unentbehrliches Instrument* der Naturwissenschaft in Bezug auf die Bewegung und ihre Gesetze betrachtet werde, welche gerade dank der Anwendung der Mathematik und der dadurch gewonnenen „anschaulichen Klarheit" zu der größten „Sicherheit in Bestimmung ihrer Ursachen" gelangen würden.[83] Da aber die Mathematik sich unendlich erweitern lasse, sodass sie die Form eines vollständigen Systems nicht erreichen könne, könnten die mathematischen Anfangsgründe der Physik jene systematische Vollständigkeit, die allein die Anwendung metaphysischer Prinzipien ermögliche, nie gewährleisten. Deswegen könne eine Grundlegung der Bewegungstheorie weder allein durch mathematische Anfangsgründe noch einfach ohne diese gelingen.[84]

Mudroch fügt eine bemerkenswerte Feststellung bezüglich der Kreisbewegung hinzu:[85] Die Kreisbewegung eines Körpers könne als Ablenkung des Körpers von einer geradlinigen Bewegung infolge des Einflusses einer wirklichen Anziehungskraft erklärt werden. Man könne aber auch in der Kreisbewegung eines Punktes die vom Mittelpunkt sich entfernende Bewegung als die Wirkung einer *vis centrifuga* betrachten, welche eigentlich eine Wirkung der Kreisbewegung, also eine „scheinbare Kraft" sei. Kant nehme im Beweis des 2. Lehrsatzes der *Phänomenologie* der *MAN* den erstgenannten Standpunkt ein,[86] während er im *Opus postumum* sehr häufig von Zentrifugalkraft spreche, die er als abgeleitete Kraft

82 Mudroch 1987, insbesondere 67–70 und 124–184. Vilem Mudroch (geb. 1951) ist Philosophie-Historiker. Bei der genannten Kant-Monografie handelt es sich um seine Promotionsarbeit.

83 Vgl. *OP*, AA 22: 168.27 f. = VIII 20.

84 Mudroch 1987, 67. Das instrumentelle Verhältnis der Mathematik zur Philosophie im *Opus postumum* ist Gegenstand einer detaillierten Untersuchung von Büchel aus demselben Jahr (Büchel 1987; vgl. unten 7.1.4).

85 Vgl. Mudroch 1987, 67–75.

86 *MAN*, AA 4: 557.

bezeichne, weil sie aus der Kreisbewegung entstehe.[87] Nach Tuschling zeige das, so Mudroch, dass Kant die Kreisbewegung in den *MAN* als Beweis für eine ursprüngliche Kraft, im *Opus postumum* hingegen als Beweis für eine abgeleitete Kraft betrachtet habe. Diese Änderung schreibe Tuschling Kants neuem Verständnis der physikalischen Begriffe im *Opus postumum* zu.[88] Allerdings scheine er es übersehen zu haben, dass Kant im ersten Fall von Anziehungskraft, also von einer wirklichen Kraft, im zweiten Fall jedoch von *vis centrifuga*, also von einer „scheinbaren" Kraft, spreche.

Abschließend merkt Mudroch an, dass die meisten Hauptthesen der *MAN* immer wieder auch im *Opus postumum* vorkommen. Ferner finden sich Anspielungen auf die dynamische Theorie der bewegenden Kräfte von 1786 – insbesondere auf die *Ursprünglichkeit* der bewegenden Kräfte – noch in späteren Entwürfen.[89]

5.3.1.2 Auseinandersetzung mit Hoppe

Gegen Hoppes These, die *MAN* seien, abgesehen von der *Phoronomie*, ein gescheitertes Unternehmen – ihm zufolge auch der Grund für Kants Versuch, in der Übergangslehre das Problem einer metaphysischen Begründung der Wissenschaftlichkeit der empirischen Naturlehren zu lösen –, erhebt Mudroch folgenden Einwand:[90] Die Interpretation der bewegenden Kräfte als hypothetisch ist in seinen Augen – und damit anders als bei Hoppe – nicht der Aposteriorität des Bewegungsbegriffs zuzurechnen; denn der phoronomische Bewegungsbegriff ist vielmehr ein Begriff *a priori*. Die bewegenden Kräfte würden als hypothetisch betrachtet, weil sie weder mittels der Sinne gegeben seien noch zu den Bedingungen der Möglichkeit der Materie oder der Erfahrung gehören würden. Deswegen bleibe die mechanische Erklärung der Materie in den *MAN* ebenso gültig wie die dynamische.

Bezüglich des Übergangsprojekts geht Mudroch ferner davon aus, dass Kant im *Opus postumum* beabsichtige, nicht nur die Objektivität der Übergangsbegriffe zu beweisen, wie Hoppe meint. Mudroch nimmt an, dass Kant intendiere, auch

---

87 Vgl. z. B. *OP*, AA 21: 290.5–9 = III 14.

88 Vgl. Tuschling 1971, 107.

89 Vgl. Mudroch 1987, 126 f. Mudroch verweist dort auf folgende Stellen: *OP*, AA 21: 274.20–275.4 = III 8 (Aug.–Sept. 1798), 22: 173.10–13 = VIII 22 (Okt.–Dez. 1798), 22: 606.28–607.3 = XII 39 (Febr.–Mai 1799), 21: 538.27–539.4 = V 26 (Mai–Aug. 1799).

90 Vgl. Mudroch 1987, 122.

„das Gebiet des Empirischen weiter ein[zu]engen, das heißt das Formale noch mehr ins Materiale [zu] versetzen [...]“[91].

Diese Entwicklung betreffe in erster Linie den Ätherbegriff. Der Äther werde das ganze Nachlasswerk hindurch als Stoff aufgefasst, dessen Existenz durch Experiment weder bewiesen noch abgelehnt werden könne. Deswegen werde sein Begriff als „hypothetisch“, also als ein Gedankengebilde, welches die Erfahrung ermögliche, bezeichnet. In *Uebergang 1–14* verliere der Äther nun zwar seinen hypothetischen Charakter; er bleibe nichtsdestoweniger ein „Gedankending“, und zwar ein „notwendiger und objektiv gültiger Begriff“[92]. Dieser neuen Konzeption liege die sogenannte Ätherdeduktion zugrunde.

Mudroch gliedert Kants Argument in zwei Schritte.[93] Zunächst deduziert Kant die notwendige Existenz des Äthers aus der *Möglichkeit* der Erfahrung. Da die Erfahrung eines leeren Raums unmöglich sei, müsse der Raum sensibel sein. Es müsse daher einen Stoff geben, nämlich den Äther, der den Raum sensibel mache. Der Äther müsse also als kontinuierlich durch Materie erfüllter Raum aufgefasst werden. Durch den Äther werde eine stetige Bewegung hervorgerufen, die den Raum wahrnehmbar mache. Dieser Beweis sei indirekt und subjektiv, habe jedoch objektive Gültigkeit. In dieser Hinsicht lasse er sich mit der transzendentalen Deduktion der ersten *Kritik* vergleichen.[94] Der zweite Schritt bestehe in der Deduktion der Existenz des Äthers als einer notwendigen Bedingung für das System aller bewegenden Kräfte der Materie aus dem Prinzip der Einheit der Erfahrung.

Während der erste Schritt des Arguments die Verwandtschaft der Ätherdeduktion mit der transzendentalen Deduktion der ersten *Kritik* zeige, spiegle der zweite Schritt den Unterschied zwischen beiden Deduktionen:

> Während in der K.d.r.V. die Kategorien, als die allgemeinsten Bedingungen der Möglichkeit der Erfahrung bewiesen werden, handelt es sich im O.p. um die wesentlich spezifischeren, d. h. inhaltsreicheren Begriffe der Verhältnisse der bewegenden Kräfte zueinander, die außerdem nicht als die notwendigen Bedingungen der Erfahrung überhaupt, sondern als die notwendigen Bedingungen der Erfahrung im Sinne von Wahrnehmungen erwiesen werden sollen.[95]

---

91 Mudroch 1987, 150.

92 Mudroch 1987, 151.

93 Vgl. Mudroch 1987, 151–154.

94 „Die Ähnlichkeit dieser Argumentation mit der Transzendentalen Deduktion in der K.d.r.V. ist auffallend, denn auch dort wird die objektive Gültigkeit subjektiver Begriffe durch den Hinweis auf die Notwendigkeit, sie a priori für die Möglichkeit der Erfahrung vorauszusetzen, bewiesen.“ (Mudroch 1987, 152).

95 Mudroch 1987, 154.

Die Fundierung *a priori* der Erfahrung im empirischen Sinne setze die Möglichkeit eines vollständigen Systems der *a priori* gedachten bewegenden Kräfte voraus. Die Vollständigkeit dieses Systems könne nur dann gewährleistet sein, wenn sie ins System hineingelegt worden sei.

Daher gilt nach Mudrochs Ansicht auch im *Opus postumum*, dass „nur die Form, nicht aber das Materiale der empirischen Anschauung vom Subjekt erzeugt wird."[96] Die Fundierung *a priori* der Erfahrung als Empirisches setze die Möglichkeit eines vollständigen Systems der *a priori* gedachten bewegenden Kräfte voraus, dessen Vollständigkeit nur dann gewährleistet werden könne, wenn sie ins System hineingelegt worden sei. Dieses Hineinlegen in die Erfahrung sei die eigene Tätigkeit des Subjekts und entspreche allein der Form der Wahrnehmung. Nicht das Ganze der Wahrnehmung werde also vom Subjekt hergestellt, sondern nur die Verhältnisse der bewegenden Kräfte untereinander.[97] Der Gehalt der Wahrnehmung, das empirisch Gegebene, lasse sich hingegen keineswegs *a priori* bestimmen. Daraus folge, dass nicht die gesamte Affektion auf eine Selbstaffektion zurückführbar sei, was im Gegensatz zur Behauptung Hoppes stehe. Ganz im Gegenteil: Man werde vom empirisch Gegebenen der Wahrnehmung ohne ein vorheriges Hineinlegen affiziert.[98]

In der Konzeption der Physik im Nachlasswerk sei der reine vom empirischen Teil zu unterscheiden. Zum reinen Teil gehörten die Übergangsbegriffe, welche aber allein die allgemeinen Bedingungen der Möglichkeit der empirischen Physik gewährleisten würden. Dieser Teil sei *a priori* und könne folglich vollständig ausgebildet werden. Der empirische Teil hingegen sei auf Erfahrung gegründet und könne daher nie ganz vollendet sein. Experiment und Beobachtung stünden zwar unter der Aufsicht der apriorischen Gesetze; ihre Ergebnisse bildeten aber nur ein fragmentarisches und unvollständiges Aggregat. Beseitigte man das Empirische vollständig und reduzierte man die Physik auf ihren reinen Teil, wäre die Ausbildung eines vollständigen Systems der Naturwissenschaft zwar möglich. Doch Kants Konzeption würde sich in diesem Falle, wie sich in Hoppes Darlegung zeige, zum Idealismus wandeln.[99] Der Transzendentalphilosophie Kants entspreche vielmehr „eine mittlere Position zwischen dem Humeschen Empirismus,

96 Mudroch 1987, 158.
97 Mudroch 1987, 157.
98 Mudroch 1987, 159.
99 Mudroch betont: „Mit einer vollständigen Beseitigung des Empirischen wäre zwar die ‚Vollendung' des ganzen Ansatzes erreicht, aber nur auf Kosten des Sinnes der Transzendentalphilosophie: Man wäre nämlich gezwungen, einen von Kant stets abgelehnten Idealismus zu akzeptieren." (Mudroch 1987, 182).

nach dem physikalische Gesetze überhaupt nicht als objektiv notwendig erwiesen werden können, und einem extremen Idealismus, für den alle Gesetze notwendig sein müssen."[100]

5.3.2 McCall

In einem Bericht über Tuschlings Monografie von 1971 positioniert sich James McCall explizit gegen Tuschlings These, im *Opus postumum* sei eine neue Theorie der Materie entwickelt worden, die sich von derjenigen der *MAN* radikal unterscheide und die vorige Theorie ersetze.[101] Insbesondere soll Kant nach Tuschling die Existenz materieller Punkte, die in den *MAN* noch angenommen wurde, im Nachlasswerk aufgegeben haben. Denn im *Oktaventwurf* behauptet Kant:

> Die Qvantitaet der Materie kann nicht durch die Menge der Theile geschätzt werden auch nicht durchs *volumen* wenn sie ungleichartig sind, selbst nicht in der bloßen Vergleichung mit Anderen sondern nur durch Gravitation Des *La place* materieller Punkt ist Unding[.][102]

Dazu bemerkt Tuschling in Bezug auf die *MAN:*

> Nun folgt aus der Erklärung 2 in Verbindung mit Ls. 1 Mech., daß die Quantität der Materie nur durch den oben beschriebenen mechanischen Begriff von Quantität der Bewegung bestimmt werden könne. Mithin steht und fällt dieser (extensive) Begriff von Quantität der Materie mit der Existenz materieller Punkte.[103]

---

100 Mudroch 1987, 183. Nach Mudroch kann man von einem „übertriebenen Idealismus" Kants nur in Bezug darauf sprechen, dass Kant glaubt, das vollständige System aller möglichen Verhältnisse unter bewegenden Kräften ein für alle Mal vollständig *a priori* herleiten zu können. Mudroch distanziert sich von Hoppe zudem hinsichtlich des Themas der Leiblichkeit, indem er meint, dass es sich beim Begriff des menschlichen Leibes „kaum um einen zentralen Gedankengang Kants handeln [könne], sondern eher um isolierte Versuche, die zu keinen konkreten Ergebnissen führen" könnten. (Mudroch 1987, 170). An anderer Stelle im Text fügt er hinzu: „Maschinen und organische Natur, so wie sie im Zusammenhang mit Endursachen vorkommen, werden weit weniger diskutiert, und der menschliche Leib wird im Ganzen des O.p. kaum mehr als ein dutzendmal erwähnt." (ebd., 172 f.). Mudroch übersieht jedoch, dass der Begriff des menschlichen Leibes untrennbar mit der Thematik der Affektion, wenn auch nur implizit, verbunden bleibt.

101 McCall 1988.

102 *OP*, AA 21: 406.22–25 = IV 37.

103 Tuschling 1971, 58.

Im *Opus postumum* behauptet Kant also Tuschling zufolge, die Quantität der Materie sei nur *dynamisch* durch die Gravitation zu schätzen und er erkläre infolgedessen die Atomistik für ungültig. In den *MAN* habe er aber gemeint, die Quantität der Materie sei nur *mechanisch* zu messen, was notwendigerweise die Aufhebung der Dynamik voraussetze.[104]

Dieser angebliche, von Tuschling hervorgehobene Widerspruch lässt sich nun nach McCall anhand der beiden folgenden Texte auflösen.[105] Der erste findet sich ebenfalls im *Oktaventwurf:*

> Sie [= die Quantität der Materie] kann nur durch Wägen d. i. durch Zusammendrüken einer elastischen Materie *e.g.* Stahlfeder oder und vornehmlich durch die Wage (von gleich langen Hebelarmen) gemessen werden. [...] Also gibt es keine directe Schätzung derselben sondern nur eine gefolgerte[.][106]

Der zweite Text stammt aus der Anmerkung zum Lehrsatz 1 der *Mechanik:*

> Gleichwohl kann die *ursprüngliche Anziehung*, als die Ursache der allgemeinen Gravitation, doch ein Maß der Quantität der Materie und ihrer Substanz abgeben (wie das wirklich in der Vergleichung der Materien durch Abwiegen geschieht), obgleich hier nicht eigene Bewegung der anziehenden Materie, sondern ein dynamisch Maß, nämlich Anziehungskraft, zum Grunde gelegt zu sein scheint. Aber weil bei dieser Kraft die Wirkung einer Materie mit allen ihren Theilen unmittelbar auf alle Theile einer andern geschieht und also (bei gleichen Entfernungen) offenbar der Menge der Theile proportionirt ist, der ziehende Körper sich dadurch auch selbst eine Geschwindigkeit der eigenen Bewegung ertheilt (durch den Widerstand des Gezogenen), welche in gleichen äußeren Umständen gerade der Menge seiner Theile proportionirt ist, so geschieht die Schätzung hier, obzwar nur indirect, doch in der That mechanisch.[107]

Im Gegensatz zu Tuschlings Ansicht beweisen diese Texte nach McCall vielmehr,

a) dass die Anwendung der mechanischen Methode des Abwiegens zur Schätzung der Quantität der Materie auch im *Opus postumum* vorgesehen sei;

b) dass bereits in den *MAN* diese Methode als ein dynamisches Maß erklärt und auf die ursprüngliche Attraktion zurückgeführt werde;

c) dass in beiden Fällen ausdrücklich behauptet werde, dass die mechanische Messung der Quantität der Materie in der Tat nur *indirekt* erfolge. Dieser Punkt werde durch eine Bemerkung am Anfang des Beweises von Lehrsatz 1 bestärkt:

---

104 Vgl. McCall 1988, 59 f.
105 Vgl. McCall 1988, 60 f.
106 *OP*, AA 21: 408.13–21 = IV 39.
107 *MAN*, AA 4: 541.

„Die Materie ist ins Unendliche theilbar, folglich kann keiner ihre Quantität *durch eine Menge* ihrer Theile unmittelbar bestimmt werden.“[108]

Die oben zitierte Stelle des *Oktaventwurfs* stehe also keineswegs im Widerspruch zu den *MAN*, wie Tuschling dies glaube. Sie befinde sich damit vielmehr in vollkommenem Einklang. Tuschling sieht in Kants Kritik der Monadologie und der Atomistik[109] den Nachweis erbracht, dass die Existenz wirklich materieller Punkte inkompatibel mit dem dynamischen Prinzip ist.[110] Betrachte man aber die von Tuschling erwähnten Stellen genauer, so erscheine es klar, dass, was Kant dort ablehne und was im Widerspruch zur dynamischen Theorie der Materie stehe, weder die Möglichkeit elementarer Teilchen noch diejenige des *relativ diskreten* Raums sei, sondern die Annahme *wirklicher, absolut leerer Räume.*[111] Kant versuche in den *MAN* zu beweisen, dass die Mechanik nur unter der Bedingung möglich sei, dass man die Materie als ein *mechanisches Kontinuum* betrachte.[112] Eine solche Auffassung impliziere aber *Phoronomie* und *Dynamik.* In der Phoronomie werde von der Quantität eines Körpers, d. h. von der Masse, abstrahiert; es gehe nur um die Bewegung und ihre Beschaffenheit, nämlich Geschwindigkeit und Richtung.[113] Die dynamische Erklärung des Materiebegriffs setze daher die Phoronomie voraus. Die Dynamik erkläre, wie die Materie einen Raum durch das Zusammenwirken der einander entgegengesetzten bewegenden Kräfte der Attraktion und Repulsion einnehmen könne, ohne jedoch die Materie, die jenen Raum erfülle, also den physikalischen Körper, als Gegenstand der Bewegung, als

108 *MAN*, AA 4: 537.

109 Vgl. *MAN*, AA 4: 504 f. bzw. 532 ff.

110 Vgl. Tuschling 1971, 58, 62 und 70.

111 Vgl. McCall 1988, 61. Es sei dazu festgestellt, dass in der Anmerkung 1 zum Beweis der Lehrsatzes 4 der Dynamik belegt wird, dass die Punkte des Raumes zwischen zwei einander nicht unmittelbar berührenden Monaden repulsive Zentren sind, denn sonst würden die beiden Monaden einander unendlich anziehen und sich berühren. Ein repulsives Zentrum ist aber etwas Bewegliches im Raum, mithin Materie. Das bedeutet also: Unmöglich ist nicht die Annahme elementarer Teilchen, sondern die Behauptung des absolut leeren Raums zwischen ihnen. Kant schließt seine Kritik der Atomistik ganz am Ende der *Dynamik* ferner mit folgenden Worten: „Allein leere Räume als w i r k l i c h anzunehmen, dazu kann uns keine Erfahrung, oder Schluß aus derselben, oder nothwendige Hypothesis sie zu erklären berechtigen. Denn alle Erfahrung giebt uns nur comparativ-leere Räume zu erkennen, welche nach allen beliebigen Graden aus der Eigenschaft der Materie ihren Raum mit größerer oder bis ins Unendliche immer kleinerer Ausspannungskraft zu erfüllen, vollkommen erklärt werden können, ohne leere Räume zu bedürfen.“ (*MAN*, AA 4: 535.5–10).

112 So schreibt McCall: „[...] the concept of continuous matter [...] figures as an essential aspect or the theory of matter in the *Metaphysical Foundations* as well.“ (McCall 1988, 79).

113 Vgl. *MAN*, AA 4: 480.

Bewegtes zu betrachten.[114] Letzteres bleibe der *Mechanik* überlassen. Einerseits zeige sich die Mechanik in den *MAN* als ein unentbehrliches Moment des Aufbaus der Physik als Körperlehre. Andererseits setze sie durchaus eine dynamische Auffassung von Materie voraus.[115]

McCall bemerkt weiter, dass es um die mechanische Konzeption der Materie auch im *Opus postumum* gehe. Man denke nur an die unzähligen Bezeichnungen des Wärmestoffs als eines mechanischen Mediums, vor allem in den Entwürfen bis September 1799.[116] Die Ablehnung der absoluten Leere und die Sichtweise der Leere als *relativ* leeren Raum – also die Betrachtung der Materie als ein inhomogenes Kontinuum – biete ferner den Schlüssel, um zu verstehen, dass Kant die „Wirkung in die Ferne (*actio in distans*)" als gegenseitige Wirkung der Körper *„durch den leeren Raum*"[117] in den *MAN* annehme,[118] was wiederum in vollkommener Übereinstimmung mit dem *Opus postumum* stehe:

> [...] Anziehung der Körper in der Entfernung durch den leeren Raum (wie wenn von der Gravitation geredet wird) [...] bedeutet [...] nichts weiter als daß von einander entfernete Körper auf einander durch Anziehung ohne Vermittelung einer dazwischen liegenden Materie (obgleich wirklich eine solche zwischen ihnen liegt) also unmittelbar ohne sich zu berühren auf einander wirken können, nicht aber daß der leere Raum (welcher schlechterdings kein Gegenstand möglicher Erfahrung ist) in die Zusammensetzung der äußeren Sinnenobjecte und unter die Gegenstände Einer möglichen Erfahrung mit gehörete.[119]

Es sei also durchaus reduktiv, so Tuschling, die dynamische Theorie der *MAN* als eine Variante der Atomistik zu betrachten und dementsprechend in der Dynamik des *Opus postumum* ihre Aufhebung zu sehen.[120]

---

114 Vgl. *MAN*, AA 4: 536.

115 „Kant postulated the existence of the two fundamental forces, because bodies could not exist without a balance between the expansive and contractive tendencies. But reference to a mechanical continuum does seem necessary in order to establish the possibility of a balance. Both, the phoronomic synthesis and the dynamic synthesis, continue *in infinitum*. If a body is to exist, there must be a mechanical moment of matter which puts a halt to the progressive syntheses and fills the space of the body." (McCall 1988, 61).

116 Vgl. McCall 1988, 65. McCall nennt dort folgendes Beispiel aus dem 10. Entwurf: „Todte Kraft (Druck) lebendige Kraft (Stoß) Die letztere als *motus concußionis* des Wärmestoffs." (*OP*, AA 21: 489.18 f. = IV 106).

117 *MAN*, AA 4: 512.

118 Vgl. McCall 1988, 62 ff.

119 *OP*, AA 21: 604.14–23 = V 56. Vgl. ferner *OP*, AA 21: 228 = II 34 und 22: 427 = XI 6.

120 In seiner Kritik an Tuschlings These, Kant habe letzten Endes im *Opus postumum* die *MAN* mit bloß mathematischen Principien der Naturwissenschaft gleichgesetzt und sie als solche aufgegeben, nähert sich McCall Büchels Lesart des Verhältnisses von Mathematik und Philosophie im Nachlasswerk (vgl. unten 7.1.4) an. Denn er weist auf Texte hin, in denen Kant

In den *MAN* hatte Kant die empirische Atomistik abgelehnt und versucht, die Entstehung der Körper durch die Wirkung der beiden fundamentalen bewegenden Kräfte zu erklären. Ihm war aber McCall zufolge auch bewusst, dass seine Theorie das Problem der Unterschiede an Dichte und Zusammensetzung der Körper nicht beantwortete. Die auf dem Ätherbegriff basierende Theorie der Materie im *Opus postumum* stellt einen Fortschritt in der Behandlung dieses Problems dar, denn durch die Vibrationen des Äthers kann die Inhomogenität der Körper begründet werden. Man muss Tuschling zugestehen, dass die Theorie von 1786 eher mathematisch und phoronomisch orientiert war und dass die Fortschritte des *Opus postumum* ihre Schwächen sichtbar gemacht haben. Die frühere Lehre mag durch die neuere verbessert worden sein, von einem Widerruf kann man nach McCalls Einschätzung jedoch nicht sprechen.[121]

5.3.3 Mathieus Einwände

In der deutschen Ausgabe seiner Monografie über das *Opus postumum* ergreift Mathieu die Gelegenheit, sich mit Hoppe und Tuschling auseinanderzusetzen und einige Einwände gegen ihre jeweiligen Deutungen des Übergangsprojekts zu erheben.

5.3.3.1 Gegen Hoppe

Mathieu merkt zunächst an, dass die „Metaphysik der Natur" in den *MAN* ausgesprochen deutlich definiert werde, nämlich als der reine Teil der Naturwissenschaft, der sowohl die metaphysischen Konstruktionen wie auch die Prinzipien der mathematischen Naturlehre in einem System darstelle.[122] Was Kant dort unter „Physik" verstehe, erweise sich hingegen als doppeldeutig. Einmal bezeichne er damit das Ganze der Gesetze, die der Verstand der Natur vorschreibt, wobei der Begriff unmittelbar auf die Metaphysik gegründet wird. Dann aber nehme der

---

eindeutig die Existenz sowohl mathematischer wie auch philosophischer Prinzipien der Naturwissenschaft sowie die Notwendigkeit eines Übergangs von den metaphysischen Prinzipien zur Physik postuliert. Die metaphysischen Anfangsgründe verwischen auch nicht zwei heterogene Erkenntnisarten, nämlich Philosophie und Mathematik. Der Bezug zwischen beiden ist jedoch möglich, ja sogar notwendig. Denn die philosophischen Prinzipien vollziehen, was den mathematischen unmöglich ist: die vollständige systematische Anordnung der Natur. Die Mathematik hingegen gebietet der Philosophie in gewisser Hinsicht Einhalt (Vgl. McCall 1988, 72 ff.).

121 Vgl. McCall 1988, 65–72.

122 Vgl. *MAN*, AA 4: 473.

Ausdruck „Physik" die Bedeutung des Aggregats der vom Naturforscher gesammelten Kenntnisse an und erhalte insofern keine metaphysische Begründung. So halte Kant die Chemie für „nichts mehr als eine systematische Kunst oder Experimentallehre", die „niemals eigentliche Wissenschaft" werden könne, weil ihre Prinzipien „bloß empirisch" seien „und keine Darstellung a priori in der Anschauung" gestatteten, d. h. weil die Mathematik in der Chemie nicht anwendbar sei.[123]

Dieser Meinung sei Kant noch in der zweiten Auflage der *KrV* (1787).[124] Erst im *Opus postumum* werde unter dem Terminus „Physik" überwiegend eine „Naturkunde" erfasst, was nötig mache, das Problem der metaphysischen Begründung neu zu überdenken, da die mathematische Konstruktion nicht mehr die einzige Methode sein könne, die Natur *a priori* zu begreifen.[125] Stillschweigend richten sich diese Betrachtungen Mathieus gegen die Position Hoppes. Hoppes Vorwurf, die *MAN* ließen „die Frage, wie nun der reine Teil die Wissenschaftlichkeit einer empirischen Naturlehre sichert, ganz unerledigt"[126], könne, so Mathieu, die *MAN* eigentlich nicht treffen, weil die Sicherung der Wissenschaftlichkeit der empirischen Naturlehren wie eben der Chemie nicht zu ihrer Aufgabe, sondern zu der des Übergangswerks gehöre.

Im Fortgang seiner Abhandlung setzt Mathieu sich explizit mit Hoppe auseinander, indem er Hoppes Behauptung verwirft, beim *Opus postumum* handle es sich keineswegs um eine *materiale* Erfahrungsantizipation.[127] Insbesondere unterschätzt Hoppe dem italienischen Kant-Forscher zufolge die Rolle der Ätherdeduktion in Kants Gedankengang in gravierender Weise, indem er wie Lehmann den Ätherbeweis nur für einen Entwicklungsschritt hält, den Kant schließlich wegfallen lasse. Dagegen wirft Mathieu ein, dass in *Conv. X/XI* der Äther auch die

123 *MAN*, AA 4: 470 f.

124 Dies zeigt die folgende Stelle aus der *Transzendentalen Deduktion:* „Auf mehrere Gesetze aber als die, auf denen eine Natur überhaupt als Gesetzmäßigkeit der Erscheinungen in Raum und Zeit beruht, reicht auch das reine Verstandesvermögen nicht zu, durch bloße Kategorien den Erscheinungen *a priori* Gesetze vorzuschreiben. Besondere Gesetze, weil sie empirisch bestimmte Erscheinungen betreffen, können davon nicht vollständig abgeleitet werden, ob sie gleich alle insgesammt unter jenen stehen. Es muß Erfahrung dazu kommen, um die letztere überhaupt kennen zu lernen; von Erfahrung aber überhaupt und dem, was als ein Gegenstand derselben erkannt werden kann, geben allein jene Gesetze *a priori* die Belehrung." (*KrV* B 165).

125 Vgl. Mathieu 1989, 40 f.

126 Hoppe 1969, 67.

127 Vgl. Mathieu 1989, 128 – 136.

Rolle eines transzendentalen Begriffs spiele,[128] dass sein Beweis sogar ausdrücklich erwähnt werde[129] und dass die Begründung der Physik in *Conv. X/XI* seine transzendentale Auffassung erfordere.[130]

5.3.3.2 Gegen Tuschling

Weitere direkte oder indirekte Einwände erhebt Mathieu gegen Tuschlings Interpretation des Übergangsprojekts.[131] Sie lassen sich in drei Punkte zusammenfassen.

1. Die *Phoronomie* handle von der Materie als dem Beweglichen im Raum. Um bewegende Kräfte gehe es hingegen in den weiteren Hauptabteilungen der *MAN* – *Dynamik, Mechanik* und *Phänomenologie* –, welche die *Phoronomie* und ihre Gesetze voraussetzten. So lasse sich erklären, warum Kant im *Opus postumum* laufend wiederhole, dass in den *MAN* lediglich von der Materie als dem Beweglichen im Raum die Rede gewesen sei.[132]

2. Dem Begriff der Materie als des Beweglichen im Raum in den *MAN* hätten die bewegenden Kräfte nur als *äußere* Strukturen hinzugefügt werden können, von denen darum bloß eine mathematische Darstellung möglich gewesen sei. Eine solche habe sich aber als unzureichend erwiesen, um die Physik auf die bewegenden Kräfte zu fundieren. Um zu erklären, wie sie die wirkliche Welt zusammensetzten, müssten die bewegenden Kräfte als eine *innere* Eigenschaft der Materie angenommen werden. Über die Kluft, die die beiden Gebiete der Metaphysik der Natur und der Physik trennt, könne die Philosophie nun aber nur dank der Amphibolie der bewegenden Kräfte eine Brücke schlagen,[133] da nur die bewegenden Kräfte beiden Territorien angehörten.[134] Die Übergangslehre könne

128 Vgl. Mathieu 1989, 134 f. Mathieu weist auf folgende Stellen hin: *OP*, AA 22: 478.26 – 30 = XI 20; 22: 89.3 – 6 = VII 34 und *passim* in der gesamten *Beylage VII* (in *Conv. VII*); 22: 330 f. = X 31.

129 Vgl. *OP*, AA 22: 388 = X 52.

130 Vgl. *OP*, AA 22: 474 f. = XI 19.

131 Vgl. Mathieu 1989, 44 f., 49 – 56.

132 Eine von Kant später durchgestrichene Bemerkung im 4. Entwurf (*No 1–No 3η*) enthält folgenden Satz: „In den metaph: Anf: Gr. ward nur von den Gesetzen der Bewegung nicht von den bewegenden Kräften gehandelt" (*OP*, AA 21: 164 Anm. = II 6). Mathieus Vermutung zufolge (vgl. Mathieu 1989, 44) hat Kant, um den Inhalt dieses Satzes zu präzisieren, da auch die *MAN* von den bewegenden Kräften handeln, die gesamte Bemerkung durch folgende Passage ersetzt: „In den metaph Anf. Gr. ward die Materie blos als das b e w e g b a r e im Raum vorgestellt und diesem Begriffe gemäß wurden Gesetze der Bewegung die vor aller Erfahrung vorher gehen in einem System aufgestellt." (*OP*, AA 21: 164.8 – 11 = II 6).

133 Vgl. *OP*, AA 21: 475.3 – 10 = IV 95.

134 Vgl. *OP*, AA 21: 478.16 – 25 = IV 97.

daher keineswegs die *MAN* aufheben oder ersetzen, vielmehr setze sie diese voraus.

3. Tuschling selbst antizipiert einen weiteren möglichen Einwand gegen seine Deutung, und zwar stellt er die folgende Frage in den Raum: Wenn Kant das Scheitern der *MAN* vollkommen bewusst war, warum hat er sie dann nicht gleich verworfen? Warum versucht er im Gegenteil, sie durch ein Werk zu legitimieren, dessen Titel auf sie verweist, obwohl es sie eigentlich ersetzen sollte? Zum Teil, so Tuschling, weil Kant zeitlebens die Möglichkeit des „Totalirrtums geleugnet" habe, zum Teil, weil er noch für eine Weile die Hoffnung nicht ganz aufgegeben habe, seine Gedanken vor dem Hintergrund einer breiteren Theorie wiederzuverwerten.[135] Mathieu bemerkt diesbezüglich, dass Tuschlings Überlegung trotz dieser Begründungsversuche durch die Annahme verwundere, dass Kant in so vielen Notizen und Aufzeichnungen, obwohl sie in der Tat einen nur privaten und vorläufigen Charakter gehabt hätten, an keiner einzigen Stelle seine angeblich eigene Meinung verrate und sich so hartnäckig an seine Vortäuschung gehalten haben solle. Mangels eines eindeutigen textuellen Beweises müssten also, so schlussfolgert Mathieu, Tuschlings Erklärungen für grundlos und der betreffende Einwand gegen seinen Standpunkt für immer noch gültig erachtet werden.

5.4 Gloy

In ihrer Heidelberger Dissertation von 1976 positioniert sich Karen Gloy[136] gegen die damalige Tendenz in der deutschen Kant-Forschung – man denke an Hoppe und Tuschling[137] –, das *Opus postumum* aporetisch zu interpretieren. Denn Gloy geht davon aus, dass „ein durchgängig systematischer Zusammenhang zwischen KdrV, MA und Op. p."[138] bestehe. Denn in der *KrV* werde das reine System der Verstandesbegriffe für das Gegebene der Sinnlichkeit überhaupt herangezogen, um eine allgemeine Naturwissenschaft *a priori* zu begründen. Dieses System werde dann in den *MAN* auf das Gegebene der äußeren Sinne angewandt, wodurch eine spezielle Wissenschaft der äußeren Natur begründet werden solle. Schließ-

---

135 Vgl. Tuschling 1971, 65.

136 Karen Gloy (geb. 1941) ist eine deutsche Philosophin. Zu ihren Forschungsschwerpunkten gehören naturwissenschaftliche und naturphilosophische Themen sowie der deutsche Idealismus.

137 Gloy setzt sich explizit mit Lehmann und Hoppe auseinander, während Tuschlings Monografie über das Verhältnis des Übergangsprojekts zu den *MAN* (Tuschling 1971) von ihr unberücksichtigt bleibt.

138 Gloy 1976, 2.

lich werde das dadurch gewonnene System in der Absicht für das besondere Gegebene der äußeren Sinne nutzbar gemacht, den Übergang vom *a priori* „Wißbaren" zum nicht *a priori* „Wißbaren" zu vollziehen.[139] Erst im und mit dem Übergang von der Metaphysik zur Physik – d. h. von einem streng *a priori* „entwerfbaren und ausweisbaren" Wissen „zu einem andersgearteten"[140] – im *Opus postumum* finde eine echte Metaphysik der Natur ihre Rechtfertigung. Das Folgende ist es, was nach Gloy in der Kant-Forschung übersehen worden war:

> Das Op. p. wird nicht, wie es sein sollte, aus dem systematischen Zusammenhang mit KdrV und MA heraus als weitere Stufe des Abstiegs und der Spezifikation der Naturerkenntnis verstanden, nämlich nach der Aufstellung eines Systems von Bestimmungen der Materie überhaupt in den MA nun auch zur Aufstellung eines Systems der grundsätzlichen Unterschiede der Materie [...].[141]

Gloys Arbeit ist der Versuch, Möglichkeit (II. Kapitel), Umfang (III. Kapitel) und Grenzen (IV. Kapitel) einer solchen Naturwissenschaft *a priori* aufzuzeigen.[142] Die Möglichkeit einer Begründung *a priori* von Naturgesetzen entspricht dem eigentlichen Beitrag der metaphysischen und transzendentalen Deduktion in der *KrV.* Anders gesagt geht es darum, die Möglichkeit einer Verbindung des Verstandes mit der Sinnlichkeit nachzuweisen. Nach Gloy erfolgt eine Verbindung dieser beiden heterogenen Prinzipien aufgrund ihrer Strukturanalogie.

Die Frage nach dem Umfang eines Gesamtsystems apriorischer Naturwissenschaft stehe im Zusammenhang mit der Möglichkeit, die *MAN* als echte Metaphysik auszuweisen, wofür eine Bewegungsdeduktion *a priori* erforderlich sei, „die nicht allein den Inhalt, sondern auch die Realmöglichkeit zu umfassen"[143] habe. Eine Deduktion *a priori* der Bewegung setze nun voraus, dass die Bewegung als wirkliche Anschauungsform *a priori* ausgewiesen werde. Nur unter dieser Bedingung könne die Anwendung transzendentaler Prinzipien *a priori* auf sie einen Bewegungsschematismus *a priori* liefern, der die Bildung eines Systems synthetischer und apriorischer Bewegungsgesetze ermögliche. Der Ausweis der Bewegung als Anschauungsform *a priori* gründe darin, dass die Komponenten der Bewegung, nämlich Raum und Zeit, die einfachen Anschauungsformen *a priori*

---

139 Gloy 1976, 2.
140 Gloy 1976, 3.
141 Gloy 1976, 14.
142 Das erste Kapitel handelt von der Wesensbestimmung. Es geht in diesem Teil darum, den Inhalt der kantischen Metaphysik eindeutig festzustellen, nämlich die Unterscheidungskriterien der verschiedenen Arten reproduzierbarer Aussagen (Gesetze, Regeln und Hypothesen) zu fixieren, die in Kants Theorie der Naturwissenschaft vorkommen.
143 Gloy 1976, 14.

sind. Gloy räumt ein, dass man in Kants Gesamtwerk auf eine verwirrende Vielfalt von Definitionen der Bewegung stoße und dass die Entwicklung dieses Begriffes von den früheren bis zu den späteren Schriften auffällig sei, vor allem bezüglich der Frage der Apriorität oder Aposteriorität der Bewegung.[144] Den Definitionen aus der späten Schaffenszeit sei jedoch der Vorzug zu geben, da sie einer reiferen Stufe der Reflexion entsprächen.[145] Gerade in den späteren Schriften Kants werde die Bewegung einerseits als „abgeleitete formale Anschauung“[146], andererseits als „abgeleiteter reiner Verstandesbegriff“[147] betrachtet. Die Bewegung qua abgeleitetes Formales weise also die einzigartige Eigenschaft auf, als Anschauung zur Sinnlichkeit und als Begriff zum Verstand zu gehören. Entscheidend sei vor allem, dass die Bewegung vollständig *a priori* definiert werde, was die Voraussetzung für seine prinzipielle Deduzierbarkeit sei. Bewegung entspreche also keineswegs einer empirischen Erkenntnis oder einem empirischen Begriff. Das Empirische der Bewegung bezeichne vielmehr deren Bezogenheit auf die Erfahrung. In diesem Sinn entspreche Bewegung einem Begriff *a priori* des Empirischen.[148]

Der dritte Schritt in Gloys Gedankengang betrifft die Abgrenzung der eigentlichen Naturwissenschaft durch die einfache Naturlehre. Kennzeichnend für ein System der eigentlichen Naturwissenschaft seien drei Merkmale: 1) Es fuße auf philosophischen Prinzipien.[149] 2) Es umfasse eine Totalität von Gegenständen und nicht ein unbestimmtes Aggregat. 3) Diese Totalität sei geschlossen, in sich gegliedert und überschaubar.[150] Ein System der bloß empirischen Naturwissenschaft, die eigentlich als „Naturlehre“ zu bezeichnen sei, könne diese Bedingungen hingegen nie erfüllen. Die Möglichkeit einer Verbindung zwischen eigentlicher Naturwissenschaft (*physica generalis*) und Naturlehre (*physica specialis*) sei nun das Thema der Übergangslehre im *Opus postumum*. Kants Lösung lautet nach Gloy, dass sich die beiden Systeme der Natur zueinander verhalten wie das Formale zum Materialen.[151] Das Gesamtsystem ist nach Gloy folglich nur

144 Gloy 1976, 143.
145 Gloy 1976, 148.
146 Vgl. Gloy 1976, 148–153.
147 Vgl. Gloy 1976, 153–173.
148 Vgl. Gloy 1976, 166–173.
149 Mit Recht bekräftigt Gloy den Vorrang der philosophischen Prinzipien vor den mathematischen bei der Naturwissenschaftsbegründung: „Erst auf die philosophische Grundlegung folgt die mathematische Ausarbeitung der Wissenschaft, in der die bereitgestellten Daseinskonstituentien in der reinen Anschauung konstruiert werden, wobei jetzt allerdings die Konstruktion realitätsbezogen verläuft.“ (Gloy 1976, 179).
150 Gloy 1976, 175–182.
151 So merkt Gloy an: „Wie Kants intensive Beschäftigung mit diesem Problem im Op. p. erkennen läßt, hat man sich den Wissenschaftsentwurf als bloße Form eines Systems noch ohne

hypothetisch anzunehmen, weil „die Physik zwar als formales System a priori konzipierbar ist, dagegen als materiales System einen unendlichen Forschungsprozeß darstellt."[152] Gloy glaubt anhand dieser Elemente dazu imstande zu sein, die Architektonik der gesamten kantischen Metaphysik der Natur rekonstruieren zu können.[153]

Originalität kommt bei Gloy ferner dem gewählten Vorhaben zu.[154] Es ist das Korrelat auf der Ebene der Methode der zu demonstrierenden These. Denn um die *systematische* Konsistenz der kantischen Theorie der Naturwissenschaft im Rahmen des Gesamtwerks Kants zu beweisen, müsse man, so Gloy, *systematisch* verfahren. Kant zu interpretieren heiße also, den Gedankengang des Philosophen zu rekonstruieren und, wenn nötig, nach seiner immanenten Kohärenz zu ergänzen:

> Die Betrachtung der Kantischen Schriften unter einer Idee, ihre Überprüfung auf deren Integration hin muß auf eine Rekonstruktion Kantischer Gedankengänge, gegebenenfalls, wenn diese den Ansprüchen nicht genügen sollten, auf eine selbstständige Konstruktion hinauslaufen, dies freilich auf dem Boden der gegebenen Prämissen im Sinne einer konsequenten Entwicklung derselben.[155]

Die Interpretation einer Philosophie erschöpft sich also nicht in bloßer Wortexegese. In diesem Punkt schließt sich Gloy Lehmanns interpretatorischen Prinzipien an und stellt sich der Tendenz entgegen, das kantische Denken im Allgemeinen und das *Opus postumum* im Besonderen lediglich unter dem Aspekt ihrer historischen Entwicklung zu betrachten.

Die von Gloy gewählte Methode ist zweifellos legitim und autorisiert an sich keine willkürliche Darstellung des Kantianismus.[156] Denn es wird zugrunde gelegt,

---

die Materialien zu denken, als bloßen ‚Vorriß' (Op. p., XXI, 492, 23) für eine mögliche spätere Auffüllung." (Gloy 1976, 188). Gloy schreibt weiter: „Am System sind [...] stets zwei Seiten zu unterscheiden: eine formale und eine materiale, wobei die eine Inhalt, Umfang und Grenzen festlegt, die andere die reale Geltung dessen erwägt. Das formale System geht im Bewußtsein dem materialen voraus, wird aber seinetwegen angenommen." (Gloy 1976, 189).

152 Gloy 1976, 191. Zu Bedeutung und Grenzen von Kants Ausdehnung des Apriorismus auf das Gebiet des Empirischen im *Opus postumum* vgl. Gloy 2009, insbesondere die Seiten 199 ff.

153 Vgl. Gloy 1976, 191 f.

154 Vgl. Gloy 1976, 16 ff.

155 Gloy 1976, 17.

156 In seiner Rezension zu Gloys Dissertation (Hoppe 1980) wendet Hoppe ein, dass die Verfasserin infolge der gewählten Interpretationsmethode über die genuine Lehre Kants hinausgehe (Hoppe 1980, 374 f.). Das sei unter anderem an ihrer Behauptung erkennbar, dass „Raum und Zeit im Grunde eine Einheit bilden, miteinander identisch sind" (Hoppe 1980, 374). Faktisch scheint jedoch keine Stelle – auch nicht auf den von Hoppe dazu angeführten Seiten – in Gloys

dass sich der Sinn eines philosophischen Werkes oder Systems nicht auf eine möglichst genaue Wiederherstellung der intellektuellen Biografie des Autors beschränkt. Nicht Kant selbst, sondern der Kantianismus ist in diesem Sinn die Norm der Interpretation des kantischen Denkens. Gegen Gloy lässt sich also nicht einwenden, dass sie diese Methode *gewählt* hat. Problematisch ist hingegen, dass sie sie *unvollständig angewendet* hat. Ein besonders auffälliger Mangel ist hierbei die Vernachlässigung des Ätherbegriffs im *Opus postumum*.

Aus mindestens zwei Gründen wäre es für Gloy notwendig gewesen, diesen Begriff im Rahmen ihrer Argumentation zu berücksichtigen: Sie beabsichtigt nämlich die Rekonstruktion der Deduktion *a priori* in der gesamten Metaphysik der Natur und hebt hervor, dass neben der transzendentalen Deduktion in der ersten *Kritik* eine Deduktion *a priori* der Bewegung zu erkennen sei. Gerade in diesem Kontext erscheint es unumgänglich, den Äther als transzendentalen Begriff sowie die Möglichkeit und die Bedeutung von dessen Deduktion *a priori* im *Opus postumum* zu berücksichtigen. Überdies erweist sich der Ätherbegriff für den Vollzug des Übergangs von der reinen zur empirischen Physik und somit für die Vollendung des Systems der Natur *a priori* als durchaus entscheidend. Hätte Gloy den Ätherbegriff trotz seiner Bedeutung im *Opus postumum* für irrelevant gehalten oder ihn als Fremdkörper im kantischen Denken empfunden, so wäre immerhin eine Begründung ihrer Position von Interesse gewesen. Ohne Zweifel bleibt Gloy, insofern sie in ihrer Argumentation bis zur Behauptung der Notwendigkeit eines Übergangs von der reinen zur empirischen Physik zur Erlangung der Vollständigkeit des kantischen Systems der Naturmetaphysik fortschreitet, eine Erklärung dafür schuldig, wie dieser Übergang überhaupt möglich sei. Diese Unzulänglichkeit in Gloys Rekonstruktion ist kein Zufall, denn sie ist auf ihre Vernachlässigung derÄtherthematik im *Opus postumum* zurückzuführen.

Text vorhanden zu sein, in der die Identität von Raum und Zeit behauptet wird. Gloy spricht vielmehr von „Interdependenz von Raum und Zeit" (vgl. vor allem § 12). Der Raum dependiert von der Zeit, „was die Erklärung seiner Vorstellungsnatur angeht", während „die Zeit vom Raum dependiert, was die Erklärung ihrer unendlichen, homogenen, kontinuierlichen Extension anlangt." (Gloy 1976, 137). Nun heißt „Interdependenz" nicht „Identität". Ferner ist meines Erachtens nicht erkennbar, wie eine gewisse Interdependenz von Raum und Zeit bei Kant negiert werden könnte. An einer weiteren Stelle, auf die Hoppe jedoch nicht verweist, ist die Rede von einer „Identifikation von räumlichem und zeitlichem Dasein" (Gloy 1976, 141). Aber dabei handelt es sich eben wiederum nicht um eine Aufhebung des Unterschieds zwischen Raum und Zeit qua Formen, sondern um ihre Gleichsetzung im Existierenden. Die Identität von Raum und Zeit stellt tatsächlich eine These dar, „für deren Begründung man sich nicht auf Kant berufen könnte" (Hoppe 1980, 375). Eine solche These vertritt Gloy nach meiner Auffassung jedoch gerade nicht.

Abschließend sei kurz auf eine wichtige Aussage Gloys über die systematische Kontinuität zwischen *Dynamik-Anmerkung* in den *MAN* und Übergang von den *MAN* zur Physik hingewiesen: „Die Bestimmungen der spezifischen Verschiedenheit der Materie [...] bilden das Thema des im Op. p. behandelten Übergangs von den MA zur Physik, dessen Ursprung die Allgemeine Anmerkung zur Dynamik ist; sie stehen daher auf prinzipiell anderem Niveau als die Prinzipien der MA."[157] In einer Fußnote zieht Gloy aus dieser Intuition eine wichtige polemische Implikation. Die vor allem von Tuschling verteidigte These, Kant habe die *MAN* revidiert, erweise sich als kaum haltbar, „da das Op. p. gerade von der Allgemeinen Anmerkung zur Dynamik seinen Ausgang"[158] nehme. Das Übergangsprojekt sei also mindestens der ursprünglichen Intention nach als Fortsetzung der Problematik der Dynamik-Anmerkung der *MAN* entstanden.[159]

5.5 Carrier

Martin Carriers[160] Lesart von Kants später Theorie der Materie basiert auf zwei Hauptthesen: 1) Der Standpunkt des *Opus postumum* stellt eine wesentliche Weiterführung der Konzeption der *MAN* dar. 2) Trotz einiger „Unstimmigkeiten" erweist sich diese Theorie als plausibel im Vergleich zu den zeitgenössischen Lehren und als „in höherem Maße kohärent"[161]. Carrier beweist die Kontinuität zwischen *MAN* und *Opus postumum* gerade im Zusammenhang mit jenen Problemen, bei denen die beiden Werke allem Anschein nach voneinander abwei-

157 Gloy 1976, 11.

158 Gloy 1976, 11 Anm.

159 In derselben Linie wird Ingeborg Schüßler später bemerken, dass zwischen dem Begriff *a priori* der Materie im allgemeinen und den spezifischen, empirisch gegebenen Materien eine Kluft („gouffre"), welche der Übergang im *Opus postumum* überbrücken soll, bereits in der *Dynamik-Anmerkung* der *MAN* bestimmt werde (vgl. Schüßler 2001, 45. Schüßler verweist dort auf *MAN*, AA 4: 524.23–33 und 534.15–26 als Belege).

160 Martin Carrier (geb. 1955) ist ein deutscher Philosoph mit Schwerpunkt auf der Wissenschaftsphilosophie. Die vorliegende Darstellung seiner Interpretation von Kants Theorie der Materie im *Opus postumum* basiert auf seinem Beitrag anlässlich der Tagung des Forums für Philosophie Bad Homburg über das *Opus postumum* (Carrier 1991), welcher seinerseits auf einen Aufsatz von 1990 (Carrier 1990) zurückgreift.

161 Vgl. Carrier 1991, 208 f. Carrier nimmt einen gut nachvollziehbaren methodologischen Standpunkt ein. Die Aufgabe des Wissenschaftshistorikers besteht seines Erachtens darin, den Inhalt der kantischen Theorie zu rekonstruieren und deren „innere Schlüssigkeit und [...] Plausibilität im Lichte des zeitgenössischen (und nicht etwa des gegenwärtigen) wissenschaftlichen Umfelds" zu beurteilen (ebd., 208): „Im Mittelpunkt steht die Kohärenz einer Lehre und nicht deren Wahrheit." (ebd.).

chen: der empirischen Bestimmung der Materiemenge[162], der Theorie der Aggregatszustände[163] und der Funktion des Äthers[164].

Der erste Lehrsatz der *Mechanik* in den *MAN* halte fest, dass sich die Masse als Quotient des Impulses („Quantität der Bewegung") und der Geschwindigkeit ergebe.[165] Dieses Verfahren setze den Grundsatz der Wechselwirkungen von zusammenstoßenden Körpern voraus. Es handle sich also um eine *mechanische* Messung der *trägen* Masse, d. h. des Widerstands eines Körpers gegen Beschleunigungen. In Gegensatz dazu stelle die *dynamische* Ausmessung der Masse durch Wiegen, nämlich durch Anwendung des Gesetzes der Gravitation, nur eine indirekte Anwendung der mechanischen Methode dar. Denn bei der Wägung ziehen sich die Erde und der zu wägende Gegenstand nach dem Impulssatz gegenseitig an.[166] Da es sich bei dieser zweiten Methode um eine Messung der *schweren* Masse handle, welche die Fähigkeit eines Körpers bestimme, durch Gravitation andere Körper anzuziehen oder von ihnen angezogen zu werden, ergebe sich daraus, dass die *träge* Masse der *schweren* Masse *logisch* vorangehe. Nun stehe diese Folgerung im Widerspruch zu einem entscheidenden Punkt der *Dynamik*, nämlich der Feststellung, dass die Gravitation die fundamentale Anziehungskraft darstelle.[167] Denn aus der Annahme der Gravitation als Grundkraft und daher als konstitutive Eigenschaft der Materie folge vielmehr, dass die *schwere* Masse der *trägen* auch *logisch* vorangehen müsse. Wenn also Kant im *Opus postumum* die Ansicht vertrete, die Wägung sei die privilegierte Methode der Massenmessung,[168] widerlege er, so Carrier, keineswegs den mechanischen Standpunkt der *MAN* zugunsten eines neuen Dynamismus, wie Tuschling es behaupte, sondern verbessere eine Unstimmigkeit in seiner Lehre, indem er die kohärenten Folgerungen aus seiner Materielehre von 1786 ziehe.[169]

---

162 Vgl. Carrier 1991, 215 ff.; vgl. zudem Carrier 1990, 190 ff.

163 Vgl. Carrier 1991, 218–221; vgl. zudem Carrier 1990, 192 f.

164 Vgl. Carrier 1991, 221–224.

165 Vgl. *MAN*, AA 4: 537.24 ff.

166 Dies lässt sich nach Carrier aus der „Anmerkung" zum „Lehrsatz 1" der *Mechanik* (*MAN*, AA 4: 541) schließen (vgl. Carrier 1991, 228 Anm. 12).

167 Zur Erörterung der These, die attraktive Grundkraft sei mit der Gravitation identisch, vgl. Carrier 1991, 212–215.

168 Carrier verweist diesbezüglich vor allem auf *OP*, AA 21: 408.13–17 = IV 39 (Carrier 1991, 216).

169 Aus der Annahme der Essentialität der Gravitation folge ferner, dass es keinen gewichtslosen Stoff geben könne; denn „eine absolut imponderable Materie" wäre ein widersprüchlicher Begriff, etwa wie eine „immaterielle Materie" (*OP*, AA 21: 315 = III 28). Nun sei es in den naturwissenschaftlichen Theorien des 18. Jahrhunderts gebräuchlich gewesen, die Existenz gewichtsloser Fluida anzunehmen, um thermische, elektrische und magnetische Eigenschaften der Materie zu erklären. Kant selbst habe in den *Prolegomena* die logische Möglichkeit ge-

Die Aggregatszustandstheorie des *Opus postumum* knüpfe an die entsprechenden Erörterungen der *MAN* an. Gemeinsam seien den beiden Werken die folgenden Aussagen: das Postulieren der Kohäsion als abgeleitete attraktive Flächenkraft neben der ursprünglichen Anziehungskraft,[170] das Kennzeichnen der Flüssigkeiten durch die reibungsfreie Verschiebbarkeit der Teile, welche aus einem Gleichgewicht der kohäsiven Kräfte hervorgebracht werde, zudem die Unabhängigkeit der Erstarrung der Körper von der Kohäsion.[171] In den *MAN* wird als Grund für die Entstehung des festen Zustands die innere Reibung der Materieteile angegeben, die sich der charakteristischen inneren Verschiebung der Flüssigkeiten entgegensetze. Diese Erklärung beinhalte jedoch folgende Schwierigkeit: Die Reibung, durch die der Festkörper konstituiert werde, könne nur durch starre Teilchen erfolgen. Sie setze also gerade den Materiezustand, den sie erklären solle, voraus. Im *Opus postumum* versuche Kant daher, diese Inkohärenz aufzuheben und die Starrheit aus der ursprünglichen Elastizität des Wärmestoffes abzuleiten. Durch seine Vibrationen mische der Wärmestoff die Flüssigkeitsteile durcheinander und halte damit die Flüssigkeit homogen. Beim Entweichen des Wärmestoffs entmische sich hingegen die Flüssigkeit, und ihre heterogenen Teile ordneten sich nach ihren jeweiligen chemischen Eigenschaften und Strukturen,

---

wichtsloser Körper angenommen (*Prol*, AA 4: 266). Um die Essentialität der Gravitation mit den zeitgenössischen Materietheorien zu harmonisieren, führe er den Begriff der *relativen* Imponderabilität ein. Diese Eigenschaft gehöre schlechthin zum Wärmestoff. Da dieser Stoff eine ursprüngliche Elastizität besitze, sei er unsperrbar, darum verbreite er sich überall und seine Dichte sei deshalb homogen. Er werde demzufolge auf beide Seiten einer Waagschale denselben Druck ausüben, sodass das Wägen kein Resultat bringe. So erweise sich der Wärmestoff als imponderabel, aber nicht als gewichtslos. Damit vermöge Kant imponderable Fluida anzunehmen, ohne auf die Gravitation als Grundeigenschaft der Materie verzichten zu müssen (vgl. Carrier 1991, 216 f.).

170 Neben der ursprünglichen repulsiven Kraft, die mit der dritten Potenz der Entfernung abfalle, nehme Kant, so Carrier, eine abgeleitete, durch den Wärmestoff vermittelte (vgl. *MAN*, AA 4: 529 f. und *OP*, AA 21: 260 f. = II 51) und entfernungsproportional abfallende Abstoßungskraft an. Diese nun entspreche der repulsiven, umgekehrt proportional zum Abstand abfallenden Kraft zwischen den Luftteilchen, die Newton angenommen hatte, um das Gasgesetz von Boyle-Mariotte abzuleiten (vgl. *MAN*, AA 4: 522). Es sei zu beachten, dass die beiden fundamentalen Merkmale der ursprünglichen Abstoßungskraft, d. h. ihre Eigenschaft als Berührungskraft und ihre gleichzeitige Abhängigkeit von der Distanz, einander widersprechen würden.

171 Vgl. *MAN*, AA 4: 526 ff., und *OP*, AA 21: 276 = III 9, 21: 385 = IV 23, 21: 387 = IV 24, 21: 406 = IV 37.

welche die innere Verschiebung verhindern und den Übergang zum starren Zustand begünstigen.[172]

Während der Äther oder Wärmestoff in den *MAN* nur eine Randstellung einnehme, werde er zum zentralen Begriff der Materietheorie des *Opus postumum*. Dort übe er in dreierlei Hinsicht eine Funktion aus, indem er die Bedingung der Möglichkeit der Erfahrung (*transzendentale* Funktion), die Materieeigenschaften (*chemische* Funktion) und die Erhaltung kosmischer Abstände und Bewegungen (*kosmologische* Funktion) erkläre.[173] In der Tat empfanden Carrier zufolge die Anhänger der Materietheorie der *MAN* den Wärmestoff eher als eine Anomalie im kantischen System; denn gemäß einem kohärenten Dynamismus sind nur Urkräfte, nicht aber Urstoffe anzunehmen. Carrier schließt daraus: „Die im *Opus postumum* entwickelte Theorie der Materie hätte in den Augen seiner [= Kants] zeitgenössischen Anhänger wohl kaum Gnade gefunden."[174] Trotzdem reicht diese Weiterentwicklung der kantischen Materietheorie seines Erachtens nicht aus, um die wesentliche, konsequente Kontinuität zwischen *MAN* und *Opus postumum* infrage zu stellen: „Ein grundsätzlicher Bruch zwischen den *Metaphysischen Anfangsgründen der Naturwissenschaft* und dem *Opus postumum* ist hingegen nicht erkennbar."[175]

---

172 In einem erstarrten Körper wird der Wärmestoff in den Bereichen verminderter Materiedichte eingelagert. Dies impliziert eine *heterogene* Verteilung des Wärmestoffs (vgl. *OP*, AA 21: 385.25 ff. = IV 23). Carrier betont, dass diese Erklärung der Erstarrung im Widerspruch zur Möglichkeit der *Imponderabilität* des Wärmestoffs stehe, welche die *Homogenität* desselben voraussetze (vgl. Carrier 1991, 219 f.).

173 Carrier muss das Verdienst zuerkannt werden, diese dritte Funktion des Äthers im *Opus postumum* hervorgehoben zu haben (vgl. Carrier 1991, 223 f.). Gäbe es nur die fernwirkende Gravitationsanziehung, so würden die Himmelskörper kollabieren. Um die Erhaltung des Körperabstands zu erklären, nehme Kant also eine fernwirkende Repulsion des Wärmestoffs an, die die Gravitation ausgleiche (vgl. *OP*, AA 21: 562 f. = V 37). Durch den Wärmestoff werde überdies auch die Erhaltung der Bewegung der Himmelskörper gedeutet. Denn ohne die laufenden inneren Oszillationen und Vibrationen des Äthers würden alle bewegenden Kräfte gedämpft und das Universum käme allmählich zum Stillstand (vgl. *OP*, AA 21: 310.19 – 23 = III 26). Das Problem impliziere eine relevante theologische Konsequenz. Bei Newtons Theorie müsse ein direkter Eingriff Gottes angenommen werden, der den Gravitationskollaps und die Bewegungsdissipation des Universums abwende. Kants Theorie gelinge es hingegen, dank der Annahme des Äthers Dauerhaftigkeit und Stabilität des Kosmos nur durch physikalische Argumente zu garantieren (vgl. Carrier 1991, 226 f.).

174 Carrier 1991, 223.

175 Carrier 1991, 224.

5.6 Edwards

Die Hauptthese von Jeffrey B. Edwards' Lesart des *Opus postumum* ist, dass die transzendentale Grundlage der Erfahrungsbedingungen, die in Kants Nachlasswerk hervorgehoben werde, sich bereits in der dritten Analogie der Erfahrung befinde, welche an die vorkritische Metaphysik anknüpfe.[176] Kants Erkenntnistheorie bleibt nach Auffassung von Edwards mit dem Kern der Metaphysik Leibniz' eng verbunden. Demzufolge, so behauptet Edwards in Übereinstimmung mit Tuschling, entwickle sich die Philosophie des *Opus postumum* letztendlich in Richtung einer Form des Spinozismus.

5.6.1 Ätherbeweis und dritte Analogie der Erfahrung

Während Kant nach Tuschling im Nachlasswerk zu dem Schluss kommt, dass die Kluft zwischen den metaphysischen Prinzipien und dem empirischen Teil der Physik durch keinen Übergang überbrückt werden könne, behauptet Edwards hingegen, dass ein Übergang von den Prinzipien *a priori* zur empirischen Naturlehre aus Kants Bestreben folge, eine dynamische Theorie der Materie zu entwickeln. Die Entwicklung der Übergangstheorie führe schließlich zur Aufhebung des Unterschieds zwischen empirischem und transzendentalem Realismus.[177]

Im Unterschied zu einer bestimmten Tendenz in der Kant-Forschung hält Edwards Kants Argument gegen den leeren Raum für ein entscheidendes Element der dritten Analogie der Erfahrung. Dass dieses Argument nicht einfach als ein vorkritischer Rest gesehen werden könne, lasse sich allerdings dadurch beweisen, dass Kant es nie wirklich aufgegeben habe. Dieses Argument komme vor allem im Kontext des Ätherbeweises in *Uebergang 1–14* immer wieder vor. Die gesamte Theorie der Materie im *Opus postumum* fuße auf dem Begriff eines kosmischen Äthers, den Kant als ein Kontinuum bewegender Kräfte und als die Basis der

176 Jeffrey Edwards (geb. 1951) beschäftigt sich in den Kapiteln 8 und 9 seiner Monografie über Kants Theorie der materiellen Natur mit dem *Opus postumum* (Edwards 2000b, 146–192). Es geht darin um den Zusammenhang der dritten Analogie der Erfahrung in der *KrV* mit dem *Opus postumum* bzw. um Kants Erklärung seiner Transzendentalphilosophie als Spinozismus im 1. Konvolut. Das Buch ist die Bearbeitung der Marburger Dissertation des Verfassers, die von Tuschling betreut worden war (Edwards 1987). In weiteren Beiträgen greift er auf den Ätherbeweis und seine Darlegung der materiellen Dynamik (Edwards 1991, Edwards und Schönfeld 2006, Edwards 2009) sowie auf die Transzendentalphilosophie (Edwards 2000a) des späten Kant zurück und setzt sich mit Försters und Friedmans Deutungen des Übergangsprojekts auseinander (Edwards 1993, Edwards 2004, Edwards 2008).
177 Vgl. Edwards 1991; Edwards 2000b, 146–182; Edwards 2000a, 60–68.

Wechselwirkung zwischen allen materiellen Körpern begreife. Als Substrat für die Wahrnehmung aller äußeren Objekte bildet der Äther nach Edwards ein *vom Subjekt unabhängiges Erkenntnisprinzip*, was seiner Ansicht nach eine absolute Singularität in der kantischen Erkenntnistheorie darstellt. Als notwendige Bedingung der Erfahrung sei er nämlich eindeutig ein transzendentales Prinzip, welches aber nicht zu den bloß *formalen* Erkenntnisfunktionen des Subjekts gehöre. Er sei vielmehr eine *objektive, materielle* Bedingung der *subjektiven, formalen* synthetischen Einheit der empirischen Vorstellungen im Bewusstsein. Das heiße, dass gemäß Kants späterer Philosophie die Erörterung von Raum und Zeit als Formen *a priori* der Anschauung und die Deduktion der reinen synthetischen Funktionen des Verstandes den Inbegriff der konstitutiven Prinzipien unserer Erkenntnis *a priori* von Objekten nicht erschöpfen würden. Diese These werde allerdings, so Edwards, bereits in der dritten Analogie der Erfahrung antizipiert, sofern auch dort die Synthesis der Wahrnehmungen von Gegenständen in der Zeit die Existenz eines dynamischen Plenums voraussetze. In diesem Sinn stelle die spätere Betrachtungsweise des Äthers als Korrelat der transzendentalen Apperzeption auch einen Standpunkt der kritischen Schriften dar, was Edwards zufolge die Meinung, der Ätherbeweis sei eine Anomalie, nicht plausibel macht.[178]

In den Entwürfen, die *Uebergang 1–14* chronologisch nachfolgen, trete die transzendentale Konzeption des Äthers deutlich in den Hintergrund. Zudem scheine Kant aus einer bestimmten Perspektive mit der Selbstsetzungslehre auf einen rein formalistischen Ansatz zum Problem der objektiven Erkenntnis zurückgehen zu wollen. Edwards ist der Auffassung, dass der transzendentale Begriff des dynamischen Kontinuums auch in der Theorie der Selbstaffektion und der Selbstsetzung weiterhin eine entscheidende Rolle spiele.[179] So bezeichne der Terminus „indirekte Erscheinung" den Äther, denn er sei ein nur indirektes Objekt der möglichen Erfahrung. Ebenfalls auf den Äther bezögen sich die Ausdrücke „*spatium sensibile*", „*spatium perceptibile*", „*spatium phaenomenon*" und „hypostasierter Raum". Der Raum werde dadurch als ein gegebener Gegenstand der äußeren Erfahrung angesehen. Damit erfolge eine wesentliche Entwicklung in Kants Konzeption des Raums, welcher nicht mehr als bloß empirisch real, wie in der *transzendentalen Ästhetik*, sondern auch als „transzendental" oder „absolut" real aufgefasst wird.[180] Um das Problem des Übergangs zu lösen, habe Kant schließlich den Unterschied zwischen empirischer und formaler Realität aufge-

178 Vgl. Edwards 2000b, 152–158 und 163–166.
179 Vgl. Edwards 2000b, 167–174.
180 Vgl. Edwards 2000b, 174. Edwards schreibt: „[...] space must nonetheless be conceived as something given in reality apart from our representation *independently* of our sensibility. [...] space is not only something empirically real; it is transcendentally real as well." (ebd., 173 f.).

geben: „[...] depending on the theoretical context of its employment, the dynamical concept of the physically real is *both* empirical and *a priori*.“[181] Der Prozess der Aufhebung des Unterschieds zwischen empirischer und formaler Realität gipfelt für Edwards im Spinozismus des Systems der Transzendentalphilosophie in *Conv. I*.

5.6.2 Der Spinozismus des späten Kant

Kants Äußerungen in *Conv. I* über den Spinozismus als die echte Transzendentalphilosophie lassen sich Edwards' zufolge als notwendige Konsequenz aus der Selbstsetzungslehre verstehen. In *Conv. VII* werde erklärt, wie das Subjekt sich selbst als Objekt der empirischen Welt setze. In *Conv. I* werde dann die Selbstsetzung des Subjekts als Person, nämlich als moralisches Wesen, erörtert, was dazu führe, die Existenz Gottes als Prinzip der Möglichkeit für die menschliche Freiheit zu beweisen. Der darauffolgende Schritt sei die Vereinigung der drei metaphysischen Ideen in einem einzigen System der Transzendentalphilosophie. Aus der Idee der theoretischen und praktischen Selbstsetzung des Menschen ergebe sich die Möglichkeit, die Bereiche der Freiheit und der sinnlichen Natur zu vereinigen. Doch impliziere die Behauptung des transzendentalen Realismus des Raumes und eines materiellen, transsubjektiven Prinzips als notwendige Bedingung für die Möglichkeit der Erfahrung in den vorherigen Entwürfen, dass die Transzendentalphilosophie zum Spinozismus geworden sei.[182]

181 Edwards 2004, 187.

182 Vgl. Edwards 2000a, 54–60, und Edwards 2000b, 182–192.

6 Hauptinterpreten seit den 1990er-Jahren

In der Forschung über das *Opus postumum* in den 1990er- und 2000er-Jahren bleibt die Entstehungsproblematik des Übergangsprojekts mit ihren Implikationen für die weitere Entwicklung des kantischen Denkens, insbesondere für den Ätherbegriff in *Uebergang 1–14*, die führende Frage. Als besonders bedeutend in dieser Hinsicht gelten Beiträge von Friedman, S. Schulze, Förster und Emundts, die im vorliegenden Kapitel dargestellt werden. Nach Friedman (6.1) sind es die Fortschritte der zeitgenössischen Chemie, die Kant dazu bewegen, auf das Problem der Grundlegung der Naturwissenschaft zurückzugreifen. S. Schulze (6.2) geht davon aus, dass Kants Erkenntnistheorie seit der *KrV* eine aporetische Tendenz – den Dualismus von Schematismus und Deduktion – aufweist, die ebenfalls die Entwicklung der Untersuchungen im Nachlasswerk prägt. Förster (6.3) zufolge war Kant bestrebt, mit dem Übergangsprojekt eine der dynamischen Theorie der *MAN* innewohnende Unzulänglichkeit zu überwinden. In den Augen dieser Interpreten gibt Kant mit dem transzendentalen Ätherbeweis sein ursprüngliches Übergangsprojekt endgültig auf, und sein Denken entwickelt sich in Richtung eines metaphysischen Idealismus. Emundts (6.4) vertritt hingegen die These eines grundsätzlichen Zusammenhangs des Übergangsprojekts mit den *MAN*, der zufolge das Übergangsprojekt ursprünglich allein die *Allgemeine Anmerkung zur Dynamik* habe revidieren wollen. Zudem sieht sie den Ätherbegriff in *Uebergang 1–14* mit dem der früheren Entwürfe kohärieren.

6.1 Friedman

In Michael Friedmans Studie *Kant and the Exact Sciences* von 1992 wird dem *Opus postumum* eine breite Auseinandersetzung gewidmet.[1] Dem Verfasser zufolge stellt das Übergangsprojekt den letzten Beitrag Kants zur bereits in den vorkritischen und kritischen Schriften entwickelten Fundierung der modernen Naturwissenschaft dar. Eine solche Bereicherung der früheren Resultate sei durch die neuen Fortschritte in der Chemie und in der Wärmetheorie veranlasst worden, die es ermöglichten, von einer neuen Perspektive aus das Verhältnis der empirischen Physik zur Naturwissenschaft zu betrachten. Das Übergangsprojekt als Versuch einer Verbindung zwischen Metaphysik und Physik und insbesondere der Versuch

1 Friedman 1992, 213–341. Vgl. dazu den Bericht von Vasconi (Vasconi 1994). Außerdem beschäftigt sich Michael Friedman (geb. 1947) im Rahmen einer Debatte über Försters Buch zum Nachlasswerk (Friedman 2003) sowie in einem späteren Beitrag (Friedman 2007) mit dem *Opus postumum*.

eines Ätherbeweises konnten jedoch in Friedmans Augen nur scheitern. Im Folgenden wird zunächst Friedmans Deutung des Übergangsprojekts als eine erweiterte Grundlegung der Physik (6.1.1) dargestellt, danach seine Erörterung des Ätherbeweises (6.1.2).

6.1.1 Die erweiterte Grundlegung der Physik im Übergangsprojekt

Friedman geht davon aus, dass für die Konzeption der Übergangslehre die Entwicklung der Chemie und der Wärmetheorie entscheidend gewesen sei. Sie sei durch Lavoisiers Theorien entstanden und habe Kant dazu gebracht, seine Auffassung von der Wissenschaftlichkeit der Chemie zu ändern.[2] Der theoretische Hauptbegriff der Chemie von Lavoisier – der Äther qua Wärmestoff – stehe nämlich auch im Mittelpunkt der Übergangslehre. Dementsprechend gewinne die Behandlung von sich auf die Struktur der Materie beziehenden Themenkomplexen – wie Bildung und Kohäsion der Körper, Aggregatszustände der Materie und Wärmetheorie – im Übergangsprojekt stark an Bedeutung im Vergleich zu den *MAN*. Die Ausdehnung des Begriffes der philosophisch zu fundierenden Naturwissenschaft auf die Chemie stelle sogar die grundsätzlichste Abweichung des Spätwerks vom Standpunkt von 1786 dar. Gerade im Ausschluss der metaphysischen Grundlegung der Chemie sei also die bekannte „Lücke" im kritischen System zu erkennen, die Kant 1798 erwähnt.[3]

Friedmans Erörterung der Genese des Übergangsprojekts trägt zwei Momente in sich: 1) die Widerlegung der These, dass sich Kants Kritik der bloß mathematischen Grundlegung der Physik im *Opus postumum* gegen Newton richte (6.1.1.1); 2) der Einfluss der *KU* und der zeitgenössischen Debatte über die Chemie auf die Genese des Übergangsprojekts (6.1.1.2).

6.1.1.1 Newton und Kants Kritik der mathematischen Prinzipien der Physik

Gegen Tuschlings These, dass Kant im *Opus postumum* die „mathematische Methode" der *MAN* ablehne und zwischen *mathematischen* und *philosophischen* Anfangsgründen der Naturwissenschaft deutlich unterscheide, wendet Friedman ein, dass Kants Unterscheidung der *mathematischen* bewegenden Kräfte, welche aus der Bewegung entstehen, von den *dynamischen* oder *physiologischen* bewegenden Kräften, aus welchen die Bewegung hervorgeht, im Kontext der Ausein-

2 Vgl. Friedman 1992, insbesondere 213–222 und 237–242.
3 Vgl. unten A1.4.

andersetzung des 18. Jahrhunderts zwischen korpuskularer oder mechanischer Naturphilosophie und newtonscher Naturphilosophie zu sehen sei.[4] Die Vertreter des mechanischen Standpunkts – Cartesianer und Leibnizianer – hielten die Kraft für eine dem bewegenden Körper innewohnende Eigenschaft, d. h. für eine Eigenschaft, die ein Körper besitzt, weil und solange er in Bewegung bleibt. Diese Eigenschaft könne einem anderen, sich in Ruhe befindenden Körper durch einen Stoß übertragen werden. Im Gegensatz dazu fasse Newton die Kraft als *Grund* der Bewegung auf. Eine Kraft sei dementsprechend eine externe Wirkung eines Körpers auf einen anderen, wodurch der Bewegungszustand des letzteren modifiziert werde. Bewegung, oder besser: eine Änderung des Bewegungszustands eines Körpers, könne nur die Wirkung einer bewegenden Kraft sein. Beim Zusammenstoß zweier Körper hingegen vollziehe sich keine Kraftübertragung, sondern eine Folge von Wirkung und Gegenwirkung repulsiver Kräfte, die die beiden Körper unabhängig vom jeweiligen Bewegungszustand besäßen. Kants dynamische oder physiologische Auffassung der bewegenden Kräfte entspreche, so Friedman, dem newtonschen Standpunkt, nach welchem die Kraft *Grund* der Bewegung, nicht *Wirkung* dieser sei.

Friedman gründet seine These auf folgende Textpassage bei Kant:

> Nun giebt es zweyerley Arten derselben nämlich 1. deren die aus der wirklichen Bewegung folgen z. B. die Centralkräfte im Kreise sich umschwingender Korper oder 2. solcher die als Ursachen vor der Bewegung vorhergehen. – Die erstere enthalten die mathematische (wie Newtons unsterbliches Werk, *philos. nat. princ. mathem.*) die zweyte die physische Principien der N. W. Jener Gegenstände sind eingedrückte Kräfte (*vires impreßae*) dieser der Natur der Materie angehörende Kräfte (*vires connatae*). Wenn die letztere gegeben sind z. B. die Anziehung als bewegende Kraft der Gravitation oder die das Licht [*d:* im Durchgange oder ziehende oder abstoßende oder im Schalle und] den Schall das Flüßige überhaupt bewegende Kräfte so ist die darauf angewandte Mathematik nicht ein besonderer Theil der Naturwissenschaft von den bewegenden Kräften als Objecten derselben sondern eine besondere Lehrart sie scientifisch zu behandeln.[5]

In dieser Textstelle sollen die bewegenden Kräfte im newtonschen Sinn (*vires connatae*) gerade den bewegenden Kräften im mathematischen Sinn (*vires impressae*) entgegengesetzt worden sein. Problematisch an Friedmans Deutung ist jedoch, dass Kant hier Newtons *Principia*, namentlich die Theorie der zentralen Kräfte, ausdrücklich als Muster der mathematischen Fundierung der Naturwissenschaft bezeichnet. Die Schwierigkeit könne überwunden werden, wenn man berücksichtige, dass Newton die beiden zentralen „Kräfte" bei der Kreisbewegung

---

4 Vgl. Friedman 1992, 222–242.
5 *OP*, AA 21: 616.8–20 = VI 5. Vgl. Friedman 1992, 227.

eines Körpers, nämlich die zentripetale und die zentrifugale „Kraft", sowohl vom mathematischen wie auch vom physikalischen Standpunkt aus behandle. Mathematisch betrachtet – d. h. abgesehen von der Annahme des dynamischen Begriffes der Masse – reduziere sich die Betrachtung der Kreisbewegung auf die Kinematik *eines*, um einen bloß mathematischen Punkt, das Zentrum des Kreises, umlaufenden Körpers, die Newton vorwiegend im ersten Buch, §§ I–X, seiner *Principia* behandle. Hier gehe es um „zentripetale" und „zentrifugale" *Beschleunigung* und nicht um „Kräfte" im engeren Sinne. Den Fall eines sich um ein mathematisches Zentrum bewegenden Punktes gebe es nicht in der Natur, wie Newton im § XI des ersten Buches feststelle. Sobald er dort also zur gegenseitigen Attraktion zweier Körper übergehe, trete der Begriff der Kraft auf, wie er durch die Bewegungsgesetze definiert werde.

Ebenso schreite Newton bei der Behandlung der allgemeinen Gravitation im Buch III der *Principia* von der mathematischen Kinematik zur physikalischen Dynamik fort. Denn er stelle zunächst fest, dass die Beschleunigung der Körper unseres Sonnensystems um ihre jeweiligen Anziehungszentren umgekehrt proportional zum Quadrat des Abstands sei. Er verbinde sodann diese Beschleunigung mit dem allgemeinen Gesetz der Gravitation, welche nicht nur umgekehrt proportional zum Quadrat des Abstands, sondern auch proportional zum Produkt der Massen der beiden sich gegenseitig anziehenden Körper sei. Daraus schließt Friedman, dass die Trennung von mathematischen und philosophischen Anfangsgründen der Naturwissenschaft die Vertreter der mechanischen Naturphilosophie, in erster Linie Christiaan Huygens, betreffe, in keinem Falle Newton.

Newtons Verfahren erfordere also neben der rein kinematischen Analyse auch die Konzeption einer Kraft nach den Gesetzen der Bewegung sowie den Begriff einer unmittelbar auf die Ferne wirkenden allgemeinen Attraktion. Diese drei Elemente treten für Friedman auch in den *MAN* auf, abgesehen davon, dass dort die zwei entscheidenden Merkmale der Gravitation – Allgemeinheit und unmittelbare Fernwirkung – sowie die drei Gesetze der Bewegung keinen induktiven oder hypothetischen Charakter besitzen wie bei Newton, sondern *a priori* bestimmt werden. Damit erhalte Newtons Dynamik eine philosophische Fundierung.[6] Die Betonung der Trennung zwischen mathematischen und philosophischen Prinzipien der Naturwissenschaft im *Opus postumum* könne daher nicht als Widerlegung der *MAN* betrachtet werden. Friedman schlussfolgert, dass die bei-

6 Friedman 1992, 234 ff. Die drei Gesetze der *Mechanik* entsprechen nach Friedman den drei Bewegungsgesetzen und werden von den drei Analogien der Erfahrung abgeleitet (vgl. ebd., 234). Allgemeinheit und unmittelbare Fernwirkung der Gravitation werden außerdem in den Lehrsätzen 7 und 8 der *Dynamik* (*MAN*, AA 4: 512 bzw. 4: 516) bestimmt.

den Werke vielmehr in bemerkenswerter Weise miteinander übereinstimmen würden.[7]

6.1.1.2 Kant und die zeitgenössische Naturwissenschaft

Nichtsdestoweniger enthalten die *MAN* aus Friedmans Perspektive eine Lücke.[8] Sie handeln nämlich lediglich von den ursprünglichen Kräften der Attraktion und der Repulsion. Die bestimmten Kräfte der Materie werden hier für bloß empirisch gehalten. Der Fortschritt des Übergangsprojekts gegenüber den *MAN* bestehe gerade darin, diese bestimmten bewegenden Kräfte der Materie, die der Grund für chemische Phänomene, Kohäsion, Aggregatszustände, Magnetismus usw. sind, *a priori* zu antizipieren. Sie machten das aus, was im 18. Jahrhundert als „experimentale Physik" bezeichnet und von der „mathematischen Physik" unterschieden worden sei, zu welcher z. B. die rationale Mechanik, die Optik, die Astronomie oder die newtonsche Gravitationstheorie gerechnet würden.[9] Der These von Friedman zufolge plante Kant diese Erweiterung der Fundierung *a priori* der Physik nicht in erster Linie aufgrund eines immanenten Problems der kritischen Philosophie, sondern vielmehr aufgrund seiner Auseinandersetzung mit einer der wichtigsten Fragen der Naturwissenschaft des 18. Jahrhunderts: der Ausdehnung des newtonschen Paradigmas außerhalb der Astronomie und der irdischen Mechanik, insbesondere auf die Chemie. Newton habe erfolgreich die Bewegungsgesetze zu den allgemeinsten, alle andere Kräfte beherrschenden Gesetzen der Natur gemacht. Er habe ferner die Gravitation der universellen Attraktion bestimmt und die mechanische Naturphilosophie überwunden. Ebenso hätten Chemiker wie Herman Boerhaave[10] und Georg Stahl, der Vater der Phlogistontheorie, versucht, nach dem Vorbild Newtons aus Beobachtungen und Experimenten die Erklärungen der Materieeigenschaften abzuleiten.

Diese Versuche stießen nichtsdestoweniger auf eine scheinbar unüberwindliche Schwierigkeit. Denn im Falle der makroskopischen Naturphänomene, von denen die Gravitationstheorie handelt, sei es, so Friedman, relativ einfach gewesen, Theorie und Beobachtungen der wirkenden Kräfte zu verbinden. Im Falle der chemischen Experimente mit Lösungen, Präzipitationen, Kristallisationen

---

7 Friedman 1992, 237.

8 Vgl. Friedman 1992, 237–242.

9 Friedman 1992, 239.

10 Boerhaaves *Elementa chemiae* war wohl die bekannteste Abhandlung der Chemie im 18. Jahrhundert. Kant bezieht sich an mehreren Stellen seiner vorkritischen Schriften auf dieses Werk: *Nova dilucidatio* von 1755 (*PND*, AA 1: 390.7), *Negative Größen* von 1763 (*NG*, AA 2: 186.16), *Träume* von 1766 (*TG*, AA 2: 330.33, 331.31) und *Gegenden* von 1768 (*GUGR*, A 2: 377.7).

usw. hätten hingegen die Wirkungen der ins Spiel kommenden Kräfte nicht direkt beobachtet werden können. Daher sei es als unmöglich erschienen, Experimente und Beobachtungen mit Theorie zu verbinden, also die Chemie als theoretische, nicht bloß empirische Naturwissenschaft zu etablieren. Aus ähnlichen Gründen bezweifle Kant in den *MAN* die Möglichkeit, die Chemie als echte Naturwissenschaft philosophisch begründen zu können.[11] Friedman geht davon aus, dass die Hoffnung darauf, eine Lösung für dieses Problem zu finden, Kant dazu ermutigt habe, das Projekt des Übergangswerks in Angriff zu nehmen.

Obwohl Friedman der Meinung ist, dass die reflektierende Urteilskraft eine bedeutende Rolle im *Übergang* spielt, beurteilt er Lehmanns These, Kant habe in der Entdeckung des Prinzips der reflektierenden Urteilskraft den Schlüssel zum Problem der Fundierung *a priori* der empirischen Physik gefunden, als unhaltbar.[12] Dieses Prinzip stelle in der Tat eine erhebliche Erweiterung des Gebrauches der Urteilskraft im Vergleich zu den *MAN* dar; denn im *Übergang* handle es sich um die Anwendung der transzendentalen Prinzipien des Verstandes auf den allgemeinen Begriff der Materie, also um den Schematismus der *bestimmenden* Urteilskraft. Während das Problem der metaphysischen Grundlegung in den *MAN* allein auf die *mathematischen* Naturwissenschaften beschränkt werde, könne die reflektierende Urteilskraft außerdem, sofern sie „*technisch*", d. h. nicht „schematisch" und „*künstlich*", also nicht „mechanisch", verfahre,[13] für die Fundierung *a priori* nicht-mathematischer Naturwissenschaften angewandt werden.[14] Kant selbst allerdings bezeichne die Klassifikation des empirisch Allgemeinen als „regulatives Prinzip"[15] und beziehe sich explizit auf die Urteilskraft.[16]

Nun biete, so argumentiert Friedman, die reflektierende Urteilskraft ein bloß *regulatives* Prinzip zur Untersuchung der empirischen Natur, *als ob* sie ein einheitliches System wäre. In diesem Sinn gehe die reflektierende Urteilskraft nicht über die heuristischen oder methodologischen Prinzipien hinaus, die nach der *KrV* aus dem regulativen Gebrauch der Vernunft folgen.[17] Aufgrund der reflek-

---

11 Vgl. *MAN*, AA 4: 470.36 – 471.10.

12 Zu Friedmans Diskussion der Rolle der Urteilskraft im Übergangsprojekt vgl. Friedman 1992, 242 – 264.

13 Vgl. *EEKU*, AA 20: 213 f.

14 Friedman vertritt die These, Kant habe im *Opus postumum* zunächst die Möglichkeit einer *mathematischen*, also einer bloß *apriorischen* Einteilung der bewegenden Kräfte behauptet. Später habe er jedoch erklärt, dass der Übergang nicht allein durch mathematische, sondern auch durch methodologische Prinzipien, welche zur Urteilskraft gehörten, erfolgen müsse (vgl. Friedman 1992, 247 ff.).

15 *OP*, AA 22: 263.5 f. = IX 27.

16 Vgl. *OP*, AA 21: 363 = IV 9.

17 Vgl. A 652 – 663/B 680 – 691.

tierenden Urteilskraft würden empirische Angaben transzendentalen Gesetzen unterworfen. Das System dieser Gesetze könne jedoch nur asymptotisch aufgebaut werden. Es ergebe dementsprechend keine vollständig bestimmte Wissenschaft, sondern nur ein empirisches Aggregat von Gesetzen, dessen Vollständigkeit man sich nur asymptotisch annähern könne. Das Prinzip der reflektierenden Urteilskraft erweise sich daher als für die Aufgabe der Übergangslehre ungeeignet. Wenn man ferner davon ausginge, dass man mit der reflektierenden Urteilskraft über den regulativen Gebrauch der Vernunft hinausgehe, ließe sich nicht erklären, warum Kant nicht bereits in den *MAN* an die Anwendung regulativer Prinzipien zur Fundierung der Chemie als Naturwissenschaft gedacht hatte.[18]

Friedman bemerkt, dass *MAN* und reflektierende Urteilskraft in einander entgegengesetzte Richtungen gehen: Die eine schreite von den Prinzipien zum Empirischen fort – „from the top down" –, die andere vom Empirischen zu den Prinzipien, „from the bottom up".[19] Gerade hier trete die Möglichkeit einer Lücke auf.[20] Denn es sei nicht selbstverständlich, dass das bestimmende Verfahren der *MAN* und die regulative Methode der reflektierenden Urteilskraft kongruent seien. Die *MAN* hätten die höchste Art empirischer Klassifikation bereits bestimmt, nämlich den empirischen Begriff der Materie. Wie könne nun gewährleistet werden, dass die durch die regulative Maxime der reflektierenden Urteilskraft ermöglichte empirische Systematisierung asymptotisch auf diesen bereits bestimmten empirischen Begriff abziele? Wie solle vermieden werden, dass die beiden Verfahren divergierten? Mit den Worten Friedmans:

> In other words, we now have two entirely independent ways of approaching the highest species of empirical classification, and we have no principle whatsoever for coordinating them. This difficulty, I suggest, indeed opens up the possibility of a most significant „gap" in the critical system.[21]

Die *MAN* seien bei der Fundierung *a priori* des empirischen Gesetzes der allgemeinen Gravitation dadurch erfolgreich gewesen, dass sie die transzendentalen Prinzipien des Verstandes auf den empirischen Begriff der Materie angewandt hätten. Doch bleibe die newtonsche Gravitationstheorie nur ein Fragment der Gesamtheit empirisch gegebener Naturerscheinungen. Die weiteren Bereiche der Physik – die Untersuchung von Wärme, Licht, Elektrizität, Magnetismus, Chemie usw. – könnten nur durch die regulativen Prinzipien der reflektierenden Urteils-

18 Vgl. Friedman 1992, 250–254.
19 Friedman 1992, 254.
20 Vgl. Friedman 1992, 256–264.
21 Friedman 1992, 257.

kraft erforscht werden. Nun stelle sich die Frage, wie die *Top down*-Gravitationstheorie und die weiteren *Bottom up*-Teile der empirischen Physik sich zu einem einzigen, allgemeinen System der Natur verbinden könnten. Dazu sei die Übergangslehre nötig. Sie solle die beiden Bereiche der *MAN* und der reflektierenden Urteilskraft verbinden, was ihr nur durch Prinzipien gelingen könne, die zugleich *konstitutiv* und *regulativ* seien.[22]

Die Notwendigkeit einer Verbindung zwischen konstitutivem und regulativem Gebrauch der Vernunft wohne also dem kritischen System als solchem inne. Friedman behauptet, dass Kant trotzdem die Hoffnung auf eine Lösung des Problems nicht aufgegeben habe, sie aber nicht von seiner eigenen Philosophie, sondern von den zeitgenössischen Fortschritten der Naturwissenschaften erwartet habe.[23] Im Laufe der 1790er-Jahre habe der Philosoph realisiert, dass sich dank Lavoisier die Chemie in eine Wissenschaft im engeren Sinn verwandelt hatte und daher auch *a priori* grundgelegt werden konnte.[24] In der *KrV* und in den *MAN* vertrete Kant noch die traditionelle phlogistische Chemie von Stahl – die Form von Chemie, welcher in der *Vorrede* der *MAN* der Status einer Naturwissenschaft im eigentlichen Sinne verweigert wird. In den *MS* (1797) hingegen bezeichne Kant die Chemie von Lavoisier als die Chemie schlechthin;[25] in der *Anthropologie* (1798) stelle er den französischen Chemiker sogar in eine Reihe mit Archimedes und Newton.[26] Friedmans Rekonstruktion zufolge stellt Kants Wende hin zur Chemie von Lavoisier einen schrittweisen Prozess dar, der sich zwischen 1792 und 1795 vollenden sollte.[27]

---

22 In diesem Zusammenhang sei eine besonders aussagekräftige Passage aus Friedmans Schrift wiedergegeben: „Hence, to carry out the *Transition* project—and thus to fill the ‚gap' in the critical system—what we now require is a kind of *intersection* between the constitutive domain (of the *Metaphysical Foundations*) and the regulative domain (of reflective judgement), for only so can there be a continuous connection between the two, formerly entirely independent domains. It seems to me, moreover, that the apparently paradoxical idea of an intersection between the constitutive and regulative domains—the demand for principles that are, at the same time, both constitutive and regulative—is nonetheless an unavoidable problem for the critical philosophy." (Friedman 1992, 262).

23 „I now want to suggest that Kant's new optimism is based more on developments taking place in the empirical or experimental sciences themselves than on any independently motivated philosophical considerations." (Friedman 1992, 265).

24 Zur Erörterung von Kants Hinwendung zur Chemie Lavoisiers vgl. Friedman 1992, 264–290.

25 *MS*, AA 6: 207.13 f.

26 *Anth*, AA 7: 326.3.

27 Friedman erkennt in diesem Prozess drei Etappen: „It appears that by 1785 he [= Kant] has become aware of the new discoveries in pneumatic chemistry and, in particular, of the composition of the atmosphere; between 1785 and 1790 he has assimilated the developments in the science of heat, including the doctrine of latent heat and the caloric theory of the states of

Die Grundbegriffe der Chemie von Lavoisier – der Begriff der latenten Wärme und die Auffassung des Wassers als Kompositum – seien darüber hinaus bereits in den frühesten losen Blättern der Krause-Papiere sowie in den ältesten Entwürfen des *Opus postumum* zu erkennen. Der Begriff des Wärmestoffs spiele vor allem in der Theorie der Aggregatszustände in den *Uebergang 1–14* vorausgehenden Entwürfen eine zentrale Rolle. Der Wärmestoff werde dort jedoch nicht nur als ein chemisches Element betrachtet, sondern auch als ein mechanisches Mittel, das überall verbreitet sei und eine ständig vibrierende Bewegung beinhalte.[28] Als solches werde er mit dem Lichtäther gleichgesetzt. Dieser Äther-Wärmestoff, der zugleich chemische und mechanische Eigenschaften besitze, sei für Kant also der Schlüssel zu einem allgemeinen System der bewegenden Kräfte. Dementsprechend erweise sich die kalorische Theorie der Aggregatszustände als mögliche Grundlage für ein einheitliches System der Physik.

6.1.2 Unmöglichkeit der Ätherdeduktion

Friedman geht davon aus, dass der als das Ganze der Materie verstandene Äther eine *kollektive* – keine *distributive* – Einheit bilde.[29] Folglich müsse er gemäß der kritischen Philosophie bloß eine regulative Idee der Vernunft darstellen. Nun wolle Kant in *Uebergang 1–14* die Existenz des Äthers, als *Wärmestoff* betrachtet, *deduzieren*, was besage, dass Kant den Äther für einen konstitutiven Begriff halte.

---

aggregation; between 1790 and 1795 he has completed the conversion to Lavoisier's system of the chemistry (and, in particular, has become aware of the composition of water)." (Friedman 1992, 289). Dass sich Kants Bekehrung zum lavoisierschen System wohl spätestens 1795 vollendet haben muss, lässt sich aus einem Brief an Soemmerring vom 10. August jenes Jahres herleiten, in dem Kant eindeutig zwei Merkmale der Theorie Lavoisiers vertritt: die Zusammensetzung des Wassers und die Annahme vom Wärmestoff enthaltenden Gasen (*Br*, AA 12: 33 f.). Friedman weist zudem auf eine Äußerung über die Zusammensetzung des Wassers aus zwei Gasen hin, die sich in einem Bericht über Kants Metaphysik-Vorlesungen von 1792 bis 1793, der sogenannten *Metaphysik Dohna*, findet (*V-MP/Dohna*, 28: 664.14 ff.). Die Behauptung zur Zusammensetzung des Wassers ist zwar für sich allein noch kein hinreichender Beweis dafür, dass Kant sich auf die Theorie von Lavoisier bezieht. Dass Kant bereits im Zeitraum von 1772 bis 1773 das System von Lavoisier akzeptiert haben dürfte, erscheint jedoch auch deshalb so wahrscheinlich, da er seit dem Jahre 1792 im Besitz einer Kopie der *Anfangsgründe der antiphlogistischen Chemie* von Christoph Girtanner (1760–1800) war (vgl. Friedman 1992, 288 f.).

28 Friedman betont, dass der mechanische Begriff des Wärmestoffs eine gewisse Verwandtschaft mit der Auffassung von Boerhaave aufweise: „Kant's conception of the matter of heat as a universally distributed continuum in a state of perpetual vibration most closely resembles the conception of Boerhaave." (Friedman 1992, 292).

29 Zu Friedmans Erörterung der Ätherdeduktion vgl. Friedman 1992, 290–316.

Was führt Kant zu dieser Entwicklung? Friedmans Erklärung lautet: Kant muss die Dichotomie zwischen dem *reflektierenden* Gebrauch der Vernunft, welcher zur Idee einer unbestimmten, nie ganz realisierbaren Idee einer vollständig empirischen Wissenschaft führt, und dem *konstitutiven* Verfahren der *MAN* aufheben, um die *Chemie*, d. h. die empirische Naturwissenschaft schlechthin, mit der *newtonschen Mechanik*, der theoretischen Naturwissenschaft schlechthin, in einem einzigen System der Naturwissenschaft zu vereinigen. Die Aufhebung dieser Dichotomie sei die Aufgabe der Übergangslehre – eine Aufgabe, die Kant hofft anhand des Ätherbegriffs erfüllen zu können. Diesem Stoff müsse dementsprechend ein doppelter Status zugeschrieben werden: der eines *konstitutiven* sowie der eines *regulativen* Begriffs zugleich.[30] Die systematische Einheit der Natur als eines Ganzen könne der kritischen Konzeption zufolge nur als eine Vernunftidee dargestellt werden, nämlich als die Idee des *ens realissimum*, welches in einem göttlichen Verstand hypostasiert werde.[31] Es gehe in der *KrV* immerhin um eine bloße Idee, und als solche passe sie nicht zum Ziel des Übergangsprojekts. Daher setze Kant im Nachlasswerk die Einheit der Erfahrung mit dem hypostasierten Raum gleich, welcher als notwendige Bedingung der möglichen Erfahrung einem konstitutiven Prinzip entspreche.[32]

Die Existenz eines solchen Stoffes, der als zugleich distributiv und kollektiv, analytisch und synthetisch zu denken ist, konnte jedoch nach Friedmans Ansicht nicht *a priori* abgeleitet werden. Die Konzeption des Äthers als des Ganzen der Materie bleibe mit der Konzeption der Materie in den *MAN* unvereinbar.[33] Der Entwurf *Conv. X/XI* enthalte eine Fassung der Ätherdeduktion, welche die Existenz des Äthers aus der Notwendigkeit eines überall verbreiteten Mittels zur Möglichkeit der Wahrnehmung ableite. Dieser Äther werde als Lichtmaterie verstanden, als eine zusätzliche Voraussetzung für Newtons Gravitationsgesetz ange-

---

30 Vgl. Friedman 1992, 304 ff.

31 Vgl. A 585/B 613.

32 Friedman vergleicht Kants angeblichen Versuch, das regulative Verfahren der reflektierenden Urteilskraft mit dem konstitutiven Verfahren der *MAN* anhand des Äthers/Weltstoffs in einem allgemeinen System der Naturwissenschaft zusammenzuführen, mit Lavoisiers Unternehmen, Chemie und Theorie der Aggregatszustände durch den Wärmestoff zu vereinen (Friedman 1992, 312–316). Kants Ätherdeduktion sei also nicht nur ein inneres Bestreben der kritischen Philosophie, sondern auch das Resultat von Kants Auseinandersetzung mit der damaligen Naturwissenschaft: „Kant's attempt to deploy the machinery of the critical philosophy so as to ground a priori the crucial hypothetical construct of the new system—the imponderable matter of fire or caloric—is not only a response to a natural and inevitable requirement of the critical philosophy itself […]; it is also a most insightful attempt to come to terms with the central scientific revolution of the eighteenth century." (Friedman 1992, 316).

33 Vgl. Friedman 1992, 316–320.

nommen[34] und daher auf die *MAN* zurückgeführt.[35] Es sei jedoch nicht ersichtlich, wie Lavoisiers thermodynamisches Prinzip des *Wärmestoffs* mit dem Lichtstoff zusammenfallen könne. Im Unterschied zu letzterem bleibe das erste ein experimentelles Prinzip mit einem nur hypothetischen Status. Kant unterscheide also, so Friedman, in den späteren Entwürfen sehr konsequent den Wärmestoff vom Lichtstoff [36] und setze die undulatorische Theorie des Lichtes der korpuskularen Theorie der Wärme entgegen.[37] Infolge dieser klaren Trennung zwischen beiden Konzeptionen des Äthers könnten weder der Lichtstoff noch der Wärmestoff als existierende Objekte bestimmt werden. Beide könnten daher lediglich aus empirischen oder hypothetischen Gründen postuliert werden. Ihre Begriffe würden folglich bloße Ideen der Vernunft, also regulative Prinzipien, bleiben. Im Endeffekt bedeute dies das Scheitern des Übergangsprojekts.[38]

6.2 S. Schulze

In seiner 1994 veröffentlichten Dissertation[39] verteidigt Stefan Schulze die These, der metaphysische Standpunkt, der in den Thematiken des 7. und 1. Konvoluts deutlich sichtbar wird, spiele bereits in den früheren Entwürfen, namentlich im Rahmen des Ätherbeweises in *Uebergang 1–14*, eine maßgebliche Rolle. Die Grenze zwischen einer Metaphysik qua Transzendentalphilosophie, die von Anschauungsformen

34 Vgl. *OP*, AA 22: 529 f. = XI 34 und 22: 537 = XI 36.

35 Vgl. Friedman 1992, 320–325.

36 Vgl. *OP*, AA 22: 84.5–17 = VII 33 und 22: 56 f. = VII 23. Auf weitere Stellen in diese Richtung wird in Friedman 1992, 326 hingewiesen.

37 Vgl. Friedman 1992, 327.

38 „It follows, then, that neither a light-aether nor a heat-matter or chemical-aether can be established a priori as actually existing objects. Our grounds for postulating either or both can only be empirical or hypothetical [...]. But we can in no way establish a priori the objective existence of an object corresponding to this representation. From the point of view of the critical philosophy, therefore, such a representation remains a mere idea or ideal or reason possessing only regulative force [...]. The aether-deduction—and hence the *Transition* project—must in the end be considered a failure." (Friedman 1992, 328). Friedman meint, Kant habe zwar vorgehabt, die Fragestellung des Übergangsprojekts durch ein Prinzip zu beantworten, das zugleich konstitutiv und regulativ sei, eben durch den Äther. Ein solches Prinzip erweist sich aber eigentlich als bloß regulativ. Das kann erklären, dass manche Autoren wie Lehmann und Förster behaupten, dass der Ätherbeweis nur auf der regulativen Ebene erfolge (vgl. Friedman 1992, 305 Anm. und 317 Anm.).

39 Stefan Schulze (geb. 1963) hat 1993 an der LMU München unter der Betreuung von Rolf-Peter Horstmann promoviert. Zu S. Schulzes Buch liegt ein scharfsinniger und kritischer Bericht von Mudroch vor (vgl. Mudroch 1996).

und Kategorien als Bedingungen der Möglichkeit der Erfahrung handle, und einer Metaphysik qua System übersinnlicher Ideen werde, so S. Schulze, beim späten Kant undeutlich, sodass die beiden metaphysischen Bereiche hinsichtlich der epistemologischen Legitimation ihrer Erkenntnisse nicht mehr voneinander zu unterscheiden seien. Die folgende Präsentation von S. Schulzes Deutung des *Opus postumum* beginnt mit einem Abschnitt über die methodologischen Richtlinien seiner Interpretation (6.2.1), schreitet mit seiner Erörterung des Verhältnisses der Übergangsansatzproblematik zu den kritischen Werken fort (6.2.2) und schließt mit seiner Darlegung der Ätherdeduktion (6.2.3).

6.2.1 Der Begriff der „integrierenden Interpretation“

Die beiden Konzeptionen von Tuschling und Mathieu eint die Voraussetzung, die Interpretation des *Opus postumum*, sei sie systematisch oder historisch, diene dem Zweck, die Absicht Kants für den gesamten Text so umfassend wie möglich aufzuklären. Dieser Vorsatz, wenigstens prinzipiell keine einzige Stelle unaufgeklärt zu lassen, stellt diesen Ansätzen gemäß sogar das entscheidende Kriterium dar, um die Zulässigkeit einer bestimmten Lesart des Nachlasswerks zu beurteilen. Dies stellt S. Schulze infrage.[40] Er ist der Ansicht, es sei nur bei veröffentlichten Schriften gewährleistet, dass die Äußerungen des Autors seine eigenen Thesen dokumentierten. Nun sei es unumstritten, dass das *Opus postumum* nicht als ein Werk im üblichen Sinne des Wortes zu betrachten sei. Als Vorarbeiten zu einem letztlich Fragment gebliebenen Werk stellen die Texte des Nachlasswerks vielmehr vorläufige Unterlagen dar, für welche nicht garantiert werden könne, ob die darin angeführten Thesen tatsächlich die Positionen Kants kennzeichneten. Die Tatsache allein, dass Kant die Entwürfe seines Nachlasswerks verfasst habe, autorisiere noch nicht dazu, die darin übermittelten Äußerungen als seine eigene Meinung zu werten. Damit befürwortet S. Schulze keineswegs ein radikales Misstrauen gegenüber den Texten des *Opus postumum*. Er fordert lediglich ein, das Augenmerk stärker auf das Autorisierungsproblem zu richten. Man könne nicht voraussetzen, dass *alle* Äußerungen des *Opus postumum* den eigenen Positionen Kants entsprechen, wie Tuschling und Mathieu dies annehmen. Man könne auch nicht *willkürlich* entscheiden, welche Äußerungen als echt kantisch verstanden werden dürfen. Deswegen betont S. Schulze, dass es zur Aufgabe der Interpretation gehöre, Kriterien aufzustellen, anhand derer die Frage nach der Autori-

40 Vgl. Schulze S. 1994, 19–28.

sierung zu behandeln sei. Er selbst formuliert eine Strategie dafür, die er als „integrierende Interpretation" bezeichnet:

> Wenn nämlich gezeigt werden kann, daß im **OP** eine Problemkonstellation eine wichtige Rolle spielt, deren Ursprünge in Druckschriften Kants lokalisiert werden können, so kann es einer Interpretation, die das Nachlaßwerk auf diesem Weg in das Druckwerk zu integrieren versucht, gelingen, die Frage nach der Autorisierung zumindestens partiell aus dem **OP**, in der sie nicht eindeutig beantwortet werden kann, in bestimmte Druckschriften zu verlagern.[41]

6.2.2 Aporetische Deutung der Übergangslehre

S. Schulzes Interpretation des *Opus postumum* basiert auf folgender These: Während Kant in der ersten *Kritik* zwischen „Logik der Wahrheit" in der *transzendentalen Analytik* und „Logik des Scheins" in der *transzendentalen Dialektik*, zwischen „einer konstruktiven Theorie der Möglichkeit von Erfahrung und einer Kritik der Erkenntnisansprüche einer Erfahrung transzendierenden spekulativen Vernunft"[42] unterscheide, werde eine Revision dieser Grenzziehung zwischen Erfahrungserkenntnis und Naturmetaphysik zugunsten einer Erweiterung der Leistungsfähigkeit der Naturmetaphysik bezüglich dreier Problemstellungen in Betracht gezogen – im *Anhang zur transzendentalen Dialektik* der *KrV* sowie in den beiden Einleitungen zur *KU*, wiederum in der *KU* hinsichtlich des Problems des Organischen und schließlich bei der Ätherdeduktion im *Opus postumum.*[43] Gemäß dem Prinzip der Trennung zwischen *Analytik* und *Dialektik* könne die vollständige Klassifizierung und Systematisierung empirischer Erkenntnis nicht nur *a priori*, d. h. ohne Bezug auf die Erfahrung, erfolgen. Im *Dialektik-Anhang* und in den *KU-Einleitungen* beruht S. Schulze zufolge hingegen die systematische Organisation der empirischen Erkenntnisse auf „logischen Prinzipien" oder „subjektiven Maximen", was dem Grundsatz der Erkenntniskritik der *Dialektik*, nämlich dass „eine Vernunftidee weder Objekt gerechtfertigter theoretischer Erkenntnisansprüche

41 Schulze S. 1994, 27. Zu diesem „Autorisierungskriterium", das eine enge Verwandtschaft mit Cassirers Richtlinien aufweist, (vgl. oben S. 9 f.) ist allerdings zu bemerken, dass S. Schulze davon keinen – wenigstens keinen expliziten – Gebrauch macht, um Textstellen aus dem *Opus postumum* für untauglich zu erklären.

42 Vgl. Schulze S. 1994, 33.

43 Vgl. Schulze S. 1994, 40. Relevant für die Argumentationsanlage der Arbeit S. Schulzes sind allerdings nur die erste und die dritte Problemstellung. Sie werden im 5. bzw. im 6. Kapitel seiner Monografie erörtert (vgl. ebd., 42–65 bzw. 65–72).

sein, und deshalb auch nicht als Prinzip der Begründung solcher Ansprüche fungieren kann“[44], widerspreche.[45]

Im ersten Fall beruhe die Erfahrungserkenntnis auf dem Schematismus, der Verbindung der beiden *heterogenen* Elemente der Erkenntnis: Sinnlichkeit und Verstand.[46] Im zweiten Fall gründe die Möglichkeit eines Systems des Empirischen

---

44 Schulze S. 1994, 65.

45 Durch die Annahme der reflektierenden Urteilskraft versuche Kant, so S. Schulze, die Spannung in der Erkenntnisanlage der ersten *Kritik* zu lösen: „Es liegt dann aber nahe zu vermuten, daß Kant auch mit der Einführung des Begriffs der reflektierenden Urteilskraft sowie der damit zusammenhängenden spezifischen Bedeutung des Begriffs ‚transzendental' auf Schwierigkeiten reagiert, die sich bei dem Entwurf einer apriorischen Erklärung der Systematizität von Erfahrung im Hinblick auf das Verhältnis von transzendentaler Analytik und transzendentaler Dialektik in der ersten Kritik ergeben. Zumindestens terminologisch scheint der Erklärungsansatz in den Einleitungen in die **KU** nicht den Vorbehalt zu erwecken, mit ihm würde ein Erkenntnisanspruch auf objektive Gültigkeit hinsichtlich einer Vernunftidee erhoben beziehungsweise eine solche Idee als konstitutive Bedingung der Möglichkeit von Erfahrung eingeführt.“ (Schulze S. 1994, 64). Ebenso soll der „transzendentale“ Ätherbegriff im *Opus postumum*, mit welchem sich der Wandel von der Ätherphysik zur Äthermetaphysik vollzieht, den erkenntniskritischen Vorbehalt der *Dialektik* aufheben, insofern er eine Idee im Sinne der *transzendentalen Dialektik* und zugleich ein erfahrungskonstitutives Prinzip darstellt (vgl. ebd., 65–72).

46 S. Schulze weist auf die Kritik von Maimon und Tieftrunk an Kants Schematismuslehre hin. (vgl. Schulze S. 1994, 85–101). Diese Kritik besteht im Wesentlichen in der Überlegung, dass dem Schematismus eine unlösbare Aufgabe gestellt werde, nämlich die Verbindung der beiden Quellen der Erkenntnis durch eine Synthesis *a priori*. Denn Sinnlichkeit und Verstand mögen zwar *apriorisch* sein, doch bleiben sie *heterogen*, daher unverbindlich. Um diese Schwierigkeit aufzuheben, muss eine gemeinsame Quelle der Vorstellungen beider Vermögen angenommen werden. Vollkommen zu Recht hebt S. Schulze diesbezüglich hervor, dass Maimon und Tieftrunk einen grundlegenden Fehler begangen hätten. Es sei ihnen nämlich entgangen, dass die Empfindungen den Inhalt der Erfahrung nur dank der Verstandesbedingungen erschließen könnten. Dadurch vollziehe sich die Überwindung der Heterogenität von Sinnlichkeit und Verstand (vgl. ebd., 88 f.). S. Schulze stellt nicht von vornherein in Abrede, dass Kants Auseinandersetzung mit diesen Erwägungen eine gewisse Rolle bei der Entwicklung der Übergangsfragestellung gespielt haben könnte (vgl. ebd., 100 f.). Da aber Kant sich des Fehlers von Maimon und Tieftrunk bewusst war, wie S. Schulze einräumt (vgl. ebd., 98 f.), erscheint es unverständlich, wie eine auf einem so offensichtlichen Missverständnis beruhende Kritik Kant zu seinem Übergangswerk angeregt haben sollte. Allerdings findet sich in dem 1790 im *Berlinischen Journal für Aufklärung* veröffentlichten Aufsatz von Maimon unter dem Titel *Baco und Kant* folgende bemerkenswerte Stelle: „[Es] fehlt doch hier augenscheinlich der Übergang von den allgemeinen transzendentalen Begriffen und Sätzen, die sich auf Erfahrung überhaupt beziehen, zu denjenigen, die sich auf besondere Erfahrung beziehen.“ (Maimon 1790, *MGW* II, 519). Die Verwandtschaft des hier erwähnten Übergangs zum Titel des kantischen *Übergangswerks* ist auffällig. Im selben Aufsatz wird ferner eine „Lücke zwischen den transcendentalen Begriffen und Sätzen und den besonderen Begriffen und Sätzen der Erfahrung“ (ebd., 521) erwähnt, was

auf den regulativen Prinzipien der reflektierenden Urteilskraft. Daraus folge, so S. Schulze, dass Schematismus und reflektierende Urteilskraft der kritischen Erkenntnisphilosophie entgegengesetzt seien. Nun übe die Übergangslehre, soweit ihre Aufgabe darin bestehe, *heterogene* Elemente der Erkenntnis, d. h. metaphysische Anfangsgründe und empirische Erfahrung, zu verbinden, eine schematisierende Funktion aus.[47] Demzufolge sei eine Kontinuität des *Opus postumum* mit der dritten *Kritik*, was die Begründung der Physik als einer systematischen Wissenschaft empirischer Naturphänomene angehe, zu bezweifeln.[48]

Kant versuche sich am Übergang von der Naturmetaphysik zur empirischen Physik anhand von Prinzipien, die weder bloß *a priori* noch bloß empirisch sind, sondern zugleich zu den beiden „Territorien" gehören, die sie verbinden sollen. Solche „Mittelbegriffe" würden mit den bewegenden Kräften gleichgesetzt. Dieser Vorstellung stünden aber beträchtliche Schwierigkeiten entgegen. Einerseits könnten diese Begriffe nicht aus der Erfahrung gewonnen werden, denn sonst würde sich der Übergang auf experimentelle Physik reduzieren. Andererseits gebe es nur zwei Möglichkeiten für eine gültige Begründung *a priori:* „A priori sind Erkenntnisse im Rahmen der Kantischen Philosophie entweder, weil sie aus einem gegebenen Begriff alleine abgeleitet werden können, oder weil sie Bedingungen der Möglichkeit von Erfahrung sind."[49] Diese zweite Alternative müsse aber ausgeschlossen werden: Denn die bewegenden Kräfte des Übergangs könnten nicht als Bedingungen der Möglichkeit der Materie aufgefasst werden, weil sie in

---

sich wiederum auf Kants Gebrauch des Ausdrucks „Lücke" hinsichtlich der Übergangslehre beziehen lässt.

47 Vgl. Schulze S. 1994, 102–112. S. Schulze hebt hervor, dass erst im Entwurf *a–c* der Übergang deutlich als ein selbstständiger Teil der Naturlehre bezeichnet werde, was die Anzahl der Teile der Naturwissenschaft von zwei auf drei erhöhe (vgl. *OP*, AA 21: 286.15–18 = III 13, und 21: 290 = III 15). Zugleich werde er dort erstmals mit dem „Schematism der Urtheilskraft" verbunden (vgl. *OP*, AA 21: 291.15 f. = III 15).

48 Vgl. Schulze S. 1994, 112–118. Hier findet sich eine deutliche Formulierung dieses Standpunkts: „Die Bedeutung des Schema-Begriffs in der Konstituierung des Übergangsprojekts zeigt vielmehr, daß diese Überlegungen unabhängig von solchen Vorstellungen entwickelt werden, in denen die allgemeine Idee einer Systematik des Empirischen im Rückgriff auf das Konzept einer reflektierenden Urteilskraft eingeführt wird." (ebd., 118). S. Schulze zufolge wurden die in den *KU-Einleitungen* entwickelten Ansichten über die Grundlegung einer Theorie der Systematizität empirischer Erkenntnis um 1796 aufgegeben. Das soll durch die Tatsache bewiesen werden, dass die Auffassung der Systematizität des Empirischen in der *MS* (1797) an diejenige der *MAN* und nicht an diejenige der *KU* anknüpft (vgl. ebd., 118–123). Diese These soll dadurch erhärtet werden, dass im *Opus postumum* das Problem der systematischen Fundierung der empirischen Erkenntnisse erneut thematisiert wird, was gerade zeigen soll, dass es Zweifel an einer früheren Lösung gab (vgl. ebd., 123–126).

49 Schulze S. 1994, 128.

diesem Fall nicht mehr von den bewegenden Kräften der *MAN* zu unterscheiden wären. Nur ein Weg bleibe dann noch übrig: die Möglichkeit, diese Begriffe aus einem höheren Prinzip abzuleiten. Dies habe Kant dazu bewogen haben, den Ätherbegriff in ein „transzendentales" Prinzip zu verwandeln, aus welchem die Prinzipien des Übergangs systematisch deduziert werden können. Mit dieser Wende aber werde der Übergang letztlich mit einer Strategie begründet, die vielmehr die metaphysischen Prinzipien charakterisiere. Folglich werde der Unterschied zwischen Übergangslehre und *MAN* aufgehoben, und damit werde auch die Konzeption des Übergangs als Schematisierung aufgegeben.[50]

Was den Beitrag der dritten *Kritik* zur Entstehung des *Opus postumum* angeht, teilt S. Schulze also einerseits die aporetische Lesart des kritischen Denkens von Lehmann, soweit er den konstitutiven Gebrauch des Verstands und die reflektierende Urteilskraft für zwei widerstreitende Lösungen des kantischen Erkenntnisproblems hält. Andererseits lehnt er im Unterschied zu Lehmann eine systematische Kontinuität zwischen *KU* und *Opus postumum* ab, da er, ebenso wie Mathieu, den Standpunkt vertritt, dass der Ausgangspunkt des Nachlasswerks an die epistemologische Strategie der ersten *Kritik* anknüpfe und insofern in Opposition zu den erkenntnistheoretischen Hauptlinien der dritten *Kritik* stehe. Dementsprechend kann ihm Friedmans Auslegung des systematischen Zusammenhangs von reflektierender Urteilskraft und Schematisierung der Kategorien bei der früheren Übergangskonzeption nur als unbegründet erscheinen.[51]

6.2.3 Die Aporien des Ätherbeweises

Für S. Schulze wird mit dem Ätherbeweis in *Uebergang 1–14* insofern ein Wendepunkt erreicht, als dass Kant die Konzeption des Übergangsprojekts als Versuch, transzendentale Prinzipien mit empirischer Forschung zu vermitteln, schließlich aufgibt.[52] S. Schulze bestreitet, dass es Kant gelungen sei, transzendentale Beweise für die Existenz des Äthers zu entwickeln. Denn, um als *transzendental* im Sinne der ersten *Kritik* bezeichnet werden zu können, müsse ein Beweis synthetisch und dennoch *a priori* gültig sein[53] und ein Prinzip als Bedingung der Möglichkeit von Erfahrung erkannt werden.[54] Nun definiert Kant die

50 Vgl. Schulze S. 1994, 126–129.
51 Schulze S. 1994, 114 Anm.
52 Vgl. Schulze S. 1994, 131. Zu S. Schulzes Darlegung des Ätherbeweises in *Uebergang 1–14* vgl. Schulze S. 1994, 131–174.
53 Vgl. *KrV* A 736 f./B 764 f.
54 Vgl. *KrV* A 94/B 126.

Ätherdeduktion als die „Deduction eines empirischen Begriffs aus den subjectiven Principien der Moglichkeit Einer Erfahrung welche alsdann ein Erkentnis *a priori* ausmacht, nach dem Princip der Identität (analytisch)“[55]. Diesbezüglich hebt S. Schulze drei Schwierigkeiten hervor:

> Weder ist verständlich, wie und warum überhaupt ein empirischer Begriff aus einem subjektiven Prinzip der „Möglichkeit der Erfahrung“ deduziert werden kann beziehungsweise soll, noch daß einer solchen Deduktion das Prinzip der Identität zugrunde liegt, und auch nicht, daß auf diese Weise ein empirischer Begriff analytisch deduziert wird.[56]

S. Schulze bemerkt zudem, dass die zweite Stelle in *Uebergang 1–14*, an der von Ätherdeduktion explizit die Rede ist, eine Erklärung bietet, insofern dort angedeutet werde, dass es sich bei der betreffenden Deduktion um einen Gedankengang in zwei Schritten handle. Die erwähnte Stelle lautet:

> [...] die Deduction des Wärmestoffs als der Basis jenes Systems bewegender Kräfte hat ein Princip *a priori* nämlich das der nothwendigen Einheit in dem Gesammtbegriffe der Möglichkeit Einer Erfahrung zum Grunde liegen welche zugleich die Wirklichkeit dieses Objects identisch also nicht synthetisch sondern analytisch mithin zu Folge einem Princip *a priori* bey sich führt.[57]

Hier werden zwei Prinzipien genannt, die nicht verwechselt werden dürfen. Das eine ist das analytische Prinzip, das am Ende der Passage genannt wird und sich offensichtlich auf den Satz des Widerspruchs bezieht. Das zweite ist das Prinzip „der nothwendigen Einheit in dem Gesamtbegriffe der Möglichkeit einer Erfahrung“, welches keineswegs die Funktion einer Prämisse hat. Es ist vielmehr das *demonstrandum* des ersten Beweisschritts. Demnach lautet S. Schulzes Rekonstruktion der beiden Schritte des Gedankengangs so:

> Mit dem ersten Beweisschritt begründet Kant somit die These, daß singuläre Erfahrungen immer solche sind, die in einem kontinuierlichen Zusammenhang mit der Totalität aller möglichen Erfahrung stehen, und daß die Vorstellung dieser Gesamtheit einzelnen Erfahrungen demnach logisch vorausgeht. Im zweiten Teil des Arguments wird dagegen gezeigt, daß aus der Vorstellung der Einheit der Erfahrung als Grund der Möglichkeit singulärer Erfahrungen der Begriff des Äthers als des Gegenstands der Erfahrungstotalität analytisch folgt.[58]

---

55 *OP*, AA 21: 573.15 ff. = V 41.
56 Schulze S. 1994, 159.
57 *OP*, AA 21: 586.19–24 = V 46.
58 Schulze S. 1994, 163.

Aus dieser Rekonstruktion des Ätherbeweises ergebe sich, dass es um keine *transzendentale* Deduktion gehe, denn die Möglichkeit der Erfahrung sei weniger der Grund als das Ziel des Beweises. Dieser Gedankengang sei nicht mit der transzendentalen Deduktion der Kategorien verwandt, sondern er sei mit der Idee der Materie in der *Dialektik*[59] zu vergleichen, auf welcher die „Möglichkeit aller Gegenstände der Sinne“[60] beruhe. Damit müsse Kant jedoch auf das Projekt, das Dasein des Äthers als *objektiven* Grund eines Systems empirischer Erkenntnisse zu beweisen, endgültig verzichten und den Äther als *subjektives* Erkenntnisprinzip verstehen. Der Konflikt zwischen „Ätherphysik“ und „Äthermetaphysik“ werde endlich gelöst, indem Kant die erste aufgebe und den Äther lediglich als metaphysisches Prinzip, als Idee auffasse.

Die Preisgabe jener doppeldeutigen Konzeption des Äthers impliziere aber auch das Ende des Projekts eines Übergangs von der Metaphysik zur Physik. Kant müsse also in *Conv. X/XI* das Problem der Fundierung einer Naturwissenschaft auf einer neuen Basis in Angriff nehmen. Diese Umkehr falle mit Kants Hinwendung zu einer Form des subjektiven Idealismus zusammen. Kennzeichnend für diese neue Konzeption seien, so schlussfolgert S. Schulze, die Begriffe der *Selbstsetzung* und der *Erscheinung der Erscheinung* qua Ideen, die im Urteil über einzelne physikalische Objekte gelten sollen.[61]

6.3 Förster

Förster zählt zu den bedeutendsten Interpreten des kantischen Nachlasswerks.[62] Sein erstes Buch als Alleinautor, *Kant's final synthesis*,[63] sammelt sieben seiner früheren, zwischen 1987 und 1998 veröffentlichten Aufsätze, die darin umfassend

---

59 Vgl. *KrV* A 571–583/B 599–611.

60 *KrV* A 582/B 610.

61 Vgl. Schulze S. 1994, 188–199.

62 Förster ist der Herausgeber des Sammelbands, in dem die Beiträge der Tagung an der Universität Stanford im Jahr 1987 anlässlich des 200. Erscheinungsjahres der zweiten Auflage der *KrV* publiziert wurden (Förster [Hg.] 1989). Die letzte Abteilung des Bandes enthält zwei Aufsätze über die Ätherdeduktion im *Opus postumum* von Förster (Förster 1989c) und Tuschling (Tuschling 1989), außerdem eine Reihe von Anmerkungen und Fragen von Jules Vuillemin (1920–2001) bezüglich der beiden Aufsätze (Vuillemin 1989). Vgl. dazu den Bericht von Manfred Kühn (Kühn 1992, 351 f.). Förster hat zudem die Übersetzung des *Opus postumum* ins Englische veröffentlicht und leitet das Projekt der im Erscheinen begriffenen Neuedition des unvollendeten Werks Kants in der Akademie-Ausgabe (vgl. unten A2.9 und A2.12).

63 Vgl. Förster 2000.

überarbeitet und ergänzt auf Englisch wiederabgedruckt worden sind.[64] Die Studie liefert also eine ausführliche Erörterung des gesamten *Opus postumum.*[65]

Förster geht davon aus, dass sich Kant im Jahre 1798 der Existenz einer „Lücke“ im kritischen System bewusst geworden sei. Diese Entdeckung habe die bekannten „Tantalusqualen“ des Philosophen verursacht. Aufgrund der Tatsache, dass Kant den Äther schließlich nicht mehr als Hypothese zur Erklärung physikalischer Vorgänge, sondern als transzendentale Idee im Sinne der *KrV* verstanden habe, sei es Mitte des Jahres 1799 zu einer entscheidenden Wende gekommen. Die Verbindung des Ätherbegriffes mit der später ausgearbeiteten Selbstsetzungslehre habe schließlich die Lösung des Problems der „Lücke“ im kritischen System gebracht. Aus der praktischen Darstellung der Selbstsetzung sei die Aufhebung der Lehre der praktischen Postulate und die Gleichsetzung von Ethik und Religion hervorgegangen. Mit der Ideenlehre des 1. Konvoluts habe die kantische Philosophie schließlich ihre systematische Einheit erreicht; dadurch habe für das Problem der Einheit von theoretischer und praktischer Vernunft, um welches Kant seit der *KrV* gerungen habe, die endgültige Lösung gefunden werden können.

Im Folgenden wird Försters Deutung des *Opus postumum* in vier Schritten dargestellt: Ansatzproblematik des Übergangsprojekts (6.3.1), Ätherbeweis (6.3.2), Selbstsetzungslehre (6.3.3) und Gotteslehre (6.3.4).

---

64 Vgl. Förster 2000. Die betreffenden Aufsätze sind: Förster 1987, Förster 1989b, Förster 1991, Förster 1992, Förster 1993, Förster 1995 und Förster 1998. Vgl. dazu den Bericht von Thomas Sören Hoffmann (2001).

65 Eine interessante Debatte über Försters Buch erscheint 2003 in *Inquiry* mit Beiträgen von Michael Friedman (Friedman 2003) und Paul Guyer (Guyer 2003) sowie der Erwiderung von Förster selbst (Förster 2003). Beide Rezipienten drücken in Grunde genommen eine wohlwollende Beurteilung seiner Arbeit aus. Ihre Kritik bezieht sich jeweils auf Försters Sichtweise des Verhältnisses von ästhetischen Urteilen der Naturschönheit zur Ätherdeduktion und auf Kants Verständnis von dem, was er selbst eine „Lücke“ im kritischen System nennt (vgl. Friedman 2003, 219 – 225), bzw. auf Försters Lesart der kantischen Theorie der Selbstsetzung und auf Folgerungen für den kantischen Begriff des höchsten Guten (vgl. Guyer 2003, 200 – 212). Der Diskussion über *Kant's final synthesis* schließt sich auch Manfred Gawlina mit seiner Kritik an der dort vertretenen Interpretation der Gotteslehre beim späten Kant an (vgl. Gawlina 2004). Weitere Aufsätze, in denen sich Förster mit der Interpretation des *Opus postumum* befasst, handeln von Kants Metaphysikbegriff (Förster 1988b, Förster 1989a), von Kants Kritik an dem Göttinger Mathematiker Abraham Gotthelf Kästner (Förster 1988a), vom Verhältnis des späten Kant zu Fichte, Beck und Schelling (Förster 1990, insbesondere 158 – 168), vom Begriff „das All der Wesen“ im 1. Konvolut (Förster 2001a) und von der philosophischen Konstruktion bei Kant (Förster 2001b).

6.3.1 Das Übergangsprojekt und die Lücke im System der kritischen Philosophie

Förster stellt das seines Erachtens in der Kant-Forschung „weitverbreitete Dogma" („widespread dogma")[66] infrage, Kant habe beschlossen, den *Übergang* zu schreiben, um eine „Lücke" in seinem kritischen System zu schließen. Auf diese Lücke, derentwegen das System der kritischen Philosophie unvollendet bleibt, weist Kant erst 1798 in den beiden Briefen an Garve vom 21. September bzw. an Kiesewetter vom 19. Oktober hin.[67] Kant selbst deutet ein wechselseitiges Verhältnis zwischen der entdeckten Lücke und dem geplanten *Übergang* an. Denn einerseits schreibt er in dem eben erwähnten Brief an Garve: „Die Aufgabe, mit der ich mich jetzt beschäftige, betrifft den ‚Übergang von den metaphys. Anf. Gr. d. N. W. zur Physik'. Sie will aufgelöset seyn; weil sonst im System der crit. Philos. eine Lücke seyn würde." Andererseits wird diese Lücke gerade mit derjenigen zwischen den metaphysischen Anfangsgründen der Naturwissenschaft und der Physik identifiziert, die durch die Übergangslehre gefüllt werden soll.[68] Nichtsdestoweniger hält Förster diese Gleichsetzung für falsch.

Försters Hauptargument ist, dass Kant erst auf die betreffende „Lücke" hinweist, nachdem er bereits seit Jahren am *Übergang* gearbeitet hatte. Aus Kiesewetters Brief an Kant vom 8. Juni 1795 ist zu schließen, dass die Planung dieses Werkes sogar auf eine noch frühere Zeit – spätestens wohl auf 1790[69] – zurückgehen muss. Das heißt gemäß Försters Einschätzung, dass zwischen Kants Ankündigung an Kiesewetter, er wolle den *Übergang* schreiben, und seinem Hinweis auf die „Lücke" im kritischen System wohl mindestens acht Jahre vergangen sein müssten. Es sei daher unhaltbar, dass Kant ursprünglich geplant habe, den *Übergang* abzufassen, um jene Lücke zu füllen. Es sei viel plausibler, dass die Arbeit am *Opus postumum* Kant die Existenz jener Lücke ins Bewusstsein gerückt habe.[70] Die drei ersten Kapitel von *Kant's final synthesis* rekonstruieren die Ent-

---

66 Förster 2000, 50.

67 *Br*, AA 12: 257.10 bzw. 12: 258.24; vgl. unten A1.4 bzw. A1.5.

68 „Es ist also zwischen den metaphys. Anfangs. Gr. d. N. W. u. der Physik noch eine Lücke auszufüllen deren Ausfüllung ein Ubergang von der einen zur anderen genannt wird." (*OP*, AA 21: 482.25 ff. = IV 101).

69 Zur Datierung der Entstehung des Projekts des *Übergangs* aus dem Brief von Kiesewetter vgl. unten A1.1.

70 Vgl. Förster 2000, 48–53. Die Tatsache, dass Kant wohl spätestens im Herbst 1790 sein Übergangsprojekt geplant haben dürfte, widerlegt Tuschlings Ansicht, dass das Übergangswerk 1792 noch nicht konzipiert worden sei und dass es vor 1795 keinen Beweis für dieses Projekt gebe (vgl. Tuschling 1971, 31). Sie widerlegt dennoch nicht die Haupthypothese seiner Lesart, nämlich, dass die Idee des Übergangs die revidierte Materietheorie voraussetze und nicht umgekehrt, wie Förster dies annimmt (vgl. Förster 2000, 2 f. und 178 Anm. 9). Denn Tuschling ist der Auffassung,

wicklung von der Konzeption der Übergangslehre bis zur Entdeckung der „Lücke" im kritischen System.[71] Förster präzisiert den genetischen Zusammenhang zwischen dem ursprünglichen Übergangsprojekt und der *KU* (6.3.1.1) und verbindet den Ausgangspunkt des *Opus postumum* mit den Schwierigkeiten der Materiekonzeption in den *MAN* (6.3.1.2).

6.3.1.1 Zweckmäßigkeit der Natur und Übergangsprojekt

Erst mit der Entdeckung der reflektierenden Urteilskraft als einem selbstständigen Vermögen in der dritten *Kritik* konnte Förster zufolge die Natur als zweckhaft und systematisch betrachtet werden, während sie vom Standpunkt der bestimmenden Urteilskraft her als bloß kontingent aufgefasst werden konnte. Kant versuche, aus dieser Entdeckung einen Nutzen zu ziehen, um die Untersuchungen der körperlichen Natur über die Ergebnisse der *MAN* hinaus fortzusetzen. Die Lösung des Problems der Systematizität der Physik durch den Entwurf vom „Vorriß eines Systems"[72] werde zur Aufgabe der Übergangslehre.[73] Der Begriff der subjektiven Zweckmäßigkeit der Natur für die Urteilskraft zeige dennoch nicht, wie diese Systematisierung der Naturforschung erfolgen solle.[74] Das Prinzip der reflektierenden Urteilskraft scheine sich daher doch als unbefriedigend im Sinne Mathieus zu erweisen. Außerdem scheine sich damit Friedmans Ansicht zu bestätigen, die reflektierende Urteilskraft gehe im Grunde genommen nicht über die heuristische Maxime des regulativen Gebrauchs des Verstandes hinaus, wovon der *Dialektik-Anhang* handle.[75]

Gegen Friedmans Interpretation der reflektierenden Urteilskraft wendet Förster ein, dass Kant betone, es handle sich um die „Entdeckung" eines *neuen* Prinzips *a priori*.[76] Das Prinzip einer formalen Zweckmäßigkeit der Natur ist nach

---

Kant sei bereits durch die Rezension der *Göttingischen Anzeigen* von 1786 zu einer gründlichen Revision der *MAN* motiviert worden.

71 Vgl. Förster 2000, 1–74.

72 *OP*, AA 21: 492.23 f. = IV 108.

73 Vgl. Förster 2000, 4 ff. Förster schließt daraus, dass Kant erst 1790 mit Kiesewetter vom Übergangsprojekt gesprochen hat (vgl. ebd., 5 f.).

74 In der ersten *Einleitung* in die *KU* wird festgestellt, dass der Begriff der „Natur als K u n s t, mit andern Worten der T e c h n i k d e r N a t u r in Ansehung ihrer b e s o n d e r e n Gesetze, [...] keine Theorie [begründe] und, ebenso wenig wie die Logik, Erkenntniß der Objecte und ihrer Beschaffenheit" (*EEKU*, AA 20: 204.13–16) enthalte.

75 Vgl. Förster 2000, 4–7.

76 Vgl. Förster 2000, 8. Förster weist auf folgende Passage aus Kants Brief von Ende Dezember 1787 an Reinhold hin: „So beschäftige ich mich jetzt mit der Critik des Geschmaks bey welcher Gelegenheit eine neue Art von Principien *a priori* entdeckt wird als die bisherigen. Denn der

Förster zudem weder aufgrund der systematischen Tendenzen der Vernunft noch anhand teleologischer Reflexionen, sondern *lediglich* durch *ästhetische* Urteile bezüglich der *natürlichen Schönheit* entdeckt worden.[77] Die Naturschönheit erweitere „zwar nicht unsere Erkenntniß der Naturobjecte, aber doch unsern Begriff von der Natur, nämlich als bloßem Mechanism, zu dem Begriff von eben derselben als Kunst [...]"[78]. Erst mit dem Prinzip der reflektierenden Urteilskraft erscheine die Natur als *Kunst*, nämlich als in sich selbst systematisch, und nicht mehr als ein blinder Mechanismus wie in der *KrV* und in den *MAN*. Da die reflektierende Urteilskraft „nach dem allgemeinen, aber zugleich unbestimmten Princip einer zweckmäßigen Anordnung der Natur in einem System"[79] verfahre, habe er nur noch das System der entsprechenden Prinzipien *a priori* festzustellen gehabt.

Die Aufgabe des *Opus postumum* lässt sich nach Förster als eine innere Entwicklung des kantischen Denkens erklären. Sie müsse also nicht aus dem Scheitern eines der früheren Werke hergeleitet werden, wie es die Lesarten von Mathieu und Tuschling nahelegen. Ebenso wenig erweise es sich als nötig, auf einen äußeren Faktor, nämlich die Entwicklung der zeitgenössischen Naturwissenschaft, zu rekurrieren, wie es die Interpretation von Friedman fordert.[80]

Vermögen des Gemüths sind drey: Erkentnisvermögen Gefühl der Lust und Unlust und Begehrungsvermögen. Für das erste habe ich in der Critik der reinen (theoretischen) für das dritte in der Critik der practischen Vernunft Principien *a priori* gefunden. Ich suchte sie auch für das zweyte und ob ich es zwar sonst für unmöglich hielt, dergleichen zu finden, so brachte das Systematische was die Zergliederung der vorher betrachteten Vermögen mir im menschlichen Gemüthe hatten entdecken lassen und welches zu bewundern und wo möglich zu ergründen mir noch Stoff gnug für den Uberrest meines Lebens an die Hand geben wird [...]." (*Br*, AA 10: 514.24–35). Friedman wird später die Richtigkeit von Försters Interpretation der reflektierenden Urteilskraft zugestehen und seine eigene Position im Hinblick darauf, was das Verhältnis von reflektierender Urteilskraft und regulativem Gebrauch der Vernunft angeht, revidieren (vgl. Friedman 2003, 216 f.).

77 Zur Erörterung dieser anregenden These vgl. Förster 2000, 8–11. An dieser Stelle sei die Passage aus der ersten *Einleitung* in die *KU* zitiert, auf die Förster seine Lesart stützt (ebd., 11): „Es ist also eigentlich *nur der Geschmack*, und zwar *in Ansehung der Gegenstände der Natur*, in welchem *allein* sich die Urtheilskraft als ein Vermögen offenbart, welches sein eigenthümliches Princip hat und dadurch auf eine Stelle in der allgemeinen Kritik der obern Erkenntnißvermögen gegründeten Anspruch macht, den man ihr vielleicht nicht zugetrauet hätte." (*EEKU*, AA 20: 244.17–21; Hervorhebungen von Förster).

78 *KU*, AA 5: 246.11–14.

79 *EEKU*, AA 20: 214.2 ff.

80 In seiner Reaktion auf Försters *Kant's final synthesis* beharrt Friedman auf der Feststellung, dass der deutsche Forscher die „Lücke" an der falsche Stelle verorte (vgl. Friedman 2003, 222) und dass es sich bei der betreffenden „Lücke" um Folgendes handle: „The problem of a possible ‚gap' in the critical system [...] is the problem of showing that the top-down procedure of the first *Critique* and the *Metaphysical Foundations*, on the other side, and the bottom-up procedure of

Dennoch verzögert sich die Verwirklichung dieser neuen Aufgabe der Philosophie Kants um Jahre. Abgesehen von den spärlichen Notizen in den frühesten losen Blättern der Krause-Papiere, beginnt die Arbeit am Konzept des Übergangswerks erst im Jahr 1796. Förster wertet diese langjährige Verzögerung als ein Indiz dafür, dass Kant den Schlüssel zur Lösung des Problems noch nicht entdeckt gehabt habe.[81] Kant versuche zunächst, das System des Übergangs durch die Anwendung der Kategorientafel zu erarbeiten. Er erstelle jedoch nur unvollständige Entwürfe, so Förster, was zeige, dass sich die Kategorientafel nicht als die der Problemstellung adäquate Lösung erwiesen habe.[82] Denn nur durch „Mittelbegriffe", insofern sie zugleich *a priori* und *a posteriori* seien, könne der Übergang von der Metaphysik zur Physik gelingen.

Die Entdeckung des ersten Mittelbegriffs zeige sich im Entwurf *No 1–No 3η*[83] in einer Kritik an Kästners Beweis des Gesetzes des Hebelgleichgewichts.[84] Kant wende ein, dass Kästners Beweis die Starrheit des Hebels voraussetze, ohne die dynamische Kraft der Kohäsion zu berücksichtigen. Die Kohäsionskraft werde hier als notwendige Bedingung *a priori* zur Auffassung des Begriffs der Wägbarkeit bezeichnet, insofern man, wie Kant sage, „von jener Kraft nicht abstrahiren kann ohne selbst den Begriff der Wägbarkeit zu verlieren und sich selbst zu wiedersprechen"[85]. Am Rand notiere Kant dazu: „Der Satz daß alle Materie wägbar sey ist

---

the regulative use of reason and the third *Critique*, on the other, eventually intersect one another, so that all empirical concepts eventually stand under the highest-level *constitutive* concepts of the critical philosophy—including both the pure concepts of the understanding and the concept of matter in general." (ebd., 224 f.). Förster begegnet Friedman mit zwei Einwänden (vgl. Förster 2003, 235). Der erste besagt: Wenn es eine „Lücke" in Kants System zwischen regulativem und konstitutivem Gebrauch der Vernunft gibt, so findet sie sich bereits in der ersten *Kritik* zwischen *transzendentaler Analytik* und *Dialektik-Anhang*. Wäre es aber so, dann hätte Kant diese Lücke erst 17 Jahre später bemerkt. Allerdings erklärt Friedman nicht, warum Kant sie dann gerade 1798 entdeckt haben sollte. Der zweite Einwand besteht darin, dass das Sich-Überschneiden von allgemeinen konstitutiven Gesetzen und empirischen Gesetzen gerade das ist, was das Prinzip einer formalen Zweckmäßigkeit, die die Urteilskraft sich selbst in ihrem regulativen Gebrauch vorschreibt, gewährleistet.

81 „[...] it took years [...] until Kant was in possession of the ‚Idea' or the ‚principle' that could serve for the transition from the metaphysical foundation of natural science to physics." (Förster 2000, 12). Förster vergleicht diese jahrelange Verzögerung mit dem zehnjährigen Schweigen, das der Abfassung der *KrV* vorangegangen war (vgl. ebd.).

82 „[...] the table of categories, constantly invoked by Kant, cannot substitute for the lacking principle [...]." (Förster 2000, 14).

83 Vgl. *OP*, AA 21: 294 f. = III 17.

84 Von diesem Beweis wird im 2. Band von Johann Samuel Traugott Gehlers (1751–1795) *Physikalischem Wörterbuch* beim Stichwort „Hebel" berichtet (Gehler 1785–1795, Bd. 2, 565–576). Vgl. ferner Förster 1988a, insbesondere 342 f.

85 *OP*, AA 21: 294.25 f. = III 17.

kein Erfahrungssatz“[86]. Doch handle es sich auch nicht um einen bloß analytischen Satz, sofern jene Kraft eine Bedingung für die Erfahrung der Wägbarkeit darstelle. Damit habe Kant den ersten Übergangsbegriff entdeckt. Die „Idee“ des Übergangs entstehe jedoch erst mit dem Entwurf *Uebergang 1–14*.

6.3.1.2 Der Materiebegriff der *MAN* als Ausgangsfrage des *Opus postumum*

Gegen Tuschlings Dynamikkritik wendet Förster ein, dass es vom Standpunkt des *Opus postumum* aus in den *MAN* um Attraktion und Repulsion „überhaupt“[87] gehe.[88] Nicht eine Erfahrung dieser bewegenden Kräfte an sich, sondern nur ein Erfahren ihrer Wirkungen sei möglich. Die Übergangslehre handle hingegen von den bestimmten bewegenden Kräften, die auch in der Erfahrung gegeben sind. Dazu zähle die Kohäsion, die die Entstehung der Körper erkläre. Da die Abhandlung der Kohäsion nicht in die *MAN* gehört, ergibt sich nach Förster, dass die *MAN* doch eine Theorie der Materie seien, aber keine Körperlehre, wie es der kantische Text gleichwohl ausdrücklich behauptet.[89] Das löse auch den folgenden, von Tuschling postulierten Widerspruch auf: Kant behaupte im *Opus postumum*, so Tuschling, die *MAN* handelten nur vom Begriff der Materie als des Beweglichen, nicht aber von der Materie als des Beweglichen, *soweit sie bewegende Kräfte hat*, obwohl diese Bezeichnung genau der ersten Erklärung der *Mechanik* entspreche. Diesbezüglich bemerkt Förster, dass einerseits die *Dynamik* eine Auffassung *a priori* der Kohäsion ausschließe und sie als bloß empirisch betrachte.[90] Andererseits setze die *Mechanik* den Begriff des Körpers, also der Materie mit einer bestimmten *Form*, voraus, welcher vom Standpunkt des *Übergangs* aus die Wirkung der Kohäsion impliziere. Es bestehe also „ein Sprung“ („a leap“)[91] von der *Dynamik* zur *Mechanik*, der erst im *Opus postumum* sichtbar werde und die Behandlung der Materie als des Beweglichen – in Kants Worten: „so fern es als ein solches bewegende Kräfte hat“[92] – unzulänglich erscheinen lasse.

---

86 *OP*, AA 21: 295.22 = III 17.

87 Vgl. *OP*, AA 21: 363.1–2 = IV 9.

88 Zu Försters Auseinandersetzung mit Tuschling über das genetische Verhältnis der *MAN* zum Übergangsprojekt vgl. Förster 2000, 19–23.

89 *MAN*, AA 4: 477 f. Vgl. Förster 2000, 180 Anm. 23.

90 „Zusammenhang […] gehört nicht zur Möglichkeit der Materie überhaupt und kann daher *a priori* als damit verbunden nicht erkannt werden. Diese Eigenschaft würde also nicht metaphysisch, sondern physisch sein und daher nicht zu unsern gegenwärtigen Betrachtungen gehören.“ (*MAN*, AA 4: 518.25–31).

91 Förster 2000, 20.

92 *MAN*, AA 4: 536.6 f.

Im Entwurf *No 1–No 3η* bezeichnet Kant den physikalischen Körper als *Maschine.*[93] Zudem findet sich im Entwurf *Elem. System 1–7* die Benennung des Organismus als „Maschinenwesen“ und die entsprechende Aufnahme der organischen Kräfte in das System des Übergangs.[94] Diesbezüglich betont Förster, dass die Ausdehnung des Übergangs auf die Organismen lediglich als Entwicklung der Betrachtungen Kants über die Wägbarkeit der Materie und die mechanischen Kräfte gelten könne. Diese Deutung wertet – und damit begibt sich Förster in Opposition zu Mathieus These – die Entstehung der Übergangslehre als Reaktion auf das Scheitern der dritten *Kritik.*[95] Gegen die Idee, dass es einen direkten Zusammenhang zwischen dem *Opus postumum* und der Theorie der Organismen in der *KU* gebe,[96] wendet Förster ferner Folgendes ein: In der *Kritik der teleologischen Urteilskraft* finde der menschliche Körper kaum Beachtung, und der Begriff eines natürlichen Zwecks entstehe durch das menschliche Artefakt und die Verwirklichung praktischer Zwecke. Im Nachlasswerk hingegen werde dieser Begriff auf die Erfahrung unserer körperlichen Organisation und auf unsere körperliche Fähigkeit, bewegende Kräfte nach den Gesetzen der Mechanik gezielt einzusetzen, bezogen.[97] Unser eigener Körper werde zum Paradigma für die Bestimmung der Gegenstände als organisch,[98] daher könne er nicht dem Prinzip des „Als-ob“ zugeordnet werden.[99]

---

93 „Ein jeder physischer Körper ist als ein System mechanisch//bewegender Kräfte d. i. als Maschine anzusehen“ (*OP*, AA 22: 193 = VIII 30).

94 *OP*, AA 21: 185 f. = II 16.

95 Vgl. Förster 2000, 22. Förster weist ferner auf einen möglichen Impuls zu dieser Ausdehnung des Systems der bewegenden Kräfte hin, den Kant durch Gehler und Kästner erhalten haben könnte. Unter dem Stichwort „Physischer Hebel“ in Gehlers *Physikalischem Wörterbuch* werden die Muskelkräfte bei der Gliederbewegung in den Tierkörpern auf das Hebelgesetz zurückgeführt (vgl. Gehler 1785–1795, Bd. 2, 575 f.). Gehler stützt sich wiederum auf die Autorität Kästners (vgl. Förster 2000, 22 f.). Implizit auf Friedmans Positionen Bezug nehmend, schließt Förster: „But to insist that Kant was influenced on this point by Gehler or Kästner would be mere speculation.“ (ebd., 23).

96 Lehmann nennt als *„causa occasionalis“* des Auftauchens der Organismen-Thematik im Nachlasswerk die Arbeit Kants an der dritten Ausgabe der *KU* (vgl. Lehmann 1968, 371). Mathieu schließt sich ihm an (vgl. Mathieu 1989, 240). Gegen diese Annahme formuliert Förster zwei Einwände: a) Nicht Kant, sondern Kiesewetter habe die dritte Ausgabe der *KU* vorbereitet. b) Das Thema der lebenden Organismen werde erst im Entwurf *A Elem. Syst. 1–6* (Febr.–Mai 1799) angesprochen, also etwa ein halbes Jahr, nachdem das Honorar für die dritte Ausgabe bezahlt worden war (*Br*, AA 12: 248 und 13: 484 f.; vgl. Förster 2000, 26).

97 Vgl. *OP*, AA 21: 213 = II 27.

98 Vgl. *OP*, AA 22: 373 = X 46.

99 Vgl. Förster 2000, 26 ff.

Der Reifeprozess des neuen Ätherbegriffs, der im *Opus postumum* auftauche, sei nicht zum Themenkreis der dritten *Kritik* in Bezug zu setzen, sondern, so argumentiert Förster, *lediglich* im Hinblick auf die Schwierigkeiten der Materiekonzeption in den *MAN* zu rekonstruieren.[100] Zweifel an dieser Konzeption äußert Kant erst in seinem Brief an Beck von 16. Oktober 1792, worin er auf eine Zirkularität derselben hinweist.[101] Was dem Philosophen als zirkulär erscheine, werde, so Förster, am Anfang einer ausführlichen Bemerkung zu Becks Brief vom 8. September 1792 dokumentiert:[102]

> Die größte Schwierigkeit ist zu erklären wie ein bestimmtes *Volumen* von Materie durch die eigene Anziehung seiner Theil[e][103] in dem Verhältnis des *Qvadrats* der Entfernung *inverse* bey einer Abstoßung die aber nur auf die unmittelbar berührenden Theile (nicht auf die Entferneten) gehen kan im Verhaltnis des *Cubus* derselben (mithin des *Volumens* selber) möglich sey. Denn das Anziehungsvermögen kommt auf die Dichtigkeit diese aber wieder aufs Anziehungsvermögen an. Auch richtet sich die Dichtigkeit nach dem umgekehrten Verhaltnis der Abstoßung d. i. des *volumens*[.][104]

Die Zirkularität entstehe also diesem Vermerk nach zu urteilen so: Einerseits sei Newtons Gravitationskraft proportional zur Masse bzw., für ein bestimmtes Volumen, zur Dichte der Materie. So sei ihre Intensität eine Funktion der Dichte. Andererseits sei die Dichte eine Wirkung der fundamentalen Anziehungskraft. Für dieses Problem hätte Kant zum Zeitpunkt seiner Erwiderung an Beck noch keine Lösung gefunden. Sie erscheine erst in den frühesten Blättern zum *Opus postumum*, wo neben der Gravitationskraft die Kohäsion als zweite Anziehungskraft angenommen werde.

Gemäß der neuen Entwicklung von Kants Materietheorie gebe es eine expansive Materie, den Äther, die durch die Wirkung der allgemeinen Gravitation komprimiert werde. Diese Kompression wirke aber bis zu einem Gleichgewichtspunkt, bei welchem die ursprüngliche Elastizität des Äthers die Wirkung der Gravitation überwinde. Der Äther befinde sich daher in einem ständig oszillierenden Zustand. Die sekundäre Materie, die im Äther verbreitet sei, werde durch diese Oszillationen, also „nur durch die lebendige Kraft des Stoßes nicht durch die

100 Förster betont: „The matter theory of the *Metaphysical Foundations of Natural Science* does not require an ether, and Kant had not abandoned this theory when he published the *Critique of Judgment.*" (Förster 2000, 32).

101 *Br*, AA 11: 376 f. Zu Försters Erörterung von Kants Auseinandersetzung mit Beck über das genannte Problem vgl. Förster 2000, 33–37 und 41–45.

102 Vgl. Förster 2000, 35.

103 Ergänzung entspricht der AA.

104 *Br*, AA 11: 361 f.

todte des Drucks“[105] zusammengesetzt.[106] Dadurch werde nun zwischen Attraktion und Repulsion des Äthers und Attraktion und Repulsion zur Erfüllung eines Raumes unterschieden.[107] Dies ermögliche eine Materietheorie, welche die Zirkularität der vorherigen vermeiden solle. Denn zur Erfüllung des Raums werde eine Attraktion angenommen. Es handle sich aber nicht um die Gravitation, sondern um die Kohäsion, d. h. um eine Berührungsanziehung, deren Bestimmung unabhängig von der Quantität der Materie ist. Diese Kohäsion sei ferner eine Funktion der lebendigen Kräfte, d. h. der Pulsation des überall verbreiteten Äthers, und keine ursprüngliche Kraft. Die Entwicklung des dynamischen Ätherbegriffs des *Opus postumum*, so schlussfolgert Förster, lasse sich also als ein innerer Prozess der Materieauffassung Kants erklären.

Nun führe die Lösung des Problems der Zirkularität der Materietheorie von 1786 zu einer neuen Schwierigkeit.[108] Nach Förster impliziert der Begriff der Kohäsion als abgeleitete attraktive Kraft Folgendes: Da die Kohäsion durch die fortlaufende Oszillation des Äthers, also durch die ursprüngliche repulsive Kraft, hervorgebracht werde, müsse sie mit der Entfernung proportional zu dieser Kraft abnehmen und zunehmen, und zwar umgekehrt proportional zur dritten Potenz der Distanz. Die Erklärung der Entstehung der Körper durch die Mitwirkung der zum Quadrat der Distanz umgekehrt proportionalen Attraktion und der zur dritten Potenz der Distanz umgekehrt proportionalen Repulsion in den *MAN* ermögliche eine mathematische Darstellung des Gleichgewichtspunkts dieser einander entgegengesetzten Kräfte, d. h. der Grenze der Undurchdringlichkeit eines Körpers.[109] Eine mathematische Konstruktion des Verhältnisses von Volumen und Dichte wäre hingegen unmöglich, wenn die beiden Kräfte von Attraktion und Repulsion

---

105 *OP*, AA 21: 379.5 f. = IV 17.

106 Vgl. z. B. *OP*, AA 21: 378 f. = IV 17.

107 Förster weist auf eine Reflexion aus den Jahren 1775 bis 1777 hin, in der Kant eine attraktive Kohäsion des oszillierenden Äthers annimmt (*Refl*, AA 14: 334 ff.). In den *MAN* nimmt er dann Abstand von dieser Ansicht. In der betreffenden Bemerkung am Rand des Briefes von Beck erkennt er nun die Möglichkeit der Entstehung von „beharrlichen Klumpen“ von Materie aus der „concussion“ von „einer gewissen ursprünglichen Dünnigkeit des *Universums*“, welche „einen Zusammenhang d. i. eine Anziehung haben die nicht von den anziehenden Kräften aller Theile derselben sondern nur von der berührenden herrührte als im Grunde nicht dem Zug sondern dem Druk beyzumessen wäre.“ (*Br*, AA 11: 362.16 – 20).

108 Vgl. Förster 2000, 66 – 74.

109 Eine einfache mathematische Darstellung des Problems kann hilfreich sein. Gemäß der Theorie der *MAN* gelten folgende Formeln: $F_A = A/D^2$ und $F_R = R/D^3$, wobei F_A die Anziehungskraft darstellt, F_R die Repulsion, A und R die entsprechenden Proportionalitätskonstanten und D die Distanz. Aus der Bedingung des Gleichgewichts der Kräfte $F_A = F_R$ folgt $A/D^2 = R/D^3$ und schließlich $D_G = R/A$.

mit der Distanz gleichermaßen abnehmen würden. Damit wäre die Konstruktion *a priori* des Gegenstands des *äußeren* Sinnes, was die unerlässliche Aufgabe der *MAN* sei, ebenfalls unmöglich. Denn ohne eine solche Anschauung könnten objektive Gültigkeit und reale Anwendbarkeit der reinen Kategorien und Prinzipien des Verstandes nicht gesichert werden. Die Lösung des Problems der Zirkularität der Materietheorie in den *MAN* verursache im Endeffekt die Entstehung jener „Lücke" im kantischen System, die Kant 1798 so dramatisch hervorhebt. Infolgedessen müsse, damit diese Lücke gefüllt werden könne, der Übergang an die Stelle der *MAN* treten und ihre Aufgabe innerhalb des kantischen Systems übernehmen.[110]

Jules Vuillemin hingegen bemerkt mit Blick auf Försters Lesart, dass die Betrachtungsweise der fundamentalen Anziehungskraft in den *MAN* keineswegs zirkulär sei. Im Werk von 1786 werde Newtons Gravitationsgesetz zwar in Anmerkung 2 zum Lehrsatz 7 der *Dynamik* erstmals erwähnt. Aber Kant bezeichne es als ein Prinzip der *Mechanik*, nicht der *Dynamik*. Denn es sei in seinen Augen „ein Gesetz der Bewegungen, die aus anziehenden Kräften folgen"[111]. Die Proportionalität der Attraktion der Quantität der Materie trete wiederum im Zusatz 1 zum Lehrsatz 8 der *Dynamik* auf. Es handle sich dort jedoch um eine Antizipation der *Mechanik*, denn sie werde in der Definition der dynamischen Anziehungskraft von Lehrsatz 8 nicht vorausgesetzt. Der dynamische Begriff der fundamentalen Anziehungskraft als einer der beiden Kräfte, die zur Erfüllung des Raums nötig sind, bedürfe keiner bestimmten Quantität der Materie, deren Begriff erst in der Erklärung 2 zur *Mechanik* vollständig definiert werde.[112]

Gegen Försters Standpunkt verteidigt Edwards Tuschlings Deutung der Genese des Übergangsprojekts, und zwar mit dem Argument, dass sich die Entstehung des *Opus postumum* nur unter Berücksichtigung von Kants Bestreben, seine eigene dynamische Materietheorie zu revidieren, erklären lasse.[113] Er bestreitet dementsprechend die Legitimation von Försters Versuch, die Entstehung des Nachlasswerks in Zusammenhang mit dem Prinzip der formalen Zweckmäßigkeit der Natur in der *KU* zu bringen:[114] „For the examination of the oldest leaves of the

110 „If the object of outer sense in general cannot be constructed, the Transition can no longer have merely the function of providing a ‚sketch of a system' for physics. Rather, in the absence of any conceivable alternative, it must henceforth also assume the task previously assigned to the *Metaphysical Foundations of Natural Science:* of ascertaining the objective validity and real applicability of the pure concepts of the understanding." (Förster 2000, 74).

111 *MAN*, AA 4: 515.3.

112 Vuillemin 1989, 243.

113 Vgl. Edwards 2004 sowie Edwards 2008.

114 Vgl. Edwards 2008, 235 ff.

Opus postumum shows that it is *at least* as plausible to maintain that Kant, by 1790, was already working on a fundamental revision of his 1786 Dynamics as it is to insist on the link between the *Critique of Judgment* and the idea of Transition."[115] Edwards stimmt allerdings mit Förster darin überein, dass eine Lösung des Problems der Lücke im System der Transzendentalphilosophie nicht bloß anhand einer oberflächlichen Revision der Materietheorie erfolgen könne, welche die allgemeine Struktur des kantischen Gebäudes unberührt ließe.[116] Dennoch hält er Försters Betonung des Schematismus in der Lückenproblematik für übertrieben.[117]

6.3.2 Der Ätherbegriff als transzendentales Ideal

Förster räumt ein, dass der sogenannte „Ätherbeweis" in *Uebergang 1–14* keine transzendentale Deduktion im Sinne der Analytik in der ersten *Kritik* leiste. Seines Erachtens jedoch lag dies auch nicht in der Absicht Kants, welcher in *Uebergang 1–14* den Äther vielmehr als ein transzendentales Ideal verstehe. So konzipiert, biete der Ätherbegriff eine erfolgreiche Lösung des Problems des Übergangs im *Opus postumum*.[118]

Um die transzendentale Natur des Ätherbegriffs in *Uebergang 1–14* zu deuten, muss man also nach Ansicht Försters vom Prinzip der „durchgängigen Bestimmung aller Dinge" in der *Dialektik* der ersten *Kritik* ausgehen.[119] Dieses Prinzip lautet: „Ein jedes D i n g [...] seiner Möglichkeit nach steht [...] unter dem Grundsatze der d u r c h g ä n g i g e n Bestimmung, nach welchem ihm von a l l e n m ö g l i c h e n Prädicaten der D i n g e, so fern sie mit ihren Gegentheilen verglichen werden, eines zukommen muß."[120] Das Prinzip der durchgängigen Bestimmung fuße auf der Idee einer *omnitudo realitatis*, welche alle möglichen Prädikate der Dinge enthalte. Die Möglichkeit eines jedes Dinges müsse dementsprechend als durch Einschränkung von jener Idee abgeleitet angesehen werden. Allein diese Idee, da sie alle Realität in sich vereine, sei als ursprünglich zu bezeichnen.[121] Sie stelle ein Objekt dar, welches zwar transzendent, doch nach Prinzipien durchgängig bestimmbar sei. Nun bestehe die transzendentale Illusion darin, die Idee

115 Edwards 2008, 237.
116 Edwards 2008, 238 f.
117 Vgl. Edwards 2008, 240 ff.
118 Zu Försters Erörterung des Ätherbeweises im *Opus postumum* vgl. Förster 2000, 75–101.
119 Vgl. Förster 2000, 80 ff.
120 *KrV* A 571 f./B 599 f.
121 Vgl. *KrV* A 578/B 606.

mit dem in ihr dargestellten Objekt zu vertauschen und auf seine wirkliche Existenz zu schließen. Der Grund, dass die „Idee vom Inbegriffe aller Realität" hypostasiert werde, sei in Kants Worten, dass „wir die distributive Einheit des Erfahrungsgebrauchs des Verstandes in die collective Einheit eines Erfahrungsganzen dialektisch verwandeln"[122]. Man verwechsle nämlich die Hypostasierung dessen, „was alle empirische Realität in sich enthält", mit der regulativen Idee von dem, „was an der Spitze der Möglichkeit aller Dinge steht, zu deren durchgängiger Bestimmung es die realen Bedingungen hergiebt."[123]

Auf den Begriff der *omnitudo realitatis* werde im Nachlasswerk wieder zurückgegriffen.[124] Bereits in *Elementarsystem 1–7* merke Kant an: „Die collective Idee des Gantzen aller bew: Kräfte der Materie geht *a priori* vor der distributiven aller besonderen Kräfte als die nur empirisch sind voraus"[125]. Dieser Gedanke werde dann auf das Übergangssystem angewendet, welches die Form *a priori* des Systems der Physik enthalte. Diesbezüglich füge Kant die bekannte Anmerkung hinzu: „Regulative Principien die zugleich constitutiv sind."[126] Das scheine im Widerspruch zu den *KrV* zu stehen. Denn in der *KrV* sei die Idee einer kollektiven Einheit bloß als ein *regulatives* Prinzip verstanden worden. Sie habe einen *focus imaginarius* dargestellt, den Terminus ad quem, zu dem der Verstand in seiner Untersuchung der Natur tendiere. Mit der Entdeckung des Prinzips einer formalen Zweckmäßigkeit der Natur in der dritten *Kritik* vollziehe sich ein entscheidender Fortschritt, denn die Natur werde nun nicht mehr als ein blinder Mechanismus konzipiert, sondern als systematisch und zweckmäßig. Die empirischen Gesetze der Natur könnten daher nach einer systematischen Einheit gedacht werden. Diese *kollektive* Einheit der Naturkräfte gehe also der *distributiven* Einheit ihrer Wahrnehmungen voraus. Die Möglichkeit des Systems des Übergangs beruhe letztlich auf dem Prinzip der formalen Zweckmäßigkeit der Natur, und das erkläre, dass die Prinzipien des Übergangs sowohl regulativ wie auch konstitutiv sein müssten, was Förster wie folgt andeutet: „[...] by anticipating regulatively the whole of nature, the Transition must develop the systematic principle that is constitutive of physics as a system."[127]

Dieses systematische Prinzip werde erst in *Uebergang 1–14* abgeleitet und falle mit dem Ätherbegriff als einer notwendigen Bedingung der Erfahrung zu-

122 *KrV* A 582/B 610.
123 *KrV* A 582 f./B 610 f.
124 Vgl. Förster 2000, 82–85.
125 *OP*, AA 22: 200.23 ff. = VIII 33.
126 *OP*, AA 22: 241.19 = IX 19.
127 Förster 2000, 85.

sammen.[128] Försters Rekonstruktion gemäß besteht der Ätherbeweis aus zwei „Schritten" („stages", „steps"): der „subjektiven" bzw. der „objektiven" Etappe.[129] Beim ersten Schritt handle es sich um die Bedingungen der Einheit der möglichen Erfahrung, welche nicht als distributive Einheit – wie etwa die der Synthese von gegebenen Vorstellungen nach Kategorien in der *Transzendentalen Analytik* der ersten *Kritik* –, sondern als die kollektive Einheit der Erfahrung der das Subjekt affizierenden bewegenden Kräfte zu verstehen sei. Beim zweiten Schritt handle es sich hingegen um die systematische Einheit der eigenen Kräfte der Natur. In ihrer Gesamtheit betrachtet, besage diese doppelte Stufung des Beweises, dass, was *subjektiv* gültig sei, auch *objektiv* wirklich oder „aktuell" gemäß dem Identitätsprinzip sein müsse.[130] Der Äther lasse sich als ein transzendentales Ideal im Sinne der ersten *Kritik* auffassen. Denn es gehe um die Idee eines individuellen Dings, welches durch die Idee allein durchgängig bestimmbar sei, und doch sei diese Vorstellung keine Schwärmerei.[131] Da dem Äther der Status eines Ideals zugeschrieben werden könne, sei Kant der Überzeugung gewesen, es sei möglich, seine Eigenschaften analytisch aus dem bloßen Begriff abzuleiten,[132] was die Ableitung

---

128 Vgl. Förster 2000, 85–88.

129 Vgl. Förster 2000, 88–93.

130 Auf die Details der Diskussion des Ätherbeweises durch Förster sei an dieser Stelle verzichtet. Er hebt drei wesentliche „Stränge" („strands") heraus (Förster 2000, 87 f.) und liefert eine analytische Rekonstruktion der subjektiven und objektiven „stages" oder „steps" (ebd., 89 ff.).

131 Vgl. Förster 2000, 91 f. Als besonders deutlichen Beleg für seine Interpretation weist Förster auf folgende Stelle bei Kant hin: „Da es hier nun in der Frage ob es einen alldurchdringenden u.s.w. Elementarstoff gebe nur auf das Subjective der Empfänglichkeit für das Sinnenobject jenen zum Gegenstande einer synthetisch//allgemeinen Erfahrung zu haben ankommt nicht ob er mit jenen Attributen an sich existire sondern ob die empirische Anschauung desselben als zum Ganzen einer möglichen Erfahrung gehörend jene schon in ihrem Begrife (nach dem Grundsatz der Identität) enthalte sondern nur relativ auf das Erkenntnisvermögen insofern es in der Idee das Ganze möglicher Erfahrung in einer Gesammtvorstellung befaßt und so als *a priori* gegeben denken muß so muß jener subjectiv als die Basis der Vorstellung das Ganze einer Erfahrung auch objectiv als ein solches Princip der Vereinigung der bewegenden Kräfte der Materie geltend seyn." (*OP*, AA 22: 554.1–12 = XII 15).

132 Förster betont, dass der Ätherbeweis eine frappierende Verwandtschaft mit dem vierten Argument für die Gottesexistenz im *Beweisgrund* zeige, welches die Gottesexistenz aus der schlechterdings notwendigen Existenz von etwas ableitet (*BDG*, AA 2: 89). Ausgerechnet diese Verwandtschaft habe Kants Aufmerksamkeit auf die Möglichkeit gerichtet, das Problem des Übergangs anhand des Ätherbegriffs zu lösen. Förster rekonstruiert den Gedankengang wie folgt: „Kant never doubted that, if God's existence as *omnitudo realitatis* could be proved (which it cannot), we would also be able to determine his essential attributes—analytically, and according to the table of categories—from the mere concept of the highest reality [...]. Similarly, Kant suddenly realized, if the ether can be assigned the status of an ideal, we must likewise be

des Systems der bewegenden Kräfte endlich ermöglicht habe. Konkret bedeute dies Folgendes: Der Äther als Ideal müsse *a priori* gemäß den vier Klassen der Kategorien als unwägbar (Quantität), unsperrbar (Qualität), inkohäsibel (Relation) und unerschöpflich (Modalität) aufgefasst werden. Die Körperbildung könne als eine Einschränkung der Eigenschaften des Äthers verstanden werden, sofern jeder Körper durch ein bestimmtes Maß an Gewicht, Undurchdringlichkeit, Kohäsion und Vergänglichkeit charakterisiert werden könne.

6.3.3 Die Selbstsetzung als Prozess

Förster hält Adickes' Meinung, Kants Selbstsetzungslehre sei eine Konzession an Fichtes Philosophie, für unbegründet.[133] Denn Kant hatte die Selbstsetzung bereits vor 1790 konzipiert, d. h. bevor Fichte Kants Philosophie entdeckte, wie zwei aus den Jahren 1788 bis 1790 datierende *Reflexionen* beweisen. In der einen sagt Kant in Bezug auf die Selbsterkenntnis des Subjekts als in der Zeit bestimmtes Wesen, daher als in einer Welt Existierendes, dass „ich mein Daseyn setze"[134]. In der anderen behauptet er: „Wir sind uns selbst vorher Gegenstand des äußeren Sinnes, denn sonst würden wir unseren Ort in der Welt nicht warnehmen und uns mit anderen Dingen im Verhältnis anschauen können."[135] Förster sieht darin eine Implikation der Widerlegung des Idealismus in der ersten *Kritik:* Da die zeitliche Bestimmung des Bewusstseins die Existenz von Dingen *außerhalb seiner selbst* voraussetze, müsse ein Subjekt im Raum existieren, damit sich die anderen Dinge in Bezug auf seine Position als extern erweisen.[136]

Förster vermutet, dass Kant nach einer kurzen Phase des Enthusiasmus mit der Lösung des Ätherbeweises in *Uebergang 1–14* unzufrieden geworden sei. Das Bestreben, den subjektiven Teil des Ätherbeweises zu untermauern, habe Kant dazu geführt, die sogenannte Selbstsetzungslehre zu entwickeln.[137] Försters systematischer Rekonstruktion der in den späteren Entwürfen des *Opus postumum*

in a position to determine *its* attributes analytically, from its mere concept, in virtue of its function as the ground of all realities." (Förster 2000, 96 f.). Vgl. zur Erörterung dieses Punktes Förster 2000, 77 ff. und 93–99.

133 Vgl. Förster 2000, 75 ff. Für Förster scheint es eindeutig, dass sich Kant im letzten Teil des *Opus postumum* eher mit Schelling auseinandersetzt (vgl. Förster 1990, 167 f.).

134 *Refl*, AA 18: 615.31.

135 *Refl*, AA 18: 619.5–8.

136 Vgl. Förster 2000, 76. Dort verweist Förster auf zwei ähnliche Stellen in der *KrV* (vgl. B 67 f. und B 157 f. Anm.).

137 Vgl. Förster 2000, 100. Zu Försters Deutung der Selbstsetzungslehre Kants vgl. ebd., 101–116.

verstreut auftauchenden Betrachtungen zu diesem Thema zufolge gliedert sich Kants Gedankengang in fünf Momente. Das erste, so Förster, sei die rein analytische Selbstsetzung im *Ich denke* als dem aller Erfahrung vorangehenden Akt der Spontaneität und stelle, wie auch in der *KrV*, eine bloße logische Funktion dar. Der Akt des *Ich denke* könne nur bei der Synthesis eines Gegebenen stattfinden. Das zweite Moment betreffe die Bestimmung der Formen, in denen dem *Ich denke* etwas gegeben werden könne, d. h. die Formen der Anschauung. Das dritte Moment entspreche der Verwirklichung – der „Hypostasierung" – des Raumes als eines sinnlichen Objekts, worin das Ziel des Ätherbeweises bestehe. Durch den Ätherbeweis sollten alle Eigenschaften des Äthers – Unwägbarkeit, Unsperrbarkeit, Inkohäsibilität, Unerschöpflichkeit – analytisch und *a priori* nach den Kategorien festgestellt werden. Das sei aber nur unter der Bedingung möglich, dass diese Begriffe in das sinnliche Mannigfaltige der Erfahrung *hineingelegt* worden sind. Dieses *Hineinlegen* mache das vierte Moment der Selbstsetzung aus. Das fünfte Moment sei schließlich die körperliche Bewegung, durch die das Subjekt seine Kräfte gemäß dem Elementarsystem ausübe. Dank dieser Handlung und der entsprechenden Wechselwirkung mit den äußeren Kräften werde sich das Subjekt seiner selbst als des Affizierten bewusst. Es gewinne nämlich das Bewusstsein, ein körperliches Wesen im Raum zu sein, in Bezug auf das alle anderen Gegenstände „äußerlich" seien. Empirisches Selbstbewusstsein und Wahrnehmung eines Gegenstands des äußeren Sinns seien gleichermaßen ursprünglich.[138] Das heiße einerseits, dass das Subjekt sich selbst als Objekt setzen könne, nur weil es von einem äußeren Gegenstand affiziert werde. Aber es gelte umgekehrt auch, dass die Selbstsetzung die Bedingung der Möglichkeit des Gegenstands des äußeren Sinnes sei. Somit schließt Förster: „*Selbstsetzung* [...] provides the *schema* for outer sense [...]."[139]

---

138 Vgl. Förster 2001b, 184.

139 Förster 2000, 114. Dieses Verständnis der Selbstsetzung als Schematismus des äußeren Sinns zeigt nach Förster den engen Zusammenhang des *Opus postumum* mit dem Schematismus der *KrV*. Die Aufgabe der Schematismuslehre in der ersten *Kritik* sei die Bestimmung der Bedingungen, unter welchen sinnliche Gegenstände den Kategorien untergeordnet werden können. Nun werden die Schemata allein *zeitlich* bestimmt (vgl. *KrV* A 145/B 184), d. h. lediglich in Bezug auf den inneren Sinn, während in der zweiten Auflage der *Kritik* festgestellt wird, dass „wir, um die Möglichkeit der Dinge zu Folge der Kategorien zu verstehen und also die objective Realität der letzteren darzuthun, nicht bloß Anschauungen, sondern sogar immer äußere Anschauungen bedürfen." (*KrV* B 291). Das erfordert, dass neben den zeitlichen Bestimmungen auch *räumliche* Bestimmungen der Schemata eingeführt werden. An dieser Ergänzung habe sich Kant zunächst in den *MAN* versucht, allerdings ohne Erfolg. Förster deutet dieses Scheitern folgendermaßen: Das Schema eines Begriffes sei die „Vorstellung [...] von einem allgemeinen Verfahren der Einbildungskraft, einem Begriff sein Bild zu verschaffen" (*KrV* A 140/

6.3.4 Der Gottesbegriff und die „final synthesis" im *Opus postumum*

Durch die Gotteslehre gelangt der späte Kant schließlich zu dem, was Förster als seine „final synthesis" bezeichnet.[140] Betrachtungen zum Gottesbegriff kommen im 7. und im 1. Konvolut des *Opus postumum* vor. Sie folgen also, wie Förster mit Recht bemerkt, sowohl chronologisch wie auch logisch der Selbstsetzungslehre. Förster rekonstruiert Kants Gedankengang folgendermaßen: Der Mensch setze sich nicht nur als physikalisches Objekt im Raum und in der Zeit, sondern auch als *Person*, d. h. als ein Wesen, dessen Werke ihm zugeschrieben werden können. Diese *praktische* Selbstsetzung geschehe in dem Moment, in dem die Freiheit ihm ihr eigenes Gesetz, den kategorischen Imperativ, auferlegt. Denn erst dann entstünden im Menschen die Begriffe der Pflicht und des Rechtes. Das Subjekt setze sich selbst als Person, weil es durch die moralischen Gesetze affiziert werde und darauf reagieren könne, genauso wie es sich selbst als Körper setze, weil es durch die physikalischen Kräfte affiziert werde und darauf reagieren könne. Nun müsse es einen Gesetzgeber geben, und dieser sei Gott. Gottes Existenz werde also im *Opus postumum* nicht mehr aus der Hoffnung heraus, die Glückseligkeit zu erlangen, postuliert. Kant behaupte damit keineswegs die Existenz Gottes als Substanz außerhalb des Denkens. Als Postulat der Moral falle Gott vielmehr mit der praktischen Vernunft selbst zusammen, welche moralisch verpflichten könne.

B 179 f.). Das Schema eines äußeren Gegenstands könne zwar nicht die Vorstellung eines *mathematischen* Verfahrens sein. Denn das mathematische Verfahren *konstruiere* in der Anschauung das Objekt, das einem Begriff entspricht. Äußere Gegenstände könnten aber nicht in der Anschauung konstruiert werden, da die Existenz sich nicht *a priori* konstruieren lasse. Sie müssten in der Anschauung *gegeben* werden. Trotzdem sei das Verfahren der *MAN* bloß *a priori*, also eine „metaphysische Konstruktion" und in diesem Sinn der mathematischen Methode ähnlich (vgl. *MAN*, AA 4: 473). Wie z. B. das Schema des Begriffs der Substanz das Bild von etwas Beharrendem in der Veränderung erzeugt, so weisen nach Förster die *MAN* auf ein Verfahren hin, welches das Bild von etwas schafft, das den Raum durch die Wirkung von Anziehungs- und Abstoßungskraft erfüllt. Diese Strategie stoße aber auf erhebliche Schwierigkeiten, und Kant werde sie am Ende aufgeben. Vor allem überzeuge sich Kant von der absoluten Unmöglichkeit, den Begriff der Materie rein *a priori*, also auf mathematischer Art, zu konstruieren. Erst die Selbstsetzungslehre im *Opus postumum* werde erfolgreich einen Schematismus des äußeren Sinnes verschaffen. Zur Diskussion des Schematismus des äußeren Sinns bei Förster vgl. Friedman 2003, 221–225, und Förster 2003, 234–237. Försters These, Kant habe versucht, in den *MAN* einen Schematismus des äußeren Sinnes zu kreieren, soll an dieser Stelle nicht diskutiert werden. Ich beschränke mich darauf, auf Friedmans diesbezügliche Einwände zu verweisen (vgl. Friedman 2003, 223 f.). Allerdings kann meines Erachtens das Verfassen eines solchen Schematismus nicht das Ziel der *MAN* an sich sein.

140 Zu Försters Deutung der Gotteslehre im *Opus postumum* vgl. Förster 2000, 137–147, 159–164 und 171–174; Förster 2001a, 120–127.

Wie das Subjekt der Erfahrung die *eine* Welt[141] der bewegenden Kräfte als notwendige Bedingung zur Erfahrung herstelle, so mache es Gott zu einem idealen, einheitlichen Prinzip der moralischen Kräfte.[142]

Das führe, so Förster, zu einem weiteren Problem: dem der Beziehung Gottes zur Welt, da es sich um zwei „heterogene"[143] Ideen handle. Wenn aber der Inbegriff der transzendentalen Ideen systematische Einheit beanspruche, müsse eine dritte Idee angenommen werden, die Gott und die Welt notwendig verbinde. Diese Idee sei die des Menschen, genauer gesagt, des *Weisen*, des *Philosophen* im etymologischen Sinn des Terminus. Die Weisheit, die Beherrschung der theoretischen wie auch der praktischen Vernunft, sei zwar nur ein bloß asymptotisch erreichbares Ziel, dem man sich im Laufe seines Lebens lediglich nähern könne. Doch sie zu erlangen werde uns dennoch von der praktischen Vernunft zur Aufgabe gemacht. Nur durch diese Weisheit als Aufgabe bekomme das „höchste Gut" eine Position in der Konzeption der praktischen Philosophie des *Opus postumum.*[144] Dadurch habe Kant ein altes Problem der Philosophie, das Problem der Einheit der theoretischen und praktischen Vernunft, gelöst. Aus dieser „final synthesis" der Transzendentalphilosophie ergebe sich nun noch eine weitere nennenswerte Folgerung, nämlich, dass der Agnostizismus hinsichtlich der Gottesexistenz, der in den kritischen Schriften allein für die theoretische Vernunft gegolten habe, nunmehr auch für die praktische Vernunft Validität besitze. Ob Gott außerhalb unseres Denkens existiere, sei eine Frage, die weder theoretisch noch praktisch beantwortet werden könne. Sie habe ja keinen Sinn innerhalb der Transzendentalphilosophie, denn sie handle lediglich von den Prinzipien, durch die die Vernunft sich selbst konstituiert, und zwar als theoretische und praktische Vernunft.

Förster nimmt sogar an, Kant sei wohl einen Schritt weiter gegangen, als er Gott als das Fundament dieser einheitlichen Vernunft bezeichnet habe. Denn Kant sagt: „es wohnt in ihm [= im Menschen] ein Geist"[145], es ist „*Deus in nobis*"[146], „Gott, der innere LebensGeist des Menschen in der Welt"[147], „die Einigkeit dieses

---

141 „World is the totality of all empirical objects and of the forces affecting the senses—in other words, the successor to the ether conception of the earlier fascicles." (Förster 2000, 162).

142 Gegen Försters idealistische Interpretation der Gotteslehre im *Opus postumum* wirft Manfred Gawlina ein: „Doch bei aller Mühe lässt sich – gleichwie gering ausgefaltet – der Theismus nicht ganz auslöschen: Mag sich der Mensch selber etwas fest versprechen, wie kann sich dies Kants Wort nach als *heilig* erweisen?" (Gawlina 2004, 237).

143 *OP*, AA 21: 22.20 = I 9.

144 Vgl. Förster 2000, 145.

145 *OP*, AA 22: 56.9 = VII 23.

146 *OP*, AA 22: 130.5 = VII 46.

147 *OP*, AA 21: 41.27 = I 15.

Allerhöchsten das sich selbst constituirt und sich selbst unbegreiflich ist“[148], und „wenn dieser Begriff [= des Daseins Gottes] nicht postulirt würde als Geist des *Universi* so würde auch keine transsc. Philos. seyn“[149]. Bei diesem Gottesbegriff, so Förster, handle es sich nicht mehr um ein Postulat der praktischen Vernunft, um eine Bedingung des moralischen Handelns. Dieser „Weltgeist“ müsse vielmehr als der Grund der theoretischen und praktischen Vernunft, daher unseres eigenen Bewusstseins, gesehen werden. Diese Idee lasse sich also mit den ähnlichen Begriffen eines absoluten Wissens bei Schelling und Hegel vergleichen.

6.4 Emundts

Dina Emundts untersucht in ihrer 2004 publizierten Dissertation[150] den Textbestand des *Opus postumum* bis Mitte 1799, also einschließlich der Texte über den Ätherbeweis. Emundts stellt die These auf, dass Kants Nachlasswerk das Ziel einer philosophischen Fundierung der empirischen Wissenschaften verfolge. Nach Emundts setzt sich Kant im Hinblick auf das Problem der Untermauerung empirischer Physik mit der Frage auseinander, „wie a priori gültige Prinzipien und Urteile von der Art der in den *Metaphysischen Anfangsgründen der Naturwissenschaft* betrachteten, in der empirischen Physik als systematischer Wissenschaft zugrundegelegt werden können“[151]. Die Auseinandersetzung mit dieser Frage habe Kant allmählich zur Entfaltung des sogenannten Ätherbeweises geführt.

Anders als Friedman lehnt Emundts die These ab, dass die Entwicklung des Übergangsprojekts durch Kants Auseinandersetzung mit den zeitgenössischen naturwissenschaftlichen Theorien bestimmt worden sei.[152] Sie teilt vielmehr Försters Ansicht, wonach die Übergangslehre als eine innere Forderung von Kants

148 *OP*, AA 21: 135.5 f. = I 39.

149 *OP*, AA 21: 4.23 f. = I 3.

150 Emundts 2004. Dina Emundts (geb. 1972) hat an der Humboldt-Universität zu Berlin promoviert. Wie auch die Arbeit von S. Schulze wurde Emundts' Dissertation von Rolf-Peter Horstmann betreut. Über das *Opus postumum* hatte sie bereits in den Jahren 2000 und 2001 zwei Beiträge veröffentlicht (vgl. Emundts 2000 und Emundts 2001). Der erste ist ein in thematischem Zusammenhang mit der Dissertation stehender Aufsatz, bei dem es sich um einen Versuch handelt, die Genese des kantischen Nachlasswerks zu skizzieren. Der zweite Beitrag handelt vom Problem der Organismen in der *KU* und im *Opus postumum*. Insbesondere versucht die Verfasserin, „eine Interpretation der Theorie des Organismus der dritten Kritik auszuarbeiten, die diese für die im Nachlasswerk vertretene These, dass wir unseren eigenen Körper unmittelbar als zweckmäßig erfahren, anschlussfähig macht.“ (Emundts 2001, 503).

151 Emundts 2004, 8.

152 Emundts 2004, 17 Anm.

kritischem Denken aufzufassen sei. Anders als Förster setzt Emundts jedoch die durch die Übergangslehre aufzuhebende „Lücke“ im kantischen System bereits in den *MAN* an. So lautet eine zusammenfassende Formulierung der Grundthese ihrer Arbeit über die Konzeption des Nachlasswerks:

> Der Interpretation dieser Arbeit zufolge ist das Projekt einer Fundierung der *empirischen* Physik bereits in den *Metaphysischen Anfangsgründen* – und zwar in der *Allgemeinen Anmerkung zur Dynamik* – angelegt. Die Wiederaufnahme dieses Themas wird sich dadurch begründen lassen, daß Kant die dort gegebene Antwort auf die Frage, wie die apodiktisch gewissen Prinzipien der Naturwissenschaft auch der empirischen Naturwissenschaft zugrundegelegt werden können, später meint zurückweisen zu müssen. [...] Die Unzulänglichkeit der in der *Allgemeinen Anmerkung* gegebenen Antwort kann Kant nicht hinnehmen. In ihr muß er eine Lücke in seinem System sehen.[153]

Die Erörterung der Positionen von Emundts soll im Folgenden zunächst in vier Schritte gegliedert werden: 1) das Übergangsprojekt als Fortsetzung der *Allgemeinen Anmerkung zur Dynamik* (6.4.1); 2) das Übergangsprojekt und die *KU* (6.4.2); 3) das Zirkelproblem (6.4.3) und 4) das systematische Verhältnis des *Opus postumum* zu den *MAN* (6.4.4). Anschließend wird Emundts' Deutung des Ätherbeweises dargestellt (6.4.5).

6.4.1 Übergangsprojekt und *Allgemeine Anmerkung zur Dynamik*

Die eben erwähnte These basiert auf der Feststellung eines deutlichen thematischen Zusammenhangs zwischen der *Allgemeinen Anmerkung zur Dynamik* der *MAN*, welche als Anhang das zweite Hauptstück abschließt, und den frühesten systematischen Entwürfen des *Übergangs*. Die *Allgemeine Anmerkung* handelt von den Begriffen des Körpers, der Dichte, der Kohäsion, der Elastizität und von der Möglichkeit mechanischer oder chemischer Vorgänge. Vor allem soll sie den Gebrauch der beiden Grundkräfte der Dynamik in der empirischen Physik erörtern. Emundts behauptet, dass diese Aufgabe dem Übergangsprojekt übertragen werde.[154]

Das Übergangsprojekt sei also nichts als die Fortsetzung der *Allgemeinen Anmerkung zur Dynamik*. Das impliziere, dass das, was Kant in den *MAN* als re-

---

153 Emundts 2004, 15.

154 „Die im Nachlaßwerk angestrebte Aufstellung eines Systems der Begriffe, die in der empirischen Physik eine Rolle spielen sollen, und der Prinzipien, durch die die Eigenschaften und Wirkungsweisen eines materiellen Körpers erklärbar werden, war also vorher Aufgabe der *Allgemeinen Anmerkung zur Dynamik* der *Metaphysischen Anfangsgründe*.“ (Emundts 2004, 22 f.).

visionsbedürftig beurteile, nicht mit den Hauptteilen des Werkes, sondern bloß mit dem genannten Anhang der *Dynamik* zu identifizieren sei.[155] In der *Dynamik* werde festgelegt, dass die Möglichkeit von Materie überhaupt die zwei Grundkräfte der Attraktion und Repulsion voraussetze. Dadurch seien jedoch die verschiedenen Materien und ihre Eigenschaften, so wie sie sich in der Erfahrung zeigen, noch nicht erklärt. Emundts' These besagt, dass sie gerade in der anschließenden *Allgemeinen Anmerkung* thematisiert und vollständig systematisch analysiert würden:[156]

> Kant legt hierfür den Begriff der Materie als etwas, das eine spezifische Mannigfaltigkeit in Dichte, Volumen, Kohäsion, etc. hat, zugrunde und versucht nur durch die beiden aus dem Hauptteil bekannten Kräfte oder solche, die auf sie zurückgeführt werden können, diese Eigenschaften zu erklären. Dabei muß bei dieser Analyse das Verhältnis der Erklärungsprinzipien zueinander untersucht und ein Plan aller möglichen Prinzipien der empirischen Physik (d. i. bewegende Kräfte) gegeben werden.[157]

Einerseits werde dieser Plan aller möglichen empirischen bewegenden Kräfte *a priori* aufgestellt. Die Gültigkeit dieser Prinzipien als Erklärung bestimmter physikalischer Phänomene könne trotzdem nicht *a priori* festgestellt werden. Zur Bestätigung der entsprechenden Erklärung erweise sich nämlich eine Verifikation durch die empirische Naturwissenschaft als unumgänglich. Andererseits lasse sich die objektive Realität der betreffenden Prinzipien auch empirisch nicht beweisen, weil sie jener Erfahrung zugrunde liegen, durch die sie zu erklären wären. Also könne die Begründung der Physik als Wissenschaft durch diese Prinzipien nur erfolgen, wenn sie ein vollständiges System bilden:

> Die bewegenden Kräfte bleiben also als Erklärungsmaximen der empirischen Physik ihrem Status nach problematisch. [...] Die Erfahrungsprinzipien sind daher zwar nicht durch Erfahrung verifizierbar, sie müssen aber, um den Anspruch der Physik als empirischer Wissenschaft zu legitimieren, auch prinzipiell vollständig sein. „Vollständig" heißt hier, daß der Plan der empirischen Physik ein Repertoire zur Verfügung stellen muß, das genügt, um alle physikalischen Phänomene [...] zu erklären, ohne doch wieder auf ungedeckte metaphysische Annahmen zurückzugreifen.[158]

155 Emundts präzisiert: „Meine These ist nicht so zu verstehen, als beträfen die Zweifel Kants an seiner Materietheorie kontingenterweise nur die *Allgemeine Anmerkung* und nicht den Hauptteil der Dynamik. Vielmehr besagt sie, daß Kant bereits in den *Metaphysischen Anfangsgründen* als eigentlichem Ort einer physischen Materietheorie die *Allgemeine Anmerkung zur Dynamik* bestimmt hat, und daß eine Kritik an der Materietheorie sich daher zunächst oder sogar ausschließlich an die *Allgemeine Anmerkung* wenden muß." (Emundts 2004, 26).

156 Vgl. Emundts 2004, 48–54.

157 Emundts 2004, 51.

158 Emundts 2004, 52.

So verwirkliche die *Allgemeine Anmerkung* ein *vollständiges System der besonderen bewegenden Kräfte*, welche – wie das Gravitationsgesetz – zum Teil in den Hauptstücken der *MAN* aufgestellt worden seien, zum Teil aber als hypothetische, empirisch zu verifizierende Gesetze zu sehen seien.[159] Damit werden Emundts zufolge aber auch die Grenzen des eigentlichen Programms der *MAN* überschritten, denn die betrachteten Erklärungsarten entsprechen nicht mehr dem Kriterium der Konstruierbarkeit *a priori*, dem Kriterium für die Wissenschaftlichkeit einer besonderen Naturlehre: „Man könnte vielmehr sagen, daß sie den Versuch eines Übergangs der Metaphysischen Anfangsgründe zur empirischen Naturlehre darstellen."[160]

Während die Möglichkeit eines solchen Schritts von der Metaphysik der Natur zur empirischen Wissenschaft in der *Allgemeinen Anmerkung* für unproblematisch gehalten werde, ringe Kant im *Opus postumum* nun gerade mit der Frage, ob jenes Überschreiten überhaupt möglich sei.[161] Emundts zufolge liegt die Vermutung

---

159 Im Unterschied zu den Grundkräften sind nach Emundts die Erklärungsprinzipien unmittelbar in der Physik anwendbar, wie die folgende Stelle belegt: „Die Erklärungsprinzipien, die Kant in der *Allgemeinen Anmerkung* zur Verfügung gestellt hatte, sind Prinzipien a priori; genauer: sie beziehen sich auf die Prinzipien, die als a priori gültig erkannt werden können, geben aber bloß mögliche Verhältnisse der Grundkräfte an. Aber weil sie mit Rücksicht auf die empirisch gegebenen Eigenschaften der Materie aufgestellt sind, können sie – anders als die Grundkräfte selbst – direkt in den Erklärungen der empirischen Physik verwendet werden." (Emundts 2004, 56 f.).

160 Emundts 2004, 54.

161 Nach Ansicht Emundts' ist dies auch der Grund dafür, dass Kant die *Allgemeine Anmerkung* nicht mit dem Ausdruck „Übergang" bezeichnet (vgl. Emundts 2004, 57) und dass er erst später, als ihm die Möglichkeit des Schrittes von der Metaphysik zur Physik als problematisch erschien, die Termini „Kluft" und „Lücke" verwendet (vgl. ebd., 58 Anm. 71). Die Forscherin suggeriert, dass sich damit ihre Position mit derjenigen Försters, der den Gegenstand des Übergangs vom Thema der Kluft unterscheidet, vereinbaren ließe. Als den beiden Positionen gewissermaßen gemeinsam erweist sich meines Erachtens aber nur die Idee, dass Kant das Übergangsthema zunächst für relativ unproblematisch hält, während es sich später in eine akute Schwierigkeit verwandelt. Im Übrigen unterscheiden sich die Standpunkte der beiden Wissenschaftler in mehreren wesentlichen Aspekten. Erstens: Anders als Emundts vertritt Förster die Auffassung, dass Kant 1786 noch nicht an einen Übergang gedacht habe. Ferner stehen die Konzeption des Übergangsthemas und die Feststellung einer Kluft zwischen Metaphysik und Physik nach Förster in einer engen Korrelation, während Kant in den Augen Emundts' den Schritt vom metaphysischen zum physikalischen Bereich konzipiert, ohne eine Kluft zwischen den beiden wahrzunehmen. Schließlich identifiziert Emundts die „Kluft" zwischen Metaphysik und Physik ohne Weiteres mit der „Lücke" im System. Hingegen vollzieht sich Förster zufolge bei der Wahrnehmung der „Lücke" eine tiefe Wende in Kants Konzept der systematischen Übergangsfunktion. Immerhin stimmt Emundts' Bemerkung, Försters These, „daß die entstandene Kluft im Sysnahe, dass es „ein Bedenken oder einen Einwand Kants gegen seine Konzeption der *Allgemeinen Anmerkung zur Dynamik* gegeben haben [muß], der die (in der *Allgemeinen Anmerkung* vollzogene) Möglichkeit des Überschritts zur Naturforschung infrage gestellt hat, weshalb eine neue Lösung der Aufgabe eines solchen Übergangs gefunden werden muß [...].“[162]

6.4.2 Übergangsprojekt und *KU*

Die von Mathieu vertretene Ansicht, Anlass für die Entstehung des Übergangs sei das Bestreben nach einer Revision der *KU* gewesen, lässt sich nach Emundts sicher widerlegen.[163] Das Prinzip der Zweckmäßigkeit der dritten *Kritik*[164] könne nämlich durch das *a priori* gegebene System der empirischen Physik weder überflüssig gemacht noch ersetzt werden. Vielmehr stelle jenes Prinzip eine Voraussetzung für den Gebrauch dieses Systems dar, weil es „nur dann, wenn die prinzipiell für uns erkennbare Gesetzmäßigkeit der besonderen Formen angenommen [werde], überhaupt als Grundlage für die empirische Naturforschung dienen“[165] könne.

Des Weiteren steht Emundts' Rekonstruktion der Übergangsgenese im Konflikt mit Interpretationen der dritten *Kritik*, nach welchen Kant ein System *a priori* der empirischen Naturwissenschaft 1786 für unmöglich halten musste, da vom Standpunkt der *MAN* aus empirische Gesetze zufällig seien. Erst dank des in der dritten *Kritik* eingeführten Prinzips der Zweckmäßigkeit sei ein solches System denkbar geworden. Emundts setzt sich damit beispielsweise in Opposition zu Friedman und Förster. Die Kant-Forscherin bestreitet die These aus zwei Gründen.[166] Erstens: Das Elementarsystem des Übergangs und das in der *KU* gerechtfertigte System unterscheiden sich ihrer Einschätzung nach sowohl bezüglich der Entstehungsart wie auch des Inhalts voneinander. Denn das eine enthalte Be-

---

temaufbau sich zwischen dem Dynamik- und dem Mechanikhauptteil befinde“ (ebd., 58 Anm. 70), sei mit ihrer Lesart kompatibel (vgl. ebd.).

162 Emundts 2004, 59.

163 Zur Erörterung dieser These vgl. Emundts 2004, 59 – 66.

164 Dieses Prinzip lautet in Emundts' Worten wie folgt: „Die Natur ist noch in ihren spezifischen Formen und Besonderheiten so beschaffen, daß wir sie grundsätzlich als einen gesetzmäßigen Zusammenhang erfassen können.“ (Emundts 2004, 62).

165 Emundts 2004, 62. Emundts fasst ihren Standpunkt so zusammen: „Nach alledem läßt sich der Übergang der Metaphysischen Anfangsgründe zur empirischen Physik als eine erneute Durchführung des Projekts der *Allgemeinen Anmerkung zur Dynamik* auffassen, welches das Projekt der *Kritik der Urteilskraft* weder überflüssig macht, noch ersetzt, sondern bei der Fundierung der empirischen Wissenschaften eine eigenständige Rolle spielt.“ (ebd., 66).

166 Vgl. Emundts 2004, 70 – 73.

griffe, die vollständig *a priori* gegeben seien und Verhältnisse zwischen bewegenden Kräfte feststellten, das andere spezifische Aussagen über Gesetzmäßigkeiten bezüglich bestimmter Stoffe, die in der Naturforschung nur angestrebt werden könnten. Zweitens: In der *Allgemeinen Anmerkung zur Dynamik* erhebt Kant Emundts zufolge explizit den Anspruch auf eine vollständige Darstellung der Momente der spezifischen Verschiedenheit der Materie.[167] Der eigene Beitrag der *KU* bestehe also nicht in der Rechtfertigung eines solchen Anspruchs auf ein vollständiges System der Erklärungsprinzipien der Physik. Was die systematische Naturlehre durch die *KU* gewinne, sei vielmehr die Rechtfertigung, besondere physikalische Verfahren durch die Prinzipien der bewegenden Kräfte zu erklären.[168]

Emundts verwirft also die Ansicht, dass die Entwicklung vom Standpunkt der *Allgemeinen Anmerkung* zu demjenigen des Übergangs in einer *formalen* Änderung bestehe, nämlich in der erst durch die *KU* gerechtfertigten Möglichkeit, Erklärungsprinzipien der empirischen Naturlehre vollständig systematisch anzuordnen. Die Wende sei vielmehr in einer inhaltlichen Änderung der dynamischen Materietheorie festzustellen, die mit dem sogenannten „Zirkelproblem" verbunden sei.[169] Die These von Emundts besagt, dass dieses Problem nicht den zweiten Hauptteil der *MAN* insgesamt betreffe, sondern lediglich in der Materietheorie der *Allgemeinen Anmerkung zur Dynamik* liege.[170] Um das Zirkelproblem zu lösen, erarbeitet Kant im Übergangsprojekt eine neue Materietheorie, in der der Ätherbegriff eine zentrale Rolle spielt.

---

167 *MAN*, AA 4: 525.

168 Emundts drückt sich diesbezüglich folgendermaßen aus: „Da auch vom Standpunkt der *Metaphysischen Anfangsgründe* (und der *Kritik der reinen Vernunft*) jede auf Erklärung zielende Naturlehre unter der Anforderung steht, ein System zu bilden, die dritte Kritik also in diesem Punkt keine Neuerung darstellt, müßte der Anspruch, ein System dieser grundlegenden Begriffe aufzustellen, doch bereits in der *Allgemeinen Anmerkung* verfolgt worden sein. [...] Zwar trifft zu, daß die systematische Naturforschung, zufolge der *Kritik der Urteilskraft*, in der Lage sein muß, in einer Weise auf eine Grundlage zuzugreifen, die ihr ermöglicht, für alle physikalischen Erklärungen besonderer Ereignisse Prinzipien von bewegenden Kräften zur Verfügung zu stellen. Aber dieser Anspruch kann als grundsätzlich in der *Allgemeinen Anmerkung* erfüllt gelten." (Emundts 2004, 72).

169 „Im Ergebnis führt die Rekonstruktion der Anknüpfungspunkte des Nachlaßwerkes also zu der These, daß zwar im Übergang des Nachlaßwerkes dasselbe Ziel besteht wie in der *Allgemeinen Anmerkung zur Dynamik*, daß dieses Ziel aber mit anderen inhaltlichen Bestimmungen durchgeführt werden muß. Das heißt, das Projekt des Übergangs im Nachlaßwerk zielt auf die Entwicklung einer neuen Materietheorie ab. Die Schwierigkeit, auf die das Projekt reagiert, wurde bereits schlagwortartig mit dem Hinweis auf das ‚Zirkelproblem' benannt." (Emundts 2004, 73).

170 Zur Erörterung dieser These vgl. Emundts 2004, 74–117.

6.4.3 Das Zirkelproblem des Materiebegriffs in den *MAN*

Die Aufgabe der *Dynamik-Anmerkung*, so Emundts, bestehe in der Aufstellung hypothetischer Erklärungen für die verschiedenen Bestimmungen oder – in Kants Worten – „Momente" der Materie, wobei diese Erklärungen auf den beiden im Hauptteil der *Dynamik* eingeführten Grundkräften basieren. Bei der ersten der Materiebestimmungen, welche die weiteren Momente implizieren, handle es sich um die spezifisch verschiedene Dichtigkeit, welche die Quantität der Materie im jeweiligen Volumen kennzeichne. Sie lasse sich folgendermaßen erklären: Die Anziehungskraft sei als proportional zur Masse zu definieren, die Repulsivkraft sei hingegen unabhängig von der Masse und bestimme das Volumen, das die Materie einnimmt. Die spezifische Dichtigkeit könne daher durch das Verhältnis der beiden Grundkräfte zueinander erklärt werden, welche sich dementsprechend als unmittelbar materiekonstituierend und körperbedingend erweisen. Diese erste Erklärung biete eine zureichende Basis für die weiteren Momente, denn jetzt könnten Stoffe unterschiedlicher Dichtigkeit angenommen und die verbleibenden Materiebestimmungen aus deren Eigenschaften, nämlich aus deren spezifischen Kräften, abgeleitet werden.[171]

Das zweite Moment sei die Kohäsion, die auch als Anziehung in der Berührung bezeichnet werde,[172] um sie von der fernwirkenden Grundanziehungskraft zu unterscheiden. Die Attraktion der Kohäsion werde durch den Druck seitens einer hoch repulsiven, vorwiegend mit dem Äther identifizierten Materie erklärt. Die Kohäsion stelle daher eine scheinbare, bloß abgeleitete Anziehungskraft dar. Das dritte Moment sei die abgeleitete Elastizität des Äthers, nämlich die Ausdehnung der Materie durch Erwärmung. Der Wärmestoff werde also bereits in den *MAN* durch Schwingungen charakterisiert, die aus der Superposition der beiden Druckwirkungen des Äthers entstehen. Emundts resümiert:

> Kant meint die Materietheorie in der *Allgemeinen Anmerkung* in der Weise ausführen zu können, daß er eine gegebene Materie als durch ursprünglich wirkende Repulsiv- und Anziehungskräfte bedingt denkt und alle weiteren Momente aus der Möglichkeit der Wirkung von Materien aufeinander erklären kann.[173]

Die gegebene Definition der Dichtigkeit als Funktion der beiden Grundkräfte stoße auf eine Schwierigkeit. Da bei kleinen Räumen die Intensität der Anziehungskraft ($F_A \sim 1/r^2$) schneller sinke als diejenige der Repulsivkraft ($F_R \sim 1/r^3$), sei die erste

---

171 Vgl. Emundts 2004, 77 ff.

172 Vgl. *MAN*, AA 4: 526 f.

173 Emundts 2004, 82.

Kraft nicht groß genug, um die zweite zu beschränken. Da Kant es offen lässt, ob die materieeigene Attraktion auch im Verbund mit der Materie des ganzen Weltraums wirkt,[174] liegt nach Emundts die Vermutung nahe, dass die Attraktion als Fernwirkungskraft auch eine Attraktion der ganzen Materie des Weltraums voraussetzt, die das Zusammendrücken der Materie in kleinen Räumen verwirklicht.[175] Eine solche Überlegung biete aber noch keine Lösung, da sie die Dichtigkeit von der materieeigenen Anziehung abhängig mache. Kant nehme bereits in den *MAN* die Existenz des Äthers als einer das ganze Universum erfüllenden Materie an. So könne die zusätzliche Anziehungskraft der Materie des Universums als Druck des Äthers interpretiert werden. Doch bei Vergrößerung des Volumens wirke die zusammendrückende Anziehungskraft deutlich stärker als die Repulsivkraft. Daraus folge ein höherer äußerer Druck auf die ausgedehnte Materie, und somit ergebe sich die Erhöhung ihrer Dichtigkeit. Das besage aber, dass ein Stoff umso dichter werde, je größer das Volumen werde. Das bedeute, dass nicht nur die Anziehungskraft von der Dichtigkeit abhängig sei, sondern umgekehrt auch die Dichtigkeit von der Anziehungskraft, was aber der Erfahrung widerspreche, denn die Dichtigkeit eines gleichartigen Stoffes sei keine Funktion des Volumens.[176]

Um dieses Zirkelproblem zu lösen, müsse für die Beschränkung der Repulsivkraft eine entgegenwirkende Kraft angenommen werden, die aber nicht die materieeigene Anziehungskraft sein könne. Eine solche Kraft könne außerdem nicht als äußere Kraft verstanden werden, ohne ein weiteres Zirkelproblem entstehen zu lassen. Denn in diesem Fall werde die Möglichkeit der Raumerfüllung durch eine äußere Kraftwirkung erklärt, während eine Wirkung *von außen* bereits die Raumerfüllung einer Materie benötige. Wenn die Dichtigkeit eines besonderen Stoffs den Druck eines anderen Stoffes, z. B. des Äthers, bedingen würde, wäre die Existenz eines bereits mit einer bestimmten Dichtigkeit versehenen Stoffes erst recht anzunehmen. Wenn eine Urmaterie die Existenz einzelner Materien bewirke, müsse diese als eine innerlich bewegte aufgefasst werden, deren innere Bewegtheit der Ursprung ihrer Wirkung sei.

Der Tatsache, dass die in der *Allgemeinen Anmerkung* vorgeschlagene Erklärung der Dichtigkeit unmittelbar durch die Grundkräfte zu einem Zirkelproblem führe, werde Kant erst 1792, anlässlich seiner Auseinandersetzung mit Beck,[177] bewusst. Der Versuch, das Problem zu lösen, sei es, der Kant zu einer sich von dem Modell von 1786 unterscheidenden Konzeption dränge, wobei jetzt die Verschie-

174 *MAN*, AA 4: 523 f.
175 Vgl. Emundts 2004, 82 f.
176 Vgl. Emundts 2004, 80 – 84.
177 Vgl. die Briefe an Beck vom 17.10.1792 (*Br*, AA 11: 375 ff.) und vom 4.12.1792 (*Br*, AA 11: 394 ff.) sowie Kants *Bemerkungen* zu Becks Brief vom 8.9.1792 (*Br*, AA 11: 361 – 365).

denheit der Dichtigkeit durch die eigene Repulsivkraft der Materieteile erklärt werde.[178] Erwägungen, die im Zusammenhang mit dem Zirkelproblem stehen, kommen nach Emundts auch in den *losen Blättern* der Krause-Papiere vor, die chronologisch dem *Oktaventwurf* vorausgehen. Hier erwäge Kant auch den Äther als verantwortliches Element für die Zusammendrückung der Materie und demzufolge den Druck des Äthers als Bedingung für die Dichtigkeit.[179]

Gegen die These, die nachträgliche Lösung des Zirkelproblems im Nachlasswerk hebe ausschließlich die Materietheorie der *Allgemeinen Anmerkung*, nicht aber den Hauptteil der *Dynamik* auf, könnte man verschiedene, von Emundts wie folgt formulierte Einwände vorbringen:[180]

1) Es bestehe die Möglichkeit, dass die Anziehung der Weltmaterie zur Erklärung der Raumerfüllung bereits im Hauptteil der *Dynamik* angenommen werde. Wenn eine solche Annahme im Nachlasswerk zugunsten einer Theorie eines mit inneren Kräften versehenen Äthers aufgegeben werde, betreffe daher die Revision die ganze *Dynamik* und nicht allein ihre *Anmerkung*. Gegen diesen Einwand lasse sich ins Feld führen, dass sowohl hinsichtlich der Feststellung der beiden Grundkräfte als Prinzipien der Möglichkeit der Raumerfüllung wie auch bei der Konstruktion des Begriffs der Materie die Bezugnahme auf die Anziehung der Weltmaterie sich als unbedeutend erweise. Vielmehr bedinge die Erfüllung des Weltraums durch den Äther auch im Übergangsprojekt die Annahme einer allgemeinen Attraktion als fernwirkende Grundkraft.

2) Das Zirkelproblem lasse sich auf verschiedene Weise auf die Erklärung der Möglichkeit von Materie überhaupt, also auf das Zusammenspiel der beiden Grundkräfte, zurückführen. Denn man könne einwenden, dass die Anziehungskraft, die unabhängig von der Repulsivkraft wirken soll, in der Tat die Wirkung der Repulsivkraft voraussetze, denn ohne Ausdehnung gäbe es keine anziehende Materie. Emundts' Erwiderung lautet:

> Nun ist Kant diese gegenseitige Abhängigkeit keineswegs entgangen. Vielmehr muß man ihn hier so verstehen, daß er zeigen will, daß für die Möglichkeit der Materie beide Kräfte notwendig sind und zwar so, daß die Wirkungsweisen der Kräfte die Bedingung für die Wirkung für die jeweils anderen enthalten. Eine genetische Erklärung ist nicht beabsichtigt, ja sie ist in Kants Augen unmöglich.[181]

3) Des Weiteren könnte man auf ein zirkuläres Verhältnis zwischen den beiden Grundkräften hinweisen, sofern die Anziehungskraft proportional zur Masse sei

178 Vgl. Emundts 2004, 95–103.
179 Vgl. Emundts 2004, 103–106.
180 Vgl. Emundts 2004, 106–117.
181 Emundts 2004, 111.

und die Bestimmung der Größe der Masse nicht unabhängig von der Dichte ermittelt werden könne, welche aus dem Zusammenwirken von Anziehungs- und Abstoßungskraft entsteht. Dazu merkt Emundts an, „daß Kant die Masse nur als Wirkfaktor voraussetzen"[182] müsse. Sie führt dies wie folgt aus:

> Zwar kann man die Masse nicht bestimmen, ohne daß eine bestimmte Dichte vorliegt, jedoch soll mit den Wirkungsgesetzen im Zusammenhang der Konstruktion der Materie überhaupt nichts berechnet, sondern nur die Darstellbarkeit anhand von Prinzipien aufgezeigt werden. Und für die besonderen Materien gilt ohnehin [...], daß die Dichte eines Körpers nicht berechnet werden können soll, sondern durch Wiegen oder Impuls zu ermitteln ist. Daher kann Kant von Masse [...] ausgehen, ohne Dichtigkeit vorauszusetzen.[183]

4) Eine letzte Form von Zirkularität in den *MAN* könnte darin bestehen, dass Kants dynamische Materietheorie von kleinsten Materieteilen ausgeht, deren Entstehung erst durch die Wirkung der Grundkräfte erklärt werden soll. Darauf erwidert Emundts:

> Dieser Zirkeleinwand ist nun offensichtlich auf die Unterstellung angewiesen, daß Kant die *Genese* der Materie aus Kräften erklären wolle. [...] Auch in diesem Punkt kann man folglich Kant mit dem Hinweis verteidigen, daß er nur behauptet, beide Kräfte seien für die Raumerfüllung erforderlich, ohne damit eine genetische Erklärung für Materie liefern zu wollen.[184]

Die inhaltlichen Änderungen, die zur Erörterung des Zirkelproblems erforderlich seien, modifizierten den Charakter des Übergangs. Im Nachlasswerk sei der Äther neben den beiden Grundkräften „das dritte"[185], was die Erklärung der spezifischen Verschiedenheiten der Materie voraussetze.[186] Daher würden auch zwei verschiedene Materiesorten angenommen. Es müsse eine formlose Sondermaterie geben, die selbst nicht die Eigenschaften der bestimmten geformten Materien habe und doch zu den Bedingungen der Entstehung jener Eigenschaften gehöre. Demzufolge würden weiterhin Kräfte angenommen, die dem Äther zugehörten und zur Erklärung der Verschiedenheiten der besonderen Materien oder Körper nötig seien. Diese Kräfte seien von den Kräften, die Körper aufeinander ausübten, zu unterscheiden.

---

182 Emundts 2004, 112.
183 Emundts 2004, 112.
184 Emundts 2004, 115.
185 *OP*, AA 22: 211.25 = IX 6.
186 Vgl. Emundts 2004, 119.

6.4.4 Das systematische Verhältnis des Übergangsprojekts zu den *MAN*

Emundts fasst das Verhältnis des Nachlasswerks zu den *MAN* in drei Punkten zusammen.[187] Erstens: Durch das Übergangsprojekt werde die *Allgemeine Anmerkung* aufgegeben und ersetzt, insofern im *Opus postumum* der Überschritt von der Metaphysik der Natur zur Physik problematisiert werde und demzufolge neue Prinzipien zur Erklärung der Körper, wie die lebendigen bewegenden Kräfte, angenommen würden, die von empirischer Natur seien und doch den Anspruch erheben würden, die verschiedenen Materiearten vorwegzunehmen. Aus diesem ersten Punkt ergebe sich, dass der Hauptteil der *Dynamik* und die *MAN* im Allgemeinen zwar durch die Übergangslehre nicht aufgegeben werde; ihre jeweilige systematische Bedeutung müsse sich jedoch vom Standpunkt des Nachlasswerks aus ändern.

Zweitens: Der Hauptteil der *Dynamik* werde von der Übergangslehre deutlicher abgekoppelt als von der *Allgemeinen Anmerkung*. In dem Maße, in dem die Übergangslehre zunehmend zu einem eigenständigen Bereich werde, reduziere sich die *Dynamik* auf ihren Hauptteil. Nun hätten die Hauptteile der *MAN* die Materie nur als das „Bewegliche im Raum", also nur als reine Anschauung berücksichtigt und allein die Prinzipien der Konstruktion eines solchen Materiebegriffs dargestellt. Der Anspruch, den Kant im Nachlasswerk erhebe, die *MAN* hätten die Materie bloß mathematisch behandelt, erweise sich in diesem Sinn als durchaus gerechtfertigt.

Drittens: „[...] der nun eigenständige Übergang steht, retrojiziert man ihn auf die *Metaphysischen Anfangsgründe*, (wie früher die *Allgemeine Anmerkung zur Dynamik*) ‚zwischen' Dynamikhauptteil und Mechanikhauptteil."[188] Die *Mechanik* setze zweierlei Sätze aus der *Dynamik*, genaugenommen aus dem Hauptteil bzw. aus der *Allgemeinen Anmerkung*, voraus. Der erste Satz postuliere die Entstehung der Materie aus den beiden Grundkräften. Der zweite Satz weise die Möglichkeit nach, die Erklärung von Körpern auf den beiden Grundkräften zu fundieren. Diese beiden Voraussetzungen würden auch nach der neuen Übergangskonzeption als erfüllt gelten. Was die Übergangskonzeption daran im Wesentlichen ändere, sei, dass jetzt zur Erklärung von Körpern die Existenz eines mit innerlich bewegenden Kräften versehenen Äthers neben den beiden Grundkräften *notwendig* – und nicht nur hypothetisch, wie früher – vorausgesetzt werde. Dass, vom Standpunkt des Nachlasswerks aus, die *Mechanik* die bewegenden Kräfte des Äthers nicht berücksichtige und ausschließlich die Anziehungskraft als Fernwirkungskraft und

187 Vgl. Emundts 2004, 149–155.
188 Emundts 2004, 151.

die Repulsivkraft als Flächenkraft für ihre physikalischen Erklärungen benötige, impliziere, dass sie lediglich eine mathematische Darstellung der Bewegung von Materie behandle.

Dazu komme noch eine weitere Erwägung: Die *Dynamik* unterscheide nicht zwischen den bewegenden Kräften, die die Körper konstituieren, und den Kräften, die eine Wirkung der Körper aufeinander voraussetzen. Im Gegensatz dazu bestimme die Übergangslehre die innerlich bewegenden Kräfte des Äthers als Voraussetzung für die Körper und ihre bewegenden Kräfte, die als äußere bewegende Kräfte der Materie gelten.[189] Aus der Perspektive des Nachlasswerks gesehen, berücksichtige die *Mechanik* nicht die inneren, sondern lediglich die äußeren Kräfte der Materie. Deswegen könne Kant sagen, dass die Materie in den *MAN* lediglich „als das Bewegliche im Raum" gedacht werde, während sie in der Physik „als das Bewegliche [...] was bewegende Kraft hat"[190] zu verstehen sei. Daher sei, so schlussfolgert Emundts, der Begriff der Materie als etwas Bewegliches in der *Mechanik* nicht ausführlich bestimmt worden. In diesem Punkt ergänze die Übergangslehre die *Mechanik*, insoweit „eine ursprüngliche Wirkung der in sich bewegten Materie, die nicht als Bewegung im Raum interpretiert werden kann, einzuführen"[191] sei.

6.4.5 Der Ätherbeweis und die Bestimmung der Existenz des Äthers

Emundts' Erörterung des Ätherbeweises im *Opus postumum* beweist die Richtigkeit zweier wichtiger Thesen: 1) Ein Ätherbeweis taucht bereits vor *Uebergang 1–14* auf. 2) Was im Nachlasswerk bewiesen wird, ist die *empirische* Existenz des Äthers.[192]

Bezüglich der ersten These präzisiert Emundts, dass der Ätherbeweis unter keinerlei Umständen als Ersatz, sondern als eigenständiges Element des Übergangsprojekts zu betrachten sei.[193] Sie schlussfolgert: „Damit wäre dargelegt, daß das Nachlaßwerk bis 1799 ein in sich konsistentes Programm zur Lösung der Aufgabe einer Fundierung der empirischen Physik ausarbeitet."[194] So bezieht die Kant-Forscherin gegen die etwa von Tuschling und Förster vertretene Meinung

189 Vgl. *OP*, AA 22: 164 = VIII 17.
190 *OP*, AA 21: 483.15 f. = IV 101; vgl. ebd. 289.24 f. = III 14.
191 Emundts 2004, 154.
192 Vgl. Emundts 2004, 138–149 und 156–207.
193 Vgl. Emundts 2004, 157.
194 Emundts 2004, 157 f. Der Erörterung des Ätherbeweises widmet Emundts das 4. Kapitel ihrer Monografie über das *Opus postumum*.

Stellung, dass mit dem Ätherbeweis in *Uebergang 1–14* eine wesentliche Diskontinuität im Gedankengang des *Opus postumum* auftrete. Emundts betont, dass eine Vorform des Ätherbeweises im Zusammenhang mit der Erörterung der Modalitätskategorien, ganz am Ende des Elementarsystems, auftauche und den Übergang vom Elementarsystem zum Weltsystem ermögliche, da der Äther eine Hypothese zur Erklärung der Bildung von Körpern darstelle.[195] Hinsichtlich der zweiten These behauptet Emundts, dass die Existenz dieser Materie einerseits notwendig, aus konzeptuellen Gründen angenommen werde, um das System der besonderen bewegenden Kräfte auszuführen und es anzuwenden. Denn man könnte z. B. das Phänomen der Flüssigkeit und Festigkeit nicht erklären, wenn man über den Begriff der Flüssigkeit schlechthin nicht verfügen würde. Andererseits wird diese Materie als ein physisch wirksames Dasein aufgefasst. Ginge es nun beim Äther bloß um ein theoretisches Konstrukt zur Erklärung empirischer Prozesse, so würde es reichen, seine Existenz bloß als Hypothese anzunehmen. Ein Beweis werde erst nötig, wenn er einen Erfahrungsbezug habe.

Die Schwierigkeit, die ein Ätherbeweis auflösen solle, liege also darin, dass dem Äther im *Opus postumum* „von Anfang an ein bemerkenswertes Zwitterdasein zwischen Idee und existierendem Stoff“[196] zugeschrieben werde. Denn der Beweis *a priori* einer existierenden Materie verstoße gegen die Prinzipien der *KrV.* Um diese Schwierigkeit zu lösen, gehen manche Interpreten davon aus, dass der Ätherbeweis lediglich den Äther als transzendentales Ideal betrifft. In Opposition dazu behauptet Emundts: „Der Äther soll als etwas empirisch Gegebenes bewiesen werden, mit anderen Worten: als Empfindbares, Räumliches und Zeitliches, ausgestattet mit der Fähigkeit, auf andere Materien (durch Kräfte) zu wirken.“[197] Kurz gesagt wird der Äther im Übergangsprojekt in zweierlei Weise aufgefasst: als transzendentales Prinzip (eine den Raum vollständig erfüllende Materie mit bewegenden Kräften) und als ontologische Bestimmung (eine die reellen Körper bildende Materie). Ein Beweis wird erforderlich, um den ontologischen mit dem transzendentalen Begriff notwendigerweise zu identifizieren.[198]

195 Vgl. Emundts 2004, 138–149.
196 Emundts 2004, 156.
197 Emundts 2004, 174.
198 Nach Emundts' Rekonstruktion gliedert sich der Ätherbeweis in *Uebergang 1–14* in vier Schritte. Die ersten drei Schritte entsprechen im Wesentlichen den beiden Grundbegriffen des Äthers. Zusammenfassend impliziert die Möglichkeit der Erfahrung notwendigerweise, 1a) dass eine raumerfüllende Materie existiert; 1b) dass diese Materie durch bewegende Kräfte bestimmt ist; 2) dass diese Materie für die Erklärung der Bildung der Körper und ihrer Eigenschaften unentbehrlich ist. Vgl. Emundts 2004, 181–195. Mit dem vierten Schritt wird der Grund des Zusammenhangs der beiden Hauptbegriffe des Äthers erörtert. Emundts schlägt für den Vollzug dieses letzten Schrittes drei in gleicher Weise mögliche Varianten vor: a) den *Übergang* von

Besonders bemerkenswert sind Emundts' Schlussbetrachtungen zum Ätherbeweis.[199] Die Kant-Forscherin behauptet, dass „Kant den Beweis der Existenz des Äthers allerdings unter bestimmte Einschränkungen stellen"[200] müsse, und zwar die, dass dieser Beweis lediglich *subjektive* Geltung habe. Die Bezeichnung als subjektiv lässt sich Emundts' zufolge rechtfertigen, „weil er [= der Beweis] erstens nichts zur Bestimmung des Objekts [beitrage] – er zeig[e] nur auf, daß der Äther notwendig *existier[e]* – und zweitens, weil er bloß Bedingungen *unserer Sinnlichkeit* [angebe]"[201]. Die Existenz des Äthers könne letztendlich nur als subjektive Bedingung der Erfahrung angenommen werden. Es bestehe immerhin ein wesentlicher Unterschied zum Prinzip der Zweckmäßigkeit in der *KU*, bei welchem es sich um ein formales Prinzip handle, das man vorgeben müsse, um die Erfahrung machen zu können, während das Prinzip des Äthers ein reales Dasein bezeichne.

---

einem Begriff zum anderen, b) die *Gleichsetzung* der beiden, b) den *Ruckbezug* beider Auffassungen des Äthers auf dieselbe Handlung (vgl. ebd., 195–199).

199 Vgl. Emundts 2004, 200 f.

200 Emundts 2004, 200.

201 Emundts 2004, 200.

7 Weitere Beiträge zu naturphilosophischen und erkenntnistheoretischen Themen

In diesem und im folgenden Kapitel werden Beiträge dargestellt, die von bestimmten Gegenständen des *Opus postumum* handeln.[1] Im vorliegenden Kapitel werden Studien zu Themen gesammelt, die vor allem in Verbindung mit den naturphilosophischen und erkenntnistheoretischen Problemen in den früheren Entwürfen des Nachlasses stehen. Vorgestellt werden Beiträge zum ursprünglichen Übergangsprojekt und seinem Verhältnis zu den Wissenschaften (7.1), zum Ätherbegriff (7.2) und zum Leiblichkeitsbegriff (7.3). Im nächsten Kapitel geht es um Beiträge zu spezifischen mit den beiden späteren Entwürfen verbundenen metaphysischen und transzendentalphilosophischen Fragen.

Da es sich bei nicht wenigen der betreffenden Arbeiten um Beiträge zu Tagungen und Kongressen handelt, erscheint es angemessen, zunächst auf die Veranstaltungen zum *Opus postumum* einzugehen, welche das zunehmende Interesse an dieser Schrift in der Kant-Forschung während der vergangenen Jahrzehnte bezeugen. Das erste Symposium zum *Opus postumum* fand vom 13. bis 15. Oktober 1989 in Bad Homburg statt.[2] Zwei weitere Kongresse über Kants Nachlasswerk tagten vom 21. bis 23. Oktober 1999 an der Universität Lausanne[3]

---

1 Im vorliegenden und im folgenden Kapitel werden nur Beiträge betrachtet, die nach der Akademie-Ausgabe des *Opus postumum* erschienen sind, da Beiträge aus dem Zeitraum davor bereits in den beiden ersten Kapiteln der Arbeit dargestellt werden. Auf einen erschöpfenden Bericht über die allgemeine Literatur zum *Opus postumum* wird verzichtet. Folgende Beiträge stellen nur eine kleine Auswahl aus den allgemeinen Einführungen in Kants Nachlasswerk dar, die in den Handbüchern zur Geschichte der Philosophie bzw. zu Kants Denken zu konsultieren oder in populärwissenschaftlichen Veröffentlichungen verfügbar sind: Maluschke 1988; Choi 1999; Kühn 2007, 472–478; Irrlitz 2002, 486–491; Gerhardt 2002, 333–360, Rheindorf 2010.

2 Anlass für die Tagung war die Veröffentlichung von Mathieus Monografie zum *Opus postumum* von 1989 (Mathieu 1989). Das Symposium wurde durch das *Forum für Philosophie Bad Homburg*, in Zusammenarbeit mit dem *Istituto Italiano per gli Studi Filosofici* (Neapel), gefördert. Es tagten dabei renommierte Forscher zum *Opus postumum* (Mathieu, Hoppe, Tuschling, Förster, Edwards), Wissenschaftshistoriker (Carrier, Kötter, Waschkies) und die damaligen Verantwortlichen der Akademie-Ausgabe von Kants Gesammelten Schriften (Brandt und Stark). Die entsprechenden Beiträge sind 1991 in dem Sammelband *Übergang. Untersuchungen zum Spätwerk Immanuel Kants* (Blasche u. a. [Hg.] 1991) erschienen. Der Band enthält zudem eine von Karin Beiküfner zusammengestellte Bibliografie über Kants unvollendetes Werk. Die Vorbemerkung von Siegfried Blasche, bietet einen Überblick über die Problematik des *Opus postumum*, der weit über eine bloße Darstellung der Beiträge der Autoren hinausgeht (Blasche 1991). Vgl. dazu die Rezension des Bandes von Josef Früchtl (Früchtl 1992).

3 Der Kongress in Lausanne wurde durch die *Société d'études kantiennes de langue française* organisiert und dem Thema *Philosophie, science et éthique dans l'œuvre tardive de Kant* ge-

bzw. am 15. und 16. Dezember 2000 an der Universität Pisa[4]. Mit diesen beiden Ereignissen schloss eine Reihe von Kant-Kongressen in den beiden letzten Jahrzehnten des 20. Jahrhunderts ab. Sie fanden jeweils zum 200. Jubiläum des Erscheinens eines der Hauptwerke des Philosophen statt. Im speziellen Fall des *Opus postumum* wurde der etwa 200. Jährung seines Entstehens gedacht.[5]

7.1 Zu Übergangsprojekt, Naturwissenschaften und Mathematik

Die erste Gruppe von Beiträgen umfasst Arbeiten zum Problem des Verhältnisses des späten Kant zu Newton und Leibniz (7.1.1) und zum Begriff der Chemie im Übergangsprojekt sowie in Bezug auf seine Entstehung (7.1.2). Danach werden

---

widmet. Den Eröffnungsvortrag von François Marty ausgenommen, wurden die restlichen Beiträge in vier Abschnitte eingeteilt: 1) von der Metaphysik der Naturwissenschaft zur Physik; 2) Systematik und Wissenschaftlichkeit; 3) die praktische Vernunft; 4) Ethik und Kosmotheologie. Die 2001 erschienenen Akten des Kongresses – *Années 1796–1803. Kant. Opus postumum. Philosophie, science, éthique et théologie* – wurden unter der Leitung von Ingeborg Schüßler, der Vorsitzenden des Kongresses, von Christophe Erismann herausgegeben. Neben den Beiträgen der Referenten (François Marty, Ingeborg Schüßler, Fabien Capeillères, Fernando Guerrero Jiménez, Euangelos Moutsopoulos, Ricardo Ribeiro Terra, Tereza Pentzopoulou-Valalas, Heinz Wichmann, Silvestro Marcucci, Claude Piché, Frank Pierobon, Violetta L. Waibel, Simone Goyard-Fabre, Zbigniew Kuderowicz, Félix Duque Pajuelo, José Castaing, Henri d'Aviau de Ternay, Olivier Dekens, Luc Langlois) enthält der Band die Vorrede der Vorsitzenden des Kongresses mit einer allgemeinen Einführung in das *Opus postumum* und einer Darstellung der einzelnen Referate des Kongresses (Schüßler 2001a), die Eröffnungsrede des damaligen Vorsitzenden der *Société d'études kantiennes de langue française*, Jean Ferrari (Ferrari J. 2001), und eine Zusammenfassung der Schlussdebatte von Gerhard Seel (Seel 2001). Vgl. dazu die Berichte über die Tagung von Vilem Mudroch (Mudroch 1999) und Rossella Bonito Oliva (Bonito Oliva 2000). Aufgrund der Anzahl und der Bedeutung der Beiträge, die sich mit den verschiedenen Themen von Kants Spätwerk auseinandersetzen, ist der Kongress von Lausanne ohne Zweifel als ein historisches Ereignis in der Geschichte des *Opus postumum* zu werten.

4 Die Tagung in Pisa wurde durch die *Società Italiana di Studi Kantiani* und den philosophischen Fachbereich der Universität Pisa organisiert. Die 2001 von Silvestro Marcucci (1931–2005), dem damaligen Vorsitzenden der *Società Italiana di Studi Kantiani*, herausgegebenen Akten der Tagung (Marcucci [Hg.] 2001) enthalten Beiträge von Vittorio Mathieu, Claudio La Rocca, Silvestro Marcucci und Riccardo Pozzo.

5 Große Aufmerksamkeit wurde dem *Opus postumum* auch in einer vom 20. bis 22. September 2007 an der Freien Universität Amsterdam veranstalteten *Internationalen Tagung des Arbeitskreises für Hegels Naturphilosophie* gewidmet, deren Akten 2009 von Ernst-Otto Onnasch, dem Organisator der Tagung, unter dem Titel *Kants Philosophie der Natur. Ihre Entwicklung im* Opus postumum *und ihre Wirkung* herausgegeben wurden (Onnasch [Hg.] 2009).

Drivets Interpretation des Übergangsprojekts als Physiologie (7.1.3) und Büchels Betrachtungen über den Begriff der Mathematik im Nachlasswerk (7.1.4) dargestellt.[6]

7.1.1 Zu Newton und Leibniz im Übergangsprojekt

Das Verhältnis des späten Kant zu Newton, Leibniz und der Atomistik wird sehr unterschiedlich beurteilt.

Renate Wahsner sieht in der Vorstellung von Kräften und Äther im *Opus postumum* eine Bestätigung für Kants strikte Ablehnung der Atomistik als metaphysische Theorie der Materie.[7] Wolfgang Bonsiepen glaubt aus dem transzen-

6 Nur kurz sei hier über sonstige Beiträge zum Übergangsprojekt und zu den Naturwissenschaften berichtet. Marcucci gibt zu, dass die metaphysischen Anfangsgründe der Naturwissenschaft im *Opus postumum* anders verstanden werden, als dies im Werk von 1786 der Fall ist. Denn hier galt eine metaphysische Grundlegung allein für die theoretische Physik, im *Opus postumum* hingegen für die empirischen Naturwissenschaften. Anders als Tuschling vertritt er jedoch die Meinung, dass kein Bruch zwischen beiden Auffassungen, sondern „ein komplexes Kontinuitätsverhältnis" („un rapporto complesso di continuità": Marcucci 1988, 35) bestehe (vgl. Marcucci 1986, Marcucci 2001a). Ein weiterer wiederkehrender Gedanke bei Marcucci ist, dass Kant das System der Natur von Linné als ein bloßes Aggregat von koordinierten Erkenntnissen darstellt und es daher dem System der Physik entgegensetzt, insofern dieses ein einem Grundsatz unterworfenes Ganzes darstellt (vgl. z. B. Marcucci 2001c). Diese kantische These findet im *Opus postumum* einige besonders deutliche Formulierungen (*OP*, AA 22: 500.1–16. und 500.23–501.8 = XI 26; vgl. Marcucci 2001c, 122). Von Marcucci ist außerdem der Band *Kant e le scienze. Scritti scientifici e filosofici* (1977), eine Anthologie aus naturwissenschaftlichen und naturphilosophischen Texten Kants, die von Marcucci ausgewählt, ins Italienische übersetzt, kommentiert und mit einem Einführungsaufsatz versehen wurden; es finden sich darin auch mehrere Auszüge aus dem *Opus postumum*.

Wolfgang Neuser betont, dass die Naturgeschichte nicht in den Teil *a priori* der *philosophia naturalis* gehöre, die die Prinzipien bestimmt, nach welchen die Erfahrung strukturiert wird, sondern in das System des Empirischen selbst (vgl. Neuser 2008, insbesondere 273–276).

Zur russischen Literatur über das *Opus postumum* haben Sergej A. Černov, mit einer Arbeit über die Theorie der Physik in Kants Nachlasswerk (Černov 1985), und A. M. Karpenko, mit einem Aufsatz über die Probleme der theoretischen Grundlagen der Experimentalphysik in den *MAN* und im *Opus postumum* (Karpenko 2001), beigetragen.

Steffen Ducheyne vergleicht den Versuch des britischen Gelehrten William Whewell (1794–1866), das kantische Problem einer Überbrückung der Kluft zwischen Metaphysik und Physik zu lösen, mit Kants eigener Übergangslehre im *Opus postumum* (Ducheyne 2011).

7 Vgl. Wahsner 1981, 95–115.

dentalen Ätherbegriff und der dynamischen Theorie des *Opus postumum* eine vorsichtige Distanzierung von Newtons Naturphilosophie herauszulesen.[8]

Jacob Tharakan versucht sich in derselben Linie an einer systematischen Interpretation der gesamten Naturphilosophie Kants, die auch einige Aspekte der Dynamik im *Opus postumum* berücksichtigt.[9] Mit Recht behauptet er, dass Kants Naturphilosophie von keinem anderen Philosophen mehr beeinflusst worden sei als von Leibniz und Newton.[10] Zudem ist Tharakan zuzustimmen, wenn er meint: „Kants allmähliche Loslösung von Newton jedoch erlebt ihre Kulmination erst im Op.Post."[11] Allerdings gilt dies nur unter der Prämisse, dass Kants Loslösung von Newton selbst im *Opus postumum* nicht als vollständig zu verstehen ist. Denn der Einfluss Newtons selbst auf den späten Kant ist unleugbar, angefangen von der Verwandtschaft der philosophischen Methode Kants mit der wissenschaftlichen Methode Newtons, wie die Arbeiten von Fabien Capeillères und Howard Caygill zeigen.[12] Dagegen erscheint Tharakans Betonung der von *Wahre Schätzung* (1746–1749) bis hin zum *Opus postumum* so gut wie unverändert gebliebenen Verwandtschaft Kants zu Leibniz als einseitig, ja paradox, denn sie legt die Verleugnung jeder wesentlichen Entwicklung in Kants Denken in Bezug auf Begriffe wie Materie, Kräfte, Bewegung, Raum und Zeit usw. nahe.

Kants Übereinstimmung mit Galilei und Newton auch in seinem Spätwerk wird in einem an Friedmans Deutung des Übergangsprojekts ausgerichteten Aufsatz von Michela Massimi behauptet.[13] Massimis These lässt sich in ihren eigenen Worten wie folgt zusammenfassen: „We do not have ready-made phenomena, but somehow we *make* them. And we make them via observation and experiment on the one hand, and principles of reason, on the other hand."[14] Sie distanziert sich dadurch sowohl vom wissenschaftlichen Realismus als auch vom empirischen Konstruktivismus. Der Begriff des Phänomenon in *Conv. X/XI* des *Opus postumum* stellt für die italienische Forscherin einen zentralen Terminus für ihre eigenen Ausführungen dar. Darin besteht ihrer Ansicht nach Kants kopernikanische Wende in der Physik, die Galilei verwirklicht hat, insofern er versucht

---

8 Vgl. Bonsiepen 1988, 12.

9 Vgl. Tharakan 1993, insbesondere 38–70 und 90–96.

10 Vgl. Tharakan 1993, 23.

11 Tharakan 1993, 33.

12 Vgl. Capeillères 2001, Capeillères 2004 und Caygill 2005.

13 Massimi 2008. Massimi erörtert in ihrem Aufsatz Newtons Verhältnis zu Galilei vom Standpunkt des *Opus postumum* aus und ergänzt in diesem Sinn Caygills Darstellung von Newtons Verhältnis zu Kepler im 11. Konvolut (Caygill 2005). Beide Aufsätze zusammen liefern also einen umfassenden Überblick über die Geschichte der modernen Naturphilosophie nach dem späten Kant.

14 Massimi 2008, 34.

hat, nicht seine Hypothesen der Natur anzupassen, sondern umgekehrt die Erscheinungen unserer Erkenntnisart. Ein weiteres kennzeichnendes Element der Naturerkenntnis sei ihre normative Notwendigkeit, welche für Kant durch die Systematik als regulatives Prinzip des Verstandes erlangt werde. Nur dank dieses Prinzips entspreche nämlich das Ganze der Erfahrung keinem bloß empirischen Aggregat. Newtons Mechanik verkörpere nun dieses Prinzip. Massimi schließt daher folgendermaßen: „To Kant's eyes, Galileo's experiments and Newton's systematization of phenomena under the single force of gravitation represented the two complementary poles of a sought-after ‚Transition to physics'."[15]

7.1.2 Zur Chemie als Naturwissenschaft im Übergangsprojekt

Zum Begriff der Chemie als Naturwissenschaft im Übergangsprojekt verdienen zwei Autoren Aufmerksamkeit: Vasconi (7.1.2.1) und Fritscher (7.1.2.2). Die Abhandlung *Sistema delle scienze naturali e unità della conoscenza nell'ultimo Kant* („System der Naturwissenschaften und Einheit der Erkenntnis beim späten Kant") von Paola Vasconi über die kantische Rezeption der quantitativen Chemie Lavoisiers und ihre Wirkung auf die Philosophie des *Opus postumum* stammt aus dem Jahr 1999.[16] An Vasconis oben dargestellte Betrachtungen über die Kristallisation knüpft ein Aufsatz von Bernhard Fritscher[17] über den Begriff des Kristalls im *Opus postumum* von 2009 thematisch an.[18]

7.1.2.1 Vasconi und die Wirkung der neuen Chemie auf das Nachlasswerk

In den *MAN* wird behauptet, dass der Chemie der Rang einer „eigentlichen Wissenschaft" verweigert werden müsse und dass sie höchstens als eine „systematische Kunst" oder „Experimentallehre" bezeichnet werden könne. Der Grund

15 Massimi 2008, 33.

16 Vasconi 1999. Vgl. dazu die Rezensionen von Silvestro Marcucci (Marcucci 2000), Moreno Stampa (Stampa 2001) und Claudio La Rocca (La Rocca 2003a). Die Untersuchungen im Band von 1999 stellt Vasconi auch in weiteren Aufsätzen auf Italienisch (Vasconi 1998) bzw. auf Deutsch (Vasconi 1995 und Vasconi 2001) zusammenfassend dar. Mit dem *Opus postumum*, genauer mit dessen Interpretationen durch Vaihinger und Adickes, hatte sich die italienische Kant-Forscherin bereits im Rahmen einer Abhandlung von 1988 beschäftigt, auf die in der vorliegenden Arbeit hingewiesen wird (vgl. oben Kap. 1, Anm. 70, Kap. 2, Anm. 5, 65, 71, 76, 77, 87 und Kap. 3, Anm. 6).

17 Bernhard Fritscher (geb. 1954) ist ein deutscher Wissenschaftshistoriker, dessen Schwerpunkt auf der modernen Kulturgeschichte der Mineralogie und chemischen Geologie liegt.

18 Fritscher 2009. Vasconis Beitrag bleibt jedoch in Fritschers Aufsatz unbeachtet.

dafür ist, dass ihre Prinzipien für eine Mathematisierung darin als ungeeignet eingestuft werden.[19] Vasconi hebt hervor, dass im Gegensatz hierzu die Chemie im *Übergang* als eine mathematisierte Wissenschaft gelte. Daraus ergebe sich eine wichtige epistemologische Entwicklung, nämlich die Möglichkeit, die Grundsätze der Chemie den Prinzipien der Physik unterzuordnen.[20] Die italienische Forscherin schreibt diese Wende Kants Rezeption der quantitativen Chemie Lavoisiers zu.[21]

Denn Kants Rezeption der Revolution, die dank Lavoisier stattfinde, nämlich die Mathematisierung der Chemie, fordere eine weitere Vertiefung des Verhältnisses von Physik und Chemie. Sie bewirke eine grundsätzliche Modifizierung des Gegenstands der mechanischen Physik. Es werde nicht mehr zwischen zwei Wissenschaften und ihren jeweiligen Gegenständen unterschieden. Der Gegenstand der Physik habe nun sowohl mechanische wie auch chemische Eigenschaften, wie der neue Begriff des Wärmestoffs beweise.[22] Erst mit der Einführung der neuen Materietheorie biete sich also die Möglichkeit der transzendentalen Fundierung der Naturwissenschaft im *Opus postumum.*

Von besonderer Bedeutung sei diesbezüglich die Erörterung des Phänomens der Kristallisation im *Opus postumum.*[23] Kristalle lassen sich nach ihren geometrischen Formen in ein System einteilen. Das zeige die prinzipielle Möglichkeit der Geometrisierung, also der Mathematisierung der Chemie, was die Unterordnung der Grundsätze der Chemie unter die Prinzipien der Physik ermögliche.

Die neue Bedeutung, welche die Schlüsselbegriffe des *Opus postumum*, wie *Äther*, *Basis*, *Mittelbegriff*, *Zusammensetzung* und *Zusammenhang* erhalten, sei auch der Rezeption der neuen Chemie zu verdanken.[24] Vasconi sieht darin ein Muster des isomorphen Verhältnisses zwischen Sprache und Welt, Begriffen und Realität, auf welches die Problematik des Übergangs hindeutet.[25] Die Sicht des

19 *MAN*, AA 4: 471.

20 Vgl. Vasconi 1999, 49.

21 Vasconi zufolge ist Kants Bekehrung zur neuen Chemie nicht auf das Jahr 1795, wovon Adickes ausgeht, sondern bereits auf 1793 zu datieren. Sie leitet diese Annahme hauptsächlich aus Vollmers Ausgabe von Kants Vorlesungen der physischen Geografie ab (vgl. Vasconi 1995, 645–650, Vasconi 1999, 30–35, und Vasconi 2001, 658–661).

22 Vgl. Vasconi 1999, 35 f.

23 Vgl. Vasconi 1999, 68–75.

24 Vgl. Vasconi 1995, 651–669, Vasconi 1998, 499–504, Vasconi 1999, 35–51 und 58–68, sowie Vasconi 2001, 661–665.

25 Auf einen ähnlichen Isomorphismus von Sprache und Realität im *Opus postumum* weist Detlef Thiel anhand eines Vergleiches des Spätwerks Kants mit Platons *Timaios* (Thiel 2001) hin. Thiel hebt fünf Lehrstücke hervor, die sich im *Timaios* und im *Opus postumum* einander gegenüberstellen lassen: „1) Neben dem Sein und dem Werden, neben Vernunft und Erfahrung,

„Schematismus“ im *Opus postumum* als „Schematismus der Urteilskraft“, aufgrund dessen auch die Chemie in das System der Naturphilosophie aufgenommen werden könne, liefere „Mittelbegriffe“, die keine bloß sprachliche Funktionen seien, sondern einen Isomorphismus zu „Mittelwesen“ bewirken würden.[26] Der Ätherbeweis erfolgt nach Vasconi also anhand eines Schematismus der Urteilskraft, der eine Erweiterung des Schematismus der Verstandesbegriffe sein soll. Den drei Stufen der Organisation des Mannigfaltigen in der *KrV* durch die Sinnlichkeit, den Verstand und die Vernunft, welche Anschauung, Erscheinung und Wahrnehmung entsprechen, folge nun im Schematismus des Nachlasswerks eine vierte Stufe: die der Erfahrung, welche durch die Urteilskraft hervorgebracht werde.[27]

---

neben der Verstandes- und der Sinnenwelt ist noch ein Drittes notwendig; 2) dieses hat die Funktion eines Schemas und muss nicht endgültig benannt werden; 3) es lässt sich nur indirekt beweisen; 4) seine Notwendigkeit hängt zusammen mit einer Ablehnung der Atomistik; 5) als ursprüngliche Vermittlung betrifft es an erster Stelle die gewohnten Modi der Medialität (Sprache, Schrift, Diskursivität): Es erschüttert Form, Funktion und Konsequenzen jeglichen Zeichengebrauchs.“ (ebd., 648).

Zum zweiten Lehrstück, der schematisierenden Funktion des im ersten Punkt genannten dritten Elements, wird die platonische *chóra* mit dem kantischen Wärmestoff verglichen, insofern die genaue Bezeichnung dieser Begriffe offen bleibt. So heißt die dritte Gattung bei Platon *chóra, tópos, hédra* (auf Deutsch etwa: Raum, Ort, Platz, Stelle) und bei Kant Äther, Wärmestoff, Basis, Weltstoff, Elementarstoff, Feuerstoff, Lichtstoff, Urstoff usw. (ebd., 652). Das dritte Element hat also keinen eigenen Namen, weil er die Sprache selbst ist: „Was allen Namen stattgibt, hat selber keinen – wir kennen ihn nicht. Der Beweis des Mittelbegriffs ist der Beweis eines begrifflichen Mittels, nämlich der Sprache. Infinite Annährung, Arbeit an den Grenzen der Diskursivität. Der Gegenstand, der alle Gegenständlichkeit ermöglicht, bleibt unbegrifflich; seine Namen sind untereinander austauschbar.“ (ebd., 652).

Zum vierten Punkt betont Thiel, dass sowohl Platon als auch Kant die Atomistik aufgrund ihres *horror vacui* ablehnten. Platon behauptet zunächst, dass die Welt aus Elementen (Feuer, Wasser, Luft und Erde) aufgebaut sei wie Sprache bzw. Schrift aus Buchstaben. Durch die Buchstabenanalogie wird nun allein die Reduktion auf Elementares illustriert. Sie begründet sonst nichts, deswegen wird sie letztlich von Platon verworfen. Der Ausdruck *stoicheîa* kommt oft auch im *Opus postumum* vor. Der Vielheit der Elemente setzt Kant jedoch die notwendige Einheit der Erfahrung, der Apperzeption, des Raumes und der Materie entgegen (ebd., 655 f.). Durch die Verwandtschaft von Platon und Kant wird von Thiel implizit angedeutet, dass der platonische Isomorphismus von Sprache bzw. Schrift und Welt auf Kant übertragen werden könne. Einen letzten Hinweis auf einen Isomorphismus von Sprache/Schrift und Welt gibt eine meines Erachtens vom Autor nicht hinreichend belegte Analogie zwischen der „Textur“ der Kristalle im *Opus postumum* und einem „Text“ (ebd., 656 f.).

26 Vgl. Vasconi 1998, 504–509, und Vasconi 1999, 101–119.

27 Vasconi 1999, 113–119. Die Kant-Forscherin bezieht sich auf eine Darstellung des Schematismus der Urteilskraft in *OP*, AA 22: 494 f. = XI 24.

7.1.2.2 Fritscher und der Kristallbegriff im *Opus postumum*

Wie Vasconi ist Fritscher der Ansicht, dass § 58 der *KU* als Ausgangspunkt der kantischen Diskussion des Kristallbegriffs im *Opus postumum* zu gelten habe.[28] Anhand einer akribisch dokumentierten Analyse beweist er ferner, dass Kant offenbar nur ein geringes Interesse an der Mineralogie hatte. Um 1770 habe er sich vorübergehend mit mineralogisch-geologischen Wissenschaften beschäftigt, der eigentlichen Entwicklung der neuen Kristallografie in den letzten 20 Jahren des 18. Jahrhunderts habe er hingegen so gut wie keine Beachtung geschenkt. Während die moderne Bestimmung des Kristallbegriffs sich insbesondere durch die stets gleichbleibenden Winkel charakterisieren lasse, die die Flächen eines Kristalls miteinander bilden (Gesetz der Winkelkonstanz), sei für den klassischen Kristallbegriff zum einen kennzeichnend, dass das Kristalline mit dem Gestalteten identisch und folglich dem Ungestalteten oder Amorphen entgegenzusetzen sei. Zum anderen sei der Aspekt relevant, dass der äußerlich regelmäßigen Gestalt des Kristalls keine innere Ordnung zugrunde gelegt werde.[29] Die Bedeutung der Kristallisation im *Opus postumum* sei also nicht in einer neuen, originellen Auffassung zu suchen, sondern auf der naturwissenschaftlichen Ebene, in ihrem Zusammenhang mit der Wärmetheorie, und auf der philosophischen Ebene, in der Verwirklichung eines Übergangs von der Metaphysik zur Physik.

Fritscher hebt das doppelte Kausalverhältnis des Wärmestoffs zur Kristallisation im *Opus postumum* hervor. Denn der Wärmestoff bedinge zunächst die Flüssigkeit der Materie, welche eine notwendige Voraussetzung der Kristallisation sei. Zudem verursache der Wärmestoff die Erstarrung bzw. die Kristallbildung durch sein Entweichen.[30] Philosophisch relevant sei der Kristallbegriff für die eigene Problematik des Übergangs von der Metaphysik zur Physik, insofern er der Mittler zwischen unorganisierter und organisierter Materie, d. h. zwischen der „rohen Materie" und einem „organischen Naturkörper", sei.[31] Die Kristallisation verwirklicht Fritscher zufolge das Überschreiten der Grenze zwischen Physik und Metaphysik, Natur und Geist, unorganisierten und organisierten Naturkörpern, Mechanik und Dynamik: „Als zwar organisierter, gleichwohl aber nicht lebendiger Naturkörper stünde der Kristall dann dieser Grenze am nächsten, und der sprunghafte Übergang der Materie vom flüssigen zum festen Zustand, also die Kristallisation, bezeichnete das Überschreiten dieser Grenze."[32] Nach Fritscher

---

28 Fritscher 2009, 243 f.

29 Fritscher 2009, 244–248. Auch Gehlers *Physikalisches Wörterbuch*, das Kant öfter als Quelle nennt, vertritt nach Fritscher eine eher klassische Bestimmung des Kristalls (vgl. ebd., 248 f.).

30 Fritscher 2009, 251 ff.

31 Fritscher 2009, 253–258.

32 Fritscher 2009, 254.

treibt Kant die Analogie des Kristalls mit dem Organismus so weit, dass er eine „allgemeine Welterschütterung" als Ursache für die Kristallisation angenommen habe, was als Andeutung einer geschlechtlichen Zeugung zu verstehen sei: „Dies deutet darauf hin, daß Kant jene ‚allgemeine Welterschütterung' als ein Moment (geschlechtlicher) Zeugung begreift, und dies wäre dann der eigentliche Grund, der den Kristall zu einem vollgültigen organisierten Körper machte."[33] Was Fritscher damit genau sagen will, ist, dass „jener der Kristallisation notwendig vorhergehende – eben auch durch den Wärmestoff bestimmte – flüssige Zustand der Materie(n) derjenige der ‚(chemischen) Auflösung' „[34] sei. Anders ausgedrückt stelle Kant den der Erstarrung vorhergehenden flüssigen Zustand nach dem Modell der Auflösung des Wassers in zwei „Luftarten" dar. In diesem Sinn, so schließt Fritscher, habe der Übergang von den *MAN* zur Physik von einer Problematik handeln sollen, die später der physikalischen Chemie zugewiesen worden sei.[35]

In der *Dynamik-Anmerkung* hatte Kant einen Vorzug der mathematisch-mechanischen Erklärungsart gegenüber der metaphysisch-dynamischen darin gesehen, dass sie die Entstehung der Mannigfaltigkeit der spezifischen Materien „aus einem durchgehends gleichartigen Stoffe" erkläre.[36] Im *Opus postumum* versucht Kant, jene mathematisch-mechanische Begründung durch eine metaphysisch-dynamische zu ergänzen, welche den Stoff selbst auf die Grundkräfte der Materie reduziert.[37] Im Gegensatz zu Vasconi behauptet Fritscher also zunächst, dass die Theorie der Kristalle im *Opus postumum* keineswegs einer neuen Auffassung von Chemie bei Kant zuzuschreiben sei, und des Weiteren, dass die Relevanz der Kristallisation nicht in einem konkreten Beweis der Mathematisierbarkeit der Chemie liege, sondern in der mit ihr verbundenen metaphysisch-dynamischen Grundlegung einer physikalischen Chemie *ante litteram* zu sehen sei.

---

33 Fritscher 2009, 255.

34 Fritscher 2009, 258.

35 Fritscher 2009, 258 ff. Vgl. Fritscher 2001, 514 und 520.

36 *MAN*, AA 4: 524.40 – 525.7.

37 Fritscher 2009, 260 f. Eine ähnliche Betrachtung hatte bereits Schüßler angestellt: „Si toutes ces propriétés ont déjà apparu dans les *Principes métaphysiques de la science de la nature*, elles y étaient toutes centrées sur le concept ‚mathématique' (phoronomique) de la matière comme telle, alors que, dans l'*Opus postumum*, elles se trouvent recentrées sur le concept ‚dynamique' de celle-ci, soit sur le concept des forces motrices propres des matières spécifiques empiriquement données." (Schüßler 2001, 50).

7.1.3 Drivet und das Übergangsprojekt als Traktat der Physiologie

Dario Drivet[38] behauptet, Kant habe mit dem Wort „Lücke“ in dem Brief an Garve vom 21. September 1785 keinen zu verbessernden „Fehler“ gemeint, sondern einen Teil des Systems, dessen Behandlung noch ausstünde. Die fehlende Lücke im System sei mit jener *psychologia rationalis* zu identifizieren, die gemäß der *Architektonik der reinen Vernunft* zusammen mit der *physica rationalis* die gesamte Naturlehre der reinen Vernunft bilde.[39] In einem Brief vom 13. September 1785 vertraut Kant Christian Gottfried Schütz an, dass er den metaphysischen Anfangsgründen der Körperlehre in den *MAN* einen „Anhang“ über die metaphysischen Anfangsgründe der Seelenlehre anschließen wolle.[40] Nun ist bekannt, dass die *MAN* ein Jahr später ohne jenen Anhang erschienen sind. Sie enthalten also nur die metaphysischen Anfangsgründe der Körperlehre. In der *Vorrede* wird ferner erklärt, dass sich die Psychologie als Wissenschaft als unmöglich erweise, da die Mathematik auf die Erkenntnis der Seele nicht anwendbar sei. Drivet merkt an, dass diese Behauptung jedoch die Möglichkeit einer kritischen Behandlung der Seelenlehre noch nicht ausschließe. Trotzdem bleibe die Seelenlehre gemäß ihrer Einteilung in der oben erwähnten Passage der *Architektonik* der einzige Teil der transzendentalen Philosophie, von dem in den Druckschriften nicht die Rede sei.[41] Das *Opus postumum* solle gerade jene Abhandlung der rationalen Psychologie darstellen, die im Rahmen des kritischen Unternehmens noch ausstand.

Dem italienischen Forscher zufolge beschränkt sich der Vergleich des *Opus postumum* mit den *MAN ausschließlich* auf die *Dynamik*, den einzigen Teil des Werkes von 1786, der jene vier Eigenschaften der Materie – Wägbarkeit, Sperrbarkeit, Kohäsion und Auflösbarkeit – erörtert, um die es wiederum im Nachlasswerk geht. Wende man die entsprechenden Kategorien auf die psychologische Realität an, so stoße man auf die vier Eigenschaften des Äthers, wie sie aus dem Nachlasswerk hervorgehen: Unwägbarkeit, Unsperrbarkeit, Zusammenhanglosigkeit und Inexhaustivität. Dies bestätigt in Drivets Augen, dass Kant im *Opus*

38 Dario Drivet (geb. 1958) wurde an der Universität Paris-Sorbonne mit einer Dissertation über die Grundlegung der Physiologie in Kants *Opus postumum* promoviert. Ein auf Italienisch in den *Studi Kantiani* erschienener Aufsatz (Drivet 2002) greift auf die Ergebnisse von Drivets Promotionsarbeit zurück.

39 *KrV* A 846/B 874.

40 *Br*, AA 10: 406.

41 Drivet 2002, 129 f. Die Ontologie werde, so Drivet, in der transzendentalen Deduktion und im System der Prinzipien der reinen Vernunft behandelt, die rationale Kosmologie in den *MAN*, die rationale Theologie in der *Kritik der teleologischen Urteilskraft* (ebd., Anm. 8).

postumum durch den Ätherbegriff eine Verbindung zwischen der physikalischen und der seelischen Natur gesucht habe.[42]

Mit der ausstehenden Abfassung des Anhangs über die Seelenlehre in den *MAN* hängen Drivet zufolge die Änderungen der zweiten Auflage der *KrV* – insbesondere die Eliminierung der subjektiven Deduktion –, zusammen, welche meistens die der rationalen Psychologie gewidmeten Teile betreffen. Diese Änderungen hätten die Lücke im System noch auffälliger gemacht und Kant wohl bereits 1787 dazu bewogen, einen *Übergang* als Abhandlung der Psychologie abzufassen.[43]

Selbst die Methode des *Übergangs* als *Überschritt vom Sinnlichen zum Übersinnlichen* („il passaggio dal sensibile al soprasensibile“[44]) gehe auf die Jahre 1785 und 1786 zurück, als Kant mit der *GMS* (1785) einen solchen Übergang bezüglich der transzendentalen Idee der Freiheit vollzog. Der zweite Teil der *KU* habe den Übergang *vom Sinnlichen zum Übersinnlichen* in Bezug auf die Gottesidee geliefert. Das *Opus postumum* behandle dann den Übergang *vom Sinnlichen zum Übersinnlichen* für die dritte transzendentale Idee, also die Seele, und vollende dadurch das System der allgemeinen Metaphysik.[45]

Ein wichtiger Zwischenschritt in Richtung des *Opus postumum* sei dann der *Anhang* zu Samuel Thomas Soemmerrings Schrift *Über das Organ der Seele* (1796). In der auf den 26. Juli 1795 datierten Vorarbeit *H*[1] zu diesem Text schreibt Kant: „Ich selber will nicht verheelen daß ich durch einen starken Hang versucht werde einen Ueberschritt von der Seelenlehre zur Physiologie (zur Natur belebter Materie) zu wagen [...]“[46]. In der Tat befinden sich sowohl in *Soemmerring* wie auch in den *Fortschritten* und in der *Anthropologie* einige beachtenswerte Anspielungen auf das *Opus postumum*, die von Drivet hervorgehoben werden.[47] Zudem betont der italienische Forscher das Vorhandensein von „interessanten Elementen der Kontinuität“ („interessanti elementi di continuità“) zwischen Kants Briefwechsel mit Soemmerring einschließlich der entsprechenden Vorarbeiten – vor allem *H*[1] –

---

42 Vgl. Drivet 2002, 136 ff.

43 Vgl. Drivet 2002, 139 – 142. So lautet eine prägnante Formulierung Drivets: „Sembra legittimo, da quanto finora detto, concludere che la mancata stesura dell'*Anhang* abbia richiesto, da parte di Kant, la soppressione della deduzione soggettiva e il rimaneggiamento dei paralogismi della ragion pura. Ma tutto ciò porta a rendere più pressante, per Kant, la necessità di colmare la lacuna, apertasi con la seconda edizione della *Critica*.“ (ebd., 140 f.). Drivet vertritt ferner die Auffassung, auch die Entstehung der *KpV* sei nach Schopenhauers These auf den Bereich der rationalen Psychologie zurückzuführen (ebd., 141 f.).

44 Drivet 2002, 143.

45 Vgl. Drivet 2002, 142 – 147.

46 *Br*, AA 13: 398.14 ff.

47 Vgl. Drivet 2002, 148 – 152, und 155 bzw. 157 ff.

und manchen der 18 *losen Blätter* der Krause-Papiere, die nach Adickes in den Jahren 1786 bis 1795 entstehen und nicht ins Projekt des Übergangswerks gehören.[48] Diese Indizien würden die Theorie einer schrittweisen Entwicklung der kritischen Seelenlehre vom geplanten, aber nicht geschriebenen *Anhang* der *MAN* über *Soemmerring* bis zum *Opus postumum* belegen.

Aufgrund dieser Argumente zieht Drivet zwei Schlussfolgerungen.[49] Erstens: Zum *Opus postumum* gehören auch die oben erwähnten 18 *losen Blätter* aus der Zeit vor 1795, denn sie handeln von der Theorie der Flüssigkeiten, die auch in jenen späteren Blättern vorkommt, welche nach Adickes die frühesten Vorarbeiten zum Nachlasswerk darstellen. Zweitens: Das *Opus postumum* entspricht überhaupt keiner neuen Grundlegung der Physik, sondern der Grundlegung der *Physiologie des menschlichen Leibes*, nämlich der *Medizin*. Es bildet eine rationale Anthropologie als Pendant zur empirischen *Anthropologie in pragmatischer Hinsicht*.[50]

Vor allem sei, so Drivet, das *Opus postumum* der Übergang von den *MAN* zur *KU*, von den metaphysischen Prinzipien der Physik zu denjenigen der organischen Natur. Diese drei Werke vollzögen das System der transzendentalen Philosophie, soweit sie die Abhandlung der kosmologischen, der psychologischen und der theologischen Idee erschöpften.

7.1.4 Büchel und der Begriff der Mathematik im *Opus postumum*

Kant beschäftigt sich in seinem Gesamtwerk mit drei Themengebieten, die im Zusammenhang mit dem Verhältnis von Mathematik und Philosophie stehen: 1) dem Unterschied zwischen mathematischer und philosophischer Methode, 2) der Grundlegung *a priori* der Mathematik qua theoretischer Wissenschaft durch die Transzendentalphilosophie und 3) der Mathematik als Organon der Philosophie, namentlich der Naturphilosophie. Gregor Büchels Analysen heben hervor, dass alle drei Themen in *Conv. I* behandelt werden.[51]

---

48 Drivet 2002, 154 f.

49 Drivet 2002, 159–163.

50 Drivet 2002, 158.

51 Die 1987 veröffentlichte Dissertation von Gregor Büchel über das Verhältnis von Geometrie und Philosophie bei Kant (Büchel 1987) enthält eine gründliche Behandlung dieses Themas hinsichtlich des *Opus postumum*. Büchel zeigt, dass die Auseinandersetzung mit der Mathematik überwiegend im Entwurf *Uebergang 1–14* und in den Konvoluten 11, 7 und 1 erfolgt (vgl. ebd., 11 f.). Von den speziellen Aspekten des Verhältnisses von Mathematik und Philosophie im *Opus postumum* handeln insbesondere die Kapitel 1 und 3 der Studie von Büchel. Die Untersuchung des ersten Kapitels geht vom transzendentalphilosophischen Zusammenhang, nämlich vom Konstruktionsbegriff der transzendentalen Methodenlehre, aus (ebd., insbesondere 37–65, 101–

Büchel zeigt zunächst, dass das Kriterium der Unterscheidung von philosophischer und mathematischer Erkenntnisart, das in der *Methodenlehre* der *KrV* gegeben wird – nämlich, dass die eine Erkenntnisart „Vernunfterkenntnis aus Begriffen", die andere „aus der Konstruktion der Begriffe"[52] sei –, in *Conv. I* des *Opus postumum* fast gleichlautend formuliert wird.[53]

Eine ebenso deutliche Grenzlinie zwischen Mathematik und Philosophie zieht ferner Kants wiederholte Ablehnung der Möglichkeit sowohl mathematischer Prinzipien der Philosophie als auch philosophischer Prinzipien der Mathematik. Nun behauptet Kant zugleich, dass die Transzendentalphilosophie die ganze Erkenntnis *a priori* enthalte und daher Mathematik und Philosophie in einem System der Erkenntnis *a priori* vereinige.[54] Büchel sieht diese beiden Behauptungen zu einem Dilemma führen:[55] Denn wenn die Transzendentalphilosophie der Mathematik zugrunde liege, ergebe sich doch ein philosophisches, nämlich ein transzendentalphilosophisches Prinzip für die Mathematik. Das Problem lässt sich nach Büchel trotzdem, dank „der Unterscheidung zwischen mathematischen Grundsätzen, die durch Konstruktion in reiner Anschauung gegeben sind, und den transzendentalen Prinzipien für die Mathematik, die die Möglichkeit und die objektive Gültigkeit der Mathematik beschreiben"[56], lösen. Die ersteren entsprechen seiner Darstellung nach den Grundsätzen der Mathematik, wie etwa die Axiome der euklidischen Geometrie, die keineswegs aus philosophischen Begriffen hergeleitet, sondern nur durch Konstruktion in der reinen Anschauung gewonnen werden können. Was unter „transzendentalen Prinzipien für die Ma-

105 und 117–131). Im dritten Kapitel wird das Verhältnis von Mathematik und Philosophie hinsichtlich des Übergangsprojekts untersucht (ebd., 300–407). Büchel ist auch der Herausgeber von Heidemanns Ausgabe des Übergangsprojekts (vgl. unten Anh. 2, Anm. 104).

52 *KrV* A 713/B 741.

53 Büchel 1987, 42–47. An zwei Stellen (*OP*, AA 21: 63.22 = I 21 und 21: 80.11 = I 25) wird die Möglichkeit eines philosophischen Beweises für einen geometrischen Satz behauptet, was *prima facie* der Feststellung der *KrV*, dass Mathematik und Philosophie sich in ihren Definitionen, Axiomen und Beweisen unterscheiden würden, zu widersprechen scheint (zur Erörterung dieses Problems vgl. Büchel 1987, 38–41).

54 Mehrmals steht diese Behauptung in der Umgebung der anderen, wie es am folgenden Beispiel zu sehen ist: „‚Denn so wenig als es mathematische Principien der Philosophie – eben so wenig kann es philosophische Principien der Mathematik geben'. – Eines kann dem anderen nicht zum Princip dienen (es sind *disparata*) aber beyde können unter den Titel der Transsc. Phil. gebracht werden" (*OP*, AA 21: 72.28–31 = I 23). Die Betrachtung, es gebe ebenso wenig mathematische Prinzipien der Philosophie wie philosophische Prinzipien der Mathematik, schließt sich fast immer dem Einwand gegen Newton an, er vermenge in seinen *Philosophiae naturalis principia mathematica* die beiden Felder (vgl. Büchel 1987, 51).

55 Vgl. Büchel 1987, 48–65.

56 Büchel 1987, 55.

thematik" zu verstehen ist, erklärt Büchel in Bezug auf das System der Grundsätze des reinen Verstandes in der *KrV:* Die synthetischen Grundsätze des reinen Verstandes lassen sich in *mathematische* und *dynamische* einteilen.[57] „Axiome der Anschauung" und „Antizipationen der Wahrnehmung", bei welchen es um die Demonstration von Größenverhältnissen gehe, machten die ersten aus und könnten daher als die transzendentalen Prinzipien der Mathematik betrachtet werden. Die dynamischen Grundsätze bildeten hingegen die transzendentalen Prinzipien der Philosophie.[58] Der Gedanke, dass die Transzendentalphilosophie als System aller Erkenntnisse *a priori* sowohl die Prinzipien der Mathematik als auch die der Philosophie enthalte, komme also bereits in der ersten *Kritik* vor und widerspreche keineswegs der klaren Unterscheidung zwischen Grundsätzen der Mathematik und der Philosophie.[59]

Ein letzter Aspekt der Mathematik, den Büchel betrachtet, ist ihr Instrumentalcharakter, welcher besonders in *Conv. I* hervorgehoben werde.[60] Allerdings wird die Mathematik bereits in *Uebergang 1–14* als Organon für die Naturwissenschaft bezeichnet:[61]

> Indessen wenn Mathematik gleich kein Canon für die Naturwissenschaft ist so ist sie doch ein vielvermögendes Instrument (Organon) wenn es um Bewegung und die Gesetze derselben zu thun ist den Erscheinungen als Anschauungen in Raum und Zeit ihre Gegenstände *a priori* anzupassen wo die Philosophie mit ihren qvalitativen Bestimmungen ohne Beytritt der Mathematik mit ihren qvantitativen es nicht zur wissenschaftlichen Evidenz bringen würde[.][62]

In der oben zitierten Stelle werden zudem die Fälle genannt, in welchen die Mathematik als Organon gebraucht wird: die „Bewegung und die Gesetze derselben". Die Mathematik erweise sich, so Büchel, als „ein vielvermögendes Instrument", um „Gegenstände *a priori*" zu konstruieren, d. h. Modelle, die den empirischen Phänomenen als „Anschauungen in Raum und Zeit" angemessen seien. Nur vermittels der quantitativen Bestimmungen der Mathematik gelangten die qualitativen Bestimmungen der Philosophie zur „wissenschaftlichen Evi-

---

57 *KrV* A 160/B 199.

58 Büchel 1987, 63 f.

59 So gründet sich die Geometrie mit ihren Axiomen, die als solche nicht zu den Grundsätzen des reinen Verstandes zählen, auf die Axiome der Anschauung (vgl. *KrV* A 163/B 204).

60 Zum Instrumentalcharakter der Mathematik in *Conv. I* vgl. Büchel 1987, 101–105 und 117–131. Büchel hebt hervor: „Während in den Werken Kants der Begriff des Instruments in verschiedenen Zusammenhängen auftritt, wird dieser Begriff im 1. Konvolut des Op.p. nur im Zusammenhang mit der Mathematik thematisiert." (ebd., 101).

61 Zu Büchels Analyse der Termini „Organon" und „Kanon" vgl. Büchel 1987, 300–316.

62 *OP*, AA 21: 209.7–13 = II 26.

denz".[63] Für die „*scientia naturalis*", die Kant von der „*philosophia naturalis*" unterscheidet, gebe es daher sowohl „*principia mathematica*" als auch „*principia philosophica*".[64] Philosophie und Mathematik blieben nichtsdestoweniger heterogene Erkenntnisarten, wie es im *Opus postumum* unzählige Male wiederholt werde. Die Prinzipien der einen könnten nicht von denjenigen der anderen abgeleitet werden, und die eine Wissenschaft könne die andere nicht ersetzen. Die Naturforschung ermögliche jedoch eine Verknüpfung der beiden. In dieser Hin-

63 Büchel weist auf ein interessantes Beispiel im 7. Bogen des 11. Konvoluts (*OP*, AA 22: 511–523 = XI 29–32) hin, das die entscheidende Rolle der Mathematik als Werkzeug zur Abfassung von Newtons Gravitationsgesetz darlegt (vgl. Büchel 1987, 313–316). Er betont ferner, dass die Mathematik in *Uebergang 1–14* nur als „Organon" bezeichnet werde und keinen „Kanon" der Naturwissenschaft ausmache, weil „die Naturwissenschaft empirische Erkenntnisse umfa[sse], die als solche durch das Erkenntnisvermögen der reinen Sinnlichkeit nicht gewonnen werden" könnten. (ebd., 309). Der italienische Philosophie-Historiker und Kant-Forscher Riccardo Pozzo (geb. 1959) knüpft an Büchels Darstellung der Mathematik als Organon (Pozzo 2001) an. Er vertritt die Meinung, dass auch die Logik im kantischen Sinn nicht bloß als Kanon, sondern als Organon erkannt werden sollte (Pozzo 2001, 96 f.). An diesen Problemkreis schließt ferner ein Aufsatz von Frank Pierobon (geb. 1955), französischer Philosoph, Kant-Forscher und Dramaturg, an (Pierobon 2001). Pierobon schreibt das Scheitern des Übergangsprojekts der kantischen Auffassung von Mathematik zu. Während Kants Konzeption der mathematischen Erkenntnisart im Grunde genommen noch euklidisch gewesen sei – Konstruktion in der *sinnlichen* Anschauung –, habe Newton in den *Principia mathematica* von 1687 die Resultate auf geometrischem Wege ermittelt, welche er durch die algebraische Rechnung gewonnen hatte. Lagrange habe in seiner *Mécanique* von 1788 zugunsten der neuen algebraischen Methode (Differenzial- und Integralrechnung) auf die alte geometrische Methode verzichten können. Kant, so Pierobon, habe hingegen diese neuen Fortschritte der Mathematik, die eine entscheidende Rolle in der Entwicklung der damaligen Naturwissenschaft spielten, weitestgehend ignoriert. Für ihn bleibe die Mathematik bloß ein Organon der Naturwissenschaft mit einer lediglich *regulativen* Funktion zur Anwendung in der Physik. Inwiefern die Aufnahme der neuen Mathematik zur Lösung des Problems des Übergangs hätte beitragen können, wird meines Erachtens von Pierobon nicht deutlich gesagt. Was er wohl meint, ist, dass eine Hinwendung zur symbolischen Mathematik eine Versöhnung des intellektuellen mit dem mathematischen Formalismus im kantischen Transzendentalismus hätte bewirken können. Sie hätte den Übergang von den intellektuellen Grundsätzen der Metaphysik zur Physik über einen mathematischen Formalismus ermöglicht.

64 Vgl. z. B. *OP*, AA 21: 207.14–18 = II 25; 208.11–15 = II 25. Die Prinzipien des Übergangs zur Physik gehören zu den philosophischen Prinzipien der Naturwissenschaft und bilden eine „Propädeutik" zu dieser (vgl. z. B. *OP*, AA 21: 487.24–28 = IV 104). Büchel erklärt dazu: „Die propädeutische Leistung der Philosophie für die Naturwissenschaft besteht darin, die für die Physik notwendigen Erkenntnisse a priori darzulegen, sie vollständig in einem einheitlichen System darzustellen und sie im Sinne einer durchgängigen systematischen Bestimmung an die Physik weiterzugeben, um damit dem Plan der reinen Vernunft im Felde der Naturforschung als Vorzeichnung des Weges zur systematischen Einheit der Naturwissenschaft Genüge zu tun." (Büchel 1987, 335 f.). Zur propädeutischen Funktion des Übergangs zur Physik für die Naturwissenschaft vgl. Büchel 1987, 327–337.

sicht antizipiere *Uebergang 1–14* die Positionen von *Conv. I* und werde von diesem bestätigt, wie folgende Belegstelle exemplarisch zeigt:

> [...] *Scientiae naturalis principia* (*aut mathematica aut philosophica*) zweyerley Systeme der Erkentnis *a priori* entweder aus Begriffen oder durch Construction der Begriffe. Eine dieser Wissenschaften kann mit der anderen Verknüpft aber nicht in den Platz der anderen gestellt werden[.][65]

Resümierend kann festgehalten werden, dass Büchels Analysen den grundsätzlichen Zusammenhang von Kants Auffassung des Verhältnisses von Mathematik und Philosophie in den verschiedenen Entwürfen des *Opus postumum* sowie in der *KrV* beweisen. Nach Kant unterscheiden sich Mathematik und Philosophie in der Methode. Abgesehen von dieser Differenz besteht jedoch in zweierlei Hinsicht auch ein Bezug: Einerseits gehören die Grundsätze, die die Grundlegung der Mathematik sichern, in die Transzendentalphilosophie. Andererseits bietet die Mathematik der Philosophie ein Organon zur Anwendung ihrer Prinzipien in der Physik.

7.2 Zum Ätherbegriff

Wie schon bemerkt wurde, hat der Ätherbegriff seit Daval und Mathieu nie aufgehört, ein entscheidender Topos in der Rezeption des *Opus postumum* zu sein. Die Eigentümlichkeit dieses Begriffes – bestehend in dem Faktum, dass der Äther bald als hypothetischer Stoff, bald als transzendentaler Begriff, teils als regulativ, teils als konstitutiv aufgefasst wird – hat eine andauernde Debatte genährt. Hinsichtlich der Möglichkeit, diese zwiefältige Natur des Äthers in einem einzigen Begriff kohärent zusammenzufassen, gehen die Meinungen der Interpreten auseinander, wie sich im Folgenden zeigen wird.[66]

---

65 *OP*, AA 21: 242.8–12 = II 41. Vgl. dazu Büchel 1987, 344–357. Büchel schließt sein Buch mit einer Erörterung des mathematischen Beitrags der systematischen Einteilung der Verhältnisse der bewegenden Kräfte der Materie ab (ebd., 358–407).

66 Neben den Beiträgen, die im Haupttext dargestellt werden, kann man auch auf den Ätherbegriff von Paul Ziche (Ziche 2009, insbesondere 233 ff.) rekurrieren, ebenso auf den von Heinz Eidam, der in seinem Buch *Dasein und Bestimmung* (Eidam 2000), der überarbeiteten Fassung seiner Habilitationsschrift über Kants Grundproblem, dem *Opus postumum* neben einem kurzen Exkurs einen Anhang über den „befremdliche[n] Existenzbeweis des Wärmestoffes“ (ebd., 353–379) widmet.

7.2.1 Kötter

Nach Rudolf Kötter, der sich in diesem Punkt Mathieus Denklinie anschließt, stellt Kant fest, dass die Auffassung des Äthers als Stoff zu unvermeidlichen Widersprüchen führe. Daher beschreibe er den Äther auch als Element einer fiktiven Mikrowelt, die eine theoretische Konstruktion des Physikers sei, um die Makrowelt der Erfahrung zu erklären.[67]

7.2.2 Waschkies

Hans-Joachim Waschkies[68] sieht als Motiv für die Ätherwende von 1799 im *Opus postumum*, mit der der Äther von einem bloß hypothetischen Stoff zu einer *a priori* gegebenen Materie wird, einen Versuch Kants, seinen Empiriototalismus zu begründen.[69] Denn der spätere Kant lege der Einheit der Erfahrung nicht mehr einen Gott leibnizscher Prägung, sondern den Äther als Basis aller bewegenden Kräfte und daher als notwendige Bedingung der möglichen Erfahrung zugrunde. Zu dieser neuen Sicht des Äthers sei Kant, so Waschkies, durch die Kosmologie von Pierre Simon de Laplace angeregt worden. 1797 war eine deutsche Übersetzung der Abhandlung *Exposition du système du monde* (1796) des französischen Mathematikers und Astronomen erschienen, in der Laplace die Existenz eines den ganzen Raum erfüllenden Äthers behauptet und die Kant Waschkies zufolge sehr wahrscheinlich gelesen hatte.[70] Gegen diese Vermutung spricht jedoch die Tatsache, dass Laplaces Begriff des Äthers eher mit dem hypothetischen als mit dem transzendentalen Ätherbegriff im kantischen Sinn vergleichbar ist, wie Waschkies selbst einräumt.

---

67 Vgl. Kötter 1991, 175–179. Der deutsche Philosoph Rudolf Kötter (geb. 1947) war an der Tagung über das *Opus postumum* in Bad Homburg beteiligt.

68 Hans-Joachim Waschkies (geb. 1939) war wie Kötter einer der Teilnehmer an der Tagung in Bad Homburg. Zu seinen Beiträgen über die Ausgabe der losen Blätter *Leipzig 1* und *Leningrad 2* vgl. unten S. 494.

69 Vgl. Waschkies 1991, insbesondere 191.

70 Vgl. Waschkies 1991, 201 f.

7.2.3 Guyer

Die grundsätzliche Kontinuität des Ätherbeweises in *Uebergang 1–14* mit der transzendentalen Deduktion der ersten *Kritik* liegt für Paul Guyer[71] darin, dass der Äther als eine notwendige Bedingung *a priori* zur Möglichkeit der Erfahrung erscheint. Die Ätherdeduktion unterscheide sich von der früheren Deduktion aber darin, dass diese durch Prämissen *a priori*, wenn auch synthetisch, begründet sei, während jene empirische Annahmen voraussetze. Das liege an der einzigartigen Natur des Äthers in *Uebergang 1–14*, dessen Begriff weder so abstrakt wie die Kategorien noch vollkommen empirisch sei. Es sei jedenfalls nicht überraschend, da das Resultat einer transzendentalen Deduktion im kantischen Sinne immer über die Grenzen zwischen Empirischem und rein Apriorischem hinausgehe.[72]

7.2.4 Wong

Wing-Chun Wong[73] behauptet, dass es die Aufgabe der Ätherdeduktion sei, die *subjektive* und *objektive* Gültigkeit des Ätherbegriffs zu verbinden.[74] Nun gewährleiste die Bedingung, dass ein Begriff keinen Widerspruch beinhalte, lediglich die logische Gültigkeit jenes Begriffs. Sie reiche aber nicht aus, um die objektive Realität desselben zu bestimmen.[75] Um die *objektive* Gültigkeit des

71 Der amerikanische Kant-Forscher Paul Guyer (geb. 1948) hat sich zu mehreren Fragestellungen des *Opus postumum* geäußert. Seine Auseinandersetzung mit Förster wurde bereits berücksichtigt (vgl. oben Kap. 6, Anm. 65). Hier werden seine Äußerungen zur Ätherdeduktion (Guyer 1991) dargestellt, im nächsten Kapitel seine Überlegungen zur praktischen Philosophie der Entwürfe *Conv. VII* und *Conv. I.*

72 Guyer unterscheidet vier Argumente innerhalb des Ätherbeweises. Das erste Argument – die Einheit aller räumlichen Gegenstände – impliziert das zweite, die Nichtwahrnehmbarkeit absolut leerer Räume, welches letztlich auf ein Grundresultat der transzendentalen Ästhetik zurückgreift, nämlich die Idealität und unendliche Teilbarkeit der räumlichen und zeitlichen Begrenzungen. Das dritte Argument fällt mit der transzendentalen Forderung zusammen, dass die allgemeinste Erfahrungstheorie eine empirische Wahrnehmungstheorie voraussetze, deren Möglichkeit der Existenz des Äthers bedarf. Das vierte Argument besteht darin, den Äther als den Ursprung aller Bewegungen der Materie zu betrachten, um den Rekurs auf Darlegungen zu vermeiden, die die Grenze der Erfahrung transzendieren, was mit den Prinzipien des kritischen Transzendentalismus übereinstimmt (Guyer 1991, 121 f.).

73 Wing-Chun Wong (1959–2001) war ein amerikanischer Kant-Forscher. Er hat dem Ätherbegriff im *Opus postumum* zwei Aufsätze gewidmet (Wong 1995 und Wong 2001).

74 „[...] the deduction has to show how the ether-concept as a *subjective mode of thought* can also have *objective significance.*“ (Wong 2001, 678).

75 Vgl. *KrV* A 220/B 268.

Ätherbegriffs zu beweisen, müsse vielmehr gezeigt werden, „how the ether as a material continuum is *constructible* in space and time“[76].

Diese Konstruktion erfolgt nach Wong in zwei Schritten. Der erste finde bereits in der *KrV* statt, in der „die Beharrlichkeit des Realen in der Zeit“ das Schema der Substanz darstelle.[77] Die Beharrlichkeit der Substanz impliziere also die Unmöglichkeit leerer Zeiten. Dass leere Zeiten keine Objekte der möglichen Erfahrung seien, werde allerdings auch im *Opus postumum* bestätigt.[78] Im Übergangsprojekt werde zudem die Notwendigkeit einer jeden Raum erfüllenden Materie aus der Unmöglichkeit der Erfahrung leerer Räume abgeleitet. Die Zusammensetzung beider Schritte ergebe die Konstruktion des Begriffs „space-time filler“[79]. Die objektive Gültigkeit des Ätherbegriffs werde also aus der Unmöglichkeit von leerem Raum und leerer Zeit deduziert.

Wong betont, dass die Konzeption des Äthers als hypostasierter Raum den Begriff des physikalischen Feldes antizipiere, sofern dieses als ein Kontinuum aufgefasst, mit einer in jedem Punkt bestimmbaren Quantität versorgt und als ein Mittel zur Übertragung der Wirkungen in die Ferne dargestellt werde.[80] Diese Konzeption des Äthers als physikalisches Feld zeige, dass der Äther zwar eine phänomenale Natur habe; er sei daher kein Ding an sich. Er lasse sich aber nur indirekt empirisch bestimmen. Dieser zwiefältige Charakter des Äthers werde von Kant am besten durch die Begriffe der direkten und der indirekten Erfahrung dargelegt.

Einerseits sei also der Äther als Weltmaterie zu „phänomenal“, um bloß ein transzendentales Ideal zu sein, wie Förster meint. Andererseits verstehe Kant unter dieser Weltmaterie eine ontologische Basis des Kontinuums der Kräfte, denn Licht, Elektrizität und Magnetismus seien nichts anderes als Modifikationen einer zugrunde liegenden Materie. Dieses Substratum habe keine direkt empirischen Bestimmungen. Es sei rein *a priori* gedacht, was es ermögliche, von transzendentaler Deduktion zu reden.[81]

---

76 Wong 2001, 678. Hervorhebung von mir.

77 *KrV* A 144/B 183.

78 Vgl. *OP*, AA 21: 220 = II 31.

79 Wong 2001, 680.

80 Vgl. Wong 1995, insbesondere 408 ff.

81 Wong missversteht Guyers Position, indem er ihm die Meinung zuschreibt, der Äther sei „zu empirisch“, um transzendental deduziert zu werden (vgl. Wong 2001, 676). Ihre jeweiligen Positionen stehen einander in Wirklichkeit viel näher, als Wong es vermutet.

7.2.5 Waibel

Violetta L. Waibel versucht, den scheinbaren Widerspruch der Bezeichnung der Prinzipien des Übergangs im *Opus postumum* als zugleich regulativ und konstitutiv aufzuklären.[82] Diese Bezeichnung betreffe in erster Linie den Ätherbegriff.[83] Denn Kant sei bestrebt, den Übergang von der Metaphysik zur Physik zu verwirklichen, indem er die *eine* subjektive Erfahrung mit dem *Mannigfaltigen* der objektiven Wahrnehmungen in einem Prinzip vereinigen wolle, welches nicht distributiv und allgemein, sondern kollektiv und allgemein sei. Dieses Prinzip stelle der Ätherbegriff dar.[84] Die Bestimmung der Eigenschaften des Äthers erfolge zunächst negativ, nämlich durch Negation der Eigenschaften der mechanischen Materie. So sei der Äther unwägbar, unsperrbar, unzusammenhängend und unerschöpflich, weil die mechanische Materie hingegen wägbar, sperrbar, zusammenhängend und erschöpflich sei. In diesem Sinn könne von einem *analytischen* Existenzbeweis nach dem Prinzip der Identität die Rede sein. Nun ermögliche der Äther die Bestimmung der Bedingungen, unter welchen die mechanische Materie gedacht werden könne. So z. B. setze die Undurchdringlichkeit der Materie eine innere Energie voraus, der selber das Attribut zugeordnet werden müsse, alle andere Körper durchdringen zu können. Diese Funktion des Äthers als notwendige Bedingung, um die erfahrbare Materie zu denken, gebe dem Ätherbegriff und seinen Eigenschaften einen konstitutiven Wert. In diesem Sinn könne man das Verhältnis der dynamischen Materie zur mechanischen mit dem der Energie zur Masse oder dem der vier Fundamentalkräfte zu den Elementarteilchen und den chemischen Elementen in der zeitgenössischen Physik vergleichen.[85]

---

82 Waibel 2001. Bezeichnungen von Übergangsbegriffen als regulativ und konstitutiv zugleich tauchen bereits im Entwurf *AB Übergang* (*OP*, AA 22: 240.27, 241.19 = IX 19) auf, aber auch in *Conv. X/XI* (*OP*, AA 22: 311.5 f., 312.4 f. = X 24). Die Philosophin und Kant-Forscherin Violetta L. Waibel (geb. 1956) hat den Lehrstuhl für Europäische Philosophie und Continental Philosophy an der philosophischen Fakultät der Universität Wien inne.

83 Ihn einfach als Ideal, also etwa als eine Idee zu interpretieren, wie Förster dies tut, heißt nach Waibel, der Auseinandersetzung mit dem Problem der Ideen, die zugleich regulativ und konstitutiv sind (vgl. Waibel 2001, 147), zu entgehen. Waibel bemerkt, dass Kant bereits in der *KrV* die dynamischen Prinzipien der reinen Vernunft – die Analogien der Erfahrung und die Postulate des empirischen Denkens überhaupt – als konstitutiv *und* regulativ bezeichnet (*KrV* A 664/B 692). Sie versucht ferner zu begründen, inwiefern die zweifache Bezeichnung der dynamischen Prinzipien der reinen Vernunft angemessen ist (vgl. Waibel 2001, 148–152).

84 Waibel 2001, 153.

85 Waibel 2001, 155 f. Waibels pointierte Zusammenfassung lautet wie folgt: „Ce qui est constitutif dans le concept d'éther de Kant, ce sont ses déterminations, lesquelles fournissent des conditions conceptuelles de la matière mécanique, donc les prédicables évoqués plus haut. [...] Dans la mesure où ils sont constitutifs, la matière et l'éther doivent nécessairement être pensés *a*

7.2.6 Lequan

Den Ätherbegriff im *Opus postumum* behandelt Mai Lequan vor allem in einem Aufsatz von 2003.[86] Sie vertritt die These, dass der Äther in Kants Nachlasswerk in viererlei Weise verstanden werde: zunächst als nur *hypothetisch*, dann als *hypothetisch und postuliert*, danach als lediglich *postuliert* und schließlich als a priori *bewiesen*. Der Ätherbeweis beziehe sich auf eine einzigartige, wirklich existierende Materie. Mit der Endstufe dieser Entwicklung bilde der Äther eine absolute Ausnahme in der kantischen Philosophie. Denn nach den Prinzipien der kritischen Philosophie dürfe die Existenz nicht aus dem bloßen Begriff abgeleitet werden. Was die *KrV* im Hinblick auf Gott verboten habe, sei nun beim transzendentalen Ätherbegriff gestattet.[87] Der Äther werde als ein Analogon der Gottesidee gedacht. Somit sei Kant zu einer ontotheologischen Metaphysik zurückgekehrt und habe den Boden der kritischen Philosophie verlassen.[88]

---

priori. Ce qui est en eux régulateur se trouve soumis à vérification et peut être vrai ou faux sans contredire l'apriorisme de Kant." (ebd., 157).

86 Lequan 2003, 143 – 161. Vgl. ferner zu diesem Thema Lequan 1998, 45 – 49, Lequan 2000, 90 – 98, und Lequan 2005, 219 ff. Außerdem beschäftigt sich die französische Kant-Forscherin Mai Lequan (geb. 1972) mit der Kritik der traditionellen Atomistik, der dynamischen Theorie der Materie und der Auffassung von Chemie im *Opus postumum* im Rahmen ihrer Aufsätze über die Aggregatszustandsänderung bei Leibniz und Kant (Lequan 1998, 21 – 24) und über Kants Konzeption der Chemie (Lequan 2000, 14 f., 18, 60).

87 In den Worten Lequans: „Kant passe peu à peu d'un statut simplement hypothétique à un statut hypothétique *et* postulé, puis à un statut strictement postulé, ce qui le conduit finalement à un statut de matière réellement existante (quoique l'existence ne puisse en être prouvée qu'*a priori*, à partir du simple concept de sa possibilité, ce qui représente une exception absolue dans tout le système kantien). [...] Kant ose ici effectuer le saut mortel, que condamnait vigoureusement la première *Critique*, du simple concept d'une chose (possible) à l'existence de l'objet correspondant (réel). Ce qu'il s'interdisait en 1781, y compris au sujet du concept de Dieu, il se l'autorise en 1799 au sujet du concept transcendantal d'éther." (Lequan 2003, 147).

88 So schreibt Lequan: „L'éther renoue insidieusement non seulement avec le Dieu métaphysique de Descartes et Leibniz [...], mais encore avec le *pneuma* des stoïciens, avec le Premier Moteur de la *Métaphysique* d'Aristote [...] et avec l'Âme du monde du *Timée* de Platon." (Lequan 2003, 148 f.). Die Kant-Forscherin fährt fort: „En creux du texte kantien apparaît ce parallèle inouï entre l'éther et Dieu. L'éther serait un analogue de Dieu réalisé, dont l'existence serait enfin prouvée et établie, quoique de manière entièrement *a priori*, et non seulement supposée nécessaire subjectivement, c'est-à-dire postulée, comme c'est le cas du Dieu, postulat de la raison pratique [...]." (ebd., 159). Daraus folgt nach Lequan: „L'éther du dernier Kant est, à proprement parler, impensable dans le cadre de la première *Critique*. Il est en rupture totale avec le criticisme [...]." (ebd., 157).

7.2.7 Procuranti

Von besonderem Interesse ist Lucia Procurantis[89] Erörterung des genetischen Verhältnisses des Ätherbegriffs im *Opus postumum* zu den neuzeitlichen Materietheorien. Die italienische Forscherin rückt den Aspekt in den Fokus, wie Kant dank seiner Auseinandersetzung mit den Theorien von Stahl, Newton und Euler dazu gekommen sei, den Äther mit dem Wärmestoff gleichzusetzen.[90] Da Kant im Äther ein Prinzip sehe, das eine dynamische Theorie der Materie ermögliche und mit einer sowohl repulsiven als auch attraktiven Kraft ausgestattet sei, übertreffe er die mechanischen Auffassungen der Materie von Newton und Laplace, die der anziehenden Kraft der Gravitation die vorwiegende Bedeutung zuschreiben und die entscheidende Rolle der repulsiven Kraft für die Entstehung der Körper kaum erkennen würden.[91] In diesem Sinn erweise sich der Ätherbegriff des *Opus postumum* als viel näher an Lavoisiers Sichtweise des Wärmestoffs stehend; unter anderem deshalb, weil Lavoisier den Wärmestoff mit einer repulsiven Kraft identifiziere, die sich der molekularen Anziehungskraft oder Affinität entgegensetze. Das Verhältnis dieser beiden Kräfte bestimme nach Lavoisier den festen, flüssigen oder gasförmigen Aggregatszustand der Materie.[92] Gegen Newton, so Procuranti, wende Kant einerseits ein, dass die Naturphilosophie nicht allein auf mathematische Prinzipien gegründet werden könne, denn die Mathematik handle von nichtempirischen Gegenständen und könne daher die Erfahrung nicht fundieren. Zur Naturuntersuchung würden sich metaphysische Anfangsgründe als viel entscheidender erweisen. Die Notwendigkeit der Metaphysik für die Physik sei von Newton völlig übersehen worden. Außerdem habe Newton in der Gravitation die fundamentale Kraft erkannt, während sie nach Kants dynamischer Theorie der Materie die fundamentale Anziehungskraft des Äthers voraussetze.[93] Wie Mathieu verknüpft Procuranti die Betrachtung des Äthers als nichthypothetische Materie und als transzendentalen Begriff mit der Problematik des Schematismus und den Ätherbeweis mit der Unmöglichkeit der Erfahrung von leeren Räumen. Die Forscherin hebt hervor, dass der Äther als erfüllter Raum eine *ontologische* Berei-

---

89 Lucia Procuranti (geb. 1974) ist eine italienische Kant-Forscherin. Sie hat sich mit dem Ätherbegriff des *Opus postumum* vor allem im Rahmen ihrer Doktorarbeit über die Konzeption der Materie in Kants Gesamtwerk (Procuranti 2004a, insbesondere 23–27, 221–263, 271–274) auseinandergesetzt. Auf die Ergebnisse dieser Forschungen greift sie in zwei Aufsätzen über das Problem des Äthers im *Opus postumum* (Procuranti 2004b und Procuranti 2008) zurück.

90 Vgl. Procuranti 2004a, 23–26, und Procuranti 2004b, 57–63.

91 Vgl. Procuranti 2004a, 231–235 und 253.

92 Vgl. Procuranti 2004a, 236–249.

93 Vgl. Procuranti 2004a, 249–253.

cherung gewinne, denn er werde zwar als ein Begriff *a priori*, jedoch auch als wirkliches kosmisches Element definiert. Der Äther zeige in diesem Sinn eine gewisse Verwandtschaft mit jenen Begriffen der Physik – etwa denen der Kraftfelder oder der wellenförmigen Vorgänge –, die für den Physiker keine bloßen Erfindungen, sondern wirkliche Gegenstände darstellten.[94]

7.2.8 Rollmann und Hahmann

Nach Veit-Justus Rollmann und Andree Hahmann[95] besteht ein Zusammenhang zwischen der ersten Analogie der Erfahrung in der *KrV* und dem Entwurf *Uebergang 1–14* des *Opus* postumum, insofern „die Substanz der Ersten Analogie der Erfahrung in ihrer Funktion als Garant einer absolut einheitlichen Zeit in deutliche Nähe zu jenem Weltstoff [rückt], dessen Existenz Kant in den sogenannten Ätherbeweisen der Entwürfe ‚Übergang 1–14' a priori zu deduzieren versucht."[96] Die betreffende Substanz sei sogar mit dem genannten Weltstoff zu identifizieren.[97]

7.2.9 Pecere

Paolo Pecere[98] vertritt die Auffassung, dass Kants Versuch eines Ätherbeweises in *Uebergang 1–14* schließlich zu einer Aporie führe. Dieses Scheitern ist dem ita-

---

94 Vgl. Procuranti 2004a, 224–227 und 253–262.

95 Veit-Justus Rollmann hat 2009 in Marburg mit einer Arbeit über das *Opus postumum – „Ein Weltganzes aus einem Stoffe". Einheit der Natur und der Erfahrung in den Entwürfen „Übergang 1–14" des Kantischen Opus postumum* – promoviert. Zusammen mit Andree Hahmann ist er der Verfasser eines Aufsatzes über Kants Begriff der Substanz als absolute Beharrlichkeit in der ersten Analogie der Erfahrung der *KrV*, ihre Analogie mit der einen Materie überhaupt in *Uebergang 1–14* und ihre Unfähigkeit, die Substanzialität der einzelnen Erfahrungsgegenstände in der Weise ihres alltäglichen Begegnens zu begründen (Rollmann und Hahmann 2011).

96 Rollmann und Hahmann 2011, 186.

97 „Der Weltstoff der Entwürfe ‚Übergang 1–14' ist nun genau dieses materiale Substrat, das die Einheit der Zeit vorstellig macht, von welcher wiederum die Einheit der Erfahrung in gleichem Maße abhängt, wie von der Einheit des Erfahrungsraumes. Insofern ist es keineswegs überzogen, den Weltstoff der Entwürfe ‚Übergang 1–14' mit der Substanz der ersten Analogie der Erfahrung zu identifizieren." (Rollmann und Hahmann 2011, 187).

98 Der italienische Kant-Forscher Paolo Pecere (geb. 1975) widmet dem *Opus postumum* die Kapitel 11 bis 14 seines Werkes über Kants Naturphilosophie (Pecere 2009, 667–794). Nach einer allgemeinen Erörterung der chronologischen Entwicklung der Problematik des *Opus postumum* (ebd., 667–684) und einer eingehenden Darstellung von Kants Ätherbegriff in der Zeit bis zu

lienischen Kant-Forscher zufolge jedoch keineswegs so zu werten, als habe sich Kant dem neuen spekulativen Idealismus ergeben. Denn Kant versuche gar nicht, die Existenz des Äthers als Ideal der Vernunft *a priori* zu beweisen. Der Weltstoff entspreche durchaus nicht der Hypostasierung eines Ideals der Vernunft im Sinne der *KrV*, sofern es bei diesem um den Begriff eines Ens gehe, welches in sich das Ganze des Denkbaren einschließe, sondern um ein „phänomenales *Analogon* des Ideals der Vernunft“[99], sofern dieses das Ganze des erfahrbaren Raums erfasse. Die Existenz des Weltstoffs werde ferner aus der Notwendigkeit der Einheit der Erfahrung des Mannigfaltigen als einer subjektiven Bedingung abgeleitet. Es gehe also keineswegs um einen Rückfall in die Metaphysik und einen ontologischen Beweis.[100]

Des Weiteren lasse sich die Aporie des Ätherbeweises nicht auf eine irgendwie geartete Unzulänglichkeit dieser oder jener naturwissenschaftlichen Theorie der Materie zurückführen, die Kant beeinflusst habe. Denn der Grund dieses Scheiterns wohne, so Pecere, letztendlich vielmehr dem kantischen Denken inne, genauer der dualistischen Auffassung des Weltstoffs in *Uebergang 1–14*. Kant habe sich zwar in diesem Entwurf von der in den früheren Entwürfen des *Opus postumum* herrschenden Anschauung des Äthers als eines hypothetischen Stoffes distanziert, obwohl er sie nicht ganz aufgegeben habe. Der Äther werde zu diesem Zeitpunkt überwiegend als ein *dynamisches* Kontinuum gedacht, das in gewisser Weise den heutigen Begriff des physikalischen Feldes antizipiere. Doch habe Kant zugleich nie aufgehört, die Bewegung einer Substanz als *mechanisch* – d. h. abhängig von der Masse – zu sehen.[101] Diese Doppeldeutigkeit spiegele sich in zwei unvereinbaren Tendenzen, den Weltstoff mit der Verwirklichung des Systems der Kräfte zu verbinden. Einerseits setze die Wirklichkeit der bewegenden Kräfte die Wirklichkeit der räumlichen Bewegung voraus, welche wiederum die Wirklichkeit des Raums impliziere. Die Erfahrbarkeit wirklicher bewegender Kräfte fordere daher die Existenz einer Materie, die den ganzen Raum ausfüllt, damit jedem Punkt des Raums Wirklichkeit verliehen werde. Andererseits impliziere die Affektion unserer Sinne wirkliche, spezifische bewegende Kräfte als Ursache. Für diese unterschiedlichen bewegenden Kräfte müsse nun ein Weltstoff als ihr

---

Uebergang 1–14 (ebd., 685–729) diskutiert Pecere den neuen Begriff des Weltstoffes und dessen Beweise in *Uebergang 1–14* (ebd., 730–774) und schließlich drei Schlussthemen der späteren Entwürfe, nämlich die indirekte Erscheinung, die Selbstsetzung und die Theorie von Raum und Zeit (ebd., 775–794). Die Hauptteile dieser Kapitel sind in einer knapperen Fassung bereits in einem Aufsatz von 2006 auf Englisch erschienen (Pecere 2006).

99 Pecere 2009, 738.

100 Pecere 2009, 738 f.

101 Pecere 2009, 744 f.

Substrat angenommen werden, der dank seiner innerlichen Bewegung jene Kräfte herstelle.[102]

Die grundsätzliche Ambiguität von Kants Begriff des Weltstoffs liege nach Pecere darin, dass diese Materie als das *Bewegliche* und als das *Bewegende* zugleich betrachtet werde. Im ersten Fall denke Kant die Materie nach dem Modell des Lichtstoffs, der sich im Raum geradlinig – also durch *Translation* – bewegt, im zweiten nach dem Modell des Wärmestoffs, der durch seine *Vibration* die bewegende Kräfte verwirklicht.[103] In Peceres Darstellung wird impliziert, dass der erste Fall auf Newtons Konzeption einer im absoluten Raum beweglichen Materie, der zweite auf die kartesianische Konzeption Eulers von einem materiellen Substrat der Bewegung zurückzuführen sei. Die Schwierigkeit des Weltstoffbegriffs entstehe also zunächst dadurch, dass es Kant nicht gelungen sei, diese beiden Materiebegriffe zu vereinbaren.

Letztendlich habe jedoch die Aporie des Weltstoffbegriffs ihre Wurzeln im kritischen Transzendentalismus.[104] Im *Opus postumum* werde der Weltstoff sowohl als wirkliche Materie als auch als formales Prinzip aufgefasst. Würde nun der Äther den Raum *wirklich* füllen, könnten die Affektion durch die Bewegung und die Ablehnung der Leere ihre Begründung finden. Dies entspreche einer *mechanischen* Sicht des Weltstoffs. Als wirklicher Stoff könne er jedoch nur *a posteriori*, wie jeder wirkliche Stoff, bestimmt werden. Das mache ihn für einen Schematismus der Physik und für eine Grundlegung *a priori* des Systems der Kräfte der Materie ungeeignet. Nehme man die Füllung des Raums durch den Weltstoff als bloß möglich an, was einer *dynamischen* Auffassung des Weltstoffs gleichkomme, könne man eine neue Fundierung *a priori* des Systems der Kräfte durch einen neuen Schematismus erlangen. Als rein formales Prinzip könne aber der Weltstoff die Affektion der Sinne und die Ablehnung der Leere nicht begründen. Pecere vergleicht daher den Ätherbeweis mit einer Leiter, welche Kant gebraucht habe, um den Übergang von der Wahrnehmung zur Konstruktion des Gegenstands aufzuklären und dadurch die kritischen Ergebnisse zu ergänzen. Er habe dann diese Leiter beiseite gelassen, um sich weiter mit Problemen der „reinen Philosophie" zu beschäftigen.[105] Nach Pecere bewirkt also das Scheitern des Ätherbeweises eine grundsätzliche Zäsur zwischen *Uebergang 1–14* und den darauffolgenden Entwürfen, insofern Kant die mechanische Sichtweise des Weltstoffs aufgibt. Zentrale Begriffe der späteren Entwürfe wie die indirekte Erscheinung, die Selbstaffektion und die Selbstsetzung sowie die Betrachtungen über Raum und

102 Pecere 2009, 758 ff.
103 Pecere 2009, 769 f.
104 Pecere 2009, 772 ff.
105 Pecere 2009, 774.

Zeit, in denen Pecere die Weiterentwicklung der kritischen Theorien sieht, entspringen dem transzendentalen Begriff des Äthers.[106]

7.2.10 Hall

Brian Hall[107] sieht den Ätherbeweis im *Opus postumum* in engem Zusammenhang mit einem ungelösten Problem der *KrV.* In der ersten *Kritik* wurden allein die formalen, transzendentalen Bedingungen der Erfahrung bestimmt: Raum und Zeit, Kategorien, Apperzeption. Hall nimmt an, dass Kant nachträglich festgestellt habe, dass die bloß *formalen* Bedingungen durch eine *materiale* Bedingung zu ergänzen seien. In diesem Manko sei somit eine „Lücke" im kritischen System zu erkennen, die Kant durch die Ätherdeduktion von *Uebergang 1–14* habe aufheben wollen.[108] Demzufolge könne es sich beim Ätherbeweis nicht um die Deduktion eines weiteren *formalen* Prinzips handeln, welche keine Lösung des genannten Problems brächte. Um die Lücke im kritischen System aufzuheben, müsse die Existenz des Äthers als eines *materialen* Prinzips[109] bewiesen werden. Genauer gesagt erfolge die Ätherdeduktion allein dann, wenn dadurch die *Aktualität* des Äthers bewiesen werde.[110]

---

106 Pecere 2009, 775–794.

107 Brian Hall (geb. 1977) hat über die Ätherdeduktion (Hall 2006) und ihre Implikationen im Konvolut 10 (Hall 2008 und Hall 2009) geforscht. Er arbeitet derzeit an einem Buch – *The Post-Critical Kant* – über das gesamte *Opus postumum.*

108 Vgl. Hall 2006, 721 f.

109 Hall meint daher, dass nicht ein bloß formaler Ätherbegriff, sondern der Äther als den ganzen Raum erfüllende Materie und als (indirekte) Ursache unserer Wahrnehmungen deduziert werde: „The ether has many properties and functions according to Kant. It is a collectively moving material, continuously expanded, and constantly agitating. It is the ultimate source of perceptual affection. It is the ontological ground for physical bodies. Its dynamic forces are the qualitative ground for the relations of mechanical force. One could summarize many of these properties by saying that the ether is a mind-independent, compositionally plastic, intrinsically structural substrate of dynamic force. In more Kantian terms, the ether is the systematic unity of the moving forces of matter." (Hall 2006, 729).

110 Einige prägnante Formulierungen von Hall seien an dieser Stelle angeführt: „Kant intends to prove the actuality of the ether and not merely its possibility or regulative necessity." (Hall 2006, 729). Hall schreibt weiter: „[...] a material transcendental condition for experience is necessary to guarantee the unity of the whole of possible experience. This shows that the formal transcendental conditions for experience as laid out in *CPR* are not sufficient to guarantee the unity of the whole of possible experience. This constitutes a local gap within Kant's Critical project [...]." (Hall 2006, 730). Dieser „local gap" ist nach Hall vom „global gap" der kritischen Philosophie – der Kluft zwischen Metaphysik und Physik – zu unterscheiden. Nach Hall gelingt es Kant, die lokale Lücke zu füllen, nicht aber die globale (ebd.).

Der Ausgangspunkt der Ätherdeduktion[111] sei die Feststellung, dass die Einheit des Ganzen der möglichen Erfahrung gegeben sei. Nur unter dieser Bedingung könne die Reihe der Wahrnehmungen im Subjekt in Einklang gebracht werden. Da leere Räume nicht erfahrbar seien, weil man immer durch etwas affiziert werde, müsse ein Stoff angenommen werden, der den ganzen Raum ausfülle. Dieser Stoff heiße Äther. Der Äther werde zwar analytisch aus der Einheit des Ganzen der möglichen Erfahrung deduziert, nicht aber aus einem bloßen Begriff, sondern aus der gegebenen Existenz dieser Einheit, welche ein synthetischer Begriff sei. Bei der Ätherdeduktion handle es sich daher nicht um einen ontologischen Beweis im metaphysischen Sinn.[112]

Die Ätherdeduktion in *Uebergang 1–14* scheitere bei dem Versuch, den Übergang von den metaphysischen Anfangsgründen der Naturwissenschaft zur Physik zu verwirklichen. Denn dies hätte den Beweis vorausgesetzt, dass der Äther der ultimative Gegenstand der Physik sei, auf den die Kategorien notwendig angewendet werden müssen und für den die Kategorien objektive Validität haben. Eine Deduktion *a priori* hätte sich für den physikalischen Äther erübrigt, denn als solcher wäre der Äther ein Erfahrungsgegenstand, also einfach *a posteriori* zu bestimmen, gewesen.[113] Kant gelinge es trotzdem, die Existenz des Äthers als das extramentale Substrat der dynamischen Kräfte abzuleiten und somit durch ein materiales Prinzip die bloß formalen Bedingungen der Erfahrung nach der *KrV* zu ergänzen.

Die Reflexion über die Implikationen dieses Ergebnisses werde im Konvolut 10 weitergeführt.[114] Der Äther stelle eine neue Funktion des Verstandes dar. Denn er sei ein Begriff *a priori*, aber keine Kategorie. Er sei auch kein Gegenstand einer direkten Erfahrung, der dem Subjekt in der sinnlichen Anschauung gegeben werden könnte. Der Äther entspreche vielmehr der systematischen Einheit der bewegenden Kräfte der Materie, die im Verstand der Erfahrung vorangehen müsse und durch die Prinzipien des reinen Verstandes auf die Wahrnehmungen angewendet werden könnten. Von den Anschauungen (Axiomen) zu Wahrnehmungen (Antizipationen) und Erfahrung (Analogien) erfolge ein *subjektiver* Übergang. Noch fehle ein letzter Schritt zur systematischen Einheit der bewegenden Kräfte,

---

111 Hall fundiert seine eigene Rekonstruktion der Ätherdeduktion vorwiegend auf „Uebergang 11" (Hall 2006, 730–733).

112 Hall 2006, 738–741.

113 Vgl. Hall 2006, 729 f. und 745 f.

114 Die Bereicherung der transzendentalen Bedingungen dank der Ätherdeduktion fordert nach Hall eine wesentliche Revision der Anwendung der formalen Bedingungen, die im Konvolut 10 stattfindet. Raum und Zeit setzten nun den Äther für ihre empirische Realität voraus (vgl. Hall 2008, 246 ff., und Hall 2009, 195 ff.).

wodurch erst jener Übergang *objektive* Gültigkeit erlange, insofern die bloß distributive Einheit der Wahrnehmungen systematische Einheit erhalte.[115] Dieser Schritt erfolge dadurch, dass die Prinzipien in die Wahrnehmungen hineingelegt werden. Die Wahrnehmungen stimmten also unter der absoluten Einheit eines Bewusstseins zusammen. In diesem Überschreiten vom Subjektiven zum Objektiven verwirkliche sich schließlich Kants Übergangsprojekt. Die systematische Einheit der bewegenden Kräfte der Materie erweise sich also in drei Hinsichten als nötig: 1) für die Physik als System *a priori,* 2) für die Einheit des Ganzen der möglichen Erfahrung und 3) für die Erfahrung aller möglichen Gegenstände.[116]

Halls Interpretation geht also aus dem grundsätzlichen Zusammenhang von *Uebergang 1–14* mit dem Konvolut 10 hervor.[117] In *Uebergang 1–14* werde die materiale Bedingung der Erfahrung in ihrer Eigenschaft als extramentaler („mind-independent") Gegenstand, nämlich der Äther qua *Substrat der dynamischen Kräfte*, deduziert. Er sei die Ursache unserer Affektionen, die durch drei subjektive Synthesen – durch Raum und Zeit, Kategorien sowie transzendentale Apperzeption – zu einer fortschreitenden Einheit gelangen. Der letzte Schritt der Synthese – das Hineinlegen der Prinzipien der reinen Verstandes in die Wahrnehmungen – führe zur *systematischen Einheit des Ganzen der bewegenden Kräfte der Materie*, welche nichts anderes als der Begriff *a priori* des Äthers ist.[118] Der Äther sei also sowohl die Ursache als auch die Bedingung *a priori* der Wahrnehmungen.[119] Nun müsse der absoluten Einheit der Materie, d. h. dem Äther, die absolute Einheit eines Bewusstseins entsprechen, ohne welche die Einheit des Ganzen der möglichen Erfahrung unmöglich wäre. Wie bereits erwähnt, müssen die Prinzipien des reinen Verstandes zur objektiven Anwendung des Ätherbegriffs auf die Erfahrung

115 Hall bezieht sich auf folgende Stelle: „Uberschritt zum Begriffe: 1) Axiome der Anschauung 2.) Von der Anschauung zur Warnehmung, Warnehmung zur Erfahrung Analogien 3) subjectiv – 4) Uberschritt zur Einheit der Erfahrung in einem System der Krafte objectiv" (*OP*, AA 22: 289.20–23 = X 15; vgl. Hall 2008, 250, und Hall 2009, 197). In diesem Sinn wird die Funktion der Prinzipien, wie die von Raum und Zeit, im *Opus postumum* verändert. Denn sie ist nicht mehr objektiv wie in der *KrV*, sondern subjektiv. Sie wird nun erst durch die Anwendung der systematischen Einheit der bewegenden Kräfte der Materie objektiv.

116 Vgl. Hall 2008, 248–256, und Hall 2009, 197–201.

117 Hall weist auf eine Stelle in „Uebergang 12" hin, in der die Aufgabe, „Wahrnehmungen als Wirkungen der bewegenden Kräfte auf das Subject in Einer Erfahrung" zu verknüpfen (*OP*, AA 21: 601.15–22 = V 55), welche nach Hall erst im Konvolut 10 bearbeitet wird, bereits auftaucht (vgl. Hall 2008, 254, und Hall 2009, 201).

118 „The concept of the systematic unity of the moving forces of matter is the *a priori* concept of the ether." (Hall 2008, 253).

119 „Perceptions are ultimately generated by the ether and conditioned *a priori* by the concept of the ether." (Hall 2008, 255).

in die Wahrnehmungen hineingelegt werden, und zwar *durch einen spontanen Akt des Bewusstseins*. Die absolute Einheit des Bewusstseins, so Hall, entspreche der absoluten Einheit des Äthers. Beide seien Koprinzipien der Erfahrung, sodass sich die einzelne Wahrnehmung *objektiv* auf den Äther, *subjektiv* auf das Bewusstsein beziehe. Dieses Bewusstsein sei daher das *subjektive* Korrelat eines Verhältnisses, dessen *objektive* Ergänzung der Äther sei.[120] Diese Vorstellung des erkennenden Subjekts als Subjekt der Wahrnehmungen impliziere, dass es sich um ein sinnliches, ja *mit einem Leib versehenes* („embodied") Subjekt handle.[121]

7.2.11 Busche

Hubertus Busche[122] vertritt die These, dass Kant mit dem Ätherbeweis die letzte „Lücke" seines philosophischen Systems schließe und damit sein Projekt der Transzendentalphilosophie die Vollendung erreiche. Die „Lücke", die zwischen der apriorischen Metaphysik der Natur und der empirischen Physik bestehe, lasse sich durch eine weitere Disziplin schließen, nämlich die Lehre von den bewegenden Kräften,[123], soweit diese „‚Mittelbegriffe' seien, die sowohl eine *rein rationale* als auch eine *empirische* Bedeutung"[124] hätten. Busche interpretiert also die Problematik des Übergangs als die Leistung eines Schematismus.[125] Der Äther spiele die entscheidende Rolle, denn er sei die Basis der bewegenden Kräfte und die Zwischenmaterie schlechthin. Er sei einerseits eine physikalische Entität, die hypothetisch zur Erklärung spezifischer Phänomene angenommen werde, andererseits komme ihm auch die Funktion eines transzendentalen Prinzips zu.[126]

---

120 Hall 2009, 201 f.

121 „The cognitive subject must be *embodied* so that the objects external to it can *effect* it as sensible thing consequently *affecting* it as cognitive subject. [...] Outer experience in Kant's sense requires that actual objects affect receptive subjects in sensibility." (Hall 2009, 209 f.; vgl. Hall 2006, 745).

122 Der deutsche Kant-Forscher Hubertus Busche (geb. 1958) ist der Verfasser eines Aufsatzes über den Ätherbegriff und seine entscheidende Rolle für die Vollendung des kantischen transzendentalphilosophischen Programms im *Opus postumum* (Busche 2010).

123 Busche 2010, 58.

124 Busche 2010, 61.

125 „Was [...] im Mittelpunkt des ganzen *Opus postumum* steht und die systematische Grundlegung der Physik ermöglicht, ist dieser ‚Schematismus des Systems der bewegenden Kräfte'." (Busche 2010, 63).

126 „Der Äther ist zum einen *physikalisch* der letzte Ursprung aller Bewegung und garantiert somit die Einheit und Verbindung aller bewegenden Kräfte, zum anderen aber auch *transzendentalphilosophisch* der letzte Grund der Einheit und Verbindung aller Erfahrung überhaupt." (Busche 2010, 70).

Diese zweifache Natur erhalte der Äther im gesamten *Opus postumum*.[127] Es sei ausdrücklich dieser Sonderstatus, welcher es dem Äther ermögliche, die Synthese von *Wirklichem* und *Systematischem* zu bewirken.[128] Der Äther erlange daher auch den Zustand eines materiellen Prinzips *a priori*, das die *a priori* deduzierten, bloß formalen Prinzipien der *KrV* ergänze, ohne sie zu ersetzen. Denn während die *KrV* die formalen Bedingungen der „Einheit einer möglichen Erfahrung" aus der „Verstandeseinheit" bestimme, erkenne das *Opus postumum* im Äther „das Prinzip der Möglichkeit der Einheit des Ganzen möglicher Erfahrung".[129]

7.3 Zum Leiblichkeitsbegriff

In *Conv. X/XI* lässt sich ein Begriff von Leiblichkeit ausmachen, der nach Meinung einiger Interpreten in Korrelation mit dem Ätherbegriff in *Uebergang 1–14* steht. Ähnlich wie beim Ätherbegriff stellt sich also die Frage, ob von einer transzendentalen „Leibesdeduktion" die Rede sein kann. Wie der Äther wird auch die Leiblichkeit unter zwei Gesichtspunkten betrachtet: zum einen in ihrer Eigenschaft als empirischer Körper, zum anderen in ihrer Bedeutung als Organismus, also als regulative Idee, die dem empirischen Körper als sein Einheitsprinzip zugrunde gelegt wird. Die Möglichkeit dieser Auffassung des Leibes als vom empirischen Standpunkt aus wirklich und als vom transzendentalen Standpunkt aus ideal ist wiederum ein zentrales Thema.

---

127 Busche 2010, 73. Busche lehnt Mathieus Behauptung einer Wende ab, durch die der Äther seinen hypothetischen Charakter verliere und allein seine transzendentale Funktion erhalte (ebd.). Weiter präzisiert Busche, dass der Äther, indem ihm auch eine transzendentale Funktion im *Opus postumum* zukommt, nicht mehr eine bloße Hypothese sei, sondern zum „Postulat" werde (ebd., 75).

128 Busche 2010, 74.

129 „In der Tat tritt in Kants Nachlasswerk sein bisheriger Typus transzendentaler Reflexion, der die notwendigen Bedingungen der Möglichkeit von Erfahrung in *formalen Strukturen des Subjekts* [...] verankert, ganz in der Hintergrund, ohne freilich ganz zu verschwinden. In den Vordergrund tritt jedoch ein neues System *materialer* Strukturen a priori, die jetzt gleichsam auf der *Objektseite* verankert sind, nämlich im alles erfüllenden Kontinuum des Äthers oder Wärmestoffs. [...] Gleichwohl bedeutet dieses neue, materiale Apriori des Äthers keine selbstkritische *Ersetzung* des in der *Kritik der reinen Vernunft* deduzierten formalen Subjekts-Apriori, sondern lediglich dessen konsequente *Ergänzung*. [...] Es geht nicht mehr bloß um die Bedingungen der ‚Einheit einer [!] möglichen Erfahrung', wie die *Kritik der reinen Vernunft* sie aus der ‚Verstandeseinheit' erklärt hatte. Im System des Äthers oder Wärmestoffs wird vielmehr ‚das Prinzip der Möglichkeit der Einheit des Ganzen möglicher Erfahrung' erkannt." (Busche 2010, 76 f.).

7.3.1 Hübner

Um die seines Erachtens zentralen Aspekte des *Opus postumum* zu eruieren, greift Kurt Hübner[130] einige Schlüsselbegriffe – indirekte Erscheinung, Selbstaffektion und die Deduktion des Leibes – heraus,[131] die zu den Entwürfen *Uebergang 1–14* und *Conv. X/XI* gehören.

Der Begriff der „Erscheinung von der Erscheinung" ist nach Hübner eine Erläuterung der Konzeption der *KrV*.[132] Denn gemäß der ersten *Kritik* bezeichne die (direkte) Erscheinung das durch Raum und Zeit geordnete Mannigfaltige der Empfindungen. Dieses Sinnlich-Gegebene werde dann nach den Verstandesbegriffen verarbeitet, wodurch ein *Gegenstand* konstituiert werde. Der Erfahrungsgegenstand sei also der Form nach ein Produkt unserer Spontaneität. Er erscheine demzufolge nur indirekt.[133] Die indirekte Erscheinung, d. h. der Erfahrungsgegenstand, sei für den Physiker die „Sache selbst": „So betrachtet er [= der Physiker] z. B. den Lichtstrahl, welcher mich affiziert, als die Sache selbst, das Objekt an sich; die Empfindung aber, welche er bewirkt, als seine Erscheinung."[134] Die „Sache selbst" des Physikers sei ein Sinnengegenstand, also ein Phänomenon, kein Noumenon. So bleibe die kantische transzendentale Lehre nach wie vor ein *formaler* Idealismus, der sich an die scharfe Trennung zwischen Phänomenon und Noumenon halte und sich dadurch von einem absoluten Idealismus unterscheide.

Ferner sei, so Hübner, die Selbstaffektion des Subjekts als bloß formal zu verstehen, und zwar in dem Sinne, dass der Verstand in die Anschauungen hineinlege, was das Subjekt aus ihnen empfange.[135] Ganz konkret heiße es, dass das Subjekt, sofern es durch bewegende Kräfte affiziert werde, die es denke, sich selbst affiziere. Nun stelle der Gedanke, dass der Verstand in dem Maße, in dem er nach apriorischen Begriffen Gegenstände erzeuge, uns zum Schöpfer der Welt mache, einen bekannten Grundsatz aus der *KrV* dar. In der Lehre der Selbstaffektion gehe es also nicht um einen materialen Idealismus, sondern vielmehr um eine Affektion

---

130 Der deutsche Philosoph Kurt Hübner (1921–2013) hat sich mit dem *Opus postumum* bereits in seiner Dissertation (Hübner 1951) befasst, deren wichtigste Resultate 1953 in einem Aufsatz veröffentlicht wurden (vgl. Hübner 1973).

131 Hübner 1973, 192.

132 Vgl. Hübner 1973, 197 f.

133 „Der Gegenstand als durch den Verstand geeinigtes Mannigfaltiges wird zur indirekten Erscheinung." (Hübner 1973, 197). Auch der deutsche Philosoph und Heidegger-Schüler Walter Bröcker (1902–1992) versteht unter dem Begriff „Erscheinung von der Erscheinung" nichts anderes als die Synthese der sinnlichen Vorstellungen durch den Begriff (vgl. Bröcker 1960, insbesondere 36 f.).

134 Hübner 1973, 198.

135 Zu Hübners Erörterung des Selbstaffektionsbegriffes vgl. Hübner 1973, 198–201.

der Sinne durch den Verstand bei der Synthesis des Gegebenen. Das Neue an dieser Lesart im *Opus postumum* lasse sich am besten durch den Vergleich mit der Erörterung der Selbstaffektion in der zweiten Auflage der ersten *Kritik* begreifen. In der *KrV* handle es sich um die Selbstaffektion durch den inneren Sinn, also allein der Form der Zeit nach.[136] Schon die *Widerlegung des Idealismus* präzisiere nun, dass „die Existenz äußerer Gegenstände zur Möglichkeit eines bestimmten Bewußtseins unserer selbst erfordert wird" und dass „innere Erfahrung überhaupt nur durch äußere Erfahrung überhaupt möglich sei".[137] Die Selbstaffektionslehre des *Opus postumum* erweise sich somit als ein Explizieren der Positionen der ersten *Kritik*. Denn es zeige sich, dass die Selbstobjektivation des Subjekts sowohl mittels der Zeit, als auch mittels des Raumes geleistet werde. Das Denken setze die räumliche Welt, d. h. die Leiblichkeit des Denkenden, voraus.

Der erste Teil von „Kants Deduktion des Leibes"[138], wie Hübner schreibt, folgt aus dem Fortschritt, den Kant im *Opus postumum* dank des Ätherbeweises in *Uebergang 1–14* gemacht hat; denn „Bewegung und bewegende Kraft werden zu den apriorischen Bedingungen der Möglichkeit der Erfahrung hinzugefügt."[139] Das impliziert Hübner zufolge, „daß jede Empfindung als durch eine *bewegende* Kraft verursacht gedacht werden muß und daß folglich das Subjekt, das da empfindet, notwendig als ein *bewegbares*, also *körperliches* Wesen vorzustellen ist."[140] Soweit sei nur bewiesen worden, dass der Leib eine *Maschine* sei, die mechanisch nach kausalen Gesetzen auf die Aktion der Kräfte reagiere. Die transzendentale Deduktion des Leibes setze nun voraus, dass man den Leib notwendig als Organismus denke.[141] Hübner rekonstruiert den zweiten Teil der Leibdeduktion wie folgt: Unser Leib sei nicht nur nach Begriffen bewegbar, sondern er besitze zugleich eine Zweckmäßigkeit, die ursprünglich von Natur sei und nicht durch die Vernunft bestimmt werde. Unser Leib, so Hübner weiter, besitze nun Organe, die nicht bloß passiv gebraucht werden. Organe zu besitzen, daher ein Organismus zu sein, erweise sich also als eine notwendige Bedingung *a priori* für die Möglichkeit der Erfahrung. Es erscheint lohnend, ein längeres Zitat von Hübner wiederzugeben:

---

136 Es sei hier in Erinnerung gerufen, dass an zwei Stellen der zweiten Auflage der *KrV* von einer Selbstaffektion des inneren Sinnes die Rede ist: a) in der zweiten allgemeinen Anmerkung zur *Transzendentalen Ästhetik* (*KrV* B 67 ff.) und b) in der *Transzendentalen Deduktion der reinen Verstandesbegriffe* (*KrV* B 153–156).

137 *KrV* B 278 f.

138 Hübner 1973, 197.

139 Hübner 1973, 196.

140 Hübner 1973, 196.

141 Vgl. Hübner 1973, 201 ff.

> Erfahrung beruht [...] auf einem zweckmäßigen Bewegen des Leibes, da wir ihn bewußt und planmäßig dem Wechselspiel der bewegenden Kräfte aussetzen und gemäß der „Erkenntnisbegehrung" der Vernunft betätigen müssen. Im anderen Falle wäre eine vernünftige, geordnete, fortschreitende Erfahrung nicht möglich, und Wahrnehmungen würden wahllos auf uns einströmen. Diese Tätigkeit schließt aber doch das Wissen ein, daß unser Leib zweckmäßig *für* Erfahrung ist, und das ist zugleich das Wissen um Organe. (Das Auge dient zum Sehen, das Ohr zum Hören usw.) So ist also bewiesen, daß wir einen Leib nicht nur besitzen, sondern auch notwendig nach Begriffen bewegen, daß wir handeln müssen und daß dieser dann folglich a priori als Organismus vorzustellen ist, also als ein Gebilde, das, als zweckmäßig, nach Begriffen entstanden zu sein scheint, in Wahrheit aber sich selbst herstellt. Und damit ist die Deduktion des Leibes als Organismus erfolgt.[142]

Hübner betont ausdrücklich den Zusammenhang von *KrV* und *Opus postumum.* Durch die Bestimmung der indirekten Erscheinung, der Selbstaffektion und der Leibesdeduktion, die in den Entwürfen *Uebergang 1–14* und *Conv. X/XI* als entscheidende Begriffe für die Interpretation des *Opus postumum* auftauchen, behauptet er dazu implizit den Zusammenhang der genannten Entwürfe und ihre zentrale Rolle in Kants Nachlasswerk. Durch seine Deutung der Selbstaffektion und der indirekten Erscheinung gewinnt Hübner Raum für eine Betrachtung der wirklichen Affektion der Sinne, nicht deshalb, um in eine Ontologie des Dinges an sich zurückzufallen, sondern um die Implikationen für den Beweis unserer Leiblichkeit herauszugreifen.

7.3.2 Kaulbach

Nach Friedrich Kaulbach[143] kommt der Theorie einer apriorischen Leiblichkeit innerhalb der Transzendentalphilosophie des späten Kant eine zentrale Stellung zu.[144] Kaulbach sieht im *Opus postumum* eine starke Annäherung des kantischen

---

142 Hübner 1973, 202.

143 Friedrich Kaulbach (1912–1992) war ein deutscher Philosoph und Kant-Forscher. Von Leibesbewusstsein und Welterfahrung beim späten Kant handelt bereits sein Aufsatz von 1963 (Kaulbach 1963b, insbesondere 476–490). Die in einem Aufsatz aus demselben Jahr lediglich angekündigte These, Kants Konstruktion *a priori* der bewegenden Kräfte der Natur im Übergangsprojekt habe Schellings und Hegels Versuche antizipiert, eine Art von spekulativer Physik zu entwickeln (Kaulbach 1963a, 15), wird etwas später in seinem Werk *Der philosophische Begriff der Bewegung* erörtert (Kaulbach 1965, insbesondere 205–226). Weitere Betrachtungen über den Begriff der Freiheit im *Opus postumum* tauchen schließlich in *Das Prinzip Handlung in der Philosophie Kants* auf (Kaulbach 1978, insbesondere 29–36).

144 „Die in den Frühschriften ansatzweise ausgebildete Theorie einer apriorischen Leiblichkeit wird im *Opus postumum* unter neuen Bedingungen weitergeführt und hier in eine noch zentralere Stellung gerückt." (Kaulbach 1963b, 481).

Denkens an den Hegelianismus. Die apriorische Entwicklung eines Systems der bewegenden Kräfte im Nachlasswerk erfordert nämlich nach Kaulbach die Berufung auf die Erfahrung der inneren Bewegung: „Die Kräfte müssen, um auch als Gegenstände der äußeren Erfahrung erkannt werden zu können, primär durch ‚innere' Erfahrung aufgeschlossen werden."[145] Ausgangspunkt sei also die Selbstaffektion durch die Spontaneität des *Ich denke* in der inneren Erfahrung, nicht die Affektion durch einen äußeren Gegenstand. Das, was wir äußere Wahrnehmung nennen, sei in der Tat die Erscheinung der inneren „Selbstbewegung", die die intellektuelle Selbstaffektion bewirke. Dementsprechend seien die Kräfte, die scheinbar jene Empfindung bewirken, in Wahrheit die jeweils eigenen Kräfte. Kaulbach erklärt:

> [...] die „äußere" Bewegung eines Objekts im Raume erfolgt als Erscheinung der „inneren" Bewegung des Bewußtseins. [...] Die Wahrnehmung „äußerer", angeblich uns affizierender Kräfte schlägt um in eine Selbsterfahrung [...]. Die Bewegung im Subjekt wird zum Vorbild und zur Wahrheit der Bewegung in den Gegenständen.[146]

Dementsprechend deutet er „die Empfindung überhaupt als eine Bewegung im Sinne einer Veränderung [...], welche das Subjekt erfährt"[147].

Da das Subjekt in der Empfindung seine eigene empfindende Existenz erkennt, wird es Kaulbach zufolge sich selbst als Erscheinung gegeben. Es erscheine sich selbst als Leib: „Dieses Innewerden der eigenen Empfindung ist nun der Leib."[148] So ist der Leib gemäß dieser Auffassung „zugleich Innen und Außen,

---

145 Kaulbach 1965, 209.
146 Kaulbach 1965, 211.
147 Kaulbach 1965, 210. Ähnlich wie Kaulbach hebt Ibon Uribarri Zenekorta die Zentralität des Bewegungsbegriffs für die Entwicklung der Problematik des *Opus postumum* hervor: „Das *Opus postumum* startet mit Problemen, die mit dem Bewegungsbegriff zu tun haben, und der kantische Gedanke mündet in ein durch und durch dynamisches Verständnis der Philosophie [...]." (Uribarri 2001, 693). Dem baskischen Wissenschaftler zufolge ermöglicht der Bewegungsbegriff des *Opus postumum* die Entfaltung eines engeren, systematischen Verhältnisses zwischen Rezeptivität und Spontaneität des Subjekts, das nicht mehr, wie in der ersten *Kritik*, der Absonderung der passiven Sinnlichkeit vom aktiven Verstand entspricht. Das Subjekt wird daher nicht mit einem „unbeweglichen primum movens" identifiziert, „sondern mit einem in der Welt handelnden, sich bewegenden Subjekt, das seine Identität erst durch seine Bewegung nach und nach entfaltet." (ebd., 688). Der Anfang der Bewegung falle also mit der Spontaneität, ja mit der Freiheit des Subjekts zusammen (ebd., 688 f.), welches sich selbst als organische Leiblichkeit in der räumlich-zeitlichen Verkörperung eines Weltbewohners setze, um die Erfahrung konkret durchzuführen (ebd., 690).
148 Kaulbach 1965, 213.

Bewußtsein und körperliche Erscheinung im Raume“[149]. Dank seiner Amphibolie verwirkliche der Leib den Übergang von der Metaphysik zur Physik. Als innere Erscheinung falle der Leib mit dem Selbstbewusstsein zusammen, als äußere Erscheinung, d. h. räumlicher Gegenstand, werde der Leib zum bloßen Körper. Ist der Leib als Bewusstsein „Erscheinung“, so bildet Kaulbachs Meinung nach der Leib als Körper die „Erscheinung von der Erscheinung“.[150]

7.3.3 Becker

Ähnlich wie Kaulbach vertritt Dierk-Eckhard Becker[151] die Position, dass die kantische Sichtweise der Leiblichkeit im *Opus postumum* den transzendentalen Begriff des Leibes als nicht erfahrbares Korrelat des *Ich denke* nahelege. Becker erklärt:

> Der Leib des Subjekts, das die Unterscheidung seines Leibes als eines Dinges außer sich von seiner eigenen Existenz als eines denkenden bzw. „leibhaftigen“ Wesens vornehmen können soll, ist ein Leib, den es nicht gibt sondern hier ist nur die Rede von dem „Daß der Meinigkeit meines Leibes“, welches analog dem Ich-denke meine Vorstellungen muß begleiten können, hingegen wesentlich nicht Objekt der Erfahrung sein kann: Es muß die Erfahrung zwar a priori begleiten können, ist aber eben darum nicht begleitbar. Das Bewußtsein, einen Leib zu haben, ist wie das Bewußtsein, einen Gedanken zu haben, keine Erfahrung.[152]

Mit anderen Worten ist für Becker zwischen dem Leib als transzendentalem Prinzip und dem Körper des empirischen Subjekts zu unterscheiden. Die Existenz

149 Kaulbach 1965, 214.

150 Diese Deutung des Erscheinungsbegriffs weist Kaulbach zufolge nach, dass Kant im *Opus postumum* die Trennung zwischen Form und Materie einschränkt, die er in der *KrV* angenommen hatte. Das Material der Empfindung werde jetzt in das Apriori aufgenommen, sodass selbst der Beweis der Existenz des Äthers als „transzendentale Materie“ nichts Merkwürdiges an sich habe. Im Ätherbeweis würden schließlich Möglichkeit und Wirklichkeit gleichgesetzt: „Die Wirklichkeit des Weltstoffes besteht darin, Ermöglichung jeder einzelnen Empfindung zu sein.“ (Kaulbach 1965, 224).

151 Dierk-Eckhard Becker (geb. 1939) ist der Verfasser einer Dissertation über Kant, in der das *Opus postumum* besondere Aufmerksamkeit erfährt (Becker 1973). Vor allem seine Betrachtungen über die Leiblichkeit in Kants Nachlasswerk sind neuartig. Er setzt sich kritisch mit Hübners bzw. Hoppes Deutungen der Leiblichkeit auseinander und entwickelt seine eigene Interpretation einer „technischen Subjektivität“ (Becker 1973, 157–172).

152 Becker 1973, 160.

eines empirischen Wesens zu deduzieren hieße nämlich, gegen die Lehre des Paralogismus der Idealität zu verstoßen.[153]

Becker behauptet, dass neben dem empirischen Subjekt und dem Subjekt der Erkenntnis noch ein drittes Subjekt berücksichtigt werden müsse, nämlich das „technische" Subjekt, welches eine Einschränkung der beiden anderen in zweierlei Hinsicht bilde.[154]

Streng genommen erscheine ein Gegenstand nicht dem empirischen Subjekt, das ihn durch ein Experiment beobachte, sondern „dem als Idee gedachten Subjekt der Erkenntnis des objektivierten Gegenstandes"[155]. Aber selbst im Hinblick auf dieses Subjekt, wenn man von seiner Bezogenheit auf ein empirisches Subjekt absehe, habe der Terminus „Erscheinung" wohl keinen Sinn. Die konzeptuellen Anleitungen zum Bau eines experimentellen Apparats, da es um bloße Gedanken gehe, stellten noch keine Erfahrung dar. Erst bei seiner Herstellung könne dieses Instrumentarium als Gegenstand außerhalb des Subjekts erkannt werden. Der gebaute Apparat verhalte sich zu seinem konzeptuellen Entwurf wie etwa ein an die Tafel gezeichnetes Dreieck zu seiner Konstruktion in der reinen Anschauung. Die Verwendung eines solchen Apparats zur Naturuntersuchung vollziehe eine Eingrenzung des empirischen Subjekts. Ein Teleskop und ein Mikroskop z. B. beschränkten den Horizont der zu beobachtenden Phänomene zugunsten der Verstärkerwirkung im Bereich der intensiven Größe. Der Erkenntnishorizont werde also in diesem Fall auf optische Erscheinungen eingegrenzt, um einen Messapparat zu entwerfen, „der partielle Handlungen der technischen Subjektivität vor dem äußeren Sinn darstellt"[156].

Dieser Restriktion im äußeren Sinn entspreche eine Restriktion im inneren Sinn, um die Reproduzierbarkeit der phänomenalen Abfolge in der Zeit zu gewährleisten. Becker äußert die „Vermutung, die technische Subjektivität restringiere das Erkenntnisvermögen im Bereich des äußeren Sinnes auf einen Phänomenbereich, der nicht nur auf dieses oder jenes empirische Subjekt festzulegen sei sondern – zur Ermöglichung einer *intersubjektiven* Betrachtungsweise – zu *aller* Zeit solle herstellbar sein können."[157]

In dieser Selbstbegrenzung des empirischen Subjekts durch die technische Subjektivität sieht Becker den Sinn der Selbstsetzungslehre des *Opus postumum:*

---

153 Die „Leibestheorie" fällt also keineswegs mit der Deduktion eines empirischen Subjekts, mit einer Substanzmetaphysik zusammen. Darin besteht letztlich Beckers Kritik an Hübners und Hoppes Auffassungen von Leiblichkeit im *Opus postumum.*

154 Vgl. Becker 1973, 167–171.

155 Becker 1973, 167.

156 Becker 1973, 169.

157 Becker 1973, 170.

„Indem es [= das experimentell erkennende Subjekt] sich – in seiner technischen Subjektivität – selbst ‚macht', bildet es ‚zugleich' diejenige Form seiner Subjektivität heraus, in der es sich im Rahmen der objektiven Naturerkenntnis allein auch einen Gegenstand geben kann [...].“[158]

7.3.4 Davis und Rukgaber

Gordon F. Davis betont, dass der Begriff „Verkörperung“ („Embodiment“) des Subjekts im *Opus postumum* besondere Relevanz erhalte, insofern er als konstitutive Bedingung der Objektivität aufgefasst werde.[159] Denn, so Davis' Rekonstruktion des kantischen Arguments, um eine *äußere* Erfahrung zu machen, müssten wir fähig sein, einen bestimmten Standpunkt als *unseren* Standpunkt in einem bestimmten Zeitpunkt anzunehmen, sodass *unser* Standpunkt immer identisch *unserer* bleibe, obwohl wir uns bewegten, d. h. unsere räumliche Position in der Zeit variierten. Der Leib sei nichts anderes als der Träger dieses Standpunkts.[160] Der Leib sei das Produkt einer transzendentalen Handlung, durch die das Subjekt sich selbst als empirisches, verkörpertes Subjekt setze, was die Bedingung dafür sei, durch die äußeren Gegenstände affiziert zu werden. Im *Opus postumum* würden also die transzendentalen Bedingungen der Erfahrung durch eine kausale Theorie der Wahrnehmung ergänzt. Davis rekonstruiert die kantische Überlegung wie folgt:

> No intelligence can meaningfully refer to objects in space unless it is itself located in space, and is both subject to the processes occurring within space and able to manipulate those processes – that is to say, unless it is both limited and empowered by the causal fabric of a system of physical law.[161]

Einen ähnlichen „Perspektivismus“ vertritt Matthew S. Rukgaber bezüglich des Leiblichkeitsbegriffs im *Opus postumum*.[162] Er fügt allerdings eine ergänzende Betrachtung hinzu: Wenn das Subjekt nur die Wirklichkeit der Welt erfahre, weil es in der Welt situiert sei, dann müsse es umgekehrt auch wahr sein, dass die Gegenstände und die Kräfte, die sie ankündigten, nur in Bezug auf ein situiertes Subjekt existierten:

158 Becker 1973, 171.
159 Vgl. Davis 1995, insbesondere 40–46.
160 Davis 1995, 41 f.
161 Davis 1995, 45.
162 Vgl. Rukgaber 2009, insbesondere 182–185.

> Kant does not believe that the *a priori* structure of our embodiment merely provides us with subjective knowledge of the sorts of *transcendentally real* forces and objects that we can experience. Instead he believes that the material forces and objects that affect us only exist relative to our perspective.[163]

7.3.5 Guerrero

Fernando Guerrero Jiménez setzt die Reflexion von Davis fort, indem er die Verbindung zwischen Äther und Selbstaffektion betont.[164] Nach Guerrero gewinnt das Subjekt zwar im *Opus postumum* an Gewicht, indem es bei der Konstruktion der Erfahrung eine größere Rolle spielt und indem neben der Form, auch die Materie der Erscheinung im synthetischen *Apriori* des Subjekts antizipiert wird. Nichtsdestoweniger sei darin keine Wende zu einem extremen Idealismus zu sehen, der die objektive Existenz der Welt negierte. Die Erscheinung werde zwar vom Subjekt konstruiert, aber dieses erschaffe sie weder aus dem Nichts, noch begreife es sie durch eine intellektuelle Anschauung. Zur Konstruktion der Erscheinung sei für den Verstand immer noch ein in der Anschauung gegebenes Material nötig. Aber im Gegensatz zur *KrV* erweise sich dieses Material *a priori* der Anschauung als *rein*. Anders gesagt werde die bestimmte empirische Materie nicht unmittelbar durch Erfahrung gewonnen, sondern durch die Vermittlung eines Systems *a priori* des Ganzen der bewegenden Kräfte der Materie, welches nichts anderes sei als der Äther. Der Äther werde einerseits vom Subjekt „zum Behuf der Erfahrung“ postuliert – und nicht durch Erfahrung gewonnen –, er affiziere andererseits *direkt* die Rezeptivität, während die Erscheinung sie nur *indirekt* affiziere.[165] Nun werde das Subjekt in seinem Leib affiziert. Es nehme die bewegenden Kräfte des Äthers durch seinen Leib wahr. Der Äther verwirkliche sich also im Leib des Subjekts.[166] Der Äther schlage eine Brücke von der Metaphysik zur Physik. Aber auch der Leib positioniere sich zwischen Metaphysik und Physik. Denn durch den Leib werde einerseits die Erfahrung *a priori* antizipiert, andererseits das konkrete Empirische gegeben.[167] Der Leib – das empirische Subjekt – setze sich schließlich mit dem Äther gleich, der zum objektiven Korrelat des *Ich denke* werde.[168]

---

163 Rukgaber 2009, 185.
164 Vgl. Guerrero 2001.
165 Guerrero 2001, 69 f.
166 „C'est à vrai dire dans le corps du sujet que les forces motrices se manifestent où, à chaque fois (à chaque perception), se réalise l'éther présupposé spontanément par l'entendement, – on dirait que l'éther prend corps dans le corps du sujet.“ (Guerrero 2001, 71).
167 „C'est dans le corps que s'anticipe *a priori* l'expérience, toute expérience (spontanéité), et qu'en même temps, l'empirique concret se donne (réceptivité) comme reflet de l'action des

7.3.6 Rivera

Jacinto Rivera de Rosales betont einen wichtigen Fortschritt des *Opus postumum* im Vergleich zur *KrV*.[169] Während in der ersten *Kritik* behauptet werde, dass der Leib etwas außerhalb meiner selbst sei, werde der Leib in die Bedingungen *a priori* der Erfahrung integriert.[170] Unsere Leiblichkeit sei es schließlich, die eine Synthesis zwischen Objektivität und Subjektivität schaffe. Denn auf der einen Seite liege unserem Leib, da er ein Organismus sei, ein immaterielles Prinzip zugrunde. Auf der anderen Seite sei unser Leib keineswegs das Produkt einer bloß logischen Setzung des Subjekts, denn allein ein seiner eigenen Leiblichkeit bewusstes Subjekt könne mit der Welt verkehren und ihre Realität verstehen.[171] Rivera betont, dass eine solche Synthesis von logischem Subjekt und Leiblichkeit im vorreflexiven Bereich liege.[172]

forces motrices dans l'espace. Voilà le corps comme lieu où la spontanéité et la réceptivité s'enchaînent." (Guerrero, 72 f.).

168 „Mais ce sujet sentant, n'est-il pas, finalement, l'éther même ? [...] Cet éther devient ainsi le corrélat objectif du principe suprême de la possibilité de l'expérience, le corrélat, dans la sphère physique, du *Je pense* dans la sphère cognitive." (Guerrero 2001, 73). Auf eine Bereicherung der Bedingungen *a priori* der Erfahrung nach der ersten *Kritik* durch den Leib weisen auch Andreas Weber (geb. 1967) und Francisco Javier Varela (1946–2001) hin, indem sie die Leiblichkeit *a priori* des *Opus postumum* mit einer „phänomenologischen Kehre" („phenomenological inversion") bezüglich der *KrV* verbinden (Weber und Varela 2002). Sie heben hervor, dass der Leib im Nachlasswerk den Kategorien *a priori* zugrunde gelegt werde: „Without invalidating the apriori categories that had been the possibility of all knowledge, Kant finds an entirely new foundation for them: the lived body. The moving forces of matter [...] are not deduced from or ‚dictated' by the apriori categories of reason but themselves are a basic *experience* underlying all apriori categories [...]." (ebd., 109).

169 Vgl. Rivera 2005.

170 „La corporalidad empíricamente afectada del sujeto se ve así integrada en el sistema transcendental." (Rivera 2005, 306).

171 „Únicamente un sujeto consciente de su corporalidad puede abrirse al mundo, estar en el mundo y comprender su realidad." (Rivera 2005, 310).

172 „[...] esa síntesis del sujeto con la corporalidad está situada en el ámbito de lo prerreflexivo." (Rivera 2005, 314).

8 Weitere Beiträge zu metaphysischen und transzendentalphilosophischen Themen

In diesem Kapitel werden Beiträge zu den transzendentalphilosophischen und metaphysischen Themen dargestellt, die überwiegend in den Entwürfen *Conv. VII* und *Conv. I* abgehandelt werden. Sie sind hier wie folgt eingeteilt: Beiträge zum Begriff des Organischen (8.1), zur Metaphysik des Selbstbewusstseins (8.2), zur Gotteslehre (8.3) sowie zu Transzendentalphilosophie und Idealismus (8.4). Abschließend sei das Augenmerk kurz auf einige Beiträge zu verschiedenen Motiven mit Bezug auf die Metaphysik und die Transzendentalphilosophie im *Opus postumum* gerichtet (8.5).

8.1 Zu dem Begriff des Organischen und seinen metaphysischen Implikationen

Der Begriff des Organischen, mit welchem der im vorherigen Kapitel erörterte Begriff der Leiblichkeit in enger Verbindung steht, wird im *Opus postumum* nicht direkt thematisiert. Betrachtungen über die Organismen tauchen nur gelegentlich, oft am Rande, im Zusammenhang mit den Hauptthemen der Übergangslehre und der transzendentalphilosophischen Überlegungen der späteren Entwürfe auf. Die Bedeutung des Organischen im Rahmen des *Opus postumum* und die Kontinuität mit der Theorie der Organismen in der *KU* wurden in der Kant-Forschung unterschiedlich beurteilt. Für Heimsoeth (8.1.1) und Düsing (8.1.3) stehen die Äußerungen des *Opus postumum* in Verbindung mit den Positionen der *KU*. Riese (8.1.2) und Tanaka (8.1.4) sehen hingegen im Nachlasswerk eine grundsätzliche Abweichung von den kritischen Thesen.

8.1.1 Heimsoeth

Heinz Heimsoeths[1] bahnbrechender Aufsatz von 1940 handelt von den Erörterungen zu den Organismen im *Opus postumum*,[2] einem Thema, das in der Kant-

---

1 Heinz Heimsoeth (1886 – 1975) war ein deutscher Philosoph und eine prominente Figur der deutschen Kant-Forschung.

2 Heimsoeth 1940. Vgl. dazu de Vleeschauwers Bericht (de Vleeschauwer 1941, 157 – 161). An seine Betrachtungen über den Begriff des Organischen knüpft Heimsoeth in einigen Anmer-

Forschung bis zu jenem Zeitpunkt kaum beachtet wurde. Heimsoeth bemerkt, dass der Begriff des „Organischen" im *Opus postumum* sowohl die pflanzlichen als auch die tierischen Naturkörper einschließt, welche sich qua Lebensformen von allem „Unorganischen" abgrenzen.[3] In Kontinuität mit der *KU* wird das Organische auch im *Opus postumum* durch teleologische Vorstellungen erörtert, wie Heimsoeth anhand mehrerer Belege nachweist.[4] Die organischen Körper würden sich also von den unorganischen darin unterscheiden, dass man sie nur durch Erfahrung, und zwar durch Lebenserfahrung, verstehen könne. Ihre Eigenschaften könnten nicht *a priori* aus dem Begriff des Körpers deduziert werden.[5] Nichtsdestoweniger müssten auch die organischen Körper in die Klasseneinteilung der Körper überhaupt *a priori* hineingebracht werden. Nur dadurch würden ihre Begriffe, wenn auch nachträglich, Notwendigkeits- und Allgemeinheitsbedeutung gewinnen. Denn die Möglichkeit der Organismen als Naturgegenstände könne nicht *a priori* gegeben, sondern nur indirekt im System gedacht werden.[6] Organismen könnten aber auch nicht allein mechanisch erklärt werden, denn ihre Dynamik setze ein formales, immaterielles, teleologisches Prinzip voraus.[7] An vielen Stellen werde dieses Prinzip des Organischen als mit der tierischen Lebensspontaneität verbunden gesehen und in Analogie zu einem seelischen Agens verstanden. Weitere Formulierungen legten dem Organischen eine konstruierende übernatürliche Intelligenz zugrunde. Aber auch in diesen Fällen bleibe das Prinzip ein Noumenon, daher an sich unerkennbar und bloß analogisch gedacht. In diesem Zusammenhang tauche auch der Begriff einer Weltseele bzw. eines Weltgeistes auf, den Kant einmal annehme, einmal ablehne.[8] Heimsoeth fasst die verschiedenen Versuche Kants folgendermaßen zusammen:

> Die Formulierungen Kants bleiben bis zuletzt unentschieden und schwankend; ein Kerngedanke aber ist immer der gleiche: daß hier offenbar ein nicht-materielles Prinzip *sui generis* vorliegt, dem unsere im Analogiegedenken zu menschlicher Zwecktätigkeit gebundenen Vorstellungsweisen (ob von der „Seele" hergenommen und zur „Weltseele" ausgeweitet, oder von der Idee eines vernünftigen Geistes als Ersten Bewegers und Konstrukteurs aus gebildet) immer inadäquat bleiben.[9]

kungen seiner bekannten Abhandlung *Atom, Seele, Monade* an (Heimsoeth 1960, 288 Anm., 294 Anm., 330 Anm.).

3 Heimsoeth 1940, 84–88.

4 Heimsoeth 1940, 88 ff.

5 Heimsoeth 1940, 90 ff.

6 Heimsoeth 1940, 92 f.

7 Heimsoeth 1940, 92–96.

8 Vgl. Heimsoeth 1940, 96–101.

9 Heimsoeth 1940, 101.

Im *Opus postumum* finde sich auch der Gedanke, dass „[d]ie Natur [...] die Materie nicht bloß der Art, sondern auch den Stufen nach sehr manigfaltig [organisiere]"[10]. Die organischen Körper würden sich zueinander wie die Teile zum Ganzen verhalten und würden demgemäß von der Natur zu „Corporationen" organisiert.[11] Das gelte auch für den Menschen, sofern er ein Naturwesen – ein Tier – sei.[12] Die Ganzheit aller dieser Korporationen, nämlich der „Erdglob", lasse sich dann wiederum als ein einziger Organismus betrachten, und von der Erde weite sich der Gedanke zum Weltall als Organismus. In diesem Zusammenhang „bietet sich Kant dann wieder (nicht ohne gegenwirkende Bedenken, betonte Unsicherheit der Fassung und Abwehr möglichen Mißbrauchs) die Idee einer Weltseele an."[13] Dieser Anklang an die romantische Naturphilosophie beweise noch nicht, dass Kant den Boden der kritischen Philosophie verlassen habe:

> In Wahrheit [...] bleibt die kritische Haltung des reifen Kant unangefochten und in Wirksamkeit. Es handelt sich in diesen Aufzeichnungen nicht um „dogmatische" Konstruktionen (mit dem Anspruch auf einsichtige Notwendigkeit der Thesen), sondern um Endideen der „reflektierenden", ins grundsätzlich Unbestimmbare zielenden Urteilskraft, für deren Intentionen Erfüllung nicht erwartet werden kann.[14]

8.1.2 Riese

Bezüglich der Organismentheorie weist Walther Riese[15] auf eine gewisse Tendenz im *Opus postumum* hin, vom Standpunkt der kritischen Schriften abzuweichen, insofern Organismen quasi Maschinen angeglichen werden und sich Kant vom rein *regulativen* Gebrauch des teleologischen Prinzips in der *KU* abwendet, um sich einem *konstitutiven* Gebrauch desselben zu nähern.[16] Diese Tendenz werde vor allem an Folgendem deutlich: Vom Standpunkt der *KU* aus sei der gegenseitigen

10 *OP*, AA 22: 549.18 f. = XII 10.

11 *OP*, AA 22: 549.18–30 = XII 10; 22: 506.1–5 = XI 27; 22: 534.20 ff. = XI 35.

12 Heimsoeth präzisiert jedoch diesbezüglich Folgendes: „Dabei wird aber keineswegs der Abstand dieses ganzen organischen Systems vom eigentlichen ‚Reich der Zwecke' (Idee der praktischen Vernunft und Inhalt der ‚Metaphysik der Sitten'), dem der Mensch als selbst Zwecke setzendes und diese moralisch unterscheidendes Wesen angehört, verwischt [...]." (Heimsoeth 1940, 104).

13 Heimsoeth 1940, 107.

14 Heimsoeth 1940, 108.

15 Walther Riese (1890–1976) war ein deutsch-amerikanischer Psychiater und Medizinhistoriker. In einem Aufsatz von 1965 hat er einige Bemerkungen über die Organismentheorie des *Opus postumum* veröffentlicht (Riese 1965).

16 Riese 1965, insbesondere 328 f. und 331.

Kausalität der Teile eines Organismus eine *bildende* Funktion zuzuerkennen. Insbesondere diese Funktion unterscheide das gegenseitige Kausalverhältnis der Teile einer Maschine von jenem eines Organismus, denn im Gegensatz zu den Organismen diene jeder Teil in einer Maschine dem Zweck der anderen, ohne sie jedoch zu bilden. Nun scheine gerade die genannte bildende Funktion gemäß einigen Stellen des *Opus postumum* abgelehnt zu werden.[17]

8.1.3 Düsing

Die Ausführungen des späten Kant über das immaterielle Prinzip der Organismen, der Begriff eines organischen Weltganzen und der Begriff der Weltseele bieten nach Klaus Düsing[18] zwar auch neue Gedanken gegenüber der *KU*. Doch trotz der deutlichen Anspielungen auf Spinoza, Leibniz und die romantische Naturphilosophie verlassen sie in seinen Augen den Grundansatz der *KU* nicht.

Wie in der *KU*, in der zur Grundlegung der Organisation von Naturzwecken ein übersinnliches Prinzip angenommen werde, werde auch im *Opus postumum* ein immaterielles Prinzip für die Organismen behauptet. Die Betrachtung der organischen Körper als „natürliche Maschinen" sei zwar neu im Vergleich zur *KU*. Sie mache jedoch keineswegs einen erkennenden Verstand zur Vorbedingung.[19] Denn man könne den Zweck der Natur hierbei denken, sie aber nicht als wirklich und objektiv bestimmen. Maschinen, die menschliche Kunstwerke seien, setzten die Absicht eines verständigen Wesens voraus. Ähnlich verlangten Organismen qua „natürliche Maschinen" die Zweckidee eines bildenden Verstandes. Ein solcher Verstand könne zwar nicht mit der trägen Materie identifiziert werden – und in diesem Sinn heiße das Prinzip des Organischen „immateriell". Er gehöre dennoch zur Natur. Die Annahme eines bildenden Verstandes in Analogie zum menschlichen Urheber eines Kunstwerks könne nun nur eine reflektierende, nicht aber eine bestimmende Gültigkeit beanspruchen. Wiederum im Unterschied zur *KU* werde diesem Prinzip im *Opus postumum* eine absolute, nicht eine zusammengesetzte

---

17 Riese 1965, 329.

18 Das vierte Kapitel seines Werkes *Die Teleologie in Kants Weltbegriff* von 1968 (wiederveröffentlicht 1986) widmet Klaus Düsing (geb. 1940) den drei Hauptthemen der Philosophie des Organischen im *Opus postumum* (Düsing 1986, 143–205): dem immateriellen Prinzip der Organismen (ebd., 145–153), dem Begriff eines organischen Weltganzen (ebd., 154–171) und dem Begriff der Weltseele (ebd., 172–205).

19 „Der Begriff eines organischen Körpers als ‚natürlicher Maschine', die also durch eine in ihr liegende und wirksame Zweckursache entstanden ist und sich erhält, ist aber kein objektiver Begriff des erkennenden Verstandes, sondern – nach der Begrifflichkeit der *Kritik der Urteilskraft* – ein regulativer Begriff der reflektierenden Urteilskraft." (Düsing 1986, 146).

Einheit zugesprochen; es werde als „immaterielle Substanz" angesehen. Diesen Überlegungen über eine einfache, immaterielle Substanz als Prinzip des Organischen liege keine Substanzmetaphysik zugrunde, denn ein solcher Begriff könne nur subjektiv gelten.[20] Das Verhältnis zwischen der Zweckmäßigkeit der organischen Körper, deren Prinzip als absoluter Einheit und einer dieser zugrunde liegenden immateriellen Substanz lasse sich wie folgt denken: Die „Synthesis des mannigfaltigen ‚nach Zwecken' verlangt ein ‚Princip der absoluten Einheit der wirkenden Ursache'. Diese Einheit aber ist nur in einer ‚immateriellen Substanz' zu finden."[21] Dieses Ergebnis bestätige nun die Denkart der *KU*.[22]

Düsing rekonstruiert die Schritte, die im *Opus postumum* zum organisch-teleologischen Weltganzen führen. Die spezielle Aufgabe des Übergangsprojekts sei die Bildung des vollständigen Systems der bewegenden Kräfte der Natur. Organismen als organische bewegende Kräfte müssten daher in dieses System eingegliedert werden. Ein systematisches Ganzes sei nun von Kant schon in der *KrV* in Analogie zu einem Organismus gedacht worden.[23] Im *Opus postumum* verbinde sich der Gedanke des „organischen Systems" mit dem Problem der Leiblichkeit des Menschen. Denn um ein organisches System der bewegenden Kräfte zu entwerfen, müsse das Subjekt seinen Leib als Organismus erfahren und auf die Kräfte, die es affizierten, durch seine eigenen Kräfte reagieren. Die Möglichkeit der Wahrnehmung äußerer Gegenstände setze voraus, dass das Subjekt durch seine eigene Spontaneität sich selbst als organischen Leib affiziere. Dadurch komme Kant auf das stufenartige Modell, in dem zuerst die Welt der Menschen, dann die Welt als Erdglobus, schließlich das Weltganze selbst als ein Organismus erfasst werde. Daran schließe sich der Versuch an, Gott und die Welt, Natur und Freiheit als ein Ganzes zu denken. Die Anklänge an Leibniz und Schelling seien auffällig. Für Kant handle es sich jedoch um keine metaphysische Erkenntnis, sondern um Gedanken, die allein im Rahmen einer erkenntnistheoretischen Problematik ihre Geltung finden: „[Kants] Intention ist vielmehr, den Begriff der organischen Welt – trotz mancher weitergehenden Äußerungen – kritisch als bloße Idee der menschlich-endlichen Vernunft zu fassen, die, nach

20 Vgl. Düsing 1986, 145–150. Als philosophisch-geschichtlichen Hintergrund zur Bezeichnung des Prinzips des Organischen als „immaterielle Substanz" und „absolute Einheit" verweist Düsing auf die leibnizsche Monade, die eine einfache, selbstständige und aktive Substanz darstellt (vgl. ebd., 147 f.). Darüber hinaus lehnt Kant mit der Annahme einer immateriellen Substanz als Prinzip des Organischen zwei materialistische Thesen ab: den Hylozoismus und die Atomistik (ebd., 150 ff.).

21 Düsing 1986, 151.

22 Vgl. Düsing 1986, 151 ff.

23 *KrV* B XXXVII f.

Kants Darstellung im Nachlaßwerk, vor allem systematische empirische Erkenntnis ermöglicht."[24]

Sehe man die Welt überhaupt als organische Ganzheit an, stelle sich die Frage, ob ihrer Einheit in Analogie zu den organischen Körpern ein inneres, immaterielles, organisierendes Prinzip zugrunde gelegt werden müsse, das mit dem Begriff der Weltseele zu identifizieren wäre. Kants Linie sei bezüglich dieser Frage undeutlich. Teils äußere er sich über die Möglichkeit einer Weltseele ablehnend, teils nehme er sie an. An vielen Stellen im *Opus postumum*, an denen Kant eine Weltseele annehme, halte er sie für ein mögliches, aber nicht notwendiges Prinzip.[25] Den Bezug der Weltseele zur Sinnenwelt denke Kant nun in Analogie zum Verhältnis der einzelnen Seelen zu den organischen Körpern. Er sehe die Weltseele also als organisierendes Prinzip zweckmäßiger Formen der Natur und doch zugleich als immateriell. Daraus resultiert die Frage, ob diese Ursache das Vermögen einer zugrunde liegenden Substanz sei, die demzufolge als ein übersinnliches Wesen zu denken wäre. Als übersinnliches Prinzip wäre es theoretisch unerkennbar, als Naturprinzip könnte es praktisch nicht postuliert werden, als *inneres* Prinzip der Natur wäre es als der Sinnenwelt immanent anzusehen.[26] Eine solche Sichtweise der Weltseele deute auf einen möglichen Vergleich mit dem Wärmestoff oder Äther hin.[27] An einer Stelle in *Conv. VII* setze Kant Weltseele und Äther sogar gleich.[28] Aber, wie Düsing richtig bemerkt, es geht nur um eine „dunkle Andeutung".[29] Der Anklang dieses Gedankens an die Darstellung eines Materie und Leben umfassenden Prinzips des Naturganzen im romantischen Idealismus – namentlich beim jungen Schelling –, welches zugleich als Wesen und Einheit von Äther und Weltseele spekulativ erkannt werde, ist auffällig.[30] Düsing weist jedoch

---

24 Düsing 1986, 171.

25 Düsing 1986, 172 und 179. Die Annahme einer Weltseele führt zur Frage, ob man eine Vielheit immaterieller Prinzipien für alle Organismen – sowohl Individuen als auch Gattungen – annehmen muss oder ob man dieser Vielheit die Weltseele als ihr immaterielles Prinzip zugrunde legen muss. Kant gibt keine eindeutige Antwort. Nach Düsing räumt Kant jedoch dem Begriff der Weltseele als einzigem immateriellem Prinzip Priorität ein. Der Grund dafür liegt sehr wahrscheinlich darin, dass Individuen und Arten entstehen und vergehen können, was es schwierig macht zu denken, dass ihnen immaterielle Prinzipien zugrunde liegen sollen (vgl. ebd., 180–184).

26 Düsing 1986, 184 ff.

27 Düsing 1986, 187 ff.

28 *OP*, AA 22: 421.4 ff. = X 62. Als weitere Stellen, an denen ein Vergleich des Äthers mit der Weltseele „nur vorsichtig angedeutet" werde, nennt Düsing die folgenden: *OP*, AA 22: 62 = VII 25; 22: 109 = VII 41; 22: 126 = VII 45 (Düsing 1986, 188 Anm.).

29 Düsing 1986, 188.

30 Düsing 1986, 188.

darauf hin, dass sich die Überlegungen Kants von denen Schellings in zwei wesentlichen Punkten unterscheiden. Abgesehen von der genannten „dunklen Andeutung" halte Kant an den meisten Stellen an der prinzipiellen Unterschiedlichkeit von Äther als ursprünglichem Weltstoff und Weltseele als immateriellem Prinzip des Organischen fest. Ferner sei die Weltseele nach Kant weiterhin eine bloße Idee und keine objektive Erkenntnis.[31]

Es bleibt nun noch zu betrachten, wie der Begriff der Weltseele zu Gott als dem Urgrund aller Dinge überhaupt steht. Kant unterscheidet nach Düsing deutlich zwischen Gott als moralisch-praktischer Idee und der Welt als theoretischer bzw. technisch-praktischer Idee. Gott könne daher nicht die Welt und auch kein Wesen in der Welt sein, außerdem könne er sich nicht zur Welt verhalten wie etwa die Seele zu einem Tier.[32] Die Weltseele lasse sich weder mit Gott noch mit dem Menschen identifizieren, welcher als moralisches und sinnliches Wesen Gott und die Welt verbinde, während sich die Weltseele zwar als übersinnlich, nicht aber als moralisch-praktisch denken lasse. Sie gehöre zur Idee der Welt, die durch die theoretische Vernunft erzeugt werde.[33]

31 Düsing 1986, 188 f. „Die Weltweise ist für ihn [= Kant] – unserer endlichen Erkenntnisweise gemäß – nur eine unserem Seele-Körper-Verhältnis analoge Vorstellungsart des immateriellen Prinzips des Organischen. Vor allem wird nach Kant dadurch zwar der übersinnliche Grund der Natur nach unseren Begriffen als bestimmt gedacht, aber doch nicht an sich erkannt. Denn nach Kant ist es nur für uns, nämlich durch unsere Erkenntnisart notwendig, dem Organischen in der Natur, das wir uns als objektive Zweckmäßigkeit der Natur zu denken haben, und schließlich der Zweckmäßigkeit im Weltganzen, die aber bloß von uns entworfen wird, eine besondere, nämlich verständige Ursache als zugrunde liegend vorzustellen. Da diese als innerer, weltimmanenter Grund der Weltorganisation anzusehen ist, kann sie auch bestimmter als Weltseele gedacht werden. Sie muß dabei jedoch eine bloße Idee bleiben, ein metaphysischer Begriff vom Übersinnlichen der Natur, auf den uns die Teleologie im Weltganzen zwar hinweist, der aber für uns niemals objektive Erkenntnis werden kann." (ebd.). Ebenfalls zeigt Hein van den Berg, dass Kant zwar erst im *Opus postumum* den Begriff der Lebenskräfte für eine notwendige theoretische Voraussetzung zur biologischen Erforschung hält. Der Königsberger lehne jedoch die Annahme ab, dass sie objektive Realität habe, was beweise, dass er sich auch im seinem Nachlasswerk daran halte, dass teleologische Prinzipien nicht als konstitutiv für die Gegenstände der Natur gesehen werden können (vgl. Berg 2009, insbesondere 131–135).

32 Vgl. Düsing 1986, 189–192.

33 Vgl. Düsing 1986, 193–197.

8.1.4 Tanaka

Nach Mikiko Tanaka[34] weicht Kant im *Opus postumum* in mehrerlei Hinsicht von seinen Positionen in der *KU* ab. Das lasse sich zunächst daran feststellen, dass die reflektierende Urteilskraft, die Funktion des intuitiven Verstandes sowie die Antinomie von Mechanismus und Teleologie, die die Organismentheorie der *KU* kennzeichnen, in Kants Nachlasswerk stillschweigend verschwinden. Als Grund dafür nennt Tanaka die Erfordernisse der neuen Transzendentalphilosophie Kants. Die Zweckmäßigkeit des Organismus habe nämlich anhand der reflektierenden Urteilskraft nicht apodiktisch nachgewiesen werden können, was impliziert habe, dass die Organismen keine objektive Realität hätten erlangen können. Organismusbegriff und teleologische Naturauffassung hätten deswegen im Rahmen des Übergangsprojekts eine grundsätzliche Revision gefordert. Der Zweckbegriff gewinne einen konstitutiven Charakter und werde in die Natur selbst hineingelegt.[35]

Kants radikale Revision der Organismustheorie, so Tanaka, sei bereits im *Oktaventwurf* auffällig, in dem die Organismen erstmalig im Rahmen des Übergangsprojekts thematisiert würden.[36] Die Revision setze sich dann in den Entwürfen *A. Elem. Syst. 1–6* und *Uebergang 1–14* fort, in denen Organismen als Maschinen betrachtet werden und die Zweckmäßigkeit in ein konstitutives Prinzip verwandelt werde.[37] Ein weiterer Schritt erfolge in *Conv. X/XI* in Zusammenhang mit der Selbstsetzungslehre, dann in *Conv. VII* und *Conv. I* in Verbindung mit der Gotteslehre. In *Conv. X/XI* werde einerseits der Verstand qua Prinzip *a priori* der Zusammensetzung der bewegenden Kräfte der Materie der Organismuserfahrung vorausgesetzt. Andererseits werde dort ein immaterielles Prinzip oder eine Substanz an sich als organisierendes Prinzip für die organischen Körper angenommen.[38] In *Conv. VII* würden organische Körper nicht mehr durch bewegende Kräfte definiert. Kant nehme jetzt an, dass ein immaterielles Prinzip den Organismen innewohne. Zugleich werde die Existenz einer Kluft zwischen der Welt und Gott behauptet, die allein der Mensch überbrücken könne.[39]

---

34 Das Verhältnis des *Opus postumum* zur *KU* behandelt Mikiko Tanaka im zweiten Teil ihrer Dissertation (Tanaka 2004, 234–318). An die dort angestellten Betrachtungen über Organismusbegriff und Lebensprinzip knüpft Tanaka in einem späteren Aufsatz (Tanaka 2005) an.

35 Tanaka 2004, 277–283.

36 Tanaka 2004, 283.

37 Vgl. Tanaka 2004, 284–292.

38 Vgl. Tanaka 2004, 292–296.

39 Vgl. Tanaka 2004, 296 f.

8.2 Zu Kants idealistischer Wendung im Nachlasswerk

Für die Interpreten, die Kant im *Opus postumum* eine Wende hin zu einer Form des absoluten Idealismus vollziehen sehen, stellt der Entwurf *Conv. VII* den stichhaltigsten Beweis dar. Denn gemäß dem Standpunkt dieser Interpreten kann die dortige Ablehnung des Realismus des Dinges an sich nur zu einer absoluten Setzung des Bewusstseins führen. In einem Aufsatz von 1964 stellt Joachim Kopper die Weichen zur Interpretation des *Opus postumum* als Vollendung der kritischen Transzendentalphilosophie in einem absoluten Idealismus.[40] Die in den 1990er-Jahren erschienenen Arbeiten von Sang-Bong Kim und So-In Choi entfalten Koppers programmatische Interpretationslinie des *Opus postumum* in Bezug auf *Conv. VII.*[41] An eine Interpretation der Selbstsetzungslehre als Metaphysik des Bewusstseins knüpfen darüber hinaus auch Autoren wie Prieto und De Vos an.

8.2.1 Kopper

Kopper interpretiert die Übergangslehre des *Opus postumum* als die Vollendung der kritischen Transzendentalphilosophie in einem absoluten Idealismus. Die spezielle Leistung der kantischen Transzendentalphilosophie bestehe darin, „das Aposteriorische [...] als Sicherfüllen des Apriorischen“[42] zu begreifen. Sie bekomme eine erste Grundlegung in der *KrV*, in der jedoch eine gewisse Selbstständigkeit des Aposteriorischen gesetzt zu bleiben scheine, sodass das Subjekt „in einem ‚Was‘ zugegen [sei], das nicht das ‚Was‘ seines Esselbstseins“[43] sei. Im

---

40 Joachim Kopper (geb. 1925) ist ein deutscher Philosoph und ehemaliger Mitherausgeber der *Kant-Studien*. Neben einem Aufsatz über die Vollendung der kritischen Transzendentalphilosophie in einem absoluten Idealismus (Kopper 1964) hat er sich, in Auseinandersetzung mit Wilhelm August Schulze (vgl. unten 8.3.2), mit der Gotteslehre des Nachlasswerkes befasst. Seine Interpretation des *Opus postumum* ist deutlich von seinen Studien über Meister Eckhart und seiner dialektischen Deutung der Geschichte des Bewusstseins geprägt.

41 Die Koreaner Sang-Bong Kim und So-In Choi, die 1992 bzw. 1995/96 an der Johannes Gutenberg-Universität Mainz ihre Promotion abgeschlossen haben, rücken die transzendentalphilosophischen Themen des Entwurfs *Conv. VII* in den Fokus ihrer Dissertationsschriften. Kims Untersuchung handelt von Selbstsetzungs- und Ding-an-sich-Lehre (Kim 1992); die in den Ergänzungsheften der *Kant-Studien* erschienene Arbeit von Choi hat die kantische Auffassung des transzendentalen Subjekts als Selbstbewusstsein und Selbstanschauung zum Gegenstand (Choi 1996). Auf einen Einfluss Koppers auf diese beiden Arbeiten lässt sich schließen, da er Kims Dissertation betreut hatte und Choi ihm im *Vorwort* ihrer Publikation ihren besonderen Dank ausdrückt.

42 Kopper 1964, 37.

43 Kopper 1964, 38.

Opus postumum erfolge die endgültige Überwindung der selbstständigen Geltung des Aposteriori, sofern das „Was“, nämlich die „Stofflichkeit“ selbst der Welt, durch das Subjekt, nämlich das „Daß“, hergestellt und also die Synthesis aus der Analysis verstanden werde. Die Realität des „Was“ werde schließlich als die Realität des „Daß“ selbst erkannt, „denn das Apriori ist die Realität. Das ‚Daß‘ der Einfachheit äußert sich auf die Weise der Synthesis, die Synthesis kann aber kein eigenständiges ‚Was‘ kennen, sie ist vielmehr das ‚Daß‘ selbst“[44]. Synthesis heiße im Grunde genommen „Sichaffizieren“[45], und an die Stelle des Schematismus trete die intellektuelle Anschauung als Selbstanschauung der Spontaneität.[46] Die Formen der Anschauung – Raum und Zeit – setzten sich miteinander und mit dem Verstand gleich.[47] Die Synthesis *sei* der Wärmestoff als Urstoff.[48]

8.2.2 Kim

Kims Darlegung der Begriffe des Dinges an sich und der Selbstsetzung ist von besonderem Interesse, weil er in *Conv. VII* eine extreme Form des subjektiven Idealismus sieht, der sich trotzdem nie in einen absoluten Idealismus wandelt. Kim geht davon aus, dass der 12. Entwurf eine selbstständige Einheit ausmacht, die er ohne Rücksicht auf die anderen Teile des Nachlasswerks kommentiert und interpretiert.[49] Dazu kommt die einseitige Annahme, dass sich aus der Ablehnung des transzendenten Realismus des Dinges an sich allein ein reiner Idealismus ergeben kann. Im Folgenden wird also zunächst Kims Deutung des Dinges an sich

44 Kopper 1964, 51. An anderer Stelle fügt Kopper hinzu: „Synthesis also ist nicht aus der Realität und dem Nichts konstituiert, konstituieren kann nur die Realität, und aus ihr allein kann – analytisch – begriffen werden. [...] Die Synthesis muß die Analysis selbst sein.“ (ebd., 53). Kopper schreibt weiter: „Aposteriorität kann nur ein Mißverständnis sein, das sich dem Denken ergibt, solange es noch nicht zur transzendentalphilosophischen Reflexion gelangt ist.“ (ebd., 57).

45 Kopper 1964, 54 f.

46 „Es kann deswegen hier das Lehrstück vom Schematismus keinen Platz mehr finden: die Kategorien werden nicht mehr in die Zeit hineingeregelt, sondern die Grundsätze leisten selbst den Schematismus. An die Stelle des Bezugs von Spontaneität und Rezeptivität tritt hier die sich schauende Spontaneität.“ (Kopper 1964, 58).

47 „Raum und Zeit bilden ein ursprüngliches einiges Ganzes des anschaulichen Wissenkönnens: man könnte – nach Hegel – sagen, sie sind zusammengeschlossen und sind schlechthin nur als Verstand.“ (Kopper 1964, 60).

48 Kopper 1964, 65.

49 Kim 1992, 4 f.

(8.2.2.1) und dann seine Rekonstruktion der Logik der Selbstsetzung (8.2.2.2) dargestellt.

8.2.2.1 Kims Deutung des Dinges an sich in *Conv. VII*

Kims Sicht des Dinges an sich, zumindest in der dogmatisch-realistischen Auffassungsweise desselben als transsubjektives Dasein, scheint mit der Transzendentalphilosophie unvereinbar zu sein, denn:

> Wenn man das Ding an sich im System der Transzendentalphilosophie zuläßt, verfällt sie in einen dogmatischen Realismus. Wenn man es aber aus ihr wegnimmt, verwandelt sie sich letztlich in einen absoluten Idealismus, sofern die Transzendentalphilosophie Kants nämlich Bewußtseinsphilosophie ist.[50]

Dieser Spannung sei sich Kant erst in den letzten Lebensjahren bewusst geworden. Der Begriff des Dinges an sich werde nämlich zusammen mit der Selbstbewusstseinslehre zum Hauptthema des 12. Entwurfs des *Opus postumum*. Dort werde das Selbstbewusstsein zur Selbstsetzung, wodurch die Transzendentalphilosophie in einen reinen Idealismus verwandelt werde. Allein das Vorhandensein der Ding-an-sich-Lehre unterscheide die Philosophie des späten Kant noch von einem absoluten Idealismus.[51]

Im *Opus postumum* soll Kant – nach Kim im Unterschied zur *KrV* – dem Ding an sich lediglich eine ideale Natur zuschreiben, sofern unter der Bezeichnung desselben als „*ens rationis*" nun nur ein „Gedankenwesen" oder ein „Gedankending" verstanden wird, dem kein transzendentales Dasein entspricht.[52] Das Ding an sich werde dementsprechend der Erscheinung allein logisch gegenübergesetzt. Es sei das „*logice oppositum*", nicht das „*oppositum reale*" der Erscheinung.[53] Wie in der *KrV* sei die Erscheinung auch im *Opus postumum* nicht als bloße Vorstellung konzipiert, sondern immer als die Erscheinung von etwas, nämlich als diejenige des Dinges an sich. Nun sei das X, welches das Subjekt

---

50 Kim 1992, 2.

51 Kim betont: „Es ist üblich, daß man den absoluten Idealismus und die Transzendentalphilosophie dadurch unterscheidet, ob das Denken das Objekt selbst von sich aus hervorbringen kann oder nicht. [...] Aus Angst, daß der Transzendentalismus, wenn das Subjekt wirklich das einzige Prinzip und der einzige Grund der Sinnengegenstände wäre, sogleich in den absoluten Idealismus verfallen würde, waren viele Kantforscher von vornherein gar nicht bereit – genauer gesagt, wollten sie einfach nicht –, die rein idealistische Wendung des Kantischen Gedankens im *op. post.* zu erkennen und anzuerkennen." (Kim 1992, 36 Anm.).

52 Vgl. Kim 1992, 11–14.

53 Vgl. Kim 1992, 14–17.

affiziere, im Nachlasswerk kein transsubjektives Wesen, vielmehr ein im Verstande liegendes *ens rationis*. Die Affektion des Subjekts sei daher eigentlich Selbstaffektion, denn es sei das Affizierte und zugleich das Affizierende.[54]

Das Ding an sich sei im Subjekt sowohl als Akt als auch als Objekt enthalten.[55] Daraus folge, dass das Objekt des Subjekts nur das Subjekt selbst sein könne. Durch seinen Akt mache das Subjekt sich selbst zum Objekt. Kim zufolge gibt es also drei Momente des Ding-an-sich-Begriffes im Nachlasswerk: „Das Ding an sich als Akt, als Gegensatz des Aktes und als Gedanke [...].“[56] Mit der Aufhebung des transsubjektiven Objekts würden Subjekt und Objekt streng miteinander gleichgesetzt, und Kant stimme nunmehr in diesem wesentlichen Punkt seines Denkens mit seinen Nachfolgern im deutschen Idealismus überein.

8.2.2.2 Die Logik der Selbstsetzung

Der Schwerpunkt der Dissertation Kims liegt im Grunde genommen in einem Kommentar zu einer Stelle des 12. Entwurfs, die dem Autor zufolge den Gedankengang der späteren Ding-an-sich-Lehre Kants am prägnantesten darstellt.[57] Die Textpassage lautet wie folgt:

> Der erste Act des Erkentnisses ist das Verbum: Ich bin das Selbstbewustseyn da Ich Subject mir selbst Object bin: – Hierin liegt nun schon ein Verhältnis was vor aller Bestimmung des Subjects vorhergeht namlich das der Anschauung zu dem des Begriffes wo das Ich doppelt d. i. in zwiefacher Bedeutung genommen wird indem ich mich selbst setze d. i. einerseits als Ding an sich (*ens per se*) zweytens als Gegenstand der Anschauung und zwar entweder objectiv als Erscheinung oder als mich selbst *a priori* zu einem Dinge constituirend d. i. als Sache an sich selbst.[58]

---

54 „Das Subjekt ist einerseits Ding an sich, insofern es als Spontaneität betrachtet wird. Dasselbe Subjekt aber wird andererseits als Erscheinung angesehen, wenn es als Rezeptivität betrachtet wird. Das Ding an sich, das das Subjekt affiziert, ist also keine transsubjektive Realität, sondern der Akt des Subjekts selbst. Mit anderen Worten, der intelligible Grund der Erscheinung ist kein transzendentes Ding an sich, sondern der ‚*Act* des Verstandes‘.“ (Kim 1992, 25).

55 „In diesem Sinn ist das Ding an sich sowohl der Gedanke als auch das Denken. [...] Wenn aber das Ding an sich selbst als der Akt des Denkens zu verstehen ist, entsteht eine Spannung zwischen dem Denken und dem Gedanken. Denn das Denken und der Gedanke sind eigentlich sowohl ein und dasselbe als auch zwei verschiedene Dinge.“ (Kim 1992, 27 f.).

56 Kim 1992, 30. Kim fügt präzisierend hinzu: „In der Tat ist die Ding-an-sich-Lehre im *op. post.* [...] nichts anderes als die Lehre von der reinen Tätigkeit des Subjekts.“ (ebd., 38).

57 Vgl. Kim 1992, 40 ff.

58 *OP*, AA 22: 413.2–10 = XII 60; vgl. Kim 1992, 40 f.

Kim erklärt, dass der erste Akt der Erkenntnis, d. h. das erste Erkenntnisprinzip überhaupt, also das Subjekt, das *Ich bin*, keineswegs die Wirkung eines transsubjektiven Objekts sei. Das *Ich bin* wird also nicht aus dem *Ich denke* abgeleitet, wie es bei Descartes der Fall ist. Kant behauptet vielmehr die unmittelbare, ursprüngliche Identität von *Ich denke* und *Ich bin:* „Ich kann nicht sagen ich **denke** darum bin ich (*cogito, ergo sum*) und schreite durch diese Vorstellung nicht im Erkentnis fort sondern wenn es ein Urtheil abgeben soll (ich bin denkend) so ist es ein identisches und nicht ein fortschreitendes Urtheil“[59]. Das *Ich bin* bezeichnet im *Opus postumum* Kim zufolge einfach „mein“ Selbstbewusstsein; in diesem Sinn sei es schon als Selbstsetzung zu sehen. Das Selbstbewusstsein sei hier keineswegs als der Vollzug des absoluten Gottes zu verstehen. Ebenso wenig weise die entsprechende Konzeption der Selbstsetzung auf ein absolutes Prinzip der Philosophie hin. Die ursprüngliche Identität von „*Ich denke, Ich bin*“ beruhe auf keinem Ding an sich, nicht einmal auf dem Ich an sich. Sie zeige vielmehr die Grenze, die die Philosophie nie übersteigen dürfe. In diesem Sinn vertrete Kant zwar einen „reinen“, aber keinen absoluten Idealismus.[60]

Das Ich sei sich im *Ich bin* seiner selbst allein als denkendes Subjekt bewusst. Das *Ich bin* als Selbstbewusstsein sei also keine Vorstellung eines sinnlichen Objekts, es liefere dementsprechend keine Erkenntnis im transzendentalen Sinn: „Ich bin das denkende Subject aber nicht Object der Anschauung als noch nicht mich selbst erkennend“[61]. Das *Ich bin*, welches selber keine Erkenntnis sei, begründe alle Erkenntnis, ohne sich auf das selbstständige Objekt zu beziehen. Daraus folgert Kim, dass „das Ich der alleinige höchste Grund der Erkenntnis“[62] sei. Er fügt hinzu: „Die Erkenntnis findet nicht durch das Verhältnis des Subjekts zu sich selbst statt [...].“[63] Eine solche Position könne nur als Abweichung vom Standpunkt der *KrV* gesehen werden. Anders als in der ersten *Kritik*, in der die Spontaneität der Synthesis der Rezeptivität der Anschauung vorhergehe, sei die Apperzeption in der Perspektive des *Opus postumum* der einzige, höchste Grund der Erkenntnis. Nun heißt Erkenntnis immer *Erkenntnis eines Objekts*, und es gilt nach Kim: „Alles, wessen ich mir bewußt bin, ist ohne Ausnahme das Objekt meines Bewußtseins, gerade weil ich mir dessen bewußt bin.“[64] Das Subjekt setze sich selbst immer, indem es sich selbst zugleich als ein Objekt setze, was die

59 *OP*, AA 22: 89.19 – 22 = VII 35.
60 Vgl. Kim 1992, 48 f.
61 *OP*, AA 22: 91.17 f. = VII 35.
62 Vgl. Kim 1992, 56.
63 Vgl. Kim 1992, 56.
64 Kim 1992, 60.

ursprüngliche Tatsache des Selbstbewusstseins ausmache.[65] Das „*Ich denke*" sei also nicht nur Apperzeption, sondern auch Apprehension, wenngleich *apprehensio simplex*; denn es gehe um eine Apprehension ohne Bestimmung, nämlich um eine leere Bestimmung.

Neben der Selbstsetzung als Objekt bzw. als Subjekt gebe es ein drittes Moment, das auf das Selbstbewusstsein bezogen werde, nämlich das *sum* als Kopula: „(*Sum*) die Copula zu einem möglichen Urtheil und noch kein Urtheil selbst, als wozu noch ein Prädicat erfordert wird (*apprehensio simplex*)."[66] Das *sum* als Kopula sei zwar noch kein Urteil, sondern bloß der reine Akt der Verbindung. Kim zieht nichtsdestoweniger folgenden Schluss daraus:

> Aber die Realität eines Aktes beruht lediglich auf dem Vollzug desselben. Wenn also von der copula „sum" als von dem Akt der Verbindung die Rede ist, muß das sum etwas mit etwas schon verbunden haben. Sonst wäre es kein Akt der Verbindung, geschweige das Prinzip derselben.[67]

Das *sum*-Kopula verbindet nach Kim die beiden ersteren Momente des Selbstbewusstseins: die ursprüngliche Apperzeption und die *apprehensio simplex*. Das *Ich bin* verbinde im Endeffekt lediglich „mich" identisch mit „mir selbst".

Der erste Akt des Selbstbewusstseins erweise sich nach dieser Lesart als sowohl einheitlich wie auch mannigfaltig. Er sei eines und vieles zusammen: „So ist das Ich, das denkende Subjekt, die Einheit in der Vielheit und die Identität in der Differenz."[68] Das *Opus postumum* weiche also in diesem Punkt wesentlich von der Betrachtung des Selbstbewusstseins als absolute Einfachheit ab.[69] Es müsse

---

65 Kim belegt diese Auffassung anhand der folgenden Stelle (Kim 1992, 60): „Der 1ste Act des Vorstellungsvermögens ist das *verbum* Ich bin das Bewustseyn meiner selbst. Ich bin mir selbst ein Gegenstand. Das Subject ist sich selbst Object. – Dieser Gedanke (*apprehensio simplex*) ist noch kein Urtheil (*iudicium*) viel weniger ein Vernunftschlus (*ratiocinium*) ich denke, darum bin ich etc. sondern ein Act der Personlichkeit nach der Regel der Identität im Gegensatz der Anschauung [...]." (*OP*, AA 22: 115.9–14 = VII 42).

66 *OP*, AA 22: 91.9 f. = VII 35.

67 Kim 1992, 69.

68 Kim 1992, 72.

69 Kim 1992, 73 f. Es sei ferner für Kim verständlich, aus der Perspektive des Nachlasswerks festzustellen, der Akt des Selbstbewusstseins sei sowohl analytisch wie auch synthetisch (ebd., 72), Begriff und Anschauung zugleich (ebd., 78), Selbstanschauung (ebd., 79–89), logischer Akt und metaphysische Selbstsetzung (ebd., 90–121), Selbstaffektion, in der die Sache an sich selbst als bloß denkbarer Grund der Erscheinung, d. h. das Noumenon als Gegenstück des Phänomenons, ja letztlich das Denken selbst (ebd., 122–156). Indem das Subjekt sich selbst als Erscheinung und Sache an sich selbst objektiviere, setze es sich durch einen synthetischen Akt als Nicht-Ich (ebd., 162).

trotzdem auch identisch mit sich selbst bleiben.[70] Als Ding an sich sei das Subjekt zwar unerkennbar, es müsse jedoch als Erfahrungsbedingung notwendigerweise gedacht werden. Das Ding an sich sei also das Subjekt als absolute Position und absolute Unwissenheit. Als solche sei es die Schranke, die die Transzendentalphilosophie nie übersteigen dürfe, wenn sie sich nicht in eine transzendente Metaphysik verwandeln wolle: „Der höchste Grund des Wissens ist als solcher gleichwohl sein Abgrund."[71]

8.2.3 Choi

Eng verwandt mit den Positionen von Kim ist Chois Deutung des reinen Idealismus in *Conv. VII.* Während Kim seinen Ansatzpunkt im Begriff des Dinges an sich findet, geht Choi eher von der Idealität von Raum und Zeit aus. Sie hebt die enge Verbindung zwischen der neuen Auffassung von Raum und Zeit und der Selbstsetzungslehre des 12. Entwurfs hervor: „Raum und Zeit sind direkt die Produkte des Selbstbewußtseins als des Aktes seiner Selbstsetzung, und das Selbstbewußtsein kann nur in oder durch Raum und Zeit allein geschehen."[72] Raum und Zeit würden dem Moment der Rezeptivität entsprechen, während das Selbstbewusstsein dem der Spontaneität zuzuordnen sei. Beide Momente lassen sich nach Choi durch die Selbstsetzungslehre vereinbaren. Wie in der *KrV* fungierten Raum und Zeit auch im Nachlasswerk als Formen der Sinnlichkeit. Die Sinnlichkeit werde allerdings im 12. Entwurf nicht mehr als ursprüngliches Vermögen aufgefasst; vielmehr entstünden ihre Formen aus der Tätigkeit des Subjekts. Raum und Zeit seien folglich nicht nur die Formen der Rezeptivität, sondern auch die Formen der Spontaneität des Subjekts.[73]

Der transzendentale Begriff des Selbstbewusstseins werde im *Opus postumum* erweitert. Er bezeichne einerseits immer noch eine lediglich logische Bestimmung des Subjekts nach der Regel der Identität wie in der *KrV*,[74] andererseits auch die entsprechende Selbstsetzung des Subjekts als des bestimmbaren Objekts ohne Bestimmung.[75] Diese Bestimmung entspreche einem bloß logischen Akt, nämlich

70 „Als Substanz wird das Subjekt, d. h. das Ding an sich, so gedacht, daß es sich analytisch nach dem Prinzip der Identität unmittelbar auf sich selbst bezieht und darum selbstidentisch in sich bleibt." (Kim 1992, 172).

71 Kim 1992, 195.

72 Choi 1996, 2.

73 Vgl. z. B. Choi 1996, 9–12.

74 Vgl. Choi 1996, 26–31.

75 Vgl. Choi 31–43.

dem Selbstbewusstsein als *Apperzeption*, dem „Ich" des *„Ich denke"*. Daneben werde im Nachlasswerk auch das „Ich" als Objekt der Wahrnehmung definiert. Es gehe dabei um das Selbstbewusstsein als *Apprehension.*[76] Der Begriff des Selbstbewusstseins drücke also das Ich als das Handelnde und als das Leidende zugleich aus, die Subjektivität und die Objektivität als die beiden Momente der Ichheit.[77] Da die Rezeptivität im transzendentalen Denken nur durch Anschauung stattfinde, müsse die Rezeptivität im Selbstbewusstsein als Selbstanschauung betrachtet werden.[78]

Neben dieser „ursprünglichen" und bloß *logischen* Anschauung wird nach Choi im *Opus postumum* auch eine „derivative" und *synthetische* Anschauung angenommen. Die erste sei Anschauung von Dingen an sich, die zweite von Erscheinungen. Dementsprechend gebe es eine „primitive" und eine „derivative" Auffassung von Raum und Zeit als Formen der korrespondierenden Anschauung. Es gebe also eine doppelte Selbstsetzung des Subjekts in Raum und Zeit – einmal *unmittelbar* als absolute Einheit und Ding an sich, einmal *mittelbar* als Erscheinung:[79]

> Der erste ursprüngliche Akt des Subjekts ist eben das Selbstbewußtsein, d. i. der logische Akt, welchem aber alle weiteren synthetischen Akte desselben in grenzenloser Reihe anhängen und durch den also das Subjekt sich selbst nicht bloß zum Objekt überhaupt, sondern zum Objekt der Sinne als Erscheinung macht.[80]

Das Selbstbewusstsein vollzieht für Choi keineswegs eine Selbsterkenntnis.[81] Es sei vielmehr die ursprüngliche *Entgegensetzung* von Denken und Anschauung und zugleich die ursprüngliche *Verknüpfung* beider Momente als *identisch.*[82] Wie in der ersten *Kritik* halte sich Kant also auch im *Opus postumum* an die prinzipielle Unerkennbarkeit des Selbstbewusstseins. Im Nachlasswerk werde jedoch der absolute Charakter der Zäsur zwischen Denken und Anschauung aufgehoben,

76 Choi setzt diese ursprüngliche Apprehension mit dem gleich, was im 7. Konvolut als *apprehensio simplex* bezeichnet wird: „[...] das Selbstbewußtsein, sich selbst als Objekt überhaupt zu setzen, ist als solches *apprehensio simplex*, weil es auch von sich selbst direkt auf das Sein überhaupt und darum auf die Objektivität überhaupt geht. [...] Das Selbstbewußtsein ist folglich nicht ein bloßes Denken in sich selbst, d. i. die Apperzeption allein, sondern zugleich die Apprehension überhaupt." (Choi 1996, 127).

77 Vgl. Choi 1996, 48–52.

78 Vgl. Choi 1996, 52–56.

79 Choi 1996, 107 f.

80 Choi 1996, 111.

81 Choi 1996, 128 und 131 f.

82 Choi 1996, 132 f.

denn die beiden Vermögen würden nicht mehr als ursprünglich außerhalb des Selbstbewusstseins und unabhängig vom Ereignis desselben einander entgegengesetzt. Dadurch werde der Dualismus von Subjekt und Objekt, Spontaneität und Rezeptivität, Form und Materie, zu welchem die transzendentale Philosophie der *KrV* führte, überwunden.

8.2.4 Prieto

Leopoldo Prieto López[83] schließt sich den Interpreten an, die im *Opus postumum* den deutlichen Ausdruck eines absoluten Idealismus sehen. Denn die Philosophie des späten Kant sei das Ende eines allmählichen Abweichungsprozesses vom ursprünglichen transzendentalen Denken in der *KrV* in Richtung einer Ontologie des Subjekts. Die zentralen Begriffe des *Opus postumum* seien also die *Selbstaffektion* und die *Selbstsetzung* des Subjekts. Dementsprechend würden sich die Konvolute 7 und 1 für die Metaphysik des späten Kant als entscheidend erweisen.[84] In ihren Grundzügen lässt sich Prietos Lesart des kantischen Nachlasswerks wie folgt zusammenfassen:[85] Eigentliches Ziel des *Opus postumum* sei die Konstruktion eines Systems der Erfahrung, was die Antizipation der Erfahrung auch *quoad materiale* fordere. Die bewegenden Kräfte der Materie, die unsere sinnlichen Wahrnehmungen verursachen, lassen sich Prieto zufolge *a priori* nach den Kategorien antizipieren; Bewegung und Materie – die Grundbegriffe der Naturphilosophie – werden zu transzendentalen Begriffen. Die Kräfte seien Handlungen der Spontaneität des Subjekts, und die Urmaterie, d. h. der Äther, sei ein Komplex, der aus der Interaktion jener Kräfte entstehe. Im *Opus postumum* erfolge also eine echte Konstruktion des Materiebegriffs. Die Materie werde auf ihre Grundkräfte reduziert. Die Grundkräfte seien dem Subjekt immanent. Da Materie und Kräfte die Ursachen unserer Empfindungen seien, verwandle sich die Affektion in Selbstaffektion, und die Materie unserer Empfindungen löse sich in Formen und Relationen auf.[86] Dementsprechend heiße Erfahrung aus der Perspektive des späten

---

83 Leopoldo Prieto López (geb. 1964) ist der Verfasser einer 1999 erschienenen, am Päpstlichen Athenäum *Regina Apostolorum* in Rom erstellten Dissertation. Der Autor legt darin eine systematische Deutung des *Opus postumum* aus dessen zentralen Begriffen *Selbstaffektion* und *Selbstsetzung* vor (Prieto 1999). Einige Teile dieser Forschungsarbeit wurden in Aufsätzen veröffentlicht (Prieto 2001 und Prieto 2009).

84 Prieto 1999, 479.

85 Vgl. Prieto 1999, 478–508.

86 Prieto fasst diesen Gedanken folgendermaßen zusammen: „El avanzar de la perspectiva transcendental en la comprensión de realidades como la materia, el movimiento y las fuerzas

Kant nicht mehr Zusammensetzung von Wahrnehmung und Begriff. Sie werde ganz auf den Verstand zurückgeführt und als eine Konstruktion *a priori* der Vernunft allein aufgefasst. *Deduktion* sei nun zum Synonym von *omnimoda determinatio* geworden.[87]

Der Äther – die Urmaterie als Basis der Materie der Körper – entstehe aus der Spontaneität des Subjekts, d. h. aus dem *Ich denke*. Er sei eine *transzendentale*, ja eine *geistige* Materie, und als solche ersetze er das transzendentale Ideal der *KrV*. Dadurch erfolge eine Wendung von Gott als transzendentalem Ideal zum Äther, die als eine gewisse Form von Spinozismus bezeichnet werden könne. Nun werde von diesem transzendentalen Begriff analytisch nach dem Prinzip der Identität ein Existenzbeweis gegeben. Dadurch vollende sich Kants Streben nach einem Prinzip, aus dem das Ganze der Erfahrung herrühren könne. Denn das *Ich denke* bestimme neben dem Formalen auch das Reale der Erfahrung: das Dasein. Da der Äther als geistige Materie nur die Selbstsetzung des *Ich denke* sei, stelle der Existenzbeweis des Äthers den Existenzbeweis des *Ich denke* dar. Das *Ich denke* bestimme sich selbst nicht mehr als bloß logisches Prinzip, wie es in der *KrV* der Fall gewesen sei, sondern als *Dasein*, womit sich die absolute Einheit von Denken und Sein vollziehe.

8.2.5 De Vos

Nach Lu De Vos[88] lassen sich im *Opus postumum* zwei Formen von Selbstbewusstsein identifizieren. Die erste entspreche der leiblichen Subjektivität.[89] Die Möglichkeit der Erfahrung, sofern sie durch eine Affizierung der Sinnesorgane erfolge, setze nämlich voraus, dass das erkennende Subjekt einen eigenen Körper habe. Das Bewusstsein seiner selbst als eines eigenen Leibes sei also die erste Form des Selbstbewusstseins. Die zweite Form sei das Bewusstsein seiner selbst als eines *Ich denke*, als Apperzeption.[90] Dabei handle es sich um ein ausschließlich

---

tiene como efecto vaciar de contenido realmente empírico la ‚materia' de las sensaciones (*Empfindungen*). Ésta termina diluyéndose en formas." (Prieto 1999, 487).

87 In dieser Wende sieht Prieto eine Konzession Kants an seinen Schüler Beck, für den die bestimmende Tathandlung des Bewusstseins der Vorstellung vorangehen muss, um die kantische transzendentale Philosophie von der letzten Spur von Dogmatismus, nämlich dem Ding an sich, zu reinigen (vgl. Prieto 1999, 490).

88 Lu De Vos (geb. 1953) hat über Subjektivität und Wahrheit bei Hegel und den deutschen Idealismus geforscht. Er thematisiert die Formen der Subjektivität im *Opus postumum* in einem Aufsatz von 2009 (De Vos 2009).

89 Vgl. De Vos 2009, 293–296.

90 Vgl. De Vos 2009, 296–300.

logisches Bewusstsein, das keine Bestimmung eines realen Bewusstseins der Anschauung enthalte. Dieses Bewusstsein entspreche nicht der Apperzeption, sondern dem Subjekt der Apperzeption.[91] Dieses Subjekt sei jedoch keine Substanz, kein Ding an sich. Abstrahiere man von der Erfahrung, erweise sich die Form der Subjektivität als reine Tätigkeit.[92] Einen existenziellen Inhalt erhalte das Selbstbewusstsein erst bei der Setzung des eigenen Leibes als Subjekt der sinnlichen Erfahrung.[93]

Neben der Einheit des sinnlich-verständigen Ich vollbringe Kant im *Opus postumum* auch die Bestimmung des Ich als Person, als praktisches Subjekt, das durch den kategorischen Imperativ entstehe.[94] Diese Form der Subjektivität entspreche keinem Sinnenobjekt. Sie sei zwar wirklich, aber nur im Sinne eines reinen Prinzips des unbedingten Gebots. Nun behaupte Kant, dass das sich selbst durchgängig bestimmende Subjekt vom unbedingten kategorischen Imperativ ausgehe, wodurch er die Dichotomie von Rezeptivität und spontaner Freiheit aufhebe.[95] Eine letzte Form der Subjektivität, die aber nicht mehr einem einzelnen Subjekt entspreche, entstehe schließlich aus der Transzendentalphilosophie als System des Ganzen der praktischen und theoretischen Vernunft, das durch die Vernunft selbst hergestellt werde.[96] Mit dieser Darstellung der Vernunft, die sich selbst zum Objekt ihrer Erkenntnis mache, nähere sich der Kant des *Opus postumum* einer Philosophie des absoluten Wissens.[97]

8.3 Zur Gotteslehre

Die Frage, ob und aus welchen Gründen der späte Kant die wirkliche Existenz Gottes behauptet oder negiert habe, ist von Anfang an im Zentrum der Debatte über die Gotteslehre des *Opus* postumum anzusiedeln. Diese Thematik steht außerdem in Zusammenhang mit dem Problem der Kontinuität des Nachlasswerks

---

91 De Vos 2009, 302.

92 „Was könnte denn ein Subjekt oder Ich als Ding an sich sein? Dieser Gedanke wäre ein Ich, das rein (aber nicht logisch-analytisch) und ohne Empirie wäre; er wäre bloßer Laut einer Worterklärung; solches als Realdefinition vorzuschlagen, wäre unmöglich oder sinnlos, weil es auf dem Selbstbewußtsein beruhen müßte. Was sich erhält, ist also bloß die Vorstellung nicht eines Dinges, sondern einer Tätigkeit." (De Vos 2009, 303 f.).

93 Vgl. De Vos 2009, 302 f.

94 De Vos 2009, 300 f.

95 De Vos verweist auf *OP*, AA 22: 126 = VII 45 (De Vos 2009, 301).

96 De Vos 2009, 301 f.

97 De Vos 2009, 305.

mit der zweiten *Kritik*. Im vorliegenden Abschnitt werden Beiträge zu diesem Problemkreis dargestellt, die ab den 1960er-Jahren erschienen sind.

8.3.1 Poncelet und Dakin

Die in diesem Diskurs einander diametral entgegengesetzten Positionen finden in den Standpunkten von Albertus Poncelet und Arthur Hazard Dakin eine knappe und deutliche Ausformulierung. Poncelet behauptet, dass die Existenz Gottes sich durch den kategorischen Imperativ durchsetze, wobei es sich um einen „moralischen" Beweis *quasi* metaphysischer und *quasi* ontologischer Art handle.[98] Dem steht die Auffassung von Dakin entgegen, der bei Kant eine starke Tendenz vorzufinden glaubt, die Persönlichkeit Gottes und die Immanenz seiner Stimme mittels des kategorischen Imperativs im menschlichen Geist als eine notwendige Idee und als Kern unseres rationalen und moralischen Daseins zu betonen und dementsprechend den Begriff des höchsten Guten aufzugeben.[99]

8.3.2 Kopper und W. A. Schulze

Zwischen Joachim Kopper und Wilhelm August Schulze findet ein kleiner Federkrieg um den Gottesbeweis in *Opus postumum* statt.[100] Kopper verteidigt die These, Kant gewinne den ontologischen Gottesbeweis in seinem Nachlasswerk wieder zurück, während W. A. Schulze dieser Behauptung widerspricht. Kopper erfasst den „ontologischen" Gottesbeweis im Nachlasswerk von einem spekulativen Standpunkt aus. Seiner Meinung nach erzielt Kant die Anerkennung des Wissens von Gott erst im *Opus postumum*. Ein solches Wissen stelle jedoch kein naturwissenschaftliches Erkennen, die Erkenntnis einer existierenden Substanz dar. In diesem Sinn handle es sich dabei nicht um eine Widerlegung der Gotteslehre der ersten *Kritik*. Gott bleibe für die Menschen unerkennbar, da sie sinnliche

98 Der flämische Jesuit und Philosoph Albertus Poncelet (1915–2006) ist der Verfasser eines Aufsatzes über den Gottesbegriff im *Opus postumum* (Poncelet 1961). In der Zusammenfassung im Anschluss an seinen Text behauptet er: „L'existence de Dieu s'impose par l'impératif catégorique de la raison pratique-morale. Surprenante dans l'O.p. est la façon quasi métaphysique et presque ontologique d'exprimer cette preuve ‚morale'." (Poncelet 1961, 69).

99 Dakin 1962, 413 f. und 416. Arthur Hazard Dakin (1905–2001) war ein amerikanischer Philosoph.

100 Vgl. Kopper 1955; Kopper 1955/56, insbesondere 55–61; Schulze W. A. 1955, 430–436; Schulze W. A. 1956/57, 80 ff.; Kopper 1956/57.

Wesen seien.[101] Es handle sich dabei vielmehr um „das oberste Wissen“, das Selbstverständnis, das das reflektierende Denken aus der Gegenwart Gottes erziele.[102] Die Erscheinung der sinnlichen Welt setze einen absoluten Grund voraus, nämlich Gott, welcher absolut transzendent bleibe. Gott könne keineswegs als Substanz konzipiert werden, denn diese Kategorie sei nur in der Erscheinungsordnung anwendbar. Gottes Gegenwart in der Welt sei der Mensch, der aber Gott nie erfassen könne. In der Idee Gottes liege jedoch bereits der Beweis für die Notwendigkeit seines Daseins.[103] In der folgenden Formulierung fasst Kopper seine Rekonstruktion des ontologischen Gottesbeweises im *Opus postumum* zusammen: „Das Selbstbewußtsein des Menschen, das zugleich Bewußtsein von der Welt ist, müsse, indem es die Unzulänglichkeit seiner selbst erfährt, begreifen, daß es nicht aus sich, sondern aus Gott ist.“[104] W. A. Schulze hält diese Deutung des Gottesbeweises im *Opus postumum* für zu einseitig theoretisch und weist auf

101 So schreibt Kopper: „Menschensein bedeutet, in der in dieser Welt offenbaren Gegenwart Gottes stehen, der doch, weil diese Welt über ihre Erscheinungshaftigkeit unmöglich hinauskann, *der verborgene Gott* bleiben muß.“ (Kopper 1955/56, 58; Hervorhebung von mir). Des Weiteren behauptet er, dass „Gott doch *gänzlich fremd*“ bleibe. (ebd., 59; Hervorhebung von mir).

102 Kopper 1955/56, 58.

103 „Diese Gegenwart Gottes aber ist der Mensch selbst. Gott ist im Menschen selbst als sein Grund gegenwärtig, den der Mensch gleichwohl nie zur erreichen vermag. [...] Aus Gott aber allein, der in ihm ist, gewinnt er sich selbst als das freie Vernunftwesen, das er ist. [...] Der Transzendentalphilosophie enthüllt sich dergestalt Menschensein als das Gegenwärtigsein Gottes, das geschieht, indem die Welt sich zeigt. Die Transzendentalphilosophie kennt den Gottesbeweis nicht mehr als den Beweis einer vollkommenen Substanz, sie ist vielmehr das Erfahren der Gegenwart Gottes als des Grundes im Sichgeben einer Welt, die bloße Erscheinung ist. [...] Solches Gegenwärtigsein Gottes auf die Weise der Welt kann keine theoretisch faßbare Objektivität erlangen. [...] Gott kann kein ‚dabile‘ sein, er ist, deswegen weil er als der die Erscheinungsordnung Begründende erfahren ist, nicht aber von der Erscheinungsordnung selbst her ergriffen werden kann, nicht gegenständlich, sondern als Denken gegenwärtig, er ist für uns ‚cogitabile‘. In diesem ‚cogitabile‘ gründet auch die Welt, deren Objektivität nicht das Primäre, sondern das Abgeleitete ist. Die Idee von Gott aber ist schon der Beweis seiner Existenz, einer Existenz, die jenseits der sich uns darbietenden Existenz und Substanz steht, denn die hingenommene Existenz und Substanz ist Existenz und Substanz des Zufälligen der Erscheinungsordnung. [...] Die Idee von Gott ist Gott selbst in der Notwendigkeit seines Seins gegenwärtig.“ (Kopper 1955/56, 58 ff.). Kant hat somit den anselmischen ontologischen Beweis überwunden, der vom Begriff des allerrealsten Wesens ausgeht: „Erst Kant hat es vermocht, [...] das Denken aus der Gegenwart Gottes in ihm hervorgehen zu lassen.“ (ebd., 60).

104 Kopper 1956/57, 85.

die zahlreichen Stellen hin, die eher in Kontinuität mit der Konzeption der *KpV* stehen.[105]

8.3.3 Lamacchia

Ada Lamacchia[106] knüpft an die Auseinandersetzung von Kopper und W. A. Schulze an. Sie sieht den wichtigsten Fortschritt der Gotteslehre des *Opus postumum* im Vergleich zu den kritischen Schriften in der Auffassung von Gott als Person.[107] Was den sogenannten ontologischen Gottesbeweis betrifft,[108] behauptet

---

105 Schulze W. A. 1955, 433 ff. Vgl. ferner Schulze W. A. 1956/57, 81 f. W. A. Schulze vertritt die These, dass das *Opus postumum* durchaus im Zusammenhang mit den kritischen Schriften steht. Er erklärt also: „Die Stellen, die für den ontologischen Gottesbeweis sprechen, muß Kant vorgesehen haben, um sie zu widerlegen [...].“ (Schulze W. A. 1955, 434). Und weiter: „So müssen wir doch zu dem Ergebnis kommen, daß die religionsphilosophischen Grundlinien Kants auch im Opus postumum denen des übrigen Lebenswerkes durchaus entsprechen.“ (ebd., 435). Koppers Verteidigung entkräftet den Kern der Kritik von W. A. Schulze jedoch nicht. Denn Kopper behauptet: „Ich betrachte auch Kants Moralphilosophie als Vorstufe seiner Gotteslehre zu den noch deutlichern Äußerungen im – zeitlich – letzten Konvolut des *Opus postumum*. [...] Gottes transzendente Persönlichkeit [...] ist mit dem Sichwissen aus Gott sehr wohl vereinbar.“ (Kopper 1956/57, 85). Dadurch bestätigt Kopper, dass die moralphilosophischen Betrachtungen nur eine Vorstufe zur Spekulation über Gott sind und dass der Begriff eines personalen Gottes zwar vereinbar mit jener Spekulation, nicht aber die direkte Quelle der Gottesidee ist.

106 Die italienische Philosophie-Historikerin Ada Lamacchia (1927–2008) ist die Verfasserin eines Aufsatzes über den Begriff Gottes als Person im *Opus postumum*, der erstmals 1963 erschien (Lamacchia 1963) und dann 1990 in einem Sammelband von Lamacchias Beiträgen über die kantische Philosophie wiederabgedruckt wurde (Lamacchia 1990, 213–233).

107 Lamacchia schildert den Gottesbegriff im *Opus postumum* zunächst anhand dreier Bezeichnungen: Substanz, Ursache und höchster Gesetzgeber (Lamacchia 1990, 215–221). Sie betont, dass Gott im *Opus postumum* nicht mit einer unpersönlichen Substanz gleichgesetzt werde (Lamacchia 1990, 215 ff.). Er werde vielmehr als Urheber der Welt bezüglich der Natur und als Heiliger bezüglich der Moral bezeichnet. In dieser Gottesidee konvergieren sowohl die technisch-theoretische als auch die praktisch-moralische Welt, und in dieser Einheit gipfelt die Transzendentalphilosophie (Lamacchia 1990, 217 ff.). Gott wird ferner als Person bezeichnet, indem er als der höchste Gesetzgeber anerkannt wird. Gott ist nämlich nicht mehr nur ein notwendiges Postulat zum höchsten Guten und zur Verbindung der Glückseligkeit mit der moralischen Tugend, wie dies in der *KpV* der Fall ist. Er ist im *Opus postumum* zudem der Autor des kategorischen Imperativs, obwohl die praktische Vernunft ihre Autonomie behält (Lamacchia 1990, 219 ff.). Weiterhin hebt Lamacchia hervor, dass Gott als Person im System der Transzendentalphilosophie die Einheit des Wissens schließlich in sich verwirkliche (Lamacchia 1990, 221–225).

108 Lamacchia behandelt diesen spezifischen Aspekt der Gotteslehre im *Opus postumum* im dritten und letzten Teil ihres Aufsatzes (Lamacchia 1990, 225–233).

sie gegen Kopper, dass man vielen Äußerungen im *Opus postumum* begegne, die die Unmöglichkeit einer theoretischen Ableitung der Existenz Gottes aus der Idee seiner Substanz nahelegten. Nach Lamacchia hat Kant den Boden der Transzendentalphilosophie letzten Endes nie verlassen. Die Gottesidee bleibe für Kant auch in der letzten Phase seines Denkens ein praktisches regulatives Prinzip. Gott könne als Person nur *gedacht* werden, ohne dass dieser Begriff die Existenz des Transzendenten ausdrücke.[109] Die Existenz Gottes bleibe problematisch, seine Attribute als Person würden analytisch festgestellt und seien ein Erfordernis der Einheit des Systems der Transzendentalphilosophie.[110] Die Idee Gottes als Person habe nichtsdestoweniger eine praktische Bedeutung. Sie sei nicht bloß eine regulative Idee. Sie sei auch die Behauptung Gottes als Gesetzgeber und stelle in diesem Sinn eine, wenn auch nur indirekte, Erkenntnis Gottes dar. Im Gegensatz zum Ätherbegriff habe die Gottesidee den Vorteil, völlig unabhängig von der Erfahrung ihr eigenes Objekt „zum Behuf der Erfahrung" und der Einheit des Weltalls zu bestimmen.[111]

Lamacchia bezieht also eine mittlere Position zwischen Kopper und W. A. Schulze. Sie lehnt einerseits einen ontologischen Gottesbeweis im theoretischen Sinn bei Kant ab. Andererseits behauptet sie, dass der späte Kant mit der Idee von Gott als Person über die Gotteslehre der kritischen praktischen Philosophie hinausgegangen sei, indem eine, wenn auch nur indirekte, Erkenntnis Gottes als praktische Idee im *Opus postumum* möglich ist.

109 „I predicati di Dio persona, sommo ente, somma intelligenza e sommo bene, ricavati dall'analisi dell'idea di Dio, non conducono ancora all'esistenza di Dio, bensì la pongono ipoteticamente [...]." (Lamacchia 1990, 228).

110 „[...] tale idea deve essere posta con necessità perché rappresenti nella persona di Dio, la somma perfezione sia tecnico-pratica che etico-pratica, cioè sia nei confronti dell'ordine naturale, sia di quello etico-pratico, ed esprima la causalità ‚ad essa conforme' nella dipendenza di tutte le cose da Dio, il legame unitario ed ultimo nell'ordine delle cause efficienti e finali." (Lamacchia 1990, 230).

111 „L'idea di Dio persona, ‚*non dabile sed mere cogitabile*' (XXII, 63) ha, nei confronti dei concetti, il vantaggio di poter costituire un oggetto *pensabile* senza far ricorso all'esperienza, e di indicare un proprio contenuto oggettivo, di natura trascendentale o ideale, costruito dal soggetto in favore dell'esperienza e dell'unità dell'universo." (Lamacchia 1990, 232 f.).

8.3.4 Copleston und Sullivan

Frederick Charles Coplestons Lesart der Gotteslehre im *Opus postumum* stimmt im Wesentlichen mit der von Lamacchia überein.[112] In gewisser Hinsicht geht Copleston jedoch einen Schritt weiter. Wenn man an den Stellen, an denen Kant die Existenz Gottes aus dessen Idee ableiten zu wollen scheint, keinen unwahrscheinlichen Rückfall in einen vorkritischen Dogmatismus sehen will, ist es nach Copleston immer noch möglich, diese Passagen als den Versuch eines *praktischen* Gottesbeweises in Analogie zum theoretischen zu lesen. Es handle sich also um „a ‚sufficient proof' for the moral consciousness, that is, from the purely practical or moral point of view."[113] Das moralische Bewusstsein des kategorischen Imperativs führe zur Idee von Gott, der durch jenen Imperativ zum Menschen spreche. Diese Idee setze sich nun *für das moralische Bewusstsein* mit dem Glauben an Gott gleich. In diesem Fall werde die Existenz Gottes nicht aus der abstrakten Idee eines höchsten Gesetzgebers in einer Art deduziert, die die Zustimmung des Verstandes zwingend erforderlich machte. Allein für das moralische Bewusstsein heiße diese Idee zu denken zugleich, die Existenz ihres Inhalts zu postulieren.[114]

---

112 Frederick Charles Copleston (1907–1994) hat sich mit dem *Opus postumum* im Rahmen seines bekannten mehrbändigen Handbuches für die Geschichte der Philosophie befasst (Copleston 1960, 380–392). Er schließt sich der Meinung an, nach welcher Kant trotz einer gewissen Annäherung an den subjektiven transzendentalen Idealismus Fichtes den allgemeinen Standpunkt der kritischen Schriften nie aufgibt (Copleston 1960, 382–386). Im Zentrum von Coplestons Darstellung des *Opus postumum* liegen jedoch die Gotteslehre (Copleston 1960, 386–390) und die Idee vom Menschen als Verbindung zwischen der Welt und Gott (Copleston 1960, 390 ff.). Ähnlich wie Lamacchia erkennt Copleston insbesondere, dass das Neue in der Gotteslehre des Nachlasswerks nicht unbedingt als Widerspruch zu den kritischen Positionen zu verstehen sei. Wie in der ersten *Kritik* lehne Kant die Unmöglichkeit eines theoretischen ontologischen Beweises der Existenz Gottes als einer extramentalen Substanz weiter ab; wie in der zweiten *Kritik* behauptet er die Autonomie der praktischen Vernunft. Dass Kant Gott mit dem Autor des kategorischen Imperativs identifiziert, kann für Copleston zwar keineswegs als der Versuch eines ontologischen Beweises im theoretischen Sinne gesehen werden. Daraus folge jedoch ebenso wenig, dass Kant Gott bloß für den anderen Namen des kategorischen Imperativs oder für unsere subjektive Projektion einer Stimme, die durch das moralische Gesetz spreche, halte. Kant beabsichtigt Coplestons Ansicht nach vielmehr eine engere Verbindung des Pflichtbewusstseins mit dem Glauben an Gott (Copleston 1960, 389).

113 Copleston 1960, 389.

114 Copleston schreibt diesbezüglich: „It is not that I first have an idea of the divine essence, from which I deduce God's existence. It is rather that through consciousness of the categorical imperative I rise to the idea of God as speaking to me through and in the moral law. And to have this idea of God and to believe in Him are one and the same thing. That is to say, to conceive God as immanent to me, as morally commanding subject, is to conceive Him as existing. But this

William J. Sullivan[115] bestreitet Coplestons Behauptung eines praktischen „zureichenden" ontologischen Gottesbeweises im *Opus postumum*. Wie Copleston geht Sullivan zwar davon aus, dass Kant auch im *Opus postumum* an seiner kritischen Gotteslehre – d. h. an der Unmöglichkeit eines ontologischen Beweises der Gottesexistenz und an der Autonomie der praktischen Vernunft – festhalte. Er ist jedoch der Meinung, dass Kant im Nachlasswerk vielmehr nach einer subjektiven idealistischen Gotteslehre strebe. Der Gott, der vom kategorischen Imperativ vorausgesetzt werde, habe keine objektive Wirklichkeit. Er existiere nicht außerhalb des Menschen. Er entspreche einer dem menschlichen Geist immanenten Idee.[116] Was Kant Gott in der Transzendentalphilosophie nenne, sei nichts anderes als die menschliche Vernunft.

8.3.5 Cortina

Adela Cortina[117] vertritt wie Sullivan die These, dass Kant im *Opus postumum* Gott mit der praktischen Vernunft gleichsetze. Ihrer Ansicht nach lassen sich die in *Conv. VII* und *Conv. I* verstreut auftauchenden Äußerungen über Gott in fünf verschiedene Rubriken einteilen, die den Entwicklungsschritten der kantischen Gotteslehre ab der *KrV* entsprechen.[118] Gott als Gesetzgeber wird also jeweils begriffen 1) als verpflichtendes Subjekt *außerhalb des Individuums selbst*, 2) als sich in der menschlichen Vernunft vermittels des kategorischen Imperativs aussprechend, also als eine *hypothetische* Idee der Vernunft, die den übernatürlichen Ursprung der Gebote rechtfertigt, 3) als *notwendige* Bedingung des Imperativs, also als *Postulat*, 4) als lediglich eine Möglichkeit aus den Alternativen von göttlicher Inspiration des Imperativs und seinem menschlichen Ursprung sowie 5)

---

awareness of God as immanent in the moral consciousness is a ‚sufficient proof' of His existence only for this consciousness." (Copleston 1960, 390).

115 William J. Sullivan (geb. 1930) ist ein amerikanischer Philosoph. In einem Aufsatz von 1971 setzt er sich mit Poncelets und Coplestons Deutungen der Gotteslehre im Nachlasswerk auseinander (Sullivan 1971).

116 Sullivan fasst seine Position wie folgt zusammen: „The question of this paper was Kant's question: [‚]There is a God in the soul of man. The question is whether he is also in nature.[' (*OP*, AA 22: 120.21 = VII 44)] The conclusion of this study leads one to suggest that this is Kant's answer: [‚]God is not a thing existing outside of me, but my own thoughts. It is absurd to ask whether there is a God.[' (*OP*, AA 21: 153.11 = I 44)]" (Sullivan 1971, 133).

117 Adela Cortina (geb. 1947) ist eine spanische Philosophin. Mit der Gotteslehre im *Opus postumum* befasst sie sich in einer Arbeit von 1984 (Cortina 1984).

118 Vgl. Cortina 1984, 288–293.

als Personifizierung unserer praktischen Vernunft, nämlich als hypostasierter moralischer Imperativ.[119]

8.3.6 Wimmer

Eine ausführliche Analyse der unterschiedlichen Auffassungen des Gottesbegriffs im *Opus postumum* nimmt Reiner Wimmer vor.[120] Bei der Gotteslehre im *Opus postumum*, so erklärt Wimmer, handle „es sich um die Frage, ob die Idee Gottes oder die Idee des Menschen die Bedingung der Möglichkeit der Einheit von Natur und Freiheit, von Welt und Geist, von Rezeptivität und Spontaneität, von Sinnlichkeit und Sittlichkeit" sei.[121] Es sei zu überlegen, ob die Transzendentalphilosophie des Nachlasswerks mit einer transzendentalen Anthropologie oder einer transzendentalen Theologie zusammenfalle. Die Frage lasse sich auch so umformulieren: Braucht der Mensch Gott, um sich als Einheit von Natur und Freiheit zu begreifen? Ist umgekehrt nicht vielmehr der Mensch als Prinzip der Synthesis von Natur und Freiheit die notwendige Bedingung, um Gott zu denken? Wenn die Transzendentalphilosophie mit der transzendentalen Anthropologie zusammenfällt, gibt es dann noch einen Grund für eine transzendentale Theologie?[122]

Eine eindeutige Antwort auf diese Fragen habe Kant im *Opus postumum* nicht gegeben, so Wimmer. Er ist auch der Ansicht, dass Kant für die Eliminierung des Gottesbegriffs aus der Moral einzutreten scheine:

> Gott als dem Menschen gegenüber externe Instanz, als Gebieter und Richter stellt dann lediglich eine Selbstobjektivation, eine personalisierende Vergegenständlichung der autono-

---

119 Diesbezüglich sei hier auf die Position von Gerhard Schwarz (geb. 1965) hingewiesen. G. Schwarz zufolge deutet der Satz des *Opus postumum* „est Deus in nobis" auf eine doppelte Identifikation hin. Gott wird nämlich einerseits mit der moralisch-praktischen Vernunft, andererseits mit dem Menschen selbst gleichgesetzt. G. Schwarz legt seiner Deutung folgende Textpassagen zugrunde (Schwarz G. 2004, 268): „Gott ist die moralisch//practische sich selbst gesetzgebende Vernunft" (*OP*, AA 21: 145.4 = I 42) sowie „und ich der Mensch bin selbst dieses Wesen und dieses nicht etwa eine Substanz ausser mir" (*OP*, AA 21: 25.7 f. = I 10). Dass diese doppelte Identifikation sich auch im Rahmen des Gottespostulats der *KpV* formulieren lässt, ist die Hauptthese seines Werkes von 2004 (Schwarz G. 2004. Zu spezifischen Betrachtungen über das *Opus postumum* vgl. insbesondere 6 ff., 11–15, 268 und 281–293).

120 Der deutsche Philosoph Reiner Wimmer (geb. 1939) hat der Gotteslehre im *Opus postumum* den dritten Teil seines Buches *Kants kritische Religionsphilosophie* (Wimmer 1990, 219–270) sowie einen Aufsatz (Wimmer 1992) gewidmet.

121 Wimmer 1992, 198.

122 Wimmer 1990, 222 ff.; vgl. Wimmer 1992, 198 ff.

> men moralisch-praktischen Vernunft dar, die zurückzunehmen ist, weil sie den Anschein von Heteronomie bei sich führt.[123]

Daraus könne nur folgen, dass es keinen Platz mehr für die eine transzendentale Theologie gebe. Kant aber vertrete an mehreren Stellen die entgegengesetzte Position, indem er den Gottesbegriff als notwendigen Baustein seiner Transzendentalphilosophie annehme. In diesem zweiten Fall seien zwei Gruppen von Äußerungen zu unterscheiden. Zur ersten Gruppe gehörten die wenigen Stellen, an denen die Postulatenlehre der *KpV* erwähnt werde, sowie diejenigen, an denen Gott als Urheber des moralischen Gesetzes bezeichnet werde. Zur zweiten Gruppe gehörten zum einen Passagen mit der Aussage, dass Gott und die Welt als korrelierte, durch den Menschen verbundene Ideen aufgefasst würden, andererseits Textabschnitte, die an den Gottesbeweis in Anselms *Proslogion* erinnerten. Die Äußerungen der zweiten Gruppe seien, anders als jene der ersten Gruppe, keine funktionalistischen religionsphilosophischen Ansätze mehr. Dennoch rechtfertigten sie keinen theoretischen ontologischen Gottesbeweis. Denn Gott als Idee werde in einem transzendentalphilosophischen und keineswegs in einem metaphysisch-objektivistischen Sinne verstanden. Ausdrücke wie ‚Gott ist grausam', ‚Gott lebt' usw. bekämen nur als religiöse *Bekenntnisse* einen Sinn, in denen die Existenz Gottes zwar behauptet werde, ein solcher Beweis aber nur für den Gläubigen gelte.[124]

8.3.8 Vascotto

Angesichts der Sachlage im *Opus postumum* von einem ontologischen Gottesbeweis zu sprechen, lässt sich nach Marta Vascotto[125] rechtfertigen, weil Gott die einzige Idee sei, bei der es sich im Gegensatz zur Welt und zum Menschen um eine in keiner Weise empirische Existenz handle. Die Idee Gottes erweise sich also als das einzige reine Produkt der Vernunft. Erst durch die Erzeugung dieser Idee erziele die Vernunft daher ihre vollständige Autonomie und eine konstitutive Funktion. Denn allein in diesem Fall werde die Aktualität des Denkens aus der Spontaneität, seine Notwendigkeit aus seiner Möglichkeit und die *Existenz* aus der *Essenz* abgeleitet.[126] Kant hebe allerdings den Dualismus von Prinzip und Objekt –

123 Wimmer 1992, 226.
124 Vgl. Wimmer 1992, 225–228.
125 Vgl. Vascotto 1995, insbesondere 371–375.
126 „La dimostrazione ontologica dell'esistenza di Dio, se posta, non significa che questo: l'identità propria del giudizio ‚ontologico' sull'esistenza di Dio, giudizio in cui l'esistenza è tratta

von der Vernunft als Vermögen und den Ideen als ihrem Inhalt, also auch von der praktischen Vernunft und der Gottesidee – nicht auf. Deswegen bleibe Kants Philosophie ein transzendentaler, aber kein absoluter Idealismus.[127]

8.3.9 Guyer

Für Paul Guyer ist die Übereinstimmung des *Opus postumum* mit den kritischen Schriften hinsichtlich der Gotteslehre viel größer als in der Regel vermutet.[128] Guyer belegt seine These anhand dreier Begriffe, bei denen in der Kant-Forschung zumeist eine vermeintliche Abweichung des Nachlasswerks von den Druckschriften angenommen wird. Es handelt sich dabei um folgende Schlagworte: 1) das höchste Gut; 2) der Idealismus des Gottesbegriffs; 3) der Spinozismus des späten Kant.

1) Gott werde im *Opus postumum* als der Urheber des kategorischen Imperativs gesehen, während in den kritischen Schriften Gott in der Form des höchsten Gutes postuliert werde, um die Vollziehbarkeit der Pflicht zu begründen. Im ersten Fall bilde Gott unsere Fähigkeit, die Pflicht zu erkennen und nach ihr zu handeln, ohne wie im zweiten Fall das Ende unserer Handlung zu berücksichtigen. Damit vollziehe sich aber nach Guyer keine wesentliche Änderung des kantischen Standpunkts.[129] Guyer nennt drei Gründe, um seine Behauptung zu belegen: Der erste ist, dass das Dasein Gottes mindestens an einer Stelle in der *KpV* als notwendige Bedingung postuliert wird, um die Möglichkeit des höchsten Gutes mit der Pflicht zu verbinden.[130] Der zweite Grund besteht darin, dass die Fähigkeit, nach dem moralischen Gesetz zu handeln, die Glückseligkeit impliziert, was erklärt, warum Kant nicht ausdrücklich die Glückseligkeit und das Höchste Gut zu erwähnen braucht. Der dritte Grund ist schlichtweg die Tatsache, dass im *Opus postumum* mindestens einmal die Rede vom höchsten Gut ist.[131]

dall'essenza, è l'unica forma che può assumere la relazione tra la pretesa della Ragione alla pienezza dell'autonomia e l'affermazione apodittica della *actualitas* (*Wirklichkeit*) di tale pienezza.“ (Vascotto 1995, 375).

127 Vascotto 1995, 372.

128 Zu Guyers Erörterung der Gotteslehre im *Opus postumum* vgl. Guyer 2000b, insbesondere 19–22 und 43–50, sowie Guyer 2000a, 395 und 402–406.

129 Vgl. Guyer 2000b, 45 ff.

130 Vgl. *KpV*, AA 5: 125.

131 Guyer bezieht sich auf *OP*, AA 21: 23 = I 9 (Guyer 2000b, 47). Zu Guyers Kritik an Försters Deutung der Konzeption des höchsten Gutes im *Opus postumum* und Försters Erwiderung vgl. oben Kap. 6, Anm. 65.

2) Gott zu postulieren bedeutet Guyer zufolge, sein Dasein zu behaupten, wenn es sich dabei auch nicht um einen theoretischen Beweis handle. In der Idee von Gott gehe hingegen die Behauptung seiner Existenz verloren. Diesbezüglich bemerkt Guyer, dass einerseits Kant sich auch im *Opus postumum* auf Gott als Postulat beziehe, andererseits Gottesidee und Gottespostulat im Wesentlichen dasselbe besagten, denn Kant wolle vor allem betonen, dass Gott nicht als Element einer Theorie, sondern allein als Ideal für unsere Handlung angenommen werden könne. Gott als Idee und nicht als Postulat anzunehmen, sei ferner eine kohärente Entwicklung der kritischen Prinzipien und der endgültige Verzicht auf eine, wenn auch nur praktische, Behauptung des Daseins Gottes.[132]

3) Die begeisterten Äußerungen über Spinoza entsprechen nach Guyer nicht der Philosophie des historischen Spinoza. Kant schreibe Spinoza vielmehr seine eigene Konzeption von Gott als etwas in uns zu. Wir würden also uns selbst in Gott sehen, aber nur, sofern Gott der Gesetzgeber *in uns* sei.[133]

8.3.10 Beiträge von der Tagung in Lausanne

Mehrere Beiträge in den Akten des Kongresses der *Société d'études kantiennes de langue française* in Lausanne handeln von den entscheidenden Fragen der Gotteslehre des *Opus postumum*. Olivier Dekens und Luc Langlois vertreten die These, dass Kant im *Opus postumum* die Reduktion Gottes auf die praktische Vernunft und auf seine bloß fiktive Darstellung als moralischer Gesetzgeber erziele.[134] José

132 Guyer 2000b 47 ff.

133 Guyer 2000b, 49 f.

134 So lautet eine markante Stelle aus Dekens' Beitrag: „Kant procède [...] à une complète identification de Dieu à la raison éthico-pratique ; l'objet de la théologie morale n'est plus alors un Dieu postulé, nécessaire à l'espoir du bonheur, mais un être de pensée qui n'exprime rien de plus que le mouvement par lequel la raison se donne à elle-même sa loi. [...] Reste à l'idée de Dieu d'être ‚le concept d'un sujet qui oblige hors de moi' : sujet sans nature, sans essence, peut-être sans existence, sans agir distinct de la sainteté idéale, sans devoir autre que ceux que la raison lui assigne, à lui comme à nous, sans rapport même à l'homme puisque ce rapport n'est finalement que la relation à soi de la personne sous des lois morales." (Dekens 2001, 238 f.). Langlois behauptet seinerseits: „[...] Dieu est d'abord l'idée de la raison éthico-pratique dans l'impératif catégorique (XXII, 54). Il en est l'Idée, l'Idéal plutôt [...]. C'est pourquoi la volonté morale paraît parfois s'apparenter dans l'*Opus postumum* à une asymptote du divin, c'est-à-dire au mouvement libre d'un moi recevant sa direction et son sens de la figure suprême de la personnalité en lui. [...] Ainsi dans l'*Opus postumum*, la religion s'est presque entièrement résorbée dans la moralité, dans la même mesure où la transcendance de Dieu et son altérité, jusque-là irréductibles, se voient atténuées par la pleine immanence à soi de la raison éthico-

Castaing betont hingegen den Unterschied zwischen Ideen und Objekt der Ideen. In Castaings Augen befasst sich Kant im *Opus postumum* lediglich mit einem System der Ideen. Bei der Gotteslehre des *Opus postumum* handle es sich daher nur um die Idee Gottes, nicht um die Wirklichkeit seiner Existenz.[135] Auch Simone Goyard-Fabre sieht in der Gottesidee des *Opus postumum* das Korrelat der Autonomie des kategorischen Imperativs. Gott sei zwar keine Substanz außerhalb des Menschen, doch entspreche er auch nicht einem bloß dem menschlichen Geist immanenten Produkt der Vernunft.[136] Er sei das moralische Ideal, das die Vernunft nicht aufgeben könne, ohne sich selbst zu verleugnen, und welches die Vernunft vor eine unendliche Aufgabe stelle.[137]

Henri d'Aviau de Ternay schließt sich der im nächsten Abschnitt darzustellenden Lesart Martys an, indem er es für legitim erklärt, von einem vom kategorischen Imperativ ausgehenden ontologischen Argument für die Existenz Gottes zu sprechen.[138] Die Autonomie der moralischen Vernunft kann nach de Ternay zusammen mit der unbedingten Realität Gottes behauptet werden, denn dasselbe Gesetz der Freiheit, aus welchem die gesamte Problematik der Autonomie in der kantischen Ethik entsteht, erschließe diese Autonomie der Person des Anderen, also auch der göttlichen Person.[139]

---

pratique. Autant d'immanence, autant d'autonomie : telle semble bien être la voie que Kant s'apprêtait à emprunter, malgré les hésitations de son propos." (Langlois 2001, 247 f.).

135 Vgl. Castaing 2001. Castaing fasst seine These in folgender Passage zusammen: „Que le penser Dieu produise la réalité de l'Idée-Dieu (non de l'Objet de l'Idée de Dieu) ne peut pas conduire à l'hypothèse que Kant reviendrait à l'argument ontologique ! [...] On peut sans doute supposer que sous ce terme [= ein System der Transzendentalphilosophie] c'est bien l'Idée d'un système philosophique total que projette Kant, mais élaboré dans l'élément du formel pur tel qu'il pourrait être développé à partir de la simple conscience de soi du sujet dans son acte ‚penser' sans référence au problème de la réalité des objets de ses Idées et moins encore à celui de leurs déterminations propres." (Castaing 2001, 223).

136 Goyard-Fabre 2001, 171.

137 Bei Goyard-Fabre findet sich folgende zusammenfassende Textstelle: „[...] non seulement l'Idée de Dieu qui habite la raison dessine en elle l'idéal moral qu'elle ne saurait perdre de vue sans se renier, mais elle est mue par la pensée selon laquelle le devoir qui lui incombe est ‚une tâche infinie' mais sublime. [...] En même temps, il [= Kant] fait de la liberté en quoi s'imprime l'Idée de Dieu un mouvement sans fin qui est l'approche asymptotique de l'Idéal." (Goyard-Fabre 2001, 173).

138 Ternay 2001, 230.

139 Vgl. Ternay 2001.

8.3.11 Marty

Die Gedanken des späten Kant sind nach François Marty[140] als Versuch des Philosophen zu betrachten, das Verständnis seiner eigenen gedruckten Schriften zu vertiefen, um eine neue Bedeutung ihres kritischen Kernes zu gewinnen.[141] Die entscheidenden Punkte der ersten *Kritik* würden nicht nach dem Versagen der dritten *Kritik*, wie Mathieu behauptet, untersucht,[142] sondern mithilfe ihrer Ergebnisse, namentlich anhand der reflektierenden Urteilskraft, die es vermöge, die systematische Einheit der einzelnen Bausteine des *Opus postumum* auszumachen. Die Position Martys bildet also einen Mittelweg zwischen den beiden Standpunkten von Lehmann und Mathieu.

Für Marty gewinnt der Begriff des Subjekts im *Opus postumum* im Vergleich zu den kritischen Schriften an Bedeutung, indem selbst das Materiale in der Erscheinung als Selbstaffektion antizipiert wird und Raum und Zeit als Selbstsetzung verstanden werden. Trotzdem, so Marty, werde das Subjekt nicht auf ein bloß *denkendes* Subjekt reduziert. Von Selbstaffektion könne nur angesichts eines Subjekts, das durch bewegende Kräfte affiziert werde, also angesichts eines

---

140 Der französische Philosoph und Kant-Forscher François Marty (geb. 1926) hat dem *Opus postumum* zahlreichen Publikationen gewidmet. Von besonderer Bedeutung ist seine Übersetzung der Schrift ins Französische (Marty [Hg.] 1986; vgl. unten S. 486), die mit einem reichhaltigen Apparat von Anmerkungen (ebd., 291–370) und einer „Récapitulation" der Ergebnisse des kantischen Nachlasswerks (Marty 1986b) versehen ist. In mehreren Beiträgen bietet Marty eine Darstellung des *Opus postumum* in seiner Gesamtheit (Marty 1986a, Marty 1986b, Marty 1988, Marty 2001). Andere Aufsätze behandeln spezifische Themen des Nachlasswerks: die bewegenden Kräfte (Marty 2008), die Transzendentalphilosophie (Marty 1995, Marty 2006) und die Gotteslehre (Marty 1992b, Marty 2004b). Auf das *Opus postumum* weist Marty in weiteren Aufsätzen (vgl. z. B. Marty 1989, Marty 1991, Marty 1992a, Marty 1992/93, Marty 1997, Marty 1998), die zusammen mit neuen Beiträgen im Sammelband *L'homme, habitant du monde* (Marty 2004b) wiederabgedruckt worden sind, mehrfach hin (Marty 2004b, 31 f., 103 f., 141, 167–170, 191 f., 196, 260 f., 317–321).

141 „S'il est un mérite de l'œuvre inachevée de Kant connue sous le nom d'*Opus postumum*, c'est sans doute d'apprendre aux lecteurs de l'œuvre achevée, regroupée autour du noyau critique, ce que l'on peut appeler le courage de l'interprétation. [...] La pensée lutte en des points majeurs de l'œuvre antérieure, les pressant de manifester ce qui n'avait pas encore été entendu, et dont le moment est venu de passer à l'expression. Le courage de l'interprétation est ce respect si grand du texte que la lutte ne s'arrête pas tant que le sens nouveau promis pour un nouvel aujourd'hui n'a pas été dit." (Marty 2004a, 331).

142 Die Betonung des Zusammenhangs des *Opus postumum* mit der Methodenlehre der ersten *Kritik* bildet ein wiederkehrendes Motiv bei Marty. Er weist insbesondere auf das Problem des Verhältnisses der mathematischen Methode zur Philosophie hin, das an die „Disziplin der reinen Vernunft" anknüpft, zudem auf die Stelle des Übergangs im System der transzendentalen Philosophie, die mit der „Architektonik der reinen Vernunft" in Verbindung steht.

leiblichen Subjekts, die Rede sein; die Selbstsetzung des denkenden Subjekts werde immer durch die sinnliche Anschauung begleitet.[143]

Das Subjekt werde ferner durch das Pflichtgesetz bestimmt, und deswegen könne es die systematische Einheit von Welt und Gott leisten.[144] Bezüglich des Subjekts der Moral und der Gottesidee knüpfe das *Opus postumum* an die zweite *Kritik* an, welche den wahren Schlüssel zur Transzendentalphilosophie im Nachlasswerk ausmache.[145] Gott werde nicht als Substanz, sondern als Person gesetzt. Dies führt Marty zufolge zu einer „Revision"[146] des ontologischen Beweises, die aber mit den Positionen der ersten Kritik, nach welchen die Ableitung der wirklichen Existenz aus der bloß logischen Möglichkeit illegitim ist, kohärent bleibt, denn die Existenz Gottes wird im Zusammenhang mit dem kategorischen Imperativ betrachtet. Dieser ontologische Gottesbeweis aus dem kategorischen Imperativ widerspreche auch nicht der absoluten Autonomie der Vernunft in der Moral. Zunächst knüpfe Kant an die moralische Religion der kritischen Schriften an: Die moralischen Gesetze sind als göttliche Gebote anzusehen. Von dieser Position ausgehend schreite er voran. Wenn allein eine Person dem kategorischen Imperativ gehorchen könne, könne dieser nur von einer Person gesprochen werden, welche ebenso vollkommen heilig sein müsse wie das Gesetz, das sie hervorbringt.[147] Aus der Annahme eines persönlichen Gottes folge gewissermaßen eine Zusammenziehung des ontologischen Arguments mit dem kosmologischen Argument. Die Annahme Gottes als diejenige Person, die sich dem Menschen in der Welt zuwendet, zeige die absolute Einheit, nach der die Transzendentalphilosophie strebe. Aus dieser systematischen Einheit entstünden die Ordnung und die Harmonie, auf welche sich das physikotheologische Argument gründe.[148]

---

143 So lautet eine pointiert formulierte Passage von Marty: „Si espace et temps ne sont pas des objets extérieurement perçus, si ce sont les formes de la sensibilité, il faut entendre ces formes de l'acte d'autoposition du sujet, où il s'affecte lui-même, en étant affecté par le donné sensible. C'est le *sujet pensant* qui est à reconnaître en cette autoposition. L'intuition de soi est celle où est aussi donnée l'intuition sensible." (Marty 1986b, 381).

144 Vgl. Marty 1988, 136.

145 „La clef de la ‚philosophie transcendantale' de l'*Opus postumum* est donc donnée par la *Critique de la raison pratique.*" (Marty 1995, 878).

146 Marty spricht ausdrücklich von einem „argument ontologique révisé" (Marty 1992b, 58).

147 Eine prägnante Formulierung von Marty lautet wie folgt: „S'il est vrai que seule une personne peut entendre l'impératif de la loi morale, il ne peut être énoncé que par une personne. Et s'il est vrai que cette loi est ‚sainte', on ne dira pas assez sa dignité tant que la personne qui l'énonce n'est pas sainteté accompli." (Marty 2006, 220).

148 Marty 2006, 221.

8.4 Das *Opus postumum* und der spekulative Idealismus

Mit dem Problem des Verhältnisses des *Opus postumum* zu Fichte, Schelling – bzw. Spinoza, dessen Name in *Conv. I* mit dem Schellings verbunden wird – und Hegel haben sich auch in den vergangenen Jahrzehnten mehrere Interpreten auseinandergesetzt. Im vorliegenden Abschnitt werden die Beiträge von Zahn (8.4.1) und Piché (8.4.2) über den späten Kant und Fichte, von De Flaviis über den Spinozismus im *Opus postumum* (8.4.3) sowie von Baumgarten, Ó Madagáin und Westphal über Hegel und das kantische Nachlasswerk (8.4.4) erörtert. Daran schließt sich die Darstellung der Interpretation des *Opus postumum* von Duque an, für den sich das Denken des späten Kant weder mit dem Idealismus Fichtes noch mit dem Schellings gleichsetzen lässt (8.4.5); es folgt zudem eine Präsentation der Betrachtungen von La Rocca über den Zusammenhang von Transzendentalphilosophie und Weltweisheit (8.4.6).

8.4.1 Fichte und das *Opus postumum:* Zahn

Manfred Zahn[149] gesteht zu, dass, obwohl die Idee der Transzendentalphilosophie im *Opus postumum* etwas über die Positionen der drei *Kritiken* in Richtung der fichteschen Wissenschaftslehre hinausgeht, Kants Denken innerhalb des kritischen Dualismus eingegrenzt bleibe. Dies sei insbesondere an drei Merkmalen erkennbar, und zwar an 1) der neuen Erörterung der Unterscheidung von „Erscheinung“ und „Ding an sich“, 2) der noch stärkeren Konzeption der Transzendentalphilosophie als Doktrin der Akte des Vorstellungsvermögens bzw. des Bewusstseins und 3) der Bestimmung der Transzendentalphilosophie als ein „System der Ideen“, das theoretische und praktische Vernunft umfasst.[150]

Zahn behauptet zu Recht, dass sich die Ausdrücke „Erscheinung“ und „Ding an sich“ nicht auf zwei verschiedene Gegenstände beziehen, sondern bloß zwei Arten entsprechen würden, denselben Sachverhalt zu thematisieren, was bereits in der *KrV* mehrfach wiederholt wird.[151] Die erste *Kritik* enthalte jedoch auch Passagen, in welchen das Ding an sich zwar als unerkennbar, aber anscheinend immerhin als ein „vorhandener“ Gegenstand verstanden werde. Im *Opus postu-*

---

149 Manfred Zahn (1930–1996) war Philosophie-Historiker und Mitherausgeber der J. G. Fichte-Gesamtausgabe der Bayerischen Akademie der Wissenschaften. Er betont die eindeutige Annäherung der Transzendentalphilosophie des späten Kant an den Idealismus Fichtes (vgl. Zahn 1964, insbesondere 171–180, und Zahn 1998, insbesondere 23–39).

150 Vgl. Zahn 1998, 26.

151 Vgl. Zahn 1998, 28.

mum werde eine solch realistische Darstellung des Dinges an sich noch schärfer abgewiesen.

In der *Deduktion* der ersten *Kritik* – namentlich in § 15 – unterscheide Kant in der „ursprünglichen Apperzeption" zwei Momente, „einerseits die Unmittelbarkeit bzw. Spontaneität der Vorstellung des ‚ich denke' als ‚Akt', und andererseits die Vermitteltheit des Bewußtseins dieser Unmittelbarkeit durch das Bewußtsein der Synthesis der Vorstellung als in der Mannigfaltigkeit einer Anschauung gegeben"[152], ohne das Problem ihres Zusammenhangs zu thematisieren. Außerdem differenziere Kant noch im jüngsten Entwurf des Nachlasswerks zwischen einem *analytischen* und einem *synthetischen* Akt des Subjekts. Der erste Akt bestehe darin, dass das Subjekt sich selbst zum Objekt macht. Dabei handle es sich um eine bloß logische Tätigkeit, nämlich die Tautologie des Selbstbewusstseins. Der zweite Akt sei das Selbstbewusstsein des Subjekts als Prinzip der Synthese des in der Anschauung gegebenen Mannigfaltigen.[153] Kant halte also nach wie vor an dem Unterschied zwischen Logik und Transzendentalphilosophie, Denken und Erkennen fest.[154] Nach wie vor bleibe jedoch die Frage unbeantwortet, wie die Synthesis von identischem und synthetischem Akt zu denken sei. Der Grund dafür sei wohl gewesen, so Zahn, dass die Beantwortung den Begriff einer intellektuellen Anschauung fordere. Kant habe das gespürt und ein allzu deutliches Zugeständnis an den Fichteanismus vermieden. Dadurch sei jedenfalls die enge Verwandtschaft mit Fichtes Wissenschaftslehre erwiesen. Angesichts von Kants Behauptung „Das logische Bewustseyn meiner selbst *Sum* enthält keine Bestimmung aber das reale Bewustseyn der Anschauung (*apperceptio*)"[155] fragt sich Zahn dennoch, was der Unterschied zwischen „dem realen Bewusstsein der Anschauung" und der „Bestimmung" überhaupt noch bedeute.[156] Fichte verbessere Kant in diesem Punkt.[157]

---

152 Zahn 1998, 33.

153 Vgl. z. B. *OP*, AA 22: 58.13 – 19 = VII 24.

154 Die seltenen Versuche, den Zusammenhang zwischen beiden anzudeuten, machen nach Zahn nun die Probleme, die ihre Abgrenzung impliziert, noch sichtbarer als vorher. Als Beispiele für solche Versuche nennt er folgende Stellen: *OP*, AA 21: 89.3 – 7 = I 27; 22: 82.23 – 26 = VII 33; 22: 100.15 – 18 = VII 38 (vgl. Zahn 1998, 35 ff.).

155 *OP*, AA 22: 85.9 f. = VII 33.

156 Vgl. Zahn 1998, 37.

157 Zahn bemerkt diesbezüglich: „Certes, Fichte reconnaît le double point de vue sous lequel le Moi s'apparaît d'une part dépendant (théoriquement) et d'autre part indépendant (pratiquement), mais il affirme que ces points de vue eux-mêmes doivent être compris comme des conséquences de l'action primitive de l'unique Moi absolu, c'est-à-dire qu'ils résultent de chaque point de vue de cette action primitive." (Zahn 1964, 184).

Schließlich hebt Zahn hervor, dass sich im 1. Konvolut sowohl der Begriff der Idee wie auch der der Erkenntnis unzweifelhaft ausgeweitet habe. Denn Kant behauptet nun: „Ideen sind *a priori* durch reine Vernunft geschaffene Bilder (Anschauungen)“[158]. Er schreibt des Weiteren: „Transsc: Philos. [...] ist blos ein System der Ideen die doch Realität enthalten.“[159] Zahn zufolge hat Kant durch die letzte Formulierung eines möglichen Titels für sein Werk – „Philosophie als Wissenschaftslehre in einem vollständigen System aufgestellt von“[160] – sogar die Aufhebung der Distanz zu Fichtes Wissenschaftslehre angedeutet.[161]

8.4.2 Fichte und das *Opus postumum:* Piché

Claude Piché sieht einen deutlichen Zusammenhang zwischen *Opus postumum* und *KrV*,[162] denn er vertritt die Auffassung, die erste *Kritik* enthalte bereits die Prinzipien der Transzendentalphilosophie, die im Nachlasswerk entfaltet wird.[163] Piché erörtert diese These vor allem unter Bezugnahme auf einen entscheidenden Begriff des *Opus postumum*, nämlich die Selbstkonstitution des erkennenden Subjekts. Er ist allerdings der Ansicht, dass diese genetische Philosophie des Subjekts bereits in der ersten *Kritik* auszumachen sei, wenn auch sozusagen verborgen in der Erörterung des Problems der Entstehung von Erfahrung. Im *Opus postumum* tauche dieses Motiv nunmehr explizit auf, allerdings nicht mehr in Bezug auf die Kategorien, sondern auf die Vernunftideen.[164] Fichtes Wissenschaftslehre und das *Opus postumum*, so schlussfolgert Piché, entfalteten in einer ähnlichen Weise die genetische Absicht der ersten *Kritik*.[165]

---

158 *OP*, AA 21: 51.12 f. = I 18.
159 *OP*, AA 21: 73.25 ff. = I 23.
160 *OP*, AA 21: 155.17–21 = I 45.
161 Zahn 1998, 38 f.
162 Vgl. Piché 2001. Claude Piché (geb. 1952) ist ein kanadischer Philosoph und Kant-Forscher. Bei der betreffenden Arbeit handelt es sich um seinen Beitrag auf dem Kongress der *Société d'études kantiennes de langue française* in Lausanne von 1999.
163 Piché 2001, 128.
164 Piché 2001, 132.
165 Piché fasst seine These folgendermaßen zusammen: „La *Doctrine de la science* de Fichte ne se présente-t-elle pas d'entrée de jeu et ouvertement comme une philosophie génétique axée non pas d'abord sur l'engendrement de l'expérience, mais sur celui de la représentation ?“ (Piché 2001, 134).

8.4.3 Spinoza und das *Opus postumum:* De Flaviis

Nach Giuseppe De Flaviis wird der Spinozismus im *Opus postumum* dem Naturalismus entgegengesetzt.[166] Der Spinozismus lehre, dass das Reale kein Objekt der Sinne sei, während der Naturalismus zugrunde lege, dass es nur ein sinnliches Datum sei. Kant distanziere sich von beiden Positionen, denn dem kantischen Denken gemäß werde die Setzung der äußeren Gegenstände mit der Selbstsetzung des Subjekts als Rezeptivität verbunden.[167] Erfahrungsgegenstände sind also für Kant nicht bloß gemacht, sondern immer auch gegeben. Dies unterscheidet De Flaviis zufolge Kants Standpunkt von dem Spinozas. Die Spontaneität stelle für Kant eine schöpferische Aktivität des Subjekts dar, doch allein hinsichtlich der Formen, im *Opus postumum* namentlich der Ideen.[168] Was die Möglichkeit einer Anschauung „in Gott" angeht, distanziere sich Kant wiederum von Spinoza.[169] Denn Ideen wohnten ihm zufolge nicht Gott inne, wie es etwa Spinoza oder Malebranche annehmen. Wir sehen die Ideen in Gott nur nach dem Prinzip ihrer systematischen Einheit, so De Flaviis' Interpretation Kants: „[...] l',intuire le cose in Dio' di Spinoza deve essere inteso, per Kant, come un intuire gli oggetti costruiti da noi in un sistema, in una totalità."[170] De Flaviis' These lässt sich wie folgt zusammenfassen: Im *Opus postumum* wird der Spinozismus lediglich nach den formalen Aspekten der Lehre, die Kant Spinoza zuschreibt, integriert.

8.4.4 Hegel und das *Opus postumum:* Baumgarten, Ó Madagáin und Westphal

Hans-Ulrich Baumgarten sieht in der Transzendentalphilosophie des *Opus postumum* den Versuch, ein entscheidendes Manko der *KrV* zu beseitigen, nämlich die Versinnlichung der Vernunft.[171] Denn die Verbindung von Sinnlichkeit und Ver-

---

166 Vgl. De Flaviis 1984 und De Flaviis 1986.

167 De Flaviis 1986, 257.

168 De Flaviis 1986, 261 f.

169 De Flaviis 1986, 263–268.

170 De Flaviis 1986, 265 f. An anderer Stelle wird De Flaviis noch konkreter: „L'intuizione in Dio è per Kant non di più che un'immagine di quell'attività del soggetto che consiste nel creare idee (nel caso presente l'idea-Dio) in pro' della riunificazione, sotto un unico principio, del *formale* di tutte le cose. Ma quest'unità così ottenuta rimane un'unità limitata alla sola idea, che è reale della stessa realtà indiretta propria della filosofia trascendentale: il salto che Kant si è sempre rifiutato di fare nelle opere critiche (concepire l'unità tra le cose come un alcunché di dato nella realtà) viene compiuto qui solo rispetto alla nuova realtà delle Idee, e non certo nei confronti della realtà sensibile esterna." (De Flaviis 1986, 267 f.).

171 Vgl. Baumgarten 2001.

stand müsse ursprünglich sein, damit sich für das Problem des Schematismus eine kohärente Lösung finde. Die einzige Möglichkeit bestehe darin, die Formen der Sinnlichkeit aus der Vernunft entstehen zu lassen. Dies setze wiederum Folgendes voraus: „Der Raum muss [...] seinem Ursprung nach an die Zeit *gebunden* gedacht werden.“[172] Nur dadurch könne die Begründung der Reflexion auf die Gegenstände der Außenwelt und ihre Gesetzlichkeit als Reflexion auf das sich selbst bestimmende Subjekt verstanden werden.[173] Nur so habe die Transzendentalphilosophie zu einer Selbsterkenntnis gelangen und das Programm der kopernikanischen Wende vervollständigt werden können. Der späte Kant habe, so Baumgarten, diese Revision der transzendentalen Ästhetik zwar beabsichtigt, aber nicht vervollständigt. Er sei allein vom Objekt zum Subjekt, „von außen nach innen“ gegangen. Es wäre nötig gewesen, den Weg von innen nach außen, also deduktiv, zu gehen. Baumgarten schlussfolgert:

> Diese Selbstkonstituierung des Subjekts als Verobjektivierung des Raumes ihrer internen Möglichkeit nach argumentativ vollständig entfalten und erklären zu können, ist Kant nicht mehr gelungen. Hierfür wäre es notwendig gewesen, den Zusammenhang von Raum und Zeit und deren Ursprung in der Spontaneität des Verstandes näher zu analysieren und den Ansatz weiter zu verfolgen [...].[174]

Cathal Ó Madagáin lehnt in seiner Einschätzung des späten Kant die Annahme einer intellektuellen Anschauung hegelscher Art ab, weil Kant selbst bei seiner Selbstsetzungslehre der Dichotomie zwischen Vernunft und sinnlicher Anschauung in den kritischen Schriften treu bleibt.[175]

Kenneth Westphal geht hingegen davon aus, dass es eine intellektuelle Anschauung im *Opus postumum* gibt, während er es für falsch hält, Hegel eine Selbstsetzungslehre und eine intellektuelle Anschauung zuzuschreiben. Deswegen behauptet er, die Positionen der beiden Philosophen seien nicht vergleichbar.[176]

---

172 Baumgarten 2001, 496.
173 Baumarten 2001, 501.
174 Baumarten 2001, 502.
175 Vgl. Ó Madagáin 2008.
176 Vgl. Westphal 2009.

8.4.5 Duque

Félix Duque Pajuelo[177] zufolge strebt der späte Kant in erster Linie nach einer Systematisierung der Erfahrung. Seine die Begrenztheit des Menschen betreffenden Aussagen thematisieren nach Auffassung von Duque die Grundpositionen des Kritizismus deutlich.

Dass Kant mit den Resultaten der *MAN wohl bereits bei ihrem Erscheinen* unzufrieden gewesen sei, davon geht Duque aus.[178] Dies impliziere allerdings nicht, dass Kant deswegen versucht habe, das Werk von 1786 durch das *Opus postumum* zu ersetzen, wie Tuschling es vermutet.[179] Vielmehr habe der Philosoph begriffen, dass die *MAN* höchstens eine *physica pura*, keineswegs aber die Physik als empirische Naturwissenschaft hätten fundieren können. Dazu habe sich die Erweiterung des Systems der transzendentalen Philosophie durch die Übergangslehre tatsächlich als nötig erwiesen. Bei der Suche nach angemessenen Mittelbegriffen zwischen rein metaphysischen Prinzipien und empirischen Gesetzen handle es sich also letztendlich um eine Weiterentwicklung jener Problematik des Schematismus, die bereits in der *KrV* und in der Dynamik der *MAN* entworfen wurde.[180]

Die Amphibolie des Ätherbegriffs in *Uebergang 1–14* geht aus Duques Darstellung sehr klar und deutlich hervor.[181] Der Äther werde, so der spanische Kant-Forscher, nicht als nur gedacht, sondern als *gegeben*, genauer gesagt: als *unmittelbar der Vernunft* und *a priori* gegeben, bezeichnet. Die merkwürdige Benennung lasse sich zum Teil dadurch erklären, dass es bei dieser Materie um eine Bedingung der möglichen Erfahrung gehe und nicht um einen Erfahrungsgegenstand. Es sei ferner kein Zufall, dass die Eigenschaften des Äthers – Imponderabilität, Inkoerzibilität, Inkohäsibilität und Inexhaustibilität – auch zum Raum passten. Denn er sei der *sinnliche Raum*, das *primum mobile*, die *absolute Position* als

---

177 Aufgrund seiner ca. 700 maschinengeschriebene Seiten umfassenden Dissertation über das kantische Nachlasswerk (Duque 1974a), der Übersetzung desselben ins Spanische (vgl. unten S. 486) und der Publikation zahlreicher Aufsätze über die Philosophie des späten Kant (Duque 1974b, Duque 1975, Duque 1984, Duque 2001 und Duque 2004) ist Félix Duque Pajuelo (geb. 1943) der bedeutendste Forscher des *Opus postumum* im spanischen Sprachraum. Zu Duques Dissertation vgl. den Bericht von Hans Widmer für die *Kant-Studien* (1976).

178 Zum genetischen Verhältnis des *Opus postumum* mit den *MAN* bei Duque vgl. Duque 1974b.

179 „Sin llegar a la concepción extrema de Tuschling, para quien el *O. p.* se concibió como substituto de la obra de 1786, podemos afirmar que Kant estaba descontento de *MA* casi desde el momento de su aparición.“ (Duque 1974b, 61).

180 Vgl. Duque 1974, 68.

181 Zu Duques Erörterung des Ätherbegriff im *Opus postumum* vgl. Duque 1975 und Duque 1984.

Gegebenes, welches das Subjekt als begrenzt bestimme. Man setze nicht die Objekte in ihrer Existenz. Sie könnten uns nur gegeben werden. Der Äther sei also das Korrelat des passiven Subjekts, der Ausdruck der Begrenztheit des Subjekts.[182] Allein aus diesem Grund sei im Konzept des Äthers seine Existenz analytisch enthalten.[183] Beim Ätherbeweis handle es sich tatsächlich in gewissem Sinne um eine Antizipation der Erfahrung „quoad materiale“[184] und um einen *Schematismus*. Aber die genannte materielle Antizipation müsse als bloß *problematisch* und der betreffende Schematismus als zur reflektierenden Urteilskraft gehörend verstanden werden,[185] wie Duque hervorhebt: „Dieser Schematismus kann selbstverständlich nicht zur bestimmenden Urteilskraft gehören; er gehört zur *reflektierenden* Urteilskraft, die im *Opus postumum*, was kennzeichnend genug ist, die gleiche Bedeutung hat wie die Amphibolie der Begriffe.“[186] Auf diese „Amphibolie der Reflexionsbegriffe“[187] sowie auf die „Amphibolie der [...] Principien der reflectierenden Urtheilskraft“[188], die in die Physik als System der Natur gehören, weise allerdings der Text des *Opus postumum* selbst hin.

Duque orientiert sich an Mathieu, wenn er von einer gewissen konstitutiven Zirkularität zwischen „Erscheinung“ und „Erscheinung der Erscheinung“ spricht:

> Die Erscheinung der Erscheinung, Produkt der (jetzt auch räumlichen) Selbstaffektion des Subjekts ist in bezug auf das Dasein (verstanden als *Setzung*) sekundär, d. h. später als die direkte Erscheinung. Diese wiederum ist auch ihrerseits sekundär und durch die indirekte Erscheinung ermöglicht, was die Existenz (verstanden als *omnimoda determinatio*) betrifft. Die indirekte Erscheinung existiert nicht empirisch: sie ist *erdichtet*, und zwar zum Behuf der Erfahrung.[189]

Dass die „Erscheinung der Erscheinung“ vom Standpunkt des Physikers her „die Sache an sich selbst“ darstellt, folgt für Duque aus der „Amphibolie der Reflexionsbegriffe“.

Duque lehnt jene Identifikation der Transzendentalphilosophie des *Opus postumum* mit dem subjektiven Idealismus Fichtes oder mit dem objektiven Idealismus Schellings ab.[190] Im Unterschied zu Fichtes Ich bleibe der Mensch auch

---

182 Duque schreibt: „[...] el concepto de *éter* [...] es [...] el pórtico de la metafísica kantiana de la *finitud*.“ (Duque 1975, 44).
183 Duque 1975, 42 ff.
184 *OP*, AA 22: 502.10 = XI 27.
185 Vgl. Duque 1984, 390 f.
186 Vgl. Duque 1984, 390 f.
187 *OP*, AA 22: 339.17 = X 34.
188 *OP*, AA 23: 484.29 f.
189 Duque 1975, 395.
190 Vgl. Duque 2001 und Duque 2004.

für den späten Kant ein endliches Subjekt. Das kantische Ich setze zudem kein „Nicht-Ich".[191] Gegen Tuschlings Identifikation der Transzendentalphilosophie des *Opus postumum* mit einer Art des Spinozismus, nämlich mit dem objektiven Idealismus Schellings, wendet Duque ferner Folgendes ein:[192] 1) Kant behalte auch in *Conv. I* die kritische Grenzlinie. 2) Kant habe nie behauptet, das Ich sei die Welt oder Gott. Die Anspielungen auf Schelling zeigten gerade, dass Kant sich auf das „System des transzendentalen Idealismus" – so der genaue Titel des schellingschen Werkes von 1800 – allein deswegen beziehe, um diesen Ausdruck den Idealisten zu überlassen und ihn von seiner eigenen Transzendentalphilosophie besonders deutlich zu unterscheiden.[193]

8.4.6 Kant und Zarathustra: La Rocca

Claudio La Rocca zufolge wird der Name des Zoroaster im *Opus postumum* mit dem Problem des Zusammenhangs von theoretischer und praktischer Philosophie sowie mit demjenigen des Verhältnisses der gesamten Philosophie zur Weisheit verknüpft.[194] Für Kant bestehe, dies betont La Rocca in besonderer Weise, eine Distanz zwischen der Transzendentalphilosophie als System der Ideen und der Philosophie als Weltweisheit. Diese Distanz bedeute nicht nur die Diskrepanz zwischen der beschränkten Vernunft der Menschen und Gott, dem einzigen

191 Duque erörtert: „Fichte raconte une histoire, l'histoire *pragmatique* de la conscience de soi. Kant expose quant à lui un hiatus irréconciliable : l'homme sera toujours, de manière irréductible, ‚habité' et ‚habitant' du monde. L'homme, *en tant* que sujet fini – et finalement objet dans le phénomène – ne pourra jamais s'élever à ce ‚Moi-Idée' que Fichte entrevoit pour la fin des temps, lorsque la *Doctrine de la science* se sera convertie *pratiquement* en science." (Duque 2001, 207). Etwas weiter hinten im Text fügt Duque hinzu: „Chez Kant le Moi ne pose pas le non-Moi, terme que nous chercherions en vain dans ses œuvres. Car il est toujours trop tard pour apercevoir le multiple comme tel. Le multiple se trouve en nous depuis toujours mais il n'est pas *de notre fait* et ce, ni au début ni à la fin. La philosophie transcendantale kantienne ne raconte en effet pas d'*histoires*. Kant n'outrepasse jamais la *Grenzlinie* mais opère toujours à l'intérieur de domaine des représentations." (ebd., 208).

192 Vgl. Duque 2001 und Duque 1983, 41–47.

193 Vgl. Duque 2001, 210. Ähnlich wie Duque behauptet Ernst-Otto Onnasch mit Recht, dass Kant seine eigene Transzendentalphilosophie vom transzendentalen Idealismus scharf abgrenze und sich von diesem distanziere. Dementsprechend habe er die Philosophie Schellings keineswegs als angemessene Fortsetzung seines eigenen Denkens sehen können (vgl. Onnasch 2008; Onnasch 2009).

194 La Rocca 2001; vgl. La Rocca 2003b, 227–242. Claudio La Rocca (geb. 1958) ist ein italienischer Kant-Forscher und Philosophie-Historiker.

Weisen im engeren Sinn,[195] sondern vielmehr die Neigung der menschlichen Vernunft, sich andauernd zu transzendieren: ihr Streben nach der Weisheit, ohne sie jemals erzielen zu können.[196] Die Liebe zur Weisheit sei der einzige selbstständige, nichtinstrumentale Akt der Vernunft, in dem ihre Strebung zur Einheit gipfle.[197]

8.5 Beiträge zu verschiedenen Aspekten

Abschließend sei auf einige Beiträge über verschiedene Motive mit Bezug auf die Metaphysik und die Transzendentalphilosophie im *Opus postumum* hingewiesen.[198]

Hinrich Knittermeyer[199] geht wie Lehmann von einer Kontinuität der Problematik des Übergangs im *Opus postumum* mit der dritten *Kritik* aus. Der Begriff des Übergangs als „Transzendieren" stellt seiner Ansicht nach das führende Motiv des Denkens Kants dar; denn dieses schreite durch Antinomien fort, die im Gegensatz zur Philosophie eines Hegel nicht aufgehoben würden.[200] So knüpfe das

---

195 Vgl. *OP*, AA 21: 120.1 f. und 15 f. = I 35; 21: 124.16 = I 36; 21: 130.4 f. = I 37; 21: 134.6 f. = I 39.

196 So lautet eine pointierte Formulierung von La Rocca: „L'autonomia come struttura fondamentale della ragione fonda insieme e inscindibilmente il primato del filosofare sulla filosofia, e dunque il necessario tendere alla saggezza, e l'impossibilità di tradursi in essa." (La Rocca 2001, 55).

197 La Rocca betont: „L'unione vera di ragione teoretica e ragione pratica è data sì dalla forza produttiva del sistema costituita dalle idee: ma non senza che il soggetto esca fuori di sé, oltrepassi cioè il circolo autotetico della ragione nel suo senso meramente conoscitivo [...] e diventi un soggetto che nell'amore della saggezza compie l'unica operazione veramente autosufficiente, l'unico atto non strumentale della ragione. Qui l'atto razionale in cui consiste il filosofare non è tecnica, *Kunst*, non è strumento per nient'altro che lo trascenda, eppure è un farsi realmente mondo del soggetto. Quest'unione di soggetto e mondo, di ragione teoretica e pratica, di filosofare e operare, è insieme necessaria e impossibile." (La Rocca 2001, 58).

198 An dieser Stelle sei ferner auf die kurzen in serbischer Sprache verfassten Aufsätze Milan Damnjanovičs (1924–1994) über die Philosophie des *Opus postumum* als Vervollständigung des kritischen Denkens (Damnjanovič 1974) sowie auf die Publikation von Megumi Sakabe (1936–2009) über den Weltbegriff in *Conv. I* (Sakabe 1974), die auf Japanisch erschienen ist, verwiesen.

199 Hinrich Knittermeyer (1891–1958) beschäftigt sich mit dem *Opus postumum* sowohl im Kapitel 8 seines Kant-Buchs (Knittermeyer 1939, 138–160) wie auch in seinem Aufsatz „Der ‚Übergang' zur Philosophie der Gegenwart" von 1946 (Knittermeyer 1946, insbesondere 278–287).

200 Für das kantische Denken gilt nach Knittermeyer Folgendes: „Das ‚Übergehen' ist mit dem Transzendieren eins" (Knittermeyer 1946, 278) und „Das Transzendieren ist der Lebensatem seines [= Kants] Denkens." (ebd., 281). Daher stellt er fest: „Die Antinomie des ‚Übergangs' ist auf keine Weise auflösbar." (ebd., 280). Knittermeyers Aufsatz von 1946 besteht aus vier Ab-

Opus postumum an die „transzendentale Vermittlungsaufgabe" der *KU* wieder an, und zwar bereits in den Entwürfen zu einem Übergang zur Physik, in denen Kant „das Problem der transzendentalen Urteilskraft und insbesondere des Schematismus von neuem aufgreift"[201]. Erst in *Conv. VII* und *Conv. I* wende sich Kant wiederum der Antinomie zwischen Natur und Freiheit zu, die er in der Fortsetzung der teleologischen Erörterung der *KU* aufzulösen versuche. Hier weite sich das Übergangsprojekt zu einem System des Transzendierens aus, das im Menschen sein Fundament habe, insofern er die Welt mit Gott verbinde.[202] Diese neue Transzendentalphilosophie sei also „eine wahre *Apotheose des Menschen*"[203]. Trotzdem verfüge der Mensch, hier ebenso wie in den kritischen Schriften, über einen *endlichen* Geist, der nur durch Leiden tätig werden könne, und nicht über einen *unendlichen* Geist, der die Freiheit hätte, sich aus einem absoluten Schöpfertum heraus zu entfalten.[204]

Nach Georg Mende[205] bestätigt das *Opus postumum* Lenins allgemeine Kritik an der kantischen Philosophie. Mende resümiert:

> Das Nachlaßwerk selbst ist [...] der letzte sprechende Zeuge von der grundsätzlichen Unmöglichkeit, das zu leisten, was Kant sich vorgenommen hatte: Wissenschaft und Glauben, Materialismus und Idealismus auch im Bereich der exakten Naturwissenschaft, d. h. in diesem Fall der Physik, zu versöhnen.[206]

Hermann Josef Meyer [207] zeigt, dass die Aufhebung des transzendenten Realismus des Dinges an sich im *Opus postumum* eine Erweiterung des Prinzips der Selbstaffektion mit sich bringt, nach welcher die Affektion *per receptivitatem* in die synthetische Selbstaffektion eingeschlossen wird. Daraus ergebe sich eine Ausdehnung der Erkenntnis auf das Wesen der Dinge, die Bestimmung der gemein-

---

schnitten, welche den Begriff des Übergangs jeweils in den kritischen Schriften (I), im *Opus postumum* (II) und in der Philosophie des 19. bzw. des 20. Jahrhunderts, von Fichte bis Heidegger (III und IV), darstellen. Schon durch diese Einteilung wird also angedeutet, dass der Übergang von den kritischen Schriften Kants zum Problem des Transzendierens des Denkens bei den nachkommenden Philosophen gerade durch das *Opus postumum* verständlich wird.

201 Knittermeyer 1946, 278.

202 Vgl. Knittermeyer 1939, 150 – 160; Knittermeyer 1946, 282 – 287.

203 Knittermeyer 1946, 153.

204 Knittermeyer 1939, 155.

205 Georg Mende (1910 – 1983) hat dem *Opus postumum* zwei kurze Aufsätze (Mende 1951 und Mende 1963) gewidmet.

206 Mende 1951, 610.

207 Hermann Josef Meyer hat 1952 mit einer Dissertation über das Problem der kantischen Metaphysik unter besonderer Berücksichtigung der Konvolute 7 und 1 des *Opus postumum* an der Universität Tübingen promoviert.

samen Wurzel von Sinnlichkeit und Verstand im Selbstbewusstsein, die Behauptung der intellektuellen Anschauung und der Verschmelzung der Idee des *intellectus archetypus* mit dem transzendentalen Bewusstsein, die Gleichsetzung der Transzendentalphilosophie mit der Weisheitslehre und die Vergöttlichung der menschlichen Vernunft.

Mario Manlio Rossi[208] postuliert eine gewagte Analogie zwischen dem George Berkeley des *Siris* und dem Kant des *Opus postumum*, insofern beide Philosophen in ihren jeweiligen Spätwerken von der Gnoseologie in eine vormoderne Ontologie zurückgefallen seien.[209] Im *Opus postumum* seien nämlich die Ideen der Vernunft nicht mehr *regulativ* wie in der *KrV*, sondern *systematisch*. Sie würden somit „selbstgenügsam" („autosufficienti"), „platonisch", ja „neuplatonisch".[210] Darüber hinaus stelle der Begriff des Äthers/Wärmestoffs als *materia universalis* im *Opus postumum* einen Rückschritt zu einer vorkartesianischen Vorstellung von Materie dar.[211] Nun machen Hypostasierung der Ideen und Annahme einer Feuersubstanz *die* beiden wiederkehrenden Motive des *Siris* aus. Sowohl Berkeley wie auch Kant versuchen, eine platonische Erkenntnistheorie mit der wirklichen Welt zu verbinden: der erste durch einen Sprung, der zweite durch einen Übergang. Diese beiden Versuche seien aber, so Rossi, zum Scheitern verurteilt gewesen. Da Rossi das *Opus postumum* durch die Brille von Adickes, de Vleeschauwer und Daval liest, ist es nicht verwunderlich, dass de Vleeschauwer ihn wohlwollend rezensiert.[212] Es überrascht jedoch ebenso wenig, dass er die Bedeutung und die Originalität der Äthertheorie des *Opus postumum* gänzlich übersieht.

Die systematische Deutung der Philosophie des *Opus postumum*, die der spanische Philosoph Alejandro Llano Cifuentes in einem Aufsatz von 1971/72[213] vorlegt, schließt sich der konstruktivistischen Interpretation Davals[214] an. Llano behauptet, dass, obwohl der Anspruch an die Systematik und den Konstruktivismus gewaltig steige, das *Opus postumum* auf der Linie der transzendentalen Deduktion der ersten *Kritik* bleibe. Die Einheit der Erscheinung entstehe aus einer *Konstruktion* des Subjekts.[215] Kant habe das Materiale der Erscheinung nicht

208 Mario Manlio Rossi (1895–1971) war ein italienischer Philosoph und Experte für den britischen Idealismus (Francis Bacon und George Berkeley).

209 Vgl. Rossi 1955, 317–350, und Rossi 1986, 175.

210 Vgl. Rossi 1955, 327.

211 Vgl. Rossi 1955, 336–340.

212 De Vleeschauwer 1963, 104 f.

213 Llano 1971/72. Dieser Text wurde in Llano 1973, 191–219, 259–271 und 318–323, leicht verändert reproduziert.

214 Llano spricht von „der großartigen Interpretation Davals" – „[l]a magnifica interpretation de Daval" – (Llano 1971/72, 101; vgl. ebd., 114 f.).

215 Llano 1971/72, 86.

aufgelöst, was zu einem absoluten Idealismus geführt hätte, den Kant nie vertreten habe. Er sei vielmehr zu einer „Formalisierung" der Materie gelangt. Werde die Materie der Erscheinung – die Empfindung – als lediglich *gegeben* aufgefasst, so interpretiert Llano den kantischen Gedankengang, erweise sie sich als gänzlich *unverständlich* und könne daher in ein System der reinen Vernunft nicht integriert werden.[216] Empfindungen würden durch bewegende Kräfte der Materie verursacht und das Subjekt werde affiziert, weil es durch seine eigenen bewegenden Kräfte auf die äußere Affektion reagiere. Somit setze sich das Subjekt als Objekt, und in diesem Sinn könne man von einer *Selbstsetzung* des Subjekts reden. Dadurch vervollständige sich die Autonomie des Subjekts, was das eigene Ziel der kritischen Philosophie war. Das Objekt sei bloß subjektiv – eine Qualität des Subjekts – geworden, wie die reinen Formen *a priori* des Subjekts.[217] Diese Konstruktion sei aber keine *creatio ex nihilo.*[218] Die Erfahrung selbst müsse konstruiert werden.[219] Das Ding an sich sei nicht mehr etwas Extramentales, sondern das Subjekt selbst.[220] Auch vertrete Kant im *Opus postumum* keinen Realismus in Bezug auf Gottes Existenz. Man könne die Gottesexistenz sicher nicht negieren. Als „Gott" werde jedoch einfach „das Ewige, das Göttliche *im Menschen*" („lo eterno, lo divino *en el hombre*")[221] bezeichnet, nämlich die Personifizierung der praktischen Vernunft oder einfach die praktische Vernunft als solche,[222] keineswegs jedoch ein Wesen außerhalb des Menschen. Die Existenz Gottes sei eine *notwendige Hypothese*, denn ohne sie gäbe es keine Autonomie des Subjekts.

Michelantonio Sena[223] knüpft in seiner Interpretation des *Opus postumum* zum Teil an die Thesen des methodischen Idealismus der Marburger Schule an. Die Physik sei also, so der italienische Forscher, nur möglich, insofern das Subjekt selbst das Objekt bestimme, und das Objekt werde durch das Subjekt nicht nur der Form seiner Gegebenheit nach bedingt, sondern von ihm *gemacht*. Dementsprechend seien die Begriffe „Selbstsetzung" und „indirekte Erscheinung" von signifikanter Bedeutung, denn sie stellten die beiden korrelierenden Bausteine einer Theorie der Erfahrung dar, welche auf die „vollständige Bestimmung" der „direkten Erscheinung" zumindest asymptotisch abziele. Anders gesagt konstruiere

216 Llano 1971/72, 86 f.
217 Llano 1971/72, 97.
218 Llano 1971/72, 102.
219 Llano 1971/72, 106.
220 Llano 1971/72, 112.
221 Llano 1971/72, 119.
222 Llano 1971/72, 119.
223 Michelantonio Sena (1928 – 1994) hat der Deutung des *Opus postumum* einen Aufsatz von 1976 gewidmet (Sena 1976).

das Subjekt der Erkenntnis eine wissenschaftliche Theorie der Natur, in der die noumenale Verdoppelung der Erscheinung die zu erforschende „Sache selbst" sei, deren ontologische Bestimmung aus dem Prinzip „*Forma dat esse rei*" entstehe. Soweit stimme das Übergangsprojekt mit den methodisch-regulativen Motiven der *Transzendentalen Dialektik* und der *KU* überein. Wie das Ding an sich nur ein *ens rationis* und nicht etwas vom Subjekt unabhängig Reales sei, so sei das Subjekt der Selbstsetzung bloß das *Ich denke* in seiner konstitutiv-regulativen Funktion.[224]

Anders als Görland, Lüpsen und Hoppe erkennt Sena, dass Ätherbegriff und Gottesidee ihren Platz in dieser Theorie der Erfahrung haben. Der Ätherbegriff sei die wesentliche Neuheit des *Opus postumum* im Vergleich zur ersten und dritten *Kritik*. Er wird im Übergangsprojekt als metaphysisch-regulative Hypothese zur Fundierung der Möglichkeit der Erfahrung angenommen.[225] Die Gottesidee beziehe sich nicht auf ein Wesen außerhalb des Menschen. Sie sei vielmehr eine metaphysisch-regulative Idee, die als Pendant des Ätherbegriffs anzunehmen sei, um die Einheit des Systems zu verstehen: Gott und die Welt, Freiheit und Natur, Metaphysik und Physik, Übersinnliches und Sinnliches.[226]

Wolfgang Ritzel[227] sieht im *Opus postumum* die Kulmination von Kants Auseinandersetzung mit dem Problem der Leere, das ihn seit *Theorie des Himmels* (1755) beunruhigt hatte. Kant habe wiederholt versucht, so Ritzel, „dieses Gespenst durch eine Ätherlehre zu bannen."[228] Doch erst in *Uebergang 1–14* verstehe Kant den Wärmestoff nicht mehr als hypothetische Materie, sondern als den transzendentalen Begriff eines „den Weltraum einnehmenden und die Einheit des Erfahrbaren stiftenden ‚erdichteten Wesens' und ‚Gedankendings'."[229] In *Conv. VII* komme ihm schließlich der Gedanke, dass der Äther den Raum als Produkt der Einbildungskraft, nicht jedoch das Weltall erfülle. Das bedeute die gegenseitige

224 Vgl. Sena 1976, 47–58.

225 Vgl. Sena 1976, 58–61. Eine einprägsame Formulierung von Sena lautet: „Per arrivare alla determinazione scientifico-sistematica, bisogna ricorrere a una ipotesi cosmica intorno al fondamento supremo dei fenomeni; occorre una idea metafisico-regolativa intorno all'*archè* della realtà." (ebd., 59).

226 Vgl. Sena 1976, 61–64.

227 Wolfgang Ritzel (1913–2001) hat den Beitrag „Kants Opus postumum" für die zweite, von Rudolf Malter herausgegebene Auflage des bekannten Kant-Buchs von Vorländer verfasst (Ritzel 1977). Der eigentlichen Darstellung des *Opus postumum* (ebd., 423–464) wird ein Abschnitt über die *MAN* (ebd., 408–423) vorausgeschickt. In der dritten Auflage (1992) fällt Ritzels Anhang zum *Opus postumum* jedoch weg. Die Einleitung und der Abschnitt über das *Opus postumum* wurden dann, leicht geändert, von Ritzel in sein eigenes Kant-Buch übernommen (Ritzel 1985, 651–686). Eine gekürzte Fassung des Beitrags zu Vorländers Werk erschien als Aufsatz (Ritzel 1981).

228 Ritzel 1981, 288.

229 Ritzel 1981, 292.

Implikation von Subjekt und Erfahrung: „[...] das Subjekt macht sich selbst – und macht die Erfahrung, und beides hängt dialektisch zusammen: Erfahrung kann es nicht haben, ohne sich selbst zu machen, und allein über sie gelangt es zu sich selbst."[230]

William Werkmeister[231] erkennt zwei Hauptthesen im *Opus postumum.*[232] Kant habe zunächst versucht, das Problem des Übergangs von den metaphysischen Prinzipien zur experimentellen Physik – und somit das Problem der Antizipation *a priori* der Erfahrung – anhand eines neuen Ätherbegriffs zu lösen, insofern dieser die systematische Einheit der bewegenden Kräfte ermögliche. Ein solcher Ätherbegriff entspreche also als notwendige Bedingung der Erfahrung einem transzendentalen Prinzip, nicht mehr einem bloß hypothetischen Stoff. Ferner habe Kant versucht zu beweisen, dass weder die Welt noch Gott Gegenstände einer möglichen Erfahrung seien, sondern Ideen, und zwar heterogene Ideen, die sich nicht in einem einheitlichen System vereinen lassen. Ihre Verbindung sei vielmehr das Produkt der Tätigkeit des Subjekts, welches durch diese Aktivität sich selbst als Ich setze. Die Transzendentalphilosophie des *Opus postumum* schließe sich also letztendlich Fichtes subjektivem Idealismus an.

---

230 Ritzel 1981, 296.

231 William Henry Werkmeister (1901–1993), ein in Deutschland geborener amerikanischer Philosoph und Kant-Forscher, liefert in den Kapiteln 6 und 9 seines Kant-Buchs von 1980 eine systematische Darstellung des *Opus postumum* (vgl. Werkmeister 1980, 101–127, insbesondere 112–127 bzw. 173–202), die in einer etwas kürzeren Fassung in einem Aufsatz von 1993 (Werkmeister 1993) erneut präsentiert wird.

232 Werkmeister zufolge dokumentiert die zweibändige Akademie-Ausgabe von Kants Nachlasswerk die Entstehung *zweier* unvollendeter Werke (Werkmeister 1980, 112; die ausdrückliche Formulierung der „Zwei-Werke-Hypothese" entfällt in dem Aufsatz von 1993, dessen Titel „The Two Theses of Kant's *Opus Postumum*" eher den Anschein erweckt, allein auf eine thematische Polarität innerhalb ein und desselben Werkes hinzuweisen), als deren beachtenswerte Teile die Konvolute 10, 11, 7 und 1 bezeichnet werden (Werkmeister 1980, 112; vgl. Werkmeister 1993, 169). Er widerspricht sich jedoch in mindestens dreierlei Hinsicht selbst in Bezug auf diese beiden Annahmen. Erstens: Er erörtert das ursprüngliche Projekt eines Übergangs von den *MAN* zur Physik und vor allem den Ätherbegriff im *Opus postumum* anhand von Belegen, die größtenteils nicht aus den vier genannten Konvoluten stammen (vgl. Werkmeister 1980, 112–127, und Werkmeister 1993, 174–177). Zweitens: Er geht davon aus, dass die These „experience is *one* and [...] it is *made* rather than given" dem ganzen *Opus postumum* als Prämisse zugrunde liege, und er schlussfolgert: „If we do not accept it as the foundation of his whole argument, we misunderstand *the* [Hervorhebung von mir] work." (Werkmeister 1980, 176). Nun seien Belege für diese Behauptung überall in den beiden Bänden der Akademie-Ausgabe vorfindlich (ebd.). Werkmeister gibt also zu, dass es sich beim *Opus postumum* um *ein* Werk zu *ein und derselben* Problematik handelt. Drittens: Werkmeister selbst zitiert eine Passage aus *Conv. I* (*OP*, AA 21: 59.20–25 = I 20), in der Kant behauptet, dass der Übergang zur Physik zur Transzendentalphilosophie gehöre.

Der griechische Philosoph Euangelos Moutsopoulos geht wie Adickes von einem transzendenten Realismus des *Opus postumum* aus.[233] Kant habe nie, auch nicht in seinem Nachlasswerk, an der transsubjektiven Wirklichkeit des Dinges an sich gezweifelt, obwohl er seine Erkennbarkeit infrage stellte. Gott und der Äther als Dinge an sich existierten unabhängig vom erkennenden Subjekt, je nach der eigenen Modalität der Existenz. Allein ihre Wahrnehmung oder ihr Begriff würden durch unsere Sinne bzw. durch unseren Verstand vermittelt.

In ihrer Analyse der zahlreichen Versuche im *Opus postumum*, die Transzendentalphilosophie zu definieren, stellt die griechische Philosophin Tereza Pentzopoulou-Valalas fest, dass die Transzendentalphilosophie für Kant nicht *eine* bestimmte Philosophie darstelle, die einer anderen Philosophie, wie etwa dem Empirismus, entgegengesetzt werden könne. Sie sei vielmehr die Idee eines systematischen Ganzen aller Vernunfterkenntnisse, die Wissenschaft des Philosophierens über die Philosophie.[234]

In seiner Interpretation des *Opus postumum* geht António Luís Rivara Fragoso Fernandes[235] davon aus, dass Kants Versuch in der *KrV*, das Apriori mit dem Aposteriori in einer einheitlichen Erkenntnistheorie zu verbinden, scheitert. Kant fundiert ihm zufolge die Begründung der Erkenntnis bald auf den Prinzipien des Verstandes allein, bald auch auf der Erfahrung. Aus dieser Aporie entstehe im Grunde genommen die Problematik des Übergangs, mit der sich Kant in seinem Nachlasswerk befasse.

In den Untersuchungen zum *Opus postumum* lassen sich nach Fragoso Fernandes drei Entwicklungsphasen unterscheiden. Zunächst strebe Kant nach einer neuen Schematismuslehre und nach mittleren Prinzipien, die intellektuell und sinnlich zugleich sind und daher die Überbrückung der Kluft zwischen beiden Elementen der Erkenntnis verwirklichen können. Dieser Versuch offenbare jedoch im *Opus postumum* die grundsätzliche Ambivalenz der kantischen Erkenntnistheorie, nämlich die Annahme zweier heterogener Quellen der Erkenntnis. So entstehe in einer zweiten Phase einerseits die Tendenz, die Erkenntnis auf das Subjekt zu gründen, andererseits die Neigung, weiterhin eine äußere Realität zu behaupten. Kant nehme nun zur Einheit der Natur bald ein materielles Prinzip –

233 Vgl. Moutsopoulos E. 2001.
234 Vgl. Pentzopoulou-Valalas 2001.
235 Der Philosoph und Kant-Forscher António Luís Rivara Fragoso Fernandes (geb. 1929) ist der Verfasser einer 2006 erschienenen Doktorarbeit auf Portugiesisch, deren Titel lautet: *Da aporia à cisão; uma interpretação do Opus Postumum kantiano* [*Von der Aporie zur Zäsur; eine Interpretation von Kants Opus postumum*] (Fragoso Fernandes 2006a). Die Grundlinie seiner Interpretation hat er in einigen Aufsätzen, ebenfalls auf Portugiesisch, zusammengefasst (vgl. Fragoso Fernandes 2006b und Fragoso Fernandes 2007).

den Äther als Urmaterie und Bedingung jeder sinnlicher Erfahrung –, bald subjektive Prinzipien – Selbstsetzung und Selbstaffektion des Subjekts sowie die Erscheinung von der Erscheinung – an. Die Kluft zwischen Begriff und Materie versuche er durch das materielle Prinzip seitens der Materie und durch die subjektiven Prinzipien seitens des Subjekts zu überbrücken. In einer dritten und letzten Phase gebe Kant schließlich die Möglichkeit eines Übergangs zwischen Empirischem und Transzendentalem auf und stelle die Koexistenz zweier gegensätzlicher und in gleichem Maße ursprünglicher Prinzipien in ein und demselben System der Erfahrung fest.

9 Systematische Betrachtungen zur Rezeption des *Opus postumum* seit 1938

In den fünf vorhergehenden Kapiteln wurde die Geschichte der Interpretation des *Opus postumum* etwa seit der Veröffentlichung in der Akademie-Ausgabe dargestellt. Es gilt nun, die wichtigsten Ergebnisse der betrachteten Beiträge systematisch zu erörtern. Sie werden in drei Hauptthemenkreise eingeteilt: zum interpretatorischen Verfahren (9.1), zum Verhältnis des ursprünglichen Übergangsprojekts zu den *MAN* und zur *KU* (9.2) und zu den erkenntnistheoretischen und metaphysischen Themen der Entwürfe *Uebergang 1–14, Conv. X/XI, Conv. VII* und *Conv. I* (9.3). Im Hintergrund dieser systematischen Erörterung der Forschungen über das *Opus postumum* steht die Annahme, dass die gesamten Untersuchungen des späten Kant eine kohärente Entwicklung des kritischen Denkens darstellen.

9.1 Was heißt Kant interpretieren? Der Fall des *Opus postumum*

Mit der Frage nach der angemessenen Methode zur Interpretation des *Opus postumum* haben sich mehrere Forscher – Lehmann, Mathieu, Tuschling, Gloy und S. Schulze – beschäftigt. Im Anschluss an ihre Beiträge (4.1.1, 4.4.1, 5.2.1, 5.4, 6.2.1) werden im vorliegenden Abschnitt einige Betrachtungen dazu angestellt. Die diachronische Darstellung der Materialien zum *Opus postumum* – also die Rekonstruktion der Originalfassung des Textes – ist eine unentbehrliche Voraussetzung für die Interpretation des Nachlasswerks. Die Interpretation selbst besteht jedoch in der Rekonstruktion der impliziten Systematik dieses Textes und in der Erörterung des Verhältnisses dieser Systematik zu derjenigen der kritischen Schriften. Das Verständnis des *Opus postumum* erfolgt durch einen hermeneutischen Zirkelschluss zwischen dem Text und dem Interpreten und ergibt eine unerschöpfliche Dialektik.

1. Dass die genetisch-diachronische Rekonstruktion des Textes ein zwangsläufiges Moment der Interpretation des *Opus postumum* darstellt, wird keineswegs in Frage gestellt.[1] Umstritten ist hingegen, ob auch eine systematisch-synchronische Lesart der Gedanken Kants zulässig ist.

---

[1] An dieser Stelle sei bemerkt, dass die Entwürfe des *Opus postumum* wohl die reichste Informationsquelle zu Kants Methode der Textabfassung darstellen. So erweist sich gerade die Entstehungsgeschichte des Werkes, das Kant nicht fertiggeschrieben hat, als viel besser dokumentiert als diejenige der Druckschriften.

Negiert man prinzipiell die Möglichkeit, Texte und Gedanken aus verschiedenen Phasen miteinander zu vergleichen – weil sogar dasselbe Wort, zu verschiedenen Zeitpunkten verwendet, nicht genau dasselbe bedeuten müsse, wie Tuschling betont –, so würde sich die Interpretation des Nachlasswerks auf die bloße Beschreibung des intellektuellen Tagebuches des späten Kant reduzieren, was vom streng philosophischen Standpunkt her unzureichend ist. Denn der philosophischen Interpretation kommt es zu, nicht lediglich die psychologischen Prozesse des Denkers, sondern letztendlich die Logik seines Denkens wiederzugeben. Wenn wir dazu imstande sind, das Denken von Philosophen aus verschiedenen Epochen, ja die Philosophie der vorkritischen Schriften Kants mit derjenigen seiner kritischen Werke zu vergleichen, um Ähnlichkeiten und Unterschiede festzustellen, warum sollte es dann nicht erlaubt sein, ebenso mit den Texten des *Opus postumum* zu verfahren, die nur wenige Jahre, mitunter sogar nur wenige Monate voneinander trennen? Darüber hinaus ist bekannt, dass Kant, während er an den späteren Entwürfen schrieb, auch auf frühere Bogen zurückgriff.

Hätten wir aber nicht die Fähigkeit, Verbindungen zwischen den verschiedenen Entwürfen zu schaffen, so wäre das Nachlasswerk lediglich ein Konglomerat von unzusammenhängenden Angaben, ein buchstäblich *sinnloses* Mannigfaltiges. Nun bedeutet „Interpretieren" „Verstehen" im kantischen Sinn: ein Mannigfaltiges zur Einheit eines Gegenstandes zu bringen. Interpretieren setzt also das Vermögen voraus, mannigfaltige Angaben in der Zeit auf eine synchronische Ebene zu projizieren, um zu überprüfen, ob sie wenigstens zum Teil eine gewisse Kohärenz aufweisen. Hätten wir dieses Vermögen nicht, so wäre es auch unmöglich zu beurteilen, ob Angaben aus verschiedenen Entwürfen miteinander in einem nur chronologischen Zusammenhang stehen. Daher setzt die Möglichkeit eines diachronischen Verfahrens immer die Möglichkeit eines synchronischen Verfahrens voraus. Selbst die Behauptung, es gebe keinen systematischen Zusammenhang zwischen den verschiedenen Entwürfen des *Opus postumum*, ist bereits eine systematische Betrachtung des Nachlasswerks.

2. Der Bestand pathologischer Stellen, d. h. von Sätzen, die sich entweder nur zweifelhaft oder gar nicht entziffern lassen, stellt ein strukturelles Merkmal des fragmentarischen Zustands des *Opus postumum* dar. Die Minimierung ihrer Anzahl ist zwar ein wünschenswertes Ziel der Interpretation. Dennoch bleibt es prinzipiell unmöglich, *alle* Texte des *Opus postumum* zu entschlüsseln.

Entgegen Tuschling behauptet Mathieu zwar mit Recht, dass die Möglichkeit einer diachronischen Rekonstruktion ein synchronisches Verfahren voraussetze. Dem italienischen Kant-Forscher gelingt es jedoch nicht, überzeugend zu beweisen, dass *alle* Stellen des *Opus postumum* systematisch bedeutend sein müssen. Seine Schilderung der Blätter zum Nachlasswerk als Bilder einzelner Gedankengänge und die Analogie zwischen *Opus postumum* und Organismus sind zwar faszinierende Metaphern, doch leider sind sie nicht zutreffend. Es stimmt keineswegs, dass jeder einzelne zusammenhängende Text die Struktur des gesamten Projekts enthält. Im Allgemeinen genügen die Informationen in den einzelnen textuellen Einheiten sogar nicht einmal, um den Plan des entsprechenden Entwurfes des Übergangsprojekts vollständig zusammenzusetzen. Würde jedes Blatt tatsächlich die „DNA" des Ganzen enthalten, so wäre es möglich, den Plan des ganzen Werkes *aus einem einzigen*, willkürlich ausgewählten Blatt zu rekonstruieren. Aber um sein hypothetisches Inhaltsverzeichnis des *Opus postumum* [2] zu rechtfertigen, würde Mathieu Informationen *aus allen Blättern* benötigen. Um die Analogie zu den Knochen eines Organismus zu begründen, hätte er vielmehr zusätzlich zeigen müssen, dass dasselbe Resultat aus jedem Blatt, wenn auch nur virtuell, hätte abgeleitet werden können. Jedoch erscheint die Möglichkeit eines solchen Beweises sehr unrealistisch.

Abgesehen von den pathologischen Stellen erweist es sich jedenfalls als zwingend erforderlich, einige Teile als für die systematische Interpretation irrelevant zu erklären. Jedem systematischen Verfahren kommt es zu, Eliminierungskriterien zu bestimmen. Lehmann nennt mehrere Arten der „Destruktion", zu welchen eine prinzipiell-systematische Interpretation führt: „von der Absonderung des nur Historischen, Aufweisung von ‚Widersprüchen', Eliminierung besonderer Systemthesen bis zur Vernichtung des ganzen Sinngehalts der Kantischen Philosophie"[3]. Nimmt man hingegen wie Mathieu an, dass die innere Systematik mit der äußeren Form des *Opus postumum* im Wesentlichen übereinstimmt, so muss man immerhin einige Teile bloß genetisch aufklären. Mathieu hält z. B. den Begriff des Äthers als physikalische Hypothese für eine genetische Vorstufe zur Setzung des Äthers als transzendentaler Begriff. Allein der transzendentale Ätherbegriff dokumentiert also dem italienischen Forscher zufolge die endgültige Position Kants und ist daher systematisch bedeutend. Ein weiteres Eliminierungskriterium schlägt S. Schulze mit seinem Prinzip der „integrierenden Interpretation" vor. Danach ist eine Interpretation des *Opus postumum* nur in dem Maße gerechtfertigt, in dem sie versucht, das Nachlasswerk in die Druckschriften zu integrieren. Jedes dieser Eliminierungskriterien setzt die Bezugnahme auf eine Autorität voraus: den Interpreten und seine interpretatorische These (Lehmann), den Text und seine interne systematische Kohärenz (Mathieu) und die von Kant selbst autorisierten gedruckten Schriften (S. Schulze).

2 Vgl. Mathieu 1989, 79–83.
3 Lehmann 1958c, 116.

3. Die Bedeutung der Druckschriften Kants für die Interpretation des Nachlasswerks braucht nicht gesondert betont zu werden. Die Frage ist vielmehr, ob die Systematik der früheren Schriften als Norm für die Rekonstruktion der Systematik des Nachlasswerks angenommen werden muss, wie S. Schulzes Autorisierungsprinzip der „integrierenden Interpretation" es vorauszusetzen scheint. Man kann diese Frage auch anders formulieren: Hätte Kant sein letztes Werk vervollständigt, in welchem Verhältnis zum kritischen System würde es stehen? Die Resultate, die Kant erzielt hat, sind deutlich mehr als bloße Ergänzungen oder Kommentare zu den früheren Positionen. Sie bilden eine wesentliche Überlegung für die Fundamente der kritischen Transzendentalphilosophie. Die Philosophie der Druckschriften Kants ist also der Boden, auf dem das Denken des *Opus postumum* gedeiht. Man könnte sogar sagen, dass das Nachlasswerk sich an das Streben der romantischen Idealisten, von Maimon bis hin zu Fichte und Schelling, anschließe, um der transzendentalen Philosophie ein festeres und sichereres Fundament zu verschaffen. Von diesem Standpunkt aus könnte das *Opus postumum* als das philosophische Testament Kants betrachtet werden und in diesem Sinn als sein eigener Versuch, eine Bilanz des kritischen Denkens zu ziehen. Die Interpretation des *Opus postumum*, weit davon entfernt, einer Autorisierung durch die Druckschriften zu bedürfen, gilt selbst als die autoritative Norm für die Interpretation der kritischen Philosophie Kants, als der Text, in dem Kant sich selbst interpretiert.

Man kann sich ferner fragen, ob der späte Kant bei dieser neuen Fundierung der transzendentalen Philosophie im Wesentlichen dem Kant der kritischen Schriften treu geblieben ist, oder ob er, wie die romantischen Idealisten, über den kritischen Standpunkt hinausgegangen ist. Hier steht der Interpret am Scheideweg. Entweder geht er mit Mathieu davon aus, es sei „unmöglich daran zu zweifeln, daß das Nachlaßwerk zur kritischen Philosophie gehört"[4], und er strebt es demzufolge an, den Zusammenhang zwischen beiden Phasen des kantischen Denkens zu beweisen, oder er versucht mit Tuschling, „zumindest in Umrissen ein Bild von der Weiterentwicklung der theoretischen Philosophie Kants über den kritischen Standpunkt hinaus zu entwerfen."[5] Hier muss sich der Interpret für das eine oder das andere hermeneutische Vorurteil entscheiden, das ihn in seiner Lesart des *Opus postumum* leiten wird.

4. Die Rekonstruktion des äußeren Zustands des *Opus postumum* erfolgt ausschließlich durch das genetische Verfahren als diachronisch-thematische Anordnung der Entwürfe und losen Blätter. Die eigene Systematik des Nachlasswerks besteht hingegen nur *virtuell* im Text und lässt sich bloß indirekt als

4 Mathieu 1989, 274.
5 Tuschling 1971, 13.

Konstruktion des Interpreten herausdestillieren. Mathieu beschreibt dieses hermeneutische Prinzip so:

> Der wesentliche zusammenhängende Charakter des OP ist eine notwendige Voraussetzung zu seinem Verständnis, auch wenn er nie vollständig und offen vor uns liegt. Die Organisation des Ganzen ist von Kant zwar immer beabsichtigt, bleibt aber virtuell. Die systematische Anordnung der Texte ist eine Aufgabe, die Kant uns aufgebürdet hat.[6]

Doch bedarf diese Formulierung der weiteren Klärung. Was Mathieu von Lehmann unterscheidet, ist weder die Feststellung, dass eine historisch-genetische Untersuchung ein unentbehrliches Moment in der Interpretation des Nachlasswerks darstelle, noch die Behauptung, dass die eigene Systematik des *Opus postumum* nur implizit im Text liege und daher nur interpretierend rekonstruiert werden könne, noch die Überzeugung, dass durch diese Rekonstruktion die authentische Meinung des Philosophen aufgeklärt werde. Der Unterschied zwischen den beiden liegt vielmehr darin, dass für Mathieu der Interpret bei der Rekonstruktion der Systematik des *Opus postumum* sozusagen im Auftrag von Kant handelt, während er für Lehmann in Auseinandersetzung mit dem Philosophen wirkt. Mathieu setzt es sich zum Ziel, die wesentliche Übereinstimmung des historischen Kant mit dem kantischen System zu beweisen. Lehmann und Gloy zielen hingegen darauf ab zu zeigen, dass die synchronische Systematik über die diachronischen, äußerlich betrachtet nur unvollständigen Untersuchungen des *Opus postumum* hinausgeht.

Ohne Zweifel streben sowohl Mathieu als auch Lehmann danach, Kant besser zu verstehen, als er sich selbst verstanden hat. Gemäß Kants Definition dessen, was es heißt, einen Autor zu interpretieren, nehmen sie es für sich in Anspruch, die authentische Absicht Kants wiederzugeben. Kant schreibt diesbezüglich:

> Ich merke nur an, daß es gar nichts Ungewöhnliches sei, sowohl im gemeinen Gespräche als in Schriften durch die Vergleichung der Gedanken, welche ein Verfasser über seinen Gegenstand äußert, ihn sogar besser zu verstehen, als er sich selbst verstand, indem er seinen Begriff nicht genugsam bestimmte und dadurch bisweilen seiner eigenen Absicht entgegen redete oder auch dachte.[7]

Kant geht hier davon aus, dass ein Text von der eigenen Absicht seines Autors abweichen, ja ihr widersprechen kann. Interpretieren heißt nach Mathieu, diese Divergenz zu minimieren und die Systematik des kantischen Denkens mit dem Text des *Opus postumum* möglichst in Übereinstimmung zu bringen. Nach Lehmann hingegen erfolgt die systematische Interpretation als Rekonstruktion der

---

6 Mathieu 1989, 61.
7 *KrV* A 314/B 370.

eigenen Absicht Kants und setzt die Auflösung der historischen und sachlichen Bedingungen des Textes voraus. Während Mathieu also überwiegend die Normativität des Textes betont, hebt Lehmann hauptsächlich die Kreativität des Interpreten hervor. Beide Elemente sind jedoch zur Interpretation gleichermaßen notwendig, denn diese erfolgt im kantischen Sinn „durch die Vergleichung der Gedanken“ des Verfassers. Das *Vergleichen* entspricht der eigenen Aktivität des Interpreten, die *Gedanken* dem Inhalt des Textes.

Die Interpretation des *Opus postumum* erfolgt daher in Form einer Auseinandersetzung zwischen dem Interpreten und dem kantischen Text. Der Text ist das Resultat einer genetisch-diachronischen Rekonstruktion, die wissenschaftliche Objektivität verlangt und nach epistemologischen Kriterien, z. B. Poppers Frage nach der Falsifizierbarkeit entsprechend, überprüft werden kann. Ein Text hat nun die Eigenschaft, über die Absicht seines eigenen Autors hinauszuweisen. Der Autor hat zwar die Macht, einen Text zu erstellen, nicht aber diejenige, den Sinn desselben erschöpfend zu bestimmen. Sobald ein Text entsteht, trennt er sich von seinem Verfasser und gewinnt Bedeutungsautonomie. Ein Indiz dafür ist, dass es passieren kann, dass ein Autor seinen eigenen Text nicht vollständig versteht.[8] Ein Text beinhaltet zwar Informationen über die intellektuelle Biografie seines Verfassers. Sein Sinn beschränkt sich jedoch keineswegs darauf, sondern er entsteht in der Auseinandersetzung des Lesers mit ihm.

Der Sinn eines Textes ist nämlich das, was der Text für den Leser bedeutet. Jeder Leser begreift den Sinn eines Textes aus einem bestimmten Blickwinkel heraus. Dieser Sinn erweist sich daher als virtuell unerschöpflich, ebenso wie die Bedeutung eines Bildes oder eines Musikstücks. Die *intentio auctoris* entspricht im kantischen Sinn nur einer möglichen Bedeutung eines Textes, nämlich der Systematik des Denkens des Verfassers. Als solche ergibt sich die eigene Absicht des Verfassers nur in der Interpretation des Lesers, daher lässt sie sich von virtuell unendlich vielen Standpunkten begreifen. Der Standpunkt des Lesers vor dem Text heißt sein hermeneutisches Vorurteil, was im Fall des *Opus postumum* seinem Vorverständnis sowohl der gesamten kantischen Philosophie als auch der immanenten Systematik des Nachlasses selbst entspricht. Durch die Auseinandersetzung mit dem Text wird dieses Vorverständnis infrage gestellt, geprüft, verbessert und erweitert. Der Interpret gelangt somit zu einem besseren Verständnis der *intentio auctoris* und dadurch zu einem neuen Ausgangspunkt für die Interpretation des Textes, nämlich zu einem neuen hermeneutischen Vorurteil. Daraus

---

8 Kants Brief an Beck vom 1. Juli 1794 bietet ein interessantes Beispiel. Am Ende seiner Betrachtungen über die Zusammensetzung notiert der Philosoph: „Ich bemerke, indem ich dieses hinschreibe, daß ich mich nicht einmal selbst hinreichend verstehe [...].“ (*Br*, AA 11: 515.31 f.).

entsteht ein hermeneutischer Zirkel, der die unerschöpfliche Aufgabe der Interpretation ausmacht.

Der Text des *Opus postumum*, betrachtet in der bloß chronologischen Anordnung der Materialien, stellt etwa das philosophische Tagebuch der letzten Lebensjahre Kants dar und bietet eine objektive Basis für die systematische Interpretation seines Denkens, also für das Verständnis der eigenen Ansichten des Philosophen. Die Rekonstruktion der Systematik des *Opus postumum* erfolgt nach den verschiedenen Standpunkten der Interpreten und der jeweiligen Norm, Gedanken zu eliminieren oder hervorzuheben und miteinander zu vergleichen. Die Interpretation des *Opus postumum* vollzieht sich also in Form einer unerschöpflichen Dialektik um die implizite Systematik des *Opus postumum* und ihren Zusammenhang mit der Systematik der kritischen Schriften.

9.2 Zum Ansatzpunkt des Übergangsprojekts

Während in den Entwürfen des *Opus postumum* ab Frühling 1799 ein Themenkomplex auftaucht, der eindeutig an das Problem der transzendentalen Deduktion und an die Fundierung der Transzendentalphilosophie anknüpft, lassen sich die Versuche zu einem System der bewegenden Kräfte der Materie in den vorhergehenden Entwürfen thematisch nicht unmittelbar an die erste *Kritik* anschließen. Das Problem der Bedeutung weiterer kritischer Werke für die Entstehung des Nachlasswerks, nämlich der *MAN* und der *KU*, welches in der neukantianischen Zeit im Allgemeinen übersehen wurde, ist erst in der späteren Kant-Forschung zu einem zentralen Thema geworden. Im Folgenden werden diese Untersuchungen über das Verhältnis des Ausgangspunkts des Übergangsprojekts zur reflektierenden Urteilskraft in der *KU* (9.2.1) zu den *MAN* (9.2.2) systematisch präsentiert.

9.2.1 Die reflektierende Urteilskraft und die Genese des Übergangsprojekts

Was das Verhältnis zwischen *MAN*, *KU* und Nachlasswerk im Allgemeinen angeht, sind folgende Punkte bereits von Lehmann, dem ersten Kant-Forscher, der das Problem des genetischen Verhältnisses der dritten *Kritik* zum Opus *postumum* thematisiert hat, hervorgehoben worden: 1) Das Nachlasswerk enthält keine direkten Hinweise auf die dritte *Kritik*. 2) Indirekte Hinweise auf eine Weiterentwicklung von eigenen Themen der *KU* tauchen erst im 8. Entwurf – *A Elem. Syst.*

1–6 (Februar bis Mai 1799) – auf.[9] 3) Inhaltlich beziehen sich die früheren Entwürfe explizit allein auf die naturwissenschaftlichen und naturphilosophischen Betrachtungen der *MAN*. Gegenstand der Debatte ist hingegen die Frage, ob sich dennoch ein systematischer Zusammenhang zwischen der *KU* und der Ausgangsproblematik des Übergangsprojekts hinsichtlich der reflektierenden Urteilskraft ausmachen lässt. In den folgenden Abschnitten werden die Resultate der Forschungen dazu zusammenfassend dargestellt (9.2.1.1) und diskutiert (9.2.1.2). Anschließend folgen einige Schlussbetrachtungen zum Thema (9.2.1.3).

9.2.1.1 Zusammenfassung der Beiträge

Nach Lehmann (4.1.2) bezieht sich die Übergangslehre des *Opus postumum* auf den Terminus „Übergang" in der *Einleitung* zur *KU*: „Der Übergang von den metaphysischen Anfangsgründen zur Physik wird im Nachlaßwerk analog beschrieben wie der Übergang von den Naturbegriffen zum Freiheitsbegriff in der Kritik der Urteilskraft."[10] Die Übergangslehre soll also die Überbrückung der „Lücke" oder der „Kluft" zwischen Naturmetaphysik und konkreter Physik vollziehen, indem sie für die Physik das Prinzip der reflektierenden Urteilskraft geltend macht, welches in der *KU* bereits auf die Lehre vom Geschmack und von den Naturzwecken angewendet worden war. Erst in der *KU* werde nämlich gezeigt, dass, obwohl die besonderen Naturgesetze aus Sicht der bestimmenden Urteilskraft *kontingent* seien, ihre *Notwendigkeit* vorausgesetzt werden müsse. Wenn man also im Übergangsprojekt nicht den Rückfall in ein dogmatisches Theoretisieren sehen wolle, so könne man es nicht als die Fortsetzung der konstitutiven Bestimmungen der *MAN* begreifen, sondern müsse es als bloß *regulativ* verstehen.

Anders als Lehmann ist Mathieu (4.4.2.1) der Meinung, das Scheitern des Versuchs einer formalen Reduktion des Organischen in der dritten *Kritik* habe Kant dazu geführt, zur transzendentalen Linie der ersten *Kritik* zurückzukehren. Die Wirklichkeit des Lebens lasse sich nämlich nicht allein finalistisch in der Form

9 Diesbezüglich bemerkt Tanaka, Lehmanns Behauptung zurückweisend, dass der Organismusbegriff bereits im *Oktaventwurf* (1796) aufgenommen werde, wo Kant eine Revision seiner Organismustheorie unternehme (Tanaka 2004, 283). In der Tat tauchen im *Oktaventwurf* neben nicht weiter bestimmten „organisirten Wesen" (*OP*, AA 21: 376.13 = IV 15 und AA 21: 404.27 f. = 36) auch Hinweise auf die „organische Natur" auf, insofern sie sich jeweils von der „mechanischen", „mineralischen" und „unorganischen" Natur unterscheidet (*OP*, AA 21: 388.12 ff. = IV 25, AA 21: 403.10 = IV 35 und AA 21: 406 f. = IV 37) und ihre Behandlung deswegen nicht in den Übergang zur Physik gehört. Solche Äußerungen haben jedoch meines Erachtens nur die Funktion einer thematischen Einschränkung und implizieren weder eine Revision der *KU* noch eine Diskontinuität dieser mit dem Übergangsprojekt.

10 Lehmann 1939, 296.

eines „Als-ob" verstehen. Das Übergangsprojekt nehme vielmehr seinen Ausgang von einem verwandten Problem. Da der Aufbau der materiellen Körper nach bestimmten Gesetzen der empirischen Physik und der Chemie geschehe, die sich nicht vollständig *a priori* antizipieren ließen, werde ein Bereich der Erfahrung festgestellt, der einerseits der transzendentalen Fundierung der Erfahrung in der *KrV* entgehe, andererseits durch den regulativen Finalismus der dritten *Kritik* nur unbefriedigend erklärt werden könne. Eine Erweiterung der Grundlegung der Transzendentalphilosophie erweise sich daher als nötig. Das Übergangsprojekt verwirkliche also eine Bereicherung der Begriffsanlage der ersten, nicht der dritten *Kritik*. Denn in der *KU reflektiere* die Urteilskraft nur die Erfahrung, um das, was aus Sicht des Verstandes kontingent ist, zur Einheit zu bringen. In der *KrV bestimme* sie hingegen die Erfahrung, wenn auch nur *quoad formale*. Im Übergangsprojekt antizipiere sie schematisch die Erfahrung *quoad materiale*, nämlich das *Gegebene* – oder wenigstens das *dabile* –, wenn auch nicht *bestimmend*, sondern *problematisch*. Das Verfahren bleibe hier *technisch* oder *künstlich* wie in der *KU*, sei aber zugleich *schematisch* wie in der *KrV*. Es bilde den „Schematismus der Urteilskraft".[11]

Friedman (6.1.1.2) vertritt einen weiteren Standpunkt. Die reflektierende Urteilskraft der dritten *Kritik* als bloß *regulatives* Prinzip zur Untersuchung der empirischen Natur, in der Annahme, dass sie ein einheitliches System bilde, geht seines Erachtens nicht über die heuristischen oder methodologischen Prinzipien hinaus, die nach der *KrV* aus dem regulativen Gebrauch der Vernunft gewonnen werden. Nach diesem Prinzip lasse sich aber lediglich ein empirisches Aggregat der Naturgesetze bilden, dessen Vollständigkeit nur asymptotisch erreichbar sei. Daraus folge im Gegensatz zu Lehmanns Standpunkt, dass die reflektierende Urteilskraft ungeeignet sei, die Aufgabe der Übergangslehre zu erfüllen. Die regulative reflektierende Urteilskraft gehe in der der bestimmenden Urteilskraft entgegengesetzten Richtung in den *MAN* vor. Letztere schreite von den Prinzipien zum Empirischen – „from the top down" – voran, erstere vom Empirischen zu den Prinzipien – „from the bottom up". Die *MAN* seien erfolgreich bei der Fundierung *a priori* der newtonschen Mechanik gewesen. Durch die reflektierende Urteilskraft werde der Untersuchung weiterer Bereiche der Physik – Wärme, Licht, Elektrizität, Magnetismus, Chemie usw. – ein transzendentales Prinzip zugrunde gelegt. Da aber der Ausgangspunkt der *MAN* und das asymptotische Ziel der reflektierenden Urteilskraft nicht kongruent sein könnten, entstehe die Möglichkeit einer Lücke in

11 Mit Mathieus Standpunkt kann die Position von S. Schulze verglichen werden, der den konstitutiven Gebrauch des Verstandes und die reflektierende Urteilskraft für zwei unversöhnliche Vorgehensweisen der kantischen Erkenntnisphilosophie hält. Er lehnt aber einen Zusammenhang der dritten *Kritik* mit der Ausgangsfrage des Übergangswerks ab.

der metaphysischen Fundierung der Naturwissenschaft. Die Vereinigung der *Top-down*-Gravitationstheorie mit den weiteren *Bottom-up*-Teilen der empirischen Physik zu einem einzigen, allgemeinen System der Natur solle im Übergangsprojekt geschehen, dessen Prinzipien demzufolge zugleich *konstitutiv* und *regulativ* sein müssten.

Förster (6.3.1.1) zieht Friedmans Ansicht, die reflektierende Urteilskraft gehe nicht über die heuristische Maxime des regulativen Gebrauchs des Verstandes im *Dialektik-Anhang* hinaus, in Zweifel. Denn erst dank der Entdeckung der reflektierenden Urteilskraft als eines selbstständigen Vermögens in der dritten *Kritik* lasse sich die Natur als zweckhaft und systematisch auffassen, obwohl sie sich aus Sicht der bestimmenden Urteilskraft bloß als kontingent erweise. Förster behauptet ferner, dass das Prinzip einer formalen Zweckmäßigkeit der Natur *lediglich* durch *ästhetische* Urteile bezüglich der *natürlichen Schönheit* entdeckt worden sei, sodass erst mit dem Prinzip der reflektierenden Urteilskraft die Natur nicht mehr als ein blinder Mechanismus wie in der *KrV* und in den *MAN*, sondern als *Kunst*, nämlich als in sich selbst systematisch, erscheine.

Gegen Friedmans These, die Lücke im kritischen System entstehe aus der Möglichkeit, dass das *Top-down*-Verfahren von *KrV* und *MAN* und das *Bottom-up*-Verfahren der *KU* einander nicht überschneiden, wendet Förster ein: 1) Eine solche „Lücke“ in Kants System zwischen regulativem und konstitutivem Gebrauch der Vernunft finde sich eher in der *KrV* zwischen *transzendentaler Analytik* und *Dialektik-Anhang*. 2) Das Überschneiden von allgemeinen konstitutiven und empirischen Gesetzen werde gerade durch das Prinzip einer formalen Zweckmäßigkeit der Natur in der dritten *Kritik* gewährleistet. Der Begriff der subjektiven Zweckmäßigkeit der Natur zeige zwar nicht, wie die Systematisierung der Naturforschung erfolgen könne. Aber Kant versuche durch diesen Begriff immerhin, über den Standpunkt der *MAN* hinauszugehen und im Übergangswerk ein System der körperlichen Natur herzustellen. Förster erklärt also den Ausgangspunkt des *Opus postumum* als eine innere Entwicklung des kantischen Denkens, ohne die Unzulänglichkeit der *KU* oder eine Lücke zwischen bestimmender und reflektierender Urteilskraft vorauszusetzen.

Emundts' Position (6.4.2) zu dieser Frage lässt sich in zwei Punkten zusammenfassen. 1) Sie verwirft die These, ein vollständiges System der empirischen Naturwissenschaft sei für Kant erst mit dem in der *KU* eingeführten Prinzip der Zweckmäßigkeit der Natur denkbar geworden, aus zwei Gründen. Zum einen enthalte das Elementarsystem des Übergangsprojekts Begriffe, die durchaus *a priori* seien und Verhältnisse zwischen bewegenden Kräften bestimmten, während es in der *KU* um spezifische Aussagen über die Gesetzmäßigkeit bestimmter Stoffe gehe, die in der Naturforschung nur angestrebt werden könnten. Zum anderen werde eine vollständige Darstellung der Momente der spezifischen Verschiedenheit der Materie bereits in der *Allgemeinen Anmerkung zur Dynamik* beansprucht. 2) Das Übergangsprojekt lasse sich keineswegs als Revision der *KU* verstehen, denn sein System *a priori* der empirischen Physik ersetze nicht das Prinzip der Zweckmäßigkeit der Natur. Vielmehr finde die systematische Naturlehre durch die *KU* ihre Rechtfertigung darin, dass sie der empirischen Naturforschung als Grundlage diene.

9.2.1.2 Diskussion der Ergebnisse

Zu Lehmanns Lesart ist zu sagen, dass sie mit Recht das Vorhandensein einer regulativen Dimension in der Übergangslehre des *Opus postumum* hervorhebt, die auf die *KU* und insbesondere auf das Prinzip der reflektierenden Urteilskraft zu beziehen ist. Man kann des Weiteren eine gewisse Analogie zwischen der Auffassung des Übergangs in der *KU* und im *Opus postumum* zugestehen, sofern die Existenz einer „Kluft" zwischen Sinnlichem und Übersinnlichem, Verstand und Vernunft, theoretischer und praktischer Vernunft festgestellt wird, sodass es nötig ist, „zum Behuf der Erfahrung"[12] ein Prinzip anzunehmen – die reflektierende Urteilskraft –, das den Übergang von einem Gebiet zum anderen ermöglicht.[13]

Es gibt dennoch einen durchaus entscheidenden Unterschied zwischen der Betrachtung des Übergangs in den beiden Fassungen der *Einleitung* zur *KU* und jener im Übergangsprojekt. Die reflektierende Urteilskraft vollzieht die Überbrückung der „Kluft" zwischen theoretischem und praktischem Gebiet, indem sie vom Sinnlichen zum Übersinnlichen fortschreitet. Beim *Opus postumum* geht es hingegen um einen Übergang von der metaphysischen zur physikalischen Ebene. Das heißt, dass die Problematik des Nachlasswerks doch als eine Schematisierung der Prinzipien des Verstandes hinsichtlich ihrer Anwendbarkeit auf das Mannigfaltige der Erfahrung, also als bestimmender, nicht als regulativer Gebrauch der Urteilskraft, aufzufassen ist. Dass es sich bei der Übergangslehre des Nachlasswerks in Grunde genommen um die Anwendung desselben Übergangsbegriffs, der in der dritten *Kritik* auf die Ästhetik und auf die Teleologie angewendet wird, auf die Naturwissenschaft handelt, erweist sich daher als unhaltbar, weil die reflektierende Urteilskraft einen Übergang „von unten nach oben"[14], d. h. von den em-

12 *EEKU*, AA 20: 233.8.

13 Vgl. beispielsweise die beiden folgenden Textstellen aus der ersten bzw. zweiten Fassung der *Einleitung* zur dritten *Kritik: EEKU*, AA 20: 246.26 – 247.5 und *KU*, AA 5: 175.36 – 176.15. Vgl. ferner *KU*, AA 5: 178.9 – 179.5 und 5: 196.3 – 22.

14 Der Ausdruck „Übergang" entspricht im *Opus postumum* dem lateinischen Wort „*transitio*" und bezeichnet einen *horizontalen* Überschritt von einer Seite der Kluft zur anderen. Mit den Ausdrücken *Top-down* und *Bottom-up* interpretiert Friedman hingegen den „Übergang" als

pirischen Gesetzen zur einheitlichen Idee der Natur, verwirklicht, während sich der Übergang von den *MAN* zur Physik in der umgekehrten Richtung vollzieht.

In diesem Sinn erweist sich Mathieus Betonung der Rolle der bestimmenden Urteilskraft im Übergangsprojekt eigentlich als zutreffender. Gegen Mathieus Standpunkt kann allerdings eingewendet werden, dass sich das *Opus postumum* mit der *KrV* und den *MAN* verknüpfen lässt, ohne das Scheitern der reflektierenden Urteilskraft und der darauf fußenden Theorie der Organismen unbedingt vorauszusetzen. In den Druckschriften wird die individuelle Problematik der *MAN* separat von derjenigen der *KU* betrachtet. Die dritte *Kritik* kann keineswegs als die Fortsetzung des Versuchs angesehen werden, ein System der apriorischen Kräfte oder Eigenschaften der Materie aufzubauen. Doch selbst wenn das Scheitern der *KU* tatsächlich eine Lücke im kritischen System hinterlassen hätte, könnte man nicht verstehen, warum Kant das Erscheinen der dritten Auflage des Werkes im Jahr 1799 zugelassen haben sollte, obwohl er es bereits für ungültig gehalten und schon rund vier Jahre lang an einer weiteren Schrift gearbeitet hatte, die es hätte ersetzen sollen. In der Tat spricht die Veröffentlichung der dritten Auflage der *KU* vielmehr dafür, dass für Kant *KU* und *Opus postumum* sich auf verschiedene Problemkreise beziehen und nicht im Widerspruch zueinander, sondern in einem systematischen Zusammenhang stehen.

Gegen Friedmans Ansicht, die durch die Übergangslehre zu füllende Lücke in der metaphysischen Fundierung der Naturwissenschaft entstehe aus der Möglichkeit einer Diskrepanz zwischen dem Begriff der Materie in den *MAN* als der höchsten empirischen Systematisierung und dem asymptotischen Ziel der reflektierenden Urteilskraft, kann eingewendet werden, dass eine solche Diskrepanz vielmehr im Unterschied zwischen konstitutivem und regulativem Gebrauch der Ideen im *Dialektik-Anhang* der *KrV* liege. Im Blick auf diesen Text besteht der regulative Gebrauch der transzendentalen Ideen im Folgenden:

> [...] den Verstand zu einem gewissen Ziele zu richten, in Aussicht auf welches die Richtungslinien aller seiner Regeln in einen Punkt zusammenlaufen, der, ob er zwar nur eine Idee (*focus imaginarius*), d. i. ein Punkt, ist, aus welchem die Verstandesbegriffe wirklich nicht ausgehen, indem er ganz außerhalb den Grenzen möglicher Erfahrung liegt, dennoch dazu dient, ihnen die größte Einheit neben der größten Ausbreitung zu verschaffen.[15]

---

vertikales Schreiten. Kant selbst hat den Begriff des Übergangs allerdings in diesem vertikalen Sinn aufgefasst: „Es ist hier nicht aufsteigen von der Erfahrung zum allgemeinen sondern der Ubergang ist herabsteigen [.]“ (*OP*, AA 21: 476.11 f. = IV 96). Die Bezeichnungen „von unten nach oben“ und „von oben nach unten“ deuten also mit Recht auf ein *Transzendieren*, nämlich den impliziten *transzendentalen* Sinn der *transitio*, hin.

15 *KrV* A 644/B 672.

Die Vernunft zielt also auf die systematische Einheit der Verstandesbegriffe ab:

> Übersehen wir unsere Verstandeserkenntnisse in ihrem ganzen Umfange, so finden wir, daß dasjenige, was Vernunft ganz eigenthümlich darüber verfügt und zu Stande zu bringen sucht, das Systematische der Erkenntniß sei, d. i. der Zusammenhang derselben aus einem Princip. Diese Vernunfteinheit setzt jederzeit eine Idee voraus, nämlich die von der Form eines Ganzen der Erkenntniß, welches vor der bestimmten Erkenntniß der Theile vorhergeht und die Bedingungen enthält, jedem Theile seine Stelle und Verhältniß zu den übrigen *a priori* zu bestimmen. Diese Idee postulirt demnach vollständige Einheit der Verstandeserkenntniß, wodurch diese nicht bloß ein zufälliges Aggregat, sondern ein nach nothwendigen Gesetzen zusammenhängendes System wird. Man kann eigentlich nicht sagen, daß diese Idee ein Begriff vom Objecte sei, sondern von der durchgängigen Einheit dieser Begriffe, so fern dieselbe dem Verstande zur Regel dient.[16]

Wenn das Allgemeine schon an sich gewiss und gegeben ist, wird das Besondere aus ihm notwendig, also *apodiktisch* abgeleitet. Das macht den konstitutiven Gebrauch der Vernunft aus. Im Fall des regulativen Gebrauchs der Vernunft wird hingegen das Allgemeine nur *problematisch*, als eine bloße Idee angenommen. Das entspricht dem „hypothetischen" Gebrauch der Vernunft:

> [...] die systematische Einheit (als bloße Idee) [ist] lediglich nur projectirte Einheit, die man an sich nicht als gegeben, sondern nur als Problem ansehen muß; welche aber dazu dient, zu dem mannigfaltigen und besonderen Verstandesgebrauche ein Principium zu finden und dieses dadurch auch über die Fälle, die nicht gegeben sind, zu leiten und zusammenhängend zu machen.[17]

So handelt es sich bei der systematischen Einheit mannigfaltiger Kräfte der Materie, die die Vernunft postuliert, um eine Vernunftidee zur Ermöglichung der Erfahrung, denn der Vollständigkeit eines solchen Systems nähert man sich in Wirklichkeit nur *asymptotisch* an.[18]

Obwohl nun die *Allgemeine Anmerkung zur Dynamik* in den *MAN* nicht die systematische Erklärung *a priori* der Möglichkeit der Materie und ihrer spezifischen Verschiedenheit enthäl, sondern nur die Systematisierung der vier Momente, in welche sich die spezifische Verschiedenheit der Materie einteilen lässt, stellt dieser Entwurf immerhin den Versuch dar, die Hauptklassen der empirischen Kräfte der Materie *vollständig* aus den beiden Grundkräften von Anziehungs- und Abstoßungskraft abzuleiten.[19] Bei diesem System des Empirischen geht es viel-

16 *KrV* A 645/B 673.

17 *KrV* A 647/B 675.

18 Vgl. *KrV* A 649 f./B 678 f.

19 So schreibt Kant in der *Allgemeinen Anmerkung zur Dynamik:* „Statt einer hinreichenden Erklärung der Möglichkeit der Materie und ihrer specifischen Verschiedenheit aus jenen

mehr um eine apodiktische, d. h. konstitutive Bestimmung als um eine regulative Idee der Vernunft. Lediglich hier ergibt sich – wenn überhaupt – die Möglichkeit jener Lücke zwischen regulativem und konstitutivem System der bewegenden Kräfte der Materie, also zwischen *Top-down-* und *Bottom-up*-Verfahren, die nach Friedman zwischen *MAN* und *KU* bestehen soll. Denn man kann mit Recht die Frage stellen, ob und in welchem Punkt die asymptotische Systematisierung der Kräfte „von unten" die apodiktische Bestimmung der Momente der Materie „von oben" trifft. Die Möglichkeit einer Kluft und das Bedürfnis nach einem entsprechenden Übergang zwischen *Dialektik-Anhang* und *Dynamik-Anmerkung* hat Kant offensichtlich übersehen.

Die Problematik der Kluft zwischen Verstand und Vernunft wird erst in der *Einleitung* zur *KU* thematisiert. Im *Dialektik-Anhang* wird noch die unmittelbare Anwendung der Ideen der Vernunft auf den Verstand behauptet:

> Der Verstand macht für die Vernunft eben so einen Gegenstand aus, als die Sinnlichkeit für den Verstand. Die Einheit aller möglichen empirischen Verstandeshandlungen systematisch zu machen, ist ein Geschäfte der Vernunft, so wie der Verstand das Mannigfaltige der Erscheinungen durch Begriffe verknüpft und unter empirische Gesetze bringt.[20]

Die *Einleitung* zur *KU* stellt gerade diese Kontinuität zwischen Verstand und Vernunft infrage. Zwischen den beiden Gemütskräften tut sich nun eine Kluft auf. Daraus ergibt sich die Notwendigkeit eines Übergangs mittels der Urteilskraft. In Kants Absicht soll die reflektierende Urteilskraft die betreffende Kluft *von unten nach oben*, vom Verstand zur Vernunft, vom Sinnlichen zum Übersinnlichen, vom Gebiet der Naturbegriffe zum Gebiet des Freiheitsbegriffs, überbrücken. Dementsprechend muss man jedoch zugestehen, dass die reflektierende Urteilskraft über die heuristischen Maximen des regulativen Gebrauchs der Vernunft im *Dialektik-Anhang* hinausgeht, wie Förster erklärt. Sie stellt jetzt ein selbstständiges Vermögen zwischen Verstand und Vernunft dar. Während im *Dialektik-Anhang* konstatiert wird, dass die Vernunft auf den Verstand mittels der „Idee des M a x i m u m der Abtheilung und der Vereinigung der Verstandeserkenntniß in einem Princip" angewendet werde, welches daher ein „A n a l o g o n"[21] des Schemas in der Anschauung sei, durch das der Verstand auf die Sinnlichkeit angewendet

---

Grundkräften, die ich nicht zu leisten vermag, will ich die Momente, worauf ihre specifische Verschiedenheit sich insgesammt *a priori* bringen (obgleich nicht eben so ihrer Möglichkeit nach begreifen) lassen muß, wie ich hoffe, *vollständig* [Hervorhebung von mir] darstellen." (*MAN*, AA 4: 525).

20 *KrV* A 664/B 692.

21 *KrV* A 665/B 693.

werde, liefert die reflektierende Urteilskraft hingegen in der *KU* den vermittelnden Begriff zwischen Verstandes- und Vernunftbegriffen. Dieser vermittelnde Begriff ist das Prinzip einer formalen Zweckmäßigkeit der Natur. Er kann gewiss nicht aus der systematischen Tendenz der Vernunft abgeleitet werden, und Försters Annahme, die Entdeckung der Zweckmäßigkeit der Natur sei – statt auf teleologische Reflexionen – lediglich auf ästhetische Urteile bezüglich der natürlichen Schönheit zurückzuführen, ist wohl zutreffend. So entdeckt Kant erst in der *KU* das formale Prinzip, dank dessen die Natur nicht mehr als bloßer Mechanismus wie in der *KrV* und in den *MAN*, sondern als zweckmäßig aufgefasst werden kann.

Wie Emundts hervorhebt, impliziert dies jedoch keineswegs Försters These, ein vollständiges System der empirischen Naturwissenschaft sei für Kant erst mit dem in der *KU* eingeführten Prinzip der Zweckmäßigkeit der Natur denkbar geworden.[22] Denn bereits die Darstellung der Momente der spezifischen Verschiedenheit der Materie erhebt Anspruch auf systematische Vollständigkeit. Ferner findet die systematische Naturlehre durch den Begriff der subjektiven Zweckmäßigkeit der Natur ihre Rechtfertigung darin, dass sie als Grundlage für die empirische Naturforschung dient. Dieser Begriff aber zeigt nicht, wie die Systematisierung der Naturforschung erfolgen kann. Er gewährleistet in der Absicht der dritten *Kritik* bloß den Übergang vom Empirischen zum Übersinnlichen, von spezifischen Aussagen über die Gesetzmäßigkeit bestimmter Stoffe, die in der Naturforschung nur angestrebt werden können, zu einem formalen System der Natur. Da nun das Elementarsystem des Übergangsprojekts Begriffe enthält, die durchaus *a priori* sind und Verhältnisse zwischen bewegenden Kräften bestimmen, erweist sich Försters Ansicht, Kant könne infolge des Begriffs der Naturzweckmäßigkeit versuchen, den Standpunkt der *MAN* zu übertreffen und im *Übergang* ein System der körperlichen Natur herzustellen, meines Erachtens als unzutreffend. Ein System der bewegenden Kräfte der Materie kann nur vollständig sein, wenn es *a priori* abgeleitet wird, wie es in einer auf das Jahr 1795 datierten Aufzeichnung heißt:

> Der Übergang von den Metaph. A. Gr. d. N. W. besteht darinn daß der Begriff der bewegenden Kräfte der Materie, der *a priori* nach den Verhaltnissen derselben in Raum u. Zeit gedacht und als ein solcher Vollständig eingetheilt werden kann in der möglichen Anwendung auf empirische Begriffe ein Princip abgiebt Die realen Gegenstände der Natur nach einem Princip einzutheilen und die empirische Naturkunde einem System immer näher zu bringen wenn es gleich nie die Vollständigkeit eines solchen die von der Empirie nie erwartet werden kann erreicht. Wir können die bewegende Kräfte *a priori* aus Begriffen eintheilen und so Eigenschaften der Materie vor der Erfahrung vollständig aufzählen weil die synthetische

22 Vgl. dazu auch Paul Guyers zutreffende Kritik an Försters These (Guyer 2003, 201–204) sowie Försters Erwiderung (Förster 2003, 228–231).

Einheit der Erscheinungen noch vor derselben im Verstande liegen muß z. B. Abstoßung innre und äußere.[23]

9.2.1.3 Übergang der *KU* und Übergang des *Opus postumum*

Mit der Feststellung einer Kluft zwischen Verstand und Vernunft, die erst in der *KU* auftaucht, erweist sich eine Revision der Lehre des regulativen Gebrauchs der Ideen der Vernunft, wie sie im *Dialektik-Anhang* der *KrV* erörtert wird, als nötig. Eine Verknüpfung der beiden Vermögen durch Ideen hat sich eindeutig als unzureichend erwiesen. Die reflektierende Urteilskraft liefert das Prinzip, das die Kluft überbrücken und den Übergang von den Natur- zu den Metaphysikgesetzen ermöglichen soll, nämlich die subjektive Zweckmäßigkeit der Natur. Die reflektierende Urteilskraft besitzt also kein eigenes Gebiet, sondern schlägt eine Brücke *vom Sinnlichen zum Übersinnlichen* oder gleichsam *von unten nach oben*. Offensichtlich kommt die Frage, ob dazu auch ein Übergang *von oben nach unten*, von der Metaphysik zur Physik nötig sei, in der *KU* keineswegs vor. Kant hat wohl in jener Zeit entweder die Implikationen der Feststellung einer Kluft zwischen Metaphysik und Naturwissenschaft in der dritten *Kritik* für die Ableitung der Momente der Materie aus metaphysischen Prinzipien in der *Dynamik-Anmerkung* einfach übersehen oder sie nur als zur Anwendung der kritischen Prinzipien gehörend betrachtet. Meines Erachtens muss auf jeden Fall sicher ausgeschlossen werden, dass Kant vor dem Erscheinen der *KU* bereits die Möglichkeit einer Lücke im kritischen System wahrgenommen und trotzdem sein ganzes „kritisches Geschäft“ für beendet erklärt habe.[24]

Auf den Mangel an einem Übergang von den allgemeinen transzendentalen Prinzipien zu den Gesetzen der besonderen Erfahrung in der kritischen Philosophie weist bereits ein scharfsinniger Leser und Kritiker des kantischen Denkens wie Salomon Maimon in seinem kurz nach der Veröffentlichung der *KU* erschienenen Aufsatz *Baco und Kant* hin. Die dritte *Kritik* wurde zur Ostermesse 1790 publiziert. Maimons Aufsatz erscheint im Mai 1790 im *Berliner Journal für Aufklärung*. Am 9. Mai schickt der jüdische Philosoph seinen Aufsatz an Kant.[25] Obwohl er noch keine Kenntnis von der *KU* hat, als er *Baco und Kant* verfasst,[26] behauptet er dort:

---

23 OP, AA 21: 477.7–18 =IV 96.

24 Vgl. *KU*, AA 5: 170.20.

25 Vgl. *Br*, AA 11: 171.

26 In einem Brief an Kant von 15. Mai 1790 bedankt sich Salomon Maimon (1754–1800) bei dem Königsberger Professor für ein ihm geschenktes Exemplar der *KU* und gesteht, noch keine Zeit gefunden zu haben, sich mit dem Werk intensiv zu beschäftigen (vgl. *Br*, AA 11: 174). In *Baco und*

> Die Kantischen Formen und Grundsätze können vollzählig gemacht, und in ein System gebracht werden, nicht so aber die Baconischen. Diese nähern sich immer dieser Idee, können dieselbe aber nie erreichen. Hingegen hat Baco's Methode wiederum einen Vorzug vor der Kantischen darin, daß sie fruchtbar ist, und zur Erweiterung der Naturerkenntnis dienet, welches von der Kantischen nicht behauptet werden kann; und obschon diese beyden Methoden verknüpft werden können, indem Kant Nichts dagegen haben darf, wenn man bey besondern Untersuchungen über die Natur den Weg der Induktion einschlägt; *so fehlt doch hier augenscheinlich der Uebergang von den allgemeinen transscendentalen Begriffen und Sätzen, die sich auf Erfahrung überhaupt beziehen, zu denjenigen, die sich auf besondere Erfahrungen beziehen* [Hervorhebung von mir]. Newton z. B. hat gefunden, daß das Gesetz der Schwere auf unserer Erde allgemein ist. Er machte dasselbe noch allgemeiner, indem er es auch auf den Mond in Ansehung der Erde, auf alle Trabanten in Ansehung ihrer Hauptplaneten, auf alle Planeten in Ansehung der Sonne u. s. w. ausdehnte; d. h. er machte es nach Baco's Art zu einem Axiom der Natur, die er wiederum auf Erklärungen besonderer Erfahrungen angewendet und dadurch die Erkenntnis der Natur erweitert hat [...]. Kann man aber denken, daß das System der Kathegorien, Ideen und der transscendentalen Axiomen der Natur, so viel Erfindung auch Kant hierin geäussert und so viel er dadurch zur Festsetzung der rechtmäßigen Gränzen des Verstandes und Vernunftgebrauchs beygetragen hat, uns zu dergleichen Entdeckungen führen werden? [...] Es ist hier eine Lücke zwischen den transscendentalen Begriffen und Sätzen und den besonderen Begriffen und Sätzen der Erfahrung. Ist die Ausfüllung dieser Lücke möglich, und können wir sie daher unter die Desiderate zählen? oder ist dieses blos eine eitle Hoffnung, die nie erfüllt werden kann? Nach Kant muß man das Letzte zugeben, indem nach ihm Sinnlichkeit und Verstand zwey Hauptrequisite zum Denken eines Objekts sind. Wir mögen daher unsre Erkenntnis noch so sehr erweitern; so können wir doch die Sinnlichkeit nie los werden. Es bleiben also immer zwey Lücken, die nie ausgefüllet werden können. Erstlich die vorerwehnte zwischen der allgemeinen transscendentalen und den besonderen Formen der Dinge, und dann wiederum eine Lücke zwischen den Formen und der Materie überhaupt.[27]

Zwischen den Zeilen dieses Textes lässt sich die Kritik am kantischen Schematismus ausmachen, die Maimon in seinem Werk *Versuch über die Transzendentalphilosophie* (1790) ausführlich darstellt. Nach Maimons Ansicht bleibt jedoch eine „Lücke" – ja sogar eine doppelte „Lücke" – zwischen Verstand und Vernunft in der Erkenntnistheorie der *KrV*. Durch die induktive Methode Bacos gelingt es Maimon zufolge zwar, die Naturerkenntnisse zu erweitern, aber die Vollständigkeit eines Systems aller Formen und Grundsätze dieser Erkenntnis wird nie erreicht, sondern man nähert sich ihr nur asymptotisch als Idee an. Im Gegensatz dazu vermag es die kantische apodiktische Methode, ein solches System voll-

Kant werden die Werke Kants deswegen ohne Hinweis auf die dritte *Kritik* in drei Teile gegliedert: 1) Elementarlehre der *KrV*, 2) Methodenlehre der *KrV* und 3) „die Anwendung der Kritik der reinen Vernunft (Kritik der praktischen Vernunft, der Natur u. dergl.)" (Maimon 1790, *MGW* II, 511 f.).

27 Maimon 1790, *MGW* II, 519 ff.

ständig herzustellen, obwohl es nicht auf die Erfahrung angewendet werden kann. Die „Lücke", von der in diesem Text Maimons die Rede ist, entspricht eindeutig der „Kluft" zwischen Verstand und Vernunft in der *Einleitung* zur *KU*, während Maimons Darstellung des baconischen Verfahrens die wesentlichen Kennzeichnen des kantischen regulativen Gebrauchs der Ideen der Vernunft aufweist. Von seiner Warte aus konnte nun Kant diesbezüglich den Anspruch erheben, dank der reflektierenden Urteilskraft über den Standpunkt des regulativen Gebrauchs der Ideen hinausgegangen zu sein und die betreffende Lücke bereits überbrückt zu haben.[28]

Die scharfsinnigen Bemerkungen Maimons müssen aber Kants Aufmerksamkeit auf die Notwendigkeit gezogen haben, die „Kluft" zwischen Vernunft und Verstand auch in die entgegengesetzte Richtung, „von oben nach unten", also *bestimmend* zu überbrücken. Denn aus der Feststellung der Existenz dieser Kluft folgt die Unzulänglichkeit der Ableitung der Momente der Materie *unmittelbar* aus den ursprünglichen bewegenden Kräften in der *Anmerkung zur Dynamik*. Die *MAN* mögen ein vollständiges System der Prinzipien der Physik bilden. Solange aber die Möglichkeit ihrer Verbindung mit den besonderen Gesetzen der Natur nicht erwiesen wird, bleiben sie für die empirische Physik nutzlos, und Maimon hätte doch recht, wenn er sagt, dass ein System der empirischen Gesetze der Natur nur induktiv hergestellt werden könne, wie das Beispiel der Verallgemeinerung von Newtons Gesetz der Schwerkraft zeige. Die Schaffung eines Übergangs von den metaphysischen Prinzipien der Naturwissenschaft zur empirischen Physik musste Kant folglich als eine unentbehrliche Aufgabe seiner Philosophie erscheinen.[29]

Aus dieser Erörterung ergeben sich zwei Schlussbemerkungen hinsichtlich des chronologischen bzw. systematischen genetischen Verhältnisses der KU zur Ausgangsfrage des Übergangsprojekts. Wenn die Vermutung stimmt, dass Kant

---

28 In der ersten Fassung der *Einleitung* zur *KU* sagt Kant, dass die „Geschmackskritik [...] eine *Lücke* [Hervorhebung von mir] im System unserer Erkenntnißvermögen" (*EEKU*, AA 20: 244.29 f.) fülle. Diese Stelle scheint allerdings mit Försters Behauptung übereinzustimmen, die Entdeckung der Zweckmäßigkeit der Natur als Prinzip der Urteilskraft sei auf die ästhetische Urteilskraft zurückzuführen. Hier muss auch auf einen Unterschied zwischen „Lücke" und „Kluft" hingewiesen werden. Die „Kluft" besteht zwischen den Erkenntnisvermögen. Sie kann durch einen adäquaten Übergang überbrückt, nicht aber beseitigt werden. Die „Lücke" bezieht sich auf einen Mangel im System, der durch die angemessene Lehre ausgefüllt und folglich beseitigt werden kann.

29 S. Schulze erwähnt Maimons Aufsatz zwar im Rahmen seiner 1994 veröffentlichten Promotionsarbeit über das *Opus postumum*. Er negiert jedoch, dass das Übergangsprojekt in Auseinandersetzung mit Maimons Kritik am kritischen Schematismus entstanden sei (vgl. Schulze S. 1994, 91–95).

erst durch die Lektüre von Maimons *Baco und Kant* auf die Notwendigkeit eines Übergangs von der Metaphysik zur Physik als Pendant zum Übergang vom Sinnlichen zum Übersinnlichen aufmerksam wurde, so ist es hinsichtlich der Datierung der Entstehung des *OP* plausibel anzunehmen, dass Kant sein Übergangsprojekt erst zwischen Mai und Oktober[30] 1790 erdacht hat.

Vom systematischen Standpunkt aus gesehen impliziert die vorliegende Lesart folgende Ergebnisse: Ein Übergang von den metaphysischen Prinzipien der Physik zur empirischen Naturlehre lässt sich nicht als Anwendung der reflektierenden Urteilskraft und Fortsetzung des Programms der *KU* im Bereich der Naturphilosophie erklären, wie Lehmann behauptet hat. Er muss in Bezug auf die bestimmende Urteilskraft verstanden werden. Nun entsprechen reflektierende und bestimmende Urteilskraft unterschiedlichen Arten, „das Besondere als enthalten unter dem Allgemeinen zu denken"[31]. Die Konzeption eines Übergangs „von oben nach unten" des *Opus postumum* folgt also nicht unbedingt aus dem Scheitern des Übergangs „von unten nach oben" der *KU*, wie Mathieu meint. Das Übergangsprojekt kann auch nicht als die höhere Synthesis des *Top-down*-Verfahrens der *MAN* und des *Bottom-up*-Vorgehens der *KU* aufgefasst werden, wie Friedman denkt. Vielmehr entspricht der *Top-down*-Übergang des *Opus postumum* dem Korrelat des *Bottom-up*-Übergangs der *KU* hinsichtlich der Überbrückung der Kluft zwischen Sinnlichem und Übersinnlichem, auf die sowohl die *Einleitungen* der *KU* wie auch das Nachlasswerk hinweisen. Die genetische Relevanz der *KU* für das Übergangsprojekt besteht auch nicht in der Idee von der Natur als einheitlich und systematisch infolge der Anwendung der reflektierenden Urteilskraft, wie Förster annimmt. Denn das Schaffen des Übergangs im *Opus postumum* setzt die Zweckmäßigkeit der Natur keineswegs voraus. Die Vollständigkeit des Systems der bewegenden Kräfte, das der Übergang liefern soll, erwächst vielmehr aus der apodiktischen Natur dieses Systems.

Für verschiedene Kant-Forscher – von Hoppe und Tuschling bis Edwards und Emundts – ist die Genese des Übergangsprojekts lediglich auf die Thematik der *MAN*, und zwar auf die Korrekturbedürftigkeit der dynamischen Materietheorie von 1786, zurückzuführen, ohne der *KU* eine Rolle beizumessen. Diesbezüglich ist Folgendes zu bemerken: Wenn es auch stimmt, dass Kant von Maimon die Fragestellung eines Übergangs von der Metaphysik zur Physik übernimmt, so handelt es sich doch nur um einen kontingenten Anstoß. Denn theoretisch betrachtet wohnt diese Problematik dem kantischen Denken bereits inne. Das Thema des

---

30 Diese Annahme ist jedenfalls dann schlüssig, wenn man davon ausgeht, dass Kant Kiesewetter über das Projekt seines Übergangswerks *mündlich*, und zwar während Kiesewetters zweitem Aufenthalt in Königsberg, informiert hat. Dazu vgl. unten A1.1.

31 KU, AA 05: 179.19 f.

Übergangs im Nachlasswerk ist mit der Feststellung der Kluft zwischen Verstand und Vernunft untrennbar verbunden und die Feststellung dieser Kluft findet sich zum ersten Mal in der dritten *Kritik*. Ohne Rücksicht auf die reflektierende Urteilskraft wäre es daher unmöglich, das Übergangsprojekt auf das Problem der Überbrückung jener Kluft zu beziehen und folglich seine Aufgabe als „Übergang" zu verstehen. Zudem kann die Stellung des *Übergangs von den* MAN *zur Physik* innerhalb des kantischen Systems nur dann vollständig bestimmt werden, wenn er als das Pendant des Übergangs von der Physik zur Metaphysik in der dritten *Kritik* betrachtet wird.

9.2.2 Das genetische Verhältnis des Übergangsprojekts zu den *MAN*

Es ist eine unleugbare Tatsache, dass das Übergangsprojekt an den Themenkreis der *MAN* anknüpft. Allein dieses Faktum deutet auf eine Unzulänglichkeit des Werkes von 1786 hin, dessen Verbesserung Kant seine letzten philosophischen Bemühungen gewidmet hat. Sehr umstritten sind hingegen zwei daran anschließende Fragen, nämlich a) ob die genannte Unzulänglichkeit das gesamte Werk oder allein einen Teil bzw. einen Aspekt desselben betrifft und b) ob mit der Übergangslehre die Konzeption der *MAN* überholt und aufgehoben oder bloß ergänzend weitergeführt wird.

Um die Thesen über das genetische Verhältnis des Übergangsprojekts zu den *MAN* systematisch darzustellen, sind folgende Betrachtungen nützlich. Es ist bekannt, dass Kant in der *Vorrede* zu den *MAN* weder der Chemie noch der empirischen Psychologie den Rang einer „eigentlichen Naturwissenschaft" zugesteht.[32] Ein solches Privileg wird allein der Physik eingeräumt, deren metaphysische Prinzipien in vier Hauptstücken nach den vier Kategorienklassen dargestellt werden: Die *Phoronomie* entspricht der Quantität, die *Dynamik* der Qualität, die *Mechanik* der Relation und die *Phänomenologie* der Modalität. Die *Phoronomie* handelt von den mathematischen Gesetzen der Bewegung, ohne die Wirkungen der Kräfte zu berücksichtigen. Die *Dynamik* erklärt, wie die Materie durch die Wechselwirkung von Anziehungs- und Abstoßungskraft einen bestimmten Raum einnimmt. Die *Mechanik* betrachtet die Interaktion zwischen physikalischen Körpern. Die *Phänomenologie* berücksichtigt die Materie als Gegenstand der Erfahrung und ihre drei Lehrsätze bestimmen die Modalität der Bewegung in Bezug auf die *Phoronomie*, die *Dynamik* und die *Mechanik*. Dadurch ist die Unzulänglichkeit der *MAN*, die durch die Übergangslehre korrigiert werden

32 *MAN*, AA 4: 470 f.

soll, entweder auf die Konzeption der Chemie, auf die der Psychologie, auf die *Phoronomie* oder schließlich auf die beiden Hauptteile *Dynamik* und *Mechanik* zurückgeführt worden.

Im Folgenden wird zunächst die Annahme erörtert, das Übergangsprojekt enthalte eine Phoronomiekritik, was im Endeffekt die Ablehnung der ganzen *MAN* impliziert, denn auf der *Phoronomie* basieren auch die drei weiteren Hauptstücke des Werkes (9.2.2.1). Danach wird die Hypothese diskutiert, das Übergangsprojekt sei aus dem Bestreben heraus entstanden, die Psychologie bzw. die Chemie in die Naturwissenschaft zu integrieren (9.2.2.2 bzw. 9.2.2.3). Schließlich wird die These besprochen, das Übergangsprojekt sei aus der Korrektur der *Dynamik* und der *Mechanik* entstanden (9.2.2.4).

9.2.2.1 Widerlegung von Tuschlings These der Phoronomiekritik

Die allgemeine These, das Übergangsprojekt sei eine Revision der Positionen der *MAN*, erfährt eine besonders radikale Formulierung in Tuschlings Feststellung, das Nachlasswerk enthalte eine Phoronomiekritik (5.2.2). Während sich für Hoppe die *MAN* auf eine reine Bewegungslehre reduzieren und allein die Phoronomie als gesichert gilt, wird in Tuschlings Sichtweise nicht einmal die Phoronomie von der *retractatio* des *Opus postumum* ausgespart. Gemäß den Prinzipien der Transzendentalphilosophie gilt nämlich eine noch in der *Vorrede* der *MAN* zugrunde gelegte strikte Trennung zwischen *Philosophie*-Erkenntnis durch bloße *Begriffe* und *Mathematik*-Erkenntnis durch *Konstruktion von Begriffen*. Dieser deutlichen Unterscheidung zufolge kann aus einer reinen Anschauung *a priori* nicht auf die empirische Realität geschlossen werden. Nun verstößt Kant nach Tuschlings Ansicht gegen dieses Prinzip, indem er in Lehrsatz 1, 3 und 5 der *Dynamik* die mathematische Konstruktion des phoronomischen Lehrsatzes benützt, um die Existenz von wirklichen bewegenden Kräften *a priori* nachzuweisen. Tuschling sieht in der Kritik an der Vermengung von mathematischen und philosophischen Erkenntnisprinzipien in Newtons *Philosophiae naturalis mathematica principia* eine stillschweigende Verbesserung jenes Fehlers. Denn diese Bezugnahme auf Newtons Werk stelle nichts anderes als einen verborgenen Hinweis auf die Phoronomie dar. Mit der Forderung nach einer rigorosen Separation zwischen Geometrie und Metaphysik, um die Grundsätze der Physik kohärent und unvermischt *philosophisch* zu begründen, gebe Kant also Newtons Mechanik, die er noch 1786 für die Naturwissenschaft schlechthin gehalten habe, und damit seine eigene Phoronomie konsequent auf. Mit der Phoronomiekritik werden nach Tuschling die gesamten *MAN* abgelehnt, worin Tuschling eine bewusste Selbstkritik Kants sieht.

An Tuschlings Lesart bleibt jedoch unverständlich, warum Kant sich des Scheiterns der *MAN* vollkommen bewusst gewesen sein sollte und warum er zugleich hartnäckig versucht haben sollte, dieses Werk durch das Übergangsprojekt, das eigentlich nach Tuschling die *MAN* hätte ersetzen müssen, zu legitimieren, anstatt sich deutlich davon zu distanzieren. Diesen Einwand kontert Tuschling mit zwei Erwägungen: a) Kant habe die Möglichkeit des Totalirrtums geleugnet und b) er habe ferner die Hoffnung, die *MAN* innerhalb einer breiteren Theorie erneut zu verwerten, noch eine Weile genährt. Dagegen ist aber Folgendes geltend zu machen: a) Kant hatte schon einmal eigene Werke, und zwar die sogenannten „vorkritischen", für gescheitert erklärt. Wenn er also tatsächlich von der Unmöglichkeit des Totalirrtums überzeugt war, muss diese seine Überzeugung *cum grano salis* verstanden werden. b) Wie Mathieu (4.3.4.2) berechtigterweise anmerkt, ist es kaum anzunehmen, dass sich der Kant des *Opus postumum* des vollständigen Scheiterns der *MAN* in vollem Umfang bewusst war und dass er die Absicht hatte, sie durch ein neues Werk zu ersetzen, ohne den geringsten expliziten Hinweis darauf in seinen privaten Aufzeichnungen zum Übergangsprojekt zu hinterlassen. Tuschlings Standpunkt erscheint also nicht plausibel.

Tuschlings These, das Nachlasswerk enthalte eine Phoronomiekritik, wird außerdem durch die Arbeiten von Büchel (7.1.4), Mudroch (5.3.2.1) und McCall (5.3.3) widerlegt. Diese Forscher heben völlig zu Recht hervor, dass die Mathematik im *Opus postumum* – namentlich in einem verhältnismäßig späten Entwurf wie *Uebergang 1–14* – als ein „Organon" oder als ein „Instrument" der Naturwissenschaft bezeichnet wird, was mit der Behauptung in der *Vorrede* der *MAN* übereinstimmt, Naturlehre enthalte so viel eigentliche Wissenschaft, wie Mathematik in ihr angewandt werden könne.[33] Da Tuschling die Trennung zwischen mathematischen und philosophischen Anfangsgründen der Naturwissenschaft im Nachlasswerk *einseitig* betont, übersieht er, dass beide Arten von Prinzipien im *Opus postumum* als notwendig zur Fundierung der Naturwissenschaft hinsichtlich der Bewegungslehre erklärt werden. Der Standpunkt des Übergangsprojekts steht also keineswegs in einem Widerspruch zu dem der *MAN*. Die spätere Entwicklung stellt vielmehr eine Verallgemeinerung der Position von 1786 dar. Im *Opus postumum* wird unzählige Male wiederholt, dass Mathematik und Philosophie zwei heterogene Erkenntnisarten bleiben. Durch erstere erlangt die Physik „anschauliche Klarheit", was die größte „Sicherheit in Bestimmung ihrer Ursachen" mit sich bringt,[34] letztere führt hingegen zur systematischen Vollständigkeit, denn diese ist nur dank der Anwendung metaphysischer Prinzipien möglich. Zur Fundierung der

33 *MAN*, AA 4: 471.
34 *OP*, AA 22: 168.26–29 = VIII 20.

Bewegungslehre sind die mathematischen Prinzipien notwendig, aber nicht hinreichend. Deswegen wird in der Naturforschung eine Verknüpfung zwischen mathematischen und philosophischen Anfangsgründen vollzogen, ohne sie zu verwischen.

Schließlich widerlegt Friedman (6.1.1.1) Tuschlings Ansicht, im *Opus postumum* weise die Bezeichnung „mathematische Anfangsgründe der Naturwissenschaft" auf die *Principia* von Newton hin, sodass Kants Vorwurf der bloß mathematischen Fundierung der Physik ohne Weiteres Newtons Anschauung und damit indirekt die *MAN* treffe. Was Kant in seinem Nachlasswerk ablehnt, ist Friedman zufolge hingegen der mechanische Standpunkt von Cartesianern und Leibnizianern, welche die Kraft als eine den bewegenden Körpern innewohnende Eigenschaft auffassen. Anders als die Vertreter dieser Art von Mechanismus versteht Newton die Kraft als *Grund* der Bewegung. Kants dynamische Anschauung der bewegenden Kräfte schließt sich folglich der newtonschen Konzeption an. Friedman betont ferner, dass Newton in den *Principia* zwischen einer bloß mathematischen Behandlung der Bewegung, der Kinematik, in der die Masse der Körper, mithin die Kräfte als solche, nicht betrachtet werden, und der dynamischen Behandlung der Wechselwirkung massiver Körper, die dem Gesetz der allgemeinen Gravitation unterworfen sind, unterscheide. Die drei Hauptelemente von Newtons Theorie der Bewegung – rein kinematische Analyse, Annahme einer unmittelbar auf die Ferne wirkenden allgemeinen Attraktion und die Konzeption der Kraft nach den Gesetzen der Mechanik – entsprechen den ersten drei Hauptstücken der *MAN*, wo allerdings die beiden entscheidenden Merkmale der Gravitation – Allgemeinheit und unmittelbare Fernwirkung – sowie die drei Gesetze der Bewegung keinen induktiven oder hypothetischen Charakter besitzen wie bei Newton, sondern *a priori* bestimmt werden. Die methodologische Trennung zwischen mathematischen und philosophischen Prinzipien der Naturwissenschaft im *Opus postumum* steht weder zu Newtons *Principia* noch zu den *MAN* in irgendeiner Weise im Widerspruch.

9.2.2.2 Zur Konzeption des *Opus postumum* als Traktat der Physiologie

Nach Drivet (7.1.3) hat Kant mit dem *Opus postumum* beabsichtigt, die in seinem philosophischen System noch fehlende Abhandlung der *psychologia rationalis* zu liefern. Das *Opus postumum* entspreche also keineswegs einer neuen Grundlegung der Physik, sondern der Grundlegung *der Physiologie des menschlichen Leibes*, nämlich *der Medizin*. Der Äther, dessen Eigenschaften einfach als Negation der vier allgemeinsten Eigenschaften der Materie – Wägbarkeit, Sperrbarkeit, Kohäsion und Auflösbarkeit – aufgefasst werden, verbinde nämlich die physikalische und die seelische Natur.

Dieser Lesart des italienischen Forschers mangelt es wohl nicht an Kühnheit, aber sie setzt sich zahlreichen Einwänden aus. Im Folgenden seien sechs Kritikpunkte hierzu ausgeführt. Die ersten drei beziehen sich auf eher marginale Aspekte, die drei folgenden treffen hingegen den eigentlichen Kern der These Drivets.

1. Wenn sich Kant bereits 1787 der Lücke im kritischem System bewusst ist, die durch die noch fehlende Seelenlehre verursacht wird, und seine Entscheidung, eine Abhandlung über die rationale Psychologie abzufassen, tatsächlich auf jene Zeit zu datieren ist, dann erscheint es unbegreiflich, dass er 1790 sein ganzes „kritisches Geschäft" für beendet erklärt, obwohl er nicht einmal angefangen hat, an jenem wesentlichen Teil seines Systems ernsthaft zu arbeiten.

2. Drivet meint, Kant habe eine dreigeteilte Übergangslehre als vollständiges System der drei transzendentalen Ideen konzipiert. Während *KU* und *Opus postumum* dem Übergang bezüglich der Gottes- bzw. der Seelenidee entsprechen sollen, bezeichnet Drivet einmal die *GMS* und einmal die *MAN* als Übergang der kosmologischen Idee,[35] ohne diese Inkonsistenz zu rechtfertigen. Obwohl er darauf hinweist, dass Kant einen Übergang auch hinsichtlich der Metaphysik der Sitten für nötig halte,[36] bemüht er sich zudem in keiner Form darum, die Beziehung dieses Übergangs zu dem (angeblich abgeschlossenen) System der drei anderen Übergänge zu deuten. Schließlich ist noch hervorzuheben, dass Kant nach Drivet die Übergangsmethode als einen Überschritt vom Sinnlichen zum Übersinnlichen aufgefasst haben soll, was zwar für den Übergangsbegriff der *KU* korrekt sein mag, aber gewiss nicht für den *Übergang von den* MAN *zur Physik*, bei welchem es sich eher um einen Überschritt vom Übersinnlichen zum Sinnlichen handelt.

3. Dass die 18 vor 1795 entstandenen losen Blätter aus dem 4. Konvolut manche inhaltliche Ähnlichkeiten mit den späteren Materialien zum *Opus postumum* aufweisen, wurde bereits von Adickes festgestellt.[37] Mit Recht hält Adickes jedoch eine thematische Verwandtschaft für unzureichend, um ein Blatt *als Vorarbeit* in Bezug auf das *Opus postumum* einzustufen. Dazu wären formelle Hinweise erforderlich, z. B. die Erwähnung des Titels.

4. Selbst wenn sich die Beziehung des Nachlasswerks zu den *MAN* tatsächlich auf die *Dynamik* allein beschränken würde, wie Drivet annimmt, so könnte man doch nicht leugnen, dass die Behandlung der dynamischen Eigenschaften der anorganischen Materie in der Übergangslehre eine maßgebliche Fortentwicklung der Resultate von 1786 darstellt. Daher ist zuzugestehen, dass sich das *Opus*

35 Drivet 2002, 146 bzw. 162.

36 Drivet 2002, 156.

37 Vgl. Adickes 1920, 37–49.

postumum keineswegs als die Abhandlung jener Seelenlehre betrachten lässt, die ursprünglich als Anhang zu den *MAN* geplant war.

5. Es ist ohne Zweifel das Verdienst von Drivet, die Beziehung von *Soemmerring, Fortschritte* und *Anthropologie* zum *Opus postumum* hervorgehoben zu haben. Es handelt sich jedoch um eine zu geringe Anzahl relevanter Fundstellen, um darauf die These zu gründen, das Nachlasswerk sei keinesfalls eine Grundlegung der Physik, sondern ausschließlich eine Fundierung der Medizin oder eine Abhandlung der rationalen Anthropologie. Ferner spielt die Physiologie im *Opus postumum* nur bei der neuen Wahrnehmungsauffassung in *Conv. X/XI* eine bedeutende Rolle.

6. Der Titel „Ueberschritt von der Seelenlehre zur Physiologie (zur Natur belebter Materie)“, von dem in H^1 die Rede ist, passt tatsächlich zu einer Übergangslehre der rationalen Psychologie. Dass sich Kant damit aber auf das *Opus postumum* bezogen haben soll, ist jedoch aus zwei Gründen unwahrscheinlich. Erstens: Weder dieser Titel noch eine Variante desselben kommen in den Materialien zum Nachlasswerk vor. Zweitens: In den losen Blättern zum *Opus postumum* aus den Jahren 1795 bis 1796 wird dagegen der Titel *Übergang von den* MAN *zur Physik* wiederholt verwendet. Da Kant diesen Titel dem Zeugnis Kiesewetters zufolge seit Jahren vorgesehen hatte, ist es unverständlich, warum er das Nachlasswerk im Fragment H^1 mit einem ganz anderen Titel bezeichnet haben sollte. Als viel plausibler erscheint es hingegen, dass „Ueberschritt von der Seelenlehre zur Physiologie“ nicht das *Opus postumum*, sondern ein anderes Werk bezeichnet, das, ähnlich wie der Überschritt von den reinen Pflichtprinzipien zu den Fällen der Erfahrung,[38] von Kant zwar geplant war, schließlich aber nicht realisiert wurde.

9.2.2.3 Die Rolle der neuen Chemie in der Genese des Übergangsprojekts

In den *MAN* wird die newtonsche Physik als die Naturwissenschaft schlechthin bezeichnet, während der Chemie der Status einer „eigentlichen Wissenschaft“ abgesprochen wird. Die Chemie wird in dem Werk von 1786 für eine durchaus empirische Erkenntnisart, eine „systematische Kunst“, gehalten, da die Anwendung der Mathematik auf sie nicht erlaubt ist.[39] Dementsprechend beschäftigen sich die *MAN* überwiegend mit der philosophischen Bereicherung der Mechanik Newtons, während die eigentlichen Fragen der Chemie und der empirischen Theorie der Materie lediglich in der *Allgemeinen Anmerkung zur Dynamik* behandelt werden. In dieser Vernachlässigung der Chemie sowie der weiteren Felder

---

38 Vgl. *MS*, AA 6: 468.
39 *MAN*, AA 4: 470 f.

der experimentellen Physik – Wärmetheorie, Struktur der Materie, Elektrizität, Magnetismus –, die am Ende des 18. Jahrhunderts im Brennpunkt der Naturforschung stehen, sehen Forscher wie Tuschling und Friedman eine schwerwiegende Unzulänglichkeit der *MAN*, der Kant durch das Übergangsprojekt abzuhelfen versucht.

Tuschling (5.2.2) versteht Kants nachträgliches Interesse für die neuen Gebiete der experimentellen Naturforschung als Reaktion auf die allgemeine Indifferenz, mit der das Publikum der Naturwissenschaftler dem Werk von 1786 begegnet war. Abgesehen von den textimmanenten Unzulänglichkeiten haben sich die *MAN* seines Erachtens in ihrer Konzeption selbst bereits bei ihrer Publikation als wissenschaftlich überholt erwiesen, weil zu diesem Zeitpunkt Newtons Theorie als ein abgeschlossenes Kapitel der Naturforschung gesehen wurde, während die Naturforschung sich bereits mit neuen Problemen beschäftigte. Hätte Kant, wie Tuschling es darstellt, tatsächlich die Absicht gehabt, mit dem Übergangsprojekt das Interesse des zeitgenössischen wissenschaftlichen Publikums für seine Naturphilosophie zu wecken, so wäre es unverständlich, dass der Philosoph gerade Newtons Mechanik ablehnte. Denn es wäre zu erwarten gewesen, dass die radikale Ablehnung einer so unumstrittenen Theorie die Distanzierung der Wissenschaftler von Kant nur bestätigt, ja verschärft hätte. Aus der Prämisse von Tuschlings Gedankengang folgt vielmehr, dass Kant, um sein Ziel zu erlangen, den Begriff der Naturwissenschaft in den *MAN* bereichern musste, damit Chemie und Theorie der Materie *neben Newtons Mechanik* in eine allgemeinere Theorie eingeschlossen werden konnten.

Anders als Tuschling sieht Friedman (6.1.1.1) im Übergangsprojekt keineswegs die Aufhebung des newtonschen Paradigmas, sondern vielmehr die Ausdehnung desselben auf die zeitgenössische experimentelle Naturwissenschaft, womit eine bedeutende „Lücke“ der *MAN* hätte gefüllt werden können. Viele Naturforscher hatten sich im Laufe des 18. Jahrhunderts darum bemüht, die newtonsche Methode, die so erfolgreich in der Astronomie und der irdischen Mechanik war, auf weitere Felder der Naturforschung, namentlich die Chemie, anzuwenden. Die Möglichkeit einer Verbindung der experimentellen Bereiche der Physik mit der Theorie stieß dennoch auf große Schwierigkeiten. Die Hoffnung, die Lösung dieses Problems zu finden, habe Kant, so Friedman, dazu ermutigt, am Projekt des Übergangswerks zu arbeiten.

Von besonderer Bedeutung für die Entstehungsgeschichte des *Opus postumum* seien Kants Auseinandersetzung mit der Chemie und vor allem seine Hinwendung zu Lavoisiers Theorie, die sich um 1793 durchgesetzt und folglich die Kontroverse zwischen Phlogistikern und Antiphlogistikern beendet hatte. Ebenso lehnt Kant im Laufe der 1790er-Jahre – nach Friedman wohl bereits 1792 bis 1793, 1793 nach Vasconi (7.1.2.1) – die traditionelle phlogistische Chemie von Stahl, die er noch in der *KrV* und in den *MAN* vertreten hatte, endgültig ab und schließt sich der Chemie von Lavoisier an, die er nunmehr als eine theoretische, d. h. *a priori* zu fundierende Wissenschaft betrachten kann. Dementsprechend nimmt die Bedeutung von sich auf die Struktur der Materie beziehenden Themenkomplexen im Übergangsprojekt – wie Bildung und Kohäsion der Körper, Aggregatszustände der Materie und Wärmetheorie – im Vergleich zu den *MAN* augenscheinlich zu.

Vor allem ist bemerkenswert, dass der theoretische Hauptbegriff der Chemie von Lavoisier – der Äther oder Wärmestoff – auch im Mittelpunkt des Übergangsprojekts steht, und zwar bereits in den frühesten Aufzeichnungen. Diesem Sonderstoff werden sowohl chemische wie auch mechanische Eigenschaften zugeschrieben, was ihn in die Lage versetzt, eine Basis für ein allgemeines System bewegender Kräfte der Mechanik und der Chemie, also der mathematischen wie auch der experimentellen Physik, zu bilden. Folglich bietet die kalorische Theorie der Aggregatszustände die mögliche Grundlage für ein vereinigtes System der Physik.[40]

Obwohl das Streben nach einer Verbindung zwischen konstitutivem und regulativem Gebrauch der Vernunft dem kritischen System innewohnt, ist Friedman zufolge das, was Kant zur Planung der Erweiterung der Fundierung *a priori* der Physik gebracht hat, nicht in erster Linie ein inneres Problem der kritischen Philosophie gewesen, sondern eigentlich die Auseinandersetzung mit einer der wichtigsten Fragen der Naturwissenschaft des 18. Jahrhunderts. Ebenso verdanke Kant im Wesentlichen der damaligen Chemie seine spätere Auffassung vom Äther, den er als Schlüsselbegriff des Systems der bewegenden Kräfte im Übergangsprojekt annimmt. In seiner Rekonstruktion der Entwicklungsgeschichte des *Opus postumum* betont Friedman zwar mit Recht, dass Kant eine gute Kenntnis der zeitgenössischen Naturwissenschaft gehabt habe, was das Vorurteil vieler Kant-Forscher widerlegt, Kants Kenntnisse im Bereich der experimentellen Physik und der Chemie seien weithin überholt gewesen. Trotzdem übersieht der amerikanische Forscher die entscheidende Rolle der inneren Motive des kantischen Denkens für die Entstehung des Nachlasswerks, vor allem in Bezug auf zwei wesentliche Aspekte des Übergangsprojekts, nämlich das System der bewegenden Kräfte der Materie und die neue Konzeption des Äthers.

40 Bereits Carrier (5.5) hebt hervor, dass der Äther im *Opus postumum* dem Begriff eines chemischen, eines kosmologischen und eines transzendentalen Prinzips entspricht. Diesbezüglich bemerkt Vasconi (7.1.2.1), dass es um eine wesentliche Änderung in der Konzeption des Gegenstands der Physik gehe. Es gebe nur einen Gegenstand der Physik, der sowohl mechanische wie auch chemische Eigenschaften besitze. Infolgedessen könne man nicht mehr zwischen zwei Wissenschaften und ihren jeweiligen Gegenständen unterscheiden.

An den Standpunkt Friedmans knüpft auch Vasconi (7.1.2.1) an. Sie stellt fest, dass, anders als in den *MAN*, die Chemie im Übergangswerk als eine mathematisierte Wissenschaft gilt. In diesem Zusammenhang verweist sie auf die bemerkenswerte Diskussion des Phänomens der Kristallisierung im *Opus postumum*; denn Kristalle lassen sich dank ihrer geometrischen Formen in ein System einteilen. Der Fall der Kristallisierung zeigt die prinzipielle Möglichkeit der Geometrisierung, also der Mathematisierung der Chemie, was die Unterordnung der Grundsätze der Chemie unter die Prinzipien der Physik ermöglicht. Vasconi schreibt diese epistemologische Entwicklung der Rezeption der neuen Chemie durch Kant zu.

Wie Vasconi betont, wird im *Opus postumum* auf die gemeinsamen physikalischen und chemischen Eigenschaften der symmetrischen Gefüge sowohl bei Schneekristallen wie auch bei mineralischen Salzen und Metallen hingewiesen.[41] Dieser Standpunkt des Nachlasswerks geht aber meines Erachtens nicht über die Betrachtungen des § 58 der *KU* bezüglich der gemeinsamen chemischen Struktur des Wassers und der Mineralien hinaus. Ebenso setzt die Bemerkung, dass Klang und Farbe die Bedingungen für ein qualitatives Urteil ästhetischer Art bezüglich der Kristallisierung ausmachten[42] und dass die Möglichkeit der Geometrisierung der Schneekristalle das Paradigma des Übergangs vom ästhetischen Urteil zur wissenschaftlichen Erklärung eines Naturgegenstandes bedeute,[43] Lavoisiers Theorie der Chemie nicht unbedingt voraus und könnte prinzipiell allein aus den Resultaten der dritten *Kritik* abgeleitet werden. In diesem Sinn weist auch Fritscher (7.1.2.2) nach, dass die Theorie der Kristalle im *Opus postumum* nicht von einer aktuelleren Ansicht Kants herrührt und dass die Bedeutung der Kristallisierung nicht in der Lieferung eines konkreten Beispiels für die Mathematisierbarkeit der Chemie zu sehen ist.

9.2.2.4 Das Übergangsprojekt und die dynamische Mechanik von 1786

Hoppe und Tuschling vermuten aus unterschiedlichen Gründen, dass die dynamische Theorie des *Opus postumum* an die Stelle der *Dynamik* und damit der *Mechanik*, sofern diese jene voraussetzt, trete. Im Folgenden werden zunächst die Positionen dieser beiden Interpreten und die entsprechenden Einwände dagegen zusammengefasst (9.2.2.4.1 und 9.2.2.4.2). Anschließend wird die These diskutiert,

41 Vasconi bezieht sich auf den Entwurf *A–C* (vgl. *OP*, AA 21: 323 f. = III 32; vgl. Vasconi 1999, 72).

42 Vgl. Vasconi 1999, 72 f. Die Forscherin bezieht ihre Betrachtungen auf zwei Stellen des Nachlasswerks aus dem 9. bzw. 10. Entwurf (*OP*, AA 21: 514–518 = V 14 ff. und 22: 570 = XII 24).

43 Vgl. Vasconi 1999, 73.

dass durch die Übergangslehre allein die *Allgemeine Anmerkung zur Dynamik* revidiert werde (9.2.2.4.3). Diese Revision impliziert zwar eine neue Sichtweise der systematischen Rolle der *MAN*, keineswegs aber ihre Ungültigkeit (9.2.2.4.4). Zum Schluss wird gezeigt, dass die neue Konzeption des Äthers, die bereits in den ersten Aufzeichnungen des Übergangsprojekts als ein wesentliches Element der dynamischen Theorie der Materie auf den Plan tritt, eine kohärente Entwicklung der Prinzipien der transzendentalen Philosophie Kants darstellt (9.2.2.4.5).

9.2.2.4.1 Das Übergangssystem als Erfahrungsantizipation *quoad formale*

Hoppes (5.1.1) Interpretation der systematischen Bedeutung des Übergangsprojekts bezüglich der kritischen Philosophie lässt sich in zwei Grundthesen zusammenfassen: 1) Das Übergangsprojekt steht in keinem genetischen Zusammenhang mit der dritten *Kritik*, es ist lediglich als Revision der Konzeption der Dynamik und der Mechanik in den *MAN* aufzufassen. 2) Bei der Übergangslehre des Nachlasswerks geht es um eine Erfahrungsantizipation, jedoch nicht *quoad materiale*, sondern nur *quoad formale*. Die erste These antizipiert einen wesentlichen Aspekt von Tuschlings Lesart, sodass mehrere Einwände, die direkt gegen Tuschling erhoben worden sind, auch in Bezug auf Hoppe gelten. Die zweite These ist von Cassirers Interpretation der Erkenntnistheorie der *KrV* inspiriert.

Die *MAN* hätten Hoppe zufolge die Anwendbarkeit der Mathematik in der Naturwissenschaft rechtfertigen müssen, um die Wissenschaftlichkeit einer empirischen Naturlehre zu sichern. Tatsächlich würden sie jedoch nur eine reine Bewegungslehre gewährleisten, nämlich die Phoronomie, denn Dynamik und Mechanik setzten – im Unterschied zum ersten Hauptstück der *MAN* – den Begriff der bewegenden Kräfte voraus, der im Endeffekt empirisch bleibt. Folglich scheitert der Versuch, eine dynamische bzw. mechanische Theorie der Materie gänzlich *a priori* abzuleiten, was die Hauptfrage der *MAN* unbeantwortet lässt. Gegen diese These lassen sich jedoch zwei Einwände erheben: Mathieu (4.3.4.1) betont, dass, da die Sicherung der Wissenschaftlichkeit der empirischen Naturlehren wie der Chemie nicht Aufgabe der *MAN* sei, die Prämisse von Hoppes Gedankengang jeder Grundlage entbehre. Überdies bemerkt Mudroch (5.3.2.2), dass die bewegenden Kräfte in den *MAN* weder mittels der Sinne gegeben seien noch zu den Bedingungen der Möglichkeit der Materie oder der Erfahrung gehörten. Sie könnten also weder durch Erfahrung erfasst noch als Begriffe *a priori* abgeleitet werden. Sie seien daher bloß hypothetisch, was impliziere, dass Kant 1786 die mechanische Erklärung der Materie prinzipiell als genauso gültig habe annehmen müssen wie die dynamische.

Die Begründung der Wissenschaftlichkeit der empirischen Naturlehre im Übergangsprojekt vollzieht sich durch die formelle Systematisierung der empirischen Gesetze der Physik. Genauer gesagt: Das Formale des Systems bestimmt das Objekt der Erkenntnis nach dem Motto „*Forma dat esse rei*". Dieses Objekt wird also nicht *gegeben*; es setzt vielmehr unsere subjektive Tätigkeit voraus. Die Physik bildet ein System *a priori*, dessen Inhalt, nämlich die empirischen Gesetze der Natur, *a posteriori* gegeben ist. Als Prinzipien der empirischen Naturgesetze gelten nun neben den Kategorien und den Grundsätzen des Verstandes auch die „Mittel-" oder „Zwischenbegriffe" des Übergangs, nämlich die bewegenden Kräfte der Materie, die Empirisches und Apriorisches verbinden und die Physik als empirische und wissenschaftliche Naturlehre sichern. Hoppe scheint zu übersehen, was die zwiefältige Natur der bewegenden Kräfte *der Materie* als Mittelbegriffe impliziert, nämlich das Faktum, dass die Materie nicht einfach *a posteriori* gegeben sein kann, weil die Möglichkeit der Systematisierung *a priori* Mittelbegriffe bedingt. Das System des Übergangs antizipiert die Erfahrungsgesetze also nicht bloß formal, sondern auch in einem eigenen Sinn *quoad materiale*.

9.2.2.4.2 Die Revision des Materiebegriffs im Übergangsprojekt

Wie Hoppe behauptet auch Tuschling (5.2.2), dass das Übergangswerk zumindest ursprünglich als Revision der dynamischen Theorie der *MAN* konzipiert worden sei. Während Hoppe überwiegend das Problem der Antizipation *a priori* der empirischen Physik als System hervorhebt, betont Tuschling die zentrale Stellung des Materiebegriffs, denn gerade hinsichtlich dieses Begriffs vollziehe sich im Übergangsprojekt eine wesentliche Korrektur der Positionen der *MAN*. In dieser angeblichen Korrektur des Materiebegriffs lasse sich eine zweifache Revision unterscheiden, nämlich bezüglich der Dynamik bzw. der Mechanik:

1) Während in dem Werk von 1786 die bewegenden Kräfte der Attraktion und der Repulsion als ursprünglich gelten würden und die Konstruktion der einzelnen Materie – sowohl des Einzelkörpers wie auch seiner kleinsten Bestandteile – aus dem Konflikt jener ursprünglichen Kräfte gewonnen werde, würden Anziehungs- und Abstoßungskraft in der späteren Entwicklung durch die Erschütterungen eines ursprünglichen Sonderstoffs, des Äthers, erklärt.

2) Der Grund für diese Wende sei der in den *MAN* latent vorhandene Konflikt zwischen der Annahme undurchdringlicher Zentren von Attraktion und Repulsion, die eine Variante der Atomistik darstellt, und der Grundkonzeption der Dynamik. Mit der späteren Behauptung eines alle Materien durchdringenden Äthers habe Kant die absolute Undurchdringlichkeit der Materien aufgegeben. Die Polemik des Übergangsprojekts gegen die Atomistik von Laplace sei daher, so Tuschling, nichts als eine verborgene Selbstkorrektur.

Zu Punkt 1 von Tuschlings These behauptet Mudroch (5.3.2.1), dass die Ursprünglichkeit der bewegenden Kräfte von Attraktion und Repulsion an zahlreichen Stellen des Übergangsprojekts bestätigt werde.[44]

Im Hinblick auf Punkt 2 wendet McCall (5.3.3) zutreffend ein, dass Kants Kritik der Monadologie und der Atomistik weder die Möglichkeit elementarer Teilchen noch diejenige des *relativ diskreten* Raums, sondern die Annahme *wirklicher, absolut leerer Räume* betreffe. Zudem fügt McCall hinzu, dass die Materie bereits im dritten Hauptstück der *MAN* als ein *mechanisches Kontinuum* gesehen werde und dass eine mechanische Auffassung der Materie auch im Übergangsprojekt, nämlich bei der Darstellung des Wärmestoffs, vertreten werde. Gerade diese Darstellung der Materie als inhomogenes Kontinuum rechtfertige die Annahme der Wirkung in die Ferne, die sowohl in den *MAN* wie auch im Übergangsprojekt behauptet wird. Man muss mit McCall schlussfolgern, dass sich Tuschlings Verständnis der Dynamik in den *MAN* als eine Variante der Atomistik, die im Übergangsprojekt aufgegeben worden sei, als allzu reduktiv erweist.

Tuschling sieht in der Entwicklung der Theorie der Bestimmung der Masse im *Oktaventwurf* ein eindeutiges Indiz dafür, dass die pseudodynamische Atomistik der *MAN* aufgegeben worden ist. Während gemäß den *MAN* die Masse nur *mechanisch* durch die Quantität der Bewegung bestimmt werden könne, so Tuschling, werde im *Oktaventwurf* behauptet, dass die Masse allein *dynamisch*, mittels der Gravitation abzumessen sei. McCall wendet gegen diese Lesart ein, dass im *Oktaventwurf* ebenso wie in der *Mechanik* der *MAN* das Abwiegen als Methode zur Bestimmung der Quantität der Materie behauptet werde. In den beiden Textstellen, auf die sich McCall bezieht,[45] wird betont, dass es beim Abwiegen um eine *indirekte* Schätzung der Masse gehe. In den *MAN* erklärt Kant, dass das Prinzip des Abwiegens nur scheinbar auf der ursprünglichen bewegenden Kraft der Attraktion basiere. Tatsächlich erfolge das Abwiegen *indirekt* als Wechselwirkung zwischen zwei Massen auf der Waage, also doch *mechanisch*, durch das Prinzip der „Quantität der Bewegung". Offensichtlich bestätigt der *Oktaventwurf* diese Position der *MAN*. Carrier (5.5) argumentiert weiterhin, dass die Korrektur der *MAN* an der von Tuschling erwähnten Stelle des *Oktaventwurfs*[46] auf

44 Mudroch liefert ferner eine überzeugende Erklärung für das Problem der Kreisbewegung. In den *MAN* (*MAN*, AA 4: 557) betrachtet Kant diese Bewegung als die Wirkung einer Kraft, im *Opus postumum* (vgl. z. B. *OP*, AA 21: 290.5 – 9 = III 14) hält er die *vis centrifuga* für eine aus der Kreisbewegung abgeleitete Kraft. Tuschling sieht darin einen Beweis für seine Revisionstheorie. Mudroch bemerkt dagegen scharfsinnig, dass es sich im ersten Fall um eine wirkliche Kraft – die Attraktion –, im zweiten Fall um eine scheinbare Kraft – die *vis centrifuga* – handle.

45 *MAN*, AA 4: 541 bzw. *OP*, AA 21: 408 = IV 39.

46 *OP*, AA 21: 406 = IV 37.

folgende Weise zu verstehen sei: Durch die Quantität der Bewegung werde die *träge* Masse, d. h. die Masse, die durch das erste Prinzip der Mechanik definiert wird, gemessen. Beim Abwiegen werde hingegen das *Gewicht* eines Körpers, also seine *schwere* Masse, bestimmt. Kants Behauptung im ersten Lehrsatz der *Mechanik*, die Bestimmung der *schweren* Masse erfolge indirekt mechanisch, impliziere, dass die *träge* Masse der *schweren* Masse *logisch* vorangehe. Das widerspreche aber Kants Ansicht, dass die Gravitation den Gesetzen der Mechanik logisch vorangehe. Die Stelle im *Oktaventwurf*, auf die sich Tuschling beziehe, verbessere daher diesen Fehler, indem dort die Priorität der Gravitation behauptet werde. Dadurch werde die *Mechanik* keineswegs aufgehoben, vielmehr stehe diese Korrektur in Übereinstimmung mit der Konzeption der dynamischen Mechanik von 1786.

9.2.2.4.3 Die *Allgemeine Anmerkung zur Dynamik* und das Übergangsprojekt

Die Übergangslehre des *Opus postumum* scheint eher die Verbesserung einer Unzulänglichkeit in der Konzeption des Überschritts von der *Dynamik* zur *Mechanik* von 1786 zu sein als eine radikale Revision der *Mechanik* und vor allem der *Dynamik* der *MAN*, wie Tuschling meint. Die Aufgabe der Dynamik besteht darin zu erklären, wie die Materie anhand der Wechselwirkung von Anziehungs- und Abstoßungskraft einen gewissen Raum einnimmt. Die Erörterung der Prinzipien der Wechselwirkung zwischen beweglichen Körpern kommt hingegen der *Mechanik* zu. Zur Aufgabe der *Dynamik* gehört außerdem die Ableitung der verschiedenen Eigenschaften der Materie wie Dichtigkeit und Kohäsion aus den ursprünglichen bewegenden Kräften. Die entsprechenden Erörterungen der *MAN* geraten dennoch in einen *circulus vitiosus*, den Kant im *Opus postumum* aufzuheben beabsichtigt, indem er die betreffenden Eigenschaften auf die Natur des Äthers zurückführt.

Wie Emundts (6.4.1) scharfsinnig bemerkt, entsprechen die physikalischen Prozesse, die das Hauptthema des Übergangsprojekts – zumindest in seiner frühesten Konzeption – ausmachen, allein einem genau identifizierbaren Teil der *MAN*, nämlich der *Allgemeinen Anmerkung zur Dynamik*, der ein *vollständiges System der besonderen bewegenden Kräfte* schaffen sollte.[47] Diese Kräfte stellen einerseits Erklärungsprinzipien dar und müssen als solche *a priori* antizipiert

47 Tuschling sieht im systematischen Charakter des Übergangsprojekts, das die bewegenden Kräfte der Materie nach Quantität, Qualität, Relation und Modalität einteilt, einen Beleg dafür, dass das Nachlasswerk die *MAN* nicht bloß ergänzen, sondern sie vielmehr habe ersetzen sollen. Emundts erklärt, dass der systematische Charakter bereits zur Einteilung der Kräfte in der *Allgemeinen Anmerkung* gehöre.

werden. Andererseits werden sie mit Rücksicht auf die empirisch gegebenen Eigenschaften der Materie aufgestellt. Sie besitzen also bereits die Merkmale der „Mittelbegriffe". Die Unzulänglichkeit der *Allgemeinen Anmerkung* bringt im Endeffekt die „Lücke" des kritischen Systems hervor, die das *Opus postumum* zu füllen hat. Das Übergangsprojekt ersetzt daher lediglich die erwähnte *Anmerkung* zur *Dynamik*.

Mehrere Forscher vermuten, dass der Anlass zur Revision des Materiebegriffs von 1786 ein Einwand gegen diese Konzeption gewesen sein müsse. Nach Tuschling (5.2.2) sind die stillschweigenden Korrekturen an der Materietheorie der *MAN*, die bereits in den Aufzeichnungen der Krause-Papiere vor 1795 auftauchen, die Reaktion auf die sehr kritische Rezension der *Göttingischen Anzeigen von gelehrten Sachen* vom 2. Dezember 1786 und auf die Einwände gegen Kants Repulsionstheorie, die Johann Tobias Mayer 1793 äußerte. Nach Förster (6.3.1.2) und Emundts (6.4.3) hingegen ist sich Kant erst durch seine Auseinandersetzung mit Becks Brief vom 8. September 1792 der Existenz eines Zirkelproblems in seiner Konzeption der Materie von 1786 bewusst geworden. Der Versuch, dieses Problem zu lösen, habe Kant dazu gebracht, eine neue Materietheorie zu erarbeiten, in der der Ätherbegriff eine zentrale Rolle spiele.

Carrier (5.5) sieht die Zirkularität in der Materietheorie der *MAN* in der Erklärung der Erstarrung durch die innere Reibung der Materieteile, weil die Reibung, durch die der Festkörper konstituiert wird, bereits das Dasein fester Materieteilchen voraussetze. Das sei der Grund dafür, dass Kant im *Opus postumum* versuche, die Starrheit aus der ursprünglichen Elastizität des Wärmestoffs abzuleiten. Dazu erwidert Emundts, ein derartiger Zirkeleinwand lege zugrunde, dass Kant die Genese der Materie aus Kräften habe herleiten wollen, während Kant durch die beiden Grundkräfte nur die Raumerfüllung erkläre.[48]

Nach Förster (6.3.1.2) besteht jedoch eine Zirkularität im Verhältnis zwischen Newtons Gravitationskraft, die proportional zur Masse bzw. zur Dichte der Materie ist, und der Dichte, die die Wirkung der fundamentalen Anziehungskraft voraussetzt. Kant finde erst in den frühesten losen Blättern zum Übergangsprojekt eine Lösung, indem er die Kohäsion als zweite Anziehungskraft verstehe. Damit unterscheide Kant zwischen Attraktion und Repulsion als den Urkräften, die die Oszillationen des Äthers verursachten, und Attraktion und Repulsion als den bewegenden Kräften der Materie, d. h. als den Kräften, durch die die Materie einen gewissen Raum einnehme. Diese abgeleitete Attraktion setze er nicht mehr mit der Gravitation, sondern mit der Kohäsion gleich, was das Problem der genannten Zirkularität zwischen Gravitation und Dichte löse. Aus dieser neuen Konzeption

48 Vgl. oben S. 269, Punkt (4).

ergebe sich aber auch ein neues Problem. Denn die Kohäsion qua Berührungskraft nehme mit der dritten Potenz der Distanz ab wie die Repulsion. Die Undurchdringlichkeit eines Körpers könne nicht mehr als Gleichgewichtspunkt der beiden Kräfte bestimmt werden. Das impliziere die Unmöglichkeit der Konstruktion *a priori* des Gegenstandes der äußeren Sinne und damit der Aufgabe der *MAN*, was die Lücke im kantischen System verursache, die Kant 1798 in dramatischen Worten beschreibe. Diesbezüglich hebt Vuillemin (6.3.1.2) hervor, dass die Konzeption der fundamentalen Anziehungskraft als eine der beiden Kräfte, die zur Erfüllung des Raums notwendig seien, keiner bestimmten Quantität der Materie bedürfe, deren Begriff erst in der Erklärung 2 zur *Mechanik* vollständig definiert werde. In dieselbe Kerbe schlägt Emundts, wenn sie bemerkt, dass die Zirkularität zwischen Dichte und Masse nur bei der Bestimmung der Masse bestehe. Die Masse als Wirkfaktor spiele aber keine Rolle hinsichtlich der Konstruktion der Materie, also im Hauptteil der Dynamik.[49]

Emundts betont:

> Kant meint die Materietheorie in der *Allgemeinen Anmerkung* in der Weise ausführen zu können, daß er eine gegebene Materie als durch ursprünglich wirkende Repulsiv- und Anziehungskräfte bedingt denkt und alle weiteren Momente aus der Möglichkeit der Wirkung von Materien aufeinander erklären kann.[50]

Die Definition der Dichtigkeit als Funktion der beiden Grundkräfte stoße jedoch auf folgende Schwierigkeit: Da die attraktive Kraft bei kleinen Räumen die repulsive nicht beschränken könne, sei Kant vermutlich gezwungen gewesen, die zusätzliche Wirkung der Attraktion der gesamten Materie des Weltraums anzunehmen, die als ein Druck des das ganze Universum erfüllenden Äthers konzipiert werden könne. Das mache aber die Dichtigkeit eines gleichartigen Stoffes von der materieeigenen Anziehung, also vom Volumen abhängig, was der Erfahrung widerspreche. Um dieses Zirkelproblem zu lösen, müsse Kant für die Beschränkung der Repulsivkraft eine entgegenwirkende Kraft, die anders ist als die materieeigene Anziehungskraft, annehmen. Die Materie, die eine solche Kraft ausübe, müsse daher als eine innerlich bewegte aufgefasst werden, deren innere Bewegtheit der Ursprung ihrer Wirkung sei. Die Annahme der Anziehung der Weltmaterie spiele allerdings eine bloß marginale Rolle hinsichtlich der Feststellung der beiden Grundkräfte als Prinzipien der Möglichkeit der Raumerfüllung wie auch bei der Konstruktion des Begriffs der Materie. Die Abschaffung dieser

49 Vgl. oben S. 268f., Punkt (3).
50 Emundts 2004, 82.

Hypothese könne folglich keineswegs als eine radikale Revision des Hauptteils der *Dynamik* betrachtet werden.[51]

Emundts schließt zuletzt eine Zirkularität in der Wechselwirkung zwischen Anziehungs- und Abstoßungskraft aus, denn eine genetische Erklärung dieses Verhältnisses ist in Kants Augen unmöglich. In keiner der vier betrachteten Möglichkeiten kann also ein Zirkeleinwand den Hauptteil der *Dynamik* treffen.[52]

9.2.2.4.4 *Dynamik* und *Mechanik* vom Standpunkt des Übergangsprojekts

Forscher wie Mudroch, McCall, Mathieu und Carrier gehen trotz mancher Unterschiede von einer wesentlichen systematischen Kontinuität zwischen *MAN* und Übergangsprojekt aus. Emundts bemerkt mit Recht, dass diese Behauptung lediglich auf die Hauptteile der *MAN* zutreffe, nicht jedoch auf die *Dynamik-Anmerkung*. Allerdings bleibt noch zu erläutern, dass die *MAN* im Nachlasswerk als eine bloße Bewegungslehre aufgefasst werden, in der die Materie nie als mit ursprünglichen bewegenden Kräften versehen betrachtet wird. Dieser augenscheinliche Widerspruch zu den veröffentlichten *MAN* bedeutet nach Tuschling, dass der Kant des *Opus postumum* implizit *Dynamik* und *Mechanik* des Werkes von 1786 für überholt erkläre und die *MAN* auf die *Phoronomie* allein reduziere. Mathieu setzt dem entgegen, dass *Dynamik*, *Mechanik* und *Phänomenologie* die Resultate der *Phoronomie* voraussetzten, sodass es tatsächlich in einem gewissen Sinn stimme, dass die *MAN* nur von der Materie als dem Beweglichen im Raum handelten. Diese Replik lässt sich weiter ergänzen.

Die *Allgemeine Anmerkung zur Dynamik* sichert in der den *MAN* eigenen Perspektive den Überschritt von der *Dynamik* zur *Mechanik*. Wenn es stimmt, dass die Übergangslehre diese Funktion übernimmt, so impliziert die neue Konzeption der Materie doch auch eine neue Sichtweise der systematischen Bedeutung der Hauptteile der *MAN*. Vom Standpunkt des *Opus postumum* aus gelten also folgende Aussagen von Förster und Emundts (6.3.1.2 bzw. 6.4.4) bezüglich der *MAN*:

1) Die *Allgemeine Anmerkung* wird aufgegeben und durch die Übergangslehre ersetzt, deren „Zwischenbegriffe" nicht in vollem Umfang *a priori* zu bestimmen sind, obwohl sie beanspruchen, die verschiedenen Materiearten zu antizipieren.

2) Reduziert auf ihren Hauptteil handelt die *Dynamik* lediglich von Attraktion und Repulsion „überhaupt",[53] die nicht direkt erfahrbar sind. Die bewegenden Kräfte der Materie machen hingegen nunmehr den Inhalt der Übergangslehre aus.

---

51 Vgl. oben S. 268, Punkt (1).
52 Vgl. oben S. 268, Punkt (2).
53 Vgl. *OP*, AA 21: 363.1 f. = IV 9.

3) Ebenso wenig berücksichtigt die *Mechanik* die bewegenden Kräfte des Äthers, da die bewegenden Kräfte, die dort betrachtet werden, mit der Anziehungskraft als Fernwirkungskraft bzw. mit der Repulsivkraft als Flächenkraft gleichgesetzt werden.

4) *Dynamik* und *Mechanik* haben in diesem Sinn die Materie als reine Anschauung betrachtet, also lediglich mathematisch als das „Bewegliche im Raum“, nicht als „das Bewegliche [...] so fern es bewegende Kräfte hat“[54]. Da hier auf die bewegenden Kräfte *der Materie* hingewiesen wird, impliziert diese Behauptung des *Opus postumum* keineswegs einen Widerspruch zur mechanischen Definition der Materie.

5) Die Kohäsion, welche die Entstehung der Körper erklärt, gehört nicht mehr zum eigentlichen Inhalt der *MAN*. Da aber die *Mechanik* den Begriff des Körpers voraussetzt, ergibt sich „ein Sprung“ zwischen *Dynamik* und *Mechanik*, der erst im *Opus postumum* sichtbar wird. Dieser Hiatus muss nunmehr durch die Übergangslehre gefüllt werden. Försters Ansicht, die *MAN* könnten nicht mehr den Anspruch erheben, eine Körperlehre zu sein, kann meines Erachtens nur unter Vorbehalt akzeptiert werden. Denn die *MAN* sind in der Perspektive der Übergangslehre keine *vollständige* Körperlehre. Die Übergangslehre ergänzt die Körperlehre der *MAN* durch zwei Einsichten, die sich in den beiden folgenden Punkten zusammenfassen lassen:

6) Die *Mechanik* von 1786 basiert auf zwei Resultaten der *Dynamik:* der dynamischen Erklärung der Materie durch die beiden Grundkräfte im Hauptteil der *Dynamik* und der Körpertheorie in der *Allgemeinen Erklärung*. Diese beiden Voraussetzungen der Mechanik gelten in Grunde genommen auch im *Opus postumum*. Die erste wird als ein Resultat der *MAN* betrachtet, die zweite gehört zur Aufgabe der Übergangslehre. Kants Mechanik gilt daher nach wie vor.

7) Ebenso gehört der Ätherbegriff in die Übergangslehre und stellt ein entscheidendes Element der dynamischen Theorie der Materie dar. Im Unterschied zur Auffassung von 1786 ist der Äther in der neuen Konzeption mit zwei wesentlichen Merkmalen versehen. Er wird apodiktisch, nicht hypothetisch bestimmt. Ferner ist er nicht mehr bloß eine durch äußere Grundkräfte bewegliche Materie, sondern er besitzt eigene innere bewegende Kräfte. Der Äther ist also im *Opus postumum*, zusammen mit den beiden Grundkräften, zum Koprinzip der dynamischen Theorie der Materie geworden.

---

54 *OP*, AA 22: 190.4 f. = VIII 29.

9.2.2.4.5 Der dynamische Mechanismus und der Ätherbegriff im Übergangsprojekt

Diese Konzeption des Äthers ist eine kohärente, ja notwendige Entwicklung der Prinzipien der transzendentalen Philosophie Kants, die sich weder mit einem reinen Dynamismus noch mit einem reinen Mechanismus gleichsetzen lässt. Dynamismus und Mechanismus stellen die beherrschenden Theorien der Kräfte in der Naturphilosophie des 17. und des 18. Jahrhunderts dar. Der Mechanismus konzipiert die Materie als ein irreduzibles Gegebenes und die Kräfte als ihre Eigenschaften. Der Dynamismus löst die Materie in Verhältnisse von ursprünglichen Kräften auf. Nach der mechanischen Konzeption kommt die Materie vor der Form, der dynamischen Konzeption zufolge die Form vor der Materie. In beiden Fällen besteht ein genetisches Verhältnis zwischen der Materie und den Kräften, das vom transzendentalen Standpunkt aus zurückgewiesen werden muss, weil es die Materie bzw. die Kräfte als dogmatisch angenommene Dinge an sich versteht.

Der kartesianische Mechanismus unterscheidet sich also von der Atomistik, weil die Atomistik die Existenz von elementaren, nicht weiter teilbaren Materieteilchen behauptet, während der Kartesianismus die Materie als eine ins Unendliche teilbare, daher auf geometrische Verhältnisse reduzierbare Substanz darstellt. Ebenso muss man zwischen physikalischer und metaphysischer Monadologie unterscheiden, sofern die erste materielle, die zweite ideelle Kraftzentren annimmt. Kant hatte in *De igne* (1755) eine Form der Atomistik, in der *Monadologia physica* (1756) hingegen eine Art von physikalischem Dynamismus vertreten. Für die *MAN* erweist sich weder der atomistische Mechanismus noch der physikalische Dynamismus allein als befriedigende Theorie der Materie. Der atomistische Mechanismus hat den Vorteil, dem mathematischen Aufbau des Materiebegriffs ein erstes Element zu bieten. Sein Nachteil besteht darin, diesem ersten Datum die Möglichkeit zu entziehen, *a priori* begründet zu werden. Der physikalische Dynamismus gerät schlussendlich in dieselbe Schwierigkeit wie die Atomistik, weil er behauptet, dass allein der Raum, nicht aber die Materie unendlich teilbar sei. Leibniz' Monadologie hingegen ist zwar, sofern sie die Monaden als metaphysische Größen auffasst, mit der Behauptung der unendlichen Teilbarkeit der Materie kompatibel, doch sind für die kritische Transzendentalphilosophie metaphysische Dinge an sich unannehmbar. Eine ähnliche Überlegung gilt auch für den kartesianischen Mechanismus. Als metaphysische Hypothesen zeigen sich Mechanismus und Dynamismus also als unhaltbar. Methodologisch betrachtet sind beide Lehren richtig, sofern sie die „zwei Wege" zur „Erklärung einer ins Unendliche möglichen s p e z i f i s c h e n Verschiedenheit der Materien“[55] ausmachen. Doch hat der Dynamismus vom Standpunkt der *MAN* aus den Vorteil gegenüber dem Mechanismus, „der Experimentalphilosophie weit angemessener und beförderlicher“[56] zu sein.

Die Absicht der *MAN* ist es nicht nur, die Materie als das Bewegliche, sondern auch die Körperentstehung durch Anziehungs- und Abstoßungskraft zu erklären. Nun weist Kant bereits in den *MAN*, nämlich am Ende der Anmerkung 2 zum Lehrsatz 8, auf einen elastischen Wärmestoff hin.[57] Es geht um das Mariotte'sche Gesetz der Gase, das eine expansive, in umgekehrtem Verhältnis zur Entfernung stehende Kraft beweist. Diese empirische Kraft kann also nicht mit der ursprünglichen Repulsivkraft gleichgesetzt werden, da diese in umgekehrtem kubischem Verhältnis zur Entfernung steht. Mariottes Kraft wird vielmehr durch die Erschütterungen einer elastischen Wärmematerie angemessen erklärt. Im dritten Moment der *Allgemeinen Anmerkung* unterscheidet Kant die ursprüngliche Elastizität, die eine direkte Wirkung der Repulsivkraft ist, von der abgeleiteten Elastizität, die – z. B. bei Gasen – der Anwesenheit des Wärmestoffs zu verdanken ist. So wird die empirische, beobachtbare Elastizität der Luft als Wirkung des Wärmestoffs aufgefasst. Dem Wärmestoff wird hingegen eine ursprüngliche Elastizität zugeschrieben.[58]

Kant präzisiert, dass die Annahme einer extensiven Kraft des Äthers zur Erklärung des Mariotte'schen Gesetzes keineswegs für die Auffassung der ursprünglichen Repulsivkraft der *Dynamik* notwendig sei und dass folglich eine eventuelle Revision der ersteren die Gültigkeit der letzteren nicht in Frage stellen könne.[59] Diese Überlegung impliziert die Möglichkeit, bestimmte empirische Gesetze anhand eines hypothetischen Prinzips wie dem des Äthers zu verstehen, ohne sie direkt aus den beiden Grundkräften ableiten zu müssen. Am Ende der *Allgemeinen Anmerkung* bezieht sich Kant hinsichtlich des Problems, den spezifischen Unterschied der Dichtigkeiten ohne die Annahme der Zwischenräume zu denken, wiederum auf die Hypothese des Äthers.[60] Der Äther wird hier als eine Sondermaterie gedacht, bei der die repulsive Kraft viel größer ist als die eigene Anziehungskraft. Kant fasst den Äther oder Wärmestoff als eine hypothetische Sondermaterie auf, deren Eigenschaften aus den beiden ursprünglichen Grundkräften abgeleitet werden, obwohl er als außergewöhnlich elastisch zu denken ist. Der Äther spielt also die Rolle einer Hypothese *ad hoc* zur Verbesserung der Un-

55 *MAN*, AA 4: 532.21 f.
56 *MAN*, AA 4: 533.22.
57 *MAN*, AA 4: 521 f.
58 *MAN*, AA 4: 530.1–7.
59 *MAN*, AA 4: 522 f.
60 *MAN*, AA 4: 534.6 f.

zulänglichkeiten in der Erklärung der Momente der Materie direkt durch eine Wechselwirkung von Attraktion und Repulsion.

Die losen Blätter der Krause-Papiere aus den Jahren 1787 bis 1795 zeigen eine Verstärkung des Gebrauchs der Hypothese des Äthers zu diesem Zweck. Kant ringt weiter mit der Frage nach dem spezifischen Unterschied der Dichtigkeiten, die keine befriedigende Antwort in der *Allgemeinen Anmerkung* gefunden hat. Der Philosoph versucht zunächst, die Kompression der Materie auf den Druck des Äthers zurückzuführen. Dank seiner Auseinandersetzung mit Becks Bemerkungen zu den *MAN* wird Kant nach Förster und Emundts auf das oben betrachtete Zirkelproblem aufmerksam. Wohl um diesem Zirkelproblem zu entgehen, nimmt Kant die Kohäsion als eine abgeleitete Berührungsanziehungskraft an. Nunmehr bestehen die abgeleitete Anziehungs- und Abstoßungskraft als eigene bewegende Kräfte des Äthers neben den Grundkräften der Attraktion und Repulsion.

Um die systematische Funktion der *Allgemeinen Anmerkung* mit derjenigen des Übergangsprojekts zu vergleichen, muss man zwischen zwei systematischen Kluften und den entsprechenden Überschritten unterscheiden. In den *MAN* überbrückt die *Allgemeine Anmerkung* den Hiatus zwischen dem Hauptteil der *Dynamik* und der *Mechanik*. Die Möglichkeit, von den Grundkräften Anziehungs- und Abstoßungskraft zu den bestimmten empirischen Gesetzen der Physik zu schreiten, stellt hingegen dort prinzipiell kein Problem dar. Das Übergangsprojekt übernimmt zwar die Verbindungsfunktion zwischen *Dynamik* und *Mechanik* und ersetzt folglich in diesem Sinn die *Allgemeine Anmerkung*. Diese Funktion ist dennoch nicht seine Hauptaufgabe. Wohl im Frühling oder Herbst 1790 wird Kant bewusst, dass eine Kluft zwischen Metaphysik und empirischer Physik besteht.[61] Der *Übergang von den* MAN *zur Physik* soll in erster Linie jene Kluft überbrücken. Das Übergangsprojekt bezieht sich hauptsächlich auf ein Problem, das 1786 weder thematisiert noch wahrgenommen worden war. Die *Allgemeine Anmerkung* kann daher nicht als eine Art von *Urübergang* eingestuft werden, wie Emundts richtig

---

61 Kant schreibt die ersten Aufzeichnungen zum Übergangsprojekt erst mehrere Jahre, nachdem er Kiesewetter seinen Plan, dieses Werk zu verfassen, mitgeteilt hat. Förster vergleicht dieses jahrelange Schweigen mit der zehnjährigen Stille, die die Abfassung der *KrV* vorbereitet hatte (vgl. oben S. 247). Mir erscheint der Vergleich trotzdem nicht ganz zutreffend. Denn zwischen 1770 und 1781 hat Kant kaum etwas veröffentlicht, während die erste Hälfte der 1790er-Jahre eine sehr produktive Periode war. Es scheint vielmehr so, als ob Kant die Schwierigkeiten des geplanten Werkes unterschätzt hätte. Nach Kiesewetters Zeugnis meinte der Philosoph den gesamten Inhalt des Übergangsprojekts auf nur wenigen Druckbögen abhandeln zu können. Hätte er damals das Fehlen jenes Werkes als eine dramatische „Lücke" im kritischen System wahrgenommen, so hätte er sicherlich nicht so vielen anderen Projekten Priorität eingeräumt.

bemerkt.[62] Denn sowohl die *Allgemeine Anmerkung* wie auch das Übergangsprojekt sind auf dasselbe Ziel ausgerichtet, nämlich die Entwicklung einer Materietheorie, obwohl diese Aufgabe mit unterschiedlichen inhaltlichen Bestimmungen durchgeführt wird. Wenn nun das Übergangsprojekt tatsächlich auf das sogenannte Zirkelproblem reagiert, wie Emundts behauptet, bleibt unerklärt, warum Kant das Werk schon vor 1792 geplant hatte.

Bereits in den frühesten Aufzeichnungen zum Übergangswerk wird deutlich gesagt, dass die Überbrückung der Kluft zwischen Metaphysik der Natur und Physik, die sich auf heterogene Prinzipien stützen, „Mittelbegriffe" erfordere, die zum Übergang zur Physik gehören.[63] Die Materie wird mit äußeren und inneren Kräften versehen – der Attraktion und Repulsion bzw. Kohäsion und Elastizität.[64] Im *Oktaventwurf* wird dann festgestellt, dass der Äther nicht als Gegenstand der Erfahrung, sondern lediglich als die Idee von einer ursprünglich expansiven Materie anzunehmen sei. Die Annahme eines solchen den Weltraum erfüllenden Wärmestoffs bezeichnet Kant ferner als „eine unvermeidlich nothwendige Hypothese weil ohne ihn kein Zusammenhang als welcher zu Bildung eines physischen Körpers nothwendig ist gedacht werden kann"[65]. Diese Darstellung des Äthers/Wärmestoffs enthält bereits *in nuce* die transzendentale Natur dieses Begriffs. Als „unvermeidlich nothwendige" Idee ist der Äther *a priori*. Da es sich um keinen Erfahrungsgegenstand handelt, muss er ferner als *rein a priori* aufgefasst werden. Als notwendige Bedingung für die Möglichkeit der Kohäsion ist er nunmehr neben den beiden Grundkräften „das dritte"[66], was die Erklärung der spezifischen Verschiedenheiten der Materie voraussetzt. Damit übertrifft die transzendentalphilosophische Konzeption der Materie sowohl den reinen Dynamismus wie auch den reinen Mechanismus.

---

62 „Die neue Konzeption eines Übergangs ist gegenüber der der *Allgemeinen Anmerkung zur Dynamik* stark verändert. Etwas forciert kann man sagen: Erst das Nachlaßwerk stellt einen wirklichen *Übergang* von den Metaphysischen Anfangsgründen zur empirischen Physik dar." (Emundts 2004, 149).

63 Vgl. *OP*, AA 21: 475.3–10 = IV 95.

64 Vgl. *OP*, AA 21: 475 f. = IV 96.

65 *OP*, AA 21: 378.15–18 = IV 17.

66 *OP*, AA 22: 211.25 = IX 7.

9.3 Metaphysische und erkenntnistheoretische Themen des *Opus postumum*

Das ursprüngliche Thema des Übergangsprojekts war relativ eingeschränkt: die systematische Aufzählung der bewegenden Kräfte der Materie, insofern sie sich *a priori* antizipieren lassen. In den Entwürfen *Uebergang 1–14*, *Conv. X/XI*, *Conv. VII* und *Conv. I* entfalten sich weitere Themenkreise, die sich direkt an die erkenntnistheoretischen Probleme der *KrV* anschließen. Diese Themen verbinden sich bei Kant wie üblich mit den metaphysischen Implikationen der Erkenntnistheorie. Die erkenntnistheoretischen Hauptfragen betreffen die Möglichkeit eines Ätherbeweises, die Bestimmung des sinnlichen Subjekts und dessen Korrelats, des transzendentalen Subjekts, zudem die Gotteslehre und deren Konsequenzen für ein System der Idee sowie die Vervollständigung der Transzendentalphilosophie. Bei jedem dieser Hauptthemen lässt sich die Frage nach ihrer metaphysischen Relevanz stellen, und zwar in Bezug auf die drei metaphysischen Ideen: die sinnliche Welt, das Subjekt und Gott.

Zu diesen Aspekten ergeben sich drei Hauptrichtungen der Deutung. Die erste Interpretationslinie sieht im *Opus postumum* die Entwicklung oder die Fortsetzung eines bloßen Formalismus hinsichtlich der Erkenntnistheorie wie auch der Moral. Die zweite Interpretationslinie sieht im Nachlasswerk vor allem die Entfaltung eines metaphysischen Idealismus. Nach einer dritten Interpretationslinie hält Kant am kritischen Transzendentalismus fest: Der empirische Realismus zieht die Grenze der menschlichen Erkenntnisfähigkeit, während die Metaphysik ihre Grundlegung nur innerhalb der moralisch-praktischen Philosophie erlangt. Die systematische Erörterung der Untersuchungen über die genannten Themen in der Kant-Forschung konzentriert sich im Folgenden auf drei Hauptfragen: den Ätherbeweis in *Uebergang 1–14* (9.3.1), die Selbstaffektion und das leibliche Subjekt in *Conv. X/XI* (9.3.2), das transzendentale Subjekt, Gott und das System der Ideen in *Conv. VII* und *Conv. I* (9.3.3).

9.3.1 Der Ätherbeweis in *Uebergang 1–14*

Die Auffassung des Äthers im *Opus postumum* erweist sich als von ausschlaggebender Bedeutung nicht nur für das Übergangsprojekt, sondern auch für die ganze theoretische Philosophie Kants als transzendentales Denken. Der Äther wird nämlich einmal als etwas Empirisches, d. h. als Wärme*stoff* und Licht*stoff*, ja als das Empirische schlechthin, die Materie als Basis aller bewegenden Kräfte und ihrer Verhältnisse verstanden, ein andermal als eine notwendige Bedingung der Erfahrung, die als solche *a priori* abgeleitet werden kann und muss. Der Äther wird somit als ein durch Erfahrung Gegebenes, als eine Hypothese zur Erklärung bestimmter physikalischer Vorgänge, also problematisch angenommen, aber auch als ein formales Prinzip bezeichnet. Darin offenbart sich in sehr auffälliger Weise die Ambivalenz des Ätherbegriffs: Ist der Äther Materie oder Form, *a posteriori* oder *a priori*, gegeben oder gedacht, physikalischer oder metaphysischer Natur? Beim Vorhaben, einen Ätherbeweis in *Uebergang 1–14* zu erbringen, kann dieser Frage nicht mehr ausgewichen werden. Denn wie könnte Kant beanspruchen, die wirkliche Existenz einer materiellen Entität zu deduzieren, ohne den Boden der kritischen Philosophie zu verlassen? Um die Ambiguität des Ätherbeweises aufzuheben, bieten sich Kant nur drei Optionen: 1) eine Deduktion ausschließlich für den Äther als ideales Prinzip für gültig zu halten; 2) den Äther doch als absolute Substanz zu begreifen, woraus sich eine wesentliche Umgestaltung des kritischen Standpunkts ergibt; 3) den empirischen Realismus neben dem transzendentalen Idealismus des Äthers zu behaupten. Im folgenden Kapitel werden diese verschiedenen Interpretationen von Kants Auffassung des Ätherbeweises erörtert.

9.3.1.1 Der Äther als bloß ideales Prinzip

Die erste hier betrachtete Interpretationslinie geht davon aus, dass der Versuch, den Äther als empirischen Stoff zu deduzieren, im Licht der kritischen Philosophie nur habe scheitern können. Kant habe daher einen ontologischen Beweis des Äthers nie erfolgreich ausgeführt und den Ätherbegriff nachträglich bloß nach regulativen Prinzipien betrachtet. Diese Deutung des Ätherbeweises wird in verschiedenen Varianten von Lehmann (4.1.3), Hoppe (5.1.2), Friedman (6.1.2), S. Schulze (6.2.3) und Pecere (7.2.9) vertreten, welche die Versuche in *Uebergang 1–14* als in wesentlicher Diskontinuität mit der Fortsetzung des Übergangsprojekts in den späteren Entwürfen ansehen.

Die Argumentation dieser Interpretationslinie lässt sich wie folgt zusammenfassen: Im Übergangsprojekt fällt der Äther einerseits mit dem Wärmestoff zusammen, welcher eine reale Materie mit besonderen Eigenschaften – Unwägbarkeit, Unsperrbarkeit, Inkohäsibilität und Unerschöpflichkeit – darstellt, die aber durch Erfahrung nicht bestimmt werden können. Andererseits entspricht er dem Inbegriff aller bewegenden Kräfte der Materie und bildet als solcher ein Prinzip der systematischen Einheit. In beiden Fällen lässt sich der Äther als bloß regulativ begreifen, d. h. er wird rein hypothetisch zum Zwecke der Erfahrung angenommen. In *Uebergang 1–14* scheint Kant nun vorzuhaben, über diese Konzeption hinauszugehen, indem er versucht, das Dasein des Äthers *a priori* zu deduzieren. Der Erfolg einer solchen Ätherdeduktion würde implizieren, 1) dass der Ätherbegriff eine *regulative* Idee mit zugleich *konstitutiver* Funktion wäre und 2) dass die Erfahrung nicht nur *quoad formale*, sondern auch *quoad materiale* antizipiert würde. Der Ätherbegriff würde in diesem Fall tatsächlich die Lösung des Problems des Übergangs von der Metaphysik zur Physik liefern.

Vom Äther werden ein direkter und ein indirekter Beweis gegeben. Kurz gefasst können die beiden folgendermaßen formuliert werden:

1) Direkter Beweis: Der leere Raum ist kein Gegenstand der möglichen Erfahrung. Es muss daher eine Materie geben, die alle leeren Räume einnimmt. Dieser alldurchdringende Stoff ist der Äther.

2) Indirekter Beweis: Die Möglichkeit der Erfahrung setzt die Existenz bewegender Kräfte im Raum voraus, die unsere Wahrnehmungen anregen. Nun fällt der Inbegriff all dieser bewegenden Kräfte mit dem Äther zusammen. Der Äther ist also das indirekte, doch notwendig existierende Objekt unserer Vorstellungen.

2a) Indirekter Beweis (Variante): Einzelne Erfahrungen setzen die Totalität aller möglichen Erfahrungen voraus. Die Vorstellung der Einheit der Erfahrung als Grund der einzelnen Erfahrungen muss also den einzelnen Erfahrungen logisch vorausgehen. Der Gegenstand dieser Vorstellung der Erfahrungstotalität ist der Äther.

Die Einwände gegen diese Auffassung des Ätherbeweises lassen sich in drei Punkten zusammenfassen:

a) Durch die dargestellten Argumente können weder die Existenz des Äthers als Wärmestoff bestimmt noch seine Eigenschaften – Alldurchdringlichkeit, Unwägbarkeit usw. – notwendig abgeleitet werden. Sie beweisen lediglich, und zwar direkt, dass alle Wahrnehmung die Wirkung von etwas Materiellem ist, bzw. indirekt, dass die Gesamtheit der alle Wahrnehmungen anregenden bewegenden Kräfte und der in der Totalität der Erfahrung vorgestellte Gegenstand *einer* Materie entsprechen. Der Beweis erfolgt also in der Tat *analytisch* nach dem Prinzip der Identität, aber er stellt demzufolge eine Tautologie dar, nämlich insofern, als die Erfahrung von etwas Materiellem die Existenz einer Materie als direkten oder indirekten Grund *meiner* Erfahrung setzt. Im engen Sinn handelt es sich hier also nicht um eine transzendentale Deduktion, weil diese nur für synthetische Sätze *a priori* gilt.

b) Die notwendige Existenz einer Materie außerhalb meiner selbst, in diesem Fall den Äther als empirischen Stoff, aus einem subjektiven Prinzip der „Möglichkeit der Erfahrung" abzuleiten, ist schon an sich ein Verstoß gegen die Prinzipien des kritischen Transzendentalismus, nach welchen die Bedingungen der Erfahrung transzendent und nicht materiell sind.

c) Unter dem Ätherbegriff in *Uebergang 1–14* werden heterogene, inkompatible Attribute zusammengefasst. Der Äther wird nämlich als Prinzip und als Stoff, als analytisch und als synthetisch, als regulativ und als konstitutiv zugleich gedacht. So wird er als regulative Idee mit der *kollektiven* Gesamtheit aller bewegenden Kräfte der Materie identifiziert, als konstitutiver Begriff muss er als der *distributive* Inbegriff jener Kräfte angesehen werden. Die Schwierigkeit bei der Ätherdeduktion liegt also letzten Endes am hybriden Konzept des Äthers, das sie impliziert und das Kant selbst als „befremdlich“, „widersprüchlich“, „sonderbar“ usw. bezeichnet.

Die Ätherdeduktion in *Uebergang 1–14*, sofern sie Anspruch auf einen ontologischen Beweis der ätherischen Materie erhebt, musste scheitern, da sie sich auf eine unbrauchbare Tautologie reduziert. Kant wird sie der betreffenden Interpretationslinie gemäß folgerichtig in den späteren Entwürfen aufgeben und auf den bloß regulativen Begriff des Äthers zurückgehen.

Försters (6.3.2 und 6.3.3) Position kann als eine besondere Variante dieser Deutungslinie betrachtet werden, da er eine doppelte Wende im *Opus postumum* annimmt. Ihm zufolge hat Kant in seinem Übergangsprojekt nämlich zunächst versucht, ein Elementarsystem der bewegenden Kräfte zu deduzieren. Das Scheitern dieser Versuche habe ihn dann zu einer Strategiewende geführt, die sich ausgerechnet in *Uebergang 1–14* in einer neuen Sichtweise des Äthers abbilde. Denn erst dort werde dem Äther der Status eines Ideals der Vernunft zugeschrieben. Kurz danach habe der Philosoph auch die Idee eines Ätherbeweises aufgegeben, und zwar zugunsten der Weiterentwicklung der Selbstsetzungslehre.

9.3.1.2 Der Äther als materielle Substanz

Eine weitere Deutungslinie in der Forschung zum *Opus postumum* sieht im Ätherbeweis das Indiz einer wesentlichen Entwicklung des kantischen Denkens über die Grenze der kritischen Philosophie hinaus. Es handle sich um einen ontologischen Beweis der Materie, d. h. um die Ableitung der Existenz von etwas Reellem aus der bloßen Möglichkeit seines Begriffs, was in der kritischen Philosophie nicht einmal für den Gottesbegriff gilt und unmissverständlich abgelehnt wird. Lequan hebt diese Abweichung des Ätherbeweises von den kritischen Positionen deutlich hervor (7.2.6).

Vom Äther als Substanz sind nun zwei Auffassungen möglich: Entweder handelt es sich um eine dem Subjekt *immanente* oder um eine vom Subjekt *unabhängige* Substanz. Tuschling vertritt die erste Deutung (5.2.3), Edwards die zweite (5.6.1). In beiden Fällen kündigt die Abweichung vom klassischen Kritizismus in *Uebergang 1–14* die noch radikalere Wende der Transzendentalphilosophie Kants zum „Spinozismus“ in den späteren Entwürfen an. Die Unterscheidung zwischen den formalen Prinzipien der Erfahrung im Subjekt und dem materialen Prinzip des Äthers im Objekt, die nach Edwards mit dem Ätherbeweis stattfindet, bringt schließlich einen Dualismus hervor, den die Forderung nach der systematischen Einheit des Denkens nicht duldet. Kant wird daher die Distanz zwischen Objekt und Subjekt schrittweise abschaffen. Für Tuschling hingegen wird diese Distanz bereits durch den Ätherbeweis aufgehoben. Kant setzt also in *Uebergang 1–14* den Äther als das erste Moment einer dialektischen Bewegung, deren zweites, subjektives Moment in der Selbstsetzung verwirklicht wird und im höchsten Standpunkt der Transzendentalphilosophie das Moment der Synthesis erreicht. Mit dem Ätherbeweis hat Kant diesen Deutungen gemäß ausgerechnet das durchgeführt, was er mit der *KrV* abgelehnt hatte.[67]

9.3.1.3 Die empirische Realität des Äthers

Es lässt sich außerdem eine dritte Interpretationslinie betrachten, für welche der Äther in *Uebergang 1–14* weder bloß mit einer Idee noch mit einer absoluten Substanz, sei es im *spekulativen* oder im *transzendental realen* Sinn, zusammenfällt, sondern sowohl empirischer wie auch idealer Art ist. Dank seiner zwiefältigen Natur rechtfertigt der Äther daher die Möglichkeit eines Übergangs von der Metaphysik zur empirischen Physik. Beim Ätherbeweis handelt es sich also nicht um einen „Wendepunkt" im *Opus postumum*, bei welchem Kant die Problematik des Übergangsprojekts nach einem ganz neuen Konzept begreift. Er ist vielmehr ein systematisches Moment, ja *das entscheidende* Moment des Übergangsprojekts. Im Folgenden wird der Versuch unternommen, diesen Sonderstatus des Äthers anhand der Betrachtungen der Interpreten zu erörtern, die sich dieser dritten Deutungsrichtung zuordnen lassen: Mathieu (4.4.3.1), Rousset (4.5.1), Duque (8.4.2.2), Mudroch (5.3.2.2), Kötter (7.2.1), Guyer (7.2.3), Wong (7.2.4), Waibel (7.2.5), Procuranti (7.2.7), Emundts (6.4.5), Hall (7.2.10) und Busche (7.2.11).

Zu Beginn soll der Ätherbeweis dargestellt werden. Von diesem existiert zwar keine endgültige Formulierung, doch findet er in einem sehr späten und ausgereiften Stadium in *Uebergang 1–14* seinen Ausdruck in folgenden Worten:

> Wenn bewiesen werden kann: daß die Einheit des Ganzen möglicher Erfahrung auf der Existenz eines solchen Stoffs [= des Wärmestoffs] (mit den genannten Eigenschaften desselben) beruht, so ist auch die Wirklichkeit desselben zwar nicht **durch** Erfahrung aber doch *a priori*, blos aus Bedingungen der Möglichkeit derselben zum Behuf der Möglichkeit der Erfahrung bewiesen. Denn die bewegende Kräfte der Materie können zur collectiv-allgemeinen Einheit der Warnehmungen in einer möglichen Erfahrung nur zusammenstimmen in sofern das Subject durch sie, äußerlich und innerlich, in einen Begrif vereinigt sich selbst mittelst seiner Warnehmungen afficirt. Nun setzt der Begrif des Ganzen aller äußeren Erfahrung auch alle mögliche bewegende Kräfte der Materie in collectiver Einheit verbunden voraus und zwar im vollen Raum (denn der leere, er sey innerhalb eingeschlossener oder außer den Körpern sie umgebender Raum ist kein Gegenstand möglicher Erfahrung). Er setzt aber auch eine stetige Bewegung aller Materie voraus, welche aufs

67 Vgl. z. B. *KrV* A 583/B 611 Anm.

> Subject als Sinnengegenstand wirkt denn ohne diese Bewegung, d. i. ohne Erregung der Sinnenorgane, als jener ihre Wirkung, findet keine Warnehmung irgend eines Sinnenobjects, mithin auch keine Erfahrung statt; als welche nur die zu jener gehörende Form enthält. – Also ist ein im Raum stetig und unbeschränkt verbreiteter sich selbst agitirender besonderer Stoff, als Erfahrungsgegenstand (obgleich ohne empirisches Bewustseyn seines Princips) d. i. der **Wärmestoff** ist wirklich und kein blos zum Behuf der Erklärung gewisser Phänomene gedichteter sondern aus einem allgemeinen Erfahrungsprincip (nicht aus Erfahrung) nach dem Grundsatz der Identität (analytisch) erweislicher und in den Begriffen selbst *a priori* gegebener Stoff.[68]

Betrachten wir zunächst folgende Schritte der Beweisführung:

1) Wenn die Einheit des Ganzen möglicher Erfahrung die Existenz des Äthers voraussetzt, so müssen dieser Stoff sowie seine physikalischen Eigenschaften notwendig existieren.

2) Nun ist die Erfahrung von leeren Räumen unmöglich; die Möglichkeit der Erfahrung setzt daher die Existenz einer Materie voraus, die den ganzen Raum erfüllt.

3) Diese Materie muss aber auch als „ein im Raum stetig und unbeschränkt verbreiteter sich selbst agitirender besonderer Stoff, als Erfahrungsgegenstand", also als der überall verbreitete und ursprünglich selbstbewegende Wärmestoff anerkannt werden.

4) Denn er muss der Ursprung der stetigen Bewegung aller Körper sein. Er muss, anders ausgedrückt, mit der Basis aller besonderen bewegenden Kräfte, die das Subjekt affizieren, zusammenfallen.

5) Ohne Erregung der Sinnesorgane durch die bewegenden Kräfte der Materie findet nämlich keine Wahrnehmung von sinnlichen Gegenständen, folglich auch keine Erfahrung statt, da die Erfahrung nur die zur Wahrnehmung gehörende Form enthält.

6) Die Möglichkeit der Verbindung der subjektiven Form der Erfahrung mit der Materie setzt nun auch die Selbstaffektion des Subjekts voraus:

> Denn die bewegende Kräfte der Materie können zur collectiv-allgemeinen Einheit der Warnehmungen in einer möglichen Erfahrung nur zusammenstimmen in sofern das Subject durch sie, äußerlich und innerlich, in einen Begrif vereinigt sich selbst mittelst seiner Warnehmungen afficirt.

7) Unter diesen Bedingungen wird die wirkliche Existenz des Äthers als Wärmestoff *analytisch* nach dem *Grundsatz der Identität* bewiesen und nicht bloß hypothetisch angenommen. Seine Existenz wird auch nicht *durch* Erfahrung,

68 *OP*, AA 22: 550 f. = XII 11 f.

sondern *zum Zweck der Möglichkeit* der Erfahrung bewiesen. Der Äther ist ein „in den Begriffen selbst *a priori* gegebener Stoff", ein nie wahrgenommener oder nicht direkt wahrnehmbarer Erfahrungsgegenstand.

Wie es sich schon für die transzendentale Deduktion in der ersten *Kritik* aussagen ließ, handelt es sich hierbei um die Ableitung einer notwendigen Bedingung für die Möglichkeit der Erfahrung. Während aber in der *KrV* die Kategorien als formale und allgemeine Bedingungen der Erfahrung deduziert worden sind, geht es beim Ätherbeweis um die materiellen, spezifischen Bedingungen der Erfahrung, um einen *transzendentalen* sowie *ontologischen* Beweis. Die Möglichkeit der Erfahrung fordert nämlich die Vollständigkeit des Systems der materiellen Kräfte, die nur *a priori* durch den kategorischen Apparat des Subjekts gewährleistet werden kann. Kann jedoch diese Antizipation *a priori* der Materie, die Ableitung der wirklichen Existenz aus der Möglichkeit – nur für den Ätherbeweis „*a poße ad esse valet consequentia*"[69] – wirklich „befremdlich" sein? Dass der Ätherbeweis beansprucht, über die transzendentale Deduktion eines formalen Prinzips wie für die transzendentale Deduktion der Kategorien hinauszugehen, ist deutlich. Trotzdem bleibt der Anspruch auf einen ontologischen Beweis des Äthers auf dem Boden der kritischen Philosophie, genauer gesagt, der zweiten und dritten Postulate des empirischen Denkens, auf die Rousset hinweist: „2. Was mit den materialen Bedingungen der Erfahrung (der Empfindung) zusammenhängt, ist w i r k l i c h. 3. Dessen Zusammenhang mit dem Wirklichen nach allgemeinen Bedingungen der Erfahrung bestimmt ist, ist (existirt) n o t h w e n d i g."[70] Wie aber kann der Realismus des Äthers verstanden werden?

Was hier bewiesen wird, ist gewiss nicht die absolute Existenz eines Dinges an sich, einer vom subjektiven Erkenntnisapparat unabhängigen Substanz. Die Existenz des Äthers kann auch nicht *durch* Erfahrung bestimmt werden, denn seine Existenz kann nie direkt wahrgenommen, sondern nur indirekt erfahren werden. Es handelt sich aber auch nicht um eine problematische Hypothese, um eine bloß regulative Idee der Vernunft; das wird von Kant unmissverständlich hervorgehoben. Der Satz: „Nun setzt der Begrif des Ganzen aller äußeren Erfahrung auch alle mögliche bewegende Kräfte der Materie in collectiver Einheit verbunden voraus", besagt zwar, dass der Ätherbegriff in einer gewissen Hinsicht allein die kollektive Einheit eines transzendentalen Ideals besitzt. In diesem Sinn stellt er zum Teil und aus einer bestimmten Perspektive ein regulatives Prinzip der Vernunft dar. Der Äther existiert jedoch wirklich, weil er der Ursprung der Be-

69 *OP*, AA 21: 592.11 = V 50.

70 *KrV* A 218/B 266. Rollmann und Hahmann identifizieren ferner den Weltstoff des Entwurfs *Uebergang 1–14* mit der materialen Substanz der ersten Analogie.

wegung aller Stoffe und der bewegenden Kräfte der Körper ist. Er wirkt zwar indirekt, aber doch reell auf unsere Sinnesorgane. Er hat die Natur einer – wenn auch nur indirekten – Erscheinung. Er erfüllt den Raum, doch er bleibt nur ein Gegenstand im Raum. Er übersteigt also nicht die kritische Grenze der Erfahrung, obwohl er sich *a priori* bestimmen lässt. Er ist daher ein „*a priori* gegebener Stoff".

Dem Äther wird also ein Sonderstatus zugeschrieben. Es handelt sich um einen *Zwischenbegriff. Direkt* ist der Äther ein hypothetischer Stoff, *indirekt* ein Prinzip der asymptotischen Einheit der Erfahrung. Er ist also *regulativ* und *konstitutiv* zugleich,[71] ein *subjektives* Prinzip der *objektiven* Erkenntnis. Diesbezüglich wird Kant in *Conv. X/XI* von einer „Amphibolie der Reflexionsbegriffe" reden. Ferner wird der Äther zum Teil als etwas Empirisches, zum Teil als etwas Transzendentales bezeichnet. Er ist einerseits ein Prinzip der Einheit der Erfahrung und bezieht sich daher auf das Vermögen der Einheit schlechthin, das *Ich denke*. Er ist andererseits ein räumlicher Gegenstand, ja der *hypostasierte Raum*, und als solcher bezieht er sich auf den Raum. Als „*a priori* gegebener Stoff" bildet er sogar eine „reine Anschauung".

Diese Bezeichnung mag merkwürdig erscheinen, aber sie hat doch einen präzisen physikalischen Sinn. Wenn der Äther *a priori* gegeben ist, so kann er *a priori* konstruiert werden, wie die Gegenstände der Geometrie. Das heißt keineswegs, dass die Existenz der bestimmten Gegenstände der Erfahrung in einer Anschauung *a priori* konstruiert werden kann. Doch gilt dies sehr wohl für den Äther. Mathieu vergleicht den Ätherbegriff mit den physikalischen „Konstrukten", von denen der Erkenntnistheoretiker und Nobelpreisträger für Physik Percy Williams Bridgman spricht. Bridgman hält die „Gegenstände" der Physik wie Elementarteilchen und Felder für theoretische Konstrukte, die aber für den Physiker wirklich sind und in der physikalischen Forschung vorausgesetzt werden. Nach Kötter entspricht der Äther einer fiktiven Mikrowelt, d. h. einem Konstrukt der Physiker zur Deutung der Makrowelt. Auch für Wong trägt der Ätherbegriff die Merkmale eines physikalischen Feldes. Vuillemin bemerkt, dass die Erfüllung des Raums durch die Wechselwirkung der bewegenden Kräfte der Materie mit der Quantenmechanik übereinstimme.[72] Für Waibel kann das Verhältnis des Äthers zur mechanischen Materie mit dem Verhältnis der Energie zur Masse oder der vier Fundamentalkräfte zu den Elementarteilchen verglichen werden.

Das *Ich denke* enthält die Existenz nur analytisch. Die Identität *Ich denke, ich bin* ist lediglich die tautologische Selbstsetzung als denkendes Subjekt, *sum co-*

---

71 Vgl. *OP*, AA 22: 241.19 = IX 19.

72 „[...] optics shows how by interference two positive magnitudes, when added, give a magnitude equal to zero. This mechanism of interference, via the quantum-mechanical relations of uncertainty, accounts for how Kant's space is filled." (Vuillemin 1989, 246).

gitans. Zwar ist es das Subjekt jeder möglicher Erfahrung, es kann aber keine empirische Bestimmung hervorbringen, ohne dass ihm etwas gegeben wird, was dadurch geschieht, dass eine Affektion durch die bewegenden Kräfte der Materie stattfindet. Die transzendentale Möglichkeit der äußeren Affektion ist hingegen der Raum. Der Raum stellt also „das rein leidende Ich" dar, die reine Apperzeption „das rein denkende Ich". Der Äther erschafft die Verbindung zwischen reiner Passivität und reiner Aktivität im Subjekt. Der Äther wird durch den Raum *gegeben*, aber er bekommt seine Einheit durch das *Ich denke*. In ihm fallen also Denken und empirische Existenz des Subjekts rein *a priori* zusammen.[73] Nur für den Äther wird also die Existenz eines Gegenstandes analytisch bestimmt, ohne dass der Gegenstand empirisch (direkt) gegeben wird. Damit sind wir bei den Themen der Selbstsetzung und der Selbstaffektion angelangt, die überwiegend in den Entwürfen *Conv. X/XI* und *Conv. VII* behandelt werden.

9.3.1.4 Schlussbetrachtung zur Interpretation des Ätherbeweises

Gerade der explizite Zusammenhang mit der Selbstaffektion – und dadurch implizit auch schon mit der Selbstsetzungslehre – beweist, dass die Ätherdeduktion in *Uebergang 1–14* kein „Durchgangspunkt" in der Entwicklung des Gedankengangs des Nachlasswerks ist. Es geht nicht bloß um einen unfruchtbaren Versuch, den Kant aufgibt, um nach anderen Lösungen für das Übergangsproblem zu suchen.

Gegen die These, die Wende zur Selbstsetzungslehre finde erst in *Uebergang 1–14* statt, kann man einwenden, dass der Ätherbeweis bereits am Ende von *Elementarsystem 1–6* (Februar–Mai 1799) bei der Darstellung der bewegenden Kräfte der Materie nach ihrer Modalität vorkommt:

> Die immerwährende Fortdauer (Perpetuität) einer Bewegung in so fern sie auf einem Grunde *a priori* beruht ist die Nothwendigkeit (*perpetuitas est neceßitas phaenomenon*): und so fern der Grad ihrer Bewegung durch die im Ganzen derselben nicht vermindert wird ist die bewegende Kraft unerschopflich (*inexhaustibilis*). – Da sie nicht Ortverändernd (*locomotiua*) sondern primitiv und innerlich bewegend ist so ist ihr Anfang weil sie reproductiv ist mit der Fortdauer von gleichem Grade, und diese alldurchdringende imponderabele und incoërcibele Materie ist dem Raume so wohl als der Zeit nach nur durch sich selbst beschränkt.

---

73 Marty drückt diese Vermittlungsfunktion des Äthers sehr zutreffend aus: „Il [= der Äther] illustre, très tôt dans les essais de l'*Opus postumum*, la médiation proprement kantienne, non celle de l'identité des contraires, mais bien celle des contraires maintenus, dont l'unité est à entendre comme promesse et espérance, puisque son lieu est ‚caché' dans ‚les profondeurs de l'âme'." (Marty 1988, 129).

> Dieser Aether darf darum nicht als ein hypothetischer Stoff von irgend einer Art bewegender Kräfte (z. B. als Wärme// oder Lichtsmaterie) in die Physik willkührlich eingeschoben werden wohin er wirklich nicht gehört indem er blos zum Übergange von den metaphys. A. Gr. d. N W zur Physik gehört sondern ist von allen positiven Eigenschaften entkleidet die Agitation einer imponderabelen incoërcibelen incohäsibelen und inexhaustibelen in continuirlichem Wechsel der Anziehung und Abstoßung an ebendemselben Ort begriffenen Materie welche als Princip der Möglichkeit der Erfahrung des Raums und der Zeit in dem absoluten Ganzen der bewegenden Kräfte der Materie in ihrer Bewegung so wie sie nachdem sie angefangen hat sich forthin unvermindert erhält, postulirt wird.[74]

Dass die Ätherdeduktion im Zusammenhang mit dem Elementarsystem der bewegenden Kräfte der Materie steht, lässt sich ferner dadurch beweisen, dass Kant nach *Uebergang 1–14* seine Arbeit an der Ableitung der bewegenden Kräfte der Materie im Entwurf *Redactio 1–3* (August–September 1799) wieder aufnimmt. Der Entwurf beginnt wie folgt:

> Des Elementarsystems
> Der bewegenden Kräfte der Materie
> Eintheilung
>
> Sie kann nicht anders als nach einem Princip *a priori* gemacht werden als nach dem System der Categorien. Also werden jene Kräfte nach ihrer Ordnung der Qvantität, Qvalität, Relation und Modalität aufzuführen seyn. – Hiebey aber wird eine Amphibolie der Begriffe eintreten wo das subjective Princip der ausübenden Potenzen für das objective d. i. für den Begrif der inneren Möglichkeit der bewegenden Kräfte selbst (das Empirische für ein Princip *a priori*) genommen und statt der Categorie ihr Schematism im äußeren Sinnenobject unterschoben wird.[75]

Weiter heißt es bei der Erörterung der Modalität:

> [...] im Übergange von den metaph. Anf. Gr. der NW zur Physik wird eine Materie gedacht die in Ansehung der Wirkung ihrer bewegenden Kräfte weder als auf einmal gantz noch allmälig erschöpft sondern als beständig in gleichem Maaße fortdaurend d. i. als inexhaustibel angenommen wird. [...] Das Princip der Möglichkeit einer solchen Materie und der Nothwendigkeit der Annehmung derselben gehört aber zum Elementarsystem der bewegenden Kräfte als einer Propädevtik des Überschritts zur Physik bleibt also noch dahin ausgesetzt bis das Daseyn eines alle Körper durchdringenden alle bewegende Kräfte der Materie in Einer allgemeinen inneren Bewegung vereinigenden Stoffs (gemeiniglich Wärmestoff genannt) in Anfrage kommt; womit dann das Lehrsystem des Überganges (nicht das Natursystem) zur Physik beschlossen werden kann.[76]

---

74 *OP*, AA 22: 605 f. = XII 38.
75 *OP*, AA 22: 556.5–13 = XII 17.
76 *OP*, AA 22: 583 f. = XII 28.

Auf den empirischen Realismus des Ätherbegriffs deutet schließlich eine Stelle auf der vorletzten Seite des Entwurfs hin, in der es wiederum um die reale, wenn auch indirekte Wirkung des Äthers auf unsere Sinne geht:

> Um die bewegende Kräfte sicher und vollständig zu erkennen müssen wir selbst Urheber der Begriffe seyn die sie als wirkende Ursachen enthalten; und zugleich ihrer Vollstandigkeit uns bewust seyn alsdann können wir auch auf die Vollstandigkeit der Erfahrungen nach diesen Principien hinarbeiten.
>
> Wir würden die bewegende Kräfte der Materie selbst nicht durch Erfahrung an Körpern erkennen wenn wir nicht unserer Tätigkeit uns bewust wären die *actus* der Abstoßung Annäherung etc selbst auszuüben wodurch wir diese Erscheinung apprehendiren
>
> Der Begrif ursprünglich//bewegender Kräfte ist nicht aus der Erfahrung genommen sondern muß *a priori* in der Thätigkeit des Gemüths liegen deren wir uns im Bewegen bewust sind denn sonst könnten wir sie auch nicht durch die Erfahrung bekommen denn das Zusammengesetzte als ein solches kann nicht wargenommen werden sondern nur das Zusammensetzen in Raum u. Zeit dessen man sich als eines Acts *a priori* bewust ist.[77]

Die Selbstaffektion, auf die in dieser Passage wiederum angespielt wird, wird zum roten Faden des Entwurfs *Conv. X/XI.*

9.3.2 Selbstaffektion, Erscheinungsstufung und Leiblichkeit des Subjekts

Das Thema der transzendentalen Deduktion, das bereits im Zentrum des Entwurfs *Uebergang 1–14* steht, wird in *Conv. X/XI*, das sich chronologisch betrachtet so gut wie unmittelbar an *Uebergang 1–14* anschließt,[78] dezidiert weitergeführt. Die Themen der Wahrnehmung und Selbstaffektion, die Erscheinungsstufung mit dem Unterschied zwischen direkter und indirekter Erscheinung sowie die Leiblichkeit des Subjekts kennzeichnen den neuen Versuch einer transzendentalen Deduktion. Die Frage ist nun, in welchem Zusammenhang die beiden Versuche miteinander stehen. Für eine erste Gruppe von Interpreten bedeutet die „neue Deduktion" einerseits das Aufgeben des vorherigen Versuchs, der sich immer noch als zu stark realistisch orientiert erweist, und andererseits einen ganz neuen, sich an deutlich idealistischen Richtlinien orientierenden Versuch. Im vorliegenden Kapitel werden die jeweiligen Positionen dargestellt und verglichen, indem die folgenden vier Begriffe betrachtet werden: die sogenannte „neue Deduktion"

---

77 *OP*, AA 21: 490 f. = IV 106.

78 Kant hat an *Uebergang 1–14* mutmaßlich von Mai bis August 1799 gearbeitet. Die Entwürfe *Redactio 1–3* und *Conv. X/XI* sind im August und September 1999 bzw. von August 1999 bis April 1800 entstanden. Kant muss demnach an beiden Entwürfe zugleich gearbeitet haben.

(9.3.2.1), die Selbstaffektion (9.3.2.2), die Erscheinungsstufung (9.3.2.3) und die Leiblichkeit des Subjekts (9.3.2.4).

9.3.2.1 Zur „neuen Deduktion" in *Conv. X/XI*

Bezüglich der sogenannten „neuen Deduktion" in *Conv. X/XI* werden grundsätzlich zwei Interpretationslinien unterschieden, die in ihrer jeweiligen Position zur der Frage, inwiefern es dabei im Vergleich zur „Ätherdeduktion" in *Uebergang 1–14* um eine „neue" Deduktion gehe bzw. was diese Deduktion hinsichtlich der Existenz eines Stoffes an Beweiskraft beanspruche, voneinander abweichen. Die Vertreter der ersten Interpretationslinie – Lehmann, Daval und Hoppe – gehen davon aus, dass Kant mit der Wende vom Ätherbeweis zur „neuen Deduktion" den letzten „Rückstand" an dogmatischem Realismus in seinem Denken aufgibt. Damit vollzieht sich endlich ein dezisiver Schritt hin zur Wende vom Objekt zum Subjekt, welche als die kopernikanische Wendung der kritischen Philosophie zu sehen ist. Die Vertreter der zweiten Interpretationslinie – Rousset, Mudroch und Hall – behaupten hingegen, dass sich auch Kants Lehre in *Conv. X/XI* nicht auf eine Form von bloßem Idealismus reduzieren lasse. Ihre Deutungen heben dementsprechend das empirisch-realistische Element in Kants Lehre hervor. Im Folgenden werden die drei idealistischen mit den jeweiligen realistischen Positionen verglichen:

1) Für Daval (4.2.5) erreicht Kant in *Conv. X/XI* eine vollständige Reduktion des Materialen auf das Formale, womit Kant im Nachlasswerk über die Positionen der *KrV* in wesentlichen Punkten hinausgeht. Daval zieht die plausible Konsequenz aus dieser vermeintlichen Entwicklung des kantischen Denkens, nämlich, dass die materiellen Gegenstände ebenso wie die mathematischen rein *a priori konstruiert* werden können. Daval schließt sich somit dem konstruktivistischen Idealismus von Lachièze-Rey an, den Rousset (4.5.1) für eine „Entartung" des genuinen Transzendentalismus Kants hält. Die empirische Materie ist nach Rousset ein zentraler Begriff der Übergangslehre. Die Deduktion *a priori* der Eigenschaften der Materie und die Auffassung des Äthers als Konstrukt, von denen ohne Zweifel im Nachlasswerk die Rede ist, widerspricht der realistischen Aussage der Materie keineswegs. Objekt der Konstruktion ist allein die *zusammengesetzte*, nicht die *gegebene* Materie. In dieser Hinsicht bleibt Kant auch im *Opus postumum* auf dem Boden der kritischen Philosophie. Denn wir können nicht durch eine bloß intellektuelle Aktivität physikalische Gegenstände wie die bewegenden Kräfte hervorbringen. Die Möglichkeit des Übergangs im *Opus postumum* erfordert vielmehr als ihre eigene Bedingung die Bewegung des Subjekts und die Vermittlung seines Körpers.

2) Für Hoppe (5.1.3) geht der Entwurf *Conv. X/XI* nicht über eine bloße Theorie der Erfahrung hinaus, die zwar die formalen Prinzipien der Erkenntnis erweitert, aber keineswegs das Empirische vollständig antizipieren kann. Der Unterschied der Position Hoppes zu der Roussets besteht darin, dass für Hoppe Erfahrungssystem und Empirie zwei autonome Quellen der Erkenntnis sind. Diese scharfe Trennung führt eigentlich zu einem radikalen Dualismus. Hoppe hebt deutlich hervor, dass Kants Transzendentalismus im besten Fall nur gelten kann, wenn man ihn als einen verdeckten Empirismus auffasst. Wie Rousset ist auch Mudroch (5.3.2.2) der Ansicht, dass sich Kants Betonung des Subjektiven in der Erkenntnis keineswegs auf die Rechtfertigung der Übergangsbegriffe reduziere. Der Unterschied zwischen *a priori* und *a posteriori* wird zwar nicht aufgehoben, wie Daval hingegen meint, vielmehr bleiben beide *heterogene*, aber nicht voneinander *unabhängige* Quellen unserer Erkenntnis. Die Übergangsbegriffe liefern dementsprechend allein die allgemeinen Bedingungen der Möglichkeit der empirischen Physik, in keinem Falle jedoch eine Antizipation der besonderen empirischen Gesetze. Die Position Kants fällt weder mit einem absoluten Idealismus noch mit einem Empirismus humescher Art zusammen.

3) Eine dritte Form von idealistischer Interpretation der sogenannten „neuen Deduktion" ist die von Lehmann (4.1.4), welcher darin die Verwirklichung einer Stufe der reflektierenden Urteilskraft sieht. Die reflektierende Urteilskraft überwindet die Position des Äthers als kollektive Einheit der bewegenden Kräfte der Materie in *Uebergang 1–14*, indem sie sich als Erfahrungsganzes und Ganzheit der Wahrnehmungen setzt, nämlich als Vorstufe der Position der Einheit von Materie und Erfahrung als Selbstsetzung. Im Gegensatz zu dieser bloß regulativen Deutung der transzendentalen Deduktion in *Conv. X/XI* behauptet Hall (7.2.10), dass diese Deduktion in Kontinuität mit der Ätherdeduktion stehe, die ihrerseits die Existenz des Äthers als eines sinnlichen Gegenstandes und zugleich als konstitutive Bedingung der Erfahrung bewiesen habe. Die absolute Einheit des Bewusstseins entspricht der absoluten Einheit des Äthers: Beide sind Koprinzipien der Erfahrung, sodass sich die einzelne Wahrnehmung *objektiv* auf den Äther und *subjektiv* auf das Bewusstsein bezieht.

9.3.2.2 Die Selbstaffektion

Der Begriff der Selbstaffektion des Subjekts nimmt einen zentralen Platz in *Conv. X/XI* ein. Bei der Interpretation dieses Begriffes handelt es sich ganz allgemein gesprochen um die Überlegung, inwiefern alle Affektion durch Objekte tatsächlich nichts anderes als eine Selbstaffektion des Subjekts darstellt. Anders formuliert lautet diese Frage, unter welcher Bedingung bzw. ob überhaupt die Wahrnehmung noch als objektive Affektion angenommen werden kann. In diesem

Abschnitt werden also wiederum die idealistischen mit den realistischen Auffassungen der Selbstaffektion in drei Schritten verglichen.

1) Kaulbach (7.3.2) behauptet, dass die Affektion nicht nur in einer subjektiven, sondern sogar in einer intellektuellen Selbstaffektion des *Ich denke* bestehe. Der Ausgangspunkt der Selbstaffektion falle mit der absoluten Aktivität des *Ich denke* zusammen, welche sich selbst im inneren Sinn affiziere und sich selbst zur Selbstbewegung bestimme. Die äußere Wahrnehmung sei eigentlich die Erscheinung der inneren Selbstbewegung. Der idealistischen Darlegung der Selbstaffektion von Kaulbach kann man die Interpretation von Hübner (7.3.1) gegenüberstellen, für den die Selbstaffektion rein formaler Art ist. Hübner betont, dass wir aus der Perspektive der kritischen Philosophie ohne die Vermittlung des äußeren Sinns keinen direkten Zugang zum inneren Sinn hätten. Die Selbstaffektion des *Opus postumum* ergänze und präzisiere also die Bedeutung der Selbstaffektion im inneren Sinn der ersten *Kritik*.

Es sei diesbezüglich zudem auf eine Stelle aus *Soemmerring* hingewiesen, in der Kant die Möglichkeit einer Selbstbestimmung des Subjekts als eines körperlichen Wesens allein durch eine Selbstaffektion im inneren Sinn ausschließt, was daher die These von Kaulbach widerlegt. Denn die Selbstsetzung des empirischen Subjekts verlangt das Verhältnis zu den äußeren Körpern, oder anders gesagt, die Selbstaffektion kann nur bei der äußeren Affektion stattfinden:

> [...] wenn ich den Ort meiner Seele, d. i. meines absoluten Selbst's, irgendwo im Raume anschaulich machen soll, so muß ich mich selbst durch eben denselben Sinn wahrnehmen, wodurch ich auch die mich zunächst umgebende Materie wahrnehme; so wie dieses geschieht, wenn ich meinen Ort in der Welt als Mensch bestimmen will, nämlich daß ich meinen Körper in Verhältniß auf andere Körper außer mir betrachten muß. – Nun kann die Seele sich nur durch den inneren Sinn, den Körper aber (es sey inwendig oder äußerlich) nur durch äußere Sinne wahrnehmen, mithin sich selbst schlechterdings keinen Ort bestimmen, weil sie sich zu diesem Behuf zum Gegenstand ihrer eigenen äußeren Anschauung machen und sich ausser sich selbst versetzen müßte; welches sich widerspricht.[79]

Gegen Kaulbachs Deutung kann schließlich noch Folgendes eingewandt werden: Während die innerliche Wandlung, die das Subjekt erfährt, *ausschließlich* zeitlich ist, ist die äußere Bewegung eines Körpers eine räumliche *und* zeitliche Veränderung. Die Ableitung der Bewegung aus der nur zeitlichen Änderung impliziert nun entweder die Aufhebung des Unterschieds zwischen Raum und Zeit oder die Möglichkeit, den Raum aus der Zeit abzuleiten. Dieses Privileg vor dem Raum hat Kant aber der Zeit nie erteilt, nicht einmal im *Opus postumum*.

79 *Br*, AA 12: 34 f.

2) Für Hoppe stellt die Selbstaffektion lediglich ein Moment innerhalb der formalen Theorie der Erfahrung dar, nämlich „das tatsächliche Hineinlegen der Form der Erfahrung in die Erfahrung“[80]. Rousset und Mudroch stimmen dieser Sichtweise ebenfalls zu, zumindest insofern auch für sie die wirklichen bewegenden Kräfte nicht aus der Aktivität *a priori* unseres Verstandes entstehen können. Jedoch fügen sie hinzu, dass die Erfüllung der allgemeinen, bloß formellen, also leeren Darstellung des Systems *a priori* der bewegenden Kräfte die Möglichkeit der Wechselwirkung mit den wirklichen bewegenden Kräften der Materie erfordere. Eine allein logisch-formale Darstellung der Wahrnehmungen wie die von Hoppe kann diese Anforderung allerdings nicht erfüllen.

3) Mit seiner Deutung der Selbstaffektion zielt Lehmann (4.1.5) vor allem darauf ab, eine Alternative zu den Theorien der doppelten Affektion zu schaffen. Er nimmt daher bei Kant *nur eine* Affektion an, welche sich *auf zweierlei Weise*, nämlich empirisch und transzendental, betrachten lässt. Empirisch gesehen ist eine sinnliche Affektion die Wirkung einer empirischen Kraft. Vom transzendentalen Standpunkt aus entspricht hingegen der Äther als Urmaterie, d. h. die kollektive Einheit der bewegenden Kräfte, der Wahrnehmung überhaupt, d. h. der kollektiven Einheit der Affektionen. Es handelt sich also nach Lehmann um zwei zueinander in keinem kausalen Verhältnis stehende Betrachtungsweisen ein und desselben Prozesses. Auch für Mathieu (4.4.3.3) gibt es nur eine Affektion, die sich auf zweierlei Weise betrachten lässt, aber in einem ganz anderen Sinn: Den empirischen Kräften entspricht im Subjekt nicht bloß das Ideal ihrer kollektiven Einheit, sondern der Inbegriff der *indirekten* bewegenden Kräfte als Bedingung *a priori* für die Möglichkeit der empirischen Kräfte. Folglich entspricht eine Wahrnehmung *direkt* einer Affektion durch äußere Kräfte der Materie, *indirekt*[81] einer Selbstaffektion des Subjekts. Der Raum, da er einerseits *Form* der Anschauung, andererseits, als *a priori* gegebener Gegenstand, reine Anschauung ist, verbindet die beiden Betrachtungsweisen der Affektion. Der Verstand verbindet hingegen die empirischen Kräfte mit den Kräften des Subjekts, d. h. die Kräfte als *dabile* mit den Kräften als *cogitabile*. Die Lehre der Selbstaffektion besagt, dass diese Synthesis keine schöpferische Aktivität des Subjekts ist, denn unser Verstand hat nur durch die Affektion Zugang zu den Gegenständen, d. h. durch die Vermittlung des Raumes.

---

80 Hoppe 1969, 125.

81 Es ist anzumerken, dass Lehmann die Selbstaffektion als *direkt*, die äußere Affektion als *indirekt* bezeichnet; für Mathieu hingegen verhält es sich umgekehrt.

9.3.2.3 Der Begriff der „Erscheinung von der Erscheinung"

Eng verbunden mit dem Begriff der Selbstaffektion ist der Terminus der „Erscheinung von der Erscheinung" und seine gleichwertigen Wendungen – wie „Erscheinung von einer Erscheinung", „indirekte Erscheinung", „Erscheinung zweiter Ordnung", „Erscheinung zweiten Ranges" –, welche ausschließlich in der ersten Hälfte des 10. Konvoluts vorkommen. Da die Erscheinung mit der Sinnenaffektion in Zusammenhang steht, könnte man sich fragen, ob die Selbstaffektion eine besondere Art von Erscheinung ergibt, nämlich etwa eine Selbsterscheinung des Subjekts. Noch dazu setzt Kant die „indirekte Erscheinung" mit der „Sache an sich selbst" des Physikers gleich, wie die folgende Passage belegt:

> Was metaphysisch betrachtet blos zu Erscheinungen gezählt werden muß das ist in physischem Betracht Sache an sich selbst (Erscheinung der Erscheinung) und kann als bloßes Formale der Verknüpfung *a priori* erkannt werden. – Der zur Physik gehörende Begriff von Erscheinungen (die noch vom Schein unterschieden werden müssen) sind die *Data* der Sinnenvorstellung worauf die bewegende Kräfte beruhen. – Die Erscheinungen der bewegenden Kräfte werden *a priori* erkannt ehe noch diese selbst gekannt und als besondere Kräfte anerkannt sind.[82]

Zunächst ist zu bemerken, dass Kant hier „Erscheinung" und „Erscheinung der Erscheinung" als zwei Betrachtungsarten ein und desselben Ereignisses bezeichnet. Das widerspricht Deutungen wie etwa denen von Drews und Adickes, welche die zwei Termini auf zwei unterschiedliche und sukzessive Erscheinungen – im Ich an sich bzw. im empirischen Subjekt – beziehen. Geht man von der zitierten Stelle aus, zeigt es sich vielmehr, dass die Erscheinung *direkt* betrachtet die bloß subjektive, infolge einer Sinnenaffektion bewirkte Vorstellung bedeutet. *Indirekt* betrachtet stellt die Erscheinung die entsprechende geformte physikalische Gegenständlichkeit dar. Stark vereinfacht formuliert entspricht die direkte Betrachtungsweise dem naiven Standpunkt, von welchem aus man Empfindungen von Farben oder Klängen wahrnimmt, wo der Physiker hingegen Licht- bzw. Schallwellen, die er als die Wirkung von bestimmten Kräften erklären und anhand mathematischer Funktionen beschreiben kann, „sieht" und „hört". Die indirekten Erscheinungen sind also die „Gegenstände", mit denen sich die theoretische Physik beschäftigt, und in diesem Sinn ist es verständlich, dass sie Erscheinungen von bewegenden Kräften darstellen, die *a priori* erkannt werden, ja die empirische Forschung über die besonderen Kräfte der Natur durch Beobachtungen und Experimente antizipieren und ermöglichen: „Die Erscheinungen der bewegenden

82 *OP*, AA 22: 329.14–21 = X 30.

Kräfte werden *a priori* erkannt ehe noch diese selbst gekannt und als besondere Kräfte anerkannt sind."

Bezüglich der „phänomenalen" Natur der indirekten Erscheinung lassen sich drei Positionen unterscheiden. Nach Daval (4.2.4) verhalten sich direkte und indirekte Erscheinung zueinander wie Phänomenon und Noumenon. Die Erscheinung von einer Erscheinung sei also letztlich das Noumenon des Phänomenons. Gegen diese Auffassung wirft Hübner (7.3.1) ein, dass das reine Subjekt seine Kräfte und Gegenstände bloß als formale Konstrukte – Kant würde sagen: als „Erdichtungen" – erschaffen könne. Man sehe nämlich nicht, wie ein reiner Intellekt die konkreten Gesetze der Physik bis zu den einzelnen Werten der Parameter konstruieren könne, die die besondere Gestalt unseres Universums bildeten. Meines Erachtens kann Mathieus (4.4.3.2) Interpretation als der Versuch bezeichnet werden, die These von Daval aus einer empirisch-realistischen Perspektive nach Hübners kritischem Vorbehalt umzuformulieren. Für Mathieu handelt es sich bei direkter und indirekter Erscheinung um zwei Vorstellungen desselben: die Welt als psychologisch *wahrgenommen* und als physikalisch *gedacht*, die *sinnliche* und die *cogitabile* Welt. Indirekte Erscheinungen werden durch den Verstand erzeugt, sind aber keine bloßen Verstandesbegriffe. Ebenso wenig sind sie wirklich existierende Gegenstände außerhalb von uns selbst, da der menschliche Verstand auch im *Opus postumum* einer *creatio ex nihilo* nicht fähig ist.

Die *Data*, die der Physiker durch Experimente und Beobachtungen sammelt, sind nicht unsere direkten Erscheinungen, d. h. die naiven Sinnesvorstellungen, sondern ihre physikalische Interpretation, nämlich als Verhältnisse von bewegenden Kräften. Die indirekten Erscheinungen bilden also im Unterschied zu den direkten das bloße Formale unserer subjektiven Tätigkeit des Verbindens. Die Aufnahme experimenteller *Data* setzt nun die Möglichkeit voraus, direkte Erscheinungen zu haben. Anders ausgedrückt erfordert die „Erscheinung von der Erscheinung" ein Subjekt, das affiziert werden kann, was wiederum nur unter der Bedingung geschieht, dass das Subjekt mit seinen eigenen körperlichen bewegenden Kräften auf die Erregungen der affizierenden bewegenden Kräfte zurückwirkt. Die Wechselwirkung zwischen unseren Kräften *a priori* und den äußeren bewegenden Kräften impliziert die Vermittlung unseres Körpers. Dem Körper kommt also die Rolle eines *Schemas* zwischen dem Erkenntnissubjekt und der äußeren Welt zu. Der Schematismus des Leibes wird im nächsten Abschnitt thematisiert. Nun ist zu bemerken, dass die Konzeption der doppelten Stufung der Erscheinung eine nennenswerte Erweiterung der Bedingungen der Erkenntnis nach der *KrV* ergibt, die hier kurz skizziert werden soll:

1) Der ersten *Kritik* gemäß ergibt die Erfahrung – d. h. Beobachtungen und Experimente – ein Mannigfaltiges von Empfindungen, die räumlich und zeitlich

angeordnet werden, woraus die *Erscheinung* entsteht: „Der unbestimmte Gegenstand einer empirischen Anschauung heißt Erscheinung."[83]

2) Durch die bestimmende Urteilskraft wird die Erscheinung unter die Kategorien subsumiert, wodurch der Erfahrungsgegenstand entsteht. Jene Subsumtion – darin besteht der Fortschritt des *Opus postumum* – setzt den Schematismus des Leibes voraus, also die Setzung eines leiblichen Subjekts.

9.3.2.4 Der Begriff des leiblichen Subjekts

Die Möglichkeit der Erfahrung setzt voraus, so lautet die Lehre des *Opus postumum*, dass das Subjekt ein Körper ist, welcher durch die bewegenden Kräfte der Materie affiziert werden und darauf durch seine eigenen Kräfte reagieren kann. Das heißt, dass als Subjekt der Erfahrung neben der reinen Apperzeption auch ein „verkörperlichter Verstand" (Mathieu: 4.4.3.4) angenommen werden muss. Der Leib (7.3) wird den Kategorien zugrunde gelegt (Weber und Varela) und ist doch keineswegs eine bloß logische Setzung des *Ich denke* (Rivera). Somit zeigt sich die zwiefältige Natur der Leiblichkeit des Subjekts, welche als empirisch und transzendental zugleich aufgefasst werden muss. Wie Guerrero bemerkt, wird durch den Leib einerseits die Erfahrung *a priori* antizipiert, andererseits wird das konkrete Empirische gegeben. Dank dieser Sondernatur erweist sich der Leib als geeignet, den Übergang von der Metaphysik zur Physik, vom transzendentalen zum körperlichen Subjekt zu verwirklichen.

Bereits Hübner hatte von einer „Deduktion des Leibes" im *Opus postumum* gesprochen und behauptet, dass im Nachlasswerk der Leib als Organismus betrachtet werde. Der Leib sei nämlich nicht nur ein Körper im Sinne einer Maschine. Er besitze auch die Fähigkeit, seine Organe zweckmäßig zu gebrauchen. Zwischen dem Körper als empirischem Subjekt und dem *Ich denke* als transzendentalem Subjekt setze sich also der Leib, nämlich das Subjekt als Organismus.

Auch für diesen Begriff des Leibes gilt eine Amphibolie. Einerseits scheint diese Subjektivität bloß ein Konstrukt zu sein, insofern sie der Setzung eines Subjekts entspricht, welches durch Organe und Instrumente die empirische Welt erforscht, wie Hoppe behauptet. Becker, der sich dieser Deutung anschließt, bezeichnet diese formale Selbstsetzung des Subjekts als „technische Subjektivität"; sie ist das Resultat einer doppelten Restriktion. Das Subjekt restringiert sich im äußeren Sinn, um bestimmte Klassen von Phänomenen zu beobachten. Wenn z. B. ein Wissenschaftler ein Teleskop verwendet, um Sterne zu beobachten, begrenzt er seinen Erkenntnishorizont auf eine bestimmte Art von optischen und astrophy-

---

83 *KrV* A 20/B 34.

sikalischen Erscheinungen zugunsten einer höheren Forschungsqualität. Es restringiert sich ferner auch im inneren Sinn zugunsten der Reproduzierbarkeit der Beobachtungen bzw. der Experimente. Andererseits fällt nach Kaulbach der Leib als Organismus mit dem Selbstbewusstsein des Subjekts zusammen. Er kann nicht in der Anschauung gegeben, aber auch nicht allein als ein formales Konstrukt gesehen werden. Man kann daran die Betrachtungen von Davis und Rukgaber anknüpfen. Nur ein situiertes Subjekt kann die Wirklichkeit der Welt erfahren (Rukgaber). Anders gesagt: Um eine äußere Erfahrung zu machen, muss das Subjekt sie auf einen Standpunkt beziehen können, der für das Subjekt trotz seiner Bewegung im Raum in der Zeit immer identisch *sein eigener* bleibt. Der Leib ist der Träger dieses Standpunkts (Davis). Auch in diesem Fall könnte man sagen, dass das Subjekt sich im äußeren Sinn zugunsten der Möglichkeit wirklicher Wahrnehmung und im inneren Sinn zugunsten der Identität des Subjekts in der Zeit restringiert.

Der Leib kann also in zweifacher Hinsicht als Subjekt betrachtet werden: als technische Subjektivität und als Selbstbewusstsein. Er ist Konstrukt und Erscheinung zugleich. Als technische Subjektivität ist er ein Konstrukt zugunsten der Erfahrung. Als Selbstbewusstsein ist er eine notwendige Bedingung *a priori* für die mögliche Erfahrung. Er stellt in diesem Sinne das Korrelat des Äthers dar, welcher die wirkliche, wenn auch nur indirekte Ursache der Affektion und zugleich für den Physiker ein konstruierter Begriff ist. Der Leib entspricht als technische Subjektivität dem Äther als Konstrukt in der Physik, als Selbstbewusstsein dem Äther als wirklichem Stoff. Wie der Äther nur eine indirekte Anschauung ist, so stellt auch der Leib als Selbstbewusstsein nur eine indirekte Selbstanschauung dar.

Aus der Perspektive einer empirisch-realistischen Interpretation von *Conv. X/XI* ist es nicht nötig, einen systematischen Bruch mit *Uebergang 1–14* anzunehmen. Ätherbeweis und Leibesdeduktion sind zwei Momente ein und derselben „Deduktion" nach dem Prinzip der Identität und doch synthetisch *a priori* „zum Behuf der Erfahrung", wie Kant sagt. Einerseits setzt der Ätherbeweis in *Uebergang 1–14* die Selbstaffektion und dadurch zumindest implizit die Leiblichkeit des Subjekts voraus. Andererseits wird der Realismus in *Conv. X/XI* nicht ganz aufgegeben. Denn nicht die gesamte Affektion wird zur Selbstaffektion, die Bezugnahme auf die „Erscheinung von der Erscheinung" als „Sache an sich selbst" ist nur das Pendant zur Erscheinung durch die Wahrnehmung, die Deduktion der Leiblichkeit des Subjekts als Organismus und transzendentaler Begriff besagt nicht die Selbstsetzung des Subjekts als empirisches Wesen oder seine unmittelbare Selbstanschauung. Doch impliziert dieser realistische „Rückstand" nicht unbedingt den Rückfall in einen Dogmatismus des Dinges an sich.

Dieser empirische Realismus bleibt allerdings das Korrelat des transzendentalen Idealismus, der unmissverständlich eine bedeutende Verstärkung in

Conv. X/XI erfährt. Der Abstand zwischen subjektiver und objektiver Stufe, zwischen Innerem und Äußerem des Subjekts hat sich im Vergleich zu den vorherigen Entwürfen erheblich verringert, wie Lehmann bzw. Kaulbach hervorheben. Davals Konstruktivismus und Hoppes Darlegung der Erfahrung als objektive Erkenntnis dessen, was man in die Natur hineingelegt hat, bilden wichtige Instanzen des transzendentalen Idealismus in *Conv. X/XI*, die auch von Mathieu, Hübner, Becker und Mudroch unbeschadet ihrer jeweiligen empirisch-realistischen Vorbehalte aufgenommen werden. Der Äther gehört z. B. für Mathieu zu jenen Konstrukten, die für den Physiker die Sache selbst, für den Metaphysiker Erscheinungen, und zwar indirekte Erscheinungen, sind. Das „technische" Subjekt ist eine Einschränkung der transzendentalen Apperzeption zur gezielten Untersuchung bestimmter physikalischer Phänomene. In beiden Fällen handelt es sich um eine Selbstsetzung des Subjekts. Als hypostasierter Raum ist der Äther die Setzung der Sinnlichkeit, das „technische Subjekt" stellt hingegen die Setzung des Verstandes als „verkörperlichter Verstand" dar. Die Entwicklung der Selbstsetzungslehre sowie der neuen Transzendentalphilosophie, von denen beide späteren Entwürfe handeln, wohnen daher dem transzendentalen Idealismus von *Conv. X/XI* inne und stellen seinen unmittelbaren spekulativen Fortschritt dar.

9.3.3 Transzendentales Subjekt, Gotteslehre und System der Ideen

Die metaphysischen und transzendentalphilosophischen Implikationen der in den Entwürfen *Uebergang 1–14* und *Conv. X/XI* angestellten erkenntnistheoretischen Betrachtungen werden in *Conv. VII* und *Conv. I* entfaltet. Insbesondere stellt sich die Frage, ob die Verstärkung des Idealismus auf der Ebene der Erkenntnistheorie zu einer Metaphysik des Subjekts bzw. zu einer Metaphysik der Gottesidee führt. Von Relevanz für diese metaphysischen Themen sind auch Kants Bemerkungen über das Organische. Daher konzentriert sich die vorliegende Erörterung der Forschungen auf drei Hauptbegriffe: das transzendentale Subjekt der Selbstsetzung (9.3.3.1), die Theorie des Organischen (9.3.3.2) und die Gotteslehre des späten Kant (9.3.3.3).

9.3.3.1 Das transzendentale Subjekt in der Selbstsetzungslehre

Das empirische Subjekt stellt bereits eine Selbstsetzung des Subjekts dar, insofern das Subjekt sich selbst durch die Selbstaffektion als Leib setzt. Ein weiterer Fortschritt erfolgt in *Conv. VII* mit der Ablehnung der extramentalen Existenz des

Dinges an sich.[84] Das Ding an sich, und somit der Grund der empirisch affizierenden Gegenstände, verwandelt sich zu einem *ens rationis*, einem bloßen Gedanken im Subjekt. Dadurch reduziert sich auch die Affektion durch die äußeren Erfahrungsgegenstände letztlich auf eine – wenn auch nur indirekte – Selbstaffektion des Subjekts. Sowohl die bewegenden Kräfte des Subjekts als auch die der äußeren Materie gehen direkt bzw. indirekt auf das transzendentale Subjekt zurück, welches seinerseits ein Ding an sich darstellt. So postuliert Lehmann z. B. eine doppelte Stufe im Prozess der Selbstsetzung. Durch die Bestimmung vom Raum und Zeit als Selbstbestimmung des Bewusstseins setze sich das Subjekt zunächst als Objekt in der Erscheinung. Dieser Selbstsetzung als Erscheinung müsse dann eine Selbstsetzung als Ding an sich, und zwar als die Idee des *intellectus archetypus*, entsprechen. Mit dieser Entwicklung scheint die gesamte kantische Erkenntnistheorie zu einem reinen Idealismus geworden zu sein. Denn die Schlüsselelemente dieser Theorie – empirisches Subjekt, Welt und transzendentales Subjekt – werden auf bloße Formen reduziert. Diese Entwicklung stellt ohne Zweifel einen gewaltigen Fortschritt in der Verwirklichung der kopernikanischen Wende dar, nach welcher das gesamte Wissen im Subjekt gegründet werden muss.

Nun stellt sich die Frage, ob die kantische Erkenntnistheorie sich tatsächlich *nur* auf einen reinen Formalismus reduziere. Dass dies der Fall sei, nimmt z. B. Pellegrino (4.3) an, der behauptet, dass Kant die Selbstsetzung im *Opus postumum* als lediglich formal verstehe. Das Subjekt der Erkenntnis entspreche, so seine Annahme, keinem metaphysischen Absoluten. Ferner lehne Kant auch im Nachlasswerk eine intellektuelle Anschauung ab.

Andere Interpreten sehen hingegen in *Conv. VII* eine eindeutige Annäherung an eine Metaphysik des Subjekts. Es wurde gezeigt, wie Lachièze-Rey die Selbstsetzungslehre des *Opus postumum* interpretiert, indem er versucht, den Schwierigkeiten der Theorien der Doppelaffektion einerseits und den formalistischen Deutungen des vaihingerschen Fiktionalismus und der Marburger Schule zu entgehen. Nach Lachièze-Rey verhalten sich *Ich bin* (empirisches Subjekt) und *ich denke* (transzendentales Subjekt) wie das Zusammengesetzte zum Zusammensetzenden. Allein das *Ich denke* bildet ein *transzendentales Bewusstsein*. Es ist selber kein Objekt, sondern reine Aktivität. Daher kann es nur in der Selbsttätigkeit oder in der Selbstsetzung als Teil des Systems der Erfahrung bestimmt

---

84 Bekanntlich ist Adickes der einzige prominente Kant-Forscher, der den transzendentalen Realismus des Dinges an sich im *Opus postumum* behauptet hat. Diese Position wurde in neuerer Zeit von Moutsopoulos verteidigt (8.5).

werden. Diese Bestimmung vollzieht sich vor jeder Analyse und vor jeder Synthese. *Ich denke* und *Ich bin*, Spontaneität und Passivität bilden bei Kant also die heterogenen Termini einer Dualität. Kant hätte, um dem *cogito* vollständige Autonomie zu gewährleisten, die Einheit *Ich denke* und *Ich bin* in einem ursprünglichen Bewusstsein behaupten müssen. Kant habe zwar nie gewagt, diese Theorie explizit zu formulieren, sie stellt jedoch Lachièze-Rey zufolge eine notwendige Implikation des kantischen Idealismus dar.

Daval (4.2.3) geht davon aus, dass Raum und Zeit auch im *Opus postumum* die Formen der Sinnlichkeit seien und nicht als Kategorien des Verstandes betrachtet werden sollten. Um Lachièze-Rey in diesem Punkt zu verbessern, behauptet Daval, dass das Ich-Subjekt, d. h. das *cogito*, sich zunächst als Objekt-Noumenon, somit als Ding an sich und *conceptus*, danach mittels der Affektion durch das Ding an sich, also als empirisches Ich und *intuitus*, welches das Objekt-Phänomenon hervorbringt, setze. Daval nimmt also die ursprüngliche Einheit von Verstand und Sinnlichkeit in einer absoluten Spontaneität an.

Kopper (8.2.1), Kim (8.2.2) und Choi (8.2.3) behaupten, dass mit der idealistischen Sicht des Dinges an sich im *Opus postumum* Subjekt und Objekt streng miteinander gleichgesetzt würden. Nach Kopper sind die drei Momente der Dialektik der Selbstsetzung die Setzung der Stofflichkeit der Welt als Synthesis, die Anerkennung derselben als Produkt des Apriori, also als analytisch, und die Selbstanschauung der Spontaneität. Für Kim und Choi setzt sich das Selbstbewusstsein zunächst als Apperzeption, dann als Apprehension (*apprehensio simplex*) und schließlich als Identität der beiden ersten Momente.

In den eben betrachteten Interpretationen der Selbstsetzungslehre in *Conv. VII* sind die Anklänge an Fichte auffällig. Das betrifft vor allem den Idealismus des Dinges an sich und die Betrachtung der Subjektivität als *Ich denke* und *Ich bin*, als Akt und Selbstbewusstsein. Nun ist diesbezüglich zu bemerken, dass diese Positionen die Entwicklung von Tendenzen darstellen, die sich bereits in der ersten *Kritik* ausmachen lassen, wie Zahn und Piché (8.4.1) richtig erkennen. In einem wichtigen Punkt unterscheidet sich Kant jedoch von Fichte, nämlich in der Ablehnung der intellektuellen Anschauung. In der Selbstsetzung des *Opus postumum* setzt sich das Subjekt einmal als Bewusstsein seiner selbst als eigener Leib und einmal als Bewusstsein seiner selbst als *Ich denke*, also als bloß logisches Selbstbewusstsein. Anders gesagt unterscheidet auch der späte Kant zwischen Erkennen und Denken. Die Erkenntnis bleibt immer noch nur als Synthesis von Sinnlichem und Begriff möglich. Kant verlässt die Perspektive des endlichen Subjekts auch in seinen späteren Betrachtungen nicht.[85]

85 Würde man Kant die Identität von Erkennen und Denken, Subjekt und Objekt zuschreiben,

Demzufolge behaupten Interpreten wie Mathieu und Rousset, dass sich die Selbstaffektionslehre des *Opus postumum* weder auf einen Formalismus noch auf eine mehr oder weniger implizite Metaphysik des Subjekts reduzieren lasse. Mathieu (4.4.4.1) interpretiert die Selbstsetzung des Subjekts nach dem Prinzip der Amphibolie der direkten und indirekten Betrachtungsweise. Wie der Äther, der gleichzeitig als die Sache selbst und als indirekte Erscheinung betrachtet werden könne, so setze sich auch das Subjekt selbst gleichzeitig als Raum und als Tätigkeit, als *Ich empfinde* und *Ich denke*. Die beiden Dimensionen der Subjektivität stünden nicht unabhängig nebeneinander wie in der *KrV*, sondern sie seien in einer dynamischen, nicht bloß logischen Identität verbunden.[86] Objekt der Zusammensetzung sei immer ein entweder reines (Raum, Zeit und Äther) oder empirisches Mannigfaltiges, dessen Einheit sich auf die Einheit eines Subjekts der Erfahrung beziehe. Die Tätigkeit des Subjekts setze von Anfang an seine Affizierbarkeit voraus.

Rousset (4.5.2) lehnt die These ab, dass Kant im *Opus postumum* einen schöpferischen Verstand annehme. Er geht daher davon aus, dass der Formalismus des Übergangsprojekts die empirische Natur der sinnlichen Angaben nicht aufhebe. Erst durch den Verkehr mit den wirklichen bewegenden Kräften bekämen die allgemeinen und leeren Darstellungen des Subjekts einen wirklichen Inhalt. Ohne die durch die äußere Affektion gelieferte Materie sei unser Bewusstsein nur das leere Bewusstsein eines Wesens ohne wirkliche Existenz. Die Rezeptivität unseres Geistes bleibe im *Opus postumum* ebenso ursprünglich wie unser Verstand. Das Ding an sich werde tatsächlich als ein *ens rationis* betrachtet. Es habe allerdings die Bedeutung einer Einschränkung in der Erkenntnis auf die Erscheinung, es drücke nämlich die radikale Passivität des Subjekts gegenüber den empirischen Gegenständen aus.

Die erste und entscheidende Frage der Selbstsetzungslehre betrifft den Ausgangspunkt dieses dynamischen Prozesses des Geistes. In diesem Punkt besteht der Fortschritt des *Opus postumum* im Vergleich zur *KrV* in der Bestimmung des *cogito sum* als ursprüngliche Einheit, die aber kein unmittelbares Bewusstsein,

---

dann könnte man mit Recht von einer Verwandlung der kantischen Erkenntnistheorie in eine Form des Spinozismus sprechen, wie Prieto (8.2.4) dies tut. Man könnte sogar die Philosophie des *Opus postumum* mit dem absoluten Idealismus von Fichte, Schelling und Hegel vergleichen. Dass das Verständnis der intellektuellen Anschauung genau das sei, was das Denken des späten Kant von der Philosophie Hegels unterscheide, wird von Forschern wie Baumgarten, Ó Madagáin und Westphal behauptet (8.4.3).

86 Piché (8.4.1) bemerkt mit Recht, dass ein solcher Dynamismus bereits in der ersten *Kritik* vorkomme.

kein erkenntnistheoretisches Absolutes, auch kein metaphysisches Absolutes ist. Diese ursprüngliche Einheit bleibe auch im *Opus postumum* „blind", unerreichbar und doch der Ursprung der ganzen Dynamik des Geistes, wie Marty betont: „Je crois que la médiation kantienne diffère de la médiation hégélienne, dans la mesure où elle travaille vers ce qui ne peut être que caché. L'unité est obscure, et cependant c'est cette sorte d'absence qui en aiguillonne la pensée."[87]

Das *cogito sum* spricht gegen jede logische Reduktion der Sinnlichkeit, gegen jede Genese von Raum und Zeit aus dem Verstand oder aus der Spontaneität. Was konstruiert oder gesetzt wird, ist die reine Anschauung als gegebener Gegenstand *a priori*, nämlich der Äther als hypostasierter Raum. Die Möglichkeit des Äthers als Konstrukt setzt eine gewisse Aktivität voraus, also einen Beitrag des *Ich denke*, das sich dadurch als *Apperzeption* setzt. Eine synthetische Aktivität des *Ich denke* wäre aber unmöglich ohne Rezeption, also ohne sich zugleich als *Apprehension* zu setzen. Das *Ich denke* als *Apperzeption-Apprehension* ist das Korrelat des Äthers als *gegebenes Konstrukt*. Die Einheit *cogito sum* ist nur mittelbar über das Verhältnis zu ihrem Produkt zu erfassen. Es gibt sowohl im *Opus postumum* als auch in der ersten *Kritik* keine intellektuelle Anschauung.

Dem Ding an sich kommen zwei Bedeutungen zu. Es bildet einerseits das transzendentale Objekt, andererseits das *logice oppositum* der Erscheinung und besagt in diesem Sinn die Einschränkung unserer Erkenntnis auf die Erscheinungen. Der Begriff des Dinges an sich bedeutet also den absoluten Grund der Erscheinung. Da im *Opus postumum* der transzendentale Realismus des Dinges an sich völlig ausgeschlossen wird, wird dadurch der kritische Dualismus des Dinges an sich als transzendentales Objekt und als Grund der Erscheinung überwunden, ohne die Amphibolie des Begriffs aufzuheben. Sowohl als transzendentales Objekt wie auch als *logice oppositum* der Erscheinung ist nun das Ding an sich etwas bloß Subjektives. Das Ding an sich aber behält die Bedeutung der Grenze unserer Erkenntnis. Es besagt die absolute Selbstposition des Subjekts, aber auch seine Unerkennbarkeit. Der Ding-an-sich-Begriff impliziert also wie in der ersten *Kritik* die Ablehnung der intellektuellen Anschauung und dadurch die Ablehnung jeder spekulativen Metaphysik eines absoluten Subjekts. Kants Denken bleibt eine Philosophie des *endlichen* Subjekts.

9.3.3.2 Zum Begriff des Organischen

Das Thema des Organischen steht im *Opus postumum* nicht nur in Verbindung mit dem Begriff der leiblichen Subjektivität, wie es sich im vorherigen Abschnitt

---

87 Marty 1988, 154.

(9.3.2.4) gezeigt hat, sondern taucht auch im Rahmen anderer Problematiken auf. Umstritten ist jedoch, ob das Organische vom späten Kant noch wie in der *KU* verstanden wird. Riese (8.1.2) und Tanaka (8.1.4) behaupten eine wesentliche Divergenz der beiden Auffassungen. Denn, so lautet die Begründung, im *Opus postumum* seien die Organismen quasi als bloße Maschinen betrachtet worden. Im Gegensatz dazu verteidigen Heimsoeth (8.1.1) und Düsing (8.1.3) die grundsätzliche Kontinuität zwischen *Opus postumum* und *KU*, was die Organismentheorie angeht, weil das Prinzip des Organismus nach wie vor formal, immateriell, teleologisch, also ein Noumenon, und nicht einfach mechanisch ist. Anders gesagt: Wenn auch organische Körper als „natürliche Maschinen“ betrachtet werden, ist ihr Prinzip nicht der trägen Materie immanent. Das gilt auch für den Versuch, das Weltganze in Analogie zu einem Organismus zu denken. Man könnte davon ausgehen, dass die Welt als organische Ganzheit ein inneres, immaterielles Organisationsprinzip voraussetze: eine Weltseele, die der Welt immanent wäre, ja sogar mit dem Äther gleichgesetzt werden könnte. Es fehlt nicht an Äußerungen Kants, die in diese Richtung gehen. Für Düsing handelt es sich dabei jedoch um „dunkle Andeutungen“, denn Kant habe an der Unterscheidung des Äthers als Weltstoff von der Weltseele festgehalten. Die Weltseele sei letztlich weder mit Gott zu identifizieren, weil Gott absolut transzendent sei, noch mit dem Menschen, insofern dieser im Gegensatz zu jener die Idee eines moralisch-praktischen Wesens einschließe.

9.3.3.3 Zur Gotteslehre

Der Gottesbegriff kommt überall in *Conv. I* vor. Er wird jedoch bereits in *Conv. VII* eingeführt. Einer der frühesten Hinweise auf Gott ist folgender:

> Es ist eine Allbegreifende Natur (in Raum u. Zeit) worinn die Vernunft alle physische Verhältnisse in Einheit zusamenfaßt. – Es ist eine allgemeinherrschende wirkende Ursache mit Freyheit in Vernunftwesen und mit denselben ein categorischer diese alle verknüpfender Imperativ und mit demselben ein allbefassendes moralisch gebietendes Urwesen – Ein Gott[.][88]

Der einen allbegreifenden physikalischen Natur wird in dieser Passage Gott als „allbefassendes moralisch gebietendes Urwesen“ entgegengesetzt. Sinnliche Natur und Gott sind die zwei allgemeinsten Ideen, die die gesamte physikalische Welt bzw. die gesamte moralische Welt umfassen. Zur moralischen Welt gehören alle freien Vernunftwesen, und zwar alle Wesen, die dem kategorischen Imperativ

88 *OP*, AA 22: 104.7–12 = VII 40.

unterworfen sind und nach dem moralischen Gebot handeln. Gott ist der Ursprung des kategorischen Imperativs. Wie die sinnliche Natur absolute Passivität ist, so ist Gott absolute Aktivität. Neben der Idee der Natur und derjenigen Gottes tritt hier auch die Idee des Menschen auf, welcher sowohl an der sinnlichen als auch an der moralischen Welt Anteil hat. Er ist ein leibliches Subjekt, aber auch ein moralisches Vernunftwesen, eine Person. In der theoretischen Erkenntnis findet er keine Vollendung; so strebt er nach der Weisheit, denn allein in jener Weisheit, die mit dem höchsten Wesen zusammenfällt, findet er seinen Frieden: „Man kann in Ansehung der Wissenschaft nicht übersättigt werden aber wohl in Ansehung der *Ethic* als Lebensweisheit [...] Weisheit ist das höchste Vernunftprincip. Man kann nicht noch weiser werden. Nur das höchste Wesen ist weise“[89].

Das Subjekt, das sich selbst als leibliches Subjekt gesetzt hat, hat sein Ziel noch nicht erreicht. Dafür muss es sich selbst noch als Person setzen. Zu diesem Zwecke muss es aufsteigen vom Reich der Natur zu dem der Freiheit und Gott als die Ursache des kategorischen Imperativs denken. Die transzendentale Theologie und das Problem der Einheit der drei metaphysischen Ideen in einem System der Transzendentalphilosophie als Einheit von theoretischer und praktischer Philosophie sind die natürliche Fortsetzung der Untersuchungen im *Opus postumum* über die Bedingungen der Erkenntnis. Das Thema der Einheit der Vernunft kann keineswegs als etwas Fremdes oder Neues in der kantischen Philosophie gesehen werden. Denn es hat Kant bereits in der *KrV*, und zwar im *Canon der reinen Vernunft*, beschäftigt. Im *Opus postumum* bekommt der Mensch seinen Platz im System der Vernunftideen sowie eine besondere Aufgabe. Er muss die beiden anderen Ideen verbinden und dadurch die Einheit des Systems bilden: „Gott, die Welt, im höchsten Standpuncte der Transcendentalphilosophie und was beyde in Einem System vereinigt. Der Mensch in der Welt“[90]. Der Mensch gehört zum System, aber er ist es auch, der das System denkt und schafft.

In der oben wiedergegebenen Textstelle sowie in weiteren ähnlichen Betrachtungen im *Opus postumum* wird Gott in Analogie zum Äther gedacht, da Gott den Menschen als moralisches Wesen durch den kategorischen Imperativ affiziert, wie auch der Äther den Menschen als sinnliches Wesen durch die bewegenden Kräfte der Materie affiziert. Aus dieser Analogie ergibt sich die Frage, ob sich die Annahme eines Gottesbeweises legitimiere. Selbst wer die Plausibilität eines ontologischen Beweises verteidigt, lehnt es ab, dass man sich Gott im *Opus postumum* als ein Ding an sich oder als eine Substanz in der Welt vorzustellen

89 *OP*, AA 22: 38.5–13 = VII 16.
90 *OP*, AA 21: 38.27–30 = I 15.

habe. Ein solcher Gottesbeweis stünde augenscheinlich im Widerspruch zur Gotteslehre der ersten *Kritik*. Darüber äußert sich Kant eindeutig:

> Man kann die Existenz keines Dinges *a priori* direct beweisen weder durch ein analytisches noch synthetisches Princip des Urtheils. Es aber als ein hypothetisches Ding zum Behuf möglicher Erscheinungen anzunehmen heißt dichten nicht darlegen *cogitabile non dabile*. – Der Begrif von Gott ist aber der Begriff von einem Wesen das alle moralische Wesen ohne selbst verpflichtet verpflichten kann mithin über alle rechtliche Gewalt hat. – Die Existenz eines solchen aber direct beweisen zu wollen enthält einen Wiederspruch denn *a posse ad esse non valet consequentia* – Es bleibt also nur ein indirecter Beweis übrig indem angenommen wird daß etwas anderes möglich sey nämlich das nicht in theoretischer sondern in reiner practischer Rücksicht das Erkentnis unserer Pflichten als (*tanquam*) göttlicher Gebothe zum Princip der practischen Vernunft beurkundet und bevollmächtigt sey, wo vom Sollen zum Können die Conseqventz gilt[.][91]

Kant nimmt also an dieser und ähnlichen Stellen die Möglichkeit eines moralischen, nicht theoretischen, indirekten Gottesbeweises an. Wie ein derartiger Gottesbeweis zu verstehen sei und was er für das kantische Denken impliziere, diese beiden Aspekte erweisen sich in der Kant-Forschung als heftig umstrittene Fragestellungen. Diesbezüglich lassen sich zwei einander entgegengesetzte Haupttendenzen identifizieren.

In der einen Forschungsrichtung wird behauptet, dass ein Gottesbeweis sich auch aus praktischen Gründen als für die kantische Philosophie widersprüchlich erweise, weil dadurch die Moral sich auf ein heteronomes Prinzip gründe. Um die Autonomie der Vernunft zu gewährleisten, müsse man Gott als die Personifizierung der Vernunft interpretieren. Gott sei bloß eine vom Menschen erzeugte Idee im Menschen: die Selbstsetzung der Vernunft zum Objekt des Denkens.[92] Demzufolge erübrige sich die Annahme des höchsten Gutes als die Belohnung für moralisches Handeln. Dieser Tendenz folgen die Betrachtungen von Lehmann (4.1.7), Daval (4.2.8), Förster (6.3.4), Dakin (8.3.1), W. A. Schulze (8.3.2), Sullivan (8.3.4), Llano und Sena (8.5), Cortina (8.3.5) sowie Dekens, Langlois und Castaing (8.3.10). Diese Selbstsetzung der Vernunft impliziert noch einen weiteren Schritt,

---

91 *OP*, AA 22: 121.9–22 = VII 44.

92 „Der Begriff von einem solchen Wesen ist nicht der von einer Substanz d. i. von einem Dinge das unabhängig von meinem Denken existire sondern die Idee (Selbstgeschöpf) Gedankending *ens rationis* einer sich selbst zu einem Gedankendinge constituirenden Vernunft welche nach Principien der Transsc. Philosophie synthetische Sätze *a priori* aufstellt und ein Ideal von dem ob ein solcher Gegenstand existire nicht die Frage ist noch seyn kann weil der Begriff transscendent ist." (*OP*, AA 21: 27.16–22 = I 11). „Der Satz: es ist ein Gott sagt nichts mehr als: Es ist in der menschlichen sich selbst moralisch bestimmenden Vernunft ein hochstes Princip welches sich bestimmt u. genöthigt sieht nach solchem Princip unnachlaslich zu handeln." (*OP*, AA 21: 146.25–28 = I 43).

der wie folgt formuliert werden kann: Die Vernunft setzt sich als „Weltgeist", durch den sich die Einheit von praktischer und theoretischer Vernunft in einem System gründet. Somit rechtfertigt sich die These, dass die Transzendentalphilosophie des *Opus postumum* sich letzten Endes zu einer Form von Fichteanismus bzw. von spekulativem Spinozismus entwickle, der nicht der Philosophie des historischen Spinoza entspreche,[93] sondern vielmehr mit dem Idealismus von Schelling oder dem absoluten Wissen von Hegel zu vergleichen sei. Diese Evolution des kantischen Denkens wird von Lehmann (4.1.7), Daval (4.2.8), Tuschling (5.2.4), Werkmeister (8.5), Edwards (5.2.6), Förster (6.3.4) und De Vos (8.2.5) mit verschiedenen Akzenten vertreten.

Andererseits verteidigen einige Interpreten die These, dass die Gottesidee im *Opus postumum* ein Wesen außerhalb des Menschen darstelle, was sich beispielsweise mit folgendem Zitat unterstreichen lässt: „Der Begriff von Gott ist der Begriff von einem v e r p f l i c h t e n d e n Subject außer mir."[94] Gott sei zwar nicht als ein sinnliches Wesen zu begreifen, sondern als eine Person und ein Subjekt im praktischen Sinn, dessen Existenz als Ursache des kategorischen Imperativs nichtsdestoweniger notwendig zu behaupten sei. An dieser Stelle spalten sich die Vertreter dieser These in zwei Parteien. Für die einen – wie Lamacchia (8.3.3), Copleston (8.3.4), Guyer (8.3.9) und Goyard-Fabre (8.3.10) – hält Kant an der Ablehnung eines ontologischen Beweises im Sinne der spekulativen Vernunft fest. Er gehe jedoch über den Standpunkt der praktischen Philosophie der kritischen Schriften in dem Maße hinaus, indem er die Existenz Gottes, wenn auch nur indirekt, zur Grundlegung der Moral beweise. Diese praktische Behauptung der Existenz liegt für das moralische Bewusstsein nicht weit entfernt vom Postulat der Existenz oder von einem „zureichenden Beweis". Für die anderen – wie Poncelet (8.3.1), Kopper (8.3.2), Vascotto (8.3.8), de Ternay (8.3.10) und Marty (8.3.11) – handelt es sich dabei zwar um einen praktischen ontologischen Gottesbeweis. Die zusätzliche Bezeichnung „theoretisch" oder „spekulativ" legitimiere sich jedoch, wenn auch mit einigen Vorbehalten, weil die notwendige Existenz Gottes aus der Möglichkeit seines Begriffs abgeleitet werde.

Wie Wimmer (8.3.6) gezeigt hat, finden sich in *Conv. VII* und *Conv. I* sowohl Äußerungen, die auf eine transzendentale Theologie hinweisen, als auch Sätze, die auf eine Reduktion der Transzendentalphilosophie auf eine transzendentale Anthropologie hindeuten. Ob Kant sich letztlich für eine dieser Perspektiven

93 Dies behaupten Tuschling (5.2.4), Guyer (8.3.9) und De Flaviis (8.4.2.1) von unterschiedlichen Standpunkten aus.

94 *OP*, AA 21: 15.26 f. = I 6.

entschieden hatte, bleibt in der Forschung umstritten.[95] Diese zwei Tendenzen müssen auch nicht als einander entgegengesetzt gesehen werden. Man kann sie als korrelative philosophische Standpunkte betrachten. In der transzendentalen Anthropologie geht Kant von der rein transzendentalen Perspektive eines unendlichen Geistes aus, nach welcher die Vernunft sich selbst in dem absoluten Wissen des höchsten Standpunkts der Philosophie setzt. Ein derartiges Wissen erweist sich jedoch als rein logisch und formal. Daraus ergibt sich weder eine metaphysische Subjektivität noch ein konkretes handelndes Wesen. Die transzendentale Theologie entspricht hingegen dem Standpunkt eines endlichen Wesens. In Analogie zur sinnlichen Affektion, in der das Subjekt nur durch die direkte Wirkung reeller Kräfte der Materie sich selbst als wirklich existierendes empirisches Wesen setzt, kann das Subjekt sich selbst als moralisches Wesen nur durch die direkte Wirkung des kategorischen Imperativs setzen. Da dieses Wesen in der Welt nach dem absolut moralischen Gebot wirklich handelt, muss es die Wirklichkeit dieses Gebots und dessen Ursache, wenn auch nur indirekt, behaupten. Wie der Physiker den Äther als die „Sache selbst" betrachtet, mit der er sich beschäftigt, so ist Gott für den Menschen – sofern ein Mensch eine Person in der Welt ist – eine Person, zu welcher er in einem Verhältnis steht. Wie der Äther nun metaphysisch gesehen nur (indirekte) Erscheinung ist, so ist Gott vom transzendentalphilosophischen Standpunkt aus nur eine Idee des Menschen und im Menschen.

Diese zwei Darstellungen sind notwendige Korrelate. Der Begriff Gottes wird nicht durch Erfahrung eines äußerlichen Wesens gewonnen. Es handelt sich also um keinen empirischen Begriff. Er muss daher als ein reines Produkt der Vernunft entstehen: „Gott ist nicht ein Wesen außer Mir sondern blos ein Gedanke in Mir"[96]. Der Vollständigkeit des Erkenntnissystems halber setzt die Vernunft sich selbst als moralisch-praktische Vernunft, nämlich als Gesetzgeberin: „Gott ist die moralisch//practische sich selbst gesetzgebende Vernunft"[97]. Die Gottesidee ist zudem die einzige Vernunftidee, die rein *a priori* erzeugt werden kann, denn die beiden anderen Ideen, nämlich die Welt und der Mensch, entsprechen ganz bzw. zum Teil sinnlichen Gegenständen. Man kann sich Gott daher nicht als ein Wesen „in der Welt", nicht einmal als die Seele der Welt, in Analogie zur tierischen Seele,[98]

---

95 Autoren wie Duque und Onnasch (8.4.2.2) bestreiten die Identifikation der Transzendentalphilosophie des *Opus postumum* mit dem objektiven Idealismus Schellings. Auch für Knittermeyer (8.5) ist Kant nicht über den Standpunkt eines endlichen Geistes hinausgegangen, um sich einem „absoluten Wissen" hegelscher Art zuzuwenden.

96 *OP*, AA 21: 145.3 = I 42.

97 *OP*, AA 21: 145.4 = I 42.

98 „Die Welt als ein Thier betrachtet von welchem Gott die Seele sey." (*OP*, AA 21: 55.7 = I 19).

vorstellen. Gott muss vielmehr als *Geist*[99] und als *Person*[100] aufgefasst werden. Die Gottesidee fällt nun auch nicht mit dem Geist des Menschen zusammen. Denn der Mensch ist zwar ein Geist und eine Person, zugleich aber auch ein sinnliches Wesen. Der Mensch ist die Idee eines Geistes oder einer Person in der Welt. Gott ist hingegen die Idee eines Geistes außerhalb der Welt. Gott ist also ein Gedanke im menschlichen Geist, der auf die Grenzidee eines übersinnlichen Wesens hinweist. Die Gottesidee ist der Ausdruck der menschlichen Begrenztheit. Sie bringt die Offenheit des Menschen sowohl auf die Relation zur Welt wie auch auf das Verhältnis zu Gott zum Ausdruck: „Gott ist also keine ausser mir befindliche Substanz sondern blos ein moralisch Verhältnis in Mir“[101]. Gott ist im Menschen die Idee der radikalen Transzendenz, indem der Mensch sich ins Reich der Moral und nicht in die Welt transzendiert: „Der Begriff von Gott ist der Begriff von einem verpflichtenden Subject außer mir.“[102] Gott ist „in mir“ die Idee eines Wesens, das man sich als jenseits des Bewusstseins der eigenen Gedanken vorzustellen hat.[103] Zu diesem Wesen steht der Mensch in einem moralischen Verhältnis, und seine Gegenwart kündigt sich durch den kategorischen Imperativ, die Stimme Gottes, an.[104] In diesem Sinn kann diese Vorstellung von Gott mit Augustinus' Begriff von Gott als *intimior intimo meo* verglichen werden. Das moralische Gefühl „in mir“ kündigt die Existenz Gottes „außerhalb meiner“ als innerliche Transzendenz jenseits meines Bewusstseins an.[105]

Solange diese Idee eine reine Vorstellung in mir bleibt, kann keineswegs von einem ontologischen Beweis die Rede sein. Theoretisch betrachtet ist Gott nur eine Idee in einem Erkenntnissystem. Die Grundlegung der Moral erlangt dadurch vollständige Autonomie, aber keine Wirklichkeit. Affiziert nun der kategorische Imperativ das Bewusstsein eines Menschen und handelt letzterer nach dem moralischen Gesetz, erweisen sich der kategorische Imperativ – und Gott als seine Ursache – als ebenso wirklich wie die Handlungen, die er hervorruft. Nur der moralische Mensch legt für die Existenz Gottes Zeugnis ab und nur im moralisch

99 „Ein immaterielles und intelligentes Princip als Substanz ist ein Geist (*mens*).“ (*OP*, AA 21: 18.19 f. = I 7).

100 „Gott als eine Person vorgestellt; – aber nicht ein körperliches Wesen – (Geist).“ (*OP*, AA 21: 53.4 f. = I 18).

101 *OP*, AA 21: 149.10 ff. = I 43.

102 *OP*, AA 21: 15.26 f. = I 6.

103 „Gott ist eine bloße Vernunftidee aber von der größten inneren u. äußeren practischen Realität.“ (*OP*, AA 21: 142.11 f. = I 41).

104 „Der moralische Imperativ kann also als die Stimme Gottes angesehen werden“ (*OP*, AA 22: 64.28 f. = VII 26).

105 „Gott und die Welt ausser mir und das moralische Gefühl in mir“ (*OP*, AA 21: 83.17 f. = I 26).

handelnden Menschen offenbart sich Gott, wenn auch nur indirekt, als ein Existierender. Dieser Gottesbeweis kann auch als „ontologisches Argument" bezeichnet werden. Es handelt sich jedoch um kein Wissen, um kein „sowohl sujectiv als objectiv zureichende[s] Fürwahrhalten"[106], denn das betreffende Objekt kann in einer Anschauung nicht gegeben werden. Diese Behauptung der Existenz Gottes entspricht dem Glauben, nämlich einem bloß subjektiv zureichenden Fürwahrhalten. Die Behauptung der Existenz Gottes gilt im *Opus postumum* wie in den kritischen Schriften nur im Rahmen der moralisch-praktischen Vernunft und nur als Glaube.[107] Allein unter diesen Umständen erweist sich daher eine Metaphysik nach dem kantischen Denken als gerechtfertigt.

Die Ablehnung des Realismus des Dinges an sich im *Opus postumum* führt keineswegs zu einer spekulativen Ontotheologie, sondern setzt vielmehr eine Metaphysik des Subjekts nur in praktischer Hinsicht voraus. Durch den transzendentalen Idealismus des Begriffes des Dinges an sich, welcher das Korrelat des empirischen Realismus des Ätherbegriffs in *Uebergang 1 – 14* darstellt, gewinnt die kantische Erkenntnistheorie an Kohärenz, ohne die kritische Grenze des spekulativen Denkens aufzugeben.

---

106 *KrV* A 822/B 850.

107 „Was Gott an sich für ein Wesen sey erreicht die menschliche Vernunft nicht: Nur das Verhältnis (das moralische) bezeichnet ihn, so daß seine Natur für uns unerforschlich und allvollkommen ist" (*OP*, AA 22: 57.26 ff. = VII 24).

Anhang

A1 Zeitgenössische Dokumente zur Entstehungsgeschichte des *Opus postumum*

Neben dem *Opus postumum* selbst existieren noch einzelne Texte, die dessen Entstehungsgeschichte dokumentieren. Die Relevanz dieser Zeugnisse für die Forschung ist erheblich. Sie werden in diesem Anhang wiedergegeben und kommentiert.

A1.1 Brief von Kiesewetter an Kant vom 8. Juni 1795

> [...] Sie haben schon seit einigen Jahren einige Bogen dem Publico schenken wollen, die den Übergang von Ihren metaph. Anfangsgründen der Naturwissenschaft zur Physik selbst enthalten sollten und auf die ich sehr begierig bin.[1]

Diese kurze Passage aus dem Brief von Johann Gottfried Carl Christian Kiesewetter[2] an Kant vom 8. Juni 1795, die als das früheste Zeugnis zu Kants Nachlasswerk gilt, enthält bedeutsame Informationen über die Entstehung des *Opus postumum*. Zunächst wird hier der ursprüngliche Titel des geplanten Werkes – *Übergang von den* MAN *zur Physik* – mit erstaunlicher Präzision erwähnt. Ferner behauptet Kiesewetter, dass Kant „schon seit einigen Jahren" diese Publikation beabsichtigt habe. Schließlich erfährt man, dass der *Übergang* zumindest nach dem anfänglichen Konzept eine Schrift von relativ geringem Umfang („einige Bogen") hätte sein sollen.

In den Materialien zum *Opus postumum* erscheinen die frühesten expliziten Hinweise auf das Übergangsprojekt in zwei auf 1795 bis 1796 datierten losen Blättern aus dem 4. Konvolut. Die beiden Aufzeichnungen handeln, wie ihren jeweiligen Titeln zu entnehmen ist, vom Übergang bzw. Überschritt von der Metaphysik der (körperlichen) Natur zur Physik.[3] Die Verwandtschaft dieser Formulierungen mit dem in Kiesewetters Brief genannten Titel des Übergangsprojektes liegt auf der Hand. Es lässt sich zwar nicht feststellen, ob Kiesewetters Brief Kants Aufzeichnungen zeitlich voranging. Wenn dem jedoch so wäre, erschiene es

---

1 *Br*, AA 12: 23.28–31.

2 Johann Gottfried Carl Christian Kiesewetter (1766–1819) gehört zu den begeistertsten Schülern Kants. Er studierte an der Universität Halle Philosophie bei Ludwig Heinrich Jakob, der seine menschlichen und wissenschaftlichen Talente hoch schätzte (vgl. *Br*, AA 11: 6.31–37). Kiesewetter wurde Kant durch Carl Christoph von Hoffmann, den damaligen Kanzler der Universität in Halle, empfohlen (vgl. *Br*, AA 10: 546 f.).

3 *OP*, AA 21: 463.9–10 = IV 86 und 465.2–4 = IV 87.

plausibel anzunehmen, dass erst Kiesewetters Brief Kant an sein Übergangsprojekt erinnert habe und als ob dies jahrelang in Vergessenheit geraten sei.

Kiesewetters Hinweise sind zwar zu vage, um eine eindeutige Bestimmung des Zeitpunkts zu ermöglichen, zu dem das Übergangsprojekt konzipiert worden ist. Geht man aber davon aus, dass Kiesewetter wohl von Kant selbst, und zwar mündlich, über sein Übergangsprojekt unterrichtet worden war, muss das während einer seiner beiden Reisen nach Königsberg geschehen sein. Bei seinem ersten Aufenthalt weilte er ein ganzes Jahr lang, nämlich bis Oktober 1789, in der ostpreußischen Stadt. Während dieser Zeit besuchte er die Vorlesungen Kants und unterhielt sich häufig mit ihm über philosophische Themen.[4] Kant hielt seinerseits viel von seinem enthusiastischen Studenten. Als dieser Königsberg verließ, beauftragte er ihn, das Manuskript der *KU* an den Verleger François Théodore de la Garde zu bringen. Außerdem empfahl er La Garde, Kiesewetter mit der Korrektur für den Druck zu betrauen, „weil er, als Sachkundiger, am besten versteh[e], sinnverfehlende *errata* zu bemerken und zu besseren“[5]. Kant und Kiesewetter blieben sowohl durch Briefwechsel als auch über ihre gemeinsamen Bekannten in Kontakt. Kiesewetter reiste Ende September 1790 zum zweiten und letzten Mal nach Königsberg und hielt sich dort nicht länger als einige Wochen auf.[6]

---

4 Auf diese „mündlichen Unterhaltungen“ mit Kant bezieht sich Kiesewetter in seinen Briefen (vgl. *Br*, AA 11: 107.18 ff., 136.31 f. und 254.14–19).

5 *Br*, AA 11: 97.33–36. Vgl. *Br*, AA 11: 124.36 f., 125.10–33 und 129.4–7.

6 Kiesewetter plante einen zweiten Besuch von 14 Tagen in Königsberg „in den Hundstagsferien“ (24. Juli–23. August) des Jahres 1790 (vgl. *Br*, AA 11: 127.36 f. und 157.22 ff.). Er musste seine Reise nach Königsberg jedoch auf September 1790 verschieben. Aus dem Brief von Kant an La Garde vom 2. September 1790 wissen wir, dass Kiesewetter seine Reise nach Königsberg ausfallen lassen musste (*Br*, AA 11: 203.15–18); in dem Brief an La Garde vom 19. Oktober 1990 weist Kant auf ein Gespräch mit Kiesewetter hin (*Br*, AA 11: 231.2). Weitere Hinweise auf die Reise von Kiesewetter nach Königsberg finden sich in dem Brief von La Garde an Kant vom 5. Juli 1791 (*Br*, AA 11: 270.27 f.) sowie in dem Brief von Kant an La Garde vom 2. August 1791 (*Br*, AA 11: 275.13 f.). Auf diesen zweiten, kürzeren Besuch bezieht sich Kiesewetter weiterhin in seinen Briefen an Kant vom 9. November 1790 (*Br*, AA 11: 233.28–32) und vom 3. Juli 1791 (*Br*, AA 11: 267 f.). In letzterem Schreiben gibt er an, am 29. September 1790 („vergangene Michaelis“) in Königsberg angekommen zu sein (*Br*, AA 11: 267.35 f.). Am 9. November befindet er sich bereits in Berlin. Kiesewetter hatte eine weitere Reise nach Königsberg im Jahr 1796 geplant; sie konnte jedoch nicht stattfinden (vgl. *Br*, AA 11: 94.22–26). Über die Dauer von Kiesewetters zweitem Aufenthalt in Königsberg ist allerdings eine gewisse Konfusion in der Forschungsliteratur entstanden, die Förster in einer gut dokumentierten Anmerkung erläutert (Förster 2000, 185).

Es ist anzunehmen, dass Kant mit Kiesewetter unter anderem auch über Naturwissenschaft sprach.[7] Kiesewetter behauptet in dem Brief vom 8. Juni 1795, dass er das vollständige Verstehen der *MAN* den mündlichen Erklärungen von Kant verdanke.[8] Diese Gespräche boten Kant vermutlich die Gelegenheit, sein Vorhaben zu thematisieren, einen Übergang von den *MAN* zur Physik zu verfassen. Aus Kiesewetters Bericht allein geht allerdings nicht hervor, ob er bereits während seines ersten oder erst während seines zweiten Aufenthalts in Königsberg vom Projekt eines Übergangs in Kenntnis gesetzt worden war.[9]

Dass Kant Kiesewetter erst später schriftlich – etwa in einem nicht überlieferten Brief – anvertraut haben könnte, sein Projekt realisieren zu wollen und den *Übergang* zu schreiben, oder dass Kiesewetter davon über eine dritte Person informiert worden war, kann nicht völlig ausgeschlossen werden.[10] Es ist somit

7 Adickes verweist auf Kants Aufzeichnung *Loses Blatt Kiesewetter 6:* „Über das Moment der Geschwindigkeit im Anfangsaugenblick des Falls" (*Refl*, *AA* 14: 495 f.) als Beweis dafür (Adickes 1920, 1 Anm.).

8 *Br*, AA 12: 24.5–8.

9 Adickes schließt aus, dass Kiesewetter während seines ersten Aufenthalts in Königsberg (1788–1789) vom *Übergang* gehört haben könnte, weil der Ausdruck „seit einigen Jahren" zu dieser Periode nicht passe (Adickes 1920, 1 Anm.). Mit Recht erachtet Vleeschauwer das Argument von Adickes als nicht überzeugend (Vleeschauwer 1937, 566 Anm.). Der Hauptbeweis dafür, dass Kant Kiesewetter im Jahr *1790* über den *Übergang* berichtet hatte, findet sich nach Förster in den hinterlassenen Entwürfen zu einer neuen, mit einem Kommentar von Kiesewetter selbst versehenen Ausgabe der *MAN*, die jedoch nie erschien. Kiesewetter hielt nämlich die *MAN* für einen besonders schwierigen Text und war überzeugt von der Nützlichkeit eines Kommentars für die Leserschaft (*Br*, AA 12: 24.4 f.). In der Vorrede und Einleitung zur geplanten Ausgabe der *MAN* behauptet Kiesewetter, dass seine eigenen Anmerkungen zu diesem Werk von Kant während seiner Zeit in Königsberg entstanden seien (vgl. Förster 2000, 51 und 185). Es leuchtet jedoch meines Erachtens nicht ein, warum Kiesewetter seine Anmerkungen zu den *MAN* während seines zweiten Aufenthalts in Königsberg gesammelt haben sollte, wie Förster meint, statt während seines ersten, viel längeren Aufenthalts in jener Stadt.

10 Nach Förster müssen hingegen diese beiden Möglichkeiten ausgeschlossen werden. Was die erste Version betrifft, bemerkt Förster, dass Kant seine Beziehung zu Kiesewetter *gleich* unterbrochen habe, *nachdem* („soon after") dieser nach Berlin zurückgekommen war, und dass er mit ihm bis Dezember 1793 gar nicht korrespondiert habe (Förster 2000, 52). Der Grund dafür war, dass Kiesewetter 1791 einen *Grundriß einer allgemeinen Logik nach Kantischen Grundsätzen* bei La Garde veröffentlicht hatte, ohne Kant davon in Kenntnis zu setzten. Kant, der die Veröffentlichung eines Abrisses seiner Vorlesungen der Logik plante, war deswegen tief gekränkt. Er sollte erst am 13. Dezember 1793 wieder an Kiesewetter schreiben (Förster 2000, 185 f.). Man muss also einerseits die Möglichkeit ausschließen, dass Kant im Zeitraum zwischen der Publikation von Kiesewetters *Logik* und dem Ende des Jahres 1793 überhaupt mit Kiesewetter korrespondierte. Andererseits würde der Ausdruck „seit einigen Jahren" für einen späteren Brief nicht zutreffen. In einem Punkt scheint Försters Argumentation jedoch nicht ganz stringent zu sein. Denn die Publikation der *Logik* von Kiesewetter, die Kant so sehr getroffen haben musste,

zuzugestehen, dass der betreffende Brief von Kiesewetter kein endgültiges Element zur Bestimmung des Zeitpunkts beinhaltet, zu dem Kant sein Übergangsprojekt erdacht hat. In dieser Arbeit wird für die Plausibilität der Annahme argumentiert, dass Kant erst durch die Lektüre von Maimons *Baco und Kant* auf die Notwendigkeit, einen *Übergang von den* MAN *zur Physik* zu verfassen, aufmerksam gemacht wurde.[11] Diese Vermutung setzt voraus, dass Kiesewetter erst während seines zweiten Aufenthalts in Königsberg von Kant selbst mündlich über das Übergangsprojekt unterrichtet werden konnte. Unter diesen Bedingungen wäre anzunehmen, dass Kant zwischen Mai und Oktober 1790 auf den Gedanken kam, ein Übergangswerk zu verfassen.

Abschließend ist zu betonen, dass Kiesewetters Behauptung, Kants Übergangswerk sei als eine verhältnismäßig kurze, aus nur wenigen Bogen bestehende Schrift erdacht worden, mit der in dieser Arbeit vertretenen Meinung, dass der *Übergang* bloß die *Allgemeine Anmerkung zur Dynamik* der *MAN* hätte ersetzen sollen,[12] übereinstimmt.

A1.2 Metaphysik der Sitten (1797)

> Indessen gleichwie von der Metaphysik der Natur zur Physik ein Überschritt, der seine besondern Regeln hat, verlangt wird: so wird der Metaphysik der Sitten ein Ähnliches mit Recht angesonnen: nämlich durch Anwendung reiner Pflichtprincipien auf Fälle der Erfahrung jene gleichsam zu schematisiren und zum moralisch-praktischen Gebrauch fertig darzulegen.[13]

Diese Textstelle aus der *MS* enthält die früheste Anspielung auf die Übergangslehre des *Opus postumum* in Kants Schriften. Sie stellt außerdem die einzige in seinen Druckwerken dar. Obwohl hier auf das Projekt eines Übergangswerks nicht explizit hingewiesen wird,[14] sind die Grundzüge des Übergangs von den *MAN* zur

---

fiel eigentlich erst in den Frühling, also etwa sechs Monate nach seiner zweiten Reise nach Königsberg (siehe *Br*, AA 11: 264.16 f.; vgl. *Br*, 11: 267.32–35). Es ist also nicht ganz auszuschließen, dass Kant in diesem nicht allzu knappen Zeitraum an Kiesewetter geschrieben haben könnte. Auch liefert Försters Betrachtung zur zweiten Möglichkeit, „The tone of Kiesewetter's letter [...] rules out the possibility that he had heard of Kant's project from a third person" (Förster 2000, 51), kein definitives Argument.

11 Vgl. oben 9.2.1.3.

12 Vgl. oben 9.2.2.4.5.

13 *MS*, AA 4: 468. Auf den Zusammenhang dieser Stelle mit dem *Opus postumum* wurde erstmals von Vaihinger hingewiesen (vgl. Vaihinger 1891, 733).

14 In diesem Sinn stimmt, was Reicke bereits 1864 in Bezug auf Kants unvollendetes Werk geschrieben hatte: „Es ist mir nicht gleich erinnerlich, daß Kant selbst in einer seiner Schriften dieses Werk in Aussicht gestellt habe." (Reicke 1864, 743).

Physik, die in den Aufzeichnungen aus den Jahren 1795 bis 1796 und im *Oktaventwurf* (um 1796) skizziert sind, deutlich erkennbar. Denn dort wird eindeutig „die Nothwendigkeit des Uberschritts von den metaphysischen Anfangsgründen der Naturwissenschaft zur Physik“[15] behauptet. Ein solcher Übergang als Teil der *physica generalis* kann „weder ganz auf Principien *a priori* noch auf empirischen [Prinzipien]“[16], also weder auf den Prinzipien der Metaphysik der Natur noch auf denjenigen der Physik, gegründet werden. Dieser Überschritt von der Metaphysik zur Physik geschieht vielmehr nach seinen eigenen Regeln, die bereits als „Mittelbegriffe“[17] bezeichnet werden.

Es ist bemerkenswert, dass der Terminus „Übergang“ gerade in einem moralphilosophischen Werk von Kant, der *GMS*, eine strukturierende Rolle spielt. Der Gedankengang dieser Schrift entwickelt sich durch die Unterscheidung von drei Arten der moralischen Erkenntnis, deren Abfolge von Kant als dreifacher Übergang dargestellt wird: „von der gemeinen sittlichen Vernunfterkenntniß zur philosophischen [sittlichen Vernunfterkenntnis]“, „von der populären Moralphilosophie zur Metaphysik der Sitten“ und „von der Metaphysik der Sitten zur Kritik der reinen praktischen Vernunft“.[18] Ziel dieser Bewegung ist die Überwindung jeder empirischen Anschauung der Ethik und die Fundierung der Moralphilosophie auf dem „obersten Prinzip der Moralität“, also dem kategorischen Imperativ, dessen Richtigkeit zu beweisen ist, ohne die Anwendung desselben zu berücksichtigen.[19] Bei der oben wiedergegebenen Passage aus der *MS* handelt es sich um eine ganz andere Problematik, nämlich um die Notwendigkeit eines Überschritts von den metaphysischen Prinzipien zu den empirischen Fällen der Moral, also von oben nach unten. Ein solcher Überschritt kann demzufolge nur als *Schematisierung* erfolgen. Die Bedeutung dieser Bezugnahme auf den Schematismus des Übergangs ist nicht zu übersehen. Denn kraft des Parallelismus mit dem Überschritt von der Metaphysik der Natur zur Physik wird auch den „Mittelbegriffen“ des Übergangs eine schematisierende Funktion indirekt zugeschrieben, was umso bemerkenswerter ist, als die Thematik des Schematismus im *Opus postumum* zu diesem Zeitpunkt noch nicht aufgetaucht ist.

15 *OP*, AA 21: 407.29 ff. = IV 38.
16 *OP*, AA 21: 403.1 f. = IV 35.
17 *OP*, AA 21: 475.9 f. = IV 95.
18 *GMS*, AA 4: 392.23 – 28.
19 *GMS*, AA 4: 392.6 – 16.

A1.3 Brief an Lichtenberg vom 1. Juli 1798

Für mich erwarte ich durch dieses Verhältnis von Zeit zu Zeit erfreuliche und belehrende Nachrichten von Ihrem Wohlbefinden und wissenschaftlichem Fortschreiten zu erhalten; als von welchen, vornehmlich dem letztern, ich in meinem 75sten Lebensjahr, obgleich bey noch nicht völlig eingetretener Hinfälligkeit, mir nur wenig versprechen kann; weshalb ich auch geeilet habe mit dieser Michaelismesse noch einige Reste hinzugeben; indessen das, was ich nun unter der Feder habe, ob es völlig zu Stande kommen werde mich in Zweifel läßt.[20]

Drei Briefe von Kant aus einem Zeitraum von knapp vier Monaten – Juli bis Oktober 1798 – enthalten die frühesten Hinweise des Philosophen auf seine Arbeit am Projekt eines Übergangs. In der oben wiedergegebenen Passage aus dem Brief an Georg Christoph Lichtenberg[21] vom 1. Juli 1798 deuten also die Worte „was ich nun unter der Feder habe" des 75-jährigen Philosophen indirekt auf seine diesbezüglichen Bemühungen hin. Wenn er sich so pessimistisch hinsichtlich der Möglichkeit äußert, das Werk zu vollenden, ist es wohl nicht in erster Linie wegen seiner nachlassenden Leistungsfähigkeit, sondern weil ihm der Schlüssel zur Lösung des Problems verborgen bleibt. Nach dem *Oktaventwurf* sind bis Juli 1798 bloß die zwei relativ kurzen Entwürfe *A–C* und *α–ε* entstanden, deren Versuche, die Eigenschaften *a priori* der Materie systematisch einzuteilen, noch kein endgültiges Ergebnis bringen.

A1.4 Brief an Garve vom 21. September 1798

Ich eile, Theuerster Freund! den mir den 19ten Septembr. gewordenen Empfang Ihres leidvollen und seelenstärkenden Buchs und Briefes (bey deren letzterem ich das Datum vermisse) zu melden. – Die erschütternde Beschreibung Ihres körperlichen Leiden, mit der Geisteskraft über sie sich wegzusetzen und fürs Weltbeste noch immer mit Heiterkeit zu arbeiten, verbunden, erregen in mir die größte Bewunderung. – Ich weiß aber nicht, ob, bey einer gleichen Bestrebung meinerseits, das Loos, was mir gefallen ist, von Ihnen nicht noch schmertzhafter empfunden werden möchte, wenn Sie sich darinn in Gedanken versetzten; nämlich für Geistesarbeiten, bey sonst ziemlichen körperlichen Wohlseyn, wie gelähmt zu

---

20 *Br*, AA 12: 247.21–29.

21 Georg Christoph Lichtenberg (1742–1799), eine wichtige Figur der deutschen Aufklärung, studierte an der Universität Göttingen bei dem berühmten Mathematiker und Naturwissenschaftler Abraham Gotthelf Kästner. Ebendort lehrte er Mathematik, Physik und Astronomie. Er wird als der erste deutsche Professor für Experimentalphysik bezeichnet. Seine Forschungen erbrachten wichtige Beiträge vor allem zu den Bereichen der Geodäsie, der Astronomie, der Chemie und der Elektrizität. Er gilt als einer der Väter der Plasmaphysik. Auf seine wissenschaftlichen Theorien bezieht sich Kant in verschiedenen Werken, und der Name Lichtenbergs kommt mehrere Male im 1. Konvolut des *Opus postumum* vor.

seyn: den völligen Abschlus meiner Rechnung, in Sachen welche das Ganze der Philosophie (so wohl Zweck als Mittel anlangend) betreffen, vor sich liegen und es noch immer nicht vollendet zu sehen; obwohl ich mir der Thunlichkeit dieser Aufgabe bewust bin: ein Tantalischer Schmertz, der indessen doch nicht hofnungslos ist. – Die Aufgabe, mit der ich mich jetzt beschäftige, betrifft den „Übergang von den metaphys. Anf. Gr. d. N. W. zur Physik". Sie will aufgelöset seyn; weil sonst im System der crit. Philos. eine Lücke seyn würde. Die Ansprüche der Vernunft dadurch lassen nicht nach: das Bewustseyn des Vermögens dazu gleichfalls nicht; aber die Befriedigung derselben wird, wenn gleich nicht durch völlige Lähmung der Lebenskraft, doch durch immer sich einstellende Hemmungen derselben bis zur höchsten Ungedult aufgeschoben.

Mein Gesundseyn, wie es Ihnen Andere berichtet haben, ist also nicht die des Studirenden, sondern Vegetirenden (Essen, Gehen und schlafen können); und mit dieser reichte, in meinem 75sten Jahr, für Ihre gütige Aufforderung, daß ich meine dermaligen Einsichten in der Philosophie mit denen, zu welchen Sie binnen der Zeit, da wir mit einander freundschaftlich controvertirten, vergleichen möchte mein so genantes Gesundseyn nicht zu; wenn es sich nicht damit etwas bessert: als wozu ich, da meine jetzige Desorganisation vor etwa anderthalb Jahren mit einem Catharr anhob, nicht alle Hofnung aufgegeben habe.[22]

Fast drei Monate später schildert Kant in seinem Brief an Christian Garve[23] vom 21. September 1798 seinen Gesundheitszustand in einem noch dramatischeren Ton. Doch ist es nicht die abnehmende Arbeitsfähigkeit, die den Philosophen daran hindert, seine letzte philosophische Bemühung fortzusetzen. Die Tantalusqualen, der Vollendung seiner philosophischen Aufgabe so nah zu kommen und sie sich immer wieder entfernen zu sehen, entstehen vielmehr aus der Feststellung, dass das Problem des Übergangs einen Mangel auf der Ebene der *kritischen Grundlegung* der Transzendentalphilosophie ans Licht bringt.

---

22 *Br*, AA 12: 256 f.

23 Christian Garve (1742–1798) studierte in Frankfurt an der Oder, Halle und Leipzig Philosophie und war für einige Jahre außerordentlicher Professor der Mathematik und der Philosophie in Leipzig. Mit 30 Jahren zog er sich ins Privatleben zurück und wurde Populärphilosoph. Sein Denken war besonders vom englischen Empirismus beeinflusst. Seine Schriften behandeln Themen aus Pädagogik, Anthropologie, Wirtschaft, Philosophiegeschichte, Sprach- und Kulturwissenschaft. Er verfasste auch zahlreiche Literaturkritiken, Rezensionen und Übersetzungen von Moralphilosophen (u. a. Aristoteles, Cicero und Adam Smith). Die freundschaftlichen Kontroversen, auf die Kant in diesem Brief anspielt, begannen mit einer Rezension Garves über die *Kritik der reinen Vernunft*, auf die Kant in scharfen Ton reagierte (vgl. *Br*, AA 10: 328–333 und AA 12: 252 ff.), und sie setzten sich besonders in moralphilosophischen Fragen fort. Der Briefwechsel zwischen den beiden dauerte bis zum Tod Garves, der am 1. Dezember 1798, nur wenige Monate nach dem hier zitierten Brief und nur wenige Wochen vor seinem 57. Geburtstag, an Gesichtskrebs starb. Im *Opus postumum*, genauer in den Entwürfen *a–c* bzw. *No 1–No 3η*, befinden sich drei Anmerkungen zu Garve (*Op*, AA 21: 478.28 = IV 97, 483.12 = IV 101 und AA 22: 260.21 = IX 26).

In seinem vorherigen Brief an Kant hatte Garve sein trauriges Los, nämlich das eines Schwerkranken, mit dem glücklichen Schicksal seines trotz des hohen Alters immer noch gesunden und arbeitsfähigen Korrespondenten verglichen.[24] Dem körperlich leidenden, aber geistig noch fähigen und unermüdlich tätigen Garve stellt Kant in seiner Antwort zunächst seine eigene, physisch zwar relativ gute, geistig jedoch eingeschränkte Verfassung entgegen. Dadurch versucht Kant wohl, seinen unglücklichen Freund zu trösten, indem er ihm versichert, dass er selbst sich in einer noch schmerzlicheren Lage befinde. Über eine allgemeine Verlangsamung seines geistigen Leistungsvermögens klagte Kant aber schon 1785, wie sein Brief an Schütz vom 13. September 1785 zeigt:

> Ich bin schon so ziemlich alt, und habe nicht mehr die Leichtigkeit, mich zu Arbeiten von verschiedener Art so geschwinde umzustimmen, wie ehedem. Ich muß meine Gedanken ununterbrochen zusammenhalten, wenn ich den Faden, der das ganze System verknüpft, nicht verlieren soll.[25]

Alter und abnehmende Arbeitsfähigkeit hinderten ihn dennoch nicht daran, die zweite Auflage der ersten *Kritik* anzufertigen sowie die beiden anderen *Kritiken* zu verfassen, ganz zu schweigen von den übrigen Schriften der kritischen Periode. Es scheint, als habe Kant relativ früh damit begonnen, den Wirkungen des Alters zuzuschreiben, was der Mühe des Philosophierens im Allgemeinen innewohnt.

---

24 Es lohnt sich, diese anrührende Stelle aus Garves Brief an Kant von Mitte September 1798 wiederzugeben: „Sie sind, theurer Mann, so viel ich weiß, in einem hohen Alter, und Sie genießen eines gesunden Alters. Die Natur hat Sie mit großen Geistesgaben ausgerüstet, und sie hat Ihnen auch Gesundheit und körperliche Kräfte gegeben, um jene Gaben in einem langen Leben zum Besten der Welt und der Wissenschaften anzuwenden. Mir ist nicht ein so glückliches Loos in der Lotterie des Lebens gefallen. Mit einigen glücklichen Naturanlagen geboren, und durch ein anhaltendes Studium mit den Wissenschaften vertrauter geworden, bin ich doch, durch das beständige Kämpfen mit einem kränklichen Körper, in meinem eignen Fortgange in Kenntnissen und in den Arbeiten, durch welche ich dem Publikum nützen wollte, sehr zurückgesetzt worden. Der Genuß der Wissenschaften, das Lernen und die Mittheilung des Erlernten ist indeß immer der angenehmste Genuß meines Lebens gewesen. Auch in dieser letzten, traurigsten Periode desselben, ist mir die noch übrige Fähigkeit zu Denken und mein Vergnügen daran dasjenige, welches mich am meisten unterstützt. Wünschen Sie mit mir, daß ich diesen Trost nicht verliere, oder daß der lange gespannte Faden endlich reiße, oder einige Erleichterung meiner Uebel mir die Ertragung derselben leichter mache. Bleiben Sie noch lange gesund, und zum Arbeiten aufgelegt: und wenn Sie zuweilen an mich zu denken veranlaßt werden, so schenken Sie mir einige Thränen des Mitleidens, oder lassen Sie Sich durch einige Empfindungen von Freundschaft und Achtung für mich erwärmen." (*Br*, AA 12: 253 f.).

25 *Br*, AA 10: 406 f.

Wie dem oben zitierten Brief an Garve zu entnehmen ist, empfand der alternde Philosoph seine Lebenskraft jedoch noch nicht als völlig erloschen. Er gibt zu, dass er nach wie vor sein ganzes Denkvermögen besitze. Nur eine unerträgliche Verlangsamung des Arbeitsrhythmus verringere seine Leistungsfähigkeit. Infolgedessen, obwohl sein philosophisches System noch nicht zum Abschluss gebracht ist, erscheint ihm das Unterfangen nicht hoffnungslos. In der Tat schreibt Kant gerade in den Monaten August und September 1798 ausgesprochen intensiv am Entwurf *a–c*. Die späteren Entwürfe beweisen, dass Kant bis 1801 fieberhaft am *Opus postumum* gearbeitet hatte.

Die Beschreibung des letztlich weder körperlich noch geistig allzu bedenklichen Gesundheitszustands gerät im anschließenden Abschnitt unversehens aus dem Blickfeld. Nun schildert Kant seine Lage als die eines dahinvegetierenden 75-Jährigen, der noch dazu an einem hartnäckigen „Catharr" leidet. Er verweist mit Nachdruck auf seinen schlechten Gesundheitszustand, um sich diskret der „Aufforderung" Garves zu entziehen, sein neues Buch zu lesen und zu beurteilen.[26]

In diesem Zusammenhang erscheint es aufschlussreich, diesen Brief an Garve mit anderen Briefen Kants aus den 1780er-Jahren, wie z. B. dem bekannten Brief an Markus Herz vom 26. Mai 1789, zu vergleichen. Herz hatte das Manuskript *Versuch über die Transzendentalphilosophie* von Maimon an den berühmten Philosophen geschickt und es ihm wärmstens empfohlen. Kant antwortet ihm, indem er ihm die Schwierigkeiten vergegenwärtigt, dies anzunehmen: zum einen sein Alter (66 Jahre), zum anderen die umfangreiche Arbeit, um sein philosophisches System zu vollenden, des Weiteren seine fragile Gesundheit.[27] In einer ähnlichen Situation folgen neun Jahre später dieselben Argumente aus der Feder Kants.

---

26 Der Titel des betreffenden Buches lautet *Abhandlung ueber die verschiednen Principe der Sittenlehre von Aristoteles an bis auf unsre Zeiten*. Es dient als Einleitung zu dem zweibändigen Werk *Die Ethik des Aristoteles uebersetzt und erlaeutert*, W. G. Korn, Breslau. Der erste Band enthält neben der genannten *Abhandlung* die ersten zwei Bücher der Ethik des Aristoteles und erschien 1798. Der zweite Band enthält die acht übrigen Bücher und erschien 1801. Garve, der die *Abhandlung* Kant gewidmet hatte, äußert bei seinem Briefpartner einen Wunsch: „[...] wird doch auch dieß mich freuen, wenn ich es noch erlebe, Ihr Urtheil über diese kleine Schrift, welche die Resultate vieler meiner Meditationen zusammengedrängt enthält, erfahre, und wenn ich zugleich von Ihren freundschaftlichen Gesinnungen versichert werde." (*Br*, AA 12: 254 f.). In seiner Antwort verspricht Kant, die Schrift Garves zu lesen, sobald seine Gesundheit sich gebessert habe, und er versichert, schon begonnen zu haben, sie durchzublättern. Als Beweis dafür erhebt Kant einen freundschaftlichen Protest gegen den Inhalt der Note auf Seite 339 (*Br*, AA 12: 257 f.).

27 Schließlich entschied sich Kant doch dazu, das Manuskript Maimons durchzublättern und auf manche Punkte zu reagieren.

Ist daher nicht vielmehr zu vermuten, dass hohes Alter und schlechte Gesundheit für Kant eher eine höfliche Entschuldigung bei seinen Briefpartnern darstellten? Wenn Kant schreibt: „Mein Gesundseyn, *wie es Ihnen Andere berichtet haben*, ist also nicht die des Studirenden, sondern Vegetirenden", reagiert er auf folgende Mutmaßung Garves: „Sie sind, theurer Mann, *so viel ich weiß*, in einem hohen Alter, und Sie genießen eines gesunden Alters."[28] Was Garve über den Gesundheitszustand des alten Philosophen weiß, was man ihm offenbar darüber berichtet hat, gleicht eben nicht der Schilderung im zweiten Abschnitt des betreffenden Briefes. Im Gegenteil, es bestätigt sich eher das, was Kant im ersten Abschnitt zugibt, wenn die Rede von einem „sonst ziemlichen körperlichen Wohlseyn" ist.

Besonders bemerkenswert an diesem Brief an Garve ist jedoch, was der Philosoph seinem Briefpartner verrät: Er nennt ihm nicht nur den Titel seines letzten Projektes – *Übergang von den* MAN *zur Physik* –, sondern er verleiht auch seiner Hoffnung Ausdruck, dass dadurch eine „Lücke" im System der kritischen Philosophie gefüllt werde. Von der Erfüllung dieser Aufgabe hängt schließlich die Möglichkeit ab, die Transzendentalphilosophie in ihrem Ganzen als ein prinzipiell vollständiges System zu konzipieren. Auf die entscheidenden Implikationen der Anfertigung des Übergangsprojekts für die *kritische Grundlegung* seiner Philosophie kommt Kant wiederum im folgenden Text zurück.

A1.5 Brief an Kiesewetter vom 19. Oktober 1798

> Mein Gesundheitszustand ist der eines alten, nicht kranken aber doch invaliden; vornehmlich für eigentliche und öffentliche Amtspflichten ausgedienten Mannes,[29] der dennoch ein kleines Maas von Kräften in sich fühlt, um eine Arbeit die er unter Händen[30] hat, noch zu Stande zu bringen; womit er das critische Geschäfte zu beschließen und eine noch übrige Lücke auszufüllen denckt; nämlich „den Übergang von den metaph. A. Gr. der N. W. zur Physik", als einen eigenen Theil der *philosophia naturalis*, der im System nicht mangeln darf, auszuarbeiten.[31]

In dieser Passage aus seinem Brief an Kiesewetter vom 19. Oktober 1798 berichtet Kant nochmals – allerdings mit entschieden nüchterneren Akzenten – von seinem Gesundheitszustand. Wie im obigen Brief an Garve werden auch hier zwei Punkte

28 *Br*, AA 12: 253.28 f. Hervorhebung von mir.
29 Am 23. Juli 1796 hielt Kant seine letzte Vorlesung.
30 Dieser Ausdruck ist mit der Periphrase „was ich nun unter der Feder habe" zu vergleichen, die im erwähnten Brief an Lichtenberg vorkommt.
31 *Br*, AA 12: 258.19–27.

besonders betont: Trotz nachlassender Leistungsfähigkeit gibt Kant die Hoffnung nicht auf, seine letzte philosophische Aufgabe erledigen zu können. Von der Anfertigung des Übergangsprojekts erwartet er die Füllung der Lücke zwischen metaphysischen Prinzipien und empirischer Physik innerhalb des Systems der *physica generalis* und somit die Vollendung des „kritischen Geschäfts".

Dass der Übergang, indem er eine vollständige Erkenntnis der bewegenden Kräfte der Materie liefert, die „Lücken" der Naturphilosophie ausfüllt, die deshalb vorhanden sind, weil zwischen metaphysischen Anfangsgründen und empirischer Physik eine „Kluft" besteht, ist ein Gedanke, der im *Opus postumum* verhältnismäßig früh vorkommt, genauer im *LB* 6 von 1795 bis 1796[32]. Kant greift das Thema der „Lücke" dann in ähnlicher Weise an zwei Stellen im auf August und September 1798 datierten Entwurf *a–c*[33] auf, zudem kommt er an einer Stelle im auf Oktober bis Dezember 1798 datierten Entwurf *Elem. System 1–7*[34] und an vier Stellen im auf Dezember 1798 bis Januar 1799 datierten Entwurf *Farrago 1–4*[35] darauf zurück.[36]

Die Behauptung, ohne Übergang gebe es eine Lücke im *kritischen System*, weswegen das *kritische Geschäft* unvollendet bleibe, taucht hingegen allein in den Briefen an Garve und Kiesewetter auf. Im *Opus postumum* wird der Ausdruck „Lücke" hingegen nie auf das *kritische System* direkt bezogen. Im Zusammenhang mit dem abschließenden Absatz der *Vorrede* der *KU* kommt er allerdings unmittelbar vor.[37] Es geht um einen bekannten Text, der hier nochmals in Erinnerung gerufen werden soll:

> Hiemit endige ich also mein ganzes kritisches Geschäft. Ich werde ungesäumt zum doctrinalen schreiten, um wo möglich meinem zunehmenden Alter die dazu noch einigermaßen günstige Zeit noch abzugewinnen. Es versteht sich von selbst, daß für die Urtheilskraft darin kein besonderer Theil sei, weil in Ansehung derselben die Kritik statt der Theorie dient; sondern daß nach der Eintheilung der Philosophie in die theoretische und praktische und der

---

32 *OP*, AA 21: 474.15–475.10 = IV 95.

33 *OP*, AA 21: 292 = III 16 Randanm. bzw. 482.25–27 = IV 101.

34 *OP*, AA 22: 182.22–24 = VIII 25.

35 *OP*, AA 21: 626.8–10 = VI 8, 636.26–637.2 = VI 13, 640.4–6 = VI 15 und 642.15–22 = VI 16.

36 Das Thema der Lücke findet sich schließlich in *Uebergang 1–14*, aber es wird nun als Lücke in der Erfahrung betrachtet (vgl. *OP*, AA 21: 576.20–577.4 = V 43, 21: 583.3–9 = V 45 und 22: 552.18–26 = XII 13).

37 Kant hatte bereits in der *KrV*, genauer in *Von der Endabsicht der natürlichen Dialektik*, gemeint, „das kritische Geschäft der reinen Vernunft" dank der Deduktion der Ideen der reinen Vernunft zur Vollendung zu bringen (*KrV* A 669 f./B 697 f.). Zweimal weist er dann in einem Brief an Ludwig Heinrich Jakob vom 11. September 1787 bzw. in einem Brief an Carl Leonhard Reinhold vom 7. März 1788 auf den Abschluss seines „critische[n] Geschäft[s]" hin, den er von der Anfertigung seiner „Critik des Geschmacks" erwartet hatte (*Br*, AA 10: 494.16 ff. bzw. 532.23 ff.).

> reinen in eben solche Theile die Metaphysik der Natur und die der Sitten jenes Geschäft ausmachen werden.[38]

Der Ausdruck „kritisches Geschäft" bezieht sich hier also auf das System der drei *Kritiken*, welches die Grundlegung des „doktrinalen" oder „dogmatischen Geschäfts"[39] ausmacht, dessen „reiner" Teil sich aus der Metaphysik der Natur und aus der Metaphysik der Sitten besteht. Wenn sich die Lücke, die es durch den Übergang auszufüllen gilt, zwischen Metaphysik der Natur und empirischer Physik findet, so scheint die daraus entstehende Problematik keineswegs die Vollständigkeit des kritischen Systems in Frage zu stellen. Kant hat offensichtlich die Implikationen der Übergangsproblematik für die kritische Fundierung des metaphysischen Teils seiner Philosophie jahrelang übersehen. Mutmaßlich war er davon überzeugt, dass der Übergang bloß einen Teil der *MAN*, und zwar meines Erachtens die *Allgemeine Anmerkung zur Dynamik*, hätte ersetzen müssen, was ferner mit einbezieht, das Verhältnis zwischen *MAN* und Physik erneut zu überdenken. Zwischen dem Ende des Sommers und dem Anfang des Herbstes 1798 muss Kant jedoch festgestellt haben, dass das kritische Instrumentarium zu vergrößern war, um das Problem des Übergangs in den Griff zu bekommen. Erst infolge der Schwierigkeiten, auf die er bei den frühesten Versuchen gestoßen war, muss er begriffen haben, dass seine begeisterte Äußerung am Ende der *Vorrede* der *KU* über den Abschluss des kritischen Geschäfts nunmehr zurückzunehmen war.

A1.6 Entwurf eines Briefes an Wilmans nach dem 4. Mai 1799

> Ich hatte mir zu Beendigung einer gewissen unter Händen habenden Arbeit eine Frist genommen [...].[40]

An dieser Stelle des Entwurfes seiner Antwort an den Brief von Carl Arnold Wilmans[41] vom 4. Mai 1799 bezieht sich Kant ohne Zweifel auf das Übergangsprojekt. In Mai 1799 bricht Kant die Redaktion des Entwurfs *A Elem. System 1–6* ab und beginnt, an *Uebergang 1–14* zu schreiben, wobei das Konzept des Werkes tief

---

38 *KU*, AA 5: 170.20–27.
39 Vgl. *Br*, AA 10: 494.18.
40 *Br*, AA 12: 281.12 ff.
41 Carl Arnold Wilmans (1772–1848) war damals ein junger Arzt aus Westfalen. 1797 hatte er eine Dissertation über *Die Ähnlichkeit zwischen dem reinen Mystizismus und Kants Religionslehre* an der Universität Halle geschrieben. Später wurde er Geschäftsmann und Privatgelehrter.

greifend umgebildet wird. Trotzdem erscheint ihm die Vollendung des Projekts offenbar immer noch als ein erreichbares Ziel.

A1.7 Lehmanns Brief an Kant vom 13. November 1799

> Was mich aber sehr traurig macht, ist die Beschwerde, welche Ew. Wohlgebohrn einfließen lassen, über eine spastische Kopf-Bedrückung Ihrer Nerven; theils des äußerst unangenehmen Zustandes wegen in Ihren Jahren; theils aber auch weil Sie dadurch sehr gehindert werden, den Plan Ihrer Philosophie zu vollenden und Ihrem System den Kranz aufzusetzen.[42]

Johann Heinrich Immanuel Lehmann[43] beruft sich hier auf den Inhalt eines nicht erhaltenen Briefes Kants vom 2. September 1799. Kant habe sich dort über eine körperliche Krankheit[44] beschwert, welche die Vollendung seines philosophischen Systems verzögere. Im Zeitraum August bis September 1799 entsteht der Entwurf *Redactio 1–3* und ebenfalls im August 1799 beginnt die Redaktion des Entwurfes *Conv. X/XI.* Trotz seiner Gesundheitsprobleme bleibt Kant also verhältnismäßig leistungsfähig. Die Verzögerung des Abschlusses von Kants letztem Projekt scheint vielmehr in der laufenden Erweiterung der ursprünglichen Übergangsproblematik begründet zu liegen.

A1.8 Becks Brief an Pörschke vom 30. März 1800

> N. S. Ich hörte einmal von einer Arbeit Kants, welche die Metaphysik der Natur betreffen sollte. Ist etwas daran?[45]

Die Nachricht, dass Kant noch an einem letzten Werk über die Philosophie der Natur arbeite, dringt allmählich aus dem Kant-Kreis nach außen und weckt sowohl Neugier als auch Zweifel. Etwas skeptisch fragt Jacob Sigismund Beck[46] in den obigen Zeilen an Karl Ludwig Pörschke[47] nach Informationen darüber.

---

42 *Br*, AA 12: 289.10 – 16.

43 Johann Heinrich Immanuel Lehmann (1769 – 1808) war ein ehemaliger Student und Amanuensis von Kant.

44 In demselben Brief berichtet Lehmann weiter, dass es sich um eine „Entspannung der Nerven“ handle, eine Störung, die „einer besonderen Elektrizität in der Luft“ zuzuschreiben sei.

45 Vaihinger 1880, 299.

46 Jacob Sigismund Beck (1761 – 1840), Schriftsteller und Philosoph, hatte bei Kant studiert. 1796 erscheint sein Buch *Einzig möglicher Standpunkt, aus welchem die kritische Philosophie beurteilt werden muss*. Ursprünglich als Apologie des kantischen Denkens

A1.9 Brief an Kiesewetter vom 8. Juli 1800

> Das Geschenk: der Wiederlegung der Herderschen Metakritik, nunmehro in 2 Bänden (welches Ihrem Kopf und Herzen gleiche Ehre macht) frischt in mir die angenehmen Tage auf, die wir einstens in Belebung dessen, was wahr und gut und beyden unvergänglich ist, zusammen genossen; welches jetzt in meinem 77ten Jahre wo Leibesschwächen (die gleichwohl noch nicht auf ein nahes Hinscheiden deuten) meine letzte Bearbeitungen erschweren, aber, wie ich hoffe, doch nicht rückgängig machen sollen, – keine gringe Stärkung ist, – in dieser meiner Lage, sage ich, ist mir dieses Geschenk doppelt angenehm.[48]

In Kants Brief an Kiesewetter vom 8. Juli 1800 bezieht sich der Hinweis auf die „letzten Bearbeitungen" des Philosophen, die durch die Abnahme seiner Kräfte belastet werden, ohne Zweifel auf das Nachlasswerk. Zu diesem Zeitpunkt arbeitet Kant am Entwurf *Conv. VII.*

A1.10 Rinks Brief an de Villers vom 18. Juli 1800

> Gegenwärtig arbeitet unser Kant an seinem Uebergange von der Metaphysik zur Physik der Natur; aber es geht langsam, und ich glaube nicht, dass er die Beendigung dieser Arbeit erleben wird. Auf keinen Fall kann sie so, wie sie izt [= jetzt] ist, in das Publicum treten.[49]

Dieser Äußerung Friedrich Theodor Rinks[50] in seinem Brief an Charles de Villers[51] zufolge verfügte Rink über relativ präzise Informationen aus erster Hand über Zustand und Arbeitsfortschritt des *Opus postumum.*

---

gedacht, enthält es *de facto* eine Interpretation des Begriffs des Dinges an sich, die die Kritiken der späteren Vertreter des deutschen Idealismus vorbereitete.

47 Karl Ludwig Pörschke (1752–1812) war ab 1787 als Dozent, ab 1794 als außerordentlicher Professor für Philosophie an der Königsberger Albertina tätig. Er gehörte zum Kreis der Tischgenossen Kants, der ihn in der Fassung des Testaments von 1798 zum Stellvertreter des *executor testamenti* Gensichen ernannte (*Br*, AA 12: 384.7 ff.).

48 *Br*, AA 12: 315.20–28.

49 Vaihinger 1880, 290.

50 Friedrich Theodor Rink (1770–1811) war Dozent an der philosophischen Fakultät der Albertina. Im Jahr 1801 verließ er Königsberg und zog nach Danzig, wohin er als Prediger an der Trinitatis-Kirche und als Professor für Theologie am Akademischen Gymnasium berufen worden war. Er hat die *Physische Geographie* (1802), die *Pädagogik* (1803) und die *Fortschritte* (1804) herausgegeben.

51 Als begeisterter Schüler Kants versuchte Charles de Villers (1765–1815) die kantische Philosophie in Frankreich einzuführen. Der Titel seines Hauptwerks lautet: *Philosophie de Kant, ou principes fondamentaux de la philosophie transcendentale* (1801).

A1.11 *Kants physische Geographie* herausgegeben von Rink (1802)

> Gelänge es doch dem ehrwürdigen Urheber dieser phys. Geographie noch seinen Übergang von der Metaphysik der Natur zur Physik bekannt zu machen! Auch über diesen Gegenstand würde man dort, wie ich bestimmt weiß, manche scharfsinnige Bemerkung vorfinden.[52]

Im Jahr 1802 erscheint Rinks Ausgabe von Kants Vorlesungen zur physischen Geografie, wo Kants Übergangsprojekt mutmaßlich zum ersten Mal in einer Veröffentlichung erwähnt wird. Im Zeitraum vom Dezember 1800 bis zum Februar 1803 entsteht *Conv. I*, der jüngste Entwurf des *Opus postumum*. Erst hier offenbaren sich in massiver Weise eindeutige Zeichen der Senilität Kants. Rinks ehrfurchtsvoller Wunsch an der wiedergegebenen Textstelle klingt insofern völlig unrealistisch. Zutreffend wird allerdings die Bedeutung des Inhalts der Schrift trotz ihrer Unvollständigkeit angedeutet.

A1.12 Schellings Kant-Nekrolog (1804)

> Noch im Jahr 1801 arbeitete er [= Kant] in den wenigen Stunden freier Denkkraft an einem Werk: *Uebergang von der Metaphysik zur Physik*, welches hätte das Alter ihm die Vollendung gegönnt, ohne Zweifel von dem höchsten Interesse hätte seyn müssen.[53]

Als Kant am 12. Februar 1804 stirbt, ist seine letzte Arbeit immer noch unvollendet. Schelling veröffentlicht in der *Fränkischen Staats- und Gelehrtenzeitung* vom März 1804 einen Nekrolog für den Philosophen, der den obigen kurzen, aber deutlichen Hinweis auf das Übergangsprojekt enthält.[54]

---

52 *PG*, AA 9: 221.9 – 12.

53 Schelling 1804, 8.

54 Onnaschs Vermutung, Schelling habe nur durch Rinks Information in *Kants physischer Geographie* über Kants Übergangsprojekt unterrichtet werden können, weil a) sie den einzigen bislang bekannten Hinweis in der zeitgenössischen Kant-Literatur darstellt und b) Schelling über keine direkte Verbindung mit Kant verfügte (Onnasch 2010, 310 ff.), ist ohne Weiteres plausibel. Trotzdem kann nicht völlig ausgeschlossen werden, dass Schelling die Mitteilung von jemandem aus dem Kant-Kreis erhalten hatte.

A1.13 Hasses *Letzte Aeusserungen Kant's* (1804)

Schon seit mehreren Jahren lag auf seinem Arbeits-Tische ein handschriftliches Werk von mehr als Hundert Folio-Bogen, dicht beschrieben, unter dem Titel: *System der reinen Philosophie, in ihrem ganzen Inbegriffe*, an dem ich ihn oft, wenn ich zum Essen kam, noch schreibend antraf. Er ließ mich es mit Willen mehrere male an- und einsehen, und durchblättern. Da fand ich denn, daß es sich mit sehr wichtigen Gegenständen: *Philosophie, Gott, Freiheit*, und wie ich hörte, hauptsächlich mit dem *Uebergange der Physik zur Metaphysik* beschäftigte*. Bey dem Begriffe der Philosophie schien der erhabene Denker mit sich selbst lange im Kampfe gewesen zu seyn; so sehr war dieser Artickel durchstrichen, überarbeitet und durchgeackert!

[Fußnote] *Dieses Werk pflegte Kant im vertraulichen Gespräche „sein Hauptwerk, ein *Chef d'œuvre*" zu nennen, und davon zu sagen, daß es ein (absolutes) sein System vollendendes Ganzes, völlig bearbeitet, und nur noch zu redigieren sey, (welches letztere er immer noch selbst zu thun hofte.) Gleichwohl wird sich der etwaige Herausgeber desselben in Acht nehmen müssen, weil K. in den letzten Jahren oft das ausstrich, was besser war als das, was er überschrieb, und auch viele Allotria (z. B. die Gerichte die für denselben Tag bestimmt waren) dazwischen setzte. Damahls hieß es, daß es unserm Hrn. Prof. Gensichen (dem K. auch seine Bibliothek und 500 Rthlr. Geld vermacht hat) zur Herausgabe übergeben werden sollte. Jetzt ist es vorläufig dem Hrn. Hofpred. Schulz (Kants Commentator, einem competenten Richter) zur Beurtheilung communicirt, der mich aber versicherte, daß er darinne nicht fände, was der Titel verspräche, und zu der Herausgabe desselben nicht rathen könne.[55]

Im Laufe desselben Jahres 1804 erscheinen die Kant-Biografien von Hasse, Borowski, Jachmann und Wasianski, welche der Öffentlichkeit über den Zustand des sogenannten Nachlasswerks berichten.[56]

Beginnen wir mit dem Zeugnis von Johann Gottfried Hasse[57], der die Gelegenheit gehabt hatte, das Manuskript persönlich durchsehen zu dürfen. Sein Bericht bezieht sich auf die Handschrift in einer sehr weit fortgeschrittenen Phase ihrer Entstehung. Hasse behauptet, Kant habe „[s]chon seit mehreren Jahren" an

---

55 Hasse 1804, 19; vgl. Buchenau und Lehmann (Hg.) 1925, 23 f.

56 Zuerst wird die Kant-Biografie von Hasse veröffentlicht. Diejenigen von Borowski, Jachmann und Wasianski erscheinen nachträglich bei Nicolovius in Königsberg unter dem Titel *Über Immanuel Kant, Erster Band – Zweiter Band – Dritter Band.*

57 Johann Gottfried Hasse (1759–1806), Konsistorialrat und Professor für orientalische Sprachen und Theologie an der Albertina, gehörte zum Kreis der Tischgäste Kants. Nach dem Tod des Philosophen veröffentlichte er das Buch *Merkwürdige Aeusserungen Kant's von einem seiner Tischgenossen*, welches schon wenige Wochen darauf erneut gedruckt werden musste. Die zweite Auflage trägt den Titel *Letzte Aeusserungen Kant's von einem seiner Tischgenossen.* Statt eine echte Biografie des Philosophen zu liefern, hatte Hasse es vielmehr im Sinn, durch seine Schrift über „den großen Mann" nur seinem „Dankerfüllten Herzen" Luft zu machen, wie er im Vorwort zur zweiten Auflage schreibt.

seinem Werk gearbeitet. Der Umfang des Autografs habe bereits „mehr als Hundert Folio-Bogen" betragen. Die Seiten seien „dicht beschrieben" gewesen, was auf die Entstehung einer beachtlichen Anzahl an nachträglichen Randanmerkungen hindeutet. Weitere Hinweise zeigen, dass Hasse mit Sicherheit von *Conv. I* und vermutlich auch von *Conv. VII* Kenntnis hatte: die Signalisierung einer beträchtlichen Anzahl von Merkmalen der Senilität („viele Allotria"), die überwiegend im letzten, aber auch im vorletzten Entwurf vorfindlich sind; die Wiedergabe eines Titels des Werkes – „*System der reinen Philosophie, in ihrem ganzen Inbegriffe*" –, der im 11. Bogen von *Conv. I* vorkommt[58]; die Bezeichnung der Begriffe „*Philosophie, Gott, Freiheit*", welche zum Themenkreis der beiden letzten Entwürfe gehören, als „wichtige Gegenstände" des Werkes; die Erwähnung des fieberhaften Ringens um den Begriff der Philosophie.

Dagegen besitzt Hasse nur indirekte und unpräzise Informationen zum Übergangsbegriff im Nachlasswerk. Er stellt fest, dass er die Information, dieser Begriff mache das Hauptthema des Werkes aus, *mündlich*, also nicht durch Ansehen der Handschrift erworben habe. Ferner bezeichnet er den Begriff des Übergangs als einen „Übergang der Physik zur Metaphysik", was meines Wissens so oder in einer gleichbedeutenden Form niemals unter der Feder Kants vorkommt und was vor allem ein grundlegend falsches Verständnis von Kants Projekt eines Übergangs *von* der Metaphysik *zur* Physik darstellt. Es ist also meines Erachtens sehr unwahrscheinlich, dass Hasse diese Information von Kant selber bekommen hat. Aus Hasses Hinweisen auf den Übergangsbegriff im *Opus postumum* ist ferner zu schließen, dass er niemals auf eine der zahlreichen Okkurrenzen des Übergangsbegriffs im *Opus postumum* gestoßen ist. Das heißt, dass Hasse das gesamte Manuskript bloß rasch, wenn überhaupt, durchgeblättert hatte. Trotzdem ist es ihm gelungen, einige Bogen aus *Conv. I*[59] und wohl auch aus *Conv VII* etwas näher anzusehen. Dadurch kann er allerdings kein besonders tiefes Verständnis von Kants Werk gewonnen haben.

In der Fußnote zu seinem Bericht geht Hasse auf die strittige Frage nach der Publikationswürdigkeit des Werkes ein. Zunächst gibt er wieder, was Kant privat über den Wert und den Zustand seines letzten Werkes gesagt habe: Der Philosoph habe es für sein „*Chef d'œuvre*"[60] und die Vollendung seines philosophischen System gehalten, was mit Borowskis und Jachmanns Berichten übereinstimmt, Kant habe das Übergangswerk für den „Schlussstein" seiner Philosophie gehal-

58 *OP*, AA 21: 146.12–14 = I 43.

59 Die Vermutung liegt nahe, dass Hasse den 11. Bogen von *Conv. I* eingesehen hat, weil dort der Titel des Werkes, den er so genau wiedergibt, auftaucht, der Terminus „Übergang" jedoch nicht. Auch im 9., 10. und 12. Bogen des 1. Konvoluts taucht das Wort „Übergang" nicht auf.

60 Der Ausdruck „*Chef d'œuvre*" kommt meines Wissens niemals in den Schriften Kants vor.

ten.[61] Kant habe gemeint, es sei „völlig bearbeitet", was aber im Kontrast zu der Tatsache steht, dass er im Laufe der Zeit und bis zum Ende nie aufgehört hat, das Konzept des Werkes weiterzuentwickeln. Er habe des Weiteren nie die Hoffnung aufgegeben, selbst die Redaktion der Schrift zu übernehmen. Ein derartiges Bestreben kommt auch in den obigen Textpassagen aus Kants Briefen zum Ausdruck.

Was die Frage der Publikationswürdigkeit des Manuskripts angeht, so vermeidet Hasse eine klare Positionierung. Einerseits scheint er eine eventuelle Herausgabe im Hinblick auf die textuellen Schwierigkeiten zwar für anspruchsvoll, aber nicht grundsätzlich für unangemessen zu halten. Andererseits berichtet er vollkommen neutral von Johann Schultz'[62] „kompetenter" Auffassung, von einer Veröffentlichung des Manuskripts sei aufgrund der Haltlosigkeit seines Inhalts abzuraten.

A1.14 Borowskis Kant-Biografie (1804)

> Er [= Kant] konnte auch das lange projectirte Werk „Uebergang der Physik zur Metaphysik" welches der Schlußstein seiner philosophischen Arbeiten seyn sollte, nicht beendigen; [...] antwortete denen, die ihn fragten, was man noch von gelehrten Arbeiten von ihm zu hoffen hätte: „Ach, was kann das sein. *Sarcinas colligere!* daran kann ich jetzt nur noch denken!" Wie oft hörten einst an einem Mittage 1794 seine Freunde Hippel und Scheffner und ich mit ihnen, dieses *sarcinas colligere* aus seinem Munde.[63]

Es handelt sich bei dieser Passage um eine nachträgliche Ergänzung Ludwig Ernst Borowskis[64] zu seiner ersten Version einer Kant-Biografie von 1792. Da seine Be-

61 Vgl. unten A1.14 und A1.15.

62 Johann Schultz (1739 – 1809) oder Schulz war Hofprediger und Professor für Mathematik an der Albertina. In der *Erklärung in der litterarischen Fehde mit Schlettwein* (1797) bezeichnet Kant die *Prüfung der kantischen Kritik der reinen Vernunft* (in zwei Teilen: 1789 bzw. 1792) von Schultz als die treueste Interpretation seines Denkens (*Br*, AA 12: 367 f.). Nach Wasianski hatte Kant selbst ihn für „den besten Dolmetscher seiner Schriften" gehalten (vgl. A1.16); Hasse nennt ihn einen „competenten Richter" zur Prüfung von Kants Manuskript.

63 Borowski 1804, 183 f.; vgl. Groß (Hg.) 1993, 75.

64 Ludwig Ernst Borowski (1740 – 1831) war Feldprediger, dann Pfarrer der Neu-Roßgärtigen Kirche in Königsberg und schließlich königlicher Hofprediger bei König Friedrich Wilhelm III. Er zählt zu den ersten Studenten Kants an der Albertina. 1762 verließ er Königsberg, wohin er 20 Jahre später zurückkehren sollte, um dort bis 1792 zu bleiben. In dasselbe Jahr reicht der früheste Entwurf seiner Kant-Biografie zurück. Ab diesem Zeitpunkt, also dann auch in den Jahren, in denen Kant an seinem *Opus postumum* arbeitete, wurde seine bis dahin freundliche Verbindung zu dem Philosophen distanziert, wenn auch nicht völlig unterbrochen. Borowski hatte wohl befürchtet, dass eine zu enge Freundschaft mit dem Verfasser der *Religion* seiner

ziehung zu Kant in den Jahren, in denen der Philosoph am *Opus postumum* arbeitete, kühler geworden war, ist unsicher, wie gut er über das Nachlasswerk informiert war. Zu diesem Punkt liefert er jedenfalls einen ausgesprochen lakonischen Bericht und gibt den Titel des geplanten Werkes – Übergang *der Physik zur Metaphysik* – ebenso wie Hasse unzutreffend wieder.

Die Bezeichnung des *Übergangs* als „Schlussstein seiner philosophischen Arbeit“ kann einfach heißen, dass Kant dieses Werk für den Abschluss seiner Philosophie hielt. Der hier verwendeten architektonischen Metapher soll jedoch größere Aufmerksamkeit geschenkt werden. Der Schlussstein eines Bogens oder eines Gewölbes ist der Stein, der den Bau vollendet und der im Zentrum liegt. Da er im Scheitel des Baus eingesetzt wird, sichert er die Stabilität und die Einheit der ganzen Konstruktion.[65] In Bezug auf die Architektonik des kritischen Systems hätte das – dem Zeugnis Borowskis nach zu urteilen – die Rolle des *Übergangs* sein sollen, wenn dieses Projekt denn vollendet worden wäre.

Borowskis Mitteilung zufolge hatte Kant bereits 1794, also zehn Jahre vor seinem Tod, seinen Tischgenossen anvertraut, ihm sei nichts anderes im Hinblick auf seine philosophische Arbeit übriggeblieben als „*sarcinas colligere*“[66], d. h. sich darauf vorzubereiten, sich von der Philosophie, ja bald selbst vom Leben, zu verabschieden. Trotzdem ist bekannt, dass Kant noch viel leisten sollte. Derselbe Ausdruck folgt drei Jahre später auch aus der Feder Kants. In der *Erklärung in der litterarischen Fehde mit Schlettwein* (1797) bezeichnet sich Kant als einen Mann „in seinem 74sten Jahre (wo das *sarcinas colligere* wohl das Angelegenste ist)“[67]. Es ist zu bemerken, dass diese etwas stoische Haltung im Kontrast steht zur dramatischen Feststellung in den obigen Passagen aus den Briefen an Garve bzw. Kiesewetter von September bis Oktober 1798, dass vor ihm noch eine für die Vollständigkeit des kritischen Systems entscheidende Aufgabe stehe, nämlich die Anfertigung des Übergangswerks. Dieser Kontrast ist wohl ein Indiz dafür, dass Kant bis 1798 die der Übergangsproblematik innewohnenden Schwierigkeiten und ihre Relevanz für die kritische Philosophie unterschätzt hatte.

Karriere hätte schaden können. Zu Borowskis Leben vgl. ferner die biografische Information von Rudolf Malter in Groß (Hg.) 1993, IX–XII.

65 In seinen Schriften verwendet Kant den Ausdruck „Schlussstein“ immer in diesem metaphorischen Sinn (vgl. *KpV*, AA 5: 3.26; *Br*, AA 10: 428.24 und *OP*, AA 22: 489.25 = XI 23).

66 Der Ausdruck „*sarcinas colligere*“ bedeutet „sein Bündel schnüren“, „seine Sachen zusammenpacken“, auch im Sinne von „sich zum Aufbruch rüsten“. Er gehört zum militärischen Wortschatz (vgl. z. B. Gaius Sallustius Crispus, *Bellum Iugurthinum* 97,4). Das Wort „*sarcinae*“ (pl.) bezeichnet das Gepäck (des Soldaten).

67 *Br*, AA 12: 367.18 f.

A1.15 Jachmanns Kant-Biografie (1804)

> Bedauern, ewig bedauern wird aber mit mir jeder Freund der Philosophie, daß den großen Denker Kant das Alter übereilte und ihn an der gänzlichen Vollendung seines philosophischen Systems verhinderte. Mit einer wahren Begeisterung pflegte der unsterbliche Mann oft mit mir über sein letztes Werk zu sprechen, welches nach seiner Äußerung der Schlußstein seines ganzes Lehrgebäudes seyn und die Haltbarkeit und reelle Anwendbarkeit seiner Philosophie vollgültig documentieren sollte, das aber ganz unvollendet geblieben ist. Es sollte den Uebergang der Metaphysik zur eigentlichen Physik darstellen und auch diesen Titel führen.
>
> [...] Dies Vermögen, einzelne Begriffe bis in ihre einfachsten Vorstellungen zu verfolgen und voneinander abzusondern, blieb auch am längsten ein Eigentum seines Geistes; auch da noch, als seine übrigen Erkenntniskräfte, besonders die Kombinationsgabe der Begriffe, die seiner Sagacität nie gleich gewesen war, merklich dahin schwanden. Seine letzte schriftliche Arbeit an dem Uebergange der Metaphysik zur eigentlichen Physik, beweiset dies ganz offenbar. Kant hatte einzelne Begriffe tief durchdacht und lichtvoll dargestellt, aber sie waren auch nur einzeln und ohne Verbindung hingeworfen. Er hatte auf mehreren Bogen immer von neuem angefangen und war immer wieder auf dieselben Begriffe zurückgekommen. Er hatte nicht mehr das Vermögen, das Ganze zu umfassen und die einzelnen Begriffe systematisch zu ordnen. Es würde für den Menschenkenner interessant seyn, diese letzten Kraftäußerungen eines so großen Geistes ganz unverändert vor sich zu sehen.[68]

Im Vergleich zu Borowski beweist Reinhold Bernhard Jachmann[69] eine eingehendere Kenntnis von Kants Nachlasswerk. Seine Bezeichnung der Schrift – „Übergang der Metaphysik zur eigentlichen Physik“ – kommt im *Opus postumum* zwar nicht wörtlich vor. Trotzdem erweist sie sich als weitaus passender als die Versionen in Hasses und Borowskis Mitteilungen. Zudem war Jachmann direkt von

---

68 Jachmann 1804, 17 f. und 21 f.; vgl. Groß (Hg.) 1993, 112 ff. Auf dieses Zeugnis verweist bereits der Pastor und Theologe John Henry Wilbrand Stuckenberg in seiner Biografie Kants (Stuckenberg 1882, 305). In der späteren Literatur zum *Opus postumum*, wie etwa in den Abhandlungen von Adickes oder Vleeschauwer, wird es hingegen lange ignoriert. Erst Gerhard Lehmann weist wieder darauf hin (Lehmann 1938b, 754).

69 Reinhold Bernhard Jachmann (1767–1843) bezog 1784 die Albertina und wurde wie sein älterer Bruder Johann Benjamin ein begeisterter Schüler Kants. Er zählt ferner zu den Amanuenses Kants. Während der Jahre 1784 bis 1794 pflegte er einen fast täglichen Kontakt mit Kant. Im Frühjahr 1794 zog er nach Marienburg (Ostpreußen) um, wo er als Prediger und Rektor der dortigen gelehrten Schule tätig war. Im Jahr 1800 erschien bei Nicolovius in Königsberg sein Buch *Prüfung der Kantischen Religionsphilosophie in Hinsicht auf die ihr beygelegte Aehnlichkeit mit dem reinen Mystizism. Mit einer Einleitung von Immanuel Kant*. 1801 folgte seine Ernennung zum Direktor des Erziehungsinstituts in Jenkau bei Danzig. Er berichtet von seinem Besuch bei Kant am 1. August 1803, den er ihm einige Monate vor dessen Tod abgestattet hatte (Jachmann 1804, 190; vgl. Groß [Hg.] 1993, 176; sowie Jachmann 1804, 213; vgl. Groß [Hg.] 1993, 184). Zu Jachmanns Leben vgl. die biografische Information von Rudolf Malter in Groß (Hg.) 1993, XII.

Kant darüber unterrichtet worden, dass er das Übergangswerk für den „Schlußstein seines ganzes Lehrgebäudes" hielt, der „Vollendung", „Haltbarkeit" und „reelle Anwendbarkeit" seines philosophischen Systems hätte gewährleisten müssen, was allerdings mit den Zeugnissen von Hasse und Borowski in Übereinstimmung steht.

Jachmanns präzise Beschreibung von Kants Nachlasswerk lässt vermuten, dass er die Handschrift persönlich durchgesehen hatte. Zutreffend schildert er sie als eine Reihe von Entwürfen, worin an das Problem des Übergangs immer wieder von Neuem herangegangen wird. Seine Behauptung, im Manuskript seien allein „einzelne Begriffe" zu finden, die Kant zwar „tief durchdacht und lichtvoll dargestellt" hatte, aber nicht mehr systematisch zusammensetzen konnte, trifft allerdings vorwiegend auf den aphoristischen Charakter von *Conv. I* zu, den jüngsten Entwurf zum Nachlasswerk.

Trotz de Unvollständigkeit des Textes und der Anzeichen von Kants Altersschwäche misst Jachmann dem Inhalt des Nachlasswerks großen Wert bei, sowohl hinsichtlich der intellektuellen Biografie des Philosophen („für den Menschenkenner") wie auch im Hinblick auf die spekulative Bedeutung der „letzten Kraftäußerungen eines so großen Geistes". Diesem Kant-Biografen muss also das Verdienst zuerkannt werden, aus den eben genannten Gründen für eine diplomatische Ausgabe („ganz unverändert") des *Opus postumum* plädiert zu haben, und es ist heute nur zu bedauern, dass sein weitblickender Vorschlag damals wirkungslos geblieben ist.

A1.16 Wasianskis Kant-Biografie (1804)

> Sein letztes Werk und einziges Manuscript, das vom Uebergange von der Metaphysik der Natur zur Physik handeln sollte, hat er unvollendet hinterlassen. So frey ich von seinem Tode und allem dem, was er nach demselben von mir wünschte, sprechen konnte, so ungern schien er sich darüber erklären zu wollen, wie es mit diesem Manuscript gehalten werden sollte. Bald glaubte er, da er das Geschriebene selbst nicht mehr beurtheilen konnte, es wäre vollendet und bedürfe nur noch der letzten Feile, bald war wieder sein Wille, daß es nach seinem Tode verbrannt werden sollte. Ich hatte es seinem Freunde Hrn. H. P. S. [= Hofprediger Schultz] zur Beurteilung vorgelegt, einem Gelehrten, den Kant nächst sich selbst für den besten Dolmetscher seiner Schriften erklärte. Sein Urtheil ist dahin ausgefallen, daß es nur der erste Anfang eines Werkes sey, dessen Einleitung noch nicht vollendet und das der Redaktion nicht fähig sey. Die Anstrengung, die Kant auf die Ausarbeitung dieses Werkes verwandte, hat den Rest seiner Kräfte schneller verzehrt. Er gab es für sein wichtigstes Werk aus; wahrscheinlich aber hat seine Schwäche an diesem Urtheil großen Antheil.[70]

---

70 Wasianski 1804, 194 f.; vgl. Groß (Hg.) 1993, 260. Dieser Bericht wird an anderer Stelle in der

Diese Mitteilung von Ehregott Andreas Christoph Wasianski[71] über Kants Übergangsprojekt[72] hat wie kein anderer Bericht aus der Entstehungszeit des *Opus postumum* die nachträgliche Geschichte dieser Schrift beeinflusst. Denn sie liegt dem hartnäckigen Vorurteil zugrunde, bei Kants Spätwerk handle es sich bloß um eine wertlose Ansammlung seniler Gedanken.

Beim Tode Kants hatte Wasianski als Testamentsvollstrecker das Manuskript des unvollendeten Werkes an sich genommen,[73] wobei er mit der heiklen Frage nach einer eventuellen Publikation konfrontiert war. Wie oben gezeigt wurde, war es innerhalb des Kant-Kreises bekannt, dass der Philosoph jahrelang an diesem Projekt gearbeitet und es als sein „Hauptwerk" und den „Schlussstein" seiner Philosophie bezeichnet hatte. Hasse berichtet ferner von einem einige Zeit vor

---

Biografie bereits angekündigt: „Von seinem noch unvollendeten Manuskript soll unten Erwähnung geschehen." (Wasianski 1804, 83; Groß [Hg.] 1993, 220).

71 Ehregott Andreas Christoph Wasianski (1755–1831) war der Sohn eines Lehrers an der Königsberger Domschule auf der Pregelinsel Kneiphof, auf welcher der Dom sowie einige Universitätsgebäude lagen und auf der später Kants Grabmal errichtet werden sollte. Er studierte acht Jahre an der Albertina Naturwissenschaften, Medizin und Theologie und hörte bei Kant. Nach dem Studienabschluss 1780 begann seine 50 Jahre dauernde Aushilfstätigkeit an der Kirche des Stadtgebiets Tragheim (am Anfang als Kantor, ab 1786 als Diakon und ab 1808 als Pastor). Er war sowohl musikalisch als auch technisch begabt und machte sich einen Namen durch die Anfertigung eines verbesserten Modells des Bogenflügels. Darüber hinaus verfasste er zahlreiche Gedichte auf Deutsch und Latein. Ab 1790 zählte er zu den Tischgenossen Kants. Mit dem Testamentsnachtrag vom 14. Dezember 1801 ernannte ihn Kant zum *curator funeris* und *executor testamenti*. Somit trat er an die Stelle des früheren Testamentsvollstreckers Gensichen, der nun zu seinem Beistand wurde (*Br*, AA 12: 386; vgl. Radke 1901, 82). Im Dezember 1803 erteilte Kant Wasianski die Generalvollmacht. Diesbezüglich berichtet Wasianski: „Die Unterschrift unter diesem Protokoll ist der letzte Federstrich, den Kants Hand gemacht hat." (Wasianski 1804, 190 f.; vgl. Groß [Hg.] 1993, 259). Wasianski wird nach dem Tod seines Freundes und Lehrers die Beerdigung organisieren. Sein Buch *Immanuel Kant in seinen letzten Lebensjahren* schließt die vom Königsberger Verleger Nicolovius unterstützte Trilogie der Biografien über den Vater der kritischen Philosophie. Hasse bezeichnet Wasianski in seiner eigenen Kant-Biografie als den Menschen, der „die genaueste und sicherste Nachricht" über Kants Privatleben geben konnte (Buchenau und Lehmann [Hg.] 1935, 44). Eine umfassendere Wasianski-Biografie findet sich bei Stark 1987, 221–224.

72 Anders als Borowski und Hasse gibt Wasianski den Begriff des Übergangs im *Opus postumum* als „Übergang von der Metaphysik der Natur zur Physik" dem Manuskript gemäß wieder (vgl. z. B. 22: 190.14 = VIII 29 und 22: 357.14 = X 41).

73 Justizkommissar Radke berichtet: „Das im Nachlass ebenfalls vorgefundene vom Erblasser noch nicht vollendete Manuscript hat Herr Executor Testamenti [= Wasianski] an sich genommen und wird die auswärtigen Erbinteressenten darüber befragen, was damit weiter angefangen werden soll." (Radke 1901, 86).

Kants Tod entstandenen Gerücht, Friedrich Gensichen[74] sei von dem Philosophen als Herausgeber des Übergangswerks bestimmt worden. Schließlich konnte man aus den Berichten derer, welche die Gelegenheit gehabt hatten, die Handschrift einzusehen (wie etwa Rink, Hasse oder Jachmann), den Eindruck gewinnen, das Werk sei zwar unvollendet, enthalte aber immerhin „scharfsinnige Bemerkungen", zudem „tief durchdacht[e] und lichtvoll dargestellt[e]" Begriffe, die es zweifellos wert waren, öffentlich gemacht zu werden. Die Nachrichten über Kants letztes Projekt, die schon bei seinem Tod bekannt wurden, mussten also bestimmte Hoffnungen hinsichtlich einer posthumen, als das geistige Erbe des Philosophen zu begrüßenden Ausgabe des Werkes geweckt haben.

Wasianski, der hingegen die Verbreitung der Materialien zum *Opus postumum* unangemessen fand, ergriff in seiner Kant-Biografie die Gelegenheit, die Haltlosigkeit jener Erwartungen zu beweisen. Hasses Behauptung, Kant habe sein Spätwerk für „völlig bearbeitet, und nur noch zu redigieren" gehalten, setzte nun Wasianski das Porträt eines Greises entgegen, der nicht mehr in der Lage gewesen sei, eine feste Meinung über den Zustand seiner eigenen Schrift zu haben, da er einerseits in der Tat gesagt habe, sie sei so gut wie vollendet und „bedürfe nur noch der letzten Feile", ihn aber andererseits angewiesen habe, sie nach seinem Tod zu verbrennen. Jede Berufung auf die Autorität von Kants letztem Willen, was die Veröffentlichung des Übergangsprojekts angeht, wird also von Wasianski dadurch entkräftet, dass er die Zuverlässigkeit des Urteilsvermögens des Philosophen *genau* bezüglich dieser Arbeit in Frage stellt. Als Grund für diese Abschwächung des Urteilsvermögens vermutet der Biograf die Auswirkungen der Senilität, die während der Jahre am Lebensende des Philosophen infolge seiner Bemühung um dieses Werk ungemein schnell vorangeschritten sei.

Da Kant selber nun zu keiner zuverlässigen Bewertung seiner eigenen Arbeit mehr fähig gewesen sei, so Wasianski, habe sich eine sachliche Prüfung des Manuskripts von einem kompetenten Forscher als notwendig erwiesen. In dieser Angelegenheit wandte sich Wasianski an Schultz, „die Säule der Kantorthodoxie in Königsberg"[75], der eine ausgesprochen negative Beurteilung vorlegte: Von der geplanten Arbeit sei eigentlich nicht einmal die Einleitung fertiggeschrieben worden, was die Möglichkeit einer Herausgabe durch Bearbeitung der hinterlassenen Materialien in hohem Maße beeinträchtige.[76] Aus Schultz' Bewertung

---

74 Friedrich Gensichen (1760 – 1807) war Mathematiker und Lehrer an der Albertina. Er wurde von Kant in der Fassung seines Testaments vom 27. Februar 1798 zum *executor testamenti* ernannt (*Br*, AA 12: 384.8 ff.) und später in dieser Funktion von Wasianski ersetzt. Er sollte unter anderem die Bibliothek und die Manuskripte Kants erben (*Br*, AA 12: 384.29 ff.).

75 Lehmann 1969, 46.

76 Vgl. dazu Hasses Bericht.

schließt Wasianski, Kants Bezeichnung des Übergangsprojekts als sein wichtigstes Werk sei der Altersschwäche zuzuschreiben. Darüber hinaus suggeriert er, dass durch das Gewicht von Schultz' Autorität jene Zeugnisse entwertet werden, die auf das Vorhandensein bemerkenswerter Gedanken im Manuskript hingewiesen hatten.

Letztlich begründet Wasianski seinen Beschluss, die Veröffentlichung des *Opus postumum* abzulehnen, also allein durch Schulz' Urteil über das Manuskript. Dies aber erweist sich, zumindest den Berichten Hasses und Wasianskis zufolge, als sehr summarisch und oberflächlich. In der Tat hätte eine so folgenschwere Entscheidung nicht allein von der Einschätzung eines einzelnen Gutachters abhängen dürfen, und wäre er auch der beste gewesen. Vor allem ist es jedoch bedauerlich, dass Wasianski nicht bloß eine *kurzfristige* Herausgabe des Werkes verweigert hatte, was angesichts des problematischen Zustands der Handschrift nur vernünftig gewesen wäre, sondern dass er das Manuskript spurlos hatte verschwinden lassen. Dadurch war es jahrzehntelang neben dem breiteren Publikum auch den Kant-Forschern entzogen.

Sehr wahrscheinlich hat Wasianski durch das Verbergen einer Schrift, deren Wert seiner Ansicht nach weit unter dem Niveau von Kants Druckwerken lag, beabsichtigt, das Ansehen des Philosophen zu schützen. Zu Schultz' Beurteilung sowie zum daraus resultierenden Beschluss von Wasianski muss allerdings die Ansicht beigetragen haben, dass nur die von Kant selber so gut wie vollendeten Schriften überarbeitet und gedruckt werden durften.[77] Es ist letztlich nicht auszuschließen, dass nach Wasianskis und Schultz' Urteil manche Gedanken im Manuskript, wie z. B. in gewissem Sinne fichteanische oder idealistische Redewendungen, die von der kantischen „Orthodoxie" abwichen, lieber unbekannt bleiben sollten. Denn sie hätten in einem geistigen Testament wie eine *retractatio* erscheinen können, die das ganze Gebäude der kritischen Philosophie erschüttert hätte.

Mit Wasianskis Bericht schließt die Reihe der Zeugnisse über die Entstehung des *Opus postumum* ab. Damit verlieren sich die Spuren des Nachlasswerks, und es beginnt die Geschichte von Kants verschollenem Manuskript.

---

77 Schubert nimmt in seiner Mitteilung über Kants Nachlasswerk (vgl. unten A2.1.1) an, dass auch Gensichen einen gewissen Einfluss auf die Entscheidung gegen eine Publikation des Manuskripts ausgeübt habe, da dieser der Meinung war, dass nur Vollendetes von Kant gedruckt werden dürfe (Schubert 1858, 59).

A2 Die Edition des *Opus postumum*

Mehr als zwei Jahrhunderte nach dem Tod Kants existiert immer noch keine vollständige Ausgabe seines unvollendeten Werkes. Die bislang unternommenen Versuche, diese Schrift zu edieren, stehen in enger Verbindung mit der abenteuerlichen Geschichte jenes hinterlassenen Manuskripts, das Wasianski, wie im vorherigen Anhang gezeigt wurde, nach dem Tod des Philosophen an sich genommen hatte. Eine unbestimmte Anzahl von losen Blättern wurde zudem im Laufe der Zeit von den sogenannten Krause-Papieren abgesondert, und nur einige dieser Handschriften wurden dann später wiedergefunden. In einer ausführlichen Darstellung der Editionsgeschichte von Kants unvollendetem Werk sind daher sowohl die Geschichte der Krause-Papiere wie auch diejenige der wiedergefundenen losen Blätter zu berücksichtigen.

A2.1 Verschwinden und Wiederauftauchen von Kants hinterlassenem Manuskript

Fast 80 Jahre trennen den Tod Kants vom Beginn der ersten Herausgabe seines Nachlasswerkes in der *Altpreußischen* Monatsschrift. Während dieser Zeit bleibt das Manuskript verborgen, und die Nachrichten darüber gelangen nur spärlich an die Öffentlichkeit. Erst später bringen private Dokumente allmählich Fakten über die obskure Angelegenheit ans Tageslicht. Hier wird zunächst von den „öffentlichen" Mitteilungen berichtet. Anschließend wird die Geschichte des Manuskripts mithilfe der „privaten" Quellen rekonstruiert.

A2.1.1 Öffentliche Nachrichten zu Kants Nachlasswerk aus den Jahren 1804–1882

Nach der Entscheidung Wasianskis gegen eine Veröffentlichung bekommt die Öffentlichkeit keine weiteren Informationen zum Verbleib der Handschrift, sodass bereits wenige Monate später nicht mehr klar ist, ob sie vernichtet worden oder nur verschollen war.[1] Im Jahr 1842 hält Friedrich Wilhelm Schubert[2] sie in seiner *Biographie Kants* für „spurlos verschwunden"[3].

---

1 Ein Protest gegen die Entscheidung Wasianskis, verbunden mit einem eindringlichen Appell, beschließt das leidenschaftliche Plädoyer von Buchholz: „Ist also das Kantische Werk nicht vernichtet, sondern nur zurückgelegt, so gebe man es heraus als der Welt angehörend." (Buchholz 1805, 287).

Im Sommer des Jahres 1857 erscheint in vielen Berliner Zeitungen die Nachricht von der Entdeckung eines umfangreichen, seinem Inhalt nach noch unbekannten Manuskripts von Kant. Der Besitzer sei nach Angabe seines Bevollmächtigten in Berlin ein entfernter Verwandter des Philosophen und lebe in Russland.[4] Die Handschrift wird den Interessenten zur Verfügung gestellt, und alle Gutachter bestätigen, es gehe nicht nur um ein Original von Kant, sondern sogar um sein verloren geglaubtes Nachlasswerk. Zwei Prüfer, Schubert und Rudolf Haym [5], referieren über das Ergebnis ihrer jeweiligen Untersuchungen.[6]

Schubert berichtet, das Manuskript Kants in den ersten Tagen des Oktobers 1857 während eines Aufenthalts in Berlin durch die Vermittlung der Buchhändler Moritz Veit und Joseph Lehfeldt ein paar Stunden lang in seinem Zimmer durchgesehen zu haben. Diese rasche Untersuchung hatte ihm angeblich dafür ausgereicht, es als das Nachlasswerk des Philosophen zu identifizieren. Etwas später kommt auch Haym nach „einer genaueren Durchsicht" zu demselben Schluss.[7] Beide Mitteilungen liefern eine summarische Beschreibung des mate-

---

2 Friedrich Wilhelm Schubert (1799–1868) war ein Historiker und Staatskundler aus Königsberg. Mit dem Philosophen Karl Rosenkranz gab er 1838 bis 1840 die erste Gesamtausgabe von Kants Werken heraus und veröffentlichte in der 2. Abteilung des 11. Bandes derselben seine Kant-Biografie mit einer kurzen Information über das Nachlasswerk. Als Informationsquelle zitiert er die Berichte von Hasse und Wasianski. Seine Behauptung, neben Schulz sei auch Gensichen zur Begutachtung des Manuskripts bestellt worden, lässt sich jedoch nicht auf die erwähnten Quellen stützen. Wasianski weist hinsichtlich des Nachlasswerks nicht auf Gensichen hin. Hasse erwähnt lediglich, dass Gerüchten zufolge Gensichen das hinterlassene Manuskript hätte herausgeben sollen. Ebenso wenig findet sich Schuberts Information, im Manuskript hätten Schulz und Gensichen „nur Wiederholungen" aus Kants älteren Werken gefunden, in den Zeugnissen von Hasse und Wasianski bestätigt.

3 Schubert 1842, 161.

4 Vgl. Schubert 1858, 59, und Haym 1858, 80 f. und 84. Schubert aber bezweifelt die Angabe des Bevollmächtigten und geht davon aus, dass der Besitzer des Manuskripts in Riga lebe. Sein Name bleibt damals unbekannt.

5 Rudolf Haym (1821–1901) war Publizist, Politiker, Professor für Philosophie und Rektor an der Universität Halle.

6 Schubert 1858 bzw. Haym 1858. Die zweite Mitteilung erscheint anonym. Schon Reicke (und nicht zunächst Adickes, wie von Stark behauptet in Stark 1993, 56) aber schreibt sie Haym zu (vgl. Reicke 1864, 742).

7 Als unwiderlegbaren Beweis dafür, dass das Manuskript von Kant stamme, hält Schubert die „so leicht erkennbare Handschrift" des Philosophen (Schubert 1858, 60). Zur Identifizierung des Manuskripts als unvollendetes Werk des Philosophen beziehen sich sowohl Schubert als auch Haym wesentlich auf das Zeugnis Hasses. Für Schubert sei „die Durchmischung des ernsten und scherzhaften Stoffes, wissenschaftlicher Gegenstände und täglicher Bedürfnisse des Lebens [...], wie sie Kant in den letzten neun Jahren seines Lebens sich erlaubte" (ebd.), ein unverkennbares

riellen Zustands des Manuskripts.[8] Haym erwähnt ferner einige Themen, die im Manuskript vorkommen,[9] und er legt zwei Auszüge aus der Handschrift als Beispiele bei.[10]

Aufgrund des exorbitant hohen Betrags, der für den Erwerb der Papiere gefordert wird, findet sich kein Käufer, und das Manuskript verschwindet wieder in der Versenkung.[11] Erst im Sommer 1863 stößt Rudolf Reicke [12] unerwartet auf die Spur der letzten Schrift Kants.[13] 17 Jahre vergehen, bevor Reicke 1882 anfängt, das

---

Merkmal. Haym bestätigt, die aufgetauchte Handschrift entspreche nach Form und Inhalt vollkommen der Darstellung Hasses (Haym 1858, 81).

8 Schubert 1858, 60 f., und Haym 1858, 81. So behaupten sowohl Schubert als auch Haym, das Manuskript bestehe aus *zwölf* Konvoluten oder „Lagen" (Schubert 1858, 60), und zu jedem Konvolut gehörten zwischen fünf und zwölf (nach Schubert) oder dreizehn (nach Haym) Bogen. Offenbar ist das 13. Konvolut, das aus einem einzelnen Bogen besteht, von beiden Prüfern unbemerkt geblieben, was nicht erstaunlich ist, weil es damals keinen eigenen Umschlag hatte und Mitte des 19. Jahrhunderts dem 12 Konvolut beigelegt wurde (vgl. Brandis 1999, 62). Beide Mitteilenden berichten, wohl in Bezug auf den *Oktaventwurf*, wieder von einem so gut wie druckfertigen Teil des Manuskripts, d. h. der „Reinschrift", die teils von Kant selbst, teils von einer anderen Person abgeschrieben und von dem Philosophen korrigiert worden sei. Nach Haym entspricht dieser Teil ganzen Kapiteln des Werkes. Korrekturen, Ergänzungen und anderweitige Notizen von Kant erfolgen sowohl durch „Randbemerkungen" auf den Bogen (nach Schubert) wie auch durch zahlreiche beigelegte Zettel.

9 Er führt dabei die Materie und die Kategorien an (vor allem Quantität und Qualität der Materie), ebenso die brennendsten Fragen des Menschen, und zwar Gott, Freiheit und Unsterblichkeit (Haym 1958, 82).

10 Sie stammen aus dem 1. Konvolut (*OP*, AA 21: 25.3 – 21 = I 10) bzw. dem 4. Konvolut (*Refl*, AA 21: 345.10 – 346.4). Der zweite Auszug gehört aber nicht zum Nachlasswerk, sondern zu den Notizen zur *Anthropologie*. Die Wiedergabe der Textstelle weicht in einigen Punkten vom Original ab.

11 Vom außerordentlich hohen Preis des Manuskripts berichten Schubert und Haym, die weder den genauen Preis noch den Namen des Bevollmächtigten nennen. Schubert äußert daher den Wunsch, dass das Vaterland des Philosophen zu einem ermäßigten Preis das Manuskript erwerben möge und dass es in der Königsberger Bibliothek neben dem übrigen Nachlass Kants aufbewahrt werden solle. Haym erwähnt den aus Mangel an ausreichenden finanziellen Mitteln gescheiterten Versuch, die kostbare Handschrift für die Königliche Bibliothek in Berlin zu erwerben.

12 Rudolf Reicke (1825 – 1905), Königsberger Bibliothekar, Landhistoriker, Kant-Forscher und Herausgeber der *Altpreußischen Monatsschrift*. In dieser veröffentlichte er unter anderem die erste Ausgabe des *Opus postumum*, die losen Blätter aus Kants Nachlass und die *Kant-Bibliographie* der Jahre 1883 bis 1894. Von großer Bedeutung für die Kant-Forschung sind übrigens seine Sammlung der Vorlesungsverzeichnisse an der Albertus-Universität zu Königsberg vom Jahr 1720 bis zum Wintersemester 1803/04 und sein Beitrag als Herausgeber zur Akademie-Ausgabe des *Briefwechsels* Kants.

13 Reicke 1864. Reicke berichtet, während einer Besuchsreise in seine Vaterstadt Memel von der Existenz einer in einer kurländischen Stadt lebenden Großnichte Kants erfahren zu haben, in

hinterlassene Werk Kants herauszugeben.[14] Im Vorwort zu dieser Ausgabe teilt er mit, das Manuskript sei seit 16 Jahren fast ununterbrochen in seiner Obhut gewesen.[15] Er habe wiederholt in dieser Zeit über eine Edition desselben nachgedacht, das Projekt aber immer verschoben, eine bessere Gelegenheit abwartend. Zuletzt habe er das Manuskript über anderen Arbeiten vergessen. Er schließt das Vorwort etwas kryptisch, indem er behauptet: „Jetzt endlich tritt uns die Aufgabe von neuem zwingender als bisher entgegen“[16]. Das Enigma dieses „Zwanges“, das zum ersten Versuch geführt hat, Kants Nachlasswerk abzudrucken, sowie die Lücken in der Geschichte des Manuskripts nach den öffentlichen Berichten bis 1882 lassen sich erst durch spätere private Dokumente aufklären.

A2.1.2 Private Dokumente aus den Jahren 1804 – 1882

Zusätzliche Ergänzungen zu den öffentlichen Berichten über die Geschichte von Kants verschollenem Manuskript bis 1882 lassen sich aus dem Nachlass von Karl Christoph Schoen[17] sowie aus den jeweiligen Briefwechseln seines Enkels Paul Haensell[18], Reickes [19] und Emil Arnoldts[20] gewinnen.

---

deren Besitz sich manche Originalbriefe, Erinnerungsstücke und, was seine besondere Neugierde weckte, ein Manuskript des Philosophen fanden. Nach weiteren Untersuchungen gelingt es ihm, „ein am 8. Mai 1863 von einem ‚sachkundigen‘ Verwandten Kants aufgesetztes und jetzt einem andern kantischen Verwandten in Memel zugehöriges genaues Verzeichniß jenes handschriftlichen Nachlasses Kants zur Kenntniß- und Abschriftnahme zugeschickt“ (Reicke 1864, 744) zu bekommen. Reicke stellt fest, dass es um ein Verzeichnis des zweimal verschwundenen Manuskripts Kants geht, und er schließt den Text des Dokuments seinem Bericht an (ebd., 745 – 749).

14 Friedrich Ueberweg (1826 – 1871), der bekannte Philosophiehistoriker und Professor an der Universität Königsberg, kündigt die Ausgabe des Manuskripts von Reicke bereits 1866 an (Ueberweg 1866, 168).

15 Reicke-Arnoldt 1882, 67.

16 Reicke-Arnoldt 1882, 67 f.

17 Karl Christoph Schoen (1775 – 1854), Pastor und später Konsistorialrat und Propst, hatte Minna Charlotte Schoen, eine der Töchter von Johann Heinrich Kant, dem 1800 verstorbenen jüngeren Bruder des Philosophen, geheiratet. Ein Teil von Schoens handschriftlichem Nachlass wurde von seinem Enkel Paul Haensell 1906 der Preußischen Akademie übertragen. Er besteht aus acht Konvoluten, deren Inhalt von Adickes geschildert (Adickes 1920, 6 ff.) und deren weitere Geschichte von Lehmann rekonstruiert (Lehmann 1966, 80) wurde. Schoens Nachlass enthält a) im 1. Konvolut die Reinschrift von Schoens Aufsatz „Anzeige, den Nachlaß des seligen Kant betreffend“, b) in den beiden ersten Konvoluten die von Schoen abgeschriebenen Kopien einiger Stellen aus den 1., 2. und 3. Konvoluten des kantischen Manuskripts (zur Liste dieser Stellen vgl. Lehmann 1938b, 755 f.), c) einen Text von Schoen, der nach Adickes in keinem Zusammenhang

Als Schulz von einer Herausgabe des Manuskripts abriet, entschied Wasianski, es nicht mit den übrigen von Gensichen geerbten Handschriften des kantischen Nachlasses aufzubewahren, sondern es den Verwandten des Philosophen, und zwar dem Pastor Schoen in Kurland, zu übergeben.[21] Das Manuskript bleibt also bis zu seinem Tod in Schoens Händen. Haensell behauptet, sein Großvater habe sogar versucht, das Werk zu redigieren, aber erfolglos.[22] Als

mit der kantischen Philosophie steht (Konvolut 3), d) im 4. Konvolut Kants Brief an Schoen vom 28. April 1802 (*Br*, AA 12: 340), e) die Kopie eines Briefes des Preußischen Königs Friedrich Wilhelm IV. vom 24. Januar 1856 an die Baronin Adelheid von Korff, geborene von Stuart, eine Tochter der Henriette Stuart (Tochter des Johann Heinrich Kant), mit Dank für die Übersendung zweier Briefe Kants und seiner Tabakdosen (Konvolut 5; vgl. Diederichs, 1893, 550 Anm.), f) eine Kopie des Testaments Kants (mit Nachträgen) und zweier Protokolle über die Testamentseröffnung (Konvolut 6), g) ein „Nebenexemplar" von Kants Nachlass-Inventarium (vgl. Radke 1901) samt vier sich auf die Erbteilung beziehenden Beiblättern (Konvolut 7) sowie h) sieben später von Lehmann herausgegebene Briefe Wasianskis (vgl. Lehmann 1966), einen von Friedrich Stuart an Kant (*Br*, AA 12: 345 f.) und zwei von Kants angeheiratetem Neffen Rieckmann (Konvolut 8).

18 Es geht um zwei Briefe Haensells an Krause vom 23. Dezember 1883 (Krause 1888, XVI) bzw. an Friedrich Althoff vom 12./24. März 1895 (Akten der Kant-Kommission, II–VIII, 154, fol. 113–114, zitiert in Stark 1993, 55). Dazu kommt eine undatierte maschinenschriftliche Beschwerde über den Rechtsanwalt Semler (Akten der Kant-Kommission, II–VIII, 154, fol. 77–104; siehe fol. 78, Verweis in Stark 1993, 54 Anm.).

19 Es handelt sich um einen Brief Reickes an Althoff vom 19. April 1895 (Akten der Kant Kommission, II–VIII, 154, fol. 118 f., zitiert in Stark 1993, 55 f.) und eine Empfangsbescheinigung über zwölf Konvolute von Reicke, datiert auf den 8. November 1881 (ebd., fol. 374 f., Verweis in Stark 1993, 54).

20 Emil Arnoldt (1828–1905) war ein Kant-Forscher und Freund Reickes aus der Studienzeit. Wichtige Informationen über die Editionsgeschichte des *Opus postumum* finden sich in seinen Briefen an Kuno Fischer vom 10. Juni 1882 (Arnoldt 1911, 342 ff.), vom 6. und 7. Juni 1884 (ebd., 360–373) und vom 20. Juni 1884 (ebd., 377–381). Ebenfalls von Interesse ist diesbezüglich der Brief von Kuno Fischer an ihn vom 14. Juni 1884 (ebd., 373–377). Was die Geschichte von Kants verschollenem Manuskript bis 1882 im Besonderen angeht, so ist der Brief von Arnoldt an Fischer vom 20. Juni 1884 relevant.

21 Nach Angabe Haensells war Schoen nach dem Tod Kants nach Königsberg gereist, um den Nachlass des Philosophen in Empfang zu nehmen. Schoen selbst habe das Manuskript von Kants Schreibtisch genommen und es mit nach Dürben in Kurland gebracht (Krause 1888, XVI). Adickes bezweifelt die Richtigkeit dieser Information allerdings, denn der Briefwechsel zwischen Schoen und Wasianski spreche gegen eine Reise Schoens nach Königsberg. Übrigens ist in einem Brief Wasianskis an Schoen vom 14. März 1806 die Rede von der kleinen, ihm „jetzt entfallene[n] Summe der Auslagen für übersandte Schriften" (Lehmann 1966, 90), wobei es um das Manuskript des Nachlasswerks gehen könnte (Adickes 1920, 4 Anm.).

22 Auf die Bearbeitung des Manuskripts durch Schoen bezieht sich auch Wasianski an der oben erwähnten Stelle seines Briefes: „Wie weit sind Sie mein Theurer mit der Bearbeitung des Manuskripts gekommen? Ist aus demselben noch Etwas, und Was zu machen? oder qualifizirt es

Schoen stirbt, findet seine Tochter „unter Büchern vergraben" sowohl das Manuskript Kants wie auch die entsprechenden Handschriften ihres Vaters.[23] Sie versucht vergebens, die Handschrift mittels eines Bevollmächtigten in Berlin zu verkaufen. Einige Jahre später tritt Reicke mit ihr in Kontakt, und sie schickt das Manuskript nach Königsberg, wo es 16 Jahre lang fast ununterbrochen bei Reicke unter Verschluss bleibt[24].

---

sich blos als Reliquie des großen Mannes für die acad. Bibliothek?" (Lehmann 1966, 90). In der Tat ist Schoens „Redaktionsversuch" des Manuskripts nichts anderes als die Abschrift, die den beiden ersten Konvoluten seines Nachlasses entspricht.

Im Nachlass des kurländischen Pastors findet sich auch der Aufsatz „Anzeige, den Nachlaß des seligen Kant betreffend", der vermutlich von ihm verfasst wurde, um Buchholz' Angriff in der *Leipziger Literatur-Zeitung* zu erwidern. In seinem Brief vom 21. Juni 1806 macht sich Wasianski bei Schoen über den Protest von Buchholz lustig, „der mit einer unnachahmlichen Kraftsprache die Herausgabe im Namen Europas und der Menschheit, also auch der Hindus und Otaheiter des Manuskripts forderte, das Sie in Händen haben" (Lehmann 1966, 92). Es ist aber nicht bekannt, ob dieser Aufsatz von Schoen zu seinen Lebzeiten veröffentlicht wurde. Reicke, der einen Auszug dieses Textes am Anfang seiner Ausgabe des „ungedruckten Werkes von Kant" (Reicke 1882, 66 f.) wiedergibt, meint, es gehe um eine veröffentlichte Schrift. Er ermittelt aber weder den Namen des Verfassers noch die Zeitschrift, worin sie erschienen sei. Der Text ist vollständig von Lehmann wiedergegeben (Lehmann 1938b, 757 f.). Die „Anzeige" soll nach Schoen eine kurze Übersicht über den Hauptinhalt des Werkes darstellen. In der Tat wird dort nur auf das Problem des Übergangs von den *MAN* zur Physik, auf die Begriffe der Materie und der bewegenden Kräfte Bezug genommen. Schoen behauptet, dass der wirkliche Inhalt der Handschrift, abgesehen von den zahlreichen Wiederholungen, kaum zwanzig Bogen umfasse. Er weist auch auf Reflexionen über verschiedene Gegenstände sowie auf die „Allotria" hin. Anschließend stellt er die Frage, ob das Manuskript redigiert und gedruckt werden solle und von wem. Er richtet dann einen Appell an „rechtschaffene u. unbefangene Männer", die bereit seien, diese Aufgabe zu übernehmen, und die ihre Meinung schriftlich an die Redaktion der L. L. Z. – nach Vermutung Adickes' handelt es sich um die *Leipziger Literatur Zeitung* (Adickes 1920, 7) – zu senden. Schließlich polemisiert Schoen gegen die von Nicolai herausgegebene Zeitschrift *Allgemeine Deutsche Bibliothek* und bezichtigt sie einer tendenziösen Kampagne gegen Kant aufgrund seiner Entscheidung, seine Schriften nicht mehr bei Nicolais Verlag zu publizieren.

23 Vgl. Krause 1888, XVI.

24 Haensell behauptet zu Unrecht, seine Mutter habe das Manuskript bereits im Jahr 1858 an Reicke nach Königsberg geschickt. Nach Angaben Reickes ist die Absendung der Handschrift im Jahr 1865 erfolgt (Reicke-Arnoldt, 1882, 67). Vgl. weiter den Brief Reickes vom 19. April 1895: „Meine [...] Bemühungen [...] hatten zunächst nur den Erfolg, dass ich Abschrift einer [...] ‚Anzeige von Kants nachgelassener Handschrift' erhielt, die ich im 8ten Heft des 1sten Jahrgangs der Altpr. Monatsschrift (1964) unter dem Titel: ‚Zu Kants Manuskript zur Metaphysik der Natur' veröffentlicht habe. Ein Jahr darauf wurde mir dann das Manuskript selbst im Auftrage der Frau Dr. Haensell von Oberlehrer Kochwill aus Libau, der einen Bruder in der Nähe von Königsberg besuchte, eingehändigt." (Akten der Kant-Kommission, II–VIII, 154, fol. 118 f.; zitiert in Stark 1993, 55).

Die Fortsetzung der Geschichte wird in einem Brief Arnoldts an Fischer vom 20. Juni 1884 erzählt.[25] Vermutlich 1881 sendet Haensell, mittlerweile der rechtmäßige Besitzer des Manuskripts, durch seinen Freund Julius Jacobson eine Nachricht an Reicke in Königsberg.[26] Reicke wird darin aufgefordert, die Handschrift entweder selber herauszugeben oder diese Aufgabe einem jungen Forscher in Heidelberg, der sich dazu bereit erklärt hatte, bzw. Jacobson selbst zu überlassen. Nach einer flüchtigen Durchsicht des Manuskripts zusammen mit Reicke und Arnoldt lehnt Jacobson die Herausgabe ab. Arnoldt muss das Abschreiben der Handschrift aufgrund seiner beeinträchtigten Sehfähigkeit ablehnen. Er willigt jedoch ein, Reicke bei der Edition zu helfen, falls dieser die Abschrift besorge; eine Aufgabe, zu der Reicke sich schließlich bereit erklärt. Reicke und Arnoldt fühlten sich unter Druck gesetzt, wie Arnoldt gesteht: „Reicke und ich hatten keine andere Wahl als: entweder selbst das Manuskript herauszugeben oder die Herausgabe durch einen andern geschehen zu lassen."[27] Es wird ferner entschieden, dass die Ausgabe Stück für Stück in der *Altpreußischen Monatsschrift* erscheinen solle, was Haensell gestattet.[28]

A2.2 Die Reicke-Arnoldt-Ausgabe

Reicke und Arnoldt waren sich der gewaltigen Schwierigkeiten einer systematischen Ausgabe des unvollendeten Werkes Kants durchaus bewusst. Reicke hatte an eine solche Edition in einem Band, der den aus dem Ganzen herausgeschälten Kern der Schoen-Papiere hätte bilden sollen, schon früher mehrere Mal gedacht, ohne jedoch das Problem der rechten Darstellung lösen zu können.[29] Die beiden Herausgeber optierten schließlich für eine quasi diplomatische Ausgabe der Konvolute in verschiedenen Heften der *Altpreußischen Monatsschrift*, was es ermöglichte, sowohl Haensells Wunsch einer baldigen Veröffentlichung der Schoen-

25 Arnoldt 1911, 377–381.

26 Julius Jacobson, Sohn des Königsberger Augenarztes Julius Jacobson, hatte Haensell nach Arnoldts Angabe in Göttingen oder in Jena kennengelernt (vgl. Arnoldt 1911, 370 und 378).

27 Ebd., 378 f.

28 Die Abmachung zwischen Reicke und Haensell über die Herausgabe von Kants Nachlasswerk wird von Arnoldt – allerdings nicht mit Bestimmtheit – auf das Jahr 1881 datiert (Arnoldt 1911, 378). Eine Empfangsbescheinigung über zwölf Konvolute von Reicke, datiert auf den 8. November 1881, bestätige die Angabe Arnoldts (Verweis in Stark 1993, 54 Anm.). Das Zeugnis von Haensell, die „Vereinbarung" habe bereits 1879 stattgefunden (vgl. seine Beschwerde gegen den Rechtsanwalt Semler, Verweis in Stark 1993, 54 Anm.), steht zu Arnoldts Angabe im Widerspruch.

29 Vgl. Reicke-Arnoldt 1882, 67.

Papiere entgegenzukommen wie auch der Leserschaft einen ersten Zugang zu Kants Nachlasswerk zu verschaffen. Arnoldt hatte allerdings von Anfang an auch eine eventuelle weitere Edition des Werkes als Buch im Sinn, nachdem der „vorläufige" Abdruck des Manuskripts in getrennten Teilen vollendet wäre.[30]

In seinen Briefen an Fischer vom 10. Juni 1882 und vom 20. Juni 1884 beschreibt Arnoldt ferner, wie der Abdruck des Manuskripts vorbereitet wurde:[31] Reicke nahm sich des Abschreibens an.[32] Arnoldt, der dies für den schwersten Teil der Arbeit hielt und dazu nicht das Geringste beitragen konnte, wollte nicht als Mitherausgeber der ersten Ausgabe genannt werden. Reicke hätte ferner die Kopien drucken lassen sollen und die erste Korrektur der Druckbogen anfertigen müssen. Arnoldts Aufgabe hätte es hingegen sein sollen, im zweiten Korrekturbogen zusätzliche Änderungen vorzunehmen. Der Umfang dieser Änderungen erwies sich dennoch schon beim ersten Druckbogen als unerwartet groß. Um eine deutliche Erhöhung der Druckkosten zu vermeiden, wurde beschlossen, dass von nun an Arnoldt seine Verbesserungen bereits vor dem Druck in die Abschriften einfügen solle.[33]

Arnoldts Korrekturen hätten sowohl den Text Kants klarer als auch den Zustand der Handschrift erkennbar machen müssen. Arnoldt selber war sich jedoch der Grenzen seiner Arbeit durchaus bewusst, wie er selber zugesteht:

> Zumal bin ich dessen gar nicht gewiss, dass die Konjekturen, die ich gemacht habe, gut, ausreichend, haltbar sind. Denn man erwäge die Art der Herausgabe: niemand kennt den Inhalt des Manuskripts genau; nach einem beinahe bloss äusserlichen Ermessen wird bestimmt, in welcher Reihenfolge die Konvolute sollen gedruckt werden; es kommen allmählich Kopien von zehn, von fünfzehn, von zwanzig Bogen zustande; und nun werden in dem Text derselben Konjekturen gemacht von einem, der in das ganze Manuskript keine einheitliche Einsicht genommen hat, auch keine hat nehmen können, weil aus dem Manuskript, wie es vorliegt, nicht klug zu werden ist, der also Anfang, Mitte und Ende des Manuskripts nicht im geringsten übersieht; – was können denn für gute Konjekturen bei solcher Behandlung des Textes herauskommen![34]

30 „Mir ist daher die Edition schon bei der ersten Lesung als eine wohl nur vorläufige erschienen, die ein Urteil darüber ermöglichen sollte, ob es überhaupt angänglich und sodann auch der Mühe wert sei, aus den handschriftlichen Materialien ein ordentliches Buch zu gestalten." (Arnoldt 1911, 380 f.). Vgl. auch ebd., 379.

31 Arnoldt 1911, 343 f. und 379 ff.

32 Die schwer lesbaren Bogen schrieb Reicke selbst ab, die leicht oder nur mäßig schwer leserlichen sein ältester Sohn bzw. seine Cousine. Jedoch kollationierte er selbst alles mit der Urschrift.

33 Arnoldt 1911, 370.

34 Arnoldt 1911, 380. Diese ehrliche Selbstkritik beweist, wie wenig die Persönlichkeit Arnoldts der groben Karikatur entspricht, die Adickes von ihm skizziert (Adickes 1920, 13 f.).

Er riet Reicke sogar zu einer weiteren, rein diplomatischen Ausgabe des Manuskripts, nachdem die Ausgabe der einzelnen Konvolute in der *Altpreußischen Monatsschrift* vollendet sei. Er empfahl ihm die Herausgabe aller Konvolute zum Nachlasswerk als Buch und „dabei aber die bisher unter meiner Redaktion veröffentlichten Konvolute ohne meine Auslassungen, Konjekturen und womöglich auch ohne meine Interpunktion in ihrer Originalgestalt nach den Kopien zu veröffentlichen, die er in seinem Besitz hat.“[35]

Unter dem Titel *Ein ungedrucktes Werk von Kant aus seinen letzten Lebensjahren. Als Manuskript herausgegeben von Rudolf Reicke* werden neun der dreizehn Konvolute der Handschrift von 1882 bis 1884 herausgegeben.[36] Die Ausgabe wird dann abgebrochen und nie vollendet.

Die Mängel der Reicke-Arnoldt-Ausgabe sind zum Teil von den Herausgebern nicht zu verantworten. Der Abbruch der Ausgabe, der dazu führte, dass die Schoen-Papiere nicht vollständig erscheinen konnten,[37] erfolgte entgegen der Intention Reickes und Arnoldts, wie sich zeigen wird. Den editorischen Kriterien ist hingegen zuzuschreiben, dass die abgedruckten Konvolute in einer zufälligen Anordnung und in verschiedenen Heften einer nicht leicht zugänglichen Zeitschrift[38] erschienen. Die Herausgeber hatten es zudem zu verantworten, dass der Text des Manuskripts in den abgedruckten Konvoluten nicht vollständig wiedergegeben wurde. Des Weiteren ist zu kritisieren, dass Durchstreichungen Kants oft nicht einmal erwähnt wurden[39] und dass Text und Interpunktion von Arnoldt durch zahlreiche, nicht vermerkte[40] „Konjekturen“ verändert wurden.[41]

---

35 Arnoldt 1911, 372 f.

36 Die – allerdings unvollständig – veröffentlichten Konvolute sind folgende: a) Konv. 12, in *AM* 19 (1882) 66–127; b) Konv. 10 und 11, in *AM* 19 (1882) 255–308, 425–479, 569–629; c) Konv. 2, in *AM* 20 (1883) 59–122; d) Konv. 9, in *AM* 20 (1883) 342–373, 415–450; e) Konv. 3, in *AM* 20 (1883) 513–566; f) Konv. 5, in *AM* 21 (1884) 81–159; g) Konv. 1, in *AM* 21 (1884) 309–387, 389–420; h) Konv. 7, in *AM* 21 (1884) 533–620.

37 Vollständig ungedruckt bleiben die Konvolute 4 (einschließlich der losen Blättern), 6, 8 und 13.

38 Nach Lehmann hatte die *Altpreußische Monatsschrift* „einen engen Leserkreis“ (Lehmann 1969, 272). Marcus behauptet, dass er die Reicke-Arnoldt-Ausgabe nur deshalb habe verwenden können, weil sie ihm von Kant-Forscher Otto Schöndörffer (Herausgeber der *Gesammelten Schriften* Arnoldts) und nach seinem Tod von dessen Frau zur Verfügung gestellt worden sei (Marcus 1927, 199 Anm.). Von der Schwierigkeit, zur ersten Ausgabe des *Opus postumum* Zugang zu erhalten, zeugt auch eine Anmerkung Keyserlings: „Leider habe ich mir bei dem einzigen Male, wo ich das Werk in Händen hatte – im British Museum – den Ort der Zitate nicht notiert. Es steht wohl sehr zu wünschen, daß diese letzte und in mancher Hinsicht größte Tat des greisen Kant einem größeren Leserkreis nicht länger vorenthalten bleibt.“ (Keyserling 1922, 18 Anm.).

39 Adickes schreibt: „Mehrfach habe ich erlebt, daß Stellen, die in Reickes Text unlösbare Rätsel darstellten, ihre Schrecken verloren und klar und begreiflich wurden, sobald ich sie im

Trotz all ihrer Unzulänglichkeiten muss der Reicke-Arnoldt-Ausgabe ein unbestreitbares Verdienst zuerkannt werden: Die Herausgeber hatten den Text des unvollendeten Werkes Kants zumindest zum großen Teil erstmals an die Öffentlichkeit gebracht und dadurch den Anfang seiner Rezeption ermöglicht.[42]

A2.3 Der erste Streit um die Ausgabe

Ein neues Kapitel beginnt in der Geschichte der Ausgabe des *Opus postumum*[43], als ein neuer Protagonist die Szene betritt: der Hamburger Pastor Albrecht Krause.

Gleich nach der Veröffentlichung der ersten Teile des Manuskripts in der *Altpreußischen Monatsschrift* wendet sich Krause brieflich an Reicke, um ihm seine Begeisterung für das editorische Projekt auszudrücken. Er wünscht allerdings eine einheitliche, vollständige und handliche Ausgabe der Schrift und bietet dem Königsberger Bibliothekar seine Unterstützung an. Reicke erwidert, nicht die Absicht zu haben, eine gesonderte Edition des ganzen Manuskripts oder einzelner Teile herauszugeben, sodass auch dem philosophischen Lesepublikum keine andere Wahl bleibe, „als den entlegenen und ungewohnten Weg zur *Altpreußischen Monatsschrift* zu nehmen."[44]

Ms. durchlesen konnte." (Adickes 1920, 15 f.). Lüpsen, der die Reicke-Arnoldt-Ausgabe der Konvolute 1 und 7 an der Urschrift des Manuskripts überprüft hatte, befindet dagegen: „Sinnverwirrende Verbesserungen oder Konjekturen, wie sie Adickes (ebd., 16) bemängelt, habe ich im 7. und 1. Konvolut nicht festgestellt." (Lüpsen 1925, 71). Es wird sich erklärend zeigen, dass Arnoldt an diesen zwei Konvoluten nicht gearbeitet hatte.

40 Arnoldt erklärt sich Fischer gegenüber dazu bereit, das Werk als Buch herauszugeben, falls die Edition des Manuskripts in der *Altpreußischen Monatsschrift* vollendet werde, „und dann auch die etwaigen, von mir gelieferten Konjekturen als die meinigen in Anspruch [zu] nehmen." (Arnoldt 1911, 379).

41 Krause hat die von Arnoldt bearbeiteten Wörter, die gestrichen, ersetzt oder angedeutet wurden, auf mehr als 13 800 geschätzt, was nach Adickes etwa 37 bis 40 Druckseiten nach Art der *Altpreußischen Monatsschrift* entspricht (vgl. Adickes 1920, 14), d. h. rund 5,3 bis 5,7 Prozent der gesamten Ausgabe. Nach Lehmann betreffen die „Stilisierungen" Arnoldts insbesondere die Partien aus den Konvoluten 10 und 11 (Lehmann 1969, 272).

42 Denn der Beginn der Rezeption des unvollendeten Werks Kants kann auf das Jahr 1884 datiert werden.

43 Der Abbruch der Arbeit an der Reicke-Arnoldt-Ausgabe und der Übergang zu Krauses Ausgabe lassen sich mittels des Briefes Arnoldts an Fischer vom 6. und 7. Juni 1884 (Arnoldt 1911, vor allem 368–373), des eigenen Berichts Krauses (Krause 1884, 23–30) und der Akten der Kant-Kommission (II–VIII, 154, insbesondere fol. 14 und 82–86; vgl. Stark 1993, 54) rekonstruieren.

44 Brief von Reicke an Krause vom 26. Juni 1883 (Krause 1884, 24).

Danach wendet sich Krause an den damaligen preußischen Kultusminister Gustav von Goßler. In einem auf den 30. Juni 1883 datierten Brief bittet er ihn, eine ungekürzte und gebundene Ausgabe von Kants Nachlasswerk zu unterstützen. Gossler antwortet am 16. August 1883 in einem zwar höflichen Ton, jedoch ohne sich konkret zu engagieren.[45] Der Kultusminister lässt Reicke trotzdem von Ministerialrat Friedrich Althoff[46] kontaktieren, um ihn nach dem Projekt, den Modalitäten und dem voraussichtlichen Fortgang der Herausgabe zu fragen. Über die Möglichkeit einer Unterstützung durch das Kultusministerium informiert, fordert Arnoldt von Reicke die Ablehnung jeglicher politischen Protektion der Manuskriptherausgabe.[47]

Im folgenden November teilt Reicke Arnoldt mit, dass Haensell versuche, das Manuskript an das British Museum in London zu veräußern und aus diesem Grund um eine finanzielle Bewertung der Handschrift bitte.[48] Angesichts der Gefahr, dass das Manuskript nach England verkauft werden könnte, schlägt Reicke Krause Ende Dezember 1883 vor, die Schrift zu erwerben, und zwar unter der Bedingung, es bis zur Vollendung der Herausgabe in der *Altpreußischen Monatsschrift* in Königsberg zu belassen. Krause akzeptiert und wird von Reicke mit Haensell in Kontakt gebracht. Vor dem Ankauf fordert Krause jedoch, die Handschrift zu Gesicht zu bekommen. Haensell und Reicke schicken ihm die Konvolute des

---

45 Der Text der beiden Briefe wird von Krause veröffentlicht (Krause 1884, 25 f.).

46 Es geht um Friedrich Althoff (1839 – 1908), den damaligen Leiter der für die Hochschulen zuständigen Abteilung des preußischen Kultusministeriums. Im Abdruck von Arnoldts Briefwechsel wird dieser Name falsch wiedergegeben, und zwar mit „Althaus“ (vgl. Arnoldt 1911, 368). Lehmann zitiert die Stelle aus Arnoldts Brief, ohne auf den Fehler hinzuweisen (Lehmann 1938b, 766). Stark schreibt den betreffenden Fehler zu Unrecht dem Mitherausgeber der Akademie-Ausgabe des *Opus postumum* zu, ohne die ursprüngliche Quelle zu erwähnen (Stark 1993, 55).

47 Vgl. Arnoldt 1911, 369. Als Student schließt sich Arnoldt der Königsberger „Freien evangelischen Gemeinde“ an, die von Julius Rupp, dem Großvater von Käthe Kollwitz, in den Jahren 1845 – 1846 gegründet worden war und unter seiner Leitung stand. Rupp war bereits durch seinen Protest gegen die preußische Kirchenpolitik bekannt. Die „Freie evangelische Gemeinde“ war von der Landeskirche losgelöst, als politischer Verein eingestuft und unter polizeiliche Überwachung gestellt worden. Wegen Verstößen gegen das Pressegesetz wurde Rupp mit Gefängnis bestraft. Auch Arnoldt, der Rupp und seine „Freie evangelische Gemeinde“ öffentlich unterstützt, erhält eine Gefängnisstrafe. Darüber hinaus wird er 1852 wegen seiner demokratischen Gesinnung aus Königsberg ausgewiesen und darf erst 1859 heimkehren. Auch nach seiner Zeit im Exil gilt Arnoldt als verdächtig. Vgl. dazu Selle 1971. Im Gegensatz zu Arnoldt war Krause in politischer Hinsicht ein überzeugter Nationalist.

48 Nach Einschätzung Arnoldts sollte der Preis für die Handschrift auf 100 bis 500 Britische Pfund fixiert werden (Arnoldt 1911, 369). Nach seinem Aufenthalt in London reist Haensell nach Paris, wohl auf der Suche nach einem Käufer.

Manuskripts, die ihnen jeweils vorliegen.[49] Unmittelbar nach dem Empfang der Konvolute bezahlt Krause den vereinbarten Preis[50] an Haensell, der inzwischen nach Paris gereist ist. Dadurch wird er der neue Besitzer des Manuskripts, allerdings unter der Bedingung, Reicke die bis dato nicht erschienenen Konvolute noch drei Jahre lang zur Verfügung zu stellen.

Bald erweist sich Krause jedoch als unwillig, sich an diese Verpflichtung zu halten. Beim Vergleich des Manuskripts mit den abgedruckten Teilen bemerkt er nämlich, dass der Text der Ausgabe stark vom Original abweicht. Er fordert daher von Reicke, dass die Fortsetzung der Ausgabe exakt dem Manuskript getreu erfolge, was er persönlich überprüfen wolle. Er entscheidet also, das Manuskript in Hamburg zu behalten und dem Herausgeber stattdessen eine fotografische Reproduktion, die größer und deutlicher als das Original sein sollte, zu übermitteln.[51] Reicke aber weigert sich zum einen, die Edition nach rein diplomatischen Kriterien herauszugeben, und zum anderen, nur mit einer Reproduktion des Manuskripts zu arbeiten.[52]

Als der Versuch Haensells, die Abmachung mit Krause zu annullieren, misslingt, bleibt Reicke nichts anderes übrig, als sich an den Oberlandesgerichtsrat Wiechert zu wenden. Nach Prüfung des Briefwechsels zwischen Rei-

---

49 Nach Angaben Arnoldts waren die bereits editierten Konvolute von Reicke an Haensell zurückgeschickt worden. An Krause seien diese Konvolute dann unmittelbar von Haensell, die restlichen – abgesehen von den beiden, an denen Reicke am Anfang des Jahres 1884 noch arbeitete – hingegen vom Königsberger Bibliothekar übermittelt worden (Arnoldt 1911, 371 f.). Bei diesen beiden damals von Reicke einbehaltenen Konvoluten muss es sich um die Nummern 3 und 5 gehandelt haben, nämlich diejenigen, welche unmittelbar vor dem Konvolut 1 abgedruckt wurden, und die letzten, deren Abschrift von Arnoldt druckfertig gemacht wurde. Reicke kann sie erst später an Krause gesandt haben. Nach der auf den Akten der Kant-Kommission basierenden Rekonstruktion von Stark (vgl. Stark 1993, 54) befand sich Ende 1883 nur das Konvolut 12 bei Haensell. Es wurde am 20. Januar 1884 von Krause in Hamburg in Empfang genommen. Die übrigen waren Stark zufolge in den Händen Reickes in Königsberg gewesen und *alle kurz zuvor* an Krause gesandt worden. In diesem Punkt weicht die Rekonstruktion Starks vom Zeugnis Arnoldts ab.

50 Nach Angaben Arnoldts hat Krause 800 Mark für das Manuskript bezahlt (Arnoldt 1911, 371). In seinem Brief aus Paris vom 14. Dezember 1883 an Krause in Hamburg schreibt Haensell: „Ich habe mich nun entschlossen, Ihnen die Handschrift für den Preis von 2 400 Mark [ein Quartal der *Grenzboten* kostete 9 Mark] zu überlassen und will, wenn Sie geneigt sein sollten, diesen Preis dafür zu zahlen, Herrn Dr. Reicke ersuchen, Ihrem Wunsche nachzukommen und Ihnen die Handschrift zur Einsicht zuzusenden." (Akten der Kant-Kommission, II–VIII, 154, fol. 5; zitiert in Stark 1993, 57 Anm.).

51 Der Brief ist undatiert; er trägt einen Poststempel vom 18. Januar 1884. Eine eigenhändige Abschrift von Reicke ist in den Akten der Kant-Kommission, II–VIII, 154, fol. 16 f. erhalten (zitiert in Stark 1993, 57 f.).

52 Akten der Kant-Kommission, II–VIII, 154, fol. 23 ff. (zitiert in Stark 1993, 58).

cke, Krause und Haensell setzt er einen Brief im Namen des Königsberger Bibliothekars auf. Kraft dieses Briefes erhält Reicke von Krause zwei der noch nicht erschienenen Konvolute, und zwar die Nummern 1 und 7, die allerdings ohne Mitwirkung Arnoldts herausgegeben werden.[53] Nach der Veröffentlichung der Konvolute 1 und 7 wird die Ausgabe abgebrochen und bleibt unvollendet.

A2.4 Krauses Ausgabe

Durch die Veröffentlichung in der *Altpreußischen Monatsschrift* erlangte das unvollendete Werk Kants gewiss nicht die breite Popularität, die sowohl Reicke wie auch Krause vom Gesamten Werke sich erhofft hatten. Selbst unter den Kant-Forschern war die Resonanz darauf sehr gering.[54] Krause schreibt die Ursache dieser Indifferenz wesentlich der ungünstigen Bewertung der kantischen Schrift durch Kuno Fischer zu, gegen den er deswegen eine heftige Polemik führt.[55] Im Jahr 1884 erfährt das kantische Nachlasswerk jedoch eine gewisse Aufmerksamkeit, als in der Presse noch vor dem Abbruch der Reicke-Arnoldt-Ausgabe mitgeteilt wird, Krause habe die Absicht, die Handschrift fotografieren zu lassen und sie vollständig und in Buchform zu veröffentlichen.[56] Die Verwirklichung des Projekts muss allerdings verschoben werden, da Reicke wegen der erwähnten Klausel das Recht hat, das Manuskript noch drei Jahre zu behalten.[57] Erst 1888 erscheint schließlich *Das Nachgelassene Werk Immanuel Kant's. Vom Uebergange von den metaphysischen Anfangsgründen der Naturwissenschaft zur Physik, mit Belegen populär-wissenschaftlich dargestellt* von Krause.

---

53 Als Arnoldt, der eine tiefe Abneigung gegen Krause hegt, Anfang März 1884 erfährt, dass dieser in den Besitz des Manuskripts gekommen ist, entschließt er sich, die acht oder zehn abgeschriebenen Manuskriptbogen, die er bei sich hat, noch druckfertig zu machen und danach seine Mitarbeit an der Edition zu beenden.

54 1883 schreibt Reicke an Krause: „Sie sind eigentlich der Einzige, der mich in dieser Weise erfreut, nach Ihnen kommt noch Dr. W. Tobias in Berlin. Die Anderen schweigen; es wird ihnen wohl die Lectüre zu unbequem sein. [...] Mir ist keine Schrift, Monographie oder Artikel einer Zeitschrift bekannt geworden, worin über das opus posthumum gehandelt wird. Herr A. Classen in Hamburg ist der einzige, der bis jetzt gelegentlich darauf aufmerksam gemacht hat und ich bin ihm sehr dankbar dafür." (Krause 1884, 24).

55 Zur Rolle Fischers bei der Rezeption des *Opus postumum* und zum Streit mit Krause vgl. oben 1.1.

56 Vgl. Fischer 1884, 2171.

57 Reicke kann diese Frist allerdings nicht für die Vollendung seiner Ausgabe nützen, da Krause ihm die noch nicht editierten Konvolute, nämlich die Nummern 4, 6 und 8, nie mehr übergeben wird.

Bei diesem Buch handelt es sich allerdings nicht um die ungekürzte, vollständige und handliche Edition, die Krause selber für unentbehrlich hielt, sondern eher um den Versuch, die letzte Arbeit Kants sowohl den Fachleuten wie auch einem breiteren Publikum inhaltlich näherzubringen. Krause war mittlerweile davon überzeugt, dass die kantische Handschrift Entwürfe für zwei verschiedene Werke enthalte, betitelt *Vom Übergange von den metaphysischen Anfangsgründen der Naturwissenschaft zur Physik* bzw. *System der reinen Philosophie in ihrem ganzen Inbegriff.*[58] Das zweite sei tatsächlich unvollendet geblieben, und im Manuskript habe Kant bloß einige Bruchstücke darüber hinterlassen. Das erste aber hält Krause für so gut wie fertig. Sein Buch soll daher quasi eine Rekonstruktion dieses Werkes darstellen. Die Belege aus dem Manuskript sind in deutschen Buchstaben links auf der Seite, der Kommentar Krauses mit lateinischen rechts auf der Seite gedruckt. Es ist schwer zu bestimmen, ob es sich wirklich um eine Ausgabe des kantischen Textes mit einem umfangreichen Kommentar oder eher umgekehrt um eine systematische Darstellung des Inhalts des Manuskripts, begleitet von einer breiten Auswahl von aus dem Text extrahierten Nachweisen, handelt.[59]

Als Ausgabe des Manuskripts betrachtet, bietet dieses Buch zwei bedeutende Vorteile im Vergleich zur Reicke-Arnoldt-Edition. Die Texte aus dem kantischen Manuskript sind dort in einem einzigen Band gesammelt. Außerdem sind die Belege aus der Schrift originalgetreu, d. h. ohne editorische Korrekturen oder Ergänzungen, wiedergegeben. Nichtsdestoweniger fehlt es an jeglicher redaktionellen Anmerkung über den Zustand des Manuskripts. Ferner liefert das Buch fast keinen neuen Text, indem es sich, abgesehen von wenigen Ausnahmen, nur auf die Wiedergabe von Auszügen beschränkt, die schon in der ersten Edition abge-

58 Vgl. Krause 1888, 93 und 126. Es wird bisweilen fälschlicherweise behauptet, dass das Buch Krauses von 1902 dem zweiten Teil der Ausgabe des Manuskripts entspreche. Tatsächlich enthält diese Schrift jedoch bloß eine systematische Darstellung des „zweiten Werkes", diesmal ohne nebengedruckte Belege aus der kantischen Handschrift. Als das Buch 1888 erscheint, befinden sich die Konvolute 1 und 7 immer noch in Reickes Händen (vgl. Pflugk-Harttung 1888, 41). Er händigt sie Paul Haensell Ende 1892 oder Anfang 1893 in Königsberg aus. Erst nach Haftandrohung wird dieser sie am 14. Januar 1895 Krauses Bevollmächtigtem, Rechtsanwalt Semler, übergeben (vgl. Akten der Kant-Kommission, II–VIII, 154, insbesondere fol. 14 und 82–86, Verweis in Stark 1993, 54).

59 Auf die Doppeldeutigkeit von Krauses Darstellung des *Übergangs* weist bereits Edmund König hin: „So weiss man beim Anblick des Buches zunächst eigentlich nicht, ob die Originalstellen in der That nur Belege zu der freien Reproduction sein sollen, wie der Titel besagt, oder ob die letztere eine Erläuterung jener ist." (König 1889, 459).

druckt worden waren.[60] Schließlich folgen die Belege einer systematischen Anordnung, aber ohne den geringsten Hinweis auf die Kriterien, auf die sich diese thematische Gliederung stützt.

Insgesamt erweist sich Krauses Edition des *Übergangs* vom wissenschaftlichen Standpunkt aus als noch weniger befriedigend als die Reicke-Arnoldt-Ausgabe des Manuskripts. Sie konnte damals höchstens als Ergänzung, gewiss aber nicht als Ersatz für die erste Ausgabe angesehen werden, und ohne Bezug auf diese war sie so gut wie unbrauchbar.[61]

A2.5 Der Streit zwischen Krause und der Akademie der Wissenschaften

Im Februar 1896 berichten Berliner Zeitungen und Zeitschriften, die Königlich Preußische Akademie der Wissenschaften habe sich entschlossen, eine vollständige kritische Ausgabe der Werke Kants vorzunehmen.[62] Dementsprechend wird eine Kant-Kommission gegründet, deren erster Vorsitzender Wilhelm Dilthey ist. Besonderen Wert legt die Kommission auf die Herausgabe des handschriftlichen Nachlasses Kants (die 3. Abteilung der gesamten Ausgabe), daher auch auf

60 Auszunehmen ist davon das gesamte 1. Konvolut, das für Krause den Kern des zweiten Werkes darstellt. Die Belege werden durch die Nummer des Konvoluts, des Bogens, der Seite und der Zeile bezeichnet. In Klammern wird ferner auf die entsprechende Stelle in der *Altpreußischen Monatsschrift* verwiesen.

61 Ebenfalls im Jahr 1888, nach der Veröffentlichung von Krauses Ausgabe des *Übergangswerks*, erscheint ein Aufsatz von Julius Albert Georg von Pflugk-Harttung (1848 – 1919), einem deutschen Historiker, Archivar und Urkundenforscher, der die für die damalige Zeit ausführlichste Schilderung des äußerlichen Zustands der Krause-Papiere lieferte und eine Datierung derselben versuchte (Pflugk-Harttung 1888). Pflugk-Harttung hatte seinen Artikel schon etwa eineinhalb Jahre vor der Veröffentlichung geschrieben, nachdem er das Manuskript hatte untersuchen können (vgl. ebd., 31), mit Ausnahme der Konvolute 7 und 1, die sich damals noch bei Reicke in Königsberg befanden (vgl. ebd., 41). Das erklärt einige Ungenauigkeiten in Pflugk-Harttungs Text. Dem 1. Konvolut werden nämlich nur zehn Bogen zugerechnet statt zwölf (ebd., 31). Ferner hält Pflugk-Harttung die Konvolute 10 und 11 für jünger als die Konvolute 7 und 1 (ebd., 37) und datiert die frühesten Notizen auf das Jahr 1783 (ebd., 37 ff.). Denn auf einem der verwendeten Blätter wird auf einen Brief an „Director Euler in Petersburg" hingewiesen. Pflugk-Harttung geht irrtümlich davon aus, dass es sich dabei um den berühmten Mathematiker Leonard handle, der am 7. September 1783 starb; in Wirklichkeit geht es um dessen Sohn Johann Albrecht. Er kommt daher zu dem Schluss, Kant habe ungefähr 25 Jahre, wenngleich nicht ununterbrochen, an seinem letzten Projekt gearbeitet.

62 Die Kant-Ausgabe wurde bereits 1894 von der Akademie beschlossen. Zur Geschichte der Akademie-Ausgabe vgl. Menzer 1957/58, 337 – 350, Lehmann 1955a, Lehmann 1969, 3 – 85 und Stark 1993.

das damals im Besitz Krauses befindliche, umfangreiche hinterlassene Manuskript.[63]

Krause erklärt sich seinerseits bereit, das kostbare Manuskript zur Verfügung zu stellen, um die lange erwünschte Edition zu ermöglichen, allerdings unter der Bedingung, an der Wahl des Herausgebers beteiligt zu werden. Seitens der Kommission aber kommt die Möglichkeit einer Einwirkung Krauses auf die Ausgabe keineswegs in Frage.[64] Nach Jahren auswegloser Verhandlungen wird 1901 beschlossen, Krause zu zwingen, das Manuskript ohne Entschädigung herzugeben. Die Akademie der Wissenschaften lässt sich von den Erben Kants sowie von Reicke das Editionsrecht übertragen. Sie klagt am 24. November 1900 gegen Krause auf die Aushändigung der in der Reicke-Arnoldt-Ausgabe nicht edierten Konvolute 4, 6 und 8, und zwar auf Basis jener längst erloschenen Verkaufsklausel. Das Hamburger Landgericht verurteilt Krause am 25. April 1901 dazu, das Manuskript an die Akademie herauszugeben. Am 22. Juni 1901 legt Krause jedoch Berufung gegen das Urteil ein, welches schließlich am 1. Februar 1902 vom Hanseatischen Oberlandesgericht aufgehoben wird. Daraufhin stellt die Akademie einen Antrag auf Revision, aber das Reichsgericht in Leipzig entscheidet am 3. Juli 1902 endgültig zugunsten Krauses, weil das Editionsrecht Reickes während der vereinbarten Frist nicht genutzt und damit verwirkt worden war.

Am 14. November 1902 stirbt Krause, ohne die Herausgabe des Manuskripts realisiert zu sehen, für die er jahrelang so leidenschaftlich gekämpft hatte. Es ist nicht leicht, seine Rolle in der Geschichte der Edition des *Opus postumum* zu beurteilen. Gewiss: Wie unter anderem Adickes betont, ist es das unbestreitbare Verdienst des Hamburger Predigers, dass „er zu einer Zeit, wo die offizielle Wissenschaft in ihren Hauptvertreten sich dem nachgelassenen Werk gegenüber stark ablehnend verhielt und es überhaupt nicht ernst nehmen wollte, energisch, begeistert und tapfer für dasselbe eingetreten ist, aller Verunglimpfung zum Trotz, die er dafür erdulden mußte“[65]. Außerdem ist daran zu erinnern, dass, hätte

63 Über den Streit zwischen Krause und der Akademie der Wissenschaften vgl. Guttmann 1902. Bernhard Guttmann (1869 – 1959) war Publizist und seit 1895 Redakteur der *Frankfurter Zeitung*. Später gehörte er zu den Gründungsherausgebern der Zeitschrift *Die Gegenwart*. Vgl. ferner Stark 1993, 54 f.

64 Der Herausgeber des Manuskripts musste der Herausgeber des gesamten Handschriftennachlasses sein, und die Edition dieser Abteilung barg zahlreiche Schwierigkeiten. Die Zahl der möglichen Kandidaten für ein solches Unternehmen war daher von vornherein sehr begrenzt. Es ist also verständlich, dass die Kommission es sich nicht erlauben konnte, die Forderung Krauses zu akzeptieren. Dilthey hatte zunächst Vaihinger die Herausgabe der dritten Abteilung der Kant-Ausgabe angeboten. Krause, dessen Interpretation Kants von Vaihinger stark kritisiert wurde, hätte gewiss sein Veto gegen ihn eingelegt.

65 Adickes 1920, 28.

Krause das Manuskript von Haensell nicht gekauft, es wahrscheinlich nicht in Deutschland geblieben wäre.

Nichtsdestoweniger ist festzustellen, dass die erste Edition des Manuskripts gerade seinetwegen abgebrochen wurde, weshalb manche Konvolute bis 1936 bzw. 1938 völlig unzugänglich geblieben waren. Auch hätten ohne seine Einmischung Reicke und Arnoldt alle Konvolute in der *Altpreußischen Monatsschrift* veröffentlicht und wahrscheinlich danach die schon geplante rein diplomatische Ausgabe in einem Buch verwirklicht. Schließlich hätten auch die Arbeiten an der Akademie-Ausgabe ohne seine hartnäckige Stellungnahme bezüglich der Wahl des Herausgebers viel früher aufgenommen werden können.

A2.6 Adickes' Beitrag zur Edition des Manuskripts

Als Herausgeber für die dritte Abteilung der Kant-Ausgabe hatte Dilthey zunächst an Vaihinger gedacht. Dieser aber erklärt sich bereits im Herbst 1895 als nicht für dieses Unternehmen verfügbar. Darauf bietet Dilthey den Auftrag der Herausgabe der dritten Abteilung, der seines Erachtens nach größten Herausforderung im Rahmen der gesamten Kant-Edition, Erich Adickes an.[66] Da jedoch der Streit zwischen der Akademie der Wissenschaften und Krause über die Krause-Papiere mit einem Urteil zugunsten Krauses geendet hatte, musste Adickes damals darauf verzichten, es in die dritte Abteilung der Akademie-Ausgabe aufzunehmen.[67]

Erst viele Jahre später wird sich Adickes erneut und viel intensiver mit dem *Opus postumum* beschäftigen; dann jedoch nicht im Auftrag der Kant-Kommission für die Akademie-Ausgabe, sondern im Rahmen der 1914 begonnenen Ausarbeitung seiner seit langem geplanten Schrift über „Kant als Naturwissenschaftler". Aus Adickes' Untersuchungen über Kants Nachlasswerk entsteht die preiswürdige, eingehende Studie von 1920, die neben einem der bedeutendsten Beiträge zur Interpretation des *Opus postumum* auch eine wichtige Etappe in der Geschichte der Edition der Krause-Papiere darstellt.

Wie der Kant-Forscher selbst im Vorwort berichtet, war er am Anfang davon überzeugt, das Wesentliche des kantischen Textes für das Thema seiner damaligen Forschung auf etwa 30 Seiten zusammenfassen zu können. Allmählich sei ihm aber klar geworden, dass es um einen viel komplexeren Text gehe, dessen Interpretation ohne die Rekonstruktion der verschiedenen redaktionellen Phasen

66 Über die Gewinnung von Adickes als Herausgeber der dritten Abteilung der Kant-Ausgabe berichtet Dilthey am 27. Januar 1896 (vgl. Lehmann 1969, 34 f.).

67 Vgl. Adickes 1911, XXV.

unmöglich gewesen wäre. Dank einer finanziellen Unterstützung der Berliner Akademie der Wissenschaften kann er sich zwischen August und September 1916 vier Wochen in Hamburg aufhalten und in der dortigen Stadtbibliothek das Manuskript studieren, das die Witwe Krauses ihm zur Verfügung gestellt hatte.[68] In diesem Monat gelingt es ihm, die chronologische Anordnung der Bogen und der losen Blätter nach zusammenhängenden Entwürfen zu rekonstruieren. Adickes kommt so zu dem Schluss, dass das Projekt des *Opus postumum* nicht einfach als Wirkung der Senilität Kants ausgegeben werden könne. Er ist im Gegenteil überzeugt von der Notwendigkeit einer ungekürzten Gesamtausgabe nach strengen wissenschaftlichen Kriterien, für die er in seiner Schrift wiederholt plädiert.[69] Fast drei Jahre der Ausarbeitung bedarf seine Studie, um druckfertig zu werden.[70]

Adickes' Bestimmung der chronologischen Verhältnisse der Bogen, der losen Blätter und der Entwürfe war zu jener Zeit ein hervorragendes Ergebnis.[71] Außerdem enthält sein Buch zahlreiche Belege aus dem Manuskript, und zwar auch

---

68 Im Mai 1915 kontaktiert Adickes Jenny Krause, die Witwe des Hauptpastors Krause und damalige Eigentümerin der Handschrift. Von ihr erlangt der Kant-Forscher die Erlaubnis, das Manuskript zu untersuchen, allerdings unter der Auflage, von diesem „nur zum Zwecke der chronologischen Bestimmung öffentlichen Gebrauch zu machen", es „mit aller Sorgfalt zu behandeln und [...] jedesmal nach Gebrauch unversehrt vollzählig an die Stadtbibliothek zurückzugeben." So lautet der Text, den Adickes am 23. Juni 1916 unterschreibt (zitiert in Stark 1993, 100).

69 Ein Beispiel lautet wie folgt: „Aber noch weiter muß die wissenschaftliche Forderung gehn, wie mir meine vierwöchentliche Arbeit an dem Ms. auf das überzeugendste dargetan hat: auch alles Durchstrichene muß abgedruckt, die gleichzeitigen und späteren Zusätze müssen als solche gekennzeichnet werden. Kurz, es muß eine diplomatisch getreue Wiedergabe des Textes in der Art erfolgen, wie meine Veröffentlichung von Kants handschriftlichem Nachlaß in der Akademie-Ausgabe sie anstrebt." (Adickes 1920, 15).

70 Infolge des wirtschaftlichen Zusammenbruchs Deutschlands nach dem Ersten Weltkrieg waren mittlerweile die Druckkosten ungeheuer gestiegen, sodass das Buch nur dank der finanziellen Hilfe anonymer „Freunde der Wissenschaft" publiziert werden konnte. Im August und September 1919 wurde den Mitgliedern der Kant-Gesellschaft ein Rundschreiben von Vaihinger und Arthur Liebert in deren Eigenschaft als Geschäftsführer zugestellt. Es enthielt eine Aufforderung zur Subskription, um die Veröffentlichung des Werkes Adickes' über das *Opus postumum* finanziell zu unterstützen. Darin wird mitgeteilt, dass bereits die Hälfte der sich auf etwa 12 000 Mark belaufenden Gesamtherstellungskosten durch Stiftungen philosophisch interessierter Gönner sichergestellt werden konnte. Der Text des Rundschreibens ist auch in den *Kant-Studien* erschienen (Vaihinger und Liebert 1920).

71 „In vier Wochen", schreibt Lehmann, „gelang es ihm [Adickes], Struktur, Datierung, Sinngehalt des Nachlaßwerkes so weit zu klären, daß die spätere Ausgabe darauf bauen konnte." (Lehmann 1969, 38). Stark bestätigt: „Diese Ergebnisse sind bis heute mit nur geringfügigen Korrekturen von der Forschung anerkannt." (Stark 1993, 102 Anm.).

aus den noch nicht abgedruckten Teilen.[72] Dadurch stellte Adickes' Buch bis zum Erscheinen der Akademie-Ausgabe ein unvergleichlich hilfreiches Instrument zur Erschließung des Textes des *Opus postumum* als Ergänzung der vorherigen Ausgaben dar.

Bereits vor der Veröffentlichung seines Buches hatte Adickes bei der Kant-Kommission (der er nicht angehörte) die Aufnahme des Manuskripts in die dritte Abteilung der Akademie-Ausgabe empfohlen, und zwar zum ersten Mal am 2. Dezember 1916, als er über das Ergebnis seiner Untersuchung in Hamburg berichtete.[73] Darüber wurde in der Sitzung der Kant-Kommission vom 20. Dezember diskutiert. Benno Erdmann, der damalige Vorsitzende der Kommission, wandte sich bei dieser Gelegenheit entschieden gegen den Rat Adickes', indem er von „Uebersorgfalt" so wie von „Uebergelehrsamkeit" sprach.

Der Schluss seiner Rede lautet: „In dem vollständigen Abdruck aber eines Werks, das nach den Bedingungen seines Ursprungs und seinem inhaltlichen Bestande mit allen Zeichen gedanklicher Senilität behaftet ist, kann ich nur den Ausdruck einer irre geführten Pietät erblicken."[74] Am 22. Dezember teilt Erdmann Adickes mit, sein Vorschlag sei nicht angenommen worden, „da wir die Frage, ob u. in welchem Umfang das Kant-Ms in unsere Ausgabe aufzunehmen sei, nicht spruchreif fanden"[75]. Im Februar 1919 wendet sich Adickes wieder an die Kant-Kommission; dieses Mal aber nicht über Erdmann, der starke persönliche Antipathien gegen ihn hegt, sondern über ein anderes Mitglied der Kommission, nämlich den renommierten Altphilologen Hermann Diels[76]. An Diels richtet Adickes am 13. Mai 1919 noch einen weiteren Brief.[77] Er antwortet am 6. Juni mit der Auskunft, die Kant-Kommission halte die Informationen über das Manuskript

72 Größtenteils zitiert Adickes das *Opus postumum* nach der Reicke-Arnoldt-Edition mit den darin enthaltenen Fehlern.

73 Vgl. die Akten der Kant-Kommission, II–VIII, 157, fol. 103–105, Verweis in Stark 1993, 101.

74 Akten der Kant-Kommission, II–VIII, 157, fol. 149–157, zitiert in Stark 1993, 101. Die Abneigung Erdmanns gegen das Nachlasswerk reicht bis in das Jahr 1876 zurück, in dem er schreibt: „Weder die Memorienzettel Kants, noch sein letztes Werk, das den Titel ‚Uebergang der Metaphysik zur Physik' führen sollte, verdienen einen Abdruck." (Erdmann 1876, 210).

75 Ingelheimer Papiere, zitiert in Stark 1993, 101. Der Ausdruck „Ingelheimer Papiere" bezeichnet den Nachlass Erich Adickes' im Archiv der Akademie der Wissenschaften in Berlin-Potsdam und im Institut für Philosophie der Marburger Philipps-Universität (vgl. Stark 1993, 10).

76 Ingelheimer Papiere, zitiert in Stark 1993, 101. Der Briefentwurf datiert vom 10. Februar 1919. Darin wird Diels darüber informiert, dass ein Verleger, der irrtümlicherweise meint, Adickes sei der Eigentümer des Manuskripts, letzterem die Herausgabe vorgeschlagen habe. Bevor er den Verlag in Kontakt mit der Familie Krause bringt, versucht Adickes, den Abdruck der Handschrift in der Akademie-Ausgabe noch einmal bei der Kant-Kommission durchzusetzen. Stark identifiziert den betreffenden Verleger mit Felix Meiner (vgl. Stark 1993, 102).

77 Akten der Kant-Kommission, II–VIII, 157, fol. 240, Verweis in Stark 1993, 102.

noch für zu ungenügend, um den Abdruck in der Akademie-Ausgabe zu beschließen. Man warte auf weiteres Beweismaterial, das vom bald erscheinenden Buch Adickes' beigebracht werden solle.[78]

Erst als Heinrich Meier am 7. Januar 1921 Vorsitzender wird, entspannt sich das Verhältnis zwischen Adickes und der Kant-Kommission. Denn Meier hält es für wünschenswert, dass das *Opus postumum* in der Akademie-Ausgabe erscheine[79], und er betrachtet Adickes als den am besten qualifizierten Herausgeber für ein solches Unternehmen; eine Überzeugung, die auch die Kant-Kommission teilt. Meier verhandelt auch mit dem Verlag de Gruyter, dem Verlag der Akademie-Ausgabe, der sich dazu bereit erklärt, die Publikation des *Opus postumum* in die Akademie-Ausgabe aufzunehmen. Das größte Hindernis im Hinblick auf das Erscheinen des Nachlasswerks Kants stellt wiederum die Familie Krause dar, die inzwischen ihre Zwei-Millionen-Forderung erheblich gesteigert hatte – eine für die Kommission nicht erfüllbare Bedingung. Meier bittet Adickes darum, sich bei der Familie Krause dafür einzusetzen, günstigere Bedingungen für einen Erwerb des Manuskripts anzubieten.[80]

Mit einem auf den 9. November 1923 datierten Brief an Adickes teilt Meier mit, dass die Edition des *Opus postumum* in eine neue, unerwartete Phase eingetreten sei, da der Verlag de Gruyter das Editionsrecht für drei Jahre um 1 000 Goldmark erworben habe.[81] Der Verlag hatte Meier darüber informiert, dass er das Nachlasswerk in der Kant-Ausgabe erscheinen lassen wolle. Doch falls es nicht gelinge, sei er auch dazu bereit, ohne die Kant-Kommission vorzugehen, was Meier unbedingt vermeiden wollte. Meier war daher entschlossen, die von de Gruyter diktierten Bedingungen für die Edition zu akzeptieren. Der Verlag forderte aus Sicherheitsgründen, dass das kostbare Manuskript unter keinen Umständen Berlin verlasse. Da die Kant-Kommission auf die Mitwirkung Adickes' nicht ver-

78 Ingelheimer Papiere (Entwurf in den Akten der Kant-Kommission, II–VIII, 157, fol. 242), zitiert in Stark 1993, 102. Ebenda wird Diels wie folgt wiedergegeben: „Die Meinung unserer Akademiker geht überhaupt dahin, daß die meisten Opera postuma der Gelehrten besser ungedruckt geblieben wären, da sie meist nur für den engsten Kreis der Spezialforscher ein psychologisches (oder pathologisches) Interesse darbieten."

79 Dies teilt er in seinem Brief an Adickes vom 28. Februar 1923 mit (Ingelheimer Papiere, Verweis in Stark 1993, 103).

80 Vgl. Brief Meiers an Adickes vom 28. Februar 1923 (Ingelheimer Papiere, zitiert in Stark 1993, 103 f.).

81 Nach Meinung Lehmanns ist der Entschluss der Erben des Hauptpastors Krause, die Editionsrechte abzutreten, der Inflation zuzuschreiben. So habe es vermieden werden können, dass das Manuskript damals ins Ausland wanderte (vgl. Lehmann 1969, 8). Der Verlag de Gruyter hat durch Buchenau und unter der Vermittlung von Görland die Editionsrechte erworben (vgl. Ritzel 1980, 347).

zichten wollte, einigten sich beide Parteien auf folgenden Kompromiss: Adickes solle, falls er damit einverstanden sei, in Tübingen die Leitung des Projektes übernehmen. Arthur Buchenau[82] in Berlin werde hingegen das Originalmanuskript mit Unterstützung eines Assistenten bearbeiten und nach dem Original eine Handschrift für den Druck anfertigen.[83] Der Vertrag zwischen der Akademie der Wissenschaften und dem Verlag de Gruyter wurde acht Monate später endgültig geschlossen.[84]

Das Verhältnis zwischen Adickes und Buchenau erwies sich bald als angespannt.[85] Nicht nur ihre jeweiligen Interpretationen des Nachlasswerkes Kants, sondern auch ihre individuellen Vorstellungen von den Grundsätzen, auf denen die Ausgabe basieren sollte, wichen voneinander ab. Adickes forderte die Aufstellung derselben Kriterien, die für die bereits erschienenen Bände der dritten Abteilung festgelegt worden waren, und die Strukturierung der Ausgabe grundsätzlich nach chronologischer Anordnung der Entwürfe. Buchenau folgte rein diplomatischen, also „konservativen" Kriterien, indem er ein archivarisches Prinzip der „Einheit der Provenienz" zugrunde legte. Die Polemik steigerte sich bis zum offenen Konflikt und bis zur Ankündigung Adickes' im Juni 1926, von seiner

---

82 Der Neukantianer Arthur Buchenau (1879–1946) war Gymnasialdirektor in Berlin und Verfasser zahlreicher Arbeiten über Kant. Er nennt sich einen „Schüler von Cohen und Natorp" und einen „langjährige[n] Freund von Cassirer" (Brief an Adickes vom 15. Juni 1926, Ingelheimer Papiere, zitiert in Stark 1993, 112 f.). Er arbeitete auch an der Pestalozzi-Ausgabe.

83 Brief Meiers an Adickes vom 9. November 1923 (Ingelheimer Papiere, zitiert in Stark 1993, 104 f.).

84 Vgl. Stark 1993, 105. Meier, Adickes, Buchenau und der Vertreter des Verlags de Gruyter treffen sich am 28. April 1924, um die Weiterführung der Kant-Ausgabe zu besprechen. Das Protokoll des Treffens bezeugt, dass die Bände 21 und 22 das *Opus postumum* enthalten sollten. (vgl. Stark 1993, 106).

85 Vgl. die Auszüge aus dem Briefwechsel zwischen Adickes und Buchenau in Stark 1993, 109–114. Dass die jeweiligen Standpunkte auf der juridischen Ebene nicht hinreichend geklärt waren, hatte dabei eine gewisse Rolle gespielt. Am 14. Juli 1924 wurde der Vertrag über die Kant-Ausgabe vom 14. Februar 1898 zwischen dem Verlag de Gruyter und der Preußischen Akademie der Wissenschaften ergänzt. Die Bedingung, dass Adickes die Oberaufsicht der Ausgabe haben solle, wird hier nicht aufgenommen (vgl. Akten der Kant-Kommission, II–VIII, 159, fol. 35, zitiert in Stark 1993, 107). Im Juli oder August 1924 – so die Angabe Starks – wurde zwischen Buchenau und dem Verlag De Gruyter ein Vertrag über die Bearbeitung des *Opus postumum* geschlossen, wonach die Mitwirkung Adickes' an der Ausgabe desselben „nicht ausgeschaltet werden kann, vielmehr etwaige Wünsche, die dieser äussert, nach Möglichkeit Berücksichtigung finden müssen. [...] Herr Dr. Buchenau wird zunächst eine textkritische, genau mit dem Original übereinstimmende Abschrift des Kant'schen Manuskripts herstellen, die in das Eigentum der Verlagshandlung übergeht." (Zitiert nach dem Brief Buchenaus vom 29. April 1926 an Adickes in Stark 1993, 108).

Leitungsposition bei der Edition des *Opus postumum* zurückzutreten.[86] Fortan übernahm Buchenau allein die Leitung der Herausgabe des Nachlasswerks.[87] Er wurde von seinem Assistenten Gerhard Lehmann weiter unterstützt.[88]

---

86 Am 19. Juni 1926 schreibt Adickes an die Kant-Kommission und teilt seinen Rücktritt mit. Dafür nennt er zwei Gründe, und zwar die Unmöglichkeit, von Tübingen aus die Ausgabe in Berlin zu leiten, und das tiefe Zerwürfnis mit Buchenau (Ingelheimer Papiere, zitiert in Stark 1993, 114 f.).

87 Allerdings wird bezüglich der Herausgabe des *Opus postumum* nie ein Vertrag zwischen der Akademie und Buchenau unterschrieben (vgl. Stark 1993, 189 f.).

88 Lehmanns finanzielle Situation blieb von Anfang an bis zur Anfertigung der zwei Bände des *Opus postumum* prekär (vgl. Stark 1993, insbesondere 112, 158 f., 165 – 169, 191 und 194). Während der ersten Jahre seiner Tätigkeit als Assistent Buchenaus wurde Lehmann teils von Buchenau selbst, teils durch ein Stipendium der Notgemeinschaft unterstützt. Ab 1930 erhält er mehrmals ein Stipendium von der Kant-Kommission. Danach, im Mai 1935, muss er einen Antrag auf finanzielle Hilfe beim Reichs- und Preußischen Ministerium für Wissenschaft, Erziehung und Volksbildung stellen. Alfred Bäumler, eine einflussreiche Persönlichkeit der Nazi-Hierarchie, der um eine Begutachtung von Lehmanns Antrag gebeten worden war, schlägt der Preußischen Akademie der Wissenschaften vor, ihn anzustellen. Die Akademie lehnt diesen Vorschlag jedoch ab, weil sie Lehmann für die Verzögerung bei der Drucklegung des *Opus postumum* verantwortlich macht. Ferner weigert sich das Ministerium, Lehmann ein Stipendium zu gewähren. Schließlich werden Untersuchungen über die Leistungen Lehmanns im Rahmen der Akademie-Ausgabe von der Kant-Kommission durchgeführt.

Anfang 1936 verbessert sich die Lage Lehmanns. Von Januar bis April wird die Entlohnung für seine Arbeit an dem zweibändigen *Opus postumum* direkt vom Verlag de Gruyter übernommen. Am 23. April 1936 beantragt Lehmann beim Ministerium erneut Unterstützung. Am 8. Mai 1936 wird ihm ein Stipendium in Höhe von insgesamt 2 160 RM für die Monate April 1936 bis März 1937 genehmigt. Dieses wird am 3. April 1937 in derselben Höhe bis Ende März 1938 verlängert. Die Publikation des ersten Bandes des *Opus postumum* 1936 mag die Zweifel an den Leistungen Lehmanns aufgehoben haben, wie auch der Brief Buchenaus an Bäumler vom 10. Januar 1936 beweist. Buchenau bedauert darin den Beschluss der Akademie, Lehmann nicht anzustellen, und er empfiehlt die Gewährung einer finanziellen Unterstützung durch das Ministerium. Etwas ambivalent erscheint Buchenaus Handeln seinem Assistenten gegenüber, als er Eduard Spranger, den damaligen Vorsitzenden der Kant-Kommission, bittet, Lehmann keine finanzielle Sicherheit zu gewähren, um weitere Verzögerungen der Herausgabe von dessen Seite aus zu vermeiden (vgl. Brief Buchenaus an Spranger vom 14. März 1936, Akten der Kant-Kommission, II–VIII, 160 [nicht foliiert], zitiert in Stark 1993, 165).

Obwohl Buchenau keine besondere Sympathie für Lehmann hegt, ist er wegen seiner anderen Aktivitäten, und zwar der Arbeit an der *Philosophischen Bibliothek* und an der Pestalozzi-Ausgabe sowie der Leitung des Humboldt-Gymnasiums, dazu gezwungen, sich einen Assistenten zu nehmen (vgl. beispielsweise den Brief Buchenaus an Spranger vom 14. März 1936, Akten der Kant-Kommission, II–VIII, 160 [nicht foliiert], zitiert in Stark 1993, 165). Als Naturwissenschaftler besitzt Lehmann zu Beginn seiner Arbeit an der Kant-Ausgabe keine philologische Bildung. Er wird dann von Buchenau selbst in die Methode eingeführt, die dieser in Marburg gelernt hatte (vgl. den Brief Buchenaus an Adickes vom 15. Juni 1926, Ingelheimer

A2.7 Die Buchenau-Lehmann-Ausgabe

In einem Brief an Adickes vom 27. Mai 1925 berichtet Buchenau von seinem Konzept für die Arbeit an der Edition des *Opus postumum* und den bereits erzielten Fortschritten.[89] Er hatte seinen Assistenten mit der Abschrift von Kants Manuskript beauftragt. Lehmann sollte den handschriftlichen Text vollständig, d. h. einschließlich „Durchstreichungen, Änderungen, Ansätzen etc etc", kopieren.[90] Als der erste Text beinahe fertig war, begann Buchenau im Dezember 1924, die Abschrift mit dem Original „Silbe für Silbe" zu kollationieren, woraus ein „zweiter Text" entstand.[91] Buchenau nimmt dazu wie folgt Stellung:

> Die Sache hält dadurch so lange auf, dass ich Herrn Dr. L. [= Lehmann] gleich die vorläufigen Anmerkungen dazu anfertigen lasse, die zur näheren Charakterisierung dienen: also etwa: veränderte Tinte, kleinere Schrift, Rand links. Ferner werden sämtliche Zeichen der Hs also: [...][92] etc verzeichnet, überhaupt alle Eigentümlichkeiten so exakt wiedergegeben, dass wenn etwa das Or. Mspt nach Amerika wandern sollte, wir nach dieser Copie weiterarbeiten könnten. Dazu kommt eine ganze Reihe von Anmerkungen, die sich mit der Frage beschäftigen, wo denn dies oder das (am Rande oder Unten-Stehende!) überhaupt hingehört. Ist diese komplette Kopie fertig, so ist ein gut Teil der Gesamt-Arbeit geleistet. Äußerlich sieht die II. Copie *so* aus, dass 1) *über* dem Strich alles das steht, was Kant *im* Text geschrieben hat (auch längere durchstrichene Teile, die als solche natürlich angegeben sind), dann folgt 2)

Papiere, zitiert in Stark 1993, 113). Lehmann war daher als Assistent Buchenaus für die Kant-Ausgabe von diesem nicht nur finanziell, sondern auch wissenschaftlich abhängig, was die Arbeit anging.

89 Brief Buchenaus an Adickes vom 27. Mai 1925 (Ingelheimer Papiere, zitiert in Stark 1993, 109 f.).

90 Lehmann begann im Dezember 1923 damit, das Manuskript abzuschreiben (vgl. Stark 1993, 109 Anm.). Er bezieht sich im Jahr 1935 auf eine im Verlag de Gruyter vorhandene fotografische Reproduktion des Manuskripts, die angeblich für die Vorbereitung der Ausgabe zur Verfügung stand (vgl. Stark 1993, 161). Er muss ohnehin zweimal, nämlich Ende Dezember 1934 bzw. Anfang Juni 1935, nach Hamburg reisen, um anhand des Originalmanuskripts einige problematische Stellen der Ausgabe zu verifizieren und das Inhaltsverzeichnis anzufertigen (vgl. dazu den Bericht Buchenaus am 12. Juni 1935, Akten der Kant-Kommission, II–VIII, 160, fol. 19, zitiert in Stark 1993, 161).

91 Nach Angabe Buchenaus finden seine Besprechungen mit seinem Assistenten ab Juni 1924 wöchentlich zwei- bis dreimal statt (vgl. den Brief Buchenaus an Adickes vom 15. Juni 1926 in den Ingelheimer Papieren, zitiert in Stark 1993, 113). Eine Anmerkung Lehmanns schildert den Tenor dieser Besprechungen: „Unsere Besprechungen über das op. post bestanden darin, daß er [Buchenau, Anm. von Stark] den ihm vorgelesenen Text mit seinen (neukantisch-Cohenschen) Deklamationen ‚erläuterte', ohne eigentlich hinzuhören." (Akten der Kant-Kommission, II–VIII, 159, fol. 181, zitiert in Stark 1993, 161 Anm.).

92 Auslassung von Stark.

unter dem Strich das am Rande und zwischen dem Text Stehende 3) folgen die Allotria, die Stellen: Texte anderer (Wasianski e. g.) u. s. w.

Bei der Ausgabe möchte ich dann persönlich so *konservativ* wie möglich verfahren, das heisst alles bei einander lassen, was mit irgendwelcher Wahrscheinlichkeit sachlich zusammengehört. Auch die Konvolute möchte ich erhalten wissen, so weit es geht, nicht weil das die ideale Lösung ist, sondern weil jede Trennung Willkür ist, die nicht *offenbar* durch inhaltliche Zusammenhänge *gefordert* wird. Durch die Scheidung: *über* A und *unter* B dem Strich erreicht man schon sowieso einen einigermassen leslichen Text. So ein Reicke-Druck ist doch einfach ein Hindernisrennen!

Daher bin ich dafür, im Texte (A wie B!) *möglichst glatt* mit so wenig Klammern als möglich, weiter zu lesen und *alles* durch *Zahlen* rücksichtslos nach *unten* zu verweisen. Auch die Interpunktion. Ich bin für *normale* deutsche I. im Text und Angabe *unten*, wo K'sche Eigentümlichkeiten vorliegen. In den Randstücken, Notizen etc (also ô Sätzen) bin ich für wörtlich genauen Abdruck mit K-scher Int. Der Text selbst muss *so* sein, dass auch ein Nicht-Philologe den Mut hat, ihn bei seiner Forschung (Physika. Theorie der Materie, Theologie: Gottes-Idee etc) wirklich zu *benutzen*. Längere (wenn notwendige) Exkurse möchte ich *nicht*, wie bei Ihren Bänden, unten, sondern lieber als *Anhang* bringen. Damit aber das Mspt noch um so *einheitlicher* erscheint, soll das ganze von Kant behandelte Material in einem *Sach*(u.P.) *Register* wiederkehren und hier kann sich dann jeder die Stellen heraussuchen, die er etwa in den Texten A und B nicht gefunden hat.[93]

Nach dieser Angabe Buchenaus sind die Kopien der schwierigsten Konvolute schon im Mai 1925 bereit.[94] Im Sommer 1932 teilt Lehmann mit, dass die etwa 1 300 Schreibmaschinenseiten umfassende zweite Abschrift vollständig druckfertig sei. Er informiert zudem darüber, dass diese Abschrift zweimal von ihm und Buchenau kollationiert und mit einem Apparat von ungefähr 30 000 Anmerkungen ergänzt worden sei.[95] Am 2. Januar 1934 teilt Buchenau mit, dass, obwohl die Druckvorlage des *Opus postumum* seit dem April des Vorjahres fertig sei, der Abdruck aus technischen Gründen verschoben werden müsse.[96]

Unter dem Titel *Opus postumum* erscheint endlich der vollständige Abdruck der Krause-Papiere in zwei Teilen, die den Bänden 21 (1936) bzw. 22 (1938) der gesamten Akademie-Ausgabe entsprechen. Der erste Band enthält die Konvolute 1 bis 6, der zweite die Konvolute 7 bis 13. Der Text des Manuskripts wird ferner durch

93 Ingelheimer Papiere, zitiert in Stark 1993, 109 f. Hervorhebungen nach Starks Wiedergabe des Textes. An diese konservativen und diplomatischen editorischen Kriterien hat sich Lehmann getreulich gehalten. Vgl. seinen Bericht über die geleistete Arbeit am Nachlasswerk Kants (Akten der Kant-Kommission, II–VIII, 159, fol. 181, zitiert in Stark 1993, 160).

94 1925 geben Buchenau und Lehmann den Band *Der alte Kant* heraus, der einen Wiederabdruck der Bibliografie Kants von Hasse sowie eine Sammlung der persönlichen Notizen über Kant aus den Krause-Papieren nach Konvoluten enthält (Buchenau und Lehmann [Hg.] 1925b).

95 Vgl. Akten der Kant-Kommission, II–VIII, 159, fol. 181, zitiert in Stark 1993, 161.

96 Vgl. Akten der Kant-Kommission, II–VIII, 159, fol. 207, zitiert in Stark 1993, 161.

zahlreiche Anmerkungen erklärt. Im Grunde genommen stellt diese diplomatische Edition eine treue Ausführung des von Buchenau bereits im oben wiedergegebenen Brief vom 27. Mai 1925 aufgestellten Arbeitsprogramms dar.[97] Am Ende des zweiten Bandes finden sich der von Lehmann bearbeitete *Index* in zwei Teilen, und zwar Personen- und Namenverzeichnis sowie Sachverzeichnis, die *Einleitung* zur Geschichte der Krause-Papiere samt einer Schilderung des äußeren Zustands des Manuskripts wiederum von Lehmann, die *Erläuterungen* zum Text, die *Berechtigungen* und eine auf die innere Seite des Umschlags geklebte Tafel mit der chronologischen Anordnung des Nachlasswerks nach Adickes.[98]

A2.8 Reaktionen auf die Buchenau-Lehmann-Ausgabe

Zahlreiche Rezensionen nehmen das Erscheinen der zweibändigen Akademie-Ausgabe des *Opus postumum* mit positiven Beurteilungen auf.[99] Viele Rezensenten beurteilen sie als eine allen kritischen Ansprüchen genügende, endgültige Edition des Manuskripts, die zu einer Wende in der Rezeption des Nachlasswerks Kants führen werde: eine Meinung, die jahrzehntelang in der Kant-Forschung unangefochten bleibt.

---

97 Der Erklärung der Herausgeber im Vorwort des ersten Bandes zufolge „verzeichnen [die Textanmerkungen] alle zusätzlichen, durchstrichenen und offensichtlich verschriebenen Stellen, die Tintenänderungen, die von Adickes, Krause und Reicke bereits gegebenen Varianten, sowie die zum Verständnis des Textes unentbehrlichen Konjekturen; diese aber auf ein Mindestmaß beschränkt. Auch die sehr mangelhafte Interpunktion Kants wurde, abgesehen von der Auflösung der meisten Kommapunkte in Kommata, so gelassen, wie sie dasteht, und nicht in der von Adickes vorgeschlagenen Weise, die vielfach schon eine Interpretation einschließt, ergänzt." (AA 21: VI f.).

98 Dass diese Ausgabe für Lehmann einen unleugbaren Erfolg für die Kant-Forschung darstellt, beweist folgende Äußerung aus seiner Abhandlung über die Geschichte der Kant-Ausgabe von 1956: „Wenn dennoch die Ausgabe [des *Opus postumum*], an deren Zuverlässigkeit kein Zweifel möglich ist und in der ja auch alle Forschungen von Adickes verwertet sind, eine Bedeutung für die Gesamtinterpretation der Kantischen Philosophie besitzt, so verdankt sie das nicht zuletzt dem im zweiten Bande (XXII) enthaltenen *Index zum Nachlaßwerk*, der die Ausweitung der Systematik des Kritizismus um 1800 deutlich macht und zum Verständnis der Terminologie Kants überhaupt unentbehrlich ist." (Lehmann 1969, 8 f.). Weitere, noch nicht untersuchte Informationsquellen zur Geschichte der Akademie-Ausgabe des *Opus postumum* sind der Nachlass Gerhard Lehmanns und das gesamte Schriftgutarchiv des Verlags Walter de Gruyter, Berlin.

99 Vgl. z. B. Bauch 1938, Brightman 1937, Brightman 1938, Glockner 1937, Greene 1937, Greene 1939, Günther 1937 Hartmann E. 1937, Hartmann E. 1938, Rossi 1938, Sange 1936, Sange 1938, Tazerout 1936, Tazerout 1938 und Weizsäcker 1939.

In den 1980er-Jahren wird die Akademie-Ausgabe des Nachlasswerks Kants Gegenstand grundlegender Kritik seitens einiger Kant-Forscher. Zum Teil wiederholen diese Kritiken, was schon Adickes bemerkt hatte: Letzterer hatte sich bei Buchenau darüber beklagt, dass dieser die Grundsätze der Edition des handschriftlichen Nachlasses Kants aufgeben wolle. Insbesondere kritisierte der Tübinger Kant-Forscher die Abweichung von den Kriterien für die Interpunktion,[100] die Aufgabe der chronologischen Anordnung der Bogen zugunsten einer diplomatischen Anordnung der Konvolute, die Trennung zwischen eigentlichem Text (*über* dem Strich) und Randbemerkungen (*unter* dem Strich), die im Manuskript neben dem eigentlichen Text stehen.[101]

Des Weiteren werden folgende Aspekte der Akademie-Ausgabe des *Opus postumum* bemängelt:[102] fehlerhafte Lesarten, orthografische Absonderlichkeiten bei der Abschrift des kantischen Textes, die Trennung der Textanmerkungen vom Apparat, eine *sprachliche* Beschreibung der Textherstellung anstatt der Anwendung geeigneter *satztechnischer* Mittel (Schrifttypen, Klammern) von Adickes, Lücken und falsche Angaben im Index, worin die losen Blätter nicht erfasst sind, die Positionierung der *Einleitung* des Herausgebers nach dem Abdruck der kantischen Texte, die nicht nachvollziehbare Bezugnahme auf die Lesarten der Reicke-Arnoldt- und Krause-Editionen in den *Erläuterungen*, Inkonsequenzen und Fehler in der Wiedergabe der chronologischen Anordnung des Nachlasswerks nach Adickes, vor allem die Betitelung der zweibändigen Veröffentlichung als *Opus postumum* und die daraus entstehende Konfusion zwischen Manuskript und Werk.[103]

---

100 „Bei *wissenschaftlichen* Editionen von Ms.en halte ich die Einsetzung von Interpunktionszeichen, ohne sie als zugesetzte zu kennzeichnen, fuer ein Kapitalverbrechen, und ich haette eigentlich gehofft, dass meine Ausgabe darin Schule machte." (*Ingelheimer Papiere*, zitiert in Stark 1993, 111). Hervorhebung nach Starks Wiedergabe. Adickes bezieht sich auf die Prinzipien für die Edition des handschriftlichen Nachlasses, die im Band 14 (1911) der Akademie-Ausgabe niedergelegt worden waren.

101 Brief Adickes' an Buchenau vom 30. Juni 1925, in *Ingelheimer Papiere*, zitiert in Stark 1993, 110 f.

102 Vgl. Stark 1993, 115–118, 196, 199–205 und Brandt 1991, insbesondere 17–20.

103 Gegenstand heftiger Kritik an Lehmann in der Kant-Forschung ist allerdings nicht allein seine Ausgabe des *Opus postumum*, sondern auch seine gesamte editorische Leistung für die Akademie-Ausgabe der Kant-Werke. Unabhängig vom sachlichen Fundament dieser Einwände lässt sich fragen, ob im Hintergrund eines solchen systematischen Angriffs noch anderweitige Motivationen stehen. Bernd A. Laska spricht von einer regelrechten „Kampagne" gegen Lehmann, die sich schon in den 1970er-Jahren vorbereitet habe und in den 1980er-und 1990er-Jahren vor allem von Wolfgang Georg Bayerer und Werner Stark geführt worden sei. Er vertritt die Auffassung, dass, obwohl die Kritik an dem alten Kant-Forscher umstrittene Fragen der Kant-Philologie betreffen, das wahre Motiv dieser Polemik politischer Natur sei, nämlich seine ver-

Zweifellos verdankt die Kant-Forschung der Buchenau-Lehmann-Ausgabe des *Opus postumum* die Fortschritte in der Rezeption des Nachlasswerks Kants seit dem Ende der 30er-Jahre des 20. Jahrhunderts. Die Verdienste dieser Edition zugestanden, ist es jedoch allmählich deutlich geworden, dass sie sich in mehrerlei Hinsicht als unzulänglich erweist und durch eine neue, zuverlässige Ausgabe ersetzt werden sollte.[104]

A2.9 Übersetzungen

Trotz der genannten Grenzen hat die Buchenau-Lehmann-Ausgabe als Grundlage für die Übersetzungen gedient, die nach dem Ende des Zweiten Weltkriegs erschienen sind und zur Rezeption des *Opus* postumum außerhalb des deutschsprachigen Raums in beträchtlicher Weise beigetragen haben. Bislang existiert allerdings keine vollständige Übersetzung des kantischen Textes. Alle Überset-

---

mutete Nähe zum Nationalsozialismus (Laska 2000, 12–15). Faktische Spuren eines *politischen* Beweggrundes in den Querelen mit Lehmann stellt Laska meines Erachtens nur bei Bayerer fest, nicht aber bei Stark. Wenn es zudem wahr wäre, dass Stark nur deswegen bewiesen habe, Lehmann sei in seiner editorischen Kompetenz überfordert gewesen, weil er in Wirklichkeit „den angesehenen Kant-Forscher Lehmann vom Sockel [habe] stossen" (ebd., 14) wollen, würde es eben um kein politisches Motiv gehen. Lehmann war allerdings nie Mitglied der NSDAP, und seine mutmaßlichen Sympathien für die Nazis hatten ihm weder einen Lehrstuhl an der Universität eingebracht noch eine feste Stelle bei der Kant-Ausgabe, wo seine Position während der ganzen Nazizeit sehr prekär blieb.

104 An einer weiteren Ausgabe des Nachlasswerks Kants hat Ingeborg Heidemann (1915–1987) in den letzten sieben Jahren ihres Lebens anhand einer fotografischen Reproduktion des Manuskripts gearbeitet. Sie verstarb noch vor Abschluss der Edition. Die schon erarbeiteten Teile wurden 1996 mit einem vorangestellten editorischen Bericht von Gregor Büchel herausgegeben, worin das Ziel sowie die Abgrenzung zu anderen möglichen Vorgehensweisen formuliert werden: „Die vorliegende Ausgabe will keine kritische Ausgabe im engeren Sinne sein." (Heidemann und Büchel [Hg.] 1996, 6). Es handle sich vielmehr um die Edition des von Kant redigierten Textes der Bogengruppe *Uebergang 1–14* und einer bereits verfassten *Vorrede*, die Heidemanns Ansicht nach im Vergleich zu „allen anderen durch kantische Signaturen zusammenhängenden Bogengruppen des ‚Opus postumum' in weitestgehender Weise von Kant zum Druck vorbereitet worden ist" (ebd.). Mit Recht übt Reinhardt Brandt in drei wesentlichen Punkten Kritik an dieser Rekonstruktion des Übergangswerks (Brandt 1998): a) Die dem kantischen Gedankengang vermeintlich entsprechende Kompilation des Textes erfolgt nach dem Leser unbekannten Kriterien und erweist sich als willkürlich und unklar. b) Die Annahme, es gebe einen Teil des *Opus postumum*, den Kant für so gut wie druckfertig gehalten habe, ist unbegründet. c) Eine derartige Edition könnte die falsche Annahme hervorrufen, es sei möglich, Teile des *Opus postumum* zu rekonstruieren bzw. zu interpretieren, ohne die Entstehungsgeschichte derselben zu berücksichtigen.

zungen beschränken sich auf eine mehr oder weniger reiche, meistens chronologisch-thematisch angeordnete Auswahl von Textstellen aus der zweibändigen Edition der Akademie.

Abgesehen von der 1950 erschienenen, wissenschaftlich belanglosen Übersetzung ins Französische von Jean Gibelin,[105] wurde die erste brauchbare Übersetzung des *Opus postumum* 1963 von Vittorio Mathieu, und zwar ins Italienische, veröffentlicht.[106] Auswahl und Einteilung der Texte richten sich nach der Deutung von Kants Nachlasswerk, die der italienische Kant-Forscher in seiner Studie von 1958 dargelegt hatte und die in der Einleitung der italienischen Übersetzung zusammengefasst wird. 20 Jahre später erscheint die spanische Übersetzung, deren akribische Erstellung Félix Duque Pajuelo zu verdanken ist.[107] Die ausgewählten kantischen Texte werden von Duque mit einem informativen Kommentar begleitet. 1986 gibt François Marty eine neue französische Übersetzung heraus. Martys Übersetzung ist an derjenigen von Mathieu ausgerichtet und mit einem sachkundigen Anmerkungsapparat sowie einer bemerkenswerten Abhandlung – „Récapitulation. Le passage des principes métaphysiques de la science de la nature à la physique“ – über die historisch-systematische Entwicklung des späteren kantischen Denkens versehen. Die englische Ausgabe des *Opus postumum*, herausgegeben und übersetzt von Eckart Förster und Michael Rosen, erscheint erst 1993[108] und ist mit einer „Introduction“ und einem Apparat – „Factual Notes“ – von Förster begleitet.[109]

Die Edition des *Opus postumum* von Buchenau und Lehmann erfolgte nach sozusagen diplomatischen Kriterien, was in diesem speziellen Fall soviel heißt wie Kants Manuskript – die Krause-Papiere – in der zufälligen Anordnung, in der es bekanntlich übertragen wurde, wiederzugeben. Dieses Vorgehen hat seitens aller Übersetzer eine zusätzliche editorische Erarbeitung verlangt, um zum Nachlasswerk gehörenden Texte auszuwählen und sie nach der in der Akademie-Ausgabe fehlenden chronologisch-thematische Anordnung zu sortieren. In diesem Sinn

105 Gibelin 1950. Es handelt sich um ein kleines Florileg von Auszügen aus der Akademie-Ausgabe, gereiht nach der numerischen Anordnung der Konvolute und beinahe ohne editorische Anmerkungen, das nach Gibelins Absicht die wichtigsten philosophischen und naturwissenschaftlichen Passagen von Kants Nachlasswerks sammeln sollte. In Wahrheit erweist sich die Auswahl der Texte als willkürlich, die Übersetzung ins Französische als ungenau und der wissenschaftliche Nutzen als zweifelhaft.

106 Die zweite und dritte Auflage sind 1984 bzw. 2004 erschienen.

107 Die zweite Auflage wurde im Jahr 1991 veröffentlicht.

108 Die zweite und dritte Auflage sind 1995 bzw. 1998 erschienen. Vgl. die Berichte von Günter Zöller (Zöller 1993), Manfred Kühn (Kühn 1994, 678) und Jeffrey Edwards (Edwards 1995).

109 In einer Veröffentlichung aus dem Jahr 2000 liefert Sergej A. Černov von Teilen der Konvolute 1, 4, 10, 11 und 12 (Černov 2000, 323–588.) eine Übersetzung ins Russische.

erfüllen die Übersetzungen auch eine Orientierungsfunktion, zumindest bis zu einem gewissen Punkt. Denn alle Übersetzer haben sich bislang für eine mehr oder weniger eingeschränkte Selektion von „repräsentativen" Texten entschieden und sie nach einer Ordnung ediert, die ihre jeweilige Sicht des *Opus postumum* widerspiegelt. Wer mit Kants Nachlasswerk nur vermittels einer dieser Übersetzungen in Kontakt tritt, kann daher keinen angemessenen Eindruck vom problematischen Zustands des Originals und keine adäquate Vorstellung vom *Opus postumum* als *work in progress* bekommen, und er kann es vor allem nicht vermeiden, die kantische Schrift lediglich durch die Brille des jeweiligen Übersetzers zu lesen. Die bislang herausgegebenen Übersetzungen können als Einführungen gelten, die am Anfang die Lektüre des sogenannten *Opus postumum* erleichtern. Keineswegs jedoch können sie die Auseinandersetzung mit dem Original im Rahmen einer wissenschaftlichen Arbeit ersetzen.

A2.10 Die weitere Geschichte des Manuskripts

Nach der Station in Berlin während der 1920er-Jahre wurden die Krause-Papiere wieder durch die Erben des Hamburger Hauptpastors aufbewahrt. Das kostbare Manuskript wurde in Banksafes verschlossen und blieb in den Wirren der 1940er-Jahre unbeschädigt.[110] Durch einen Vertrag zwischen dem damaligen Besitzer der Handschrift Caesar Ernst Albrecht Krause aus Bonn-Bad Godesberg, einem homonymen Nachfahren des Hamburger Hauptpastors[111], und der Stiftung Preußischer Kulturbesitz wurden die Krause-Papiere 1996 der Handschriftenabteilung der Berliner Staatsbibliothek als Dauerleihgabe übermittelt. Im November 1998 wurde das Autograf von demselben Neffen des Theologen Krause direkt der Staatsbibliothek zu Berlin – Preußischer Kulturbesitz zum Kauf angeboten.[112]

Die Staatsbibliothek konnte schließlich dank der Unterstützung des Bundes, der Kulturstiftung der Länder und der ZEIT-Stiftung Ebelin und Gerd Bucerius für 1,5 Millionen DM das Autograf Kants erwerben. Der Verkauf wurde im Juni 1999

110 Während des Zweiten Weltkriegs bestand für die Krause-Papiere die Gefahr der Vernichtung. Die Bank, in der sie zur Aufbewahrung lagen, wurde bombardiert und fast völlig zerstört. Der Banksafe, der das Manuskript enthielt, überstand den Angriff auf wundersame Weise.

111 Nach dem Tod des Hauptpastors Albrecht Krause verblieb das Manuskript im Besitz seiner Ehefrau Jenny Krause und ging dann von ihrem Sohn Adolf Rudolf Erwin August Krause schließlich auf den Enkel Caesar Ernst Albrecht Krause über (vgl. Brandis 1999, 61).

112 Vgl. Brandis 1999, 61.

abgeschlossen.[113] Das Manuskript gehört nunmehr zu den Beständen der Handschriftenabteilung der Staatsbibliothek zu Berlin, und zwar unter der Signatur Ms. germ. fol. 1702. Am 24. Juni 1999 konnte es dort der Öffentlichkeit vorgestellt werden. Es stand im Mittelpunkt der Ausstellung *Immanuel Kant und die Berliner Aufklärung* vom 30. März bis zum 13. Mai 2000 im Haus der Berliner Staatsbibliothek am Kulturforum Potsdamerstraße, die den vom 28. bis zum 31. März in Berlin stattfindenden IX. Internationalen Kant-Kongress begleitete.

Um das Originalmanuskript vor Schäden durch direkte Benutzung weitgehend zu schützen, wurde 1999 von der Staatsbibliothek zu Berlin eine Faksimile-Mikroficheausgabe mit einer Schwarz-Weiß-Wiedergabe des Manuskripts durch Tilo Brandis, den damaligen Leiter der Handschriftenabteilung der Staatsbibliothek zu Berlin – Preußischer Kulturbesitz, herausgegeben.[114]

A2.11 Die übrigen losen Blätter des Nachlasswerks

Zum Nachlasswerk Kants gehören auch einige lose Blätter, die sich nicht in den Krause-Papieren finden.[115] Es ist bekannt, dass Kant Schülern, Freunden und Kollegen eigenhändig geschriebene Blätter übermittelt hat. Dies hatte sich in den letzten Jahren seines Lebens, besonders ab 1799, gehäuft. Nach dem Tod des Philosophen hat sich nach Angabe Schuberts gezeigt, dass drei Personen handschriftliche Materialien in bedeutender Menge von Kant erhalten hatten: der Königsberger Verleger Nicolovius, Gensichen und Wasianski.[116]

Gensichen hatte Kants kleine Bibliothek geerbt. Nach seinem Tod am 7. September 1807 in Königsberg werden die Bücher in einer Auktion verkauft, die am 28. April 1808 endet. Die damalige Königsberger Schlossbibliothek erwirbt einen

113 Das Ereignis stieß auf breite Resonanz, wie die umfangreiche Berichterstattung belegt. Eine Auswahl der Mitteilungen in Zeitungen und Zeitschriften innerhalb der deutschsprachigen Länder ist in der Bibliografie der *Kant-Studien* repräsentiert (Vgl. Ruffing 2001, 516 f., und Ruffing 2002, 534 f.; vgl. dazu Stark 1999).

114 Brandis (Hg.) 1999.

115 Bereits 1920 behauptet Adickes: „Außer der im Besitz der Familie Krause befindlichen Ms.-Masse ist noch eine Anzahl L.Bl. bekannt, die sich mit den Problemen des Op.p. beschäftigen. Zum Teil befinden sie sich in Privathänden, zum größeren Teil gehören sie der Berliner Königlichen und der Königsberger Universitätsbibliothek. Die der Akademieausgabe zur Verfügung gestellten werden in ihrem 21. Bd. veröffentlicht werden. Aber auch die folgende Darstellung wird sie schon in den relativ wenigen Fällen, wo ihr Inhalt es als wünschenswert erscheinen läßt, berücksichtigen." (Adickes 1920, 153 Anm.).

116 Schubert 1842, 217.

Stapel kantischer Handschriften,[117] der den Kern des Kant-Nachlasses im Besitz der späteren Staats- und Universitätsbibliothek zu Königsberg ausmacht. Der sogenannte „Königsberger Kantnachlass" wird 30 Jahre danach von Schubert in 13 Konvolute eingeteilt, die noch später mit den Buchstaben A bis N bezeichnet werden.

Wasianski verfügt nicht nur über das Schicksal des bekannten Manuskripts, sondern auch über dasjenige einer Menge von weiteren Blättern aus Kants Nachlass.[118] Diesbezüglich schreibt Schubert: „Viele einzelne Papiere, die damals von keinem besonderen Werthe schienen, wurden von dem Pfarrer Wasianski als Executor des Testaments zu Erinnerungsblättern an den großen Mann verschenkt."[119] Der übrige schriftliche Nachlass Kants im Besitz von Wasianski und dessen Schwager Samuel Friedrich Buck, Bürgermeister in Königsberg und Tischgenosse Kants, wurde nach dem Tod der beiden von einem ihrer nächsten Verwandten der Königsberger Universitätsbibliothek geschenkt.

Es ist sicher, dass ein Teil der losen Blätter zum Nachlasswerk Kants aus den Sammlungen von Kant-Manuskripten stammt, die ursprünglich im Besitz Gensichens, Wasianskis und Bucks waren, und dass manche von ihnen zum Königsberger Kantnachlass gehörten.

Das von Schoen geerbte Manuskript selbst stellt eine weitere Quelle von losen Blättern zum unvollendeten Werk Kants dar, die heute nicht mehr im Manuskript sind. Wie bereits von Adickes und Lehmann bemerkt wurde, enthielt das Manuskript ursprünglich bedeutend mehr lose Blätter als jetzt. Sie fanden sich maßgeblich nicht nur im 4. Konvolut, sondern auch an anderen Stellen.[120] Beide Kant-Forscher beziehen sich auf die Mitteilungen von Schubert und Haym.[121]

Ist diese Vermutung richtig, muss die Abnahme des Manuskripts in einem relativ klar eingrenzbaren Zeitraum geschehen sein. Stark vermutet, dass sie zwischen dem Tod Schoens (16. Juli 1854) und der Übertragung des Manuskripts an Reicke (1865) stattfand.[122] Denn die Nachkommen Schoens gaben Blätter aus dem

117 Warda 1922, 11–14.

118 Zur Rekonstruktion des schriftlichen Kant-Nachlasses aus dem Besitz Wasianskis vgl. die sorgfältige Studie von Stark (Stark 1987).

119 Schubert 1942, 217.

120 Adickes 1920, 9 ff.; Lehmann 1938b, 760.

121 Schubert berichtet Folgendes über das kantische Manuskript: „In den einzelnen Bogen liegen wieder Zettel [...]. Diese eingelegten Zettel sind nicht zu derselben Zeit als der größere Theil der Reinschrift geschrieben; die meisten wohl später, wie dies aus der Jahrszahl und den Namen der geladenen Tischgäste hervorgeht." (Schubert 1858, 61). Ähnlich bestätigt Haym, dass in den verschiedenen Konvoluten „zahlreiche Blättchen mit Verweisungen und anderweitigen Notizen [liegen]" (Haym 1858, 81).

122 Stark 1993, 56 f.

Manuskript an Dritte weiter, um das handschriftliche Erbe in bare Münze zu verwandeln.[123] Der Zeitraum, in dem eine beträchtliche Anzahl einzelner Blätter vom ursprünglichen Bestand maßgeblich abgesondert worden war, lässt sich meines Erachtens noch etwas genauer bestimmen. Er kann auf das Ende des Jahres 1857 eingegrenzt werden, also nachdem Schubert und Haym das Manuskript geprüft hatten, und den 8. Mai 1863, d. h. als die von Reicke 1864 veröffentlichte „Anzeige von Kants nachgelassener Handschrift" aufgesetzt worden war, weil man erst in diesem Zeugnis das Vorhandensein einer „Menge kleiner Papiere in verschiedenem Format" *ausschließlich* im 4. Konvolut feststellt.[124]

Die losen Blätter zum Nachlasswerk, die nicht zum kantischen Manuskript in seiner heutigen Form gehören, sind also in drei Gruppen einzuteilen: diejenigen, die bereits im Band 23 der Kant-Ausgabe der Akademie erschienen sind, diejenigen, die im Jahr 1955 bekannt waren und trotzdem nicht in den eben genannten Band der Akademie-Ausgabe aufgenommen wurden, sowie diejenigen, die nach 1955 entdeckt und veröffentlicht wurden oder die, obwohl schon bekannt, erst nach diesem Jahr dem Nachlasswerk zugeschrieben wurden.

Die meisten im 23. Band der Akademie-Ausgabe[125] veröffentlichten losen Blätter zum sogenannten *Opus postumum* stammen aus dem Königsberger Kantnachlass. Die Konvolute A bis G dieser Sammlung wurden von Reicke herausgegeben.[126] Dann händigte er sowohl die Urschrift wie auch seine Abschriften Adickes als Herausgeber der dritten Abteilung der Akademie-Ausgabe aus.

Eine Reihe von losen Blättern aus dem Königsberger Kantnachlass wurde von Adickes dem letzten, unvollendeten Werk Kants zugeschrieben, und zwar vier aus den von Reicke abgedruckten Konvoluten – den losen Blättern D 19 (R I 241–246),

---

123 In einem Zusammenhang mit diesem Versuch ist nach Stark auch die Tatsache zu sehen, dass die kurländische Baronin Adelheid von Korff am 24. Dezember 1855 zwei Briefe Kants und seine Tabakdose an den Preußischen König Friedrich Wilhelm IV. sandte, der sich mit einem Brief vom 24. Januar 1856 bei ihr bedankt. Vgl. oben Anm. 17.

124 Reicke 1964, 746.

125 AA 23: 479–488. Zur Geschichte des Bandes 23 der Kant-Ausgabe vgl. Lehmann 1955a und Stark 1993, insbesondere 131–151, 169–179, 181–188, 211–215.

126 Die losen Blätter wurden von Reicke zunächst in verschiedenen Heften der *Altpreußischen Monatsschrift* veröffentlicht und anschließend in einem dreibändigen Sonderabdruck gesammelt. Der erste Band (R I) erscheint 1889 und enthält die Konvolute A–D, zuvor abgedruckt in der *Altpreußischen Monatsschrift* 24 (1887) und 25 (1888); der zweite Band (R II) erscheint 1895 und enthält die Konvolute E und F, zuvor abgedruckt in der *Altpreußischen Monatsschrift* 28 (1891), 30 (1893) und 31 (1894); der dritte Band (R III) erscheint 1898 und enthält das Konvolut G, zuvor abgedruckt in der *Altpreußischen Monatsschrift* 35 (1898).

D 25 (R I 264 – 266)[127], E 22 (erste Seite, R II 92 f.) und G 19 (zweite Seite, R III 66 f.) – sowie sieben auf wissenschaftliche Themen Bezug nehmende Stücke aus dem ungedruckten Konvolut L (L 1, L 2, L 27, L 31, L 40, L 48 und L 55[128]). Ein weiteres Fragment, das im thematischen Zusammenhang mit dem Entwurf *Conv. X/XI* zum *Opus postumum* steht, wurde im Weimarer Goethe-Schiller-Archiv entdeckt (abgedruckt auch in AA 18: 8.9 – 15).

Diese Blätter zählen zu den Teilen des schriftlichen Nachlasses Kants, die Adickes noch nicht herausgegeben hatte, als er am 8. Juli 1928 starb. Sowohl die von ihm aufbewahrten Kant-Autografen wie auch seine eigenen hinterlassenen Papiere dazu wurden von seinem Sohn Franz Adickes der Akademie der Wissenschaften zur Verfügung gestellt. Dieses Material wurde Lehmann übergeben und befand sich in den 30er-Jahren in seiner Obhut. Es war vorgesehen, die betreffenden losen Blätter zum Nachlasswerk im 23. und letzten Band der Akademie-Ausgabe (*Vorarbeiten und Nachträge*) zu veröffentlichen. Bis 1943 scheint Lehmann sich damit jedoch nicht sehr intensiv befasst zu haben.[129] Am 17. März 1944 wird das Material zum geplanten 23. Band der Akademie-Ausgabe zur Sicherung gegen Bombenangriffe von Berlin nach Neuenkirchen bei Greifswald verlagert[130] und wenig später nach Boltenhagen gebracht. Seitdem gilt es als verschollen.[131]

1948 greift die Kant-Kommission den Vorschlag Lehmanns auf, den Band 23 der Akademie-Ausgabe trotz des Verlusts des handschriftlichen Materials herauszugeben. Die Kommission bietet ihm die Herausgabe an. Der 23. Band *Vorarbeiten und Nachträge* erscheint erst 1955. Die oben erwähnten losen Blätter zum sogenannten *Opus postumum* wurden dort auf den Seiten 477 bis 488 abgedruckt. Mit Ausnahme des Fragments aus dem Goethe-Schiller-Archiv sind alle Teile ohne autoptische Überprüfung anhand der verschollenen Originale wiedergegeben,

---

127 Diese zwei Fragmente wurden von Adickes schon im Jahr 1897 dem sogenannten *Opus postumum* zugeschrieben. Vgl. Adickes 1897b, 250. Auch das Fragment D 20 beweist nach Adickes „manche Anklänge“ an das Nachlasswerk (ebd., 243 und 259). Vgl. auch ebd., 259.

128 Zum Fragment L 55 gehören einige Zeilen, die in AA 23: 488 fehlen und von Adickes ganz in AA 14: 525.36 – 39, unvollständig und leicht geändert auch in Adickes 1920, 468, wiedergegeben sind.

129 1936 und 1938 erscheinen die zwei Bände des *Opus postumum*, 1939 Lehmanns Habilitationsarbeit, 1940 erhält er eine Dozentur an der Berliner Universität, 1943 publiziert er seine *Deutsche Philosophie der Gegenwart.*

130 Vgl. die Akten der Kant-Kommission, II–VIII, 161 (zitiert in Stark 1993, 213).

131 Die Kant-Materialien sind zwischen Mai und Ende Oktober 1945 verschwunden. Da das betreffende Gebiet von der Roten Armee besetzt war und ein russischer Hauptmann von der Existenz dieser Materialien wusste, ist anzunehmen, dass sie nach Russland gebracht wurden. Untersuchungen in diese Richtung sind aber erfolglos geblieben (vgl. Stark 1993, 214 f.).

nämlich teils nach der vorliegenden Reicke-Edition, teils nach den erhaltenen Abschriften.

Zur zweiten Gruppe von losen Blättern aus dem Nachlasswerk Kants gehören folgende Teile:

- Eine Randnotiz aus dem Rostocker Manuskript zur *Anthropologie in pragmatischer Hinsicht* (*Anth*, AA 7: 402 zu *Anth*, AA 7: 178.29 ff.). Sie steht in thematischem Zusammenhang mit gleichzeitigen Reflexionen zum Nachlasswerk (1796 bis Mitte 1798), wie bereits Adickes bemerkt.[132] Die verbreitete Annahme, das Manuskript der *Anthropologie* aus der Rostocker Universitätsbibliothek sei samt anderen Handschriften Kants aus dem Nachlass von Jacob Sigismund Beck in den Besitz der Bibliothek gelangt, ist von Stark in Frage gestellt worden. Nach Stark ist das Rostocker Manuskript vermutlich von Johann Christoph Wedeke, Oberhofprediger in Königsberg, ordentlicher Professor der Theologie und im Jahr 1814 Rektor der Albertina, bei der Versteigerung der Bibliothek Gensichens im Frühjahr 1808 erworben worden. Es sei später von seinem Sohn Johann Christian Wedeke geerbt und von diesem an die Rostocker Universitätsbibliothek übertragen worden.[133] Schenkt man dieser Rekonstruktion Starks Glauben, stammt das Fragment aus dem Besitz Gensichens.
- LB *Essen-Königsberg 11* (1797). Es handelt sich dabei um drei zusammenhängende Oktavblätter, die aus dem Besitz Wasianskis stammen. Dieser Teil wurde von einem nahen Verwandten der Familie Buck namens Becher zusammen mit anderen Papieren aus Wasianskis Nachlass dem Kunstmuseum der Stadt Essen geschenkt und danach von diesem der Königsberger Königlichen und Universitätsbibliothek übertragen.[134] Die Seiten I und III wurden in AA 18: 687–690 abgedruckt.
- Kantblätter Nr. 7 und 26 der Berliner Königlichen Bibliothek (Adickes 1920, 363 Anm.). Das Stück Nr. 7 besteht aus vier eng beschriebenen Oktavseiten, die ein zusammengelegtes Doppelblatt bilden, und stammt aus Wasianskis Nachlass. Es fand sich unter den Kant-Autografen, die im Besitz eines Herrn namens Ramkoff in Bromberg waren, und wurde 1903 von der damaligen Berliner Königlichen Bibliothek (später Berliner Staatsbibliothek) erworben. Der Ver-

132 Vgl. Adickes 1920, 103. Die folgende Angabe Brandts zu diesem Fragment ist unzutreffend: „S. 128 der Akademie-Ausgabe (Bd VII) beginnt in der Texthöhe von Zeile 27 folgende Randnotiz in H (dem Manuskript) […].“ (Brandt 1999, 17).

133 Stark 1993, 48–52.

134 Vgl. Adickes 1920, 63 Anm., 67, 467 f., und Adickes 1925, 107. Zur Rekonstruktion des Becher-Nachlasses vgl. Stark 1987, 214 f.

bleib der Kant-Autografen der Berliner Staatsbibliothek ist seit 1945 ungeklärt.[135]
- LB *Reicke X b 15* der Königsberger Königlichen und Universitätsbibliothek (Adickes 1920, 363 Anm.).
- LB *Reicke X c 10* (1801) der Königsberger Königlichen und Universitätsbibliothek (Adickes 1920, 371 Anm. und 758 Anm.), abgedruckt in Stark 1993, 251.
- Kantblatt Nr. 18 (1798/99) der Berliner Königlichen Bibliothek (Adickes 1920, 468 Anm.).
- LB *Busolt* 1,5 – 6 (ab 1800) auf der Rückseite des Brieffragments Nr. 834[136] vom 20. September 1800. Verweis in Adickes 1920, 834, und Abdruck in AA 15: 969.35 f.
- Ein weiteres Fragment (LB *Presting*) kommt aus dem Besitz von Intendant Presting in Jena und ist in den *Erläuterungen* zum *Opus postumum* wiedergegeben.[137]

Zur dritten Gruppe werden bis heute folgende lose Blätter gerechnet:
- LB *Berlin, I/486* (Staatsbibliothek zu Berlin – Preußischer Kulturbesitz). Zwischen dem Ende des 19. und dem Anfang des 20. Jahrhunderts war dieses Stück vermutlich in amerikanischem Privatbesitz. Später findet es sich unter den Autografen der bedeutenden Privatsammlung des 1960 verstorbenen Schweizer Arztes und Grafologen Robert Ammann. Dann gelangt es in Pariser Privatbesitz, woraus es 1961 von der Marburger Autografenhandlung Stargardt für 1750 DM ersteigert wird. Es wird 1966 wieder in einer Auktion der Firma Stargardt versteigert und dieses Mal von der damaligen Stiftung Preußischer Kulturbesitz für 2 700 DM erworben.
- LB *Berlin, I/1413* (Staatsbibliothek zu Berlin – Preußischer Kulturbesitz). Auch dieses Fragment wurde von der Firma Stargardt auktioniert und 1980 für 5 800 DM von einem Privatmann ersteigert. Kurz danach wurde das Autograf dem neuen Besitzer gegen einen Aufpreis von der damaligen Berliner Staatsbibliothek Stiftung Preußischer Kulturbesitz abgekauft. Dieses Blatt soll mehrmals den Besitzer gewechselt haben, aber eine genaue Rekonstruktion seiner verschiedenen Stationen ist unmöglich.

  Beide losen Blätter wurden – mit einer Transkription der Texte und einer Reproduktion der Handschriften – in den *Kant-Studien* 1967 bzw. 1981 von Wolfgang Georg Bayerer dargestellt.[138] Die Zuschreibung zum *Opus postumum*

135 Vgl. Stark 1987, 210 f.
136 *Br*, AA 12: 324.
137 *OP*, AA 12: 805 f.
138 Bayerer 1967 bzw. Bayerer 1981.

und die Datierung der Blätter stammen auch von Bayerer. Ihm zufolge entsprechen sie dem ersten (Seiten *a* und *b*) bzw. dritten Blatt (Seiten *e* und *f*) des Textes, dessen übrige Teile unbekannt sind. Aufgrund seiner Analyse geht er davon aus, dass sie in thematischem Zusammenhang mit dem Entwurf *Conv. X/XI* stehen. Daher müssen sie aus den Jahren 1799 bis 1800 stammen.

- LB *Leningrad 2*. Die Transkription dieses Fragments mit einem eingehenden Kommentar wurde 1987 von Hans-Joachim Waschkies veröffentlicht.[139] Nach Waschkies' Datierung soll das Blatt auf den Zeitraum 1799 bis 1800 zurückgehen.
- LB *Leipzig 1*. Das Autograf gehört zur Sammlung der Familie Kestner, die 1892 auf die Leipziger Universitätsbibliothek übergegangen ist. Es gibt keine weitere Angabe über die frühere Geschichte dieses Blattes. Obwohl die Kestner-Sammlung lange vor 1955 bekannt war,[140] haben Adickes, Buchenau und Lehmann das Leipziger Blatt weder in die dritte Abteilung der Akademie-Ausgabe aufgenommen noch es überhaupt erwähnt, geschweige denn auf seine Zugehörigkeit zum *Opus postumum* hingewiesen. Stark gibt 1991 eine Transkription des Textes zusammen mit einer Reproduktion des Originals und einer kurzen Bemerkung heraus.[141] Die Transkription Starks wird von Waschkies in seiner dem LB *Leipzig 1* gewidmeten Aufsatz von 1994 wiederabgedruckt, datiert und erläutert.[142] Nach Waschkies' Datierung dürfte dieses Fragment wohl am ehesten in den ersten Wochen des Jahres 1799 entstanden sein.
- LB *Bodmer 2* und *Bodmer 3*.[143] Zwei weitere lose Blätter zum Nachlasswerk Kants wurden von Stark im Sommer 2002 in der Bibliothek der *Fondation Bodmer* (Genf-Cologny) aufgefunden.[144] Das LB *Bodmer 2* soll nach Starks Vermutung wie das LB *Bodmer 1* von dem Schweizer Sammler Martin Bodmer aus der Sammlung von Stefan Zweig in Wien erworben worden sein. Sehr wahrscheinlich gehört es zu den kantischen Handschriften, die Wasianski als

139 Waschkies 1987.

140 Zwei Briefe aus dieser Sammlung wurden in Kants Briefwechsel herausgegeben (Nr. 448 und Nr. 621).

141 Stark 1991.

142 Waschkies 1994.

143 Vgl. Stark 2004 und Förster 2004. Starks Bericht enthält eine philologische Darstellung, die Transkription der Texte und die Reproduktion der Originalhandschriften. Der Beitrag Försters betrifft die Datierung der Blätter.

144 Das LB *Bodmer 1* ist seit Langem bekannt. Es wurde im Band 23 der Akademie-Ausgabe unter den Vorarbeiten zum *Streit der Fakultäten* veröffentlicht und als „Loses Blatt Kullmann" bezeichnet.

Geschenk an Dritte übermittelt hatte.[145] Das LB *Bodmer 3* wurde von Bodmer am 3. November 1954 auf einer Auktion der Firma Stargardt ersteigert. Nach Försters Analyse ist das LB *Bodmer 2* den losen Blättern vor dem *Oktaventwurf* zuzuschreiben und auf die Jahre 1795 bis 1796 zu datieren. Dagegen soll das LB *Bodmer 3* in den ersten Monaten des Jahres 1799 abgefasst worden sein.

A2.12 Die neue Akademie-Ausgabe des *Opus postumum*

Mit der in der Kant-Forschung längst überfälligen Neuedition des *Opus postumum* konnte schließlich erst am Anfang des dritten Jahrtausends begonnen werden. Die Berlin-Brandenburgische Akademie der Wissenschaften hat die Gesamtausgabe von *Kant's gesammelten Schriften*, welche die Göttinger Akademie der Wissenschaften zwischen 1962 und 2001 kommissarisch betreut hatte, am 1. Januar 2002 formell wieder übernommen. Die Kant-Kommission, die unter dem Vorsitz von Volker Gerhardt an der Berlin-Brandenburgischen Akademie der Wissenschaften konstituiert worden war, um die Fortsetzung dieses Projekts, insbesondere die neue Ausgabe der Bände 21 und 22, zu betreuen, trat allerdings bereits am 19. Oktober 2001 erstmals in Hamburg zusammen. Zum verantwortlichen Herausgeber der Neuedition des *Opus postumum* wurde Eckart Förster ernannt. Neben ihm hat sich Jacqueline Karl als wissenschaftliche Mitarbeiterin mit dem Projekt befasst. Die Vorbereitungen der Neuedition des *Opus postumum* konnten mithilfe der finanziellen Unterstützung durch die Hamburger ZEIT-Stiftung von Ebelin und Gerd Bucerius schon im Frühjahr 2001 in Angriff genommen werden.[146]

Erste Ergebnisse konnten bereits zum Kant-Jahr 2004 vorgewiesen werden, und zwar die Digitalisierung des gesamten Manuskripts und die farbige Wiedergabe der Faksimiles des Autografen im Internet.[147] Für die Neuedition des *Opus postumum* werden die Handschriften von Jacqueline Karl neu transkribiert. Der wissenschaftliche Apparat wird von Eckart Förster bearbeitet. Die Neuausgabe enthält nur den Text des Nachlasswerkes Kants, und zwar erstmalig in chronologischer Anordnung. Die Teile des Manuskripts, die zu anderen Schriften Kants

---

145 Dem Blatt ist ein gesiegeltes Blättchen mit einer roten Schnur mit eingeknüpften Haaren angeheftet. Dazu ist Folgendes geschrieben: „Daß diese Blätter von der Hand des HE Prof. Kant und dieses Büschel von seinen Haaren sind, bescheiniget der Pfarrer Wasianski als Testamentsvollzieher des Verstorbenen eigenhändig und mit seinem Siegel."

146 Vgl. Karl 2002 sowie Karl 2007, 128. Vgl. die gemeinsame Presseerklärung der ZEIT-Stiftung Ebelin und Gerd Bucerius, Hamburg, und der Berlin-Brandenburgischen Akademie der Wissenschaften vom 24.10.2001.

147 http://kant.bbaw.de/opus-postumum. Vgl. Karl 2004.

gehören, sowie die persönlichen Notizen werden daher in einem späteren Band der Akademie-Ausgabe neu ediert. Hingegen gehen in die zwei Bände auch die dem Nachlasswerk angehörenden Fragmente ein, die in der Buchenau-Lehmann-Edition fehlen. Neben der Buchedition ist auch eine elektronische Fassung (Transkription, wissenschaftlicher Apparat und Faksimile des Originals) vorgesehen.[148]

A2.13 Die Bezeichnungen des *Opus postumum*

In der Kant-Forschung hat man eher selten zwischen dem vom Philosophen hinterlassenen Bündel von 13 Konvoluten, die sich im Besitz zunächst der Familie Schoen-Haensell, danach der Familie Krause und schließlich der Berliner Staatsbibliothek befunden haben, und seiner unvollendeten Schrift unterschieden. Trotzdem geht es dabei um zwei *verschiedene* Dinge. Denn einerseits stehen manche Stücke der betreffenden Papiere in keinem unmittelbaren Zusammenhang zum von Kant intendierten Werk, andererseits gibt es lose Blätter außerhalb jener Papiere, die vom Inhalt her dem Werk eindeutig zugehören. Dementsprechend sollen diese zwei Dinge unterschiedlich bezeichnet werden. Nun stellt gerade die Wahl ihrer jeweiligen Namen kein leicht zu lösendes Problem dar.

Von Reinhard Brandt stammt der Vorschlag, das Manuskriptbündel, das dem Inhalt der Bände 21 und 22 der Akademie-Ausgabe der Kant-Werke entspricht, in Anerkennung der Verdienste der Familie Krause als „Krause-Papiere" zu bezeichnen.[149] Der Gebrauch dieser Bezeichnung erfordert es jedoch, Folgendes zu berücksichtigen: Das Manuskriptbündel, das Wasianski an Schoen ausgehändigt hatte, war in einem anderen Zustand und enthielt deutlich mehr lose Blätter als die Papiere, die Albrecht Krause erworben hatte und die jetzt in der Berliner Staatsbibliothek aufbewahrt werden. Die Benennung „Krause-Papiere" lässt sich folglich nicht ohne Komplikationen auf das Manuskriptbündel in seinem früheren Zustand ausdehnen. Darüber hinaus wurde Brandts Vorschlag bislang in der Kant-Forschung kaum rezipiert.

---

148 Vgl. Förster 2004, 28 Anm. Vorgesehen ist auch eine Rekonstruktion der verschiedenen Phasen der chronologischen Entstehung der einzelnen Blätter und Bogen des Werkes in der Neuausgabe des *Opus postumum*. Vgl. dazu Karl 2007 und Gloyna u. a. 2008, 101–104.

149 Vgl. Brandt 1999, 15, und Brandt 2000, 182. Brandt hatte auf die Notwendigkeit, zwischen „*Opus postumum*" (unglücklicherweise zur Benennung der Krause-Papiere geworden) und „*opus postumum*" (als Bezeichnung des Nachlasswerks Kants) deutlich zu unterscheiden, bereits 1991 dezidiert hingewiesen (Brandt 1991, insbesondere 5).

Die Wahl eines Titels für das Werk erweist sich als noch schwieriger. Historisch wurden meistens zwei Titel verwendet: *Übergang von den Metaphysischen Anfangsgründen der Naturwissenschaft zur Physik* (kurz *Übergang*) und *Opus postumum*. Der erste Titel stammt tatsächlich aus der Feder Kants und wird in verschiedenen Varianten überall im Text erwähnt. In den ersten Abfassungsphasen hatte Kant in der Tat an diesen Titel für sein Werk gedacht. In den späteren Phasen der Redaktion entspricht diese Bezeichnung jedoch nicht mehr der neuen Problematik des Werkes. Kant hatte dann mehrere Alternativen im Sinn, ohne einen eindeutigen Hinweis auf den endgültigen Titel zu geben. Statt eines von Kant selbst entworfenen Titels schien es daher weitaus passender, das Werk durch eines seiner Merkmale zu bezeichnen, was allmählich zum Titel *Opus postumum* führte.

Bereits Wasianski schreibt in seiner Kant-Biografie, dass der Philosoph ein letztes „*Werk* [...] unvollendet *hinterlassen*“[150] habe. Der Ausdruck „hinterlassenes Werk“ taucht wieder bei Reicke auf: zunächst auf Deutsch,[151] danach ins Lateinische übersetzt als „*Opus posthumum*“ (mit dem Buchstaben „h“ geschrieben) in einem Brief an Albrecht Krause vom 26. Juni 1883.[152] 1884 wird das Werk Kants in einer Veröffentlichung von Vaihinger zum ersten Mal als „*Opus Posthumum*“ bezeichnet[153]. Die Wendung „opus postumum“ (ohne den Buchstaben „h“ und klein geschrieben) erscheint vermutlich erstmals 1884 in einem Artikel von Kuno Fischer.[154] Mit dem bekannten Werk Adickes’ von 1920 fällt die Wahl endgültig auf den Ausdruck „*Opus postumum*“ für den Titel *de facto* für das hinterlassene Werk Kants. Diesen Titel tragen auch die Bände 21 und 22 der Akademie-Ausgabe.

Zwei Schwierigkeiten sind trotzdem mit der Wendung „*Opus postumum*“ verbunden. Zunächst ist die oben erwähnte Konfusion zwischen Manuskript und Werk zu nennen. „*Opus postumum*“, ein Name für ein Werk, ist sorglos *auch* zum Namen eines Manuskripts geworden. Bereits Wasianski identifiziert *das* unvollendet *hinterlassene Werk Kants* mit *dem einzigen Manuskript*.[155] Mit ungewöhnlicher Sorglosigkeit wendet selbst Adickes den Namen des Werks auf die Handschrift an,[156] obwohl er sich des Unterschieds zwischen den beiden in vollem Umfang bewusst ist. Sogar die Akademie-Ausgabe von 1936/1938 begeht diesen

---

150 Wasianski 1804, 195; vgl. Groß [Hg.] 1993, 260. Hervorhebung von mir.

151 Reicke-Arnoldt 1882, 66.

152 Krause 1884, 24.

153 Vaihinger 1884, 150.

154 Fischer 1884, 2169. Dort bezieht sich der Philosophiehistoriker auf „jenes *postume Werk*“ von Kant. Der Ausdruck „*opus postumum*“ taucht später bei Adickes (vgl. Adickes 1897b, 250), Heman (vgl. Heman, 1904, 175) und Vaihinger (vgl. Vaihinger 1911, 721) auf.

155 „Ein *letztes Werk* und *einziges Manuskript* [...] hat er [= Kant] unvollendet *hinterlassen*.“ (Wasianski 1804, 195; vgl. Groß [Hg.] 1993, 260).

156 „Das Ms. des Op. p. ist auf 13 Konv. verteilt [...].“ (Adickes 1920, 36).

Fehler, indem die diplomatische Ausgabe der 13 Konvolute des Manuskripts als *Opus postumum* betitelt wird.

Ferner scheint der Ausdruck „*Opus postumum*" nicht richtig zum unvollendeten Werk Kants zu passen. Dieses ist nämlich *weder ein Werk*, da es sich, genau betrachtet, um das Projekt eines unvollendet geblieben Werkes handelt,[157] *noch* ist es als *postum* zu bezeichnen, da seine Publikation unmittelbar nach dem Tod des Verfassers abgelehnt wurde. Als sie endlich in der Akademie-Ausgabe erfolgte, wurde das *Opus postumum* nicht in die erste Abteilung der Ausgabe, d. h. unter die „kanonischen" Schriften des Philosophen, sondern in die dritte Abteilung, d. h. zusammen mit den unpublizierten Fragmenten, aufgenommen.

Auf das sogenannte *Opus postumum* wird in der Kant-Forschung ferner durch zahlreiche Termini hingewiesen, die sich auf dieses oder jenes inhaltliche oder äußere Merkmal des Werkes beziehen. Ausdrücke, die auf den Übergang von den *MAN* zur Physik als Hauptthema der Schrift hinweisen, wie z. B. „Übergangswerk" bzw. „Übergangsprojekt", sind für die späteren Entwürfe nicht geeignet. Weitere Wendungen wie beispielsweise Kants „hinterlassenes Werk", „nachgelassenes Werk", „Nachlasswerk", „Spätwerk", „letztes Werk" u. ä. laufen Gefahr, wieder den Eindruck zu vermitteln, dass es um eine vollendete Schrift gehe. Deutlich besser scheint die Bezeichnung „Kants unvollendetes Werk", was gewiss unbestritten und unzweideutig ist. Nun ist auch dies noch kein idealer Titel, zumindest in dem Sinne, als er keinen Hinweis auf den Inhalt der Schrift gibt.

Es ist davon auszugehen, dass sich die Kant-Forschung noch weiter des Titels „*Opus postumum*" bedienen wird, den eine lange Gewohnheit trotz der oben erwähnten Bedenken konsolidiert hat. Es bleibt zu hoffen, dass die Neuedition mit ihrer chronologischen Darstellung der Entwürfe und der Auslassung der fremden Notizen die Ambiguität zwischen Manuskript und Werk aufheben wird.

---

157 Mit Recht erinnert Lehmann: „Das Nachlaßwerk Kants ist kein fertiges Werk, sondern ein Haufen von Entwürfen, Notizen, losen Blättern." (Lehmann 1937b, 11). In diesem Sinn bemerkt auch Karl: „Das von Kant intendierte Werk ist vielmehr als ein ‚Arbeitsmanuskript' zu bezeichnen, es enthält neben reinschriftlichen Texten immer wieder Neuansätze, Überarbeitungen und Streichungen, eingeschobene Texte zu anderen Themen bis hin zu Tagesnotizen und drückt bis in die sprachliche Haltung hinein die Bewegung des Kantischen Denkens aus [...]." (Karl 2007, 128).

A3 Tabellarische Darstellung des *Opus postumum*

A3.1 Zum Originaltext

Die Krause-Papiere bestehen aus 13 Konvoluten, die insgesamt 290 Blätter bzw. Zettel in unterschiedlichen Formaten enthalten (darin sind auch die aus Kants Zeit stammenden Umschläge der ersten 12 Konvolute eingeschlossen[1]), die 527 handgeschriebene Seiten ausmachen.[2] Die Seiten sind folgendermaßen verteilt:

Konvolut 1:	48 Seiten (Umschlag mit 10 Bogen und 2 Halbbogen)
Konvolut 2:	52 Seiten (Umschlag mit 10 Bogen und 4 Halbbogen)
Konvolut 3:	36 Seiten (Umschlag mit 8 Bogen)
Konvolut 4:	108 Seiten (Umschlag mit 2 Bogen und 36 Blättern)
Konvolut 5:	60 Seiten (Umschlag mit 13 Bogen und 1 Halbbogen)
Konvolut 6:	20 Seiten (Umschlag mit 4 Bogen)
Konvolut 7:	46 Seiten (Umschlag mit 10 Bogen und 1 Blatt zum Bogen V)
Konvolut 8:	34 Seiten (Umschlag mit 7 Bogen und 1 Halbbogen)
Konvolut 9:	32 Seiten (Umschlag mit 7 Bogen)
Konvolut 10:	62 Seiten (Umschlag mit 4 Bogen, 15 Halbbogen und 6 Blättern)
Konvolut 11:	36 Seiten (Umschlag mit 8 Bogen)
Konvolut 12:	42 Seiten (Umschlag mit 9 Bogen und 1 Halbbogen)
Konvolut 13:	4 Seiten (1 Bogen)

Die sowohl chronologisch als auch inhaltlich zum Teil zufällige Anordnung, in der die Blätter in den Umschlägen überliefert wurden, stammt nicht aus Kants Zeit.[3] Die von Tilo Brandis neu eingeführte Zählung der Seiten des Manuskripts soll als

---

1 Die Umschläge wurden von fremder Hand mit Ordnungszahlen beschriftet. Die Seiten 1, 3 und 4 des Umschlags des 1. Konvoluts sowie die vier Seiten des Umschlags des 4. Konvoluts wurden von Kant selbst gekennzeichnet.

2 Von bloß historischer Bedeutung sind die Schilderungen über das Äußere des Manuskripts von Hasse (vgl. A1.13), Schubert (Schubert 1858, 60 f.), Haym (Haym 1858, 81), vom Autor der „Anzeige“ (vgl. Reicke 1864, 745–749), Reicke (Reicke-Arnoldt 1882, 68 f. und 255 f.; Reicke-Arnoldt 1883, 59 f. und 343; Reicke-Arnoldt 1884, 81, 309 f. und 533 f.) und Pflugk-Harttung (Pflugk-Harttung 1888). Die Beschreibung der Urschrift von Lehmann (Lehmann 1938b, 773–789) stellt immer noch die detailreichste Referenz dar. Ergänzend dazu ist allerdings der Beitrag von Brandis (Brandis 1999, insbesondere 33 f. und 61 f.) heranzuziehen.

3 Lehmann bemerkt jedoch: „Beim Überblick über die Kantischen Signierungen hebt sich sogleich eine Anzahl von Konvoluten heraus, bei denen eine (fast vollständige) Kongruenz zwischen der von Kant bezeichneten und der tatsächlich vorliegenden Anordnung der Blätter besteht. Es sind das die Konvolute I, VI, VII, VIII, X, XI, – also immerhin die Hälfte aller Konvolute.“ (Lehmann 1938b, 776).

Basis für die neue Akademie-Ausgabe des *Opus postumum* dienen. Sie wird daher auch in dieser Arbeit verwendet, wenn möglich zusammen mit der Zählung der Seiten nach der heutigen Akademie-Ausgabe der Krause-Papiere.[4]

Das 4. Konvolut enthält 18 lose Blätter aus der Zeit von 1786 bis 1795, die in keiner unmittelbaren Beziehung zum *Opus postumum* stehen;[5] weitere Passagen der Krause-Papiere, die nicht ins unvollendete Werk Kants gehören, sind folgende:[6] AA 21: 176.3 f.; 225.1–10; 258.25–259.2; 322.1 ff.; 344.18–346.33; 347.19–28; 348.26–349.16; 349.17 ff.; 461.14–463.7; 464.25; 470.5–472.12; 473 (Text in der Anmerkung zu Zeile 9); 478.28–479.2; 483.12 f; 484.29 f.; 632.7 ff.; AA 22: 154.28; 156.13 f.; 260.18 ff.; 260.21–25; 288.19–26; 290.9–12; 295.23–298.17;[7] 302.6–304.12;[8] 304.16–18;[9] 304.22–305.3;[10] 370.8–19; 510.27 ff.; 619.2–624.6.

Folgende Passagen, die ins *Opus postumum* gehören, sind nicht in den Bänden 21 und 22 der Akademie-Ausgabe zusammen mit dem Text der Krause-Papiere abgedruckt:[11]

---

4 Zum neuen Zählungssystem von Brandis, vor allem zu seiner Konkordanz, welche die Übereinstimmungen der neuen Zählung des Manuskripts mit der alten Zählung des Manuskripts (nach Konvoluten, Bogen und Seiten) und mit dem System der Akademie-Ausgabe enthält, vgl. Brandis 1999, 35–58.

5 AA 21: 415.1–461.13; vgl. Adickes 1920, 37–49. Das LB 29 (AA 21: 440.16–441.2) und das LB 39/40 (AA 21:454.21–461.12) sind auch als *Refl* 5652a (AA 18: 305.2–18) bzw. als *Refl* 6338a (AA 18: 659.9–665.21) in der Kant-Ausgabe abgedruckt. Darüber hinaus sind folgende Passagen in diesen losen Blättern abzusondern, da sie in Beziehung zur *KpV*, zur *Anthropologie* und zur *Religion* stehen (vgl. Brandt 1991, 21, und Brandt 1999, 20 f.): 416.7–28; 417.11–15; 418.24–419.10; 419.29–422.11; 443.21 f.; 446.2–12. Diese letzte Passage ist auch als *Refl* 7314 (AA 19: 310.17–311.7) in der Kant-Ausgabe abgedruckt. Der Anmerkung des Herausgebers entgegen gehört die anschließende Passage AA 21: 446.13–21 zum *Opus postumum* (vgl. Brandt 1999, 21 Anm.).

6 Vgl. Brandt 1991, 21 f.; Brandt 1999, 19 ff. In dieser Liste sind Kants persönliche Notizen, die in AA 21 und 22 teils im Text der Krause-Papiere, teils in den Fußnoten erscheinen, nicht beachtet.

7 „Über die Pockenimpfung". Bereits von Reicke separat veröffentlicht, wurde dieses Fragment von Adickes als *Refl* 1552 in AA 15: 972.15–974.14 abgedruckt.

8 „Über die Pockenimpfung". Bereits von Reicke separat veröffentlicht, wurde dieses Fragment von Adickes als *Refl* 1553 in AA 15: 974.17–975.4; 975.6 f.; 975.9–976.9; 976.11–18 abgedruckt.

9 Von Brandt nicht erwähnt.

10 Von Brandt nicht erwähnt.

11 Außerdem fehlen in der Akademie-Ausgabe mehrere Hinweise auf die Umschläge der Konvolute, die von Brandt wiedergegeben werden (Brandt 1999, 21 f.).

- Zwei Textstücke des Manuskripts, die in der Kant-Ausgabe der Akademie fehlen (obwohl sie bereits von Reicke abgedruckt wurden). Sie schließen an 21: 112.27 f. bzw. 22: 206.19 an.[12]
- Lose Blätter:[13] LB *D 19*, LB *D 25*, LB *E 22*, LB *G 19*, LB *L 1*, LB *L 2*, LB *L 27*, LB *L 31*, LB *L 40*, LB *L 48*, LB *L 55*, LB *Goethe-Schiller-Archiv*, Fragment aus dem Rostocker Manuskript zur *Anthropologie*, LB *Essen-Königsberg 11*, *Kantblatt Nr. 7* (BKB), *Kantblatt Nr. 26* (BKB), LB *Reicke X b 15*, LB *Reicke X c 10*, *Kantblatt Nr. 18* (BKB), LB *Busolt 1*, LB *Presting*, LB *Berlin* (SBPK) *I/486*, *Berlin* (SBPK) *I/ 1413*, *Leningrad 2*, *Leipzig 1*, *Bodmer 2*, *Bodmer 3*.

Zwei Textstellen zum *Opus* postumum wurden auch im Band 18 der Akademie-Ausgabe abgedruckt:[14]

1) *Refl*, AA 18: 8.9–15 (*Refl* 4850) auch in *OP*, AA 23: 488.19–25
2) *Refl*, AA 18: 679.1–9 (*Refl* 6352a) auch in *OP*, AA 21:338.4 f. und 337.23–338.3

A3.2 Zur chronologischen Anordnung der Texte

Die erste und im Wesentlichen immer noch zuverlässige Datierung der Krause-Papiere stammt von Adickes. Dank seiner Untersuchungen des Autografs während seines Hamburger Aufenthalts im Sommer 1916 gelang es ihm, die chronologische Abfolge der einzelnen Manuskriptteile sichtbar zu machen.[15] Darauf basiert die Wiedergabe der chronologischen Anordnung der Krause-Papiere im Faltblatt des zweiten Bandes der Buchenau-Lehmann-Edition[16] sowie in der Mikrofiche-Ausgabe von 1999[17].

Nach Adickes' Rekonstruktion gibt es 15 Abfassungsphasen des *Opus postumum.*[18] Mit Ausnahme der ersten entsprechen sie je einem Entwurf des Werkes von Kant selbst: dem *Oktaventwurf*, dann den Entwürfen 1 bis 13. Im Anschluss ist die chronologische Reihenfolge der Texte zum Nachlasswerk wiedergegeben.

---

12 Siehe Reicke-Arnoldt 1884, 393, bzw. Reicke-Arnoldt 1883, 346 Anm. Die betreffenden Passagen sind in Brandt 1991, 22 f., und in Brandt 1999, 18, wiedergegeben.

13 Vgl. oben A2.11.

14 Vgl. Brandt 1991, 22, und Stark 1993, 292.

15 Die Ergebnisse dieser Untersuchung sind in der zweiten Abteilung seines Werkes über *Kants Opus postumum* dargelegt (vgl. Adickes 1920, 36–154).

16 Zu den Mängeln in diesem Blatt siehe Brandt 1991, 19.

17 Brandis 1999, 59 f. Vgl. ferner im Internet http://kant.bbaw.de/opus-postumum/faksimiles-chronologisch.

18 Die losen Blätter zum *Opus postumum*, die sich nicht in den Krause-Papiere finden, stammen aus verschiedenen Abfassungsphasen. Vgl. oben A2.11.

Entstehungszeit (annähernd)	**Inhalt**	**Seitenangabe**
um 1795–1796	Vorarbeiten	IV 86–96
um 1796	*Oktaventwurf*	IV 13–40
Juli 1797–Juli 1798	1. Entwurf: *A–C*	III 25–36
	2. Entwurf: *α–ε*	IX 5–8, II 45–52, V 5–8, V 17–20
Aug.–Sept. 1798	3. Entwurf: *a–c*	III 5–16, II 11–14, IV 97–104
Sept.–Okt. 1798	4. Entwurf: *No 1–No 3η*	II 5–10, IV 5–8, IX 21–28, IX 9–12, IV 9–12, V 21–24, III 17–24, V 9–12
Okt.–Dez. 1798	5. Entwurf: *Elem. System 1–7*	VIII 5–33
Dez. 1798–Jan. 1799	6. Entwurf: *Farrago 1–4*	VI 5–20
Jan.–Febr. 1799	7. Entwurf: *AB Uebergang*	IX 13–20
Febr.–Mai 1799	8. Entwurf: *A Elem. System 1–6*	II 15–24, IX 29–32, XII 29–40
Mai–Aug. 1799	9. Entwurf: *Uebergang 1–14*	II 25–44, V 25–60, V 13–16, XII 41–42, XII 5–16
Aug.–Sept. 1799	10. Entwurf: *Redactio 1–3*	XII 17–28, IV 105–108
Aug. 1799–Apr. 1800	11. Entwurf: *Conv. X/XI*	X 5–58, XI 5–36
Apr.–Dez. 1800	12. Entwurf: *Conv. VII*	VII 5–20, VII 27–46, X 59–62
Dez. 1800–Febr. 1803	13. Entwurf: *Conv. I*	I 1–47, VII 21–26

Literaturverzeichnis

L1 Siglen

L1.1 Kants Werke

AA	Akademie-Ausgabe: *Kants gesammelte Schriften.* Hrsg. von der Königlich Preußischen Akademie der Wissenschaften, später von der Preußischen Akademie der Wissenschaften, dann von der Akademie der Wissenschaften der DDR, ab 1996 von der Akademie der Wissenschaften zu Göttingen. Berlin, New York: De Gruyter. 1. Abteilung: *Werke.* Bde. 1–9 (Berlin 1902–1912, ND 1968). 2. Abteilung: *Briefwechsel.* Bde. 10–13 (1900–1922). 3. Abteilung: *Handschriftlicher Nachlass.* Bde. 14–19 (1911–1928), 20 (1942), 21–22 (1936–1938), 23 (1955). 4. Abteilung: *Vorlesungen.* Bde. 24–29 (1966–2009).
Anthropologie	*Anthropologie in pragmatischer Hinsicht* (1798).
BDG	*Der einzig mögliche Beweisgrund zu einer Demonstration des Daseins Gottes.*
Br	*Kant's Briefwechsel* (AA 10–13).
De mundi	*De mundi sensibilis atque intelligibilis forma et principiis* (1770).
EEKU	Erste *Einleitung* in die *KU.*
Fortschritte	*Welches sind die wirklichen Fortschritte, die die Metaphysik seit Leibnizens und Wolffs Zeiten in Deutschland gemacht hat?* (verfasst 1793, erst 1804 posthum erschienen).
GUGR	*Von dem ersten Grunde des Unterschiedes der Gegenden im Raume* (1768).
KpV	*Kritik der praktischen Vernunft* (1788).
KrV	*Kritik der reinen Vernunft* (1781/1787).
KU	*Kritik der Urteilskraft* (1790).
LB	Lose Blätter.
MAN	*Metaphysische Anfangsgründe der Naturwissenschaft* (1786).
Monadologia physica	*Metaphysicae cum geometrica iunctae usus in philosophia naturali, cuius specimen continet monadologiam physicam* (1756).
MS	*Metaphysik der Sitten* (1797).
NG	*Versuch den Begriff der negativen Größen in die Weltweisheit einzuführen* (1763).
Nova dilucidatio	*Principiorum primorum cognitionis metaphysicae nova dilucidatio* (1755).
OP	*Opus postumum.*
Pädagogik	*Über Pädagogik* (1803). Hrsg. von Friedrich Theodor Rink.
PG	*Physische Geographie* (1802). Hrsg. von Friedrich Theodor Rink.
PND	*Nova dilucidatio.*
RA	Reicke-Arnoldt-Ausgabe des *Opus postumum* (siehe unten B3).
Refl	*Reflexionen* (handschriftliche Notizen aus dem Zeitraum 1765–1800, in: AA 14–19 und 23).
Religion	*Die Religion innerhalb der Grenzen der bloßen Vernunft* (1793).

Soemmerring	Anhang zu Soemmerrings *Über das Organ der Seele* (AA 12: 31–35).
TG	*Träume.*
Theorie des Himmels	*Allgemeine Naturgeschichte und Theorie des Himmels, oder Versuch von der Verfassung und dem mechanischen Ursprunge des ganzen Weltgebäudes, nach Newtonischen Grundsätzen abgehandelt* (1755).
Träume	*Träume eines Geistersehers, erläutert durch Träume der Metaphysik* (1766).
V-MP/Dohna	*Metaphysik Dohna* (AA 28).
Wahre Schätzung	*Gedanken von der wahren Schätzung der lebendigen Kräfte und Beurteilung der Beweise derer sich Herr von Leibniz und andere Mechaniker in dieser Streitsache bedienet haben, nebst einigen vorhergehenden Betrachtungen welche die Kraft der Körper überhaupt betreffen* (1746–1749).

L1.2 Weitere Siglen

XII CIF 12	*Atti del XII Congresso Internazionale di Filosofia (Venezia, 12–18 settembre 1958).* Bd. 12: *Storia della filosofia moderna e contemporanea.* Florenz: Sansoni 1961.
AdF	*Archivio di Filosofia.*
AGPh	*Archiv für Geschichte der Philosophie.*
AM	*Altpreußische Monatsschrift zur Spiegelung des provinziellen Lebens in Literatur, Kunst, Wissenschaft und Industrie.*
BDPh	*Blätter für Deutsche Philosophie. Zeitschrift der Deutschen Philosophischen Gesellschaft.*
DLZ	*Deutsche Literaturzeitung.*
ECW	Ernst Cassirer: *Gesammelte Werke. Hamburger Ausgabe.* Hrsg. von Birgit Recki. Bearb. von Ralf Becker, Tobias Berben, Julia Clemens, Maureen Lukay, Friederike Plaga, Claus Rosenkranz, Reinold Schmücker, Marcel Simon und Dagmar Vogel. Bde. 1–26. Hamburg: Meiner 2009.
FAZ	*Frankfurter Allgemeine Zeitung.*
FSI	*La Filosofia nelle scuole italiane.*
FZ	*Frankfurter Zeitung und Handelsblatt.*
GA	*Geistige Arbeit. Zeitung aus der wissenschaftlichen Welt.*
Grenzboten	*Die Grenzboten. Zeitschrift für Politik, Literatur und Kunst.*
JHPh	*The Journal of the History of Philosophy.*
KaSb	*Kantovskij Sbornik.*
KF	*Kant-Forschungen.*
KGW	Friedrich Nietzsches *Werke: Kritische Gesamtausgabe.* Hrsg. von Giorgio Colli und Mazzino Montinari. Berlin, New York: De Gruyter 1967 ff.
KS	*Kant-Studien.*
KSA	Friedrich Nietzsches *Sämtliche Werke: Kritische Studienausgabe in 15 Bänden.* Hrsg. von Giorgio Colli und Mazzino Montinari. München: Deutscher Taschenbuch Verlag 2009.
LZD	*Literarisches Zentralblatt für Deutschland.* Bis 1902: *Literarisches Centralblatt für Deutschland.*

MGW	*Salomon Maimons Gesammelte Werke.* 7 Bde. Hrsg. von Valerio Verra. Hildesheim: Olms 1965–1976.
Nuncius	*Nuncius. Annali di Storia della Scienza.*
PhJ	*Philosophisches Jahrbuch der Görresgesellschaft.*
PhM	*Philosophische Monatshefte.*
PhRev	*The Philosophical Review.*
PJ	*Preußische Jahrbücher.*
RIS	*Revue internationale de Sociologie.*
SSW	*Friedrich Wilhelm Joseph von Schellings sämmtliche Werke.* Hrsg. von Karl Friedrich August Schelling. Stuttgart, Augsburg: J. G. Cotta'scher Verlag 1856–1861.
StKa	*Studi Kantiani.*
Tatwelt	*Die Tatwelt. Zeitschrift für Erneuerung des Geistes.*
TF	*Tijdschrift voor Filosofie.*
ZphF	*Zeitschrift für philosophische Forschung.*

L2 Bibliografische Quellen

Adickes, Erich: 1896. *German Kantian Bibliography. Bibliography Of Writings By And On Kant Which Have Appeared In Germany Up To The End Of 1887.* Boston: Ginn & Co. Zuerst erschienen in: *PhRev* 2–4 (1893–1895). Nachdr.: Würzburg: Liebing 1966, und New York: Franklin 1970.

Aul, Joachim: 2002. *Philosophiae ianua bibliographica:* Bd. *Immanuel Kant.* Junghans: Cuxhaven & Dartford.

Beiküfner, Karin: 1991. „Bibliographie“. Unter Mitarbeit von Peter Braun. In: Blasche u. a. (Hg.) 1991, 231–244.

Malter, Rudolf – Ruffing Margit: 1995. „Kant-Bibliographie 1993“. In: *KS* 86, 487–511.

Malter, Rudolf: 1993. „Kant-Bibliographie 1991“. In: *KS* 84, 481–510.

Malter, Rudolf: 1994. „Kant-Bibliographie 1992“. In: *KS* 85, 485–508.

Malter, Rudolf: 1999. *Kant-Bibliographie 1945–1990.* Hrsg. von Margit Ruffing. Frankfurt a. M.: Klostermann.

Ruffing, Margit – Natterer Paul: 2007. *Kant-Bibliographie 1896–1944.* Frankfurt a. M.: Klostermann.

Ruffing, Margit: 1996. „Kant-Bibliographie 1994“. In: *KS* 87, 484–511.

Ruffing, Margit: 1997. „Kant-Bibliographie 1995“. In: *KS* 88, 473–511.

Ruffing, Margit: 1998. „Kant-Bibliographie 1996“. In: *KS* 89, 465–496.

Ruffing, Margit: 1999. „Kant-Bibliographie 1997“. In: *KS* 90, 442–473.

Ruffing, Margit: 2000. „Kant-Bibliographie 1998“. In: *KS* 91, 460–494.

Ruffing, Margit: 2001. „Kant-Bibliographie 1999“. In: *KS* 92, 474–517.

Ruffing, Margit: 2002. „Kant-Bibliographie 2000“. In: *KS* 93, 491–536.

Ruffing, Margit: 2003. „Kant-Bibliographie 2001“. In: *KS* 94, 474–528.

Ruffing, Margit: 2004. „Kant-Bibliographie 2002“. In: *KS* 95, 505–538.

Ruffing, Margit: 2005. „Kant-Bibliographie 2003“. In: *KS* 96, 468–501.

Ruffing, Margit: 2006. „Kant-Bibliographie 2004“. In: *KS* 97, 483–547.

Ruffing, Margit: 2007. „Kant-Bibliographie 2005“. In: *KS* 98, 487–550.

Ruffing, Margit: 2008. „Kant-Bibliographie 2006“. In: *KS* 99, 477–524.

Ruffing, Margit: 2009. „Kant-Bibliographie 2007". In: *KS* 100, 526–564.
Ruffing, Margit: 2010. „Kant-Bibliographie 2008". In: *KS* 101, 487–538.
Ruffing, Margit: 2011. „Kant-Bibliographie 2009". In: *KS* 102, 499–540.
Ruffing, Margit: 2012. „Kant-Bibliographie 2010". In: *KS* 103, 499–538.

L3 Textausgaben und Übersetzungen zum *Opus postumum*

Nach chronologischer Anordnung

Reicke, Rudolf – Arnoldt Emil (Hg.): 1882–1884. *Ein ungedrucktes Werk von Kant aus seinen letzten Lebensjahren. Als Manuskript herausgegeben.* In: *AM* 19 (1882) 66–127, 255–308, 425–479, 569–629, 20 (1883) 59–122, 342–373, 415–450, 513–566, 21 (1884) 81–159, 309–387, 389–420, 533–620.
Krause, Albrecht (Hg.): 1888. *Das Nachgelassene Werk Immanuel Kant's. Vom Uebergange von den metaphysischen Anfangsgründe der Naturwissenschaft zur Physik, mit Belegen populär-wissenschaftlich dargestellt.* Frankfurt a. M., Lahr: Schauenburg.
Buchenau, Artur – Lehmann Gerhard (Hg.): 1925a. „Persönliche Notizen aus dem *Opus postumum*". In: Buchenau und Lehmann (Hg.) 1925b, 47–75 und 83–92.
Buchenau, Artur – Lehmann Gerhard (Hg.): 1936. *Opus postumum. 1. Hälfte (Convolut I bis VI).* AA 21.
Buchenau, Artur – Lehmann Gerhard (Hg.): 1938. *Opus postumum. 2. Hälfte (Convolut VII bis XIII).* AA 22.
Gibelin, Jean (Hg.): 1950. *Opus postumum. Textes choisis et traduits.* Übersetzt ins Französische von Jean Gibelin. Paris: Vrin.
Lehmann, Gerhard (Hg.): 1955. „Ergänzungen zum *Opus postumum*". In: AA 23: 477–488.
Mathieu, Vittorio (Hg.): 1963. *Opus postumum.* Übersetzt ins Italienische von Vittorio Mathieu. Bologna: Zanichelli. 3. Aufl.: Rom, Bari: Laterza 2004.
Duque Pajuelo, Félix (Hg.): 1983. *Transición de los Principios metafísicos de la ciencia natural a la física (Opus postumum).* Übersetzt ins Spanische von Félix Duque Pajuelo. Madrid: Editora Nacional. Nachdr.: Madrid: Anthropos 1991.
Marty, François (Hg.): 1986. *Opus postumum: Passage des principes métaphysiques de la science de la nature à la physique.* Übersetzt ins Französische von François Marty. Paris: Presses Universitaires de France.
Förster, Eckart (Hg.): 1993. *Immanuel Kant's Opus postumum.* Übersetzt ins Englische von Eckart Förster und Michael Rosen. Cambridge: Cambridge University Press.
Heidemann, Ingeborg – Büchel Gregor (Hg.): 1996. *Übergang von den metaphysischen Anfangsgründen der Naturwissenschaft zur Physik.* Hildesheim, Zürich, New York: Olms.
Brandis, Tilo (Hg.): 1999. *Opus postumum.* Mikroficheausgabe. Einführung von Reinhard Brandt. Berlin: Kulturstiftung der Länder.
Černov, Sergej A. (Hg.): 2000a. „Opus postumum". Russische Übersetzung einer breiten Auswahl von Materialien aus den Konvoluten 4, 12, 10, 11 und 1. In: Černov (Hg.) 2000b, 323–588.

Elektronische Ausgabe auf CD-ROM:

Kant im Kontext III. Komplettausgabe: Werke, Briefwechsel, Nachlaß, Vorlesungen. Berlin: CD-ROM-Verlag. Vertrieb und Entwicklung [1]2007 ([2]2009, [3]2013).

Elektronische Ausgaben in Internet (besucht am 8. 6. 2013):

Faksimile der Handschriften:
http://kant.bbaw.de/opus-postumum

Elektronische Ausgabe der AA:

http://www.korpora.org/kant/aa21/
http://www.korpora.org/kant/aa22/
http://www.korpora.org/kant/aa23/

L4 Quellen der Zeugnisse und Berichte zum *Opus postumum* bis 1804

Beck, Jacob Sigismund: Brief an Pörschke in Königsberg vom 30. März 1800. In: Vaihinger 1880, 298 f.

Borowski, Ludwig Ernst: 1804. *Darstellung des Lebens und Charakters Immanuel Kants.* Königsberg: Nicolovius. Wiederveröffentlicht in: Groß (Hg.) 1993, 1–102.

Hasse, Johann Gottfried: 1804. *Merkwürdige Aeusserungen Kant's von einem seiner Tischgenossen.* Königsberg: Hering. 2. Aufl.: *Letzte Aeusserungen Kant's von einem seiner Tischgenossen.* Königsberg: Nicolovius 1804. Wiederveröffentlicht in: Buchenau und Lehmann (Hg.) 1925, 7–45.

Jachmann, Reinhold Bernhard: 1804. *Immanuel Kant geschildert in Briefen an einen Freund.* Königsberg: Nicolovius. Wiederveröffentlicht in: Groß (Hg.) 1993, 103–187.

Kant, Immanuel: 1797. *Metaphysik der Sitten.* 2. Teil: *Tugendlehre.* § 45: AA 6: 468.26–31.

Kant, Immanuel: Brief an Christian Garve vom 21. September 1798. In: AA 12: 256 ff.

Kant, Immanuel: Brief an Georg Christoph Lichtenberg vom 1. Juli 1798. In: AA 12: 246 f.

Kant, Immanuel: Brief an Johann Gottfried Carl Christian Kiesewetter vom 19. Oktober 1798. In: AA 12: 258 f.

Kant, Immanuel: Brief an Johann Gottfried Carl Christian Kiesewetter vom 8. Juli 1800. In: AA 12: 315 f.

Kiesewetter, Johann Gottfried Carl Christian: Brief an Immanuel Kant vom 8. Juni 1795. In: AA 12: 23 f.

Lehmann, Johann Heinrich Immanuel. Brief an Kant vom 13. November 1799. In: AA 12: 289–292.

Radke (Justiz Commissar): 1901. „Inventarium über den Nachlaß des allhier am 12. Februar 1804 verstorbenen Herrn Professor Immanuel Kant". Aus einer von Alexander von Rahden erstellten Abschrift des Nachlass-Inventars von Kant. In: *Sitzungsberichte der*

kurländischen Gesellschaft für Literatur und Kunst und Jahresbericht des Kurländischen Provinzialmuseums aus dem Jahre 1900 (Mitau), 36 f. und 81–108.
Rink, Friedrich Theodor (Hg.): 1802. *Immanuel Kants physische Geographie. Auf Verlangen des Verfassers aus seiner Handschrift herausgegeben und zum Theil bearbeitet von D. Friedrich Theodor Rink.* Königsberg: Göbbels & Unzer. In: AA 9: 221–436.
Rink, Friedrich Theodor. Brief an Villers vom 18. Juli 1800. In: Vaihinger 1880, 288 ff.
Schelling, Wilhelm Joseph von: 1804. *Immanuel Kant.* In: *SSW* I/6, 3–10.
Wasianski, Ehregott Andreas Christoph: 1804. *Immanuel Kant in seinen letzten Lebensjahren.* Königsberg: Nicolovius. Wiederveröffentlicht in: Groß (Hg.) 1993, 189–271.

L5 Klassische Werke und Forschungsliteratur

[Anonym]: 1902. Rez. zu: Krause 1902. In: *Grenzboten* 61/4, 107 f.
Abrusci, Vito Michele – Cellucci, Carlo – Cordeschi, Roberto – Fano, Vincenzo (Hg.): 1998. *Prospettive della logica e della filosofia della scienza. Atti del Convegno Triennale della Società Italiana di Logica e Filosofia delle Scienze. Roma, 3–5 gennaio 1996.* Pisa: ETS.
Adickes, Erich: 1897a. „Die bewegenden Kräfte in Kants philosophischer Entwicklung". In: *KS* 1, 9–59, 161–196 und 352–415.
Adickes, Erich: 1897b. „Lose Blätter aus Kants Nachlass". In: *KS* 1, 232–263.
Adickes, Erich: 1911. „Einleitung in die Abtheilung des handschriftlichen Nachlasses". In: AA 14: XVII–LXII.
Adickes, Erich: 1920. *Kants Opus postumum dargestellt und beurteilt.* Berlin: Reuther & Reichard. Nachdr.: Vaduz: Topos 1995.
Adickes, Erich: 1924. *Kant und das Ding an sich.* Berlin: Pan. Nachdr.: Hildesheim, Berlin: Olms 1977.
Adickes, Erich: 1925. *Kant als Naturforscher* (1924–1925). Bd. 2. Berlin: De Gruyter.
Adickes, Erich: 1927. *Kant und die Als-ob-Philosophie.* Stuttgart: Frommann.
Adickes, Erich: 1929. *Kants Lehre von der doppelten Affektion unseres Ich als Schlüssel zu seiner Erkenntnistheorie.* Tübingen: Mohr (Siebeck).
Albrecht, Wolfgang: 1954. „Die sogenannte neue Deduktion in Kants Opus postumum". In: *Archiv für Philosophie* 5, 57–65.
AlquiÉ, Ferdinand (Hg.): 1986. *Emmanuel Kant. Œuvres philosophiques.* Bd. 3: *Les derniers écrits.* Paris: Gallimard.
Andaluz Romanillos, Ana María (Hg.): 2005. *Kant. Razon y Experiencia. Acta del II Simposio Internacional del Instituto de Pensamiento Iberoamericano Salamanca, 14 al 16 de octubre 2004.* Salamanca: Universidad Pontificia de Salamanca.
Arnold, Wilhelm – Zeltner, Hermann (Hg.): 1967. *Tradition und Kritik. Festschrift für Rudolf Zocher zum 80. Geburtstag.* Stuttgart-Bad Cannstatt: Frommann (Holzboog).
Arnoldt, Emil: 1911. *Gesammelte Schriften.* 2. Teil: *Nachlass.* Bd. 4: *Auswahl aus Arnoldts Briefen.* Hrsg. von Otto Schöndörffer. Berlin: Cassirer.
Aviau de Ternay, Henri d': 2001. „Réflexions sur la question de Dieu dans l'*Opus postumum*". In: Erismann (Hg.) 2001, 225–231.
Baillie, John: 1939. *Our Knowledge of God.* London: Oxford University Press. Nachdr.: 1963.
Ballauff, Theodor: 1938. *Über den Vorstellungsbegriff bei Kant.* Berlin: Verlag für Staatswissenschaften und Geschichte.

Basile, Giovanni Pietro: 2008. „Idealismo e realismo nella ricezione neokantiana dell'*Opus postumum*". In: *Kant e-Prints* (Série 2) 3/2, 103–114.
Bauch, Bruno: 1938. Rez. zu: AA 21 und 22. In: *DLZ* 59, 727–734.
Baumgarten, Hans-Ulrich: 2001. „‚Wir machen alles selbst' – Kants Transzendentalphilosophie im *Opus postumum*". In: Gerhardt u. a. (Hg.) 2001. Bd. 4, 493–502.
Bayerer, Wolfgang Georg: 1967. „Ein verschollenes Loses Blatt aus Kant Opus postumum". In: *KS* 58, 277–284.
Bayerer, Wolfgang Georg: 1981. „Bemerkungen zu einem neuerdings näher bekannt gewordenen Losen Blatt aus Kants Opus Postumum". In: *KS* 72, 127–131.
Becker, Dierk-Eckhard: 1973. *Kants Weg zur Lehre vom Übergang*. Dissertation. Hamburg.
Berg, Hein van den: 2009. „Kant on Vital Forces. Metaphysical Concerns versus Scientific Practice". In: Onnasch (Hg.) 2009, 115–135.
Blasche, Siegfried u. a. (Hg.): 1991. *Übergang: Untersuchungen zum Spätwerk Immanuel Kants*. Beiträge der Tagung des Forums für Philosophie Bad Homburg vom 13. bis 15. Oktober 1989 zu Kants Opus postumum. Hrsg. vom Forum für Philosophie Bad Homburg (Siegfried Blasche, Wolfgang R. Köhler, Wolfgang Kuhlmann, Peter Rohs). Frankfurt a. M.: Klostermann.
Blasche, Siegfried: 1991. „Vorbemerkung". In: Blasche u. a. (Hg.) 1991, VII–XXVI.
Bommersheim, Paul: 1940. Rez. zu: Lehmann 1939. In: *DLZ* 51, 1036 ff.
Bonito Oliva, Rossella: 2000. „L'eredità problematica dell'*Opus postumum*". In: *StKa* 13, 119–125.
Bonsiepen, Wolfgang: 1988. „Die Ausbildung einer dynamischen Atomistik bei Leibniz, Kant und Schelling". In: *Allgemeine Zeitschrift für Philosophie* 13, 1–20.
Bowers, David F. – White George T. (Hg.): 1962. *The Heritage of Kant*. New York: Russell & Russell ([1]1939).
Brain, Robert M. – Cohen Robert S. – Knudsen Ole (Hg.): 2007. *Hans Christian Ørsted And The Romantic Legacy In Science. Ideas, Disciplines, Practices*. Dordrecht: Springer.
Brandis, Tilo: 1999. „Zum Originalmanuskript und zur Mikroficheausgabe". In: Brandis (Hg.) 1999, 33–64.
Brandt, Reinhard: 1991. „Kants Vorarbeiten zum ‚Übergang von der Metaphysik der Natur zur Physik'. Probleme der Edition". In: Blasche u. a. (Hg.) 1991, 1–27.
Brandt, Reinhard: 1998. Rez. zu: Heidemann und Büchel (Hg.) 1996. In: *FAZ* (10. Nov. 1998), 11.
Brandt, Reinhard: 1999. „Die 'Krause-Papiere'". In: Brandis (Hg.) 1999, 11–28.
Brandt, Reinhard: 2000. „Die *Krause-Papiere*". In: Emundts (Hg.) 2000, 179–189.
Brightman, Edgar Scheffield: 1937. Rez. zu: AA 21. In: *Tatwelt* 13, 212 f.
Brightman, Edgar Scheffield: 1938. Rez. zu: AA 22. In: *Tatwelt* 14, 224 f.
Bröcker, Walter: 1960. „Das Höhlenfeuer und die Erscheinung von der Erscheinung". In: Henrich u. a. (Hg.) 1960, 31–42.
Brugger, Walter: 1941. Rez. zu: Lehmann 1939. In: *Scholastik* 16, 117 f.
Bryuschinkin, Wladimir N. (Hg.): 2005. *Kant meždu Zanadom i Vostokom. K 200–letiju so dnja smerti i 280–letiju so dnja roždenija Immanuila Kanta* [Kant zwischen West und Ost. Zum Gedenken an Kants 200. Todestag und 280. Geburtstag]. 2 Bde. Kaliningrad: Verlag der Kant-Universität zu Kaliningrad.
Bubnoff, Nikolai von: 1909. Rez. zu: Tocco 1909. In: *KS* 16, 450–453.
Büchel, Gregor: 1987. *Geometrie und Philosophie*. Berlin, New York: De Gruyter.

Buchenau, Artur – Lehmann, Gerhard (Hg.): 1925b. *Der alte Kant. Haffe's Schrift: Letzte Äusserungen Kants und persönliche Notizen aus dem opus postumum*. Berlin, Leipzig: De Gruyter.
Buchholz, Friedrich: 1805. „Über Kant letztes Werk". In: *Der Freimüthige oder Ernst und Scherz: Literarischer und artistischer Anzeiger* Nr. 72 (11.4.1805) 286 f.
Busche, Hubertus – Schmitt, Anton (Hg.): 2010. *Kant als Bezugspunkt philosophischen Denkens. Festschrift für Peter Baumanns zum 75. Geburtstag*. Würzburg: Königshausen & Neumann.
Busche, Hubertus: 2010. „Der Äther als materiales Apriori der Erfahrung. Kants Vollendung der Transzendentalphilosophie im *Opus postumum*". In: Busche und Schmitt (Hg.) 2010, 53–83.
Campo, Mariano: 1946. *Variazioni sulla storia della filosofia moderna*. Mailand: La Scuola.
Capeillères, Fabien: 2001. „La ‚méthode imitée du physicien' et le passage à la physique comme preuve de la validité du système kantien". In: Erismann (Hg.) 2001, 55–65.
Capeillères, Fabien: 2004. *Kant philosophe newtonien. Figures de l'idéal de scientificité en métaphysique I*. Paris: Cerf.
Carrier, Martin: 1990. „Kants Theorie der Materie und ihre Wirkung auf die Zeitgenössische Chemie". In: *KS* 81, 170–210.
Carrier, Martin: 1991. „Kraft und Wirklichkeit. Kants späte Theorie der Materie". In: Blasche u. a. (Hg.) 1991, 208–230.
Cassirer, Ernst: 1911. Rez. zu: Görland 1909. In: *KS* 16, 431–447. Wiederveröffentlicht in: *ECW* 9 (2001), 468–483.
Cassirer, Ernst: 1918. *Kants Leben und Lehre*. Berlin: Cassirer. Wiederveröffentlicht in: *ECW* 8 (2001). Text und Anm. bearb. von Tobias Berben.
Castaing, José: 2001. „Dieu, la création et l'homme". In: Erismann (Hg.) 2001, 217–224.
Castillo, Monique (Hg.): 2004. *Criticisme et religion*. Paris: L'Harmattan.
Caygill, Howard: 2005. „The Force Of Kant's *Opus postumum*. Kepler And Newton In The XIth Fascicle". In: *Angelaki. Journal of the theoretical humanities* 10, 33–42.
Cellucci, Carlo – Pecere, Paolo (Hg.): 2006. *Demonstrative and Non-Demonstrative Reasoning in Mathematics and Natural Science. Workshop University of Rome „La Sapienza" Rome, Villa Mirafiori, 16–17 June 2005*. Cassino: Edizioni dell'Università degli Studi di Cassino.
Černov, Sergej A. (Hg.): 2000b. *Is rukopisnogo nasledia: Materiali k „Kritike cistogo rasuma", Opus postumum* [Aus dem handschriftlichen Nachlass: Materialien zur „Kritik der reinen Vernunft", Opus postumum]. Übersetzt ins Russische von Sergej A. Černov. Moskau: Progress-Tradicija.
Černov, Sergej A.: 1985. „Theorija fiziki v ‚Opus postumum' Kanta" [Die Theorie der Physik in Kants ‚Opus postumum']. In: *KaSb* 10, 20–29.
Cesa, Claudio: 1991/92. Rez. zu: Mathieu 1989. In: *StKa* 4, 203–206.
Chamberlain, Houston Stewart: 1916. *Immanuel Kant: Die Persönlichkeit als Einführung in das Werk*. München: Bruckmann. 3. Aufl. (^{1}1905).
Choi, So-In: 1996. *Selbstbewußtsein und Selbstanschauung: Eine Reflexion über Einheit und Entzweiung des Subjekts in Kants* Opus postumum. Berlin, New York: De Gruyter.
Choi, So-In: 1999. „Opus postumum". In: Volpi (Hg.) 1999, 809.
Classen, August – Krause Albrecht [Anonym]: 1882. „Kant und Kuno Fischer". In: *Grenzboten* 41/4, 10–17.
Classen, August: 1884. „Das wiederaufgefundene Werk Immanuel Kants". In: *Grenzboten* 43/2, 218–224.

Classen, August: 1888. „Das nachgelassene Werk Immanuel Kants". In: *Grenzboten* 47/3, 247–255 und 300–309.
Cohen, Hermann: 1890. „Zur Orientierung in den Losen Blättern aus Kants Nachlaß". In: *PhM* 26, 287–323. Wiederveröffentlicht in: Cohen 1928. Bd. 2, 432–467.
Cohen, Hermann: 1928. *Schriften zur Philosophie und Zeitgeschichte.* 2 Bde. Hrsg. von Albert Görland und Ernst Cassirer. Berlin: Akademie-Verlag.
Collins, James: 1943. „Kant's *Opus postumum*". In: *The New Scholasticism* 17, 251–285.
Copleston, Frederick: 1960. *A History of Philosophy.* Bd. 6: *Wolff to Kant.* London: Burns & Oates. Nachdr.: *The Enlightenment: Voltaire to Kant.* London, New York: Continuum 2003.
Cortina, Adela: 1984. „Die Auflösung des religiösen Gottesbegriffs im Opus postumum Kants". In: *KS* 75, 280–293.
D'Ercole, Pasquale: 1884. „Un manoscritto inedito di E. Kant". In: *FSI* 29, 215–220.
D'Ercole, Pasquale: 1885. „Kuno Fischer e il manoscritto inedito di Kant". In: *FSI* 31, 1–10.
Dakin, Arthur Hazard: 1962. „Kant and Religion". In: Bowers und White (Hg.) 1962, 405–420.
Damnjanovič, Milan: 1974. „Razovj i konacini oblik kriticke filozofije u Kantovom Opus postumum" [Entwicklung und Endform der kritischen Philosophie in Kants Opus postumum]. In: *Theoria* (Belgrad) 18, 51–61.
Dancy, Russell M. (Hg.): 1993. *Kant and the Critique. New Essays in Honor of W. H. Werkmeister.* Dordrecht, Boston, London: Kluwer. Nachdr.: Springer 2010.
Daval, Roger: 1951. *La métaphysique de Kant. Perspectives sur la métaphysique de Kant d'après la théorie du schématisme.* Paris: Presses Universitaires de France.
David, Pascal – Mabille, Bernard (Hg.): 2003. *Une pensée singulière. Hommage à Jean-François Marquet.* Paris: L'Harmattan.
Davis, Gordon F.: 1995. „The Self and Spatial Representation in Kant's Metaphysics of Experience: From the First *Critique* to the *Opus Postumum*". In: *Eidos* 12/2, 27–48.
De Flaviis, Giuseppe: 1984. „L'immagine dello spinozismo nell'*Opus postumum* di Kant". *Annali dell'Istituto di Filosofia* (Florenz) 6, 129–161. Wiederveröffentlicht in: De Flaviis 1986, 245–286.
De Flaviis, Giuseppe: 1986. *Kant e Spinoza.* Florenz: Sansoni.
De Vos, Lu: 2009. „Formen der Subjektivität oder die Naturalisierung der Subjektivität im *Opus postumum*". In: Onnasch (Hg.) 2009, 287–306.
Dekens, Olivier: 2001. „*De Dieu qui vient à l'idée.* Notes sur la réduction du divin dans l'*Opus postumum*". In: Erismann (Hg.) 2001, 233–239.
Deutsche Akademie der Wissenschaften zu Berlin 1946–1956. Berlin: Akademie-Verlag 1956.
Diederichs, Victor: 1893. „Johann Heinrich Kant". In: *Baltische Monatsschrift* 40, 535–562.
Dietzsch, Steffen: 2009. „Der Galvanismus als Form der Transzendentalphilosophie?". In: Onnasch (Hg.) 2009, 265–286.
Dotti, Jorge E.: 1990. „El *Opus postumum* de Kant en la lectura de Vittorio Mathieu". In: *Cuadernos de Ética* (Buenos Aires) 9, 91–95.
Drexler, Hans: 1904. *Die doppelte Affektion des erkennenden Subjekts (durch Dinge an sich und durch Erscheinungen) im Kantischen System.* Beuthen: Kirsch (Müller).
Drews, Arthur: 1894. *Kants Naturphilosophie als Grundlage seines Systems.* Berlin: Mitscher & Röstell.
Drivet, Dario: 2002. „La genesi dell'Opus postumum in Kant. Un dato filologico importante". In: *StKa* 15, 127–163.
Ducheyne, Steffen: 2011. „Kant and Whewell on Bridging Principles between Metaphysics and Science". In: *KS* 102, 22–45.

Düsing, Klaus: 1986. *Die Teleologie in Kants Weltbegriff.* Bonn: Bouvier. 2., erw. Aufl. ([1]1968).
Duque Pajuelo, Félix: 1974a. *Experiencia como sistema. Una investigacion sobre el Opus postumum de Kant.* Madrid: Universidad Complutense. Auszug (32 S.) aus einer Dissertation (ca. 700 S.).
Duque Pajuelo, Félix: 1974b. „Física y Filosofía en el último Kant". In: *Anales del seminario de metafisica* 9, 61–74.
Duque Pajuelo, Félix: 1975. „El problema del éter en la física del siglo XVIII y en el ‚Opus postumum' de Kant". In: *Revista de Filosofía* 2/1, 29–45.
Duque Pajuelo, Félix: 1982. „Teleología y corporalidad en el último Kant". In: Flóres und Álvarez (Hg.) 1982, 77–98.
Duque Pajuelo, Félix: 1984. „Teleologie und Leiblichkeit beim späten Kant". Deutsche Fassung von Duque 1982. Übersetzt von Hans Widmer. In: *KS* 75, 381–397.
Duque Pajuelo, Félix: 2001 „Le rapport de Kant, dans son *Œuvre tardive*, à Fichte et Schelling". In: Erismann (Hg.) 2001, 185–216.
Duque Pajuelo, Félix: 2004. „Islas en la laguna del sistema. La relación de Kant con Fichte y Schelling en el *Opus postumum*". In: *Éndoxa* 12, 171–206.
D. [= Döring, August ?]: 1889. Rez. zu: Krause 1888. In: *LZD* 40/24, 811 ff.
Edwards, Jeffrey: 1987. *Dynamical Community and Dynamical „World Matter" in Kant's Account of Material Substance.* Dissertation. Marburg.
Edwards, Jeffrey: 1991. „Der Ätherbeweis des Opus postumum und Kants 3. Analogie der Erfahrung". In: Blasche u. a. (Hg.) 1991, 77–104.
Edwards, Jeffrey: 1995. Rez. zu: Förster (Hg.) 1993. In: *PhRev* 104, 280–282.
Edwards, Jeffrey: 2000a. „Spinozism, Freedom, and Transcendental Dynamics in Kant's Final System of Transcendental Idealism". In: Sedgwick (Hg.) 2000, 54–77.
Edwards, Jeffrey: 2000b. *Substance, Force, and the Possibility of Knowledge. On Kant's Philosophy of Material Nature.* Berkeley, Los Angeles, London: University of California Press.
Edwards, Jeffrey: 2004. „One More Time: Kant's Metaphysics of Nature and the Idea of Transition". In: Ferrini (Hg.) 2004, 155–188.
Edwards, Jeffrey: 2008. „‚Transition' and ‚gap' in Kant's *Opus Postumum*". In: Rohden u. a. (Hg.) 2008. Bd. 5. Sektion 10, 231–243.
Edwards, Jeffrey: 2009. „A Trip to the Dark Side? Aether, Space, Intuition, and Concept in Early Hegel and Late Kant". In: Onnasch (Hg.) 2009, 411–433.
Eidam, Heinz: 2000. *Dasein und Bestimmung. Kants Grund-Problem.* Berlin/New York: De Gruyter.
Emundts, Dina (Hg.): 2000. *Immanuel Kant und die Berliner Aufklärung.* Wiesbaden: Reichert.
Emundts, Dina: 2000. „Zum *Opus postumum.* Warum musste Kant noch ein Werk schreiben?". In: Emundts (Hg.) 2000, 190–212.
Emundts, Dina: 2001. „Das Problem der Organismen in Kants *Kritik der Urteilskraft* und im Nachlasswerk". In: Gerhardt u. a. (Hg.) 2001. Bd. 4, 503–512.
Emundts, Dina: 2004. *Kants Übergangskonzeption im Opus postumum. Zur Rolle des Nachlaßwerkes für die Grundlegung der empirischen Physik.* Berlin, New York: De Gruyter.
Erdmann, Benno: 1876. „Ein Nachtrag zu Kants Werken". In: *PJ* 36, 210–214.
Erismann, Christophe (Hg.): 2001. *Années 1796–1803. Kant. Opus postumum. Philosophie, Science, Ethique et Théologie. Actes du 4e Congrès international de la Société d'études kantiennes de langue française. Lausanne: 21–23 octobre 1999. Sous la direction de Ingeborg Schüßler.* Paris: Vrin.

Falkenheim, Hugo: 1928. „Anhang zu Seite 142 f.“. In: Fischer 1928, 660–665.
Feldkeller, Paul (Hg.): 1924. *Reichls philosophischer Almanach auf das Jahr 1924. Immanuel Kant zum Gedächtnis. 22. April 1924.* Darmstadt: Reichl.
Feldkeller, Paul: 1924. „Der Sinn des Als-ob bei Kant“. In: Feldkeller (Hg.) 1924, 123–169.
Ferrari, Jean: 2001. „Discours d’ouverture du congrès“. In: Erismann (Hg.) 2001, 19 ff.
Ferrari, Massimo: 1990. *I dati dell’esperienza. Il neokantismo di Felice Tocco nella filosofia italiana tra Ottocento e Novecento.* Florenz: Olschki.
Ferrini, Cinzia (Hg.): 2003. *Eredità kantiane (1804–2004). Questioni emergenti e problemi irrisolti.* Neapel: Bibliopolis.
Fischer, Kuno: 1860. *Geschichte der neuern Philosophie.* Bd. 3: *Entstehung und Begründung der kritischen Philosophie. Die Kritik der reinen Vernunft. Immanuel Kant. Entwicklungsgeschichte und System der kritischen Philosophie.* Mannheim: Bassermann.
Fischer, Kuno: 1883. *Kritik der Kantischen Philosophie.* München: Bassermann. 2. Aufl.: Heidelberg: Winter 1892. Wiederveröffentlicht in: Kuno Fischer: *Geschichte der neuern Philosophie.* Bd. 5: *Immanuel Kant und seine Lehre.* 2. Teil: *Das Vernunftsystem auf der Grundlage der Vernunftkritik.* 4., bearb. Aufl. Heidelberg: Winter 1899.
Fischer, Kuno: 1884. „Das Streber- und Gründerthum in der Literatur. Vademecum für Hrn. Pastor Kraute in Hamburg“. In: *Beilage zur Allgemeinen Zeitung* (München) Nr. 148 (28.5.1884), 2169–2172, und Nr. 149 (29.5.1884), 2185 ff.
Fischer, Kuno: 1928. *Geschichte der neuern Philosophie.* Bd. 4: *Immanuel Kant und seine Lehre.* 1. Teil: *Entstehung und Grundlegung der kritischen Philosophie.* 6. Aufl. Heidelberg: Winter.
Fischer, Larry – Gamp, Rainer – Götze, Jürgen u. a.: 1970. *Untersuchungen zur Sprache Kants. Mit zahlreichen Abbildungen und Tabellen.* Hamburg: Buske.
Flóres, Cirilo – Álvarez, Mariano (Hg.): 1982. *Estudios sobre Kant y Hegel.* Salamanca: Instituto de Ciencias de la Educación.
Förster, Eckart (Hg.): 1989. *Kant’s Transcendental Deductions. The Three „Critiques“ and the „Opus postumum“.* Stanford: Stanford University Press.
Förster, Eckart: 1987. „Is there ‚A Gap‘ in Kant’s Critical System?“. In: *JHPh* 25, 533–555.
Förster, Eckart: 1988a. „Kästner und die Philosophie“. In: *KS* 79, 342–347.
Förster, Eckart: 1988b. „Kants Metaphysikbegriff: vor-kritisch, kritisch, nachkritisch“. In: Henrich und Horstmann (Hg.) 1988, 123–136.
Förster, Eckart: 1989a. „Kant’s Notion of Philosophy“. In: *The Monist* 72, 285–304.
Förster, Eckart: 1989b. „Kant’s *Selbstsetzungslehre*“. In: Förster (Hg.) 1989, 217–238 und 264 ff.
Förster, Eckart: 1990. „Fichte, Beck, and Schelling in Kant’s *Opus Postumum*“. In: MacDonald Ross und McWalter (Hg.) 1990, 146–169.
Förster, Eckart: 1991. „Die Idee des Übergangs. Überlegungen zum Elementarsystem der bewegenden Kräfte.“ In: Blasche u. a. (Hg.) 1991, 28–48.
Förster, Eckart: 1992. „‚Was darf ich hoffen?‘ Zum Problem der Vereinbarkeit von theoretischer und praktischer Vernunft bei Immanuel Kant“. In: *ZphF* 46, 169–186.
Förster, Eckart: 1993. „Kants Third Critique and the *Opus Postumum*“. In: *Graduate Faculty Philosophy Journal* 16, 345–358.
Förster, Eckart: 1995. „‚Ich betrachte die Vernunft als den Anfang des Verstandes.‘“. In: *AdF* 63, 299–316.
Förster, Eckart: 1998. „Die Wandlungen in Kants Gotteslehre“. In: *ZphF* 52, 341–362.

Förster, Eckart: 2000. *Kant's Final Synthesis. An Essay on the* Opus Postumum. Cambridge (Mass.), London: Harvard University Press.
Förster, Eckart: 2001a. „Das All der Wesen". In: Fulda und Stolzenberg (Hg.) 2001, 106–127.
Förster, Eckart: 2001b. „Kants philosophische Konstruktion". In: Gerhardt u. a. (Hg.) 2001. Bd. 1, 172–184.
Förster, Eckart: 2003. „Reply to Friedman and Guyer". In: *Inquiry* 46, 228–238.
Förster, Eckart: 2004. „Zwei neu aufgefundene Lose Blätter zum *Opus postumum*". In: *KS* 95, 21–28.
Fragoso Fernandes, António Luís Rivara: 2006a. „O conceito de *Übergang* no *Opus postumum* kantiano". In: Pimentel u. a. (Hg.) 2006, 85–94.
Fragoso Fernandes, António Luís Rivara: 2006b. *Da aporia à cisão. Uma interpretação do* Opus Postumum *kantiano*. Dissertation. Lissabon: Imprensa Nacional-Casa da Moeda.
Fragoso Fernandes, António Luís Rivara: 2007. „O conceito de éter no *Opus postumum* kantiano". In: Santos (Hg.) 2007, 433–441.
Friedman, Michael – Nordmann, Alfred (Hg.): 2006. *The Kantian Legacy in Nineteenth-Century Science*. Cambridge (Mass.): The MIT Press.
Friedman, Michael: 1992. *Kant and the Exact Sciences*. Cambridge (Mass.), London: Harvard University Press.
Friedman, Michael: 2003. „Eckart Förster and Kant's *Opus postumum*". In: *Inquiry* 46, 215–227.
Friedman, Michael: 2007. „Kant–Naturphilosophie–Electromagnetism". In: Brain u. a. (Hg.) 2007, 135–158. In einer anderen Fassung erschienen in: Friedman und Nordmann (Hg.) 2006, 51–79.
Fritscher, Bernhard: 2001. „‚Kritik der naturhistorischen Vernunft': Umrisse einer historischen Epistemologie der kantischen ‚Archäologie der Natur'". In: Gerhardt u. a. (Hg.) 2001. Bd. 4, 513–520.
Fritscher, Bernhard: 2009. „An der Grenze von Physik und Metaphysik. Zum Begriff des ‚Kristalls' in Kants *Opus postumum*". In Onnasch (Hg.) 2009, 241–263.
Fröhlich, Karl: 1925. *Studien zur Frage nach der Realität des Göttlichen in der neuesten deutschen Religionsphilosophie*. Würzburg: Becker.
Früchtl, Josef: 1992. Rez. zu: Blasche u. a. (Hg.) 1991. In: *ZphF* 46, 447–451.
Fulda, Hans Friedrich – Stolzenberg, Jürgen (Hg.): 2001. *Architektonik und System in der Philosophie Kants*. Hamburg: Meiner.
Funke, Gerhard (Hg.): 1991. *Akten des siebenten Internationalen Kant-Kongresses*. 2 Bde. Bonn, Berlin: Bouvier.
Gawlina, Manfred: 2004. „Kant, ein Atheist? Ein Strawson-Schüler liest das *Opus postumum*". In: *KS* 95, 235 ff.
Gehler, Johann Samuel Traugott: 1785–1795. *Physikalisches Wörterbuch oder Versuch einer Erklärung der vornehmsten Begriffe und Kunstwörter der Naturlehre*. 5 Bde. Leipzig: Schwickertschen.
Gerhardt, Volker – Horstmann, Rolf-Peter – Schumacher, Ralph (Hg.): 2001. *Kant und die Berliner Aufklärung. Akten des IX. Internationalen Kant-Kongresses*. 5 Bde. Berlin, New York: De Gruyter.
Gerhardt, Volker: 2002. *Immanuel Kant. Vernunft und Leben*. Stuttgart: Reclam.
Glockner, Hermann: 1937. Rez. zu: AA 21. In: *Zeitschrift für Deutsche Kulturphilosophie* 3, 199 f.

Gloy, Karen: 1976. *Die Kantische Theorie der Naturwissenschaft. Eine Strukturanalyse ihrer Möglichkeiten, ihres Umfangs und ihrer Grenzen*. Berlin, New York: De Gruyter.
Gloy, Karen: 2009. „Die Bedeutung des Experiments bei Kant für die neuzeitliche Naturwissenschaft". In: Onnasch (Hg.) 2009, 189–201.
Gloyna, Tanja – Karl, Jacqueline – Stark, Werner: 2008. „Kant's gesammelte Schriften im Jahr 2008". In: *StKa* 21, 99–107.
Görland, Albert: 1909. *Aristoteles und Kant bezüglich der Idee der theoretischen Erkenntnis*. Gießen: Töpelmann.
Goyard-Fabre, Simone: 2001. „La question éthique dans l'*Œuvre tardive* de Kant". In: Erismann (Hg.) 2001, 163–176.
Greene, Theodore M.: 1937. Rez. zu: AA 21. In: *PhRev* 46, 553 f.
Greene, Theodore M.: 1939. Rez. zu: AA 22. In: *PhRev* 48, 552.
Groos, Karl: 1924. *Der Aufbau der Systeme. Eine formale Einführung in die Philosophie*. Leipzig: Meiner.
Groß, Felix (Hg.): 1993. *Immanuel Kant. Sein Leben in Darstellungen von Zeitgenossen. Die Biographien von L. E. Borowski, R. B. Jachmann und E. A. Ch. Wasianski*. Nachdr. der von F. Groß hrsg. Ausgabe Berlin 1912, mit einer neuen Einleitung von R. Malter. Darmstadt: Wissenschaftliche Buchgesellschaft.
Guerrero Jiménez, Fernando: 2001. „Le nouveau tournant transcendantal de Kant". In: Erismann (Hg.) 2001, 67–73.
Günther, Joachim: 1937. Rez. zu: AA 21. In: *Deutsche Rundschau* 63, 277 ff.
Guttmann, Bernhard: 1902. „Der Kampf um ein Manuskript. (Das nachgelassene Werk Immanuel Kants)". In: *FZ* 46/321 (19. Nov. 1902). Erstes Morgenblatt, 1–2. Wiederveröffentlicht in: Brandis (Hg.) 1999, 29–32.
Guyer, Paul: 1991. „Kant's Ether Deduction and the Possibility of Experience". In: Funke (Hg.) 1991. Bd. 2/1, 119–132.
Guyer, Paul: 2000a. *Kant on Freedom, Law, and Happiness*. Cambridge: Cambridge University Press.
Guyer, Paul: 2000b. „The Unity of Nature and Freedom: *Kant's Conception of the System of Philosophy*". In: Sedgwick (Hg.) 2000, 19–53. Wiederveröffentlicht in: Guyer 2005, 277–313.
Guyer, Paul: 2003. „Beauty, Systematicity, and the Highest Good: Eckart Förster's *Kant's Final Synthesis*". In: *Inquiry* 46, 195–214.
Guyer, Paul: 2005. *Kant's System of Nature and Freedom. Selected Essays*. Oxford: Clarendon.
Hall, Bryan: 2006. „A Reconstruction of Kant's Ether Deduction in *Übergang* 11". In: *British Journal of the History of Philosophy* 14, 719–746.
Hall, Bryan: 2008. „Understanding *Convolut* 10 of Kant's *Opus Postumum*". In: Rohden u. a. (Hg.) 2008. Bd. 5, 245–256.
Hall, Bryan: 2009. „*Effecting a Transition:* How to Fill the Gap in Kant's System of Critical Philosophy". In: *KS* 100, 187–211.
Hartmann, Eduard: 1937. Rez. zu: AA 21. In: *PhJ* 50, 137.
Hartmann, Eduard: 1938. Rez. zu: AA 22. In: *PhJ* 51, 246.
Hartmann, Eduard: 1941. Rez. zu: Lehmann 1939. In: *PhJ* 54, 387 f.
Hartmann, Klaus: 1972. Rez. zu: Tuschling 1972. In: *Philosophy and History* 5, 171 ff.
Häußling, Ansgar: 1970. Rez. zu: Hoppe 1969. *KS* 61, 271 ff.
Haym, Rudolf [Anonym]: 1858. „Ein ungedrucktes Werk von Kant". In: *PJ* 1, 80–84.

Heimsoeth, Heinz – Henrich, Dieter – Tonelli, Giorgio (Hg.): 1967. *Studien zu Kants philosophischer Entwicklung*. Hildesheim: Olms.
Heimsoeth, Heinz: 1940. „Kants Philosophie des Organischen in den letzten Systementwürfen. Untersuchungen aus Anlaß der vollendeten Herausgabe des *Opus postumum*". In: *BDPh* 14, 81–108.
Heimsoeth, Heinz: 1960. *Atom, Seele, Monade. Historische Ursprünge und Hintergründe von Kants Antinomie der Teilung*. Wiesbaden: Steiner.
Heman, Karl Friedrich: 1901. „Kant und Spinoza". In: *KS* 5, 273–339.
Heman, Karl Friedrich: 1904. „Immanuel Kants philosophisches Vermächtnis". In: *KS* 9, 155–195.
Henning, Hans: 1912. *Kants Nachlasswerk*. Straßburg: Bongard.
Henrich, Dieter – Horstmann Rolf-Peter (Hg.): 1988. *Metaphysik nach Kant?* Stuttgart: Klett-Cotta.
Henrich, Dieter – Schulz, Walter – Volkmann-Schluck, Karl-Heinz (Hg.): 1960. *Die Gegenwart der Griechen im neueren Denken. Festschrift für Hans-Georg Gadamer zum 60. Geburtstag*. Tübingen: Mohr (Siebeck).
Hertz, Heinrich Rudolf: 1894. *Die Prinzipien der Mechanik in neuem Zusammenhange dargestellt*. Leipzig: Barth (Meiner). Neuaufl.: hrsg. von Joseph Kuczera. Leipzig: Geest & Portig 1984.
Heyse, Hans: 1927. *Der Begriff der Ganzheit und die Kantische Philosophie. Ideen zu einer regionalen Logik und Kategorienlehre*. München: Reinhardt.
Hoffmann, Rolf (Hg.): 1924–1925. *Die Akademie. Eine Sammlung von Aufsätzen aus dem Arbeitskreis der Philosophischen Akademie auf dem Burgberg in Erlangen*. 4 Bde. Erlangen: Verlag der Philosophischen Akademie.
Hoffmann, Thomas Sören: 2001. „Ich bin das Original aller Objekte. Und schreite weiter idealistisch voran: Eckart Försters gesammelte Versuch über Immanuel Kants ‚Opus postumum'". In: *FAZ* (18.4.2001), 56.
Hoppe, Hansgeorg: 1969. *Kants Theorie der Physik. Eine Untersuchung über das Opus postumum von Kant*. Frankfurt a. M.: Klostermann.
Hoppe, Hansgeorg: 1980. Rez. zu: Gloy 1976. In: *KS* 71, 373–378.
Hoppe, Hansgeorg: 1991. „Forma dat esse rei. Inwiefern heben wir in der Erkenntnis das aus der Erfahrung nur heraus, was wir zuvor in sie *hineingelegt* haben?" In: Blasche u. a. (Hg.) 1991, 49–64.
Hübner, Kurt: 1951. *Das transzendentale Subjekt als Teil der Natur. Eine Untersuchung über Kants Opus postumum*. Dissertation. Kiel.
Hübner, Kurt: 1973. „Leib und Erfahrung in Kants Opus postumum". In: Prauss (Hg.) 1973, 192–204. Zuerst erschienen in: *ZphF* 7/2 (1953), 204–219.
Irrlitz, Gerd: 2002. *Kant-Handbuch. Leben und Werk*. Stuttgart, Weimar: Metzler (^{2}2010).
Kant. Lezioni di aggiornamento. Convegno organizzato dalla Associazione per la Ricerca e l'Insegnamento della Filosofia: Brescia 1988. Con un'appendice didattica a cura di Giancarlo Conti. Bologna: Zanichelli 1990.
Karl, Jacqueline: 2002. „Kants Opus postumum". In: *Information Philosophie* 30/3, 75.
Karl, Jacqueline: 2004. „Zur Digitalisierung des ‚Opus postumum' von Immanuel Kant". In: *Circular* (Mitteilungsblatt der Berlin-Brandenburgischen Akademie der Wissenschaften) 30, 34 f.

Karl, Jacqueline: 2007. „Immanuel Kant – der Autor, der ‚mit der Feder in der Hand' denkt. Die Arbeitsweise Kants als ein Kriterium für die Neuedition des *Opus postumum*". In: Sell (Hg.) 2007, 127–144.
Karpenko, A. M.: 2001. „‚Opus postumum' i ‚Metafizičeskie načala estestvoznanija' – problemy teoretičeskich osnov eksperimental'noj fiziki" [‚Opus postumum' und ‚Metaphysische Anfangsgründe der Naturwissenschaft' – Probleme der theoretischen Grundlagen der Experimentalphysik]. In: *KaSb* 22, 109–126.
Kaulbach, Friedrich – Ritter Joachim (Hg.): 1966. *Kritik und Metaphysik: Studien. Heinz Heimsoeth: zum achtzigsten Geburtstag.* Berlin: De Gruyter.
Kaulbach, Friedrich: 1963a. „Das Prinzip der Bewegung in der Philosophie Kants". In: *KS* 54, 3–16.
Kaulbach, Friedrich: 1963b. „Leibbewusstsein und Welterfahrung beim frühen und späten Kant". In: *KS* 54, 464–490.
Kaulbach, Friedrich: 1965. *Der philosophische Begriff der Bewegung. Studien zu Aristoteles, Leibniz und Kant.* Köln, Graz: Böhlan.
Kaulbach, Friedrich: 1978. *Das Prinzip Handlung in der Philosophie Kants.* Berlin, New York: De Gruyter.
Keferstein, Hans: 1892. *Die philosophischen Grundlagen der Physik nach Kant's „Metaphysischen Anfangsgründen der Naturwissenschaft" und dem Manuscript „Übergang von den Metaphysischen Anfangsgründen der Naturwissenschaft zur Physik".* Hamburg: Lütcke & Wulff.
Keferstein, Hans: 1924. „Der naturwissenschaftliche Teil von Kants Opus postumum". In: *Zeitschrift für den physikalischen und chemischen Unterricht* 37/2, 274–277.
Kemp Smith, Norman: 1923. *A Commentary to Kant's „Critique of Pure Reason".* 2., bearb. und erw. Aufl. London: Macmillan. Nachdr.: Mit einer neuen Einführung von Sebastian Gardner. Basingstoke, New York: Palgrave Macmillan 2003.
Keyserling, Hermann: 1922. *Das Gefüge der Welt. Versuch einer kritischen Philosophie.* München: Bruckmann. 3. Aufl. 1. Aufl.: Darmstadt: Reichl 1906.
Kim, Sang-Bong: 1992. *Das Problem des Dinges an sich im* Opus postumum *Kants. Versuch einer systematischen Darstellung der Selbstsetzungs- und Ding-an-sich-Lehre im späten* Opus postumum. Dissertation. Mainz.
Knittermeyer, Hinrich: 1939. *Immanuel Kant. Vorlesungen zur Einführung in die kritische Philosophie.* Bremen: Geist.
Knittermeyer, Hinrich: 1946. „Der ‚Übergang' zur Philosophie der Gegenwart". In: *ZphF* 1, 266–287 und 521–540.
Köhler, Rudolf: 1933. *Transzendentaler Gottesbeweis. Prolegomena zum System der Transzendentalen Metaphysik.* Breslau: Hirt ([4]1943).
König, Edmund: 1889. Rez. zu: Krause 1888. In: *PhM* 25, 459–472.
Kopper, Joachim: 1955. „Bemerkungen zum anselmischen Gottesbeweise". In: *ZphF*, 302–305.
Kopper, Joachim: 1955/56. „Kants Gotteslehre". In: *KS* 47, 31–61.
Kopper, Joachim: 1956/57. „Antwort an W. A. Schulze". In: *KS* 48, 84 f.
Kopper, Joachim: 1964. „Kants Lehre vom Übergang als die Vollendung des Selbstbewusstseins in der Transzendentalphilosophie". In: *KS* 55, 37–68.
Kosack, Martin: 1894. *Das ungedruckte Kantische Werk: „Der Uebergang von den metaphysischen Anfangsgründen der Naturwissenschaft zur Physik", vom Standpunkte der modernen Naturwissenschaften aus betrachtet.* Dissertation. Göttingen: Druck der Dieterich'schen Universität.

Kötter, Rudolf: 1991. „Kants Schwierigkeiten mit der Physik. Ansätze zu einer problemorientierten Interpretation seiner späten Schriften zur Philosophie der Naturwissenschaft". In: Blasche u. a. (Hg.) 1991, 157–184.
Krause, Albrecht: 1884. *Immanuel Kant wider Kuno Fischer zum ersten Male mit Hülfe des verloren gewesenen Kantischen Hauptwerkes* Vom Übergang von der Metaphysik zur Physik *vertheidigt von Albrecht Krause. Eine Ergänzung der* Populären Darstellung der Kritik der reinen Vernunft *in der Lehre vom Gegenstand und Ding an sich.* Lahr: Schauenburg.
Krause, Albrecht: 1888. *Das Nachgelassene Werk Immanuel Kant's. Vom Uebergange von den metaphysischen Anfangsgründe der Naturwissenschaft zur Physik, mit Belegen populär-wissenschaftlich dargestellt.* Frankfurt a. M., Lahr: Schauenburg.
Krause, Albrecht: 1902. *Die letzten Gedanken Immanuel Kant's. Der Transzendental-Philosophie höchster Standpunkt: Von Gott, der Welt und dem Menschen, welcher beide verbindet. Aus Kant's hinterlassenem Manuskript.* Hamburg: Boysen.
Krönig, Gretchen: 1927. *Das Problem der Selbstsetzung in seiner Entwicklung von Kant bis Fichte mit besonderer Berücksichtigung von J. S. Beck.* Dissertation. Hamburg.
Kuderowicz, Zbigniew: 2001. „Le formalisme éthique dans l'*Oeuvre tardive* de Kant". In: Erismann (Hg.) 2001, 177–182.
Kühn, Manfred: 1992. Rez. zu: Förster (Hg.) 1989. In: *KS* 83, 347–352.
Kühn, Manfred: 1994. Rez. zu: Förster (Hg.) 1993. In: *JHPh* 32, 676–679.
Kühn, Manfred: 2001. *Kant. A Biography.* Cambridge: Cambridge University Press.
Kühn, Manfred: 2003. *Kant. Eine Biographie.* Deutsche Fassung von Kühn 2001. Übersetzt aus dem Englischen von Martin Pfeiffer. München: Beck (^{2}2007).
La Rocca, Claudio: 2001. „Chi è lo Zarathustra di Kant? Filosofia trascendentale e saggezza tra la *Critica della ragion pura* e l'*Opus postumum*". In: Marcucci (Hg.) 2001, 35–62.
La Rocca, Claudio: 2003a. Rez. zu: Vasconi 1999. In: *KS* 94, 533–537.
La Rocca, Claudio: 2003b. *Soggetto e mondo. Studi su Kant.* Venedig: Marsilio.
Lachièze-Rey, Pierre: 1931. *L'idéalisme kantien.* Paris: Alcan.
Lachièze-Rey, Pierre: 1952. „Les trois étapes fondamentales de la philosophie critique de Kant". In: *Revue de Métaphysique et de Morale* 57, 415–421.
Lamacchia, Ada: 1963. „‚Dio Persona' nell'*Opus postumum* di Kant". In: *Annali della Facoltà di Lettere e Filosofia* (Bari) 8, 27–48. Wiederveröffentlicht in: Lamacchia 1990, 213–233.
Lamacchia, Ada: 1990. *Percorsi kantiani.* Bari: Levante.
Langlois, Luc: 2001. „De l'autonomie et du ‚Dieu qui est en nous' dans l'*Opus postumum* de Kant". In: Erismann (Hg.) 2001, 241–248.
Lannoy, Joris (Chrysoloog): 1971. Rez. zu: Hoppe 1969. In: *TF* 33, 590 f.
Laska, Bernd A.: 2000. „Von Stirner zu Kant: Gerhard Lehmann". In: *Der Einzige* 12, 5–16.
Lasswitz, Karl Theodor Viktor: 1888. Rez. zu: Krause 1888. In: *Deutsche Litteraturzeitung* 9/37 (15.10.1888), 1322–1325.
Lehmann, Gerhard: 1935. „Geschichte eines Manuskripts". In: *GA* 2/22, 7 f. Wiederveröffentlicht in: Lehmann 1969, 45–50.
Lehmann, Gerhard: 1936. „Ganzheitsbegriff und Weltidee in Kants Opus Postumum". In: *KS*, 307–330. Wiederveröffentlicht in: Lehmann 1969, 247–271.
Lehmann, Gerhard: 1937a. „Das philosophische Grundproblem in Kants Nachlaßwerk". In: *BDPh* 11, 57–70. Wiederveröffentlicht in: Lehmann 1969, 272–288.
Lehmann, Gerhard: 1937b. „Ein Index zum Nachlaßwerk Kants". In: *GA* 4/20, 11.

Lehmann, Gerhard: 1938a. „Die Technik der Natur“. In: *Forschungen und Fortschritte* 14, 212 ff. Wiederveröffentlicht in: Lehmann 1969, 289–294.
Lehmann, Gerhard: 1938b. „Einleitung und Erläuterungen“. In: AA 21, 749–824.
Lehmann, Gerhard: 1939. *Kants Nachlasswerk und die Kritik der Urteilskraft.* Berlin: Junker & Dünnhaupt. Wiederveröffentlicht in: Lehmann 1969, 295–373.
Lehmann, Gerhard: 1954. „Erscheinungsstufung und Realitätsproblem in Kants Opus Postumum“. In: *KS* 45, 140–154. Wiederveröffentlicht in: Lehmann 1969, 374–391.
Lehmann, Gerhard: 1955a. „Einleitung“. In: AA 23, 505–518.
Lehmann, Gerhard: 1955b. „Ein Reinschriftfragment zu Kants Abhandlung vom ewigen Frieden“. In: *Sitzungsberichte der Deutschen Akademie der Wissenschaften zu Berlin.* Klasse für Philosophie, Geschichte, Staats-, Rechts- und Wirtschaftswissenschaften 1955/2. Wiederveröffentlicht in: Lehmann 1969, 51–66.
Lehmann, Gerhard: 1956a. „Kants Besitzlehre“. In: *Abhandlungen der Deutschen Akademie der Wissenschaften zu Berlin.* Klasse für Philosophie, Geschichte, Staats-, Rechts- und Wirtschaftswissenschaften 1956/1. Wiederveröffentlicht in: Lehmann, 1969, 195–218.
Lehmann, Gerhard: 1956b. „Kritizismus und kritisches Motiv in der Entwicklung der Kantischen Philosophie“. In: *KS* 48, 25–54. Wiederveröffentlicht in: Lehmann 1969, 117–151.
Lehmann, Gerhard: 1956c. „Zur Geschichte der Kantausgabe 1896–1955“. In: *Deutsche Akademie*, 422–434. Wiederveröffentlicht in: Lehmann: 1969, 3–26.
Lehmann, Gerhard: 1958a. „Anwendung und Übergang als Systemprobleme der kantischen Philosophie“. In: *XII CIF 12*, 257–264. Wiederveröffentlicht in: Lehmann 1969, 188–194.
Lehmann, Gerhard: 1958b. „System und Geschichte in Kants Philosophie“. In: *Il Pensiero* 3, 14–34. Wiederveröffentlicht in: Lehmann 1969, 152–170.
Lehmann, Gerhard: 1958c. „Voraussetzungen und Grenzen systematischer Kantinterpretation“. In: *KS* 49, 364–88. Wiederveröffentlicht in: Lehmann 1969, 89–116.
Lehmann, Gerhard: 1959. „Kants Widerlegung des Idealismus“. In: *KS* 50, 348–362. Wiederveröffentlicht in: Lehmann 1969, 171–187.
Lehmann, Gerhard: 1961a. „Zur Problemanalyse von Kants Nachlaßwerk“. In: *Il Pensiero* 6, 5–27 und 137–163. Wiederveröffentlicht in: Lehmann 1980, 96–140.
Lehmann, Gerhard: 1961b. „Analisi del problema dell’Opus Postumum di Kant“. Italienische Fassung von Lehmann 1961a. Übersetzt von A. Cantori. In: *Il Pensiero* 6, 117–136 und 238–260.
Lehmann, Gerhard: 1963. „Zur Frage der Spätentwicklung Kants“. In: *KS* 54, 491–507. Wiederveröffentlicht in: Lehmann 1969, 392–408.
Lehmann, Gerhard: 1966. „Diaconus Wasianski. Unveröffentlichte Briefe“. In: Kaulbach und Ritter (Hg.) 1966, 76–98.
Lehmann, Gerhard: 1967. „Fragen der Kantedition“. In: Arnold und Zeltner (Hg.) 1967, 199–218. Wiederveröffentlicht in: Lehmann 1969, 27–44.
Lehmann, Gerhard: 1969. *Beiträge zur Geschichte und Interpretation der Philosophie Kants.* Berlin: De Gruyter.
Lehmann, Gerhard: 1971. *Hypothetischer Vernunftgebrauch und Gesetzmäßigkeit des Besonderen in Kants Philosophie.* Göttingen: Vandenhoeck & Ruprecht.
Lehmann, Gerhard: 1980. *Kants Tugenden. Neue Beiträge zur Geschichte und Interpretation der Philosophie Kants.* Berlin, New York: De Gruyter.
Lenders, Winfried: 1970. „Die Vereinheitlichung orthographischer Varianten im Kantischen Opus Postumum“. In: Fischer L. u. a. 1970, 33–47.

Lenders, Winfried: 1995. „Publiziertes und Verschwiegenes: Zur elektronischen Edition von Immanuel Kants Nachlaß". In: Robinson (Hg.) 1995. Bd. 1, 1311–1322.
Lequan, Mai (Hg.): 2005. *Métaphysique et philosophie transcendantale selon Kant*. Paris: L'Harmattan.
Lequan, Mai: 1998. *L'éther et les forces. Les changements d'état de la matière chez Leibniz et Kant*. D.A.T.A. (Documents, Archives de Travail et Arguments) 21. École Normale Supérieure de Fontenay aux Roses/Saint Cloud.
Lequan, Mai: 2000. *La chimie selon Kant*. Paris: Presses Universitaires de France.
Lequan, Mai: 2003. „L'éther selon Kant". In: David und Mabille (Hg.) 2003, 129–161.
Lequan, Mai: 2005. „Affinité transcendantale et affinité empirique chez Kant". In: Lequan (Hg.) 2005, 137–221.
Leyden, Wolfgang von: 1973. Rez. zu: Tuschling 1972. In: *Mind* 82, 293 f.
Lienhard, Fritz: 1923. *Die Gottesidee in Kants* Opus postumum. Dissertation. Bern: Dürrenmatt-Egger.
Llano Cifuentes, Alejandro: 1971/72. „El problema de la transcendencia en el ‚Opus postumum' kantiano". In: *Estudios de Metafisica* 2, 81–123.
Llano Cifuentes, Alejandro: 1973. *Fenomeno y trascendencia in Kant*. Pamplona: Ediciones Universidad de Navarra (^{2}2002).
Lohmar, Achim – Peucker, Henning (Hg.): 2004. *Subjekt als Prinzip? Zur Problemgeschichte und Systematik eines neuzeitlichen Paradigmas*. Würzburg: Königshausen & Neumann.
Lüpsen, Focko: 1924. *Die systematische Bedeutung des Problems der Selbstsetzung in Kants Opus postumum*. Dissertation. Marburg.
Lüpsen, Focko: 1925. „Das systematische Grundproblem in Kants Opus postumum". In: Hoffmann R. (Hg.) 1924–1925. Bd. 2, 68–116.
MacDonald Ross, George – McWalter, Tony (Hg.): 1990. *Kant and His Influence*. Bristol: Thoemmes. Nachdr.: 2006.
Mahnke, Dietrich: 1939. „Die Rationalisierung der Mystik bei Leibniz und Kant". In: *BDPh* 13, 1–73.
Maimon, Salomon: 1790. *Baco und Kant. Schreiben des H. S. Maimon an den Herausgeber dieses Journals*. In: *Berlinisches Journal für Aufklärung*. Bd. 7/2, 99–122. Wiederveröffentlicht in: *MGW* II (1965), 499–522.
Maluschke, Günter: 1988. „Opus postumum". In: Volpi und Nida-Rümelin (Hg.) 1988, 609 f. Italienische Fassung: 2000. In: Volpi (Hg.) 2000, 487 f.
Marcucci, Silvestro (Hg.): 1977. *Kant e le scienze. Scritti scientifici e filosofici*. Auswahl, Einführung, Übersetzung ins Italienische und Kommentar von Silvestro Marcucci. Padua: Liviana.
Marcucci, Silvestro (Hg.): 2001. *Kant e l'Opus postumum. Convegno della Società Italiana di Studi Kantiani*. Pisa: Dezember 2000. Pisa, Rom: Istituti Editoriali e Poligrafici Internazionali.
Marcucci, Silvestro: 1986. „Kant e i primi principi ‚metafisici' della scienza della natura: dai *Metaphysische Anfangsgründe* del 1786 all'*Opus postumum*". In: *Verifiche* 15, 203–229. Wiederveröffentlicht in: Marcucci 1988, 15–42.
Marcucci, Silvestro: 1988. *Studi kantiani*. Bd. 1: *Kant e la conoscenza scientifica*. Lucca: Pacini Fazzi.
Marcucci, Silvestro: 2000. Rez. zu: Vasconi 1999. In: *StKa* 13, 157–160.
Marcucci, Silvestro: 2001a. „Il ‚Passaggio' dai ‚Metaphysische Anfangsgründe' del 1786 all',Opus postumum'". In: Marcucci (Hg.) 2001, 63–73.

Marcucci, Silvestro: 2001b. „Introduzione al convegno". In: Marcucci (Hg.) 2001, 11 ff.
Marcucci, Silvestro: 2001c. „Système philosophique et système scientifique: Kant et Linné". In: Erismann (Hg.) 2001, 107–125.
Marcus, Ernst Moses: 1921. „Kant und der Aether". In: *FZ. Literaturblatt* 1921/18 (31. Aug.), 1 f., und 1921/19 (14. Sept.), 1 f.
Marcus, Ernst Moses: 1926. *Kritik des Aufbaus (Syllogismus) der speziellen Relativitätstheorie und Kritik der herrschenden Hypothese der Lichtausbreitung.* Berlin: Der Sturm.
Marcus, Ernst Moses: 1927. *Die Zeit- und Raumlehre Kants (transzendentale Aesthetik) in Anwendung auf Mathematik und Naturwissenschaft.* München: Reinhardt. Wiederveröffentlicht in Marcus 1981, 435–586.
Marcus, Ernst Moses: 1981. *Ausgewählte Schriften.* 2 Bde. (1969 und 1981). Hrsg. von Gottfried Martin und Gerd Hergen Lübben mit einem Nachwort. Bd. 2. Bonn: Bouvier.
Maréchal, Joseph: 1947. *Le point de départ de la métaphysique. Leçons sur le développement historique et théorique du problème de la connaissance.* Cahier 4: *Le système idéaliste chez Kant et les postkantiens.* Bruxelles: L'édition universelle, Paris: Desclée de Brouwer.
Marty, François u. a.: 1988. „L'Opus postumum kantien, une quatrième critique ?". In: *Bulletin de la Société Française de Philosophie* 82/4, 121–157.
Marty, François – Ricken Friedo (Hg.): 1992. *Kant über Religion.* Stuttgart, Berlin, Köln: Kohlhammer.
Marty, François: 1986a. „Note sur l'*Opus postumum*". In: Alquié (Hg.) 1986, 1301–1311.
Marty, François: 1986b. „Récapitulation. Le passage des principes métaphysiques de la science de la nature à la physique". In: Marty (Hg.) 1986, 371–389.
Marty, François: 1989. „L'analogie chez Kant: une notion critique". In: *Les Études philosophiques* 44, 455–474. Wiederveröffentlicht in: Marty 2004b, 19–44.
Marty, François: 1991. „Raison pure, raison affectée. À propos de l'affectivité chez Kant". In: *Epokhè* 2, 9–33. Wiederveröffentlicht in: Marty 2004b, 173–197.
Marty, François: 1992/93. „Le concept cosmique de la philosophie. Recherches sur l'idée de monde chez Kant". In: *Les Cahiers de Philosophie* 15/16, 13–34. Wiederveröffentlicht unter dem Titel „La liberté, une question cosmologique. Recherches sur l'idée de monde chez Kant". In: Marty 2004b, 151–172.
Marty, François: 1992a. „Die Frage der Religion als Probierstein eines kritischen Denkens". In: Marty und Ricken (Hg.) 1992, 52–66. Französische Fassung: 2004. „La question de la religion pierre de touche d'une pensée critique". In: Marty 2004b, 241–261.
Marty, François: 1992b. „L'argument ontologique dans l'Opus postumum et l'influence de la Critique de la Faculté de Juger dans l'Opus postumum". In: *KS* 83, 50–59.
Marty, François: 1995. „La philosophie transcendantale dans la dernière période de l'Opus postumum". In: Robinson (Hg.) 1995. Bd. 1, 865–880.
Marty, François: 1997. „Les catégories de la liberté. Droit et morale". In: Moutsopoulos M. (Hg.) 1997, 141–151. Wiederveröffentlicht in: Marty 2004b, 129–145.
Marty, François: 1998. „Le jugement esthétique, raison d'être de la *Troisième* (et dernière) *Critique*". In: Parret (Hg.) 1998, 66–83. Wiederveröffentlicht in: Marty 2004b, 81–105.
Marty, François: 2001. „La pensée tardive de Kant". In: Erismann (Hg.) 2001, 23–34.
Marty, François: 2004a. „La loi morale comme commandement divin dans l'*Opus postumum*". In: Castillo (Hg.) 2004, 29–48.
Marty, François: 2004b. *L'homme habitant du monde. A l'horizon de la pensée critique de Kant.* Paris: Champion.

Marty, François: 2006. „La philosophie transcendantale, une question des dernières années de Kant". In: Pimentel u. a. (Hg.) 2006, 215–228.
Marty, François: 2008. „Une lacune à combler. Une vérification du projet de l',Opus postumum': La question des forces motrices en physique". In: Vaysse (Hg.) 2008, 347–367.
Massimi, Michela (Hg.): 2008. *Kant and Philosophy of Science Today*. Cambridge: Cambridge University Press.
Massimi, Michela: 2008. „Why There are No Ready-Made Phenomena: What Philosophers of Science Should Learn From Kant". In: Massimi (Hg.) 2008, 1–35.
Mathieu, Vittorio: 1957. „*Opus postumum* e *Critica del giudizio*". In: *Filosofia* 8, 275–314.
Mathieu, Vittorio: 1958a. „Il ‚fenomeno del fenomeno' nell',Opus postumum' di Kant". In: *Filosofia* 9, 57–98.
Mathieu, Vittorio: 1958b. *La filosofia trascendentale e L'„Opus postumum" di Kant*. Turin: Edizioni di *Filosofia*.
Mathieu, Vittorio: 1967. „Äther und Organismus in Kants ‚Opus postumum'". In: Heimsoeth u. a. (Hg.) 1967, 184–191.
Mathieu, Vittorio: 1969. „‚Costrutto' in Bridgman e ‚fenomeno del fenomeno' in Kant". In: *De Homine* 31 f., 189–206.
Mathieu, Vittorio: 1989. *Kants Opus postumum*. Gerd Held (Hg.). Frankfurt a. M.: Klostermann.
Mathieu, Vittorio: 1990a. „L'argomento ontologico per dimostrare l'esistenza dell'etere nell',Opus postumum' di Kant". In: *AdF* 58, 271–277.
Mathieu, Vittorio: 1990b. „L'Opus postumum". In: *Kant. Lezioni di aggiornamento*, 68–80.
Mathieu, Vittorio: 1991. „Erfinderische Vernunft in Kants *Opus postumum*". In: Blasche u. a. (Hg.) 1991, 65–76.
Mathieu, Vittorio: 1994. „The late Kant and the Twentieth Century Physics". In: Parrini (Hg.) 1994, 157–165.
Mathieu, Vittorio: 2001. „Intuizioni kantiane nell',Opus postumum' e la fisica contemporanea". In: Marcucci (Hg.) 2001, 15–33.
McCall, James: 1988. „A Response to Burkhard Tuschling's Critique of Kant's Physics". In: *KS* 79, 57–79.
Mende, Georg: 1951. „Kants ‚Opus postumum' und die Naturwissenschaft". In: *Aufbau* 7, 607–610.
Mende, Georg: 1963. „Kants Opus postumum und seine Bedeutung für die Beziehung zwischen Philosophie und Naturwissenschaft". In: *Wissenschaftliche Zeitschrift der Friedrich-Schiller-Universität Jena. Mathematisch-Naturwissenschaftliche Reihe* 12, 271 ff.
Menzer, Paul: 1957/58. „Die Kant-Ausgabe der Berliner Akademie der Wissenschaften". In: *KS* 49, 337–350.
Messer, August: 1924. *Immanuel Kants Leben und Philosophie*. Stuttgart: Strecker & Schröder. Nachdr.: Paderborn: Salzwasser 2013.
Meyer, Hermann Josef: 1952. *Das Problem der Kantischen Metaphysik unter besonderer Berücksichtigung des Opus postumum. Ein systematischer Versuch*. Dissertation. Tübingen.
Moog, Wilhelm: 1923. Rez. zu: Adickes 1920. In: *LZD* 74/5–6, 83 ff.
Moutsopoulos, Evanghélos [Euangelos]: 2001. „La notion d'existence dans l'*Opus postumum* de Kant". In: Erismann (Hg.) 2001, 75–82.
Moutsopoulos, Michèle (Hg.): 1997. *Droit et vertu chez Kant. Kant et la philosophie grecque et moderne. Actes du 3ᵉ congrès de la Société internationale d'études kantiennes de langue*

française. Athènes: 14–17 Mai 1997. Athen, Paris: Société Hellenique d'Études Kantiennes.

Mudroch, Vilem: 1987. *Kants Theorie der physikalischen Gesetze.* Berlin, New York: De Gruyter.

Mudroch, Vilem: 1999. „Kants letzte Arbeit. Ein Kongress in Lausanne". In: *Neue Zürcher Zeitung* Nr. 253 (30./31.10.1999) 33.

Mues, Albert (Hg.): 1989. *Transzendentalphilosophie als System. Die Auseinandersetzung zwischen 1794 und 1806.* Vorträge der II. Internationalen Fichte-Tagung in Deutschlandsberg vom 3.–8.8.1987. Hamburg: Meiner.

Mudroch, Vilem: 1996. Rez. zu: Schulze S. 1994. In: *KS* 87, 471–475.

Neuser, Wolfgang: 2008. „Naturgeschichte und Wissenschaftsgeschichte in Kants *Opus postumum*". In: Rohden u. a. (Hg.) 2008. Bd. 5, 265–277.

Nietzsche, Friedrich: 1889. *Götzen-Dämmerung.* In: *KGW* VI_3 und *KSA* 6.

Ó Madagáin, Cathal: 2008. „Is There a Hegelian Intellectual Intuition in Kant's *Opus Postumum*". In: Rohden u. a. (Hg.) 2008. Bd. 5, 257–264.

Oehler, Max (Hg.): 1921. *Den Manen Friedrich Nietzsches. Weimarer Weihgeschenke zum 75. Geburtstag der Frau Elisabeth Förster-Nietzsche.* München: Musarion.

Oeser, Erhard: 1973. Rez. zu: Tuschling 1972. In: *Wiener Jahrbuch für Philosophie* 6, 432.

Onnasch, Ernst-Otto (Hg.): 2009. *Kants Philosophie der Natur. Ihre Entwicklung im* Opus postumum *und ihre Wirkung.* Berlin, New York: De Gruyter.

Onnasch, Ernst-Otto: 2008. „Schelling als Vollender Kants und Kant als objektiver Idealist". In: Rohden u. a. (Hg.) 2008. Bd. 5, 367–378.

Onnasch Ernst-Otto: 2009. „Kants Transzendentalphilosophie des *Opus postumum* gegen den transzendentalen Idealismus Schellings und Spinozas". In: Onnasch (Hg.) 2009, 307–355.

Parret, Herman (Hg.): 1998. *Kants Ästhetik. Kant's Aesthetic. L'esthétique de Kant.* Berlin, New York: De Gruyter.

Parrini, Paolo (Hg.): 1994. *Kant and contemporary epistemology.* Dordrecht, Boston, London: Kluwer.

Paton, Herbert James: 1936. *Kant's Metaphysic of Experience. A commentary on the first half of the* Kritik der reinen Vernunft. 2 Bde. London: Allen & Unwin, New York: The Humanity Press. Nachdr.: London: Routledge 2002.

Paulsen, Friedrich: 1924. *Immanuel Kant. Sein Leben und seine Lehre.* Stuttgart: Frommann. 8. Aufl. (^{1}1898). 4., bearb. Aufl.: 1904.

Pecere, Paolo: 2006. „Space, Aether and the Possibility of Physics in Kant's Late Thought. From the *Metaphysische Anfangsgründe der Naturwissenschaft* to the *Opus postumum*". In: Cellucci und Pecere (Hg.) 2006, 237–306.

Pecere, Paolo: 2009. *La filosofia della natura in Kant.* Bari: Pagina.

Pellegrino, Ubaldo: 1957. *L'ultimo Kant. Saggio critico sull'*Opus postumum *di Emmanuele Kant.* Mailand: Marzorati.

Pellegrino, Ubaldo: 1958. „La filosofia trascendentale e l','Opus postumum' di Kant". In: *Rivista di Filosofia Neoscolastica* 50, 356–367.

Pellegrino, Ubaldo: 1961. „Conoscenza della natura e della realtà in sé nell'*Opus postumum* di Kant". In: *XII CIF 12*, 369–374.

Pellegrino, Ubaldo: 1995. „Il problema di Dio nell'ultimo Kant". In: *Fenomenologia e Società* 18, 168–183.

Pentzopoulou-Valalas, Thérèse [Tereza]: 2001. „Les définitions de la philosophie transcendantale et la stratégie kantienne dans l'*Opus postumum*". In: Erismann (Hg.) 2001, 93–98.

Pflug, Günther: 1956/57. „Roger Daval und seine Rezensenten". In: *KS* 48, 86–93.

Pflugk-Harttung, Julius von: 1888. „Paläologische Bemerkungen zu Kants nachgelassener Handschrift". In: *AGPh* 2, 31–44.

Piché, Claude: 2001. „L'autoconstitution du sujet connaissant dans l'*Opus postumum*". In: Erismann (Hg.) 2001, 127–134.

Pierobon, Frank: 2001. „L'architectonique jusqu'au bout?" In: Erismann (Hg.) 2001, 135–145.

Pimentel, Manuel Cândido – Morujão, Carlos –Silva, Miguel Santos (Hg.): 2006. *Immanuel Kant nos 200 anos da sua morte.* Lissabon: Universitade Católica Editora.

Pinski, Friedrich: 1911. *Der höchste Standpunkt der Transzendentalphilosophie. Versuch einer Vervollständigung und systematischen Darstellung der letzten Gedanken Immanuel Kants.* Halle a. S.: Peter.

Poncelet, Albertus: 1961. „God in het Opus postumum van Immanuel Kant". In: *Bijdragen* 22, 55–69.

Pozzo, Riccardo: 2001. „Il concetto di *Organon* nell'*Opus postumum*". In: Marcucci (Hg.) 2001, 75–100.

Prauss, Gerold (Hg.): 1973. *Kant. Zur Deutung seiner Theorie von Erkennen und Handeln.* Köln: Kiepenheuer & Witsch.

Prieto López, Leopoldo: 1999. *Lectura de la filosofía de Kant a la luz del* Opus postumum *y de sus conceptos centrales: autoaffección y autoposición.* Dissertation. Rom: Philosophische Fakultät des Päpstlichen Athenäums *Regina Apostolorum.*

Prieto López, Leopoldo: 2001. „El concepto de fuerzas motrices (*bewegende Kräfte*) en la filosofía de Kant y su receptión en Schelling". In: Quitterer und Schwibach (Hg.) 2001, 153–175.

Prieto López, Leopoldo: 2009. „La nueva *estética transcendental* del *Opus postumum* de Kant". In: *Pensamiento. Revista de investigación e Información filosófica* 65, 79–116.

Procuranti, Lucia: 2004a. *Il problema della costituzione della materia nella filosofia di Immanuel Kant.* Trient: Pubblicazioni di *Verifiche.*

Procuranti, Lucia: 2004b. „Il problema dell'etere nell'Opus postumum di Kant". In: *Verifiche* 33, 55–78.

Procuranti, Lucia: 2008. „Die Materie Äther in Kants *Opus postumum*". In: Rohden u. a. (Hg.) 2008. Bd. 5, 279–285.

Quitterer, Josef – Schwibach, Armin (Hg.): 2001. *Der Aufgang der Wahrheit. Die Konstruktion der Wirklichkeit. Festschrift für Carlo Huber S. J.* Zagreb: Filozofski fakultet Družbe Isusove, Innsbruck: Katholisch-theologische Fakultät.

Redanò, Ugo: 1958. „Le leggi dell'universo nell',Opus postumum' di Kant". In: *L'Italia che scrive. Rassegna per coloro che leggono* (Rom) 40, 142 f.

Reicke, Rudolf: 1864. „Zu Kants Manuscript zur Metaphysik der Natur". In: *AM* 1, 742–749.

Reinhard, Walter: 1927. *Ueber das Verhältnis von Sittlichkeit und Religion bei Kant unter besonderer Berücksichtigung des Opus postumum und der Vorlesung über Ethik.* Bern: Drechsel.

Rheindorf, Johann: 2010. *Kants* Opus postumum *und das* Ganze der Philosophie. *Gesellschaft, Wissenschaft, Menschenbild.* Tübingen: Francke.

Riese, Walther: 1965. „Sur la théorie de l'organisme dans l'*Opus postumum* de Kant. (La thèse, les sources biographiques et ‚pathologiques')". In: *Revue Philosophique de la France et de l'Étranger* 90, 327–333.

Ritzel, Wolfgang: 1970. Rez. zu: Lehmann 1969. In: *KS* 61, 112–125.

Ritzel, Wolfgang: 1977. „Kants Opus Postumum". In: Vorländer 1977, 405–464.

Ritzel, Wolfgang: 1980. „Gerhard Lehmann. Zum 10. Juli 1980". In: *KS* 71, 346–351.

Ritzel, Wolfgang: 1981. „‚Verhältniß und Zusammenhang' von Naturphilosophie und Naturwissenschaft in Kants Spätwerk". In: *Philosophia Naturalis* 18, 286–300.

Ritzel, Wolfgang: 1985. *Immanuel Kant. Eine Biographie.* Berlin, New York: De Gruyter.

Ritzel Wolfgang: 1988. „Gerhard Lehmann zum Gedächtnis. 10. Juli 1900–18. April 1987". In: *KS* 79, 133–139.

Rivera de Rosales, Jacinto: 2005. „El *a priori* de la corporalidad en el *Opus postumum*". In: Andaluz (Hg.) 2005, 295–318.

Robinson, Hoke (Hg.): 1995. *Proceedings of the Eighth International Kant Congress*. 2 Bde. Memphis: Milwaukee Marquette University Press.

Rohden, Valerio – Terra, Ricardo Ribeiro – de Almeida, Guido Antonio – Ruffing, Margit (Hg.): 2008. *Recht und Frieden in der Philosophie Kants. Akten des X. Internationalen Kant-Kongresses.* Berlin, New York: De Gruyter.

Rollmann, Veit-Justus – Hahmann, Andree: 2011. „Weltstoff und absolute Beharrlichkeit: Die Erste Analogie der Erfahrung und der Entwurf Übergang 1–14 des Opus postumum". In: *KS* 102, 168–190.

Rosenberger, Ferdinand: 1886. „Übergang von metaphysischen Anfangsgründen der Naturwissenschaften zur Physik". In: *Berichte des freien Deutschen Hochstifts* 2, 304–316. Wiederveröffentlicht in: Rosenberger 1890, 36–44.

Rosenberger, Ferdinand: 1890. *Die Geschichte der Physik* (1887–1890). Bd. 3: *Geschichte der Physik in den letzten hundert Jahren.* Braunschweig: Vieweg & Sohn.

Rossi, Mario Manlio: 1938. Rez. zu: AA 21 und 22. In: *Logos* 21, 274 f.

Rossi, Mario Manlio: 1955. *Saggio su Berkeley.* Bari: Laterza.

Rossi, Mario Manlio: 1970. *Introduzione a Berkeley.* Rom, Bari: Laterza ([4]2000).

Rousset, Bernard: 1967. *La doctrine kantienne de l'objectivité. L'autonomie comme devoir et devenir.* Paris: Vrin.

Rukgaber, Matthew S.: 2009. „‚The Key to Transcendental Philosophy': Space, Time and the Body in Kant". In: *KS* 100, 166–186.

Sakabe, Megumi: 1974. „Saibannen no ‚Iko'. *Opus postumum* I convoluto no sekai" [Die Welt im 1. Konvolut des *Opus postumum*]. In: *Riso* [das Ideal] (Tokyo. Sondernummer über Kant) 498, 63–80.

Sange, Walther: 1936. Rez. zu: AA 21. In: *GA* 3/16, 6.

Sange, Walther: 1938. Rez. zu: AA 22. In: *GA* 5/10, 16.

Santos, Leonel Ribeiro dos (Hg.): 2007. *Kant: Posteridade e Actualidade. Colóquio Internacional.* Akten des gleichnamigen Kolloquiums in Lissabon und Évora, 25.–27. November 2004. Lissabon: Centro De Filosofia Da Universidade De Lisboa.

Schneider, Hermann: 1921. Rez. zu: Adickes 1920. In: *KS* 26, 165–173.

Schönfeld, Martin – Edwards Jeffrey: 2006. „Kant's Material Dynamics and the Field View of Physical Reality". In: *Journal of Chinese Philosophy* 33, 109–124.

Schrader, George: 1951. „Kant's Presumed Repudiation of the ‚Moral Argument' in the *Opus Postumum:* An Examination of Adickes' Interpretation". In: *Philosophy* 26, 228–241.

Schubert, Friedrich Wilhelm: 1842. *Immanuel Kant's Biographie zum grossen Theil nach Handschriftlichen Nachrichten*. Leipzig: Voss. Bd. 11/2 von *Immanuel Kant's Sämmtliche Werke*. 12 Bde. Hrsg. von Karl Rosenkranz und Friedrich Wilhelm Schubert. Leipzig: Voss.

Schubert, Friedrich Wilhelm: 1858. „Die Auffindung des letzten größeren Manuskripts von Immanuel Kant". In: *Neue Preußische Provinzialblätter* 1, 58–61.

Schulze, Stefan: 1994. *Kants Verteidigung der Metaphysik. Eine Untersuchung zur Problemgeschichte des Opus Postumum*. Marburg: Tectum.

Schulze, Wilhelm August: 1955. „Gott und Mensch. Zwei Studien zum deutschen Idealismus". In: *Theologische Zeitschrift* 11, 426–436.

Schulze, Wilhelm August: 1956/57. „Zu Kants Gotteslehre". In: *KS* 48, 80–84.

Schürmann, Eva – Waszek, Norbert – Weinreich, Frank (Hg.): 2002. *Spinoza im Deutschland des achtzehnten Jahrhunderts. Zur Erinnerung an Hans-Christian Lucas*. Stuttgart-Bad Cannstatt: Frommann-Holzboog.

Schüßler, Ingeborg: 2001a. „Préface". In: Erismann (Hg.) 2001, 7–18.

Schüßler, Ingeborg: 2001b. „Le problème du ‚passage' dans l'*œuvre tardive* de Kant". In: Erismann (Hg.) 2001, 37–53.

Schwarz, Gerhard: 2004. *Est Deus in nobis. Die Identität von Gott und reiner praktischer Vernunft in Immanuel Kants „Kritik der praktischen Vernunft"*. Berlin: TU-Verlag.

Schwarz, Hermann: 1903. Rez. zu: Krause 1902.

Schwarz, Wolfgang: 1970. Rez. zu: Hoppe 1969. In: *Philosophy and Phenomenological Research* 30, 471 f.

Sedgwick, Sally (Hg.): 2000. *The Reception of Kant's Critical Philosophy. Fichte, Schelling, and Hegel*. Cambridge: Cambridge University Press.

Seel, Gerhard: 2001. „La signification de l'*Opus postumum* pour l'interprétation de la philosophie de Kant". In: Erismann (Hg.) 2001, 249 ff.

Sell Annette (Hg.): 2007. *Editionen – Wandel und Wirkung*. Tübingen: Niemeyer.

Selle, Götz von: 1971. „Arnoldt, Emil". In: *Neue Deutsche Biographie*. Hrsg. von der historischen Kommission bei der bayerischen Akademie der Wissenschaften. Berlin: Duncker & Humblot. Bd. 1, 392.

Sena, Michelantonio: 1976. „Dalla metafisica alla fisica nell'Opus postumum di Kant". In: *Rassegna di scienze filosofiche* 29, 47–81.

Sperl, Johannes: 1922. *Neue Aufgaben der Kantforschung*. München: Rösl.

Ss., C. M. [= Schaarschmidt, Karl Maximilian Wilhelm?]: 1888. Rez. zu :Krause 1888. In: *Allgemeine konservative Monatsschrift für das christliche Deutschland* 45, 890 ff.

Stampa, Moreno: 2001. Rez. zu: Vasconi 1999: in. *Rivista di Storia della Filosofia* 56, 523 f.

Stark, Werner: 1987: „Eine Spur von Kants handschriftlichem Nachlaß: Wasianski": In: *KF* 1, 201–227.

Stark, Werner: 1991. „Transkription des Losen Blatts Leipzig 1". In: Blasche u. a. (Hg.) 1991, 146–156.

Stark, Werner: 1993. *Nachforschungen zu Briefen und Handschriften Immanuel Kants*. Berlin: Akademie-Verlag.

Stark, Werner: 1999. „Kants letztes Manuskript in der Berliner Staatsbibliothek". In: *KS* 90, 510 f.

Stark, Werner: 2004. „Zwei unbemerkte Kant-Blätter in Genf-Cologny: ein kurzer Vorbericht". In: *KS* 95, 1–20.

Staudinger, Franz: 1886. Rez. zu: Krause 1884. In: *PhM* 22, 300–305.

Straßburger Abhandlungen zur Philosophie. Eduard Zeller zu seinem siebenzigsten Geburtstage. Freiburg i. B., Tübingen: Mohr (Siebeck) 1884.

Stuckenberg, John Henry Willbrandt: 1882. *The Life of Immanuel Kant.* London: Macmillian. Nachdr.: Lonham, London: University Press of America 1986.

Sullivan, William J.: 1971. „Kant on the Existence of God in the *Opus postumum*". In: *The Modern Schoolman* 48, 117–133.

Tanaka, Mikiko: 2004. *Kants* Kritik der Urteilskraft *und das* Opus postumum. Dissertation. Marburg.

Tanaka, Mikiko: 2005. „Der Organismusbegriff und das Lebensprinzip in Kants *Opus postumum*". In: Bryuschinkin (Hg.) 2005. Bd. 2, 252–260.

Tazerout, Mohand: 1936. Rez. zu: AA 21. In: *RIS* 44, 583.

Tazerout, Mohand: 1938. Rez. zu AA 22. In: *RIS* 46, 552.

Terra, Ricardo Ribeiro: 2001. „Notes sur le concept de passage (*Übergang*) dans la pensée de Kant". In: Erismann (Hg.) 2001, 82–91.

Tharakan, Jacob: 1993. *Metaphysische Anfangsgründe der Naturwissenschaft. Zur kantischen Arbeit an der Theorie des Übergangs von der Metaphysik zur Physik.* Stuttgart: Steiner.

Thiel, Detlef: 2001. „Spuren des platonischen Timaios in Kants *Opus postumum*". In: Gerhardt u. a. (Hg.) 2001. Bd. 4, 648–657.

Thiele, Günther: 1890. Rez. zu: Krause 1888. In: *Zeitschrift für Philosophie und philosophische Kritik* 97, 300–303.

Tocco, Felice: 1898. „Dell'opera postuma di E. Kant sul passaggio dalla metafisica della natura alla fisica". In: *KS* 2, 69–89 und 277–289. Wiederveröffentlicht in: *Rivista Filosofica* 2 (1899), 33–77, und Tocco 1909, 213–271.

Tocco, Felice: 1909. *Studi kantiani.* Palermo: Sandron.

Tonelli, Giorgio: 1959. Rez. zu: Mathieu 1958b. In: *Rivista Critica di Storia della Filosofia* 14, 103–109.

Tuschling, Burkhard (Hg.): 1984. *Probleme der „Kritik der reinen Vernunft".* Kant-Tagung Marburg 1981. Berlin, New York: De Gruyter.

Tuschling, Burkhard: 1971. *Metaphysische und transzendentale Dynamik in Kants opus postumum.* Berlin, New York: De Gruyter.

Tuschling, Burkhard: 1973. „Kants ‚Metaphysische Anfangsgründe der Naturwissenschaft' und das Opus postumum". In: Prauss (Hg.) 1973, 175–191.

Tuschling, Burkhard: 1984. „Widersprüche im transzendentalen Idealismus". In: Tuschling (Hg.) 1984, 227–310.

Tuschling, Burkhard: 1989. „Apperception and Ether: On the Idea of a Transcendental Deduction of Matter in Kant's *Opus postumum*". In: Förster (Hg.) 1989, 193–216 und 262 ff.

Tuschling, Burkhard: 1991. „Die Idee des transzendentalen Idealismus im späten Opus postumum". In: Blasche u. a. (Hg.) 1991, 105–145.

Tuschling, Burkhard: 1993. „The Concept of Transcendentalism in Kant's *Opus Postumum*". In: Dancy (Hg.) 1993, 151–167.

Tuschling Burkhard: 1995. „Transcendental Idealism in Leibniz and Kant: The Paradigm, Problems and the Dialectic of the I as the first Principle of Philosophy". In: Robinson (Hg.) 1995. Bd. 1, 881–903.

Tuschling, Burkhard: 2001. „Übergang: Von der Revision zur Revolutionierung und Selbst-Aufhebung des Systems des transzendentalen Idealismus in Kants *Opus postumum*". In: Fulda und Stolzenberg (Hg.) 2001, 128–170.

Tuschling, Burkhard: 2002. „Transzendentaler Idealismus ist Spinozismus. Reflexionen von und über Kant und Spinoza". In: Schürmann u. a. (Hg.) 2002, 139–167.

Tuschling, Burkhard: 2004. „Epochen, Stufen und Dimensionen von Subjektivität und Transzendentalität bei Kant: 1770, 1780/87, 1790, 1799/1800". In: Lohmar und Peucker (Hg.) 2004, 56–80.

Ueberweg, Friedrich: 1866. *Grundriss der Geschichte der Philosophie von Thales bis auf die Gegenwart.* 3. Teil: *Die Neuzeit.* Berlin: Mittler & Sohn.

Uribarri Zenekorta, Ibon: 2001. „Der transzendentale Begriff der Bewegung. Versuch einer Rekonstruktion ausgehend vom *Opus postumum*". In: Gerhardt u. a. (Hg.) 2001. Bd. 4, 685–693.

Vaihinger, Hans – Liebert, Arthur: 1920. „Kants Opus postumum". In: *KS* 24, 421 f.

Vaihinger, Hans: 1880. „Briefe aus dem Kantkreise". In: *AM* 17, 286–299.

Vaihinger, Hans: 1881–1892. *Kommentar zu Kants Kritik der reinen Vernunft.* 2 Bd. (1881 bzw. 1892). 2. Aufl.: Hrsg. von Raymund Schmidt. Stuttgart, Berlin, Leipzig: Union Deutsche Verlagsgesellschaft 1922. Nachdr.: Aalen: Scientia 1970.

Vaihinger, Hans: 1884. „Zu Kants Wiederlegung des Idealismus". In: *Straßburger Abhandlungen zur Philosophie*, 85–164.

Vaihinger, Hans: 1891. Rez. zu: Krause 1888. In: *AGPh* 4, 731–736.

Vaihinger, Hans: 1911. *Die Philosophie des Als-Ob. System der theoretischen, praktischen und religiösen Fiktionen der Menschheit auf Grund eines idealistischen Positivismus. Mit einem Anhang über Kant und Nietzsche.* Berlin: Reuther & Reichard ([10]1927). Neu hrsg. von Esther von Krosigk. Saarbrücken: Dr. Müller 2007.

Vaihinger, Hans: 1921. „Kants antithetische Geistesart erläutert an seiner Als-Ob-Lehre". In: Oehler (Hg.) 1921, 153–182.

Vasconi, Paola: 1988. *La cosa in sé e la doppia affezione in Kant. Uno studio sul realismo empirico kantiano.* Rom: Bulzoni.

Vasconi, Paola: 1994. Rez. zu: Friedman 1992. In: *StKa* 7, 171–174.

Vasconi, Paola: 1995. „System der empirischen Naturwissenschaften und Einheit der Erkenntnis: die Funktion der chemischen Revolution Lavoisiers in der Reflexion des *Opus postumum* über die Sprache der Wissenschaft". In: *Nuncius. Annali di Storia della Scienza* 10, 645–669.

Vasconi, Paola: 1998. „L'influsso della chimica sull',Opus postumum' di Kant: il concetto di ,base' e il linguaggio della scienza". In: Abrusci u. a. (Hg.) 1998, 499–509.

Vasconi, Paola: 1999. *Sistema delle scienze naturali e unità della conoscenza nell'ultimo Kant.* Florenz: Olschki.

Vasconi, Paola: 2001. „Fragen der Datierung des *Opus postumum* im Verhältnis zur chemischen Revolution Lavoisiers". In: Gerhardt u. a. (Hg.) 2001. Bd. 4, 658–666.

Vascotto, Marta: 1995. „La deduzione ontologica dell'esistenza nell'*Opus Postumum* di Kant" In: *AdF* 63, 361–375.

Vaysse, Jean-Marie (Hg.): 2008. *Kant.* Paris: Cerf.

Verra, Valerio: 1958. Rez. zu: Mathieu 1958b. In: *AdF* 9/1, 240–244.

Vleeschauwer, Herman Jan Melania de: 1937. *La déduction transcendantale dans l'œuvre de Kant.* Bd. 3: *La déduction transcendantale de 1787 jusqu'à* l'Opus postumum. Antwerpen u. a.: De Sikkel u. a. Nachdr.: New York, London: Garland 1976.

Vleeschauwer, Herman Jan Melania de: 1939. *L'évolution de la pensée kantienne.* Paris: Alcan.

Vleeschauwer, Herman Jan Melania de: 1941. „Rond Kant's Opus Postumum". In: *TF* 3, 155–167.

Vleeschauwer, Herman Jan Melania de: 1963. „Etudes kantiennes contemporaines". *KS* 54, 102 – 105.
Volpi, Franco – Nida-Rümelin, Julian (Hg.): 1988. *Lexikon der philosophischen Werke*. Stuttgart: Kröner.
Volpi, Franco (Hg.): 1999. *Großes Werklexikon der Philosophie*. 2 Bde. Stuttgart: Kröner.
Volpi, Franco (Hg.): 2000. *Dizionario delle opere filosofiche*. Mailand: Mondadori. Nachdr.: 2009.
Vorländer, Karl: 1911. *Immanuel Kants Leben*. Leipzig: Meiner.
Vorländer, Karl: 1924. *Immanuel Kant. Der Mann und das Werk*. 2 Bde.: Leipzig: Meiner. 2., erw. Aufl.: 1977. 3. Aufl.: Text nach der 1. Aufl., in einem Band, erweitert mit einer „Bibliographie zur Biographie" von R. Malter und einem „Verzeichnis der Bibliographien zum Werk Immanuel Kants" von Heiner Klemme. Hamburg: Meiner 1992. Nachdr. der 3. Aufl.: 2004.
Vorländer, Karl: 1977. *Immanuel Kant. Der Mann und das Werk*. 2., erw. Aufl. Mit einem Beitrag „Kants Opus Postumum" von Wolfgang Ritzel. Unter Mitarbeit von Konrad Kopper. Hrsg. von Rudolf Malter. Hamburg: Meiner.
Vuillemin, Jules: 1989. „Kant's ‚Dynamics': Comments on Tuschling and Förster". In: Förster (Hg.) 1989, 239 – 247 und 266 f.
Wahsner, Renate: 1981. *Das Aktive und das Passive. Zur erkenntnistheoretischen Begründung der Physik durch den Atomismus – dargestellt an Newton und Kant*. Berlin: Akademie-Verlag.
Waibel, Violetta L.: 2001. „„Des principes régulateurs qui sont en même temps constitutifs'". In: Erismann (Hg.) 2001, 147 – 157.
Waschkies, Hans-Joachim: 1987. „Eine neu aufgefundene Reflexion Kants zur Mathematik (Loses Blatt Leningrad 2)". In: *KF* 1, 229 – 278.
Waschkies, Hans-Joachim: 1991. „Wissenschaftliche Praxis und Erkenntnistheorie in Kants Opus Postumum". In: Blasche u. a. (Hg.) 1991, 185 – 207.
Waschkies, Hans-Joachim: 1994. „Das Lose Blatt Leipzig 1. Text, Datierung und Erläuterungen". In: *KF* 5, 197 – 227.
Webb, Clement C. J.: 1926. *Kant's Philosophy of Religion*. Oxford: Clarendon. Nachdr.: New York: Kraus 1970.
Weber, Andreas – Varela, Francisco Javier: 2002. „Life after Kant: Natural purposes and the autopoietic foundations of biological individuality". In: *Phenomenology and the Cognitive Sciences* 1, 97 – 125.
Weinhandl, Ferdinand: 1924. „Der letzte Kant". In: Feldkeller (Hg.) 1924, 87 – 122.
Weizsäcker, Carl Friedrich von: 1939. Rez. zu: AA 21 und 22. In: *Physikalische Zeitschrift* 40, 619 f.
Werkmeister, William Henry: 1980. *Kant. The Architectonic and the Development of His Philosophy*. La Salle, London: Open Court.
Werkmeister, William Henry: 1993. „Two Theses of Kant's *Opus Postumum*". In: Dancy (Hg.) 1993, 169 – 187.
Wernekke, [Hugo?]: 1902. Rez. zu: Krause 1902. In: *Psychische Studien* 29, 320 f.
Westphal, Kenneth R.: 2009. „Does Kant's *opus postumum* Anticipate Hegel's Absolute Idealism?". In: Onnasch (Hg.) 2009, 357 – 383.
Wichmann, Heinz: 2001. „Les principes de la philosophie transcendantale de Kant et l'*Opus postumum*". In: Erismann (Hg.) 2001, 99 – 104.
Widmer, Hans: 1976. Rez. zu: Duque 1974a. In: *KS* 67, 105 ff.

Wimmer, Reiner: 1990. *Kants kritische Religionsphilosophie.* Berlin, New York: De Gruyter.

Wimmer, Reiner: 1992. „Die Religionsphilosophie in ‚Opus postumum'". In: Marty und Ricken (Hg.) 1992, 195–229.

Windelband, Wilhelm: 1900. *Geschichte der Philosophie.* 2., bearb. und erw. Aufl. Tübingen, Leipzig: Mohr.

Wong, Wing-Chun: 1995. „Kant's Conception of Ether as a Field in the *Opus postumum*". In: Robinson (Hg.) 1995. Bd. 1, 405–411.

Wong, Wing-Chun: 2001. „On the Idea of an Ether-Deduction in the *Opus postumum*". In: Gerhardt u. a. (Hg.) 2001. Bd. 4, 676–684.

Wundt, Max: 1924. *Kant als Metaphysiker. Ein Beitrag zur Geschichte der deutschen Philosophie im 18. Jahrhundert.* Stuttgart: Enke. Nachdr.: Hildesheim, Zürick, New York: Olms 1984.

Zahn, Manfred: 1964. „Identité et synthèse dans la dernière philosophie de Kant et la théorie de la science de Fichte". In: *Archives de Philosophie* 44, 163–185.

Zahn, Manfred: 1989. „Zur Idee der Transzendentalphilosophie in Kants *Opus postumum*". In: Mues (Hg.) 1989, 11–40. Wiederveröffentlicht in: Zahn 1998, 9–39.

Zahn, Manfred: 1998. *Selbstvergewisserung. Studium zur klassischen Epoche der Transzendentalphilosophie.* Hrsg. von Martin Scherer. Würzburg: Königshausen & Neumann.

Zehbe, Jürgen: 1993. Rez. zu: Mathieu 1989. In: *ZphF* 47, 144–148.

Ziche, Paul: 2009. „Die Einheit der Natur. Naturphilosophische Einheitsprogramme bei und nach Kant". In: Onnasch (Hg.) 2009, 221–240.

Zöller, Günter: 1993. Rez. zu: Förster (Hg.) 1993. In: *Choice* 1993/11.

Personenverzeichnis

Bei Fragen zur Produktsicherheit wenden Sie sich bitte an:
If you have any questions regarding product safety,
please contact:

Walter de Gruyter GmbH
Genthiner Straße 13
10785 Berlin
productsafety@degruyterbrill.com